Orientier

Müller, Forstl. Adressbuch.

Verlag von Julius Springer in Berlin.

- Karte.

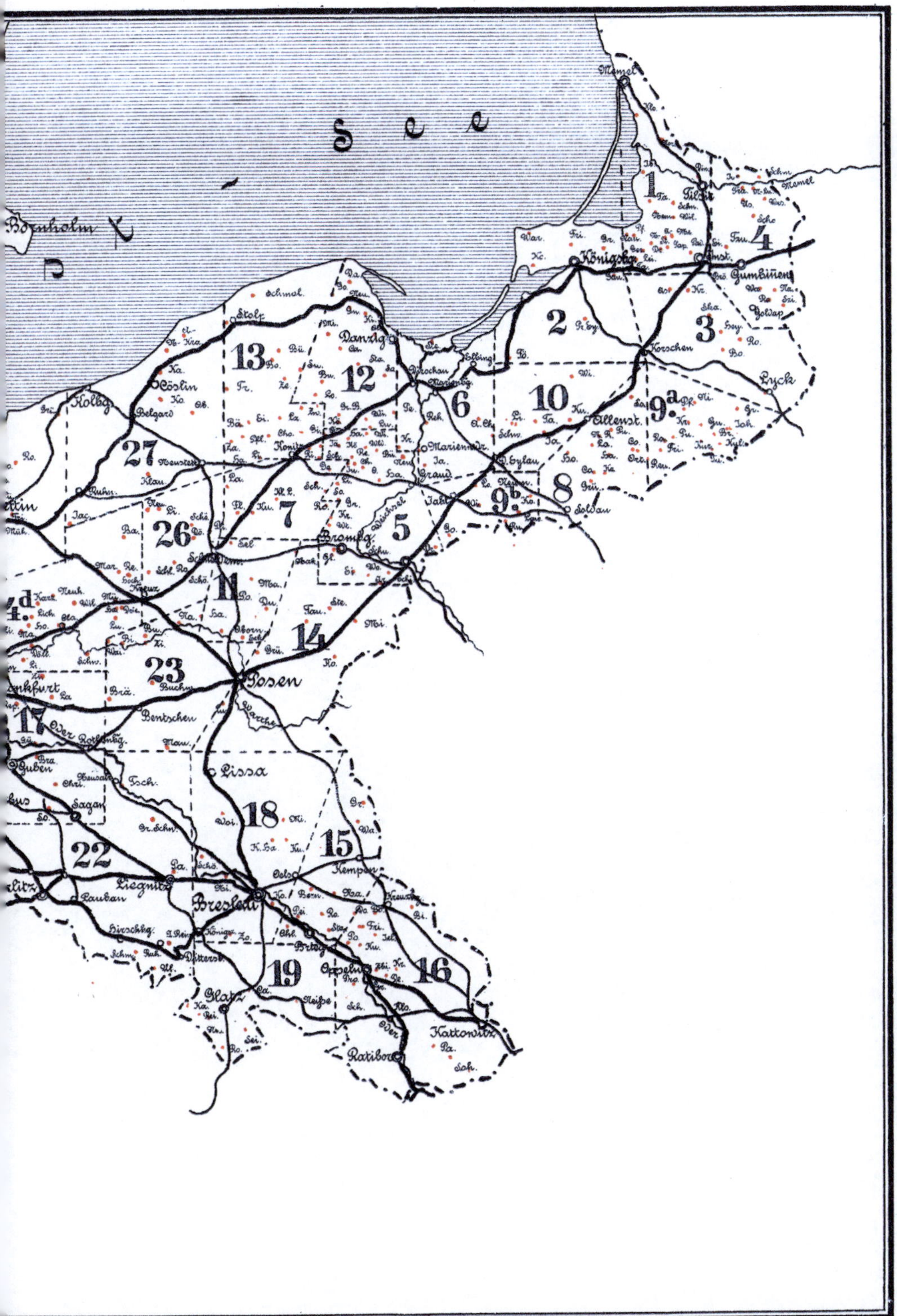

Druck d. geogr. lith. Anst. u. Steindr. v. C. L. Keller, Berlin

Forstliches Adreßbuch

sämmtlicher Königlich Preußischen Oberförstereien

(einschließlich der Hofkammer= und der Kgl. Prinzlichen Reviere)

über

Sitz jeder Oberförsterei, Jahresquantum der hauptsächlichen Verkaufshölzer nach Sortimenten, Abfuhrstraßen und Anfuhrkosten für Bahn- und Wassertransport, Reiseverbindungen, Unterkunft im Gasthofe u. a. m.

nebst 50 lithographirten Ueberfichtsskizzen der Oberförstereibezirke bezüglich der Hauptwege und der Schutzbezirke bezw. der Wohnorte der Förster.

Bearbeitet von

Otto Müller,

Königl. Preuß. Forstassessor, Hann. Münden.

Mit einer Orientirungskarte und einer Holzarten=Verkaufstafel über das ganze behandelte Gebiet.

Springer-Verlag Berlin Heidelberg GmbH

ISBN 978-3-642-50346-7 ISBN 978-3-642-50655-0 (eBook)
DOI 10.1007/978-3-642-50655-0

Vorwort.

„Unsere Zeit steht im Zeichen des Verkehrs." Auch im grünen Waldrevier macht sich die Wahrheit dieses Wortes fühlbar. Eine allgemein zugängliche Uebersicht über die Oberförstereien des preußischen Staates, ihre Entfernungen von der Bahn, bezw. Wasserstraße, erscheint deshalb als ein Bedürfniß der Zeit. Dasselbe in einfacher Weise zu befriedigen, ist die Veranlassung des vorliegenden Adreßbuches gewesen.

Durch Ministerial-Erlaß vom 6. Juni 1900 wurde die Möglichkeit der Ausführung gegeben, indem die einzelnen Kgl. Preuß. Revierverwaltungen veranlaßt wurden, auf meine Fragebogen genaue Auskunft über alle einschlägigen Verhältnisse des betreffenden Reviers zu ertheilen.

Auf Grund dieser Unterlagen ist der Text entstanden und sind die Uebersichtsskizzen zusammengestellt. Daß letztere in Form von zweifarbigen Karten dem Werke beigegeben werden konnten, ist dem Entgegenkommen des Herrn Verlegers zu danken. Bei der Vertheilung des Textraumes für jedes Revier auf drei aufeinanderfolgende Seiten habe ich es ermöglichen können, die Einrichtung der Karten so zu treffen, daß sich jede Skizze durch Heraus- oder Hereinklappen direct neben dem zugehörigen Text aufschlagen läßt. Diese Möglichkeit wird besonders für den Holzhändler von Nutzen sein, welcher sich mit Hülfe des vorliegenden Buches nun leichter über die Lage der einzelnen Schutzbezirke eines Revieres für Bahn- und Wassertransport des Holzes orientiren kann, sodaß er nach Einsicht der näheren Angaben über Einschlagsquantum, Entfernung und Anfuhrkosten im Text des Adreßbuches eine zuverlässige Unterlage für die Bemessung seines Preisangebots in Händen hat. Dadurch, daß das Buch weiter eine Holzarten-Verkaufstafel aufweist, kann er leicht ersehen, in welcher Oberförsterei sich die Aussicht bietet, die gewünschte Holzart zu erhalten, wodurch ihm manche vergebliche Anfrage erspart bleibt. Ein alphabetisches Ortsregister und eine Uebersichtskarte über das ganze behandelte Gebiet, welche die Nummern der einzelnen Kartensectionen darstellt, sind außerdem zur schnelleren Orientirung beigegeben.

Neben dieser Erleichterung, welche das Adreßbuch dem Holzhändler bietet, hoffe ich aber, daß es in seinen letzten vier Textspalten andererseits dem Forstbeamten, auch schon dem angehenden, manche wünschenswerthe Auskunft über die Wohnungs-, Kirchen- und Schulverhältnisse pp. der einzelnen Reviere gewähren wird.

Mit Rücksicht auf die stellenweise fast unleserliche Schrift einzelner Fragebogen-Beantwortungen muß ich bezüglich etwaiger unrichtiger Ortsnamen um außerordentliche Nachsicht bitten. Auch die Unterlagen für die Skizzen waren häufig unvollkommen, sodaß Ungenauigkeiten auf den Adreßbuchskizzen um so weniger sich vermeiden ließen, als die Darstellung in dem verhältnißmäßig kleinen Maßstabe 1 : 600000 — wodurch es allein möglich war, das ganze preußische Staatsgebiet in einem Bande zusammen zu behandeln — stellenweise recht erhebliche Schwierigkeiten mit sich gebracht hat. Jeder Hinweis auf solche Irrthümer im Texte oder in den Skizzen wird von der Verlagsbuchhandlung dankbarst entgegengenommen.

Sollte das Adreßbuch dazu mit beitragen, den Holzhandel zu beleben und damit dem deutschen Walde selbst einen Dienst zu leisten, so hat dasselbe seinen Zweck erreicht.

Beim Abschlusse meiner Arbeit möchte ich nicht unterlassen, auch an dieser Stelle dem Director der Königlichen Forstakademie Münden, Herrn Oberforstmeister Weise, für das große Interesse und die mannigfaltigen Rathschläge, welche mir für mein Unternehmen zu Theil geworden sind, besonderen Dank auszusprechen.

Münden, im September 1901.

Der Verfasser.

Änderungen während der Drucklegung.

Die pro 1901 neu gegründeten Oberförstereien:

1) **Wormditt** (aus Theilen von Wichertshof und Kudippen), Rgbz. Königsberg,
2) **Drygallen** (durch Theilung von Grondowken), Rgbz. Gumbinnen,
3) **Rudczanny** (aus Theilen von Johannesburg und Breitenheide), Rgbz. Gumbinnen,
4) **Mückeburg** (aus Theilen von Wildenow und Neuhaus), Rgbz. Frankfurt a/O.,
5) **Montjoie** (aus Theilen von Büllingen und Höfen), Rgbz. Aachen,

haben nur nachrichtlich bei ihren betr. Stammrevieren vermerkt werden können.

Druckfehler-Berichtigung.

Auf S. 2 muß es bei lfd. Nr. 1 in Spalte 3 „übrige“ statt überw. heißen.

Auf S. 5 „ „ „ „ „ 9 und auf S. 15 bei lfd. Nr. 33 in Spalte 3 „27700 Ew.“ statt 34000 bezw. statt 26 000 heißen.

Auf S. 5 muß es bei lfd. Nr. 10 und 12, sowie auf S. 17 bei lfd. Nr. 34 in Spalte 3 „4500“ Ew. statt 5000 bezw. statt 3000 heißen.

Auf S. 6 muß es bei lfd. Nr. 11 in Spalte 2 „2,8 km“ statt 2—8 km heißen.
„ „ 9 „ „ „ „ „ 16 „ „ 3 „s. Nr. 15“ statt Nr. 16 heißen.
„ „ 14 „ „ „ „ „ 33 „ „ 1 „Ei. 0,03“ statt Fi. 0,03 heißen.
„ „ 17 „ „ „ „ „ 36 „ „ 3 für Ragnit 4700 Ew. statt 5500 heißen.
„ „ 33 „ „ „ „ „ 71 „ „ 3 für Schulitz 4300 Ew. statt 2500 heißen.
„ „ 33 „ „ „ „ „ 74 „ „ 3 für Podgorz 3100 Ew. statt 2000 heißen.
„ „ 35 „ „ „ „ „ 76 „ „ 3 für Tiegenhof 2600 Ew. statt 12 000 heißen.
„ „ 41 „ „ „ „ „ 93 „ „ 3 a. d. Alle statt „Allee“ heißen.
„ „ 42 „ „ „ „ „ 91 „ „ 2 „2,7 km“ statt 12,7 km heißen.
„ „ 51 „ „ „ „ „ 115 „ „ 3 für Ortelsburg 4000 Ew. statt 6000 heißen.
„ „ 65 „ „ „ „ „ 156 „ „ 3 für Bütow 5300 Ew. statt 6000 heißen.
„ „ 214 „ „ „ „ „ 527 „ „ 3 „Fi.-Kleinbauh. u. Derbstg.“ statt Ei. heißen.
„ „ 224 „ „ „ „ „ 552 in der Ueberschrift „552“ statt 542 heißen.
„ „ 235 „ „ „ „ „ 585 in Spalte 3 „6 km Chaussee nach Hattorf“ statt „und“ heißen.

Sitz der Oberförsterei nebst Poststation	Entfernung des Oberförstereisitzes von der nächsten Eisenbahnstation bezw. Haltestelle Post- und regelmäßige Reiseverbindungen auf Landwegen	Durchschnittliche Entfernungen und ungefähre Anfuhrkosten von den einzelnen Reviertheilen für Bahn- bezw. Wassertransport und zwar:				
		Schutzbezirk	Entfernung bis Güterbahnhof	Anfuhrkosten pro fm M.	Entfernung bis Wasserablage	Anfuhrkosten pro fm M.

1. Königl. Oberförsterei Klooschen, Rgbz. Königsberg. (Karte 1)

Klooschen, Post Prökuls Kreis Memel	3 km Chauss. bezw. Kiesstraße bis Bahnhof Prökuls (Linie Tilsit-Bajohren)	Blimatzen	10 km (zur Hälfte Landweg) bis Prökuls	2,50		
			25 km Chauss., 5 km Landweg bis Memel	4,00		

2. Königl. Oberförsterei Norkaiten, Rgbz. Gumbinnen. (Karte 1.)

Norkaiten, Post Berzischken, Kreis Heydekrug	5 km (2 km Chauss., 3 km Kiesweg) Bahnstation Kukoreiten	Jonischken	2 km bis Kukoreiten	1,50		
		Kinten			1 km bis Kur. Haff	
		"			8 km bis Mingestrom (Sakuthen)	2,00
		Bundeln			3 km bis Mingestrom (Sakuthen)	1,00

3. Königl. Oberförsterei, Ibenhorst Rgbz. Gumbinnen. (Karte 1.)

Ibenhorst, Post Ackmenischken, Kreis Heydekrug	20 km Chauss. über Ruß nach Bhf. Heydekrug, von hier tägl. 3 mal Pers.-Post bis Ruß (in Ruß 2 Fähren zu pass.). Verbdg. zeitw. im Herbst u. Frühj. durch Hochwasser unterbr. — 29 km Chauss. (3 km Kiesw.) über Kaukehmen nach Bhf. Gr.-Brittanien (von hier 1 mal Omnibus nach Kaukehmen.) Im So. Dampfer 1 mal tägl. zw. Tilsit u. Ruß hin u. zurück. Dampferstat. Ruß 10 km oder Schneiderende 11 km	Ackmenischken			10 km bis Russ	2,50
		Wentaine			2 km bis zum Haff (Loye)	1,00
		Karkeln			4 km bis zum Haff (Karkeln)	2,00
		Kerschkallan			3 km bis Ackmeningefluss	1,50
		Skirwith			3 km bis Skirwithfluss	1,50

4. Königl. Oberförsterei Dingken, Rgbz. Gumbinnen. (Karte 1.)

Dingken, Post Dingken, Kreis Tilsit	5 km guter Landweg nach Jecksterken (Linie Insterburg-Memel)	Paulbeistrauch, Schillgallen	8 km Chauss. bis Pogegen	3,00		
		Kawohken	10 km bis Stonischken	4—5		

5. Königl. Oberförsterei Tawellningken, Rgbz. Gumbinnen. (Karte 1.)

Tawellningken, Post Tawellningken, Kreis Niederung	18 km, davon 17 km Chauss. über Seckenburg n. Gr.-Brittanien, Stat. der Sekundärb. Tilsit-Königsberg. Bei offenem Wasser tägl. regelm. Dampferverb. nach Tilsit. In der Woche 3 mal directe gleiche Verb. nach Königsberg über Labiau u. Tapiau.		Transport nach Bahnstation ist ziemlich ausgeschlossen.		Nach allen Wasserablagen am Gilge und Tawellfluss durchschn.	1,00

6. Königl. Oberförsterei Nemonien, Rgbz. Königsberg. (Karte 1.)

Nemonien, Post Petricken, Kreis Labiau	23 km (davon 10 km Chauss.) über Gr.-Friedrichsdorf nach Heinrichswalde. — 25 km nach Mehlauken, 33 km nach Labiau. (Linie Königsberg-Tilsit). Bei offenem Wasser tägliche Dampfboot-Verbindung zwischen Labiau u. Nemonien (2½ St., Ankunft in Nemonien 6 Uhr Ab.)	Laukwargen			2—3 km bis Gr.-Friedrichsgraben (Inwendt)	0,50 bis 1,00 je nach Entfern.
		"			1 km bis Nemonienstrom	
		Schetricken			1 km bis Nemonienstrom	
		Nemonien			2 km bis Nemonienstrom	
		Gilge			2 km bis Seckenburg-Kanal	
		Marienbruch			1—1,5 km bis Nemonien u. n. d. Gilge	
					2 km bis Seckenburg-Kanal	

7. Königl. Oberförsterei Schnecken, Rgbz. Gumbinnen. (Karte 1.)

Schnecken, Post Heinrichswalde, Kreis Niederung	3 km Chauss. bis Eisenbahnstat. Heinrichswalde. Postbest. 2 mal von Heinrichsw. aus. Briefpost mit Personenbef. zwischen Friedrichsdorf über Schnecken nach Heinrichswalde	Reußenhof	4 km Chauss. n. Heinrichswalde	2,5	4 km bis Argefluss	2,5
		Wasszespindt	do.		4 " " "	2,00
		Ackmonien	7 km bis Heinrichswalde	3,00	3 " " "	2,5
		Obolin	15 km bis Heinrichswalde	3,5	5 km bis Lauknenstrom	3,0
		Schillelweithen	13 km bis Heinrichswalde	3,00	10 km bis Abl. Jodgallen	2,0

Flächengröße und Charakter des Reviers. Vertheilg. der Hauptholzarten nach Zehnteln.	Beschaffenheit des Wegenetzes im Reviere und der sich daran schließenden Abfuhrstraßen, sowie der etwaigen Wassertransportwege. Adressen von größeren Fuhrunternehmern.	Jahresquantum der Haupt-Verkaufshölzer nach Holzarten und Sortimenten (unter Abrechnung des Lokalbedarfs).

1. Königl. Oberförsterei Klooschen,

5263 ha. — eben, sehr parz. Ki. 0,9 Fi. } Erl. } 0,1 Bu. }	Innerhalb der Forstorte vielf. Kiesstraßen, sonst trockne Wege. Bäuerl. Fuhrunternehmer in Deegeln, Draeszn, Schilleniken, Gastwirth Standaszus in Poeszeiten.	Schbz. Blimatzen 800 fm Ki. Stammholz. Der ganze überw. Einschlag wird von Lokalbedarf aufgenommen.

2. Königl. Oberförsterei Norkaiten,

7311 ha. — eben, sehr parz. Ki. 0,7 Birke } 0,3 Erl. }	Innerh. der Forstorte vielf. Kieswege, außerh. meist Chauss. — Wassertransp. auf der kanalisirten Minge von Sakuthen, ferner von Kinten auf dem Kur. Haff.	Schbz. Jonischken 500 fm Ki. Bauholz „ Bundeln 100 „ „ „ „ Kinten 800 „ „ „ und 100 fm Erl.-Nutzholz

3. Königl. Oberförsterei Ibenhorst,

6644 ha. — fast zusammenhängend. Erle	Abfuhr nach den Ablagen nur bei haltb. Eise, in welchem Falle auch nur größere Mengen zum Einschlage gelangen. Die Abfuhr wird durch Bauern aus Skirwith, Ackmenischken u. Wittken, event. auch Loye besorgt. — Pers.-Fuhrw. in Nuß bezw. Kaukehmen erhältlich.	Schbz. Ackmenischken 100 fm „ Wentaine 1000 „ „ Karkeln 600 „ „ Kerschkallen 300 „ „ Skirwith 500 „ } Erlennutzholz von 12-20 cm Zopfstärke

4. Königl. Oberförsterei Dingken,

6444 ha. — sehr parzellirt. Ki. 0,6 Fi. 0,2 Laubh. 0,1 Eichen 0,1	Innerh. der Forstorte meist guter Sandweg, auf längeren Strecken Kiesbahn. Die Abfuhr besorgen kl. Besitzer in Schillgallen, Bucken, Annerschen und Pogegen.	Schbz. Schillgallen 150 fm. Fi. Stammh. „ Paulbeistrauch 200 „ „ „ „ „ 20 „ „ „ „ Kawohlen 20 „ „ „

5. Königl. Oberförsterei Tawellningken,

8556 ha. — zusammenhäng. Niederung mit reinen Erlenbeständ.	Gewöhnliche Landwege im Revier vorhanden, die vorläufig nur streckenweis hochwasserfrei sind. Die Benutzung ders. zur Holzabf. ist eine außerord. beschränkte, da das Revier der Ueberfluthung durch das Kur. Haff u. Hochwasser ausgesetzt ist.	Schbz. Marienbruch, Gilge, Inse nur Erlenrollen. Die Hölzer können nur bei fester Eisdecke an die Ablage am Gilge u. Tawellfluß ausgerückt werden.

6. Königl. Oberförsterei Nemonien,

8211 ha. — Bruch, eben, arrond. Erl. 1,0	Holzeinschlag- u. Transport nur bei Eis an Ablagen am Nemonien, Gilge, Seckenburger-Kanal u. Gr.-Friedrichsgraben; von da bei offenem Wasser Wasser-Transport. Im Walde kahnbare Gräben u. Waldflüsse; innerh. der Kolonien 40 km Kiesstr.	Schbz. Lankwargen „ Schetricken „ Nemonien „ Gilge „ Marienbruch } zu annähernd gleichen Theilen Nutzholzausbeute. Jährlicher Abnutzungssatz 9000 fm Erlen-Derbholz, davon 20% Nutzholz (Nutzscheit II. Cl. u. Knüppel.)

7. Königl. Oberförsterei Schnecken,

6566 ha. — eben, Ki. 0,5 Fi. 0,1 Erl. 0,4	Sämmtliche Gestelle sind fahrbar. Holzanfuhr übernehmen Besitzer in Schnecken, Peterswalde, Argelothen, Waszesspindt.	Schbz. Reußenhof 600 fm „ Waszesspindt 300 „ „ Ackmonien 300 „ „ Obolin 500 „ „ Schillelwethen 300 „ } Kiefern Rundholz (Stammholz)

Oeffentliche Holzlicitationen finden statt in	Unterkommen im Gasthofe f. Holzhändler, Forst-Assessoren u. Referendare in möglichster Nähe der Oberförsterei	Zustand des Oberförsterdienst-Gebäudes	Wo Kirche, wo Schule? In welcher Zeit zu erreichen?	Wo Arzt, wo Apotheke, wo Amtsgericht?	Nebenämter des Revierverwalt. Wenn ständiger Assistent vorhanden, wo wohnt derselbe?
Rgbz. Königsberg. (Karte 1.)					
Gasthof Sellin in Prökuls.	Mehrere Gasthäuser in Prökuls	Altes Haus mit beschränktem Raum, Wirthschaftsgebäude ausreichend. Nächste Stadt Memel (19 000 Einw.) Landgericht, Garnison.	Evgl. Pfarre in Prökuls, 2 km. — Gymnasium in Memel, 30 Min. Bahnf. von Prökuls.	In Prökuls, 3 km.	Verw. Stadtforst Lappenoschken 15 km nördl. Memel. Wohnung f. verh. Assessor bei bescheidenen Ansprüchen in Prökuls.
Rgbz. Gumbinnen. (Karte 1.)					
Kinten, Gasthof Gusovius Saugen, Gasthof Brelam Sakuthen, Gasthof Kissuth	Einf. Logis in 3 km entf. Dorfe Saugen bei Brelam, besseres in Heydekrug Hot. Germania, 14 km	Neueres Dienstgebäude, Wirthschaftsr. ausreichend. Zusamm. mit gleichn. Försterei am Westrande des Schbz. isolirt gelegen. Nächster Ort Marktflecken Heydekrug, zus. mit Szibben 2000 Einw.	Evgl. Pfarre in dem 3 km entfernten Dorfe Saugen. Kath. Pfarre in Heydekrug, Dorfschule in Baupeln, gehobene Volksschule in Heydekrug.	In Heydekrug	
Rgbz. Gumbinnen. (Karte 1.)					
Ackmenischken, Gasthof v. Tilly Schudereiten, Gasthof Lessing Karkeln, Gasth. Seek Skirwith, Gasthof Schwellnus	In Ackmenischken 5 km, in Schudereiten 9 km.	Geräumiges Wohnhaus, reichliche Wirthschaftsgebäude, isolirt, ist durch 3 km Kiesweg, 2 km Chauss. mit Ackmenischken verbunden. Marktplätze: Ruß u. Kaukehmen. Nächste gr. Stadt Tilsit (28 000 Einw.) Landgericht, Garnison.	Evgl. Kirche in Schakuhnen, 10 km. — Kath. Kirche in Schillgallen 6 km. Gymnasium in Tilsit.	In Ruß, 10 km	Amtsvorsteher und Forstamtsanwalt. Für verh. Assessor kein Unterkommen.
Rgbz. Gumbinnen. (Karte 1.)					
Jecksterken, Gasthof Böhnke. Kugeleit, Gasthof Brokopf Uhsliknen, Gasthof Dilba.	In Jecksterken Gastwirth Böhnke	Gutes Wohnhaus, 1868 erb. Nächste Stadt Tilsit, 16 km (s. vorh. Nr. 3.)	Evgl. Kirche in Pictupönen, 8 km meist schlechter Landweg. Kath. Kirche in Tilsit, 16 km. Gymnasium in Tilsit.	In Tilsit, 5 km Landweg u. 13 km Eisenbahn von Jecksterken.	Amtsvorsteher, fisk. Gutsvorst., Forstamtsanw. Wohnung für verh. Assessor nicht vorhanden.
Rgbz. Gumbinnen. (Karte 1.)					
Tawellningken, Gasthof Ebner.	In Tawellningken, Gasthof Ebner, gute Verpflegung. — In Seckenburg, 1 km entf. von der Oberförsterei.	Gutes neues Wohnhaus, direct am Gilgeufer, Wirthschaftsgeb. ziemlich beschr. Nächste Stadt Tilsit (s. Nr. 3) im Sommer täglich in 4 Std. mit Dampfer zu erreichen.	Evgl. Kirche in Seckenburg.	Arzt i. Seckenburg, Apoth. in dem 14 km. entf. Lappienen. Amtsgericht in Kaukehmen 18 km.	
Rgbz. Königsberg. (Karte 1.)					
Alt-Heidlauken Gasthaus v. Osterode	Alt-Heidlauken Gasthof Osterode (dicht bei Oberförst.) Schenkendorf, 2 km. Gasthof Skorloff. Peltricken, 2 km. Gasthof Bluhm. Lauknen, 5 km. Gasthof Kutzner. Nemonien, 6 km. Gasthof Haupt.	Schönes, neues Dienstgebäude. Nächste Stadt Labiau, 33 km. Kreisstadt (4500 Einw.)	Evgl. Kirche in Lauknen, 5 km.	Arzt mit Hausapotheke in Lauknen, 5 km. Amtsgericht in Mehlauken.	Amtsvorsteher, Forstamtsanw. Ständiger Assistent in Heidlauken.
Rgbz. Gumbinnen. (Karte 1.)					
Heinrichswalde Kreishalle Peterswalde Gasthof Fehlhaber.	Heinrichswalde Hotel du Nord Gr. Friedrichsdorf rother Krug, Gasthof Jurrat Peterswalde Fehlhaber 8 km von der Oberf.	Altes, geräumiges Wohnhaus; gute Wirthschaftsräume. — Heinrichswalde 4 km. Gr. Friedrichsdorf 6 km. — Nächste Stadt Tilsit 19 km (s. Nr. 3)	Evgl. Kirche in Heinrichswalde und Friedrichsdorf. Kath. Kirche in Tilsit.	In Heinrichswalde, 4 km	Staatsaufsicht über Tilsiter Stadtwald. — Wohnung in Heinrichswalde und Gr. Friedrichsdorf für verh. Assessor zu haben.

Flächengröße und Charakter des Reviers. Vertheilg. der Haupt-holzarten nach Zehnteln.	Beschaffenheit des Wegenetzes im Reviere und der sich daran schließenden Abfuhrstraßen, sowie der etwaigen Wassertransportwege. Adressen von größeren Fuhrunternehmern.	Jahresquantum der Haupt-Verkaufshölzer nach Holzarten und Sortimenten (unter Abrechnung des Lokalbedarfs.)

8. Königl. Oberförsterei Wilhelmsbruch,

7492 ha. — eben, bis auf den Schbz. Paossen zushäng. Fi. 0,4 Ki. 0,2 Erle 0,2 Bi. 0,1 Espe 0,1.	Im Revier viele ausgebaute, mit Grand beschüttete gut fahrb. Gestelle, außerdem wird dasselbe v. 2 Steinchauss. u. 1 Grandchauss. durchzogen. Durch flöß- und schiffb. Wasserstraßen mit dem Kur. Haff verb. Die Abfuhr von Waldprod. unternehmen Besitzer in Waigsnapoenen, Post Schillkojen in Ostpr.	Schbz. Grünheide, „ Kippen, „ Paossen } Nadelstammh. 500 fm, „ Derbst. 200 „, „ schichtntzh. 250 „ } Bi. u. Erl. 60 fm Stammh. Schbz. Lappienen, „ Hohenprindt } Nadelstammh. 2356 fm, „ schichtntzh. 1600 „ Schbz. Argenbruch, „ Weidgirren, „ Tingkleningken } Nadelstammh. 300 fm, „ schichth. 350 „ Außerdem ganzes Revier: 50 rm Espenschichtnutzholz und 50 fm Eichenstammholz.

9. Königl. Oberförsterei Padrojen,

4623 ha. — eben, sehr parzell. Fi. 0,7 Ei. 0,1 H.-Bu. 0,1 Weichh. 0,1	Im Revier ein vollst. Netz ausgeb. u. befestigter Wege, fahrbar fast das ganze Jahr. Im Uebrigen gut gehaltene Holzabf.-Wege.	Das Revier liefert nur Holz für den Lokalbedarf. Eine Aenderung darin ist erst in einigen Jahren zu erwarten und wird es sich dann um geringes Fichtenbauholz handeln.

10. Königl. Oberförsterei Kl. Naujock,

5117 ha. — eben, Hauptcomplex 3. Schbz., die übrigen abgezweigt. Erl. Fi.	Hauptgestelle und Nebengestelle mit Kiesbahn versehen. Wasserstr.: Der große Friedrichsgraben und die Deime. Fuhruntern.: H. Corinth = Grabenhof, mehr. Besitzer in Friedrichsgraben, Agilla, Gr, Pöppeln, Kelladen.	Schbz. Pöppeln 100 rm Fi. Schichtnutzholz II. Cl. „ Kelladen } 200 rm Fi. Schichtnutzholz. 50 „ Erl. Rollholz. „ Schönbruch } 250 „ Fi. Schichtnutzholz. 30 „ Erl. Rollholz. „ Naujock } 350 „ Fi. Schichtnutzholz. 50 „ Erl. Rollholz. „ Agilla 100 „ „ „

11. Königl. Oberförsterei Pfeil,

7078 ha. — eben, zushäng. Bi. 0,4 Fi. 0,3 Erl. 0,2 Bu. } Esche } Ulme } Linde } 0,1	Chauss. Agilla-Wehlau durchschneidet das Revier. Agilla fisk. Ablage und Privat-Ablage v. Bahnenführer. Eigenthümer in Kelladen besorgen Holzabfuhr.	Schbz. Szergantinnen, Susemilken, Schweizutt 90 fm Eschen Stammholz. Ganzes Revier 300 fm Erlen u. Birkenstamm- und Schichtnutzholz. Permanern u. die andern Schbz. 200 fm Fichtenstammholz und 1200 rm Fichtenschichtnutzholz.

12. Königl. Oberförsterei Neu-Sternberg,

5216 ha. — eben, ein Komplex. Ei. u. Buche 0,1 A. L. 0,5 Na. 0,4.	Die meisten Gestelle u. Holzabfuhrwege mit Kiesbahn. Sekundärbahnh. Szargillen mitten im Revier. Im Süden Chauss. Mehlauken-Labiau. Schbz. Florweg mit Ablage an dem schiffbaren Timberfluß, der mit Gr.-Friedrichsgraben in Verb. steht. Fuhrunternehmer: Lepzin in Groß baum, Bernotcif in Angstagirren, Jucknies II. in Skargillen.	Schbz. Gr.-Baum, „ Schwentoje, „ Wasgien, „ Szargillen, „ Florweg, „ Lucknojen } Eichenstammh. 300 fm; Buchenschichtnutzholz 100 rm. „ Heinbuchenstammholz 50 fm Eschenstammh. 400 fm, Erl., Asp.-, Birkenschichtnutzh. 400 rm Asp.-, Erl.-, Birkenstammh. 500 fm. Fichtenstammh. 1000 fm Fichtenschichtnutzh. 3000 rm Brennholz: 5000 rm Klob- u. Knüppel der vorstehenden Holzarten.

13. Königl. Oberförsterei Alt-Sternberg,

4811 ha. — eben, zushäng. Ei. Bu. A. L. Nadelh. Fichte.	Innerh. des Reviers meist Kiesdämme; außerh. Kreischauss. Mehlauken-Labiau. Der Timberkanal ermöglicht Wassertransp. n. Königsberg. — Fuhruntern. Besitzer in Minchenwalde, Post Piplin.	Schbz. Pannangen 30 fm Esch.-Stammh. 100 rm Erl.-Nutzh. 500 rm Fi.-Nutzh. 90 rm Nutzkn. 100 rm Asp.-Nutzh. Schbz. Schaltischledimmen 50 rm Erl.-Nutzh. 500 rm Fi.-Nutzh. 90 rm Nutzkn. Schbz. Alexen 50 fm Ei., 75 fm Esch. und 20 fm Bi.-Stammh., 50 rm Erl. 700 rm Fi.-Schichtnutzh. Schbz. Minchenwalde 50 fm Ei., 15 fm Esch. und 20 fm Bi.-Stammh. 50 rm Erl. 900 rm Fi.-Schichtnutzh. Schbz. Schmallenberg 50 fm Ei., 20 fm Esch. und 20 fm Bi.-Stammh. 50 rm Erl. 900 rm Fi.-Schichtnutzh.

Oeffentliche Holzlicitationen finden statt in:	Unterkommen im Gasthofe f. Holzhändler, Forst-Assessoren u. Referendare in möglichster Nähe der Oberförsterei	Zustand des Oberförsterdienst-Gebäudes	Wo Kirche? Wo Schule? In welcher Zeit zu erreichen?	Wo Arzt, wo Apotheke, wo Amtsgericht?	Nebenämter des Revierverwalt. — Wenn ständiger Assistent vorhanden, wo wohnt derselbe?
Rgbz. Gumbinnen. (Karte 1.)					
Berkeln, Gasthof Beyer Schillkojen, Gasthof Thiel Liedemeiten, Gasthof Albrecht Letzter Ort liegt 1 km von der Oberförsterei.	Berkeln, Gasth. Beyer, Schillkojen, Gasth. Thiel, 4 u. 6 km von der Oberförsterei.	Leidlich gutes, vor ca. 30 Jahren erb. Dienstgeb. 1 km vom Dorf Liedemeiten (30(Einw.); 7km vom Dorf Skaisgirren, ca. 1200 Einw.; 26 km von Tilsit (s. Nr. 3). Gute Wegeverb. — Wirthschaftsr. reichlich, Garten parkartig.	Evgl. Kirche in Skaisgirren. Kathl. Kirche in Mehlauken u. Tilsit. Gymnasium in Tilsit.	In Skaisgirren; Amtsger. auch in Heinrichswalde.	Oberf. ist Forstamtsanw., Amtsvorsteher u. stellvertr. Gutsvorsteher.
Rgbz. Gumbinnen. (Karte 1.)					
Insterburg Blumenthal Grünheyde Spillen	Insterburg 9 km; Blumenthal für Mohlen, Kamputschen, Werxnen. Spillen 10 km für Hirschberg und Grüneberg. Bei bescheid. Ansprüchen in Prylinen 2 km von der Obf.	Haus, 1888 neu erb., 2stöckig mit 9 kleinen Zimmern. Nächste Stadt Insterburg, 8 km, Kreisstadt (34000 Einw.), Landgericht, Garnison.	Evgl. Kirche in Georgenburg, 5 km. Kath. Kirche in Insterburg. Gymnas. u. höh. Töchterschule in Insterburg.	In Insterburg, 8 km.	Amtsvorst. u. Gutsvorst. nur f. d. Revier, ohne Ortschaften.
Rgbz. Königsberg. (Karte 1.)					
Labiau, Hotel z. deutsch. Hause.	Labiau, Hotel Kronprinz von Preußen, 4 km von Oberf.	Neues Gebäude, erb. 1883, 4 km v. Labiau, Kreisstadt (5000 Einw.). 0,8 km nördl. von Kleinhof (an Chauss. Labiau-Mehlauken) dicht am Rande des Hauptrevieres gelegen. Bis Kleinhof meist Pflasterstraße.	In Labiau, 4 km.	In Labiau 4 km.	Amtsvorst. — Gutsvorst. — Wohnung f. verh. Assessor in Labiau.
Rgbz. Königsberg. (Karte 1.)					
Kelladen, Gasthof v. Tolkin.	Kelladen, Gasthof v. Tolkin 2 km von Oberf.	Neueres Gebäude, nächste Stadt Labiau 10,4 km (s. Nr. 10).	Evgl. Kirche in Lankischken. Gymn. in Tilsit od. Königsberg.	Arzt u. Apotheke in Labiau 10,4 km meist Chauss. auch v. Jocksdorf tägl. Züge n. Labiau	Als Amtsvorsteher sehr in Anspruch genommen.
Rgbz. Königsberg. (Karte 1.)					
Großbaum bei Lepzin.	Großbaum bei Lepzin, 1 km v. Oberf. Szargillen bei Lawonus, 4 km v. Oberf.	Geräumiges, altes Haus, allein am Waldrand gelegen, 1 km Kiesweg bis Chauss. Mehlauken-Labiau. Nächst. größ. Ort Mehlauken (560 Einw.) 12 km; Kreisst. Labiau (3000 Einw.) 20 km (s. Nr. 10). Beide Orte auch von Szargillen per Bahn zu erreichen.	Evgl. Kirche in Laukischken 9 km.	Arzt u. Apotheke in Mehlauken u. Labiau, Amtsgericht in Labiau.	Amtsvorsteher, z. Z. ständiger Assistent, wohnt in Großbaum. Wohnung f. verh. Assessor nicht zu haben.
Rgbz. Königsberg. (Karte 1.)					
Mehlauken, Gasthof Recoullé.	Mehlauken, Hotel Hoffmann.	Gebäude alt, Wirthschaftsräume ebenso. Die Oberf. liegt 250 m nördlich der Chauss. Mehlauken-Labiau mit dieser durch einen Kiesweg verb. Nächst. Ort Alexen (400 Einw.). 500 m entf. Mehlauken (s. Nr. 12). Nächste Stadt Labiau, 25 km (s. Nr. 10).	Evg. Kirche in Mehlauken 2,5 km.	In Mehlauken.	Amtsvorsteher. Wohn. f. verh. Assessoren in Mehlauken.

Sitz der Oberförsterei nebst Poststation.	Entfernung des Oberförstereisitzes von der nächsten Eisenbahnstation bezw. Haltestelle. Post- und regelmäßige Reiseverbindungen auf Landwegen.	Durchschnittliche Entfernungen und ungefähre Anfuhrkosten von den einzelnen Reviertheilen für Bahn- bezw. Wassertransport und zwar: Schutzbezirk	Entfernung bis Güterbahnhof	Anfuhrkosten pro fm M.	Entfernung bis Wasserablage	Anfuhrkosten pro fm M.
8. Königl. Oberförsterei Wilhelmsbruch, Rgbz. Gumbinnen. (Karte 1.)						
Wilhelmsbruch, Post Liedemeiten, Kreis Niederung	5 km nach Bahnhof Wilhelmsbruch, (Stückverl.) 6,5 km nach Skaisgirren (Waggonverl.) (Linie Königsberg, Labiau-Tilsit.) Von der Oberf. nach den Bahnhöf. Chausseeverbdg.	Grünheide	Skaisgirren	2.50		
		Kippen	"	2.00		
		Paossen	"	1.50		
		Lappienen	"	2.50		
		Hohensprindt, Argenbruch	" Heinrichswalde " Skaisgirren	3.50 3.00 3.50		
		Weidgirren	"	3.00		
		Tingkleningken	"	3.50		
9. Königl. Oberförsterei Padrojen, Rgbz. Gumbinnen. (Karte 1.)						
Padrojen, Post Georgenburg Kreis Insterburg	9 km vom Bahnhof Insterburg (7 km Chauss., 2 km Kiesweg. — Kleinbahn von Insterburg nach Skaisgirren definitiv beschloss. Haltestelle Kauschen wird 0,5 km von Oberf. liegen; voraussichtl. in 2 Jahr. fertig.	Mohlen	6 km Landw. bis Grünheide; 7 km bis Blumenthal	2-3 (für alle Schutzbezirke)		
		Kamputeschen	4—5 km b. Blumenthal			
		Wernen	6 km (4 km Kiesw.) b. Blumenthal; 11 km (2 km Kiesw. und 9 km Chauss.) b. Insterburg			
		Leipeningken, Myrthenhof	11 km (7,5 km Ch.) bis Insterburg			
		Hirschberg, Grüneberg	10 km Chauss. bis Spillen			
10. Königl. Oberförsterei Kl.-Naujock, Rgbz. Königsberg. (Karte 1.)						
Kl. Naujock Post Labiau, Kreis Labiau	4 km von Bahnhof Labiau, der Eisenbahn Königsberg-Labiau-Tilsit. Chausseeverb.	Pöppeln	6 km Pflasterstr. bis Labiau	2.00		
		Kelladen			2 km Erdw. bis Gr. Friedrichsgraben	1.00
		Naujock	4—5 km Chauss. bis Labiau	1.80		
		Schönbruch	3—5 km Chauss. bis Schellecken	1.50		
		Agilla	6 km Chaussee bis Labiau	2.00		
		Grünwalde	5 km Chauss. u. 2 km Landw. bis Labiau	2.00		
11. Königl. Oberförsterei Pfeil, Rgbz. Königsberg. (Karte 1.)						
Pfeil, Post Laukischken, Kreis Labiau	2—8 km Landweg von Jorcksdorf. 4,4 km Chauss. u. gepflast. Weg von Schelleken.	Permauern	4—5 km Chauss. 2 km Erdw. b. Schellecken	2.00	2 km Erdw., 7 km Chauss. b. Haff (Agilla)	3.00
		Szerkantinnen, Juwendt	5 km Chauss. 4 km Erdw. b. Schellecken	3-4	4 km Erdw., 5 km Chauss. b. Haff (Agilla) wie vor	3-4
		Schweizuth			5 km Erdw., 5 km Chauss. b. Haff (Agilla)	4.00
		Sussemilken	8 km Erdw. u. 5 km Chauss. b. Schellecken	4-5	4km Erdw. b. Abl. (Wilhelmsw.) Timberfluss.	2.00
12. Königl. Oberförsterei Neu-Sternberg, Rgbz. Königsberg. (Karte 1.)						
Neu-Sternberg, Post Großbaum, Kreis Labiau	4 km gut. Weg, z. Th. Pflasterstr. über Gr. Baum nach Bahnhof Szargillen der Strecke Königsberg-Tilsit (Sekundärbahn.)	Baum	6,5 km, davon 3,5 km Chauss. bis Szargillen	3 M. pro fm Langh.; 1 M. pro rm Brennh. (für alle Schutzbezirke)	14,5 km bis Timberablage	3 M. pro fm, 1 M. pro rm (für alle Schutzbezirke)
		Schwentoje	5,0 km, davon 1 km Pflasterstr. bis Szargillen.		13,0 km bis Timberablage	
		Wasgien	2,0 km Erdweg bis Szargillen		10 km Erdw. bis Timberablage	
		Szargillen	4,0 km Erdweg bis Szargillen		5 km Erdw. bis Timberablage	
		Florweg	7,0 km Erdweg bis Szargillen		2 km Erdw. bis Timberablage	
		Luknojen	4,0 km Erdweg bis Szargillen		6 km Erdw. bis Timberablage	
Für südl. Reviertheile auch Deime-Ablage Schellecken, ca. 12 km von Großbaum.						
13. Königl. Oberförsterei Alt-Sternberg, Rgbz. Königsberg. (Karte 1.)						
Alt-Sternberg, Post Mehlauken, Kreis Labiau	2,1 km von Haltestelle Alt-Sternberg. — 2,5 km von Bahnhof Mehlauken, Linie Königsberg-Labiau-Tilsit.	Panaugen	7—9 km Kiesw. bis Alt-Sternberg	2.50	9—11 km bis Timberablage-(Piplin)	3.50
		Schaltischledimmen	5—7 km Kiesw. bis Alt-Sternberg	2.00	7—9 km bis Timberablage-(Piplin)	3.00
		Alexen	5—1 km Kiesw. bis Alt-Sternberg	2.00	7—2 km bis Timberablage-(Piplin)	2.00
		Minchenwalde	2—5 km Kiesw. bis Alt-Sternberg	1.50		
		Schmallenberg	2—5 km Kiesw. bis Alt-Sternberg	1.50		

Sitz der Oberförsterei nebst Poststation	Entfernung des Oberförstereisitzes von der nächsten Eisenbahnstation bezw. Haltestelle Post- und regelmäßige Reiseverbindungen auf Landwegen	Durchschnittliche Entfernungen und ungefähre Anfuhrkosten von den einzelnen Reviertheilen für Bahn- bezw. Wassertransport und zwar: Schutzbezirk	Entfernung bis Güterbahnhof	Anfuhrkosten pro fm M.	Entfernung bis Wasserablage	Anfuhrkosten pro fm M.

14. Königl. Oberförsterei Mehlauken, Rgbz. Königsberg. (Karte 1)

Mehlauken, Post, Kreis Labiau.	Oberf. liegt am Bahnh. Mehlauken.	Plicken	6 km bis Mehlauken	1,50	5 km bis Timber-Abl.	1,50
		Stumbragirren	8 „ „ „	2,00	3 „ „ „	1,50
		Escherwald	12 „ „ „	2,00	5 „ „ „	1,50
		Domschin	14 „ „ „	1,50	1,3 „ „ „	1,50

15. Königl. Oberförsterei Gertlauken, Rgbz. Königsberg. (Karte 1.)

Gertlauken, Post Alt-Gertlauken, Kreis Labiau.	14 km Chauss. nach Bhf. Schellecken der Bahn Königsberg-Labiau-Tilsit oder 17 km Chauss. nach Bhf. Wehlau der Linie Eydtkuhnen-Königsberg-Berlin (Schnellzüge).	Gr.-Gertlauken			12 km b. Deime-Abl. b. Gr.-Schmerberg	pr. rm 1,00
		Peremtienen			7 km bis Deime-Abl.	0,80
		Kl.-Fließ			6 „ „ „	0,70
		Müllershorst			5 „ „ „	0,60
		Steingrenz			2 „ „ „	0,50
		Kl.-Gertlauken			10 „ „ „	1,20
		Kalweningken	10 km meist Chauss. bis Schellecken Langh. kostet z. Bahn oder z. Deime-Anfuhr	pr. rm 1,50 pr. fm 3,00	10 „ „ „ (Schellecken)	1,50

16. Königl. Oberförsterei Drusken, Rgbz. Königsberg. (Karte 1.)

Drusken, Post Gr.-Schirrau, Kreis Wehlau.	17 km (15 km Chauss. 2 km Kiesw.) nach Puschdorf. — 21 km Chauss. nach Wehlau der Ostbahn. — 16 km nach Szargillen der Königsberg-Tilsiter-Bahn auf Kiesweg und Pflasterstraße durch die Oberf. Drusken und Neu-Sternberg.	Skaticken	10—15 km Kiesw. bis Szargillen	3—5		
		Drusken				
		Eichenberg				
		Asslacken	5—9 km Kiesw. bis Szargillen	2—4		
		Espenhain				
		Reußwalde				

17. Königl. Oberförsterei Papuschinen, Rgbz. Königsberg. (Karte 1.)

Papuschinen, Post Gr.-Schirrau, Kreis Wehlau.	17 km (davon 14 km Chauss.) nach Puschdorf, Station der Ostbahn Königsberg-Eydtkuhnen. — 17 km Pflasterstr. u. Chauss. nach Norkitten (derselben Bahn). — 15 km Chauss. nach Station Mehlauken (Königsberg-Labiau-Tilsit). Fuhrwerk zu bestellen bei Frau Ragnit zu Gr.-Schirrau.	Lindenbusch	13 km bis Norkitten	2,5 bis 3	13 km b. Pregel (Simohn.)	2,5 bis 3
		Patimbern	6 „ „ „		9 „ „ „	
		Laubhorst	4 „ „ „		9 „ „ „	
		Rosenberg	7 „ „ „		9 „ „ „	
		Plompen	2 „ „ Mehlauken		11 „ „ „	
		Eszerningken	3 „ „ „		10 „ „ „	

18. Königl. Oberförsterei Leipen, Rgbz. Königsberg. (Karte 1.)

Leipen, Post Grünhayn, Kreis Wehlau	9 km Kieschauss. n. Tapiau. Directe Privatpostverb. von Grünhayn n. Tapiau.	Weißensee	12—16 km Landstr. bis Wehlau	2,50 bis 3,00		
		Naukel				
		Nickelsdorf	10—12 km Chauss. bis Wehlau	2,50 bis 3,00		
		Keber				
		Rathsgrenz			5—7 km bef. Weg bis Deimeabl. (Baining)	1,50
		Baining			3 km bef. Weg bis Deimeabl. (Baining)	80 bis 1,20
		Koethen	5 km bis Tapian	1,50		

19. Königl. Oberförsterei Tapiau, Rgbz. Königsberg. (Karte 1.)

Tapiau, Post, Kreis Wehlau.	1,5 km Chauss. vom Bahnh. Tapiau der Eisenb. Königsberg-Eydtkuhnen.	Rosengarten	7 km Erdw. bis Bhf. Wehlau	2 pro rm		
		Frischenau				
		Albrechtshausen	8—10 km bis Bhf. Tapiau	4—8 pr. rm		
		Steinwalde				
		Kühnbruch				
		Biberswalde				
		Lieblacken	7 km Erdw. bis Bhf. Tapiau	4—8 pr. fm	3—6 km Erdw. zur Deimeabl.	1,50 b. 2 pro rm
		Grünlauken				

Flächengröße und Charakter des Revieres. — Vertheilung der Hauptholzarten nach Zehnteln.	Beschaffenheit des Wegenetzes im Reviere und der sich daran schließenden Abfuhrstraßen, sowie der etwaigen Wassertransportwege. Adressen von größeren Fuhrunternehmern.	Jahresquantum der Haupt-Verkaufshölzer nach Holzarten und Sortimenten (unter Abrechnung des Lokalbedarfs).

14. Königliche Oberförsterei Mehlauken,

7572 ha. — eben, zusammenhängend. Ki. } 0,4 Fi. } Ei. } 0,1 Bu. } A. L. 0,5	Innerh. der Forstorte meist Kieswege u. befest. Gestelle. Der Timberkanal ist schiffbar. Fuhrunternehmer: Kuhulis-Minchenwalde, Jakobeit-Uszballen u. mehr. kl. Besitzer in der Umgegend.	Schbz. Plicken 2850 fm „ Strumbragirren 3020 „ „ Eschерwald 2370 „ „ Domschin 2060 „ „ Kupstienen 900 „ Hiervon 300 fm Ei.-Nutzh. 80 „ Bi.- „ 690 „ A. L.- „ 1060 „ Fi. u. Ki. „

15. Königliche Oberförsterei Gertlauken,

4892 ha. — eben, zusammenhängend. Fi. 0,5 Weichh. 0,3 Ki. 0,1 Ei. } Bu. } 0,1 Lä. }	Innerh. des Reviers einige gepfl. Abfuhrstr. sonst meist schwer passierbare Erdwege. Für Wassertransp. die Deime (Abl. Gr.-Schmerberg u. Schelecken) für den Bahntransp. zwei Bahnen.	Schbz. Gr.-Gertlauken 200 fm Fi.-Langh., 350 fm Fi.-Celluloseh. Schbz. Kalweningken 200 fm Fi.-Langh., 250 fm Fi.-Celluloseh., 200 fm Ki.-Langh., 100 fm Fi.-Kloben. Schbz. Peremtienen 150 fm Fi.-Langh., 200 fm Fi.-Celluloseh. Schbz. Kl.-Gertlauken 250 fm Fi.-Langh., 400 fm Fi.-Celluloseh. Schbz. Kl.-Fließ 200 fm Fi.-Langh., 300 fm Fi.-Celluloseh., 30 fm Eichenlangh. Schbz. Müllershorst 200 fm Fi.-Langh. 300 fm Fi.-Celluloseh. 20 fm Heinbuchen. Schbz. Steingrenz 80 fm Fi.-Langh. 80 fm Ki.-Langh. 100 fm Celluloseh., außerdem 1500 rm Fichten u. 1000 rm Birkenscheith.

16. Königliche Oberförsterei Drusken,

4973 ha. — eben, zusammenhängend. Ei. 0,10 Bu. 0,15 Esch. 0,05 Erl. 0,20 Bir. 0,15 Asp. 0,05 Fi. 0,30	Gutes Netz von Kiesb. im Revier. Dasselbe stößt im Südosten an Königsberg-Tilsiter Chauss. Im Norden führt die Labiau-Tilsiter Chauss. auf 3 km Entfernung vorbei. Es werden benutzt die Wasserablagen Piplin am Timber und Schelecken am Deimefluß nach Königsberg. Fuhrunternehmer genügend vorhanden.	Schbz. Skaticken 200 fm Weißbuch., 200 fm Birke, 200 fm Erl., 200 fm Celluloseh., 400 fm Ficht.-Bauholz. Schbz. Drusken 200 fm Erl., 400 fm Ficht.-Bauh. Schbz. Aszlaken 150 fm Buchen, 300 fm Kiefern, 200 fm Erl., 200 fm Celluloseh. Schbz. Eichenberg 100 fm Birke, 100 fm Erl., 300 fm Ficht.-Celluloseh., 600 fm Ficht.-Bauh. Schbz. Espenhain 50 fm Eichen, 100 fm Weißb., 200 fm Erl., 100 fm Cellulosestoffh. Schbz. Reußwalde 80 fm Eichen, 150 fm Weißb., 200 fmBirk., 200 fm Erl., 200 fm Cellulosestoffh., 50 fm Eschen.

17. Königliche Oberförsterei Papuschienen,

7289 ha. — eben, zusammenhängend. Fi. 0,5 Hainb. 0,1 Asp. Erl. Bi. 0,4	Im Reviere viele Kiesstr., bei weichem Wetter aber schlecht, außerh. Pflasterb., Chauss. u. Kiesstr. Fuhrleute wohnen in jedem Dorfe besond. in Bittkallen, Paschwentschen, Kl.-Baum, Saalau.	(see table below)

Schbz.	Celluloseh., Fichten. rm	Aspennutzrollen rm	Birkenrollen rm
Patimbern	300	50	80
Lindenbusch	400	50	80
Laubhorst	500	100	120
Rosenberg	400	50	80
Plompen	400	100	150
Eszerningken	100	—	—

18. Königliche Oberförsterei Leipen,

4777 ha. — eben, zusammenhängend, bis auf Schbz. Koethen, der isolirt liegt. Fi. 0,6 A. L. 0,3 Ei. } 0,1 Bu. }	Innerh. des Revieres zum Theil bekieste Holzabfuhrwege. Chauss. v. Wehlau n. Gertlauken. Landstr. von Wehlau n. Gertlauken, v. Labiau n. Wehlau, von Tapiau n. Labiau. Flüsse Pregel u. Deime, zum Verladen. Fuhrunternehm.: Kaufmann Lepahne in Labiau und mehr. Besitzer in Kl.-Nickelsdorf bei Grünhayn.	Schbz. Weißensee 150 fm Fi.-Bauh., 500 rm Fi.-Nutzh. 150 rm Fi.-Nutzknüppel. Schbz. Baukel 380 fm Fi.-Bauh., 650 rm Fi.-Nutzh., 110 rm Nutzknüppel. Schbz. Bickelsdorf 250 fm Fi.-Bauh., 450 rm Fi.-Nutzh., 110 rm Nutzknüppel. Schbz. Keber 200 fm Fi.-Bauh., 400 rm Fi.-Nutzh., 100 rm Nutzknüppel. Schbz. Rathsgrenz 200 fm Fi.-Bauh., 480 rm Nutzh., 90 rm Nutzknüppel. Schbz. Baining 300 fm Fi.-Bauh., 490 rm Fi.-Nutzh., 110 rm Nutzknüppel. Schbz. Koethen 160 fm Fi.-Bauh., 100 rm Fi.-Nutzh.

19. Königliche Oberförsterei Tapiau,

6202 ha. — eben in 2 Theilen, nördl. u. südl. vom Pregel. Fi. 0,5 A. L. 0,3 Ei. 0,1 Ki. 0,1	Im Süden ein gepfl. Gestell v. d. Westgrenze ab zur Chauss. Abfuhr günstig nur bei Frost u. in trocknen Sommern; ebenso im Nordreviere. Außerh. des Revieres Chausseen. Fuhrunternehmer Szengel in Tapiau außerdem Besitzer in Lindendorf, Pr.-Eylau, Pregelswalde.	Schbz. Rosengarten 400 rm Ficht. und Fi.-Zellstoffholz Schbz. Frischenau 130 rm Lindennutzh., 800 rm Fichten-Zellstoffholz. Schbz. Albrechtshausen 80 rm Lindennutzh., 300 rm Fichten-Zellstoffholz. Schbz. Steinwalde 15 fm Eichenstammh., 900 rm Fichten-Zellstoffholz. Schbz. Kühnbruch 900 rm Fichten-Zellstoffholz. Schbz. Bieberswalde 400 rm Fichten-Zellstoffholz. Schbz. Lieblacken 20 fm Eichenstammholz, 300 rm Fichten-Zellstoffholz. Schbz. Grünlauken 40 fm Eichenstammholz, 600 rm Fichten-Zellstoffholz.

Oeffentliche Holzlicitationen finden statt in:	Unterkommen im Gasthofe f. Holzhändler, Forst-Assessoren u. Referendare in möglichster Nähe der Oberförsterei	Zustand des Oberförsterdienst-Gebäudes	Wo Kirche? Wo Schule? In welcher Zeit zu erreichen?	Wo Arzt, wo Apotheke, wo Amtsgericht?	Nebenämter des Reviervervwalt. — Wenn ständiger Assistent vorhanden, wo wohnt derselbe?

Rgb. Königsberg. (Karte 1.)

bei Abomeit in Mehlauken	Hotel Hoffmann und Hotel Mauerhoff in Mehlauken	Dienst-Gebäude alt, am Bahnh. Mehlauken (s. Nr. 12)	Evangel. Kirche im Dorfe	sämmtlich in Mehlauken	Wohn. für verh. Assess. im Orte zu beschaffen.

Rgb. Königberg. (Karte 1.)

Gasthof Balzuweit in Alt-Gertlauken,	Gasth. Balzuweit in Alt-Gertlauken, 1 km entfernt	Gutes, neues Dienstgeb. 1 km südw. von Alt-Gertlauken an Chauss. Agilla-Laukischken-Wehlau. 15 km entfernt von Wehlau. Kreisst. 5000 Einw. Bezirkskommando	Ev. Kirche in Laukischken (10 km) Realschule in Wehlau	Arzt, Apoth. in Wehlau; Amtsgericht in Labiau	

Rgb. Königsberg. (Karte 1.)

In Schirrau bei Frau Ragnit	Gr. Schirrau b. Fr. Ragnit, 2½ km v. Oberf. event. bei Lepsin zu Gr. Baum. 3 km v. d. Reviergrenze	Geräumiges Dienstgeb., 1796 geb. mit ausr. Wirthschafts-Geb., isolirt, am südl. Revierrande u. 2½ km Kiesw. von Gr. Schirrau mit 300 Einw. Letzterer Ort an der Chauss. Königsb.-Tilsit, 21 km von Stadt und Bahnhof Wehlau (s. Nr. 16)	Ev. Kirche in Plibischken (10 km Kiesw.) in 1 St. zu erreichen. Schule zu Gr. Schirrau u. Aslaken, 2½ km Kiesweg.	In Wehlau, 21 km, ferner Arzt in Papuschinen 18 km. Theils Chaussee	Amts- u. Gutsvorsteher. Amtsanwalt.

Rgb. Königsberg. (Karte 1.)

In Berschkallen bei Naujoks in Popelken bei Forstreute	Im Dorf Berschkallen bei Naujoks für die Schbz. Alischken, Laszeningken, Patimbern, Lindenbusch. 16 km v. Oberf. In Gr. Schirrau bei Frau Ragnit, 2 km v. d. Oberf.	Zweckentsprech. ausgebautes Bauernhaus, viel Wirtschaftsraum. An der Chauss. Taplaken-Tilsit im Dorfe Gr. Papuschinen, 50 Einw., frei geleg. Nächste Stadt Wehlau (28 km) (s. Nr. 15)	Evgl. Kirche in Plibischken 12 km. Gottesdienst in der Schule in Gr. Schirrau, 2 km. Privatunterricht durch Hilfsprediger u. Elementarlehrer möglich.	Arzt in Popelken 10 km. Mehlauken 15 km. Wehlau 28 km. Apotheke in Popelken. Amtsgericht in Wehlau, Mehlauken, Insterburg.	

Rgb. Königsberg. (Karte 1.)

In Nickelsdorf bei Gimbott.	In Nickelsdorf bei Gimbott, 2 km von Oberf. — In Grünhayn bei Wiemer, 1 km v. Oberf. (Postverb. u. Telephon.)	Aelteres Dienstgeb. im Dorfe Leipen, ca. 7 km von der Stadt Tapiau (4000 Einw.) — Nächst. Dorf Grünhayn (700 Einw.) Die Oberf. liegt an der Kreischauss. von Leipen n. Tapiau. Wirthschaftsräume beschränkt.	Ev. Kirche u. Schule in Grünhayn, in 10 Min. zu erreichen.	In Tapiau, 7 km.	Amts- u. Gutsvorsteher.

Rgb. Königsberg. (Karte 1.)

In Tapiau Gasthof Kämpfer.	Für Holzhändler mehrere Gasthöfe in Tapiau. Für Forstassessoren u. Referendare ev. auch auf den Förstereien.	Am Westende der Stadt Tapiau, (s. Nr. 18.) Zugangsstr. vom Markt aus. Altes Dienstgeb. Wirthschaftsräume beschränkt.	Ev. Kirche in Tapiau. Gymnasium in Wehlau (soll aber eingehen.)	In Tapiau.	

Flächengröße und Charakter des Reviers. — Vertheilung der Hauptholzarten nach Zehnteln.	Beschaffenheit des Wegenetzes im Reviere und der sich daran schließenden Abfuhrstraßen, sowie der etwaigen Wassertransportwege. Adressen von größeren Fuhrunternehmern.	Jahresquantum der Haupt-Verkaufshölzer nach Holzarten und Sortimenten (unter Abrechnung des Lokalbedarfs.)
		20. Königl. Oberförsterei Warnicken,
2190 ha. — eben. 1 Hauptkomplex bei Warnicken, 1 Parz. bei Rauschen, 5 Parz. bei Palmnicken. — Hauptholzart für Handel ist Eiche.	Im Osten des Reviers Chauss. auf etwa 4 km Länge, sonst Erdwege, welche im Sommer oder bei trocknem Wetter gut fahrbar sind, bei anhaltend. Nässe aber sehr schlecht werden. Fuhrleute sind in Neukatzkeim und Gr. Kuhren.	Schbz. Wilhelmshorst 70 fm Ei.-Stammh. „ Hirschau 100 „ „ „ „ Katzkeim 50 „ „ „
		21. Königl. Oberförsterei Fritzen,
3696 ha. — eben parzellirt. Ei. } 0,1 Bi. } Erl. 0,2 Fi. 0,5 Ki. 0,2	Innerhalb der Forstorte vielfach befestigte Wege, welche im Hauptrevier meist lehmig, im Nehrungsrevier meist sandig, in den Brüchern aber moorig sind. Zur Verbindung des Reviers mit der Cranzer- und Powunder-Chauss. kürzere Pflasterstraßen. Fuhrunternehmer im Dorfe Neuhoff.	Handelsholz kommt nicht vor.
		22. Königl. Oberförsterei Greiben,
5330 ha. — eben, in der Hauptsache zusammenhängend, 2 Beläufe abseits vom Kurischen Haff gelegen. Fi. 0,5 A. L. 0,4 Ei. } 0,1 Esch. }	Innerhalb des Reviers sind die Hauptwege Kiesstraßen, die mit Chauss. verbunden sind. Südl. des Reviers der Pregel-Strom. Fuhrunternehmer in Stampelken, in Taymen, Nautzken, Sergitten, Sielkeim, Heiligenwahr.	Schbz. Stampelken 800 fm Ei.-Stammh. „ Rosenwalde 300 „ Erl.- „ „ Gaue 300 „ Bi.- „ „ Luchshaus 200 „ Li. u. Asp.-Stammh., in starken Dimensionen „ Sielkeim 200 rm Fich.-Nutz-Kloben. — „ Eichenhorst Das Uebrige für den Lokalbedarf. „ Brandt „ Post
		23. Königl. Oberförsterei Kobbelbude,
4848 ha. — eben, 3 Parzellen. Ki. 0,7 Fi. 0,2 Erle 0,1	Innerh. des Reviers Sandwege und 4 km Chauss. im Osten (Margen) anschließend an die Chauss. nach Königsberg. Wasserverladung am Haff: Fischhausen u. Zimmerbude, sowie Ladestelle mit Kähn. (Elenskr.) Holzfuhrleute für Margen und Bärwalde in Moditten; für Elenskrug, Kobbelbude und Nepleck in Gr. Blumenau (Porr) in Zimmerbude (Herrmann.)	Schbz. Margen 900 fm „ Bärwalde 750 „ „ Elenskrug 1300 „ „ Kobbelbude 700 „ „ Neplecken 750 „ } Kiefern- und Fichten-Stammholz. „ Neuhäuser 10 fm Ei-St..- u. Schichth.
		24. Königl. Oberförsterei Gauleden,
6746 ha. — eben, zusammenhängend.	Ausgebaute Gestelle mit Kiesschüttungen befestigt; im Herbst und Frühjahr schwere Abfuhr.—Chauss. Gauleden-Starkenberg bis fast an Taplauer Grenze. Ein Pflasterweg quer durch das Revier von O nach W im Ausbau. Fuhrunternehmer in Gr. Lindenau, Ottenhagen, Lindenhof, Gauleden und Starkenberg.	Schbz. Höfelhaus Stämme Ei. 30, Na. 200 fm; Schichtnutzh. Ei. 250 A. L. 200 Na. 1700 rm. Schbz. Langhöfel Stämme Ei. 20, Na. 240 fm; Schichtnutzh. Ei. 80, A. L. 240, Na. 1400 rm. Schbz. Liedersdorf Stämme Ei. 20, Na. 180 fm; Schichtnutzh. Ei. 80, A. L. 290, Na. 1700 rm. Schbz. Eichwalde Stämme Na. 70 fm; Schichtnutzh, Bu. 140, A. L. 560, Na. 1100 rm. Schbz. Haferbeck Schichtnutzh, A. L. 300, Na. 1200rm. Außerd. ganzes Revier: Fi. durchschn. 5500 rm. Cellulose-Rollen und 1000 rm Grubenholz.
		25. Königl. Oberförsterei Pr. Eylau,
5100 ha. — eben, sehr parzellirt. 0,5 Fi. 0,4 Ki. 0,1 Laubholz	Innerhalb der Schutzbezirke ziemlich gut ausgebaute Wege, außerh. meist Chausseen. Fuhrhalter Bartel in Pr. Eylau.	Schbz. Neuendorf u. Warschkeiten (gen. Eylauer Heide) 800 fm Ki. u. Fi. Stammh. 300 rm Fi. Rollholz Schbz. Stablack u. Wilhelmshöhe (gen. der Stablack) 300 rm Fi. Rollenholz. 200 fm Fi. Stammholz, 20 fm Bu. 100 fm. Bi. Stammholz. Schbz. Dinge 300 rm Fi. Rollh., 200 fm Fi. u. Ki. Stmh. Schbz. Schönwalder Heide 150 rm Fi. Rollholz, 100 fm Fi. Stammholz. Schbz. Lauenburg 150 rm Fi. Rollholz, 100 fm Fi. Stammholz. Schbz. Brandenburger Heide 400 fm Ki. Stmh., 100 fm Grubenholz.
		26. Königl. Oberförsterei Födersdorf,
4042 ha. — meist eben. 7 Parzellen. Ki. 0,44 Fi. 0,40 Ei. 0,14 Bu. 0,01 A. L. 0.01	Innerhalb der Forstorte sind, so weit erforderlich, die Gestelle bekiest oder besandet. Durch oder in unmittelbarer Nähe der Schutzbezirke Tiedmannsdorf, Födersdorf, Niederwald, Koßwald, Damerau auch Chauss. Schbz. Büsterwald unmittelb. am frisch. Haff gelegen zur directen Verfrachtung. — Schbz. Koßwald 9 km vom Hafen. — Fuhrunternehm. in Ebersbach u.s.w. weist Oberförsterei nach.	Schbz. Gardienen 700 fm Ki. Stammholz Schbz. Tiedmannsdorf 400 fm Ei. Stammh. 1000 fm Fi. Stammh., 1000 fm Weißbu. Stammh. Schbz. Födersdorf 200 fm Ei. Stammh. 900 fm Fi. Stammh.. 50 fm Weißbu. Stammh. Schbz. Jägeritten 100 fm Ei. Stammh. 400 fm Fi. Stammh., 1000 fm Weißbu. Stammh. Schbz. Bischdorf 50 fm Ei. 900 fm Ki. Stammh. 400 fm Fi. Stammh. Schbz. Niederwald 250 fm Ki. Stammh. Schbz. Koßwald 1500 fm Ki. Stammh., 300 fm Cellulose- und Schleifholz. Schbz. Damerau 800 fm Ki. Stammh., 400 fm Cellulose- und Schleifholz. Schbz. Büsterwald 400 fm Ki. Stammh.

Oeffentliche Holzlicitationen finden statt in:	Unterkommen im Gasthofe f. Holzhändler, Forst-Assessoren u. Referendare in möglichster Nähe der Oberförsterei	Zustand des Oberförster-Dienstgebäudes	Wo Kirche? Wo Schule? In welcher Zeit zu erreichen?	Wo Arzt, wo Apotheke, wo Amtsgericht?	Nebenämter des Revierverwalt. Wenn ständiger Assistent vorhanden, wo wohnt derselbe?
Rgbz. Königsberg. (Karte 2.)					
Georgswalde, Hotel Waldhaus „ Warnicken. Gasthaus des Gutes Heilig Kreuz.	Hotel zu Warnicken (Seebad). Im Sommer im Hotel Waldhaus zu Georgswalde, evt. auch im Seebad Rauschen, durch Bahn mit Warnicken verbunden.	Altes Gebäude von mäßiger Beschaffenheit, $^1/_2$ km von Warnicken.	Kirche St. Lorenz. Schulen in Königsberg.	Apotheken in Pobethen, Palmnicken. Arzt im Sommer in Rauschen, Landarzt in Birkenhof, Gutsbes.	Amts- u. Gutsvorsteher.
Rgbz. Königsberg (Karte 2.)					
Steinerkrug, Dammkrug, Gasthof Lustschloß in Quednau.	Im Sommer im Bhf. Gr. Raum sowie in den zahlreichen Gasthäusern zu Cranz.	Neues Dienstgebäude $^1/_2$ km südl. der Powunder Chaussee. Wirthschaftsräume beschränkt. Nächste Stadt ist Königsberg (18 km) 161 000 Einw. Universität, Ober-Landesgericht, Garnison.	Evgl. Kirche in Laplan, 10 km Schule in Norgehnen $2^1/_2$ km.	In Königsberg; Arzt u. Apotheke auch in Cranz.	Amts- u. Gutsvorsteher.
Rgbz. Königsberg. (Karte 2)					
Caymen: Zur Kaiserkrone.	Caymen, gutes Gasthaus im Dorf, 3 km von der Oberf., desgleichen v. Bahnstat. Nautzken, dort auch einfach. Quartier.	Neues, massives Gebäude, unweit des Waldes mitten im Dienstland, in der kleinen Dorfgemeinde Greiben gelegen. — 3 km fast nur Chaussee nach Dorf Caymen; 3 km Chauss. nach Station Nautzken.	Ev. Kirche in Caymen, Schule in Wanghusen (Dorf), höhere Schulen in dem 24 km entfernten Königsberg.	Arzt, Apotheke in Caymen, 3 km. Amtsgericht in Labiau, Tapiau.	
Rgbz. Königsberg. (Karte 2.)					
Kobbelbude bei Thalau. Vierbrüderberg bei Schulz (im Belaufe Margen).	Fischhausen Hotel zur Südbahn.	Sehr geräumiges altes Dienstgebäude 10 km von Fischhausen, Kreisstadt, 3000 Einwohner.	Evgl. Kirche in Fischhausen.	3 Aerzte und Apotheke im 10 km entfernten Fischhausen.	Amtsvorsteher. Verh. Assessor könnte in Bludau wohnen. 3 km von Kobbelb.
Rgbz. Königsberg. (Karte 2.)					
Gauleden im Krug. Gr. Lindenau bei A. Diester.	Gr. Lindenau bei Gronert, außerdem bei Wetzker und Diester; für Forst-Assessoren und Referendare schwierig. z. Zt. Försterei Eichwalde.	Altes Gebäude, gute Wirthschaftsräume. — Nächste Stadt Tapiau (s. Nr. 18). Mit dieser und Königsberg (s. Nr. 21) 5mal täglich Bahnverbindung von Gr. Lindenau hin und zurück.	Evgl. Kirche in Dorf Starkenberg, ca. 3 km Chaussee. Dorfschule im Orte.	3 Aerzte, Apotheke und Amtsgericht in Tapiau. Wöch. 1mal Sprechstd. e. Königsberger Arzt. i. Bahnhof Lindenau.	
Rgbz. Königsberg. (Karte 2.)					
Pr. Eylau, Ludwigsort, Zinten, Creuzburg.	Pr. Eylau, Hotel Deutsches Haus u. dito in Spinten. In Ludwigsort Hotelbes. Stolzke.	Altes Gebäude, 1,4 km von Pr. Eylau; Kreisstadt (3500 Einwohner).	Pr. Eylau, 15 Min.	Pr. Eylau,	Staatsaufsicht über 5 Stadtwaldungen.
Rgbz. Königsberg. (Karte 2.)					
Braunsberg Gasthof zum schwarzen Adler. Mühlhausen Kaufmann Rabe. Heiligenbeil Hotel Böhme.	Braunsberg und Mühlhausen; und bei den allerbescheidensten Ansprüch. für 1 Nacht in Tiedmannsd. u. Ebersbach; bei längerem Aufenthalt Privatquartier in Ebersbach 1,5 km.	Altes Gebäude an Chaussee, 2 km nördlich von Ebersbach (400 Einw.) Neubau bevorstehend; Wirthschaftsgebäude ausreichend. Nächste Stadt Mühlhausen (2200 Einw.) 8 km; Braunsberg (12 000 Einw.) 18 km, Kreisstadt, Garnison.	Evgl. Pfarre in Lauch, Kirche in Ebersbach, auch Pfarre u. Kirche in Tiedmannsdorf, 4 km. — Gymnasium in Braunsberg.	3 Aerzte und 1 Apotheke in Mühlhausen 8 km. Amtsgericht in Braunsberg.	Guts- u. Amtsvorsteher, Forstamtsanwalt. Aufsicht über 4 Stadtwaldungen.

Sitz der Oberförsterei nebst Poststation	Entfernung des Oberförstereisitzes von der nächsten Eisenbahnstation bezw. Haltestelle. Post- und regelmäßige Reiseverbindungen auf Landwegen.	Durchschnittliche Entfernungen und ungefähre Anfuhrkosten von den einzelnen Reviertheilen für Bahn- bezw. Wassertransport, und zwar:				
		Schutzbezirk	Entfernung bis Güterbahnhof	Anfuhrkosten pro fm M.	Entfernung bis Wasserablage	Anfuhrkosten pro fm M.
20. Königl. Oberförsterei Warnicken, Rgbz. Königsberg. (Karte 2.)						
Warnicken, Post Rauschen, Kreis Fischhausen	Der Oberförstersitz ist $1/2$ km vom Bahnhofe Warnicken, Endstation der Bahn von Königsberg (Samlandsbahnhof); für die Sommermonate Poststat. Warnicken (Ostsee), für den Winter Rauschen.	Wilhelmshorst	9 km Erdweg bis Warnicken			
		Hirschau	3 km Erdweg bis Warnicken			
		Katzkeim	4 km Erdweg bis Warnicken			
		Palmnicken	in 5 Parzellen gel. bei Bhf. Palmnicken.			
21. Königl. Oberförsterei Fritzen, Rgbz. Königsberg. (Karte 2.)						
Fritzen, Post Schugsten, Kreis Fischhausen.	5 km Chaussee und Pflasterstraße nach Gr. Raum (Königsberger—Cranzer Bahn) od. 18 km Chaussee über Quednau nach Königsberg. Privatpost 2mal täglich von Gr. Raum nach Powunden und zurück.	Wilky	8 km bis Gr. Raum	2.20		
		Dammwalde	5 „ „ „ „	1.80		
		Gr. Raum	2 „ „ „ „	1.00		
		Uggehnen	7 „ „ „ „	2.00		
		Cranz	4 „ „ Cranz	2.50		
		Grenz	8 „ „ „	1.50		
22. Königl. Oberförsterei Greiben, Rgbz. Königsberg. (Karte 2.)						
Greiben, Post Caynen, Kreis Königsberg.	ca. 6 km von Nautzken der Bahn Königsberg—Tilsit und ebensoweit v. Station Possindern der Kleinbahn Königsberg—Tapiau entf.; nach Nautzken Chaussee, nach Possinden Landw., meist Kiesstraße.	Der Holztransport bewegt sich nach den Bahnstationen Nautzken und Possindern und nach Abl. am Pregel (Langendorf). Anfuhrkosten durchschnittlich 3—6 M. pro fm und 2 M. pro rm. Im Revier sind die Hauptwege stets fahrbar, die Nebenwege bei nasser Witterung schwer zu benutzen. Die Chausseen nach Nautzken und nach Königsberg vermitteln den weiteren Verkehr.				
23. Königl. Oberförsterei Kobbelbude, Rgbz. Königsberg. (Karte 2.)						
Kobbelbude, Post Bludau, Kreis Fischhausen.	5 km Landweg nach Powayen (Königsberg—Pillauer Bahn) oder 10 km (davon 7 km Chaussee, 3 km Landweg) nach Fischhausen.	Margen	10 km Chaussee bis Königsberg	2.50		
		Bärwalde	13 km Chaussee bis Königsberg	3.00		
		Elenskrug	4 km Landweg bis Bahnhof Powayen	1.50	3 km Landweg zur Ladestelle am Haff	1.50
		Kobbelbude	9 km Landweg, 7 km Chss. bis Fischhausen	3.00		
		Neplecken	wie vor bis Fischhausen		4 km Landweg bis Hafen Zimmerbude	
		Neuhäuser	1 km Chaussee bis Bhf. Neuhäuser			
24. Königl. Oberförsterei Gauleden, Rgbz. Königsberg. (Karte 2.)						
Gauleden, Post Gr. Lindenau Kreis Wehlau	2,7 km von Bahnh. Gr. Lindenau (Ostbahn), meist gut fahrbare Laudstraße. — 10 km vom Bahnh. Tapiau. Dieselbe Landstraße nach O., aber nur bei gutem Wetter oder Frost fahrbar. Chaussir. der Straßen von Tapiau bis Gr. Lindenau in Aussicht. Im Sommer 3mal wöchentlich Dampferverbindung von und nach Königsberg und Tapiau.	Höfelhaus	9 km davon 5 km Chss. b. Gr. Lindenau	1.60 pro rm und 2.00 pro fm	8 km nach Pregelabl. (Gauleden)	
		Langhöfel	desgl.		desgl.	
		Elchwalde	8—9 km bis Gr. Lindenau			
		Haferbeck	9—10 km bis Gr. Lindenau			
		Liebersdorf	8 km Landweg bis Gr. Lindenau		9—10 km nach „ Davon 5 km Chauss.	
25. Königl. Oberförsterei Pr. Eylau, Rgbz Königsberg. (Karte 2.)						
Pr. Eylau, Post, Kreis Pr. Eylau.	2,5 km von Bahnhof Pr. Eylau Chaussee.	Eylauer Heide	4 km Chss. 3 km Ldw. bis Pr. Eylau	4.00		
		Stablack	11 km Chaussee bis Pr. Eylau	5.0)		
		Dinge	9 km Landweg bis Zinten	6.00		
		Schönw. Heide	7 km Chaussee bis Zinten	4.00		
		Lauenburg	4 km Chaussee bis Zinten	4.00		
		Brand. Heide	1—3 km Chaussee bis Bahnh. Ludwigsort	2-3.00	Ablage unmittelb. am Haff	
26. Königl. Oberförsterei Födersdorf, Rgbz. Königsberg. (Karte 2.)						
Födersdorf, Post Neumark, Kreis Braunsberg	6 km Chaussee über Tiedmannsdorf nach Haltestelle Tiedmannsdorf. — 9 km theils Chaussee, theils Landweg über Ebersbach, Stadt Mühlhausen oder 10 km theils Kiesweg, theils Chaussee über Ebersbach, Neumark, Herrendorf nach Bhf. Mühlhausen.	Gardienen	5 km Chaussee bis Mühlhausen	2.00		
		Tiedmannsdorf	6 km Chaussee bis Tiedmannsdorf	2.00		
		Jägeritten	9 km Chaussee bis Mühlhausen	2.00		
		Bischdorf	2 km Chaussee bis Tiedmannsdorf	1.80	14 km bis Hafen Frauenberg	3.00
		Niederwald	12 km Chaussee bis Mühlhausen	2 70	15 km Chaussee bis Frauenberg	3.00
		Coßwald	18 km Chaussee nach Mühlhausen / 12 km Chaussee nach Tiedmannsdorf	2.50	9 km Chaussee bis Frauenberg	2.50

Karte 2

Verlag von Julius Springer in Berlin.

Karte 1

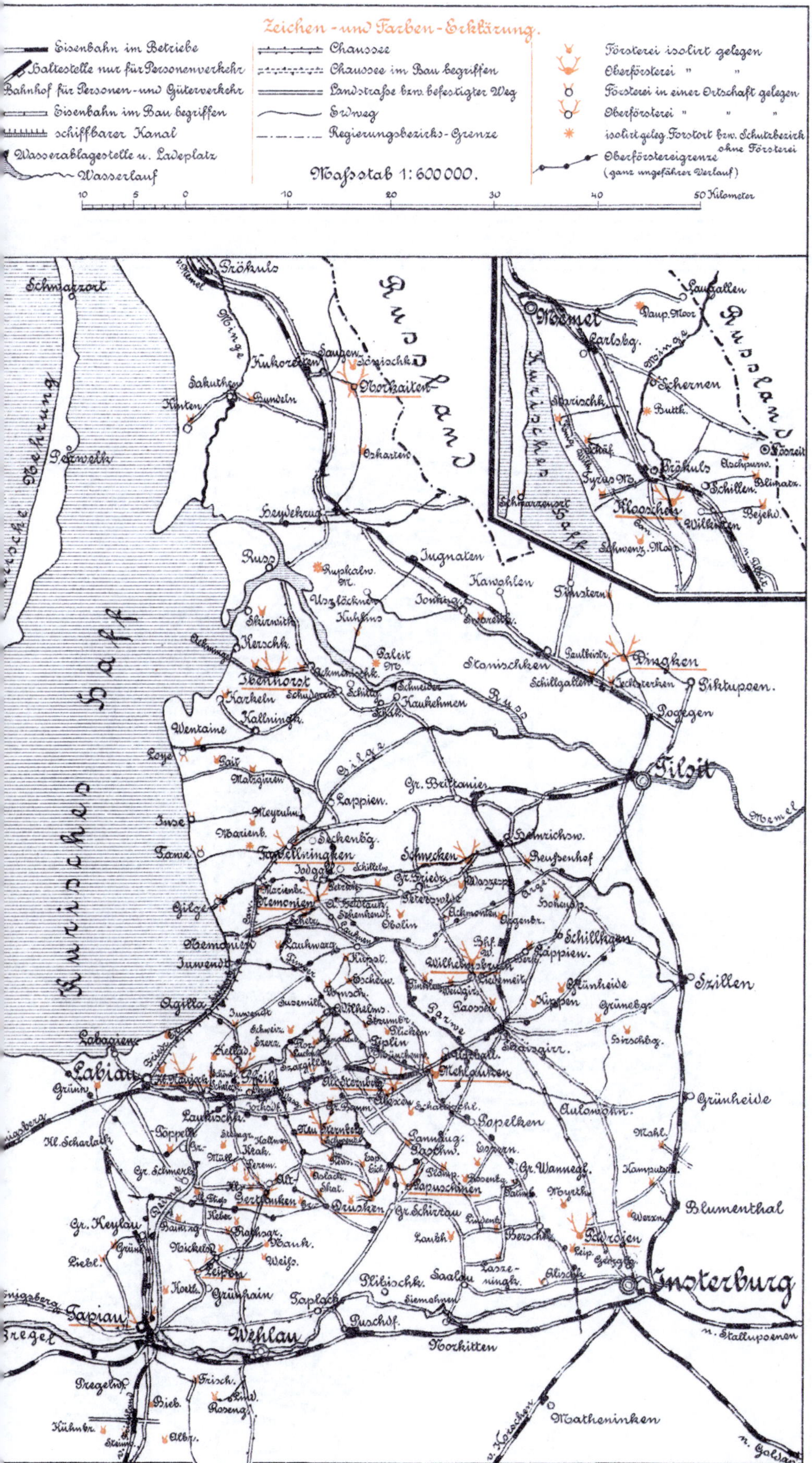

Druck d. geogr. lith. Anst. u. Steindr. v. C. L. Keller, Berlin

Karte 4

Müller, Forstl. Adressbuch.

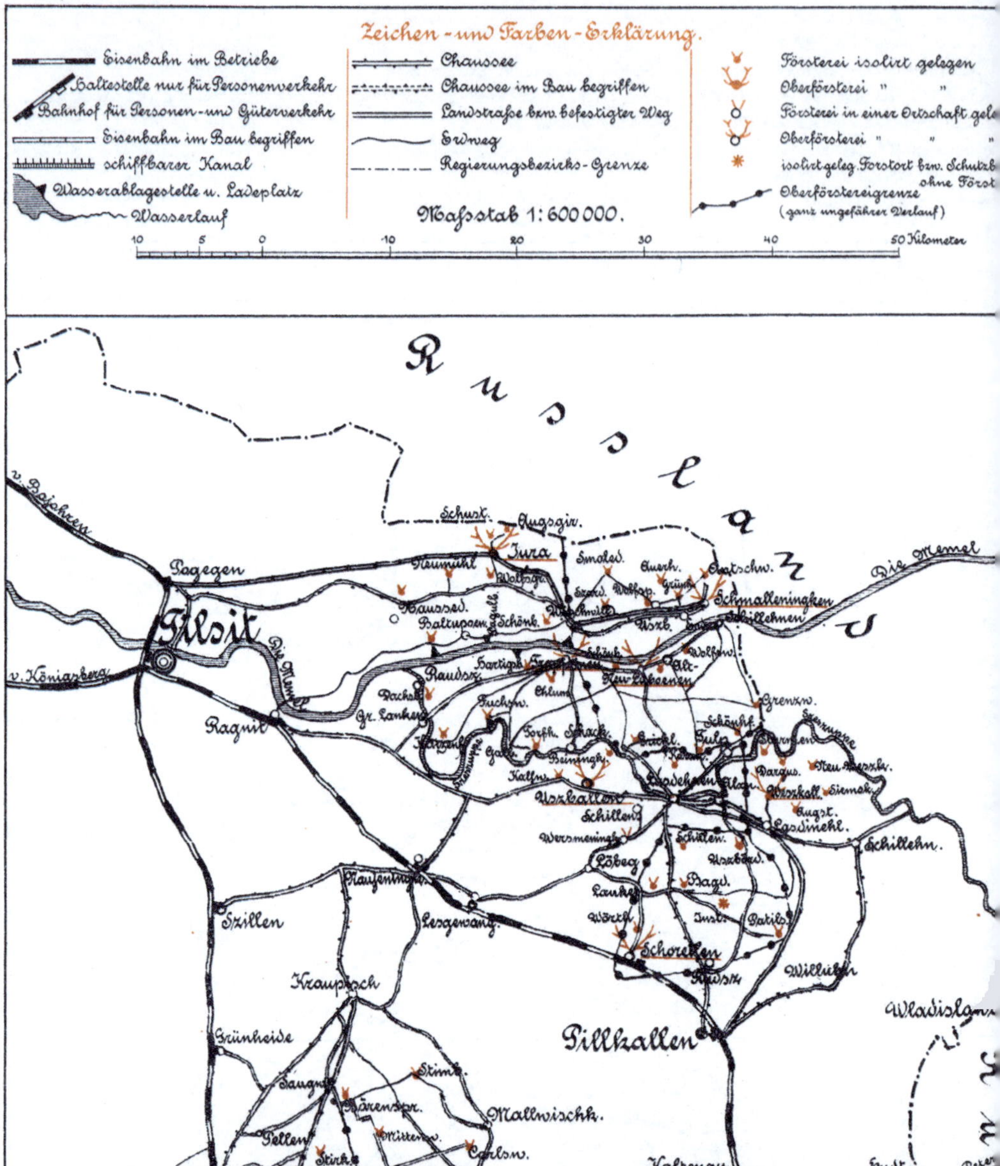

Verlag von Julius Springer in Berlin.

Karte 3

Druck d. geogr. lith Anst. u. Steindr. v. C. L. Keller, Berlin

Sitz der Oberförsterei nebst Poststation	Entfernung des Oberförstereisitzes von der nächsten Eisenbahnstation bezw. Haltestelle. Post- und regelmäßige Reiseverbindungen auf Landwegen.	Durchschnittliche Entfernungen und ungefähre Anfuhrkosten von den einzelnen Reviertheilen für Bahn- bezw. Wassertransport und zwar:				
		Schutzbezirk	Entfernung bis Güterbahnhof	Anfuhrkosten pro fm M.	Entfernung bis Wasserablage	Anfuhrkosten pro fm M.
27. Königl. Oberförsterei Skallischen, Rgbz. Gumbinnen. (Karte 3.)						
Skallischen, Post Gr.-Sobrost, Kreis Darkehmen.	9 km Landweg nach Buddern (Linie Goldap-Angerburg) oder 18 km, davon 12 km Chauss. n. Darkehmen (Linie Insterburg-Lyck).	Jahnen	4 km bis Bodschwingken	1,50		
		Mynte	8 „ „ Buddern	2,50		
		Pfeil	5 „ „ „	1,80		
		Schleuse	2 „ Landw. 3 km Chauss. bis Benkheim	1,80		
		Angerapp	3 km Landw. 3 km Chauss. bis Benkheim	2,00		
		Skallischen	5 km Landw. 3 km Chauss. bis Benkheim; 8 km Landw. bis Buddern	2,50		
28. Königl. Oberförsterei Heydtwalde, Rgbz. Gumbinnen. (Karte 3.)						
Heydtwalde, Post Lissen, Kreis Angerburg.	9 km Landweg über Budzisken, Sawadden, Kersken nach Bhf. Bodschwingken. — 10 km über Budzisken, Mitschkowken, Lissen nach Benkheim.	Waldkater	7 km bis Bodschwingken	2,50		
		Theerofen	5 „ „ „	2,00		
		Borrek	3 „ „ „	1,50		
		Heydtwalde	9 km bis „	3,50		
			10 „ „ Benkheim	4,00		
		Teufelsberg	15 „ bis „	5,00		
			13 „ „ Bodschwingken	4,50		
		Lindenberg	13 km bis Benkheim	4,00		
		Hegewald			Angerburg u. Lötzen	1,5
29. Königl. Oberförsterei Rothebude, Rgbz. Gumbinnen. (Karte 3.)						
Rothebude, Post Kowahlen, Kreis Goldap.	10 km Erdw. nach Station Bodschwingken (Linie Angerburg-Goldap). — 19 km nach Station Kowahlen (Linie Lyck-Insterburg) halb Erdw. halb Chauss. — 25 km nach Station Widminnen (Linie Lyck-Karschen-Königsberg) 1/2 Erdweg 1/2 Chauss.	Pillwung	2 km Landw. 3 km Grand, 13 km Vollchauss. nach Kowahlen	5,00		
		Schwalg	16 km (5 km Chauss. 11 km Landw.) n. Kowahlen	4—5		
		Wiersbianken	10—12 km Landw. n. Bodschwingken	4,00		
		Rogonnen	12—14 km Landw. n. Bodschwingken	4—5		
		Duneyken	6 km Ldw. n. Grabowen	2—3		
30. Königl. Oberförsterei Borken, Rgbz. Gumbinnen. (Karte 3.)						
Borken, Post Siewen, Kreis Angerburg.	11 km (dav. 4 km Chauss.) über Siewen nach Widminnen, ev. 22 km (nur Chauss.) über Kruglanken nach Lötzen. Beide Stationen an der ostpr. Südbahn.	Grünheide	20 km (14 km Chauss. 6 km bef. Weg) bis Widminnen	2,50 bis 3,00		
		Orlowen	18 km (14 km Chauss. 4 km bef. Weg) bis Widminnen	2,50 bis 3,00		
		Lipowen	16 km (6 km Chauss. 10 km bef. Weg bis Widminnen	3,00		
		Hagenhorst	15 km meist Erdw. bis Widminnen.	2—3		
		Walisko	19 km meist Erdweg bis Widminnen.	3,00		
31. Königl. Oberförsterei Lyck, Rgbz. Gumbinnen. (Karte 3.)						
Lyck, Post Lyck, Kreis Lyck,	1 km vom Bahnh. Lyck.	Eiche	18 km Erdw. bis Lyck	3,50		
			5 „ „ „ Prostken	2,00		
		Linde	8 km Erdw. 3 km Chauss. bis Lyck	2,5		
		Sybba	4 km Erdw. 3 km Chauss. bis Lyck	2,00		
		Milchbude	3 km Lehmweg 5 km Chauss. bis Lyck	2,50		
		Classenthal	3 km Erdw. 11 km Chauss. b. Marggrabowa	3,00		
		Polommen	15 km Erdw. 7 km Chauss. bis Lyck	3,50		
		Theerbude	18 km Erdw. 7 km Chauss. bis Lyck	4,00		
			4 km Erdw. 16 km Chss. bis Wiedminnen	3,50		
32. Königl. Oberförsterei Astrawischken, Rgbz. Gumbinnen. (Karte 3.)						
Astrawischken, Post Bokellen, Kreis Gerdauen.	6 km Chauss. nach Bokellen. — 11 km Chauss. über Muldzen nach Kl.-Gnie (beides Thorn-Insterburger Bahn). 2 mal tägl. Postbestellung von Bokellen.	Klinthenen	3 km bis Wandlacken	2,50 b.		
			5 „ „ Georgenfeld	3,50		
		Hauptrevier	8 km Chauss. u. Waldweg bis Bokellen; 10 km Landw. b. Norkitten u. Puschdorf	3—4	10 km Landweg bis Pregel (Norkitten)	3—4
33. Königl. Oberförsterei Kranichbruch, Rgbz. Gumbinnen. (Karte 3.)						
Kranichbruch, Post Matheninken, Kreis Insterburg.	4 km (dav. 1,5 km Chauss., 2,5 km schlechter Landweg) nach Matheninken, Haltestelle an der Linie Thorn-Insterburg.	Dallwitz	5 km Erdw. b. Bokellen	3,00	Für den Wassertransport von der Mitte des ganzen Rev. beträgt die durchschnittl. Entfernung 9 km Ch. 5 km Erdweg bis Pregelablage bei Siemohnen.	4,50
		Eschenwalde	5 „ „ „ „	3,00		
		Birkenwalde	5 „ „ u. 1,5 km Ch. bis Matheninken	3,20		
		Jagdhaus	4 km Erdw. u. 2 km Ch. bis Matheningken	3,20		
		Saubucht	4 km Erdw. u. 5 km Ch. bis Matheninken	3,50		
		Schönfeld	5 km Erdw. u. 3 km Ch. bis Norkitten	3,50		

Flächengröße u. Character des Revieres. Vertheilung der Hauptholzarten n. Zehnteln.	Beschaffenheit des Wegenetzes im Reviere und der sich daran schließenden Anfuhrstr., sowie der etwaigen Wassertransportwege. Adressen von größeren Fuhrunternehmern.	Jahresquantum der Haupt-Verkaufshölzer nach Holzarten und Sortimenten (unter Abrechnung des Lokalbedarfs).
		27. Königl. Oberförsterei Skallischen,
5047 ha. — eben, zusħgd. nur Schbz. Jahnen isol. Ki. 0,6 Fi. 0,3 Bi. } Erl. } 0,1	Im Reviere und zu den Bahnst. gut fahrb. Sandwege. Fuhrunternehmer: Bidritzki in Benkheim, Briem in Janellen, Lauruschkat in Skallischen.	Schbz. Jahnen 100 fm Fi.-Stammh. 700 fm Ki. - Stammh. „ Mynte 200 „ „ 100 „ „ „ Schleuse 200 „ „ 800 „ „ „ Angerapp 200 „ „ 800 „ „ „ Skallischen 400 „ „ 500 „ „ Im ganzen Revier 500 rm Fi.-Schleifholz.
		28. Königl. Oberförsterei Heydtwalde,
5857 ha. — sehr hügelig, 2 Schbz. isol. Fi. 0,5 Ki. 0,2 Bu. 0,1 Erl. 0,1 Ei. 0,05 Bi. 0,05	Innerhalb u. außerh. der Forst bis Bhf. Bodschwingken u. Benkheim nur Landweg. Von Heydtwalde Wasserweg zum Flößen des Holzes nach dem Mauer- u. Löwentin-See. — Fuhrunternehmer: die Besitzer in Kallnischken, Kersken, Gassowen, Sawadden, Grodzisko und Jakunowken.	Schbz. Waldkater 800 fm Bu. 100 fm Bi. 50 fm Erl. „ Theerofen 600 „ Ki. 700 „ Fi.-Stammh. „ Heydtwalde 80 „ Erl.-Stammh. „ Teufelsberg 20 „ Bu. 50 fm Bi. 50 fm Erl.-Sth. „ Lindenberg 1000 „ Fi.-Stammh. „ Borrek 200 „ Ki. 100 fm Fi.-Stammh. „ Hegewald 300 „ „ 200 „ „
		29. Königl. Oberförsterei Rothebude,
5819 ha. — Im N. u. S. eben, im O. u. W. hügelig zl. zusħgd. Ei. 0,05 Bu. 0,15 Erl. } Bi. } 0,25 Ki. 0,20 Fi. 0,35	Gute Erdwege z. Th. bekiest. Das Districtswegenetz in der Hauptsache ausgebaut und ein Theil mit Grand befahren. Fuhrunternehmer: Leidreiter in Rothebude, Bauern in den Dörfern: Karsken, Borken, Sawadden.	Schbz. Pillwung 50 fm Grubh. 100 fm Bi.-Sth. 30 fm Fi.-Sth „ Schwalg 300 „ Ki. u. Fi. 150 fm Erl.-Langnutzh. „ Wiersbianken 300 „ „ „ 150 „ „ u. Birk. „ Rogonnen 50—80 fm Esch. Ah. 180 fm W.-Bu. 100 fm Er. u. Bi. „ Duneyken 200 fm Fi.-Langh., 100 fm Erl., 100 fm Grubh. „ Seedranken nur für Lokalbedarf.
		30. Königl. Oberförsterei Borken,
5571 ha. — Wellig, zusammenh. W.-Bu. 0,3 W.-Holz 0,1 Fi. 0,4 Ki. 0,2	Im Revier ausgeb. Kiesw., außerh. meist Erdw., Chauss. von Borken nach Lötzen u. von Orlowen nach Widminnen. Fuhrunternehmer: Lehmann in Widminnen und Besitzer in Gr.-Orlowen.	Schbz. Grünheide 300 fm Fi.-Stammh. 60 fm Fi.-Grubenh. „ Hagenhorst 400 „ „ 70 „ „ „ Orlowen { 40 fm Bu.-Stammh. 80 fm Bi.-Stammh. 80 fm Erl.-Stammh. 50 fm Fi.-Stammh. 50 rm Bi.-Brennh., 50 fm Fi.-Grubenh. „ Lipowen { 50 fm W.-Bu.-Stammh., 20 fm Esch.-Stammh., 10 fm Ah.-Stammh., 100 fm Bi.-Stammh., 130 fm Erl.-Stammh., 40 fm Fi.-Grubenh., 50 rm Bi.-Brennh., 100 rm Erl.-Brennh. „ Walisko { 60 fm W.-Bu.-Stammh., 10 fm Esch.-Stammh., 10 fm Ahorn-Stammh., 120 fm Bi.-Stammh., 90 fm Erl.-Stammh. 100 rm Bu.-Brennh.
		31. Königl. Oberförsterei Lyck,
5382 ha. — eben, sehr parzellirt. Ki. 0,8 Fi. 0,2	Wege im Bezirk gut. Fuhrunternehmer in Drombrowken und Dlugoßen, in Regeln u. Neuendorf, in Strabausen, Bratzen, Peesken und Dorschen. In Zeysen, Schwentainen und Wronken	Schbz. Eiche 807 fm Ki.-Stammh. „ Linde 2200 „ „ „ Sybba 1600 „ „ „ Milchbude 207 „ Fi.- „ „ Classenthal 500 „ Ki.- „ „ Polommen 400 „ „ „ Theerbude 400 „ „
		32. Königl. Oberförsterei Astrawischken,
5297 ha. — fast eben, 2 Schbz. isol. Fi. 0,5 Ki. 0,2 W.-Bu. 0,1 A.Lbh. } Ei. } 0,2	Innerh. der Forstorte gute Kieswege, außerh. mehrere Chauss.; für Klinthenen Schifffahrtskanal in Auss.; fürs Hauptrevier Wasserablage am Pregel bei Norkitten. Fuhrunternehmer für Klithenen: Handschuck in Wandlacken. Packhäuser in Wolla bei Gerdauen. Fürs Hauptrevier in Gr.-Astrawischken zur Abf. n. Bokellen u. in Kl.-Jägersdorf zur Abf. nach Norkitten.	Schbz. Klinthenen 300 fm Ei.-Stammh., 600 fm Fi.-Stammh. 100 fm Wbu.-Stammh. Hauptrevier 300 fm Ei.-Stammh., 1000 fm Nad.-Stammh., 100 fm Wbu.-Stammh. „ 50 fm Esch.-Stammh., 150 fm Erl.-Stammh., 150 fm Bi.-Stammh. „ 50 fm Ki.-Stammh., 100 fm Asp.-Stammh., 800 rm Fi.-Rollen.
		33. Königl. Oberförsterei Kranichbruch,
6254 ha. — eben, zusħgd. Fi. 0,03 Bu. 0,05 A. L. 0,30 Ki. 0,12 Fi. 0,50	Die Gestelle sind z. gr. Theil ausgeb. jed. für gr. Lasten nur bei trock. Witterung oder Frost passirbar. Fuhrunternehmer Broszeit in Kohlischken, Marquard in Matheninken, Warstat u. Urban in Astrawischken, Saat in Siemohnen.	Schbz. Dallwitz 20 fm Bi., 50 fm Erl., 30 fm Fi.-Stammh., 230 rm Celluloseh. Schbz. Eschenwalde 20 fm Bi., 100 fm Erl., 80 fm Fi.-Stammh., 150 rm Fi.-Celluloseh. Schbz. Birkenwalde 50 fm Bi., 60 fm Erl., 50 fm Fi.-Stammh., 200 rm Fi.-Celluloseh. Schbz. Jagdhaus 40 fm Bi., 20 fm Erl., 40 fm Ei.-Stammh., 50 fm Celluloseh. Schbz. Saubucht 10 fm Bi., 50 fm Fi., 80 fm Ei.-Stammh., 150 rm Fi.-Celluloseh. Schbz. Schönfeld 30 fm Bi., 30 fm Fi., 80 fm Ei.-Stammh., 120 rm Fi.-Celluloseh.

Oeffentliche Holzlicitationen finden statt in:	Unterkommen im Gasthofe f. Holzhändler, Forst-Assessoren u. Referendare in möglichster Nähe der Oberförsterei	Zustand des Oberförster-Dienstgebäudes	Wo Kirche? Wo Schule? In welcher Zeit zu erreichen?	Wo Arzt, wo Apotheke, wo Amtsgericht?	Nebenämter des Revierverwalt. — Wenn ständiger Assistent vorhanden, wo wohnt derselbe?
Rgbz. Gumbinnen. (Karte 3.)					
Bei Abramowski in Benkheim.	In Benkheim bei Abramowski oder bei Kalis (11 km). In Buddern bei Rohsekel (8 km). In Skalischen bei Padeffke.	Wohnhaus, große Räume Wirthschaftsgebäude genügend. 1 km östlich von Dorf Skalischen (60 Einwohner) an Kiesstraße. Nächste Stadt Darkehmen (18 km) Kreisstadt, 4000 Einw., Garnison.	Evg. Kirche in Szabienen, 6 km Landw., Volksschule in Broszaitschen, 2 km Landweg. — Nächstes Gymnasium in Insterburg und Lyck, mit der Bahn zu erreichen.	In Benkheim, Amtsgericht i. Darkehmen.	Unterkommen für verh. Assessor schwierig.
Rgbz. Gumbinnen. (Karte 3.)					
Bei Liedtke in Budzisken. Bei Kant in Bodschwingken, bei Schulz in Benkheim, bei Groppler in Jakunowken.	2 km von Oberf. im Gasthause zu Budzisken, in Bodschwingken bei Kant u. Schweiger	Neues Dienstgebäude, 2 km südlich von Dorf Budzisken, im Walde, ca. 0,5 km von Forstgrenze. Nächste Städte Angerburg u. Goldap, ungefähr 25 km (6000 Einwohner), letztere Garnison.	Evg. Kirche in Benkheim, $1^{1}/_{2}$ St. Landweg. — Dorfschule in Budzisken, 25 Min.	In Benkheim, 10 km; Amtsgericht in Angerburg.	Für verh. Assessor kein Unterkommen.
Rgb. Gumbinnen. (Karte 3).					
In Rothebude Gasthaus Waldkater.	In Rothebude Gasthaus Waldkater, 2 km von Oberf.	Oberförsterei liegt dicht beim kleinen Dorf Rothebude. Der nächste Ort ist Neuendorf (400 Einw.) Nächste Kreisstadt Goldap, 25 km, 6000 Einw., Garnison. Oberförsterei hat bis zur nächsten Chaussee 10—11 km.	Kirche in Grabowen, evg. und poln. Gottesdienst, 16 km. Gymnasium in Lyck; Dorfschule in Rothebude.	In Benkheim, 16 km; u. in Goldap 25 km, dort auch Amtsgericht.	Gutsvorsteher.
Rgb. Gumbinnen. (Karte 3).					
In Gr. Gablick bei Kowalewski, in Orlowen bei Maschlauka, in Siewen bei Neumann.	Im 2 km entf. Dorf Siewen bei Neumann (bei bescheidenen Ansprüchen).	Neues, ger. Gebäude, 2 km nördlich vom Dorfe Siewen (300 Einwohner), am Siewener See schön gelegen, 200 m Erdweg bis zur Chauss.) Ausreichende Wirthschaftsr. Nächste Kreisstadt Lötzen, 22 km 5500 Einw. Garnison.	Evang. Kirche u. Pfarre in Kruglanken 8 km. Progymnasium in Lötzen 22 km Chauss. Gymnasium in Lyck (von Widminnen in $^{3}/_{4}$ Stunden Bahnf. erreichbar).	Arzt u. Apotheke in Widminnen, 11 km. Amtsgericht in Angerburg.	Aufsicht über den Lötzener Stadtwald Gutsvorst. und Amtsvorst. Wohnung für verh. Assessor in Orlowen, 12 km
Rgb. Gumbinnen. (Karte 3.)					
In Lyck Restauration Klein, Hauptstraße.	In Lyck Hotel de Russie. Deutsch. Haus, Deutsch. Kaiser. In Leesken bei Romanowsk. In Gr. Czymochen (Gasthof). In Wronken bei Gussek. In Schwentainen Gasthof Denkmann.	1 km westlich der Stadt Lyck, (altes Domänenpächterhaus auf der Insel Lyck) 10000 Einwohner, Kreisstadt. Landgericht, Garnison.	In Lyck	In Lyck.	Amtsvorsteher. Verheir. Assessor kann in Lyck wohnen.
Rgb. Gumbinnen. (Karte 3)					
In Wandlacken Gasth. Handschuck. In Muldzen Gasth. Kerkiehn. In Norkitten Gasth. Hannemann.	Gasthof in Bokellen (für Holzhändler). In Muldzen bei Kerkiehn.	Ausreich. Wohnhaus u. reichl. Wirthschaftsräume im SO. des Reviers an der Chaussee Bokellen—Muldzen. 4 km östl. von Muldzen (500 Einwohner). Nächste Stadt Gerdauen, 24 km. 4000 Einwohner.	Ev. Kirche in Muldzen, Gymnasium in Insterburg in $^{1}/_{2}$stünd. Bahn- und $^{1}/_{2}$stünd. Chausseefahrt zu erreichen.	In Gerdauen. — Aussicht für Arzt u. Apotheke auch in Muldzen vorhanden.	Aufsicht über 2 Privatforsten. Unterkommen für verh. Assessor in Muldzen.
Rgb. Gumbinnen. (Karte 3.)					
In Kohlischken Gasthof Broszeit.	In Kolischken Gasth. Broszeit (1km) bei bescheid. Ansprüchen; für längeren Aufenth. in Kolischken bei Besitzer Zieske.	Geräumiges Wohnhaus, frühere Försterei mit späterem Anbau; unmittelbar am Revier 1 km von Dorf Kohlischken, 300 Einwohner. Nächste Stadt Insterburg 20 km (17,5 km Chaussee, 2,5 km Landweg). 26 000 Einw. Garnison.	Evg. Kirche in Didlacken (2,5 km Landweg, 8,5 km Chauss.) ev. Schule in Kohlischken (1 km Landweg).	In Insterburg.	Guts- u. Amtsvorsteher. Kein Unterkommen für verh. Assessor.

Flächengröße u. Character d. Reviers. — Vertheilung der Hauptholzarten nach Zehnteln.	Beschaffenheit des Wegenetzes im Reviere und der sich daran schließenden Abfuhrstraßen, sowie der etwaigen Wassertransportwege. Adressen von größeren Fuhrunternehmern.	Jahresquantum der Haupt-Verkaufshölzer nach Holzarten und Sortimenten (unter Abrechnung des Lokalbedarfs).
		34. Königl. Oberförsterei Jura,
6262 ha. — ebener Sand, theils Bruch, theils Dünenbildung, zusfhäng. Ki. 0,7 Fi. 0,2 Bi. 0,1	Gestelle gut fahrbar. Wassertransp. auf d. Memel von Wischwill und Baltupönen. Eine Chauss. läuft durchs ganze Revier etwa parallel der Memel. Fuhrunternehmer: Subroweidt Trappönen, Decker Pagulbinnen, Papendick Baltupönen, Gutzeit Wischwill.	Schbz. Schoenbruch 700 fm Na.-Langnutzholz „ Wolfsgrund 1200 „ „ „ Neumühl 1200 „ „ „ Augsgirren 700 „ „ „ Schustern 1100 „ „ „ Nausseden 800 „ „ Im ganzen Revier: Zellstoffh. 1000 rm; Grubenh. 300 rm.
		35. Königl. Oberförsterei Schmalleningken,
6702 ha. — eben, zusfhäng. Ki. 0,8 Fi 0,1 Erl. Bi. } 0,1	Chauss. Schmallen. — Tilsit durchschn. den südl. Th. des Reviers. Wege innerh. ziemlich gut. Memel-Strom zum Verflößen u. für Schiffstransp. In Trappönen fisk. Hafen. Fuhrunternehmer: Meyer in Endruszen (Privat-Memelablage), ferner in Antschwenten, Uszballen (beide Post Usztillen).	Schbz. Antschwenten 1200 fm Ki.- u. Fi.-Langholz „ Grünhof 800 „ „ „ Auerhahn 1500 „ „ „ Wolfspaß 1000 „ „ „ Szardehlen 1200 „ „ „ Smaledarzen 1000 „ „
		36. Königl. Oberförsterei Trappönen,
6369 ha. — eben, zusfhgd. Ki. 0,7 Fi. 0,2 Bi. Erl. } 0,1	Meist gut fahrb. Erdwege, von Trap. nach Schacken Kiesstr. Im Norden des Rev. der schiffb. Memelstrom, im Süden der flößb. Szeszuppefluß. An der Memel bei Trapp. gegen 20 Pfg. Gebühr pro fm Holzablagerung statthaft. Fuhrunternehmer: Subbroweit u. Bollmann in Trapp. Ferner Bauern in Budupönen, Uthelen, Treibgirren, Gr.-Laukeningken, Schacken.	Schbz. Torfhaus, „ Fuchswinkel, „ Katzenfang, „ Chlum, „ Hartigsberg, „ Dachsberg } ca. 1200 fm Kiefern- u. Fichtenbau- u. Schneideholz. 600 fm Ki.-Grubenholz. 500 rm Fi.-Papierholz, unter gleicher Vertheil. auf die einzelnen Schutzbezirke.
		37. Königl. Oberförsterei Neu-Lubönen,
6628 ha. — eben, z. Th. leicht wellig, zusfhgd. Ki. 0,7 Fi. 0,2 Bi. Erl. } 0.1	Innerh. der Forst Sandwege von mäßiger Beschaffenheit. Anschlußwege mit befestigten Kiesstr. sind außerh. z. Th. schon vorhanden. Fuhrunternehmer: Neumann Alt-Lubönen, Dawideit Neu-Lubönen, Subuweit Trappönen.	Schbz. Schönhof 1000 fm Na.-Bh. 100 rm Fi.-Cellul. 50 fm Grubh. „ Karunischken 1200 „ „ 150 „ „ 80 „ „ „ Gricklauken 1000 „ „ 120 „ „ 50 „ „ „ Grenzwald 1200 „ „ 100 „ „ 50 „ „ „ Lubönen 1500 „ „ 300 „ „ 100 „ „ „ Schönbrück 2000 „ „ 150 „ „ 50 „ „ „ Wolfswinkel 1700 „ „ 200 „ „ 100 „ „
		38. Königl. Oberförsterei Uszballen,
4721 ha. — eben, zusfhgd. Ki. 0,3 Fi. 0,7	Mehrere gute Kieswege durchs Revier nach der Ragnit-Lasdehner Chauss., welche das Rev. durchschn. — Holzfuhrleute in den Ortschaften: Rudminnen, Diekschen, Hermoneiten, Tuppen, Beinigkehmen, Schilleningken.	Schbz. Lasdehnen 1500 fm Na.-Handelsholz „ Beinigkehmen 1400 „ „
		39. Königl. Oberförsterei Weszkallen,
7211 ha. — eben, zusfhgd. Fi. 0,7 Ki. 0,1 Bi. Erl. Asp. } 0,2	Gestelle u. Hauptwege sind mit Kies ausgebaut.	Schbz. Siemoken 200 fm Fi.-Bau- u. Schneideh. „ Neu-Weszkallen 100 „ Fi. u. 100 fm Ki. „ Darguszen 200 „ Fi.
		40. Königl. Oberförsterei Schorellen,
5406 ha. — eben, zusfhgd. Fi. 0,6 Asp. Bi. Erl. } 0,3 Ei. 0,1	Meist Kiesstr. Ein gepfl. Weg und zwei Steinchauss. — Fuhruntern. in Pillkallen und in Uspiannen (Post Pillkallen).	Schbz. Wörth 100 fm Ei.-Langh. „ Laukelischken 100 „ „

Oeffentliche Holzlicitationen finden statt in:	Unterkommen im Gasthofe f. Holzhändler, Forst-Assessoren u. Referendare in möglichster Nähe der Oberförsterei	Zustand des Oberförsterdienst-Gebäudes	Wo Kirche? Wo Schule? In welcher Zeit zu erreichen?	Wo Arzt, wo Apotheke, wo Amtsgericht?	Nebenämter des Revierverwalt. — Wenn ständiger Assistent vorhanden, wo wohnt derselbe?
Rgbz. Gumbinnen. (Karte 4.)					
rappönen für Submissionstermine. Bischwill u. Nausseden für geringere Quantitäten.	In Wischwill, 8 km, bei Baumann u. Gutzeit. In Nausseden, 8 km, bei Brenneisen.	Altes, mäßig räumliches Wohnhaus, isolirt, 8 km von Wischwill; 37 km bis Tilsit (28000 Einw.), Landgericht, Garnison.	Kirche u. Schule in Szugken, 5 km.	Arzt u. Apotheke in Schmalleningken, 22 km, Amtsger. in Wischwill.	Amts- u. Gutsvorsteher.
Rgbz. Gumbinnen. (Karte 4.)					
n Schmalleningken, Gasthof deutsches Haus. In Wischwill bei Gutzeit.	In Schmalleningken, Gasthof Deutsches Haus, (gute Unterkunft).	Aelteres, aber gutes u. sehr ger. Dienstgeb. mitten im Ort (1700 Einw.) an der Dorfstr. Chauss. Nächste Stadt Ragnit, 3,5 km; bis Tilsit 50 km (s. Nr. 34.)	In Schmalleningken.	2 Aerzte u. Apoth. im Ort.	Wohnung auch für verh. Assess. zu haben.
Rgbz. Gumbinnen. (Karte 4.)					
In Trappönen Meding's Gasthof. In Kr.-Lenkeningken Beyersches Gasthaus.	In Trappönen, Gasthaus von Meding 1,7 km v. Oberf.	Gute geräum. Wohn. u. Wirthschaftsr. am Ostausgange von Trappönen (1200 Einw.) an der nur z. Th. befest. Landstr. Ragnit - Schillehnen (Polen). Nächste Stadt Ragnit (28 km) 5500 Einw. — Tilsit 35 km (s. Nr. 34).	Evg. Kirche u. Pfarre im Dorfe. Gymnasium u. Realgymn. in Tilsit, $2^1/_2$ St. mit Dampfer, $3^1/_2$ St. mit Wagen zu erreichen.	Arzt u. Apotheke in Schmalleningken u. Lasdehnen (beides 15 km). Amtsger. in Wischwill, 4 km.	Verwalter der Samendarre. Amts- u. Gutsvorsteher. Für verh. Assess. bescheid. Wohnung ev. in Trappönen, (2 km).
Rgbz. Gumbinnen. (Karte 4.)					
asdehnen, Meyers Hotel. — Trappönen bei Meding.	Lasdehnen, Hotel Meyer, 13 km; auch bei Schandel in Neu-Lubönen oder bei Neumann in Alt-Lubönen (bei gering. Ansprüchen).	Geräum. älteres Wohnhaus im kl. Dorf Neu-Lubönen, ohne Chausseeverb.; Memelstrom 3 km. $3^1/_2$ Stunden Dampfsch. bis Tilsit (s. Nr. 34). — 1901 wird Lasdehnen (13 km) Endstation der Kleinbahn nach Pillkallen.	Ev. Pfarre in Wischwill, 9 km; Pfarre in Trappönen in Aussicht.	Aerzte u. Apoth. in Lasdehnen, 13 km und Schmalleningken 8 km.	Amtsvorsteher.
Rgbz. Gumbinnen. (Karte 4.)					
asdehnen, Meyers Hotel, 7 km.	Lasdehnen, Meyers Hotel.	Gutes geräum. Dienstgeb. mit gleichen Wirthschaftsr. (ehemaliges Gut) 7 km vom Kirchdorf Lasdehnen an Chauss. gel. Nächste Stadt Pillkallen, 28 km, Kreisst. 3400 Einw.	Ev. Kirche in Lasdehnen, ebenso dort gute Privat-Mädchenschule.	Arzt u. Apotheke in Lasdehnen, Amtsger. in Pillkallen.	Wohn. für verh. Assess. evt. in Lasdehnen, 7 km v. Oberf.
Rgbz. Gumbinnen. (Karte 4.)					
In Lasdinehlen, Gasthof. In Schillehnen bei Fiedler.	Bei geringen Ansprüch. Im Krug zu Lasdinehlen, sonst in Schillehnen bei Fiedler.	Großes, geräumiges, isolirt gel. Gebäude in gutem Zustande 2 km nördlich von Lasdinehlen.	Ev. Kirche in Lasdehnen. Dorfschule in Lasdinehlen 20 Min. entfernt.	2 Aerzte und Apotheke in Lasdehnen, 10 km.	Amtsvorsteher. Wohn. für verh. Assessor event. in Schillehnen oder in Lasdehnen.
Rgbz. Gumbinnen. (Karte 4.)					
Stadt Pillkallen u. in Lasdehnen u. Gasthof Bagdohnen, Post Lasdehnen.	Stadt Pillkallen und Kirchdorf Lasdehnen.	Ger. alt. Geb., vollständ. ausr. Wirthschaftsr., am Ende des Dorfes Schorellen. 1 St. Bahnf. bis Stallup. (5100 E.) Garn.	Kirche in Pillkallen 20 Min. Bahnf. — Schule im Dorf Stablauken, 2 km.	In Pillkallen 7,5 km.	Guts- u. Amtsvorsteher.

Sitz der Oberförsterei nebst Poststation	Entfernung des Oberförstereisitzes von der nächsten Eisenbahnstation bezw. Haltestelle. Post- und regelmäßige Reiseverbindungen auf Landwegen.	Durchschnittliche Entfernungen und ungefähre Anfuhrkosten von den einzelnen Reviertheilen für Bahn- bezw. Wassertransport, und zwar: Schutzbezirk	Entfernung bis Güterbahnhof	Anfuhrkosten pro fm M.	Entfernung bis Wasserablage	Anfuhrkosten pro fm M.

34. Königl. Oberförsterei Jura, Rgbz. Gumbinnen (Karte 4.)

Jura, Post Naussseden, Kreis Ragnit.	35 km von Tilsit über Nausseden bis Forsth. Wolfsgrund Chauss., dann bis Jura 2 km Landweg. Tägl. 1 Personenpost u. 1 Kariolp. hin u. zurück bis Wolfsgrund. Im Som. 2mal Dampfschiffverb. Tilsit-Baltupönen, von dort 7 km Landw. bis Jura.	Schönbruch			4 km bis Wischwill	1,20
		Wolfsgrund			6 „ „ Baltupönen	1,50
		Neumühl			6 „ „ „	1,50
		Augsgirren			9 „ „ „	2,00
		Schustern			9 „ „ „	2,00
		Nausseden			8 „ „ „	1,70

35. Königl. Oberförsterei Schmalleningken, Rgbz. Gumbinnen. (Karte 4.)

Schmalleningken Post, Kreis Ragnit.	50 km Chauss. über Wischwill nach Tilsit. Tägl. 1 mal Personenpost. Außerdem 3 mal tägl. Dampfer bis Tilsit auf der Memel. — Kleinbahn von Schmallen. über Wischwill, Oberförsterei Jura, Pogegen zum Anschluß nach Tilsit in Aussicht.	Antschwenten			5 km bis Memelabl.	1,80
		Grünhof			5 „ „ „	1,80
		Auerhahn			10 „ „ „	3,00
		Wolfspaß			6 „ „ „	2,00
		Szardehlen			8 „ „ „	2,50
		Smaledarzen			11 „ „ „ nur Erdwege.	3,50

36. Königl. Oberförsterei Trappönen, Rgbz. Gumbinnen. (Karte 4.)

Trappönen, Post, Kreis Ragnit.	So lange eisfrei tägl. 3 mal Dampferverb. nach Ragnit bezw. Tilsit u. zurück. Fahrtdauer von Trappönen nach Tilsit $2^1/_2$ St. Nächste Eisenbahnstation Ragnit, 28 km, (davon 14 km guter Landw. u. 14 km Chauss. (Linie Tilsit-Stallupönen). Kleinbahn Schmalleningken-Pogegen n. Tilsit in Aussicht, dann Stat. Wischwill, 4 km.	Torfhaus			6 km Kiesw. bis Hafen Trappönen a. Memel.	1,00
		Chlum			4 km desgleichen.	0,75
		Fuchswinkel			dicht bei fisk. Abl. a. d. Szeszuppe.	0,50
		Katzenfang			Priv.-Memelabl. bei Raudszen 8 km.	1,00
		Hartigsberg			Fisk.-Abl. a. d. Memel 4—6 km.	1,00
		Dachsberg			Priv.-Memelablbei Raudszen 4 km.	0,75

37. Königl. Oberförsterei Neu-Lubönen, Rgbz. Gumbinnen. (Karte 4.)

Neu-Lubönen, Post Trappönen, Kreis Ragnit.	29 km über Lasdehnen nach Stat. Schorellen (Linie Tilsit-Stallupönen) davon 20 km Chauss. — 34 km nach Stat. Ragnit (Linie Tilsit-Stallupönen), davon 13 km Chauss. Im Sommer Dampfsch. 2—3 mal tägl. nach Tilsit. In Alt-Lubönen (3 km) Dampfer-Kahnstation.	Schönhof	7 km bis Lasdehnen	1,70	10 km bis Memelabl. (Alt-Lubönen).	2,50
		Karunischken	6 „ „ „	1,70	10 km desgleichen	2,50
		Gricklauken	6 „ „ „	1,60	9 km b. Memel (Trap.)	2,00
		Grenzwald	12 „ „ „	2,50	8 „ „ „ A.-Lnbön.	2,00
		Lubönen	12 „ „ „	2,50	5 „ „ „	1,50
		Schönbrück			4 „ „ „ Trappön.	1,50
		Wolfswinkel			5 „ „ „ A.-Lubön.	1,50

38. Königl. Oberförsterei Uszballen, Rgbz. Gumbinnen. (Karte 4.)

Uszballen, Post, Kreis Pillkallen.	17 km nach Naujeninken (Linie Tilsit-Stallupönen) Chauss. von gen. Bahnst. an Oberf. vorbeiführend. Personenpost 1 mal tägl. hin u. zurück von Lasdehnen über Uszballen nach Naujeninken.	Werszmeningken	19 km meist Chauss. Naujeninken	3,50		
		Lasdehnen	17—18 km desgleichen	3,00		
		Beinigkehmen	desgleichen	3,00		
		Kallwellen	desgleichen	3,00		

39. Königl. Oberförsterei Weszkallen, Rgbz. Gumbinneu. (Karte 4.)

Weszkallen, Post Lasdinehlen, Kreis Pillkallen.	22 km von der Bahnst Pillkallen. — 2 km von der demnächst. Haltestelle Lasdinehlen der Kleinbahn. Privatpost 1 mal tägl. von Pillkallen über Willuhnen Schillehnen nach Lasdinehlen.	Bis Lasdinehlen zur Chauss. auf guten Kieswegen pro fm 1,50. Bis Lasdehnen pro fm 2,50—3 Mk. Von Lasdehnen an ist die Szeszuppe bei günst. Wasserst. bis zur Memel flößbar.				

40. Königl. Oberförsterei Schorellen, Rgbz. Gumbinnen. (Karte 4.)

Schorellen, Post, Kreis Pillkallen.	Schorellen ist Eisenbahnst. der Strecke Stallupönen-Tilsit.	Wörth	4 km Kiesstr. bis Schorellen	5,50		
		Laukenischken	3 km Kiesstr. 3 km Chauss. bis Schorellen	6,50		

Sitz der Oberförsterei nebst Poststation	Entfernung des Oberförstereisitzes von der nächsten Eisenbahnstation bezw. Haltestelle. Post- und regelmäßige Reiseverbindungen auf Landwegen.	Durchschnittliche Entfernungen und ungefähre Anfuhrkosten von den einzelnen Reviertheilen für Bahn- bezw. Wassertransport und zwar: Schutzbezirk	Entfernung bis Güterbahnhof	Anfuhrkosten pro fm M.	Entfernung bis Wasserablage	Anfuhrkosten pro fm M.

41. Königl. Oberförsterei Eichwald, Rgbz. Gumbinnen. (Karte 4.)

Eichwald, Post Neu-Stobingen, Kreis Insterburg.	8 km (davon 7,5 km Chauss.) nach Insterburg. Pers.-Post nach Insterburg - Neu - Stobingen - Karalene vorm. 5½, nachm. 3½ Uhr von Insterburg ab — vorm. 8 nachm. 6 Uhr von Neu-Stobingen zurück (1 St. Fahrt). Projectirt ist Kleinbahn Insterb.-Kraupischken mit Haltest. in Neu-Stobingen (2,2 km).	Pötschkehmen	15 km Chss. n. Insterburg	6,00		
		Dwarischken	11 „ „ „ „	5,50		
		Rehwiese	10 „ „ „ „	5,50		
		Wengerin	7 „ „ „ „	4,50		
		Stirkallen	10 „ Ldw. „ Blumenthal	} 5,50		
		Laugallen	10 „ „ „ „			

42. Königl. Oberförsterei Tzullkinnen. Rgbz. Gumbinnen. (Karte 4.)

Tzullkinnen, Post Gerwischkehmen, Kreis Gumbinnen.	10 km Chauss. u. 4 km Kiesstr. nach Gumbinnen (Linie Berlin-Eydtkuhnen) üb. Gerwischkehmen; außerd. 24 km nach Insterburg. Post tägl. nach Tzullkinnen von Gumbinnen. — Teleph. durch Gerwischkehm. von Gumbinnen.	Carlswalde	10 km Chauss. 4 km Kiesw. bis Gumbinnen	5,00		
		Wilpischen } Notz }	10 km Chauss. 5 km Kiesw. bis Gumbinnen	7,00		
		Mittenwalde	10 km Chauss. 5 km Kiesw. bis Gumbinnen	5,00		
		Stimbern	16 km Chauss. 8 km Kiesw. bis Gumbinnen	9,00		
		Bärensprung	15 km Erd- u. Kiesw. bis Grünheide	6,00		

43. Königl. Oberförsterei Brödlauken, Rgbz. Gumbinnen. (Karte 4.)

Brödlauken, Post Carlswalde, Kreis Insterburg.	0,7 km von der Haltestelle Brödlauken; bis hier befest. Kiesw.; von da nach Insterburg 6 km Chauss. — Tägl. 4 Züge nach allen Seiten hin u. zurück.	Die ganze Fläche der Oberförsterei liegt unmittelbar an der Chauss. 12 km bis Gumbinnen. Anfuhrkosten bis Gumbinnen pro fm 5 Mk.

44. Königl. Oberförsterei Warnen, Rgbz Gumbinnen. (Karte 4.)

Warnen, Post Iszlaudszen, Kreis Goldap.	7 km über Bergenthal u. Makunischken n. Bahnst. Gr. Rominten; nach einem Jahre 2,5 km nach Tollmingkehmen.	Schakummen	5 km Ldw. 5 km Chss. bis Gr.-Rominten	3,00		
		Iszlaudszen	2 km Waldw. 5 km Chss. bis Gr.-Rominten	2,50		
		Jagdbude	3 km Waldw. 6 km Chss. bis Gr.-Rominten	} 3,00		
		Fuchsweg	desgleichen			
		Szeldkehmen	2 km Waldw. 2 km Chss. bis Gr.-Rominten	2,00		

45. Königl. Oberförsterei Nassawen, Rgbz. Gumbinnen. (Karte 4.)

Nassawen, Post, Kreis Stallupönen.	27 km Chauss. über Mehlkehmen nach Trakehnen; 25 km Chauss. über Mehlkehmen nach Stallupönen. — Privatpost einmal tägl. von Mehlkehmen nach Trakehnen hin u. zurück. — Nach Fertigstellung der Nebenbahn von Goldap nach Stallupönen Bahnh. in Kassuben (12 km Chauss.).	Pellkawen	37 km meist Chauss. bis Trakehnen	6,00		
		Nassawen	28 km Chss. b. Trakehnen	4,50		
		Schwentischken	31 km meist Chauss. bis Trakehnen	6,00		
		Reiff	20 km Kieschauss. bis Gr-Rominten	4,00		
		Kuiken	30 km Chauss. bis Stallupönen	5 00		

46. Königl. Oberförsterei Rominten, Rgbz. Gumbinnen. (Karte 4.)

Rominten, Post Szittkehmen, Kreis Goldap.	Nächste Eisenbahnst. Gurnen, 21 km Chauss.; demnächst auch Wohren an der neuen Bahn Goldap - Stallupönen, ca. 21 km Chaussee. — Pers.-Post n. Stallupönen 37 km u. n. Goldap 30 km. Fuhrwerk in Stallupönen u. Goldap stets zu haben.	Dagutschen	22 km nach Gurnen	} 4,00		
		Skittkehmen	22 „ „ „			
		Blindischken	22 „ „ „			
		Bludszen	15 „ „ „	} 3,00		
		Theerbude	16 „ „ „			
			Für alle Schutzbez. 2 bis 4 km Erdw. sonst Chss.			

47. Königl. Oberförsterei Goldap, Rgbz. Gumbinnen. (Karte 4.)

Forsthans **Goldap** Post, Kreis Goldap.	10 km gebesserter Weg u. 10 km Chauss. über Budweitschen-Plaatzkehmen nach Bhf. Goldap (Linie Insterburg-Lyck) oder 15 km Kiesstr. über Jagdbude nach Bhf. Gr.-Rominten der im Bau begriffenen Sek.-Bahn Goldap-Stallupönen.	Jörkischken	5 km Chauss. 4 km Erdw. bis Goldap	1,50		
		Schnicken	desgleichen	1,50		
		Jodupp	{ 11 km meist Chauss. nach Goldap	2,00		
			{ 6 km Erdw. nach Gr.-Rominten	1,50		
		Hirschthal	16 km (10 km hiervon Chauss. nach Goldap	2,50		
		Budweitschken	desgleichen.	2,50		

Flächengröße u. Character d. Reviers. — Vertheilung der Hauptholzarten nach Zehnteln.	Beschaffenheit des Wegenetzes im Reviere und der sich daran schließenden Abfuhrstraßen, sowie der etwaigen Wassertransportwege. Adressen von größeren Fuhrunternehmern.	Jahresquantum der Haupt-Verkaufshölzer nach Holzarten und Sortimenten (unter Abrechnung des Lokalbedarfs).

41. Königl. Oberförsterei Eichwald,

5405 ha. — eben, zusHgd. Fi. 0,8 Ei. 0,1 A. L. 0,1	Wegenetz noch nicht zusammenhängend ausgeb. Im westl. Theil mehrere gute Kiesstr. von Süd. nach Nord. durch das Revier. — Fuhruntern.: Leipachen in Laugallen, sonst Besitzer in Tammowischken, Pötschkehmen, Gertlauten, Trakies.	Schbz. Pötschkehmen 500 „ Celluloseh. „ Dwarischken 200 „ „ „ Rehwiese 300 „ „ „ Wengerin 400 „ „ „ Stirkallen 300 „ „ „ Laugallen 300 „ „ Im Ganzen 100 fm Ei.-Stammh.

42. Königl. Oberförsterei Tzullkinnen,

5400 ha. — eben, zusHgd. Fi. 0,5 Wb. 0,4 Ei. } Ki. } Esch. } Hb. } 0,1	Hauptf. Lehmwege; Hauptwege bekiest und gepflastert. Fuhrunternehmer in Casenowsken, Wilpischen und Eseringken.	Schbz. Carlswalde 400 rm Papierh. 100 fm Ei. 50 fm Bi. 20 fm Asp „ Wilpischen wie vor. „ Rotz „ 50 fm Ei. sonst wie Carlswalde. „ Mittenwalde „ 300 „ „ „ „ „ „ Stimbern wie Carlswalde. „ Bärensprung 200 fm Ei. sonst wie Carlswalde.

43. Königl. Oberförsterei Brödlauken,

4102 ha. — eben, sehr parzellirt. Fi. 0,6 Ei. 0,2 A. L. 0,2	Im Walde ein Netz befestigter Kieswege. Fuhrleute in Gumbinnen.	Schbz. Buylien 600 fm meist starker Lang-Ei.

44. Königl. Oberförsterei Warnen,

5684 ha. — theils eben, „ hügelig. Ki. 0,4 Fi. 0,4 Ei. 0,1 Wb. 0,1	Im Revier gut gehaltene Wege zum Theil mit Kiesschüttung, außerh. viele Chauss. Zufuhr zum Bahnh. fester Kiesweg. — Fuhrunternehmer in den Dörfern: Gr.-Rominten, Iszlaudszen, Szeldkehmen.	Schbz. Fuchsweg 200 fm Fi.-Langh. 30 fm Bu.-Rollh. 1000 rm Na.-Brennh. „ Szeldkehmen 1000 fm Ki.-Stammh. 500 fm Fi.-Stammh. 500 rm Na.-Brennh. „ Jagdbude 450 fm Fi.-Stammh. 1000 rm Na.-Brennh. „ Iszlaudzen 200 fm Fi.-Stammh. 20 fm Ei.-Stammh. 200 rm Na.-Brennh. „ Schakummen 150 fm Fi.-Stammh. 1200 rm Na.-Brennh.

45. Königl. Oberförsterei Nassawen,

6658 ha. — hügelig, zusammenh. Fi. 0,8 Ki. 0,2	Innerh. des Revieres Erdwege, außerh. theilw. Chauss. — Fuhrunternehmer in Nassawen und Schwentischken.	Schbz. Pellkawen 600 fm Fi.-Stammh. „ Reiff 300 „ „ } „ Kuicken 400 „ „ } 6000 fm Brennh. „ Nassawen 600 „ „ } „ Schwentischken 300 „ „ Handelshölzer kommen fast garnicht in Betracht, da der Handel der schlechten Transportverhältnisse wegen nicht möglich.

46. Königl. Oberförsterei Rominten,

5614 ha. — hügelig, zusammenhäng. Fi. 0.6 Ki. 0,4	Wege gut, theilweise durch Kies befestigt. Im Winter vorzügl. Schlittenbahn. — Flößbetrieb nach Gumbinnen auf der Rominte und Nebenfl. derselben. — Fuhruntern. Leitner in Blindischken per Blindgallen und Niederstraßer in Szabojeden per Dubeningken.	Schbz. Dagütschen 350 fm Ki.-Stammh. 600 rm Nadelkl. 400 rm Knüppel 500 Fi.-Stangen. „ Bludszen 400 fm Fi.-Sth. 1200 rm Fi. Kl. 300 rm Knüp. „ Szittkehmen 600 „ Na.- „ 500 „ Scheite 100 „ „ „ Blindischken 700 „ „ „ 2000 „ Na. Kl. 500 „ „ „ Theerbude 500 „ Fi.- „ 1000 „ „ „ 250 „ „ 300 rm Laubh. Brennh.

47. Königl. Oberförsterei Goldap,

6272 ha. — im West. fast eben, im Ost. hügelig. Fi. 0,6 Ki. 0,2 A. L. 0,2	Holzabf. meist im Winter bei Schlittenbahn. Innerh. des Revieres einige befest. Wege. Holzabfuhr durch kl. Besitzer in Budweitschen, Plautzkehnen, Mittel- u. Kl.-Jodekk, Goldap, Gr.- u. Kl.-Schnicken.	Schbz. Jörkischken 300 fm Ki.-Bauholz. „ Schuicken 300 „ „ „ Jodupp 500 „ Fi.-Schleif-, Gruben-, Stangen u. ger. Bauholz. „ Hirschthal } 200 fm Erl. 100 fm Bi. 20 fm Esch. } Stamm- „ Budweitschen } 20 „ Hainb. 10 „ Ah. 40 „ Esp. } holz.

Oeffentliche Holzlicitationen finden statt in:	Unterkommen im Gasthofe f. Holzhändler, Forstassessoren u. Referendare in möglichster Nähe der Oberförsterei	Zustand des Oberförsterdienst=Gebäudes	Wo Kirche? Wo Schule? In welcher Zeit zu erreichen?	Wo Arzt, wo Apotheke, wo Amtsgericht?	Nebenämter des Revierverwalt. — Wenn ständiger Assistent vorhanden, wo wohnt derselbe?
Rgb. Gumbinnen. (Karte 4.)					
Neu=Stobingen, Karalene, Laugallen, Pelleningken, Ischdaggen. Submissions=Termine in Insterburg.	Karalene, Gasthof von Gerlach, 5 km von Eichw.; sonst in Insterburg (Hotel Kronprinz).	Altes Försterhaus, 1868 und 1894 durch Anbauten erweitert, 0,6 km Kiesweg nördl. Neu=Stobingen. Nächste Stadt Insterburg, 26000 Einwohner. Landger., Garnison.	In Insterburg, $^{3}/_{4}$ Std. Wagenf.	In Insterburg.	Amts= u. Gutsvorsteher. Forstamtsanw. Wohng. f. verh. Assessor ev. in Karalene erhältlich.
Rgb. Gumbinnen. (Karte 4.)					
In Casenowsken, bei Thimoreit. In Malwischken, bei Becker. In Kraupischken, bei Preugschat. In Gumbinnen (Hotel Weiß.)	In Gumbinnen Hotel Weiß; einfacher i. Gerwischkehmen u. Casenowsken, (0,5 km v. Oberf.) bei Thimoreit.	Aelteres Wohnhaus am Wilpischer See, dicht beim Dorf Casenowsken (200 Einw.), an der Kiesstraße nach Gerwischkehmen, von wo Chaussee nach Gumbinnen (13500 Einwohner). Garnison.	Kirche in Gerwischkehmen, 4 km.—Schule in Casenowsken. Gymnasium in Gumbinnen. — Kath. Kirche in Insterburg.	In Gumbinnen, 14 km.	Amts= u. Gutsvorsteher.
Rgb. Gumbinnen. (Karte 4.)					
Buylien, im Kruge.	Für Brödlauken nur in Insterburg. Für Buylien im Kruge daselbst.	Massives, gutes Wohnhaus. Dicht an Oberförsterei liegt Gut gleichen Namens. Nächster Ort ist Carlswalde, bestehend aus 5 Besitzern. Insterburg 6—7 km. (s. Nr. 41).	Evg. Pfarre in Didlacken, sehr schlechter Lehmweg. Schulverband Carlswalde. Nach Insterburg geht passender Zug um $6^{3}/_{4}$ Uhr Vorm.; zurück $6^{3}/_{4}$ Uhr Nachm.	In Insterburg.	Wohnung für verh. Assessor nur in Insterburg.
Rgb. Gumbinnen. (Karte 4.)					
In Warnen.	In Warnen bei Flick. In Jagdbude bei Walter, 4 km. In Gr. Rominten bei Gedat, 7 km.	Schönes, neues Dienstgebäude, 1897 erbaut, am Dorfe Warnen gelegen. Nächste Stadt Goldap, 23 km (4000 Einwohner). Garnison.	Evg. Kirche in Tollmingkehmen, 25 km. Gymnasium in Gumbinnen, 28 km Chauss.	Arzt u. Apotheke in Mehlkehmen, 16 km.	Amtsvorsteher.
Rgb. Gumbinnen. (Karte 4.)					
In Nassawen im Gasthause.	In Nassawen bei Maleika, in Rominten bei Frösch und in Mehlauken bei Schröder (3 km).	Gutes Dienstgebäude und geräumige Wirthschaftsräume im Dorf Nassawen (290 Einwohner) an Chaussee Skittkehmen = Stallupönen, bezw. Trakehnen. Nächste Stadt ist Stallupönen, 28 km, (5100 Einwohner). Kreisstadt. Garnison.	Evgl. Pfarre, Kirche in Mehlkehmen. — Gymnasium in Gumbinnen (4 Stunden Chaussee); auch von Trakehnen (27 km Chaussee) in 15 Minuten per Bahn zu erreichen.	Arzt u. Apotheke in Mehlkehmen (3 km Chaussee). — Amtsger. in Stallupönen.	Für verheirath. Assessor kein Unterkommen.
Rgb. Gumbinnen. (Karte 4.)					
Skittkehmen, Hotel Koch. Dubeningken, Wirthschaft von Roeske.	Auf der Ostseite des Reviers in Szittkehmen (Hotel Koch). Auf der Westseite in Rominten (Hotel Froese) 10 km.	Neues Dienstgebäude mit guten Wohnräumen, ebenso gute Wirthschaftsräume. An der Chaussee Goldap=Szittkehmen, 2 km von diesem Ort.	Evg. Kirche u. Pfarre in Szittkehmen. — Gymnasium in Gumbinnen.	Arzt u. Apotheke in Szittkehmen, 2 km. Amtsgericht in Goldap, 30 km	Guts= u. Amtsvorsteher.
Rgb. Gumbinnen. (Karte 4.)					
Stadt Goldap (Hotel Krech) u. Kurhaus Schillinnen (7 km Chauss. u. Kiesstraße von Goldap entfernt.)	In Rominten, Kaiserhotel, 5 Minuten von Oberförsterei entfernt.	Neues Dienstgebäude mit ausreichenden Wirthschaftsräumen dicht bei Rominten (210 Einwohner). Nächste Stadt Goldap, 7200 Einw. Garnison (20 km, davon 10 km Chaussee).	Evg. Gottesdienst alle 14 Tage in der Hubertuskapelle in Romint. — Nächste Schule (bis Tertia) Goldap, woselbst auch kathol. Gottesdienst.	In Szittkehmen und Mehlkehmen, 12 km. — Amtsgericht in Goldap.	Amtsvorsteher. Für verh. Assessor kein Untrrk.

Flächengröße u. Charakter d. Reviers. — Vertheilung der Hauptholzarten nach Zehnteln.	Beschaffenheit des Wegenetzes im Reviere und der sich daran schließenden Abfuhrstraßen, sowie der etwaigen Wassertransportwege. Adressen von größeren Fuhrunternehmern.	Jahresquantum der Haupt-Verkaufshölzer nach Holzarten und Sortimenten (unter Abrechnung des Lokalbedarfs).

48. Königl. Oberförsterei Wilhelmswalde,

7254 ha. — eben zusammenhängend. Ki. 0,9 Bu. 0,1	Hauptabfuhrwege mit Lehmbahn versehen. — Weiteste Entfernung aus dem Revier bis Chaussee etwa 9 km. — Fiskalische Ablagen in Schwarzwasser zum Verflößen. — Fuhrleute für Eibendamm in Ossiek, für Scharnow in Skurz, für Hasenwinkel und Bruchwalde in Karschenken.	Schbz. Eibendamm 1000 fm Ki.-Stammh. „ Scharnow 1400 „ „ „ „ Bruchwalde 1000 „ „ „ „ Hasenwinkel 1100 „ „ „ „ Neubruch { 400 „ „ „ 50 „ Bu. „

49. Königl. Oberförsterei Hagenort,

6832 ha. — eben, zusammenhängend. Ki. 1,0	Innerhalb der Forstorte vielfach Lehmchausseen. — Fuhrunternehmer Blumenheim in Hagenort.	Schbz. Dlugi 400 fm Ki.-Bauh. 700 rm Ki.-Brennh. „ Neuhof 500 „ „ „ 900 „ „ „ „ Hagenort 450 „ „ „ 800 „ „ „ „ Reußberg 400 „ „ „ 700 „ „ „ „ Schäferbruch 400 „ „ „ 700 „ „ „ „ Waldhof 450 „ „ „ 800 „ „ „

50. Königl. Oberförsterei Wildungen,

7331 ha. — theils eben, „ wellig, zusammenh. Ki. 1,0.	Innerhalb des Reviers mangelhafte Sandwege; wenige Lehmbahn. Chaussee 12 bis 15 km entfernt. — Schwarzwasser mit 5 fiskal. Holzablagen zum Verflößen. — Fuhruntern. in Kasparus, Lubba, Birkenfließ, Birkenthal und Hagenort.	Schbz. Kalemba 2800 fm Ki.-Bau- u. Schneideholz „ Wildungen 800 „ „ „ „ „ Birkenfließ 700 „ „ „ „ „ Kranichbruch 800 „ „ „ „ „ Kasparus 900 „ „ „ „ „ Linoweg 800 „ „ „ „

51. Königl. Oberförsterei Czersk,

5389 ha. — eben, zwei von einander getrennt liegende Fläch. Ki. 0,9 Bi. } Bu. } 0,1 Ei. }	Jeder der beiden Reviertheile wird durch Chaussee zum Güterbahnhof durchschnitten, von welcher Lehmkieswege und gut fahrbare Gestelle nach allen Theilen des Reviers gehen. Bis zur flößbaren Brahe, wohin Chaussee führt, 12—15 km. — Fuhrunternehmer: Quandt-Malachin, Zühlke-Mockrau (Post Czersk).	Schbz. Czersk 1750 fm Ki-Stammholz 340 rm Ki.-Brhlz. „ Lukowo 3040 „ „ 620 „ „ „ Malachin 1030 „ „ 920 „ „ „ Juncza 440 „ „ 900 „ „ „ Elisenthal 2100 „ „ 620 „ „ „ Odry 1600 „ „ 1200 „ „

52. Königl. Oberförsterei Jägerthal,

4219 ha. — meist eben, wenig hügel. Ki. 0,95 Bi. 0,02 E. 0,01 Ei. 0,01 Bu. 0,01	Gestelle zu $^{8}/_{10}$ fahrbar; sehr sandig. In Jäger- und Charlottenthal sind die Hauptwege Lehmbahnen. — Fuhrleute in Czersk (Friedrich), Malachin (Quandt), Losini, auch in Legbond und in Poln. Okonien.	Schbz. Wildgarten 300 fm Ki-Stmh. 400 rm Brennholz „ Wolfsbruch 250 „ „ „ „ „ „ 200 rm Sch.-Ntzh. „ Jägerthal 2800 „ „ „ „ „ „ 70 „ „ „ Charlottenthal 1400 „ „ „ 30 fm Ei.-Stammh. 40 rm Schicht-Nutzholz und 30 fm Bi.-Stammholz.

53. Königl. Oberförsterei Königsbruch,

5482 ha. — eben, ziemlich geschlossen; Ki. 1,0	Hauptwege durch Lehm und Kies befestigt, sonst leidlich gute Sandwege. — Fuhrleute in den benachbarten Orten, besond. Jac. Gornowitz zu Krug bei Lippowo-Czersk.	Schbz. Labodda 1000 fm Ki.-Bauholz „ Rosochatka 800 „ „ „ „ Rosenthal 1000 „ „ „ „ Grünthal 800 „ „ „ „ Königsbruch 1400 „ „ „

54. Königl. Oberförsterei Bülowsheide,

5010 ha. — eben, zusHgd. Ki. 0,9 Erl. } 0,1 Bi. }	Mit Ausnahme des Schutzbezirks Althütte, sämmtliche Schutzbezirke von Lehmkiesstr. berührt, bezw. durchschnitten. — Fuhrunternehmer in Jaschereк, Jaschirsk, Montassek, Blisawen.	Schbz. Ellergrund 1000 fm Ki.-Stammh. 200 rm Grubenholz „ Althütte 1400 „ „ „ 500 „ „ „ Kronfelde 1000 „ „ „ 100 „ „ „ Rinkau 2000 „ „ „ 500 „ „ „ Bülowsheide 800 „ „ „ 100 „ „ „ Neuhütte 1500 „ „ „ 400 „ „

Oeffentliche Holzlicitationen finden statt in	Unterkommen im Gasthofe f. Holzhändler, Forstassessoren u. Referendare in möglichster Nähe der Oberförsterei	Zustand des Oberförsterdienst-Gebäudes	Wo Kirche, wo Schule? In welcher Zeit zu erreichen?	Wo Arzt, wo Apotheke, wo Amtsgericht?	Nebenämter des Revierverwalt. Wenn ständiger Assistent vorhanden, wo wohnt derselbe?
Rgbz. Danzig. (Karte 5.)					
In Skurz bei Stentzel.	In Skurz bei Lau und Stentzel, 5 km von Oberf.	Sehr geräumiges neues Gebäude, isolirt gelegen, 5 km vom Marktflecken Skurz. Wirthschaftsgebäude gut. Nächste Stadt Pr. Stargard (8000 Einw.), Kreisstadt. Garn.	Evg. und katholische Kirche in Skurz. — Gymnasium in Pr. Stargard, 21 km.	In Skurz, 5 km von Oberförst. — Amtsgericht Pr. Stargard.	Forstamtsanw. Amts- u. Gutsvorsteher. Verh. Assessor kann in Skurz wohnen.
Rgbz. Danzig. (Karte 5.)					
Hagenort, Gasthof Nürnberg.	Hagenort, Gasthof Nürnberg (bei nicht zu hohen Ansprüch.)	Ziemlich geräumiges Gebäude, 1870 erbaut, 1889 erweitert, am NO.-Ausgange des Dorfes Hagenort (750 Einwohner). Wirthschaftsräume beschränkt. Nächste Stadt Pr. Stargard 32 km Landweg. (s. Nr. 48).	Evg. und kath. Kirche in Gr. Schliewitz, (8 km). Gymnasium in Pr. Stargard.	In Gr.-Schliewitz, 8 km. — Amtsgericht in Pr. Stargard.	Amtsvorsteher. Kein Unterkommen für verheiratheten Assessor.
Rgbz. Danzig. (Karte 5.)					
Kasparus, Gasthaus Hirschfeld.	Kasparus, Gasthof Hirschfeld, 5 km. — Sonst besser in Gr. Schliewitz bei Ballerand od. Schröder. (11,5 km)	Schönes neues Dienstgebäude, am Schwarzwasser gelegen; 5 km südl. des Dorfes Kasparus (450 Einwohner). Wirthschaftsränme ausreich. Nächste Stadt Pr. Stargard 33 km (s. Nr. 48.)	Evg. Pfarre in Gr. Schliewitz. Kathol. Pfarre in Ossiek, 9 km. Gymnasium in Pr. Stargard.	In Gr. Schliewitz, 11,5 km. Amtsgericht in Pr. Stargard.	Gutsvorsteher u. Forstamtsanw.
Rgbz. Marienwerder. (Karte 5.)					
Czersk im Hotel Krusunski.	In dem 2,5 km. entfernten Industrieort Czersk: Hotel Ohnesorge, Krusunski. (Hotelwag. a. d. Bahn).	Massives, großes Wohnhaus, ebenso gute Wirthschaftsr.; von Abbaut. d. Dorfes Malachin u. Czersk (4500 Einw.) umgeb. Kreisstadt Konitz, 30 Min. Bhf. (10 000 E.) Bez.-Com.	Evg. Pfarre u. kath. Kirche in Czersk; (ev. Kirche in 2 Jahren fertig.) — Gymnasium in Konitz, 30 km.	2 Aerzte und 1 Apotheke in Czersk. Amtsgericht in Konitz.	Guts- und Amtsvorsteher. Wohng. für verh. Assessor in Czersk erhältlich.
Rgbz. Marienwerder. (Karte 5.)					
Czersk im Hotel Krusunski.	Allen Ansprüchen genüg. Czersk in den 3 Hotels Krusunski, Ohnesorge, Central. — In Gr. Schliewitz, 18 km, Hotel Wallrandt.	Altes Domänenhaus, isolirt, mitten im Walde. 2 km Lehmbahn von Lossini (500 Einwohner), 6 km von Czersk entfernt. Genügende Wohnräume, gute Wirthschaftsgebäude.	Bau einer ev. Kirche in Czersk gesichert. Nächster Elementarlehrer in Lossini, 2 km. Kath. Kirche in Czersk. — Gymnas. in Konitz, 45 Min. Bahnf. von Czersk.	2 Aerzte und Apotheke in Czersk. — Amtsgericht in Konitz.	Bis jetzt kein Nebenamt; in Kürze Guts-, ev. auch Amtsvorsteher. — In Czersk auch für verheiratheten Assessor Wohnung erhältlich.
Rgbz. Marienwerder. (Karte 5.)					
Gr. Schliewitz bei Wallerand; in Lippowo bei Greinert.	In Gr. Schliewitz, 5 km, bei Wallerand (gut); sonst in Czersk, Hotel Ohnesorge (14 km).	Massives Gebäude, liegt isolirt im Walde, 1 km von Poststation Lippowo-Czersk, an Lehm-Kiesstraße. Czersk (14 km). — Gr. Schliewitz, 1400 Ew. (5 km). Nächste Stadt ist Tuchel, 3000 Ew., 30 km.	Evg. und kath. Kirche in Gr. Schliewitz, 5 km. — Gymnasium in Konitz.	In Gr. Schliewitz, 5 km. — Amtsgericht in Tuchel.	Amtsvorsteher u. Standesbeamter. Wohnung für verheiratheten Assessor in Gr. Schliewitz erhältlich.
Rgbz. Marienwerder. (Karte 5.)					
In Bülowsheide im Kruge. In Neuenburg, Gasthof von Nieting.	In Lippink im Gasthofe von Groß (bei sehr bescheidenen Ansprüchen).	Altes Dienstgebäude mit beschränkten Wohn- und Wirthschaftsgebäuden; unmittelbar an der Lehmkiesstraße Czerwinsk-Osche. Nächste Stadt Neuenburg a. d. Weichsel, 20 km (5400 Einwohner).	Evg. Gottesdienst im Orte; kath. Kirche in Ossiek (9 km). — Elementarschule in Bülowsheide.	Arzt u. Apotheke i. Osche (14 km) oder in Neuenburg (21 km).	Amtsvorsteher nnd Standesbeamter. Verheiratheter Assessor kann zur Noth in Lippink wohnen.

Sitz der Oberförsterei nebst Poststation	Entfernung des Oberförstereisitzes von der nächsten Eisenbahnstation bezw. Haltestelle Post- und regelmäßige Reiseverbindungen auf Landwegen	Durchschnittliche Entfernungen und ungefähre Anfuhrkosten von den einzelnen Reviertheilen für Bahn- bezw. Wassertransport und zwar				
		Schutzbezirk	Entfernung bis Güterbahnhof	Anfuhrkosten pro fm M.	Entfernung bis Wasserablage	Anfuhrkosten pro fm M.

48. Königl. Oberförsterei Wilhelmswalde, Rgbz. Danzig. (Karte 5.)

Wilhelmswalde, Post Skurz, Kreis Pr. Stargard.	17 km (meist Chaussee) über Skurz nach Morroschin, bezw. 18 km nach Czerwinsk (Linie Dirschau-Bromberg). — 21 km (davon 16 km Chaussee) über Ponschau nach Pr. Stargard. — 4mal täglich Postverbindung von Skurz nach Pr. Stargard. Bahn Schöneck-Pr. Stargard-Czerwinsk voraussichtlich 1903 fertig.	Hasenwinkel	17 km meist Chausse bis Morroschin	5.—		
		Neubruch	desgleichen	5.—		
		Bruchwalde	21 km desgleichen	5.—	3 km bis Schwarzwasser	1.25
		Eibendamm	12 km (z. Hälfte Chauss.) bis Czerwinsk	3.50		
		Scharnow	13 km (meist Chaussee) bis Czerwinsk	3.50		

49. Königl. Oberförsterei Hagenort, Rgbz. Danzig. (Karte 5.)

Hagenort, Post, Kreis Pr. Stargard.	14 km nach Bhf. Schwarzwasser, davon 8 km bis Kaltspring Lehmchaussee; von Kaltspring bis Schwarzwasser 6 km schlechter Sandweg.	Dlugi	23 km bis Schwarzwasser	5.—		
		Reußberg	20 „ desgleichen	4.50		
		Hagenort	14 „ „	4.00		
		Schäferbruch	10 „ „	3.00		
		Waldhof	10 „ „	3.00		
		Neuhof	20 „ „	4.50		

50. Königl. Oberförsterei Wildungen, Rgbz. Danzig. (Karte 5.)

Wildungen, Post Kasparus, Kreis Pr. Stargard.	10 km Lehm- u. 18 km mangelh. Sandweg über Kasparus nach Schwarzwasser (Linie Schneidemühl-Dirschau). — Privatpost bis Kasparus 1mal täglich hin und zurück. Besser, aber ohne Postverbd., über Kopitkow nach Czerwinsk (Linie Dirschau-Bromberg) 24,5 km; oder über Osche nach Laskowitz (27 km).	Kalemba	8 km Sandweg 12 km Chauss. bis Czerwinsk	4.—		
		Wildungen	12 km Sandweg 12 km Chauss. bis Czerwinsk	4.50		
		Birkenfließ	7 km Lehmb. 15 km Sandw. bis Schwarzwasser.	4.—		
		Kranichbruch	7 km Lehmb. 19 km Sandw. desgl.	4.—		
		Kasparus	12 km Lehmb. 8 km Sandw. desgl.	3.50		
		Linoweg	7 km Lehmb. 16 km Sandw. desgl.	3.60		

51. Königl. Oberförsterei Czersk, Rgbz. Marienwerder. (Karte 5.)

Ciß, Post Czersk, Kreis Konitz.	2,3 km (wovon 1,7 km Chauss.) nach der Bahnstation Czersk der Ostbahn, wo zur Mittagszeit ein nach Berlin gehender und ein von Berlin kommender D-Zug hält.	Lukowo	5—6 km bis Czersk	1.50		
		Czersk	4 „ „ „	1.20		
		Malachin	4—5 „ „ „	1.20		
		Elisenthal	7—8 „ „ „	1.60 b.		
		Odry		1.80		
		Juncza	10—12 „ „ „	2.— b. 2.50		
			4—5 „ „ „	1.20 b. 1.30		

52. Königl. Oberförsterei Jägerthal, Rgbz. Marienwerder. (Karte 5.)

Jägerthal, Post Czersk, Kreis Konitz.	6 km nach der Bahn- und Poststation Czersk; 1 km Pflasterstraße durch das Dorf, dann 2 km schlechte und 3 km gute Lehmbahn.	Wildgarten	10—16 km bis Czersk	3—5		
		Wolfsbruch	7—16 „ „ „	2,5—4		
		Jägerthal	2—7 „ „ „	1—3		
		Charlottenthal	4—7 „ „ „			

53. Königl. Oberförsterei Königsbruch, Rgbz. Marienwerder. (Karte 5.)

Königsbruch, Post Lippowo, Kreis Tuchel.	13 km Lehm-Kiesweg nach Czersk. — 13 km Sandweg nach Long, 15 km nach Schwarzwasser (alles Stationen der Ostbahn). — Privatpost einmal täglich hin und zurück nach Czersk.	Grünthal	8 km nach Czersk	2		
		Rosachatka	16 „ „ „	3		
		Labodda	20 „ „ „ oder Schwarzwasser	4		
		Königsbruch	6 km nach Schwarzwasser oder Czersk	2		
		Rosenthal	12 km nach Czersk	2,50		

54. Königl. Oberförsterei Bülowsheide, Rgbz. Marienwerder. (Karte 5.)

Bülowsheide, Post, Kreis Schwetz.	16 km nach Czerwinsk (bef. Weg, bzw. Chaussee). Tägl. einmal Kariolpost von Czerwinsk nach Bülowsheide und zurück.	Bis Güterbahnhof Czerwinsk 2—3 M. pro fm, außerhalb des Waldes Chausseen, im Walde bef. Weg mit Ausnahme des Schbz. Althütte. Entfernung von der Mitte des Reviers bis Czerwinsk 16 km.				

Sitz der Oberförsterei nebst Poststation.	Entfernung des Oberförstereisitzes von der nächsten Eisenbahnstation bezw. Haltestelle. Post- und regelmäßige Reiseverbindungen auf Landwegen.	Durchschnittliche Entfernungen und ungefähre Anfuhrkosten von den einzelnen Reviertheilen für Bahn- bezw. Wassertransport und zwar: Schutzbezirk	Entfernung bis Güterbahnhof	Anfuhrkosten pro fm M.	Entfernung bis Wasserablage	Anfuhrkosten pro fm M.

55. Königl. Oberförsterei Neuenburg, Rgbz. Marienwerder. (Karte 5.)

Neuenburg, Post, Klosterburgstr. 1, Kreis Neuenburg.	5 km Chss. bis Stat. Hardenberg 10 „ „ „ „ Warlubien der Strecke Laskowitz-Dirschau. Mit Ausn. des 6[37] N. von Laskowitz einlaufenden Zuges ist von und nach jedem Zug in Hardenberg Omnibus. — Privatfuhrw. in Neuenburg jederzeit erhältlich.	Bankau	7,5 km Chss. b. Warlubien	0,75		
		Heidemühl	10 „ über Plochotschin bis Warlubien	1,75		
		Hammer	10—12 km über Mittelwald bis Hardenberg	2,50		
		Dobrau	5—8 km n. Neuenburg oder Warlubien	0,75 b. 1,30	fisk. Weichselabl. im Schbz.(4km v. Neuenb.)	0,75
		Mittelwald	5—7 km n. Hardenberg	1,00		

56. Königl. Oberförsterei Charlottenthal, Rgbz. Marienwerder. (Karte 5.)

Charlottenthal, Post Lonsk, Kreis Schwetz a. d. W.	14 km (davon 12 km Chauss.) bis Bahnh. Lianno (Strecke Tuchel-Laskowitz). Fahrpost von Lonsk nach Gr.-Schliewitz, auch von Osche nach Laskowitz. — Von Charlottenthal nach Lonsk 1,5 km Landw.; nach Osche 9 km.	Ottersteig			2 Abl. am Schwarzwasser	2.00
		Grüneck	11 km Chss. bis Lianno	2,00	3 Schwarzwasserabl. im Revier.	
		Neuhaus	7 „ dav. 4 Chss. b. „		5 km bis Schwarzwasserabl.	
		Charlottenthal			2 Schwarzwasserabl. im Schutzbez.	
		Pfalzplatz			4 km bis Schwarzwasserabl.	
		Schwarzwasser			1 Abl. am Schwarzw. im Revier.	

57. Königl. Oberförsterei Rehberg, Rgbz. Marienwerder. (Karte 5.)

Rehberg, Post Gr.-Schliewitz, Kreis Schwetz.	15 km (davon 11 km Chaussee) über Klinger nach Lianno (Linie Konitz-Laskowitz) Postverbindung einmal tägl. von Gr.-Schliewitz nach Lonsk u. zurück.	Eichwald	22 km bis Laskowitz	4,00	1,5 km Erdw. bis Schwarzwasserabl.	1,00
		Jagdhaus	22 „ „ „	4,00	2,5 km desgleichen	1,5
		Pechhütte	22 „ (11 km Chauss.) bis Lianno	4,50	6 „ „	1,50 b. 2,50
		Rehberg			4,5—7,5 km „	2—3
		Kaltspring			9—11 „ „	2,50 b. 3,50
		Fuchshof			9—11 „ „	2,50 b. 3,50

58. Königl. Oberförsterei Junkerhof, Rgbz. Marienwerder. (Karte 5.)

Junkerhof, Post Louisenthal, Kreis Schwetz.	12 km über Kl.-Gatzno nach Poln. Cekzin oder 12 km über Louisenthal Zielonka nach Haltestelle Lindenbusch (beide an der Eisenbahn Konitz-Graudenz). Keine Postverbindung.	Louisenthal	4—6 km b. Lindenbusch	1,00 bis 4,50	14—16 km a. d. Braheablage (Golombeck)	1,00 bis 4,50
		Bismarckheide	2—5 „ „ Poln. Cekzin		7—10 km desgleichen	
		Moltkewald	6—12 „ „ „ „		12—14 „ „	
		Roonsee	16—20 „ „ „ „		15 „ „	
		Brandeck	10 „ „ „ „		10 „ „	
		Bechsteinwalde	12—15 „ „ „ „		12—15 „ „	

59. Königl. Oberförsterei Schüttenwalde, Rgbz. Marienwerder (Karte 5.)

Schüttenwalde, Post, Kreis Tuchel.	13 km nach Bahnh. Tuchel (Postagentur im Oberf. Gehöft). Post nach Schüttenwalde früh 9[30] ab Tuchel, Nachm. 5[30] ab Schüttenwalde nach Tuchel. Fahrende Briefpost nimmt 1 Person mit.	Bialla			10 km bis Braheabl.	durchschn. pr. fm u. pr. km 25 Pf., b. u. Entf. etw. mehr.
		Barlogi			7 „ „ „	
		Grünau			4 „ „ „	
		Woziwoda			3 „ „ „	
		Legbond			4,5 „ „ „	

60. Königl. Oberförsterei Lindenbusch, Rgbz. Marienwerder. (Karte 5.)

Lindenbusch, Post Iwitz, Kreis Schwetz.	6 km nach Haltestelle Lindenbusch d. Strecke Konitz-Graudenz (Lehmkiesbahn); je 23 km, davon 20 km Chauss. nach Terespol bezw. Prust der Strecke Bromberg-Laskowitz.	Brunstplatz	10 km bis Lindenbusch		15—22 km Entfern. bis Braheablage bei Golombeck und bei Rudabrück	2—4 Mk.
		Lindenbusch	6 „ „ „			
		Lubau	8 „ „ „			
		Rehhof	5 „ „ „			
		Grünhof	8 „ „ „			
		Waldhaus	1,5 „ „ „			

61. Königl. Oberförsterei Osche, Rgbz. Marienwerder. (Karte 5.)

Osche, Post, Kreis Schwetz.	15 km Chauss. nach Bahnh. Laskowitz, von dort vorm. 8 Uhr u. nachm. 10 Uhr Privatpost nach Osche. — Nach Bhf. Dritschmin 11 km Chauss. (ohne jede Postverb.) Eisenbahn ist von Czersk nach Laskowitz abgesteckt, vorauss. in 3—4 Jahren fertig.	Grobbeck	n. d. Bahnhöfen Laskowitz und Dritschmin	3—4	nach der Schwarzwasserablage	0,75 b. 1,50
		Hasenwinkel				
		Adlershorst				
		Osche				
		Sobbin				
		Altfließ				
		Neufließ				

Flächengröße u. Charakter des Reviers. Vertheilg. der Hauptholzarten nach Zehnteln.	Beschaffenheit des Wegenetzes im Reviere und der sich daran schließenden Abfuhrstraßen, sowie der etwaigen Wassertransportwege. Adressen von größeren Fuhrunternehmern.	Jahresquantum der Haupt-Verkaufshölzer nach Holzarten und Sortimenten (unter Abrechnung des Lokalbedarfs.)
		55. Königl. Oberförsterei Neuenburg,
4198 ha. — eben, wenig gut abgerundet, aber (ausgen. 350 ha) zushgd. Ki. 1,0	Hauptabfuhrw. ausgeb., Chausseen über Neuenburg nach Danzig mit Abzweigungen nach Bankauer Mühle, nach Graudenz, nach Hardenberg u. weiter westlich. — Schiffb. Weichsel. — Fuhrgeschäft von kl. Bauern aus den Ortschaften besorgt.	Schbz. Bankau 1000 fm Ki.-Langh. „ Heidemühl 1200 „ „ „ „ Hammer 1000 „ „ „ „ Dobrau 1400 „ „ „ „ Mittelwald 1400 „ „ „
		56. Königl. Oberförsterei Charlottenthal,
4777 ha. — eben, etwas hügelig (Neuhaus), zusammenhgd. Ki. 1,0 Ei. A. L.	Innerh. des Reviers sind Abfuhrwege mit Anschluß an die Chaussee Klinger-Lianno oder an die Schwarzwasserabl. zu Kiesb. ausgeb. Auch die nicht befestigten Wege gut passirbar. — Fuhrl. in Altfließ, in Lonsk, in Lonskipies, in Wiersch u. in Schiroslow.	Schbz. Ottersteig 1800 fm Ki.-Stammh. „ Grüneck 1800 „ „ „ „ Neuhaus 1900 „ „ „ „ Charlottenthal 2600 „ „ „ „ Pfalzplatz 2500 „ „ „ „ Schwarzwasser 1200 „ „ „ außerd. 2400 rm Ki.-, 200 rm Bi. u. Erl.-Klob. u. Knüppel.
		57. Königl. Oberförsterei Rehberg,
6184 ha. — eben, geschlossen. Ki. 1,0	Innerh. der Forstorte Erdwege, außerh. wenig Chauss. — Schwarzwasserfluß zum Verflößen. — Fuhruntern. in Lonsk, Lonskipies, Altfließ, Osche, Laski, Kl.-Schliewitz.	Schbz. Eichwald 1050 fm Na.-Stammh., 460 rm Na.-Brennh. „ Jagdhaus 230 „ „ „ 570 „ „ „ „ Pechhütte 1000 „ „ „ 200 „ „ „ „ Rehberg 1000 „ „ „ 250 „ „ „ „ Kaltspring 1500 „ „ „ 300 „ „ „ „ Fuchshof 1100 „ „ „ 400 „ „ „
		58. Königl. Oberförsterei Junkerhof,
5760 ha. — eben, Komplex-Revier. Ki. 1,0.	Innerh. des Waldes die als Lehmkiesbahn ausgeb. Napoleonstr. mit Abzweigungen nach Gr.-Schliewitz (Tuchel-Golombeck-Junkerhof-Osche) und Poln. Cekzin; auch 4 km als Lehmkiesbahn ausgebaut. — Fuhrleute in Poln. Cekzin, Zielonka, Junkerhof u. Linsk.	Schbz. Louisenthal 1600 fm Ki.-Langh. „ Bismarckheide 1800 „ „ „ „ Moltkewald 1500 „ „ „ „ Bechsteinswalde 900 „ „ „ „ Brandeck 800 „ „ „ „ Roonsee 800 „ „ „ Außerdem noch 800 fm Ki.-Schichtnutzholz II. Cl.
		59. Königl. Oberförsterei Schüttenwalde,
6838 ha. — eben, geschlossen, reines Kiefernrev.	Nur einige km Lehmkiesbahnen, die zugl. öffentliche Wege bilden; sonst nur Erdwege. Die Brahe ist flößbar und hat Ablagen bei Dzecks, Woziwoda und Grünau. — Fuhrleute Kanjen u. Affeldt in Dzeks, Dittmann in Bialla, Post Schüttenwalde.	Schbz. Bialla 350 fm Ki.-Langnutzh. „ Barlogi 520 „ „ „ „ Grünau 1100 „ „ „ „ Woziwoda 500 „ „ „ „ Legbond 300 „ „ „
		60. Königl. Oberförsterei Lindenbusch,
ha. — eben, durch Enklaven zerrissen. Ki. 0,9 Bi. Erl. } 0,1	Lehmkiesbahnnetz vorhanden, im Anschluß an die Chausseen Terespol-Tuchel (für die Braheablagen) u. Klinger-Prust. — Fuhruntern. Besitzer Stalne in Blondzmin, Horst in Brohse bei Louisenthal.	Schbz. Brunstplatz 4000 fm Ki.-Stammh. „ Lindenbusch 2000 „ „ „ „ Lubau 600 „ „ „ „ Grünhof 2000 „ „ „ „ Waldhaus 2000 „ „ „ Außerd. aus dem ganz. Rev. 1200 fm Ki.-Grubenh. 5000—6000 Ki.-Stangen, 100 fm Bi.-Schirrholz.
		61. Königl. Oberförsterei Osche,
5844 ha. — eben, zushgd. Ki. 0,90 Ei. 0,03 Bi. 0,07	Wege sind gut, mehrere Kieschauss. Abfuhrwege führen nach den fisk. Schwarzwasserablagen. — Fuhruntern. Burandt in Altfließ, Gibas in Osche, Gerth in Bresin.	Schbz. Grodbeck 1700 fm Ki.-Langnutzh. „ Hasenwinkel 200 „ „ „ „ Adlershorst 2000 „ „ „ „ Sobbin 1200 „ „ „ „ Altfließ 2000 „ „ „ „ Neufließ 2000 „ „ „ „ Osche 2000 „ „ „

Oeffentliche Holzlicitationen finden statt in:	Unterkommen im Gasthofe f. Holzhändler, Forst-Assessoren u. Referendare in möglichster Nähe der Oberförsterei	Zustand des Oberförster-Dienstgebäudes	Wo Kirche? Wo Schule? In welcher Zeit zu erreichen?	Wo Arzt, wo Apotheke, wo Amtsgericht?	Nebenämter des Revierverwalt. — Wenn ständiger Assistent vorhanden, wo wohnt derselbe?
Rgbz. Marienwerder. (Karte 5.)					
Neuenburg, Hotel Zieting. Warlubien, Gastwirth Herrmann.	Neuenburg, Hotel Zieting u. Hotel zur Krone (5 km von Hardenberg, 10 km von Warlubien). In Warlnbien, Gasth. v. Herrmann und Lemke.	Dienstgebäude nicht vorhanden; Miethswohnung in Neuenburg. Bau wird in der Nähe von Dobrau, 4 km von Neuenburg, (5400 Einw.) beabsichtigt.	Evg. und kathol. Kirche in Neuenburg; Elementarschule und z. Zt. Privatschule für Unterstufen zum Gymnasium.	3 Aerzte, 1 Apotheke in Neuenburg.	Verheiratheter Assessor kann nur in Neuenburg wohnen.
Rgbz. Marienwerder. (Karte 5.)					
Lonsk bei Milewski, 2 km. Klinger bei Schauer. In Osche bei Kapkowski, 7 km.	In Lonsk bei Milewski (bei bescheid. Anspr.) In Klinger bei Schauer. In Osche bei Wollenberg, 7 km.	Sehr schönes, großes neues Wohnhaus mit ausreichenden Wirthschaftsräumen, 1,5 km von Lonsk. Unmittelbar am Gehöft führt die Kiesbahn Lonsk-Klinger vorüber.	Evg. uud kathol. Kirche in Gr. Schliewitz, 12 km u. in Osche 9 km. — Volksschule i. Lonsk, 1,5 km.	Aerzte und Apotheke in Gr. Schliewitz u. Osche. Amtsgericht in Schwetz, 32 km.	Aufsicht über Flößerei, Amtsvorsteher. Verheir. Assessor würde in Lonsk wohnen.
Rgbz. Marienwerder. (Karte 5)					
In Lonsk bei Milewski. In Altfließ bei Suchowski.	Im Dorfe Lonsk, sonst besser in Gr. Schliewitz bei Walbrand.	Dienstgebäude im Bau, 3 km nördlich Lonsk, bei dem Dorfe Sadrosch. Nächste Stadt ist Tuchel (3000 Einw.), Kreisstadt, 23 km Erdweg.	Evg. u. kath. Kirche in Gr. Schliewitz.	In Gr. Schliewitz (7 km). Amtsgericht in Schwetz.	Verheir. Assessor würde in Gr. Schliewitz (7 km) wohnen.
Rgbz. Marienwerder. (Karte 5.)					
Poln. Cekzin bei Klawitter. Kl. Gatzno, Krug Heyder.	In Gr. Schliewitz bei Walbrand, 11 km.	Neues Dienstgebäude an der Napoleonsstraße, 500 m östl. vom Dorf Junkerhof, 150 Einwohner. Nächste Stadt Tuchel 21 km. (s. Nr. 57).	Evg. u. kath. Kirche in Gr. Schliewitz. Dorfschule in Junkerhof. Gymnasium in Konitz.	In Gr. Schliewitz, 11 km. — Amtsger. in Schwetz, 35 km.	Für verheirath. Assess. kein Unterkommen.
Rgbz. Marienwerder. (Karte 5.)					
In Tuchel, Hotel Eilers.	In Tuchel, Hotel Eilers. In Czersk, Hotel Ohnesorge.	Dienstgehöft etwa 100 m von der Brahebrücke entfernt, 40 Jahre alt, ziemlich geräumig. -- Nächste Stadt Tuchel, 11 km. (s. Nr. 57).	Ev. u. kath. Kirche in Tuchel. Schule in Tuchel bis zum Eintritt von Knaben in Sexta. Gymnasium in Pr. Stargard.	In Tuchel, 11 km.	Guts- u. Amtsvorsteher, Standesbeamter, Schulvorsteher in 5 Schulen, Kreistagsmitglied.
Rgbz. Marienwerder. (Karte 5.)					
In Brunstplatz und in Iwitz.	In Brunstplatz bei Hammler. In Iwitz bei Gastwirth Urnlauff, je 4 km von Oberf.	Neues Gebäude, an Lehmkiesb. isolirt, 1 km westl. von der durchweg polnischen Ortschaft Mukrz mit 110 Einw. Nächste Stadt Tuchel 23 km (davon 15 km Chauss.).	Ev. Kirche u. Pfarre in Iwitz 4 km. Kath. Kirche in Gr. Bislav, 8 km. Schule in Mukrz 1 km.	In Bukowitz, 15 km. Amtsgericht in Schwetz.	Amtsvorst., Standesbeamt., Forstamtsanw., Darrverwalt. Aufsicht über einen Privatwald. Keine Wohnung für verh. Assess.
Rgbz. Marienwerder. (Karte 5.)					
Baykowski's Hotel zu Osche, bei Wollenberg in Osche.	In Osche, Baykowski's Hotel.	Gutes geräumiges Dienstgehöft mitten im Dorf. Nächste Stadt. Schwetz (7000 Einw.) 25 km.	Ev. u. kath. Kirche u. Schule im Dorfe. Gymnas. i. Schwetz, 25 km Chaussee.	Arzt u. Apotheke im Dorf.	Amtsvorst., Standesbeamt., Forsttechnischer Verwalter d. Schießplatzes in Gruppe.

Flächengröße u. Character des Revieres. Vertheilung der Hauptholzarten n. Zehnteln.	Beschaffenheit des Wegenetzes im Reviere und der sich daran schließenden Abfuhrstr., sowie der etwaigen Wassertransportwege. Adressen von größeren Fuhrunternehmern.	Jahresquantum der Haupt-Verkaufshölzer nach Holzarten und Sortimenten (unter Abrechnung des Lokalbedarfs).
		62. Königl. Oberförsterei Hagen,
5048 ha. — eben zushgd. Ki. 1,0.	Innerhalb des Reviers einige gute Lehm- und Grandbahnen, außerhalb meist mangelhafte Erdwege. Fuhrl. sind Köthner in Czersk, Lippink, Ribno u. Warlubien.	Schbz. Hagen 1000 fm Ki.-Langholz „ Kottowken 600 „ „ „ „ Blümchen 600 „ „ „ „ Bernstein 1000 „ „ „ „ Dachsbau 800 „ „ „
		63. Königl. Oberförsterei Hammersin,
ha. — theils eben, theils hügelig, zushgd. Ki.	Hauptwege meist mit Lehm und Kies ausgebaut. Gestelle fast durchweg fahrbar. Von Hammermühle nach Grünfelde Chauss. — Nach Tuchel außerh. der Forst Chauss.; Chauss. Szumionza-Klonowo, welche das Revier an 2 Stellen schneidet, projectirt. Fuhruntern. in Minikowo, Klonowo, Suchau, Kl. Bislaw.	Der Einschlag von ca. 12000 fm 120j. Kiefernholz, wovon für den Handel in Betracht kommen: 100 Stä. I. Cl., 400 Stä. II. Cl., 1000 Stä. III. Cl., 2500 Stä. IV. Cl., 4000 Stä. V. Cl. ca. 200 rm Schichtnutzh., 1500 rm Kloben, 500 rm Knüppel vertheilt sich gleichmäßig auf die 5 Schutzbezirke.
		64. Königl. Oberförsterei Grünfelde,
ha. — eben, Schbz. Birkenthal hügelig. — Ki.	Revier von einer Chaussee durchquert, im Uebrigen mittelmäßige bis gute Landstr. — Transportweg flößbare Brahe (2 Ablagen). Fuhruntern. Woitalewicz in Schweckatowo. Lange in Brückenau bei Lubiewo.	Schbz. Birkenthal 2300 fm Ki.-Stammholz „ Rudno 1800 „ „ „ „ Suchau 1900 „ „ „ „ Seebruch 2100 „ „ „
		65. Königl. Oberförsterei Drewenzwald,
3596 ha. — eben, z. Th. hügelig, parzellirt (3 Th.) Ki. 0,9 A. L. 0,1	Innerhalb des Reviers meist gute Grandchausseen. Fuhruntern. in Elgiszewo und Damerau.	Schbz. Eichrode 1000 fm Ki.-Stammh. „ Schemlau 1000 „ „ „
		66. Königl. Oberförsterei Stronnau,
4838 ha. — fast eben, nur der Westrand theilweise hügelig, zshgd. Ki. 1,0	Das Revier von 2 Chauss. durchschn., sonst gute Lehm- und Erdwege, auch die Gestelle meist fahrbar. Hauptabfuhrstr. ist Chauss. nach Krone. Für Wassertransport Braheablage am östl. Ausg. von Krone, vom Mittelpunkt des Reviers 5 km entfernt. — Fuhruntern. in Krone, Kronthal, Buschkowo.	Schbz. Stronnaubrück 550 fm Ki.-Bauh. „ Sandau 1700 „ „ „ „ Wolfsgarten 130 „ „ „ „ Pulkau 1270 „ „ „
		67. Königl. Oberförsterei Wtelno,
4604 ha. — eben, etwas hügelig, zusammenhgd. Ki. 1,0	Innerh. der Forstorte z. Th. gute, mit Kies befestigte Erdwege; außerhalb 2 gute Chauss. Fuhruntern. in Sanddorf und in Zdroje.	Schbz. Trischin 1000 fm Ki.-Stammh. „ Zdroje 900 „ „ „ „ Beerenberg 600 „ „ „ „ Mokro 1000 „ „ „
		68. Königl. Oberförsterei Jagdschütz,
4625 ha. — Ki.	Im Revier vielfach Kies- und Steinchauss. Fuhruntern. in Jägerhof, Nimtsch, Schöndorf, Gr. und Kl. Bartelsee.	Schbz. Jasinitz 1500 fm Ki.-Stammholz „ Brenkenhof 2100 „ „ „ „ Jägerhof 2400 „ „ „ „ Rinkau 2000 „ „ „ „ Osielsk 800 „ „ „

Oeffentliche Holzlicitationen finden statt in:	Unterkommen im Gasthofe f. Holzhändler, Forst-Assessoren u. Referendare in möglichster Nähe der Oberförsterei	Zustand des Oberförster-Dienstgebäudes	Wo Kirche? Wo Schule? In welcher Zeit zu erreichen?	Wo Arzt, wo Apotheke, wo Amtsgericht?	Nebenämter des Revierverwalt. Wenn ständiger Assistent vorhanden, wo wohnt derselbe?

Rgbz. Marienwerder. (Karte 5.)

In Jezewo, Brökers Gasth.	In Jezewo, Brökers Gasthof 2,5 km von Oberf.	Neues, geräumiges Wohnhaus, unmittelb. a. d. alten Ostb. (Strecke Laskowitz-Warlubien) 2,5 km nördl. des Dorfes Jezewo (600 Einw.) Nächste Kreisst. Schwetz, 7000 Einw.	Ev. u. kath. Kirche u. Pfarre in Jezewo. Gymnasium in Graudenz, 20 Min. Landweg bis Jezewo u. von da 40 Min. Bahnfahrt. Progymnas. in Schwetz.	In Schwetz, 15 km	Amts- u. Gutsvorst., Standesbeamter, Forstamtsanwalt. — Verh. Assess. kann zur Noth in Jezewo wohnen.

Rgbz. Marienwerder. (Karte 5.)

In Klonowo bei Adam. In Szumiowza bei Pechmann.	In Klonowo, 6 km, bei Adam, oder in Suchau bei Romnitzer, 12 km. — für Holzhändler am bequemst. in Tuchel Hotel Eilers.	Oberförsterei wird neu gebaut werden, 3 km westl. vom Dorf Minikowo, (ca. 300 Einw.) Nächste Stadt Tuchel (3000 Einw.).	Ev. Kirche in Lubiewo 9 km. Kath. Kirche in Kl.-Bislaw, 5 km. Gymnas. in Konitz, 26 km Eisenbahn von Tuchel.	In Tuchel, 13 km	Für verh. Assess. kein Unterk.

Rgbz. Marienwerder. (Karte 5.)

Gasthaus Neukrug bei Johannisberg.	Neukrug, Gasthaus b. Johannisberg oder in Suchau.	Schönes, neues Dienstgeb. ca. 500 m nördl. des Dorfes Johannisberg (450 Einw.) an der Chauss. nach Bahnh. Prust gel. Nächste Stadt Krone a. d. Brahe (3900 Einw.).	Ev. Kirche in Schirotzken, kathol. in Schwekatowo. Gymnas. in Bromberg in 1½ stündig. Landw. bis Prust, von dort in ½ stündig. Bahnf. zu erreichen.	In Bukowitz, 15 km. — Amtsger. in Schwetz.	Amtsvorsteher, Standesbeamter. Kein Unterk. für verh. Assess.

Rgbz. Marienwerder. (Karte 5.)

In Schönsee bei Schreiber. In Damerau Gasthaus Fiessel.	In Elgiszewo b. Dejewski, 4½ km. Holzh. wohn. am besten in Schönsee, Wagners Hotel.	Aelteres Gebäude mit neuem Anbau, ca. 5 km v. d. Drewenz, Wirthschaftsräume beschränkt, isolirt gelegen am Landwege Elgiszewo-Schönsee. Nächster Ort Elgiszewo (800 Einw.) a. d. Drewenz. Nächste Stadt Gollup, 14 km.	Ev. Kirche u. Pfarre in Schönsee, 9 km, Dorfschule in Elgiszewo, 4½ km. — Kathol. Kirche in Colmannsfeld. — Gymnas. in Thorn, (über Schönsee 12 km Landw. u. 28 km Eisenbahn).	In Schönsee, 9 km. Amtsgericht in Thorn	Amts- u. Gutsvorsteher, Forstamtsanwalt, Standesbeamter, Oberaufsicht über 1 Ansiedl.-Wald.

Rgbz. Bromberg. (Karte 5.)

In Kronthal, Gasth. Koell. In Wudschin Gasth. Klettke. In Stronnau bei Gestewitz.	In Krone Gasthof v. Delang u. Olznoski.	Dienstgeb. villenartig. Wirthschaftsräume beschränkt, in Kronthal. Nächste Stadt Krone in unmittelbarer Nähe. — 24 km Chauss. nach Bromberg.	Ev. Kirche, gehobene Bürgerschule in Krone. Kathl. Kirche in Kronthal.	3 Aerzte, 1 Apotheke u. Amtsgericht in Krone.	Gutsvorsteher, Forstamtsanwalt u. Wegekommiss.

Rgbz. Bromberg. (Karte 5.)

In Bromberg Diete's Gasthof. In Tryschin Gasth. Paßuth.	In Bromberg, Hotel Adler.	Gutes, altes Gebäude am südl. Eingang des Dorfes Wtelno mit Krone u. Bromberg durch Kleinbahn verbunden.	Ev. Kirche in Krone, kath. Kirche im Dorf. Gymnas. in Bromberg.	In Krone, 10 km. — Amtsger. in Krone u. Bromberg (15 km).	Gutsvorsteher. Verh. Assess. kann nur in Bromberg wohnen.

Rgbz. Bromberg. (Karte 5.)

Bromberg im Dieteschen Gasthause, Berlinerstr. 14.	In Bromberg, Hotel Adler.	Miethswohnung in Bromberg, 50000 Einw., Landger., Garnison.	In Bromberg.	In Bromberg.	Verh. Ass. kann nur in Bromberg wohnen.

Sitz der Oberförsterei nebst Poststation.	Entfernung des Oberförstereisitzes von der nächsten Eisenbahnstation bezw. Haltestelle. Post- und regelmäßige Reiseverbindungen auf Landwegen.	Durchschnittliche Entfernungen und ungefähre Anfuhrkosten von den einzelnen Reviertheilen für Bahn- bezw. Wassertransport und zwar: Schutzbezirk	Entfernung bis Güterbahnhof	Anfuhrkosten pro fm M.	Entfernung bis Wasserablage	Anfuhrkosten pro fm M.

62. Königl. Oberförsterei Hagen, Rgbz. Marienwerder. (Karte 5.)

Sitz der Oberförsterei nebst Poststation.	Entfernung des Oberförstereisitzes von der nächsten Eisenbahnstation bezw. Haltestelle. Post- und regelmäßige Reiseverbindungen auf Landwegen.	Schutzbezirk	Entfernung bis Güterbahnhof	Anfuhrkosten pro fm M.	Entfernung bis Wasserablage	Anfuhrkosten pro fm M.
Hagen, Post Jeszewo, Kreis Schwetz.	3 km auf mangelh. Erdweg über Jeszewo nach Haltestelle Jeszewo (Linie Laskowitz-Graudenz).	Hagen	9 km meist Erdw. bis Laskowitz	2,50		
		Kottowken	10 km befest. Weg bis Warlubien	2,50		
		Blümchen	11 km Erdweg bis Laskowitz	3,00		
		Bernstein	13 km Erdweg bis Warlubien	3,50		
		Dachsbau	{ 14 km Erdweg bis Laskowitz / 16 km befest. Weg bis Warlubien }	4,00		

63. Königl. Oberförsterei Sommersin, Rgbz. Marienwerder. (Karte 5)

Sitz der Oberförsterei nebst Poststation.	Entfernung des Oberförstereisitzes von der nächsten Eisenbahnstation bezw. Haltestelle. Post- und regelmäßige Reiseverbindungen auf Landwegen.	Schutzbezirk	Entfernung bis Güterbahnhof	Anfuhrkosten pro fm M.	Entfernung bis Wasserablage	Anfuhrkosten pro fm M.
Sommersin, Post Gr.-Bislaw, Kreis Tuchel.	13 km (davon 4 km Chauss., 9 km Lehmkiesbahn) über Villamühle u. Oberf. Schwiedt nach Tuchel.	Schönholz	8—17 km nach Krone	3—3,5	} 3,5 km bis zu den 5 fiskal. Braheabl.	1,00
		Kohli	8—17 „ „ „	3—3,5		
		Sommersin	8—16 km Lehmkiesstr. nach Tuchel	3—3,5		
		Döbelsheide	desgleichen	3—3,5		
		Fuchswinkel	„	3—3,5	5 km bis Braheabl.	1,80

64. Königl. Oberförsterei Grünfelde, Rgbz. Marienwerder. (Karte 5.)

Sitz der Oberförsterei nebst Poststation.	Entfernung des Oberförstereisitzes von der nächsten Eisenbahnstation bezw. Haltestelle. Post- und regelmäßige Reiseverbindungen auf Landwegen.	Schutzbezirk	Entfernung bis Güterbahnhof	Anfuhrkosten pro fm M.	Entfernung bis Wasserablage	Anfuhrkosten pro fm M.
Grünfelde, Post Schwekatowo, Kreis Schwetz.	14 km nach Prust an der Strecke Posen - Bromberg - Dirschau (Chaussee). Fahrpost einmal täglich von Prust nach Schwekatowo.	Birkenthal			0,5—2 km bis Abl. a. d. Brahe	0,50 b. 1,00
		Rudno			2—5 km desgl.	1,50 b. 2,00
		Suchau			5—9 „ „	2—3
		Seebruch			4—7 „ „	1,75 b. 2,50

65. Königl. Oberförsterei Drewenzwald, Rgbz. Marienwerder. (Karte 5.)

Sitz der Oberförsterei nebst Poststation.	Entfernung des Oberförstereisitzes von der nächsten Eisenbahnstation bezw. Haltestelle. Post- und regelmäßige Reiseverbindungen auf Landwegen.	Schutzbezirk	Entfernung bis Güterbahnhof	Anfuhrkosten pro fm M.	Entfernung bis Wasserablage	Anfuhrkosten pro fm M.
Drewenzwald Post Schönsee, Kreis Briesen.	12 km (davon 6 km Chauss.) über Schönsee, Bielsk, Colmansfeld und Kaldunek Mühle; besser als 8 km über Kaldunek nach Crüneberg (Strecke Schönsee-Straßburg).	Drewenz	8 km Ldw. b. Gollub	2—3		
		Eichrode	12 km bis Schönsee	3—4		
		Kämpe	12 km bis Schönsee (davon 6 km Landw.)	3—4		
		Neu-Linum	3—4 km Erdw. bis Damerau	1,50		
		Schemlau	1—5 km Erdw. bis Damerau	1—3		

66. Königl. Oberförsterei Stronnau, Rgbz. Bromberg. (Karte 5.)

Sitz der Oberförsterei nebst Poststation.	Entfernung des Oberförstereisitzes von der nächsten Eisenbahnstation bezw. Haltestelle. Post- und regelmäßige Reiseverbindungen auf Landwegen.	Schutzbezirk	Entfernung bis Güterbahnhof	Anfuhrkosten pro fm M.	Entfernung bis Wasserablage	Anfuhrkosten pro fm M.
Stronnau, Post Krone, Kreis Bromberg.	3/4 km nach Krone, Endstation der Kleinbahn (Linie Schleusenau bei Brombg.-Krone. — 14,5 km Chauss. nach Klahrheim, Station der Bahnl. Bromberg-Dirschau.	Stronnaubrück			7 km bis Abl a. d. Brahe	2 bis 2,50
		Sandau			6 km Chauss. desgl.	1,80 b. 2,20
		Wolfsgarten			5 „ „ „	1,80 b. 2,30
		Pulkau			3—5 km „ „	1,80 b. 2,20.

67. Königl. Oberförsterei Wtelno, Rgbz. Bromberg. (Karte 5.)

Sitz der Oberförsterei nebst Poststation.	Entfernung des Oberförstereisitzes von der nächsten Eisenbahnstation bezw. Haltestelle. Post- und regelmäßige Reiseverbindungen auf Landwegen.	Schutzbezirk	Entfernung bis Güterbahnhof	Anfuhrkosten pro fm M.	Entfernung bis Wasserablage	Anfuhrkosten pro fm M.
Wtelno, Post Trischin, Kreis Bromberg.	1 km nach der im Dorfe befind. Haltestelle Wtelno der Kleinbahn Bromberg-Crone; 15 km nach Bromberg entweder Kleinbahn oder Landweg, (davon 13 km Chaussee).	Trischin	4 km Erdw. b. Mühlthal	2 Mk.	5 km Ldw. zur Brahe	2,00
		Zbroje	2 „ „ „ „	1,50		
		Beerenberg	4 „ „ „ Maximilianowo	2,00	4 „ Erdw. „ „	2,00
		Mokro			4 „ „ „ „	2,00

68. Königl. Oberförsterei Jagdschütz, Rgbz. Bromberg. (Karte 5.)

Sitz der Oberförsterei nebst Poststation.	Entfernung des Oberförstereisitzes von der nächsten Eisenbahnstation bezw. Haltestelle. Post- und regelmäßige Reiseverbindungen auf Landwegen.	Schutzbezirk	Entfernung bis Güterbahnhof	Anfuhrkosten pro fm M.	Entfernung bis Wasserablage	Anfuhrkosten pro fm M.
Jagdschütz in Bromberg, Danzigerstr. 66.	Bahnstation am Orte.	Jasinitz	2,5 km Landw. 3,5 km Chauss. bis Bromberg	1,50 b. 2,00		
		Brenkenhof	1 km Landw. 3,5 km Chauss. bis Bromberg	1,20 b. 1,70		
		Jägerhof	0,7 km Landw. 6 km Chauss. bis Bromberg	2,00 b. 2,50		
		Rinkau	6 km Landw. 3,5 km Chauss. bis Bromberg	2,00 b. 2,50		
		Osielsk	6 km Landw. 5 km Chauss. bis Bromberg	3,00		

Sitz der Oberförsterei nebst Poststation	Entfernung des Oberförstereisitzes von der nächsten Eisenbahnstation bezw. Haltestelle Post- und regelmäßige Reiseverbindungen auf Landwegen	Durchschnittliche Entfernungen und ungefähre Anfuhrkosten von den einzelnen Reviertheilen für Bahn- bezw. Wassertransport und zwar: Schutzbezirk	Entfernung bis Güterbahnhof	Anfuhrkosten pro fm M.	Entfernung bis Wasserablage	Anfuhrkosten pro fm M.
69. Königl. Oberförsterei Glinke, Rgbz. Bromberg. (Karte 5.)						
Glinke, Post Bromberg, Kreis Bromberg.	4 km nach Bahuh. Bromberg (1 km bis zur Stadtgrenze, 3 km elektrische Straßenbahn bis Bahnhof).	Strischek	9 km meist Chaussee bis Bromberg	2,30		
		Beelitz	6 km desgleichen	1,70		
		Rohrbruch	9 km meist Ldw. desgl.	2,30		
		Kiebitzbruch	6 km mst. Chauss. dsgl.	1,70		
		Jesuitersee	10 km mst. Kiesw. dsgl.	2,50	3 km z. Netzekanal	1,—
		Lochau	11 km meist Ldw. dsgl.	3,00	2,5 „ „ „	1,—
70. Königl. Oberförsterei Bartelsee, Rgbz. Bromberg. (Karte 5.)						
Bartelsee in Bromberg, Danziger Str. Nr. 148.	Bahnstation am Orte.	Hopfengarten	1-5 km Lehm- u. Kieschauss. b. Hopfengart. 1-2 km Steinchauss b. Bromberg	3-4		
		Emilienau	14 km Lehm- u. Kiesch. bis Bromberg	3-4		
		Kobbelblotte	6 km Lehm- u. 5 km Steinchss. b. Bromberg	3 b. 3,50		
		Salvin	8 km Kiesweg 2 km Steinchss. b. Bromberg	3,00		
		Kaltwasser	7 km Kiesweg 2 km Steinchss. b. Bromberg	2,50 b. 3		
		Kl. Bartelsee	4 km Kiesweg 3 km Steinchss. b. Bromberg	2,00		
71. Königl. Oberförsterei Schulitz, Rgbz. Bromberg. (Karte 5.)						
Schulitz, Post, Kreis Bromberg.	Nach der Bahnstation Schulitz 0,3 km Chaussee. — Von Krossen nach Schulitz 1 mal täglich hin und zurück Fahrpost.	Krossen	9,5 km Lehm- und Kiesb. nach Schulitz	2,25		
		Kabott	9 km desgl.	2,00		
		Grünsee	6,5 km desgl.	1,60		
		Seebruch	7,0 km desgl.	2,00		
		Kleinwalde	9 km desgl.	2,25		
72. Königl. Oberförsterei Kirschgrund, Rgbz. Bromberg. (Karte 5.)						
Kirschgrund, Post Gr. Neudorf, Kreis Bromberg.	4 km nach Eisenbahnhaltestelle Gr. Neudorf. Der Verbindungsweg ist ein Erdweg, der innerhalb des Reviers auf 2 km Länge durch Lehm befestigt, außerhalb des Reviers sehr sandig ist.	Elsendorf	13 km bef. Weg bis Schulitz	3,00		
		Kirschgrund	12 km desgl.	3,00		
		Neudorf	10 km meist Chauss. bis Hopfengarten	2,50		
		Eichenau	8 km Erdw. desgl.	2,50		
		Brühsdorf	6 km Erdw. desgl.	2,00		
73. Königl. Oberförsterei Wodek, Rgbz. Bromberg. (Karte 5.)						
Wodek, Post, Kreis Inowrazlaw.	16 km Lehmb. nach Schulitz. — 15 km dgl. n. Schirpitz. — 12 km Sandweg nach Weichselthal. — 13 km nach Argenau, letztere beiden Wege mangelhaft. Post geht über Schulitz bis Mittenwalde als Fahrpost.	Grünfließ	6 km Erdw. 3 km Chss. bis Schirpitz	1,50	Bis Abl. a. d. Weichsel meist Erdweg	2,00 b. 2,50
		Waldhaus	8 km Erdw. 2 km Chss. bis Schirpitz	2,00		
		Wodek	12 km Erdw. b. Schirp.	3,00		
		Kienberg	16 km Erdw. b. Schulitz	3,00		
		Getau	3 km Erdweg 7 km Chaussee bis Schulitz	2,50		
		Grätz	3 km Erdweg 6 km Chaussee bis Schulitz	2,50		
74. Königl. Oberförsterei Schirpitz, Rgbz. Bromberg. (Karte 5.)						
Schirpitz, Post, Kreis Inowrazlaw.	2,6 km Chaussee nach Bahnh. Schirpitz (Linie Thorn-Bromberg). — 11 km Chaussee nach Thorn.	Karschau	Bhf. Ottoschin in der Mitte des Reviers			
		Rudak	6 km Erdw. bis Thorn			
		Ruhheide	10 km Chss. b. Thorn; 10 „ „ b. Argenau			
		Schirpitz	4 km Chaussee bis Schirpitz			
		Brand	desgleichen			
75. Königl. Oberförsterei Argenau, Rgbz. Bromberg. (Karte 5.)						
Argenau, Post, Kreis Inowrazlaw.	Argenau ist Eisenbahnstation (Courirzüge halten).	Kunkel, Bärenberg	nach Schirpitz	2-3		
		Seedorf, Dombken, Unterwalde	nach Argenau	2-3		

Flächengröße u. Charakter des Reviers. Vertheilg. der Hauptholzarten nach Zehnteln.	Beschaffenheit des Wegenetzes im Reviere und der sich daran schließenden Abfuhrstraßen, sowie der etwaigen Wassertransportwege. Adressen von größeren Fuhrunternehmern.	Jahresquantum der Haupt=Verkaufshölzer nach Holzarten und Sortimenten (unter Abrechnung des Lokalbedarfs).
		69. Königl. Oberförsterei Glinke,
5950 ha. -- Oestl. Revier mehrfach hügelig, sonst eben, zushgd. Ki. 1,0.	Innerh. befest. Wege und ausgeb. Kieschausseen. — 3 Schbz. durch Chausseen mit Bromberg verb. Sekundärbahn durchschn. einen großen Theil der Revierfläche. Fuhruntern. in Hopfengarten, Weißfelde, Lochowo, Drewenz, Kruschin.	Schbz. Stryschek 160 fm Ki.=Rundholz „ Beelitz 410 „ „ „ „ Rohrbruch 1130 „ „ „ „ Kiebitzbruch 1120 „ „ „ „ Jesuitersee 430 „ „ „ „ Lochau 310 „ „ „
		70. Königl. Oberförsterei Bartelsee,
5737 ha. — hügelig, zusammenhäng. Ki. 1,0.	Revier durchschn. von O. nach W. durch 3 Lehm=Kiesstr. und die gute Kieschaussee Bromberg=Argenau, und von N. nach S. durch 2 Lehmkiesstr. — Fuhruntern. Seymanski in Hopfengarten, Rettig in Grünwalde, Wiese und Karl in Schönhagen bei Bromberg.	Schbz. Hopfengarten 1000 fm Ki.=Derbh. „ Emilienau 300 „ „ „ „ Kobbelblotte 500 „ „ „ „ Salwin 300 „ „ „ „ Kaltwasser 800 „ „ „ „ Kl. Bartelsee 700 „ „ „
		71. Königl. Oberförsterei Schulitz,
5645 ha. — hügelig, zusammenhäng. Ki. 1,0	Innerh. des Reviers 6 Lehm= und Kiesb., von denen 3 nach Schulitz führen, 1 nach Bromberg. Im Revier nur Sandwege. Außerh. des Reviers nur 1 Chaussee von Bromberg nach Thorn. An der Weichsel bei Schulitz Privatholzablage. — Fuhruntern. in Schulitz.	Schbz. Krossen 1300 fm Ki.=Bh. 100 fm Ki.=Rllh. 100 fm Ki.=Schw. „ Kabott 550 „ „ „ 120 „ „ „ 100 „ „ „ „ Grünsee 1200 „ „ „ 25 „ „ „ 25 „ „ „ „ Seebruch 1500 „ „ „ 20 „ „ „ 25 „ „ „ „ Kleinwalde 650 „ „ „ 50 „ „ „ 20 „ „ „
		72. Königl. Oberförsterei Kirschgrund,
5037 ha. — 1/3 der Fläche eben, sonst wellig. Zusammenhgd. Ki. 1,0.	Innerh. des Reviers vielfach durch Lehm und Kies befest. Wege, außerhalb und im Westen die Chaussee von Bromberg nach Jnowrazlaw. — Fuhruntern. Prehn in Minutsdorf. Schallat in Gr. Neudorf. — Güterbahnhof wahrscheinlich demnächst in Gr. Neudorf, dann Anfuhrkosten wesentlich billiger.	Schbz. Elsendorf 200 fm Ki.=Stammholz „ Kirschgrund 800 „ „ „ „ Neudorf 1000 „ „ „ „ Eichenau 500 „ „ „ „ Brühlsdorf 500 „ „ „
		73. Königl. Oberförsterei Wodek,
6481 ha. — wellig, bis hügelig. Zusammenhgd. Ki. 1,0.	Innerh. 2 Lehmkiesbahnen Richtung Wodek=Schirpitz und Wodek=Schulitz. Das Weiterbestehen von 2 Ablagen a. d. Weichsel infolge der Stromregulirung in Frage gestellt. — Fuhruntern. Schümann in Gr. Wodek, in Schulitz zahlreiche Fuhrkräfte.	Schbz. Grünfließ 1000 fm Ki.=Stammh. „ Waldhaus 1000 „ „ „ „ Wodek 1000 „ „ „ „ Kienberg 1000 „ „ „ „ Getau 800 „ „ „ „ Grätz 400 „ „ „ } 200 fm. Ki.=Grubh. „ „ „ Schwellh. 400 rm „ Rollh. im ganzen Revier.
		74. Königl. Oberförsterei Schirpitz,
6333 ha. — hügel., 2 Parzellen. Ki. 1,0.	Innerhalb der Forstorte 3 Chausseen und gute Lehmbahnen. Fuhrunternehmer in Thorn, Podgarz, Argenau, Dorf Nessau.	Schbz. Karschau 300 fm Ki.=Stammholz „ Rudak 300 „ „ „ „ Ruhheide 400 „ „ „ „ Schirpitz 50 „ „ „ „ Brand 500 „ „ „
		75. Königl Oberförsterei Argenau,
7694 ha. — Nördl. Hälfte ebner; südl. Hälfte hügliger Binnendünensand.	Im Revier feste Kiesstr.; außerh. Chauss. nach Argenau, und ziemlich gute Landwege. Abfuhr bequem. Fuhrleute in Argenau, Glinno, Weißenberg, Dombken.	Schbz. Seedorf 1500 fm Ki.-Stammholz „ Dombken 1500 „ „ „ „ Unterwalde 1500 „ „ „ „ Kunkel 1500 „ „ „ „ Baerenberg 1500 „ „ „ „ Reinau Oedland

Oeffentliche Holzlicitationen finden statt in:	Unterkommen im Gasthofe f. Holzhändler, Forst-Assessoren u. Referendare in möglichster Nähe der Oberförsterei	Zustand des Oberförsterdienst-Gebäudes	Wo Kirche? Wo Schule? In welcher Zeit zu erreichen?	Wo Arzt, wo Apotheke, wo Amtsgericht?	Nebenämter des Revierverwalt. — Wenn ständiger Assistent vorhanden, wo wohnt derselbe?
Rgbz. Bromberg. (Karte 5.)					
Bromberg Hotel Roepke. Weißfelde Gasth. Kieper.	Bromberg, Hotel Roepke (6 km), Weißfelde, Gasth. Kieper, Lochowo bei Martin (13 km).	Altes Dienstgeb. 4 km westl. vom Bahnh. Bromberg, unweit der Chauss. nach Inowrazlaw. Bromberg 50 000 Einw. Landgericht, Garnison.	In Bromberg.	In Bromberg 2 km.	Verh. Assess. kann in Bromberg wohnen.
Rgbz. Bromberg. (Karte 5.)					
In Bromberg Hotel Roepke. In Hopfengarten, Blecks Gasthaus.	In Bromberg Hotel Adler oder Roepke. In Hopfengarten, Blecks Gasthaus.	Miethswohn. in Bromberg. — Entfern. nach dem Revier 3—4 km Chauss.	In Bromberg.	In Bromberg.	Gutsvorsteher.
Rgbz. Bromberg. (Karte 5.)					
In Schulitz Gasth. von Krüger.	In Schulitz Gasthöfe von Jordan und Krüger.	Sehr schönes, neues Dienstgebäude in Schulitz (2500 Einw.). Nächste größ. Stadt Bromberg, 17 km.	Ev. u. kath. Kirche in Schulitz. Volksschulen in Schulitz. Gymnas. in Bromberg.	In Schulitz. Amtsger. in Bromberg.	Technische Verwaltung des Schulitzer Stadtwaldes. Verh. Assess. kann in Schulitz wohnen.
Rgbz. Bromberg. (Karte 5.)					
Gr.-Neudorf Gasth. zur Post. In Tarkowo bei Stengel.	In Gr.-Neudorf Gasth. zur Post (4 km). In Tarkowo b. Stengel (4 km). Auch in Bromberg und in Inowrazlaw, beide per Bahn von Gr.-Neudorf zu erreichen.	Dienstgeb. erbaut 1883 in Eichenau (60 Einw.). — Nächste Stadt Schulitz, 15 km Lehmbahn. — Bromberg in 25 Min. Wagenfahrt bis Gr.-Neudorf und von hier in 25 Min. Bahnfahrt zu erreichen.	Ev. Kirche in Gr.-Neudorf, 4 km. — Kathol. Kirche in Lissewo, 11 km.	In Schulitz u. in Bromberg. Amtsgericht in Bromberg.	Forstamtsanwalt. Für verh. Assess. kein Unterkommen.
Rgbz. Bromberg. (Karte 5.)					
Gr.-Wodek in Krüger's Gasthaus.	Bei sehr mäßig. Ansprüchen in Gr.-Wodek bei Krüger oder in Grätz bei Krüger (5 Min. von Haltestelle Weichselthal). In Schulitz bei Krüger, in Argenau bei Pfeiler.	Neueres Dienstgeb. am Nordrande des Dorf. Gr.-Wodek (500 Einw.) an der schlechten Landstr. Bromberg-Argenau. Kreisst. Inowrazlaw Garnis. (21000 Einw.) 10 km sehr schlechter Landweg. Bromberg 26 km meist gute Lehmbahn.	Ev. Pfarre u. Kirche im Dorfe Grünkirch (30 Min.). — Kath. Gottesdienst in Schulitz. Dorfschule 1 km von Oberf. Gymnas. in Inowrazlaw, in Thorn und in Bromberg.	In Argenau, 13 km. — Amtsger. in Inowrazlaw.	Kein Unterk. für verh. Assess.
Rgbz. Bromberg. (Karte 5.)					
In Podgorz bei Terrari.	In Podgorz, Hotel z. Kronprinz (8 km). — In Thorn Thorner Hof (11 km). —	Aelteres Gebäude, 1 km südl. des Dorfes Schirpitz (100 Einw.) a. d. Chauss. — Nächste Stadt ist Podgorz 7 km (2000 Einw.).	Ev. und kath. Pfarre und Kirche in Podgorz. — Höh. Schulen in Thorn.	Arzt in Podgorz 7 km. Apotheke in Thorn 11 km. Amtsger. in Inowrazlaw 30 km.	Amtsvorsteher. Verh. Assess. kann in Podgorz wohnen.
Rgbz. Bromberg. (Karte 5.)					
In Argenau Hotel du Nord (Pfeiler).	In Argenau Hotel du Nord.	Neues, ger. Gebäude 1896 erbaut, in der Stadt Argenau (3000 Einw.) Wirthschaftsgeb. beschränkt.	Ev. u. kathl. Kirche und Pfarre in Argenau desgl. Simultanschule. — Gymnas. in Inowrazlaw u. Thorn (je 2 Meilen).	In Argenau. — Amtsger. in Inowrazlaw.	Verh. Assess. kann in Argenau wohnen.

Flächengröße u. Character des Revieres. Vertheilung der Hauptholzarten n. Zehnteln.	Beschaffenheit des Wegenetzes im Reviere und der sich daran schließenden Abfuhrstr., sowie der etwaigen Wassertransportwege. Adressen von größeren Fuhrunternehmern.	Jahresquantum der Haupt=Verkaufshölzer nach Holzarten und Sortimenten (unter Abrechnung des Lokalbedarfs).
		76. Königl. Oberförsterei Steegen,
5295 ha. — hügelig, zusammenhgd. Ki. 1,0	In den Schbz. Liep, Pröbbernau u. Bodenwinkel Sandweg, die übrigen Schbz. von der Chauss. Steegen=Danzig berührt, bezw. durchschnitten. — Fuhruntern. in Stutthof, Steegen, Pröbbernau.	Schbz. Liep 300 fm Ki=Stammh. „ Pröbbernau 600 „ „ „ „ Bodenwinkel 300 „ „ „ Der Einschlag der Schutzbezirke Stutthof, Steegen, Pasewark und Neufähr wird durch Lokalbedarf aufgenommen.
		77. Königl. Oberförsterei Pelplin,
4848 ha. — hügelig, sehr parzellirt. Ki. 0,86 Fi. 0,05 Ei. 0,01 Bu. 0,04 Bi. 0,02 W. 0,02	Erdwege im Revier meist gut fahrbar. Zugangsw. von der Chauss. bis Revier meist schwerer Boden, bei Nässe schlecht fahrbar. — Die Schbz. Biewalkerweide, Kochankenberg, Montau und Borkau von Chauss. durchschn.; Montau Schiffstransp. auf der Weichsel. — Fuhrunternehmer kl. Besitzer in den Dörfern.	Schbz. Brodden •500 fm Ki. Bau= u. Schneideh. „ Borkau 800 „ „ „ „ „ „ Bielawkerweide 1500 „ „ „ „ „ „ Sturmberg 1400 „ „ „ „ „ „ Kochankenberg 1000 „ „ „ „ „ „ Semlin 800 „ „ „ „ „ „ Hohenwalde 1000 „ „ „ „ „ „ Wieck 400 „ „ „ „ „ „ Montau 1500 Hdt. Bandstöcke 600 Hdt. Weiden=Fasch.
		78. Königl. Oberförsterei Rehhof,
6214 ha. — meist eben, zusammenh. Ki. 0,8 Ei. 0,1 Fi. } Asp. } 0,1 Erl. }	Planm. Wegenetz nicht vorhanden; zum Theil mit Lehm u. Kies befestigt. Waldw. Außerh. (u. in Weißhof) Chauss. Marienburg=Thorn und noch 10 km Pflasterstr. bezw. Chauss. durch das Revier (im Süd.) Weichsel bei Weißenberg zum Verflößen. — Fuhrleute in Rehhof u. Stuhm.	Schbz. Weißhof 1200 fm Ki.=Stammh. „ Rehhof I. 1200 „ „ „ „ Rehhof II. 800 „ „ „ „ Karlsthal { 800 „ „ „ { 200 „ Ei.= „ „ Werder 1400 „ Ki.= „ „ Bönhoff 1200 „ „ „ „ Neuhakenberg 500 „ „ „ „ Wolfsheide 8300 „ „ „ u. 200 fm Ei.=Stammh.
		79. Königl. Oberförsterei Krausenhof,
2735 ha. — hügelig Ki. 0,9 Ei. 0,1	Neues Wegenetz fast fertig, meist ohne Befestigung, da Boden meist lehmhaltig. Chauss. nach Marienwerder, Mewe, Nauenburg gut. — Fuhruntern. in Münsterwalde, Osterwitt (Neumann) und in Bichtsfelde (Milewski).	Schbz. Blankenburg 1200 fm Ki.=Langh. „ Münsterwalde 1200 „ „ „ „ Hartigswalde 1000 „ „ „ „ Wartenberg 400 „ „ „
		80. Königl. Oberförsterei Marienwerder,
4451 ha. — eben, hügelig, parzellirt. Ki. 1,0	Ziemlich gute Erdwege. Fuhrunternehmer überall zu haben.	Schbz. Dianenberg 1200 fm Ki.=Stammh. „ Ruden 1200 „ „ „ „ Boggusch 1000 „ „ „ „ Halbersdorf 800 „ „ „ „ Gunthen 600 „ „ „ „ Honigfelde 800 „ „ „
		81. Königl. Oberförsterei Jammi,
4622 ha. — Im N., W. u. S. des Reviers sehr hügelig, sonst eben. Ki. 0,8 Bu. 0,1 Ei. 0,1	Innerh. der Forstorte ziemlich ausgeb. Wegenetz theilw. befestigt. Eisenbahnstat. in der Nähe des Rev. — Chausseen 4 Schbz. durchschneidend. — Fuhrleute für Nonnenkämpe in Culm, für Weißheide u. Rudnick in Weißheide, für die übrigen in Doßcozin, Walddorf, Garnsee, Gr.= u. Kl.=Schönbrück.	Schbz. Nonnenkämpe 80 fm Ei.=Nutzend. 100 fm Rüstern=Nutz. „ Weißheide 980 „ Ki.=Bauh. „ Rudnick 750 „ „ „ „ Schönbrück 1050 „ „ „ „ Jammi 70 „ Ei.=Nutzenden, 750 fm Ki.=Bauh. „ Walddorf 950 „ Ki.=Bauh. „ Ulrici 1000 „ „ „ „ Wolz 1100 „ „ „
		82. Königl. Oberförsterei Alt-Christburg,
4318 ha. — z. Th. hügelig, z. Th. eben, zusammenhängend. Ki. 0,6 Ei. 0,2 Bu. 0,2	Im Rev. gute Erdwege. Chaussee Gerswalde=Saalfeld durch Schbz. Gerswalde. Fiskal. Wasserablage am Flachsee. Schiffb. Oberländischer Kanal im Schbz. Gerswalde. — Fuhrl. in Kunzendorf (W. Schulz), Gerswalde (A. Münster), Buchwalde (Mügge), Bensee (A. Jordan).	Schbz. Gerswalde 50 fm Ei.=Lgh. 1000 fm Ki.=Lgh. 100 rm Ki.=Brh. „ Kunzendorf 150 „ „ „ 900 „ „ „ 50 fm Bu.=Lgh. „ Bensee 300 „ „ „ 1200 „ „ „ 100 „ „ Brh. „ Buchwald 50 „ „ „ 50 „ Bu.= „ 500 „ Ki.=Lgh. „ Mortung 50 „ „ „ 1500 „ Ki.= „ 200 rm „ Brh.

Oeffentliche Holzlicitationen finden statt in:	Unterkommen im Gasthofe f. Holzhändler, Forst-Assessoren u. Referendare in möglichster Nähe der Oberförsterei	Zustand des Oberförsterdienst-Gebäudes	Wo Kirche? Wo Schule? In welcher Zeit zu erreichen?	Wo Arzt, wo Apotheke, wo Amtsgericht?	Nebenämter des Revierverwalt. — Wenn ständiger Assistent vorhanden, wo wohnt derselbe?
Rgbz. Danzig. (Karte 6.)					
In Stutthof bei Rahn. In Steegen Gasth. Rahn. In Pröbbernau Gasth. Wicht.	In Steegen Gasth. Rahn (gut). In Stutthof (3,5 km von Steegen entf.) Gasth. Hans Rahn.	Schönes, neues Dienstgeb. mit reichlichen Wirthschaftsräumen im Dorf Steegen (900 Einw.) Nächste Stadt ist Tiegenhof (12000 Einw.) 16 km entf. — Stutthof mit 3000 Einw. 3,5 km entf.	Evg. Pfarre u. Kirche im Dorfe. Gymnas. in Danzig.	In Stutthof, 3,5 km entf. — Amtsger. in Danzig.	Verwaltung des „dritten Dünen-Abschnitts“.
Rgbz. Danzig. (Karte 6.)					
In Pelplin, (Schwarzer Adler). In Pieckel Gasthof Grohn. In Tolkemit Gasthof Freitag. In Pr. Stargard Turnhalle.	In Pelplin, Schwarzer Adler, (2 km v. Oberf.).	Gutes Dienstgeb., 2 km westl. von Pelplin, an der Chauss. Pelplin-Pr. Stargard. — Pelplin 3200 Einw. Pr. Stargard, (11 km) 8000 Einw., Kreisstadt, Garnison.	Ev. Kirche in Rauden Kath. Kirche in Pelplin. — Bischöfl. Progymnas. (nur für kathol. Kinder) 2 km entfernt.	In Pelplin. — Amtsger. in Dirschau (22 km Eisenb.).	Privataufsicht üb. Majoratsforst Spengawsken. Verh. Ass. kann in Pelplin wohnen.
Rgbz. Marienwerder. (Karte 6.)					
In Rehhof bei Jampert. In Stuhm bei Grunenberg.	Ziemlich gutes Unterkommen in Rehhof bei Ewert, 1 km von Oberf.	Die Oberförsterei liegt einzeln, etwa 1 km Erdweg vom Ort Rehhof. Gebäude beschränkt. Nächste Kreisstadt Stuhm, 2300 Einw.	Ev. u. kath. Kirche u. Pfarre am Orte. — Gymnasium Marienwerder, ½ Stunde Bahnf.	Arzt am Orte. Apotheke und Amtsger. in Stuhm, 11 km Bahnf.	Gutsvorsteher, Amtsvorsteher, Standesbeamt. — Assist. wohnt in Rehhof, auch wenn verheir., gut.
Rgbz. Marienwerder. (Karte 6.)					
In Kl.-Krug, Worm's Gasth.	Bei besch. Anspr. (3,6 km) in Czerwinsk bei Seefeldt. In Münsterwalde bei Kant. In Kl.-Krug bei Worm.	Neues Geb. (von 1897), 2,3 km von Chaussee Czerwinsk-Marienw. — Von Marienwerder 16 km, von Neuenburg 14 km, isolirt am Nordwestrande des Reviers gel. Wirthschaftsgeb. gut.	Ev. Pfarre in Czerwinsk; Kirche im Bau. Kath. Gottesdienst in Pienonskowo, 6 km.	Arzt in Mewe u. Neuenburg je 14 km.	Amts- u. Gutsvorsteher. Forstamtsanwalt. Vorsitzender der Voreinsch.-Kom. Für verheirath. Assessor kein Unterkommen.
Rgbz. Marienwerder. (Karte 6.)					
Sedlinen. Garnsee. Littschen. Riesenburg.	Marienwerder, Hotel Hezner.	Miethswohnung in Marienwerder, (10000 Einw.).	In Marienwerder.	In Marienwerder.	
Rgbz. Marienwerder. (Karte 6.)					
Garnsee, im deutschen Hause. In Doßcozin bei Reschke. In Culm, deutsche Reichshalle. In Mischke in Unran's Gasthf.	In Garnsee, deutsches Haus (5 km). In Doßcozin in Reschke's Gasth. (5 km). In Culm Hotel Lorenz.	Schönes, neueres Dienstgehöft, 2,2 km südlich vom Bahnhof Garnsee und von Garnseedorf (1000 Einw.) entf., isolirt im Walde an Kiesweg gelegen. Nächste Stadt ist Garnsee, 1200 Einwohner.	Ev. Pfarre in Garnsee (30 Min.) Kath. Pfarre i. Roggenhausen (45 Min.) Gymnasium in Marienwerder und Graudenz, beide durch Frühzug erreichbar.	In Garnsee, 5 km. — Amtsgericht i. Graudenz.	Amts- u. Gutsvorsteher. Forstamtsanwalt. Verh. Assessor kann in Doßcozin (5 km) wohnen.
Rgbz. Königsberg. (Karte 6.)					
Alt-Christburg, Gasthof Börk. Eichenlaube, Gasth. Petraschewski.	Alt-Christburg, Gasth. Börk (dicht bei Obf.) Gerswalde, bei Gastw. Schramke (13 km).	Die Oberf. liegt im Dorfe Alt-Christburg (800 Einw.) an Chaussee; nächste Stadt Christburg (4000 Einw.), 10 km. Wohnhaus durch Anbau vergrößert. Wirthschaftsräume gut.	Evg. Kirche und Schule in Alt-Christburg.	3 Aerzte u. Apotheke in Christburg (10 km Chss.) — Amtsger. in Saalfeld (14 km).	Amtsvorsteher, Forstamtsanw. Aufsicht über 1 Privatrevier. Verh. Assessor kann in Alt-Christburg wohnen.

Sitz der Oberförsterei nebst Poststation	Entfernung des Oberförstereisitzes von der nächsten Eisenbahnstation bezw. Haltestelle Post- und regelmäßige Reiseverbindungen auf Landwegen	Durchschnittliche Entfernungen und ungefähre Anfuhrkosten von den einzelnen Reviertheilen für Bahn- bezw. Wassertransport und zwar: Schutzbezirk	Entfernung bis Güterbahnhof	Anfuhrkosten pro fm M.	Entfernung bis Wasserablage	Anfuhrkosten pro fm M.
76. Königl. Oberförsterei Steegen, Rgbz. Danzig. (Karte 6.)						
Steegen, Post, Kreis Danziger Niederung.	32 km Chaussee nach Danzig. — 16 km Chaussee nach Tiegenhof. — Im Sommer tägl. Dampferverbindung von Nickelswalde (Chaussee Steegen-Danzig), 8 km von Steegen entf., nach Danzig.	Die 3 Schutzbezirke liegen am Frischen Haff, durchschnittlich 1 km Erdweg bis zum Ufer, 1 Mk. pro fm.				
77. Königl. Oberförsterei Pelplin, Rgbz. Danzig. (Karte 6.)						
Pelplin, Post, Kreis Dirschau.	3 km Chaussee nach Bahnhof Pelplin (Linie Dirschau-Laskowitz).	Brodden	2 km Landw. 3 km Chauss. b. Morroschin	2,00		
		Borkau	5 km Chss. b. „	2,00		
		Bilawkerweide	2 km Landw. 6 km Chaussee bis Pelplin	2,50		
		Kochankenberg	3 km Chaussee bis Pr. Stargard	1,50		
		Hohenwalde	4 km Landweg bis Tolkemit	2,00	4 km bis zum Haff (Tolkemit).	} 2,00
		Wieck	Station am Orte	1,00	desgleichen	
		Montau	desgl.		nahe bei Weichselabl.	
		Jonasdorf	6 km b. Bhf. Altfelde			
		Sturmberg	6 km Ldw. b. Subkau			
		Semlin	2 km „ b. Pischnitz			
78. Königl. Oberförsterei Rehhof, Rgbz. Marienwerder. (Karte 6.)						
Rehhof, Post, Kreis Stuhm.	1,2 km mangelhafter Erdweg (davon 0,2 km Pflasterstraße) nach Rehhof.	Weißhof	2 km Chaussee bis Rachelshof	} 1,50 bis 1,80		
		Rehhof I und II	2 km Erdweg bis Rehhof			
		Karlsthal	6—7 km Chaussee bis Stuhm			
		Werder	5—6 km Pflaster bis Stuhm	} 1,80 bis 2,50		} 1,80 bis 2,50
		Bönhof	8 km (zur Hälfte Pflaster) bis Stuhm		2—3 km bis zur Weichsel (Weißenbg.)	
		Neuhakenberg	3—4 km Erdweg bis Braunswalde			
		Wolfsheide	8 km Erdweg bis Stuhm		4—5 km desgl.	
79. Königl. Oberförsterei Krausenhof, Rgbz. Marienwerder. (Karte 6.)						
Krausenhof, Post Kl. Krug, Kreis Marienwerder.	3,6 km nach Czerwinsk (Linie Bromberg-Dirschau), davon 1,3 km Chaussee, sonst guter Erdweg.	Blankenburg	8 km bis Czerwinsk	} 1,40 bis 3,50 je nach Entfern.	2 km bis Weichselablage (Fiedebg.)	} 1,40 bis 3,50 je nach Entfern.
		Münsterwalde	8 km desgl.		4 km bis Weichselablage (Kurzebrak)	
		Hartigswalde	6 km desgl.		6 km desgl.	
		Wartenberg	4 km desgl.			
80. Königl. Oberförsterei Marienwerder, Rgbz. Marienwerder. (Karte 6.)						
Marienwerder, Post, Kreis Marienwerder.	Bahnstation am Orte.	Dianenberg	4 km Erdweg bis Sedlinen	} 2—3		
		Halbersdorf	5 km bis Riesenburg			
		Gunthen	desgleichen			
		Ruden	3 km Erdw. b. Sedlinen			
		Boggusch	2 km desgleichen			
		Honigfelde	4 km Erdweg bis Tiefenau			
81. Königl. Oberförsterei Jammi, Rgbz. Marienwerder. (Karte 6.)						
Jammi, Post Garnsee, Kreis Graudenz.	2,3 km nach Bahnstation Garnsee (meist Kiesweg).	Nonnenkämpe	6 km bis Culm	3,50	Weichselverlad. im Schbz.	
		Weißheide	4,2 km bis Mischke	2,00		
		Rudnick	desgleichen	2,00		
		Schönbrück	5 km bis Garnsee	2,20		
		Jammi	2,5 km desgleichen	1,80		
		Waldorf	10 km desgleichen	2,80		
		Ulrici	4,5 km desgleichen	2,20		
		Wolz	7 km desgleichen	3,30		
82. Königl. Oberförsterei Alt-Christburg, Rgbz. Königsberg. (Karte 6.)						
Alt-Christburg, Post, Kreis Mohrungen.	7 km Chaussee nach Bahnhof Christburg, Privatpost 2 mal hin u. zur. — 15 km Chaussee über Finkenstein nach Rosenberg (Kariolpost). — 15 km Landweg nach Riesenburg. — 14 km Chaussee (im Bau begr.) nach Saalfeld. — 12 km Erdweg nach Miswalde.	Gerswalde	12 km Chaussee bis Saalfeld	3,00	2 km Erdweg bis Flachsee.	1
		Kunzendorf	6 km Erdweg bis Saalfeld.	2,50		
		Bensee	15 km desgl.	4,00	5 km desgl.	2
		Buchwald	{ 12 km desgl. / 7 km Chss. b. Christbg. }	3		
		Mortung	3 km Erdw. u. 7 km Chaussee b. Christburg	3,00		

Karte 6

Müller, Forstl. Adressbuch.

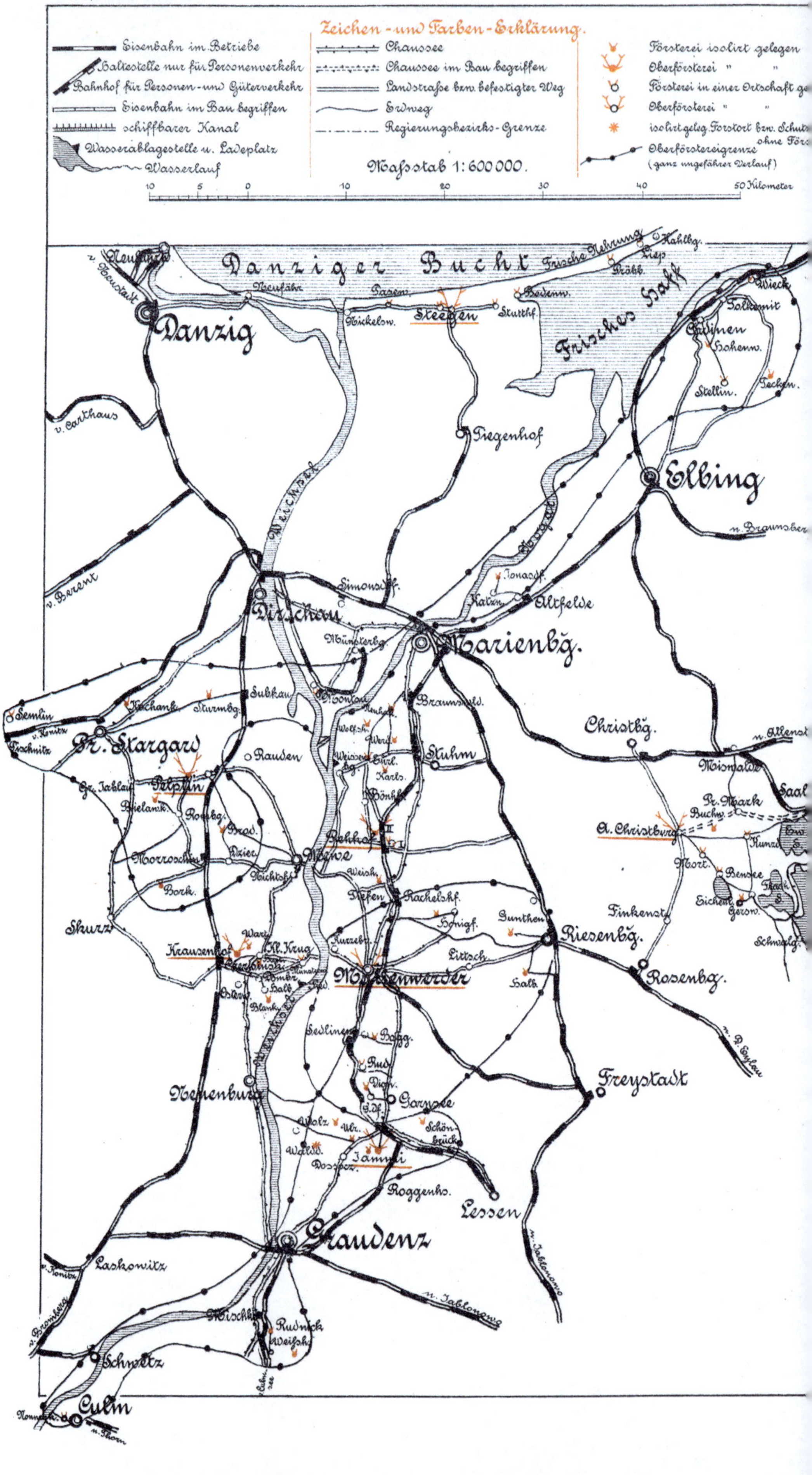

Karte 5

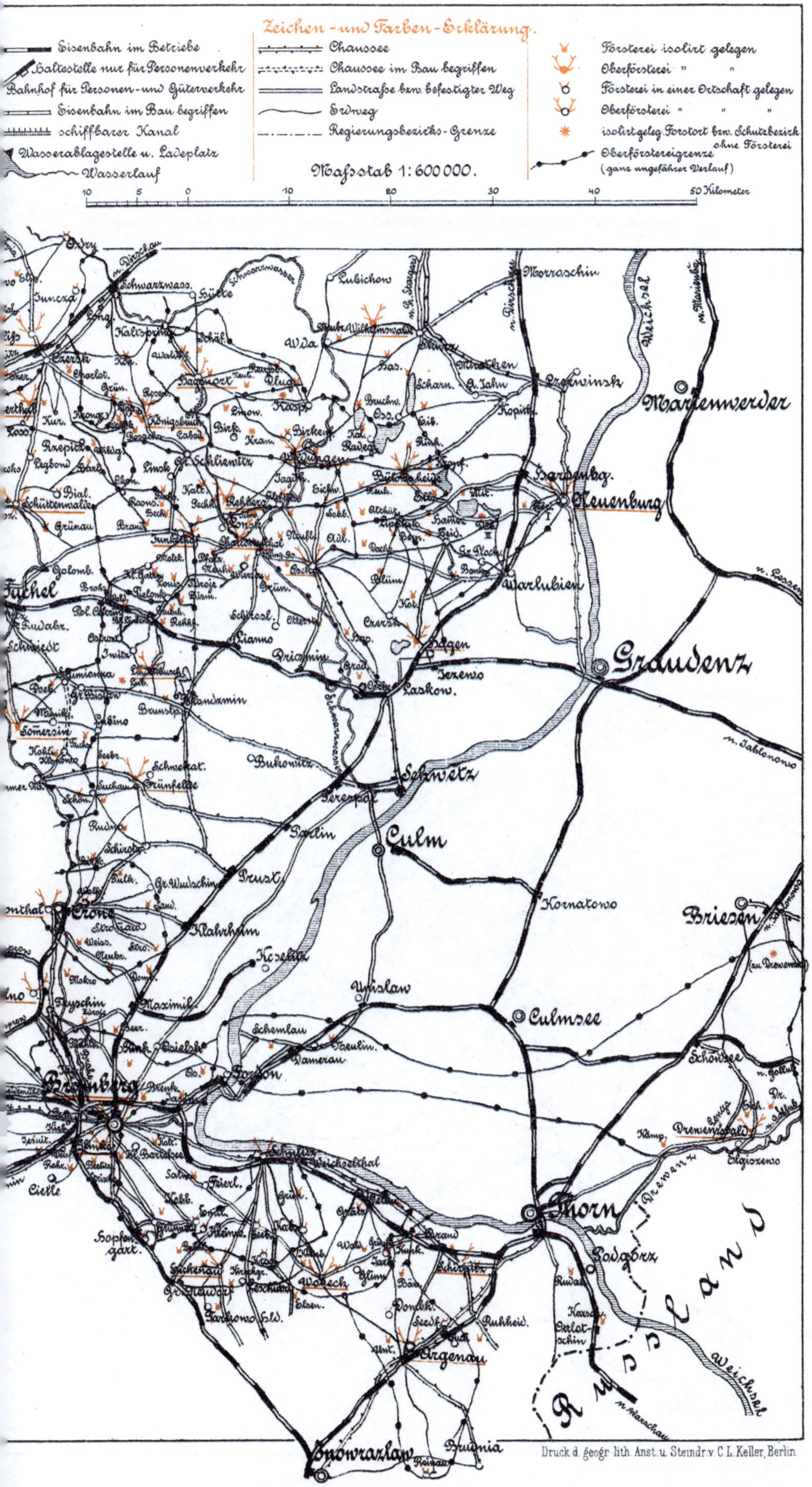

Druck d. geogr. lith. Anst. u. Steindr. v. C. L. Keller, Berlin

Karte 8

Verlag von Julius Springer in Berlin.

Karte 7

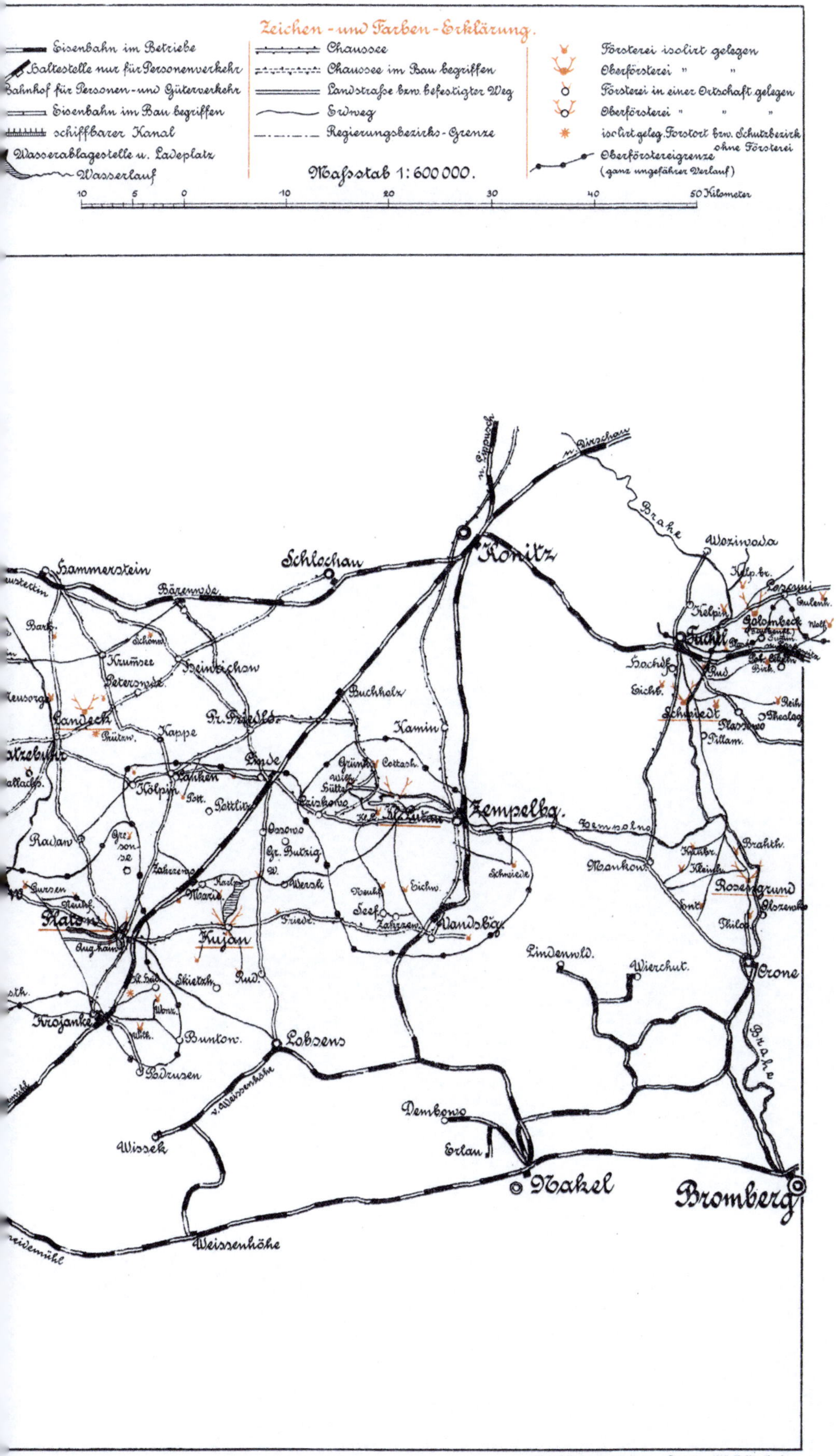

Druck d. geogr. lith. Anst. u. Steindr. v. C. L. Keller, Berlin

Sitz der Oberförsterei nebst Poststation.	Entfernung des Oberförstereisitzes von der nächsten Eisenbahnstation bezw. Haltestelle. Post- und regelmäßige Reiseverbindungen auf Landwegen.	Durchschnittliche Entfernungen und ungefähre Anfuhrkosten von den einzelnen Reviertheilen für Bahn- bezw. Wassertransport und zwar: Schutzbezirk	Entfernung bis Güterbahnhof	Anfuhrkosten pro fm M.	Entfernung bis Wasserablage	Anfuhrkosten pro fm M.

83. Königl. Oberförsterei Landeck, Rgbz. Marienwerder. (Karte 7.)

Landeck, Post, Kreis Schlochau.	13 km Chaussee über Landeck nach Ratzebuhr (Linie Schneidemühl-Neustettin), 2mal täglich hin und zurück Privatpost zwischen Landeck und Bhf. Ratzebuhr. — 17 km Chaussee über Buschkrug nach Hammerstein. — 21 km Chaussee nach Linde über Prützenwalde, Lauken.	Walachsee			1—3 km b. Küddow-abl.	1
		Peterswalde			4—6 km desgl.	1—2
		Prützenwalde			desgl.	1—2
		Neusorge			1—4 km desgl.	1—2
		Barkriege			desgl.	1—2
		Schönwerder	6 km Ldw. b. Bärenwalde	1,5—3		

84. Königl. Oberförsterei Taubenfließ, Rgbz. Marienwerder. (Karte 7.)

Golombek, Post Poln. Cekzin, Kreis Tuchel.	8 km (4¹/₂ Chaussee 3¹/₂ Lehmkieschaussee) nach Tuchel, Bhf. — Regelmäßige Verkehrsgelegenheit nicht vorhanden.	Eulenholz	11—16 km b. Tuchel 7—12 km b. Ceksin	2b.2,25 2,00	5—11 km bis Braheablage	1—2
		Wolfsgrund	13—18 km b. Tuchel 5—10 km b. Ceksin	3b.3,50 1,50		
		Plaskau	5—9 km bis Tuchel	1,50	0—6 km desgl.	1 b. 1,5
		Kelpinerbrück	4—13 km bis "	2,00	0—7 km desgl.	1 b. 1,5
		Kelpin	desgl.	2,00	desgl.	1 b. 1,5

85. Königl. Oberförsterei Schwiedt, Rgbz. Marienwerder. (Karte 7.)

Schwiedt, Post, Kreis Tuchel.	5,5 km nach Bahnstation Tuchel (¹/₃ Lehmkiesbahn ²/₃ Chaussee).	Eichberg	5 km meist Chaussee bis Tuchel	30—70 Pfg. pro fm und pro km	2 km bis Braheabl.	30—70 Pfg. pro fm und pro km
		Rudabrück	6 km desgl.		3 km desgl.	
		Schwiedt	8 km desgl.		3 km desgl.	
		Reihergrund	5 km Erdweg bis Poln. Cekzin		8 km desgl.	
		Birkwald	5 km Erdweg desgl.		6 km desgl.	

86. Königl. Oberförsterei Lutau, Rgbz. Marienwerder. (Karte 7.)

Lutau, Post Kl. Lutau, Kreis Flatow.	7,5 km Chaussee nach Zempelburg (Linie Konitz-Nakel). — 14 km Chaussee bis Buchholz (Ostb.). — 16 km Chaussee bis Linde (Ostb.) Kariolpost 1mal täglich hin und zurück nach Zempelburg.	Vandsburg	1 km Landweg 2 km Chauss. b. Vandsburg	1		
		Eichwald	8 km desgl.	3b.3,50		
		Neuhof	8 km desgl.	3b.3,50		
		Kl. Lutau	11 km Chss. b. Zempelb.	2		
		Wilhelmsbruch	11 km desgl.	2		
		Cottashain	11 km desgl.	2		
		Schwiede	3 km Ldw. 3 km desgl.	3		

87. Königl. Oberförsterei Rosengrund, Rgbz. Bromberg. (Karte 7.)

Rosengrund, Post Crone a. Br., Kreis Bromberg.	10 km (davon 6 km Kieschauss.) bis Crone a. Brahe, von wo aus Kleinbahn nach Bromberg.	Thiloshöhe			1,5 km Erdweg bis Braheablage	1
		Entenpfuhl			5 km desgl.	2
		Brahthal			1,5 km desgl.	1
		Kuhbrück			1,5 km desgl.	1
		Kleinheide			4 km desgl.	1,50

88. Königl. Prinzl. Oberförsterei Flatow, Rgbz. Marienwerder. (Karte 7.)

Flatow, Post, Kreis Flatow.	2¹/₂ km bis Station Flatow der Ostbahn (Chaussee).	Wilhelmswalde	4—5 km meist Chauss. bis Krojanke	3		
		Wonzow	4,5 km bis "	3		
		Kl. Heide	3—4 km desgl.	1,2-1,8		
		Nenhof	5 km bis Flatow.	1,5	12 km b. Küddow-Abl.	3
		Augustenthal			nahe bei "	0,8-1,1 0,75
		Gursen	8 km bis Jastrow	4	desgleichen	bis 1,2

89. Königl. Prinzl. Oberförsterei Kujan. Rgbz. Marienwerder. (Karte 7.)

Kujan, Post, Kreis Flatow.	8 km Chaussee bis Flatow (Ostb.) oder 6,5 km Landweg bis Zakrzewo.	Ruden	14 km mst. Chss. b. Flatow	2,20		
		Kujan	12 " desgl.	1,50		
		Skietzheide	11 " "	1,50		
		Friedrichsth.	15 " "	1,50		
		Wersk	11 km Chauss. b. Linde	1,20		
		Karlshorst	5 km Ldw. b. Zakrzewo	1,00		
		Marienhain	2 " desgl.	0,50		
		Pottlitz	6 " mst. Chss. b. Linde	1,20		
		Linde	4 " desgl.	0,80		
		Kölpin	10 " "	1,80		

Flächengröße u. Charakter des Reviers. Vertheilg. der Hauptholzarten nach Zehnteln.	Beschaffenheit des Wegenetzes im Reviere und der sich daran schließenden Abfuhrstraßen, sowie der etwaigen Wassertransportwege. Adressen von größeren Fuhrunternehmern.	Jahresquantum der Haupt=Verkaufshölzer nach Holzarten und Sortimenten (unter Abrechnung des Lokalbedarfs.)

83. Königl. Oberförsterei Landeck,

4834 ha. — meist eben, parzellirt. Ki. 1,0	Die flößbare Küddow mit verschiedenen fisk. Ablagen und die Chaussee nach Hammerstein, Friedland, Linde, Schlochau, Ratzebuhr und Jastrow am Rev. Innerhalb meist Erdwege, vielfach durch Lehmkiesschüttung befestigt. Fuhrunternehmer Schwalbe in Landeck, Bauern in Krummensee, Breitenfelde, Peterswalde.	Schbz. Wallachsee 1300 fm Ki.=Stämme „ Prützenwalde 400 „ „ „ „ Peterswalde 400 „ „ „ „ Rensorge 800 „ „ „ „ Barkriege 700 „ „ „ „ Schönwerder 400 „ „ „

84. Königl. Oberförsterei Taubenfließ,

5185 ha. — eben, etwas wellig, zshgd. Ki. 1,0	Napoleonstr. (Lehmkiesbahn) durchschneidet das ganze Revier von SW nach NO. Die z. Th. befestigten Gestelle sind fast durchweg fahrbar. Außerh. gute Chausseen. Die flößbare Brahe begrenzt, z. Th. durchläuft das Revier. Bei Golombek 3 Abl. — Fuhrunternehmer in den Orten Summin, Poln. Cekzin, Loscyni.	Schbz. Wolfsgrund 1400 fm Ki.=Stammh. „ Eulenholz 900 „ „ „ „ Plaskau 2600 „ „ „ „ Kelpinerbrück 2100 „ „ „ „ Kelpin 500 „ „ „

85. Königl. Oberförsterei Schwiedt,

ha. — überwiegend eben. Schbz. Eichberg hügelig. Ki. 1,0 Ei.	Den Schbz. Eichberg durchschneidet Chaussee Tuchel=Bromberg; die Schbz. Schwiedt u. Rudabrück die Chaussee Tuchel=Terespol. Die Brahe ist flößbar (4 Holzabl.) Die meisten Straßen sind Lehmkiesbahnen. Holzfuhrleute in Hochdorf, Birkwald, Neu Summin.	Schbz. Schwiedt 1150 fm Ki.=Langholz 300 rm Ki.=Rollholz 80 fm Ei.=Langholz Schbz. Eichberg 840 fm Ki.=Langholz „ Reihergrund 500 „ „ „ „ Birkwald 1750 „ „ „ „ Rudabrück 960 „ „ „

86. Königl. Oberförsterei Lutau,

5973 ha. — eben, 4 Parz. Ki. 0,6 Ei. 0,3 Erl. } Bi. } 0,1 Bu. }	In Vandsburg, Schwiede, Eichwald, Neuhof Sand=, Lehm= und Kiesw. In Kl. Lutau, Wilhelmsbruch und Cottashain desgl., außerdem gute Chauss. Fuhrleute in Vandsburg, in Zempelburg, in Neuhof, Seefelde, Zakrzewke, Czyskowo und Kl. Lutau.	Schbz. Vandsburg 100 fm Ei.=Stammh. 300 fm Ki.=Stammh. „ Schwiede 250 fm Ei.=Stammh. 350 fm Erl. 800 fm Ki.=Stmh. „ Eichwald } „ Neuhof } 400 fm Ei.=Stmh. 400 „ „ 2000 „ „ „ „ Kl. Lutau } „ Wilhelmsbruch } 800 fm Ei.=Stammh. 350 fm Erl. 4000 fm Ki.=Stammholz. „ Cottashain }

87. Königl. Oberförsterei Rosengrund,

4805 ha. — meist eben, mit mehreren tieflieg. Seen. — Ki. 0,9 Ei. 0,1	Für Handelsholztransport nur die Brahe. Die Schleusen verlaufen senkrecht auf dieselbe, Wege meist sandig, doch wird Festlegung geplant. Fuhrunternehmer Juhlke=Monkowarsk, Lietzow=Suchau Mühle.	Schbz. Thilowshöhe 900 fm Ki.=Stammholz „ Entenpfuhl 1200 „ „ „ „ Brahthal 400 „ „ „ „ Kuhbrück 1200 „ „ „ „ Kleinheide 700 „ „ „

88. Königl. Prinzl. Oberförsterei Flatow,

4275 ha. — meist eben, theilw. hügel. parzell. Ki. 0,6 Ei. 0,2 A. L. 0,2	Die Forstbeläufe Kleinheide, Wonzow, Wilhelmswalde liegen 3—4 km von Krojanke und haben bis dahin gute Wege, theils Chaussee. Fuhrleute: Schuba, Ander Kochma in Krojanke, Sorgatz in Wonzow, Murch in Gursen, Altenburg in Plietnitz, Schallhorn in Gursen.	Schbz. Wilhelmswalde 900 fm Ei. 300 fm Ki. „ Wonzow 630 „ „ „ Kl. Heide 500 „ „ 600 „ „ „ Neuhof 1500 „ Grubenholz 500 „ „ „ Augustenthal 950 „ „ „ Gursen 300 „ „ 1150 „ „

89. Königl. Oberförsterei Kujan,

8940 ha. — eben, nur stellenweise hügelig. — Ki. 0,8 Ei. 0,1 Bu. 0,5 Bi. 0,05	Viele Chausseen. Fuhrunternehmer reichlich in Flatow, Wersk, Ruden, Gr. Butzig, Ozowo.	Schbz. Ruden 1100 fm Ki.=Stammh. „ Skietzheide 600 „ „ „ „ Kujan 900 „ „ „ 100 fm Ei.=Stammh. „ Friedrichsthal 500 „ „ „ 200 „ „ „ „ Wersk 800 „ „ „ „ Karlshorst 500 „ „ „ 100 „ „ „ „ Marienhain 80 „ „ Nutzstangen „ Pottlitz } 500 fm Ki.=Stammholz 100 fm Bu. „ Linde } 120 fm Bi.=Stammholz „ Kölpin 100 fm Ki.=Stammh. 70 fm Bi.=Stammh.

Oeffentliche Holzlicitationen finden statt in	Unterkommen im Gasthofe f. Holzhändler, Forstassessoren u. Referendare in möglichster Nähe der Oberförsterei	Zustand des Oberförsterdienst-Gebäudes	Wo Kirche, wo Schule? In welcher Zeit zu erreichen?	Wo Arzt, wo Apotheke, wo Amtsgericht?	Nebenämter des Revierverwalt. Wenn ständiger Assistent vorhanden, wo wohnt derselbe?
Rgbz. Marienwerder. (Karte 7.)					
In Landeck, Gasth. von Nitz. In Peterswalde bei Eichholz.	In Landeck, Gasth. von Nitz.	Neueres Gebäude, 1 km nördl. der Chauss. Landeck-Schlochau 4 km von Stadt Landeck (950 Einw.).	Ev. Kirche u. Pfarre in Landeck. Kath. Pfarre in Heinrichswalde.	In Landeck, 4 km. Amtsger. in Pr. Friedl., Flatow, Hammerst. u. Ratzeb.	Amtsvorsteher, 2 mal Gutsvorst. und 4 mal Forstamtsanwalt.
Rgbz. Marienwerder. (Karte 7.)					
In Tuchel.	In Tuchel (8 km). — Für Holzhändl. auch Poln. Cekſin (7 km).	Vorl. Wohnsitz ein kleines fiskal. Kruggehöft, mitten im Walde, $3\frac{1}{2}$ km vom Dorfe Loscyni (100 Einw.) Nächste Stadt Tuchel, 3000 Einw. 8 km ($4\frac{1}{2}$ km Chauss. $3\frac{1}{2}$ km Lehmkiesb.).	Ev. u. kath. Kirche in Tuchel. Gymn. in Konitz, 1 Stunde Bahnfahrt.	4 Aerzte, Apotheke, 3 Richter, 2 Rechtsanw. in Tuchel.	Verheir. Assessor kann nur in Tuchel wohnen.
Rgbz. Marienwerder. (Karte 7.)					
In Tuchel Hotel Neumann.	In Tuchel, Hotel Eilers u. Neumann, 5,5 km von Oberf. entf.	Altes Wohnhaus, große Wirthschaftsräume, an der durch Lehmkiesbahn befestigt. Straße Gr.-Mangelmühle-Plassowo. Nächste Stadt Tuchel (5,5 km) 3000 Einwohner.	Ev. u. kath. Kirche in Tuchel. Schule in Lichau, 30 Min. Landweg.	In Tuchel, 5,5 km.	Amts- u. Gutsvorsteher. Forstamtsanwalt. Verheir. Assessor kann nur in Tuchel wohnen.
Rgbz. Marienwerder. (Karte 7.)					
In Kl.-Lutau im fiskal. Verkaufshause. In Vandsburg, Hotel Boldt.	Für Assess. u. Referend. nur auf d. Oberförst. Für Holzhändler die Städte Vandsburg, Zempelburg, Linde; bei ger. Anspr. im Krug zu Kl.-Lutau.	Im Dorf Kl.-Lutau, a. d. Chauss. nach Zempelburg gel. neueres Dienstgeb. Wohnh. und Wirthschaftsräume ausreichend.	Ev. u. kath. Kirche in Zempelburg. Dorfschule in Kl.-Lutau. Gymn. in Konitz, Progymn. in Pr. Friedland.	Arzt u. Apotheke in Zempelburg, oder Vandsburg, Amtsger. desgl.	Staatsaufsicht über die Pr. Friedlander Stadtforst. Assistent verh. wohnt in Kl.-Lutau.
Rgbz. Bromberg. (Karte 7.)					
Crone a. Br.	In Crone, Hotel Delang am besten; Fuhrw. daselbst (10 km v. Oberf.). Sonst auch in Försterei Brahthal (2 km).	Oberförstergeh. a. d. Ostſ. des Reviers, unmittelb. a. d. Brahe. 10 km nördl. Crone, 4000 Einw. (6 km Kieschauss. 4 km Waldw.). Wohnhaus 1852 erb. wenig geräumig. (Anbau projektirt.)	Kirche in Crone. Dorfschule in Olschewko (4 km) schlecht.	Crone a. Br. 10 km.	Gutsvorsteher. Forstamtsanw. Für verh. Assessor kein Unterk.
Rgbz. Marienwerder. (Karte 7.)					
In Flatow im Forst-Bureau. In Krojanke Hotel Frank.	In Flatow in Seelert's Hotel.	Großes Schloß dicht bei der Stadt Flatow, (4000 Einw.) unmittelb. an der Chaussee).	Kirche u. Schule in Flatow.	In Flatow.	Verwaltg. der 20 Domänen, welche zum Fid. Commiß gehören.
Rgbz. Marienwerder. (Karte 7.)					
In Kujan im Gasth. In Linde Gasth. Redmann. In Lauken bei Seefeld.	In Kujan im Gasthof. In Linde, Gasth. Arenth u. Redmann.	Gutes, älteres, sehr geräum. Wohnh. an Chauss. nach Flatow in kl. Gutsgemeinde gel. Nächste Stadt Flatow Kreisst. (4000 Einw.) 9 km.	Kirchen in Flatow. Elementarschule Kujan u. Flatow.	Arzt u. Apotheke in Flatow 11 km; auch in Lobsens 15 km; Amtsger. in Flatow.	Amtsvorsteher.

Flächengröße u. Character d. Reviers. — Vertheilung der Hauptholzarten nach Zehnteln.	Beschaffenheit des Wegenetzes im Reviere und der sich daran schließenden Abfuhrstraßen, sowie der etwaigen Wassertransportwege. Adressen von größeren Fuhrunternehmern.	Jahresquantum der Haupt-Verkaufshölzer nach Holzarten und Sortimenten (unter Abrechnung des Lokalbedarfs).
		90. Königl. Oberförsterei Sadlowo,
9007 ha. — hügel., stark parzell. Fi. 0,5 Ki. 0,3 Erl. 0,1 Bu. 0,1	Das Wegenetz im Walde wird ausgebaut, und sind die Wege meist gut. Außerhalb stark hügelige Wege. Fuhrunternehmer Plischka und Drews in Bischofsburg, Connegen in Wieps.	Schbz. Lustig 50 rm Wbunutzh. „ Sawadden 100 „ „ „ Dembowo 25 „ „ „ Sadlowo 30 „ „ „ Cronau 1780 fm Ki. „ Wieps 2580 „ Ki.- u. Fi.-Langh.
		91. Königl. Oberförsterei Purden,
6584 ha. — hügelig, zum Theil eben, parzellirt. Ki. 0,8 Fi. 0,2	Gute Holzabfuhrwege, meist Wegenetz im Revier. Durch Chaussee theils mit Bhf. Bischofsbg., theils mit Station Mertinsdorf bezw. Allenstein verbunden. Fuhruntern. zu Gr. Puden, Mertinsdorf, Bauern der angrenz. Ortschaften.	1. Schbz. Scheufelsdorf 400 Ki.-Stämme. 2. „ Mendrienen 2000 „ „ 200 Fi.-Stä. 3. „ Neu-Bartelsdorf 2000 „ „ 4. „ Masuchen 2200 „ „ 200 „ „ 5. „ Graskau 800 „ „ 300 „ „ 6. „ Nerwigk 600 „ „ 400 „ „ 7. „ Leschno 400 „ „ 300 „ „ } 2000 St. Fi.-Derbstg. 2000 rm Ki.-Kl. 30 fm Bi.-Stä.
		92. Königl. Oberförsterei Ramuck,
7562 ha. — meist koupirt, zl. zushgd. Ki. 0,5 Fi. } 0,1 Ei. Hbu. A. L. 0,2	Das Revier durchschneidet im NO. die Chaussee Allenstein-Wuttrienen. Ausbau des Wegenetzes begonnen. Bedeutg. hat außerdem Wasserweg Alle nach Allenstein, an den mit dieser in Verbindung stehenden Seen zahlr. fisk. Abl. Fuhruntern. Schwenzfeier in Alt-Kaletka, Kramkowski in Neu-Bartelsdorf.	Schbz. Zasdrose 200 fm Ki.-Stammholz. Schbz. Dziergunken 1700 fm Ki.-Stammh. 600 rm Brennholz „ Ramuck 50 fm Ei.-Stammh. 1400 fm Ki.-Stammh. 400 rm Brennh. 50 fm A. L.-Stammh. „ Kaletka 1400 fm Ki.-Stammholz 400 rm Brennholz „ Przykop 50 fm A. L. Stammh. 1800 fm Na.-Stammholz 650 rm Na.-Brennh. „ Nikowitz 50 fm Ei.-Stammh. 50 fm A. L.-Stammh. 650 rm Na.-Brennh. 100 rm A. L.-Brennh. 1800 fm Na.-Sth. „ Gelguhnen 100 fm Ei.-Stammh. 50 fm A. L.-Stammh. 500 rm Brennh. 1400 fm Ki.-Stammh. 400 rm Brennh.
		93. Königl. Oberförsterei Lanskerofen,
4379 ha. — wellig, langgestreckt. Ki. 1,0 Ei. Bi.	Die Hauptabfuhrwege werden nach dem vorhandenen Wegenetz mit Kies ausgebaut. Auf der Alle Flößerei nach Allenst. Fuhruntern. in Stabigotten, Dorothowo, Reußen, Schönfelde.	(see table below)

	Stammholz			Kloben rm	
	Ei.	Bi.	Ki.	Bi.	Ki.
Schbz. Ustrich	100 fm	30 fm	1200 fm	300	300
„ Reußen	60 „		2200 „	100	450
„ Grabda	150 „	1500 „	100 „	100	400
„ Kerrey			900 „		200
„ Bonferne			900 „		150

		94. Königl. Oberförsterei Hohenstein,
5156 ha. — z. Th. coupirt. — Ki. 0,7 Ei. 0,1 Bu. 0,1 Bi. 0,1	Im Revier z. Th. gebesserte Holzabfuhrwege, außerhalb vielfach sandige Landwege. Fuhrunternehmer in Stabigotten, Plautzig und in Griesllinen.	Schbz. Maransen 700 fm Ki.-Langholz „ Plautzig 1800 „ „ Stammh. 40 fm Bi.-Stmh. „ Stabigotten 30 „ Ei. „ 1500 „ Ki. „ „ Mortzfeldt Oedländereien.
		95. Königl. Oberförsterei Corpellen,
6763 ha. — meist eben, 3 Parz. Ki. 0,7 Bu. 0,2 Ei. 0,1	Chausseen und gute Erdwege. Fuhrunternehmer in umliegenden Dörfern und in Ortelsburg.	Schbz. Gisöwen 50 fm Ei.-Bh. 1900 fm Na.-Bh. 470 fm Na.-Brh „ Mittenwalde 20 „ „ „ 2000 „ „ Ntzh. 540 „ „ „ „ Ulonsk 3400 „ „ Bh. 850 „ „ „ „ Schleusenwald 3300 „ „ „ 860 „ „ „ „ Hinterdamerau 1300 „ „ „ 370 „ „ „
		96. Königl. Oberförsterei Grüneberge,
8798 ha. — eben, arrondirt. Ki. 1,0	Im Allgemeinen gnte Erdwege, am Kl. Schobensee 4 km tiefer Sand. Fuhrunternehmer Kopkow in Ortelsbg.	Schbz. Carolinenhof } Oedland „ Malga } „ Materschobensee 1400 fm Ki.-Bauholz „ Ostau Oedland „ Rekowen 1900 fm Ki.-Bauholz „ Ittowken 1600 „ „ „ 200 St. Ki.-Derbst.
		97. Königl. Oberförsterei Hartigswalde,
7445 ha. — meist hügelig, fast zushgd. Ki. 1,0	Chaussee nur an der südlichen Grenze. Wege oft schlechte Sandwege. Auf der Alle Flößerei. Fuhrunternehmer in Jedwabno, Borowen, Dluszeck, Gr. Wattatsch, Gimmendorf.	Schbz. Neuwald 900 fm Ki.-Rdh. Schbz. Jedwabno 1000 fm Ki.-Rundholz „ Hartigsw. 1200 „ „ „ „ Kahl 900 fm Ki.-Rdh. „ Grobka 900 „ „ „ „ Ruttken 50 fm „ „ „ Kahlbruch 800 „ „ „

Oeffentliche Holzlicitationen finden statt in:	Unterkommen im Gasthofe f. Holzhändler, Forst-Assessoren u. Referendare in möglichster Nähe der Oberförsterei	Zustand des Oberförsterdienst-Gebäudes	Wo Kirche? Wo Schule? In welcher Zeit zu erreichen?	Wo Arzt, wo Apotheke, wo Amtsgericht?	Nebenämter des Revierverwalt.— Wenn ständiger Assistent vorhanden, wo wohnt derselbe?
Rgbz. Königsberg. (Karte 8.)					
In Bischofsburg. In Wieps.	In Bischofsburg Hotel Neblin. In Wieps Gasth. Connegen.	Altes Haus, 4 km von Bischofsburg, 4000 Einw., Kreisst. Garnis.; am Landweg Bischofsburg-Bansen. Theilw. Neubau der Wirthschaftsgeb. in Aussicht.	Ev. u. kathol. Kirche sowie Volksschule in Bischofsburg. Gymnasium in Allenstein und Roeßel.	In Bischofsburg.	Betriebsleit. im Seeberger, Rößler, Bischofsst. u. Bischofsburg. Wald. Verheir. Ass. kann in Bischofsburg wohnen. (4 km.)
Rgbz. Königsberg. (Karte 8.)					
In Gr.-Purden bei Kowalewski. In Gr.-Bartelsdorf bei Hattorff.	In Mertinsdorf bei Pötsch (recht bescheid.) In Gr.-Purden bei Kowalewski, in Gr.-Bartelsdorf bei Hattorff.	Dienstgeb. durch Erweit.-Baue vergrößert, allein im Walde gelegen an dem Landw. über Kl.-Purden nach Koschno. Nächste Stadt Allenstein 23000 Einw. Landgericht, Garnison (20 km).	Ev. Pfarre in Neu-Bartelsdorf, 6 km. Kath. Pfarre in Gr.-Purden, 4,6 km. Dorfschule in Mertinsdorf, 3 km.	Arzt, Apoth. in Allenstein, Wartenberg, Paßenheim, (20, bezw. 20, bezw. 10 km). Amtsger. in Wartenb.	Aufsicht über Wartenb. Stadtw. — Unterk. für verh. Ass. z. Zt. nicht möglich.
Rgbz. Königsberg. (Karte 8.)					
Gasthaus Gelguhnen.	Gutes Unterkommen im Gasthaus Gelguhnen, mitten im Walde, 3,5 km von Oberf. entfernt.	Zl. geräum. 30jähr. Dienstgeb. isol. im Walde, am N.-O. Rande des Rev. 1 km bis Chauss. nach dem 16 km entf. Allenstein. Nächster Ort Przykop 1,5 km.	Ev. Kirche u. Pfarre in Neu-Bartelsdorf, 3 km. Kath. Kirche u. Pfarre in Wuttrienen, 5 km. Gymnas. in Allenstein, 16 km.	Arzt, Apoth. in Allenstein, 16 km.	Wohnung für verh. Ass. nicht zu haben.
Rgbz. Königsberg. (Karte 8.)					
In Stabigotten im Gasthaus.	In Stabigotten im Gasthaus u. Scykamühle, je 6 km entfernt.	Gutes Dienstgeb. a. der Allee und am Lansker-See schön gelegen. Nächste Stadt Allenstein, 16 km. (S. Nr. 91.)	Ev. Kirche in Neu-Bartelsdorf, 1,5 km. Kathol. Kirchen in Wuttrienen u. Griesslinen. Dorfschule Kaletka in ³/₄ St. zu erreichen.	In Allenstein, 16 km.	Gutsvorsteher. Amtsvorsteher. Forstamtsanwalt. Für verh. Assess. kein Unterk.
Rgbz. Königsberg. (Karte 8.)					
In Hohenstein bei Kaufm. Göring. In Stabigotten bei Gottschalk.	In Hohenstein. In Stabigotten im Gasthause.	Miethswohnung in der Stadt Hohenstein (2600 Einw.).	Ev. u. kath. Kirche am Ort; desgl. Privattöchterschule und 6 klass. Volksschule. Gymnas. in Osterode.	In Hohenstein.	
Rgbz. Königsberg. (Karte 8.)					
In Ortelsburg Gasth. von Krebs.	In Ortelsburg, Hotel Sareika u. Deutsches Haus.	Altes Dienstgebäude, 2,5 km von Ortelsburg Kreisstadt, 4000 Einw., Garnison.	In Ortelsburg.	In Ortelsburg, 2,5 km.	Amtsvorsteher. Forstamtsanwalt.
Rgbz. Königsberg. (Karte 8.)					
In Ortelsburg, Gasth. Kopkow. In Paterschobensee Neumann's Gasth.	In Ortelsburg Hotel Sareika u. Deutsches Haus.	Miethswohnung in Ortelsburg. (S. Nr. 95.)	Ev. Kirche in Ortelsburg. Kath. Kirche in Benthnerdorf, 1 km. Knabenschule bis Quarta, Töchterschule in Ortelsburg.	In Ortelsburg.	Forstamtsanw. Vorsteher der Wies.-Meliorat.-Genossenschaft f. Senk. des kl. Schoben See's.
Rgbz. Königsberg. (Karte 8.)					
In Dluszeck bei Jedwabno, Gasthaus Schellong.	In Jedwabno, Gasth. von Poß, 6 km von Oberf.	Dienstwohnung, altes beschränktes Wohnhaus, eins. gelegen, 18 km von der Bahn, 30 km von Kreisst. Neidenburg (5000 Einw.)	Kirche in Jedwabno 6 km. Gymnas. in Allenstein, 2 Stund. bis zur Bahn und 1 Stunde Bahnfahrt.	Arzt u. Hausapotheke in Jedwabno, 6 km. Amtsger. in Neidenburg, 30 km.	Aufsicht über Stadtw. Passenheim. Amtsvorst. Forstamtsanw. Für verh. Assess. Wohn. in Jedwabno erhältl.

Sitz der Oberförsterei nebst Poststation	Entfernung des Oberförstereisitzes von der nächsten Eisenbahnstation bezw. Haltestelle. Post- und regelmäßige Reiseverbindungen auf Landwegen.	Durchschnittliche Entfernungen und ungefähre Anfuhrkosten von den einzelnen Reviertheilen für Bahn- bezw. Wassertransport und zwar:				
		Schutzbezirk	Entfernung bis Güterbahnhof	Anfuhrkosten pro fm M.	Entfernung bis Wasserablage	Anfuhrkosten pro fm M.

90. Königl. Oberförsterei Sadlowo, Rgbz. Königsberg. (Karte 8.)

Sadlowo, Post Bischofsburg, Kreis Rößel.	4 km befest. Landweg nach Bischofsburg (Sekundärb.) oder 4 km Landweg u. 7 km Chauss. nach Rothfliess (Thorn-Insterburger Bahn), Schnell- und D.-Züge. — Nur in Bischofsb. Wagen zu haben.	Lustig	9 km Ldw. b. Bergenthal	3,00		
		Sawadden	7 „ „ „ „	2,50		
		Dembowo	5 „ „ „ „	2,00		
		Lipowo	5 „ „ „Bischofsbg.	2,00		
		Cronau	4 „ „ „ Wieps	1,50		
		Wieps	2 „ „ „ „	1,10		
		Kekitten	6 „ meist Chauss. bis Seeburg	1,50		

91. Königl. Oberförsterei Purden, Rgbz. Königsberg. (Karte 8.)

Purden, Post, Kreis Allenstein.	Station Mertinsdorf, 12,7 km, (über Kl. Purden) auf mangelh. Erdweg zu erreichen.	Scheufelsdorf	4 km Erdweg bis Passenheim	2,00		
		Mendrienen }	1-7 km b. Mertinsdorf	1—2,5	8—14 km bis Ustrichsee	2,5
		Neu-Bartelsdorf }	5-11 „ „Klaukendorf			
		Masuchen }	14-20 „ „ Allenstein			
		Graskau	5-12 km bis Mertinsdorf	3,5		
		Nerwigk	12-20 km b. Wartenbg.	4,0		
		Leschno	11 km b. Bischofsbg.	3,0		

92. Königl. Oberförsterei Ramuck, Rgbz. Königsberg. (Karte 8.)

Neu-Ramuck, Post Wuttrienen, Kreis Allenstein.	16 km (meist Chauss.) nach Allenstein oder 10 km Landw. nach Mertinsdorf oder 12 km Landw. nach Ganglau. Täglich 1 mal Postverb. von Allenstein nach Wuttrinen, 1 km von der Oberf. vorbeiführend.	Dziergunken	14 km Erdw. bis Stabigotten	3,00	2 km bis Lansker-See	1,00
		Ramuck	11 km desgl.	2,00	2 km desgl.	1,00
		Kaletka	13 „ „	2,50	3 „ „	1,50
		Przykop	16 „ meist Chauss. b. Allenstein	3,50	4 „ Erdweg bis Ustrich-See	2,00
		Nikowitz	15 km desgl.	3,00		
			11 km Erdw. bis Mertinsdorf	2,50		
		Gelguhnen	15 km meist Chss. b. Allenstein	3,00	3 km desgl.	1,50
		Zasdrosc	9 km desgl.	2,00		

93. Königl. Oberförsterei Lanskerofen, Rgbz. Königsberg. (Karte 8.)

Lanskerofen, Post Wuttrienen, Kreis Allenstein.	6 km bis Bhf. Ganglau. — 6 km bis Bhf. Stabigotten (Landweg).	Ustrich	5 km bis Ganglau	2,50	nahe bei Ustrich-See	1-1,50
		Reußen	4 „ „ „	2,50	„ „ „	1-1,50
		Gradda	2,5 „ „ „	2,00		
		Kerrey	6 „ „ „	3-3,50		
		Bonferne	5 „ „ Biessellen	3,00		

94. Königl. Oberförsterei Hohenstein, Rgbz. Königsberg. (Karte 8.)

Hohenstein, Post, Kreis Osterode.	Bahnstation am Orte, (Linien Allenstein-Soldau und Hohenstein-Osterode-Elbing).	Maransen	5 km Ldw. b. Waplitz			
		Plautzig	8 „ „ b. Stabigotten			
		Stabigotten	3 „ bis „			
		Mortzfeld	5 „ „ „			

95. Königl. Oberförsterei Corpellen, Rgbz. Königsberg. (Karte 8)

Corpellen, Post Ortelsburg Kreis Ortelsburg, O.-Pr.	2,5 km bis Bhf. Ortelsburg.	Gisöwen	5 km Chss. b. Ortelsburg	1,5-2,0		
		Mittenwalde	nahe bei „	1,5-2,0		
		Ulonsk	4 km Chss. b. „	1,5-2,0		
		Schleusenw.	6 „ „ „ „	1,8-2,2		
		Hinterdamerau	8 „ Ldw. „ „	2,0-2,5		

96. Königl. Oberförsterei Grüneberge, Rgbz. Königsberg. (Karte 8.)

Ortelsburg, Kaiserstraße 134. Post und Kreis Ortelsburg.	Ortelsburg ist Bahnstation (Linie Allenst.-Rudczanny und Linie Ortelsburg-Willenberg-Neidenburg).	Materschobensee	12 km meist Chss. bis Ortelsburg	2,50		
		Rekowen	18 km meist Erdw. b. Ortelsburg	3,50		
		Ittowken	13 km desgl.	3,00		

97. Königl. Oberförsterei Hartigswalde, Rgbz. Königsberg. (Karte 8.)

Hartigswalde, Post Jedwabno, Kreis Neidenburg.	18 km von Bhf. Passenheim der Allenstein-Lyker Bahn, davon 12 km bis Jedwabno Chauss. Privatpost von Jedwabno zur Bahn tägl. 2 mal hin u. zur.	Neuwald, Jedwabno, Hartigsw., Grobka, Kahl, Ruttken	Die nächsten Bahnhöfe sind Passenheim und Grünfliess bei 20—25 km Entfernung.	3—4	Die nächste Wasserverbindung nach d. Ustrich-Schleuse bei Lanskerofen 20 bis 25 km.	3—4

Sitz der Oberförsterei nebst Poststation	Entfernung des Oberförstereisitzes von der nächsten Eisenbahnstation bezw. Haltestelle Post- und regelmäßige Reiseverbindungen auf Landwegen	Durchschnittliche Entfernungen und ungefähre Anfuhrkosten von den einzelnen Reviertheilen für Bahn- bezw. Wassertransport und zwar: Schutzbezirk	Entfernung bis Güterbahnhof	Anfuhrkosten pro fm M.	Entfernung bis Wasserablage	Anfuhrkosten pro fm M.
98. Königl. Oberförsterei Kaltenborn, Rgbz. Königsberg. (Karte 8.)						
Kaltenborn, Post, Kreis Neidenburg.	16 km Chauss. bis Neidenburg über Grünfließ (9 km). — Karriolpost Passenheim - Jedwabno-Kaltenborn, 1 mal tägl.	Uszannek	22 km meist Chauss. bis Neidenburg	3 b. 3,50		
		Wujewken	9 km meist Chauss. bis Muschaken			
		Habichtsberg	21 km meist Chauss. bis Neidendurg			
		Mainaberg	18 km desgl.			
		Eichwerder	20 km desgl.			
99. Königl. Ober,örsterei Grünfließ, Rgbz. Königsberg. (Karte 8.)						
Grünfließ, Post, Kreis Neidenburg.	Bahnstation am Orte (Linie Neidenburg-Ortelsburg).	Wolisko	6 km Erdweg bis Grünfliess / 8 km Chaussee bis Neidenburg	3—4		
		Adlershorst	4 km Erdweg bis Grünfliess / 8 km Chaussee bis Neidenburg	3—4		
		Narszym	8 km Erdweg bis Soldau	3		
100. Königl. Oberförsterei Kommusin, Rgbz. Königsberg. (Karte 8.)						
Kommusin, Post Grünfließ. Kreis Neidenburg.	9 km Chauss. nach Grünfliess (Neidenburg-Ortelsburg). — 17 km Chaussee nach Neidenburg (Soldau-Allenstein). — 16 km bef. Weg bis Haltestelle Gutfeld (Soldau-Allenstein).	Glinken	4 km Edw. b. Grünfliess	3,00		
		Kommusin	4 " " " "	3,00		
		Terten	7 " " " "	4,00		
		Persing	12 " " " "	5,00		
101. Königl. Oberförsterei Nikolaiken, Rgbz. Gumbinnen. (Karte 9a.)						
Nikolaiken, Post, Kreis Sensburg.	24 km Chauss. nach Sensburg. — 28 km Chauss. nach Stürlack. — 18 km Landw. nach Rudczanny. — Im Som. Dampferverbind. Lötzen-Nikolaiken-Rudczanny.	Gonschor, Spirding, Nikolaiken, Lucknainen, Rudowken	Alles Handelsholz wird von der Verwaltung an die Ablagen an den masur. Seen gerückt, von wo im N. bis Angerburg und im S. durch Rußland nach Thorn verflößbar. 2 km Landw. bis Abl. Rhein.			
102. Königl. Oberförsterei Pfeilswalde, Rgbz. Gumbinnen. (Karte 9a.)						
Pfeilswalde, Post Nikolaiken, Kreis Sensburg.	10 km Landw. nach Bahnstation Peitschendorf (Linie Rothfließ-Rudczanny).	Collogienen	3—6 km bis Collogienen	1—4 Mk.	3—6 km b. Gartensee	1—4 Mk.
		Guttenwalde	5 km bis Peitschendorf		desgl.	
		Kleinort	3—8 km b. "		"	
		Lissuhnen	3—12 " " "		"	
		Maitz	5—10 " " "		"	
		Kossewen	6—12 " " "		"	
103. Königl. Oberförsterei Grondrowken. Rgbz. Gumbinnen. (Karte 9a.)						
Grondrowken, Post Schweykowen, Kreis Gumbinnen.	15 km nach Drygallen, davon 11 km Landweg, 4 km Chauss.; später nächste Bahnst. Arys, 8 km Landw., (woselbst Trup.-Ueb.-Platz I. A.-Corps. — Abzweig. einer neuen Oberförst. Drygallen zum 1. VII. 01 angeordnet.	Drygallen	6 km meist Chss. bis Drygallen	1,50 b. 2,00		
		Valenczinnen	11 km davon 4 km Chauss. bis Drygallen		6 km bis Roschsee	1,50 b. 2,50
		Kosseln	11 km meist Chss. bis Drygallen	2,00	3 " " "	1,00 b. 1,50
		Kempnio	11 km meist Chss. bis Drygallen	2,00 b. 2,50		
104. Königl. Oberförsterei Cruttinnen, Rgbz. Gumbinnen. (Karte 9a.)						
Cruttinnen, Post Alt-Ukta, Kreis Sensburg.	3 km (davon 1 km Chauss.) n. Haltest. Collogienen der Bahn Rothfließ-Rudczanny. — 10 km guter Landw. nach Puppen der Bahn Johannisburg-Allenstein. — 13 km nach Rudczanny.	Rosteck	1—3 km b. Cruttinnen	1,50	1—3 km b. Sacrent	1,50
		Kotzeck	3 km " "	1—2	2—3 " " Kotzeck	1,50
		Sacrent			1—3 " " Sacrent (Sacr. a. Cattinnenfl. u. Kotz. a. Muckersee.)	1—2
		Nicolaihorst	8 " Chaussee bis Peitschendorf	2,50		
		Cruttinnen	desgl.	1,50	1—3 km b. Muckersee	1,50
		Ukta	1—2 km Chauss. bis Collogienen	1,20		
105. Königl. Oberförsterei Guszianka, Rgbz. Gumbinnen. (Karte 9a.)						
Guszianka, Post Rudczanny, Kreis Sensburg.	2 km von Bhf. Rudczanny entfernt. — Post- u. Reiseverbind. nicht vorhanden. — Abzweig. einer neuen Oberförst. Rudczanny zum 1. VII. 01 angeordnet.	Das Handelsholz lagert auf den Wasserablagestellen am Niedersee, Guszinsee und Beldahnsee. Von diesen nächster Güterbhh. Rudczanny, der von den Wasserablagestellen 1—2 Std. entfernt ist.				

Flächengröße u. Charakter d. Reviers. — Vertheilung der Hauptholzarten nach Zehnteln.	Beschaffenheit des Wegenetzes im Reviere und der sich daran schließenden Abfuhrstraßen, sowie der etwaigen Wassertransportwege. Adressen von größeren Fuhrunternehmern.	Jahresquantum der Haupt=Verkaufshölzer nach Holzarten und Sortimenten (unter Abrechnung des Lokalbedarfs).

98. Königl. Oberförsterei Kaltenborn

6080 ha. — eben bis hügelig. Ki. 1,0 Ei.	Gute Wege. Fuhrleute in den Dörfern Wallendorf, Grünfließ, Jägersdorf, Muschaken.	Schbz. Uszanneck 50 fm Ei. I.—V. Cl. 300 fm Ki. I.—V. Cl „ Wujewken 2000 „ „ „ „ Habichtsberg 200 „ „ „ 1200 „ „ „ „ Mainaberg 2000 „ „ „ „ Eichwerder 2000 „ „ „

99. Königl. Oberförsterei Grünfließ

4827 ha. — eben, Schbz. Narszym hügelig, sehr parzellirt. Ki. 0,9 Fi. 0,1	Innerhalb des Reviers nur Erdwege, außerhalb Chaussee von Neidenburg nach Kaltenborn und Chaussee von Neidenburg nach Muschaken. Fuhrunternehmer in Grünfließ, Muschaken, Soldau.	Schbz. Wolisko 1400 fm Ki.=Langnutzh. „ Adlershorst 1500 „ „ „ „ Narszym 1000 „ „ „

100. Königl. Oberförsterei Kommusin

4134 ha. — eben, zshgd., nur im NW. hügelig. Ki. 0,9 Fi. 0,1	Innerhalb des Reviers befestigter Weg über Kommusin nach Gutfeld, außerhalb Chaussee von Neidenburg nach Kaltenborn, sonst nur Erdwege. Fuhrunternehmer in Grünfließ, Jablonken, Lahna, Lykusen und Persing.	Schbz. Glinken 1000 fm Ki.=Langnutzholz „ Kommusin 1500 „ „ „ „ Terten 1800 „ „ „ „ Persing 300 „ „ „

101. Königl. Oberförsterei Nikolaiken

5601 ha. — eben u. wellig, parzellirt. Ki. 1,0 Ei. u. Fi.	Wege im Revier gut. Forstverwaltung übernimmt selbst den Transport bis zu den Wasserablagen an den masur. Seen, welche zum Verflößen sehr bequem sind.	Schbz. Gonschor 2500 fm Ki.=Bau= u. Schneideh. 100 fm Ki.=Grb „ Spirding 1500 „ „ „ „ 90 „ „ „ „ Nikolaiken 1000 „ „ „ „ 100 „ „ „ „ Luknainen 500 „ „ „ „ „ Rudowken 250 „ „ „ „; 250 „ Fi.=Bau „ Gonschor 80 „ Ei.=Bauh.

102. Königl. Oberförsterei Pfeilswalde

6872 ha. — hügelig, zusammenhgd. Ki. 0,8 Fi. 0,2	Wege innerhalb des Reviers gut und fest, außerhalb die Chauss. Sensburg=Rudczanny. Wasserablage Gartensee. — Fuhrunternehmer durch Gastwirth Eichel in Lindendorf (Bahn Peitschendorf) zu erfahren.	Schbz. Collogienen 1500 Ki.=Stammh. 100 fm Ei.=Stamm „ Guttenwalde 1500 „ „ „ Kleinort 1500 „ „ „ Lissuhnen 1500 „ „ „ Maitz 100 „ „ 300 „ Fi.=Stamml „ Kossewen 1500 „ „ 500 „ „ „

103. Königl. Oberförsterei Grondowken

8610 ha. — eben, in 2 Komplexen. Ki. 1,0	Wege jederzeit fahrbar, nur zwei Chauss. Arys=Lyck; Arys=Drygallen zum Bahnhof. Im SW. Abl. Bilitzen, Wasserverb. in den Spirding, Löwentin, Mauersee; im S. durch Pissek, Bug, Narew, Weichsel. Anfuhr durch kleine Besitzer.	Schbz. Drygallen 400 fm Ki.=Nutzh. 600 fm Ki.=Brennh. „ Ballenczinnen 1000 „ „ „ 800 „ „ „ „ Wolka 700 „ „ „ 600 „ „ „ „ Kosseln 2400 „ „ „ 1000 „ „ „ „ Kempnio 860 „ „ „ 800 „ „ „

104. Königl. Oberförsterei Cruttinen

7501 ha. — meist eben, z. Th. hügel. Ki. 0,95 Ei. 0,05	Im N. gute und fast ebene Sandwege, im S. zum gr. Th. hügelig, doch meist fahrbare Wege. — 2 Eisenb. 1 Chauss. Sensburg=Rudc. durchschn. das Revier. 3 Abl. am Cruttinnenfl. 2 Abl. am Mucker= und Uplick=See. Fuhrl. in Ukta, Cruttinnen, Kotzeck.	Schbz. Rosteck 1700 fm Ki.=Lgh. 300 fm Grubh. „ Koczeck 1600 „ „ „ 300 „ „ „ Sakrent 1500 „ „ „ 200 „ „ „ Nikolaihorst 1500 „ „ „ 50 „ „ 600 fm E „ Cruttinnen 1000 „ „ „ 50 „ „ 300 „ „ „ Ukta 1000 „ „ „ 100 „ „ 400 „ „

105. Königl. Oberförsterei Gusziank

5913 ha. — eben, zushgd. Ki. 1,0	Innerhalb des Reviers befestigte Erdwege. Chaussee Johannisburg=Sensburg. — Wasserverbindung vom Nieder=See nach Lötzen. Fuhruntern. Grönitz in Wigrinnen, Gemallen in Fedorwalde, Marzinzick in Warnold.	Schbz. Weissuhnen „ Rudszanny „ Nieden „ Sdrusno „ Warnold } Kiefern: 8800 fm Stammh. 1000 fm Rollh. (Schichtnutzholz) 300 fm Grubenholz

Oeffentliche Holzlicitationen finden statt in:	Unterkommen im Gasthofe f. Holzhändler, Forstassessoren u. Referendare in möglichster Nähe der Oberförsterei	Zustand des Oberförster-Dienstgebäudes	Wo Kirche? Wo Schule? In welcher Zeit zu erreichen?	Wo Arzt, wo Apotheke, wo Amtsgericht?	Nebenämter des Revierverwalt. — Wenn ständiger Assistent vorhanden, wo wohnt derselbe?
Rgbz. Königsberg. (Karte 8.)					
In Kaltenborn, Krug Maretzki.	In Neidenburg Hotel Neureiter u. Hotel Katschuk.	Oberförsterei 1894 erbaut, gut u. geräumig. Nächste Stadt Neidenburg, Kreisstadt, 5000 Einw., 16 km.	In Jedwabno u. in Neidenburg.	Pfarre in Muschaken, 9 km. Schule in Kaltenborn.	Amtsvorsteher. — Keine Unterkunft für verh. Assess.
Rgbz. Königsberg. (Karte 8.)					
In Grünfließ, Gasth. von Heibutzki. In Soldau Gasth. von Salewski.	In Neidenburg Hotel Neureiter u. Hotel Katschuk.	Schönes, geräumiges Dienstgeb. im Dorf Grünfließ. Wirthschaftsgeb. genüg. Nächste Stadt Neidenburg (8 km).	Ev. u. kath. Kirche in Neidenburg. Schule nicht vorhanden.	In Neidenburg, 8 km.	Aufsicht über 2 Stadtforst. Verh. Assess. kann in Neidenb. wohnen.
Rgbz. Königsberg. (Karte 8.)					
In Kaltenborn Gasth. Maretzki.	In Neidenburg Hotel Neureiter u. Hotel Katschuk.	Dienstgeb. wird 1901/1902 auf dem angek. Rittergut Kommusin neu errichtet. 5 km Landw. bis Grünfließ von dort Eisenb. oder auch 8 km Chauss. nach Neidenburg.	Ev. Pfarre u. Kirche für Kommusin in Lahna 8 km (meist bef. Weg). Kathol. Kirche in Neidenburg.	In Neidenburg.	Verh. Assess. kann nur in Neidenburg (17 km) wohnen.
Rgbz. Gumbinnen. (Karte 9a)					
Nicolaiken, Hotel Deutsches Haus. Rhein, Hotel Becker. Rudczanny, Koch's Hotel.	Nicolaiken, Hotel Preuß u. Deutsches Haus.	Neue Dienstwohnung in der Stadt Nicolaiken, 2000 Einw.	Ev. u. kath. Kirche in Nicolaiken. Gymn. in Rastenburg, Allenstein, Lyck und Lötzen.	In Nicolaiken.	Forstamtsanw. Amtsvorsteher.
Rgbz. Gumbinnen. (Karte 9a.)					
In Lindendorf Eichel's Gasthaus. In Rudczanny Koch's Hotel.	In Lindendorf bei Eichel (Post Barranowen) 3 km von der Oberförsterei entf.	Schönes, neues Dienstgeb., 3 km südl. vom Dorfe Lindendorf am Wege n. Peitschendorf isol. gelegen. Nächste Stadt Nicolaiken, 11 km.	Ev. u. kath. Kirche in Nicolaiken 11 km. Gymn. in Rastenburg, Lötzen.	In Nicolaiken und Alt-Ukta.	Amtsvorsteher.
Rgbz. Gumbinnen. (Karte 9a.)					
Schlagakrug. Drygallen. Arys.	In Drygallen bei Moldenhauer. In Schlagakrug. In Arys.	Altes Gebäude, demnächst zwei neue Dienstgeb. in Drygallen u. Kosseln, weil Theilg. in 2 Oberförstereien a) Grondowken, Kreis Lyck, b) Drygallen, Kreis Johannisburg bevorsteht.	Ev. Pfarre in Drygallen 14 km. Gymnasium in Lyck, über Drygallen, mit $1^1/_2$ Stund. Landw. u. 1 Stunde Bahnf. zu erreichen.	In Arys, 8 km Landw.; Amtsger. in Johannisburg.	Amts- u. Gutsvorsteher, z. Zt. Assist. für Wintermonate. Für verh. Assess. keine Wohnung.
Rgbz. Gumbinnen. (Karte 9a.)					
Cruttinnen, Gasth. Meyer. Rudczanny (jährl. 2—3 Handelsholztermine).	Im Dorf Cruttinnen oder Kirchdorf Ukta (5 km).	Altes Gebäude durch den Cruttinnefluß vom Dorf Cruttinnen getrennt. 2 km von Chauss. — Kirchdf. Ukta 4 km. 23 km Chauss. bis Kreisstadt Sensburg (4000 Ew.) Garnis.	Ev. Pfarre in Ukta. Höhere Schulen in der Nähe nicht vorhanden.	In Ukta, 4 km. Amtsger. in Sensburg, 21 km Chauss. od. 1 Std. Bahnf.	Amts- u. Gutsvorsteher; Amtsanwalt. Verh. Assess. kann in Cruttinnen wohn.
Rgbz. Gumbinnen. (Karte 9a.)					
Rudczanny Gasthof Koch.	In Rudczanny Gasthof Koch $^1/_4$ Stunde von Oberf.	Altes Geb. isolirt gel. 2,0 km Landw. von Rudczanny. Nächster gr. Ort Ukta (7,5 km). Nächste Städte Johannisburg u. Sensburg.	Kirche in Ukta, (7,5 km). Schule in Rudczanny (2 km).	In Ukta; Amtsger. in Nicolaiken u. Johannisburg.	Amts- u. Gutsvorsteher. — Assist. wohnt in Guszianka.

Flächengröße u. Charakter des Reviers. Vertheilg. der Hauptholzarten nach Zehnteln.	Beschaffenheit des Wegenetzes im Reviere und der sich daran schließenden Abfuhrstraßen, sowie der etwaigen Wassertransportwege. Adressen von größeren Fuhrunternehmern.	Jahresquantum der Haupt-Verkaufshölzer nach Holzarten und Sortimenten (unter Abrechnung des Lokalbedarfs).
		106. Königl. Oberförsterei Johannisburg,
7077 ha. — eben, im N. wellig, zusammenhgd. Ki. 0,8 Fi. 0,1 Wh. 0,1	Gute Waldwege, 2 Chauss. berühren das Rev., nach Bhf. Johannisburg, Breitenheide, Rudczanny und nach Wasserablage am Pissekfl. in Johannisburg führend. Der Spirding-See mit 4 fiskal. Abl. begrenzt das Rev. im N. Wasserverb. nach Lötzen und durch Bug u. Narew n. d. Weichsel. Fuhrl. in Karwitz, Concewen, Snopken.	Schbz. Browarnik 2000 fm Ki.-Langh. 400 fm Grbh. 200 rm Schwllh. „ Snopken desgl. desgl. desgl. „ Jegodschin desgl. desgl. desgl. „ Kerschek desgl. desgl. desgl. „ Gnadenfeld desgl. desgl. desgl. „ Lipnik desgl. desgl. desgl.
		107. Königl. Oberförsterei Wolfsbruch,
7416 ha. — eben, zushgd. Ki. 0,9 Fi. 0,1	Innerhalb gute Erdwege, außerhalb begrenzt Chaussee das Revier von N. nach S. Der Pissekfluß zum Verflößen nach den mittleren Provinzen Preußens viel benutzt. Fuhrunternehmer in Wonglik, Pasken, Piscorzewen, Mittel-Pogobien.	Schbz. Wondollek 850 fm Ki.-Stammholz 150 fm Ki.-Grubenholz „ Bärenbruch 1300 „ „ „ 180 „ „ „ „ Eichenthal 1200 „ „ „ 150 „ „ „ 100 fm Fi.-Celluloseholz „ Hahnebruch 700 fm Ki.-Stammholz 100 fm Ki.-Grubenholz 200 fm Fi.-Celluloseholz „ Wolfsbruch 700 fm Ki.-Stammholz 100 fm Ki.-Grubenholz 300 fm Fi.-Celluloseholz „ Birkenbruch 1000 fm Ki.-Stammh. 100 fm Ki.-Grubenh.
		108. Königl. Oberförsterei Breitenheide,
9804 ha. — eben, geschl. Complex, fast reine Ki., wenig Fi. und Wh.	Meist gute Erdwege. Fuhrunternehmer in den Ortschaften Breitenheide, Wiartel, Samordey.	Schbz. Breitenheide, „ Samordey, „ Pieczisko, „ Kowallik, „ Eichhorst } 6000 fm Ki.-Schneideholz 3000 „ Schwellen und Grubenholz
		109. Königl. Oberförsterei Kullik,
6240 ha. — eben. Ki. 0,7 Fi. 0,1 Bi. 0,1 Erl. 0,1	Gute Erdwege, Chaussee von Johannisburg nach Turoscheln projectirt. Wasserverbindung Niedersee durch Pissek, Bug mit der Weichsel (Flößerei). Fuhrleute in Uszanny, Henriettenthal, Zymna, Annußewen.	Schbz. Henriettenthal 500 fm Na.-Grubh. 2000 fm Ki.-Bau- und Schneideh. 1000 rm Na.-Brennholz „ Zymna 400 fm Na.-Grubh. 1800 fm Ki.-Bau- u. Schneideholz 1000 rm Na.-Brennholz „ Jegliak 600 fm Na.-Grubh. 2000 fm Ki.-Bau- n. Schneideholz 1000 rm Na.-Brennholz „ Wiartel 400 fm Na.-Grubh. 1800 fm Ki.-Bau- u. Schneideholz 1000 rm Na.-Brennholz
		110. Königl. Oberförsterei Kurwien,
6275 ha. — eben und zusammenhgd. Ki. 0,8 Fi. } Erl. } 0,2 Bi. }	Innerhalb gute Erdwege, sämmtl. Gestelle gut fahrbar. Vom Niedersee Wassertransport durch Pissek, Narew, Bug, Weichsel bis ins Innere Preußens. Fuhrl. Killisch zu Kl. Kurwien, Rudnik zu Heydik, Treziak zu Gr. Kurwien.	(siehe Tabelle unten)

Schbz.	Bauh.	Grubh.	Schichtnutzholz	Kloben	Kloben u.Knüpp.
	fm	fm	rm	rm	rm
Niederwald	2100 Na.	80 Na.	900 Na.	60 Bi.	1000 Na.
Czessina	300 „	40 „	600 „	200 „	200 Erl.
Kurwien	1700 „	70 „	800 „	600 Na.	
Prante	2000 „	60 „	600 „		1000 Na.
Kreuzofen	1700 „	70 „	400 „	160 Bi.	900 „

		111. Königl. Oberförsterei Turoscheln,
5810 ha. — meist eben, nur z. Th. etwas hügel. Ki. 0,90 Fi. 0,05 Wßb. 0,05	Innerhalb der Forstorte Sandwege. Nach Johannisburg theilweise Lehmchaussee. Von der Abl. Lasseck Flößerei auf dem Niedersee nach Rudczanny. Fuhrleute in Turoscheln (Gustav Novitzki).	Schbz. Dziadtken 1800 fm Ki.-Stä. 415 rm Ki.-Schichtnh. 800 rm Brh. „ Wielgilaß 2000 „ „ „ 200 „ „ „ 500 „ „ „ Turocheln 1400 „ „ „ 100 „ „ „ 500 „ „ „ Spalienen 500 „ „ „ 20 „ „ „ 100 „ „
		112. Königl. Oberförsterei Puppen,
7271 ha. — eben, z. Th. hügel., zshgd. Ki. 1,0	Nur Erdwege, Wasserverbindung nach dem Spirding-See zum Verfl. von der fiskal. Abl. am Kurwigk-See durch Mucker-See, Cruttinnenfl. und Beldahn-See nach dem Spird-See. Fuhrl. Block, Koßmann, Rohmann in Puppen.	Schbz. Bärenwinkel 1000 fm Ki.-Langholz 100 fm Ki.-Grubenholz „ Adamsverdr. 1500 „ „ „ 100 „ Fi.- „ „ Grünwalde 500 „ „ „ 300 rm Erl.Bi.-Brennh. „ Gr. Puppen 1000 „ „ „ 75 fm Ki.-Grubenh. „ Kl. Puppen 1500 „ „ „ 100 „ „ „ „ Sisdroy 1500 „ „ „ 100 „ „ „
		113. Königl. Oberförsterei Ratzeburg,
8618 ha. — Südtheil eb., sonst hügelig. Ki. 1,0.	Neues, fast fertiggestelltes Wegenetz in guter Beschaffenheit, nur Erdwege; diese außerhalb des Reviers mangelhaft. Fuhrl. Rogumil-Grünwalde, Drube-Powalzen und kl. Unternehmer.	Schbz. Ratzeburg 2000 fm Ki.-Langholz „ Kobiel 2000 „ „ „ „ Struskeu 2500 „ „ „ „ Babienten 2000 „ „ „ „ Sisdroyheide 1500 „ „ „ } 800 fm Ki.-Grubh.

Oeffentliche Holzlicitationen finden statt in:	Unterkommen im Gasthofe f. Holzhändler, Forst-Assessoren u. Referendare in möglichster Nähe der Oberförsterei	Zustand des Oberförster-Dienstgebäudes	Wo Kirche? Wo Schule? In welcher Zeit zu erreichen?	Wo Arzt, wo Apotheke, wo Amtsgericht?	Nebenämter des Revierverwalt. Wenn ständiger Assistent vorhanden, wo wohnt derselbe?
Rgbz. Gumbinnen. (Karte 9a.)					
In Johannisburg. In Rudczanny.	Johannisburg, Hotel zum Kurfürsten. Rudczanny, Hotel Koch.	Gut erhaltenes, freundliches Dienstgebäude am W.-Eingang zur Kreisstadt Johannisburg (3500 Einwohner). Ausreichende, zum Theil neue Wirthschaftsräume.	Ev. Kirche u. kathol. Bethaus i. Johannisbg. Stadtschule (bis Quarta). Gymnas. in Lyck, 1¾ St. Bahnf., u. in Allenst., 3 St. Bf.	In Johannisburg	Nicht Amtsvorst. — Wohnung für verh. Assessor in Johannisburg zu haben.
Rgbz. Gumbinnen. (Karte 9a.)					
In Johannisburg, Hotel Deutsches Haus. In Rudczanny, Hotel Koch.	In Johannisburg, Hotel zum Kurfürsten. In Rudczanny, Hotel Koch.	Aelteres Dienstgebäude in Johannisburg. Wohnhaus geräumig, Wirthschaftsgebäude beschränkt.	Ev. und kath. Kirche und Pfarre am Ort. Schule s. lfd. Nr. 106	In Johannisburg	Aufsicht über technischen Betrieb im Johannisburger Stadtwald. Verh. Assess. kann i. Joh. wohn.
Rgbz. Gumbinnen. (Karte 9a.)					
In Rudczanny Hotel Koch, jährlich 2—3 große Termine für die 10 Oberförst. der Johannisburger Haide.	In Rudczanny Hotel Koch, 6,5 km. Zur Noth auch in Wiartel, 3,5 km bei Konopatzki.	Sehr schönes neues Dienstgebäude, gute Wirthschaftsräume, 0,5 km vom Dorf Breitenheide, 150 Ew. Nächste Stadt Johannisburg, 11,5 km.	Evg. und kathol. Kirche in Johannisburg.	In Johannisburg	Amtsvorsteher.
Rgbz. Gumbinnen. (Karte 9a.)					
In Uszanny bei Graade. In Wiartel bei Konopatzki.	Im Dorf Gr. Wiartel bei Konopatzki, 3,5 km	Aelteres Dienstgebäude, 3 km nördlich des Dorfes Uszanny, in gutem Zustande mit ausreichenden Wohn- und Wirthschaftsräumen. Nächste Stadt Johannisburg, 12 km.	In Johannisburg, 12 km. Höhere Schulen in Lyck und Allenstein.	In Johannisburg	Amtsvorsteher.
Rgbz. Gumbinnen. (Karte 9a.)					
In Rudczanny Haupttermin. In Kl. Kurwien bei Arndt. In Gr. Kurwien bei Poppek.	Bei nicht zu hohen Ansprüchen im 1 km entfernten Dorfe Kl. Kurwien bei Arndt und in Gr. Kurwien, 2 km, bei Poppek.	Sehr schönes neues Gebäude, 1 km nördlich des Dorfes Kl. Kurwien an der Landstraße Rudczanny-Friedrichshof. Wohn- u. Wirthschaftsr. sehr geräumig. Nächste Stadt Johannisburg, 28 km.	Evg. Kirche, 12 km, in Turoscheln. Dorfschule 2 km, in Gr. Kurwien. Gymnas. in Allenstein (vom Bhf. Puppen in 2 Std. zu erreichen.	In Friedrichshof, 13 km. Amtsgericht in Johannisburg	Amtsvorsteher. Wohnung für verheir. Assessor nicht vorhanden.
Rgbz. Gumbinnen. (Karte 9a.)					
In Turoscheln bei Woychiechowski und bei Friederiszik. In Rudczanny, Hotel Koch.	In Turoscheln Gasth. Woychiechowski.	Neueres Gebäude, 500 m vom Dorf Turoscheln (400 Ew.) Wohnhaus geräumig, Wirthschaftsräume beschränkt. Nächste Stadt Johannisbg., 21 km.	Evg. Kirche und Pfarre im Dorf	In Johannisburg	Guts- u. Amtsvorsteher. — Wohng. für verheirath. Assessor ist in Turoscheln zur Noth erhältl.
Rgbz. Königsberg. (Karte 9a.)					
In Puppen, Gasth. Jung. In Schwentainen, Gasth. von Szabin oder Sperber.	Bei geringen Ansprüchen in Puppen, Gasth. Jung, sonst in Grünwalde, Gasth. Wicht, 6 km.	Altes, durch Anbau vergrößertes Gebäude im Dorfe Puppen (900 Einw.) mit groß. Garten unmittelb. am Puppen-See. Nächste St. Ortelsburg, 25 km. Kreisstadt (4000 Einwohner), Garnison.	Ev. Gottesdienst in Puppen. Bau einer Kapelle in Aussicht. Gymnasium in Allenstein	Arzt u. Apotheke in Ortelsburg u. Alt-Ukta. Amtsger. in Ortelsburg.	Amtsvorsteher. Wohnung für verheiratheten Assessor nicht vorhanden.
Rgbz. Königsberg. (Karte 9a.)					
In Grünwalde, Schwentainen, Babienten und Kl. Jerutten	In Grünwalde bei Wicht. In Schwentainen bei Sperber. In Babienten bei Bösett.	Geräumiges neues Wohnhaus isolirt am Schwentainer See. Sehr gute Wirthschaftsräume, 3 km vom Dorf Grünwalde. Nächste Walddörfer 7 km abgelegen.	Evg. Kirche in Kl. Jerutten, 13 km. Kathol. Kirche in Ortelsburg, 22 km. Nächste höhere Schule in Allenstein.	In Ortelsburg.	Amts- u. Gutsvorsteher, Schulvorstand. Wohnung für verheirath. Assessor ev. in Grünwalde.

Sitz der Oberförsterei nebst Poststation	Entfernung des Oberförstereisitzes von der nächsten Eisenbahnstation bezw. Haltestelle. Post- und regelmäßige Reiseverbindungen auf Landwegen.	Durchschnittliche Entfernungen und ungefähre Anfuhrkosten von den einzelnen Reviertheilen für Bahn- bezw. Wassertransport, und zwar: Schutzbezirk	Entfernung bis Güterbahnhof	Anfuhrkosten pro fm M.	Entfernung bis Wasserablage	Anfuhrkosten pro fm M.

106. Königl. Oberförsterei Johannisburg, Rgbz. Gumbinnen. (Karte 9a.)

Johannisburg, Post, Kreis Johannisburg.	0,5 km vom Bahnhof Johannisburg entfernt.	Browarnik	3—8 km Chaussee bis Johannisburg	1,50	3—8 km bis Pissekfl. (Johannisburg)	1,50
		Snopken	desgl.	1,50	desgl.	1,50
		Jegodschin	4—8 km Waldweg und Chaussee nach Haltestelle Breitenheide und Bahnhof Rudczanny (für Schwell- u. Grubh.)	1,50 bis 3,00	4—8 km Waldweg bis Spirding-See (für Handelsholz)	1,50 bis 2,00
		Kerscheck				
		Gnadenfeld				
		Lipnik				

107. Königl. Oberförsterei Wolfsbruch, Rgbz. Gumbinnen. (Karte 9a.)

Wolfsbruch, Post u. Kreis Johannisburg.	1 km vom Bahnhof Johannisburg entfernt. Z. Th. gepflasterter, z. Th. chaussirter Weg zum Bahnhof.	Wondollek	19 km meist Chaussee bis Johannisburg	2,75	3 km bis Pissekfl. (Gehsen).	
		Bärenbruch	16 km desgl.	2,50	3,5 km desgl.	
		Eichenthal	15 km desgl.	2,00	3 km bis Pissekfl. (Thurow. Br.)	
		Hahnebruch	10 km Waldw. desgl.	2,00		
		Wolfsbruch	8,5 km Erdweg desgl.	1,75		
		Birkenbruch	5,5 km desgl.	1,50		

108. Königl. Oberförsterei Breitenheide, Rgbz. Gumbinnen. (Karte 9a.)

Breitenheide Post Wiartel, Kreis Johannisburg.	6,5 km bis Rudczanny. (Haltest. Breitenheide nur für Fracht.) Bis Johannisburg 4 km Waldweg und 8 km Chaussee.	Die Entfernung der Schutzbezirke beträgt: 0—12 km zur nächsten Bahnstation oder 0—8 km zur nächsten Ablage des Niedersees (masurische Wasserstraße), der das Revier im O., S. und W. begrenzt. Anfuhrkosten pro fm 2 M. zur Bahn und 1,50 M. zur Abl.				

109. Königl. Oberförsterei Kullick, Rgbz. Gumbinnen. (Karte 9a.)

Kullick, Post Gr. Wiartel, Kreis Johannisburg.	12 km nach Johannisburg (7 km Landweg, 5 km Kieschaussee). (Steinchaussee projectirt, dann 3 km Landweg u. 10 km Chauss.)	Henriettenthal	17 km Erdweg bis Johannisburg	3,00	8 km Erdweg bis Niederseeabl.	2,00
		Zymna	16 km desgl.	3,00	5 km desgl.	1,50
		Jegliak	13 km desgl.	2,50	3 km desgl.	0,70
		Wiartel	7 km desgl.	1,50	4 km desgl.	1,00

110. Königl. Oberförsterei Kurwien, Rgbz. Gumbinnen. (Karte 9a.)

Frsth. Kurwien, Post Kurwien, Kreis Johannisburg.	9 km Erdweg nach Bahnhof Puppen oder 12,5 km Erdweg nach Bahnhof Rudczanny (Linie Allenstein-Lyck).				3 km bis Niedersee	1,50
		Niederwald	11 km bis Cruttinnen	3,00	(Dreppetz u. Czapka). 6 km bis Niedersee	2,00
		Czessinna	10 km desgl.	3,00	(Bebrova).	
		Kurwien	6 km desgl.	3,00	3 km desgl.	1,50
		Pranie	5 km desgl.	2,00	3 km desgl.	1,50
		Kreuzofen	2 km desgl.	1,00	6 km desgl.	2,00

111. Königl. Oberförsterei Turoscheln, Rgbz. Gumbinnen. (Karte 9a.)

Turoscheln, Post, Kreis Johannisburg.	22 km (davon 7 km Lehmchauss.) nach Johannisburg. — 21 km nach Puppen. 21 km nach Rudczanny, beides Sandweg. Privatpost täglich nach Johannisburg und zurück für 1 Person.	Turoscheln	18 km bis Puppen, Breitenheide, Rudczanny, Johannisburg	20-50 Pf. p. fm u. km.	5 km bis Niedersee (Lasseck)	
		Wielgilaß	23 km		8—9 km desgl.	
		Dziadtken	23 km		9—9 km desgl.	
		Spalienen	14 km bis Puppen, 32 km bis Johannisbg.		14 km desgl.	

112. Königl. Oberförsterei Puppen, Rgbz. Königsberg. (Karte 9a.)

Puppen, Post, Kreis Ortelsburg.	1 km nach Bahnhof Puppen (Landweg).	Bärenwinkel	5 km bis Puppen	2,00		
		Grünwalde	4 km " "	1,50		
		Gr. Puppen	3 km " "	1,25	2 km bis Kurwigksee	1
		Kl. Puppen	4 km " "	1,50		
		Sisdroy	5 km " "	2,50		
		Adamsverdruß	3 km " "	1,25		

113. Königl. Oberförsterei Ratzeburg, Rgbz. Königsberg. (Karte 9a.)

Ratzeburg, Post Grünwalde, Kreis Ortelsburg.	7 km über Grünwalde nach Bhf. Schwentainen oder 8 km nach Bhf. Puppen auf mangelh. Erdwegen.	Kobiel	8 km b. Schwentainen	2,00		
		Ratzeburg	8 " " "	2,50		
		Strusken	10 " " "			
		Wolfshagen	12 " " "	3,00		
		Babienten	12 " " "	3,00		
		Sisdroyheide	14 " " "	3,50		

Sitz der Oberförsterei nebst Poststation.	Entfernung des Oberförstereisitzes von der nächsten Eisenbahnstation bezw. Haltestelle. Post- und regelmäßige Reiseverbindungen auf Landwegen.	Durchschnittliche Entfernungen und ungefähre Anfuhrkosten von den einzelnen Reviertheilen für Bahn- bezw. Wassertransport und zwar				
		Schutzbezirk	Entfernung bis Güterbahnhof	Anfuhrkosten pro fm M.	Entfernung bis Wasserablage	Anfuhrkosten pro fm M.
114. Königl. Oberförsterei Friedrichsfelde, Rgbz. Königsberg (Karte 9a.)						
Friedrichsfelde, Post Schwentainen, Kreis Ortelsburg.	2,5 km Erdw. nach Schwentainen (Allenstein-Lyck). — 16 km Chss. und 1 km Erdw. nach Ortelsburg. Post Schwentainen-Friedrichshf., 2mal täglich, passirt auf Chauss. 1 km entf., die Obf.	Farienen	6 km bis Puppen			
		Rehhof	9 „ „ „			
		Birkenheide	3 „ „ „			
		Schwentainen	5 „ „ Schwentainen			
		Liebenberg	16 „ „ „			
		Kopitko	9 „ „ „			
		Friedrichsfelde	5 „ „ „			
115. Königl. Oberförsterei Reußwalde, Rgbz. Königsberg. (Karte 9a.)						
Reußwalde, Post u. Kreis Ortelsburg.	8,8 km bef. Weg nach Ortelsburg (Allenstein-Lyck) od. 5 km meist schlechter Sandweg nach Gr. Schiemanen (Linie Ortelsburg-Willenberg).	Lipnick	5 km b. Gr. Schiemanen	2-2,50		
		Dlotowken	7 „ „ „ „	2-2,50		
		Jacobswalde	9 „ „ „ „	2,50-3		
		Lysack	9,5 „ „ Willenberg	2,50-3		
		Luccabude	10 „ „ Ollschienen	2,50		
		Wilhelmsthal	8 „ „ „	2,50		
		Pieczisko	7 „ „ „	2,50		
116. Königl. Oberförsterei Lonkorsz, Rgbz. Marienwerder. (Karte 9b.)						
Lonkorsz, Post, Kreis Löbau, Westpr.	6 km bis Bischofswerder. — 7 km bis Ostrowit (Thorn-Insterb. Bahn). Zu beiden Stationen bef. Kieschauss. oder Pflasterstr.	Lonkorsz	7 km b. Bischofswerder	2,00		
		Skarlin	8 „ „ „	2,00		
		Lindenberg	5 „ „ „	1,50		
		Leckarth	7 „ „ „	2,00		
		Krottoschin	3 „ „ „	1,50		
		Wonkopf	6 „ „ „	2,90		
117. Königl. Oberförsterei Wilhelmsberg, Rgbz. Marienwerder. (Karte 9b.)						
Wilhelmsberg, Post Zbiezno, Kreis Strasburg, Westpr.	6 km Chauss. über Sumowo nach Naymowo (Nebenb. Graudenz-Soldau). — 16 km (davon 8 km Waldw. 8 km Chauss.) über Goral u. Hochheim nach Jablonowo. Hauptstat. (Thorn-Insterburg.) D.-Züge üb. Pos. n. Berl.	Rittelbruch			2 km nach d. verschied. Abl. f. Wasserw. n. d. Drewz., Weichsel u. Bromb. Can.	1,50
		Dachsberg			2 „	1,50
		Zarosle	9 km bis Naymowo	3,00	2 „	1,50
		Rosochen	5 „ „ Ostrowitt	2,50	3 „	1,50
		Goral	10 km bis Jablonowo 5 „ „ Konojad	3,50 2,50	4 „	2,00
118. Königl. Oberförsterei Friedrichsberg, Rgbz. Marienwerder. (Karte 9b.)						
Neumark, Post, Kreis Löbau, Westpr.	8 km Chauss. nach Eisenbahnst. Weissenburg. Omnibus zu jedem Zuge hin u. zurück.	Wawerwitz			haben Ablagestellen für Wasserw. d. z. Drewenz im Rev. —	1,00 bis 2,50
		Ostrau				
		Gremenz				
		Tengowitz			4 km d. Abl.-Gremenz,	2—3
		Kaluga			nahe bei Drewenzabl.	1-2,50
119. Königl. Oberförsterei Kosten, Rgbz. Marienwerder. (Karte 9b.)						
Kosten, Post Rybno, Kreis Löbau, Westpr.	2 km Erdweg nach Bhf. Rybno (Linie Marienburg-Soldau).	Heinrichsdorf	4 km bis Heinrichsdorf	1,50		
		Slupp	7 „ „ Lautenburg	2,50		
		Kielpin	8 „ „ „	2,50		
		Kosten	3 „ „ Rybno	1,50		
		Erlengrund	3 „ „ „	1,50		
		Tillitz	6 „ „ Weissenburg	2,50		
120. Königl. Oberförsterei Lautenburg, Rgbz. Marienwerder. (Karte 9b.)						
Lautenburg, Post, Kreis Strasburg, Westpr.	5 km nach Bhf. Lautenburg; 4,5 km von Stadt Lautenburg. — 2 km nach Bhf. Klonowo.	Neuhof	6 km bis Lautenburg	2,00		
		Kienheide	6 „ „ „	2,00		
		Klonowo	4 „ „ Klonowo	1,50		
		Eichhorst	4 „ „ „	2,00		
		Rehberg	5 „ „ „	2,00		
121. Königl. Oberförsterei Ruda, Rgbz. Marienwerder. (Karte 9b.)						
Ruda, Post Gorzno, Kreis Strasburg, Westpr.	1 km Kieschauss., 1 km im Bau begr. Chauss. bis Haltestelle Guttowo (ohne Güterverkehr). — 3 km Kieschauss., 2 km Chauss. nach Bhf. Radosk.	Ziegenbruch	15 km bis Radosk	4,00		
		Kgl. Brinsk	13 „ „ „	3,50		
		Neuwell	13 „ „ „	3,50		
		Bergen	10-12 „ „ „	3,00		
		Buchenberg	10-12 „ „ „	3,00		
		Hainchen	7 „ „ „	2,50		

Flächengröße u. Charakter des Reviers. Vertheilg. der Hauptholzarten nach Zehnteln.	Beschaffenheit des Wegenetzes im Reviere und der sich daran schließenden Abfuhrstraßen, sowie der etwaigen Wassertransportwege. Adressen von größeren Fuhrunternehmern.	Jahresquantum der Haupt-Verkaufshölzer nach Holzarten und Sortimenten (unter Abrechnung des Lokalbedarfs.)
		114. Königl. Oberförsterei Friedrichsfelde,
6249 ha. — eben, parzell. Ki. 0,6 Bi. 0,2 Erl. 0,1 Fi. 0,1	Im Revier gut fahrbare Gestelle, außerhalb gute Erdwege und Chausseen. Fuhrunternehmer in Schwentainen, Farienen, Gut Friedrichsfelde.	Schbz. Farienen 1700 fm Ki.-Stammh. 1300 fm Na.-Brennh. „ Rehhof 700 „ „ „ 600 „ „ „ „ Birkenheide 1800 „ „ „ 700 „ „ „ „ Schwentainen 1000 „ „ „ 400 „ „ „ „ Liebenberg 400 „ „ „ 200 „ „ „ „ Kopitko 500 „ „ „ 600 „ „ „ „ Friedrichsfelde 1400 „ „ „ 600 „ „ „
		115. Königl. Oberförsterei Reußwalde,
6044 ha. — eben, ziemlich parzellirt. Na. 0,75 Wh. 0,25	Innerhalb der Forst einzelne Knüppeldämme und mehrere Kieswege. 2 Chausseen berühren das Revier. Fuhrunternehmer Kopkow in Ortelsburg.	Schbz. Luccabude 1100 fm Na.-Bauh. 30 fm Grubenholz „ Wilhelmsthal 1100 „ „ „ 10 „ „ „ Lysack 1700 „ „ „ 30 „ „ „ Pieczisko 1000 „ „ „ 20 „ „ „ Olotowken 800 „ „ „ 90 „ „ „ Lipnick 1400 „ „ „ 40 „ „
		116. Königl. Oberförsterei Lonkorsz,
4260 ha. — eben, langgestreckt, zusammenhgd. Ki. 0,90 Erl. 0,05 Ei. 0,05	Außer den die Forst durchschneidenden Chausseen feste Wege vorhanden. Fuhrunternehmer Stremlau-Lonkorsz. Holzablage im Nachbarrevier Wilhelmsberg am Gr. Partenschyn-See. Flößerei durch die Drewenz zur Weichsel.	Schbz. Lonkorsz 1500 fm Ki.-Langholz „ Wonkopf „ „ „ „ Skarlin „ „ „ „ Lindenberg „ „ „ „ Leckarth „ „ „ „ Krottoschin „ „ „
		117. Königl. Oberförsterei Wilhelmsberg,
4460 ha. —	Meist Erdwege, deren Befestigung nach Ausbau des Wegenetzes vorgesehen ist. Außerhalb Chaussee nach Jablonowo und Nahmowo, sonst mangelh Erdw. — Chaussee mäß. Ausb. des Weges von Strasburg über Zbiczno nach Lonkorsz und nach Bahnstat. Bischofswerder in Aussicht. — Fuhrleute in Czichen, Zbiczno, Goral.	Schbz. Rittelbruch 1800 fm Ki.-Stammholz 50 fm Ei. „ Dachsberg 800 „ „ „ „ Zarosle 1800 „ „ „ „ Rosochen 1800 „ „ „ 50 „ „ „ Goral 1800 „ „ „ (Das Kiefernh. ist größtentheils von vorzüglicher Beschaffenheit.) Guter Wassertransportweg durch die verschiedenen Seen nach der Drewenz, Weichsel 2c.
		118. Königl. Oberförsterei Friedrichsberg,.
3748 ha. — etwas hügel. Ki. 1,0	Innerhalb der Schutzbezirke nur Erdwege, zum Theil befestigt. Für weiteren Transport Wasserweg zur Drewenz, Weichsel 2c. Fuhrunternehmer in Forsthausen und Terreszewo.	Schbz. Kaluga 1000 fm Ki.-Langnutzholz „ Tengowitz 1500 „ „ „ „ Gremenz 500 „ „ „ „ Ostrau 1200 „ „ „ „ Wawerwitz 1000 „ „ „
		119. Königl. Oberförsterei Kosten,
4018 ha. — meist eben, parzellirt, in 7 Theilen Ki. 0,9 Ei. 0,1	Wege gut, vermitteln die Verbindung zu den Chausseen bequem. Fuhrunternehmer in Heinrichsdorf, in Slupp, Kielpin, Gronowo, Rybno, Eichwalde, Tillitz.	Schbz. Heinrichsdorf 600 fm Ki.-Stammh. „ Slupp 400 „ „ „ „ Kielpin 800 „ „ „ „ Erlengrund 1200 „ „ „ „ Kosten 600 „ „ „ 200 fm Ei.-Stammh. „ Tillitz 600 „ „ „ (mittelstark)
		120. Königl. Oberförsterei Lautenburg,
6500 ha. — theils eben, theils gebirg. zusammenh. Ki. 0,7 Ei. 0,2 Wh. 0,1	Wegenetz zum größten Theil ausgebaut. Fuhrunternehmer Peters in Klonowo, Bauern in Brinsk, in Lautenburg.	Schbz. Neuhof 3000 fm Ki.-Bauh. „ Kienheide 2500 „ „ „ „ Klonowo 1000 „ „ „ 100 fm Ei.-Langholz „ Eichhorst 1500 „ „ „ 600 „ Ei.-Starkh. „ Rehberg 1000 „ „ „ 600 „ „ „
		121. Königl. Oberförsterei Ruda,
6283 ha. — meist hügel., etwas eben, zusammenhd. 1 Schbz. isol. Ki. 0,980 Erl. 0,012 Ei. 0,008	Innerhalb vielfach Lehmkiesbahnen, außerhalb viele und gute Chausseen. In Radosk Wasserablage an der Branitza; von hier Flößerei nach der Weichsel. Fuhrleute in Brinsk, in Fialken, Bartnitzka, Zbroje, Czarni, Gorzno.	Schbz. Ziegenbruch 1330 fm Ki.-Langh. 50 fm Ki.-Grubenh. „ Kgl. Brinsk 1300 „ „ „ „ Neuwelt 1490 „ „ „ 170 „ Ei. 120 fm Bi.-Lngh. „ Bergen 2320 „ „ „ 430 „ „ 190 „ „ „ „ Buchenberg 2110 „ „ „ 100 „ „ Langholz „ Hainchen 2150 „ „ „ 40 „ „ „ „ Langebrück 870 „ „ „

Oeffentliche Holzlicitationen finden statt in	Unterkommen im Gasthofe f. Holzhändler, Forst-Assessoren u. Referendare in möglichster Nähe der Oberförsterei	Zustand des Oberförsterdienst-Gebäudes	Wo Kirche, wo Schule? In welcher Zeit zu erreichen?	Wo Arzt, wo Apotheke, wo Amtsgericht?	Nebenämter des Revierverwalt. Wenn ständiger Assistent vorhanden, wo wohnt derselbe?

Rgbz. Königsberg. (Karte 9a.)

Bei Sperber in Schwentainen; in Friedrichshof bei Braun.	In Grünwalde bei Wicht; in Schwentainen bei Sperber und Szabin (2,3 km v. Oberf.) Fuhrwerk stets erhältlich.	Altes, aber sehr gutes Gebäude, isolirt im Forstgutsbezirk; 2,3 km Erdweg von Schwentainen (2000 Ew.) Gute Wirthschaftsräume. Kreisstadt Ortelsburg von Schwentainen in 28 Minuten Bahnfahrt zu erreichen.	Ev. Kirche in Kl. Jerutten, 14 km, u. in Friedrichshof, 11 km Chaussee. Kath. Kirche in Ortelsburg. 6klass. Dorfschule i. Schwentainen, 2,3 km Erdw.	In Friedrichshof. Amtsgericht in Ortelsburg.	Amtsanwalt. Amtsvorsteher. Für verh. Assess. Wohnung in Schwentainen u. Friedrichshof erhältlich.

Rgbz. Königsberg. (Karte 9a.)

Gr. Schiemanen und Lipowitz. Submissionstermine in Ortelsburg.	Gr. Schiemanen, 5 km. In Lipowitz, 12 km.	Neueres, gutes Gebäude, 2 km vom Dorf Worfengrund (100 Einw.) Nächste Stadt Ortelsburg, 8,8 km (3 km Chaussee, sonst guter Erdw.) Kreisstadt, 6000 Ew., Garn.	Ev. Kirche in Ortelsburg. Kath. Kirche in Bentnerdorf.	In Ortelsburg, 8,8 km.	Amtsvorsteher. Forstamtsanw. Wohng. für verh. Ass. in Gr. Schiemanen, 5 km. erhältlich.

Rgbz. Marienwerder. (Karte 9b.)

Bei Faebel zu Lonkorsz, bei Pechlack zu Bischofswerder.	In den Gasthäusern zu Lonkorsz; in der Concordia bei Bahnhof Bischofswerder.	Geräumiges altes Dienstgeb. Nächste Städte Kreisstädte Neumark, 18 km (3000 Ew.) und Bischofswerder, 9 km (2000 Einwohner).	Ev. Kirche in Bischofswerder. Katholische Kirche in Lonkorsz. 3klassige Volksschule daselbst. Gymnasium in Neumark.	In Bischofswerder, 9 km. Amtsgericht in Neumark, 18 km.	Amtsvorsteher. Amtsanwalt.

Rgbz. Marienwerder. (Karte 9b.)

Größere Termine in Jablonowo, Hotel Jagodzinski.	Bei sehr bescheid. Ansprüchen in Zbiczno,	Sehr schönes, neueres Gebäude, 1,5 km nordw. des Dorfes Zbiczno (1000 Ew.) Nächste	Ev. Pfarre u. Schule in Forsthausen. Kath. Gottesd. in Hohen-	Arzt u. Apotheke in Strasburg.	Amtsvorsteher. Wohnung für verheir. Assess.

	Wagen dort erh.		mowo.		

Rgbz. Marienwerder. (Karte 9b.)

In Forsthausen, Gasth. Kleist. In Wawerwitz, Gasth. Hering.	Bei geringen Ansprüch. in Grewenz-Mühle bei gleichnam. Försterei. Sonst in Forsthausen, Gasthof Kleist.	Miethswohnung in Neumark (3000 Einw.) Bau einer Dienstwohnung im Schbz. Tengowitz in Aussicht.	Ev. und katholische Kirche und Pfarre, sowie Gymnasium in Neumark.	In Neumark.	Gutsvorsteher. Wohnung für verheir. Assessor nicht vorhand.

Rgbz. Marienwerder. (Karte 9b.)

In Ostaszewo, Gasth. Taddey (5 km von Montowo). In Montowo, Bahnhofswirthschaft.	In Ostaszewo, Gasth. Taddey, 7 km von Oberf. In Koschlau, Gasth. Ueberhein, 11 km.	1897 erbautes, geräumiges Gehöft, 3 km westl. vom Dorf Rybno (600 Ew.). Nächste Stadt Lautenburg, 18 km (3000 Ew.). Kreisst. Löbau, (4000 Ew.), 1 St. Bahnfahrt.	Ev. Kirche in Eichwalde, 4 km. Kath. Kirche in Rumian, 7 km. 3kl. Dorfsch. in Rybno, 3 km.	In Soldau, Löbau, Lautenburg u. Neumark.	Amts- u. Gutsvorsteher. Forstamtsanwalt. Verh. Assess. kann in einer der gen. Städte wohnen.

Rgbz. Marienwerder. (Karte 9b.)

In Lautenburg, Gasth. Drei Kronen.	In Lautenburg, Gasth. Drei Kronen u. Hotel de Rome.	Musterhaftes Dienstgebäude am Westufer des Lautenburger Sees, 2 km von Klonowo, 4 1/2 km von der Stadt Lautenburg (3000 Einw.)	Kirchen und Schulen in Lautenburg.	In Lautenburg, 4 1/2 km.	Amtsvorsteher. Darrverwalt. Stadtwaldaufsicht.

Rgbz. Marienwerder. (Karte 9b.)

In Gorzno, Gasth. Mroczinski.	Nahe am Bhf. Radosk bei Klebs, für Ass. u. Ref. bei Mroczinski, Warne und Bansmer in Gorzno.	Großes, geräumiges Gebäude, 1848 erbaut, 4,5 km nördlich der Stadt Gorzno (1600 Einwohner), allein gelegen an Straße Gorzno-Guttowo. — Stadt Lautenburg, 14 km.	Ev. und kath. Kirche u. Pfarre in Gorzno. Gymnas. in Strasburg, in 3/4 stündig. Landweg bis Radorsk, und von da 30 Minuten Bahnfahrt.	In Gorzno, 4,5 km. Amtsgericht in Lautenburg.	Guts- u. Amtsvorsteher. Unterkommen für verh. Assessor in Gorzno schwer zu bekommen.

Flächengröße u. Character d. Reviers. — Vertheilung der Hauptholzarten nach Zehnteln.	Beschaffenheit des Wegenetzes im Reviere und der sich daran schließenden Abfuhrstraßen, sowie der etwaigen Wassertransportwege. Adressen von größeren Fuhrunternehmern.	Jahresquantum der Haupt-Verkaufshölzer nach Holzarten und Sortimenten (unter Abrechnung des Lokalbedarfs).
		122. Königl. Oberförsterei Wichertshof,
7127 ha. — parzellirt. Fi. 0,6 Ki. 0,4	In und am Revier viele gute Chausseen, sonst gute, meist sandige Erdwege. Flößerei auf der Alle in den Pregel nach Königsberg. Fuhrleute in Guttstadt, Sternberg, Wormditt, Heilsberg.	Schbz. Zweiteichen 700 fm Ki. 120 rm Fi.-Rollh. „ Schmolainen 300 „ „ 1900 fm „ „ 300 rm Fi.-Rllh. „ Waldhaus 300 „ „ 1000 „ „ „ 300 „ „ „ „ Heilsberg 200 „ Ei. „ Launau 1000 „ Fi. 300 rm „ „ „ Carben 500 „ „ 100 „ „ „ „ Komainen 700 „ Ki. „ Tafterwald 800 „ „ 700 fm „ 200 „ „ „ „ Eiserwerck 300 „ „ 800 „ „ „
		123. Königl. Oberförsterei Liebemühl,
5993 ha. — eben, parzell. Ki. 1,0	Wegenetz im Ausbau begriffen. Am Kanal in der Nähe von Grünort Holzabl.; im östlichen und südlichen Theil des Drewenzsees 2 Abl.-Plätze. Ferner 1 Abl. im Schbz. Görlitz an der Drewenz. Fuhrunternehmer in Bergfriede, Liebemühl, Osterode.	Schbz. Schneiderswalde 900 fm Ki.-Stammholz „ Görlitz 800 „ „ „ „ Schießgarten 650 „ „ „ „ Gehlfeld 500 „ „ „ „ Skapenwald 1100 „ „ „ „ Schießwald 600 „ „ „ „ Grünort 800 „ „ „
		124. Königl. Oberförsterei Schwalgendorf,
6480 ha. — eben, etwas hügelig, zusammenhgd. Ki. 0,8 Erl. } 0,2 Bi. Bu.	Innerhalb nur Erdwege leidl. gut, Chauss. in 3 km Entfernung im NW. (Gerswalde-Saalfeld bezw. nach Rosenberg im Bau begr.) Wassertransport auf dem Gestrich- und Flachsee, Oberl.-Canal-Elbing, Liebemühl.— Projectirt. Wegenetz im Rev. nächst. Jahr im Bau. Fuhruntern. in Schwalgendorf und Gerswalde.	Schbz. Brunftplatz 800 fm Ki.-Bauh. 200 rm Ki.-Klob. „ Schrötterswald 800 „ „ „ 100 „ „ „ „ Alt-Schwalge 1300 „ „ „ 200 „ „ „ „ Schöneck 600 „ „ „ 300 „ „ „ 100 rm Bu-Kl. „ Neu-Schwalge 1400 „ „ „ 300 „ „ „ 900 „ „ „ „ „ 100 rm Erl.-Roll. 300 „ A. L. Klob.
		125. Königl. Oberförsterei Prinzwald,
5758 ha. — hügelig, zusammenhgd. Ki. 0,8 Bu. } 0,2 Bi.	Innerh. gute Wege, außerdem führen drei Chausseen durchs Revier nach der nächsten Bahnstation. Oberl.-Canal für alle Schbz. zum Verflößen und Transport per Kahn mit 10 fisk. Abl. am Schilling, Pausee, Drewenz, Eyling und Bärtingsee. Fuhrunternehmer in Osterode, Tharden, Pörschken.	Schbz. Figehnen 1500 fm Ki.-Bau- und Schneideholz „ Pillauken 2200 „ „ „ „ „ „ Tharden 2200 Ki.-Bau- und Schneideholz 100 fm Ei.-Stamm- u. Schichtnutzh. 30 rm Bi.-Nutzh. „ Prinzwald 1400 fm Ki.-Bau- u. Schneideh. 70 fm Ei.-Stamm- u. Schichtnutzh. 60 fm Bu.-Nutzh. „ Pörschken 1400 fm Ki.-Bau- u. Schneideh. 200 fm Ei.-Stamm- u. Schichtnutzh. 40 rm Bu.-Nutzh.
		126. Königl. Oberförsterei Taberbrück,
6618 ha. — wellig bis hügelig, im Süden eben Ki. 0,88 Ei. 0,06 Bu. 0,05 A. L. 0,01	Gut ausgebautes Wegenetz mitten durchs Revier. Chaussee Osterode-Locken im Bau. Holzfuhrleute in Dungen, Plichten, Pörschken, Gehlfeld.	(siehe Tabelle)

	Stammholz (fm) Ei.	Stammholz (fm) Bu.	Stammholz (fm) Bi.	Stammholz (fm) Ki.	Nutzholz (fm) Ei.	Nutzholz (fm) Bi.	Nutzholz (fm) Ki.	Brhlz. rm
Schbz. Adlersbude	50	30	100	1200	10	60	30	800
„ Pupken	10	10	20	2000	50	20	100	600
„ Taberbrück	150	30	20	1800	60		100	900
„ Eckschilling	20	6	10	1800	10		10	500
„ Bärenwinkel	200	60	10	2000	30		60	700
„ Reußen	200	10	10	3000	30		70	700

		127. Königl. Oberförsterei Kudippen,
4929 ha. — wellig, 4 Bel. zusammenh. Ki. 0,8 Fi. 0,1 Bu. 0,1	Im Reviere meist Erdwege. Chaussee nur durch die Beläufe Althoff und Kudippen nach Allenstein, sonst Erdwege. Fuhrleute Witt in Jonkendorf, Porsch in Münsterberg, Matern in Schaustern, Kucklick in Warkallen.	Schbz. Althoff 900 fm Ki.-Bauholz 100 fm Fi.-Bauholz „ Kudippen 1600 „ „ „ 200 „ „ „ „ Schillings 1200 „ „ „ 200 „ „ „ „ Schoeneberg 1300 „ „ „ 150 „ „ „ „ Stenkienen 1400 „ „ „ „ Steinberg 250 „ Rotbu. „ 400 „ „ „ „ Buchwalde 450 „ „ „ 250 „ „ „ „ Damerau 150 „ Ei. „ 150 „ „ „
		128. Königl. Oberförsterei Jablonken,
5038 ha. — meist eben. Ki. 0,7 Ei. 0,2 Bu. 0,1	Gute ausgebaute Wege und Landstr. — Holzabl. im Revier Schilling-See u. Oberl. Canal. Fuhrleute in Dlusken, Rapatten, Tafelbude.	Schbz. Giballen 2000 fm Ki.-Bauh. „ Weißbruch 3000 „ „ „ 100 fm A.L. 800 rm Brh. „ Gensken 200 „ „ Stmh. 50 „ „ 1600 „ „ 200 fm Ei. „ Bardungen 50 „ „ „ 1700 „ Ki.-Stmh. 1600 rm Brnh. „ Jablonken 100 „ Ei.- „ 1600 „ „ Bauh. 700 „ „ „ Schmiedel 2000 „ Ki.- „ 900 „ „
		129. Königl. Oberförsterei Golau,
4798 ha. — eben, 1 Schbz. hüg., 3 Schbz. geschlossen. Ki. 0,9 Ei. Fi. Bi. } 0,1 Erl. Bu.	Alle Schutzbezirke durch die Chaussee Golub-Strasburg durchschnitten oder fast berührt. Im Revier gute Waldwege, außerhalb viele befestigte Wege nach allen Bahnstationen. Holzfuhrleute in Lißewo, Szabda, Gr. Pulkowo.	Im ganzen Revier 3500—4000 fm Ki.-Schneideholz und 2000 bis 3000 Stück Ki.-Derbholzstangen in wechselnder Vertheilung auf die einzelnen Schutzbezirke je nach den Jahresschlägen.

Oeffentliche Holzlicitationen finden statt in:	Unterkommen im Gasthofe f. Holzhändler, Forstassessoren u. Referendare in möglichster Nähe der Oberförsterei	Zustand des Oberförsterdienst-Gebäudes	Wo Kirche? Wo Schule? In welcher Zeit zu erreichen?	Wo Arzt, wo Apotheke, wo Amtsgericht?	Nebenämter des Revierverwalt. — Wenn ständiger Assistent vorhanden, wo wohnt derselbe?
Rgbz. Königsberg. (Karte 10)					
Schmolainen bei Böhnke. Guttstadt bei Ott. Wormditt bei Kramer. Heilsberg bei Reddig.	In Guttstadt bei Koschorreck.	Altes Dienstgebäude, 1 km östlich des Dorfes Schmolainen und ebenso weit von der Chaussee Guttstadt-Heilsberg. Nächste Stadt Guttstadt (5000 Einw.), 6 km. — Demnächst neue Obf. Wormditt. a. Theil. v. Wichertsh. u. Kudipp.	Evang. und kathl. Kirche in Guttstadt. — Gymnasium in Allenstein, 1 Std. Bahnf. von Guttstadt.	In Guttstadt, 6 km	Verheir. Assessor findet Wohnung in Guttstadt.
Rgbz. Königsberg. (Karte 10)					
In Osterode Hotel du Nord. In Liebemühl Deutsches Haus und in Bergfriede.	In Osterode u. Liebemühl, sonst auch in Bergfriede bei Sendzik und bei Angstin.	Das Gehöft liegt am N-Ende der Stadt Liebemühl, 8 Min. v. Bahnhof. Wohnhaus alt, soll innerhalb 2 Jahren erneuert werden. Wirthschaftsgebäude genügend.	Evg. Kirche und Pfarre, Gymnasium in Osterode. 10 km entfernt. (Bahnverbindung, aber kein passender Frühzug.)	In Liebemühl. Amtsgericht in Osterode.	Assessor findet Wohnung in Liebemühl.
Rgbz. Königsberg. (Karte 10)					
In Schwalgendorf Gasth. O. Kempka. In Eichenlaube bei Gerswalde (einz. Gasthof).	In Schwalgendorf guter Gasthof von Kempka (2 km von Oberförsterei).	Altes Gebäude. Neue Dienstwohnung in der Nähe in Aussicht, und zwar 2 km nordwestl. des Dorfes Schwalgendorf an der Landstraße nach Gerswalde, unmittelbar am Revier.	Ev. Kirche u. Pfarre in Weinsdorf, $1^1/_2$ Std. Schule in Schwalgendorf, 20 Min. — In Saalfeld und Pr. Eylau beff. Bürgerschule, 14 km bezw. 18 km.	In Saalfeld, 14,4 km.	Amtsvorsteher. Für verh. Assess. Wohnung schwer erhältlich und dann nur sehr bescheiden.
Rgbz. Königsberg. (Karte 10.)					
In Liebemühl, Hotel Königl. Hof.	Liebemühl, Hotel Königl. Hof.	Miethswohnung in Liebemühl (2200 Einwohner).	Ev. Kirche u. Pfarre am Orte; kathol. Kirche in Osterode, ebenso Gymnasium. Privatschule in Liebemühl.	In Liebemühl. Amtsgericht in Osterode.	Forstamtsanwalt.
Rgbz. Königsberg. (Karte 10.)					
In Osterode Hotel du Nord.	Bei nicht zu hohen Ansprüchen im Dorf Plichten bei Matzmoor, 4 km. Sonst in Locken im Deutschen Hause, 5 km.	Sehr schönes neues Dienstgebäude unmittelbar am Dorfe Taberbrück (120 Einw.) an Chaussee gelegen. Wirthschaftsräume ausreich. Nächste Stadt Osterode, 14 km (12 000 Einwohner), Kreisstadt, Garnison.	Ev. Kirche u. Pfarre in Locken, kathol. Kirche, Gymnasium in Osterode. Auf Chaussee ist Osterode in $1^1/_2$ Std. zu erreichen.	In Locken, 5 km. Amtsgericht in Osterode.	Amtsvorsteher und stellvertret. Gutsvorsteher. Wohnung für verheir. Assessor nicht zu haben.
Rgbz. Königsberg. (Karte 10.)					
Allenstein Hotel Kopernikus. Jonkendorf. Spiegelberg.	Allenstein, Bahnhofshotel. Forstassess. u. Referend. in Först. Kudippen, 0,5 km.	Neues, freundliches 1stöckiges Gebäude, 9 km von Allenstein, an Chaussee; Wirthschaftsräume ausreichend. Allenstein (23 000 Einwohner), Kreisstadt, Landger., Garnis.	Ev. u. kath. Kirche in Allenstein. Gymnasium, Realsch. in Allenst. $^3/_4$stündige Fahrt auf Chauss.	In Allenstein.	Wohnung für verheir. Assessor in Allenstein erhältlich.
Rgbz. Königsberg. (Karte 10.)					
In Osterode für Handelsholztermine Hotel du Nord. In Alt-Jablonken für Lokalbedarf.	Gasthaus in Alt-Jablonken, 100 m von der Oberförsterei.	Ger. Dienstgeb. Nächste Stadt Osterode, in 12 Min. Bahnf. täglich öfter zu erreichen.	Evg. Kirche in Osterode, 10 km. Volksschule in Tafelbude, 2 km.	In Osterode.	
Rgbz. Marienwerder. (Karte 9b.)					
Gollub, Sultan's Hotel. Lobdowo bei Thal. Malken bei Thorn. Szabda bei Wittkowski.	In Gollub, Sultan's Hotel, 7 km. Bescheidener in Kamenzdorf, Gasth. Beyer, 4 km.	Früherer Gutshof mit ältl. Wohnhaus und groß. Wirthschaftsräumen an der Landstraße Gollub-Strasburg. Neben Oberförsterei nur 1 Gehöft. Nächste Stadt Gollub, 7 km (3000 Einwohner).	Evg. und kathol. Pfarre und Kirche in Gollub, 7 km. Volksschule in Hammer, 4 km.	2 Aerzte, 1 Apotheke, Amtsgericht in Gollub, 7 km.	Amts- u. Gutsvorstand, Forstamtsanw. Aufsicht über zus. 900 ha Privat-Ansiedl.-Wald.

Sitz der Oberförsterei nebst Poststation	Entfernung des Oberförstereisitzes von der nächsten Eisenbahnstation bezw. Haltestelle. Post- und regelmäßige Reiseverbindungen auf Landwegen.	Durchschnittliche Entfernungen und ungefähre Anfuhrkosten von den einzelnen Reviertheilen für Bahn- bezw. Wassertransport und zwar: Schutzbezirk	Entfernung bis Güterbahnhof	Anfuhrkosten pro fm M.	Entfernung bis Wasserablage	Anfuhrkosten pro fm M.

122. Königl. Oberförsterei Wichertshof, Rgbz. Königsberg. (Karte 10.)

Wichertshof, Post Guttstadt, Kreis Heilsberg.	6 km nach Guttstadt (davon 5 km Chauss.). — 17 km nach Heilsberg (davon 16 km Chauss.) über Waldhaus, Liewenberg u. Reichenberg. — Abzweigung einer neuen Oberförsterei Wormditt zum 1. VII. 01 angeordnet.	Eiserwerk	8 km bis Guttstadt	1-1,50		
		Zweiteichen	8 „ „ „	0,80 1,20		
		Schmolainen	7 „ „ „	0,80-1	Abl. an der Alle im Revier vorh.	
		Waldhaus	11 „ „ „	1-1,20		
		Launau	15 „ „ Heilsberg	1,50	5 km bis Alleabl.	0,7-1,0
		Heilsberg	2 „ „ „	0,80		
		Carben	4 „ „ Wormditt	0,80		
		Comainen	5 „ „ „	1,00		
		Tafterwald	9 „ „ „	1,00		

123. Königl. Oberförsterei Liebemühl, Rgbz. Königsberg. (Karte 10.)

Liebemühl, Post, Kreis Osterode.	8 Min. nach Liebemühl. Ferner Verb. durch Oberl. Kanal nach Osterode. — Chauss. von Liebemühl nach Osterode und über Bhf. Bergfriede nach Bergfriede. Sonst sandige Landwege.	Schneiderswalde	9 km bis Bergfriede	3,00	9 km bis Drewenzfl.	2,50
		Görlitz	7 „ „ „	3,00	7 „ „ „	3,00
		Schießgarten	2 „ „ „	2,50	2 „ „ „	2,50
		Schießwald	2—3 km bis Osterode	3,00		

124. Königl. Oberförsterei Schwalgendorf. Rgbz. Königsberg. (Karte 10.)

Schwalgendorf, Post Gerswalde, Kreis Mohrungen.	14,4 km (4 km Chauss.) über Fähre Buckowitz oder 16,0 km (8 km Chauss.) über Gerswalde nach Saalfeld. Im Sommer Dampferverb. (2 Std.) nach Deutsch-Eylau hin u. zurück, sonst 18 km Landw. nach Dtsch.-Eylau. — Desgl. Dampferverbindung Schwalgendorf-Saalfeld.	Neu-Schwalge			0-4 km b. Gestrich-See bezw. Flachsee	1—2,5 je nach Seenähe.
		Alt-Schwalge			0-4 desgl.	
		Brunftplatz			0-4 desgl.	
		Schöneck			0-3 km bis Flach-See	
		Schrötterswalde	0,7 km bis Deutsch-Eylau		0,5 „ b. Gestrich-See	

125. Königl. Oberförsterei Prinzwald, Rgbz. Königsberg. (Karte 10.)

Liebemühl, Post, Kreis Osterode.	Bahnstation am Orte.	Figehnen	6,5 km Chauss. bis Osterode	2,00	1 km b. Schillingsee 1,5 „ „ Drewenzabl.	1,00 1,50
		Pillauken	6,5 km meist Chauss. bis Liebemühl	2,50	2 „ „ Schillingsee	
		Tharden	7,5 km desgl.	2,50		1,50
		Prinzwald	5 „ „	2,00	1 „ „ Bärtingsee	1,00
		Pörschken	9,5 „ „	3,50	4 „ „ „	2,00

126. Königl. Oberförsterei Taberbrück, Rgbz. Königsberg. (Karte 10.)

Taberbrück, Post Locken, Kreis Osterode.	14 km Chauss. bis Osterode (Thorn-Insterburger Bahn) od. 12 km Chauss. bis Gr. Gemmern. (Linie Allenstein-Marienburg).	Das Revier wird im Süden von dem Schillingsee begrenzt, welcher durch oberl. Kanal und die Drewenz bezw. mit dem fr. Haff und Weichsel in Verbind. steht. Alles Holz kann auf die Abl. am Schilling-See gef. werd. in Entf. bis 6 km und kostet pro fm bis dort 1,50 bis 3 Mark.				

127. Königl. Oberförsterei Kudippen, Rgbz. Königsberg. (Karte 10.)

Kudippen, Post u. Kreis Allenstein.	9 km (davon 7 km Chauss.) nach Allenstein (Linie Berlin-Thorn-Insterburg); 6 km Erdweg nach Göttkendorf.	Althoff	4—5 km Chauss. bis Allenstein			
		Kudippen	7—9 km desgl.			
		Schillings	4—5 „ b. Jonkendorf			
		Schöneberg	4—7 „ „ „			
		Stenkienen	3—6 „ „ Gemmern			
		Steinberg	3—4 „ „ Jonkendorf			
		Buchwalde	1—2,5 „ „ Buchwalde			
		Damerau	9—10 „ „ Allenstein			

128. Königl. Oberförsterei Jablonken, Rgbz. Königsberg. (Karte 10.)

Jablonken, Post Alt-Jablonken, Kreis Osterode.	1,3 km Erdweg nach Bhf. Alt-Jablonken.	Giballen	Chssverb. b. Hohenstein	2,50		
		Weißbruch	6 km b. Alt-Jablonken	2,50	6 km b. Schillingsee	2,50
		Genskeu	1—3 km b. „	1,50	1—3 km b. „	1,50
		Bardungen	4—5 „ „ „	1,5-2,0	4—5 „ „ „	1,5-2,0
		Jablonken	1—3 „ „ „	1,50	1—3 „ „ „	1,50
		Schmiedel	2—3 „ „ „	1,5-2	2—3 „ „ „	1,5-2

129. Königl. Oberförsterei Golau, Rgbz. Marienwerder. (Karte 9.)

Golau, Post Gollub, Kreis Briesen.	7 km Chauss. bis Gollub. — 5 km Kiesw. bis Tokaren. (Linie Schönsee-Gollub-Strasburg). — Nach Schönsee 23 km Chauss. — Nach Briesen 20 km, (davon 14 km Chauss.).	Schöngrund			hat i. Rev. Drewenzabl.	
		Neueiche			„ „ „ „	
		Bieberthal			„ „ „ „	
		Strasburg	hat im Rev. Bhf. z. Verladen			
		Tokaren	desgl.			
		Malken			5 km b. Drew. (Neueich.)	
		Naßwald			4 „ „ „ (Biberth.)	

Karte 10

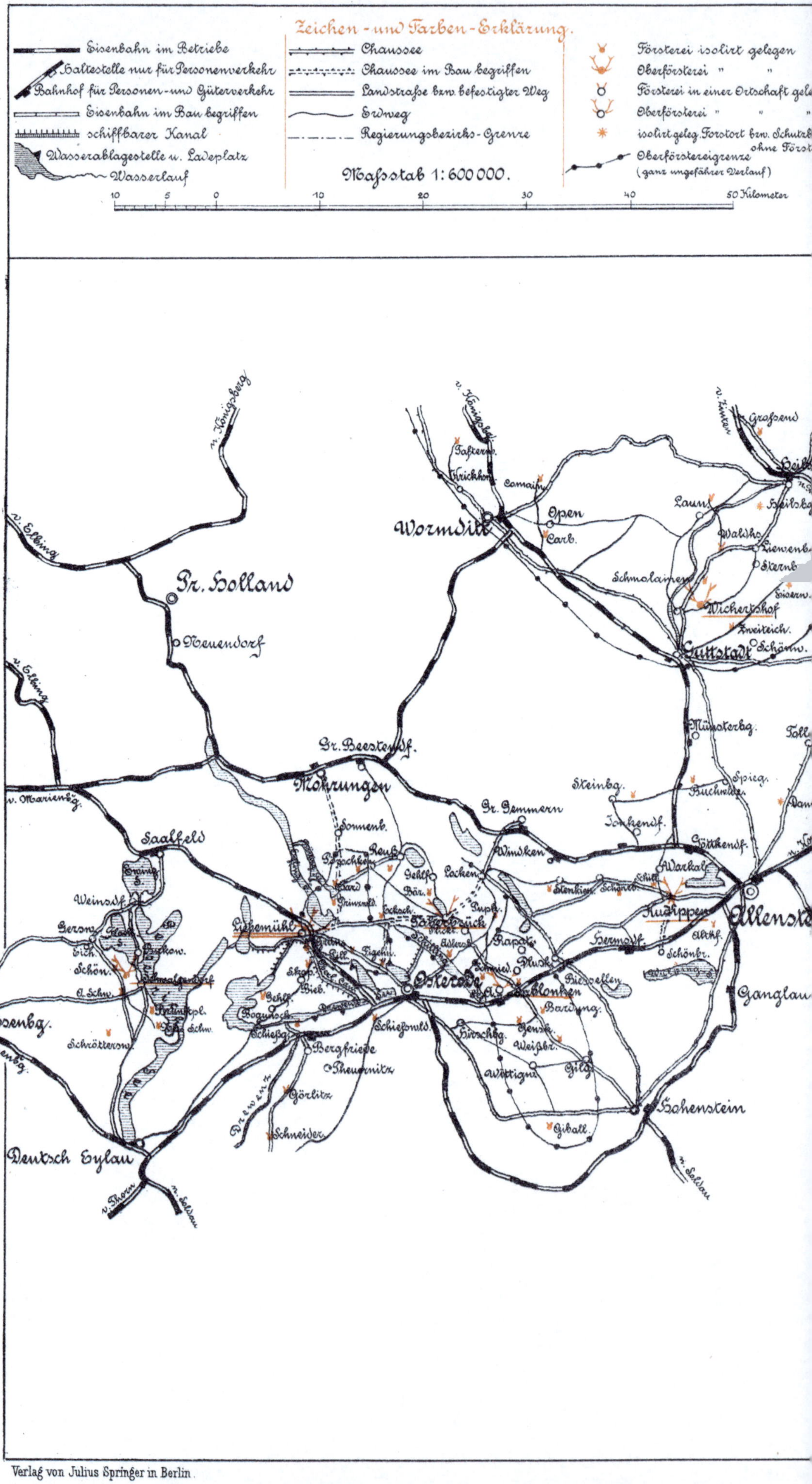

Verlag von Julius Springer in Berlin.

Karte 9

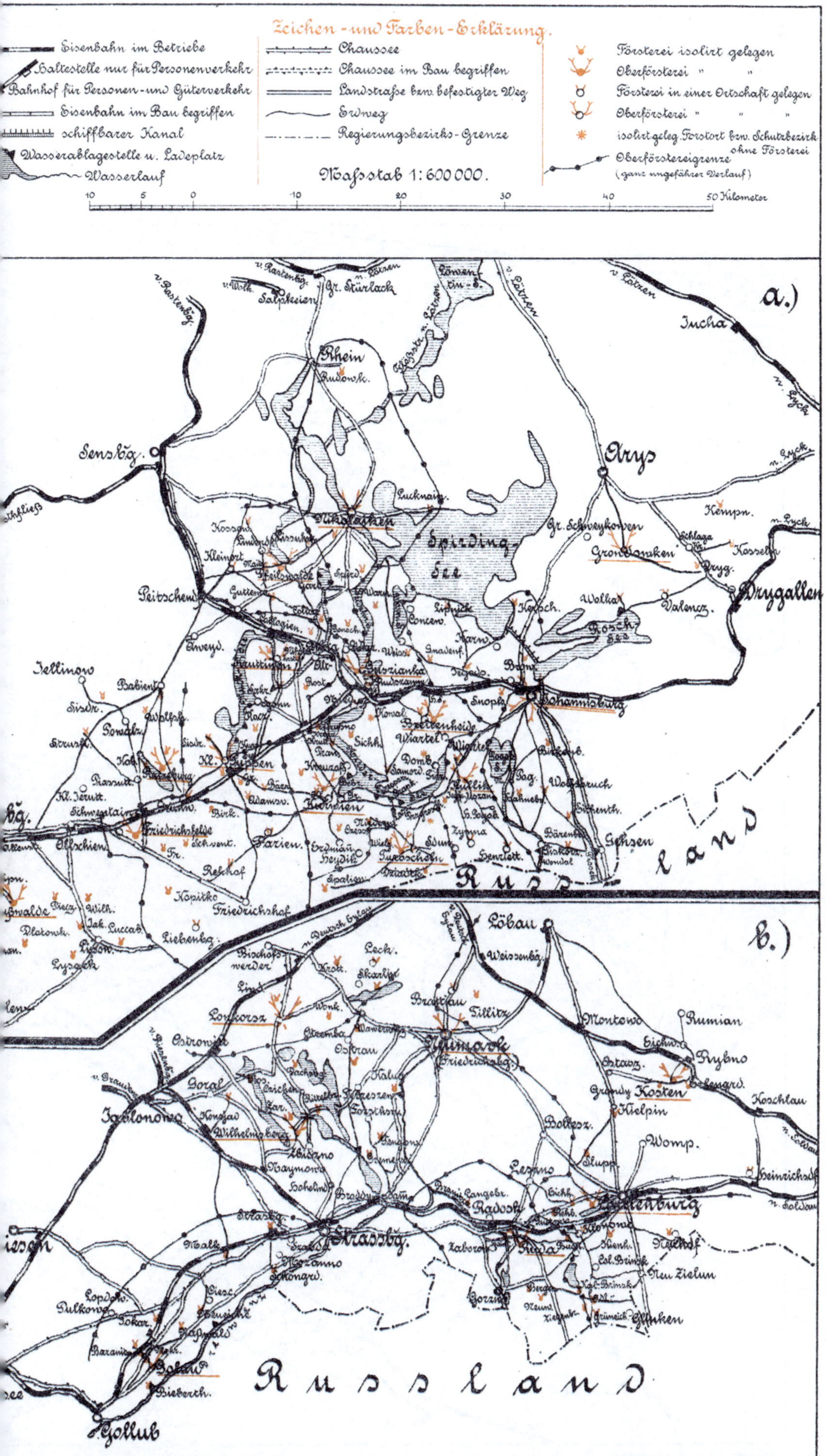

Druck d. geogr. lith. Anst. u. Steindr. v. C. L. Keller, Berlin

Karte 12

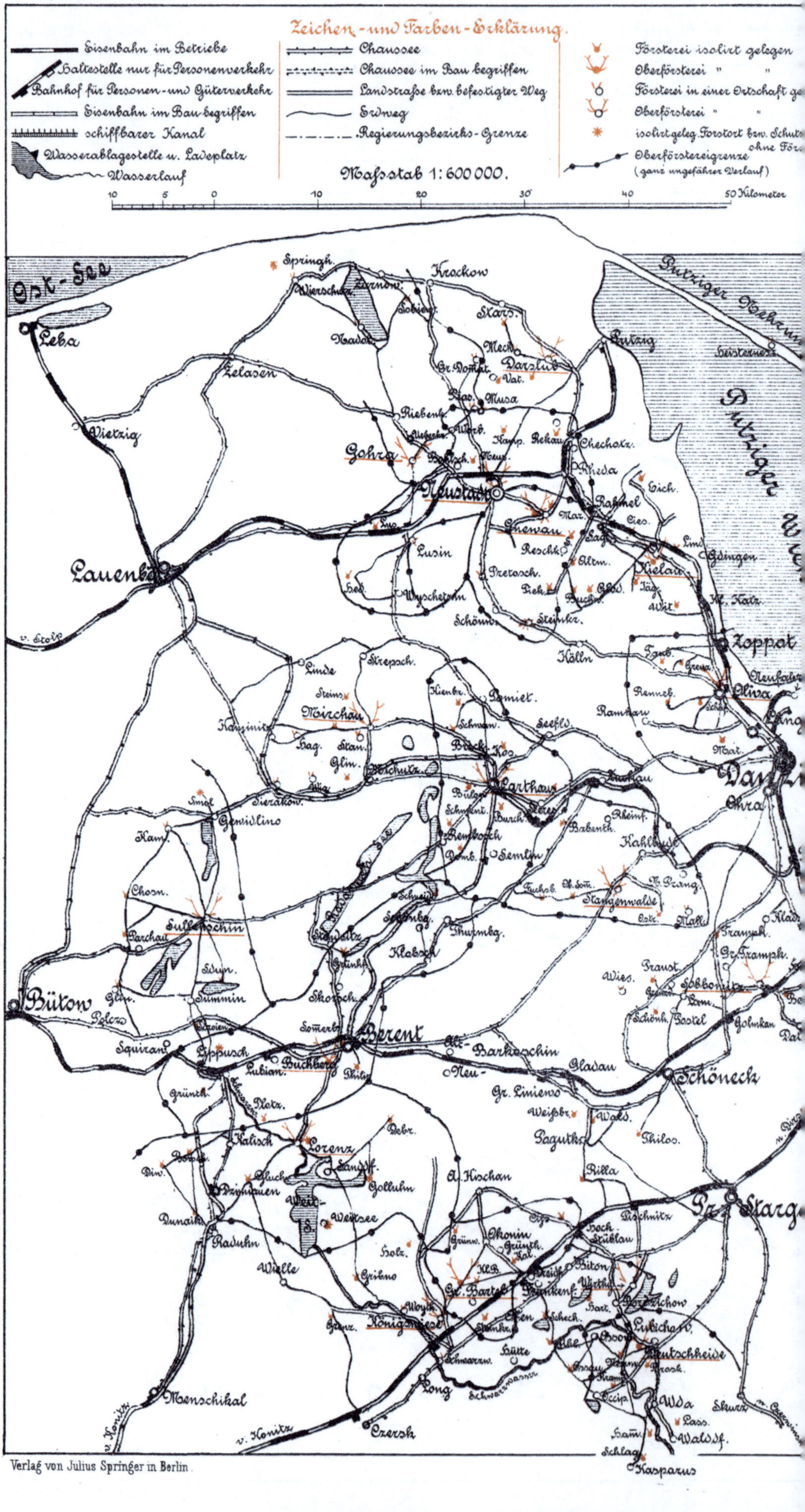

Verlag von Julius Springer in Berlin.

Karte 11

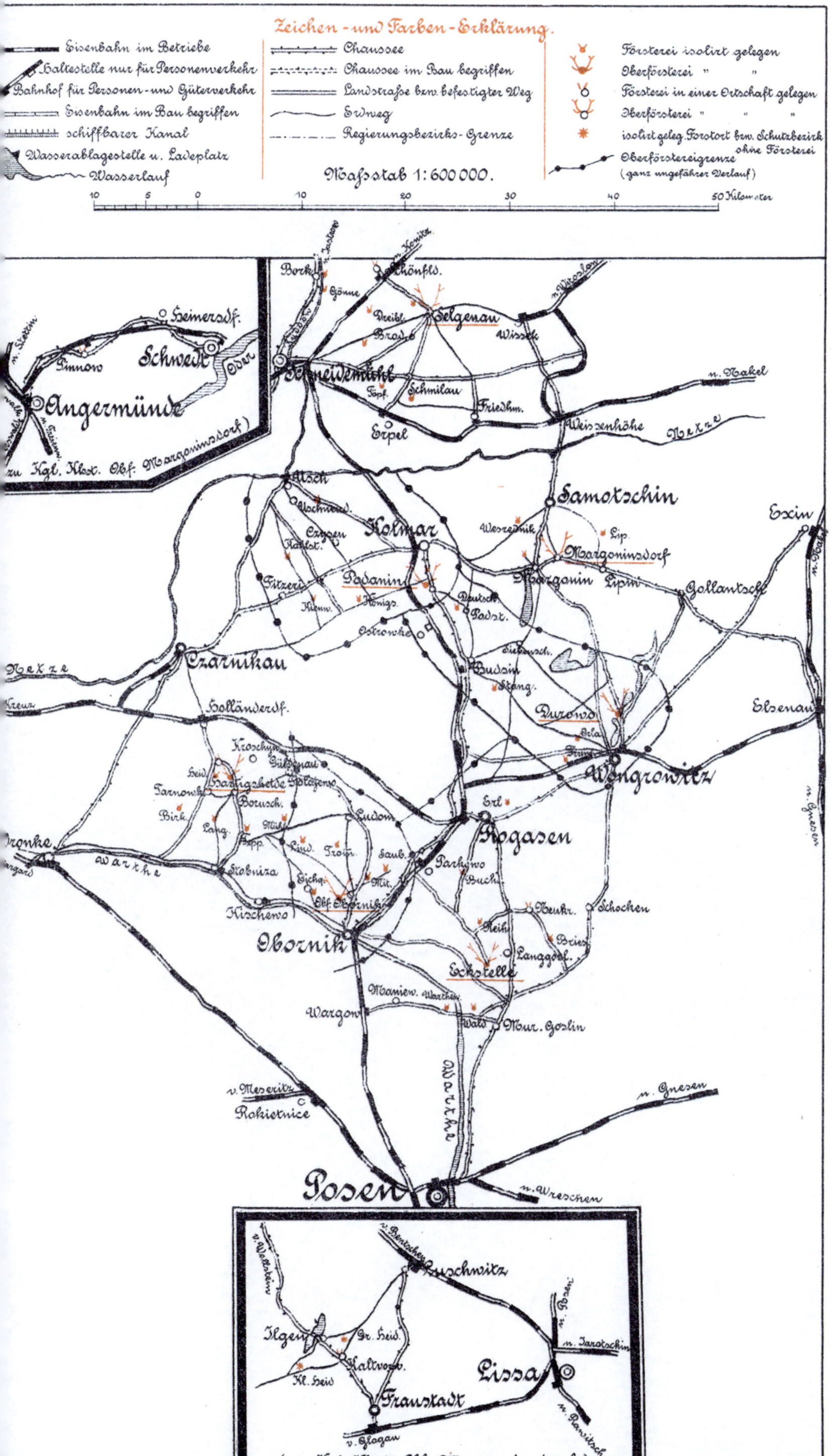

Druck d. geogr. lith. Anst. u. Steindr. v. C. L. Keller, Berlin

Sitz der Oberförsterei nebst Poststation	Entfernung des Oberförstereisitzes von der nächsten Eisenbahnstation bezw. Haltestelle Post- und regelmäßige Reiseverbindungen auf Landwegen	Durchschnittliche Entfernungen und ungefähre Anfuhrkosten von den einzelnen Reviertheilen für Bahn- bezw. Wassertransport und zwar: Schutzbezirk	Entfernung bis Güterbahnhof	Anfuhrkosten pro fm M.	Entfernung bis Wasserablage	Anfuhrkosten pro fm M.

130. Königl. Oberförsterei Selgenau, Rgbz. Bromberg. (Karte 11.)

Selgenau, Post, Kreis Kolmar.	7 km Landw. nach Schönfeld (Ostb.); besser 17 km (davon halb Chauss. halb befest. Weg) über Brodden u. Stüßelsdorf nach Schneidemühl.	Schmilau	4 km meist Landw. bis Erpel	2-2,50		
		Töpferberg	4 km desgl.	2-2,50		
		Brodden	8 km bef. Weg bis Schneidemühl	2,20 b. 2,50		
		Selgenau	6 km bis Schönfeld	2,50		
		Dreiblock	6 „ „ „	2,50		
		Gönne	10 „ meist Chauss. bis Schneidemühl	2,50	3 km bis Küddow-abl. (Gönne)	1,50
		Borkendorf	10 km desgl.	2,50	3 km desgl.	

131. Königl. Oberförsterei Podanin, Rgbz. Bromberg. (Karte 11.)

Podanin, Post u. Kreis Kolmar.	5 km Chauss. nach Kolmar. — 2 km Landw. nach Haltestelle Ostrowke.	Podanin	4 km meist Chauss. bis Kolmar	1,00	16 km mst. Chss. b. Netze (Usch)	4,00
		Königslug	10 km desgl.	2,50		
		Kienwald	12 „ „	2,50	13 km mst. Ldw. b. Netze (Usch)	3,00
		Usch-neudorf	10 „ „	2,50	8 km desgl.	2,00
		Kahlstädt	13 „ „	3,00	10 „ „	3,00

132. Königl. Oberförsterei Durowo, Rgbz. Bromberg. (Karte 11.)

Durowo, Post u. Kreis Wongrowitz.	3 km Chauss. nach Wongrowitz Privatpost 2 mal tägl. hin und zurück.	Frymark	3 km meist Chss. bis Wongrowitz	1,00		
		Orla	4 km desgl.	1,00		
		Durowo	4 „ „	1,00		
		Stangen-furth	5—10 km meist Chss. b. Budsin bzw. Kolmar	1,50 b. 2,50		
		Deutschen-dorf	5—15 km desgl.	1,50 b. 2,50		

133. Königl. Kloster-Oberförsterei Margoninsdorf, Rgbz. Bromberg. (Karte 11.)

Margoninsdorf, Post Margonin, Kreis Kolmar.	17 km Chauss. nach Kolmar (Schneidemühl-Posen). — 15 km, davon 13 km Chauss. nach Weissenhöhe (Schneidem.-Bromberg). Pers.-Post von Marg. über Samotschin nach Weißenhöhe 2 mal tägl. hin u. zurück. Post von Margonin n. Kolmar 2 mal tägl. hin und zurück.	Margoninsdorf (Rgbz. Bromb.)	{ 17 km Chauss. bis Kolmar 15 km Chauss. bis Weissenhöhe	3,50 3,00	10 km Chauss. bis Netzeabl.	2,50
		Pinnow (Rgbz. Potsd.)	{ 2 km Erdweg bis Pinnow 10 km Chauss. bis Angermünde	0,80 2,50		
		Jlgen (Rgbz. Posen)	14 km meist Chauss. bis Fraustadt			

134. Königl. Oberförsterei Hartigsheide, Rgbz. Posen. (Karte 11.)

Heidchen, Post Boroschin, Kreis Obornik.	6 km Landweg nach Güldenau (Kreuz-Rogasen) oder 22 km n. Obornik (Posen-Schneidemühl) zur Hälfte Chauss., oder 20 km nach Wronke (Posen-Kreuz), fast halb Chauss.	Mühlchen	6 km bis Güldenau (davon 2 km Chss.)	4,00	7 km bis Warthe (Kischewo)	2,50
		Tepperfurth	6 „ „ Güldenau	4,00	7 km desgl.	2,50
		Langen-furth	8 „ „ „	4,00	6 km bis Warthe (Stobnica)	3,00
		Birkenfurth	6 „ „ Holländerdorf	3,50	8 km desgl.	3,20

135. Königl. Oberförsterei Obornik, Rgbz. Posen. (Karte 11.)

Obornik, Post u. Kreis Obornik.	6 km nach Obornik (Strecke Posen-Schneidemühl) über Stadt Obornik, Chaussee.	Saubucht	6 km, z. Th. Chss. bis Obornik	2,00		
		Eichquast	6 km desgl.	2,00		
		Mitteninne	6 „ „	2,00		
		Trommelort	10 „ „	2,50		
		Linden	10 „ „	2,50		

136. Königl. Oberförsterei Eckstelle, Rgbz. Posen. (Karte 11.)

Eckstelle, Post Langgoslin, Kreis Obornik.	16 km meist Chauss. über Langgoslin nach Bhf. Rogasen (v. Rog. bis Langg. Pers.-Post). — 13 km Landw. bis Parkowo. — 14 km meist Chauss. bis Obornik. — 32 km, bis auf 2 km Chauss., nach Posen (tägl. 2mal Pers.-Post bis Langgoslin).	Briesen Neukrug Reiherkrug	15 km bis Obornik u. Rogasen	2,50	15 km bis Warthe	2,50
		Buchwald	10 km desgl.	2,00		
		Waldkranz Warthewald			} nahe a. d. Warthe	

137. Königl. Oberförsterei Deutschheide, Rgbz. Danzig. (Karte 12.)

Lubichow, Post Lubichow, Kreis Pr. Stargard.	12 km Chauss. (Pers.-Post) nach Hochstüblau; 16 km Chauss. n. Pr. Stargard. Eine von Czersk nach Czerwinsk proj. Bahn wird voraussᶦ. das Rev. zw. Lubichow u. Wda von W. nach O. durchschn.	Schlag Hammer	{ 8-11 km bis Lubichow (zukünft. Bhf.)	2,20 2,00		
		Lassek	7 km desgl.	2,00		
		Krampken	6 „ „	1,50		
		Broska	2 „ „	1,00		
		Neumühl	3 „ „	1,20		

Flächengröße u. Charakter d. Reviers. — Vertheilung der Hauptholzarten nach Zehnteln.	Beschaffenheit des Wegenetzes im Reviere und der sich daran schließenden Abfuhrstraßen, sowie der etwaigen Wassertransportwege. Adressen von größeren Fuhrunternehmern.	Jahresquantum der Haupt-Verkaufshölzer nach Holzarten und Sortimenten (unter Abrechnung des Lokalbedarfs).
		130. Königl. Oberförsterei Selgenau,
6437 ha. — eben, zushgd. außer Schbz. Schönfeld. Ki. 0,9 Ei. 0,1	Chauss. Schneidem.-Bromberg u. Kiesb. Schneidem.-Wissek durchschn. das Revier. Chauss. Schneidem.-Jastrow nahe bei Först. Borkendorf. Im Rev. viele als Lehm- und Kiesb. ausgeb. Str. Fuhrunternehmern. in Schneidemühl.	Schbz. Schmilau 800 fm Ki.-Bauh. 200 fm Ei.-Stammh. „ Töpferberg 1200 „ „ „ „ Brodden 1200 „ „ „ „ Selgenau 1100 „ „ „ „ Dreiblock 1500 „ „ „ „ Goenne 900 „ „ „ „ Borkendorf 900 „ „ „
		131. Königl. Oberförsterei Podanin,
6025 ha. — eben, nur in 2 Schbz. hügel., zushgd. Ki. 1,0	Chauss. Posen-Kolmar durchschn. Schbz. Podanin; Chauss. Kolmar-Czarnikau die 4 übr. Schbz. — Königslug außerdem durchschnitt. von einer Kiesbahn. Fuhrl. in Strosewohauland, Uschneudorf, Post Kolmar.	Schbz. Podanin 1500 fm Bauh. 200 fm Brennh. Ki. „ Königslug 1900 „ „ 250 „ „ „ „ Kienwald 1100 „ „ 150 „ „ „ „ Uschneudorf 1900 „ „ 200 „ „ „ „ Kahlstädt 900 „ „ 100 „ „ „
		132. Königl. Oberförsterei Durowo,
4361 ha. — eben, parzell. Ki. 0,84 Ei. 0,14 Wh. 0,02	Innerh. des Reviers z. Th. Lehmkieschauss. — 2 Chauss. im südl. Th. 1 Chauss. im nördl. Th. — Fuhruntern. Slupinsky in Wongrowitz, Bauern in Budsin, Ostrowke, Podstolitz.	Schbz. Frymark 350 fm Ei.-Stammh. „ Deutschendorf 150 „ „ „ „ Stangenfurth } 1500 fm Ki.-Stämme. „ Deutschendorf }
		133. Königl. Kloster-Oberförsterei Margoninsdorf,
3634 ha. — Margon. eb. zush. — Ilg. eben, parz.— Pinnow eb. Ki. 1,0	Vielf. Lehmb. außerh. Chauss. nach den Städten u. nach Netzeabl. Fuhrleute in Margonin u. Samotschin. — In Ilgen innerh. Erdweg. Von Ilgen Chaussee n. Fraustadt. — In Pinnow innerh. Erdw. Fuhrl. in Pinnow u. Angermünde.	Schbz. Lipin } 1000 fm Ki.-Bauh. „ Margonin } 50 „ Ei.- „ „ Wesrednick } „ Pinnow 1000 fm Ki.-Bauh.
		134. Königl. Oberförsterei Hartigsheide,
4035 ha. — meist eben, parzell. Ki. } 0,9 Fi. } Bi. 0,1	Innerh. z. Th. Lehmkiesw. — Chauss. fehlen fast völlig. Warthefl. zum Verflößen und für Schiffstransp., fisk. Wasserabl. bei Stobniza, 4 km v. Rev. — Fuhrleute in Gr. Kroschin, Boruschin, Märtin in Stobniza.	Schbz. Mühlchen 1000 fm Ki.-Stammh. 100 fm Ki.-Grubenh. „ Langenfurth 2200 „ „ „ 150 „ „ „ „ Birkenfurth 500 „ „ „ 600 „ „ „ „ Tepperfurth 50 „ Erl.- „ 100 „ „ „ 50 fm Bi.-Stammhalz
		135. Königl. Oberförsterei Obornik,
4354 ha. — eben, von einig. Höhenzügen unterbrochen. Zushgd. Ki. 1,0	Innerh. des Reviers eine Chaussee und z. Th. befest. Erdw. — Obornik zum Verfl. auf Warthe. — Fuhrl. in Eichquast, Seidler; in Dombrowka, Mund.	Schbz. Saubucht 1200 fm Ki.-Stammh. 100 fm Ki.-Grubenh. „ Eichquast 600 „ „ „ 100 „ „ „ „ Mitteninne 1200 „ „ „ 120 „ „ „ „ Trommelort 500 „ „ „ 60 „ „ „ „ Linden 1500 „ „ „ 120 „ „ „
		136. Königl. Oberförsterei Eckstelle,
4058 ha. — meist eben, zushgd.	Wege im Revier gut. — Fuhrleute in Langgoslin, Rogasen, Maniewo.	Schbz. Briesen 50 fm Ei. 150 Ki. „ Neukrug 300 „ „ 200 „ „ Reiherlug 50 „ „ 200 „ „ Buchwald 300 „ Bu. „ Waldkranz 200 „ Ki. „ Warthewald 600 „ „ „ Erlenhain 100 „ Erl.
		137. Königl. Oberförsterei Deutschheide,
5418 ha. — eben. Ki. 1,0	Die Gestelle meist fahrb. durch Lehm bef. Das flößb. Schwarzwasser, welch. Rev. v. N. nach S. durchschn. ist mit mehr. Holzabl. versehen. — Fuhrl. in Lubichow, Ossowo, Kasparus, Wda.	Haupthandelsholz Ki. Abnutzungssatz noch nicht festgesetzt.

Oeffentliche Holzlicitationen finden statt in:	Unterkommen im Gasthofe f. Holzhändler, Forst-Assessoren u. Referendare in möglichster Nähe der Oberförsterei	Zustand des Oberförster-Dienstgebäudes	Wo Kirche? Wo Schule? In welcher Zeit zu erreichen?	Wo Arzt, wo Apotheke, wo Amtsgericht?	Nebenämter des Revierverwalt. — Wenn ständiger Assistent vorhanden, wo wohnt derselbe?
Rgbz. Bromberg. (Karte 11.)					
In Selgenau Gasth. Müller u. Fritz.	Bei besch. Anspr. in Selgenau. Für Holzh. am besten in Schneidem., v. dort bequeme Verb. per Bahn u. Chauss. nach allen Beläufen.	Neueres ger. Geb. mit ausr. Wirthschaftsr. im Ort Selgenau (500 Einw.) an der Schneidemühl-Wisseker meist befest. Straße. Nächste Stadt Schneidemühl (17500 Ew.) 16 km, Landger. Garnis.	Ev. Kirche in Brodden. Kathol. Kirche in Schmilau 7 km. Schule am Ort.	In Wissek, 10 km. Amtsger. in Schneidem. 16 km.	Gutsvorst. Forstamtsanwalt. Wohn. für verh. Ass. in Selgenau zu beschaffen.
Rgbz. Bromberg. (Karte 11.)					
In Kolmar, Hotel Heymann.	In Kolmar, Franke's Hotel (Inh. P. Keil).	Altes Geb. nahe des Dorfes Podanin an Chauss. Posen-Kolmar. — Podanin 400 Einw. — Kreisst. Kolmar 4000 Einw., 5 km.	Ev. Kirche in Podanin, 5 Min. — Kath. Kirche in Kolmar.	In Kolmar, 5 km.	Verh. Assess. kann in Kolmar wohn. 5 km.
Rgbz. Bromberg. (Karte 11.)					
In Wongrowitz, Gasth. Kunkel. In Budsin, Gasth. Wels.	In Wongrowitz (3 km) in mehr. Gasth. In Budsin bei Busse u. Wels.	Früh. Gutsh. geräum. gut erh. an Chauss. Wongrow.-Margon. Wirthschaftsgeb. 1892 bzw. 94 umgeb. 3 km von Kreisstadt Wongrowitz (5300 Einw.).	1 evang. Kirche u. 2 kathol. Kirchen in Wongrowitz, daselbst auch Gymnasium.	In Wongrowitz.	Wohn. für verh. Ass. in Wongrowitz zu haben.
Rgbz. Bromberg. (Karte 11.)					
In Margonin, Hotel Rohde. In Kaltvorwerk bei Bayer. In Pinnow im Gasth.	Bei besch. Anspr. in Margonin, 2 km, bei Rohde od. in Samotschin, 5 km, bei Gartzke.	Provis. Oberf. Wohnung im Schlosse zu Margoninsdorf, 2 km von Stadt Margonin, 2000 Einw. — 17 km von Kreisst. Kolmar (4000 Einw.).	Ev. u. kath. Kirche in Margonin. Rektorsch. in Kolmar (b. Tertia), Gymn. in Schneidem. u. in Wongrowitz.	In Margonin.	Forstamtsanw.
Rgbz. Posen. (Karte 11.)					
In Boruschin bei Werner, Post u. Kreis Obornik.	In Boruschin bei Werner, 2 km. In Polajewo b. Fröhlich, 6 km.	Aelteres Geb. 2 km nördlich von Boruschin (1500 Ew.). Nächste Kreisst. Czarnikau, 12 km, 5000 Einw.	Ev. Pfarre u. Kirche in Polajewo, kath. Pfarre u. Kirche in Boruschin.	Arzt mit Hausapoth. in Polajewo, Amtsger. in Obornik.	Wohn. für verh. Ass. bei bescheid. Anspr. in Boruschin zu haben.
Rgbz. Posen. (Karte 11.)					
In Obornik, Hotel Fest.	In Obornik, Hotel Fest.	Neues Dienstgeb. 4 km nördl. von Kreisst. Obornik (3000 Einw.). 1 km von der Chss. Obornik-Ludom.	Ev. u. kath. Kirche in Obornik. Bürgersch. Gymnas. in Rogasen, 1/2 Stunde Bahnf. v. Obornik.	In Obornik.	
Rgbz. Posen. (Karte 11.)					
In Mur. Goslin, Siegert. In Posen, Westfal. In Rogasen, Zarniko.	In Rogasen bei Zarniko, 15 km. In Obornik bei Zest, 15 km. In Mur. Goslin bei Siegert, 7 km.	Gute Wohn. u. Wirthschaftsgeb. 2,5 km v. Langgoslin. 7 km von Mur. Goslin entf. Bis auf 2 km Chauss. nach Langgoslin u. Mur. Goslin. — Obornik 15 km entf.	Ev. Pfarre in Mur. Goslin, kathol. in Langgoslin.	In Mur. Goslin, 7 km. Amtsger. in Rogasen, 15 km.	Assess. hat Priv.-Wohn. in Langgoslin. Für verh. Assess. in Mur. Goslin Wohnung zu finden.
Rgbz. Danzig. (Karte 12.)					
In Lubichow.	In Lubichow bei Lücking, Komorowski und Pielecki.	Miethswohn. in Lubichow. — Dienstwohn. in Ausf. 500 m Landw. westl. von Lubichow. Lub. 1600 Einw. Nächste St. Pr. Stargard 16 km, 8000 Einw., Kreisst., Garnis.	Ev. Kirche in Bordzichow; kath. Kirche in Lubichow, dort auch Schule.	Arzt u. Apotheke in Pr. Stargard, Hochstüblau, Skurz.	Forstamtsanw. — Verh. Assess. kann in Lubichow wohnen.

Flächengröße u. Character des Revieres. Vertheilung der Hauptholzarten n. Zehnteln.	Beschaffenheit des Wegenetzes im Reviere und der sich daran schließenden Abfuhrstr., sowie der etwaigen Wassertransportwege. Adressen von größeren Fuhrunternehmern.	Jahresquantum der Haupt-Verkaufshölzer nach Holzarten und Sortimenten (unter Abrechnung des Lokalbedarfs).

138. Königl. Oberförsterei Darslub,

5917 ha. — schwach hügel. bis eben.

Wege ziemlich mäßig. Wegenetz im langsamen Ausbau begriffen. Fuhrleute in Leßnau (Kampfert) und Bauern in Kl. Dommatau.

Schbz.	Musa	200	fm Ei.-Langnutzh.	1000	fm Ki.-Langnutzh.
„	Darslub	50	„ „ „	500	„ „ „
„	Vaterhorst			400	„ „ „
„	Mechau	50	„ „ „	200	„ „ „
„	Starsin	50	„ „ „	200	„ „ „

139. Königl. Oberförsterei Gohra,

4211 ha. — stark hügelig, 6 getr. lieg. Schbz.
Ki. 0,60
Bu. 0,25
Ei. 0,10
A. L. 0,05

Im Walde meist Sandwege, die durch Lehm- und Kiesschütt. gehärtet sind. Außerhalb mehrere gute Chausseen. — Fuhrleute in Piasnitz, Dommatau, Worle, Wierschutzin.

Schbz.	Piasnitz	1800	fm Ki.-Bauholz		
„	Dommatau	1500	„ „ „	100	fm Ei.-Stammh.
„	Sobiensitz	800	„ Bu.-Brennh.	150	„ „ „
„	Nadolle	200	„ „ „	100	„ „ „
„	Springheide	300	„ Ki.-Bauholz		

140. Königl. Oberförsterei Neustadt,

4236 ha. — theils bergig, theils eben.
Ki. 0,50
Ei. 0,25
Bu. 0,24
Wh. 0,01

Innerhalb der Forstorte erdige Wege bergab, die Chaussee bergab bis Bahnhof. Fuhrleute in Gr. Dommatau, Rheda, Leßnau.

Schutzbezirk	Nutzholz (fm) Ei.	Bu.	Ki.	Esp. Bi.	Brennholz
Rekau	600	140	700	20	920 rm
Kampinchen	70	15	500		600 „
Neusasserei			300		100 „
Lusin	30	150	300		500 „

141. Königl. Oberförsterei Gnewau,

4418 ha. — sehr hügelig, nördlich eben, südlich zwei gr. Revierth. durch gr. Privatbes. getr.

Für Ausbau des Wegenetzes in letzter Zeit viel gethan. Abfuhr gut, bei dem coupirten Gelände aber beschwerlich. Fuhrleute in Neustadt, Rheda, Sagorsch, Pretoschin, Rahmel.

Schbz.	Piekelken	60	fm Ei.	60	fm Bu.	20	fm Bi.	400	fm Ki.-Lgh.
„	Steinkrug	60	„ „	150	„ „	20	„ „	600	„ „ „
„	Pretoschin	200	„ „	200	„ „	30	„ „	600	„ Na. „
„	Sagorsch	100	„ „	80	„ „	20	„ „	600	„ Ki.- „
„	Marienhain	200	„ „	300	„ „			900	„ „ „
„	Gnewau	50	„ „	80	„ „	50	„ „	800	„ „ „

142. Königl. Oberförsterei Kielau,

5904 ha. — sehr hügel., meist zushgd.
Ki. 0,5
Bu. 0,4
Ei. 0,1

Innerhalb meist sandige Erdwege. Schbz. Eichenberg auf $^2/_3$ seiner Länge von N. nach S. von Kieschaussee durchzogen. Auf der Grenze von Schbz. Buchwald und Altmühl zieht sich eine Pflasterstr. Fuhrleute in Kielau, Sagorsch, Spechtswalde, Ciessau (Gastw. Claassen).

	Stammholz Ei.	Bu.	Ki.	Rollholz
Schbz. Wittomin	170 fm	20 fm	480 fm	350 rm
„ Kielau	50 „	60 „	650 „	150 „
„ Jägerhof	90 „	20 „	650 „	350 „
„ Ciessau	90 „	20 „	400 „	250 „
„ Globdau	30 „	30 „	500 „	300 „
„ Buchwald	150 „	40 „	1200 „	800 „
„ Altmühl	400 „	40 „	900 „	180 „
„ Eichenberg			600 „	

143. Königl. Oberförsterei Oliva,

3974 ha. — stark hügel., zusammenh.

Neues Wegenetz, z. Th. ausgeb. Außer Schbz. Taubenwasser gute Abfuhr auf Chaussee nach Langfuhr, Oliva und Zoppot. Fuhrunternehmer Ruthowski in Schmierau, Schulz in Strieß, Czirotzki in Glettkau, Rebeschke in Eschenkr.

Schbz.	Matemblewo	300	fm Ei.-Schwell. u. Grbh.	700	fm Ki.-Bauh.
„	Schäferei	170	„ „ „ „ „	600	„ „ „
„	Renneberg	200	„ „ „ „ „	700	„ „ „
„	Grenzlau	400	„ „ „ „ „	700	„ „ „
„	Taubenwasser	500	„ „ „ „ „	800	„ „ „

144. Königl. Oberförsterei Mirchau,

6383 ha. — stark hügelig, uralbaltischer Höhenzug, zusammenhgd.
Ki. 0,7
Bu. 0,1
Ei. 0,1
Bi. 0,1

Das Wegenetz läuft nach Mirchau und Sierakowitz aus. Die Chaussee Carthaus-Sierakowitz führt durch die Schbz. Glinosee, Wygodda, Sierakowitz. Fuhrl. Bobkowski in Mirchau.

Schbz. Glinosee, „ Stanischau, „ Sierakowitz: 100 fm Ei.-Grubenholz; Schbz. Mirchan, „ Hagen, „ Steinsee: 150 fm Ei.-Grubenholz.
Sonst nur Lokalabsatz. Handelsholztermine erst möglich, wenn Eisenbahn nach Lauenburg fertig.

145. Königl. Oberförsterei Carthaus,

6283 ha. — theils eben, th. hügel., in 2 Compl.
Ki. 0,6
Bu. 0,3
Lbh. 0,1

Sechs Chausseen führen durchs Revier nach Station Carthaus, an die Chaussee ist ein Wegenetz angeschlossen, das im Ausbau begriffen. Fuhrl. in Carthaus, Seeresen und in Prockau.

Schbz.	Seeresen	1000	fm Ki.-Bauholz
„	Carthaus	800	„ „ „
„	Dombrowo	500	„ „ „
„	Schmentau	500	„ „ „
„	Bülow	300	„ Bu.-Nutzh.
„	Kossau	200	„ Ei. „

Oeffentliche Holzlicitationen finden statt in:	Unterkommen im Gasthofe f. Holzhändler, Forst-Assessoren u. Referendare in möglichster Nähe der Oberförsterei	Zustand des Oberförsterdienst-Gebäudes	Wo Kirche? Wo Schule? In welcher Zeit zu erreichen?	Wo Arzt, wo Apotheke, wo Amtsgericht?	Nebenämter des Revierverwalt. — Wenn ständiger Assistent vorhanden, wo wohnt derselbe?
Rgbz. Danzig. (Karte 12.)					
In Darslub im Gasth. v. Schnaase. In Putzig, Gasth. von Wilutzki.	In Darslub bei Schnaase. In Mechau, 3 km, bei Hildebrandt. In Putzig bei Weckerle, 6 km.	Wohnhaus 1873 erbaut, am Pflasterweg im Dorf Darslub (Ostrand) gelegen. Nächste Stadt Putzig (1800 Einwohner), 6 km.	Evg. Kirche i. Leßnau, kath. Kirche i. Mechau 3 km. Gymnas. in Neustadt, 4 km Chss. und 11 km Landweg.	In Putzig.	Standesb. Guts- u. Schulvst; Verw. d. Dünenbz. Hela u. Heistern.-Assist. in Darslub; für verh. keine Wohn.
Rgbz. Danzig. (Karte 12.)					
In Zarnowitz, Hotel Stielow, Neustadt, Deutsches Haus.	In Überbrück bei Becker, 2 km. In Neustadt, Hotel Rahn, 10 km Bei sehr besch. Anspr. im Dorfkrug zu Gohra.	Schönes geräumiges Wohnhaus mit guten Wirthschaftsräumen am Ausgange des Dorfes Gohra (150 Einw.), Chaussee 10 km nach Kreisstadt Neustadt.	Evg. Kirche in Bohlschau, 5 km Chauss. Kath. Kirche in Gohra. Gymn. in Neustadt.	In Neustadt, 10 km Chs.	Verheir. Assessor kann in Neustadt wohnen.
Rgbz. Danzig. (Karte 12.)					
In Neustadt.	In Neustadt, Hotels von Rahn und Wodke.	Geräumiges Dienstgebäude am W.-Ende der Kreisstadt Neustadt (6000 Einwohner), Bezirks-Commando.	1 evg. und 2 kathol. Kirchen und Schulen am Ort.	In Neustadt.	Assist. z. Z. vorh.; auch wenn verh., Wohng. zu haben.
Rgbz. Danzig. (Karte 12.)					
In Rheda, Gastw. Klein. In Schoenwalde, Gastw. Patzki. In Pretoschin, Gastw. Ronke. In Koelln, Gastw. Scharnack.	In Neustadt, Hotel Rahn. Bei ger. Anspr. in der Gastwirthsch. i. Gnewau. Auch Försterei Gnewau Unterkunft.	Neues, schön gelegenes Gebäude, 800 m westl. des Dorfes Gnewau an der Landstraße Gnewau-Neustadt im Walde. Nächste Stadt Neustadt (6000 Einwohner).	Evg. und kath. Kirche in Neustadt. Daselbst auch Gymnasium.	In Neustadt, 6 km.	Amtsvorsteher. Verh. Assessor kann in Neustadt wohnen.
Rgbz. Danzig. (Karte 12.)					
In Sagorsch, Gasth. Claassen.	In Sagorsch, Gasth. Claassen, 6 km Chaussee od. 5 km Eisenb. u. 1,5 km Chaussee.	Alte Revierförsterei mit neuem Anbau. Wohnung und Wirthschaftsräume sehr befried., 200—300 m vom Dorf Kielau (800 Ew.), letzteres an d. Chauss. Danzig-Neustadt gel. Kreisst. Neustadt per Bahn in 27 Min. u. Danzig in 37 Min. zu err.	Ev. Pfarre in Kl. Katz $1^1/_2$ km Chaussee und 9 km Eisenb. Kath. Kirche in Kielau. Gymnas. in Neustadt und in Danzig (pass. Frühzug vorhanden.)	Arzt u. Apotheke in Neustadt, 18 km, und in Zoppot, 13 km.	Guts- u. Amtsvorsteher. Wohnung für verh. Assess. nicht z. hab.
Rgbz. Danzig. (Karte 12.)					
In Oliva, Hotel Karlsberg.	In Oliva, Hotel Karlshof bei Marschalk (I. Rg.) Hotel Karlsberg b. Dettmer (II. R.) 0,5 km von Oberf.	Ziemlich altes Wohnhaus mit viel Raum. Neue Wirthschaftsräume. Oberförstergeh. liegt oberh. Oliva, dicht am Ort, Erdweg. Nach Danzig 6 bis 7 Züge tägl. und electr. Bahn.	Evg. und kath. Kirche und Pfarre in Oliva. Gymnasium in Danzig (10 Min. Bahnf.) Paß. Züge z. tägl. Schulbesuch.	Aerzte und Apotheken in Oliva.	Aufs. über die Danz. Stadtw. sowie üb. Stiftsforst. — Amtsvst. — Assist., verh., wohnt in Oliva (theuer).
Rgbz. Danzig. (Karte 12.)					
In Mirchau, bei Bartz. In Michutschin, bei Zache. In Sierakowitz, bei Feyerstein.	In Mirchau, Gasth. Bartz, gute Verpfleg.	Aelteres Haus, sehr hoch gelegen, mit beschränkten Räumen. Nächste Stadt Danzig, 126 000 Einw. (2 St. Bahnf. und $1^3/_4$ Std. Wagenfahrt bis Carthaus); später nur 5 km Erdweg bis Bahnhof Michutschin.	Nächstes Gymnasium in Neustadt (9 km Erdweg, 15 km Chss. bis Station Lusin, und von hier 15 Minuten Bahnfahrt).	Arzt u. Apotheke in Sierakowitz, 15 km.	Wohnung für verheiratheten Assessor nicht zu haben.
Rgbz. Danzig. (Karte 12.)					
In Carthaus, Hotel Wittstock.	In Carthaus, Hotel Bergmann, Engelmann und Wittstock.	Sehr geräumiges, zur Hälfte neueres Gebäude am Rande des Kreisortes Carthaus (3000 Ew.) Nächste Stadt Danzig (2 Std. Bahnfahrt.)	Evg. u. kath. Kirche, Volksschule u. höh. Töchterschule am Ort.	3 Aerzte, Apotheke, Amtsgericht am Ort.	Wohnung für verheir. Assessor in Carthaus zu haben.

Sitz der Oberförsterei nebst Poststation	Entfernung des Oberförstereisitzes von der nächsten Eisenbahnstation bezw. Haltestelle. Post- und regelmäßige Reiseverbindungen auf Landwegen.	Durchschnittliche Entfernungen und ungefähre Anfuhrkosten von den einzelnen Reviertheilen für Bahn- bezw. Wassertransport, und zwar: Schutzbezirk	Entfernung bis Güterbahnhof	Anfuhrkosten pro fm M.	Entfernung bis Wasserablage	Anfuhrkosten pro fm M.

138. Königl. Oberförsterei Darslub, Rgbz. Danzig. (Karte 12)

Darslub, Post Putzig, Kreis Danzig.	6 km bis Bhf. u. Dampferstat. Putzig (Nebenbahn Rheda-Putzig) dav. 4 km Chauss., 2 km Pflasterweg. — 15 km bis Bhf. Neustadt (11 km Landweg 4 km Chauss.) — 15 km bis Bhf. Rheda (13 km Chauss. 2 km Pflasterw.)	Musa	8 km (1/2 Chauss.) bis Neustadt	2,5		
		Darslub	12 km (1/3 Chss.) desgl.	3—3,5		
		Vaterhorst	10 km (1/2 „) „	3,00		
		Mechau	18 km meist Chaussee bis Rheda	4—4,5		
		Starsin	18 km desgl.	4—4,5		

139. Königl. Oberförsterei Gohra, Rgbz. Danzig. (Karte 12.)

Gohra, Post und Kreis Neustadt.	8 km Chaussee u. 2 km Pflaster nach Neustadt (Stettin-Danzig). Personenpost 1mal täglich von Neustadt über Paradies (2 km von Gohra) nach Riebenkrug. Außerdem Sonntags Karriolpost (für einen Reisenden) bis Gohra.	Gohra	10 km Chaussee bis Neustadt	1,75		
		Piasnitz	8 km desgl.	1,50		
		Dommatau	13 km mst. Chss. desgl.	1,75-2		
		Sobiensitz	20 km (1/2 „) „	2,50		
		Nadolle	desgl.	2,50		
		Springheide	25 km Chaussee bis Neustadt	3,00		

140. Königl. Oberförsterei Neustadt, Rgbz. Danzig. (Karte 12)

Neustadt, Post, Kreis Neustadt.	Bahnstation am Orte.	Rekau	5 km bis Rekau	2,50 bis 3,50		
		Neusasserei	7 „ „ Neustadt			
		Lusin	15 „ „ „			
		Kampinchen	7 „ „ „			

141. Königl. Oberförsterei Gnewau, Rgbz. Danzig. (Karte 12.)

Gnewau, Post, Kreis Neustadt.	6 km (davon 3,1 km Chaussee) nach Bhf. Neustadt (Schnellzüge). — 5,5 km (dav. 4 km Chauss. u. bef. Weg) nach Bhf. Rheda. Ostseebad Zoppot und Danzig unschwer zu erreichen.	Piekelken	5 km Pflast. b. Rheda	überall halb Chaussee, halb Erdwege.		
		Steinkrug	11 km (1/2 „) „ „			
		Pretoschin	14 km meist Chss. bis Neustadt			
		Marienhain	3 km bef. Wg. b. Rheda			
		Sagorsch	2 km Ldw. b. Rahmel			
		Gnewau	5 km mst. Chss. b. Neust.			

142. Königl. Oberförsterei Kielau, Rgbz. Danzig. (Karte 12.)

Kielau, Post, Kreis Neustadt.	1 1/2 km nach Bahnstation Kielau. Die Verbindung bis dahin ist Chaussee, bis auf 200—300 m Erdweg.	Wittomin	8 km Erdw. b. Kielau	4,00		
		Kielau	5 km „ „ „	3,00		
		Jaegerhof	4 km „ „ „	3,00		
		Ciessau	3 km „ „ „	3,00		
		Globbau	7 km „ „ „	4,00		
		Buchwald	8 km mst. Pfl. b. Rahmel	3,00		
		Altmühl	4 km „ „ „ „	3,00		
		Eichenberg	6 km „ Chss. „ Kielau	3,00		

143. Königl. Oberförsterei Oliva, Rgbz. Danzig. (Karte 12.)

Oliva, Post, Kreis Danzig.	1,9 km nach Bhf. Oliva. — 1,2 km von der elektrischen Bahnstat. nach Langfuhr-Danzig.	Matemblewo	4,5 km Chaussee bis Langfuhr.	2—3		
		Schäferei	3 km th. Chss. b. Oliva			
		Renneberg	3 km „ „ „ „			
		Grenzlau	4 km „ „ „ „			
		Taubenwasser	5 km „ „ b. Zoppot			

144. Königl. Oberförsterei Mirchau, Rgbz. Danzig. (Karte 12.)

Mirchau, Post, Kreis Carthaus.	17,6 km Chaussee bis Carthaus oder 16 km Erdweg und 14 km Chaussee nach Lauenburg. — Bahn Carthaus-Lauenburg project., wodurch 4 Verladest. (Miechutschin, Sierakowitz, Kaminitza, Linde), alle 2—3 km vom Revier entfernt, entstehen.	Glinosee	14 km Chaussee bis Carthaus	3,00		
		Stanischau	14 km desgl.	3,00		
		Wygodda	15 km desgl.	6,00		
		Sierakowitz, Hagen	25 km Chauss. 5 km Erdw. b. Lauenburg	4—6		
		Steinsee, Mirchau	17 km Chss. u. 3 bzw. 8 km Edw. b. Carthaus	4—6		

145. Königl. Oberförsterei Carthaus, Rgbz. Danzig. (Karte 12.)

Carthaus, Post, Kreis Carthaus.	Carthaus ist Station der Eisenbahn Praust-Carthaus und der im Bau begr. Eisenbahn Berent-Carthaus, sowie Lauenburg-Sierakowitz-Carthaus.	Seeresen	3 km Chss. b. Seeresen	1,5-2,5		
		Carthaus	0-5 km „ „ Carthaus	1-2,5		
		Dombrowo	„ „ „ „ „	„		
		Schmentau	„ „ „ „ „	„		
		Bülow	„ „ „ „ „	„		
		Kossau	„ „ „ „ „	„		
		Schwanau, Kienbruch	7—14 km Chaussee bis Carthaus			

Sitz der Oberförsterei nebst Poststation	Entfernung des Oberförstereisitzes von der nächsten Eisenbahnstation bezw. Haltestelle Post- und regelmäßige Reiseverbindungen auf Landwegen	Durchschnittliche Entfernungen und ungefähre Anfuhrkosten von den einzelnen Reviertheilen für Bahn- bezw. Wassertransport und zwar: Schutzbezirk	Entfernung bis Güterbahnhof	Anfuhrkosten pro fm M.	Entfernung bis Wasserablage	Anfuhrkosten pro fm M.

146. Königl. Oberförsterei Stangenwalde, Rgbz. Danzig (Karte 12.)

Stangenwalde, Post, Kreis Carthaus.	7 km Chauss. nach Bhf. Kahlbude (Sekundärb. Praust-Carthaus).	Mallentin	12 km Chss. b. Praust	4—5		
		Ostroschken	5 „ „ b. Kahlbude	3—4		
		Stangenwalde	8 „ „ „ „	3—4		
		Ober-Sommerkau	10 „ „ „ „	3—4,5		
		Fuchsberg	14 „ „ „ „	4—5		
		Babenthal	6 „ „ „ Zuckau	2,5-3,5		

147. Königl. Oberförsterei Sullenschin, Rgbz. Danzig. (Karte 12.)

Sullenschin, Post, Kreis Carthaus.	22 km Chauss. nach Berent (Berent-Hohenstein) oder 25 km Chauss. nach Bütow oder 17 km wenig guter Landw. nach zukünft. Bhf. Lippusch.	Glinow	3—4 km Erdw. u. 12—16 km Chauss. bis Bütow	3,5—4		
			9—12 km Erdw. n. zukünft. Bhf. Squirawen u. Lippusch	3,5—4		

148. Königl. Oberförsterei Buchberg, Rgbz. Danzig. (Karte 12.)

Buchberg, Post u. Kreis Berent.	3 km bis Bhf Berent (1,5 km Erdw. sonst Chauss.).	Philippi	5 km Landweg bis Berent	2-2,5		
		Sommerberg	5 km Landw. u. Chss. bis Berent			
		Grünthal	5 km bis Lippusch			

149. Königl. Oberförsterei Sobbowitz, Rgbz. Danzig. (Karte 12.)

Sobbowitz, Post, Kreis Dirschau.	Sobbowitz ist Station der Eisenbahn Berent-Hohenstein.	Nilla	12 km bis Schöneck	3-4,5		
		Thiloshain	6,5 „ „ „			
		Waldhaus	11 „ „ „			
		Weißbruch	10,7 „ „ „			
		Schönholz	7 „ „ Kl. Golmkau			
		Wiesenthal	9,9 „ „ Schöneck			
		Trampken	7 „ Sobbowitz			

150. Königl Oberförsterei Lorenz, Rgbz. Danzig. (Karte 12.)

Lorenz, Post u. Kreis Berent.	12 km (dav. 2 km Chauss.) über Oberf. Buchberg nach Berent (Berent-Hohenst.). Fahr. Brieftr. 1 mal tägl. (außer Sonntag) hin u. zur. nach Berent.	Dunaiken	29 km bis Czersk (davon 18 km Chaussee.)	6,00	25 km bis Braheabl. (Menczikal)	5,50
		Borschthal	22 „ Chss. b. Berent	4,50	30 km bis Braheabl. (Menczikal)	6,50
		Debrino	8 „ Ldw. „ „	3,00		
		Studnitz	10 „ „ „ „	3,50		

151. Königl. Oberförsterei Okonin, Rgbz. Danzig. (Karte 12.)

Gr. Bartel, Post Frankenfelde, Kreis Berent.	6,5 km Lehm-Kiesweg nach Frankenfelde (Ostbahn).	Steinkrug	5 km Chauss. bis Frankenfelde	1,50		
		Ciß	3 km b. Hochstüblau	1,50		
		Kaliska	3 „ „ Frankenfelde	1,50		
		Kl. Bartel	5 „ „ „	2,00		
		Grünwalde	6 „ „ „	2,25		

152. Königl. Oberförsterei Königswiese, Rgbz. Danzig. (Karte 12.)

Königswiese, Post Schwarzwasser, Kreis Pr. Stargard.	5 km Lehmbahn nach Bhf. Schwarzwasser.	Schwarzwasser	3 km meist Lehmb. bis Bhf. Schwarzwasser	0,50		
		Königswiese	5 km desgl.	1,50		
		Holzort	11 „ „	2,00		
		Gribno	12 „ „	2,00		
		Woythal	8 „ „	2,00		
		Grenzort	12 „ „	2,50		

153. Königl. Oberförsterei Wirthy, Rgbz. Danzig. (Karte 12.)

Wirthy, Post Bordzichow, Kreis Pr. Stargard.	8 km Chauss. nach Hochstüblau. — 8 km Chauss. nach Pischnitz. Von Hochstüblau nach Lubichow über Bordzichow tägl. Omnibus hin u. zurück. Entf. Wirthy v. Post Bordzichow 2½ km.	Ossau	11 km Erdweg bis Frankenfelde	1—3		
		Uhlenhorst	9 km desgl.			
		Schechausee	6 „ „			
		Wirthy	6 „ Chaussee bis Hochstüblau			
		Hartigsthal	4 km desgl.			

Flächengröße u. Charakter des Reviers. Vertheilg. der Hauptholzarten nach Zehnteln.	Beschaffenheit des Wegenetzes im Reviere und der sich daran schließenden Abfuhrstraßen, sowie der etwaigen Wassertransportwege. Adressen von größeren Fuhrunternehmern.	Jahresquantum der Haupt-Verkaufshölzer nach Holzarten und Sortimenten (unter Abrechnung des Lokalbedarfs).

146. Königl. Oberförsterei Stangenwalde,

5104 ha. — meist eben, parzell. Ki. 0,6 Bu. 0,3 Ei. 0,1	Meist gute Holzabfuhr im Walde und zu den Chausseen. Fuhrl. sind kl. Besitzer. Vermittlung durch Gastwirth Kuschel in Stangenwalde.	Schbz. Mallentin 400 fm Ki.-Stammh. „ Ostroschken 500 „ „ „ 100 fm Bu.-Stammh. „ Stangenwalde 400 „ „ „ 50 „ „ „ „ Ober-Sommerkau 400 „ „ „ 50 „ „ „ „ Fuchsberg 600 „ „ „ „ Babenthal 1200 „ „ „

147. Königl. Oberförsterei Sullenschin,

5246 ha. — hügel., parzell. Ki. 0,70 Ei. 0,15 Bu. 0,15	Innerh. der Forstorte Erdwege; neues Wegenetz im Ausbau begriffen; außerh. gute Chauss. Fuhrunternehmer Hoppe zu Jellentsch (bei Försterei Glinow).	Schbz. Glinow 60 fm Ei.-Stamm- u. Grubh. 300 fm Ki.-Stammh. Der übrige Einschlag dient zur Befriedigung des Lokalbedarfs.

148. Königl. Oberförsterei Buchberg,

7469 ha. — hügel. sehr parzell. Ki. 0,7 Bu. 0,2 Ei. 0,1	Wegenetz project. mit Ausbau durch Herstell. des Planums begonn. Bisher. Wege lassen z. Th. viel zu wünsch. übrig. — Fuhrunternehmer in Berent, Zielke u. Mielke. In Lippusch Koschnik.	Schbz. Philippi 1200 fm Ki.-Langnutzh. „ Sommerberg 1000 „ „ „ „ Grünthal 1500 „ „ „

149. Königl. Oberförsterei Sobbowitz,

4774 ha. — sehr parzell. Ki. 0,5 Bu. 0,3 Fi. } 0,1 Ei. } eben	Innerh. gut ausgebaute Wege, außerh. gute Chauss. u. in Schbz. Waldhaus u. Bechstw. je 1 Pflasterstr. Von Sobb. 2 Chauss. n. Danzig. Ferner Chauss. Sobb.-Dirschau. Fuhrunternehmer in Kladau Klatt und Zwellen. In Grenzdorf Kornat und in Postelau Orlikowski.	Schbz. Rilla 150 fm Ki.-Stammh. „ Thiloshain 600 „ „ „ „ Waldhaus 450 „ „ „ „ Weißbruch 550 „ „ „ „ Schönholz 500 „ „ „ „ Bechsteinswalde 300 „ „ „ „ Trampken 300 „ „ „

150. Königl. Oberförsterei Lorenz,

8788 ha. — 3 Schbz. eben, 5 Schbz. hüg. sehr parzell. Ki. 0,90 Ei. 0,05 Bu. 0,05	Ausgeb. nicht bef. Wege, daran anschl. Abfstr. Berent-Lippusch, Dzimianen-Konitz (Chauss.), Fuhrl. in Raduhn, Wielle u. Dzimianen.	Schbz. Gluchibor 300 fm Ki.-Stammh. „ Dunaiken 90 „ Ei.-1500 fm Ki.-Stammh. „ Borschthal 25 „ „ 1800 „ „ „ „ Debrino 600 „ „ „

151. Königl. Oberförsterei Okonin,

5305 ha. — arrond. nur Schbz. Ciß 12 km entf. Ki. 1,0	Meist gute, zum ger. Theil bef. Erdwege, stellenw. sandig. Chauss. von Konitz nach Pr. Stargard und von Hochstüblau nach Berent. Fuhruntern. in Grünthal, Ofen, Dreidorf, und Studznitz (sämmtl. Post Frankenfelde).	Schbz. Steinkrug 2000 fm Ki.-Stammh. 200 rm Ki.-Brennh. „ Ciß 500 „ „ „ „ Kaliska 1800 „ „ „ 150 „ „ „ „ Kl. Bartel 1400 „ „ „ 100 „ „ „ „ Grünwalde 1700 „ „ „ 100 „ „ „

152. Königl. Oberförsterei Königswiese,

6319 ha. — eben, zushgd. Ki. 1,0	Im Rev. Hauptwege Lehmbahnen, sonst Sandwege. Fuhrl. in Studnitz, Woythal, Schwarzwasser.	Schbz. Schwarzwasser 760 fm Ki.-Bauh. 280 rm Ki.-Brennh. „ Königswiese 1270 „ „ „ 300 „ „ „ „ Holzort 950 „ „ „ 200 „ „ „ „ Gribno 250 „ „ „ 100 „ „ „ „ Woythal 640 „ „ „ 260 „ „ „ „ Grenzort 300 „ „ „ 240 „ „ „

153. Königl. Oberförsterei Wirthy,

7230 ha. — hügel., parzellirt. Ki. 0,9 Bu. } 0,1 Ei. }	Innerh. viele gute Lehmb. außerh. gute Steinchauss. Auf dem Schwarzwasser Flößerei. Fuhruntern. in Hochstüblau, Occippel, Bitonia, Oßowo.	Schbz. Oßau 700 fm Ki.-Bauh. 200 Ki.-Kloben „ Ulenhorst 1000 „ „ „ 300 „ „ „ Schechausee 1000 „ „ „ „ Hartigsthal 900 „ „ „ „ Wirthy 900 „ „ „

Oeffentliche Holzlicitationen finden statt in:	Unterkommen im Gasthofe f. Holzhändler, Forst-Assessoren u. Referendare in möglichster Nähe der Oberförsterei	Zustand des Oberförsterdienst-Gebäudes	Wo Kirche? Wo Schule? In welcher Zeit zu erreichen?	Wo Arzt, wo Apotheke, wo Amtsgericht?	Nebenämter des Revierverwalt. — Wenn ständiger Assistent vorhanden, wo wohnt derselbe?
Rgbz. Danzig. (Karte 12.)					
In Kahlbude bei Bodtke. In Stangenwalde bei Kuschel u. Fillbrandt. Im Krug Babenthal bei Cziszke.	Bei besch. Anspr. in Stangenwalde bei Kuschel. In Kahlbude bei Bodtke (7 km).	Neueres Dienstgeb. im Dorf Stangenwalde; 7 km Chaussee von Kahlbude. 22 km Chauss. von Danzig (126000 Einw.) letzteres auch v. Kahlbude in 1 Std. Bhf. zu err.	Ev. Pfarre in Rheinfeld 1 St. Landw. Kath. Kirche in Prangenau 3/4 Std. Landweg. — Gymnasium in Danzig.	Arzt mit Hausapoth. in Kahlbude.	Darr-Verwalt. — Nicht Amtsvorst.
Rgbz. Danzig. (Karte 12.)					
In Sullenschin, Gasth. Erdmann. In Gewidlino, Selbiger.	In Sullenschin, Gasth. Brettreich u. Erdmann (beide gut). In Parchau Gsth. Weiß 7,5 km.	Dienstgeb. am NO. Rande von Sullenschin (610 Einw.). Wohnh. alt, 1894 vollst. renov. Wirthschaftsgeb. neu. 0,7 km Erdw. z. Chauss. Nächste Stadt Berent 22 km; Carthaus 34 km.	Ev. u. kath. Kirche in Sullenschin. Progymnas. in Berent, 22 km Chaussee.	Arzt u. Apotheke in Berent, 22 km.	Amtsvorst.
Rgbz. Danzig. (Karte 12.)					
Berent, Deutsches Haus. Lippusch bei Kalben. Schneidewind, Gasth. Thurmberg. In Steudnitz b. Knuth.	In Berent, Hotel Deutsch. Haus u. Hamburger Hof.	1873 erb. ausreich. Wohnhaus mit beschr. Wirthschaftsr., isolirt gelegen, aber nur 2 km von der Kreisst. Berent, 5000 Einw.	Evg. u. kath. Kirche in Berent, daselbst auch Progymnasium 2 km.	In Berent.	Wohn. für verh. Assess. in Berent zu haben.
Rgbz. Danzig. (Karte 12.)					
In Sobbowitz, Gasth. Bahlinger. In Schöneck im Schützenhause. In Pogutken, Gasth. Kober.	In Sobbowitz bei Bahlinger u. Siebert. In Pogutken bei Kober und im Gasth. Gladau.	Aelteres Dienstgeb. im Dorf Sobbowitz (820 Einw.) an Chauss. Sobbowitz-Danzig u. Sobbow. - Dirschau gelegen. Wohnung und Wirthschaftsr. beschr. Nächste Stadt Schöneck 3000 Einw. 30 Min. Bhf.	Ev. Pfarre u. Schule am Ort. Kath. in Gr. Trampken. Gymn. in Dirschau, 1/2 Stunde Eisenbahnf. und in Danzig 3/4 Std. Bhf. (Frühzug zl. pass.)	Am Orte. Amtsgericht in Danzig.	Forstamtsanw. Wohn. für verh. Ass. im Orte zu haben.
Rgbz. Danzig. (Karte 12.)					
In Berent, Hotel Deutsches Haus. In Dzimianen, Gasth. Wierzbowski.	In Berent, Hotel Deutsches Haus, 11 km. In Dzimianen Gasth. Wierzbowski, 12 km.	Sehr schönes neues Dienstgeb. erb. 1894 am östl. Ausg. von Lorenz (100 Einw.) Zugangsweg Erdweg. Nächste Stadt Berent (11 km) Kreisst. 5000 Einw.	Evg. Kirche u. Pfarre in Berent, 2 Stund. Landw. Kath. Kirche in Lippusch 2 Std. Landw. Progymn. in Berent.	In Berent.	Amtsvorsteher. Wohn. für verh. Assess. in Berent, (11 km) zu haben.
Rgbz. Danzig. (Karte 12.)					
In Frankenfelde, Bahnhofswirthschaft.	In Frankenfelde, Bahnhofswirthschaft (nur 1 Stube) u. Gasth. Engler, 6,5 km.	Gutes neueres Geb. isol. 3 km v. Dorf Studzenitz (300 Ew.); 6,5 km nordwestl. Frankenfelde. 12 km vom Dorf Altkischau (1000 Einw.) je 30 km von den Kreisstädten Stargard u. Berent.	Ev. Kirche in Grünthal 6 km. Kath. in Altkischau, 12 km. Dorfsch. in Königsw. 4 km. Gymn. in Pr. Stargard (6,5 km Wagenf. u. 45 Min. Bahnf.)	Arzt u. Apotheke in Altkischau, 12 km und in Hochstüblau 15 km.	Amtsvorsteher. Wohn. für verh. Assess. nicht zu haben.
Rgbz. Danzig. (Karte 12.)					
Schwarzwasser, Bahnhofsrestaurant. Woythal, Gasthof Döhring. Altkischau, Gasth. Andres.	In Schwarzwasser Gasth. v. Zaremba. In Woythal Gasth. Döhring, je 5 km entf. von Oberf.	Dienstgeb. etwas beschränkt, im Forstgut Königswiese, (47 Einw.). Schwarzwasser (150 Einw.) 5 km. Nächste Stadt Pr. Stargard, 33 km, 8000 Einw., Kreisst. Garnis.	Evg. Pfarre u. Kirche in Hütte, 10 km. Kath. Kirche in Long, 8 km. Gymn. in Pr. Stargard (5 km Wagenf. u. 1 Std. Bahnf.)	In Czersk, 12 km. Amtsger. in Pr. Stargard.	Amtsvorsteher. Keine Wohn. für verh. Assess. zu haben.
Rgbz. Danzig. (Karte 12.)					
In Bordzichow bei Steiniger. In Wirthy Obf.-Gesch.-Zimmer.	In Bordzichow bei Steiniger und bei Werner, 2 1/2 km.	Altes, aber sehr gutes Geb. an Chauss. Bordzichow - Pr. Stargard. Nächst. Dorf Bordzichow 2 1/2 km (1000 Einw.) Nächste Stadt Pr. Stargard 12,6 km Chauss. (S. Nr. 152.)	Evg. Kirche in Bordzichow. Kath. Kirche in Hochstüblau, 8 km. Schule in Bordzichow, 2 1/2 km. Gymnas. in Danzig und Pr. Stargard.	In Hochstüblau, 8 km. Amtsger. in Pr. Stargard, 12,6 km.	Amtsvorsteher. Wohn. für verh. Assess. schwer zu haben, vielleicht in Hochstüblau 8 km, od. Lubichow 5 km.

Flächengröße u. Charakter des Reviers. — Vertheilg. der Hauptholzarten nach Zehnteln.	Beschaffenheit des Wegenetzes im Reviere und der sich daran schließenden Abfuhrstraßen, sowie der etwaigen Wassertransportwege. Adressen von größeren Fuhrunternehmern.	Jahresquantum der Haupt-Verkaufshölzer nach Holzarten und Sortimenten (unter Abrechnung des Lokalbedarfs.)

154. Königl. Hausfid.-Oberförsterei Schmolsin,

4531 ha. — z. Th. eben, z. Th. hüg., sehr parzell. Ki. 0,6 Bu. } Bi. } 0,4	Schbz. Gramenz und Forstort Revekol an Chaussee gelegen, sonst Verbindung nur Erdwege; für Gramenz Fuhrleute in Bublitz, Zechendorf, Wusterhanse, für Papenzin in Gr. Schwirsen, für nördl. Reviertheile Fuhrleute in Schmolsin und Virchenzin.

Schutzbezirk	Stammholz (fm) Ei.	Bu.	Bi.	Rollholz Erl.	Brennh.
Papenzin	20	30	80	20 rm	500 rm
Virchenzin	20	10		20 „	40 „
Gramenz		150	180	50 „	500 „
Flossen				30 „	200 „
Grünhof				20 „	450 „

Flossen 100 rm Ki.-Grubenholz

155. Königl. Oberförsterei Stolp,

3637 ha. — Mellin, Bismark und Schweslin hügelig, sonst eb., sehr parz. Bu. 0,4 Ei. } Ki. } 0,2 Wh. } Fi. } 0,1	Schutzbezirke Buchhorst, Scharfenstein eine der Länge nach durchgehende Pflasterbahn mit Anschluß an Chaussee nach Stolp. Sonst nur Erdwege. — Wegenetz zum Theil im Ausbau begriffen. Für Schweslin, Bismarck neue Pflasterbahn von Gr. Boschpol nach Ohmelonz. Fuhrleute in Mellin, Stolp, Damerow.

Schbz. Schweslin } 600 fm Bu.-Stämme 200 fm Ei.-St. 200 fm
„ Bismark } Ki.-St. 500 rm Grubh. 100 fm Weichh.-St.
„ Mellin 300 fm Bu. 100 fm Ei. 100 fm Ki.-Stämme
„ Damerow 200 fm Bu. 100 fm Ei. 100 fm Ki.-Stämme
„ Buchhorst } 300 fm Bu.-Stämme
„ Scharfenstein }

156. Königl. Oberförsterei Bütow,

4250 ha. — Hauptrevier zusammenh. 1 Belauf 18 km entfernt Ki. 0,9 Bu. } Ei. } 0,1 Fi. }	Revier von 2 Chausseen durchschnitten, von einer in geringer Entfernung berührt. Besonders werthvoll die flößbare Stolpe. In absehbarer Zeit durchschneidet Eisenbahn Bütow-Lauenburg das Revier. Fuhrunternehmer Nitz und Nemitz zu Gr. Gustkow, Westphal zu Neukrug, Küttner zu Wussecken.

Schbz. Zechinen 100 fm Bu.-Stammholz
„ Reiherhorst 900 „ Ki.- „ 200 fm Ki.-Grubh.
„ Meddersin 900 „ „ „ 200 „ „ „
„ Wussecken 900 „ „ „ 200 „ „ „
„ Ziethensee 300 „ „ „ 100 „ „ „

157. Königl. Oberförsterei Borntuchen,

4034 ha. — wellig, zush. Ki. 0,8 Ei. } Bu. } 0,2	Innerhalb des Reviers gute Erdwege, zum Theil Pflasterbahnen. Fuhrleute in Morgenstern, Borntuchen, Kathkow, Kroßnow. Der Weg von der Försterei Camenzin zum Bahnhof Borntuchen (zur Hälfte über Haide) ist sehr sandig.

Schutzbezirk	Stammholz (fm) Ei.	Bu.	Ki.	Brennholz	Nutzkl. Ei.
Heischkulen	50	80		300 rm	100 rm
Camenzin	200	200	1800		
Camenz	50	200	1600	200 „	
Barkotzen			100	50 „	

Ferner im ganzen Revier: 400 rm Ki.-Grubh.

158. Königl. Oberförsterei Zerrin,

6440 ha. — 2 Complexe, meist stark hügelig, z. Th. eben, viel Brücher. Na. 0,6 Bu. 0,3 Ei. 0,1	Sehr gutes Wegenetz, aber, bis auf eine Ausnahme, nur Erdwege. Fuhrleute in Damsdorf, Zerrin, Stüdnitz, Ostawdamerow, Kl. Tuchen, Klanczen.

Schbz. Grünhof 20 rm Ei.-Grbh. 80 rm Bu.-Schnh. 200 fm Ki.-Bhz.
„ Bernsdorf 50 „ „ „ 100 „ „ „ 300 „ „ „
„ Zerrin 50 „ „ „ 150 „ „ „ 200 „ „ „
„ Seehorst 20 „ „ „ 40 „ „ „ 100 „ „ „
„ Damsdorf 50 „ „ „ 70 „ „ „ 150 „ „ „
„ Kl. Tuchen 60 „ „ „ 60 „ „ „ 200 „ „ „
Ferner Ki.-Bauholz: Ölbergshöhe 600 fm, Stüdnitz 300 fm
Sommin 600 fm

159. Königl. Oberförsterei Treten,

5241 ha. — hügelig, parzellirt. Ki. 0,9 Bu. 0,1	Außer 3 Kreischausseen nur Sandwege. Fuhrleute in Treten, Rummelsburg, Großtuchen und Bütow.

Schbz. Neuhütten 500 fm Bu.-Stammh. 300 fm Ki.-Stammh.
„ Maßowitz 300 „ „ „ 300 „ „ „
„ Lauterbach 250 „ „ „
„ Treten 300 rm Ki.-Grubenh. 800 „ „ „
„ Neuhof 200 „ „ „

160. Königl. Oberförsterei Zwangshof,

6859 ha. — meist hügelig, theils eben. Ki. 1,0	Wegenetz im Ausbau begriffen. Fuhrunternehmer in umliegenden Dörfern.

Handelshölzer kommen nicht vor.

161. Königl. Oberförsterei Laska,

6222 ha. — eben bis wellig, geschl. Ki. 1,0	Innerhalb der Forstorte eine Lehmbahn und gute Waldwege. Wassertransport auf der Brahe. Fuhrunternehmer in Czyskowa bei Bruß.

Schbz. Chelm 1500 fm Ki.-Stammholz 300 rm Ki.-Brennholz
„ Asmus 500 „ „ „

Oeffentliche Holzlicitationen finden statt in:	Unterkommen im Gasthofe f. Holzhändler, Forst-Assessoren u. Referendare in möglichster Nähe der Oberförsterei	Zustand des Oberförster-Dienstgebäudes	Wo Kirche? Wo Schule? In welcher Zeit zu erreichen?	Wo Arzt, wo Apotheke, wo Amtsgericht?	Nebenämter des Revierverwalt. Wenn ständiger Assistent vorhanden, wo wohnt derselbe?

Rgbz. Cöslin. (Karte 13.)

In Gramenz, Bhfs.-Wartesaal. In Kaffzig, Zerber's Gasth. In Schmolsin, Hotel Völkner.	In Gramenz, Gasth. In Kaffzig, Gasth. Zerber. In Schmolsin, Völkner's Hotel.	Altes, sehr geräumiges Gutshaus am Südostrande von Schmolsin (1400 Einw.) Knappe Wirthschaftsr. — Stolp, 29 km, (2 Std. Bahnf.).	Ev. Pfarre u. Kirche im Orte. Katholische Kirche und Gymnasium in Stolp.	Arzt mit Hausapoth. im Orte. Amtsgericht in Stolp.	Amtsvorst. u. Verwalter des Kgl. Rentamts Schmolsin. Für verh. Ass. ev. Whg. in Schmolsin.

Rgbz. Cöslin. (Karte 13.)

Ankerholz bei Gr. Boschpol, im Gasth. — Stolp, Hotel Klein. — Friedrichsthal bei Bhf. Arnshagen, im Gasth.	In Stolp, Mundt's Hotel. Bismarck-Hotel, Preuß. Hof und Kaiserhof.	Im Jahre 1878 gekauftes, ziemlich neues Gebäude in der Kreisstadt Stolp (26000 Einwohner), Landger., Garn.	Kirche, Schule, Gymnasium, höh. Töchterschule in Stolp.	In Stolp.	Amtsvorsteherr.

Rgbz. Cöslin. (Kar'e 13.)

In Bütow, Hotel Lichtenstein, für Submissionstermine. Restaurant Zoschke daselbst, für einzelne Verkäufe.	In Bütow. — Assess. und Ref. bei gering. Ansprüchen in Gustkow und Wundichow.	Oberförsterdienstgeh. (Neubau 1901) 11 km nördlich von der Kreisstadt Bütow (6000 Einwohner), unmittelbar an Chaussee Bütow-Wundichow-Stolp.	Kirche in Bütow. — Schule bis Tertia; höhere Töchterschule unter privater Leitung ebendaselbst.	In Bütow.	Oberleitung üb. einige Privatforsten. Wohng. für verh. Assess. nicht zu haben.

Rgbz. Cöslin. (Karte 13.)

In Borntuchen, Gasth. Siefert.	In Borntuchen Gasth. Siefert.	Sehr geräum. neueres Dienstgebäude mit angem. Wirthschaftsr. an Chaussee; am Westausg. des Dorfes Borntuchen (800 Ew.) — Bütow (9 km).	Ev. Kirche u. Pfarre in Borntuchen. Schule in Bütow (s. Nr. 56). Gymnasium in Stolp.	In Bütow.	Amtsvorsteher. Forstamtsanw. Verheir. Assess. würde in Borntuchen wohnen können.

Rgbz. Cöslin. (Karte 13.)

In Bütow, Gastw. Dunken. Submiss.-Termine Hotel Lichtenstein. In Bernsdorf, Gastw. Below.	In Bütow, Hotel Lenz und Lichtenstein. In Bernsdorf, Gastw. Below. In Damsdorf, Gastw. Mutschal.	Neue Dienstwohnung, beschränkt, isolirt gelegen. Nächste Stadt Bütow, 3 km Landweg und 8 km Chaussee.	Ev. u. kathol. Kirche u. Pfarre in Bernsdorf, 4 km sehr schlechter Landweg.	In Bütow.	Amtsvorsteher. Für verh. Assess. kein Unterk.

Rgbz. Cöslin. (Karte 13)

In Rummelsburg, bei Stark. In Großtuchen, bei Behlow.	In Treten bei Hoffmann. Bei Behlow in Großtuchen.	Schönes, altes, großes Privatherrenhaus nahe beim Dorf Treten. Im Hause auch Försterwohnung. Neue Wirthschaftsr. — Kreisst. Rummelsburg, 13 km 5300 Ew.	Ev. Pfarre u. Kirche im Dorf Treten.	In Rummelsburg, 13 km.	Gutsvorst. (gr. Bez.) Verh. Ass. kann zur Noth im Dorf Treten wohnen.

Rgbz. Marienwerder. (Karte 13)

In Lesno.	In Gasth. Lesno. In Liepnitz, 2 Gasthöfe.	Altes, angek. Gutsh. mit mäßig. Wirthschaftsr. (Stallg. gut) i. d. Ortsch. Zwangshof, best. aus wen. Arbeitern u. dem wied. angesied., bisher. Bes. v. Zwangsh.	Ev. Kirche in Somnie, 5 km, kath. Kch. i. Lesno, 8 km. Dorfsch. i. Lendy, 2 km. Gymnasium in Konitz.	Arzt, Apoth. in Bruß. Amtsgericht in Konitz.	Gutsvorsteher.

Rgbz. Marienwerder. (Karte 13.)

In Bruß, Gasth. von Przeworski.	In Bruß, Gasth. v. Przeworski (15 km). Bei ger. Anspr. im Gasthof zu Rollbick (5 km).	Einf. ält. Dienstgeb., viel Platz biet., Wirthschaftsr. beschr., isol. (nächstes Dorf Rollbick, 5 km) an mit Lehm befest. Landweg gelegen.	Ev. Kirche in Sommin, 15 km, kathol. Kirche in Schwornigatz, 9 km. Gymnas. in Konitz.	In Bruß, 15 km. Amtsgericht in Konitz, 32 km.	Amtsvorst. Wohnung für verheir. Assessor nicht zu haben.

Sitz der Oberförsterei nebst Poststation	Entfernung des Oberförstereisitzes von der nächsten Eisenbahnstation bezw. Haltestelle Post- und regelmäßige Reiseverbindungen auf Landwegen	Durchschnittliche Entfernungen und ungefähre Anfuhrkosten von den einzelnen Reviertheilen für Bahn- bezw. Wassertransport und zwar: Schutzbezirk	Entfernung bis Güterbahnhof	Anfuhrkosten pro fm M.	Entfernung bis Wasserablage	Anfuhrkosten pro fm M.

154. Königl. Hausfideicommiß-Oberförsterei Schmolsin, Rgbz. Cöslin. (Karte 13.)

Schmolsin, Post, Kreis Stolp.	Unmittelbar am Bhf. Schmolsin der Kleinbahn Stolp-Schmolsin. — 22 km Landweg bis Hebron-Damnitz. — 29 km Chaussee bis Stolp.	Gramenz	5 km meist Chaussee bis Gramenz	4,00		
		Papenzin	9 „ Erdweg bis Kaffzig	3,50		
		Flossen	2-5 „ Erdweg bis Schmolsin	2,00		
		Grünhof	8-12 „ desgl.	3,00		
		Birchenzin	3-5 „ Erdw. b. Zietzen	2,50		
		Rumbke	2-15 „ Erdweg bis Schmolsin	2-4		

155. Königl. Oberförsterei Stolp, Rgbz. Cöslin. (Karte 13.)

Stolp, Burgstraße Nr. 1 Post und Kreis Stolp.	Bahnstation am Orte; 2 km bis Bahnhof Stolp (Hotelwagen am Bahnhof).	Schweslin	5 km bis Gr. Boschpol	4—5	5 km bis Stolpefluss	3—4
		Mellin	8 „ „ Sellin	3—4		
		Bismark	5 „ „ Gr. Boschpol	4—5		
		Damerow	3 „ „ Hebron-Damnitz	3		
		Buchhorst	10 „ „ Stolp	4—5		
		Scharfenstein	10 „ „ „	4—5		

156. Königl. Oberförsterei Bütow, Rgbz. Cöslin. (Karte 13.)

Forsthaus **Bütow,** Post und Kreis Bütow.	11 km Chaussee bis Bütow (Linie Zollbrück-Berent).	Die Anfuhr an die Abl. der flößbaren Stolpe, von der die entferntesten Stellen des Reviers etwa 6 km entfernt liegen, kostet 0,90—1,00 Mk. Der Transport nach Bahnhof Bütow von dem bequem an der Chaussee gelegenen Schbz. Meddersin kostet 2,50 Mk. pro fm.				

157. Königl. Oberförsterei Borntuchen, Rgbz. Cöslin. (Karte 13.)

Borntuchen, Post, Kreis Bütow.	0,8 km Chaussee bis Bahnhof Borntuchen (Linie Bütow-Zollbrück).	Heischkuhlen	3 km Erdw. bis Borntuchen	2-2,5		
		Camenzin	7 „ bis Barnow	3	4 km bis Stolpefluss	2,5
		Camenz	4 „ „ „	2,5-3	3 „ „ „	2,5
		Barkotzen	8 „ Chauss. desgl.	3		

158. Königl. Oberförsterei Zerrin, Rgbz. Cöslin. (Karte 13.)

Zerrin, Post Bernsdorf, Kreis Bütow.	11 km (davon 8 km Chaussee) über Hygendorf nach Bütow. — Nach dem im Bau begriffenen Bahnhof Bernsdorf führt nur ein sehr schlechter Landweg.	Olbergshöhe	10 km meist Chaussee bis Bernsdorf	4		
		Stübnitz u. Grünhof	8 bezw. 3 km desgl.	4—3		
		Bernsdorf	6 km Erdweg desgl.	4		
		Zerrin u. Seehorst	10 km meist Chaussee bis Bütow.	4—5		
		Damsdorf u. Kl. Tuchen	13—16 km meist Chss. bis Bütow	4—5		
		Sommin	4 km Erdw. b. Sonnenwalde.	4		

159. Königl. Oberförsterei Treten, Rgbz. Cöslin. (Karte 13.)

Treten, Post, Kreis Rummelsburg.	10 km Chaussee nach Techlipp. — 13 km Chaussee nach Rummelsburg (beides Linie Stolp-Neustettin). — Privatpost 1mal täglich nach jeder der beiden Stationen.	Neuhütten	13 km Chss. b. Bütow	3,50		
		Massowitz	17 km „ „ „	5,00		
		Lauterbach	10 km Chaussee bis Rummelsburg	3,00		
		Treten	13 km Chss. b. Techlipp	3,00		
		Neuhof	10 km desgl.	2,50		

160. Königl. Oberförsterei Zwangshof, Rgbz. Marienwerder. (Karte 13.)

Zwangshof, Post Lesno, Kreis Konitz.	25 km (davon 20 km Chaussee von Sommin ab) nach Bhf. Bütow. — 39 km nach Konitz (dav. 27 km Chaussee von Zalesie ab). Nach Fertigstellung der Bahn Bütow-Lippusch-Berent und der Bahn Konitz-Lippusch wird Lubnia (12 km) nächste Eisenbahnstation.	Fuchswinkel Widno Laska Kiebrau Offenberg	Durchschnittlich 40 km bis Bahnhof Konitz			

161. Königl. Oberförsterei Laska, Rgbz. Marienwerder. (Karte 13.)

Laska, Post Schwornigatz, Krei Konitz.	32 km (davon 17 km Chaussee) nach Bhf. Konitz über Menzikal. Vom 1. 10. 1902 an Eröffnung der Bahn Konitz-Lippusch, dann Bhf. Czernitza, 15 km Landweg (davon 12 km Lehmbahn).	Chelm	6 km bis Czernitza	2,00	2 km bis Brahe	2,30
		Asmus	8 km „ „	2,50	3 „ „ „	1,50

Sitz der Oberförsterei nebst Poststation	Entfernung des Oberförstereisitzes von der nächsten Eisenbahnstation bezw. Haltestelle. Post- und regelmäßige Reiseverbindungen auf Landwegen.	Durchschnittliche Entfernungen und ungefähre Anfuhrkosten von den einzelnen Reviertheilen für Bahn- bezw. Wassertransport, und zwar:				
		Schutzbezirk	Entfernung bis Güterbahnhof	Anfuhrkosten pro fm M.	Entfernung bis Wasserablage	Anfuhrkosten pro fm M.
162. Königl. Oberförsterei Bäreneiche, Rgbz. Marienwerder. (Karte 13.)						
Bäreneiche, Post Flötenstein, Kreis Schlochau.	15 km Landw. über Flötenstein nach Reinfeld (Linie Neustettin-Stolp). — 1 km nach Haltestelle Bölzig der im Bau begr. Linie Schlochau-Reinfeld.	Neubraa			6 km Erdw. b. Brahe (Georgenbrücke)	2,00 bis 6,00
		Fortbrück			3 km desgl.	
		Schwanenbruch			7 „ „	
		Röske			10 „ „	
		Steinforth			12 „ „	
163. Königl. Oberförsterei Chotzenmühl, Rgbz. Marienwerder. (Karte 13.)						
Chotzenmühl, Post Zechlau, Kreis Schlochau.	23 km Pers.-Post nach Konitz (dav. 20 km Chauss. über Babilon-Krug u. Zechlau). — 9 km nach Bhf. Sampohl (neue Bahn Schlochau-Reinfeld).	Kupfermühl	15 km Chauss. bis Konitz 11 km Chauss. bis Sampohl		0—4 km bis Braheabl.	
164. Königl. Oberförsterei Eisenbrück, Rgbz. Marienwerder. (Karte 13.)						
Eisenbrück, Post, Kreis Schlochau.	Bis Bhf. Reinfeld (Neustettin-Stolp) 22 km Landw. — Bhf. Schlochau (Konitz-Neustettin) bis Prechlau 18 km Chauss. (Fahrp.) von hier nach Eis. noch 12 km Landweg. — Bis Bhf. Konitz a. d. Ostb. 19 km Chauss. und 15 km Landweg.	Ferdinandshof			11 km Ldw. bis Brahe (Georgenbrücke)	0,30 pro fm und pro km
		Junkerbrück			8 km desgl.	
		Kobbelberg			12 „ „	
		Eisenbrück			8 „ „	
		Halkenbrück			14 „ „	
		Wüsthof			13 „ „	
		Altbraa			15 „ „	
165. Königl. Oberförsterei Gildon, Rgbz. Marienwerder. (Karte 13.)						
Gildon, Post Rittel, Kreis Konitz.	7 km Landw. über Mühlhof nach Bhf. Rittel a. d. Ostb. (nur Personenz.). — 22 km (davon 18 km Chauss.) über Menschikal nach Konitz.	Plötzno	3 km Lehmb. bis Plötzno (Ostbahn)			
		Ostrowo	4—5 km Sandw. bis Rittel		5 km mst. Kiesb. b. Brahe	
		Olschini	5 km Kiesb. desgl.		5 „ „ „ „ „	
166. Königl. Oberförsterei Zanderbrück, Rgbz. Marienwerder. (Karte 13.)						
Zanderbrück, Post Wehnershof, Kreis Schlochau.	14 km Chauss. nach Baldenburg (Neustettin-Stolp) oder 10 km schlechter Landw. nach Station Schönau ders. Linie oder 16 km guter Landw. nach Hammerstein (Konitz-Neustettin).	Schönberg	5 km Chauss. bis Baldenburg	1,00		
		Auergrund Grunewald Zanderbrück Wildungen Ibenwerder	14 km Chaussee bis Baldenburg	2,00	16 km Chauss. bis Brahe (Förstenau)	2,50
167. Königl. Oberförsterei Pflastermühl, Rgbz. Marienwerder. (Karte 13.)						
Pflastermühl, Post Prechlau, Kreis Schlochau.	28 km Chauss. bis Schlochau. — 23 km meist Chauss. bis Hammerstein. — 18 km Landw. bis Reinfeld (Bahn Schlochau-Reinfeld projectirt). Zwischen Prechlau (10 km) u. Pflasterm. tägl. 1 mal fahr. Briefpost (für 1 Pers.)	Eisenhammer	28 km Chauss. bis Schlochau	2,75 b.		
		Fahlbruch	28 km desgl.	3,50		
		Kaltfließ	23 km meist Chauss. bis Hammerstein	2,50 b.		
		Fuchsbruch	23 km desgl.	3,25		
168. Königl. Oberförsterei Rittel, Rgbz. Marienwerder. (Karte 13.)						
Rittel, Post, Kreis Konitz.	Rittel ist Haltestelle der Ostbahn.	Luttom	6 km b. Gutowitz (meist Landw., z. Theil befestigt.)	1,50	4 km bis Brahe	1,50
		Wörth	6 „ „ „		2,5 „ „ „	
		Zatty	2,5 „ „ „		6 „ „ „	
		Niederheide	5 „ „ „		2,5 „ „ „	
		Friedenthal	2,5 „ „ „		2,5 „ „ „	
		Mühlhof	3 „ „ „		2 „ „ „	
169. Königl. Oberförsterei Hammerstein, Rgbz. Marienwerder. (Karte 13)						
Hammerstein, Post, Kreis Schlochau.	1 km bis Bhf. Hammerstein. — Kariolpost tägl. 1 mal von Hammerstein über Brenzig, Ziemermühle, Dickhof nach Wehnershof u. zurück.	Jägersberg	2,5 km Chauss. bis Hammerstein			
		Boßbrügge	7 km (1/2 Chss.) desgl.			
		Hanfelderbrück	5 „ Chauss. „			
		Georgenh.	8 „ „			
		Wehnersh.	8 „ „			
		Adelheidsthal	7 „ Edw. b. Schönau			
		Dickhof	10 km Ch. b. Hammerst.			

Flächengröße u. Charakter des Reviers. — Vertheilg. der Hauptholzarten nach Zehnteln.	Beschaffenheit des Wegenetzes im Reviere und der sich daran schließenden Abfuhrstraßen, sowie der etwaigen Wassertransportwege. Adressen von größeren Fuhrunternehmern.	Jahresquantum der Haupt-Verkaufshölzer nach Holzarten und Sortimenten (unter Abrechnung des Lokalbedarfs.)
		162. Königl. Oberförsterei Bäreneiche,
5704 ha. — hügel. Ki. 0,95 Ei. } 0,05 Bu. }	Innerh. und außerh. nur Erdwege auf kurzen Strecken befest. Für Verflöß. von Handelsholz die Brahe mit Priv.-Abl. Georgenbrücke. Fuhrleute in Prechlau, Eisenhammer, Bölzig, Flötenstein.	Schbz. Neubraa 2000 fm Ki.-Bauh. „ Fortbrück 2000 „ „ „ „ Schwanenbruch 3000 „ „ „ „ Röske 2000 „ „ „ 300 fm Ei.-Bauh. „ Steinforth 1700 „ „ „
		163. Königl. Oberförsterei Chotzenmühl,
9108 ha. — eben, z. Th. hüg., 5 Parz. Ki. 1,0	Sandwege, theilw. mit Lehmb. Fiskal. Holzabl. an der Brahe im Schbz. Kupfermühl. Fuhruntern. Drewek, Bergelow in Grünhütte. Zeitel in Abbau Sichts.	Schbz. Kupfermühl 1000 fm Ki.-Stammh. 100 fm Ki.-Brennh.
		164. Königl. Oberförsterei Eisenbrück,
7028 ha. — hügel., geschl. Ki. 1,0 Bi. Bu. Fi. Erl.	Chauss. nicht vorhanden; mit Befest. der Erdw. durch Lehm u. Kies begonnen. Ausb. des Wegen. wird eifrig geförd. Wassertransp. auf der Brahe mit Abl. Georgenbrück. Fuhrleute in Lepzin, Pooch, in Flötenstein Roggenbuck, in Eisenhammer Meier, in Prechlau, Kilian.	Schbz. Ferdinandshof 1200 fm Ki.-Stammh. „ Junkerbrück 1250 „ „ „ 20 fm Ei.-Sth. „ Kobbelberg 1200 „ „ „ „ Eisenbrück 1300 „ „ „ „ Halkenbrück 1300 „ „ „ 30 fm Bu.-Sth. „ Wüsthof 1150 „ „ „ „ Altbraa 600 „ „ „ Nach Vollend. der Bahn Schlochau-Reinf. auch Verk. von Erlnutzh.
		165. Königl. Oberförsterei Gildon,
6571 ha. — eben, zieml. zushgd. Ki. 1,0	Innerh. der Forst zahlr. Lehmkiesbahnen. Außerh. Sandw. u. die Chauss. Konitz-Czersk. Holzabl. a. d. Ostbahn im Rev. — Unweit die flößb. Brahe. Fuhrl. in Rittel.	Schbz. Plötzno 1000 fm Ki.-Sth. 300 rm Ki. Roll. 100 rm Ki.-Grubh. „ Ostrowo 1800 „ „ „ 400 „ „ „ 150 „ „ „ „ Olschini 500 „ „ „ 160 „ „ „ 50 „ „ „
		166. Königl. Oberförsterei Zanderbrück,
5776 ha. — eben, zushgd. (auß. Schönburg). Ki. 0,8 Ei. 0,1 Bu. 0,1	Chauss. Schlochau-Baldenburg berührt alle Schbz. Innerh. der Forstorte gute Wege. — Fuhrl. in Wehnershof, Stegers, Eickfier.	Schbz. Grunewald 1600 fm Ki.-Stammh. „ Auergrund 1800 „ „ „ „ Zanderbrück 1600 „ „ „ 100 fm Ei.-Stämme „ Wildungen 1500 „ „ „ „ Ibenwerder 1600 „ „ „ „ Schönberg 200 „ Bu.-St. 400 rm Bu.-Schichtn. } 600 fm Ki.-Grubenh.
		167. Königl. Oberförsterei Pflastermühl,
5121 ha. — meist eben, zusammenh. Ki. 1,0	Wege meist zieml. gut fahrbar. Von Schbz. Eisenhammer und Fahlbruch 2 bezw. 4 km entfernt fließt die Brahe, auf welcher vielf. Holz verflößt wird. Fuhrl. in Stegers, Eisenhammer, Bölzig und in Hammer.	Schbz. Eisenhammer 2100 fm Bau- u. Schneideh. 200 rm Schichtn. 2200 rm Brennh. Ki. Schbz. Fahlbruch 2100 fm Bau- u. Schneideh. 200 rm Schichtn. 1500 rm Brennh. Ki. Schbz. Kaltfließ 2200 fm Bau- u. Schneideh. 300 rm Schichtn. 1500 rm Brennh. Ki. Schbz. Fuchsbruch 1300 fm Bau- u. Schneideh. 100 rm Schichtn. 1300 rm Brennh. Ki.
		168. Königl. Oberförsterei Rittel,
5622 ha. — eben, 2 durch Brahe getr. fast gl. Theile Ki. 1,0	Die Abfuhrwege sind meist zu Kieslehmbahnen ausgeb. Fuhrl. in Zappendewo Warozak, in Rittel Sieg, in Gr. Kladau Janikowski.	Schbz. Luttom 700 fm Stammh. } 500 fm Grubh. „ Wörth 500 „ „ } „ Jatty 700 „ „ „ Niederheide 1600 „ „ „ Friedenth. 1700 „ „ „ Mühlhof 1800 „ „ } 1000 fm Rollntzh. Ki. } Ki.
		169. Königl. Oberförsterei Hammerstein,
6817 ha. — eben, ziemlich geschl. Ki. 1,0 Bu. Bi.	Wegenetz gut und wird noch stetig verbess. — Fuhrl. in Hammerstein, Brenzig, Dickhof und Wehnershof.	Nur Grubenholz, im ganzen Revier jährlich 200 fm stärkeres Grubenh. mit 14—18 cm Durchm. u. 600—1000 rm schwächeres von 6—12 cm Durchm.

Oeffentliche Holzlicitationen finden statt in:	Unterkommen im Gasthofe f. Holzhändler, Forstassessoren u. Referendare in möglichster Nähe der Oberförsterei	Zustand des Oberförster-Dienstgebäudes	Wo Kirche? Wo Schule? In welcher Zeit zu erreichen?	Wo Arzt, wo Apotheke, wo Amtsgericht?	Nebenämter des Reviervenwalt. — Wenn ständiger Assistent vorhanden, wo wohnt derselbe?
Rgbz. Marienwerder. (Karte 13.)					
In Bölzig, Gasth. Venske.	Bei besch. Ansprüchen bei Venske in Bölzig, 3 km.	Sehr schönes, 1899 erbautes Gebäude, 3 km Erdweg, nordöstlich von Bölzig (300 Ew.) Nächste Stadt Schlochau, 25 km (3500 Einw.) oder Rummelsburg, 22 km (5300 Einwohner).	Ev. u. kath. Gottesd. in Flötenstein, 6 km. Gymn. in Konitz, 5 Std. Landweg. Nach Fertigst. der Bahn Schlochau-Reinfeld 10 Min. Ldw. b. Bölzig, v. da 2 St. Bhf. b. Konitz.	Arzt u. Apotheke in Prechlau, 13 km.	Wohnung für verheiratheten Assess. nicht zu haben.
Rgbz. Marienwerder. (Karte 13)					
Im Kruge Babilon an Chaussee Konitz-Zecklau.	Im Dorf Gr. Konarczyn bei von Kalkstein.	Gutes, geräumiges Gebäude (früher Gutshof). 3 km Ldw. von Chaussee Konitz-Bütow, 5 km von Dorf Gr. Konarczyn, isol. am Landweg gelegen. Nächste Stadt Konitz, 28 km, 10600 Einw., Landgericht, Bez.-Commando.	Ev. Pfarre u. Kirche in Sampohl, 8 km; kath. in Konarczyn, 5 km. Gymnasium in Konitz, in 2 Std. zu erreichen.	Arzt u. Apotheke in Prechlau, 14 km. Amtsgericht in Schlochau, 25 km.	Gutsvorst.
Rgbz. Marienwerder. (Karte 13)					
In Prechlau, bei Knuth. Zu Eisenbrück im Kruge.	In Neubraa oder Eisenbrück im Kruge bei ger. Anspr. Sonst bei Knuth in Prechlau.	Geräumiges, im Jahre 1870 erbautes Gebäude. Wirthschaftsräume genügend, an Landstraße Schlochau-Prechlau, 1 km vom Dorf Eisenbrück gelegen. Nächste Stadt Rummelsburg, 25 km. Kreisstadt (5300 Einwohner).	Ev. Kirche u. Pfarre in Gr. Peterkau, 9 km Landweg; kath. Pfarre u. Kirche in Flötenstein, 11 km Landweg.	Aerzte und Apotheke in Prechlau, 12 km. Amtsgericht in Schlochau, 30 km.	Amtsvorst. und Gutsvorst.
Rgbz. Marienwerder. (Karte 13.)					
In Rittel bei Rosenberg, 10 km.	In der Nähe der Oberf. nicht. In Rittel, Gasth. Müller, 10 km.	Gutes, neues, geräumiges Haus im Dorf Gildon an schlecht. Landstr. Wirthschaftsgebäude alt. Nächste Stadt Konitz, 22 km (s. Nr. 163).	Ev. Kirche u. Pfarre in Koßabude, 10 km Sandw. Kath. Kirche u. Pfarre in Bruß, 4 km Chaussee und 3 km Sandweg.	In Bruß. Amtsgericht in Konitz.	Amts- und Gutsvorst. Keine Wohnung für verh. Assessor zu haben.
Rgbz. Marienwerder. (Karte 13.)					
In Zanderbrück, bei Schulz. In Baldenburg, Gasth. Oesterreich.	In Stegers, bei Weiß und bei Reisener, 7 km.	Gutes Gebäude, 3 km vom Dorf Wehnershof (800 Einwohner), an Chaussee Schlochau-Baldenburg. Nächste Städte Hammerstein (3000 Einwohner) und Baldenburg (2500 Einwohner), 15 km.	Ev. Kirche in Wehnershof, Pfarrer in Hammerstein. Kath. Pfarre und Kirche in Eickfier.	In Hammerstein.	Amtsvorst. — Standesbeamter. — Schiedsmann.
Rgbz. Marienwerder. (Karte 13)					
In Prechlau, Hotel Knuth. Im Kruge zu Pflastermühl.	In Prechlau, Hot. Knuth, 10 km. In Stegers, bei Weiß. In Bölzig, bei Venske.	Neues Gebäude im Dorf Pflastermühl (50 Einw.), ausreichender Platz, Wirthschaftsräume gut. Nächste Stadt Prechlau (1900 Einw.), 10 km. Kreisst. Schlochau, (3500 Einwohner), 28 km.	Ev. und katholische Kirche in Prechlau, 1 Stunde Wagenfahrt. Schule in Eisenhammer 1,5 km.	In Prechlau; Amtsger. in Schlochau.	Gutsvorst. — Wohnung für verheir. Assessor nicht zu haben.
Rgbz. Marienwerder. (Karte 13.)					
In Rittel, Gasth. Rosenberg. In Zappendewo, Gasth. Döhring.	In Rittel, 3 km von der Haltest. Gasth. Müller. In Zappendewo, 12 km v. Haltest. Rittel, Döhring's Gast.	Dienstgebäude 1868 erbaut, unmittelbar an Haltest. Rittel, 3 km vom Dorf (800 Einw.), durch bef. Wege verb. Stadt Konitz (13 km) in 1/4 Std. Bahnfahrt zu erreichen.	Ev. und kath. Pfarre in Rittel. Gymnasium in Konitz. (Bahnverbind.), aber kein pass. Frühzug vorh.	In Konitz und Czersk, 13—16 km.	Guts- u. Amtsvorst. — Wohnung für verh. Assessor ausgeschlossen.
Rgbz. Marienwerder. (Karte 13.)					
In Hammerstein, Restaur. Bettin.	In Hammerstein, Hotel Brandhoff und Hotel Müller.	Neues Gebäude in Hammerstein an Chauss., hart an der Stadtgr. (3000 Einwohner).	Ev. und kath. Kirche in Hammerstein. Privatschule für Knaben (bis Quarta) und für Mädchen.	In Hammerstein.	Forstamtsanw. — Gutsvorst. Auff. über Wald des Truppenübungsplatzes Hammerstein.

Flächengröße u. Charakter d. Reviers. — Vertheilung der Hauptholzarten nach Zehnteln.	Beschaffenheit des Wegenetzes im Reviere und der sich daran schließenden Abfuhrstraßen, sowie der etwaigen Wassertransportwege. Adressen von größeren Fuhrunternehmern.	Jahresquantum der Haupt-Verkaufshölzer nach Holzarten und Sortimenten (unter Abrechnung des Lokalbedarfs).
		170. Königliche Oberförsterei Nakel,
4476 ha. — hügelig, in 5 Parzellen gelegen.	In den Schbz. Grüneberg und Flottwell Wegenetz fast beendet; in der Nähe Chauss. In Eichwalde Chaussee und Kommunicat.-Wege. In Suchorenz Chaussee und gute Erdwege. In Grünau und Blumenthal Lehmchauss. und gute Erdwege. Fuhrl. in Mrotschen, Netzthal u. Weissenh.	Schbz. Grüneberg 300 fm Ei.-Stammholz
		171. Königl. Oberförsterei Stefanswalde,
3523 ha. — eben, in 3 Parzell. gelegen. Ki. 0,9 Ei. 0,1	Wenige Chausseen. Landwege wenig gut. In Bartschin, unweit des Pturkersee's, kann Holz verflößt werden. Fuhrleute in Bartschin.	Schbz. Ruhwalde 800 fm Ki.-Bauholz „ Stefanswalde 500 „ „ „ „ Kiebitzbruch 600 „ „ „ „ Balschau 700 „ „ „ „ Bärwalde 700 „ „ „
		172. Königl. Oberförsterei Taubenwalde,
5064 ha. — eben, im N. hüg.; größ. Complexe, aber sehr zerrissen. Ki. 0,9 Ei. 0,1	Im Revier gute, aber nicht befestigte Erdwege. Außerhalb meist schlechte Landwege. Fuhrleute in Striesen, Arensdorf und Glemboschek.	Schbz. Rehhorst, „ Fennbrück, „ Langfurth } 2000 fm Ki.-Bauholz „ Mittelwalde „ Glembitz, „ Kerngrund, „ Seebrück } 1000 fm Ki.-Bauh. 300 fm Ei.-Nutzh.
		173. Königl. Oberförsterei Mirau,
6697 ha. — eben, zhgd. Ki. 0,9 Ei. 0,1	Innerhalb Pflasterstr. von Strelno über Mirau, sowie mehrere Knüppeldämme, die z. Th. nach Chaussee außerhalb des Reviers führen. Unterhalb des Bronislaw-Sees ist die Netze schiffbar. Am See fiskal. Abl., 0,75 ha groß. Fuhruntern. Nehring in Strelno u. Bauern in Neudorf.	Im ganzen Revier ca. 500 fm Ei.- und 600 fm Ki.-Stammh. Sonst nur Lokalbedarf.
		174. Königl. Oberförsterei Korschin,
6218 ha. — meist eben, 4 gr. Parz. Ki. 0,9 Ei. 0,1	Innerhalb der Forstorte viel Lehmkiesb., auch Knüppeldamm. Abfuhrwege meist gut fahrbar. Fuhrleute sind die Bauern der deutschen Ansiedlungen.	Schbz. Clausthal 700 fm Ki.- 150 fm Ei.-Stammholz „ Radlowo 800 „ „ 100 „ „ „ „ Hüttchen 1500 „ „ 500 „ „ „ „ Aschheim 400 „ „ 100 „ „ „ „ Roschau 700 „ „ 200 „ „ „ „ Althof 1000 „ „ „ Krüsau 400 „ „
		175. Königl. Oberförsterei Grünheide,
5492 ha. — eben und well., Hauptrevier zusammenhgd. 3 Schbz. getrennt. Ki. 0,8 Ei. 0,2	Innerhalb des Reviers gute Abfuhr- und Kommunicationswege, z. Theil Lehmbahn. Außerhalb meist Erdw., wenig Lehmbahn. und Pflaster, auch wenig Chauss. Holzfuhrleute in Zielonka Krause und Schwandt, in Bednary Kriolka. Die Warthe mit Holzablage ist ca. 10 km vom Hauptrevier entfernt.	Schbz. Seehorst 2000 fm Ki.-Stammh. „ Schimmmelwald 2000 „ „ „ „ Kirchen 800 „ „ „ 500 fm Ei.-Stammh. „ Eichenau 1200 „ „ „ 500 „ „ „ „ Theerbude 1000 „ „ „ 100 „ „ „ „ Schwanau 1200 „ „ „ 300 „ „ „
		176. Königl. Oberförsterei Ludwigsberg,
4218 ha. — eben u. well., parzellirt. Ki. 0,85 Ei. 0,10 Bi. 0,03 Erl. 0,02	Erdwege genügend vorhanden. Kommunicationswege z. Th. durch Lehmkiesb. befestigt. Außerhalb Wege z. Th. sehr sandig. Fuhrleute Seiler in Moschin, Bauern in Brodnica, in Rogalinek, und in Sachsenfelde.	Schbz. Landsort 1000 fm Ki.-Stammh. „ Waldecke 200 „ „ „ „ Seeberg 600 „ „ „ „ Unterberg 1000 „ „ „ „ Lohhecken 1000 Ctr. Ei.-Schlagholzrinde
		177. Königl. Oberförsterei Lindenberg,
6391 ha. — eben.	Innerhalb der Forstorte meist gute Kiesstraßen. Fuhrleute in Pollnitz und Kaldau.	Schbz. Lindenberg 500 fm Ei.- 100 fm Bu.- 1200 fm Ki.-Stammh. „ Pollnitz II 100 „ „ 2500 „ „ „ „ Mauersin 1100 „ „ „ „ Pollnitz I 2500 „ „ „ „ Kupfermühl 1500 „ „ „ „ Hohenkamp 100 „ „ 2000 „ „ „

Oeffentliche Holzlicitationen finden statt in:	Unterkommen im Gasthofe f. Holzhändler, Forst-Assessoren u. Referendare in möglichster Nähe der Oberförsterei	Zustand des Oberförsterdienst-Gebäudes	Wo Kirche? Wo Schule? In welcher Zeit zu erreichen?	Wo Arzt, wo Apotheke, wo Amtsgericht?	Nebenämter des Revierverwalt. — Wenn ständiger Assistent vorhanden, wo wohnt derselbe?
Rgbz. Bromberg. (Karte 14.)					
In Mrotschen, Hammler's Hotel. In Netzthal, Gasth. Marquard. In Weißenhöhe, Gasth. Bartel.	In Nakel, Hotel du Nord. In Mrotschen, Hammler's Hotel. In Netzthal, bei Marquard. In Weißenhöhe bei Bartel.	Miethswohnung in der Stadt Nakel, 7800 Einwohner. — Dienstwohnung erst später in Aussicht.	Kirchen beider Confessionen und Gymnasium am Orte.	In Nakel.	Aufsicht über 1 Kirchen-, 1 Gemeinde-, 1 Interessenten- und 1 Ansiedl.-Forst.
Rgbz. Bromberg. (Karte 14.)					
In Bartschin. In Gonsawo. In Szczepanowo.	In Bartschin. In Znin. In Gonsawa.	Neueres Haus an Chaussee Mogilno-Bartschin, isolirt gelegen.	Ev. Kirche in Bartschin, 7 km. Kath. Kch. in Szczepanowo, 2 km. Dorfsch. ebendas.	In Bartschin. — Amtsger. in Labischin. u. Mogilno.	
Rgbz. Bromberg. (Karte 14.)					
In Goscieszyn. In Rogowo. In Golombki.	Bäuerlich. Gasthaus in Goscieszyn und in Golombki.	Altes Dienstgebäude, unmittelbar am Westrande des östl. Reviertheils. Wirthschaftsräume beschränkt.	Ev. Kirche in Josephowo, 9 km. Dorfschule in Cegielma, 4 km. Kath. Kirche u. Dorfschule in Ryschewko, 2 km.	In Rogowo, 9 km. Amtsger. in Znin, 20 km. (Kleinbahn von Scheljewo).	Für verh. Assess. kein Unterkommen zu haben.
Rgbz. Bromberg. (Karte 14.)					
In Strelno, Stadt Posen. In Gembitz, Hotel Barowski.	In Strelno, Hotel du Nord, Hot. Stadt Posen (beide Wagen am Bahnh. Strelno).	Altes Wohnhaus, Neubau in Aussicht. Wirthschaftsgebäude beschränkt. — Kreisstadt Strelno, 4 km Pflasterweg (4500 Einwohner). Nächste Dörfer Ciencisko (2,5 km) und Mlyny (3,5 km), je 300 Einwohner.	Ev. und kath. Kirchen und Schulen in Strelno, 4 km. Gymnasium in Inowrazlaw (25 km Chaussee).	In Strelno.	Verh. Assessor. wohnt in Strelno.
Rgbz. Bromberg. (Karte 14.)					
In Witkowo, Hotel Franke. In Skorzencien, Gasth. Albrecht.	In Skorzencin, Albrecht's Gasth. In Witkowo, Hotel Franke. In Tremessen, Hotel Tomczyk. Hotel Stephanski Powidz, 14 km.	Sehr altes, aber geräumiges Gebäude, 1 km vom Dorf Skorzencin. Neubau in absehbarer Zeit. Wirthschaftsgebäude ausreichend. Kreisst. Witkowo, 7,5 km, 2000 Ew. Von hier Kleinbahn nach Gnesen ($1^1/_2$ Std. incl. Wagenf.)	Ev. u. kath. Kirche in Witkowo. Gymnasium in Tremessen (13 km Landweg) und in Gnesen ($^1/_2$ Std. Landw. und 1 Std. Bahnfahrt üb. Witkowo).	In Witkowo.	Für verh. Ass. ist Wohnung in Witkowo, 7,5 km, erhältlich.
Rgbz. Posen. (Karte 14.)					
In Zielonka im Gasth. In Pudewitz, Hotel Meister.	Im Gasth. Zielonka, 200 m von Oberf., bei sehr besch. Anspr. In Murow. Goslin, Hotel Siegert. In Pudew. Hot. Meister (beide zieml. gut), 8 bezw. 16 km.	Wohnhaus 1865 erbaut, hübsch gelegen am SW.-Rande des Dorfes Zielonka (80 Einwohner). Ausreichende Wohn- und Wirthschaftsräume, an der Landstraße Pudewitz-Murowana-Goslin (letzterer Ort 1500 Einwohner).	Evangel. Pfarre in Murowana-Goslin; Kathol. in Langgoslin. Gymnasium in Posen (25 km).	Arzt u. Apotheke in Murowana-Goslin, 8 km.	Beaufsichtigung der Truppenübungspl.-Forst. Posen. — Verh. Ass. kann nur in Murow.-Goslin wohnen, 8 km.
Rgbz. Posen. (Karte 14.)					
In Dolzig, bei Latanowitz. In Moschin, bei Silberstein. In Stenschewo, bei Kahl. In Louisenhain, bei Nitsche.	In Moschin, bei Silberstein.	Gutes, geräumiges Dienstgebäude, 0,5 km südwestlich des Dorfes Pozegowo; 2,5 km von Stadt Moschin (1700 Einwohner); 2,5 km Landweg und 28 Minuten Bahnf. bis Posen (117 000 Einw.). Oberlandesg. Garnis.	Evang. Kirche in Krosno, 5 km. Kathol. in Moschin. Gymnasium in Posen (passender Frühzug vorhanden).	In Moschin, 2,5 km. — Amtsgericht in Posen.	Forstamtsanw. Wohnung für verheirath. Ass. event. in Moschin zu haben.
Rgbz. Marienwerder. (Karte 13.)					
In Schlochau, im Gasth. Wolffrom. In Babilon, im Kruge.	Bei bescheidenen Ansprüchen in Kaldau, 2 km, sonst in Schlochau, Hotel Janke und Hotel Krog.	Älteres, gutes Dienstgebäude, 2 km westlich von Kaldau (1000 Einwohner), 1 km von Schlochau-Baldenb. Chaussee. Wohn- und Wirthschaftsräume ausreichend. Nächste Stadt Schlochau, 5 km (3300 Einwohner).	Kirche in Schlochau, 1 Stunde Landweg. — Schule in Kaldau, $^1/_2$stündiger Landweg u. Chauss.	In Schlochau, 5 km.	Aufsicht über 2 Genossenschaftswälder. Beschr. Wohnung für verheirath. Ass. in Kaldau, 2 km, erhältlich.

Sitz der Oberförsterei nebst Poststation.	Entfernung des Oberförstereisitzes von der nächsten Eisenbahnstation bezw. Haltestelle. Post- und regelmäßige Reiseverbindungen auf Landwegen.	Durchschnittliche Entfernungen und ungefähre Anfuhrkosten von den einzelnen Reviertheilen für Bahn- bezw. Wassertransport und zwar: Schutzbezirk	Entfernung bis Güterbahnhof	Anfuhrkosten pro fm M.	Entfernung bis Wasserablage	Anfuhrkosten pro fm M.

170. Königl. Oberförsterei Nakel, Rgbz. Bromberg. (Karte 14.)

Nakel Schulstr. 344, Kreis Wirsitz.	Bahnstation am Orte.	Grüneberg	4 km bis Netzthal	2,00		
		Flottwell	2 „ „ Weissenhöhe			
		Suchorenz	8 „ „ Nakel			
		Grünau	5 „ „ Schubin			
		Blumenthal	5 „ „ „			
		Eichwalde	5 „ „ Mrotschen			

171. Königl. Oberförsterei Stefanswalde, Rgbz. Bromberg. (Karte 14.)

Stefanswalde, Post Bartschin, Kreis Mogilno.	5 km Chauss. nach Bartschin (Linie Inowrazlaw-Rogasen). — 18 km Chauss. nach Mogilno (Linie Inowrazlaw-Posen), ohne Pers.-Postverb.	Ruhwalde	5 km Landweg bis Altraden	2,50	5 km bis Pturkersee (Bartschin)	2,00
		Stefanswalde	5 km meist Chauss. bis Bartschin	2,00		
		Bärwalde	7 km desgl.	2,00		
		Balschau	8 km Ldw. bis Znin	2,50		
		Kiebitzbruch	10 km halb Landweg bis Znin	3,00		

172. Königl. Oberförsterei Taubenwalde, Rgbz. Bromberg. (Karte 14.)

Taubenwalde, Post Gosciesczyn, Kreis Znin.	14 km (4 km Chauss.) nach Mogilno. — 21 km über Gosciesczyn nach Gnesen. — 9 km nach Rogowo oder 5 km nach Schelejewo zur Kleinbahn (nicht normalspur.)	Rehhorst, Fennbrück, Langfurth, Mittelwalde	14 km bis Gnesen	3,00		
		Seebrück, Glembitz, Kerngrund	14 km bis Mogilno	3,00		

173. Königl. Oberförsterei Mirau, Rgbz. Bromberg. (Karte 14.)

Mirau, Post u. Kreis Strelno.	4 km Pflasterweg nach Strelno. Postverb. Strelno-Montwy.	Anfuhrkosten pro fm zum Bhf. Strelno durchschn. 1,50—2 Mk.; zur forstfiskal. Abl. am Bronislaw-See 2—3 Mk.				

174. Königl. Oberförsterei Korschin, Rgbz. Bromberg. (Karte 14.)

Korschin, Post Skorzencin, Kreis Witkowo.	7,5 km sand. Landweg nach Witkowo, Halteſt. der Kleinbahn Gnesen-Powidz-Mieltschin. — 13 km schlechter Landweg nach Tremessen (Schnellzüge Posen-Thorn).	Klausthal	3½ km bis Powidz	0,80		
		Radlowo	4,5 „ „ „	1,00		
		Hüttchen	9 „ „ „	2,00		
		Aschheim	10 „ „ Witkowo	2,00		
		Roschau	13 „ „ Tremessen	2,70		
		Althof	8,5 „ „ „	2,00		
		Krüsau	14 „ „ Gnesen	3,00		

175. Königl. Oberförsterei Grünheide, Rgbz. Posen. (Karte 14.)

Grünheide, Post Glembotschek, Kreis Obornik.	16 km Landweg (davon 9 km Lehmb.) über Wronczyn, oder 18 km davon 8 km Chauss. über Krceslice nach Pudewitz. — 14 km Landweg (davon 7 km Chauss. 4 Lehmb.) nach Kobelnitz. — 25 km Landweg (davon 8 Chauss. 6 Lehmb. nach Posen.	Seehorst	8 km Landweg bis Pudewitz	2,50		
		Krummfließ	4 km Chaussee bis Pudewitz	1,20		
		Schimmelwald	14 km b. Pudewitz u. Kobeln.	4—6	14 km bis Warthe (Kl. Goslin)	4—6
		Eichenau	14 „ „ „	4—6	14 km desgl.	4—6
		Kirchen	14 „ „ „	4—6	14 „ „	4—6
		Schwanau	16 „ „ „ Kobelnitz	6	13 „ „	4—5
		Theerbude	16 „ „ „ „	6	13 „ „	4—5

176. Königl. Oberförsterei Ludwigsberg, Rgbz. Posen. (Karte 14.)

Ludwigsberg, Post Moschin, Kreis Schrimm.	2,5 km meist gepfl. Weg nach Bhf. Moschin (der Posen-Breslauer Bahn), Weg z. Th. mit starker Steigung.	Landsort	13 km Edw. b. Moschin		3 km bis Warthe (fisk. Abl.)	2,00
		Waldecke	6 „ „ „ „		2 km desgl.	2,00
		Seeberg	4 „ „ „ „	2,50	7 „ „	
		Unterberg	5 „ „ „ „	2,50	4 „ „	2,50
		Lohhecken	12 „ Ldw. „ Schrimm			
		Vordamm	5 „ „ Bielewo			

177. Königl. Oberförsterei Lindenberg, Rgbz. Marienwerder. (Karte 13.)

Lindenberg, Post u. Kreis Schlochau.	6 km bis Bhf. Schlochau, theils Chauss., theils Landw.	Lindenberg	7 km Chauss. bis Schlochau	2,00	7 km bis Brahe (Förstenau)	2,00
		Mauersin	7 km desgl.	2,00	7 km desgl.	2,00
		Pollnitz II	10 „ bis Schlochau	2,50	7 „ bis Brahe (Gemelablage)	2,00
		Pollnitz I			5 km desgl.	1,50
		Kupfermühl	9 km Chff. b. Konitz	2,00	5 „ „	2,00
		Hohenkamp	9 „ „ „ „	2,00	5 „ „	2,00

Karte 14

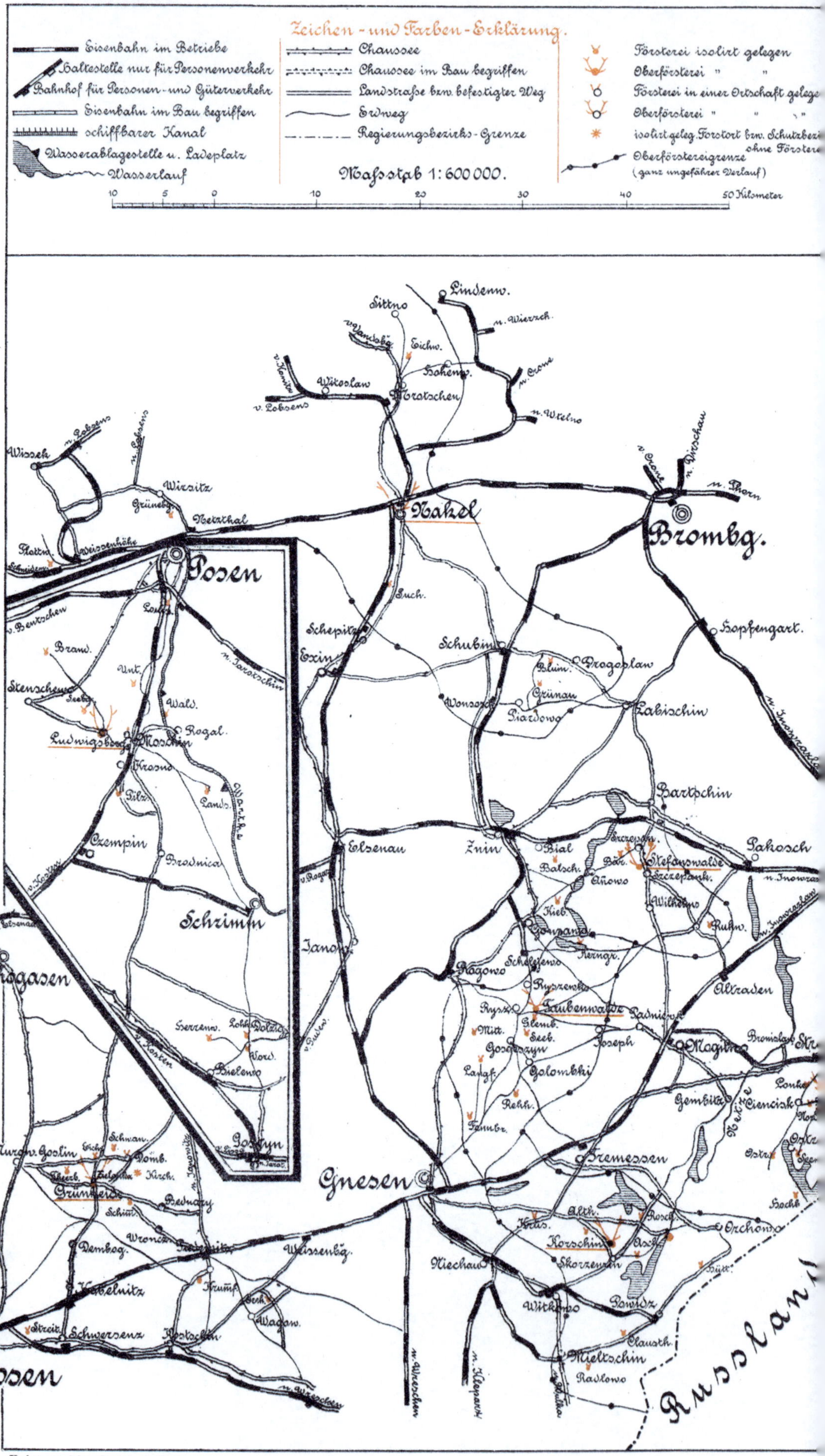

Zeichen- und Farben-Erklärung.
Eisenbahn im Betriebe
Haltestelle nur für Personenverkehr
Bahnhof für Personen- und Güterverkehr
Eisenbahn im Bau begriffen
schiffbarer Kanal
Wasserablagestelle u. Ladeplatz
Wasserlauf
Chaussee
Chaussee im Bau begriffen
Landstraße bzw. befestigter Weg
Erdweg
Regierungsbezirks-Grenze
Maßstab 1:600000.
Försterei isolirt gelegen
Oberförsterei " "
Oberförsterei " " "
isolirt geleg. Forstort bzw. Schutzbezirk ohne Försterei
Oberförstereigrenze (ganz ungefährer Verlauf)
10 5 0 10 20 30 40 50 Kilometer
Lindenw.
Sittno
Eichw.
Witoslaw
Wirsitz
Grüneb.
Netzthal
Wissek
Posen
Nakel
Bromberg.
Hopfengart.
Schepitz
Exin
Schubin
Drogoslaw
Blum.
Grünau
Wonsosz
Piardowo
Labischin
Brand.
Stenschewo
Ludwigsberg
Moschin
Rogal.
Wald.
Krosno
Czempin
Brodnica
Schrimm
Bartschin
Elsenau
Znin
Bial
Stefanswalde
Pakosch
Rogasen
Janow.
Rogowo
Taubenwalde
Altraden
Mogilno
Joseph
Golombki
Gembitz
Gnesen
Tremessen
Korschin
Orchow
Niechau
Witkowo
Skorzenzin
Powidz
Mieltschin
Murow. Goslin
Grünheide
Bednary
Dembog.
Kobelnitz
Schwersenz
Kostschin
Wagow.
Weissenbg.
Posen
Radlowo
Russland

Karte 13

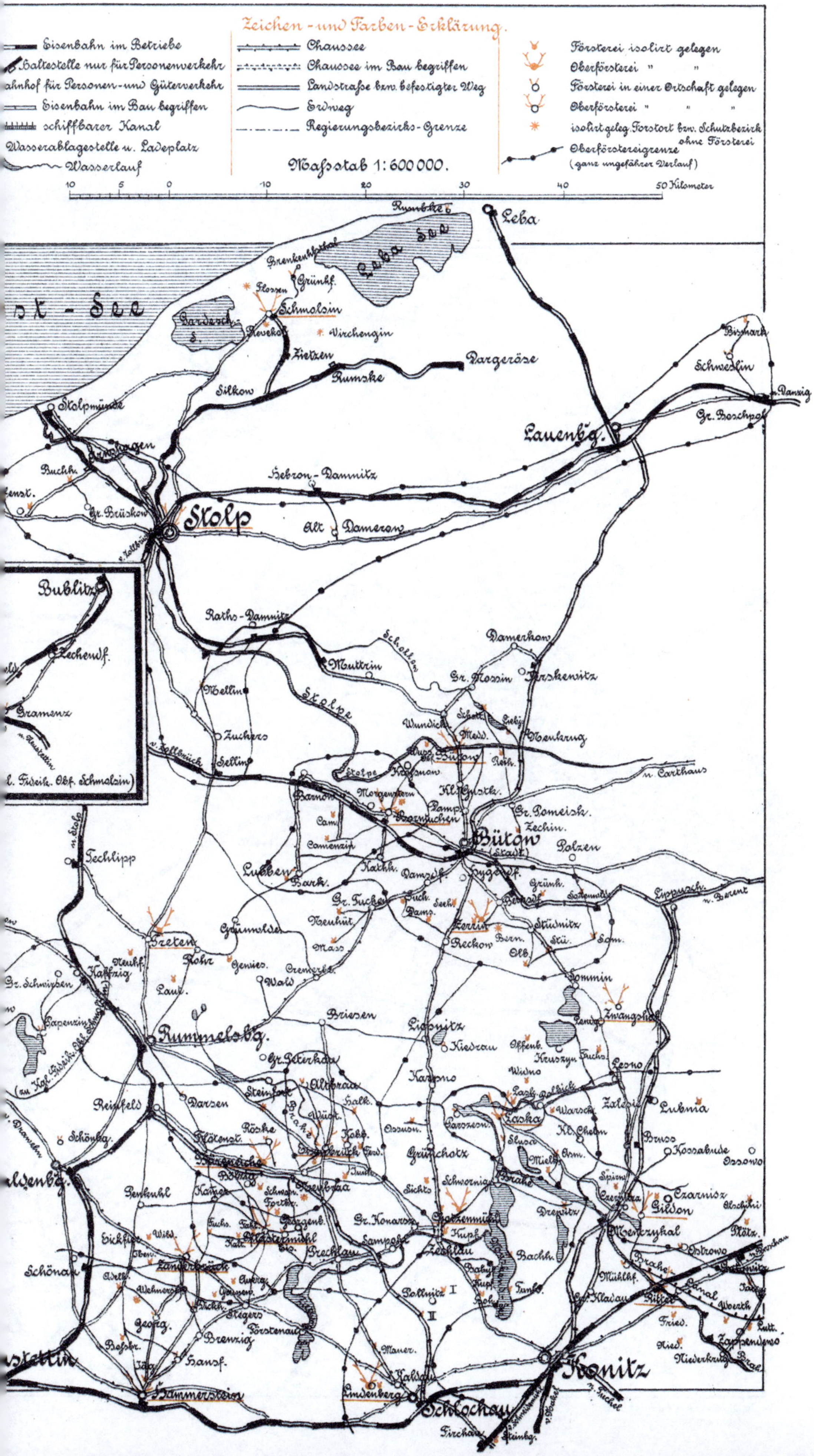
Zeichen- und Farben-Erklärung.
Eisenbahn im Betriebe
Haltestelle nur für Personenverkehr
Bahnhof für Personen- und Güterverkehr
Eisenbahn im Bau begriffen
schiffbarer Kanal
Wasserablagestelle u. Ladeplatz
Wasserlauf
Chaussee
Chaussee im Bau begriffen
Landstraße bzw. befestigter Weg
Erdweg
Regierungsbezirks-Grenze
Maßstab 1:600000.
Försterei isolirt gelegen
Oberförsterei " "
Försterei in einer Ortschaft gelegen
Oberförsterei " "
isolirt geleg. Forstort bzw. Schutzbezirk ohne Försterei
Oberförstereigrenze (ganz ungefährer Verlauf)
10 5 0 10 20 30 40 50 Kilometer
Rumbke
Leba
Leba See
Schmolsin
Virchengin
Zietzen
Dargeröse
Rumske
Silkow
Stolpmünde
Bismark
Schwedin
n. Danzig
Gr. Boschpol
Lauenbg.
Hebron-Damnitz
Stolp
Alt Damerow
Gr. Brüskow
Bublitz
Zechendf.
Gramenz
Raths-Damnitz
Damerkow
Muttrin
Gr. Nossin
Mellin
Stolpe
Zuchers
Sellin
n. Carthaus
Bütow
Gr. Pomeisk.
Zechin.
Polzen
Morgenstern
Borntuchen
Camenzin
Techlipp
Lubben
Bark.
Gr. Tuchen
Lippusch
n. Berent
Zerrin
Reckow
Studnitz
Grünwolde
Treten
Rohr
Wald
Briesen
Lipnitz
Zwangshof
Rummelsbg.
Kiedrau
Lesno
Gr. Peterkau
Altbraa
Karzno
Reinfeld
Darsen
Steinfort
Laska
Lukmia
Schönbg.
Bruss
Kossabude
Grünchotz
Brahe
Czarnisz
Gildon
Benkuhl
Gr. Konarsz
Mosnitz
Mühlhf.
Brechlau
Lampehr
Zandersbruch
Schönau
Georg.
Brenzig
Förstenau
Konitz
Mauer.
Hansf.
Hammerstein
Landenberg
Schlochau
Firchau
Steinbg.

Karte 16

Müller, Forstl. Adressbuch.

Verlag von Julius Springer in Berlin.

Karte 15

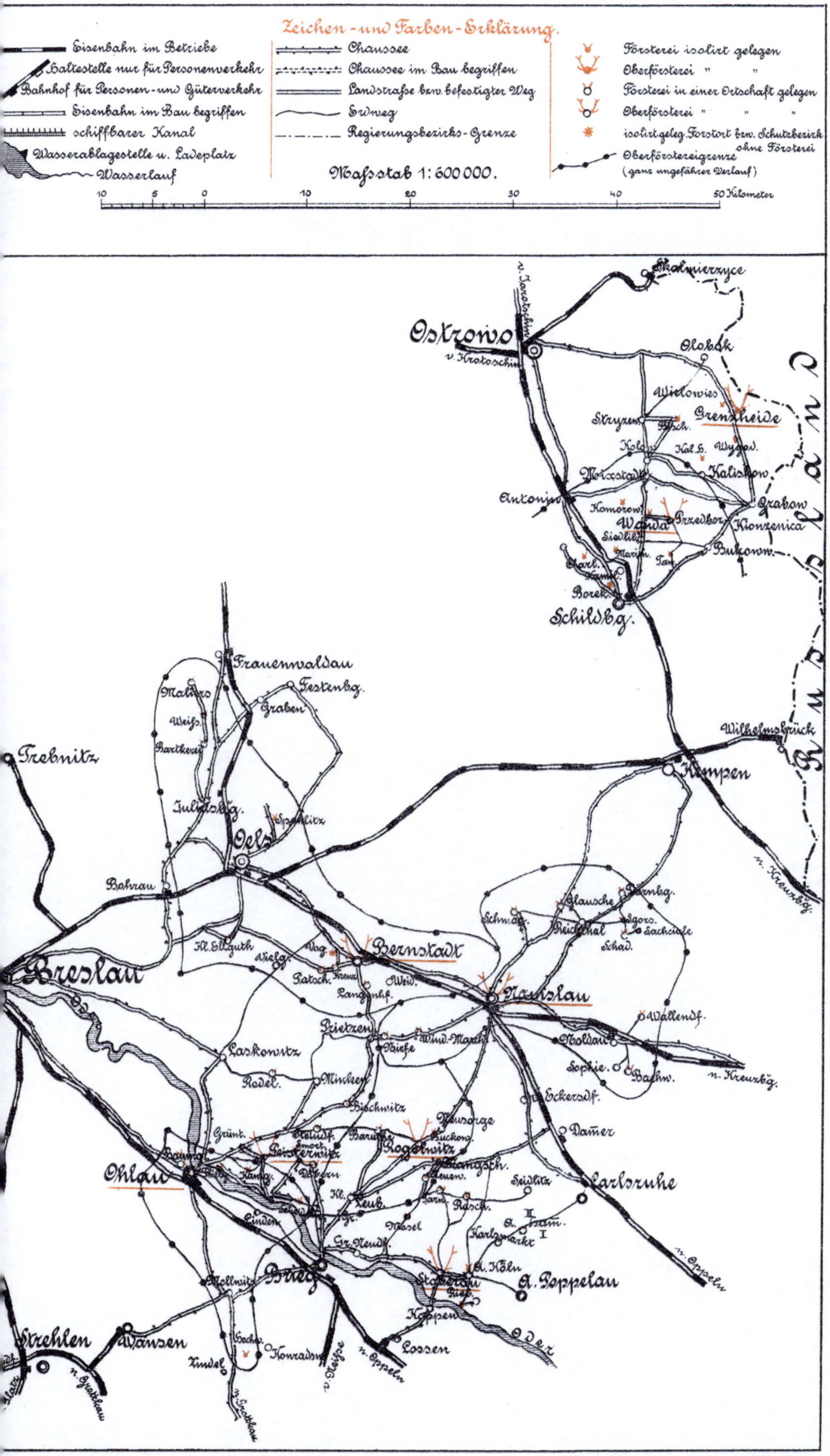

Druck d. geogr. lith. Anst. u. Steindr. v. C. L. Keller, Berlin

Sitz der Oberförsterei nebst Poststation	Entfernung des Oberförstereisitzes von der nächsten Eisenbahnstation bezw. Haltestelle. Post- und regelmäßige Reiseverbindungen auf Landwegen.	Durchschnittliche Entfernungen und ungefähre Anfuhrkosten von den einzelnen Reviertheilen für Bahn- bezw. Wassertransport und zwar: Schutzbezirk	Entfernung bis Güterbahnhof	Anfuhrkosten pro fm M.	Entfernung bis Wasserablage	Anfuhrkosten pro fm M.

178. Königl. Oberförsterei Wanda, Rgbz. Posen. (Karte 15.)

Przedboro, Post Mixstadt, Kreis Schildberg.	11 km nach Schildberg (Posen-Kreuzburg) über Siedlikow (ca. 7 km Caussee, 4 km unbefest. Landweg); besser über Forsthaus Wanda (9,5 km Chaussee, 3 km guter Waldweg).	Tannenberg	km nach Schildberg	2,00		
		Marienthal	„ „ „	2,50		
		Charlottenhütte	„ „ „	2,50		

179. Königl. Oberförsterei Grenzheide, Rgbz. Posen. (Karte 15.)

Grenzheide, Post Wielowies, Kreis Ostrowo.	23 km Chaussee nach Bahnhof Ostrowo. — 25 km Chaussee nach Bhf. Schildberg. Auf der Strecke Schildberg-Grabow (8 km von Grenzheide) 2mal Personenpostverbindung.	Wygoda	23 km Chss. b. Schildb.	4 bis 4,50		
		Grenzheide	22 „ bis Ostrowo			
		Kalischerheide	25 „ „ „			
		Bischofsheide	20 „ „ „			

180. Königl. Oberförsterei Namslau, Rgbz. Breslau. (Karte 15.)

Namslau, Wilhelmstr. 14 Kreis Namslau.	Namslau ist Bahnstation der „Rechte Oder-Ufer-Eisenbahn".	Bachwitz	5 km Erdw. b. Noldau			
		Wallendorf	5 „ „ „ „			
		Schadegur	17 „ m. Ch. b. Namslau			
		Sgorsellitz	17 „ „ „ „ „			
		Dörnberg	17 „ „ „ „ „			
		Windisch-Marchwitz	8 „ „ „ „ „			
		Niefe	8 „ „ „ „ „			

181. Königl. Oberförsterei Peisterwitz, Rgbz. Breslau. (Karte 15)

Peisterwitz, Post, Kreis Ohlau.	9 km nach Bhf. Ohlau, Chaussee über Grüntanne. Täglich 1mal Fahrpost.	Grüntanne	10 km Chss. b. Ohlau	2,5—3		
		Rodeland	12 km(1/2 „) „ „	3—4		
		Smortawe	12 km „ „ „ „	3—4		
		Steindorf	16 km mst. „ „ „	3—4		
		Bischwitz	20 km „ „ „ „	4—5		
		Döbern	10 km „ „ „ Brieg	3		

182. Königl. Oberförsterei Ohlau, Rgbz. Breslau. (Karte 15.)

Ohlau, Post und Kreis Ohlau.	Ohlau ist Station der Breslau-Oppeler Bahn.	Die Oderablage bei Forsthaus Lindener-Fähre liegt halbwegs zwischen Ohlau und Brieg. Die Bahnhöfe Ohlau und Brieg liegen von der Reviergrenze 3 bezw. 7 km entfernt. Die Anfuhrkosten je nach Entfernung und Schwere der Hölzer nach Oderabl. pro fm Langholz 3—4 M. und nach den Bahnhöfen Ohlau und Brieg pro fm Langholz 4,50—5,50 M.

183. Königl. Oberförsterei Rogelwitz, Rgbz. Breslau. (Karte 15.)

Rogelwitz, Post Mangschütz, Kreis Brieg.	17 km (davon 8 km Chaussee) über Gr. Leubusch nach Bhf. Brieg. — 16 km (davon 11 km Chaussee) nach Bahnh. Namslau.	Neuewelt	13 km mst. Chss. b. Brieg	3,5	13 km bis Oder (Brieg)	3,5
		Buckowegr.	16 „ meist Chauss. bis Namslau	4		
		Rogelwitz I	15 km desgl. b. Brieg	3,5—4	15 „ „ „ „	3,5—4
		Leubusch	11 „ „ „ „	3—3,5	11 „ „ „ „	
		Rogelwitz II	16 „ meist Chaussee bis Namslau	4		
		Baruthe	15 km mst. Chss. b. Brieg	4—4,5	15 „ „ „ „	4—4,5

184. Königl. Oberförsterei Stoberau, Rgbz. Breslau. (Karte 15.)

Stoberau, Post, Kreis Brieg.	14 km Chaussee über Gr. Neudorf nach Brieg (Schnellzüge); oder 10 km Chaussee über Koppen nach Lossen (Personen-Züge).	Oberwald (Riebnig)	4 km Erdweg 15 km Chaussee bis Brieg	6	unweit der Oder gelegen	
		Althammer I und II	6 km Erdweg bis Carlsruhe	3		
		Raschwitz	10 km desgl.	3,50		
		Alt-Cöln	3 km Erdweg 15 km Chaussee bis Brieg	3,50	unweit der Oder gelegen	
		Stoberau	3 Erdw. 12 Chss. desgl.	3,50		
		Tarnowitz	6 Ldw. 12 „ „	4		
		Moselache	10 „ 6 „ „	3,50		

185. Kronprinzl. Oberförsterei Bernstadt. Rgbz. Breslau. (Karte 15.)

Bernstadt, Post, Kreis Oels.	Bahnstation am Orte.	Bernstadt	4 km Chaussee bis Bernstadt	3—4		
		Patschkey	5 km desgl.	4—5		
		Vogelgesang-Kunzendf.	3 km desgl.	3		
		Kl. Ellgut	6—7 km bis Oels	5		
		Bartkerey	5 km bis Juliusburg	4—5		
		Weißensee	5 km desgl.	4—5		

Flächengröße u. Charakter des Reviers. Vertheilg. der Hauptholzarten nach Zehnteln.	Beschaffenheit des Wegenetzes im Reviere und der sich daran schließenden Abfuhrstraßen, sowie der etwaigen Wassertransportwege. Adressen von größeren Fuhrunternehmern.	Jahresquantum der Haupt-Verkaufshölzer nach Holzarten und Sortimenten (unter Abrechnung des Lokalbedarfs).

178. Königl. Oberförsterei Wanda,

3750 ha. — wellig, sehr parzellirt. Ki. 0,9 Ei. 0,1	Altes Wegenetz ziemlich unbrauchbar, neues Wegenetz abgesteckt, Ausbau noch nicht begonnen. Fuhrleute Wenzel in Kamillenthal, Weidel in Schildberg.	Schbz. Tannenberg 250 fm Ki.-Bauholz „ Marienthal 300 „ „ „ „ Charlottenhütte 200 „ „ „ Die anderen Schutzbezirke nur für Lokalbedarf.

179. Königl. Oberförsterei Grenzheide,

3358 ha. — eben, 2 benachb. Theile Ki. 0,9 Ei. } Fi. } 0,1 Bi. } Ta. }	Innerhalb der Schbz. Grenzheide, Wygoda, Chaussee. Kalischerheide 2—4 km zur Chaussee. Bischofsheide Kieschaussee bis Schutzbezirkgrenze, nachher Lehmweg zur Chaussee. Durchs Revier Chausseebau beabsichtigt. — Fuhrleute in Grabow, Weidel in Schildberg, Wielowies.	Schbz. Wygoda 2000 fm Ki.-Stammholz „ Grenzheide 1300 „ „ „ 10 fm Ei.-Stammh. „ Kalischerheide 2500 „ „ „ 20 „ Fi.- „ „ Bischofsheide 1500 „ „ „ 100 „ „ „ und 10 fm Ei.-Stammholz.

180. Königl. Oberförsterei Namslau,

4088 ha. — eben, sehr parzellirt. Ki. 0,7 Fi. 0,1 Ei. 0,1 Bi. } 0,1 Erl. }	Innerhalb des Reviers meist gut verkieste Abfuhrwege und von allen Schutzbezirken aus Chaussee nach Namslau. Fuhrunternehmer Kalis in Sophienthal bei Noldau. Wielloch in Dörnberg bei Reichthal, Kienast zu Windisch-Marchwitz, Malluch in Sachciale bei Reichthal.	Schbz. Bachwitz 600 fm Ki.-Stammh. 400 fm Ki.-Grubh. „ Wallendorf 400 „ „ „ „ Schadegur 600 „ „ „ 100 „ „ „ „ Sgorsellitz 800 „ „ „ „ Dörnberg 600 „ „ „ 800 „ Ei.-Stammh. „ Wind.-Marchwitz 500 „ „ „ 100 „ Erl.- „ „ Niefe 1000 „ „ „ 300 „ Ki.-Grubh.

181. Königl. Oberförsterei Peisterwitz,

4457 ha. — eben, zusammenhängend Ki. 0,6 Fi. 0,2 Erl. 0,1 Fi. } 0,1 Bu. }	Chaussee Ohlau-Bernstadt mit Abzweig. nach Minken durchschneidet das Revier. Mehrzahl der Gestelle fahrbar. Wassertransport auf der Oder (etwa 4 km Chauss. von Dorf Peisterwitz).	Schbz. Döbern 700 fm Fi. 300 fm Erl. 200 fm Na.-Grubh. „ Bischwitz 500 „ „ 500 „ „ 500 „ Ki. „ Steindorf 200 „ „ 200 „ „ 1000 „ „ „ Smortawe 100 „ „ 1200 „ „ „ Grüntanne 200 „ „ 100 „ Ei. 500 „ „ „ Rodeland 300 „ „ 300 „ Erl. 1200 „ „

182. Königl. Oberförsterei Ohlau,

2527 ha. — eben, zusammenhängend; 1 Schbz. 15 km v. Ohlau. Ei. 0,50 Rüst. 0,15 Wbu. 0,15 Lind. 0,15 A. L. 0,05	Der Oderwald (Scheidelwitz, Kanig., Thiergarten) berührt auf 6 km die Oder und wird von Waldchauss. durchschnitten, welche an der Oderablage münden bei Forsthaus Lindener-Fähre. Entgegengesetzt führen theils Chauss., theils gute Landwege nach Ohlau, Peisterwitz, Limburg, Brieg. Zugangswege gut. Fuhrunternehmer in Ohlau, Peisterwitz, Limburg.	Ganzes Revier { Ei. 3000 fm Stamm- und Schichtnutzholz 2000 rm Scheitholz 200 Hdt. Faschinen. Rüster 500 fm Nutzholz. Wbuche 400 „ „ Linde 1000 fm Lang- und Schichtnutzholz (Rollen). Alle 3 Schutzbezirke nehmen zu gleichen Theilen am Einschlag Theil.

183. Königl. Oberförsterei Rogelwitz,

4403 ha. — eben, zushgd. Ki. 0,6 Fi. 0,2 Ei. 0,1 Erl. 0,1	Chaussee Brieg-Mangschütz durchschneidet S.-Revier. In den Reviertheilen Gestelle und Abfuhrwege meist mit Faschinendäm. versehen. Ausbau des Restes vorgesehen. Gute Abfuhrwege. Fuhrleute F. Ukas in Rogelwitz, W. Poguntke in Gr. Leubusch und C. Hentschel in Kl. Leubusch.	

Schutzbezirk	Stammholz (fm) Ei.	Bu.	Bi.	Erl.	Fi.	Ki.	Nutzsch. Ei.	Brhlz.
Neuewelt	200	20			200	400	50 rm	250 rm
Buckowegrund		20	50	150	300	100		100 „
Rogelwitz I	100				50	500	30 „	130 „
Leubusch					100	1000		300 „
Rogelwitz II			30	150	300	100		100 „
Baruthe			50	200	800	400		200 „

184. Königl. Oberförsterei Stoberau,

4842 ha. — eben, in 3 getrennt. Complexen geleg. Ki. 0,6 Fi. 0,2 Ei. 0,1 Erl. 0,1	Innerhalb der Forst. nur Erdwege, außerhalb 2 Chausseen. Zum Verflößen fiskal. Holzablagen am Stober bei Althammer und bei Stoberau. Fuhrleute in Stoberau, Frenzel in Althammer, Baer in Seidlitz.	Schbz. Oderwald 50 fm Ei. 50 fm Wb.-Stmh. 50 rm Ei.-Scheith. „ Althammer I 200 „ Erl. 800 „ Na.- „ 400 „ Na.- „ „ „ II 100 „ „ 900 „ „ „ 300 „ „ „ „ Raschwitz 600 „ „ „ 200 „ „ „ „ Alt-Cöln 1400 „ Ki. 500 „ Ki. „ „ Stoberau 150 „ Ei. 300 „ Erl. „ 700 „ Na.-Stammh. 400 rm Scheitholz „ Tarnowitz 180 fm Ki.-Stammholz 500 rm Scheitholz „ Moselache 1000 fm Ki.- 50 fm Erl.-Stammh. 500 rm Scheith.

185. Kronprinzl. Oberförsterei Bernstadt,

5688 ha. — eben, parz. Ki. 0,5 Mittelw. 0,2 Ei. 0,1 Bu. 0,1 Fi. 0,1	Innerhalb der Forst. gute Sandwege; viele Chausseen schneiden und berühren das Revier. Fuhrunternehmer in Bernstadt, Prietzen, Kl. und Gr. Elgut, Vogelgesang, Bartkerey, Weißufer, Moliers, Juliusberg.	Der Holzanfall dient nur dem Lokalbedarf; Nutzhölzer werden von einzelnen Zimmermeistern aus Oels und Bernstadt gekauft, die sie sofort verbrauchen.

Oeffentliche Holzlicitationen finden statt in:	Unterkommen im Gasthofe f. Holzhändler, Forst-Assessoren u. Referendare in möglichster Nähe der Oberförsterei	Zustand des Oberförsterdienst-Gebäudes	Wo Kirche? Wo Schule? In welcher Zeit zu erreichen?	Wo Arzt, wo Apotheke, wo Amtsgericht?	Nebenämter des Revierverwalt. — Wenn ständiger Assistent vorhanden, wo wohnt derselbe?
Rgbz. Posen. (Karte 15.)					
In Schildberg, Gasth. v. Cieluhowski	In Schildberg Ogroske's Hotel. 11 km. Mixstadt in Hotel Domeinska, 11 km.	Dienstwohnung ziemlich isol. in verfall. ehemal. polnischen Gutshaus. Wohnung nur für einen unverh. Beamten. Aenderung nicht in Aussicht. Kreisstadt Schildberg, 4647 Einwohner, 11 km.	Kath. Kirche u. Dorfschule im Orte. Ev. Kirche in Grabow, 10 km. — Progymnasium (bis Quarta) in Schildberg.	In Schildberg, 11 km.	
Rgbz. Posen. (Karte 15.)					
In Welowies, Gasth. Seidel. In Grabow, Hotel Jaskowski.	Im Dorfe Wielowies, 2 km, nur jüdische Gasthöfe. In Grabow, Hotel Jaskowski oder bei Jakubowitz.	Neues, geräumiges Wohnhaus, südlich von Wielowies (1000 Einwohner) an Chauss. Ostrowo-Grabow. Wirthschaftsräume beschränkt. Nächste Stadt Grabow (1800 Ew.). Ostrowo, 23 km, 11 800 Ew., Kreisstadt, Garnison.	Ev. Kirche in Grabow, 9 km, Schule in Samocz, 4 km. Katholische Schule in Wielowies, 3 km, Kirche in Olobok, 5 km.	In Grabow, 8 km. Amtsgericht in Ostrowo, 23 km.	Aufsicht über Schildberger Stadtforst (fällt bei Stellenwechs. fort). Wohnung für verheir. Ass. nicht erhältlich.
Rgbz. Breslau. (Karte 15.)					
In Namslau, Gasth. Pietzonka, bezw. im Oberförsterei-Geschäftszimmer.	In Namslau, Gasth. v. Grimm. In Reichthal bei Gottlieb (ganz nahe den Bez. Schadegur, Skorzellitz und Dörnberg.	Miethswohnung in der Stadt Namslau. Grundstück zum Bau einer Dienstwohnung angekauft, aber auf 5 Jahre noch verpachtet. Namslau, 6400 Einwohner, Kreisstadt, Garn.	Ev. und kath. Kirche, höhere Mädchen- u. Privat-Knabenschule in der Stadt.	In Namslau.	Forstamtsanw. Gutsvorst. — Verh. Ass. findet in der St. Wohnung. — Im Winter Assistent vorhanden.
Rgbz. Breslau. (Karte 15.)					
In Peisterwitz, Menzel's Gasth.	In Peisterwitz, Menzel's Gasth.	Im Dorf Peisterwitz altes Dienstgebäude an Chaussee. Wirthschaftsgebäude beschr., kleiner Hausgarten.	Ev. u. kath. Pfarre nebst Kirche in Mauken, 3 km. In Peisterwitz Kirche, sowie evangel. und katholische Schule.	Arzt in Peisterwitz. Apotheke und Amtsgericht in Ohlau, 9 km.	Amtsvorst. über 2 Dörfer nnd 2 Oberförstereien (3500 Seelen).
Rgbz. Breslau. (Karte 15.)					
Größere Holzversteigerungen finden statt in dem sog. Oderkretscham in Ohlau.	In Ohlau, im Hotel zum Löwen. In Peisterwitz, bei Gastw. Menzel.	Miethswonung in Ohlau, Kreisstadt, 9200 Einwohner. Garnison. Dienstw. in einig. Jahren in Aussicht genommen.	Kirchen jeder Art u. Gymnasium in Ohlau.	In Ohlau.	Hofjagdverwalt.
Rgbz. Breslau. (Karte 15.)					
In Gr. Leubusch, bei Schelzke. In Rogelwitz, bei Lerche.	In Gr. Leubusch b. Schelzke. In Rogelwitz bei Lerche (bei mäßigen Anspe.)	Gutes, geräumiges Wohnhaus und Nebengebäude im Dorfe Rogelwitz. Ausreich. Wirthschaftsräume (früh. Domänenvorwerk).	Evg. Pfarre und Kirche in Mangschütz, 3 km. Katholische Pfarre und Kirche in Gr. Leubusch. 9 km. Gymnasium und höhere Töchterschule in Brieg.	In Mangschütz. Amtsgericht in Brieg.	Amtsvorsteher.
Rgbz. Breslau. (Karte 15.)					
In Stoberau, Gasth. Peisker.	In Stoberau, Gasth. Peisker, bei besch. Anspr.	Großes neueres Wohnhaus im Dorfe Stoberau (1200 Einwohner) an der Chaussee Brieg-Alt-Cöln geleg. Nächste Stadt Brieg, 24 100 Einw.) Kreisstadt, Langericht, Garn.	Ev. Kirche, Pfarre, Volksschule im Dorfe. Kath. Kirche und Schule in Carlsmarkt, 7 km. Gymn. in Brieg, in 1½ St. auf Chaussee zu err.	In Brieg, 14 km. Arzt auch in Poppelau, 10 km.	Amtsvorst. Flößverw. Wohnung für verheirath. Assess. nicht zu haben.
Rgbz. Breslau. (Karte 15.)					
In Bernstadt bei Nowack. In Bartkerey bei Freier.	In Bernstadt, Hot. blauer Hirsch. In Juliusburg, Hotel Zwirner. Kl. Elguth, Gasthof Henke (bescheid.)	Schloß Bernstadt (Gutsbezirk) in Bernstadt, 4300 Einw., Garnison.	Bernstadt, evangelische und katholische Kirche.	In Bernstadt.	Gutsvorst. Stellvertr. Amtsvorst.

Flächengröße u. Character des Revieres. Vertheilung der Hauptholzarten n. Zehnteln.	Beschaffenheit des Wegenetzes im Reviere und der sich daran schließenden Abfuhrstr., sowie der etwaigen Wassertransportwege. Adressen von größeren Fuhrunternehmern.	Jahresquantum der Haupt-Verkaufshölzer nach Holzarten und Sortimenten (unter Abrechnung des Lokalbedarfs).

186. Königl. Hausfideicommiß-Oberförsterei Karmunkau,

6252 ha. — eben, parzell. Ki. 0,8, Fi. } Ta. } 0,2

Alle Schutzbezirke (ausgenommen Eisenhammer) werden von Chaussee berührt bezw. durchschnitten. Innerhalb der Forstorte Landstr. u. unbefestigte Abfuhrwege. — Fuhrunternehmer Neuländer in Rosenberg, Nowack in Bischdorf, Schopke in Botzanowitz.

Schbz. Eisenhammer 300 fm Bauh. 300 fm Grubenh. 50 rm Schichtnutzholz
" Schwarzwald 300 fm Bauh. 200 fm Grubenh. 150 rm Schichtnutzholz
" Kutzoben 600 fm Bauholz 450 fm Grubenholz 150 rm Schichtnutzholz
" Neu-Karmunkau 400 fm Bauh. 300 fm Grubenholz 100 rm Schichtnutzholz
" Alt-Karmunkau 400 fm Bauh. 300 fm Grubenholz 200 rm Schichtnutzholz
" Bischdorf 300 fm Bauholz 300 fm Grubenholz 500 rm Schichtnutzholz
" Albrechtsdorf 50 fm Bauh. 50 fm Grubenholz 300 rm Schichtnutzholz
" Psurow 600 fm Bauh. 400 fm Gbh. 400 rm Schichtn.
" Kostellitz 300 " " 300 " " 200 " "
} Na. (hauptsächlich Ki., daneben Fi. und Ta.)

Ferner ganzes Revier: ca. 100 fm Bi.-Lang- u. Schichtnutzholz.

187. Königl. Oberförsterei Kreuzburg,

ha. — eben, parzellirt. Ki. 0,9, Fi. 0,1

Innerhalb der Forstorte gute Erd- und Kieswege. Die Schutzbezirke werden meist von Chauss. berührt bezw. durchschnitten. — Fuhrleute in Jaschine, Georgenwerk, Margsdorf, Berthelschütz, Dambinietz.

Schbz. Georgenwerk 650 fm Ki.- 500 fm Fi.-Stmh. 300 St. Fi.-Stang
" Jaschine 1500 " " 50 " " "
" Damnik 1600 " " 600 " " " 200 fm Erl.-Stmh.
" Kotschanowitz 1000 " "
" Berthelschütz 1500 " " 50 " " "
" Bürgsdorf 250 " " 400 " " "

188. Königl. Oberförsterei Bodland,

ha. — eben, Ki. 0,9, Fi. 0,1

Gute Sandwege, größtentheils gebess. Der Bodländer Flößbach verläuft an der Grenze des Schbz. Neuwedel. — Fuhrunternehmer Frank in Plümkenau, Kitzinger in Voßhütte, Schumann in Bodland.

Schbz. Voßhütte 1000 fm Ki.- und Fi.-Stammholz
" Plümkenau 1500 " " " " "
" Neuwedel 1200 " " " " "
" Sabinietz 1600 " " " " "
" Christinenhof 1000 " " " " "
" Schumm 800 " " " " "

189. Königl. Oberförsterei Dombrowka,

ha. — eben, geschl. Ki. 0,8, Fi. 0,2

Innerhalb des Reviers mehrere mit Kies befestigte Wege; Gestelle meist gut fahrbar. Zwei Flößbäche für Langholz bei Stoberau in die Oder mündend durchschn. das Rev. — Fuhrl. in Kgl. Dombrowka, Neuwedel, Zedlitz, Zawiscz, Damr.

Schbz. Wolfshaus, " Jaginne, " Damratsch, " Dombrowka, " Liebenau, " Zawiscz } Der Einschlag von 30 fm Ei. 15 fm Bu. 80 fm Bi. 50 fm Erl. 4000 fm Ki. 3400 fm Fi. 2500 fm Nadelholzgrubenholz vertheilt sich ziemlich gleichmäßig auf die 6 Schutzbezirke.

190. Königl. Oberförsterei Kreuzburgerhütte,

ha. — eben, zushgd. Ki. 0,6, Fi. } Ta. } 0,3, Bu. } Ei. } 0,1

Chaussee Murow-Creuzburgerh. — Plümkenau-Constadt gut, die übrigen öffentlichen Abfuhrstraßen mittelmäßig. Fahrbare Gestelle wegen großer Nässe meist schlecht. Wassertransport auf dem Bodl. Flößbach bis Oder (Stoberau). Flößtarif von Obf. Stoberau erhältlich. — Fuhrl. A. Czech in Murow, M. Weidel und andere in Creuzburgerh.

Schutzbezirk	Bau- und Schneideh. (fm) Ki.	Fi. und Ta.	Grubenholz
Budkowitz	1000		260 fm Na.
Reilswerk	1500	400 " " "	300 " "
Creuzburgerh.	1000	500 " " "	350 " "
Schwarzwasser	1500	550 " " "	350 " "
Süßenrode	1150	100 " " "	250 " "
Zedlitz	1500	200 " " "	350 " "
			60 Ei. 100 Bu.

191. Königl. Oberförsterei Murow,

4453 ha. — eben, arrond. Ki. 0,8, Fi. 0,2 (Ta.), Ei. Bu. Erl. Bi.

Innerhalb des Reviers 2 Chausseen sowohl zum Bahnhof Murow, wie auch zur Oderablage bei Gr. Döbern. Wege im Revier theils mit Schlacke befestigt, theils Erd- und auch Knüppeldammwege. — Fuhrleute in umliegenden Dörfern.

Schutzbezirk	Stammholz (fm) Ei.	Bu. Esch.	Bi. Erl.	Ki.	Fi. Ta.	Derbstangen Fi.	Brennholz
Brinnitze	20		30	400	300		450 rm
Alt-Kupp			30	400	500		280 "
Murow	70	40	40	500	1400	200	660 "
Grabczok (Ost-West)	30	40	40	1300	900	300	3000 "
Salzbrunn	20		10	600	500		400 "

192. Königl. Oberförsterei Poppelau,

5056 ha. — eben, in 3 Parzellen Ki. 0,6, Fi. 0,3, Ei. 0,1

Innerhalb des Reviers sind die Wege mit Lehm- und Kies befestigt; außerhalb die Chaussee Oppeln-Brieg und Poppelau-Löwen. Die Oder zum Verflößen und für Schiffstransport mit 1 fiskal. Holzabl. — Fuhrleute in Alt-Schalkowitz, Poppelau, Sacken, Hirschfelde, Klink.

Schbz. Hirschfelde 900 fm Ki. 100 fm Fi.-Stammholz
" Dachsberg 200 " " 200 " " "
" Schalkowitz 900 " " "
" Sacken 2400 " " 1000 " " "
" Poppelau 600 " " 500 " " "
" Heidchen 500 " " 100 " " "
" Golschwitz 250 " Ei. 50 rm Schichtnutzholz

Ganz. Rev: 1000 rm Ki.-Brennh. 100 rm Fi.-Brennh. 70 rm Schichtnutzh.

193. Königl. Oberförsterei Kupp,

4618 ha. — eben, zush. Ki. 0,9, Fi. 0,1

Innerh. des Rev. Waldchauss. resp. befest. Wege in Richt. von Kupp nach Chrosczütz, Finkenstein u. Brody; sonst Erdw. Beschaffenheit nach Jahresz. sehr versch. — Fuhrl. in Finkenstein, Brinnitz, Salzbrunn, Lugniau.

	Bauholz	Brennholz
Schbz. Brody	600 fm Ki. 130 fm Fi.	100 rm Ki.
" Massow	600	100 " "
" Neu-Kupp	1000 " " 100 " "	500 " "
" Finkenstein	1000 " " 150 " "	500 " "
" Chrosczütz	600 " " 20 " "	200 " "

Oeffentliche Holzlicitationen finden statt in	Unterkommen im Gasthofe f. Holzhändler, Forst-Assessoren u. Referendare in möglichster Nähe der Oberförsterei	Zustand des Oberförsterdienst-Gebäudes	Wo Kirche, wo Schule? In welcher Zeit zu erreichen?	Wo Arzt, wo Apotheke, wo Amtsgericht?	Nebenämter des Revierverwalt. Wenn ständiger Assistent vorhanden, wo wohnt derselbe?
Rgbz. Oppeln. (Karte 16.)					
In Botzanowitz, Gasth. von Schopka. In Sternalitz, Gasth. von Florian. In Kostellitz, Gasth. von Meergans.	In Bischdorf bei ger. Anspr. im Gasth. Scholz.	Sehr ger. schöne Dienstwohn. im alten Schloß am Ostausgange des Dorfes Bischdorf (600 Einw.) a. d. Chaussee. Gegenüber Wirthschaftshof und Sekretär-Wohnung. Kreisst. Rosenberg 10 km, 4200 Einw.	Ev. u. kath. Pfarren u. Schulen, sowie Königl. Domäne im Orte. Nächst. Gymnas. in Kreuzburg, 2 St. Chauss. oder über Rosenberg (von hier in 25 Min. Bhf. erreichbar).	In Rosenberg.	Lokaloberaufsicht u. Aemterverwalt. der Kgl. Hausfid. Herrsch. Karmunkau. — Amtsvorst.
Rgbz. Oppeln. (Karte 16)					
Schießhaus bei Kreuzburg. In Konstadt, Weißer Adler.	In Kreuzburg, Hotel Bismarck, „ Blücher, „ Warschau.	Miethswohnung in Kreuzburg 9000 Einw., Kreisstadt, Garnison.	In Kreuzburg.	In Kreuzburg.	
Rgbz. Oppeln. (Karte 16.)					
In Konstadt, Weißer Adler. In Voßhütte, Gasth. daselbst.	Bei besch. Anspr. im Gasthof zu Plümkenau, resp. Voßhütte.	Altes, aber ger. Dienstgeb. im Jagdschl. Bodland, 4 km vom Dorf Bodland, 11 km von Kreuzburg, allein im Walde gelegen.	Ev. Pfarre in Plümkenau, kathl. Pfarre in Bodland, Gymnas. in Kreuzburg. — Kirchen in 30 resp. 20 Min. Ldw. zu err.	In Kreuzburg, 11 km.	Amtsvorsteher. — Verh. Assess. findet Wohnung in Kreuzburg.
Rgbz. Oppeln. (Karte 16.)					
Für die Insp. Oppeln-Nord, in Oppeln. Handelsholzverkauf bei Nisch in Kreuzburgerhütte und in Kgl. Dombrowka.	In Kgl. Dombrowka bei Przewloka bei mittleren Anspr.	Aelteres, ger. gutes Wohnh. im Dorfe Kgl. Dombrowka. Ausreich. Wirthschaftsgebäude. Zugangsweg Kieschaussee.	Evg. Kirche in Carlsruhe, 1 St. Landw. Kath. Kirche in Falkowitz, 3/4 St. Ldw. Gymn. in Kreuzburg, 21 km Landweg.	In Carlsruhe, 9,6 km.	Amtsvorsteher. Keine Wohnung für verh. Assess. zu haben.
Rgbz. Oppeln. (Karte 16)					
In Kreuzburgerhütte, Göbel's Gasth.	In Kreuzburgerh., Moser's Gasth., Pieka's Gasthof.	Dienstgebäude im Orte Kreuzburgerhütte = Friedrichsthal (1500 Einw.), ca. 50 Jahre alt und im guten Bauzustande.	Ev. Bethaus im Orte. Kath. Kirche in Alt Budkowitz. Evg. u. kath. Schule am Orte. Gymnas. in Oppeln.	Arzt in Murow, Apoth. in Kupp u. Karlsruhe, Amtsgericht ebenso.	Amtsvorsteher. Assist. nur für Winter, wohnt im Orte.
Rgbz. Oppeln. (Karte 16)					
In Friedrichsthal, Gasth. Moser. In Kupp, Gasthof Czech.	In Friedrichsthal, Hotel Pieka.	Ziemlich neues, gutes Dienstgeb. im Dorf Friedrichsthal (1500 Einw.) unmittelbar an Chaussee, Dorfstraße. Nächste St. Oppeln, 25 km, 25000 Einw., Landger., Garnis.	Evang. Gottesdienst im Orte, evg. Kirche in Kupp, 11 km. Kath. Kirche in Alt-Budkowitz, 8 km. Evg. u. kath. Schule am Orte. Gymn. in Oppeln.	Arzt in Murow, 3 km. Apoth. und Amtsger. in Kupp.	Amtsvorsteher. Vorsitz. der Voreinschätzungs-Commission.
Rgbz. Oppeln. (Karte 16.)					
In Poppelau, Gasth. Müller.	In Poppelau bei besch. Anspr. Gasthof Müller.	Altes Dienstgeb. mitten im Dorf Poppelau (3000 Ew.) an Chauss. Oppeln-Brieg gel. Wohnung und Wirthschaftsgebäude ausreichend. Nächste Stadt Löwen, 14 km, 3300 Einwohner.	Kath. Kirche i. Dorf, evg. Kirche in Sacken, 3 km. Gymnas. in Oppeln, 24 km und in Brieg, 22 km Chaussee.	In Poppelau, Amtsger. in Kupp.	Amtsvorsteher. Keine Wohn. für verh. Assess. zu haben.
Rgbz. Oppeln. (Karte 16)					
In Kupp.	In Kupp, Gsth. Hoffmann, Gsth. Czech und „zur Post".	Sehr altes, aber noch in gutem Zust. bef. Wohnh. in Kupp an Chss. Oppeln = Carlsruhe. Besond. Kanzlei-Geb. Ausr. Wirthschaftsr. Nächste Stadt Oppeln, 18 km. (S. Nr. 191.)	Evg. u. kath. Kirche u. Pfarre am Orte. Gymnas. in Oppeln,	In Kupp.	Amtsvorsteher.

Sitz der Oberförsterei nebst Poststation	Entfernung des Oberförstereisitzes von der nächsten Eisenbahnstation bezw. Haltestelle Post- und regelmäßige Reiseverbindungen auf Landwegen	Durchschnittliche Entfernungen und ungefähre Anfuhrkosten von den einzelnen Reviertheilen für Bahn- bezw. Wassertransport und zwar: Schutzbezirk	Entfernung bis Güterbahnhof	Anfuhrkosten pro fm M.	Entfernung bis Wasserablage	Anfuhrkosten pro fm M.
186. Königl. Hausfideicommiß-Oberförsterei Karmunkau, Rgbz. Oppeln. (Karte 16.)						
Bischdorf, Post, Kreis Rosenberg.	10 km Chaussee nach Rosenberg (Station der Rechte Oderufer-Eisenbahn). — Postverbindung 1mal täglich hin und zurück nach Rosenberg.	Schwarzwald	7 km Chaussee bis Rosenberg.	1,80		
		Kutzoben	12 km mst. Chss. desgl.	2,50		
		Neu-Karmunkau	10 „ „ „ „	2,30		
		Alt-Karmunkau	6 „ Chaussee desgl.	2,00		
		Bischdorf	6 „ desgl.	2,00		
		Albrechtsdorf	4 „ „	1,50		
		Psurow	13 km meist Chss. desgl.	3,00		
		Eisenhammer	6 km Landweg bis Schierokau	2,00		
		Kostellitz	12 km Chss. b. Rosenbg.	2,20		
187. Königl. Oberförsterei Kreuzburg, Rgbz. Oppeln. (Karte 16.)						
Kreuzburg, O./Schl. Nachodplatz, Kreis Kreuzburg.	Eisenbahnstation am Orte.	Georgenwerk	3 km Erdw. b. Thule	1,50		
		Jaschine	4 „ „ „ Kl.-Lassowitz	1,50		
		Damnik	4 km dsgl. b. Borkowitz	1,50		
		Kotschanowitz	3 „ „ „ Bankau	1,50		
		Berthelschütz	5 „ meist Chaussee bis Konstadt	2,00		
		Bürgsdorf	5 „ desgl.	2,00		
188. Königl. Oberförsterei Bodland, Rgbz. Oppeln. (Karte 16.)						
Jagdschloß **Bodland,** Post Kreuzburg. Kreis Rosenberg.	11 km Chaussee bis Kreuzburg. — 12 km (davon 7 km Chauss.) bis Konstadt.	Voßhütte	12 km bis Kreuzburg	1,50 bis 2,00		
		Plümkenau	11 km bis Konstadt			
		Neuwedel	13 km desgl.			
		Sabinietz	8 km bis Kreuzburg			
		Christinenhof	8 km bis Konstadt			
		Schumm	9 km desgl.			
189. Königl. Oberförsterei Dombrowka, Rgbz. Oppeln. (Karte 16.)						
Dombrowka, Post, Kreis Oppeln.	9,6 km über Paris, Jaginne nach Carlsruhe, meist Kieschaussee.	Wolfshaus	4 km Erdweg u. 2 km Chaussee bis Murow.	2,50		
		Jaginne	5 km Erdweg bis Carlsruhe	2,50		
		Damratsch	5 km dgl.	2,50		
		Dombrowka	8 km dgl.	2,50		
		Liebenau	10 km dgl. } 12 km bis Konstadt	2,50		
		Zawiscz	10 km dgl.	2,50		
190. Königl. Oberförsterei Kreuzburgerhütte, Rgbz. Oppeln. (Karte 16.)						
Kreuzburgerhütte-Friedrichsthal, Post, Kreis Oppeln.	3,5 km nach Bahnhof Murow (Fahrpost wird voraussichtlich demnächst eingeführt.)	Budkowitz	3—6 km bis Thule	2—3	Die Schbz. liegen 1—8 km vom Bodländer Flössbach entfernt.	
		Reilswerk	4—7 km bis Murow			
		Creuzburgerhütte	3—6 km „ „			
		Schwarzwasser	3—6 km „ „			
		Süßenrode	5—9 km bis Thule			
		Zedlitz	7—10 km bis Murow			
191. Königl. Oberförsterei Murow, Rgbz. Oppeln. (Karte 16.)						
Friedrichsthal, Post Kreuzburgerhütte Kreis Oppeln.	3 km Chauss. nach Bhf. Murow.	Brinnitze	6 km z. Th. Erdw. z. Th. Schlackw. b. Murow	1,60	Chaussee bis zur Oderabl. (Gr. Döbern).	2,50 b. 2,75
		Alt-Kupp	Chaussee bis „	1,50		
		Grabczok (Ost u. West)				
		Murow				
		Salzbrunn				
192. Königl. Oberförsterei Poppelau, Rgbz. Oppeln. (Karte 16).						
Poppelau, Post, Kreis Oppeln.	14 km Chaussee bis Bahnhof Löwen (per Oderfähre). — 24 km Chaussee nach Oppeln (Privatpost 1mal täglich hin und zurück). — 15 km, davon 3 km Chaussee, nach Bhf. Carlsruhe. — 22 km Chaussee bis Brieg (Privatp. 1mal täglich hin und zurück.)	Hirschfelde	10 km bis Carlsruh	3,00	12 km bis Oderabl.	2,50
		Dachsberg	8 km desgl.		14 km desgl. (Klink)	
		Schalkowitz	11 km desgl.		10 km desgl.	
		Sacken	10 km desgl.		11 km desgl.	
		Poppelau	10 km desgl.		11 km desgl.	
		Heidchen	12 km desgl.		13 km desgl.	
		Oderwald I	11 km bis Löwen	4,00	9 km desgl.	
		„ II	9 km desgl.	3,50		
193. Königl. Oberförsterei Kupp, Rgbz. Oppeln. (Karte 16.)						
Kupp, Post, Kreis Oppeln.	8 km Chaussee bis Bhf. Murow. 18 km Chaussee bis Bhf. Oppeln. 12 km Chaussee bis Carlsruhe.	Brody	14 km mst. Chss. b. Murow	3—4	6 km b. Oderabl. (Gr. Döbern).	1,50
		Finkenstein	14 km desgl.	3—4	6 „ desgl.	2,50
		Neu-Kupp	11 km desgl.	3—4	9 „ desgl.	2,00
		Chroscziitz	11 km desgl.	3—4	9 „ desgl.	2,50
		Massow	8 km Edw. b. Jellowa		10 km desgl.	2,50

Sitz der Oberförsterei nebst Poststation	Entfernung des Oberförstereisitzes von der nächsten Eisenbahnstation bezw. Haltestelle. Post- und regelmäßige Reiseverbindungen auf Landwegen.	Durchschnittliche Entfernungen und ungefähre Anfuhrkosten von den einzelnen Reviertheilen für Bahn- bezw. Wassertransport und zwar: Schutzbezirk	Entfernung bis Güterbahnhof	Anfuhrkosten pro fm M.	Entfernung bis Wasserablage	Anfuhrkosten pro fm M.
195. Königl. Oberförsterei Jellowa, Rgbz. Oppeln. (Karte 16.)						
Jellowa, Post, Kreis Oppeln.	2,2 km Chauss. bis Bhf. Jellowa.	Königshuld	Bhf. Königshuld i. Rv.	1,5—2	12 km Ldw. b. Oder	
		Jellowa	„ Jellowa im Rev.	1,5—2	desgl. [(Döbern	
		Podewils	„ Podewils „ „	1,5—2	desgl.	
		Lugnian	nahe bei Bhf. Jellowa	2—2,5		3—4
		Friedrichsthal	4—9 km, z. Th. Chauss., bis Murow	2—3		3—4
		Mainzock	desgl.			
		Podkraje	nahe bei Bhf. Podewils	2—3	bis Oder (Döbern).	3—4
196. Königl. Oberförsterei Krascheow, Rgbz. Oppeln. (Karte 16.)						
Krascheow, Post, Kreis Oppeln.	Bahnstation am Ort. — 5mal täglich Bahnverbindung nach Oppeln-Breslau, bezw. Vossowska-Tarnowitz-Beuthen.	Krascheow I	5 km Ldw. b. Malapane	1,5		
		Münchhausen	8 „ Chss. „ „	2		
		Krascheow II	4 „ „ „ „	1,5		
		Friedrichsgrätz	8 „ Ldw. „ „	2,5		
		Biestrzinik	8 km desgl.	2,5		
		Jedlitze	5 km desgl.	2		
197. Königl. Oberförsterei Dembio, Rgbz. Oppeln. (Karte 16.)						
Dembio, Post Chronstau, Kreis Oppeln.	4,7 km guter Landweg über Dembio nach Chronstau. Fahrpost 1mal täglich hin und zurück nach Chronstau.	Danietz	9 km Kiesweg bis Malapane	2		
		Dembio	4 km Landweg bis Chronstau	1,50		
		Steinbruch	9 km meist Chaussee bis Oppeln	1,50		
		Creuzthal	3—7 km meist Chauss. bis Malapane	1—2		
		Schodnia	desgl.	1—2		
		Dembiohammer	desgl.	1—2		
198. Königl. Oberförsterei Zbitzko. Rgbz. Oppeln. (Karte 16.)						
Zbitzko, Post Chronstau, Kreis Oppeln	3 km meist Chaussee bis Goslawitz (Haltepunkt nur nach Bedarf) der Strecke Oppeln-Kreuzburg. — 6 km meist Chaussee bis Haltestelle Chronstau (Oppeln-Vossowska). — 7½ km meist Chaussee bis Bhf. Oppeln.	Szedrzik	5 km Waldw. b. Chronstau	1,60		
		Tempelhof	5 km desgl.	1,60		
		Chronstau	3 km desgl.	1,20		
		Pirschhütte	3 km desgl.	1,20		
		Sowade	5 km bis Kl. Kottorz	1,60		
199. Königl. Oberförsterei Grudschütz, Rgbz. Oppeln. (Karte 16.)						
Grudschütz, Post Groschowitz, Kreis Oppeln.	5 km nach Oppeln, Chaussee von Oppeln über Grudschütz durchs ganze Revier.	Grudschütz	6 km bis Oppeln			
		Malino	7,5 km desgl.		5 km bis Oderabl. (Groschowitz).	
		Schulenburg	12 km desgl.			
		Nakel	14 km desgl.			
		Gräfenort			7 km desgl.	
		Kupferberg			9 km desgl.	
200. Königl. Oberförsterei Proskau, Rgbz. Oppeln. (Karte 16.)						
Proskau, Post, Kreis Oppeln.	12,1 km Chaussee bis Oppeln.	Wilhelmsberg, Pryschetz, Hellersfleiß, Ellguth, Jaschkowitz	8 km bis Bhf. Komprachtschütz. — 10 km bis Bhf. Scepanowitz	ca. 3 / ca. 4	7,5 km bis fiskal. Oderabl. (Zlönitz.)	2,50
201. Königl. Oberförsterei Schelitz, Rgbz. Oppeln. (Karte 16.)						
Schelitz, Post, Kreis Neustadt.	Bis Bhf. Lonschnik 4,5 km Chaussee. — 17 km nach Bhf. Lamsdorf (¾ Chaussee). — Nach Bhf. Oppeln (Schnellzüge) 29 km Chaussee. — Nach Stat. Lonschnik dreimalige Verbindung mit Kariolpost.	Strehlitz	5 km Landweg bis Strehlitz	2,00		
		Kopaline	6 km Landw. desgl.	2,50		
		Jägerhaus I	15 km Landweg bis Comprachtschütz	3,50		
		Sedschütz	10 km Chaussee bis Lonschnik	2,50		
		Jägerhaus II	13 km Landweg bis Comprachtschütz	3,50		
		Rehhof	11 km (½ Chaussee) bis Lonschnik	3,00		
		Ringwitz	12 km Landweg bis Lamsdorf	3,00		
		Psychod	11 km Landweg bis Lamsdorf	3,00		
202. Königl. Oberförsterei Kosel, Rgbz. Oppeln. (Karte 16.)						
Klodnitz, Post, Kreis Kosel.	2 km bis Haltestelle Klodnitz der Kandrzin-Neißer Bahn; besser 6 km zum Bahnhof Kandrzin an der Breslau-Oderberger Bahn (Schnellz.; wicht. Kreuzungsp. — Chaussee.)	Lenkau	2—7 km bis Kandrzin	1,5-2	4—7 km bis Klodnitz-Kanal	1,5-2
		Klodnitz	2—8 km desgl.	2,5-3	2—6 km desgl.	1,5-2
		Nesselwitz	4 km bis Twardawa	3		
		Orlowitz			nahe bei Oderablage.	
			Für die Anfuhr sind meist bef. Wege u. Chauss. vorhanden.			

Flächengröße u. Charakter des Reviers. Vertheilg. der Hauptholzarten nach Zehnteln.	Beschaffenheit des Wegenetzes im Reviere und der sich daran schließenden Abfuhrstraßen, sowie der etwaigen Wassertransportwege. Adressen von größeren Fuhrunternehmern.	Jahresquantum der Haupt-Verkaufshölzer nach Holzarten und Sortimenten (unter Abrechnung des Lokalbedarfs.)

195. Königl. Oberförsterei Jellowa,

5759 ha. — eben, fast zusammenhgd. Ki. Fi. Ta.	Wege im Allgemeinen gut, befestigte Sandwege, zum Theil mit Schlacken und Kies ausgebaut. Straße Jellowa-Friedrichsthal. Jellowa-Budkowitz; mitten durch Königshuld führt Oppeln-Rosenb. Chaussee. — Fuhrleute in Wengern, Jellowa, Budkowitz, Podewils, Friedrichsth., Lugnian und in Wengern.	Schbz. Königshuld 1100 fm Ki.-Bau- u. Schneideholz „ Jellowa 300 „ „ „ „ „ „ Lugnian 400 „ „ „ „ „ 200 fm Fi.- „ Podewils 400 „ „ „ „ „ 400 fm Fi. u. Ta.- „ Podkraje 500 „ „ „ „ „ 400 „ „ „ „ „ Mainzock 1000 „ „ „ „ „ 600 „ „ „ „ „ Friedrichsth. 1200 „ „ „ „ „ 600 „ „ „ „ } Bau- u. Schneideh.

196. Königl. Oberförsterei Kraschеow,

4821 ha. — eben. Ki. 0,6 Fi. 0,4	Innerhalb des Reviers gewöhnliche Landwege, zum Theil Kies- und Schlackenbahnen; im nördlichen Theil wird das Revier von Chaussee Oppeln-Tarnowitz durchschnitten. — Fuhrleute in umliegenden Dörfern.	Schbz. Münchhausen 1500 fm Ki.-Stammh. 400 fm Ki.-Brennh. „ Kraschеow II. 2000 „ Na. „ 400 „ Na. „ „ Jedlitze 1500 „ „ „ 300 „ „ „ „ Friedrichsgrätz 2500 „ „ „ 400 „ „ , „ Biestrzinik 1500 „ „ „ 200 „ „ „ „ Kraschеow I 2500 „ „ „ 500 „ „ „ 50 fm Bu.-, 150 fm Bi.-Stammholz

197. Königl. Oberförsterei Dembio,

ha. — eben, parz. Ki. 0,70 Fi. 0,25 Ei. } Erl. } 0,05 Bi. }	Innerhalb der Forstorte vielfach mit Kies befestigte Fahrstraßen und Chausseen. Außerhalb Chaussee nach Malapane, Oppeln, Chronstau. — Fuhrleute Harchulla in Chronstau, Weitennek in Schodnia, Giesa in Fallmirowitz. Bauern in Danietz und Derschau und in Dembiohammer.	Schbz. Danietz 800 fm Ki.- und Fi.-Stammh. „ Dembio 300 „ „ „ „ „ „ Creuzthal 1800 „ „ „ „ „ „ Schodnia 1400 „ „ „ „ „ „ Dembiohammer 1800 „ „ „ „ „ 50 Ei.-Nutzh. „ Steinbruch 1500 „ „ „ „ „ Ganzes Revier: Mehrere Tausend Ki.-, Fi.-, Bi.-Nutzstangen.

198. Königl. Oberförsterei Zbitzko,

ha. — eben, zushgd. bis auf 2 kl. Parzellen Ki. 0,8 Fi. } Lbh. } 0,1	Innerhalb des Reviers gute Kiesbahn. Außerhalb Chaussee: Oppeln-Malapane, Oppeln-Königshuld. — Fuhrunternehmer Hachulla in Chronstau, Weitennek in Szedzik, mehrere Bauern in Klein-Kottorz.	Schbz. Szedrzik 1300 fm Ki.-Langholz „ Tempelhof 2200 „ „ „ „ Pirschhütte 2500 „ „ „ „ Chronstau 2500 „ „ „ „ Sowade 1300 „ „ „

199. Königl. Oberförsterei Grudschütz,

ha. — eben, nur 1 Parzelle Schutzbezirk Kupferb. Ki. 0,9 Fi. 0,1	Außer der Chaussee Oppeln-Gr. Strehlitz gute, meist mit Kies befestigte Landwege, Gestelle ebenfalls meist fahrbar; wo sehr moorig auch Knüppelwege. In Groschowitz, 3 km vom Revier, eine fiskalische Abl. an der Oder. — Fuhrl. in Grudschütz, Kaluza, in Malino Schwirz, in Schulenburg Schindler.	Schbz. Kupferberg 300 fm Ki.-Bauholz „ Nakel 600 „ „ „ „ Gräfenort 1000 „ „ „ „ Schulenburg 500 „ „ „ „ Malino 1000 „ „ „ „ Grudschütz 500 „ „ „ „ Derschau 500 „ „ „ } 2000 rm Schichtnutzh. 800 fm Na.-Grbh. 50 „ Stangen 200 rm Na.-Bennholz

200. Königl. Oberförsterei Proskau,

4827 ha. — eben. Ki. 0,6 Ei. 0,2 Fi. 0,2	Kieswege bester Beschaffenheit und eine Chaussee (Proskau-Schelitz). Fiskalische Holzablage an der Oder bei Zlönitz, 7,5 km vom Revier. — Fuhrleute Thomella zu Ellguth und Bauern in Zlönitz, Gr. Schimnitz, Gorrek, Zlattnik, Pantke in Przyschetz, Merfert und Gallus zu Proskau.	Schbz. Wilhelmsberg 100 fm Ei.- 200 fm Ki.- u. Fi.-Stammholz 1000 fm Na.-Grubenholz „ Pryschetz 400 fm Ei.- 1400 fm Na.-Stammholz, 1000 fm Na.-Grubenholz „ Hellersfließ 200 fm Ei.- 1500 fm Na.-Stammholz 100 fm Na.-Grubenholz „ Ellguth 2000 fm Na.-Stammholz 150 fm Na.-Grubenholz „ Jaschkowitz 100 fm Ei.- 1000 fm Ki.-Stammholz 100 fm Na.-Grubenholz

201. Königl. Oberförsterei Schelitz,

7536 ha. — eben, nur z. Th. hügelig, zusammenh. Ki. 0,8 Fi. 0,2	Innerhalb der Forst. Kieswege. Zwischen Proskau und Schelitz Chaussee. — Fuhrl. Pietruschka in Kl. Strehlitz, Bauern in Pechhütte, Proskau, Goliasch in Ringwitz, Thomella in Ellguth und Przyklenk in Psychod.	Schbz. Kl. Strehlitz 1600 fm Na.-Bau- 400 fm Na.-Grubenh. „ Kopaline 2400 „ „ „ 400 „ „ „ „ Jägerhaus I 2500 „ „ „ 100 „ „ „ „ Sedschütz 2500 „ „ „ 100 „ „ „ „ Jägerhaus II 3300 „ „ „ 100 „ „ „ „ Rehhof 3100 „ „ „ 100 „ „ „ „ Ringwitz 1600 „ „ „ 100 „ „ „ „ Psychod 2500 „ „ „ 200 „ „ „

202. Königl. Oberförsterei Kosel,

4772 ha. — eben, 4 Parz. Ki. 0,7 Fi. 0,1 Ei. 0,1 Wh. 0,1	Im Hauptrevier Lenkau und Klodnitz zum großen Theil befestigte Holzabfuhrwege. Chaussee von Klodnitz nach Raschewa durchschneidet Klodnitz. Wichtige Wasserablagestellen in Klodnitz am Kanal zum Verflößen auf der Oder.	Schbz. Lenkau 1000 fm Ki.-Stammholz 500 fm Fi.-Stammholz 300 fm Grubenholz „ Klodnitz 800 fm Ki.-Stammholz 700 fm Fi.-Stammholz 300 fm Grubenholz „ Nesselwitz 450 fm Ki.-Stammholz

Oeffentliche Holzlicitationen finden statt in	Unterkommen im Gasthofe f. Holzhändler, Forst-Assessoren u. Referendare in möglichster Nähe der Oberförsterei	Zustand des Oberförsterdienst-Gebäudes	Wo Kirche, wo Schule? In welcher Zeit zu erreichen?	Wo Arzt, wo Apotheke, wo Amtsgericht?	Nebenämter des Revierverwalt. Wenn ständiger Assistent vorhanden, wo wohnt derselbe?
Rgbz. Oppeln. (Karte 16.)					
In Jellowa, Gasth. Kanuth.	In Jellowa bei Rohde. Wohnung bei Kaufm. Lynowsky, daselbst auch gute Verpfl. für Assess. und Referend.	Dienstgeb. an der Ostſ. des Dorfes Jellowa (1800 Ew.) an der Dorfstr., 0,5 km von Chauss. Oppeln-Rosenberg. — Wohnh. gut, Wirthschaftsr. beschr. Nächste St. Oppeln, (1 Stunde Bahnf.) 25000 Ew., Landgericht, Garnison.	Kathol. Kirche und 5klassige Dorfschule am Orte. Evang. Kirche und Schule in Heinrichsfelde, 1 km Chauss. Gymnasium in Oppeln.	In Oppeln. Arzt und Apoth. auch in Carlsruh u. Kreuzbg. (Bahnverb.) Amtsger. in Kupp u. Opp.	Amts- u. Gutsvorst. Forstamtsanwalt. Zeitw. Assist. Für verh. Assess. nur beschr. Wohn. zu haben.
Rgbz. Oppeln. (Karte 16.)					
In Malapane bei Krigar.	In Malapane bei Krigar, 3 km.	Gut erh. altes Geb. im Dorf Krascheow (1000 Einw.) 500 m von Chauss. u. Bahn. Wohnh. etwas beschr. Ausb. bereits geuehmigt. Nächste Stadt Oppeln, 35 Min. Bahnf. oder 25 km Chaussee.	Evang. Pfarre und Schule in Malapane, 3 km. Kath. Kirche u. Schule am Orte. Gymn. in Oppeln.	In Malapane. Amtsger. in Oppeln.	Amtsvorsteher. Wohn. für verh. Ass. in Malapane zu haben.
Rgbz. Oppeln. (Karte 16.)					
In Chronstau, 4,7 km, Gasth. von Klimek. In Danietz, 3,5 km, Gasth. v. Kartscher.	Bei besch. Anspr. in Dembio, sonst in Chronstau oder Danietz in vorst. Gasthöfen.	Altes, massives Dienstgebäude 1 km südlich des Dorfes Dembio (700 Einw.) Gute Wirthschaftsgeb. Nächste St. Oppeln, 14 km meist Chauss. oder 4,7 km Landweg bis Chronstau, u. von hier 15 Min. Bahnfahrt.	Kathol. Kirche in Dembio, 1 km. Evg. Kirche in Oppeln, 14 km, und Malapane, 12 km. In Schulenburg, 4 km, alle 3 Wochen evg. Gottesdienst.	In Oppeln.	Amtsvorsteher.
Rgbz. Oppeln. (Karte 16.)					
In Chronstau, Gasth. Klimek.	Bei besch. Anspr. in Chronstau (6 km). In Oppeln, Hot. Schw. Adler, Hotel Zwinge, I. Rang. Deutsches Haus, II. Rang.	Altes Gutshaus, beschr. Wohnräume, Verbesserung in Aussicht. Nächste Stadt Oppeln, 7 km meist Chaussee.	Kathol. Kirche in Chronstau, 6 km; 1 evg., mehr. kath. Kirchen in Oppeln. Kathol. Gymn. in Oppeln.	In Oppeln, 7 km.	Vorst. der Genossenschaft für Kalichteich-Meliorat. Wohn. für verh. Assess. nur in Oppeln.
Rgbz. Oppeln. (Karte 16.)					
In Grudschütz bei Lode.	In Grudschütz bei Lode. Für Holzh. in Oppeln, Form's Hotel.	Schönes neues Dienstgeb. im Dorf Grudschütz mit gr. Räumlichkeiten. Wirthschaftsgeb. gut. Nächste Stadt Oppeln, 5 km Chaussee.	Evang. und kathol. Kirche in Oppeln. Gymnasinm daselbst.	In Oppeln, 5 km, und in Groschowitz, 3 km.	Amtsvorsteher. — Verh. Assessor kann nur in Oppeln wohnen, 5 km.
Rgbz. Oppeln. (Karte 16.)					
In Proskau, Hotel Neuwelt.	In Proskau, Hotel Neuwelt.	Großes, geräum. Dienstgeb. in Proskau. Nächste Stadt Oppeln, (12,1 km Chauss.)	Ev. und kath. Kirche und Pfarre im Orte. Gymnas. in Oppeln.	In Proskau.	Ständ. Assistent. — Oberf. ist zugl. Leiter der Kgl. Försterlehrlingsschule zu Proskau.
Rgbz. Oppeln. (Karte 16.)					
In Schelitz, Gasth. Nierle u. Schega.	In Schelitz, Gasth. Nierle u. Schega (neben der Oberförsterei.	Neueres Gebäude im Dorf Schelitz (2000 Einw.) an Chanssee Oppeln-Neustadt. Nächste Städte Zülz (3000 Einw.), 11 km; Friedland (2200 Einw.), 11 km; Oppeln 29 km.	Evg. Kirche u. Pfarre in Proskau, Gottesd. auch in Schelitz. Kathol. Kirche u. Pfarre in Louschnik, 1 km. Dorfsch. in Schelitz. Kath. Gymnasium in Oppeln.	In Friedland, 11 km; Arzt auch in Zülz, 12 km; und in Proskau, 16 km.	Amts- u. Gutsvorst. Forstamtsanw. Techn. Leiter d. Schießplatz-Forst. — Assist. z. Z. vorh., wohnt in der alten Oberförsterei.
Rgbz. Oppeln. (Karte 16.)					
In Klodnitz für Hauptrevier. In Nesselwitz für Nesselwitz.	Hafenhotel am Koseler Oderhafen, 2 km. Post: Kosel-Oderhafen.	Ger. u. wohnl. sehr bequem. alt. Wohnh. mit neu. Anbau. fast an Chauss. gel., am nördl. Ende des Dorfes Klodnitz. Nächste St. Kosel, 4 km, 6500 Einw., Kreisstadt, Garnison.	Evg. und katholische Kirche, Progymnas., Töchterschule in Kosel, mit Wagen in 20 Minuten erreichb.	In Kosel, 4 km.	Amtsvorsteher.

Flächengröße u. Character des Revieres. Vertheilung der Hauptholzarten n. Zehnteln.	Beschaffenheit des Wegenetzes im Reviere und der sich daran schließenden Abfuhrstr., sowie der etwaigen Wassertransportwege. Adressen von größeren Fuhrunternehmern.	Jahresquantum der Haupt-Verkaufshölzer nach Holzarten und Sortimenten (unter Abrechnung des Lokalbedarfs).

203. Königl. Oberförsterei Zielenzig,

3934 ha. — eben, stellenweise hügel. Sehr parzellirt.	Innerh. der Forstorte gute Sand-, stellenweise Lehm- u. gepflast. Wege; nur Tauerzig schlechte Wege. Außerh. 3 Chauss. u. verschied. Pflasterstr. Wassertransport auf der Warthe, besond. für nördliche Schbz. — Verschied. fiskal. Holzabl. zur Oberförsterei Limmritz geh. — Fuhruntern. in Zielenzig, Burgwall, Trebow u. Kriescht.	Schbz. Mäkow 1200 fm Ki.-Langnutzh. 700 fm Grubenh. (incl. Schwellh.) „ Trebow 1100 fm Ki.-Langnutzh. 300 fm Grubenh. „ Tauerzig 650 „ „ „ 250 „ „

204. Königl. Oberförsterei Lagow,

5273 ha. — stark hügelig bis bergig, etwas parzellirt. Ki. 0,6 Bu. 0'2 Ei. 0,2	Wegenetz fast ganz ausgeb. Hauptstr. mit Pflasterweg. — Abl. am Tochelschsee, doch ohne weitere Wasserverbind. — Fuhrleute in Lagow, Grunow, Spiegelberg, Neu-Cunersdorf, Schermeissel nnd Grochow.	(siehe Tabelle)

Schutzbezirk	Stammh. (fm) Ei.	Stammh. (fm) Bi.	Stammh. (fm) Ki.	Nutzsch. (rm) Ei.	Nutzsch. (rm) Bu.	Grubh. (rm)	Brennh. (rm)
Buchspring					600	287	300
Tempel	120	290	30	30	500	300	1200
Langenpfuhl					1000 fm	100	500
Grunow			1700			600	100
Teufelsvorwerk	600		550			300	520
Koritten	1000		500			200	600
Dikte	290		1000			425	150

205. Königl. Oberförsterei Reppen,

7604 ha. — eben, zushgd. Ki. 0,95 Ei. } Bi. } 0,05 Erl. }	Wege meist gut passirb. Sandwege; Lehmb. von Steinfuhrt bis Grünetisch. Chaussee Reppen-Frankfurt. — Fuhrl. Heuschke in Neue-Welt, A. Barnickel in Reppen. Abfuhr für Grubenholz durch Aurither Fuhrleute (Graßmann-Aurith).	Schbz. Theerofen 560 rm Ki.-Grubh. 400 fm Ki.-Stammh. „ Reppen 400 „ „ „ 900 „ „ „ „ Neuendorf 224 „ „ „ 100 „ „ „ „ Höllanderberg 180 „ „ „ 1900 „ „ „ „ Spring 180 „ „ „ 1100 „ „ „ „ Grünetisch 180 „ „ „ 730 „ „ „ „ Zohlow 140 „ „ „ 1060 „ „ „ „ Polenzig 310 „ „ „ 100 „ „ „

206. Königl. Oberförsterei Müllrose,

5377 ha. — eben, 4 Schbz. i. einem Komplex, 2 Schbz. isolirt. Ki. 1,0	Innerhalb des Rev. nur Erdwege, jedoch von guter Beschaffenheit. Wasserverbindg. Spree und Oder-Spree, sowie Fr. Wilh. Canal, 7 fiskal. Holzabl. innerh. des Rev. — Fuhrunternehmer in Müllrose und Biegenbrück.	Schbz. Kaisermühl 500 fm Kiefern-Stammholz „ Junkerfeld 300 „ „ „ „ Biegenbrück 500 „ „ „ „ Schwarzheide 800 „ „ „ „ Neuhaus 500 „ „ „ „ Buschschleuse 1300 „ „ „

207. Königl. Oberförsterei Dammendorf,

ha. — eb., O.-Rand hügel. zsh. nur 1 Schbz. isolirt. Ki. 0,9 Ei. 0,1	Chauss. Grunow-Fürstenberg u. Weichensdorf-Schlaubemühl schneiden das Revier in westöstl. Richtung, sonst gute Lehmchauss. — Fuhrleute Karras in Grabow und Bauern in den umliegenden Dörfern.	Schbz. Theerofen 2000 fm Ki.-Langnutzh. „ Chacobsee 1500 „ „ „ „ Dammendorf 800 „ „ „ 200 fm Eichen-Langholz. 50 m Eichen-Schichtholz. Ganzes Revier: 700 fm Kiefern-Grubenholz, 1000 rm Kiefern-Brennscheite und Knüppel.

208. Königl. Oberförsterei Krossen,

4519 ha. — eben, parzell. Ki. 0,9 Ei. } Bu. } 0,1 Wh. }	Innerh. der Forstorte vielfach Lehmbahn, außerh. Chauss. — Oderstrom mit 3 Abl. — Fuhrunternehm. Walter in Weißeberg, Langner in Rädnitz; ferner Bauern in Rampitz, in Eichberg, Melschnitz, Skyren und Radenickel.	Schbz. Bindow 800 fm Ki.-Stammh. 90 fm Ki.-Grubenh. „ Rädnitz 1540 „ „ „ 360 „ „ „ „ Eichberg 890 „ „ „ 170 „ „ „ „ Messow 1300 „ „ „ 400 „ „ „ „ Meldensee 850 „ „ „ 140 „ „ „ „ Rampitz 560 „ „ „ 140 „ „ „

209. Königl. Oberförsterei Braschen,

5863 ha. — meist eben, im S.O. hügel. zusammenh. Ki. 0,96 Ei. 0,01 Erl. } Bi. } 0,03	Innerhalb des Rev. die Guben-Crossener Chaussee und viele mit Lehm u. Kies bef. Wege. An der Ostſ. die Chauss. Crossen-Sommerfeld. In Crossen Wasserabl. an der Oder. — Fuhrleute in Braschen, Merzwiese, Brankow, Pohlo, auch in Guben und Crossen.	Schbz. Bobersberg 900 fm Ki.-Stammh. 240 fm Ki.-Grubenh. „ Brankow 800 „ „ „ 260 „ „ „ „ Blochbude 600 „ „ „ 280 „ „ „ „ Theerofen 1600 „ „ „ 300 „ „ „ „ Rehlaug 600 „ „ „ „ Merzwiese 1000 „ „ „ „ Pohlo 1000 „ „ „ 200 „ „ „

210. Königl. Oberförsterei Tauer,

4768 ha. — zusammenh., eben, z. Th. sandig.	Chaussee Cottbus-Peitz-Guben durchschn. SO.-Rev., die z. gr. Th. als Lehm- und Kiesb. ausgeb. Hauptwege schließen an Chaussee an und sind gut fahrbar. — Fuhruntern. Schneider, Neumann in Peitz, ferner Bauern in Tauer, in Preylack und Drehnow, und Peitz.	Schbz. Kleinsee 1500 fm Ki.- stark. Bauh. 200 fm Ei. desgl. „ Großsee 1000 „ „ mittelst. „ Theerofen 1500 „ „ stark. „ 700 „ „ „ „ Schönhöhe 500 „ „ mittelst. „ Tauer 1000 „ „ „ Ganzes Revier: 2500 fm Gruben- und Schleifholz.

Oeffentliche Holzlicitationen finden statt in	Unterkommen im Gasthofe f. Holzhändler, Forst-Assessoren u. Referendare in möglichster Nähe der Oberförsterei	Zustand des Oberförsterdienst-Gebäudes	Wo Kirche, wo Schule? In welcher Zeit zu erreichen?	Wo Arzt, wo Apotheke, wo Amtsgericht?	Nebenämter des Revierverwalt. Wenn ständiger Assistent vorhanden, wo wohnt derselbe?
Rgbz. Frankfurt. (Karte 17.)					
In Zielenzig Gasth. zum grünen Baum und Hotel zum Löwen.	In Zielenzig, Hot. Sonne und Hotel zum Löwen (Reiche).	Miethswohn. in d. Stadt Zielenzig (6000 Einw.). Dienstwohnung nicht in Aussicht. — Ausreichende Miethswohnung kaum zu haben.	Evg. u. kath. Kirche in Zielenzig, auch Elementarschule. Gymnasium in Meseritz oder Frankfurt.	In Zielenzig.	
Rgbz. Frankfurt. (Karte 17.)					
In Lagow, Gasth. Schindler und Schulz.	In Lagow ausreichendes Unterkommen.— Auch Privatquartier erhältlich, da der Ort auf Sommergäste eingerichtet ist.	Altes Dienstgeb. im Forstgut Lagow, doch mitten in Stadt Lagow, 390 Einw. Ausreich. Wohnräume, Wirthschaftsgeb. sehr beschr. Nächste Stadt Schwiebus, 8600 Einw., Sternberg, 1600 Einw., Zielenzig, 6000 Einwohner.	Ev. Kirche u. Pfarre, wie gew. Landschule im Ort. Gymnas. in Meseritz oder Frankfurt. Beide in $2^1/_2$ Stunden, theils per Wagen, theils per Bahn erreichbar.	Arzt u. Apotheke in Liebenau, 10 km.	Für verh. Assess. Wohnung im Ort erhältlich.
Rgbz. Frankfurt. (Karte 17.)					
In Reppen, Hotel Lambateur.	In Reppen, Hot. Lambateur. Für Regimenter in Steinfahrt bei Schultze. In Neue Welt, ca. 7 km.	Dienstgehöft, 3 km von Reppen (4600 Einw.), südöstlich am Waldrande, 600 m von der Chaussee geleg. — Frankfurt a./O. (61800 Einw.), Landgericht, Garnison, in 35 Min. Bahnf. und 4,6 km Ldw. zu erreichen.	Evg. Kirche u. Volksschule in Reppen. Gymnas. in Frankfurt. Bahnverbindung von Bahnh. Reppen aus, aber kein pass. Frühzug.	Arzt u. Apotheke in Reppen, 3 km.	Amts- und Gutsvorst. Standesbeamter. — Verh. Assessor könnte nur in Reppen wohnen.
Rgbz. Frankfurt. (Karte 17.)					
In Kaisermühl, Gasth. von Aßmann. In Müllrose, am Bahnhof.	In Müllrose, Hotel „Prinz von Preußen".	Gutes, neues Gebäude, $^1/_2$ km vom Bahnhof und 2 km von Stadt Müllrose entfernt (2000 Einwohner). Nächste Stadt Frankfurt, 13 km Chaussee oder 20 Minuten Bahnfahrt.	Evg. Kirche u. Pfarre in Müllrose. Täglicher Besuch des Gymnasiums in Frankfurt von der Oberförsterei aus möglich.	Arzt u. Apotheke in Müllrose, 2 km.	Wohnung für verh. Assessor wäre in Müllrose zu haben.
Rgbz. Frankfurt. (Karte 17.)					
In Grunow, Gasth. Karras.	In Grunow, Gasth. Karras, 2 km. In Dammendorf bei Lehmann.	Aelteres Dienstgebäude im Dorf Dammendorf an Chaussee Grunow-Fürstenberg. Ausreichende Wirthschaftsr., kein sogen. Jägerhaus. Nächste Stadt Beeskow, 4200 Einwohner. Kreisst., Garn., in 35 Min. Bhf. u. 20 Min. Wgnf. z. err.	Ev. Kirche u. Dorfschule in Grunow, 2 km. Gymnasium in Frankfurt, 20 Minuten Wagen- und 35 Min. Bahnfahrt.	In Beeskow, 14 km.	Amts- u. Gutsvorst. Forstamtsanwalt. Darrverwalt.—Unterkommen für verheirath. Assessor z. Zt. schwierig.
Rgbz. Frankfurt. (Karte 17.)					
In Crossen, Rathhaussaal. In Rampitz, Gasth. Hubbe.	Bei bescheidenen Ansprüchen in den Gasthöfen zu Rampitz, Güntersberg, Rädnitz.	Aelteres geräumiges Dienstgebäude, 4 km westlich vom Dorf Güntersberg, an Chauss. Güntersberg-Fürstenburg gelegen. Wirthschaftsräume ausreich. Nächste Stadt Crossen, 7400 Einw., Kreisst. Garnison, 10 km.	Evg. Kirche u. Pfarre in Eichberg, 4 km. Kath. Kirche, Realprogymnas., höhere Töchterschule in Crossen. Gymnasium in Guben.	In Crossen, 10 km.	Amtsvorst.-Stellvertret. Gutsvorst. Forstamts. anw. — Wohng. für verh. Assess. nicht zu haben.
Rgbz. Frankfurt. (Karte 17.)					
In Merzwiese, Gasth. Praechnatz. In Bobersberg, Schwarzer Adler.	In Merzwiese bei Paechnatz. In Bobersberg im deutschen Haus.	Altes, aber geräumiges Gebäude, 3 km nördlich des Dorfes Braschen (500 Einwohner) an Guben-Crossener Chauss. Wohn- u. Wirthschaftsräume gut. Nächste Stadt Crossen, 9 km.	Evg. Kirche in Merzwiese, 5,5 km. Kath. in Crossen, 9 km. Dorfschule in Braschen, Gymnasium in Guben.	In Crossen, 9 km.	Amtsvorsteher.— Wohnung für verh. Assess. in Merzwiese, 5,5 km, möglich.
Rgbz. Frankfurt. (Karte 17.)					
In Peitz, Deutsches Haus, ausnahmsweise in Tauer im Gasthof.	Bei bescheidenen Ansprüchen in Tauer bei Lehmann u. Jakobitz, sonst in Peitz, Deutsches Haus.	Sehr altes Gebäude, ziemlich geräumig, jedoch in wenig gutem Bauzustande, an der Dorfstraße, mitten in dem 800 Einwohner zählenden Dorf Tauer.	Evg. Kirche in Tauer, Pfarre in Peitz, Gymnasium in Cottbus; für tägl. Schulbesuch nach dort per Bahn im Winter passender Frühzug vorhanden.	In Peitz.	Amtsvorst. und Gutsvorst. Standesbeamter. Vorsitzender der Voreinschätzungs-Commission.

Sitz der Oberförsterei nebst Poststation	Entfernung des Oberförstereisitzes von der nächsten Eisenbahnstation bezw. Haltestelle. Post- und regelmäßige Reiseverbindungen auf Landwegen.	Durchschnittliche Entfernungen und ungefähre Anfuhrkosten von den einzelnen Reviertheilen für Bahn- bezw. Wassertransport, und zwar: Schutzbezirk	Entfernung bis Güterbahnhof	Anfuhrkosten pro fm M.	Entfernung bis Wasserablage	Anfuhrkosten pro fm M.

203. Königl. Oberförsterei Zielenzig, Rgbz. Frankfurt. (Karte 17.)

Sitz	Entfernung	Schutzbezirk	bis Güterbahnhof	M.	bis Wasserablage	M.
Zielenzig, Post, Kreis Ost-Sternberg.	Zielenzig ist Eisenbahnstat. Jetzige Miethswohnung ca. 1,5 km vom Bahnhof (Pflasterstraße).	Trebow	4—14 km bis Zielenzig	3—4	9—16 km bis Warthe desgl.	
		Mäkow	4—14 „ desgl.	3—4		
		Tauerzig	5—10 „ desgl.	3—4		
		Malsow	kommen nicht in Betracht, da nur Aufforstungsflächen			
		Schermeisel				

204. Königl. Oberförsterei Lagow, Rgbz. Frankfurt. (Karte 17.)

Sitz	Entfernung	Schutzbezirk	bis Güterbahnhof	M.	bis Wasserablage	M.
Lagow, Post, Kreis Ost-Sternberg.	Nach Wutschdorf 9 km (Privatpost 2 mal täg.) Nach NeuCunersdf. 14 km Nach Topper 9 km. } Strecke Reppen-Pos. nur f. Persz. Schnellzüge: Schwiebus 22 km. Schermeisel 14 km (Sekundärbahn Reppen-Birnbaum.)	Buchspring	6 km Pflasterweg bis Schermeisel.			
		Tempel	3 km Chaussee desgl.			
		Langenpfuhl	4—5 km Chaussee bis Schermeisel oder Tempel.			
		Grunow	10 km Chaussee bis Wutschdorf.			
		Teufelsvorw.	0—4 km Pflasterw. bis Neu-Kunersdorf.			
		Coritten	0-4 km Pflastw. desgl.			
		Dikte	5-8 km Pflastw. desgl.			

205. Königl. Oberförsterei Reppen, Rgbz. Frankfurt. (Karte 17.)

Sitz	Entfernung	Schutzbezirk	bis Güterbahnhof	M.	bis Wasserablage	M.
Reppen, Post, Kreis West-Sternberg.	4,6 km bis Bhf. Reppen (u. zwar 0,6 km bis Chauss. Reppen-Zichingen, von da 2 km bis Stadt Reppen, und von hier 3 km bis Bhf. Reppen). — 2 km bis Stat. Hermania. (Linie Reppen-Bresl.)	Theerofen	3 km bis Hermania	0,90 b. 1,25 f. Grbh. 3—3,5 f. Langh.	11 km bis Oder-Abl. (Aurith)	1,25-1,50 f. Grbh., 3,00 für Langh.
		Reppen	3 „ desgl.		11 „ desgl.	
		Neuendorf	6 km bis Reppen			
		Holländerberg	8 „ desgl.		9 „ desgl.	
		Spring	8-9 km bis Blankensee		8 „ desgl.	
		Grünetisch	8-9 „ desgl.		8 „ desgl.	
		Zohlow	8 „ desgl.		10 „ desgl.	
		Polenzig	6 km bis Reppen			

206. Königl. Oberförsterei Müllrose, Rgbz. Frankfurt. (Karte 17.)

Sitz	Entfernung	Schutzbezirk	bis Güterbahnhof	M.	bis Wasserablage	M.
Forsth. **Katharinensee,** Post Müllrose, Kreis Lebus.	500 m Pflasterweg bis Bahnhof Müllrose. (Linie Frankf.-Cottbus.)	Kaisermühl	0—6 km Erdweg bis Müllrose.	0,80 bis 1,20		
		Junkerfeld	3 km Chaussee desgl.			
		Biegenbrück	4 „ „ desgl.		4 km bis Fr. Wilh. Kanal.	0,80 bis 1,20
		Neuhaus			2—3 km desgl.	
		Schwarzheide			3—5 „ desgl.	
		Buschschleuse			2—4 „ desgl.	

207. Königl. Oberförsterei Dammendorf, Rgbz. Frankfurt. (Karte 17.)

Sitz	Entfernung	Schutzbezirk	bis Güterbahnhof	M.	bis Wasserablage	M.
Dammendorf, Post Grunow, Kreis Lübben.	4 km Chaussee nach Grunow. (Linie Frankf.-Cottbus). — 18 km nach Fürstenberg. (Berlin-Breslauer Eisenbahn.)	Theerofen	8 km bis Weichensdorf.	3	13 km. b. Schwielochsee (Spree).	
		Planheide	1 „ desgl.	1,30	6 km desgl.	
		Chacobsee	7 „ desgl.		14 km b. Müllr.-Kanal.	
		Dammendorf	3 „ bis Grunow.	2,50	10 „ desgl.	

208. Königl. Oberförsterei Krossen, Rgbz. Frankfurt. (Karte 17.)

Sitz	Entfernung	Schutzbezirk	bis Güterbahnhof	M.	bis Wasserablage	M.
Forsth. **Güntersberg,** Post Güntersberg, Kreis Krossen.	11 km Chauss. und Pflasterb. nach Krossen (Posen-Guben) u. 12 km Landw. üb. Skuren nach Baudach (Reppen-Rothenburg.) Privatpost 1 mal tägl. von Ziebingen über Güntersberg nach Krossen und zurück.	Bindow	3 km bis Rädnitz	0,70	3—5 km bis Oder-Abl.	0,80 bis 1,00
		Rädnitz	3 „ desgl.	0,70		
		Eichberg	12 km bis Krossen und Baudach	1,80		
		Messow				
		Meldensee	9 km bis Fürstenberg	1,50		
		Rampitz	9 „ „ „	1,50		

209. Königl. Oberförsterei Braschen, Rgbz. Frankfurt. (Karte 17.)

Sitz	Entfernung	Schutzbezirk	bis Güterbahnhof	M.	bis Wasserablage	M.
Braschen, Porst Merzwiese, Kreis Krossen.	5,5 km nach Bahnst. Merzwiese, thls. befest. thls. Erdw. — 9 km Chauss. nach Krossen. — 20 km Chauss. nach Guben.	Bobersberg	15 km meist Chaussee bis Krossen	3—4 für Stmh., 1,5 bis 2 pro rm Grubh.	15 km bis OderAbl.	
		Brankow	19 km desgl.		19 km desgl.	
		Blochbude	9 km Erdweg bis Merzwiese		12 km desgl.	
		Theerofen	5 km desgl.		15 km desgl.	
		Rehlaug	3 km desgl.		11 km desgl.	
		Merzwiese	3 km desgl.		15 km desgl.	
		Pohlo	12 km desgl.		23 km desgl.	

210. Königl. Oberförsterei Tauer, Rgbz. Frankfurt. (Karte 17.)

Sitz	Entfernung	Schutzbezirk	bis Güterbahnhof	M.	bis Wasserablage	M.
Tauer, Post, Kreis Cottbus.	6 km Chauss. nach Bhf. Peitz-Stadt (Cottbus-Frankf.) — 9 km Chauss. nach Stat. Peitz-Ost, (Cottbus-Guben). — 4 km nach Station Jänschwalde, (Cottbus-Guben), Landweg, nur bei trockn. Wetter passierbar.	Kleinsee	14 km mst. Chauss. bis Peitz (Stadt)	2 bis 2,50		
		Tauer	5 km desgl.			
		Großsee	3—5 km desgl.			
		Theerofen	3—5 km desgl.			
		Schönhöhe	3—5 km desgl.			

Sitz der Oberförsterei nebst Poststation.	Entfernung des Oberförstereisitzes von der nächsten Eisenbahnstation bezw. Haltestelle. Post- und regelmäßige Reiseverbindungen auf Landwegen.	Durchschnittliche Entfernungen und ungefähre Anfuhrkosten von den einzelnen Reviertheilen für Bahn- bezw. Wassertransport und zwar: Schutzbezirk	Entfernung bis Güterbahnhof	Anfuhrkosten pro fm M.	Entfernung bis Wasserablage	Anfuhrkosten pro fm M.
211. Königl. Oberförsterei Peitz, Rgbz. Frankfurt. (Karte 17.)						
Louisenruh, Post Peitz, Kreis Cottbus.	300 m bis Bhf. Peitz.	Dolk	7 km Erdw. b. Peitz			
		Dubrau	6 „ „ „ Liebitz			
		Drachhausen	7 „ desgl.			
		Tannenwald	8 „ desgl. b. Byhlen			
		Fehrow	5 „ „ b. Byhleguhre			
212. Königl. Oberförsterei Jänschwalde, Rgbz. Frankfurt. (Karte 17.)						
Jänschwalde, Post, Kreis Cottbus.	Haltestelle am Ort (Strecke Guben-Cottbus); Oberförsterei zu Fuß in 10 Minuten auf Erdweg zu erreichen.	Dührings-heide	ca. 9 km bis Bhf. Peitz-Ost			
		Heinersbrück	ca. 9 km bis Bhf. Peitz-Ost			
		Kl. Heide	nahe bei Bhf. Peitz-Ost			
		Jänschwalde	ca. 5 km bis Bahnh. Peitz-Ost			
		Taubendorf	ca. 6 km bis Bahnh. Kerkwitz			
		Schenkendorf	ca. 6 km bis Bahnh. Guben			
213. Königl. Oberförsterei Christianstadt, Rgbz. Frankfurt. (Karte 17.)						
Christianstadt, Post, Kreis Sorau. N./L.	1 km vom Bhf. Christianstadt.	Rodtstock	5 km Erdweg bis Gassen	2		
		Christianstadt	1—4 km Chaussee bis Christianstadt	0,5—1		
		Sablath	4—8 km desgl.	1—1,5		
		Kriebau	3—7 km Erdw. dsgl.	1,5-2,5		
		Neudorf	7—10 km desgl.	3		
		Häselich	14 km meist Chaussee bis Sommerfeld	2,50		
		Sarkow	15 km desgl.	2,50		
214. Königl. Oberförsterei Sorau, Rgbz. Frankfurt. (Karte 17.)						
Sorau, N./L. Post und Kreis Sorau.	Bahnstation am Orte (0,5 km von Oberförsterei).	Nieder-Ullersdorf	2 km bis Hansdorf	1,5—2		
		Kunzendorf	1—2 km befest. Weg bis Marsdorf	1—2		
		Sorauerwald	3—4 km befest. Weg bis Sorau.	2—3		
		Gr. Särchen	2—4 km Erdweg bis Gr. Särchen	2,5—3		
		Triebel	3 km Chss. b. Triebel	2		
		Hermsdorf	7 km mst. Chss. b. Gassen	3,5—4		
215. Königl. Stifts-Oberförsterei Siehdichum, Rgbz. Frankfurt. (Karte 17.)						
Siehdichum, Post Grunow, Kreis Guben.	6 km Landweg nach Station Grunow, zur Hälfte befestigt. Weg und zur Hälfte Chaussee.	Schönfließ	6 km bis Fürstenberg	2,75	5 km bis Oder-Spree-Canal	2,75
		Fünfeichen	8 km „ Müllrose	3	8 km desgl. (Rautenkranz)	3
		Kupferhammer	8 km „ Grunow	3—4	10 km desgl.	3—4
		Rautenkranz			3 km desgl.	1,50
		Riessen	6 km „ Müllrose	1,50-2	5 km desgl.	1,50
		Callinenberg	4 km desgl.	1,5—2	4 km desgl. (Müllrs.)	1,5—2
216. Königl. Stifts-Oberförsterei Neuzelle, Rgbz. Frankfurt. (Karte 17.)						
Neuzelle, Post, Kreis Guben.	Bahnstation am Orte (1,5 km von Oberförsterei).	Borack	12 km Erdw. b. Guben	3,50		
		Breslack	8 „ „ b. Neuzelle	2,50		
		Steinsdorf	10 „ meist Chaussee bis Neuzelle	2,50		
		Göhlen	12 km Erdw. b. Neuzelle	3,5—4		
		Schwerzko	5 km desgl.	2		
		Henzendorf	11 km desgl.	3,50		
		Treppeln	10 km Chauss. desgl.	2,75		
		Kobbeln	9 km mst. Chss. desgl.	2,75		
		Ullersdorf	6,5 km Erdweg bis Weichensdorf	2,25		
217. Königl. Oberförsterei Paruschowitz, Rgbz. Oppeln. (Karte 16.)						
Paruschowitz, Post, Kreis Rybnik.	Haltestelle am Ort (1 km). — Stat. Rybnik, ca. 3 km, beide an der Bahnstrecke Nendza-Kattowitz. Verbind. mit Hauptstrecke der Oberschlesischen Bahn entweder nach Nendza-Ratibor oder über Orzesche, Gleiwitz, Kandrzin.	Lärchenbg.	4 km Chss. b. Rybnik			
		Vosfeldt	6 km desgl.	2,5—3		
		Paruschowitz	4 km desgl.	2-2,25		
		Wielepole	6 „ Chss. 3 Erdw. dsgl.			
		Kniecz-enitz	15 km mst. Erdw. „	3—4		
		Ochojetz	10 km Chss. desgl.	3—3½		
218. Königl. Oberförsterei Rybnik, Rgbz. Oppeln. (Karte 16.)						
Sohrau O./Schl. Post, Ring Nr. 100, Kreis Rybnik.	Sohrau, Post und Bahnstation (Linie Gleiwitz-Sohrau). Außerdem erreichbar von Bahnhof Rybnik (Linie Orzesche-Nendza), 3 km Chaussee.	Klokotschin	4—7 km bis Sohrau	1—2,5		
		Jankowitz	7 km meist Chaussee bis Rybnik	2,5-4,5		
		Chwalowitz	3—5 km Chaussee bis Rybnik	1,8-2,2		
		Neudorf	4—7 km Erdweg bis Sohrau	2—3		
		Fichtberg	3—7 km Erdweg bis Czerwionka	2—3		
		Waldheim	6-12 km ½ Chss. b. Rybn.	2—4		

Flächengröße u. Charakter des Reviers. Vertheilg. der Hauptholzarten nach Zehnteln.	Beschaffenheit des Wegenetzes im Reviere und der sich daran schließenden Abfuhrstraßen, sowie der etwaigen Wassertransportwege. Adressen von größeren Fuhrunternehmern.	Jahresquantum der Haupt=Verkaufshölzer nach Holzarten und Sortimenten (unter Abrechnung des Lokalbedarfs.)

211. Königl. Oberförsterei Peitz,

ha. — eben, zushgd. Ki. 0,916 Fi. 0,080 Bi. 0,004	Innerhalb der Forstorte vielfach Lehm= und Kiesbahnen, desgl. außerhalb sonst Erdwege nach den nächsten Bahnhöfen. — Fuhrunternehmer R. Meyer in Peitz und G. Neumann in Louisenruh, ferner Bauern in Drachhausen u. Drehnow bei Peitz.	Schbz. Dolk 600 fm Bauh. 300 fm Grubh. 600 rm Brennh. „ Dubrau 300 „ „ 300 „ „ 500 „ „ „ Drachhau . 700 „ „ 300 „ „ 600 „ „ „ Fehrow 500 „ „ 200 „ „ 200 „ „ „ Tannenwald 200 „ „ 500 „ „ 300 „ „ } Ki. 20 fm Fi.=Langholz.

212. Königl. Oberförsterei Jänschwalde,

3089 ha. — eben, parzell. Ki. 1,0	Erdwege im Revier ziemlich gut fahrbar, außerhalb im Winter in sehr schlechtem Zustande.	Kein Handelsholz.

213. Königl. Oberförsterei Christianstadt,

7679 ha. — theils eben, theils hügel. auß. 2 Schbz. zusammenhg. Ki. 1,0	Durch S.-Revier läuft Chaussee, durch W.-Theil befestigte Sorau=Crossener Straße, außerdem einzelne Lehmbahnen. — Fuhrunternehmer Hoffmann in Benau, Kothe in Christianstadt, Wonde in Sommerfeld, Bauern in Sablath u. Tauchel.	Schbz. Rodtstock 230 fm Ki.=Grubenholz „ Christianstadt 550 „ „ „ „ Sablath 900 „ „ Stammholz „ Kriebau 1200 „ „ Grubenholz „ Neudorf 900 „ „ 2/3 „ 1/3 Stammholz „ Haeselich 600 „ „ 1/2 „ 1/2 „ „ Sarkow 700 „ „ 3/4 „ 1/4 „ „ Dachower Lug 1500 rm Torf.

214. Königl. Oberförsterei Sorau,

3117 ha. — parzell., meist eb., Sorauerwald gebirg. Ki. 0,7 Ta. } 0,2 Fi. } Ei. } 0,1 Bu. }	Meist ausgebaute Waldwege und gute Anschlüsse an Pflasterstr. und Chauss. — Fuhrleute in Nieder=Ullersdorf, Kunzendorf, Albrechtsdorf, Sorau, Seiferdorf, Gr. Särchen, Triebel.	Schbz. Nieder=Ullersdorf 200 fm Ki.=Bauholz „ Kunzendorf 400 „ „ „ „ Sorauerwald 1800 „ Nadelh. 3/4 Ki. 1/4 Fi.=Ta. „ Gr. Särchen 1750 „ „ 4/5 „ 1/5 „ „ „ Triebel 450 „ Ki. „ Hermsdorf 500 „ „ „ Sorauerwald 30 fm Ei. 30 fm Bu. 30 fm Bi.= Erl.Stammh.

215. Königl. Stifts-Oberförsterei Siehdichum,

5840 ha. — 3 Schbz. hügelig, 3 mst. eben.	Der Oder=Spree=Kanal berührt das Revier mit fiskal. Ablage bei Müllrose und bei Rautenkranz, Privatablage bei Ziltendorf und Fürstenberg an der Oder. Abfuhrwege überall geebnet und befestigt. — Fuhrleute in Müllrose Schultz, Stregel, u. Lehmann in Tschernsdorf, in Riessen Sosemann, in Schönfließ Böhme.	Schbz. Schönfließ 1300 fm Ki.=Bauholz 300 fm Kloben u. Knüppel. „ Fünfeichen 600 fm Ei.=Nutzstangen 1000 fm Ki.=Nutzstangen 400 fm Ei.- und Ki.=Brennholz „ Kupferhammer 100 fm Ei.=Nutzst. 1100 fm Ki.=Nutzst. 400 fm Ki.=Brennholz „ Rautenkranz 400 fm Ki.=Grubenholz „ Riessen 1100 „ „Bau=u.Grbh. 400 Ki.=Brennholz „ Callinenberg 600 „ „ „ „ „ 200 „ „

216. Königl. Stifts-Oberförsterei Neuzelle,

6343 ha. — eben theilw. wellig, parzellirt. Ki. 0,9 Ei. 0,1	Innerhalb des Reviers meist Erdwege, theilweise Lehmbahnen, außerh. gute Chauss. Oder=Spree=Canal mit Ladestelle bei Schönfließ, durchschnittlich 20 km Chaussee. — Fuhrleute in Neuzelle Koschak und Harnack, in Cummro Böhme, ferner Bauern in Steinsdorf, Göhlen u. Henzendorf, Schwertzko, Möbiskruge, Kieselwitz u. Ullersdorf.	Schbz. Borack 170 fm Ki.=Bauholz 80 rm Grubenholz „ Steinsdorf 370 „ „ „ 220 „ „ „ Schwertzko 50 „ „ „ 200 „ „ „ Treppeln 700 „ „ „ 300 „ „ „ Ullersdorf 600 „ „ „ 300 „ „ „ Breslack 60 „ „ „ „ Göhlen 750 „ „ „ 300 „ „ „ Henzendorf 700 „ „ „ 300 „ „ „ Kobbeln 600 „ „ „ 300 „ „

217. Königl. Oberförsterei Paruschowitz,

3474 ha. — fast eben, 2 größ. Complexe, 2 Parzellen.	Revier wird von 3 Chausseen durchschn., bezw. berührt. Wege und Gestelle innerhalb fast alle bekiest und gut fahrbar. — Bahnspediteur Adler in Rybnik vermittelt Abf. und besitzt große Ablageplätze an den Bahnhöfen Rybnik und Czerwionka. — Fuhrleute in Pallowitz, Orzesche, Wielepole, Stanowitz.	(see table below)

Schutzbezirk	Stammholz (fm) Ei.	Bu.	Bi.	Na.	Rollholz (rm) Hbu.	Bi.
Lärchenberg	20			400		
Bosfeldt				1000		
Paruschowitz				1000		
Wielepole		50	50	800	50	100
Knieczenitz		50	80	1000		100
Ochojetz		30	100	1800		100

218. Königl. Oberförsterei Rybnik,

2906 ha. — hügelig, parzellirt. Ki. 0,7 Fi. 0,2 Ta. 0,1	Innerhalb der Forstorte ziemlich gute Erdwege, z. Th. mit Kiesdecke. Die Wege außerhalb, so weit es nicht Chausseen sind, nicht besonders gut. — Fuhrleute in Poppelau, Jankowitz, Rowin, Klokotschin, Wielepole, Marklowitz.	Schbz. Klokotschin 500 fm Ki. 200 fm Fi. „ Jankowitz 400 „ „ 400 „ „ 200 fm Ta. „ Chwalowitz 300 „ „ 300 „ „ 100 „ „ „ Neudorf 900 „ „ 200 „ „ „ Fichtberg 500 „ „ 700 „ „ 100 „ „ „ Waldheim 1000 „ „ 300 „ „ } Langholz

Oeffentliche Holzlicitationen finden statt in:	Unterkommen im Gasthofe f. Holzhändler, Forst-Assessoren u. Referendare in möglichster Nähe der Oberförsterei	Zustand des Oberförsterdienst-Gebäudes	Wo Kirche? Wo Schule? In welcher Zeit zu erreichen?	Wo Arzt, wo Apotheke, wo Amtsgericht?	Nebenämter des Revierverwalt. — Wenn ständiger Assistent vorhanden, wo wohnt derselbe?
Rgbz. Frankfurt. (Karte 17.)					
In Peitz, Hotel z. deutsch. Hause. In Louisenruh, Hotel Stadt Frankfurt, (Illing).	Bei besch. Anspr. in Drachhausen bei Lehmann, 2 km v. Reviergr.; sonst dicht bei Oberf. im Hotel Stadt Frankfurt in Louisenruh.	Miethswohn. in Louisenruh bei Peitz, unmittelbar am Bhf. und Stadt Peitz, letztere mit 3500 Einwohnern. Dienstwohn. nicht in Aussicht.	Ev. Kirche u. Pfarre in Peitz. Kath. Gottesdienst in Cottbus, dortselbst Gymnas. 20 Min. Bahnfahrt. (Für tägl. Schulbesuch nach dort pass. Frühzug vorh.)	In Peitz.	Forstgutsvorst. Forstamtsanw. — Wohn. für verh. Ass. in Peitz zu haben.
Rgbz. Frankfurt. (Karte 17.)					
In Jänschwalde, Gasth. Krantz. In Heinersbrück, Gasth. Rennert.	In Peitz, Hot. z. deutsch. Hause. In Louisenruh, Hot. Stadt Frankfurt.	Gutes Gebäude im Dorfe Jänschwalde, 800 Einw. Nächste Stadt Peitz, 3500 Einwohn. Kreisst. Cottbus, 38000 Einw., Landger., Garn., in 23 Min. Bahnf. zu err.	Ev. Kirche u. Schule am Orte. Gymnas. in Cottbus. 23 Min. Bahnfahrt.	In Peitz, 6,5 km.	Amtsvorsteher.
Rgbz. Frankfurt. (Karte 17.)					
In Christianstadt, Gasth. „z. weiß. Roß". In Sablath, in der Schänke. Im Gasth. Daube, Bahnst. Sommerfeld.	In Christianstadt, Gasth. z. weißen Roß. Gasth. z. gold. Stern. Schützenhaus.	Altes Jagdschloß, zur Domäne Christianstadt, sehr geräumig. Christianstadt 1750 Einw. Kreisst. Sorau, 15000 Einw. ¾ St. Bahnf. — Sagan, 13200 Einw., Kreisst. Garnis., 1 St. Bahnf.	Ev. u. kath. Kirchen und Pfarren, sowie Elem.-Schulen am Orte. Gymnas. in Sorau, 18 km, Bahnverbindung.	In Christianstadt. Amtsgericht in Sorau.	Amts- und Gutsvorsteher. Standesbeamter.
Rgbz. Frankfurt. (Karte 17.)					
In Sorau, Kirchgeorgsrestaur. In Gr. Särchen, Brauerei Ladowski. In Triebel, Hotel Angermann.	In Sorau, Hotels „Sonne" und „Stern".	Geräumige Dienstwohnung, 20 Jahre alt, in der Kreisstadt Sorau, 4400 Einw., gute Baulichkeiten. (Wasserleit.) — Sagan in 10 Min. Bahnf. zu erreichen.	Kirchen, Gymnas., höhere Töchterschule in Sorau.	10 Aerzte, 2 Apotheken, Amtsgericht in Sorau.	Amts- u. Gutsvorsteher-(Stellvertreter.)
Rgbz. Frankfurt. (Karte 17.)					
In Fürstenberg, bei Voit am Bahnhof.	Für Holzhändler in Müllrose, bei Kloßmann. In Fürstenberg, bei Voit. Für Forst-Ass. in Kupferhammer im Forstgebäude.	Altes, aber wohnliches Gebäude von Lehmfachwerk, 6 km von Stat. Grunow im Laubw. an den Schlaubeseen auf einem Berge, landschaftl. schön, aber sehr isolirt gelegen.	Ev. Kirche in Fünfeiche, Dorfschule in Tschernsdorf, beide 7 km.	In Beeskow, 6 km Landweg u. 10 km Eisenbahn. Amtsger. in Fürstenberg, 19 km.	Guts- u. Amtsvorsteher. Forstamtsanwalt. Waisenrath. Vorsitz. der Voreinschätzung. Schiedsmann.
Rgbz. Frankfurt. (Karte 17.)					
In Neuzelle, Klosterbrauerei und Bahnhof Weichensdorf.	In Neuzelle, Rest. Noack, Gasth. Wwe. Behrendt, Schützenhaus.	Neuere, geräumige Dienstwohnung in Neuzelle, (2000 Einwohner). Gute und sehr geräum. Wirthschaftsgebäude.	Ev. u. kath. Kirche und Schule in Neuzelle. Gymnasium in Frankfurt u. Guben.	In Neuzelle. Amtsger. in Fürstenberg.	Guts- u. Amtsvorsteh. — Wohn. f. verh. Ass. ev. in Neuzelle erhältl.
Rgbz. Oppeln. (Karte 16.)					
In Paruschowitz, Münzerei bei Kaller, Hüttengasthaus und Casino Silesia.	In Rybnik, gut, Hotel Langer u. Wittig, $2^1/_2$ km. Bei besch. Anspr. Kaller in Paruschowitz.	Gutes, altes ger. Geb., am Ostr. des Dorfes Paruschowitz, 600 Einw., an Chauss. Wirthschaftsgeb. z. Th. neu. Nächst. St. Rybnik, 2 km (6000 Einw.), Kreisst., Garnis.	Ev. u. kath. Kirchen und Pfarren, Gymnas.-Vorsch. (bis Tertia) in Rybnik. Gymnas. in Pleß, Ratibor, Gleiwitz, in 2 resp. 1 Std. Bahnf. erreichbar.	In Rybnik, 2 km.	Verwalter eines bergfisk. Komplexes. Amtsvorsteher.
Rgbz. Oppeln. (Karte 16.)					
In Sohrau, Hotel Zweig, am Ringe.	In Sohrau, Hotel Zweig und Hotel Prinz von Preußen.	Miethswohnung in der Stadt Sohrau, im Rathhause, am Ringe. Sohrau O.S. (4400 Einw.)	Ev. und kath. Kirche und Volksschule am Orte. Höh. Töchterschule in Rybnik, 13 km Chauss. Gymnas. in Pleß, 21 km Chauss. und in Gleiwitz, $1^1/_2$ Stde. Bahnfahrt.	In Sohrau	Oberaufs. über Sohr. Stadtforst. — Wohn. f. verheir. Assessor in Sohrau erhältl.

Flächengröße u. Charakter des Reviers. — Vertheilg. der Hauptholzarten nach Zehnteln.	Beschaffenheit des Wegenetzes im Reviere und der sich daran schließenden Abfuhrstraßen, sowie der etwaigen Wassertransportwege. Adressen von größeren Fuhrunternehmern.	Jahresquantum der Haupt-Verkaufshölzer nach Holzarten und Sortimenten (unter Abrechnung des Lokalbedarfs.)
		219. Königl. Oberförsterei Woidnig,
4210 ha. — eben, parzell. Ki. 0,7 Ei. 0,1 Bu. 0,1 Bi. } Erl. } 0,1	Fuhrleute in den Dörfern Bobilo, Schwinaren, Woidnig, Heidchen, Königsdorf, sowie Spediteure in Hernstadt und Rawitsch.	Schbz. Bartschdorf 400 fm Ki.- 200 fm Bu.- 50 fm Ei.-Stammh. „ Bobiele 100 „ „ 60 „ „ 50 „ „ „ „ Königsdorf 300 „ Ki.-Stammholz „ Woidnig 400 „ „ „ „ Buchwerder 300 „ „ „ „ Backen 200 „ „ „ 600 fm Ki.-Grubenholz 2000 rm Scheitholz „ Schubersee 1000 fm Ki.-Stammholz
		220. Königl. Oberförsterei Kuhbrück,
2745 ha. — eben, parzell. Ki. 0,90 Ei. 0,05 Erl. } Bi. } 0,05	Innerhalb der Reviertheile sind die wichtigen Wege durch Lehmkiesschüttung befest. Die Vicinalstr. sind innerhalb der Ortsch. und Feldm. in schlechter Beschaffenheit. Die Chausseen sind gut. — Fuhrunternehmer Casper-Frauenwaldau, Kienaß in Nieder-Frauenwaldau.	Schbz. Buchwald 300 Centner Ei.-Spiegel-Rinde. „ Neiderei 600 fm Ki.-Stammh. 400 rm Ki.-Brennholz „ Grochowe 1500 „ „ „ 800 „ „ „ „ Poln. Mühl 800 „ „ „ 500 „ „ „ „ Maliers 1800 fm Ki.-Stmh. 800 rm Ki.-Brh. 10 fm Ei.-Sth. „ Kuhbrück 1000 „ „ „ 500 „ „ „ 30 fm „ Bi.-Stammh. 10 fm Erl.- u. 10 fm Ei.-Stammholz.
		221. Königl. Oberförsterei Kathol. Hammer,
4119 ha. — eben, zushg. Ki.-Rev., im NO. mit etw. Ei. und Bu.	Innerhalb sind Wege meist gut, zum Theil chaussirt (Trachenberger Linie). Chaussee, bezw. Pflaster bis an den Wald, verbunden mit Chaussee Trebnitz-Militsch. Chaussee bis Bhf. Birnbäumel in Aussicht. — Von hier directe Holzverladung nach Breslau und nach der Oder. Fuhrleute in Katholisch Hammer, Birnbäumel, Sulau, Ujeschütz, Gr. Laße.	Jährlicher Einschlag etwa 12 000 fm Nutzholz, darunter etwa 1200 fm Grubenholz, 150 fm Ei., 150 fm Bu. Das Uebrige Ki., von zum Theil vorzüglicher Beschaffenheit und ca. 9000 fm Brennholz, das fast alles von hiesigen Köhlern gekauft, zum kl. Theil als Brennholz weiter verkauft wird.
		222. Königl. Oberförsterei Donnerswalde,
3397 ha. — z. größt. Thl. eben. 2 Schbz. theilw. hüg. Ki. 1,0	Revier wird der Länge nach durch Chauss. Militsch-Trebnitz durchschnitten. Im Uebrigen im östlichen Reviertheil gut ausgebildetes Wegenetz vorhanden, und in dem westlichen fast durchweg fahrbare Gestelle.	Der Abnutzungssatz ist festgesetzt auf: 9000 fm Ki. Hauptnutzung, 5000 fm Ki. Vornutzung. Nähere Angaben fehlen noch, da Oberförsterei erst am 1. Juni 1900 gegründet.
		223. Königl. Oberförsterei Schöneiche,
4453 ha. — eben, zerriss. Ki. 0,7 Ei. 0,2 Erl. 0,1	Im Revier Chaussee von Wohlau über Neudchen bis Friedrichshain, sonst nur Landw. Verladestellen für Holz an der Oder, in den Schbz. Gleinau, Tarxdorf u. Borschen. — Fuhrleute in Schöneiche, Tarxdorf, Kl. Kreidel.	Schbz. Kreidel 600 fm Ki.-Stammholz 300 fm Ei.-Stammh. „ Heidau 500 „ „ „ „ Tarxdorf 700 „ „ „ „ Gleinau 300 „ Ei.- „ „ Borschen 300 „ „ „
		224. Königl. Oberförsterei Nimkau,
3661 ha. — eben, sehr parzellirt. Ei. 0,6 Ki. 0,3 A. L. 0,1	Abfuhrwege im Oderwald von mäßiger Beschaffenheit, im Nadelholz gut. — Fuhrleute in Maltsch.	Schbz. Reichwald 600 fm Ki.-Stammholz. „ Nippern und Hasenwerder 500 fm Ki.-Stammholz „ Pogul und Regnitz } „ Grosen und Kottwitz } 600 fm Ei.-Stammholz „ Prankau und Leubus 1500 fm Ei.-Stammholz.
		225. Königl. Oberförsterei Kottwitz,
3678 ha. — eben, nur Mehltheuer hügelig. Ei. 0,6 Ki. 0,3 Fi. 0,1 sehr parzell.	Erdwege mit Faschinenbefestigung im Ueberschwemmungsgebiet, feste Steinwege im Schbz. Mehltheuer, trockene Sandwege in Schbz. Cranst und Daupe. In 3—6 km Entfernung vom Revier überall Chauss. Die Oder mit fiskalischen Abl. im Schbz. Tschechnitz, Ladest. Tschirne, Margareth. — Fuhrleute in Kottwitz und Zedlitz.	Schbz. Mehltheuer 300 fm Ki.- 200 fm Ei.- 50 fm Hbu. 50 fm Asp.-Stammholz „ Zedlitz 300 fm Ei.- 50 fm Rüst.-Stammholz „ Wiesenwald 250 fm Ei.- 25 fm Rüst.-Stammholz „ Kottwitz 200 fm Ei.- 25 fm Rüst.- 200 fm Ki.-Stammh. „ Tschechnitz 300 fm Ei.- 100 fm Rüst.- Schbz. Daupe 100 fm Ei.- 300 fm Ki.-Stammholz „ Walke 200 fm Ei.- 50 fm Esch.- Schbz. Margareth 200 fm Ei.- Schbz. Strachate 200 fm Ei.-Stammholz „ Cranst 100 fm Ei.- 50 fm Erl.- 50 fm Asp.- 60 fm Ki.-Stammholz
		226. Königl. Oberförsterei Zobten,
2854 ha. — meist gebirg., z. Th. eben. Ki. 0,5 Fi. 0,3 Ta. 0,1 Ei. } Bu. } 0,1	Gutes Wegenetz. Außerhalb genügende Abfuhrstraßen resp. Chauss. Fuhrunternehmer in Zobten. Die Chaussee von Striegau nach Freibg. berührt das Revier. Im Schbz. Hochwald schlechte Wege mit mäßiger Außenverbindung.	Schbz. Silsterwitz 2250 fm Na.- 80 fm Bu.-Stammh. 250 fm Na.-Grubenholz 200 rm Na.-Brennholz „ Zobten 1500 fm Na.- 50 fm Bu.-Stmh. 250 fm Na.-Grubh. „ Bielau 1605 „ „ 70 „ „ „ 250 „ „ „ „ Tampadel 800 fm Na.- 100 fm Bu.-Stmh. 200 fm Na.-Grbh. „ Nonnenbusch 300 fm Na.-Stammholz „ Zedlitzbruch 100 fm Na.- 50 fm Ei.- 10 fm Ah.- 10 fm Rüst.-Stammholz. „ Hochwald 130 fm Na.- 20 fm Ei.-Stammholz.

Oeffentliche Holzlicitationen finden statt in:	Unterkommen im Gasthofe f. Holzhändler, Forstassessoren u. Referendare in möglichster Nähe der Oberförsterei	Zustand des Oberförster-Dienstgebäudes	Wo Kirche? Wo Schule? In welcher Zeit zu erreichen?	Wo Arzt, wo Apotheke, wo Amtsgericht?	Nebenämter des Reviervorwalt. — Wenn ständiger Assistent vorhanden, wo wohnt derselbe?
Rgbz. Breslau. (Karte 18.)					
In Königsdorf, Gasth. Rose. In Bobile, Gasth. Neumann. In Königsbruch, Gasth. daselbst.	In Herustadt, Hotel deutsch. Haus. In Bobile, Neumann's Gasthaus, 2 km n. Rawitsch, Hot. zum Adler.	Gutes Dienstgeb., 30 Jahre alt, im Dorfe Woidnig, an Chaussee. Nächste St. Hernstadt 6 km, (2000 Ew.) und Rawitsch, 8 km Chaussee, 12000 Einw., Kreisstadt, Garnis.	Ev. u kath. Pfarre in Hernstadt, 6 km. Gymn. in Rawitsch (in 40 Minut. auf Chaussee zu erreichen.)	Arzt und Apotheke in Hernstadt, 6 km, oder in Rawisch, 8 km Chauss.	Amtsvorsteher, Forstamtsanw.— Wohnung f. verh. Assessor in Hernstadt (6 km) erhältlich.
Rgbz. Breslau. (Karte 18.)					
In Frauenwaldau, bei Dabisch. In Trebnitz Buchenwald-Restaurant.	In Frauenwaldau bei Hilbig u. Dabisch.	Gutes neues Dienstgeb., neues Jägerhaus, enth. Kanzlei und Wohnung des Sekretärs. Oberf. liegt 1,5 km westl. des Dorfes Frauenwaldau (2000 Einwohn.). von hier noch 3,5 km Chauss. bis Bahnstation Frauenwaldau.	Ev. Kirche u. Schule in Maliers, 2 km. Kath. Kirche u. Schule in Frauenwaldau. Gymn. in Oels, ³/₄ st. Eisenbahnfahrt von Frauenwaldau.	Arzt in Frauenwaldau, 4 km. Apotheke in Festenberg, 12 km Landweg.	In der Nähe kein Unterk. für verh. Assessor.
Rgbz. Breslau. (Karte 18.)					
In Kath. Hammer, Gasth. Willert.	Bei sehr ger. Ansp. in Kath. Hammer, Gasth. Willert u. Gasth. zur Post.	Schönes, sehr ger. Dienstgeb., an Chaussee Trebnitz-Militsch, am Südende des Dorfes Kath. Hammer.—Trebnitz Kreisstadt, 5700 Einw. — Militsch 4000 Einw., Kreisstadt, Garnis. (Beide Orte je 14 km entfernt.)	Ev. Kirche in Kath. Hammer und kathol. Kirche in Schawoine und Kotzeske. Evang. und kath. Dorfschule am Ort. Gymnas. in Breslau, (v. Trebnitz 2 St. Bahnf.)	In Trebnitz.	Unbes. Amtsvorst.—Wohnung f. verheir. Assess. nicht zu haben.
Rgbz. Breslau. (Karte 18.)					
Gr. Termine in Frauenwaldau bei Dabisch. Kleine im Waldkretzscham zu Gr. Perschwitz.	In Frauenwaldau, Gasth. Dabisch.	Miethswohnung in der Kreisstadt Militsch. 4000 Einwohner. Garnison.	In Militsch.	In Militsch.	
Rgbz. Breslau. (Karte 18.)					
In Wohlau, Gasth. z. hohen Hause. In Steinau, Gasth. z. gold. Krone.	Besch. Unterkommen f. Assess. in Reudschen, Meyer's Gasth., 2 km. Für Holzhändl. in Wohlau, Gasth. „zur Sonne", 8 km.	Aelteres, gut erhaltenes und ger. Gebäude in Schöneiche. Gr. Wirthschaftsgeb. Nächste Stadt Wohlau, 4500 Einw., Kreisstadt. Garnison. 8 km.	Ev. Kirche in Mondschütz, 6 km. Kathol. Gottesdienst in Kl. Kreidel (5 km). Gymn. in Wohlau, 8 km.	In Wohlau, 8 km.	Guts- u. Amtsvorst. Forstamtsanw. — Unterk. f. verh. Assess. nicht zu haben.
Rgbz. Breslau. (Karte 18.)					
In Nimkau. In Maltsch. In Dyhernfurth.	In Nimkau, Gastw. Spitze. In Maltsch, Gasth. zur Provinz. In Leubus, Gasth. z. Adler.	Aelteres geräumiges Wohnhaus mit Wirthschaftsgebäuden, am Rande des Dorfes Nimkau, (800 Einw.) — Breslau 380000 Einwohner, 1 Stunde Bahnfahrt.	Kath. Kirche u. Schule in Nimkau. Ev. Kirche u. Schule in Belkau, 3¹/₂ km Chaussee. Gymnas. in Breslau.	Aerzte im Bahnort Dtsch. Lissa, 12 km.	
Rgbz. Breslau. (Karte 18.)					
In Kottwitz, Gasth. Nowag. In Cranst, Gasth. Fiber.	In Kottwitz, Gasth. Nowag. In Tschirne, bei Nachtigall. In Ohlau, Deutsches Haus u. gold. Löwe.	Sehr ger. modernes Dienstgeb. im Dorfe Kottwitz am Walde. (1000 Einwohner.) Tägliche Dampferverbindg. mit Breslau.	Ev. Kirche u. Pfarre in Zedlitz, kathol. in Margareth. Gymn. in Ohlau u. Breslau (letzteres auf 7 km Landw. bis Sambowitz u. von hier in 30 Min. Bahnfahrt zu erreichen.)	Arzt und Apotheke in Ohlau, Laskowitz, Kattern.	Auff. üb. Ohlauer Stadtwald. Guts- u. Amtsvorst. Ständ. Assistent in Kottwitz. Für verh. Ass. kein Unterk.
Rgbz. Breslau. (Karte 18.)					
In Zobten, Hotel z. bl. Hirsch. In Zedlitz, Gasth. daselbst. In Nimptsch.	Bei sehr mäßigen Ansprüchen in Zobten, Ho el z. bl. Hirsch. Hotel z. goldenen Kreuz. — Gasth. zur Sonne. In Zedlitz. In Nimptsch.	Schönes, neues Dienstgebäude in Zobten (2400 Einwohner) Wirthschaftsgebäude genügend. Nächste gr. Stadt Schweidnitz (27000 Einw.) Landger. Garnison, 1 Std. Bahnfahrt. — Breslau ³/₄ Std. Bahnfahrt.	Ev. und kath. Kirche in Zobten. Nächste höh. Schulen in Schweidnitz u. Breslau, kein pass. Frühzug.	In Zobten.	Verh. Ass. kann vielleicht in Zobten wohnen.

Sitz der Oberförsterei nebst Poststation	Entfernung des Oberförstereisitzes von der nächsten Eisenbahnstation bezw. Haltestelle Post- und regelmäßige Reiseverbindungen auf Landwegen	Durchschnittliche Entfernungen und ungefähre Anfuhrkosten von den einzelnen Reviertheilen für Bahn- bezw. Wassertransport und zwar: Schutzbezirk	Entfernung bis Güterbahnhof	Anfuhrkosten pro fm M.	Entfernung bis Wasserablage	Anfuhrkosten pro fm M.
219. Königl. Oberförsterei Woidnig, Rgbz. Breslau. (Karte 18).						
Woidnig, Post Hernstadt, Kreis Guhrau.	7 km Chaussee bis Rawitsch. — 6 km Chaussee bis Hernstadt. — 3 km Landw. nach der (zur Zeit noch nicht in Betr. bef.) Verladest. Baken der Liegnitz-Rawitscher Eisenbahn.	Bartschdorf	8 km meist Pflaster bis Hernstadt.	2,50		
		Bobiele	6 km desgl.	2		
		Schubersee	5 km meist Chaussee bis Rawitsch.	2		
		Königsdorf	3 km Chauss. desgl.	1,50		
		Woidnig	6 km desgl.	2		
		Buchwerder	3 km desgl.	1,50		
		Backen	nahe bei Verladest. Backen.	1,50		
220. Königl. Oberförsterei Kuhbrück, Rgbz. Breslau. (Karte 18.)						
Kuhbrück, Post Frauenwaldau, Kreis Trebnitz.	4 km (davon 3,5 km Chaussee) nach Frauenwaldau, Stat. der Linie Oels-Gnesen.	Buchwald	1 km Chaussee bis Trebnitz.	1		
		Neiderei	15 km meist Chaussee desgl.	3,50 bis 4		
		Grochowe	15 km desgl.			
		Poln.-Mühl	17,5 km mst. Chauss. bis Frauenwaldau.			
		Maliers	6 km desgl.	1,50 b. 2		
		Kuhbrück	5,5 km desgl.			
		Kl. Graben	4 km Erdweg bis Gr. Graben.	2,50		
221. Königl. Oberförsterei Kath. Hammer, Rgbz. Breslau. (Karte 18.)						
Kath. Hammer, Post, Kreis Trebnitz.	Je 14 km nach Trebnitz und nach Militsch (Chaussee). — 13 km schlechter Landweg bis Frauenwaldau. — 9 km guter Landweg nach Kleinbahnstat. Birnbäumel. Fahrpost 1 mal tägl. von Kath. Hammer n. Trebnitz u. Obernick.	Kath.-Hammer, Geierswald	15-21 km bis Trebnitz.	2,5-3,5		
			5-8 km b. Birnbäumel.	1,5-3		
		Briesche, Ujeschütz	17-21 km bis Trebnitz.	2,5-3,5		
			2-5 km b. Birnbäumel.	1,5-3		
		Waldecke	20-24 km bis Trebnitz.	2,5-3,5		
			1-5 km b. Birnbäumel.	1,5-3		
222. Königl. Oberförsterei Donnerswalde, Rgbz. Breslau. (Karte 18.)						
Militsch, Post und Kreis Militsch.	Bahnst. am Orte; Entfern. von Militsch bis an die Reviergrenze 9 km Chaussee.	Nächster Güterbahnhof Frauenwaldau. Anfuhrkosten je nach Entfernung von 2 Mk. ab pro fm.				
223. Königl. Oberförsterei Schöneiche, Rgbz. Breslau. (Karte 18.)						
Schöneiche, Post und Kreis Wohlau.	8 km (davon 6 Chaussee) über Reudchen nach Wohlau (Linie Breslau-Reppen-Stettin).	Kreibel	8 km Landweg bis Wohlau.	3		
		Heidau	5 km theils Chaussee theils Ldw. desgl.	2,3		
		Tarxdorf	12 km halb Chaussee desgl.	4	4 km bis Oder-Abl.	2
		Gleinau			3 km desgl.	1,8
		Borschen			3 km desgl.	1,8
224. Königl. Oberförsterei Nimkau, Rgbz. Breslau. (Karte 18.)						
Nimkau, Post, Kreis Neumarkt.	0,5 km von Station Nimkau entfernt, dicht am Dorf gelegen.	Reichswaldt	5 km Landweg bis Dyhernfurth.		4 km zur Oder-Abl.	
		Nippern	2—4 km bis Nimkau.			
		Hasenwerder	desgl.			
		Eichenhölzer aus dem Oberwald meist verflößbar, sonst Bahnhof Maltsch und Neumarkt, 3—7 km entfernt, theils Landweg, theils Chaussee.				
225. Königl. Oberförsterei Kottwitz, Rgbz. Breslau. (Karte 18.)						
Kottwitz, Post, Kreis Breslau.	7 km Erdweg über Grebelwitz bis Sambowitz. — 12 km Erdweg nach Ohlau (Schnellz.) — 22 km, davon 13 km Chaussee bis Breslau. Dampferverbindg. täglich nach Breslau und Ohlau.	Mehltheuer.	6 km bef. Weg bis Strehlen	4		
		Schutzbezirke links d. Oder.	8 km Erdw. b. Leisew. Sambow. u. Kattern.	6	3 km bis Oderabl.	3
		Walke			nahe bei Oderabl.	1
		Margareth			desgl.	1
		Strachate			desgl.	1
		Cranst			bis Oderabl.	4,5
		Daupe			desgl.	4,5
226. Königl. Oberförsterei Zobten, Rgbz. Breslau. (Karte 18.)						
Zobten, Post, Kreis Schweidnitz.	Zobten ist Station der Eisenbahn von Breslau nach Schweidnitz. (Breslau 37 km).	Silsterwitz	6 km bis Zobten.	3		
		Zobten	3,5 km desgl.	2,5		
		Bielau	4 km bis Ströbel.	3		
		Trampadel	9 km bis Zobten.	3,5		
		Nonnenbusch	4 km bis Freiburg oder Stanowitz	3		
		Zeblitzbruch	3 km b. Königszelt.	3		
		Hochwald	3 km bis Nimptsch.	3		

Karte 18

Müller, Forstl. Adressbuch.

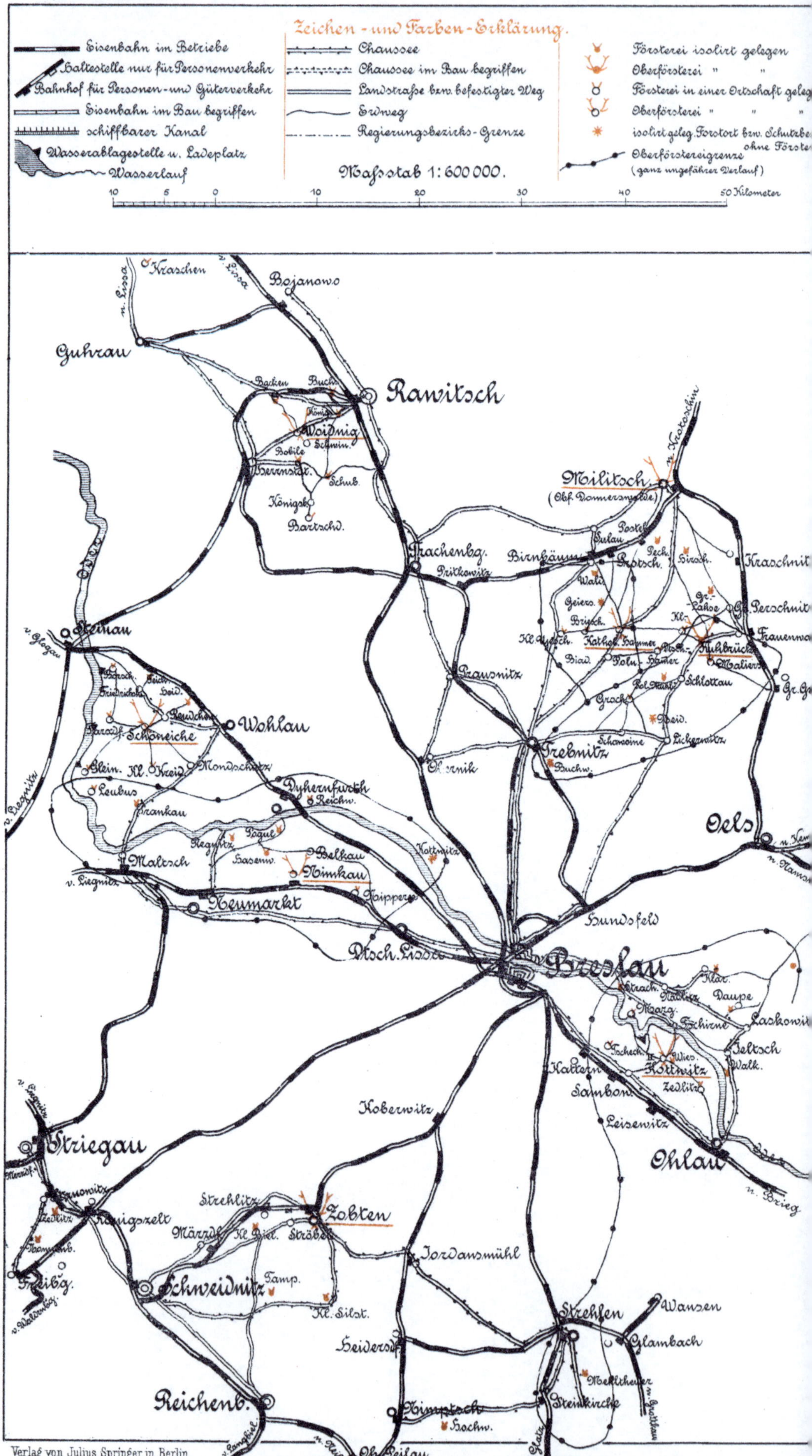

Verlag von Julius Springer in Berlin.

Karte 17

Druck d. geogr. lith. Anst. u. Steindr. v. C. L. Keller, Berlin

Karte 20

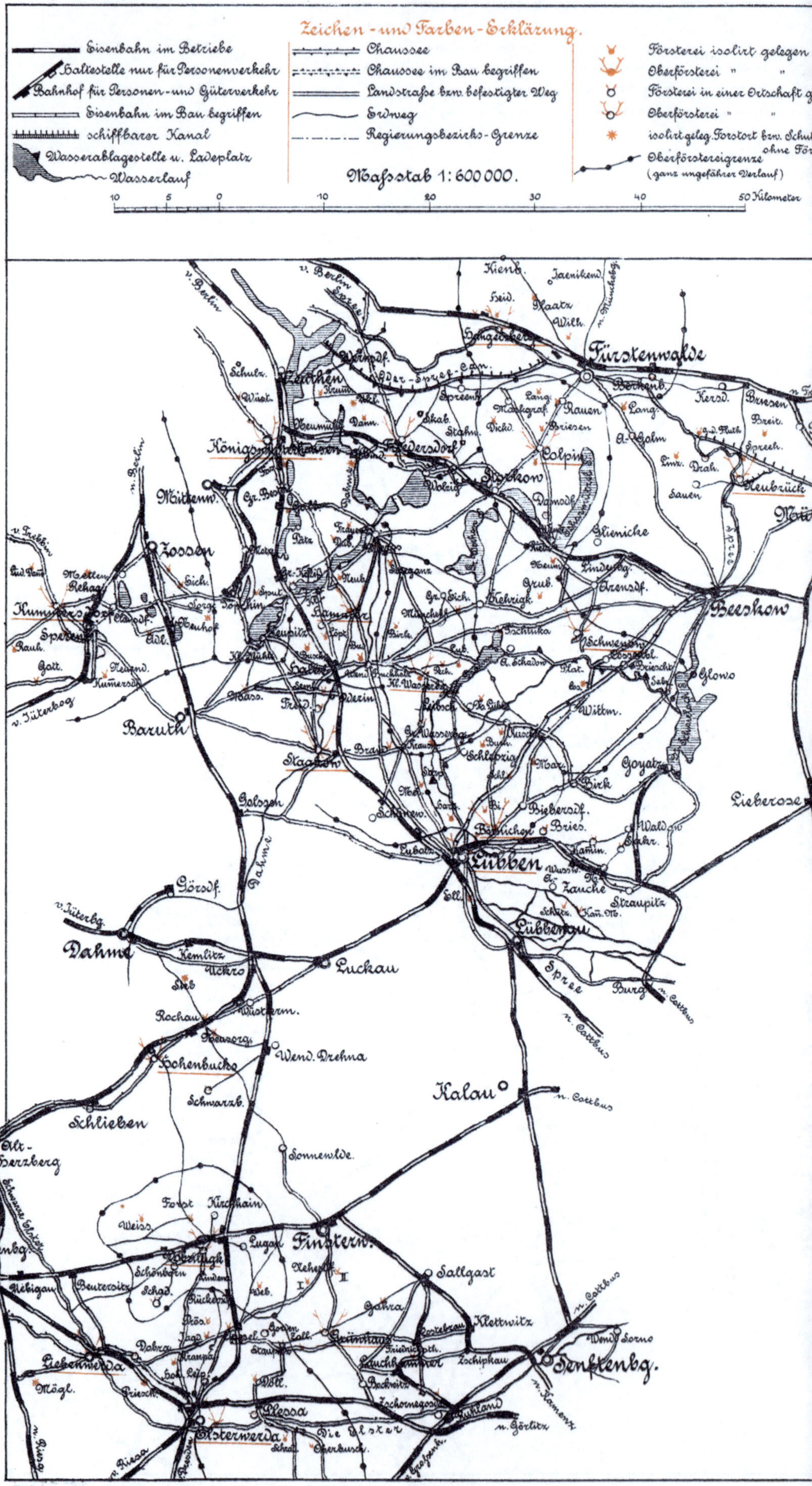

Verlag von Julius Springer in Berlin.

Karte 19

Druck d. geogr. lith. Anst. u. Steindr. v. C. L. Keller, Berlin

Sitz der Oberförsterei nebst Poststation	Entfernung des Oberförstereisitzes von der nächsten Eisenbahnstation bezw. Haltestelle. Post- und regelmäßige Reiseverbindungen auf Landwegen.	Durchschnittliche Entfernungen und ungefähre Anfuhrkosten von den einzelnen Reviertheilen für Bahn- bezw. Wassertransport und zwar: Schutzbezirk	Entfernung bis Güterbahnhof	Anfuhrkosten pro fm M.	Entfernung bis Wasserablage	Anfuhrkosten pro fm M.
227. Königl. Oberförsterei Neisse, Rgbz. Oppeln. (Karte 19.)						
Neisse, Breitestr. 40, Post und Kreis Neisse.	Bahnstation am Orte.	Ritterswalde	2,5 km Chss. b. Kaundf. / 10 km „ „ Neisse	1,50		
		Gläsendorf	11,9 km Chaussee bis Münsterberg	3		
		Kl. Briesen	8,5 km meist Chaussee bis Neisse	2,50		
		Schwammelwitz	8 km meist Chaussee bis Ottmachau	2,50		
		Forst. Wüstegut	13,5 km meist Chauss. bis Münsterberg	2,50		
		„ Schulzendorf	9 km desgl.	2		
228. Königl. Oberförsterei Karlsberg, Rgbz. Breslau. (Karte 19.)						
Karlsberg (Heuscheuer) Post, Kreis Neurode.	21 km Chaussee über Wünschelburg nach Bhf. Mittelsteine (Glatz-Dittersbach). Postomnibus Mittelsteine bis Wünschelburg. — 13 km Landweg nach Rückers-Bahnhof (Bahn Glatz-Rückers-Reinerz).	Auerbruch, Friedrichsgrund, Carlsberg S., Carlsberg N., Passendorf	b. Bhf. Mittelsteine / b. Bhf. Rückers	2,5-3,5 / 2—3		
		Dörnikau	bis Bhf. Rückers	3		
		Herzogsw.	3 km Erdweg bis Silberberg	2		
		Raschgrund	desgl. bis Raschdorf	2		
229. Königl. Oberförsterei Nesselgrund, Rgbz. Breslau. (Karte 19.)						
Nesselgrund, Post Altheide, Kreis Habelschwerdt.	5 km, davon 3 km Chaussee über Falkenhain, Ober-Alt-Wilmsdorf nach Altheide (Linie Glatz-Rückers).	Hammer	13 km meist Chaussee bis Habelschwerdt	2,60		
		Buchberg	12 km desgl.	2,40		
		Pohldorf	10 km meist bef. Weg bis Altheide	2,00		
		Rinneberg	8 km desgl.	1,60		
		Königswalde	14 km desgl. bis Habelschwerdt	2,80		
		Kaiserswalde	10 km desgl. bis Altheide	2,00		
		Nesselgrund	8,5 km desgl.	1,60		
		Neubiebersd.	6 km desgl. b. Rückers	1,20		
230. Königl. Oberförsterei Reinerz, Rgbz. Breslau. (Karte 19.)						
Reinerz, Post, Kreis Glatz.	5 km Chaussee bis Rückers (Linie Glatz-Rückers-Reinerz). Post 3mal täglich.	Kaisersw.	15 km meist Chaussee bis Rückers	2,5—3		
		Grunwald I und II	8—15 km desgl.	2,5—3		
		Kohlau	8 km desgl.	2—2,5		
		Grenzendorf	8 km desgl.	2—2,5		
		Biebersdorf	4,5 km desgl. und Altheide	1,5—2		
		Walddorf	4 km bef. Weg desgl.	1,5—2		
231. Königl. Prinzl. Oberförsterei Kamenz, Rgbz. Breslau. (Karte 19.)						
Laubnitz, Schl., Post, Kreis Frankenstein.	2 km bis Bhf. Kamenz.	Plottnitz	3—5 km Landweg bis Reichenst. u. Wolmsdf.	2—4		
		Maifritzdorf	5 km Chaussee und Ldw. bis Reichenstein	2—4		
		Weisseberg	5—10 km Chss. desgl.	2—4		
		Follmersdorf	5—10 km desgl.	2—4		
		Heinrichswalde	12 km Chss. b. Glatz	2,5-4,5		
		Gierichswalde	6 km Landweg und Chaussee nach Wartha	2—4		
		Wartha	2—5 km desgl.	2—3,5		
232. Königl. Prinzl. Oberförsterei Seitenberg, Rgbz. Breslau. (Karte 19.)						
Seitenberg an der Biele, Post, Kreis Habelschwerdt.	1,5 km Chaussee bis Bahnstation Seitenberg an der Biele.	W. Biele	18 km Erdweg bis Seitenberg	3,50		
		Schw. Biele	18 km desgl.	3,50		
		Koblitzbach	7 km desgl.	2,50		
		Mühlbach	7 km Chauss. desgl.	2		
		Neu-Mohrau	8 km desgl.	2		
		Kamnitz	8 km desgl.	2		
		Klessengrund	8 km desgl.	2		
		Heudorf	8 km Erdweg desgl.	2,50		
233. Königl. Prinzl. Oberförsterei Schnallenstein, Rgbz. Breslau. (Karte 19.)						
Rosenthal, Post, Kreis Habelschwerdt.	4 km Chaussee bis Ebersdorf, Station der Breslau-Mittelwalder Eisenbahn.	Wölfelsgrund I-III	13 km Chss. b. Habelsch. / 9 „ Ldw. „ Ebersdf.	3,5b. / 2.5		
		Rosenthal	9 „ Chauss. desgl.	2		
		Lichtenwalde	18 „ Chaussee bis Habelschwerdt	3—3,5		
		Stuhlseiffen	18 „ desgl.	3—3,5		

Flächengröße u. Charakter d. Reviers. — Vertheilung der Hauptholzarten nach Zehnteln.	Beschaffenheit des Wegenetzes im Reviere und der sich daran schließenden Abfuhrstraßen, sowie der etwaigen Wassertransportwege. Adressen von größeren Fuhrunternehmern.	Jahresquantum der Haupt-Verkaufshölzer nach Holzarten und Sortimenten (unter Abrechnung des Lokalbedarfs).

227. Königl. Oberförsterei Neisse,

1086 ha. — meist eben, z. Th. hügel., sehr parzell. Ei. 0,4 Ki. 0,4 Bu. 0,1 Fi. 0,1	Schbz. Ritterswalde von Chaussee durchschnitten. Schbz. Gläsendorf von Chaussee berührt, sonst außerhalb viele gute Chauss. — Fuhrleute in Volkmannsdorf und Neisse, in Schreibendorf und Münsterberg, in Ottmachau und Seiffersdorf, in Kl. Briesen, Alt-Wilmsdorf u. in Schwammelwitz.	Schbz. Ritterswalde 40 fm Ei.-, 4 fm Erl.-, 200 fm Ki.-, 40 fm Lä.-, 70 fm Fi.-Ta.-Stammh., 300 Fi.-Derbst. 200 Lä.-Derbst. Schbz. Gläsendorf 110 fm Ei.-, 20 fm Bu.-, 20 fm Li.-, 1100 fm Ki.-, 100 fm Lä.-Stammholz 200 fm Fi.-Ta.-Stammholz, 20 rm Lä-Schichtnutzholz, 250 Stück Fi.-Derbholzstangen. Schbz. Kl. Briesen 160 fm Ei.-Stammholz, 10 rm Ei.-Schichtnutzholz, 80 rm Ei.-Scheitholz. Schbz. Schwammelwitz 50 fm Ei.-Stammholz, 10 fm Asp.-Stammholz, 30 rm Ei.-Scheitholz.

228. Königl. Oberförsterei Karlsberg,

3732 ha. — gebirg. Hauptrevier 600—900 m hoch. Silberb. Revierth. 39 km v. Obf. — Fi. Ta. mit etwas A. L.	Innerhalb des Reviers Wegenetz im Ausbau begriffen, Wege meist befestigt, zum Theil chaussirt. — Fuhrunternehmer in Friedrichsberg, Barzdorf (Oestreich) Rathen, Albendorf, Wünschelburg, Halletsch, Rückers, Friedersdorf und Tschischney.	Schbz. Auerbruch 1000 fm Fi.-Klötze und Langholz „ Friedrichsgrund 20 fm Bu.- 50 fm Bi.- 2400 fm Fi.- und Ta.-Langholz. „ Carlsberg S. 2200 fm Fi.- und Ta.-Langholz „ Carlsberg N. 2600 „ „ „ „ 170 fm Bu.- 20 fm Bi.-Langholz „ Passendorf 2200 fm Fi.- und Ta.- 160 fm Bu.-Langh. „ Dörnikau 500 „ „ „ „ 50 „ „ „ „ Herzogswalde 1150 „ „ „ „ 30 „ „ „ „ Raschgrund 1500 „ „ „ „ 30 „ „ „

229. Königl. Oberförsterei Nesselgrund,

4786 ha. — gebirgig, Höhenunterschied von 400—900 m. Fi. 0,8 Ta. 0,1 Bu. } 0,1 Bi. }	Im Revier gute Wege, außerhalb gute Chausseen und Landwege. — Fuhrleute in Nesselgrund, Neu-Batzdorf, Gläsendorf, Rückerz. Langenbrück, Friedrichswald in Böhmen, Neu-Wilmsdorf, Pohldorf, Hammer, Neu-Lomnitz, Kaiserswalde.

Schutzbezirk	Nutzholz (fm) Bu. Bi.	Nutzholz (fm) Fi. Ta.	Brennholz (rm) Bu. Bi.	Brennholz (rm) Fi. Ta.
Hammer	120	2450	150	500
Buchberg	120	730	170 b.	200
Pohldorf	45	1000	80 „	200
Rinneberg	200	1800	200	400
Königswalde	160	2400	100	400
Kaiserswalde	450	1400	280	350
Nesselgrund	100	1800	100	450
Neubiebersdorf	200	2800	200	600

230. Königl. Oberförsterei Reinerz,

6036 ha. — sehr gebirg. zusammenh. nur Walddorf isolirt. Fi. 0,8 Ta. 0,1 Bu. } 0,1 Bi. }	Ausgedehntes Wegenetz, zum größten Theil ausgebaut. Die Chaussee Reinerz-Kaiserswalde und Reinerz-Nesselgrund durchqueren das Revier. — Fuhrleute in Reinerz, Spediteur Leuthold, außerdem Schramm und Kreisel in Grunwald.	Schbz. Kaiserswalde 2000 fm Na.-Roll.-u.Langh. 50 fm Bu.-Rollh. „ Grunwald I 2000 „ „ „ „ „ 40 „ „ „ „ Biebersdorf 2100 „ „ „ „ „ 20 „ „ „ „ Kohlau 2200 „ „ „ „ „ 50 „ „ „ „ Grunwald II 1700 „ „ „ „ „ 100 „ „ „ „ Grenzendorf 1800 „ „ „ „ „ 150 „ „ „ „ Walddorf 450 „ „ „ „ „

231. Königl. Prinzl. Oberförsterei Kamenz,

3645 ha. — 5/7 gebirgig, 1/7 hügelig, 1/7 eben, parzellirt. Fi. u. Ta. 0,7 Bu. 0,1 Ki. 0,1 A. L. 0,1	Wegenetz fast vollständig ausgebaut; anschließende Landwege gut fahrbar. — Fuhrlente Neßler in Hemmersdorf, sowie in Reichenstein und Kamitz bei Patschkau.	Schbz. Plottnitz 400 fm Ki.- 700 fm Fi.- und Ta.- 50 fm Ei.- Bau- und Schneideholz. „ Maifritzdorf 200 fm Bu- 1000 fm Fi.- und Ta.-Bau- und Schneideholz. „ Weisseberg 200 fm Bu- 800 fm Fi.- und Ta.- Bau- und Schneideholz „ Folmersdorf 200 fm Bu.- 1300 fm Fi.- und Ta.-Bau- und Schneideholz. „ Heinrichswalde 20 fm Bu.- 1400 fm Fi.- und Ta.- Bau- und Schneideholz. „ Gierichswalde 1000 fm Fi.- u. Ta.-Bau- u. Schneideh. „ Wartha 600 „ „ „ „ „ „ „ Ganzes Revier: 1500 fm Schleifholz 70 fm Ah.-Nutzholz.

232. Königl. Prinzl. Oberförsterei Seitenberg,

8180 ha. — gebirgig, zusammenhgd. Fi. 1,0	Im Revier meist chauss. Wege. Außerhalb ziemlich schlechte Wege. — Fuhrleute Schmidt in Seitenberg, Harbig in Alt-Gersdorf, Faber in Nengersdorf, Rose in Wilhelmsthal, Lux in Bielendorf.	Schbz. Weiße Biele 300 fm Fi.-Grubenh. 200 fm Fi.-Klötze. „ Schw. Biele 300 „ „ „ 300 „ „ „ „ Koblitzbach 200 „ „ „ „ Mühlbach 300 „ „ „ 200 „ „ „ „ Neu Mohrau 500 „ „ „ „ Kamnitz 500 „ „ „ 100 fm Bu.-Klötze 50 fm Bu.-Rollholz „ Klessengrund 400 fm Fi.-Grubenholz 50 fm Bu.-Klötze 30 fm Bu.-Rollholz. „ Heudorf 300 fm Fi.-Grubenholz.

233. Königl. Prinzl. Oberförsterei Schnallenstein,

4041 ha. — gebirgig, 3 Parzellen. Fi. 1,0	Ausbau des neuen Wegenetzes weit vorgeschritten. Holzabfuhr hauptsächlich im Winter per Schlitten überall gut zu ermöglichen. Außerhalb des Reviers gute Chausseen. — Fuhrunternehmer Geisler u. Neutzler in Wölfelsgrund, Scholz in Rosenthal, Hartmann in Brand, Peucker in Stuhlseiffen.	Schbz. Wölfelsgrund I—III 100 fm Bu.-Nutzend. 15000 Stück Fi.-Derbholzst. 3000 fm Fi.-Klötze 5000 fm Fi.-Grubenholzstämme. Schbz. Rosenthal 100 fm Fi.-Klötze 400 fm Fi.-Grubenholz. 500 Stück Fi.-Derbholzstangen. „ Lichtenwalde } 1000 fm Fi.-Klötze 1600 fm Fi.-Grbh. „ Stuhlseiffen } 12000 St. Fi.-Derbholzstangen.

Oeffentliche Holzlicitationen finden statt in:	Unterkommen im Gasthofe f. Holzhändler, Forst-Assessoren u. Referendare in möglichster Nähe der Oberförsterei	Zustand des Oberförsterdienst-Gebäudes	Wo Kirche? Wo Schule? In welcher Zeit zu erreichen?	Wo Arzt, wo Apotheke, wo Amtsgericht?	Nebenämter des Revierverwalt. — Wenn ständiger Assistent vorhanden, wo wohnt derselbe?
Rgbz. Oppeln. (Karte 19.)					
In Ottmachau, Schloßbrauerei. In Kamnig, bei Mahlich. In Kaundorf, bei Brücke.	In Neisse, Hotel weißer Schwan. Bei besch. Anspr. in dem 3,5 km entf. Dorfe Kamnig bei Mahlich oder in Kanndorf bei Brücke. (3 km).	Miethswohn. in der Kreisst. Neisse. (24300 Einwohner, Kriegsschule, Landgericht.)	Ev. und kath. Kirche und Gymnasium in Neisse.	In Neisse.	Wohn. f. verh. Ass. ist in Neisse oder auch in Münsterberg und Ottmachau erhältlich.
Rgbz. Breslau. (Karte 19.)					
In Carlsberg, bei Stiebler. In Silberberg, „Prinz v. Preußen" u. „Sonne".	In Carlsberg, bei Stiebler und Gasth. zur Post, 150 m v. Oberf. In Stadt Silberberg, „Prinz v. Preuß." und „Kaiserhof".	Altes, großes Dienstgebäude, 1804 erbaut, Sandstein, im Dorfe Carlsberg gelegen. Chauss. unmittelb. am Hause.	Evangel. Pfarre in Wünschelburg. Kath. Pfarre in Passendorf. Dorfschule in Carlsberg. Gymnasium in Glatz, 28 km Chauss., in 3 Std. zu err.	In Wünschelburg. 11 km.	Wohn. f. verh. Ass. in der Nähe nicht zu haben.
Rgbz. Breslau. (Karte 19.)					
In Ober-Alt-Wilmsdorf, im Gasth. Neutwig.	In Falkenhain bei Altheide, Gasth. Kitschler. (0,5 km).	Schönes, neues, geräumiges Dienstgeb. im Dorfe Nesselgrund. Nächste Stadt ist Glatz, (14900 Einwohner), Landgericht, Garnison.	Kathol. Kirche und Pfarre in Alt-Lomnitz. Kathol. Gymn. in Glatz, halbstünd. Fußw. bis Alt-Heide, von dort 45 Minut. Bahnfahrt.	Arzt und Hausapoth. in Altheide. Amtsgericht in Glatz.	Amtsvorsteher.
Rgbz. Breslau. (Karte 19.)					
In der Stadt Reinerz.	In Reinerz, „Hotel Schwarzer Bär", „Deutsch. Haus".	Altes Gebäude in der Stadt Reinerz. (2900 Einwohn.) Nächste gr. Stadt Glatz, $^1/_2$ Stunde Wagenfahrt bis Rückers, von dort 1 Stunde Bahnfahrt.	Ev. und kath. Kirche, Pfarre und Schule am Orte.	2 Aerzte, Apotheke, Amtsgericht am Orte.	Amtsvorsteher, Forstamtsanw.
Rgbz. Breslau. (Karte 19.)					
In Camenz, Gasth. zum schwarzen Adler.	In Camenz, (2 km), Gasth. schwarzer Adler. In Reichenstein, (10 km), Gasth. z. Post. In Wartha, in Brauerei Klieeisen, (10 km).	Einfaches, gut erhalt. Wohnhaus, bequem und geräumig, am Eingang des Dorfes Leubnitz gelegen (im Verkehr als „Oberförst. Camenz" bezeichnet).	Ev. und kath. Kirche u. Schule in Camenz, in 10 bis 15 Min. erreichbar.	2 Aerzte und Apotheke in Camenz. Amtsger. in Frankenstein und Reichenstein.	Oberauff. über einige Privat-Waldung. Landschaftlicher Forsttaxator.
Rgbz. Breslau. (Karte 19.)					
In Seitenberg, Nassauer Hof.	In Seitenberg, Nassauer Hof (5 Minut.) In Schwarsendorf, Preußisch. Hof, (15 Minut.)	Gutes Dienstgeb. in Seitenberg, 500 Einwohner, an Chaussee gelegen.	Evangel. Kirche in Landeck, kath. Kirche am Orte. Gymnas. in Glatz, $1^1/_2$ St. Bahnf. (pass. Frühz. vorhanden).	Arzt u. Apotheke am Orte, (1,5 km). Amtsger. in Landeck.	Assist. bewohnt eine Dienstwohnung in Seitenberg.
Rgbz. Breslau. (Karte 19.)					
In Wölfelsgrund, Gasth. z. Forelle. In Rosenthal, Herrschaftl. Brauerei. In Lichtenwalde, Gasth. Düppler Schanz. In Habelschwerdt, Hotel „3 Karpfen".	Bei besch. Anspr. im Gasth. „zu den 3 Rosen" und Herrschaftliche Brauerei in Rosenthal.	Schönes neues Dienstgebäude in der Mitte des Dorfes Rosenthal, an Chaussee. Nächste Stadt Mittelwalde, 2900 Einw., 8 km. Kreisstadt Habelschwerdt, 6000 Einwohner, 14 km.	Kathol. Kirche und Volksschule im Orte. Ev. Kirche und Volksschule in Mittelwalde. Gymn. in Glatz.	In Ebersdorf, 5,5 km. Amtsger. in Mittelwalde.	Forstamtsanw. für 2 Amtsger. Amtsvorsteher. — Assist. hat gemiethete Dienstwohnung in Rosenthal.

Flächengröße u. Charakter des Reviers. Vertheilg. der Hauptholzarten nach Zehnteln.	Beschaffenheit des Wegenetzes im Reviere und der sich daran schließenden Abfuhrstraßen, sowie der etwaigen Wassertransportwege. Adressen von größeren Fuhrunternehmern.	Jahresquantum der Haupt-Verkaufshölzer nach Holzarten und Sortimenten (unter Abrechnung des Lokalbedarfs).

234. Königl. Oberförsterei Hangelsberg,

3799 ha. — eben, zusammenhängend, nur Schbz. Berkenbrück entlegen. Ki. 1,0	Sandwege. Wassertransport auf der Spree nach Berlin. — Fuhrunternehmer Hempel und Harschke in Hangelsberg.	Schbz. Wilhelmsbrück 900 fm Ki.-Nutzh. 1000 rm Ki.-Brennh. „ Plaatz 1100 „ „ „ 1000 „ „ „ „ Heidegarten 1000 „ „ „ 1200 „ „ „ „ Hangelsberg 1000 „ „ „ 1600 „ „ „ „ Berkenbrück 500 „ „ „ 600 „ „ „

235. Königl. Oberförsterei Neubrück,

5981 ha. — meist eben, z. Th. hügelig u. berg. Ki. 0,9 Ei. Erl. } 0,1	Gute Waldwege, auf kl. Strecke Pflasterbahn. Oder-Spree-Kanal und Spree für Wassertransport. — Fuhrl. Tietz u. Krause zu Neubrück, Schröder zu Biegenbrück bei Müllrose, Miethe u. Lenz zu Drahendorf bei Neubrück.	Schbz. Drahendorf 1400 fm Ki.-Stammh. 1800 fm Ki.-Brennh. „ Linzmühle 900 „ „ „ 1100 „ „ „ „ Alt-Golm 500 „ „ „ 700 „ „ „ „ Langewahl 900 „ „ „ 1100 „ „ „ „ Neubrück 700 „ „ „ 900 „ „ „ „ Breitegestell 1000 „ „ „ 900 „ „ „ „ Kersdorf 800 „ „ „ 700 „ „ „ 300 fm Ei.-Stammh. 150 fm Ei.-Brennh.

236. Königl. Oberförsterei Kolpin,

5101 ha. — im östlichen und südlich. Theil hüg., sonst eben. Ki. 0,99 Ei. 0,01	Wegenetz planmäßig ausgebaut und tadellos, lose Strecken befestigt; Kommunicationswege sind meist Lehmkiesbahnen. Chaussee Storkow-Fürstenw. durchschneidet das Revier von NO. nach SW. Eigene Holzabl. am Oder-Spree-Canal. Andere Abl. benachb. — Fuhrleute Dommel in Colpin, Gatschke in Braunsdorf.	Schbz. Damsdorf 250 fm schwach. Bauh. 450 rm Na.-Brennh. „ Colpin 500 „ „ 1000 „ „ „ „ Rauen 400 fm stark. Schiffsbauh. 1800 rm Na.-Brennh. 800 fm Bauholz. „ Briesen 200 fm starkes Schiffsbauh. 1600 rm Na.-Brennh. 800 fm Bauholz. „ Dickdamm 1000 rm Na.-Brennh. 350 fm Bauholz. „ Langendamm 2000 „ „ „ 450 „ „

237. Königl. Oberförsterei Friedersdorf,

4974 ha. — eben, Ki. nur wenig Ei. u. Bi. 2 fast zusammenh. Parzellen.	Innerhalb des Reviers theilweise befest. Wege, außerhalb vielfach schlechte Sandwege. Oder-Spree-Kanal und die durch Kanäle mit Spree und Dahme verbundenen Seen sind Hauptabsatzstraßen. — Fuhrleute Hartmann in Friedersdorf, Richter in Wernsdorf, und Bauern daselbst, sowie in Dannenreich.	Schbz. Stahnsdorf 800 fm Ki.-Langnutzh. 500 St. Ki.-Derbst. 800 rm Ki.-Brennholz. „ Scaby 500 fm Ki.-Langnutzholz, 130 rm Ki.-Brennholz. „ Dannenreich 1100 fm Ki.-Langnutzh. 300 St. Ki.-Derbst. 100 rm Ki.-Brennholz. „ Uckley 700 fm Ki.-Langnutzh. 500 St. Ki.-Derbst. 100 rm Ki.-Brennholz. „ Krummenluch 700 fm Ki.-Langnutzh. 2000 rm Ki.-Brennh. Ganzes Revier: 500—1000 fm Ki.-Grubenholz.

238. Königl. Hausfideicommiß-Oberförsterei Königswusterhausen,

6938 ha. — eben, sehr parzellirt. Ki. 0,74 Ei. 0,21 Erl. Bi. } 0,05	4 Chausseen durchkreuzen das Revier. Diese sind durch 2 befestigte Hauptabfuhrwege verbunden. Die Ablagen, bequem zu erreichen, liegen an der Seenkette des Schifffahrtskanals Teupitz-Neumühle, resp. an der Dahme. — Fuhrleute Degener in Königswusterhausen, ferner Bauern in Köriß und Motzen.	Schbz. Sputendorf 150 fm Bi.-Erl.-Brennh. 200 fm Ki.-Nutzh. 100 fm Ki.-Brennholz. „ Gr. Köriß 100 fm Bi.-Erl.-Brennh. 70 fm Ki.-Nutzholz, 300 fm Ki.-Brennholz „ Frauensee 700 fm Ki.-Brennh. Schbz. Gallunsbrück 210 fm Ki.-Brennholz. „ Bindowbrück 280 fm Ki.-Brennh. Schbz. Schulzendorf 140 fm Ki.-Brennholz. „ Dubrow 700 fm Ei.-, 500 fm Ki.-Nutzh. 700 fm Ei.-Brennh. 700 fm Ki.-Brennholz. „ Wüstemark 140 fm Ei.-Brennh. 1540 fm Ki.-Brennholz. „ Königswusterhausen 50 fm Ei.-Nutzholz, 210 fm Ei.-Brennholz, 140 fm Ki.-Nutzh. 210 fm Ki.-Brennholz.

239. Königl. Oberförsterei Kummersdorf,

6671 ha. — eben, außer dem Hauptrev., 3 Parzellen. Ki. 1,0 Ei. Erl.	Leidlich gute Landwege, Lehmstr. und viele Chausseen. — Fuhrunternehmer Elbers in Zossen, Tietz in Kummersdorf, Schulz in Sperenberg.	Schbz. Adlershorst 1900 fm Na.-Stammh. 600 rm Na.-Brennh. 100 fm Erl. 50 rm Erl. „ Neuendorf 2000 fm Na.-Stammh. 1000 rm Na.-Brennh. „ Gottow 1000 „ „ „ 700 „ „ „ „ Sperenberg 1600 „ „ „ 700 „ „ „ „ Rauhbusch 1900 „ „ „ 1000 „ „ „ „ Kummersdf. 1500 „ „ „ 700 „ „ „ 150 fm Erl. 100 rm Erl. „ Zossen 700 fm Na.-Stammh. 500 fm Na.-Brennholz „ Eiche 100 „ „ „ 400 „ „ „ „ Mellen 200 „ „ „ 200 „ „ „

240. Königl. Hausfideicommiß-Oberförsterei Hammer,

6481 ha. — eben, gut geschlossen. Ki. 0,9 Erl. 0,1	Drei Chausseen und viele gute Lehmkieswege. Flößerei auf der Dahme und Schifffahrt auf der Seenkette vom Teupitzer See an, in die schiffbare Dahme bis Berlin. — Fuhrleute in Wend. Buchholz, Köriß, Hermsdorf, Münchehofe, Prieros.	Schbz. Buchholz 2500 fm Ki.-Bauholz. 300 rm Ki.-Brennholz „ Löpten 1100 „ „ „ 500 „ „ „ „ Neubrück 1100 „ „Bau-u.Grbh. 300 „ „ „ „ Prieros 1000 „ „ „ 200 „ „ „ „ Buschmeierei 500 „ „ „ 200 „ „ „

Oeffentliche Holzlicitationen finden statt in:	Unterkommen im Gasthofe f. Holzhändler, Forstassessoren u. Referendare in möglichster Nähe der Oberförsterei	Zustand des Oberförster-Dienstgebäudes	Wo Kirche? Wo Schule? In welcher Zeit zu erreichen?	Wo Arzt, wo Apotheke, wo Amtsgericht?	Nebenämter des Revierverwalt. Wenn ständiger Assistent vorhanden, wo wohnt derselbe?
Rgbz. Frankfurt a/O. (Karte 20.)					
In Hangelsberg bei Graebert.	In Hangelsberg, Spreeschlößchen von Graebert, 5 Minuten vom Bhf.	Altes Dienstgebäude, 5 Min. vom Bhf. Hangelsberg entfernt. Vorortsverkehr nach Berlin und Fürstenwalde (Spree) täglich 12mal.	Ev. Betsaal, Schule, Hülfsprediger in Hangelsberg. Kath. Gottesdienst u. Gymnasium in Fürstenwalde, täglich per Bahn zu erreichen.	In Fürstenwalde a. d. Spree.	Oberaufsicht der Müncheberger Stadtforst.—Für verheir. Assessor Wohnung in Hangelsberg zu haben.
Rgbz. Frankfurt a/O. (Karte 20.)					
In Neubrück, bei Gastw. Paul.	In Neubrück bei Gastw. Paul.	Altes Gehöft am Westrande der Ortschaft Neubrück, 700 Einwohner. Nächste Stadt Beeskow, 13 km, 4200 Einwohner, Garnison.	Evg. Kirche u. Pfarre in Sauen, 5 km. Schule im Dorf Neubrück, 3 Minuten.	In Beeskow, 13 km.	Amts- u. Gutsvorst. — Wohn. für verh. Assess. im Ort zu haben.
Rgbz. Potsdam. (Karte 20.)					
In Colpin, Gasth. Lamprecht. In Fürstenwalde, Gasth zum Kronprinzen, am Bahnhof.	Bei sehr bescheid. Anspr. in Colpin, Gasthof Lamprecht. In Fürstenwalde, Gasth. Kronprinz.	Einstöckiges Wohnhaus, alt, unzureichend, im kl. Dorfe Colpin. Wirthschaftsräume nur zum Theil genügend. Besonderes Jägerhaus für Bureau. Nächste Stadt Fürstenwalde (10 km) 16700 Einwohner, Garnison.	Evg. Kirche u. Pfarre in Storkow, $^{3}/_{4}$ Std. Schule in Colpin. Gymnasium u. kath. Gottesdienst in Fürstenwalde, $1^{1}/_{4}$ Std. Wagenfahrt.	In Storkow.	Amtsvorst. — Wohnung für verheir. Assessor nur in Fürstenwalde oder in Storkow zu hab.
Rgbz. Potsdam. (Karte 20.)					
In Friedersdorf bei Voigtländer.	Bei besch. Anspr. in Friedersdorf bei Pallas und bei Wittwe Voigtländer.	Altes gesundes und recht ger. Wohnhaus mit Mansardengeschoß mitten im Dorfe Friedersdorf (1400 Einwohner). Berlin in $^{3}/_{4}$ St. Bahnf. zu erreichen.	Ev. Kirche, Pfarre und Schule in Friedersdorf. Gymn. in Fürstenwalde.	Arzt m. Hausapotheke in Friedersdorf.	Amtsvorsteher.—Wohn. für verh. Ass. z. Zt. nicht zu haben.
Rgbz. Potsdam. (Karte 20.)					
In Königswusterhausen, Hotel Pfuhl.	In Königswusterhausen, Hotel Pfuhl.	Aelteres Dienstgebäude am Markt zu Königswusterhausen, 3500 Einwohner. Vorortverkehr mit Berlin (50 Minuten Bahnfahrt.)	Ev. u. kath. Kirche u. Schulen am Orte.	Im Orte.	Amts- u. Gutsvorst. Forstamtsanw.—Verh. Ass. könnte im Orte wohnen.
Rgbz. Potsdam. (Karte 20.)					
In Zossen, bei Paul. In Kummersdorf, bei Düring.	In Kummersdorf bei Düring. In Sperenberg bei Görlich. In Clausdorf bei Stange.	Dienstwohnung im Dorfe Kummersdorf, altes Gebäude. — Berlin von Sperenberg aus in 45 Min. Bahnf. zu erreichen.	Evg. Kirche in Sperenberg. Kath. Kapelle Schießpl. Kummersdorf.	In Zossen.	Amtsvorst. — Z. Zt. Assistent in Rehagen. Bahnst.
Rgbz. Potsdam. (Karte 20.)					
In Wend. Buchholz bei Miethke.	In Wend. Buchholz bei Miethke, 5 km.	Sehr schönes neues Dienstgebäude mit guten Wirthschaftsräumen an der Chaussee von Wend. Buchholz (1228 Einw.), 5 km, nach Königswusterhausen, 19 km.	Ev. Pfarre u. Schule in Wend. Buchholz.	In Wend. Buchholz.	Amtsvorst. — Standesbeamter. — Wohnung für verheir. Assessor in Wend. Buchholz erhältlich.

Sitz der Oberförsterei nebst Poststation	Entfernung des Oberförstereisitzes von der nächsten Eisenbahnstation bezw. Haltestelle Post- und regelmäßige Reiseverbindungen auf Landwegen	Durchschnittliche Entfernungen und ungefähre Anfuhrkosten von den einzelnen Reviertheilen für Bahn- bezw. Wassertransport und zwar: Schutzbezirk	Entfernung bis Güterbahnhof	Anfuhrkosten pro fm M.	Entfernung bis Wasserablage	Anfuhrkosten pro fm M.

234. Königl. Oberförsterei Hangelsberg, Rgbz. Frankfurt. (Karte 20.)

Hangelsberg, Post, Kreis Lebus.	1/2 km bis Bhf. Hangelsberg.	Wilhelmsbrück	6 km bis Hangelsberg u. Fürstenwalde	2	6 km bis Spreeabl.	2
		Plaatz	desgl.	2	desgl.	2
		Heidegarten	3 km desgl.	1,25	3 km desgl.	1,25
		Hangelsberg	desgl.	1,25	desgl.	1,25
		Berkenbrück	desgl.	1,25	desgl.	1,25

235. Königl. Oberförsterei Neubrück, Rgbz. Frankfurt. (Karte 20.)

Neubrück a. d. Spree, Post, Kreis Beeskow.	9 km fester Weg nach Briesen i. Mark. — 13 km mangelh. Erdweg nach Beeskow. Fahrpost 1mal am Tage.	Die Anfuhrkosten für alle Schutzbezirke betragen bei durchschnittlich 3 km Entfernung nach den im Revier an der Spree belegenen 16 fiskalischen Ablagen pro fm 60 bis 70 Pfg.; nach Bahnstation Briesen oder Fürstenwalde, 8 km, pro fm 1,40 M.

236. Königl. Oberförsterei Colpin, Rgbz. Potsdam. (Karte 20.)

Colpin, Post Storkow. Kreis Beeskow.	7 km Chaussee nach Bahnhof Storkow (Linie Beeskow-Königswusterhausen). — 10 km Chaussee nach Bhf. Fürstenwalde, Vorort- und Fernverkehr der Bahn Berlin-Frankfurt-Breslau.	Damsdorf			0,5—1 km bis Scharmützelsee	0,50
		Colpin	4—5 km bis Storkow	1		
		Rauen	3—8 km bis Fürstenwalde	1		
		Briesen	8 km bis Fürstenwalde u. Storkow	1	5 km bis Oder-Spree-Kanal	0,80
		Dickdamm			4—5 km desgl.	0,80
		Langendamm	2—4 km bis Fürstenwalde	0,70	2—4 km desgl.	0,70

237. Königl. Oberförsterei Friedersdorf, Rgbz. Potsdam. (Karte 20.)

Friedersdorf, Post, Kreis Beeskow.	Bahnstation am Orte.	Stahnsdorf	unweit des Bahnh. Friedersdorf	2	unweit der Ablage Spreenhagen	2
		Scaby } Dannenreich } Uckley } Krummenluch }			nahe bei den Ablagen am Oder-Spree-Canal bezw. nach den mit Spree und Dahme verb. Seen.	1

238. Königl. Hausfideicommiß-Oberförsterei Königswusterhausen, Rgbz. Potsdam. (Karte 20.)

Königs-Wusterhausen, Post, Kreis Teltow.	Eisenbahnstation am Orte.	Sputendorf	3—7 km Erdweg bis Töpchin.	2,50	2—10 km bis Teupitz-See	3,50
		Gr. Köriß	3-5 km Edw. b. Gr. Köriss	2—3	2—5 km desgl.	2—3
		Frauensee	3-8 „ „ „ Gr. Besten	2—3	2—5 km desgl.	2—3
		Bindowbrück			2—3 km bis Dahmeablage	1,5-2
		Gallunsbrück	2-3 „ Chss. desgl.	2,50	2—5 km bis Teupitzablage	2—3
		Dubrow	3-8 „ Erdw. desgl.	2—3		
		Wüstemark	1-3 „ „ b. Zeuthen	2,5—3	1—3 km bis Dahmeablage	1,5-2
		Kgs. Wusterhausen	1-2 „ Chss. „ Königs-Wusterhausen		1—3 km desgl.	1,5-2

239. Königl. Oberförsterei Kummersdorf, Rgbz. Potsdam. (Karte 20.)

Kummersdorf, Post Sperenberg. Kreis Teltow.	2 km bis Bhf. Sperenberg (Militärbahn). — 10 km bis Bhf. Zossen der Dresdener Bahn (Berliner Vorortverkehr). Gute Chauss. zu beiden Stationen.	Von sämmtlichen Schutzbezirken 1—6 km gute Erdwege bezw. Chausseen bis zu den Bahnhöfen der Militär- und Dresdener Bahn. Anfuhrkosten pro fm 50 Pfg. bis 2 M., je nach Entfernung.

240. Königl. Hausfideicommiß-Oberförsterei Hammer, Rgbz. Potsdam. (Karte 20.)

Hammer, Post Wend.-Buchholz, Kreis Teltow.	6 km Lehmkiesbahn oder 9 km Chauss. nach Bhf. Halbe. — 8 km Chaussee nach Bhf. Gr. Köriss; von Buchholz nach Halbe 4mal Postomnibus.	Buchholz	3 km bis Halbe			
		Löpten	4 km „ „			
		Neubrück			3 km b. Neubrückabl.	
		Prieros			3 „ „ Ruhsee	
		Buschmeierei	} 5 km bis Halbe oder Gr. Köriss		} 6 km bis Militzsee	

Sitz der Oberförsterei nebst Poststation.	Entfernung des Oberförstereisitzes von der nächsten Eisenbahnstation bezw. Haltestelle. Post- und regelmäßige Reiseverbindungen auf Landwegen.	Durchschnittliche Entfernungen und ungefähre Anfuhrkosten von den einzelnen Reviertheilen für Bahn- bezw. Wassertransport und zwar: Schutzbezirk	Entfernung bis Güterbahnhof	Anfuhrkosten pro fm M.	Entfernung bis Wasserablage	Anfuhrkosten pro fm M.

241. Königl. Hausfideicommiß-Oberförsterei Kl. Wasserburg, Rgbz. Potsdam. (Karte 20.)

Kl. Wasserburg, Post Wend.-Buchholz, Kreis Beeskow.	9,5 km (davon 9,1 km Chaussee) bis Station Halbe (Berlin-Görlitzer Bahn). Zweimal täglich Postomnibus nach Halbe bezw. Wend. Buchholz (5 km) und andererseits nach N.-Lübbenau (7 km).	N.-Lübbenau	16 km Chaussee bis Halbe	3	5 km bis Spreeabl. (Schaafwäsche)	1,50
		Gr. Wasserburg	15 km desgl.	2,50	3 km desgl. (Budda).	1,20
		Krausnick	17 km Chss. u. Erdw. b. [Halbe	3	4 km desgl.	1,50
		Pechhütte	16 km desgl.	3	6 km desgl. (Leibsch).	1,50
		Lubolz	16 km desgl.	3	6 km desgl.	1,50
		Streganz	19 km desgl.	3,50	4 km b. Dahme (Streganz).	1,20
		Gr. Eichholz	19 km desgl.	3,50	4 km desgl.	2
		Birkbusch	15 km desgl.	3	7 km desgl.	2

242. Königl. Hausfideicommiß-Oberförsterei Schwenow, Rgbz. Potsdam. (Karte 20.)

Schwenow, Post Cossenblatt, Kreis Beeskow.	9 km (davon 5 km Chaussee) über Ahrensdorf nach Lindenberg-Glienicke der Bahn Königswusterhausen-Grunow. Bahn Beeskow-Lübben im Bau begr.	Sabrodt	unweit des bevorst. Bhfs. Briescht		grenz. dir. a. d. Spree bezw. Glower- u. Rocher-See. (Ablagen Briescht, Cossenbl., Plattkow, Tschinka).	
		Cossenbl.				
		Schwenow				
		Tschinka				
		Neuemühle	unweit Bhf. Scharmützelsee		grenzt an Scharmützelsee	
		Grubenmühle			in der Nähe der Spree u. d. Scharmütz.-Sees	

243. Königl. Hausfideicommiß-Oberförsterei Staakow, Rgbz. Potsdam. (Karte 20.)

Staakow, Post Brand, Kreis Teltow.	1,8 km Chaussee nach Station Brand der Linie Berlin-Görlitz. — 12 km (davon 10 km Chaussee) nach Station Golssen der Linie Berlin-Elsterwerda.	Meierei	6 km Ldw. b. Brand	1,50		
		Brand	1—6 km desgl.	0,5—1		
		Staakow	2—4 km (2 km Chss.) bis Brand	0,5—1	bis Teupitz-See (Kl. Mühle)	1,50
		Freidorf	4—6 km Ldw. b. Halbe	0,75-1	desgl.	1,00
		Semley	1—4 km desgl.	0,40 b. 0,75	desgl.	1,00
		Massow	3—6 km desgl.	1	desgl.	0,40 b. 0,75

244. Königl. Oberförsterei Börnichen, Rgbz. Frankfurt a. d. O. (Karte 20.)

Börnichen, Post und Kreis Lübben, N. L.	4 km Chaussee nach Bahnhof Lübben (Schnellzüge).	Marienberg	10 km Chaussee bis Lübben	1		
		Biebersdorf	5,5 km desgl.	1		
		Schlepzig	7 km desgl.	1		
		Hartmannsd. (Spreew.)	6 km desgl.	1		
		Buchenhain (Spreew.)	12 km desgl.	1		
		Kuschkow	14 km Chss., bezw. Ld.-, bezw. Wasserw. desgl.	1		

245. Königl. Oberförsterei Lübben, Rgbz. Frankfurt a. d. O. (Karte 20.)

Lübben, N. L. Post, Kreis Lübben.	Lübben ist Kreuzungspunkt der Bahnen Berlin-Görlitz, Lübben-Cottbus (Spreewaldbahn) und Uckro-Lübben, demnächst auch Lübben-Beeskow.	Sackrow	2,5 km bis Waldow	1,50	11 km (dav. 6 Chauss.) bis Schwielochsee [(Goyatz)	3,5
		Cammin-chen	3 km Erdweg bis Wusswergk	1	14 km (6 Chss.) desgl.	4
		Briesen	3 km desgl.	1	14 km (6 Chss.) desgl.	4
		Kannomühle	14 km Wasserw. u. 2 Erdweg b. Lübben od. Lüb-[benau	1,30		
		Schützenhs. (Spreewald)	16 km desgl.	1,30		

246. Königl. Oberförsterei Grünhaus, Rgbz. Frankfurt a. d. O. (Karte 20.)

Grünhaus, Post Finsterwalde, Kreis Luckau.	11 km über Nehesdorf nach Finsterwalde, davon 4½ km Chaussee und 6½ km Kiesstraße.	Nehesdorf I	8 km meist Chaussee bis Finsterwalde			
		Nehesdorf II	5 km Erdweg bis Lichterfeld			
		Zollhaus	11 km Kiesstr. bezw. Chss. b. Finsterwalde.			
		Gohra	11 km Erdw. desgl. / 6 km Edw. b. Sallgast			
		Costebrau	1½ km Erdweg bis Costebrau			
		Zschornegosda	4 km desgl.; u. 6 km bis Ruhland			
		Wend.-Sarno	10 km (½ Edw., ½ Chss.) bis Senftenberg			

247. Königl. Oberförsterei Dobrilugk, Rgbz. Frankfurt a. d. O. (Karte 20.)

Dobrilugk, Post, Kreis Luckau.	2 km nach Eisenbahnstation Dobrilugk, Kreuzungspunkt der Halle-Sorau-Gubener und der Berlin-Dresdener Eisenbahn. (Schnellzüge halten.)	Weberteich	7 km b. Dobrilugk / 4 km b. Rückertsdorf	2 / 1		
		Schadewitz	9 km b. Dobrilugk / 4 km b. Schönborn	2,5 / 1		
		Dobrilugk	5 km bis Dobrilugk	1,5		
		Weißhaus	10 km desgl.	2,5		
		Forst	7 km desgl.	2		

Flächengröße u. Character des Revieres. Vertheilung der Hauptholzarten n. Zehnteln.	Beschaffenheit des Wegenetzes im Reviere und der sich daran schließenden Abfuhrstr., sowie der etwaigen Wassertransportwege. Adressen von größeren Fuhrunternehmern.	Jahresquantum der Haupt-Verkaufshölzer nach Holzarten und Sortimenten (unter Abrechnung des Lokalbedarfs).

241. Königl. Hausfideicommiß-Oberförsterei Kl. Wasserburg,

8042 ha. — Spreeniedg. eben, sonst hügel. Dün. Ki. 0,90 Ei. 0,01 Esch. 0,02 Erl. 0,04 Bi. 0,03	Chauss. von Wend. Buchholz nach Gr. Eichholz und von Wend. Buchholz nach Neu-Lübbenau. Lehmbahn nach Birkholz, Hermsdorf, Neuendorff, Krausnick. — Fuhrunternehmer Lindorf in Leibsch, Kalk in Münchehofe, Schmegg in Krausnick. Wasserverfrachtung auf den Zuflüssen der Spree und auf der Dahme.	Schbz. Neu-Lübbenau 400 fm Ki.-Stammh. 250 rm Ki.Grubh. 350 rm Ki.-Brennh. „ Gr. Eichholz 700 fm Ki.-Stammh. 700 rm Ki.-Grubenh. 750 rm Ki.-Brennh. „ Krausnick 1000 fm Ki.-Stammh. 350 rm Ki.-Grubenh. 1300 rm Ki.-Brennh. „ Pechhütte 900 fm Ki.-Stammh. 350 rm Ki.-Grubenh. 1300 rm Ki.-Brennh. „ Lubolz 600 fm Ki.-Stammh. 550 rm Ki.-Grubenh. 600 rm Ki.-Brennh. „ Birkbusch 150 fm Ki.-Stammh. 350 rm Ki.-Grubenh. 600 rm Ki.-Brennh. „ Streganz 1000 fm Ki.-Stammh. 1050 rm Ki.-Grubenh. 550 rm Ki.-Brennh. „ Gr. Wasserburg { 400 fm Ki.-Stmh. 250 rm Ki.-Krubenh. 350 rm Ki.-Brennh. 50 fm Erl.-Stammh. 800 rm Erl.-Schichtnutzh. 300 rm Erl.-Brennh. 150 fm Esch.-Stmh. 10 fm Ei.-Stmh. 450 rm Esch.-Brennh.

242. Königl. Hausfideicommiß-Oberförsterei Schwenow,

7234 ha. — eben, z. Th. hügel., mst. zusammenh. Ki. 1,0	Sämmtliche Schutzbezirke haben Wasserstr. und grenzen mit Ausnahme von Grabenmühle direct daran. Das Revier wird von 3 Chausseen durchschnitten; die übrigen Wege sind fast sämmtlich befestigte Holzabfuhrwege. — Fuhrleute in Cossenblatt, Schwenow, Limsdorf, Wend.-Rietz, Kehrigk u. Briescht.	Schbz. Sabrodt 900 fm Ki.-Bauh. 300 fm Ki.-Grubh. „ Schwenow 1500 „ „ „ 500 „ „ „ „ Tschinka 500 „ „ „ 1000 „ „ „ „ Grubenmühle 550 „ „ „ 100 „ „ „ „ Neuemühle 1500 „ „ „ 300 „ „ „ „ Cossenblatt 500 „ „ „ 200 „ „ „ „ „ 100 „ Bi.-Rollh. 100 „ Erl.-Rollholz.

243. Königl. Hausfideicommiß-Oberförsterei Staakow,

6818 ha. — z. Th. eben, z. Th. hüg. 2 getr. Complexe. Ki. 0,95 Erl. } 0,05 Bi. }	Innerhalb des Revieres nur Lehmbahnen, Wasserablage Kl. Mühle und Mielitz-See am Teupitzer See mit Canalverbindung bis zur Dahme und Spree. Außerdem Stapelpl. Hahnsberg im Spreewald mit Wasserverbindung nach Leibsch. — Fuhrleute in Krausnick, Halbe, Tornow, Schwerin (Post Tempitz).	Schbz. Meierei 800 fm Ki.-Langnutzh. 600 fm Ki.-Derbbrennh. 1000 fm Erl.-Derbh. (darunter 100 fm Nutzh.) „ Brand 400 fm Ki.-Langnutzh. 400 fm Ki.-Derbbrennh. „ Staakow 600 fm Ki.-Langnutzh. 600 Ki.-Derbbrennh. 300 rm Ki.-Grubenh. „ Freidorf 600 fm Ki.-Langnutzh. 600 fm Ki.-Derbbrennh. 300 rm Ki.-Grubenh. „ Massow 600 fm Ki.-Langnutzh. 600 fm Ki.-Derbbrennh. 300 rm Ki.-Grubenh. „ Semley 600 fm Ki.-Langnutzh. 600 fm Ki.-Derbbrennh. 300 rm Ki.-Grubenh.

244. Königl. Oberförsterei Börnichen,

3583 ha. — eben, theilw. wellig, hüg. Ki. 0,8 Erl. 0,2	Fuhrunternehmer in Lübben und in Schlepzig.	Schbz. Marienberg 300 fm Ki.-Stammholz „ Biebersdf. 400 „ „ „ „ Schlepzig 350 „ „ „ „ Spree- { Hartmannsdf. 50 „ Erl.- „ 100 fm Erl.-Schichtnutzh. „ wald { Buchenhain 100 „ Erl.-, Bu.-, Hbu., Esch.-, Bi.-, Ei.-Stammh. 300 fm Schichtnutzholz „ Kuschkow 30 fm Ei.-, Erl.-Rüst.-Bi.-Stammh. 70 fm Schichtnutzholz.

245. Königl. Oberförsterei Lübben,

ha. — eben, 2 Hpt.-Theile und 2 kleinere Parz. Ellerborn u. Lubolz. Ki. 0,6 Erl. 0,4	Schbz. Camminchen, Briesen, Ellerborn u. Lubolz von Chauss. durchschnitten. Sonst innerhalb nur Erdwege. In Kannomühle und Schützenhaus Holztransport ausschließlich auf Spreefließen. — Fuhrleute zu Land: in Camminchen Noak und Günther, in Briesen Schiebau. — Fuhrl. zu Wasser: in Alt-Zauche Noak II und Groger, Lübben Mertin, Jessen Krüger.	Schbz. Sackrow 200 fm Ki.-Bauholz 100 rm Ki.-Brennholz „ Camminchen 300 „ „ „ 200 „ „ „ „ Briesen 300 „ „ „ 200 „ „ „ „ Kannomühle 100 „ Erl.- „ 500 „ Erl.- „ „ Schützenhaus 100 „ „ „ 400 „ „ „ (Spreewald)

246. Königl. Oberförsterei Grünhaus,

5884 ha. — meist eben, 3 Parzellen. Ki. 0,8 Fi. 0,2	Bis auf Wend. Sarno im Revier jederzeit fahrbare Erdwege; Kiesstraßen meist gut. Außerhalb des Reviers meist gute chausseeartige Wege. — Fuhrleute Zierenberg in Nehesdorf, Schneider in Grünhaus, Sinnen in Nehesdorf bei Finsterwalde.	Schbz. Zschornegosda 1500 fm Na.-Bauh. 70 fm Na.-Grubenh. 180 rm Na.-Brennh. „ Costebrau 1850 fm Na.-Bauh. 300 fm Na.-Grubenh. 110 rm Na.-Brennh. „ Zollhaus 2200 fm Na.-Bauh. 400 fm Na.-Grubenh. 300 rm Na.-Brennh. „ Nehesdorf I 1650 fm Na.-Bauh. 180 fm Na.-Grubenholz, 160 rm Na.-Brennh. „ Nehesdorf II 1250 fm Na.-Bauh. 150 fm Na.-Grubenholz, 100 rm Na.-Brennh. „ Wend.-Sorno 360 fm Na.-Bauh. 20 fm Bi.-, Erl.-Nutzholz, 65 rm Na.-Brennh. „ Gohra 2200 fm Na.-Bauh. 380 fm Na.-Grubenh. 143 rm Na.-Brennholz, 20 fm Ei.-Bauh. 30 rm Schichtnutzholz.

247. Königl. Oberförsterei Dobrilugk,

4539 ha. — eben, 5 Parzellen. Ki. 0,82 Fi. 0,10 Ei. 0,08	Innerh. der Forstorte fahrbare Sand- u. Kieswege, außerh. gute Kiesstr. Bis zu den Bahnhöfen führen gute Kommunikationswege. — Holzabfuhrl. in Schadewitz, Schönborn, Kirchhain, Rückertsdorf und in Lindena.	Schbz. Weberteich 1100 fm Ki.-Stammh. 40 fm Ki.-Grubh. „ Schadewitz 1900 „ „ „ 380 „ „ „ „ Dobrilugk 740 „ „ „ 350 „ „ „ „ Weißhaus 470 „ „ „ 600 „ „ „ „ Forst 600 „ „ „

Oeffentliche Holzlicitationen finden statt in	Unterkommen im Gasthofe f. Holzhändler, Forst-Assessoren u. Referendare in möglichster Nähe der Oberförsterei	Zustand des Oberförsterdienst-Gebäudes	Wo Kirche, wo Schule? In welcher Zeit zu erreichen?	Wo Arzt, wo Apotheke, wo Amtsgericht?	Nebenämter des Revierverwalt. Wenn ständiger Assistent vorhanden, wo wohnt derselbe?
Rgbz. Potsdam. (Karte 20.)					
In Wend.-Buchholz, bei Miethke.	In Wend.-Buchholz, bei Miethke. Bei mäßigen Anspr. auch wohl bei Krüger in Leibsch.	Aelteres, noch gut erhaltenes Dienstgebäude, 0,4 km von Chaussee N. Lübbenau-Wend.-Buchholz. Neubau der Wirthschaftsräume beabsichtigt. Nächste Stadt Wend.-Buchholz, 5 km, (1200 Einw.).	In Wend.-Buchholz, in 3/4 St. zu erreichen. Gymnas. in Berlin.	2 Aerzte, Apotheke, Amtsgericht in Wend.-Buchholz.	Amtsvorst. — Wohn. für verh. Assessor nur in Wend.-Buchholz erhältlich.
Rgbz. Potsdam. (Karte 20.)					
In Cossenblatt, bei Rusch. In Schwenow, bei Noack. In Neumühle, bei Frau Otto.	Bei ger. Anspr. in Schwenow, bei Noack, etwas besser in Cossenblatt, 6 km bei Rust.	Altes kleines Dienstgeb. am Landw. im Dorfe Schwenow, (100 Einw.). Nächste Stadt Beeskow, 16 km, 4200 Einw. Garnison. — Storkow, 2500 Einw., ebenf. 16 km.	Ev. Kirche in Cossenblatt. Gymnas. in Fürstenwalde, 30 km, (dav. 25 km Chauss.).	Arzt und Apotheke in Beeskow, bez. Storkow, je 16 km.	Amts- u. Gutsvorsteher.
Rgbz. Potsdam. (Karte 20.)					
In Brand, Bahnhofswirthschaft. In Staakow, Gasth. z. Waldkater.	In Brand, Gasth. z. Bahnhof. In Staakow, Gasth. z. Waldkater, (beide nur bei besch. Anspr.).	Schönes, neueres, ger. Wohnh., ältere ger. Wirthschaftsgeb. am Ostr. des Dorfes Storkow, (250 Einw.). — Nächste Städte Golßen, 12 km Chauss., 1460 Ew. — Lübben, 25 Min. Bahnf., Kreisstadt, 6800 Einw. Garnis.	Ev. Kirche in Oderin, 6 km. Schule in Staakow. Kathol. Kirche in Lübben, dort auch Realschule.	2 Aerzte in Golßen, 12 km Chss. Amtsger. in Wend.-Buchholz.	Gutsvorsteher. — Wohn. f. verh. Ass. nicht z. hab
Rgbz. Frankfurt a/O. (Karte 20.)					
In Lübben.	In Lübben, Stadt Berlin, 4 km. In Schlepzig, Gasth. von Gottlieb, 7 km.	Altes Dienst-Gehöft, altes Wohnh. im Walde isolirt gel. Nächster Ort Lübben, 6800 Einw., 4 km, Chausseeverb.	In Lübben, 4 km, daselbst Realschule bis einschl. Unter-Sekunda.	In Lübben.	Amtsvorsteher, Gutsvorst. (ohne Gehalt). — Wohn. für verh. Ass. in Lübben zu hab.
Rgbz. Frankfurt a/O. (Karte 20.)					
In Lübben, Kluges Saal.	In Lübben, Stadt Berlin u. gold. Stern.	Miethswohnung in der Stadt Lübben, (6800 Einwohner), Kreisstadt. Garnis. Berlin in 1 Std. Bahnf. zu erreichen.	Ev. und kath. Kirche, Realschule im Ort. Gymnas. in Luckau, (45 Min. Bahnf., aber kein pass. Frühzug).	In Lübben.	
Rgbz. Frankfurt a/O. (Karte 20.)					
In Grünhaus, bei Schneider. In Senftenberg, bei Müller. In Costebrau, bei Fraß.	In Grünhaus, bei Schneider, sehr primitiv. In Lauchhammer, bei Friedrich, sehr gut.	Ger. Fachwerkbau am Rande der Colonie Grünhaus, (11 Häuser), an Kiesstraße. Wirthschaftsr., bis auf Scheune, gut. Nächste Stadt Finsterwalde, 11 km, 10700 Einwohner, Fabrikstadt.	Ev. Kirche in Nehesdorf, 30—40 Minut. Fahrt. Kath. Gottesdienst in Bockwitz, 10 km, gute Kiesstr. Privatschule in Finsterwalde (bis Einj.-Freiw.-Reife).	Arzt u. Apotheke in Finsterwalde, 11 km u. in Lauchhammer, 8 km.	Amtsvorsteher.
Rgbz. Frankfurt a/O. (Karte 20.)					
Gasth. zum grünen Berg beim Bahnhof Dobrilugk.	In Dobrilugk, gut. Unterk. im Gasth. z. Rautenstock.	Dienstwohn. mäß. Beschaffenh. im sog. Schlosse zu Dobrilugk, (1500 Einw.). — Berlin, Dresden in je 1 1/2 Std., Halle u. Leipzig in je 2 Std. Bahn zu erreichen.	Ev. Kirche u. Volksschule in Dobrilugk.	In Dobrilugk.	Unterk. f. verh. Ass. schwer zu haben.

Flächengröße u. Charakter d. Reviers. — Vertheilung der Hauptholzarten nach Zehnteln.	Beschaffenheit des Wegenetzes im Reviere und der sich daran schließenden Abfuhrstraßen, sowie der etwaigen Wassertransportwege. Adressen von größeren Fuhrunternehmern.	Jahresquantum der Haupt-Verkaufshölzer nach Holzarten und Sortimenten (unter Abrechnung des Lokalbedarfs).

248. Königl. Oberförsterei Hohenbucko,

3919 ha. — eben, zusammenhgd. Schbz. Sieb isolirt. Ki. 0,9 Ei. 0,1	Kieschauss. Luckau-Schlieben (von mäßiger Beschaffenheit) durchschneidet das Hauptrevier, sonst im Innern Erdwege. Fuhrunternt. haupts. in Schwarzenburg Eigendorf und Katschke, ferner Bauern in Wüstermarke, Kemlitz u. Rosenthal.	Schbz. Schwarzburg 800 fm Stammh. 150 rm Grubh. 250 rm Brennsch. 100 rm Brennknüppel Ki. „ „ 20 fm Ei.-Stammh. 30 rm Ei.-Schichtnutzholz „ Neusorgefeld 50 fm Ei.-Stammh. 30 rm Ei.-Schichtnutzholz „ „ 1500 fm Stammholz- 250 rm Grubenholz- 600 rm Brennsch.- 300 rm Brennkn.-Ki. „ Rochau 200 rm Ki.-Grubh. 150 rm Ki.-Brennkn. „ Sieb 150 fm Ki.-Stammholz.

249. Königl. Oberförsterei Liebenwerda,

4789 ha. — eben, parz. Ki. 0,9 Ei. 0,1	Wege überall gut, bestehend in Kieswegen und Chausseen. Fuhrleute in den angrenzenden Dörfern.	Das fast nur in Ki. zum Einschlag kommende Bauh. (eigentl. Handelsholz ist überhaupt nicht vorh.) findet ausschl. Absatz an den Lokalconsum. Im Hauptrev. (Schbz. Krampa, Dobra, Pröſa, Jagdhaus) werden jährl. 200—300 fm Grubh. eingeschl., welche zus. in einem Loose zum Ausgebot kommen.

250. Königl. Oberförsterei Elsterwerda,

6252 ha. — th. eben, th. etwas hügelig. Ki. 0,8 Fi. 0,2	Innerh. des Rev. sind die Erdwege meist befest. Lehmkiesbahnen. Fuhrunternehmer in Oppelhain, Gorden, Plessa, Hohenleipisch.	Schbz. Plessa 30 fm Ki.-Grubh. „ Döllingen 30 „ „ „ 50 fm Bi.-Nutzkloben „ Hohenleipisch 75 „ „ „ 75 „ „ „ „ Staupitz 30 „ „ „ 30 „ „ „ „ Gorden 10 „ „ „ 10 „ „ „ „ Oberbuschhaus 50 „ „ „ „ Schraden 25 „ „ „ Sämmtl. Bau- u. Brennh. wird durch Lokalbedarf aufgen.

251. Königl. Oberförsterei Neu Thymen,

4791 ha. — eben, 1 Hauptcomplex. Schbz. Linower Heide, 7 km entf. Ki. 1,0	Innerhalb sehr gute Wege, 2 Chausseen. Außerd. zu den Abl. gepflast. Wege. An den schiffb. Havelseen und Woblitz-Bach 8 fisk. Abl. — Fuhrl. Gley in Fürstenberg i. Mekl., Westphal in Himmelpfort, Collin in Hammelstall bei Lychen.	Schbz. Castaven 1800 fm Ki.-Langnutzholz „ Neu Thymen 1500 „ „ „ „ Alt „ 1000 „ „ „ „ Ravensbrück 1100 „ „ „ „ Linower Heide 300 „ „ „

252. Königl. Oberförsterei Himmelpfort,

4757 ha. — eben, z. Th. stark wellig. Ki. 1,0 Ei. Bi. Bu.	Die Abfuhr geht ausschl. nach den Wasserabl. auf den fast sämmtl. fahrbaren Gestellen und leidl. guten, reichlichen Wegen. Fuhrleute namentlich in Fürstenberg und Lychen.	Schbz. Tangersdorf 500 fm Ki.-Stammh.- 1000 rm Ki.-Nutzkn. 400 rm Ki.-Brennh. „ Woblitz 2700 fm Ki.-Stammh.- 1600 rm Ki.-Nutzkn. 500 rm Ki.-Brennh. „ Bredereiche 2600 fm Ki.-Stammh.- 300 rm Ki.-Nutzkn. 800 rm Ki.-Brennh. „ „ 300 rm Bu.- 25 rm Bi.- 15 rm Ei-Brennh. „ Regelsdorf 2700 fm Ki.-Stammh. 350 rm Ki.-Schichtnutzholz „ „ 350 rm Ki.-Brennh. 100 rm Bu.- 20 rm Ei.-Brennh.

253. Königl. Oberförsterei Alt Placht,

4152 ha. — eben, Ki. 0,9 Bu. } 0,1 Ei.	Innerhalb der Forstorte Sandwege. Die Chauss. Templin-Lychen für die Anfuhr zu den Abl. nicht benutzb. — Fuhruntern. in Annenwalde, Beutel u. in Densow.	Schbz. Beutel 2500 fm Ki.-Nutzh. „ Crams 2500 „ „ „ „ Densow 800 rm „ „ IV. Cl. „ Altplacht 1000 fm „ „

251. Königl. Oberförsterei Lüdersdorf,

1605 ha. — meist eben, hügelig sind nur Kienheide und Rehberge. Ei. 0,40 Ki. 0,15 Bu. 0,30 Wh. 0,15.	Innerh. nur Erdw. z. Th. befestigt. Eichholz und Wolfsluch v. Chauss. durchschn. Pflasterwege an die Chauss. anschließ. von Schulzendorf nach Dollgow. — Fuhrl. Brunn in A. Lüdersdorf, in Gransee, Seilershof, Post Fischerwall, Neu-Lögow, Post Gr. Woltersdf.	Schbz. Marienthal 150 fm schw. Ki.-Bauh. „ Eichholz 400 „ stark. „ -Stammh. 30 fm Ei-Grubh. „ „ 100 „ Bu.-Stammh. 50 rm Bu.-Schichtnutzh. 25 fm Bi.- Erl.-Schichtnutzholz „ Wolfsluch 100 fm Ki.-Stammh. 100 rm Erl.-, Bi.-Schichtnutzh. „ Kienheide 600 fm Ki.- stark. Stammh. „ Rehberge 300 „ „ „

Oeffentliche Holzlicitationen finden statt in:	Unterkommen im Gasthofe f. Holzhändler, Forst-Assessoren u. Referendare in möglichster Nähe der Oberförsterei	Zustand des Oberförsterdienst-Gebäudes	Wo Kirche? Wo Schule? In welcher Zeit zu erreichen?	Wo Arzt, wo Apotheke, wo Amtsgericht?	Nebenämter des Reviervervwalt. — Wenn ständiger Assistent vorhanden, wo wohnt derselbe?
Rgbz. Merseburg. (Karte 20)					
In Hohenbucko, Gasth. Paschke. In Rosental (für Schbz. Sieb) im Gasth. Wildenhain.	Bei besch. Anspr. im Gasth. zur Eisenbahn, Hohenbucko, 0,8 km. Sonst in Schlieben bei Hernsdorf. In Herzberg bei Theye. (Beide Orte Bahnstat.)	Aelt. Dienstgeb. am W.-Ausg. des Dorfes Hohenbucko (600 Einw.) an der Dorfstr. gel. Wirthschaftsr. beschränkt. Nächst. St. Schlieben, 8 km (1600 Einw.). — Berlin u. Dresden in 2½ Std. Bahnfahrt zu erreichen.	Ev. Kirche u. Pfarre im Dorfe. Kathol. Go tesd. in Liebenwerda. Gymnas. in Luckau. Privatschule, bis Tertia, in Herzberg a/Elster. (Bahnverbind., aber kein passender Frühzug.)	In Schlieben, 8 km.	
Rgbz. Merseburg. (Karte 20.)					
In Liebenwerda, Rathskeller. In Krampa, Gasth. Malo, (nur Lokaltermin).	In Liebenwerda, Hotel z. weißen Roß und Nordd. Hof.	Mitten in der Kreisst. Liebenwerda, (2900 Einw.) belegene Dienstwohn., altes, großes Wohnhaus. Dresden in 2 Std. und Berlin in 2 Std. Bahnf. zu erreichen.	Ev. n. kath. Kirche Volksschule u. Privatschule mit Vorbildung bis Tertia am Orte.	Am Orte.	Guts- u. Amtsvorsteher.
Rgbz. Merseburg. (Karte 20)					
In Elsterwerda, Gesellschaftshaus.	In Elsterwerda, Rathskeller und Rautenkranz.	Altes, geräumiges Wohnhaus, 2 km (1 km Chaussee u. 1 km Erdweg) östl. von der Stadt Elsterwerda, 3300 Einw. Dresden in 48 Minut. und Berlin in 1¾ Std. Bahnf. zu erreichen.	Superintendentur, Elementarschule und Lehrerseminar in Elsterw. Gymn. in Torgau. Realgymn. in Grossenhain. (Bahnverb. aber kein pass. Frühzug.)	In Elsterwerda.	Amts- und Guts-vorst. — Wohn. f. verh. Ass. in Elsterwerda (2 km) zu haben.
Rgbz. Potsdam. (Karte 21.)					
2—3 gr. Handelsholzterm. in Gransee a. d. Nordbhn. im Gasth. Sommer (5 Oberf. zus.), sonst in Fürstenberg bei Wegert.	In Fürstenberg, Hotel Meklenb. Hof, 6 km, bei Wegert, sehr gutes Unterkommen, desgl. bei Tiburtius, Hotel zum gold. Löwen.	Sehr schönes und sehr ger. Dienstgeb. 6 km nördl. von Fürstenberg, (2600 Einwohn.) u. 4 km südlich vom Dorfe Alt Thymen (300 Einw.), an Straße nach Dabelow. Wirthschaftsr. gut u. ausreichend.	Ev. Kirche u. Schule im Dorfe Alt-Thymen, in 30 Minuten zu erreichen.	In Fürstenberg, 6 km. Amtsger. in Lychen, 11 km.	Amtsvorsteher.— Wohn. f. verh. Ass. in Fürstenberg zu haben.
Rgbz. Potsdam. (Karte 21)					
In Gransee, a. d. Nordbhn. in Sommer's Hotel. In Fürstenberg, bei Wegert.	In Fürstenberg, Wegert's Hotel, „Meklenburger Hof", sehr gut; desgl. bei Tiburtius im Hotel „zum gold. Löwen".	Gutes, neueres Gebäude, 300 m vom Dorfe Himmelpfort entfernt, an der Straße nach Beutel. — Neustrelitz, 11300 Einwohner, in 1 Std. Bahnfahrt zu erreichen.	Ev. Kirche u. Pfarre im Ort. Kath. Kirche u. Gymnas. in Neustrelitz.	In Fürstenberg, Amtsger. in Lychen.	Umfangreiche Amtsvorsteher-Geschäfte.
Rgbz. Potsdam. (Karte 21.)					
Handelsholzterm. f. 4 Oberf. an denselben Tagen in Gransee (Stat. der Bahn Berlin-Stralsund).	Nur in Templin, Hotel Beseler. Hotelwagen a. d. Bahn.	Dienstgebäude an sandiger Landstr., 2,5 km bis Chauss. Wohnhaus und Wirthschaftsr. geräumig. Kreisst. Templin, (4700 Einw.), in 15 Minuten Bahnfahrt von Neu-Placht zu erreichen.	Gymnasium in Templin, 9 km.	Arzt und Apotheke in Templin.	Staatsauff. über eine Kiefernforst.
Rgbz. Potsdam. (Karte 21.)					
In Gransee, Hotel Liesert u. Restauration Metzentin das.	In Gransee, Hot. Behrendt u. Liesert. — Bei nicht zu hohen Ansp. in Fischerwall, (Post), bei Fink, 10 Min. v. Bhf. Dannenw.	Aelteres, ger., massives Gebäude am Ostausgang des Dorfes Alt-Lüdersdorf, 700 Einw., 5 km v. Gransee, (ca. 4000 Einwohner). Wirthschaftsgebäude ausreichend. Berlin in 1 Std. Bahnfahrt von Gransee zu erreichen.	Ref. Pfarre u. Kirche im Dorfe, kathol. Gottesd. in Lindow, Nächst. Gymnas. in Neu-Strelitz u. Neu-Ruppin, je 38 km. Höh. Töchter-Privatschule in Gransee.	In Gransee, 5 km.	Amts- u. Guts-vorst. Forstamts-anw. — Verh. Ass. kann in Gransee wohnen.

Sitz der Oberförsterei nebst Poststation	Entfernung des Oberförstereisitzes von der nächsten Eisenbahnstation bezw. Haltestelle. Post- und regelmäßige Reiseverbindungen auf Landwegen.	Durchschnittliche Entfernungen und ungefähre Anfuhrkosten von den einzelnen Reviertheilen für Bahn- bezw. Wassertransport und zwar: Schutzbezirk	Entfernung bis Güterbahnhof	Anfuhrkosten pro fm M.	Entfernung bis Wasserablage	Anfuhrkosten pro fm M.

248. Königl. Oberförsterei Hohenbucko, Rgbz. Merseburg. (Karte 20.)

Hohenbucko, Post, Kreis Schweinitz.	0,8 km Chaussee bis Bahnhof Hohenbucko, Haltestelle der Niederlausitzer Eisenbahn.	Schwarzburg	4 km Erdw. b. Rochau oder Wend. Drehna	1,30 bis 1,50 (für alle Schutzbezirke)		
		Neusorgefeld	3 km desgl.			
		Rochau	3 km Erdw. b. Rochau			
		Sieb	2,5 km „ „ Kemlitz			

249. Königl. Oberförsterei Liebenwerda, Rgbz. Merseburg. (Karte 20.)

Liebenwerda, Post und Kreis Liebenwerda.	Liebenwerda ist Station der Linie Wittenberg-Kohlfurt. (Schnellzüge halten.)	Kraupa, Dobra, Pröſa, Jagdhaus	bis 8 km befestigt. Weg zu den Station. Liebenwerda, Elsterwerda, Dobrilugk, Hohenleipisch	bis 4,00		

250. Königl. Oberförsterei Elsterwerda, Rgbz. Merseburg. (Karte 20.)

Elsterwerda, Post und Kreis Liebenwerda.	2 km bis Bahnstation Elsterwerda (Berlin-Dresdener Bahn). — 4 km bis Bahnstation Elsterwerda (Oberlausitzer Eisenbahn).	Plessa	4 km Erdw. b. Plessa	1,50		
		Döllingen	4 km desgl.	1,50		
		Hohenleipisch	5 km Erdw. b. Hohenleipisch	1,75		
		Staupitz	5 km Erdw. b. Plessa	1,75		
		Gorden	6 km desgl.	2,00		
		Oppelhain	6 km Erd. b. Hohenleip.	2,00		
		Oberbuschhaus	4 km Erdw. und Chff. bis Plessa	1,50		
		Schraden	5 km desgl.	1,50		

251. Königl. Oberförsterei Neu-Thymen, Rgbz. Potsdam. (Karte 21.)

Neu-Thymen, Post Fürstenberg i/Mecklenburg, Kreis Templin.	6 km bis Bahnhof Fürstenberg (Berliner Nordbahn). — 5 km bis Bahnhof Himmelpfort. Wege sehr gut (zum Theil Chaussee, zum Theil Pflaster).	Castaven	6 km Pflaster bis Himmelpfort	1,50	6 km bis Moderfützsee	1,50
		Neu-Thymen	7,5 km meist Erdweg bis Himmelpfort	2,00	7,5 km desgl.	1,75
		Alt-Thymen			5 km Pflaster bis Schwedt-See	1,25
		Ravensbrück	7 km Chaussee bis Fürstenberg	1,50	7 km bis Fürstenberg	1,55
		Linower-Heide	12 km Landweg bis Himmelpfort	4,00	12 km b. Moderfütz-S. 8 „ „ Abl. Lychen	4,00 3,00

252. Königl. Oberförsterei Himmelpfort, Rgbz. Potsdam. (Karte 21.)

Himmelpfort, Post, Kreis Templin.	2 km Damm nach Bhf. Himmelpfort der Fürstenberg-Templin-Eberswalder Eisenbahn. — 6 km Landw. od. 4 km Chauss. u. 3 km Damm nach Fürstenberg, 3mal Personenpost-Verbindung.	Sämmtliche Schutzbezirke 0,5 km bis 4 km Erdweg bis zu den Wasserablagen der Havel und des Woblitz-Baches, je nach Entfernung 0,50 bis 1,75 M. pro fm.

253. Königl. Oberförsterei Alt-Placht, Rgbz. Potsdam. (Karte 21.)

Alt-Placht, Post und Kreis Templin.	3 km Sandweg bis Station Neu-Placht (Linie Templin-Fürstenberg).	Entfernung bis zu den Ablagen an der Havel 0—5 km. Anfuhrkosten 0,40 bis 1,20 M. pro fm.

254. Königl. Oberförsterei Lüdersdorf, Rgbz. Potsdam. (Karte 21.)

Alt-Lüdersdorf, Post, Kreis Gransee.	5 Minuten Pflasterweg bis Haltestelle Alt-Lüdersdorf der Nordbahn. Fernsprechstation in Aussicht. — 5 km bis Bhf. Gransee (Schnellzüge).	Marienthal			0,5 km bis fiskalische Havel-Ablage	
		Eichholz			4 km bis fisk. Kl. Wentow-See-Abl. 1 km bis fisk. Gr. Wentow-See-Abl.	2
		Wolfsluch			5—8 km bis fiskal. Kl.-Wentow-See-Abl.	3
		Kienheide			11 km desgl.	4
		Rehberge			4 km desgl.	2

Sitz der Oberförsterei nebst Poststation	Entfernung des Oberförstereisitzes von der nächsten Eisenbahnstation bezw. Haltestelle Post- und regelmäßige Reiseverbindungen auf Landwegen	Durchschnittliche Entfernungen und ungefähre Anfuhrkosten von den einzelnen Reviertheilen für Bahn- bezw. Wassertransport und zwar: Schutzbezirk	Entfernung bis Güterbahnhof	Anfuhrkosten pro fm M.	Entfernung bis Wasserablage	Anfuhrkosten pro fm M.

255. Königl. Oberförsterei Zehdenick, Rgbz. Potsdam. (Karte 21.)

Zehdenick, Post, Kreis Templin.	0,5 km nach Bhf. Neuhof (Strecke Löwenberg=Templin).	Der größte Theil des Handelsholzes wird Seitens der Forstverwaltung an die 6 Ablagen an der schiffbaren Havel gebracht. Belauf Exin liegt 0,5 km vom Zehdenick-Liebenwalder-Kanal (Havel) entfernt.				

256. Königl. Oberförsterei Reiersdorf, Rgbz. Potsdam. (Karte 21.)

Reiersdorf, Uckermark, Post, Kreis Templin.	5 km Erdweg nach Friedrichswalde (Linie Eberswalde=Fürstenberg). Täglich 2mal Kariolpost hin und zurück nach Friedrichswalde. — 7 km nach Milmersdorf derselben Linie, davon 5,5 km Chaussee, 1,5 km Landw.	Wucker			14 km Waldb. b. Werbellin-See (Miechen)	1,7—2
		Döllnkrug			12 km desgl.	1,5-1,7
		Väter			14 km desgl.	1,7—2
		Dusterlake			14 km desgl. oder bis Havel (Burgw.)	1,7—2
		Gollin			17 km Erdw. b. Werbellin-See (Miechen)	2,5—3
		Vietmannsdf.			per Waldbahn desgl.	2—2,5

257. Königl. Oberförsterei Glambeck, Rgbz. Potsdam. (Karte 21.)

Grumsin, Post Alt=Künkendorf, Kreis Angermünde.	Bis Bahnhof Angermünde 11 km (davon 5 km Pflasterstr.) — Bis Bahnhof Joachimsthal über Fh. Bärendicte 9,6 km (davon 8 km Chaussee). — Bis Alt-Hüttendorf über Amt Grimnitz 7 km (davon 4 km Pflaster).	Schmargendorf	9 km z. Th. Chauss. bis Angermünde	2,00	13 km bis Werbellin-See	3,00
		Glambeck	8 km desgl. bis Joachimsthal	2,00	10 km desgl.	2,50
		Bärendicte	4 km Chaussee bis Joachimsthal	1,50	6 km desgl.	2,00
		Pehlenbruch	3 km desgl. u. Friedrichsw.	1,50	5 km desgl.	2,00
		Schmelze	10 Chss. b. Joachimsth.	2,50	12 km desgl.	3,00

258. Königl. Oberförsterei Grimnitz, Rgbz. Potsdam. (Karte 21.)

Grimnitz, Post Joachimsthal, Kreis Angermünde.	1½ km bis Joachimsthal, Station der Bahn Eberswalde=Fürstenberg (4 Züge täglich).	Schorfheide			4 km Erdweg b. Werbellin-See (fisk. Abl.)	1,50
		Joachimsthaler-Mühle			3 km z. Th. Waldbahn desgl.	1,00
		Wilhelmseichen			5 km Waldb. desgl.	1,50
		Cölln			7 km z. Th. desgl.	2,00
		Altenhof			7 km Erdw. desgl.	2,00
		Hüttendorf			7 km desgl. (bergig)	2,00
		Ziethen			7 km mst. Chss. desgl.	

259. Königl. Oberförsterei Gr. Schönebeck, Rgbz. Potsdam. (Karte 21.)

Gr. Schönebeck, in der Mark, Post, Kreis Nieder=Barnim.	Gr. Schönebeck ist Station der Bahn Berlin=Reinickendorf=Gr. Schönebeck. — 21 km (davon 4 km Chaussee) nach Biesenthal oder 22 km (davon 14 km Chss.) nach Eberswalde (Berlin=Stettin). Täglich 2mal Omnibus nach Bernau und zurück (ca. 30 km in 4 Stunden Fahrt).	Hirschberg	3—7 km Chaussee bis Gr. Schönebeck	1,50	3—7 km b. Werbellin-Canal (Zerpenschl.)	1,50
		Rehluch	4—7 km Lehmb. desgl.	1,50	4—7 km desgl.	1,50
		Lotzin	7—11 km desgl.	1,80	7—11 km desgl.	1,80
		Prötze	1—6 km Ldw. desgl.	1,20	6 km bis Noss-Canal (Hoepen) u. bis Havel	1,20
		Tremmersee	5—9 km Lehmb. desgl.	1,50	9 km desgl.	1,50
		Kl. Dölln	7—12 km Chss. desgl.		15 km bis Werbellin-See (Faule Wiese)	2,20

260. Königl. Oberförsterei Pechteich, Rgbz. Potsdam. (Karte 21.)

Gr. Schönebeck, in der Mark, Post, Kreis Niederbarnim.	Bahnstation am Orte. Ferner 21 km (davon 4 km Chaussee) nach Biesenthal, oder 22 km (davon 14 km Chaussee) nach Eberswalde. Beides Stationen der Berlin=Stettiner Bahn.	Pechteich, Eichhorst, Grüneberg, Eichheide, Wildfang	Entfernung nach den Ablagen am Werbellin-Canal und am Werbellin-See 1—7 km. Anfuhrkosten im Durchschnitt ca. 60 Pfg. pro rm Brennholz und 1 M. bis 2,50 M. pro fm Langholz.			

261. Königl. Oberförsterei Chorin, Rgbz. Potsdam. (Karte 21.)

Chorin, Post, Kreis Angermünde.	3,5 km Chaussee nach Bahnhof Chorin an der Berlin=Stettiner Bahn.	Britz	5 km bis Chorin	2,00	9 km bis Finow-Can. (Kahlenberg)	3,00
		Chorin	4,5 km desgl.	1,50	7 km desgl.	2,50
		Nettelgraben	2,5 km desgl.	1,00	8 km desgl.	2,50
		Liepe			6 km desgl.	2,50
		Kahlenberg			2 km desgl.	2,00

Flächengröße u. Charakter des Reviers. — Vertheilg. der Haupt-holzarten nach Zehnteln.	Beschaffenheit des Wegenetzes im Reviere und der sich daran schließenden Abfuhr-straßen, sowie der etwaigen Wassertrans-portwege. Adressen von größeren Fuhr-unternehmern.	Jahresquantum der Haupt-Verkaufshölzer nach Holzarten und Sortimenten (unter Abrechnung des Lokalbedarfs.)

255. Königl. Oberförsterei Zehdenik,

8684 ha. — eben, zushgd. bis auf Exin. Ki. 0,8 Erl. 0,1 Bi. 0,1	Waldeisenbahn nach der schiffbaren Havel; innerhalb der Bel. Sandwege als Anschluß an die das Revier durchschneid. Chausseen, bezw. Havelabl. — Fuhrleute in Zehdenick (für Holzhändler kaum von Bedeutung, da das Holz von den Ablagen aus verflößt, bezw. ins Schiff verladen wird.) Floßregimenter in Kurtschlag.	Schbz. Cappe, „ Kurtschlag, „ Exin, „ Wesendorf, „ Deutschboden, Schbz. Zehdenick, „ Hammelspring, „ Burgwall, „ Vogelsang: 1000 fm Erl.-Bi.-Lang- und Schichtnutzholz, 1000 fm Ki.-Langnutzholz.

256. Königl. Oberförsterei Reiersdorf,

7051 ha. — eben, zushgd. Ki. 0,93 Bi. 0,02 Erl. 0,02 Ei. 0,02 Bu. 0,01	Chaussee Berlin-Prenzlau durchschneidet Schbz. Döllnkrug. Chaussee von Döllnkrug zur Holzabfuhr aus W.-Revier benutzt. Fiskalische Waldeisenbahn nach Abl. Miechen am Werbellin-See und nach Burgwall an der Havel. Das Döllnfließ zum Verflößen nach Höpen an der Havel benutzbar. — Fuhrleute in Gr. Dölln, Gollin, Grunewald.	Schbz. Wucker 2100 fm Ki.-Stammh. 2000 rm Ki.-Brennh. 50 rm Bi.-Schichtnutzh. 20 rm Erl.-Schichtnutzholz. „ Dusterlake 2200 fm Ki.-Stammh. 200 rm Ki.-Brennh. 80 rm Bi.-Schichtnutzh. 100 rm Erl.-Schichtnutzh. „ Dusterlaake 50 fm Bi.-Stammh. 20 fm Erl.-Stammh. „ Döllnkrug 2200 fm Ki.-Stammh. 500 rm Ki.-Brennh. „ Bäter 2000 „ „ „ 100 „ „ „ „ Gollin 500 „ „ „ 500 „ „ „ „ Vietmannsdorf 700 „ „ „ 300 „ „ „

257. Königl. Oberförsterei Glambeck,

4584 ha. — meist eben (Schmargdf. hügelig). Ki. 0,4 Bu. 0,4 Ei. 0,1 Erl. } 0,1 Bi. }	Im Revier 3 Chausseen, sowie mehrere Pflasterstraßen, sonst Erdwege. Wassertransport von Abl. Werbellin-See bei Joachimsthal nach Finow-Kanal, Havel und Oder. — Fuhrleute Freyer und Peyson in Joachimsthal, Jeckel in Friedrichswalde, Dörr, Döhring u. Neumann in Angermünde.	Schbz. Schmargendorf, „ Glambeck: Ei. 400 fm Stämme, Ei. 150 rm Schichtnutzholz „ Schmelze: Ei. 100 rm Grubenholz „ Bärendicte, „ Pehlenbruch: Ki. 1700 fm Stammholz, Ki. 1900 rm Brennholz Bi. 300 fm Stäm. 500 rm Brennh. Bu. 1200 fm Stä. 1800 rm Brennh. Bu. 400 rm Schntzh. 40 rm Brennh. Hbu. 40 fm Stäm. Rüst. 20 „ „ Lind. 50 fm Stämme, Erl. 400 fm Stämme

258. Königl. Oberförsterei Grimnitz,

9317 ha. — z. Th. eben, z. Th. hügel., durch Werbellin-See in 2 Theile getheilt. Ki. 0,7 Ei. 0,1 Bi. 0,1 Bu. Erl. Bi. 0,1.	Sämmtliches Handelsholz theils per Achse theils per Waldbahn auf Kosten der Forstverwaltung nach den Holzablagen am Werbellin-See gefahren, welcher durch Werbellin-Kanal mit Finow-Kanal verbunden. — Fuhrleute in Joachimsthal und Grimnitz.

Schutzbezirk	Stammholz (fm) Ei.	Ki.	Erl. Lind.	Bi.	Brennholz (rm) Ei.	Bi.	Ki.
Joachimsthal-M.	90	1420			70		1070
Wilhelmseichen		1300					300
Cölln		1450	30				930
Altenhof		200		100		1000	1050
Hüttendorf		400				800	1100
Ziethen		750					700
Schorfheide	220	540			400	670	620

259. Königl. Oberförsterei Gr. Schönebeck,

8508 ha. — eben, mit kl. Erhebungen, zusammenh. Ki. 1,0	Chaussee Berlin-Prenzlau durchschneidet das Revier, welches weiter durch Landstr. und Abfuhrw. aufgeschlossen ist. Pflasterdamm nach den fiskalischen Ablagen am Werbellin-See. — Fiskalische Ablagen weiter am Finow-Kanal (Zerpenschleuse), am Noß-Kanal und der Havel (Hoepen). — Fuhrleute in Gr. Schönebeck C. Bohne, in Liebenthal Büttner, in Schluft Stabe.	Schbz. Hirschberg 3000 fm Ki.-Stämme „ Rehluch 1000 „ „ „ „ Prötze 600 „ „ „ „ Tremmersee 2000 „ „ „ „ Kl. Dölln 2000 „ „ „ „ Lotzien 1500 „ „ „ Ablage Hoepen 900 rm Ki.-Klob. u. Knüppel „ Faule Wiese 400 „ „ „ „ „ „ Zerpenschleuse 3000 „ „ „ „ „

260. Königl. Oberförsterei Pechteich,

5716 ha. — meist eben, zusammenh. Ki. 0,8 Ei. 0,1 Bi. 0,1	Innerhalb des Reviers gute Erdwege, Schlackenbahnen, Chausseen u. Steindamm. Werbellin-Kanal zum Verflößen und für Schiffstransport durchschneidet das Revier. — Fuhrleute Thiele und Kulicke in Eichhorst, Spengler in Werbellin, Bauern in Gr. Schönebeck und Klandorf.	1500 fm Ei.-Langh. 900 fm Ei.-Brennh. 700 „ Bi.- „ 900 „ Bi.- „ 1000 „ Ki.- „ 1500 „ Ki.- „ Einschlag in der ganzen Oberförsterei.

261. Königl. Oberförsterei Chorin,

5345 ha. — eben bis hügelig, zusammenhgd. Ki. 0,70 Bu. 0,25 Ei. } Bi. } 0,05 Erl. }	Wegenetz neu ausgebaut; Wege fast durchweg gut und 10 km gepflastert. Revier von 2 Chausseen durchschnitten. Im S. der Finow-Kanal mit Ablage Kahlenberg. — Fuhrleute Griese und Weker in Liepe, Raddatz in Sandkrug, Gebr. Sedlin in Chorinchen, W. Baumgärten in Stecker-Schleuse bei Hoheufinow, Cornelius in Serwest.

Schutzbezirk	Stamh. Ki.	Grubh. Ki.	Schichtnutzholz Erl.	Bu.	Bi.	Brennholz
Chorin	1240 fm	455 fm	50 fm	180 rm		950 rm
Nettelgraben	810 „	200 „		430 „	30 rm	730 „
Kahlenberg	870 „	400 „		180 „		650 „
Liepe	520 „	375 „			170 „	445 „
Britz	1470 „	500 „		240 „	20 „	1020 „

Oeffentliche Holzlicitationen finden statt in:	Unterkommen im Gasthofe f. Holzhändler, Forst-Assessoren u. Referendare in möglichster Nähe der Oberförsterei	Zustand des Oberförster-Dienstgebäudes	Wo Kirche? Wo Schule? In welcher Zeit zu erreichen?	Wo Arzt, wo Apotheke, wo Amtsgericht?	Nebenämter des Revierverwalt. — Wenn ständiger Assistent vorhanden, wo wohnt derselbe?

Rgbz. Potsdam. (Karte 21.)

In Zehdenick, Hotel z. Kronprinz und Kelpin's Gastwirthschaft. In Oranienburg.	In Zehdenick, Hotel z. Kronprinzen.	Altes, kleines Dienstgebäude, 2 km von der Stadt Zehdenick (8500 Einwohner). Wirthschaftsgebäude sehr beschränkt und alt. — Berlin in 2 Stunden Bahnfahrt zu erreichen.	Ev. und kath. Kirche, höhere Privat-Mädchenschule in Zehdenick.	In Zehdenick, 2 km Chaussee.	Amts- u. Gutsvorsteher. — Für verheirath. Assessor Wohnung in Zehdenick erhältlich. Ständiger Assist.

Rgbz. Potsdam. (Karte 21.)

Hauptholztermine in Eberswalde, Hotel Deutsches Haus, sonst Gasth. Döllnkrug bei Gr. Dölln.	In Gr. Dölln, bei Hutz u. Pastormo. In Friedrichswalde, Gastw. Schulz.	Sehr schönes neues Wohnh., Wirthschaftsgebäude ausreich., 2 km südl. von Gollin (270 Ew.) u. 5 km westl. v. Friedrichswald (1000 Einw.) Eberswalde in 1 Std. Bf., 1/2 St. Ldw. zu err. N. St. Templin, 14 km, Kreisst., 4700 Einw.	Evg. Kirche in Gollin, Gymnasium in Templin.	In Templin.	Techn. Oberleit. der Templiner Stadtf. (3265 ha) u. Kirchenforst. (414 ha). — Wohnungsgelegenh. für verh. Assess. sehr ungünstig.

Rgbz. Potsdam. (Karte 21.)

In Joachimsthal, Hotel zum Kurfürsten. In Eberswalde, Deutsches Haus. In Kl. Ziethen bei Zimmermann.	In Joachimsthal, Deutsches Haus und Hotel zum Kurfürsten. In Angermünde, Hotel drei Kronen.	Ausreichendes Dienstgebäude in Grumsin, kleine Ortschaft mit 3 Kolonistenhäusern. Nächste Stadt Joachimsthal, 2300 Einwohner, 9,6 km. — Kreisstadt Angermünde, 11,3 km, 7500 Einwohner. Berlin von Angermünde in 65 Minnten Bahnfahrt erreichbar.	Evg. Kirche in Alt-Künkendorf, 2,5 km. Kathol. Gottesdienst und Privatschule (bis Obertertia) in Angermünde 11,3 km. Gymn. in Eberswalde, 7 km Landweg und 16 km Bahnfahrt.	In Joachimsthal, 9,6 km. Amtsgericht in Angermünde.	Verh. Assessor könnte ev. auf der Glambecker Mühle, 2,5 km, oder in Joachimsthal, 9,6 km, wohnen.

Rgbz. Potsdam. (Karte 21.)

Handelsholzterm. im Deutschen Hause in Eberswalde. Sonst in Joachimsthal im Gasthof Friedrich.	In Joachimsthal, Gasthof zur Apotheke u. zum großen Kurfürsten.	Altes, durch Anbau sehr geräumiges Wohnhaus. Wirthschaftsgebäude ausreichend. Nächste Stadt Joachimsthal, 1 km, 2300 Einwohner.	Ev. Kirche u. Pfarre in Joachimsthal. Kathol. Gottesdienst und Gymnasium in Eberswalde, 1 Std. Bahnfahrt.	In Joachimsthal, 1 km.	Ständiger Assist. (z. Zt. verheir.) wohnt in Joachimsthal.

Rgbz. Potsdam. (Karte 21.)

In Gr. Schönebeck, Gasth. zur Stadt Prenzlau. In Eberswalde „Deutsches Haus" für Handelsh.	In Gr. Schönebeck, Gasth. „zur Stadt Prenzlau" und „zur Sonne".	Altes Jagdschloß mit großen Räumen und ausreichenden guten Wirthschaftsgebäuden mitten im Dorfe Gr. Schönebeck (2000 Einwohner) an Chaussee. Nächste Stadt Liebenwalde, 11 km (2900 Einwohner).	Evang. Kirche und Pfarre, sowie 4klassige Dorf- und Königl. Forstschule im Orte. Katholischer Gottesdienst und Gymnasium i. Eberswalde, 22 km.	Arzt in Gr. Schönebeck, Apotheke u. Amtsgericht in Liebenwalde.	Amtsvorst. — Standesbeamt. Lehrer an der Königl. Forstschule. — Unterkommen für verheiratheten Assessor im Ort zu haben.

Rgbz. Potsdam. (Karte 21.)

In Gr. Schönebeck, Gasth. zur Stadt Prenzlau. In Eberswalde „Deutsches Haus"	In Gr. Schönebeck, Gasth. zur Stadt Prenzlau und zur Sonne.	Gutes neues Dienstgeb. in Gr. Schönebeck (ca. 2000 Ew.) Nächste Stadt Liebenwalde, 2900 Einw., 6 km Landw. und 5 km Chaussee.	Ev. Kirche u. Pfarre, Kgl. Forstsch., 4klass. Dorfschule in Gr. Schönebeck. Gymn. in Eberswalde.	Arzt in Gr. Schönebeck, Apotheke u. Amtsgericht in Liebenwalde, 11 km.	Amtsvorsteher. Standesbeamter. Dirigent der Königl. Forstsch.

Rgbz. Potsdam. (Karte 21.)

In Eberswalde Handelsholzterm. im Deutschen Hause. In Chorin im Gasth. von Wollgast.	In Ebersw. Hotel Deutsches Haus. In Chorin in der neuen oder alt. Klosterschänke (bei besch. Anspr.), 0,5 km.	Oberförsterdienstgehöft im Kloster Chorin, an Chaussee gelegen, gehört zum Amt Chorin (bestehend aus 10 Arbeiterwohn.). Nächstes Dorf Chorinchen, 2 km (200 Ew.) Nächste Stadt Eberswalde, 8 km Chaussee, 21600 Einw.	Ev. Kirche in Chorin, Pfarre in Brodowin bei Chorin. Volksch. in Sandkrug (Colonie), 20 Min. Gymnas. in Eberswalde, dessen Besuch durch besond. Fuhrw. tägl. möglich ist.	In Eberswalde, 8 km. Amtsgericht in Oderberg.	Docent an der Forstakademie. Amtsvorst.-Verh. Assist. wohnt in Chorinchen (Ausbau), 15 Minuten von Oberförsterei, ziemlich gut.

Flächengröße u. Charakter des Reviers. Vertheilg. der Hauptholzarten nach Zehnteln.	Beschaffenheit des Wegenetzes im Reviere und der sich daran schließenden Abfuhrstraßen, sowie der etwaigen Wassertransportwege. Adressen von größeren Fuhrunternehmern.	Jahresquantum der Haupt-Verkaufshölzer nach Holzarten und Sortimenten (unter Abrechnung des Lokalbedarfs).

262. Königl. Oberförsterei Eberswalde,

4119 ha. — eben, z. Th. hügel., 1 Hauptcomplex, Schbz. Tiefensee isolirt.
Ki. 0,9
Bu. Ei. Bi. 0,1

Holzabfuhrwege durchweg gut fahrbar, mehrfach Knüppeldamm. Kreischaussee auf 10 km durch 4 Schbz. und 2 km Provinzialchaussee im Schbz. Eberswalde. — Fuhrleute in Eberswalde Lumpe, in Melchow Weiland, Bauern in Schöpfurth am Finow-Kanal.

Schbz. Eberswalde 1800 fm Ki.-Langholz (Sägh. u. Bauh.)
„ Bornemannspfuhl 1300 fm desgl.
„ Schönholz 1900 „ desgl.
„ Melchow 2000 „ desgl.
„ Tiefensee 1000 „ desgl.
} außerdem 400 fm Ki.-Grubh.
Ganzes Revier: 2000 rm Ki.-Kloben und Knüppelholz.

263. Königl. Oberförsterei Biesenthal,

4214 ha. — eben, z. Th. leicht wellig, geschl.
Ki. 0,8
Ki. Ei. Bu. 0,2

Innerhalb nur Erdwege und Schlackenbahnen. Außerh. z. Th. berühr. d. Chauss. nach Marienwerder u. Finow-Kanal mit fiskal. Abl. Grafenbrück, Wolfswinkel u. „Am Krummen Wall". — Fuhruntern. in Heegermühle Arndt, Neumann, Köhler, in Schöpfurth Schulze, in Steinfurth Gerlach und Brachlow, in Marienwerder Fischer, Kulicke.

Schbz. Heegermühle 1200 fm Langholz 180 rm Grubenholz 900 rm Brennholz 25 rm Schichtnutzholz
„ Schwärze 2300 fm Langh. 250 rm Grubh. 1200 rm Brennholz 90 rm Schichtnutzholz
„ Grafenbrück 1800 fm Langholz 400 rm Grubholz 700 rm Brennholz 30 rm Schichtnutzholz
„ Eiserbude 1500 fm Langh. 400 rm Grubh. 1000 rm Brennholz 40 rm Schichtnutzholz
} Kiefern.
Ganzes Revier: 210 rm Erl.-Schichtnutzholz.

264. Königl. Oberförsterei Liebenwalde,

5590 ha. — eben, zusammenhängend.
Ki. 0,60
Wh. 0,30
Ei. 0,05
Bu. 0,05

Im O.- u. W.-Revier Chauss., sonst innerhalb meist gut fahrbare Erdwege. Finow-Kanal bezw. Malzer- und Voß-Kanal zum Verflößen und zur Kahnladung mit 6 fiskalischen Ablagen. Nach Eröffnung der Kleinb. Reinickendorf-Liebenwalde bezw. Gr. Schönebeck, kommen Station Zerpenschleuse, Klosterf., Zehlendorf, Liebenwalde in Betracht. — Fuhrl. Beutel in Zerpenschleuse, Bauern in Zehlendorf und in Wittenberg, Kraatz in Malz, Flößer Stahlberg in Steinfurth.

Schbz. Lottsche 10 fm Ei.-Stammholz 100 rm Elsen-Rollen.
„ „ 1300 „ Stammh. 200 rm Grubh. 700 rm Kloben 500 rm Knüppel
„ Rehmate 900 fm Stammholz 300 rm Grubenholz 300 rm Kloben 400 rm Knüppel
„ Bernöwe 1300 fm Stammholz 300 rm Grubenholz 400 rm Kloben 500 rm Knüppel
„ Zerpenschleuse 300 fm Stammh. 180 rm Grubh.
„ Rehhorst 1200 fm Stammholz 300 rm Grubenholz 500 rm Kloben 500 rm Knüppel
„ Bismarck 900 fm Stammholz 200 rm Grubenholz 200 rm Kloben 150 rm Knüppel
} Kiefern

265. Königl. Oberförsterei Rüthnick,

4256 ha. — eben, in 2 Theile getrennt, sonst arrond.
Ki. 1,0
Ei.

Im Rev. gute Holzabfuhr-Erdwege. Holzablage für Bahn- u. Wassertransport bei Beetz-Sommerfeld. — Fuhrunternehmer in Rüthnick Landorf, in Beetz Kersten, in Sommerfeld Schreiber, in Kreummen Krüger.

Schbz. Oberkrämer 400 fm Ki.-Grubh. 1000 fm Ki.-Stammh
„ Krämerpfuhl 400 „ „ „ 2000 „ „ „
„ Birkholzgrund 500 „ „ „ 3000 „ „ „
„ Neukammer 500 „ „ „ 1000 „ „ „

266. Königl. Oberförsterei Neuholland,

4957 ha. — eben, zusammenhängend.
Ki. 0,8
Erl. } 0,1
Bi.
Ei. } 0,1
Bu.

Innerhalb fast nur Erdwege auf 3 km Chauss. Das Rev. durchschn. von Berliner Nordbahn und dem Neuruppiner Kanal mit Abl., am S.-Rande berührt von der Havel mit Abl. — Fuhrleute Kuehne in Malz, Zunck in Oranienburg, Bauern in Sachsenhausen, in Freienhagen Stegemann und Franke.

Schutzbezirk	Stammholz (fm) Ei.	Ki.	Bu.	Bi.	Grbh. (fm) Ei.	Ki.	Klob.	Schichtn. Erl.
Neuholland	15	800			10	130	460 rm	
Freienhagen		680				400	450 „	
Sarnow	30	900			20		300 „	300 rm
Sachsenhausen		770				120	380 „	
Doeringsbrück	15				10	1000	1500 „	400 „
Nassenheide	50	200	100	100	10	200	300 „	100 „

267. Königl. Oberförsterei Oranienburg,

5680 ha. — eben, schwach hügel., zusammenhängend, bis auf Schbz. Bärenklau.
Ki. 1,0

Mehrere Chausseen, innerhalb Kies-Lehmbahnen und gute Erdwege. Havel und Malzer-Kanal für Flößerei und Schiffstransp. Bahnhöfe in Oranienb. u. Birkenwerder. Wasserabl. in Borgsdorf, Oranienburg, Weißehaus, Lehnitz, Sägekuthe. — Fuhrl. Kurth in Borgsdorf, Kühne in Malz, Bauern in Oranienburg und in Wensickendorf.

Schbz. Pinnow 800 fm Stammh. 1300 rm Brennh.
„ Briese 1150 „ „ 1700 „ „
„ Lehnitz 1000 „ „ 2200 „ „
„ Wensickendorf 1900 „ „ 1700 „ „
„ Schmachtenhagen 1300 „ „ 2000 „ „
„ Friedrichsthal 600 „ „ 1200 „ „
„ Bärenklau 300 „ „ 500 „ „
} Kiefern

268. Königl. Oberförsterei Schönwalde,

6212 ha. — eben, im Allgemeinen arrond. 3 Parzellen.
Ki. 1,0

Das Revier liegt zwischen 2 Eisenbahnen und wird von 5 Chausseen durchschnitten bezw. berührt. — Fuhrunternehmer in Schönwalde C. Thiele und andere.

Ganzes Revier: { 5000 fm Ki.-Bauholz
2000 „ Ki.-Grubenholz
1500 rm Ki.-Klobenholz

269. Königl. Oberförsterei Tegel,

2807 ha. — N.-Theil hügelig, S.-Theil eben.
Ki. 0,92
Ei. 0,04
A. L. 0,04

Innerh. u. außerh. sehr viele und gute Chauss., sodaß das Holz durchschn. kaum 1 km weit auf Erdw. zu transportieren ist. Am Tegeler-See (Ausbuchtung der Havel) 2 Holzabl. Durch das S.-Rev. führt der schiff- und flößb. Berlin-Spandauer Schifffahrtskanal. Fuhrl. in Spandau, Tegel, Heiligensee, Hennigsdorf.

Schbz. Rehberge 600 fm Ki.-Stammholz
„ Königsdamm 1500 „ „ „
„ Hermsdorf 700 „ „ „
„ Tegelsee 1200 „ „ „

Oeffentliche Holzlicitationen finden statt in:	Unterkommen im Gasthofe f. Holzhändler, Forst-Assessoren u. Referendare in möglichster Nähe der Oberförsterei	Zustand des Oberförsterdienst-Gebäudes	Wo Kirche? Wo Schule? In welcher Zeit zu erreichen?	Wo Arzt, wo Apotheke, wo Amtsgericht?	Nebenämter des Revierverwalt. — Wenn ständiger Assistent vorhanden, wo wohnt derselbe?
Rgbz. Potsdam. (Karte 21.)					
In Eberswalde, Deutsches Haus, Handelsholztermine. In Biesenthal, bei Adermann. In Tiefensee, bei Buckow.	In Eberswalde, Deutsch. Haus. In Tiefensee, bei Roßmann.	Altes, gut erhaltenes, geräumiges Dienstgebäude mit Wirthschaftsgebäude und kleinem Garten in der Stadt Eberswalde (21600 Einw.)	Evang. und kathol. Kirche, sowie Gymnasium in Eberswalde.	In Eberswalde.	Amts- u. Gutsvorst. Dozent an der Forstakademie. — Ständ. Assist. in Eberswalde wohnhaft.
Rgbz. Potsdam. (Karte 21.)					
In Eberswalde, Deutsches Haus und Rest. Rohde. In Heegermühle, Gasth. Meyer. In Marienwerder, Gasth. Spiegel. In Schöpfurth, Gasth. Schulze.	In Eberswalde, Deutsch. Haus. In Heegermühle, bei Meyer.	Miethswohnung in der Stadt Eberswalde.	In Eberswalde.	In Eberswalde.	Amts- u. Gutsvorst. — Ständ. Assistent wohnt in Eberswalde.
Rgbz. Potsdam. (Karte 21.)					
In Oranienburg, für Handelsholz, Gasth. Bredereck, sonst in Liebenwalde, Deutsches Haus.	In Liebenwalde, 4 km, Hotel Stadt Berlin u. Deutsch. Haus.	Altes Dienstgebäude, große Wirthschaftsräume, 2,5 km Erdweg bis zur Chaussee Liebenwalde-Oranienburg. Nächste Stadt Liebenwalde, 4 km, 2900 Einwohner.	Evg. Kirche in Kreuzbruch, 15 Minuten, evg. Pfarrer in Neuholland. Unterricht event. nur durch Hauslehrer. Gymnasium in Berlin und Eberswalde.	In Liebenwalde.	Amtsvorst. Standesbeamter. — Verh. Assistent hat Privatwohnung in Liebenwalde.
Rgbz. Potsdam. (Karte 21.)					
In Rüthnick, Gasth. Schulze. In Kremmen, Hotel Sittel. In Gr. Ziethen, Gasth. Daams.	In Rüthnick, Gasth. Schulze. In Kremmen, Hotel Sittel. In Gr. Ziethen, Gasth. Daams.	Altes Wohnhaus (Bauernhaus) mit guten Wohnräumen und guten Wirthschaftsgebäuden in Rüthnick. Lindow 1800 Einw., 12 km. Kremmen, 2800 Einw., 15 km. Neu-Ruppin, 17100 Einw., 18 km.	Evg. Kirche, Pfarre nebst Schule in Rüthnick.	In Lindow, 12 km. Amtsgericht in Nauen, 30 km.	Amtsvorst. und Gutsvorsteher-Stellvertreter. Forstamtsanw.
Rgbz. Potsdam. (Karte 21.)					
In Oranienburg, Gasth. Brederek.	In Sachsenhausen, durch eine Brücke getr., Gasth. Lehmann, gut. In Oranienburg, Hotel Burchard.	Sehr schönes geräumig. Wohnhaus, Wirthschaftsgeb. gut. Das Gehöft liegt an der Chss. am linken Havelufer, gegenüber dem Dorfe Sachsenhausen, durch Brücke verb. (900 Einw.). Oranienburg, 2,5 km, 7900 Einwohner.	Ev. Gottesdienst und Schule in Sachsenhausen, kath. und ev. Pfarre in Oranienburg, ebenso Progymnasium. Frühzug nach Berlin für Schule passend.	In Oranienburg, 2,5 km.	Guts- u. Amtsvorsteher. — In Sachsenhausen und Oranienburg Wohnung für verh. Assessor erhältlich.
Rgbz. Potsdam. (Karte 21.)					
In Oranienburg, Restaur. Brederek.	In Oranienburg, Hotel zum Kurfürsten, und Eilers Hot.	Altes Dienstgebäude in der Stadt Oranienburg (7900 Einwohner), genügend Platz bietend. Wirthschaftsgebäude zum Theil neu.	Evg. u. kath. Kirche, sowie höhere Knaben- und Mädchenschule am Orte. Gymnas. in Berlin, 1 Std. Bahnfahrt.	Am Orte.	Wohnung für verh. Assessor in Oranienburg erhältlich.
Rgbz. Potsdam. (Karte 21.)					
Handelsbauholz in Oranienburg bei Brederek. Sonst Verkäufe in Schönwalde, bei Stech.	In Schönwalde bei Stech (mäßig).	Oberförsterei 1 km vom Dorf Schönwalde an Chaussee nach Prenzlau. — Stadt Bernau, 8300 Einw., 11 km. — Berlin, 21 km entfernt, Bahnverbindung.	Evang. Kirche und Volksschule in Schönwalde. Nächst. Gymnas. in Berlin.	Arzt in Schönerlinde 4 km. Apotheke in Frz. Buchh., 10 km. Amtsg. i. Berlin, 21 km	Amtsvorsteher.
Rgbz. Potsdam. (Karte 21.)					
In Tegel, Gasthof Gley.	In Tegel, Gasth. Gley u. Gasth. Franciskoni, sonst am bequemsten in Berlin.	Aelteres klein. Dienstgeb. im Dorfe Tegel (4000 Einw.) Verlegung des Gehöftes nach einem ca. 1 km von Tegel entf. Platze im Schbz. Hermsdorf, an Chaussee, geplant. — Berlin in 32 Minuten Bahnfahrt zu erreichen.	Ev. Kirche u. Pfarre am Orte. Kathol. Gottesdienst in Tegel und Berlin. Gymnasium in Berlin.	4 Aerzte, Apotheke am Orte. Amtsgericht in Berlin.	Gutsvorst. Forstamtsanwalt. — Ständ. Assistent, zur Zeit verh., hat Miethswohnung in Tegel.

Sitz der Oberförsterei nebst Poststation	Entfernung des Oberförstereisitzes von der nächsten Eisenbahnstation bezw. Haltestelle. Post- und regelmäßige Reiseverbindungen auf Landwegen	Durchschnittliche Entfernungen und ungefähre Anfuhrkosten von den einzelnen Reviertheilen für Bahn- bezw. Wassertransport und zwar: Schutzbezirk	Entfernung bis Güterbahnhof	Anfuhrkosten pro fm M.	Entfernung bis Wasserablage	Anfuhrkosten pro fm M.
262. Königl. Oberförsterei Eberswalde, Rgbz. Potsdam. (Karte 21.)						
Eberswalde, (Kommando-Haus, Breitestraße 58), Kreis Oberbarnim.	Bahnstat. (Strecke Berlin-Stettin) am Oberförstereisitz.	Eberswalde	3 km bis Eberswalde.	2	3 km bis Finow-Kan. (Wolfswinkel)	2
		Bornemannspf.	5 km desgl.	2,50	5 km desgl.	2,50
		Schönholz	7 km desgl.	3,00	7 km desgl.	3,00
		Melchow	7 km desgl.	3,00	7 km desgl.	3,00
263. Königl. Oberförsterei Biesenthal, Rgbz. Potsdam. (Karte 21.)						
Eberswalde, Zainhammer 2, Kreis Oberbarnim.	2,8 km bis Bahnhof Eberswalde. (Chaussee und Straßenpflaster).	Heegermühle	5,0 km Erdw. u. Chss. bis Eberswalde	2,75	2,5 km b. Finow-Kan. (Wolfswinkel).	1,5
		Schwärze	7,5 km desgl.	3,5	5 km desgl.	2,25
		Grafenbrück	7,5 km Erdw. u. Chss. bis Biesenthal	4,25	2,5 km b. Finow-Kan. (Grafenbr.)	2,75
		Eiserbude	7,5 km desgl.	4,25	3 km desgl.	2,75
264. Königl. Oberförsterei Liebenwalde, Rgbz. Potsdam. (Karte 21.)						
Rehhorst, Post Liebenwalde, Kreis Niederbarnim.	22 km (dav. 20 km Chauss.) üb. Zehlendorf od. 19 km üb. Bernöwe (Erdweg) nach Bahnhof Oranienburg. — 19 km Chaussee nach Bhf. Löwenberg (Berlin-Stralsunder Eisenbahn). — 2 km bis Kreuzbruch und 4 km bis Liebenwalde. (Kleinbahn Berlin-Reinickendorf-Liebenwalde).	Lottsche	18 km Chaussee bis Biesenthal.	4,50-6	4,5 km b. Finow-Kan.	1
		Rehmate	15 km Chaussee bis Oranienburg	4,50-6	5,5 km desgl.	1
		Bernöwe	13 km Erdw. desgl.	4,50-5	3 km b. Malzer-Kan.	0,80-1
		Zerpenschleuse	22 km b. Biesenthal.	5—7	4,5 km b. Finow-Kan.	1
		Rehhorst	20 km Erdw. u. Chss. bis Oranienburg	5—7	3 km desgl.	1
		Bismarck	14 km desgl.	4—6	3 km desgl.	1
265. Königl. Oberförsterei Rüthnick, Rgbz. Potsdam. (Karte 21.)						
Rüthnick, Post Rüthnick, Kreis Ruppin.	4 km Chauss. bis Kleinbhn.-Stat. Herzberg u. Grieben i. d. Mark. — 9 km bis zur Sekundärbhn.-Stat. Beetz-Sommerfeld. — 15 km bis Löwenberg i. d. Mark. (Nordbahn).	Oberkrämer	5 km Erdweg bis Vehlefanz	2—3		
		Krämerpfuhl	5 km Erdweg bis Schwante	2—3		
		Birkholzgrund	4 km Erdweg bis Grieben	2—3	8-9 km b. Ruppin-Kan. (Beetz.)	
		Neukammer	6 km Erdweg bis Beetz-Sommerf.	2—3	4—6 km desgl.	
266. Königl. Oberförsterei Neuholland, Rgbz. Potsdam. (Karte 21.)						
Oranienburger Mühle, Post Sachsenhausen, Kreis Niederbarnim.	2 km Erdw. bis Stat. Fichtengrund (Berliner Nordbahn) besser 2,5 km Chaussee nach Oranienburg, wo der Vorortverk. in 60 Min. Fernverk. in 40 Min. Berlin erreicht. — Kariolpost von Oranienburg über Sachsenhausen nach Nassenheide, 2 mal täglich hin und zurück.	Neuholland			2,2 km bis Havel-Abl. (Ideler)	1—2
		Freienhagen			2 km bis Havel-Abl. (Uhlenhorst)	
		Sachsenhausen			2,5 km bis Havel-Abl. (Apfelbaum)	
		Doeringsbrück			2,3 km bis Ruppin-Kan. (Behrensbrück)	
		Sarnow			1,8 km bis Ruppin-Kanal (Behrensbrück)	
		Nassenheide			4 km desgl.	
267. Königl. Oberförsterei Oranienburg, Rgbz. Potsdam. (Karte 21.)						
Oranienburg, Post, Kreis Niederbarnim.	Bahnstation am Orte.	Pinnow			2 km bis Havel-Abl.	1
		Briese	3 km Landweg bis Birkenwerder	2	4 km bis Havel-Abl. (Borgsdorf)	2
		Lehnitz	4 km Landweg bis Oranienburg	2	2 km desgl. (Lehnitz)	2
		Wensickendorf			7 km desgl. (Borgsd.)	2,5
		Schmachtenhagen	4 km Chss. desgl.	2,5	3 km b. Malzer-Kan.	2-2,5
		Friedrichsthal	3 km desgl.	1,5	2 km bis Havel-Abl. (Sägekuthe)	1,5
		Bärenklau	7 km mst. Chss. desgl.	2,5	7 km bis Oranienburg	2,5
268. Königl. Oberförsterei Schönwalde, Rgbz. Potsdam. (Karte 21.)						
Schönwalde i/Mark, Post, Kreis Niederbarnim.	2 km Chauss. bis Stat. Schönwalde, der neuen Bahn Berlin-Reinickendorf-Liebenwalde. — 11 km Chauss. bis Stat. Bernau, der Berlin-Stettiner Bahn.	Gorin, Neumühl, Summt, Elseneck, Zühlsdorf, Woltersdorf, Wandl.-Kehlheide, Birkenwerder	Anfuhrkosten ziemlich gleich für alle Schbz. 2 Mk. bis 2,50 Mk. pro fm. Entfernungen zum Bahnhof bezw. Wasserabl. durchschn. 8—10 km.			
269. Königl. Oberförsterei Tegel, Rgbz. Potsdam. (Karte 21.)						
Tegel, Post, Hauptstr. Nr. 22, Kreis Niederbarnim.	ca. 1 km bis Bhf. Tegel (Vorortslinie Berlin-Tegel) und 0,5 km v. d. Haltest. der electr. Straßenbahnlinie Tegel-Rixdorf entfernt. Im So. tägl. 3stündl. Dampferverb. mit Spandau.	Rehberge	4 km mst. Chss. bis Charlottenb.	1		
		Königsdamm	4 km mst. Chss. bis Spandau	1		
		Hermsdorf	3 km halb Chss. halb Erdw. bis Tegel od. Heiligensee	0,5		
		Tegelsee	2 km desgl.	0,5	1,5 km b. Tegelsee-Abl.	

Sitz der Oberförsterei nebst Poststation	Entfernung des Oberförstereisitzes von der nächsten Eisenbahnstation bezw. Haltestelle. Post- und regelmäßige Reiseverbindungen auf Landwegen.	Durchschnittliche Entfernungen und ungefähre Anfuhrkosten von den einzelnen Reviertheilen für Bahn- bezw. Wassertransport, und zwar: Schutzbezirk	Entfernung bis Güterbahnhof	Anfuhrkosten pro fm M.	Entfernung bis Wasserablage	Anfuhrkosten pro fm M.
270. Königl. Oberförsterei Falkenhagen, Rgbz. Potsdam. (Karte 21)						
Falkenhagen, Post Seegefeld, Kreis Osthavelland.	1,2 km Pflasterstraße nach Bhf. Seegefeld (Vorortverkehr Berlin-Lehrter Bahnhof-Nauen).	Damsbrück	4 km meist Sandweg bis Seegefeld	2	bis Gr. Grabenabl. (Damsbrück)	0,75
		Finkenkrug	6 km desgl.	2,25	„ desgl. (Brieselang)	2,50
		Brieselang	10 km desgl.	2,75	„ desgl.	1,25
		Neuendorf	5 km z. Th. Chaussee bis Hennigsdorf	2	bis Havel-abl. { Neuendorf und Hennigsdorf	2,00
		Blockbrück	3—9 km Chss. desgl.	2,50		2,50
		Hohenschöpping	3 km desgl. u. Velten	2		2,50
		Jäglitz	8 km Chss. b. Nauen	3		
271. Königl. Oberförsterei Grunewald, Rgbz. Potsdam. (Karte 21.)						
Grunewald, Post Zehlendorf, Kreis Teltow.	2,5 km fester Schlackenweg bis Zehlendorf, von hier 28 Min. Bahnfahrt bis Berlin (Telephonanschluß und 2mal Postbestellg.)	Hundekehle	4 km Chaussee bis Halensee	3		
		Wannsee	2,5 km Chss. b. Wannsee	3		
		Eichkamp	5 km „ „ Halensee	3		
		Pichelsberg	5 km „ „ Westend	3		
272. Königl. Oberförsterei Potsdam, Rgbz. Potsdam. (Karte 21.)						
Potsdam, Post, Alte Königsstr. 7, Kreis Potsdam.	1 km nach Bahnhof Potsdam.	Ahrensdorf	3,5 km bis Drawitz	1,5-3	Alle Schutzbezirke liegen an der Havel selbst oder doch nur in geringer Entfernung von dieser (mit Ausnahme v. Ahrensdorf, Steinstücken und Bornstedt.)	
		Steinstücken	1,5 km bis Neubabelsberg			
		Kl. Glienicke	2 km desgl.			
		Moorlake	2 km bis Wannsee			
		Plantagenhaus	3,5 km bis Potsdam			
		Sternschanze	3 km desgl.			
		Zedlitz	5 km desgl.			
		Crampnitz	7,5 km desgl.			
		Bornstedt	3 km bis Wildpark			
		Gaisberg	3 km desgl.			
273. Königl. Oberförsterei Kunersdorf, Rgbz. Potsdam. (Karte 21.)						
Kunersdorf, Post Michendorf, Kreis Zauch-Belzig.	4½ km Chaussee nach Michendorf, Station der Strecke Berlin-Belzig-Nordhausen.	Kaputh			2,5 km bis Havel-Abl. (Kaputh)	
		Michendorf	3 km Erdweg bis Michendorf			
		Seddin			8,5 km mst. Pflast. b. Schwielow-See (Hav.)	
		Flottstelle	14 km mst. Chss. dsgl.		nahe bei desgl.	
		Schmerberg	4 km Erdweg bis Beelitz		5 km bis Schwielow-See	
274. Königl. Oberförsterei Coepenick, Rgbz. Potsdam. (Karte 21.)						
Coepenick, Post, Kreis Nieder-Barnim.	1,8 km fester Waldweg bis Sadowa. — 1,8 km Pflaster bis Bhf. Coepenick. — 5 km bis Niederschöneweide (Chaussee). Electrische Bahn von Nied.-Schönew. Stadtbahn Anschl. Im Sommer Dampfer ab Berlin, Jannowitz-Brücke nach Sadowa, 0,2 km von der Oberförsterei.	Erkner	bis Erkner			
		Krummendamm	„ Friedrichshagen	1—4	Aus allen Schutzbezirken Wassertransport nach Berlin. Größte Entfernung bis zu den Ablagen 4 km.	1—4
		Neue-Scheune	„ Coepenick			
		Müggelsee	bis zukünft. Bahnh. Rahnsdorf			
275. Königl. Oberförsterei Rüdersdorf, Rgbz. Potsdam. (Karte 21.)						
Rüdersdorf, Post, Kreis Nieder-Barnim.	3 km Feldweg bis Station Herzfelde der Kleinbahn Strausbg.-Herzfelde. — 5 km bis Rüdersdorf; besser aber 7,5 km meist Chaussee bis Erkner — da hier Vorortverkehr mit Berlin. — Zwischen Erkner und Kalkb.-Rüdersd. im Sommer Dampfer u. Omnibus; im Winter nur letzt.	Die Handelshölzer werden fast ausschließlich auf dem Wasserwege transportirt, und beträgt die größte Entfernung zu den Ablagen der mit der Spree in Verbindung stehenden Seen ca. 5 km. Die Transportkosten schwanken zwischen 1—1,50 Mark pro fm Nutzh., und 40—70 Pfg. pro rm Brennholz.				
276. Königl. Oberförsterei Erkner, Rgbz. Potsdam. (Karte 21.)						
Erkner, Post, Königstraße Nr. 58, Kreis Nieder-Barnim.	Erkner ist Bahnstation im Vorortverkehr Berlin-Erkner, 50 Minuten Bahnfahrt.	Störitz	7 km bis Hangelsberg		Spreeabl. (Birkenwrd.)	
		Mönchswinkel	3,5 km desgl.		nahe bei Spreeabl. (Möncha.)	
		Schmalenberg	4,5 km bis Hangelsberg	2—3	Fiskal. Abl. an der Löcknitz im Revier	1,25 bis 1,50
		Hohenbinde	4 km bis Erkner			
		Triebsch	6 km bis Friedersdorf		Fisk. Abl. a. d. Spree u. a. Oder-Spreekan. im Revier	
		Burig	6 km bis Erkner			
277. Königl. Oberförsterei Grünau-Dahme, Rgbz. Potsdam. (Karte 21.)						
Grünau, Post, Kreis Teltow.	Grünau ist Station der Vorort-Bahn Berlin-Königswusterhausen, der Berliner Stadtbahn, der Fernbahn Berlin-Görlitz. — Dampferstat. Coepenick-Schmöckwitz von Mai bis September.	Schmöckwitz	6—8 km bis Grünau		nahe bei Zeuthener See	
		Fahlenbg.	10—12 km bis Coepenick		nahe bei Seddin-See	
		Müggelsheim	desgl.		desgl.	
		Grünau	nahe bei Grünau		unweit der Dahme	
		Kanne	„ „ N. Schöneweide u. Adlershof		„ „ Spree	

Flächengröße u. Charakter des Reviers. Vertheilg. der Hauptholzarten nach Zehnteln.	Beschaffenheit des Wegenetzes im Reviere und der sich daran schließenden Abfuhrstraßen, sowie der etwaigen Wassertransportwege. Adressen von größeren Fuhrunternehmern.	Jahresquantum der Haupt=Verkaufshölzer nach Holzarten und Sortimenten (unter Abrechnung des Lokalbedarfs.)

270. Königl. Oberförsterei Falkenhagen,

4509 ha. — eben, parzell. Ki. 0,5 Bi. 0,3 Ei. 0,2

Innerhalb meist Sandwege, außerhalb (zum Theil auch das Revier durchschneidend) gute Chausseen. Die Havel berührt Hohenschöpping, Blockbrück, Neuendorf. Von Neuendorf über Damsbrück und Brieselang bis Rathenow der flößb. „Gr. Graben". — Fuhrleute Muselow in Falkenhagen. Brose in Hennigsdorf, Bolz in Nauen.

Schbz. Damsbrück } 30 fm Ei.=Stammh. 50 fm Bi.= u. Erl.=Stammh,
„ Finkenkrug } 500 „ Ki.= „ 30 „ „ „ „ Schichtnh.
„ Brieselang 30 fm Ei.= 50 fm Ki.= 150 fm Bi.= und Erl.=Stammholz, 350 fm Erl.= und Bi.=Schichtnutzholz.
„ Neuendorf 100 fm Ei.= 150 fm Ki.=Stammholz
„ Blockbrück 800 „ „ „
„ Hohenschöpping 800 „ „ „
„ Jäglitz 50 „ „ 900 „ „ „ 150 fm Bi.= und Erl.=Stammholz, 300 fm Erl.= und Bi.=Schichtnutzholz.

271. Königl. Oberförsterei Grunewald,

4378 ha. — fast eben, zum Theil wellig, an der Havel hügel., zusammenh. Ki. 0,9 Ei. 0,1

Innerhalb des Reviers mehrere Chausseen; angrenzend die Havel mit Holzablage. Außerhalb meist befestigte Straßen. — Fuhrunternehmer Eichelkraut und Wartenberg in Zehlendorf.

Schbz. Hundekehle 180 fm Ki.=Bauholz
„ Wannsee 600 „ „ „
„ Eichkamp 820 „ „ „
„ Pichelsberg 1000 „ „ „
An Brennholz werden pro Jahr und Schutzbezirk dnrchschnittlich 800 fm Ki.=Derbholz eingeschlagen.

272. Königl. Oberförsterei Potsdam,

6143 ha. — meist hügelig, theilweise eben, parzell. Ki. 0,9 Ei. Bu. A. L. } 0,1

Revier in allen Richtungen von Chausseen durchzogen, daran anschließend ein genügend ausgebautes Wegenetz. Wassertransport auf der Havel, bezw. Havelseen, welche fast das ganze Revier in allen Himmelsrichtungen durchziehen. — Fuhrleute Hagen in Nowawes, Jaenicke in Michendorf, Köhler in Neuendorf, Schurbaum in Potsdam.

Schbz. Ahrensdorf 400 fm Ki. Schbz. Steinstücken 1050 fm Ki.
„ Kl. Glienicke 550 „ „ „ Moorlake 450 „ „
„ Plantagenhs. 850 „ „ „ Sternschanze 600 „ „
„ Zedlitz 950 „ „ „ Crampnitz 850 „ „
„ Bornstedt 100 „ „ „ Gaisberg 200 „ „

273. Königl. Oberförsterei Kunersdorf,

4484 ha. — meist eben, theilweise hügelig, zusammenhgd. Ki. 1,0

Im Revier Pflasterstraßen und Lehmkiesbahnen. Chaussee Potsdam=Treuenbrietzen geht durch Schbz. Kaputh. Künftige Verladestelle der neuen Bahn Treuenbrietzen=Nauen im Schbz. Schmerberg. Wasserablage an der Havel und Schwielowsee. — Fuhrleute in Buck, Seddin, Beelitz, Kaputh und Michendorf.

Schbz. Kaputh 200 fm Ki.=Grubh. 1000 fm Ki.=Bauholz
„ Michendorf 200 „ „ „ 1000 „ „ „
„ Seddin 200 „ „ „ 1000 „ „ „
„ Flottstelle 200 „ „ „ 1000 „ „ „
„ Schmerberg 200 „ „ „ 1000 „ „ „
Das Ki.=Bauholz ist in Flottstelle und Schmerfeld von besonders schwerer Qualität.

274. Königl. Oberförsterei Coepenick,

3586 ha. — eben, Erkner etwas hügel. langgestreckt, 2 Parzellen. Ki. 0,92 Ei. 0,08

In und am Revier viele Chausseen und gute beraste Waldwege. Am ganzen Südrand Spree und damit in Zusammenhang stehende Wasserläufe mit Ablagen. — Fuhrunternehmer Hinze in Friedrichshagen u. A.

Schbz. Erkner 50 fm Ei.=Stammh. 600 fm Ki.=Stammh.
„ Müggelsee 700 „ „ „
„ Krummendamm 800 „ „ „
„ Neue Scheune 50 „ „ 800 „ „ „
Ganzes Revier: 2000 rm Ki.=Derbbrennholz.

275. Königl. Oberförsterei Rüdersdorf,

4659 ha. — eben, nur Kalksee coupirt. Ki. 0,96 Ei. 0,02 Erl. 0,02 3 Parzellen.

Innerhalb Holzabfuhrwege in fast durchweg gutem Zustande, außerhalb gute Fahrwege bis zu den nächsten Chausseen. — Fuhrleute Kelling, Körper und Beyer in Fangschleuse, Scherflinde in Rüdersdorf, Rahn in Kagel, Tielitz in Grünheide.

Schbz. Mittelheide 1200 fm Ki.
„ Fangschleuse 1600 „ „
„ Alt=Buchhorst 1300 „ „
„ Kalksee 1000 „ „
„ Eggersdorf 600 „ „

276. Königl. Oberförsterei Erkner,

5042 ha. — eben, Triebsch hügelig; 2 durch Spreelauf getr. Theile. Ki. 1,0

Innerhalb Erdwege zum Theil befestigt; Chauss. Erkner=Friedersdorf berührt Hohenbinde, geht durch Burig u. Theil von Triebsch. Für Wassertransport im N. Löcknitzfließ, ferner die Spree in der Mitte und im S. der Spreekanal, alle 3 Wasserstraßen mit zahlreichen fisk. Abl. — Fuhrleute Schulz zu Steinfurth, Kelling zu Fangschleuse, Katholi zu Freienbrink, Bülow und Sielisch zu Mönchswinkel.

Schutzbezirk	Stammholz	Schichtnutzholz	Brennholz	Stockholz	
Störitz	1140 fm	130 rm	1170 rm	400 rm	Kiefern.
Mönchswinkel	1230 „	130 „	1260 „	400 „	
Schmalenberg	1370 „	140 „	1400 „	450 „	
Hohenbinde	860 „	100 „	880 „	300 „	
Triebsch	930 „	90 „	950 „	350 „	
Burig	1170 „	130 „	1200 „	400 „	

Ganzes Revier: 300 fm Ki.=Grbh. 3000 St. Ki.=Derbstangen.

277. Königl. Oberförsterei Grünau-Dahme,

4350 ha. — eben. Ki. 0,95 A. L. 0,05

Wege durchweg gut, Chaussee Coepenick-Fahlenberg u. Chaussee Berlin=Schmöckwitz. — Schiffsverkehr auf der Spree, Dahme, Seddinsee, Crossinsee u. Ober=Spreekanal. — Holzfuhrunternehmer in den umliegenden Ortschaften.

Nutz= und Brennholz dient nur zur Befriedigung des Lokalbedarfs.

Oeffentliche Holzlicitationen finden statt in:	Unterkommen im Gasthofe f. Holzhändler, Forstassessoren u. Referendare in möglichster Nähe der Oberförsterei	Zustand des Oberförster-Dienstgebäudes	Wo Kirche? Wo Schule? In welcher Zeit zu erreichen?	Wo Arzt, wo Apotheke, wo Amtsgericht?	Nebenämter des Revierverwalt. Wenn ständiger Assistent vorhanden, wo wohnt derselbe?
Rgbz. Potsdam. (Karte 21.)					
In Falkenhagen, Gasth. Thiele. In Nauen, Gasth. z. Schweizerhf. In Oranienburg, bei Brevereck.	Falkenhagen, „deutsch. Kaiser" (auch Fuhrw.). Für Referendare bei Schmidt in Finkenkrug, 30 Minuten von Bhf. Finkenk.	Aelteres ger. Dienstgeb. im Dorf Falkenhagen (1000 Einw.), 6,5 km von Spandau (65 000 Einwohner). — Berlin in 35 Min. Bahnfahrt zu erreichen.	Evang. Kirche und Pfarre im Dorf. Kathol. Kirche und höhere Schulen in Spandau (13 Min.), Berlin (35 Min.).	Arzt in Falkenhagen. Apoth. Amtsgericht in Spandau. Fernspr. zw. Falkenhagen u. Spandau.	Amtsvorsteher. Ständiger Assist. — Verheiratheter Assessor kann in Spandau wohn.
Rgbz. Potsdam. (Karte 21.)					
In Zehlendorf, Hotel Kaiserhof. Potsdamer Str. 50.	In Zehlendorf, Hotel Kaiserhof. Am bequemsten in Berlin (28 Min. Bahnfahrt).	Gutes geräumiges, 30 Jahre altes Dienstgebäude, 2,5 km von Zehlendorf (8800 Einwohner). Stallgebäude gut (etwas beschr. Scheune).	Ev. Pfarre in Zehlendorf, 10 Minuten Wagenfahrt. Kath. Pfarre in Steglitz, 30 Min. Gymnas. in Berlin (per Wagen und Bahn bequem zu erreichen).	Arzt und Apotheke in Zehlendorf. Amtsger. in Charlottenburg.	Guts- u. Amtsvorsteher. Standesbeamter. — Wohnung für verheir. Assessor in Zehlendorf, 2,5 km, erhältlich.
Rgbz. Potsdam. (Karte 21.)					
In Potsdam, Kaiserhalle, Saarmunderstr. 3.	In Potsdam, Eisenbahnhotel, unweit der Oberförsterei.	Neues, sehr gutes, 1878 erbautes geräumiges Wohnhaus in der Stadt Potsdam. Alte Königs-Str. 7.	Kirchen und Schulen jeder Art in 15 bis 30 Minuten zu erreichen. Theilweise Pferdebahn-Verbindung.	In Potsdam, 0,5 km	Amtsvorsteher in 2 Kreisen. Gutsvorsteher. — Ständiger Assist. wohnt in Potsdam.
Rgbz. Potsdam. (Karte 21.)					
In Michendorf, bei Gänicke.	Bei bescheidenen Ansprüchen in Seddin, 1 km, bei Kaltenbach; sonst gut bei Gänicke in Michendorf, 4,5 km.	Sehr altes, aber geräumiges gutes Gebäude am Gr. Seddiner See an der Chaussee Potsdam-Treuenbrietzen, 14 km von Potsdam. — Berlin in 1 Stnnde Bahnfahrt zu erreichen.	Ev. Kirche (Filiale) in Seddin, 1,5 km, auch Elementarschule. Höhere Schulen in Berlin. — Passender Frühzug vorhanden.	Arzt und Apotheke in Beelitz, 6 km.	Amsvorsteher. Amtsanwalt. Standesbeamter. — Wohnung für verheiratheten Ass. ev. in Michendorf, 4,5 km, zu haben.
Rgbz. Potsdam. (Karte 21.)					
In Coepenick, bei Gärisch, 0,05 km von der Oberförsterei.	In Berlin. In Friedrichshagen, Gasth. Kraetz. In Erkner, Gasth. z. Traube bei Rüger.	Geräumiges altes Haus mit Anbau für Geschäftszimmer, an Chaussee Berlin-Erkner, westlich von Coepenick, 21 900 Einwohner, gelegen. Berlin in 35 Minuten Bahnfahrt zu erreichen.	Stadtkirche Coepenick, 15—20 Min. Realschule daselbst. Progymnasium in Friedrichshagen. Höhere Schulen in Berlin.	In Coepenick und Ober-Schöneweide.	Auff. über Stadtforst Coepenick. 2 Amtsbezirke. Docent an der Landwirthsch. Hochschule Berlin. — Wohnung f. verh. Ass. in Coepenick erhältl.
Rgbz. Potsdam. (Karte 21.)					
In Rüdersdorf, Gasth. Zahdemack.	In Rüdersdorf, Gasth. v. Zahdemack. In Fangschleuse, Gasth. Fechner.	Altes gutes Dienstgebäude mitten im Dorfe Rüdersdorf (3000 Einwohner) gelegen. — Nächste Stadt Berlin, in 1 Stunde Bahnfahrt zu erreichen.	Kirche und Schule im Orte. Gymnas. in Berlin.	In Kalkberge-Rüdersdorf, 2½ km.	Auff. üb. Strausberger Stadtforst. — Wohnung für verheir. Assessor im Orte zu finden.
Rgbz. Potsdam. (Karte 21.)					
In Erkner, in den Gasthöfen daselbst.	In Erkner, in den Gasthöfen daselbst.	Miethswohnung in Erkner. Bau der Dienstwohnung im Revier unweit Erkner steht in Aussicht.	Ev. Kirche u. höhere Privatschule in Erkner. Kath. Kirche in Coepenick. Gymn. in Fürstenw. Progymn. in Friedrichshagen, für beide passende Vorortzüge zum täglichen Besuch.	In Erkner, Amtsger. in Kalkberge-Rüdersdorf.	Forstamtswalt. — In Erkner Wohnung für verheiratheten Assessor zu haben.
Rgbz. Potsdam. (Karte 21.)					
In Grünau, Restaurant Stein.	In Grünau, in den Gasthöfen daselbst. Für Holzhändler am bequemsten in Berlin (½ Stunde Fahrzeit).	Dienstwohnung im Bau begriffen, unmittelbar am Orte Grünau. — Berlin in 36 Min. per Bahn zu erreichen.	Ev. Kirche u. Schule und höhere Privatschule in Grünau. Gymnas. in Berlin.	Aerzte in Grünau. Apotheke in Adlershof, 2 km. Amtsgericht in Coepenick, 3 km.	Amts- und Gutsvorsteher. Chausseevorsteh. Forstamtsanw.

Flächengröße u. Character d. Reviers. — Vertheilung der Hauptholzarten nach Zehnteln.	Beschaffenheit des Wegenetzes im Reviere und der sich daran schließenden Abfuhrstraßen, sowie der etwaigen Wassertransportwege. Adressen von größeren Fuhrunternehmern.	Jahresquantum der Haupt-Verkaufshölzer nach Holzarten und Sortimenten (unter Abrechnung des Lokalbedarfs).
		278. Königl. Oberförsterei Tschiefer,
4573 ha. — meist eben, arrond. nur Briesnitz isol. Ki. 0,7 Ei. 0,2 Bu. } 0,1 A. L. }	Das Revier durchschn. eine Chaussee bis Tschiefer, sowie eine gute Pflasterstraße, sonst meist gut fahrb. Gestelle und Erdw. in der Oderniederung weniger günstig. Durch Költschwald wird Schlackenbahn gebaut. Außerh. gute Chauss. und Fahrstr. — Holzablagest. a. d. Oder in der Nähe von Forsthaus Oderwald. — Fuhruntern. in Tschiefer Mintzke und Irgang, sowie Schäfer und Conrad, in Neusalz Wahle und Eutner und Hofmann.	Schbz. Rothbuchenhorst 1400 fm Ki.-Stammh. 800 rm Ki.-Kloben 350 rm Ki.-Grubh. „ Tschiefer 1000 fm Ki.-Stammh. 1000 rm Ki.-Kloben 200 rm Ki.-Grubh. „ Lippen 600 fm Ki.-Stammh. 350 rm Ki.-Kloben 300 rm Ki.-Grubh. 100 fm Ei.-Stämme. „ Költschwald 60 fm Rü.- u. Wbu.-Stammh. 150 fm Lind.-Stammh. 30 fm Ei.-Stämme. „ Oderwald 50 fm Rü.- u. Wbu.-Stammh. 60 fm Lind.-Stammh. 250 fm Ei.-Stämme. „ Briesnitz 350 fm Ki.-Stämme 400 rm Ki.-Kloben. „ Aufhalt 500 fm Ki.-Stämme 100 rm Ki.-Kloben 300 fm Ei.-Stämme. „ „ 300 fm Rü.- u. Wbu.-Stammh. 30 rm Ki.-Grubh. 150 rm Ei.-Kloben.
		279. Königl. Hausfideicommiß-Oberförsterei Töppendorf,
3236 ha. — hügel. und eben, sehr parzellirt. Ki. 0,9 Ei. 0,1	Innerh. der Bezirke Obisch u. Töppendorf Chauss. Im Uebrigen Landwege ohne Schwierigk. zu pass., etwa 5 km von Chss. entfernt. — Fuhrl. in Quilitz, Gramschütz, Hermsdorf, Polkwitz, Bunzlau.	Schbz. Obisch 600 fm Ki.-Langnutzh. „ Golschwitz 350 „ „ „ „ Töppendorf 500 „ „ „ „ Dammer 550 „ „ „ „ Thomaswaldau } 100 „ „ „ „ Siegersdorf } „ Fürstenau 100 „ Ei.-, Esch.-, Rü.-Langnutzh.
		280. Königl. Oberförsterei Panten,
3283 ha. — eben, sehr parzellirt. Ki. 0,7 Ei. 0,2 Fi. 0,1	Im Rev. ziemlich gute Abfuhrwege und Chauss., außerhalb gute Chauss. resp. bef. Landstr. — Wassertransport für Schbz. Fuchsberg auf der Oder. — Fuhrleute Zitschke, Langner in Liegnitz, Dammer in Fuchsmühl, Riedel in Neurode, Bauern in Maltsch, in Möttig und in Parchwitz.	Schbz. Fuchsberg 500 fm Ei.-Nutzh. 100 fm Wbu.-Nutzh. „ Helle 400 „ Ki.- „ „ Kaltwasser 400 „ „ „ 500 „ Ei.- „ „ Lindhardt 400 „ „ „
		281. Königl. Oberförsterei Reichenau,
2609 ha. — gebirg., 3 gr. u. 2 kl. Parzellen. Fi. 0,62 Ta. 0,30 Ki. 0,05 Bu. 0,03	Innerh. gut ausgeb. theilw. mit Steinbahn verseh. Erdwege, außerhalb nur gute Chauss. — Fuhrunternehmer Kretschmer in Striegau, ferner einige Spediteure in Landeshut, sowie Besitzer in Neureichenau, Wittgendorf und Giesmannsdorf.	Schbz. Forst Hartau 265 fm Na.-Stammh. „ Altreichenau 870 „ „ 175 fm Bu.-Stammh. „ Neureichenau 660 „ „ 50 „ „ „ „ Wittgendorf 920 „ „ 10 „ „ „ „ Ruhbank 1400 „ „ 20 „ „ „ „ Einsiedel 1700 „ „ 20 „ „ „ „ Mönchswald 1930 „ „ (Nadelh. ist Fi. 60 %, Ta. 30 %, Ki. und Lä. 10 %.)
		282. Königl. Oberförsterei Ullersdorf,
3433 ha. — gebirg., in drei Hauptcomplex. geleg. Fi. Ta. 0,9 Ki. Lä. 0,1	Innerhalb der Forstorte ausgeb. Wegenetz. Außerh. bef. Wege, Erdwege u. Chauss. — Fuhrl. in Liebau, Schöneberg, Grüssau, Reichheimersdorf.	Schbz. Albendorf 1200 fm Schbz. Blasdorf 4500 fm „ Ullersdorf 2400 „ „ Dittersbach 2400 „ „ Kindelsdf. 3000 „ „ Schömberg 1000 „ „ Habichtsbg. 3300 „ „ Liebau 1200 „ „ Grüßau 1400 „ „ Kunzendf. 350 „ } Nadelh. in Stämmen u. Derbholzst. (Der Anfall an Stangen beträgt etwa 800 fm.)
		283. Königl. Oberförsterei Hoyerswerda,
8017 ha. — eben, ein Hauptrevier 2 isol. Komplexe.	Fuhrleute sind: Ackerbürger Köhler und Marschka in Hoyerswerda, ferner Bauern in Leippe und in Torno. Weitere Adressen durch die Förster zu erfahren.	Schbz. Riegel, Kühnicht, Schwarz-Lugk, Bergen, Bluno: 3000 fm Ki.-Stammh., IV. u. V. Cl. u. 1200 rm Brennh. Schbz. Neustadt } 700 fm Ki.-Stammh., IV. u. V. Cl. „ Geißlitz } 600 rm Brennh. „ Neu-Colln. } 1400 fm Ki. und Fi., I.—IV. Cl., „ Schwarz-Colln. } 200 fm Ki. V. Cl. „ Leippe } 400 rm Brennh.
		284. Königl. Hausfideicommiß-Oberförsterei Arnsberg,
3254 ha. — gebirgig. Fi. 0,7 Ta. 0,2 Ki. } Bu. } 0,1 Ei. } Bi. }	Chaussee von Schmiedeberg und Liebau nur für Schbz. Bergfreiheit und obern Theil von Arnsberg, sowie für Schbz. Hermsdorf benutzbar. Wegenetz im Bau. Holztransport wegen Steilabf. des Rev. nach Schmiedeberg bezw. in Folge Erreichbark. der Chauss. nach Landeshut nicht ungünst. — Fuhrl. in Schmiedeberg und Steinseifen.	Schbz. Bergfreiheit 1000 fm Fi.-Langh., III—V. Cl. „ Arnsberg 1500 „ „ „ „ „ „ Tannenbaude 500 „ „ „ „ „ „ Hermsdorf hat nur Jungbestände. Zugehörig: Königl. Kronfid.-Forstrevier Erdmannsdorf, 200 fm Ta.- und Fi.-Stammholz.

Oeffentliche Holzlicitationen finden statt in:	Unterkommen im Gasthofe f. Holzhändler, Forst-Assessoren u. Referendare in möglichster Nähe der Oberförsterei	Zustand des Oberförster-Dienstgebäudes	Wo Kirche? Wo Schule? In welcher Zeit zu erreichen?	Wo Arzt, wo Apotheke, wo Amtsgericht?	Nebenämter des Revierverwalt. — Wenn ständiger Assistent vorhanden, wo wohnt derselbe?
Rgbz. Liegnitz. (Karte 22 a.)					
In Neusalz, Rest. zur Oderbrücke. In N. Briesnitz, Gasth. von Harmuth.	In Neusalz, 3,8 km, Gasth. bei Reiche. Hotel zur Brüdergem. In Tschiefer, Gasth. v. Nippe.	Altes Dienstgebäude am Südeingange zum Dorf Tschiefer, 1000 Einw. Bis Neusalz 3,8 km, (12600 Einw.), Bez.-Com. Die Oberf. liegt unmittelbar an Pflasterstr. Bei sehr starkem Hochwasser nur Verbindung per Kahn.	Ev. Kirche, zwei höh. Töchtersch., für Knaben Brüdergem.-Schule (bis Untertertia) in Neusalz (zu Wagen 18 Min., zu Fuß 45 Minut.). Dorfsch. in Tschiefer.	4 Aerzte, Apotheke in Neusalz; Amtsger. in Karolath.	Auff. über Gräfl. Rothenb. Forst. Amts- u. Gutsvorst. — Verh. Assist. wohnt in Neusalz, 3,8 km.
Rgbz. Liegnitz. (Karte 22 b.)					
In Gramschütz, bei Leißner. In Hermsdorf, bei Filler.	In Gramschütz, in Hermsdorf, in Fürstenau, in Thomaswaldau bei Vater.	Massives, altes, sehr geräum. Wohnhaus in Gr. Schwein, 2 km Erdweg bis Chaussee. Wirthschaftsr. ausreichend. Nächst. St. Glogau, 8 km, 22200 Einw., Kreisst., Garn.	Kirche in Gramschütz, Schule am Orte.	In Gramschütz, 5 km.	Amtsvorsteher.
Rgbz. Liegnitz. (Karte 22 b.)					
In Liegnitz, Rest. Reichshalle. Goldberger St.	In Liegnitz, Hotel Union, dicht am Bhf.	Neueres Dienstgeb. mit ausr. Wirthschaftsgeb., isolirt gel., 1 km vom Dorf Alt-Beckern, (325 Einwohner), 2 km von Pfaffendorf, (650 Einw.), 4 km von Liegnitz, 54800 Einw. Landger. Garnison.	Ev. u. kath. Kirche sowie Gymnasium in Liegnitz.	Arzt und Apotheke, Amtsgericht in Liegnitz, 4 km.	Assist. z. Zt. vorh. — Wohn. f. verh. Ass. nur in Liegnitz erhältlich.
Rgbz. Liegnitz. (Karte 22 b.)					
In Alt-Reichenau, Gerichts-Kretscham. In Landeshut, Hotel zum Raben.	In Alt-Reichenau, Brauerei (dicht neben Oberf.) und Gerichtskretscham daselbst.	Altes ger. Dienstgeb. in der Mitte des Dorfes Alt-Reichenau, (1900 Einw.), an Chaussee. Nächste St. Freiburg, 9900 Einwohner, 10 km.	Ev. und kath. Kirche in Alt-Reichenau. In Freiburg Progymnasium.	In Alt-Reichenau. Amtsger. in Bolkenhain, 15 km.	Bescheid. Wohn. wäre in Alt-Reichenau für verheir. Ass. zu haben.
Rgbz. Liegnitz. (Karte 22 b.)					
In Ullersdorf, Schweizerei. In Schömberg, gold. Löwe. In Oppau, Brauerei. In Albendorf, (Scholtisei).	In Ullersdorf, in der „Schweizerei" u. im „Hubertus". In Liebau, Hotel „Deutsches Haus" u. „Kyffhäuser".	Oberf.-Dienstgeb. ehem. Abtei, 100 m abseits des Dorfes Ullersdorf. Wohn- und Wirthschaftsgebäud. geräumig. Chausseeverb. nach Liebau, (4600 Einwohner), 2,5 km.	Ev. u. kath. Kirche sowie Privatschule (bis Tertia) in Liebau. Realgymn. in Landeshut, 15 Min. Bahnf. von Liebau.	In Liebau, 2,5 km.	Guts- u. Amtsvorst. Forstamtsanwalt. — Für verh. Ass. Wohn. in Liebau zu hab.
Rgbz. Liegnitz. (Karte 22 c.)					
In Hoyerswerda, Gasth. z. Stern.	In Hoyerswerda, Hotel z. gold. Anker.	Am Rande des Ortes Hoyerswerda, 4700 Einw., altes Haus, mehrere Räume feucht. Wirthschaftsräume beschränkt. — Leipzig in 3 Stunden Bahnfahrt zu erreichen.	In Hoyerswerda.	In Hoyerswerda.	Amtsvorsteher.
Rgbz. Liegnitz. (Karte 22 b.)					
In Schmiedeberg, Hotel zum gold. Stern. In Zillerthal, Tiroler Gasthaus.	In Schmiedeberg, Hotel z. gold. Stern. In Erdmannsdorf, Gasth. zur Eisenbahn.	Altes schönes Dienstgeb. in der Stadt Schmiedeberg, 5200 Einwohner. Kreisstadt Hirschberg, 17900 Einw. Landger. Garnison. (33 Min. Bahnfahrt).	Kirchen am Orte. Gymn. in Hirschberg, (33 Min. Bahnfahrt).	3 Aerzte, Apotheke u. Amtsgericht am Orte.	Guts- u. Amtsvorsteher. Forstamtsanw. Verwalter des Kgl. Kronfid. Forstes Erdmannsdorf. Kreistagsabg. M. d. Kreisaussch.

Sitz der Oberförsterei nebst Poststation	Entfernung des Oberförstereisitzes von der nächsten Eisenbahnstation bezw. Haltestelle. Post- und regelmäßige Reiseverbindungen auf Landwegen.	Durchschnittliche Entfernungen und ungefähre Anfuhrkosten von den einzelnen Reviertheilen für Bahn- bezw. Wassertransport und zwar: Schutzbezirk	Entfernung bis Güterbahnhof	Anfuhrkosten pro fm M.	Entfernung bis Wasserablage	Anfuhrkosten pro fm M.

278. Königl. Oberförsterei Tschiefer, Rgbz. Liegnitz. (Karte 22a.)

Tschiefer, Post Neusalz a. d. Oder, Kreis Freystadt.	3,8 km Pflasterstraße bis Bahnhof Neusalz. Personenpost Neusalz-Tschiefer-Kontopp Morgens 3/4 7 Uhr von Neusalz ab.	Rothbuchenh.	6 km Erdw. 4 km Pflst. bis Neusalz	2,50		
		Tschiefer	8 km Chss. u. Pflast. bis Neusalz	2,00		
		Lippen	10 km desgl.	2,50		
		Aufhalt	10 km desgl.	2,50		
		Költschwald	7 km mst. Chss. oder Pflasterstr. desgl.	35.3,25		
		Oberwald	3—5 km Pflstr. desgl.	1,50		
		Briesnitz	7 km Erdw. u. 3 km Chss. bis Hirschfeldau	3,00		

279. Königl. Hausfideicommiß-Oberförsterei Töppendorf, Rgbz. Liegnitz. (Karte 22b.)

Gr. Schwein, Post Gramschütz, Kreis Glogau.	5 km bis Eisenbahnstation Gramschütz (Strecke Glogau-Breslau).	Obisch	5 km bis Gramschütz			
		Golschwitz	7 km bis Glogau			
		Töppendorf	7 km desgl.			
		Dammer	7 km bis Raudten			
		Siegersdorf	unw. Bhf. Siegersdorf			
		Thomaswaldau	6 km bis Bunzlau			
		Fürstenau	5 km bis Mettkau			

280. Königl. Oberförsterei Panten, Rgbz. Liegnitz. (Karte 22b.)

Panten, Post Liegnitz, Kreis Liegnitz.	4 km Landweg bis Liegnitz über Alt-Beckern oder Pfaffendorf. — 2,5 km Landweg bis Haltestelle Panten der Liegnitz-Kobyliner Eisenbahn.	Fuchsberg	5 km Chaussee bis Parchwitz	5	3 km bis zur Oder	2
			5 km Landweg bis Maltsch	5		
		Helle	4 km Chaussee bis Vorderheide	4		
		Kaltwasser	6 km Chss. desgl.	6		
		Lindhardt	4 km Chaussee bis Göllschau	4		
		Möttig	ca. 3 km b. Parchwitz			
		Rehberg	ca. 4 km b. Vorderheide			

281. Königl. Oberförsterei Reichenau, Rgbz. Liegnitz. (Karte 22b.)

Alt-Reichenau, Post, Kreis Bolkenhain.	10 km Chaussee nach Freiburg i. Schl. (Postomnibus täglich 2mal hin und zurück). — 7 km Chaussee nach Bad Salzbrunn. — 12 km Chaussee nach Ruhbank. (In Freiburg stets Wagen am Bahnhof.)	Forst-Hartau	5 km Chaussee bis Landeshut	3,00		
		Alt-Reichenau	7 km Chaussee bis Salzbrunn	5,00		
		Neu-Reichenau	9 km Chaussee bis Ruhbank	4,50		
		Wittgendorf	7,5 km desgl.	4,50		
		Ruhbank	2 km desgl.	3,00		
		Einsiedel	9 km (1/2 Chaussee) bis Merzdorf	4,00		
		Mönchswald	11 km meist Chaussee bis Tauer	5,50		

282. Königl. Oberförsterei Ullersdorf, Rgbz. Liegnitz. (Karte 22b.)

Ullersdorf, Post Liebau, Kreis Landeshut.	2,5 km Chaussee nach Bahnhof Liebau, von wo täglich 4mal gute Verbindung nach Breslau, Liegnitz, Görlitz und nach Böhmen ist. — Nach Kreisstadt Landeshut 15 Minuten Bahnfahrt ab Liebau. Privatomnibus zwischen Liebau-Ullersdorf-Schömberg.	Albendorf	3 km bis Albendorf			
		Blasdorf	4 km bis Schömberg			
		Ullersdf.	3 km bis Liebau			
		Dittersbach	3 km desgl.			
		Kindelsdorf	6 km meist Chaussee bis Friedland			
		Schömberg	2,5 km bef. Weg bis Schömberg			
		Habichtsberg	2 km befest. Weg bis Grüssau			
		Liebau	2 km desgl. bis Liebau			
		Grüßau	2 km desgl. b. Grüssau			
		Kunzendorf	13 km (1/2 Chaussee) bis Liebau			

283. Königl. Oberförsterei Hoyerswerda, Rgbz. Liegnitz. (Karte 22c.)

Hoyerswerda, Post und Kreis Hoyerswerda.	Bahnstation am Orte.	Hauptrevier: Chaussee und meist gebesserte Wege, 3 Mk. pro fm nach Bahnhof Hoyerswerda. Neustädt.-Complex: Zwei, theilweise gebesserte Wege, 4—4,20 Mk. bis Hoyerswerda. Collm.-Complex: Chaussee und gebesserte Wege, 3,50 Mk. bis Hoyerswerda. Ferner Chaussee nach Strassgräbchen, 3,50 pro fm.

284. Königl. Hausfideicommiß-Oberförsterei Arnsberg, Rgbz. Liegnitz. (Karte 22b.)

Schmiedeberg im Riesengebirge, Post, Kreis Hirschberg.	1 km auf Hauptstraße der Stadt Schmiedeberg bis zum Bahnhof Schmiedeberg; von dort 3/4 Std. Bahnf. bis Hirschberg i. Schl.	Bergfreiheit	4 km Chaussee bis Schmiedeberg	2,00 bis 3,00		
		Arnsberg	8 km desgl.			
		Tannenbaude	5 km Erdw. desgl.			
		Erdmannsdorf	2 km Erdweg bis Erdmannsdorf			

Karte 22

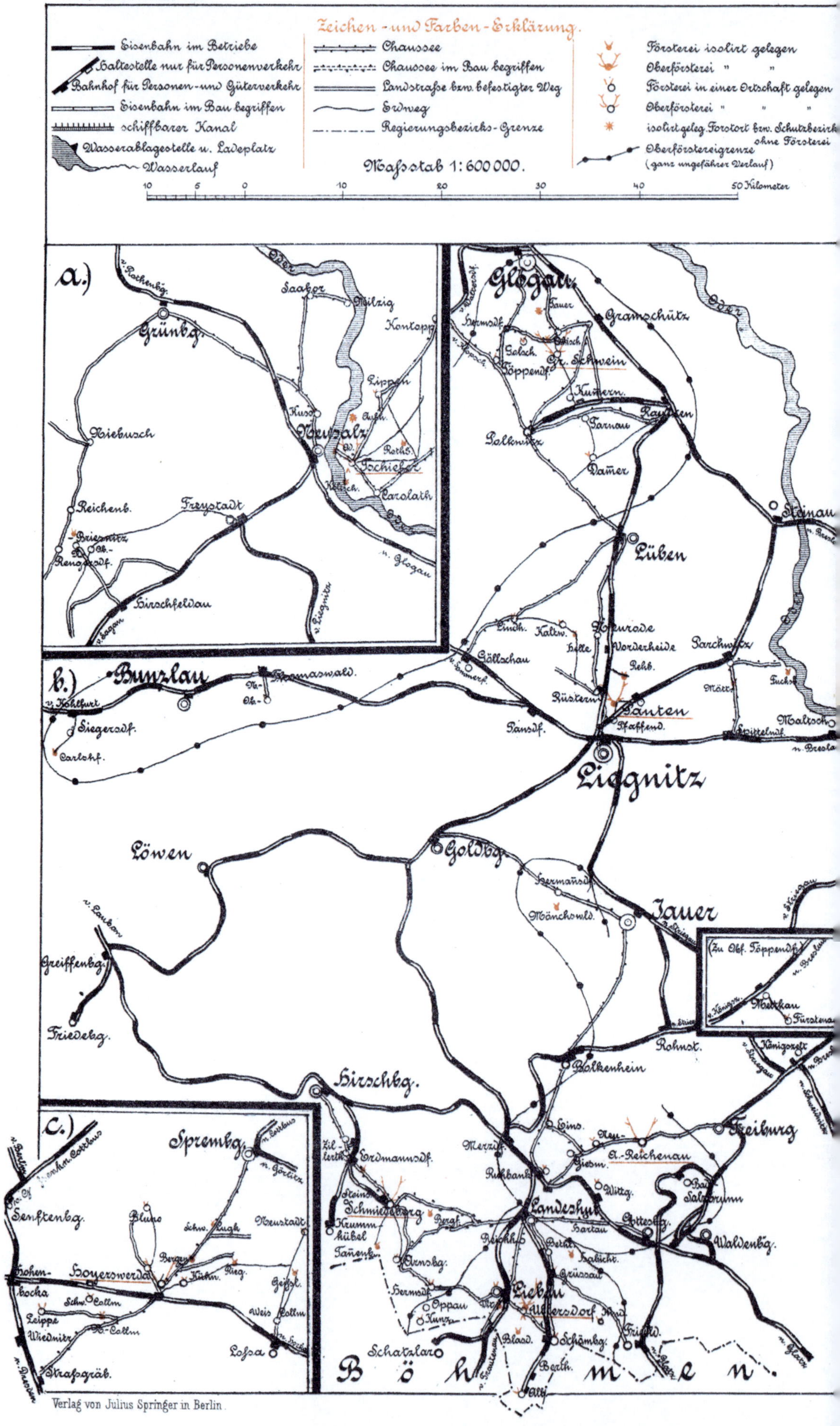
Zeichen- und Farben-Erklärung.
Eisenbahn im Betriebe
Haltestelle nur für Personenverkehr
Bahnhof für Personen- und Güterverkehr
Eisenbahn im Bau begriffen
schiffbarer Kanal
Wasserablagestelle u. Ladeplatz
Wasserlauf
Chaussee
Chaussee im Bau begriffen
Landstraße bzw. befestigter Weg
Erdweg
Regierungsbezirks-Grenze
Maßstab 1:600 000.
10 5 0 10 20 30 40 50 Kilometer
Försterei isolirt gelegen
Oberförsterei " "
Försterei in einer Ortschaft gelegen
Oberförsterei " "
isolirt geleg. Forstort bzw. Schutzbezirk ohne Försterei
Oberförstereigrenze (ganz ungefährer Verlauf)
a.)
Grünbg.
Saabor
Milzig
Kontopp
Lippen
Neusalz
Tschiefer
Carolath
Kiebusch
Reichenb.
Freystadt
Hirschfeldau
Glogau
Gramschütz
Gr. Schwein
Töppendf.
Kummern
Raudten
Tarnau
Polkwitz
Damer
Steinau
Lüben
Neurode
Vorderheide
Parchwitz
Göllschau
Rüstern
Panten
Maltsch
b.)
Bunzlau
Thomaswald.
Siegersdf.
Carlshf.
Liegnitz
Löwen
Goldbg.
Hermsdf.
Mönchswld.
Jauer
(Zu Obf. Töppendf.)
Greiffenbg.
Friedebg.
Rohnst.
Bolkenhein
Hirschbg.
Freiburg
c.)
Sprembg.
Senftenbg.
Bluno
Neustadt
Hoyerswerda
Lohsa
Straßgräb.
Erdmannsdf.
Schmiedeberg
Krummhübel
Landeshut
A.-Reichenau
Salzbrunn
Waldenbg.
Liebau
Schatzlar
Schömbg.
Friedld.
Böhmen.

Karte 21

Druck d. geogr. lith. Anst. u. Steindr. v. C.L. Keller, Berlin

Karte 24

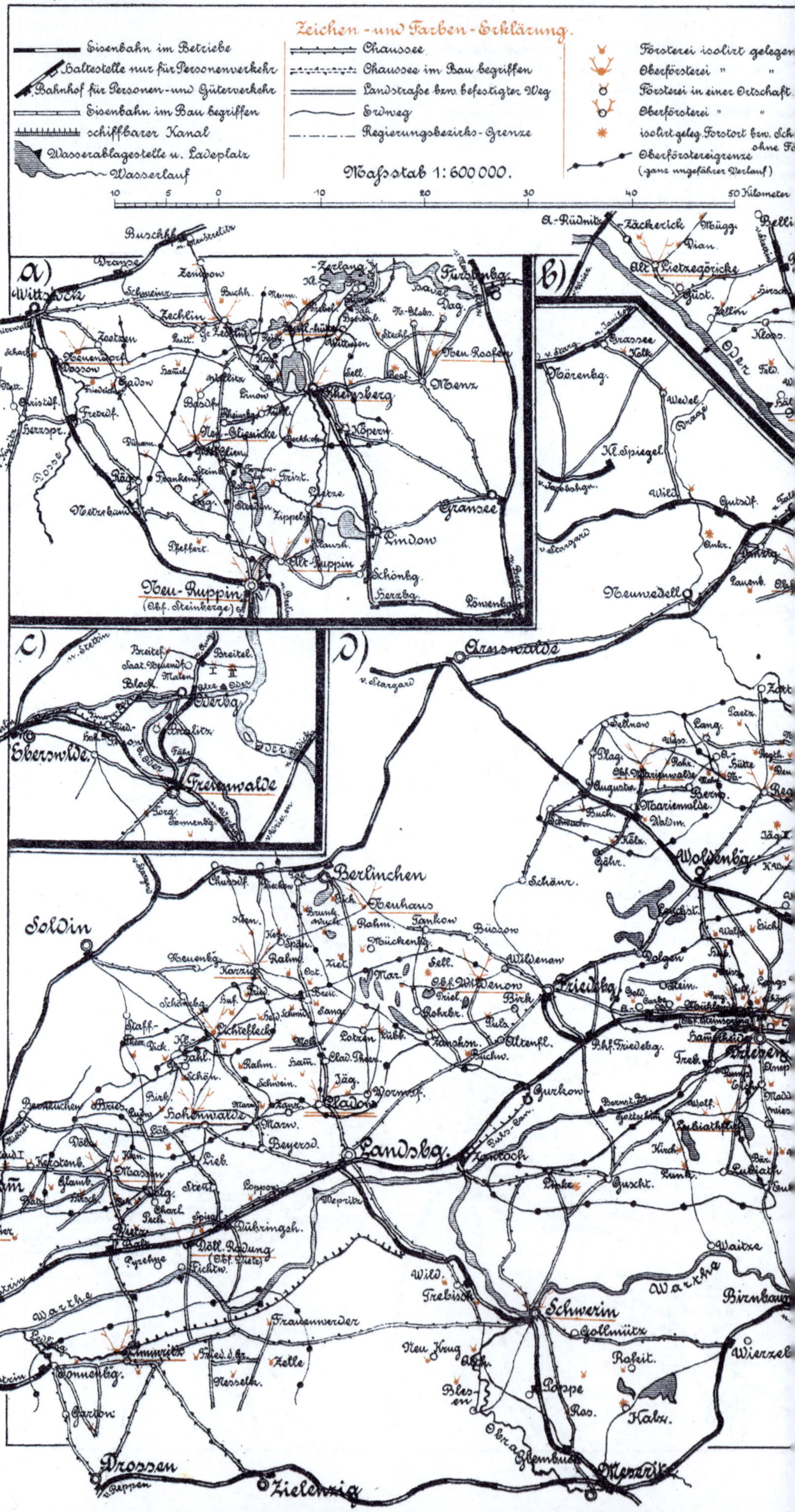
Zeichen- und Farben-Erklärung.
Eisenbahn im Betriebe
Haltestelle nur für Personenverkehr
Bahnhof für Personen- und Güterverkehr
Eisenbahn im Bau begriffen
schiffbarer Kanal
Wasserablagestelle u. Ladeplatz
Wasserlauf
Chaussee
Chaussee im Bau begriffen
Landstraße bzw. befestigter Weg
Erdweg
Regierungsbezirks-Grenze
Maßstab 1: 600 000.
10 5 0 10 20 30 40 50 Kilometer
Försterei isolirt gelegen
Oberförsterei "
Försterei in einer Ortschaft
Oberförsterei "
isolirt geleg. Forstort bzw. Sch... ohne Fö...
Oberförstereigrenze (ganz ungefährer Verlauf)
a)
b)
c)
d)
Wittstock
Neu-Ruppin
(Obf. Steinberge)
Alt-Ruppin
Rheinsberg
Lindow
Gransee
Eberswalde
Freienwalde
Oderbg.
Arnswalde
Berlinchen
Soldin
Neuhaus
Woldenbg.
Friedbg.
Landsbg.
Hohenwalde
Massin
Neudam
Cladow
Döll. Radung
Zanzhausen
Limmritz
Zielenzig
Drossen
Schwerin
Meseritz
Birnbaum
Wierzebaum
Kalzig
Pieske
Warthe
Oder

Karte 23

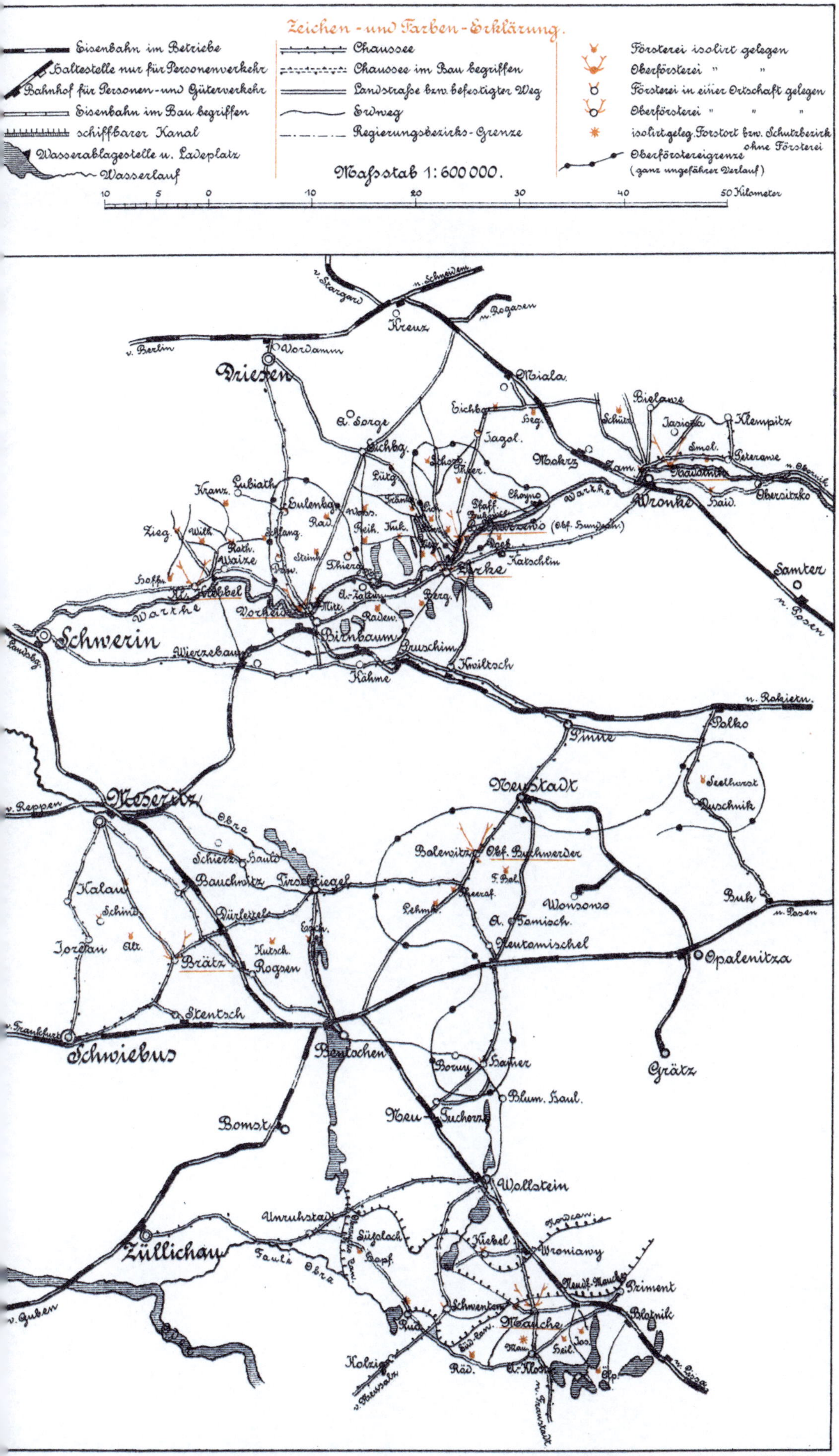

Druck d. geogr. lith Anst. u. Steindr. v. C.L. Keller, Berlin

Sitz der Oberförsterei nebst Poststation	Entfernung des Oberförstereisitzes von der nächsten Eisenbahnstation bezw. Haltestelle. Post- und regelmäßige Reiseverbindungen auf Landwegen	Durchschnittliche Entfernungen und ungefähre Anfuhrkosten von den einzelnen Reviertheilen für Bahn- bezw. Wassertransport und zwar				
		Schutzbezirk	Entfernung bis Güterbahnhof	Anfuhrkosten pro fm M.	Entfernung bis Wasserablage	Anfuhrkosten pro fm M.
285. Königl. Oberförsterei Wronke, Rgbz. Posen. (Karte 23.)						
Nadolnik, Post Wronke, Kreis Samter.	2,3 km Chaussee nach Bahnhof Wronke (Posen-Stargard).	Haidchen			3 km bis Wartheablage	0,50
		Zamoscht	6 km bis Wronke	1,00	5 km desgl.	1,00
		Smolnica	6 km desgl.	1,00	5 km desgl.	1,00
		Schützenwinkel	z. Th. 6 km bis Mokrz; z. Th. 6 bis 8 km bis Wronke	1,00 bis 1,20	6—8 km desgl.	1,00
		Hegewald	5—10 km bis Miala	1,5-2,5		
		Eichberg	5—10 km bis "	1,5-2,5		
		Jagolitz	5—10 km bis "	1,5-2,5		
286. Königl. Oberförsterei Hundeshagen, Rgbz. Posen. (Karte 23.)						
Bucharzewo, Post Zirke in Posen, Kreis Birnbaum.	3,5 km Erdweg bis Zirke, und von dort bis Wronke 23 km Chaussee. — 12 km bis Kwiltsch (Strecke Posen-Reppen). — 15 km Chaussee bis Birnbaum. Postverkehr täglich zwischen Zirke u. Wronke, bezw. Kwiltsch und Birnbaum. — Personendampfer a. d. Warthe gehen unregelmäßig.	Lichwin			1—7 km bis Wartheabl. (Bucharzewo)	1—2,5
		Stierwald			2—8 km desgl.	1—2,5
		Schostaki			7—12 km desgl.	2,5—3 pro rm
		Theerofen			10—14 km desgl.	1—1,5
		Pfaffenberg			2—10 km b. Wartheablage	1—1,5
		Chojno			(Chojn. u. Bukowce)	1—1,5
287. Königl. Oberförsterei Zirke, Rgbz. Posen. (Karte 23.)						
Zirke, Post, Kreis Birnbaum.	Bis Station Kwiltsch 13 km Chaussee (2mal täglich Omnibus.) — Bis Eisenbahnstation Birnbaum 15 km Chaussee (1mal täglich Personenpost).	Berg			4 km bis Wartheabl. (Zirke)	2,00
		Doebelwald			5 km desgl.	2,00
		Ziegelei			2 km bef. Weg. (bis zu d. unterh. Ziegelei u. Reiherh. geleg. Wartheablage)	1,00
		Kuckucksmühle			5 km meist befest. Weg	2,00
		Reiherhorst			5 km Erdweg	2,50
		Wasserblotte			8 km Erdweg	3,00
		Lüttgenkrug			11 km (1/2 befest. Weg)	4,00
		Tränke			7 km m. bf. W.	2,50
288. Königl. Oberförsterei Buchwerder, Rgbz. Posen. (Karte 23.)						
Buchwerder, Post Bolewitz, Kreis Neutomischel.	12 km Chaussee bis Bahnhof Neutomischel, Fahrpost 7 Uhr Vormittags ab Neutomischel, zurück 8 Uhr Nachmittags.	Bolewitz				
		Theerofen	8 km bis Neustadt	3,00		
		Lehmkuhl	18 km bis Pinne	4,50		
		Buchwerder	12 km bis Neutomischel	3,00		
		Hammer	14 km bis Neutomischel	4,00		
		Seelhorst	8 km bis Polko	3,00		
289. Königl. Oberförsterei Mauche, Rgbz. Posen. (Karte 23.)						
Mauche, Post, Kreis Bomst.	3 km nach dem Dorfe Neudorf-Mauche, Station der Eisenbahn Lissa-Wollstein-Bentschen. — Chaussee im Bau.	Oelpoche	6 km Erdweg bis Blotnik	2,50		
		Heiligensee	2 km Erdweg bis Neudorf-Mauche	2,50		
		Josephsthal	2 km desgl.	2,50		
		Hopfenbruch			2 km bis Obrzycho-Canal (fisk. Abl.)	
290. Königl. Oberförsterei Brätz, Rgbz. Posen. (Karte 23.)						
Brätz, Post, Kreis Meseritz.	8 km Chaussee bis Duerlettel. — 9 km Chaussee bis Stentsch (2mal täglich Personenpost hin und zurück). — 12 km Chaussee bis Schwiebus (Schnellz.). — 21 km Chaussee bis Bentschen (Schnellz.).	Eschenwalde	8 km Chaussee bis Bentschen	3,00		
		Kutschkau	6 km z. Th. Chauss. bis Duerlettel	3,00		
		Altenhof	15 km meist Chaussee bis Schwiebus	3,00		
		Schindelmühle	15 km desgl.	3,50		
		Kalau	9 km schlechter Landweg bis Meseritz	4,00		
		Schierzig	9 km bis Bauchwitz	3,00		
291. Königl. Oberförsterei Birnbaum, Rgbz. Posen. (Karte 23.)						
Vorheide, Post Birnbaum, Kreis Birnbaum.	3 km auf Pflasterweg und Kieschaussee nach Bahnhof Birnbaum (Secundärbahn Rokietnice-Reppen). — 30 km (Personenpost) Steinchaussee nach Vordamm-Driesen (Berlin-Schneidemühl).	Radewald	7 km Chaussee bis Birnbaum	1,50	3 km bis Warthe (Altzattum)	1,00
		Vorheide	3 km desgl.	1,00	1 km bgl. (Mitteninne)	0,70
		Thiergarten	13 km desgl.	2,80	4,5 km desgl. (Neuzattum)	2,00
		Steinhüb.	10 km desgl.	2,50	10 km bgl. (Mittenin.)	2,20
		Driwcen	13 km desgl.	2,50	10 km desgl.	2,20
		Radusch	19 km desgl.	3,30	11 km desgl. (Neuzatt.)	2,50
		Eulenberg	16 km desgl.	2,50	13 km bgl. (Mittenin.)	2,50
292. Königl. Oberförsterei Waize, Rgbz. Posen. (Karte 23.)						
Kl. Krebbel, Post Waize, Kreis Schwerin, an der Warthe.	14 km Lehmkiesbahn nach Birnbaum (Fahrbriefträger nimmt 1 Person mit). — 18 km Lehmkiesbahn nach Schwerin a. W. — 10 km Sandweg (davon 2 km Chaussee) nach Wierzebaum (Fähre zu passiren).	Kranzinbruch	25 km meist Chss. bis Vordamm (davon 10 km Erdw. und 15 km Chss.)	3,00	bis fisk. Wartheabl.	3,00
		Ziegelei				
		Wilhelminenhof		3,00		
		Schlangenlug		3,00		
		Hoffnung			bis fisk. Wartheabl.	2,[illegible]0
		Rotheheide			desgl.	2,00

Flächengröße u. Charakter d. Reviers. — Vertheilung der Hauptholzarten nach Zehnteln.	Beschaffenheit des Wegenetzes im Reviere und der sich daran schließenden Abfuhrstraßen, sowie der etwaigen Wassertransportwege. Adressen von größeren Fuhrunternehmern.	Jahresquantum der Haupt-Verkaufshölzer nach Holzarten und Sortimenten (unter Abrechnung des Lokalbedarfs).
		285. Königl. Oberförsterei Wronke,
6561 ha. — meist eben; z. Th. stark wellig; 2 Hauptcomplexe. Ki. mit wenig Erl. u. Bi.	Meist gute Wege zur Bahn und zur Wartheablage. — Fuhrunternehmer in Retschin, Post Mokrz, in Miala und Bärenlug, Post Miala, und Bielawy, Post Jasionna, und in Obelsauke.	Schbz. Haidchen 30 fm Ki.-Grubenholz „ Schützenwinkel 100 „ „ „ „ Hegewald 50 „ „ „ „ Eichberg 130 „ „ „ „ Jagolitz 30 „ „ „ „ Smolnika 210 „ „ „ 100 fm Bauh. „ Zamoscht 180 „ „ „ 200 „ „
		286. Königl. Oberförsterei Hundeshagen,
6736 ha. — arrondirt, eben bis hügelig. Ki. 1,0	2 Landstraßen (Lehm- und Kiesbahn), keine Chaussee; aber meist ausgebautes Wegenetz. Warthe zum Holztransport in der Nähe. Fiskalische und private Holzablagen bei Zirke, Bucharzewo, Bukowce, Choyno. — Fuhrleute in Zirke Brodniewicz und Heinzel, in Bucharzewo Gebr. Werner und Bauern in Kobusch.	Schbz. Lichwin } „ Stierwald } 4000 fm Ki.-Stammholz „ Schostaki } 600 rm Ki.-Kloben „ Theerofen } „ Pfaffenberg } 400 rm Ki.-Kloben „ Choyno }
		287. Königl. Oberförsterei Zirke,
6916 ha. — hügelig bis bergig, in 3 Complexen. Ki. 0,9 Ei. 0,1	Innerhalb des Hauptreviers vielfach Knüppeldämme. — Chausseen auf dem linken Warthe-Ufer gut. Fiskalische Warthe-Abl. unterhalb des Schbz. Ziegelei. Privat-Abl. bei der Stadt Zirke und beim Dorfe Neuzattum. — Fuhrunternehmer Heinzel in Zirke, Lamprecht in Neuzattum.	Schbz. Doebelwald 50 fm Ei.-Stmh. 300 fm Ki.-Stmh. „ Berg 1000 „ „ „ „ Ziegelei 200 rm Ki.-Brnh. 500 „ „ „ 100 rm Grbh. „ Kuckucksmühl. 500 „ „ „ 1700 „ „ „ 400 „ „ „ Reiherhorst 400 „ „ „ 1500 „ „ „ 400 „ „ „ Tränke 500 „ „ „ 1700 „ „ „ 400 „ „ „ Wasserblotte 500 „ „ „ 1500 „ „ „ 400 „ „ „ Lütgenkrug 400 „ „ „ 1000 „ „ „ 300 „ „
		288. Königl. Oberförsterei Buchwerder,
4208 ha. —	Im Hauptrevier Chausseen, sonst überall gute Wege. — Fuhrunternehmer in Bolewitz, Borny, Duschnik, in Blumer-Hauland.	Schbz. Hammer 1200 fm Ki.-Langholz „ Bolewitz 900 „ „ „ „ Theerofen 700 „ „ „ 200 fm Ei.-Langholz „ Lehmkuhl 1200 „ „ „ „ Buchwerder 100 „ Erl.- Bi.-, 100 fm Ki.-Langh., Ei.- 30 fm, Bi.- Erl.- 200 fm, Bu.- 40 fm Schichtnutzh. „ Seelhorst 130 fm Ei.-Langh. 20 fm Ei.-Schichtnutzh.
		289. Königl. Oberförsterei Mauche,
7982 ha. — theils eben, theils hügel., sehr parzell. Ki. 0,9 Ei. } Erl. } Bi. } 0,1 Fi. }	Innerhalb und außerhalb theilweise durch Lehm und Kies befestigte Wegestrecken bis zu den Chausseen Fraustadt-Wollstein; Wollstein-Kolzig; Wollstein-Unruhstadt. Für Wassertransport der Obrzycko-Canal, in dem Flößen des Holzes bis Tschicherzig an der Oder nach eingeholter Erlaubniß gestattet wird.	Schbz. Oelpoche 50 fm Ki.-Stammholz „ Heiligensee } 200 fm Ei.-Stammh. 20 rm Ei.-Böttcher- „ Josephsthal } holz (Schichtnutzholz) „ Hopfenbruch 100 fm Ki.-Stammh.
		290. Königl. Oberförsterei Brätz,
4364 ha. — eben, 3 Parzellen. Ki. 0,7 Bi. } Erl. } 0,2 Ei. 0,1	Im Revier gute Wege, zum Theil Lehmbahnen. Zahlreiche Chausseen außerhalb des Reviers. — Fuhrunternehmer in Brätz und Schwiebus, ev. in Bentschen.	Schbz. Eschenwalde 25 fm Bi.- 1000 fm Ki.-Langnutzh. 25 rm Bi.- 25 rm Ki.-Schichtnutzholz. „ Kutschkau 10 fm Bi.- 1000 fm Ki.-Langnutzh. 25 rm Bi.- 25 rm Ki.-Schichtnutzholz. „ Altenhof 50 fm Bi.- 1200 fm Ki.-Langnutzh. 100 rm Bi.- 20 rm Ki.-Schichtnutzholz. „ Schindelmühl 1500 fm Ki.-Lgntzh. 20 rm Ki.-Schichtntzh. „ Kalau 1300 „ „ „ 150 „ „ „
		291. Königl. Oberförsterei Birnbaum,
5792 ha. — hügelig; Thiergarten u. Driwcen parzellirt. Ei. 0,99 Ki. 0,01	Zahlreiche, das Revier durchschneidende Kommunikationswege meist befestigt. — Steinchaussee Birnbaum-Driesen durchzieht Eulenburg, Driwcen, Vorheide. Steinchaussee Birnbaum-Zirke durchschneidet Radewald. Auf der Warthe Holztransport nach Berlin (fisk. Abl. bei Mitteninne); außerdem Privatabl. bei Neuzattum. — Fuhrleute in Eulenburg, Radusch, Neuzattum.	Schbz. Radewald 50 fm Ei.- 500 fm Ki.-Sth. 100 fm Ki.-Grubh. „ Vorheide 300 „ „ „ 60 „ „ „ „ Thiergarten 500 „ „ „ 100 „ „ „ „ Steinhübel 200 rm Ki.-Klb. 1000 „ „ „ 150 „ „ „ „ Driwcen 200 „ „ 1500 „ „ „ 150 „ „ „ „ Radusch 100 „ „ 1200 „ „ „ 200 „ „ „ „ Eulenberg 150 „ „ 1000 „ „ „ 200 „ „ „
		292. Königl. Oberförsterei Waize,
6583 ha. — hügelig, zusammenhgd. Ki. 1,0	Innerhalb des Reviers z. Th. unbefestigte, für die Hauptabfuhrrichtung aber befestigte Sandwege und Lehmkiesbahnen. Bei Waize fiskal. Warthe-Abl., wo alles Holz zum Verflößen und für Schiffstransport an die Warthe zusammenkommt. — Fuhrleute in Kl. Krebbel A. Sturzebecher, in Waize Virus, ferner Bauern in Waize.	Schbz. Schlangenlug 400 fm Ki.-Langh. } „ Rotheheide 200 „ „ „ } 350 fm Ki.-Grubh. „ Hoffnung 150 „ „ „ } 1400 rm Ki.-Schichtnutzholz „ Kranzinbruch 500 „ „ „ } „ Wilhelminenhof 350 „ „ „ } 2000 fm Ki.-Langnutzholz. „ Ziegelei 350 „ „ „ }

Oeffentliche Holzlicitationen finden statt in:	Unterkommen im Gasthofe f. Holzhändler, Forst-Assessoren u. Referendare in möglichster Nähe der Oberförsterei	Zustand des Oberförsterdienst-Gebäudes	Wo Kirche? Wo Schule? In welcher Zeit zu erreichen?	Wo Arzt, wo Apotheke, wo Amtsgericht?	Nebenämter des Revierverwalt. — Wenn ständiger Assistent vorhanden, wo wohnt derselbe?
Rgbz. Posen. (Karte 23.)					
In Wronke, Hotel Gegenmantel. In Miala, Gasth. von Nasch, für Eichberg Hegewald und Jagolitz.	In Wronke, Hotel Gegenmantel, gut und preiswerth.	Gutes, geräumiges Dienstgebäude, hart an Chaussee Wronke-Czarnikau, ca. 2 km von Stadt Wronke (4650 Einw.). — 25 Minuten Bahnfahrt bis Kreisstadt Samter, 5200 Einwohner. Bezirks-Commando.	Ev. und kath. Kirche u. Pfarre in Wronke, daselbst Rectorschule (bis Quarta).	2 Aerzte, Apotheke u. Amtsgericht im 2 km entfernten Wronke.	Forstamtsanw. — Verheiratheter Assessor kann ev. in Wronke wohnen.
Rgbz. Posen. (Karte 23.)					
In Zirke, Hotel Zinn und in Chojno (nur für Lokalbedarf).	In Zirke, Hotel Zinn, guter Gasthof, 3,5 km von Bucharzewo.	Hübsches Wohnhaus, 1880 im Anschl. an das alte Bauernhaus gebaut, unmittelbar am kleinen Dorf Bucharzewo (12 Häuser), am Walde gelegen. Ausr. Wirthschaftsgeb. Sehr schlecht. Sandweg bis Zirke (3,5 km), ca. 3000 Einwohn.	Ev. und kath. Kirche in Zirke, ebenso Bürgerschule. Progymnasium in Birnbaum.	Arzt und Apotheke in Zirke, 3,5 km.	Gutsvorsteher u. Forstamtsanw. — Wohnung für verheiratheten Assessor in Zirke erhältlich.
Rgbz. Posen. (Karte 23.)					
In Zirke, bei Gastw. Nieske (dicht bei Oberf.). In Altforge, im Hotel Koop.	In Zirke, Hotel Schwarzer Adler und Rothes Hotel. (Simonsohn).	Im unmittelbaren Anschluß an Stadt Zirke (3000 Einwohner) altes Dienstgebäude mit guten Wohnräumen. — Kreisstadt Birnbaum, 12 km (3000 Einwohner).	Evg. und kath. Kirche in Zirke. Progymnasium in Birnbaum. In Zirke nur Bürgerschule	In Zirke. Amtsgericht in Birnbaum.	Unterkommen für verheiratheten Assessor in Zirke möglich.
Rgbz. Posen. (Karte 23.)					
In Bolewitz. In Neustadt, bei Wietzorek. In Neutomischel (Gärtner). In Hammer, (Adam). In Duschnik (Stranz).	In Bolewitz, bei Borug. In Duschnik.	Altes Gebäude mit neuem Erweiterungsbau, gut, am Eingang von Bolewitz an Chaussee. — Nächste Stadt Neustadt (2600 Ew.), 7 km; Neutomischel (1800 Einwohner), 11 km, Kreisstadt, Bezirks-Commando.	Ev. und kath. Kirche in Neustadt, 7 km. Keine höhere Schule in der Nähe.	In Neustadt. Amtsgericht in Neutomischel, Wollstein u. Samter.	Forstgutsvorsteher.
Rgbz. Posen. (Karte 23.)					
In Mauche, Gasth. Semmler. In Priment, Gasth. Elsner. In Süßloch, Gasth. Irrgang.	Bei gering. Anspr. in Neudorf, bei Schulz, 3 km; in Mauche, bei Semmler und in Schwenten bei Schulz. Besser in Altkloster, Hotel Maßlack, 4,5 km.	Geräumiges älteres Gebäude, jedoch umgebaut, mitten in Mauche, 1450 Einwohner, an Chaussee Fraustadt-Wollstein, alte aber ausr. Wirthschaftsgeb. Nächste Stadt Wollstein, 14 km, 3400 Einwohner.	Ev. und kath. Pfarre in Altkloster (4,5 km Chaussee). Kathol. Schule in Mauche.	In Altkloster, 4,5 km. Amtsgericht in Wollstein.	Staatsaufsicht über Königlich Neuzellesche Stiftsforst. — Verheiratheter Assessor könnte ev. in Altkloster wohnen (bei sehr mäßigen Anspr.)
Rgbz. Posen. (Karte 23.)					
In Brätz, Gasth. Roestel In Jordan, Gasth. Kiepert. In Tirschtiegel, Gasth. Jaensch.	In Brätz, Gasth. Roestel (gegenüber der Oberf.), sonst in Meseritz, Hotel Spielhagen und in Jordan, Gasth. Kiepert.	Altes, geräumiges Wohnhaus am Marktplatze in Brätz (1500 Einwohner). Nächste Stadt Schwiebus, 12 km, 8700 Einwohner.	Ev. Kirche u. Pfarre, sowie kath. Kirche in Brätz, auch dort 5kl. Elementarschule.	In Brätz. Amtsgericht in Meseritz.	Wohnung für verheiratheten Assessor in Brätz erhältlich.
Rgbz. Posen. (Karte 23.)					
In Birnbaum, Gasth. Hecke.	In Birnbaum, Hotel z. schwarz. Adler, 2,5 km, (Block).	Altes Dienstgeb., beschränkt; Umbau in Auss.; 2,5 km von der Kreisstadt Birnbaum (3000 Einw.), im Walde gelegen, durch Kreischauss. und Pflasterw. verb.	Ev. Kirche u. Pfarre in Lindenstadt, 3 km. Kathol. Kirche und Pfarre in Birnbaum, 2,5 km, hier auch Bürgerschule u. bessere Mädchenschule.	In Birnbaum, 2,5 km.	Forstamtsanw. — Verheiratheter Assessor kann in Birnbaum Wohnung finden.
Rgbz. Posen. (Karte 23.)					
In Kl. Krebbel, bei Schmidt.	In Kl. Krebbel bei Schmidt. In Waize (2 km) bei Blümchen.	Dienstgebäude, zur Hälfte alt, zur Hälfte neu, im Dorf Kl. Krebbel. Wirthschaftsr. beschr. Nächste Stadt Birnbaum, 14 km, Kreisstadt. 3000 Einwohner.	Ev. Schule u. Pfarre in Waize, 2 km. Kathol. Pfarre in Goray (über die Warthe ca. 8 km). Kath. Dorfschule in Krebbel.	In Birnbaum.	Verwalter der Genossenschaftsf. Kl. Krebbel. Forstamtswalt. Gutsvorsteher. Deichhauptmann.

Flächengröße u. Charakter des Reviers. — Vertheilg. der Hauptholzarten nach Zehnteln.	Beschaffenheit des Wegenetzes im Reviere und der sich daran schließenden Abfuhrstraßen, sowie der etwaigen Wassertransportwege. Adressen von größeren Fuhrunternehmern.	Jahresquantum der Haupt-Verkaufshölzer nach Holzarten und Sortimenten (unter Abrechnung des Lokalbedarfs.)

293. Königl. Oberförsterei Neuendorf,

5489 ha. — eben, parzellirt. Ki. 0,9	Innerhalb der Hohenheide 5 km Pflasterstraße, im Uebrig. innerh. und außerh. der Königl. Forst sehr schlechte Wege. — Holzfuhrl. in Dossow Albrecht, in Gadow Steffen und Jahnke, ferner Bauern in Zootzen, Netzebrand u. Rägelin.	Schbz. Dünamünde 2630 fm Ki.-Bauh. 500 rm Ki.-Brennh. „ Gadow 1740 „ „ „ 1130 „ „ „ „ Hammelstall 3500 „ „ „ 3000 „ „ „ „ Friedrichsgüte 550 „ „ „ 500 „ „ „

294. Königl. Oberförsterei Zechlin,

5136 ha. — eben, Schbz. Buchheide u. Zechlin hügl. Ki. 0,6 Bu. 0,4	Innerhalb des Reviers nur Erdwege; Straße Zechlin-Zempow ist zum Theil gepflastert. Außerhalb des Reviers Chaussee Wittstock-Rheinsberg. — Fuhrunternehmer im Flecken und im Dorfe Zechlin.	Schbz. Lutterow 500 fm Ki.-Grubenh. 1500 rm Ki.-Brennh. „ Buchheide 600 „ „ Stammh. 150 „ „ „ „ „ 100 „ Bu.- „ 3000 „ Bu.- „ 50 rm Bu.-Schichtnutzholz „ Zechlin 100 fm Bu.-Stammh. 1600 rm Bu.-Brennh. 50 rm Bu.-Schichtnutzholz „ „ 400 fm Ki.-Stammh. 500 rm Ki.-Brennh. „ Zempow 400 „ „ Grubenh. 500 „ „ „ 350 rm Bu.-Brennholz „ Schweinrich 400 fm Ki.-Grubenh. 100 rm Ki.-Brennh.

295. Königl. Oberförsterei Zechlinerhütte,

3376 ha. — fast eben, zusammenh. Ki. 1,0	Innerhalb des Rev. meist gute Erdwege, außerhalb schlechte Sandwege. Von allen 14 Abl. des Reviers kann das Holz nach Stettin, Berlin und Hamburg verflößt u. verschifft werden. — Fuhrl. in Adamswalde Koch, in Prebelow Stövesand, in Zechlinerhütte Utpott.	Schbz. Reiherholz 2200 fm Ki.-Langholz „ Prebelow 1650 „ „ „ „ Neumühl 550 „ „ „ „ Adamswalde 700 „ „ „

296. Königl. Oberförsterei Menz,

6541 ha. — halb eben, halb wellig; ein geschl. Komplex.
Ki. 0,7
Ei. 0,2
Bu. 0,1

Im Revier und außerhalb gute Pflasterstr. nach den Verladest. Bahnhof Fürstenberg, Gransee, Rheinsberg. Wasserabl. zu Fürstenberg, Rheinsberg und am Pählitz See (letztere fiskal.), an der Havel und Havel-Seen. — Fuhrunternehmer Gley in Fürstenberg, Bünzel in Gr. Menow, Stegemann in Stechlin, ferner Bauern in Dagow und in Gransee.

Schutzbezirk	Langnutzh. (fm)			Schichtnutzh. (rm)			Grubh.
	Ei.	Bu.	Ki.	Ei.	Bu.	Ki.	Ki.
Sellenwalde			1500				700 rm
Roofen	5	40	610	7	30		20 „
Neu-Globsow	90	6	2240	150	40	290	
Dagow	400	20	720	420	380	400	
Stechlin	280	10	1540	220	170	380	
Beerenbusch	30		2040	3		160	

297. Königl. Oberförsterei Neu-Glienicke,

4485 ha. — eben, zusammenhgd. Ki. 1,0	Pflasterstraßen führen aus dem Innern des Reviers nach den fiskal. Ablagen am Tornow- und Zechliner-See. Von hier aus flößbare und schiffbare Wasserverbindung mit der Havel. — Zahlreiche Holzfuhrleute in Gühlen-Glienicke, Rheinsberg-Glienicke, Frankendorf, Pfalzheim und Wallitz.	Schbz. Zühlen 1750 fm Ki.-Bau- u. Schneideh. 170 fm Ki.-Grubh. „ Rheinsberg-Glien. 2700 fm Ki.-Bau- und Schneideholz 260 fm Ki.-Grubenholz „ Neu-Glienicke 2710 fm Ki.-Bau- u. Schneideholz 130 fm Ki.-Grubenholz „ Basdorf 1760 fm Ki.-Bau- u. Schneideh. 300 fm Ki.-Grubh. „ Wallitz 1600 fm Ki.-Bau- u. Schneideh. 230 fm Ki.-Grubh.

298. Königl. Oberförsterei Alt-Ruppin,

4429 ha. — eben, parzellirt. Ki. 0,9 Bu. 0,1	Innerhalb einige Kiesbahnen und Pflasterdämme. Chaussee nach Schutzbezirk Rottstiel und Stendenitz. Hauptabfuhr auf dem Wasserwege durch viele und bequeme Ablagen sehr erleichtert. Wassertransport nach Berlin, Stettin. — Fuhrunternehmer Reusch u. a. zu Alt-Ruppin.	Schbz. Klausheide 1500 fm Ki.-Langholz 150 rm Ki.-Grubenholz 1600 rm Ki.-Kloben und -Knüppel. „ Lietze 1700 fm Ki.-Langholz 300 rm Ki.-Grubenholz 1700 rm Ki.-Kloben und -Knüppel. „ Fristow 1000 fm Ki.-Langholz 200 rm Ki.-Grubenholz 600 rm Ki.-Kloben und -Knüppel. „ Rottstiel 550 fm Ki.-Langholz 450 rm Bu.-Kloben 450 rm Ki.-Kloben und -Knüppel, 150 fm Bu.-Nutzholz. „ Stendenitz 1300 fm Ki.-Langholz 150 rm Ki.-Grubenholz, 1350 rm Ki.-Kloben und -Knüppel.

299. Königl. Oberförsterei Steinberge,

4868 ha. — eben, zusammenhgd.
Ki. 0,9
Bu. 0,1

2 gute Chausseen; mehrere zu den Ablagen an den Seeen führende Pflasterdämme. Schifffahrt nach Berlin und Hamburg. Erdwege im Revier meist fest. — Fuhrleute Reusch in Alt-Ruppin, ferner Bauern in Neu-Ruppin, Frankendorf.

Schutzbezirk	Stmh. (fm)			Brennh. (fm)			Grubh. (fm)
	Bu.	Ki.	Ei.	Bu.	Ki.	Ei.	Ki.
Eggersdorf	100	1200		600	500		500
Pfefferteich		2500	50		500	100	500
Gühlen-Glien.		1000		400	200		100
Steinberge		2000		200	300		300
Frankendorf		1000			200		500

Oeffentliche Holzlicitationen finden statt in:	Unterkommen im Gasthofe f. Holzhändler, Forst-Assessoren u. Referendare in möglichster Nähe der Oberförsterei	Zustand des Oberförsterdienst-Gebäudes	Wo Kirche? Wo Schule? In welcher Zeit zu erreichen?	Wo Arzt, wo Apotheke, wo Amtsgericht?	Nebenämter des Revierverwalt. — Wenn ständiger Assistent vorhanden, wo wohnt derselbe?
Rgbz. Potsdam. (Karte 24 a.)					
In Wittstock, Hotel Zimmermann. In Neu-Ruppin, Hotel Lehmann.	In Wittstock, Hotel Zimmermann, 7 km. In Gadow, bei Seelig, 5 km.	Altes, wenig gutes Dienstgebäude, 2 km von Dossow (400 Einwohner). Wirthschaftsr. beschränkt. Nächste Stadt Wittstock, 7 km (7400 Einwohner).	Ev. Pfarre in Gadow, 5 km, ev. Kirche in Zootzen u. Goldbeck, je 2$^1/_2$ km. Kathol. Gottesd. u. Gymnas. in Wittstock, 7 km schlecht. Landw. oder 3 km Landweg bis Dossow und von dort 10 Min. Bahnf.	In Wittstock, 7 km.	Staatsaufsicht über eine Stiftsforst. — Verheiratheter Assessor kann in Wittstock wohnen.
Rgbz. Potsdam. (Karte 24 a.)					
Im Flecken Zechlin, Gasth. Kaisereiche.	In Zechlin, Gasth. Kaisereiche. Gasth. Raeck.	Altes Gebäude am nördlichen Ausgang vom Flecken Zechlin (1000 Einwohner). Nächste Stadt Rheinsberg (2600 Einw.), 12 km Chaussee.	Ev. Kirche u. Pfarre in Zechlin.	In Rheinsberg, 12 km.	Vertr. f. die domain.-fisk. Ländereien. Amtsvorst. für Zechlin. — Assistent z. Z. vorhanden. Verheirathet. Assessor kann im Flecken Zechlin wohnen.
Rgbz. Potsdam. (Karte 24 a.)					
In Rheinsberg. In Zechlinerhütte.	In Zechlinerhütte, bei Ohrt. In Rheinsberg, Hotel z. Kronprinzen, Hotel z. Rathskeller, Kurhaus-Hotel.	Dienstwohnung dicht an Zechlinerhütte im Bau begriffen.	Ev. Kirche u. Pfarre in Zechlinerhütte.	In Rheinsberg i/d. Mk., 7 km.	
Rgbz. Potsdam. (Karte 24 a.)					
In Menz, bei Behrendt und bei Hilgert (kleine Termine). In Gransee, Hotel Liefert (große Termine).	In Neu-Globsow bei Lippert, 2,5 km. In Menz b. Behrendt, 3 km. In Fürstenberg, Wegerts Hotel, 8 km (sehr gut).	Oberförstereigehöft alleinstehend, 1873 erbaut, klein, Anbau in Aussicht; geräum. Wirthschaftsgebäude. — Bis Menz 3 km Pflasterstr. Dorf mit 900 Einw. — Nächste Stadt Fürstenberg, 8 km, 2500 Einwohner.	Ev. Pfarre in Menz. — Höhere Schule nicht zu erreichen.	In Fürstenberg, 8 km. — Amtsger. in Rheinsberg, 13 km.	Wohnung für verheiratheten Assess. nicht zu haben.
Rgbz. Potsdam. (Karte 24 a.)					
3 große Handelsholzverkäufe in Neu-Ruppin, Hotel Bernau. Die übrigen Verkäufe in Gühlen-Glienicke bei Schulze.	In Gühlen-Glienicke, Gasth. v. Schulze, 2 km.	Schönes neues Wohnh., 2 km nordw. d. Dorf. Gühlen-Glienicke (150 Ew.) am Landw. nach Gladow; nur mit 2 Förstereien, Darre, Gasth. zusammengel; ger. Wirthschaftsgeb. Nächste Stadt Rheinsbg., 2600 Ew., 11 km, Neu-Rupp., 17000 Ew., 17 km.	Ev. Kirche in Zühlen, 5 km. Dorfschule in Gühlen-Glienicke, 2 km. Gymnasium in Neu-Ruppin, 1$^1/_2$stündige Wagenfahrt.	In Rheinsberg, 11 km. — Amtsger. in Neu-Ruppin, 17 km.	Amtsvorsteher u. Gutsvorsteher-Stellvertreter. Forstamtsanw. Darrverwalter. Fisk. Patronatsvertreter.
Rgbz. Potsdam. (Karte 24 a.)					
In Neu-Ruppin, Lehmann's Hotel Nutzholzverk. In Alt-Ruppin, Goedeckes Gasth., Brennholzverk.	In Alt-Ruppin, Goedecke's Gasthof.	Altes Wohnhaus, unmittelbar bei Alt-Ruppin (1890 Einwohner) an Chaussee gelegen. — Kreisstadt Neu-Ruppin, 5 km Chaussee.	Ev. Kirche u. Pfarre, sowie Volksschule in Alt-Ruppin. Gymnasium in Neu-Ruppin, 5 km Chaussee.	In Alt-Ruppin. Amtsgericht in Neu-Ruppin.	Domainenfiskal. Vertreter. Gutsvorsteher-Stellvertreter. Amtsvorsteher. — Wohnung für verheir. Assessor in Alt-Ruppin zu haben.
Rgbz. Potsdam. (Karte 24 a.)					
In Neu-Ruppin, Bernau's Hotel. (Lehmann).	In Neu-Ruppin, Hot. Bernau. (Omnibus an beiden Bahnh.)	Miethswohnung in der Kreisstadt Neu-Ruppin (17000 Einwohner, Garnison) geleg.	In Neu-Ruppin.	In Neu-Ruppin.	Forstamtsanw.

Sitz der Oberförsterei nebst Poststation.	Entfernung des Oberförstereisitzes von der nächsten Eisenbahnstation bezw. Haltestelle. Post- und regelmäßige Reiseverbindungen auf Landwegen.	Durchschnittliche Entfernungen und ungefähre Anfuhrkosten von den einzelnen Reviertheilen für Bahn- bezw. Wassertransport und zwar: Schutzbezirk	Entfernung bis Güterbahnhof	Anfuhrkosten pro fm M.	Entfernung bis Wasserablage	Anfuhrkosten pro fm M.
293. Königl. Oberförsterei Neuendorf, Rgbz. Potsdam. (Karte 24a.)						
Neuendorf, Post Dossow-Prignitz, Kreis Ost-Prignitz.	3 km (davon 1 km schlechtes Pflaster, 2 km schlechter Landweg) bis Bhf. Dossow.	Dünamünde, Gadow, Hammelstall	nach Dossow und Netzebrand	2,75	bis Dosse-Ablage (bei Friedrichsgüte) bis Tornow-Seeabl.	pro fm 2,75. pro rm 1,50
		Friedrichsgüte	nach Dossow	1,25		
294. Königl. Oberförsterei Zechlin, Rgbz. Potsdam. (Karte 24a.)						
Zechlin, Post Flecken Zechlin, Kreis Ostprignitz.	12 km Chaussee nach Rheinsberg (Linie Rheinsberg-Löwenberg) oder 20 km Chaussee nach Wittstock (Linie Wittstock-Kremmen und Wittstock-Perleberg-Wittenberge). Privat-Postomnibus täglich zweimal hin und zurück nach Rheinsberg.	Lutterow	3 km Ldw. u. 3 km Pflaster u. 5 km mst. Chss. bis Dranse	3	8 km meist Chaussee bis Gr. Zechlin-Seeablage	2,50
		Buchheide			3 km Ldw. desgl.	1,50
		Zechlin			4 km desgl.	2,00
		Zempow	6 km Landweg bis Buschoff	2,50	6 km desgl.	2,50
		Schweinrich	6 km Landweg bis Dranse	2,50	8 km meist Chaussee desgl.	2,50
295. Königl. Oberförsterei Zechlinerhütte, Rgbz. Potsdam. (Karte 24a.)						
Zechlinerhütte, in der Mark, Post, Kreis Ostprignitz.	Bis Rheinsberg 7 km, zur Hälfte Sandweg, zur Hälfte Pflasterstraße (keine Personenbeförderung durch die Post).	Reiherholz, Prebelow, Neumühl, Adamswalde			In sämmtl. Schbz. beträgt die durchschn. Entf. bis z. nächst. Wasserabl., v. denen 14 vorh. sind, etwa 2,5 km. Holztransp. nur auf d. Wasserweg	1,30
296. Königl. Oberförsterei Menz, Rgbz. Potsdam. (Karte 24a.)						
Forsthaus **Neu-Roofen,** Post Menz, in der Mark, Kreis Ruppin.	3 km Pflasterstraße bis Poststation Menz, und von hier 15 km Chaussee bis Gransee. Zwischen Menz und Gransee zweimal täglich Postomnibus.—8 km Pflasterstraße bis Fürstenberg (von dort keine Postverbindung).	Sellenwalde	5 km meist Pflasterstraße bis Rheinsberg	2,00	5 km bis Havelsee (Rheinsberg)	2,00
		Roofen	18 km Chss. u. Pflst. bis Gransee 11 km Pflaster bis Fürstenberg	4,00 3,50	7 km desgl. Pählitz-Seeablage	2,75
		Neu-Globsow	8 km desgl. 19 km Pflaster und Chauss. bis Gransee	2,40 4,00	9 km desgl.	3,00
		Dagow	7 km Pflaster bis Fürstenberg	2,25		
		Stechlin	11 km desgl.	3,00	5 km desgl.	2,00
		Beerenbusch			3,5 km desgl.	1,00
297. Königl. Oberförsterei Neu-Glienicke, Rgbz. Potsdam. (Karte 24a.)						
Neu-Glienicke, Post Gühlen-Glienicke, Kreis Ruppin.	11 km (davon 6 km Pflaster, 5 km Sandweg) nach Rheinsberg (Kleinbahn Löwenberg-Rheinsberg) oder 11 km Sandweg über Rägelin nach Netzebrand (Linie Berlin-Wittstock) oder besser 17 km (davon 14 km Chaussee 3 km Pflasterstr.) nach Neuruppin (Linie Paulinenaue-Neuruppin u. Berlin-Wittstock). Botenpost 2mal täglich hin und zurück nach Rägelin.	Zühlen			6 km Chaussee bis Tornowsee-Abl.	2,00
		Rheinsberg-Glienicke			6 km Pflaster desgl.	2,00
		Neu-Glienicke			8 km meist Pflaster desgl.	2,50
		Basdorf			9 km desgl.	2,50
		Wallitz			11 km desgl. 6 km Erdweg bis Zechlinersee-Abl.	3,00 2,50
298. Königl. Oberförsterei Alt-Ruppin, Rgbz. Potsdam. (Karte 24a.)						
Alt-Ruppin, Post, Kreis Ruppin.	5 km Chaussee nach Neu-Ruppin (2 Bahnhöfe: Berlin-Cremmen-Wittstocker Bahn und Paulinenaue-Neuruppiner Bahn).	Klausheide			3 km Erdweg bis Ruppinseeabl.	0,50
		Lietze	4 km Erdweg bis Lindow	0,50	6 km desgl.	0,5—1
		Fristow			8 km desgl.	0,5—1
		Rottstiel	8 km Chaussee bis Neu-Ruppin	1,50	bis zu den Abl. am Tornowsee	0,50
		Stendenitz	7 km desgl.	1,50	bis zu den Abl. am Zermützelsee	1,50
		Das Holz kann von den Abl. direct nach Berlin bezw. Stettin verflößt werden.				
299. Königl. Oberförsterei Steinberge, Rgbz. Potsdam. (Karte 24a.)						
Neu-Ruppin, Ferdinandstr. 8, Post, Kreis Ruppin.	Neu-Ruppin ist Bahnstation der Eisenbahnen Wittstock-Berlin u. Neu-Ruppin-Paulinenaue-Berlin-Hamburg.	Eggersdorf	10 km Chaussee bis Neu-Ruppin	2—3	5 km Pfl. b. Zermützel-See (Stendenitz)	
		Pfefferteich	10 km desgl. 6 km dsgl. Netzeband			
		Gühlen-Glienicke				
		Steinberge			1—3 km Erdweg bis Tornow-See	
		Frankendorf	6 km Erdw. u. Chss. bis Netzeband		3—6 km Pflst. desgl.	

Sitz der Oberförsterei nebst Poststation	Entfernung des Oberförstereisitzes von der nächsten Eisenbahnstation bezw. Haltestelle. Post- und regelmäßige Reiseverbindungen auf Landwegen.	Durchschnittliche Entfernungen und ungefähre Anfuhrkosten von den einzelnen Reviertheilen für Bahn- bezw. Wassertransport, und zwar: Schutzbezirk	Entfernung bis Güterbahnhof	Anfuhrkosten pro fm M.	Entfernung bis Wasserablage	Anfuhrkosten pro fm M.
300. Königl. Hausfideicommiß-Oberförsterei Rheinsberg, Rgbz. Potsdam. (Karte 24a.)						
Rheinsberg in der Mark, Post, Kreis Ruppin.	Rheinsberg ist Station der Kleinbahn: Löwenberg-Lindow-Rheinsberg. (Löwenberg Station der Nordbahn).	Berkholzofen	5 km Chaussee bis Rheinsberg	1,5-2,0	5 km bis Rheinsb.-See-Abl.	1,5-2,0
		Boberow	3,0 km Landw. desgl.	1—2	2,0 km desgl. [Abl.	1—2
		Köpernitz	6 km Chff. u. Pfl. desgl. / 2 km b. Köpernitz	1,7-2 / 0,75 pro rm		
		Wittwien	6 km z. Th. gepfl. Ldw. bis Rheinsberg	1 p. rm	1 km bis Pählitzsee	0,7—1
301. Königl. Oberförsterei Lietzegöricke, Rgbz. Frankfurt. (Karte 24b.)						
Alt-Lietzegöricke, Post, Kreis Königsberg in der Neumark.	5 km Chauss. bis Bhf. Zäckerick-Alt-Rüdnitz. — Außerd. Privatpostverbindung von Bärwalde nach Dorf Güstebiese (ca. 4 km Chaussee von Alt-Lietzegöricke) täglich 2 mal.	Die billigste Holz-Verfrachtung erfolgt auf der Oder. Anfuhr nach den Oder-Abl. bei Zellin, Güstebiese, Alt-Lietzegöricke, Zäckerick je nach Schlag-Entfernung 1,20—3 Mk pro fm. Ein Theil des Holzes wird auf den Bahnhöfen Bärwalde und Zäckerick verfrachtet. Anfuhr bis dort 2—3 Mark pro fm.				
302. Königl. Oberförsterei Neumühl, Rgbz. Frankfurt. (Karte 24b.)						
Neumühl, Post Kutzdorf, in der Neumark, Kreis Königsberg.	3 km Chaussee nach Bahnhof Neumühl-Kutzdorf. — 12 km theilweise gute Lehmbahn durch S.-Revier nach Bahnhof Cüstrin. — 10 km gute Lehmbahn durch N.-Revier nach Bahnhof Fürstenfelde.	Drewitz	6 km bis Cüstrin	Durchschnittlich 50 Pfg. pro fm.		
		Kaiserstuhl	9 km desgl.			
		Neumühl	3 km bis Neum.-Kutzdorf		3 km bis Mietzel-Abl.	
		Kutzdorf	3 km desgl.		3 km desgl.	
		Waldhaus	6 km desgl.		4 km desgl. / 4 km bis Oderabl.	
		Feldichen	6 km b. Fürstenfelde		5 km bis Oderabl.	
		Clossow	7 km desgl.			
303. Königl. Oberförsterei Freienwalde, Rgbz. Potsdam. (Karte 24c.)						
Freienwalde a/O., Hagenstr. 10, Post, Kreis Oberbarnim.	Bahnstation am Orte.	Sonnenburg	6 km b. Freienwalde	3—3,5		
		Torgelow	4,5 km desgl.	2,5		
		Brahlitz	3 km b. Oderberg-Bral.	1—2	3 km bis Oder-Abl. (Fährkrug)	1—2
		Breitelege	2 km bis Saaten-Neuendf.	2	2 km bis Alte-Oder	2
		Maienpfuhl	2 km bis Oderberg	3	2 km b. Finow-Kanal (Blockhaus)	3
		Breitefenn			5 km bis Alte Oder (Breitelege)	3
304. Königl. Oberförsterei Balster, Rgbz. Cöslin. (Karte 24d.)						
Balster, Post Denzig, Kreis Dramburg.	4 km bis Bhf. Balster (Schneidemühl-Stargard). — 7 km bis Bahnhof Callies (dieselbe Linie und Callies-Falkenburger Bahn). — 6 km bis Haltestelle Denzig (Callies-Arnswalde).	Griff	4 km Landweg bis Balster	1,5-2,5		
		Balster	4 km desgl.	1,5-2,5		
		Wildforth	5 km bis Wildforth	1—3	3 km bis Drage-Abl.	
		Wedelsdorf	7 km bis Grossee / 8 km bis Kl. Spiegel	3—4		
		Kolk	5 km bis Grossee	2,5		
305. Königl. Oberförsterei Marienwalde, Rgbz. Frankfurt a. d. O. (Karte 24d.)						
Marienwalde, Post, Kreis Arnswalde.	5 km Chaussee nach Bahnhof Marienwalde (Linie Posen-Stargard). — Brief- und Packetbestellung zweimal täglich.	Mohnwerder	11 km mst. Chaussee bis Marienwalde	3,50		
		Rohrbruch	10 km (1/2 Chff.) desgl.	3		
		Wasserfelde	9 km mst. Erdw. desgl.			
		Marienwalde	4,5 km mst. Chff. desgl.	2		
		Kölzigerberg	6 km (1/2 Chff.) desgl.	2,25		
		Buchwald	3,5 km mst. Chaussee bis Augustwald	2		
306. Königl. Oberförsterei Regenthin, Rgbz. Frankfurt a. d. O. (Karte 24d.)						
Regenthin, Post, bei Woldenberg, Kreis Arnswalde.	13 km Chaussee bis Woldenberg (Station der Eisenbahn Stargard-Kreuz).	Buchberg	19 km b. Woldenberg und Marienwalde		0—7 km bis Drageabl.	
		Nehmischbusch	19 km desgl.		0—7 km desgl.	
		Deutschebruch	16 km b. Marienwalde		3—8 km desgl.	
		Reg.-Theerofen	16 km desgl.		3—8 km desgl.	
		Regenthin	15 km bis Marienwalde / 20 km bis Woldenberg		5—10 km desgl.	
		Pätznickerie	wie vor		5—10 km desgl.	
		Langenfuhr	wie vor		5—10 km desgl.	

Flächengröße u. Charakter des Reviers. Vertheilg. der Hauptholzarten nach Zehnteln.	Beschaffenheit des Wegenetzes im Reviere und der sich daran schließenden Abfuhrstraßen, sowie der etwaigen Wassertransportwege. Adressen von größeren Fuhrunternehmern.	Jahresquantum der Haupt-Verkaufshölzer nach Holzarten und Sortimenten (unter Abrechnung des Lokalbedarfs.)

300. Königl. Hausfideicommiß-Oberförsterei Rheinsberg,

3558 ha. — vorwiegend eben, parzell. Ki. 0,9 Bu. 0,1

Das Hauptrevier hat gute Chausseeverb. mit Rheinsberg. Im Revier sind die Landwege und Holzabfuhrwege mehrfach gepflastert. Rheinsberg liegt an schiffbarer Wasserstraße nach Berlin, bezw. Stettin. — Fuhrleute Haberland und Buwert in Rheinsberg und Maaß in Zechow.

Schbz. Berkholzofen 1500 fm Ki.-Stammh. 100 fm Ki.-Grubh. 800 rm Ki.-Brennh.
„ Boberow 700 fm Ki.-Stammh. 250 rm Ki.-Brennh. 50 fm Bu.-Stammh. 600 rm Bu.-Brennh. 300 rm Bu.-Rollh.
„ Köpernitz 450 fm Ki.-Stmh. 200 rm Ki.-Brh. 200 fm Ki.-Grbh.
„ Wittwien 350 „ „ „ 150 „ „ „ 100 „ „ „

301. Königl. Oberförsterei Lietzegöricke,

5418 ha. — hügelig; 2 gr. Parzellen u. 1 kl. (Toppenberg). Ki. 0,9 Ei. 0,1

Wegenetz im Ausbau begriffen. Die Anfuhr aus dem Walde nach der Chauss. auf gut passirbaren Erdwegen (z. Th. als Lehmkieswege ausgebaut). Abfuhrstraßen sind besonders die Bärwalde-Zäckerick-Chaussee und als Wassertransportweg die Oder (1—3 km von der Reviergrenze). — Fuhrleute in Zellin, Güstebiese, A. Blessin, Zäckerick, A. Lietzegöricke.

Schbz. Hirschau 1500 fm Ki.-Stammh. 350 rm Ki.-Grubh.
„ Zellin 1000 „ „ „ 250 „ „ „
„ Güstebiese 1000 „ „ „ 700 „ „ „
„ Müggenburg 1800 „ „ „ 400 „ „ „
„ Dianenthal 1200 „ „ „ 350 „ „ „
„ Zäckerick 500 „ „ „ 650 „ „ „

302. Königl. Oberförsterei Neumühl,

6684 ha. — eben, zushg. Ki. 0,90 Bi. 0,02 Ei. 0,08

Innerhalb gute Lehmkiesbahnen. Durch das Revier führt Bahn Cüstrin-Stettin. — Chaussee vom Dorfe Neumühl nach Bhf. Neumühl-Kutzdorf, sonst keine bef. Verkehrsstr. — Am W.-Rand des Reviers die Oder mit fiskal. Abl. bei Hälse. Bei Neumühl a. d. Mietzel ebenf. fisk. Abl. — Fuhrleute in Alt-Drewitz Köppen, in Neumühl Lehmann und Bergknecht, ferner in Hälse bei Miehl, und in Clossow bei Bärwald.

Schbz. Drewitz 2000 fm Ki.-Derbholz
„ Kaiserstuhl 2400 „ „ „
„ Neumühl 2200 „ „ „
„ Kutzdorf 2500 „ „ „
„ Waldhaus 3600 „ „ „
„ Feldichen 3600 „ „ „
„ Clossow 1700 „ „ „
} Hiervon entfallen 80% auf Langnutzholz

303. Königl. Oberförsterei Freienwalde,

5064 ha. — Brahlitz und Breitelege eben, sonst hügelig, parzellirt. Ki. 0,7 Bu. 0,2 Ei. 0,1

In den hügeligen Theilen gutes Wegenetz, theils mit Pflaster ausgebaut, theils im Ausbau begriffen. — Wassertransport auf der alten Oder und dem Finow-Canal (Abl. daselbst). — Fuhrleute in Freienwalde Ratzlow, Ruschke und Klix; in Oderberg A. Mielicke.

Schbz. Sonnenburg 500 fm Ei.- 600 fm Ki.-Stammh. 150 rm Bu.-Schichtnutzh. 90 rm Ei.-Schichtnutzh.
„ Torgelow 150 fm Ei.- 160 fm Ki.-Stammh. 120 rm Bu.-Schichtnutzh. 50 rm Ei.-Schichtnutzh. 50 fm Bu.-Stammh.
„ Brahlitz 2000 fm Ki.-Stammh. 150 rm Grubenholz.
„ Breitelege 2000 „ „ „ 400 „ „
„ Maienpfuhl 1300 „ „ „ 100 „ „ 50 fm Ei.-Stammholz
„ Breitefenn 1400 fm Ki.-Stammh. 90 rm Grubenholz, 30 fm Bi.-Stammholz.

304. Königl. Oberförsterei Balster,

6771 ha. — eben; Wildforth hügel. Ki. 0,96 Bu. 0,03 Ei. Bi. Erl. } 0,01

In Wildforth und zum Theil in Wedelsdorf, wofür die flößbare Drage in Betracht kommt, ist Wegenetz fast fertig ausgebaut. Die zu Abl. führenden steileren Wege meist gepflastert. 6,5 km der Straße Kallies-Schloppe als Lehmkiesbahn ausgebaut. — Fuhrleute in umliegenden Dörfern.

Schbz. Griff 2000 fm Ki.-Langnutzh.
„ Balster 1500 „ „ „
„ Wildforth 3000 „ „ „
„ Wedelsdorf } keine Handelshölzer.
„ Kolk

305. Königl. Oberförsterei Marienwalde,

5148 ha. — wellenförmig bis hügelig, 2 Complexe Ki. 0,82 Wb. 0,09 Bu. 0,06 Ei. 0,03

Fuhrleute: Nöhring in Marienwalde, Schönherr und Lubitz in Reierort und mehrere Bauern daselbst.

Schutzbezirk	fm Stmh.	rm Grubh.	rm Schichtn.	rm Brennh.	Ei.-Stammholz
Mohnwerder	1200 Ki.	250 Ki.	50 Wb.	300	
Rohrbruch	1100 „	250 „	100 Bu.	600	30 fm
Marienwalde	2500 „	200 „	150 „	600	
Kölzigerberg	600 „	300 „	30 Wb.	400	
Buchwald	1000 „	80 „	100 Bu.	400	40 fm

306. Königl. Oberförsterei Regenthin,

5979 ha. — eben.

Fast alle Hauptwege gepflastert, die übrigen gute Landwege. Nach der flöß- und schiffbaren Drage führen 2 Pflasterbahnen. Die Strecken nach den Bhf. Woldenberg und Marienwalde zum größten Theil chaussirt oder gepflastert. — Fuhrleute Lödeke in Zattener, Theerofen Krüger und Peglow in Regenthin, Zander in Heidekavel, Kornmesser in Zatten.

Schbz. Buchberg 500 fm Ei.-, 200 fm Bu.-, 1000 fm Ki.-Nutzenden, 200 rm Ei.-Schichtnh. 1000 fm Ki.-Grbh. 200 rm Bu.-Schichnutzh.
Schbz. Deutschebruch wie vor.
„ Regenthin 500 fm Ki.-Stammh. 1000 fm Ki.-Grubenh.
„ Rehmischbusch 400 fm Ki.-Stammh. 200 fm Bu.-Stmh. 700 fm Ei.-Stammh. 1000 fm Ki.-Grubenh.
„ Regenthiner Theerofen 1200 fm Ki.-Stammh. 1000 fm Grubenh. 300 Ei.-Stammh.
„ Pätznickerie 1500 fm Ki.-Stammh. 1500 fm Ki.-Grubh. 100 fm Ei.-Stammh. 100 fm Bu.-Stammh.
„ Langenfuhr 1000 fm Ki.-Stammh. 500 fm Ki.-Grubenh.

Oeffentliche Holzlicitationen finden statt in	Unterkommen im Gasthofe f. Holzhändler, Forst-Assessoren u. Referendare in möglichster Nähe der Oberförsterei	Zustand des Oberförsterdienst-Gebäudes	Wo Kirche, wo Schule? In welcher Zeit zu erreichen?	Wo Arzt, wo Apotheke, wo Amtsgericht?	Nebenämter des Revierverwalt. Wenn ständiger Assistent vorhanden, wo wohnt derselbe?
Rgbz. Potsdam. (Karte 24 a.)					
In Rheinsberg, wo sich die Hauptfuhrunternehmer zu den Terminen einfinden.	In Rheinsberg, Hotel Rathskeller und Hotel Kronprinz.	Oberförsterdienstwohnung befindet sich in einem Nebengebäude des Königl. Schlosses zu Rheinsberg (2500 Ew.)	Evg. Kirche u. Elementarsch. i. Rheinsberg. Kath. Gottesdienst i. Neu-Ruppin, 23 km, woselbst auch Gymnasium.	In Rheinsberg.	Verheiratheter Assessor kann in Rheinsberg wohnen.
Rgbz. Frankfurt. (Karte 24 b.)					
In Zellin, bei Wendel. In Altlietzegöricke, bei Schwedt und bei Meyer.	In Zellin, bei Wendel. In Altlietzegöricke, bei Schwedt. In Zäckerick bei Kuhrt.	Schönes, neueres Gebäude im Dorf Altlietzegöricke (1100 Einw.) unweit der Chaussee. Wohnhaus und Jägerhaus, viel Platz bietend, Wirthschaftsräume gut. Nächste Stadt Bärwalde (3600 Einw.), 14 km Chaussee.	Ev. Kirche im Dorf. Gymnasium in Königsberg (über Zäckerick $2^1/_2$ Std. Bahnf.) und in Freienwalde, $1^1/_2$ Stunde Bahnf.	In Zehden, 20 km. Arzt auch in Zellin, 10 km entfernt.	Amtsvorsteher. — Einfache Wohnung für verheir. Assessor in Zellin, Altlietzegöricke od. Zäckerick zu beschaffen.
Rgbz. Frankfurt. (Karte 24 b.)					
In Neumühl, Gasth. Grahlow.	In Neumühl-Retzdorf gut, bei Schücke; desgl. in Neumühl, bei Grahlow.	Sehr geräumiges altes Gebäude in Neumühl an der Mietzel (500 Einw.). Ausreichende Wirthschaftsgebäude. — Küstrin, 12 km (16 200 Einw.), Garnison. Nächste Stadt Fürstenfelde, 6 km, 2200 Einwohner.	Ev. Pastor u. Dorfschule im Ort. Gymnasium in Küstrin, 3 km Chaussee und 14 Minuten Bahnf. (kein passender Frühzug).	In Fürstenfelde, 6 km. Amtsgericht in Küstrin.	Amts- u. Gutsvorsteher, Forstamtsanwalt. — Für verheirath. Assessor Wohnung in Fürstenfelde, sonst in Küstrin zu haben.
Rgbz. Potsdam. (Karte 24 c.)					
In Eberswalde, Deutsches Haus, (Handelstermine) sonst in Freienwalde, Hotel Lange und Hotel Bellevue. In Oderberg bei Dorlitz.	In Freienwalde, Hotel Lange u. Hotel Bellevue. In Oderberg, Gasth. v. Dorlitz.	Neues Gebäude mit reichlichen Räumen und Stallung in der Kreisstadt Freienwalde (8000 Einwohner). — Eberswalde, 21 600 Einw., in 25 Minuten Bahnfahrt zu erreichen.	In Freienwalde Kirche, Töchterschule und Gymnasium.	Aerzte und Apotheke im Ort.	Amtsvorsteher. Forstamtsanw. — Ständiger Assist. wohnt in Freienwalde.
Rgbz. Köslin. (Karte 24 d.)					
In Kallies, Hotel Dummer, Hot. Bellevue. In Balster, bei Schönherr. In Eichortmühle bei Neumann.	In Kallies, Hotel Dummer, 8 km. In Balster, Gasthof Schönherr (bei bescheidenen Anspr.), 5 km.	Altes Haus aus dem Anfange des 18. Jahrhunderts, 5 km vom Dorf Balster u. Dorf Denzig. Nächste Stadt Kallies, 8 km, 3600 Einw. Neubau wird in absehbarer Zeit bei Balster beabsichtigt.	Ev. Kirche in Balster, 5 km. Nächste höhere Schulen in Stargard, $2^1/_2$ Std. Bahnf.; in Dramburg, 2 Std. Bahnf.; Arnswalde, 1 Std. Bahnf.	In Kallies, 8 km.	Wohnung für verheiratheten Assess. zur Noth im Dorf Balster erhältlich.
Rgbz. Frankfurt. (Karte 24 d.)					
In Marienwalde, Gasthof Propp. — Verkauf stehender Schläge Gasth. von Stretze in Kreuz a. d. Ostbahn, 31 km.	In Marienwalde, bei Propp u. Dräger, 2 km vom Bahnhof (bei mäßigen Anspr.)	Gutes, älteres Dienstgebäude, 8 km nördlich vom Dorf Marienwalde (1000 Einw.), und 15 km von Stadt Woldenberg (4400 Einw., Bezirks-Commando). — Kreisstadt Arnswalde, 23 km, 8600 Einwohner.	Evg. Kirche, Pfarre und Dorfschule in Marienwalde, 20 Minuten.	In Sellnow, 6 km. Amtsgericht in Woldenberg.	Staatsaufsicht über Stadtforst Arnswalde.
Rgbz. Frankfurt. (Karte 24 d.)					
In Regenthin, Gasth. von Peglow.	In Regenthin, Gasth. von Peglow.	Altes Dienstgebäude im Dorfe Regenthin. Nächste Stadt Woldenberg (4400 Einw., Bezirks-Commando), 13 km Chaussee.	In Regenthiu.	In Woldenberg.	

Flächengröße u. Character d. Reviers. — Vertheilung der Hauptholzarten nach Zehnteln.	Beschaffenheit des Wegenetzes im Reviere und der sich daran schließenden Abfuhrstraßen, sowie der etwaigen Wassertransportwege. Adressen von größeren Fuhrunternehmern.	Jahresquantum der Haupt=Verkaufshölzer nach Holzarten und Sortimenten (unter Abrechnung des Lokalbedarfs).

307. Königl. Oberförsterei Hochzeit,

4812 ha. — eben bis wellig, zusammenhgd. Ki. 0,9 Ei. } 0,1 Bu. }	Revier von O nach W von Chaussee durchschnitten. Von Hochzeit bis zur Grenze nach Regenthin Pflasterbahn. Von Hochzeit nach Regenthin gepflasterter Landweg. Von der Ablage Luckowmühle wird Pflasterbahn nach der Chaussee quer durch das Revier gebaut. Am O.=Reviere die schiffbare und flößbare Drage mit 5 Abl. — Spedit. Weber u. Kelm in Hochzeit, Rettschlag in Regenthin, Bauern in Langenbruch und Jägersburg, Proßekel.	Schbz. Kesselgrund 1800 fm Ki.=Langh. 600 rm Ki.=Rollh. „ Kl. Wutzow 2000 „ „ „ 1500 „ „ „ „ Neubrück 2500 „ „ „ 300 „ „ „ „ Jägersburg I u. II 2500 „ „ „ 1000 „ „ „ Ganzes Revier: Etwa 600 rm Ki.=Scheitholz.

308. Königl. Oberförsterei Driesen,

5972 ha. — nördl. Theil coupirt, südl. Hälfte eben. Ki. 0,8 Ei. 0,2	Pflasterstr. von Vordamm nach Pockrandtstheerofen u. von dieser bei Langstheerofen sich abzw. Pflasterstr. nach Bhf. Waldowshof. Im S.-Theil bef. Str. Kreuz=Vordamm; 4 Privat=, 1 fisk. Netzeabl.=Vordamm, 1 fiskal. Ablage in Friedrichsdorf a. d. Drage. — Fuhrl. Mittelstädt u. Splettstößer in Vordamm, Bauern in Schultenburg, und in Brand.	Schbz. Beelitz 1800 fm Ki.=Stammh. 500 fm Ki.=Grbh. „ Schönwall 1800 „ „ „ 600 „ „ „ „ Lücks=Theerofen 2500 „ „ „ 600 „ „ „ „ Lindenberg 300 „ „ „ 600 „ „ „ „ Langstheerofen 900 „ „ „ 600 „ „ „ 200 fm Ei.=Stammholz. „ Eichhorst 1500 fm Ki.=Sth. 700 fm Ki.=Grbh. 300 fm Ei.=Sth. „ Wolfsgrube 1500 „ „ „ 700 „ „ „ 200 „ „ „ Ganzes Revier: 600 rm Ki.= 300 rm Ei.=Böttcherholz.

309. Königl. Oberförsterei Hammerheide,

5236 ha. — eben, zusfhg. Ki. 1,0.	Revier durchschnitten von der Chaussee Driesen=Birnbaum; 8 km Lehmbahn Driesen=Zirke, außerdem viele öffentliche Wege und Holzabfuhrwege. — Bedeutende Holzabl. an schiffbarer Netze zu Vordamm. — Fuhrl. in Marienthal, Eschbruch, Trebitsch, Modderwiese, Eulenberg, Neu=Anspach.	Schbz. Altforge 1300 fm Ki.=Stmh. 250 fm Ki.=Grubenh. „ Weitewiese 1300 „ „ „ 350 „ „ „ „ Bärenbruch 1200 „ „ „ 150 „ „ „ „ Sorgerquellen 2000 „ „ „ 250 „ „ „ „ Hammerablage 2000 „ „ „ 200 „ „ „ „ Modderwiese 1300 „ „ „ 200 „ „ „

310. Königl. Oberförsterei Lubiathfließ,

5494 ha. — eben. fast zusammenhgd. Ki. 0,94 Ei. 0,02 Bu. 0,01 Bi. 0,02 Erl. } 0,01 Fi. }	Sandige Strecken mit Lehmb. versehen. Hauptabfuhrstraße ist die Chaussee Schwerin=Driesen. Für Rumpinsee und Wolfsgarten, östl. Theil die alte Birnbaumer Poststraße und Chaussee Birnbaum=Driesen. Die Netze mit 3 Abl. für Wassertransport (z. Th. Chausseeverb.) — Fuhrunternehmer Klieder und Schlieke in Trebitsch, Kelm in Gottschimm, Raabe in Sieb.	Schbz. Lunkensee 1800 fm Ki.=Langnutzh. 450 rm Ki.=Grbh. „ Kirchensee 1700 „ „ „ 500 „ „ „ „ Wolfsgarten 2200 „ „ „ 600 „ „ „ „ Rumpinsee 1490 „ „ „ 400 „ „ „ „ Lipke Ki.=Reisig zum Lokalbedarf.

311. Königl. Oberförsterei Steinspring,

4323 ha. — hügelig, zusammenhgd. Ki. 0,7 Ei. 0,2 Bi. 0,1 Bu.	Revier von N. nach S. von der Driesen=Woldenberger Chaussee durchschnitten; von dieser geht in N.W.-Richtung eine Pflasterbahn ab bis ans Ende des Reviers. Nahe am Revier die schiffbare Netze mit fiskal. Abl. — Fuhrunternehmer Mittelstädt in Vordamm, Hartmann in Mühlendorf, Dietz in Driesen.	Schbz. Sehlsgrund 100 fm Ei.=Sth. 300 fm Ki.=Bh. 300 fm Ki.=Grbh. „ Bergdorf 100 „ „ „ 200 „ „ „ „ Hubachs Theerofen 50 fm Ei.=Stammh. 1200 fm Ki.=Bauholz, 500 fm Ki.=Grubenholz. „ Weiße Fenn 50 fm Ei.=Stammh. 800 fm Ki.=Bauh. 400 fm Ki.=Grubenholz. „ Steinspring 1200 fm Ki.=Bauh. 120 fm Ki.=Grubenholz „ Goldbruch 500 „ „ „ 300 „ „ „

312. Königl. Oberförsterei Wildenow,

5603 ha. — z. Th. eben, z. Th. hügel., zusammenh. Ki. 0,8 Bu. 0,2 (Ei.)	Von Zanzthal aus führt eine 7 km lange Pflasterstraße bis nördlich des Dorfes Rohrbruch, von Altenfließ eine solche, 8 km lang, bis zur Oberförsterei. Wassertransp. von Gurkow aus auf der Netze, von Landsberg aus auf der Warthe. Transport des Holzes nach Friedeberg der schlechten Wege wegen schwierig, Chaussirung jedoch in Aussicht.	Schbz. Pulsbrück 100 fm Ei.=Nutzh. 1100 rm Brennh. 200 rm Erl.=Schichtnutzholz, 500 fm Ki.=Stämme. „ Buchwerder 1500 fm Ki.=Stä. „ Zanzhausen 1000 „ „ „ „ Prielang 100 fm Ei.=Nutzh. 800 rm Bu.=Brh. 600 fm Ki.=Stä. „ Sellentin 100 fm Ki.=Stä. „ Marienbrück 2000 „ „ „ Ganzes Revier: 1000 fm Ki.=Grubenh. 500 rm Ki.=Grubenholz.

313. Königl. Oberförsterei Neuhaus.

5590 ha. — eben, im N. wellig, ein Complex. Ki. 0,6 Ei. 0,2 Bu. 0,2	Innerhalb meist gute Erdwege; Pflasterstr. resp. Chaussee nach Landsberg und Berlinchen schneiden das Revier. — Fuhrunternehmer in Cladow (Neumark); Fuhrleute in Mückenburg Becker und Kubin, in Hakelspring bei Berlinchen Bröske, in Berlinchen Fels.	(see table below)

Schutzbezirk	Ei. Stä. fm	Ei. Schntz. rm	Bu. Stä. fm	Bu. Schntz. rm	Ki. (fm) Stä.	Ki. (fm) Grub.=holz
Mückenburg					4800	
Rahmhütte	50	500	150	100	1400	125
Zietensee					3000	125
Wuckensee					2300	300
Eichwald	1000	1100	70	900	400	
Brunken	200	400	180	3000	900	

Oeffentliche Holzlicitationen finden statt in:	Unterkommen im Gasthofe f. Holzhändler, Forst-Assessoren u. Referendare in möglichster Nähe der Oberförsterei	Zustand des Oberförster-Dienstgebäudes	Wo Kirche? Wo Schule? In welcher Zeit zu erreichen?	Wo Arzt, wo Apotheke, wo Amtsgericht?	Nebenämter des Revierverwalt. Wenn ständiger Assistent vorhanden, wo wohnt derselbe?
Rgbz. Frankfurt a/O. (Karte 24 d.)					
In Hochzeit, bei Gallert. In Woldenberg, bei Borstorff. In Kreuz, Bahnhofswirthschaft für große Verkäufe.	In Hochzeit, Gasth. v. Gallert und von Eichstädt. (ziemlich einfach, aber ganz gut).	Gutes, älteres, durch Anbau 1896 vergröß. Dienstgebäude mit mäßigen Stallungen an der Chaussee am Eingang des Dorfes Hochzeit (700 Einwohner). — Nächste Stadt Woldenberg, 15 km Chaussee (4400 Einwohner). Bezirks-Commando.	Ev. Kirche, Pfarre und 2klassige Dorfschule in Hochzeit.	In Woldenberg, 15 km. Amtsgericht auch in Filehne, 22 km.	Amtsvorsteher. Staatsauff. über 2 städt.- und 1 Genossenschaftsforsten. — Wohnung für verheirath. Assessor in Hochzeit z. Zt gut zu haben.
Rgbz. Frankfurt a/O. (Karte 24 d.)					
In Driesen, Rest. von Gerber.	In Driesen, Boeks Hotel. In Vordamm, bei Wwe. Schnell.	Die Oberförsterei liegt unmittelbar an Vordamm am östlichen Rande (2000 Einwohner).	Ev. und kath. Kirche, höhere Töchterschule und Pädagogium in Driesen.	4 Aerzte, 2 Apotheken in Driesen.	Guts- und Amtsvorsteher.
Rgbz. Frankfurt a/O. (Karte 24 d.)					
In Driesen, Rest. von Gerber.	In Vordamm, Gasth. Schnell. In Driesen, Boeks Hotel.	Gutes Gebäude am Damme zwischen Vordamm u. Driesen (letztere Stadt 6000 Einwohner).	Ev. und kath. Pfarre in Driesen. Daselbst auch Progymnasium und höhere Privat-Töchterschule.	In Driesen.	Wohnung für verheiratheten Assessor in Driesen erhältlich.
Rgbz. Frankfurt a/O. (Karte 24 d.)					
In Driesen, bei Gerber (Gesellschaftshaus). In Gottschimm, bei Wernicke.	In Gottschimm, bei Wernicke, 5 km. In Driesen, Hotel Wende, (10 km).	Gebäude (über 100 Jahre alt), am W.-Rande der Colonie Eschbruch, a. d. Straße Gottschimm-Modderwiese. Wohnh. geräumig und bequem, aber feucht. Sehr ger. Wirthschaftsgeb. Nächste Stadt Driesen, 10 km.	Kirche und Schule in Eschbruch, zu Fuß 3/4 Stunde Weg.	In Driesen, 10 km.	Amtsvorsteher. — Wohnung für verheiratheten Assessor nicht zu haben.
Rgbz. Frankfurt a/O. (Karte 24 d.)					
In Driesen, bei Gerber (Gesellschaftshaus). In Neu Carbe, Gasth. Dittmann.	In Vordamm, Gasth. zum Kronprinz (1,2 km).	Schönes ger. Geb. im Dorfe Vordamm-Mühlendorf an Chaussee Driesen-Woldenberg. Stallung ausr., Scheune kl. — Nächst. St. Driesen (6000 Einw.). — Kreisst. ist Friedeberg, 15 km, 6000 Einw.	In Driesen, 2 km.	Aerzte und Apotheke in Driesen, 2 km; Amtsgericht in Friedeberg.	Amtsvorsteher.
Rgbz. Frankfurt a/O. (Karte 24 d.)					
In Zanzhausen, bei Rosbach. In Friedeberg, Hotel zur Post, bei Rosenfeldt. (Deutscher Gastwirth).	In Friedeberg, Hot. z. Post, 8 km. In Wildenowsche Försterei, bei Hübscher, (bei sehr besch. Anspr.). In Zanzhausen, bei Rosbach (6,8 km).	Die Kolonie Wildenowsche Försterei best. nur aus Oberf. u. 8 sonst. Gehöften. Nächst. gr. Dorf Wildenow, 3,5 km; nächste Stadt Friedeberg, 3,5 km Lgndw. u. 5,5 km Chss. Dienstgeb. 20 Jahre alt, reichl. Räume, gute Wirthschaftsgeb., großer Garten.	Ev. Pfarre in Friedeberg, Gottesd. wöchentl. im Dorf Wildenow, wo auch Dorfschule. Kath. Kirche in Landsberg u. Driesen. Gymnasium in Friedeberg.	4 Aerzte u. 2 Apotheken in Friedeberg (8 km Landweg).	Amtsvorsteher. Standesbeamter. — Verheiratheter Assess. kann nur in Friedeberg wohn.
Rgbz. Frankfurt a/O. (Karte 24 d.)					
Berlinchen, Hotel Rothe.	In Berlinchen, Hotel Rothe, 4 km. In Clad. Theerofen, Gasth. Grunow, 18 km.	Wohnhaus zieml. neu, aber klein; Verbesserung in Auss.; Wirthschaftsgeb. ausreichend. 1 km vom Dorfe Hakelspring am Landweg Berlinchen-Friedeberg. — Nächste Stadt Berlinchen (5700 Einwohner), 5 km.	Ev. Kirche u. Pfarre in Clausdorf, 3 km; kath. Gottesdienst in Soldin, 5 km Landweg. Gymnasium in Landsberg, 28 km u. Friedeberg, 19 km. In Berlinchen, 5 km, gehob. Volksschule, (2 wissensch. Lehrer).	In Berlinchen, 5 km Landweg.	Assistent z. Zt. vorhanden (verheirathet) wohnt in Berlinchen, 5 km von Oberförsterei.

Sitz der Oberförsterei nebst Poststation	Entfernung des Oberförstereisitzes von der nächsten Eisenbahnstation bezw. Haltestelle Post- und regelmäßige Reiseverbindungen auf Landwegen	Durchschnittliche Entfernungen und ungefähre Anfuhrkosten von den einzelnen Reviertheilen für Bahn- bezw. Wassertransport und zwar				
		Schutzbezirk	Entfernung bis Güterbahnhof	Anfuhrkosten pro fm M.	Entfernung bis Wasserablage	Anfuhrkosten pro fm M.
307.	**Königl. Oberförsterei Hochzeit, Rgbz. Frankfurt a/O.** (Karte 24 d.)					
Hochzeit, Post bei Woldenberg, Kreis Arnswalde.	15 km Chaussee bis Bahnhof Woldenberg (Privatpost 1 mal täglich hin und zurück). — 19 km Lehmweg bis Bahnhof Kreuz (D-Züge nach Berlin). — 15 km Chaussee bis zum Bahnhof Schloppe der Kleinbahn Kreuz-Schloppe.	Kesselgrund			2 km Erdw. b. Drageabl.	0,70-1
		Kl. Wutzow			4,5 km Erdweg und Lehmb. desgl.	1
		Neubrück			3 km meist Pflaster b. Drage (Neubrück)	1
		Jägersburg I			4—5 km Erdweg bis Drage (Luch.-M.)	1,50
		Jägersburg II			5—6 km Erdw. desgl. und Abl. Schlägerort	1,50
308.	**Königl. Oberförsterei Driesen, Rgbz. Frankfurt a/O.** (Karte 24 d.)					
Forsthaus **Driesen,** Post Vordamm, Kreis Friedeberg i. d. N.	0,5 km bis Bahnhof Driesen-Vordamm.	Beelitz	4 km bis Vordamm	2	4 km bis Netzeabl.	2
		Schönwall	3 km desgl.	2	3 km desgl.	2
		Lücksthеerofen	6 km desgl.	2,50	4 km bis Drageabl.	2,50
		Lindenbg.	3 km bis Waldowshof	2	(Friedrichsdorf)	2,50-3
		Langstheerofen	5 km bis Vordamm	2,50	5 km bis Netzeabl.	
		Eichhorst	7 km desgl.	3,00		
		Wolfsgrube	6 km desgl.	3,00		
309.	**Königl. Oberförsterei Hammerheide, Rgbz. Frankfurt a/O.** (Karte 24 d.)					
Vordamm, Post, Kreis Friedeberg i. d. N.	Vordamm ist Bahnstation der Strecke Kreuz-Cüstrin. Fahrpostverbindung über Modderwiese nach Birnbaum (Meseritz-Rokietnice-Posen.	Anfuhrkosten pro fm bis zum Bahnhof Vordamm oder Holzablage an der Netze zu Vordamm schwanken je nach der 7—15 km betragenden Entfernung der einzelnen Schutzbezirke von 2—3,50 Mk.				
310.	**Königl. Oberförsterei Lubiathflies, Rgbz. Frankfurt a/O.** (Karte 24 d.)					
Lubiathfließ, Post Eschbruch, Kreis Friedeberg i. d. N.	12 km (dav. 5 km Lehmb.) bis Eschbruch, sonst Chss.) nach Driesen-Vordamm (Königsberg-Berlin). — Privatp. Vorm. von Eschbruch nach Driesen und Mittags nach Eschbr. zur. — Kaiserl. Post Vorm. von Dries. üb. Eschbr. nach Birnbaum u. Nachm. zur.	Lunkensee	14 km Chss. u. 5 km Ldw. bis Vordamm	4—5	11 km mst. Chss. bis Netzeabl. (Trebitsch)	3—4
		Kirchensee	14 km Chss. u. 3 km Landw. desgl.	3,50 b. 3,75	9 km desgl.	2—2,5
		Wolfsgarten	10 km Chss. u. 5 km Landw. desgl.	2-2,75	9,5 km desgl.	1,5 bis 1,75
		Rumpinsee	5 km Chss. u. 3,5 km Landw. desgl.	2	4,0 km Erdw. desgl.	1,75
311.	**Königl. Oberförsterei Steinspring, Rgbz. Frankfurt a/O.** (Karte 24 d.)					
Forsthaus **Steinspring,** Post Vordamm a. d. Ostbahn, Kreis Friedeberg.	1,2 km Chaussee nach der Bahnstation Driesen-Vordamm an der Ostbahn.	Sehlsgrund	4 km Chaussee bis Driesen-Vordamm	1,00	bis Netzeablage (Driesen)	1,00
		Bergdorf	4 km desgl.	1,00	desgl.	1,00
		Hub.-Theerofen	6 km desgl.	1,00	desgl.	1,00
		Weißefenn	7 km Chss. u. Pfl. bis Driesen-Vordamm	1,00	desgl.	1,00
		Steinspring	8 km Chss. u. Pfl. bis Driesen-Vord. 5 km Landw. bis A. Carbe	1,50 1,00	desgl. desgl.	1,50 1,50
		Goldbruch	3 km Landw. bis A. Carbe 10 km Pfl. u. Chss. bis Driesen-Vord.	1,00 1,50	desgl.	1,50
312.	**Königl. Oberförsterei Wildenow, Rgbz. Frankfurt a/O.** (Karte 24 d.)					
Colonie **Wildenowsche Försterei,** Post Friedeberg i. d. N., Kreis Landsberg.	8 km (dav. 6 km Chauss.) über Dorf Wildenow nach Kreisstadt Friedeberg, von hier Kleinbahn nach Bhf. Friedeberg (Ostbahn); oder 23 km (dav. 16 km Chauss.) nach Landsberg. (Keine Postverbind.); oder 14 km Landw. nach Gurkow (Ostbahn).	Buchwerder	15—16 km b. Landsb. 5—9 km bis Gurkow	4 3		
		Aus den übrigen Schutzbez., die durch 2 das Revier zum größten Theile durchquerende Pflasterstr. mit der Landsberg-Friedeberger Chaussee verbunden sind, betragen die Anfuhrkosten bis Gurkow oder Landsberg pro fm 3—6 Mk.				
313.	**Königl. Oberförsterei Neuhaus, Rgbz. Frankfurt a/O.** (Karte 24 d.)					
Neuhaus, Post Berlinchen (Neumark), Kreis Soldin.	5 km Landweg nach Berlinchen (Glasow-Arnswalde). — 30 km (davon 11 km Chauss., 17 km Pflaster, 2 km Erdweg) nach Landsberg (Ostbahn), Schnellzüge. — Abzweigung einer neuen Oberförsterei Mückeburg, aus Theilen von Wildenow und Neuhaus zum 1. 10. 1901 angeordnet.	Mückeburg	14 km mst. Pfl. b. Berlinchen 24 km mst. Chaussee bis Landsberg	2,00 3,50		
		Zietensee	20 km mst. Chaussee bis Landsberg. 24 km mst. Chaussee bis Berlinchen	3,50 2,00		
		Rahmhütte	8 km Pfl. bis Berlinchen 26 km Chss. u. Pfl. bis Landsberg	1,50 4,00		
		Wuckensee	9 km mst. Chaussee bis Berlinchen 24 km desgl. bis Landsberg	2,00 4,00		
		Eichwald	27 km Chaussee bis Landsberg 5 km desgl. bis Berlinchen	4,50 1,00		
		Brunken	6 km mst. Chaussee bis Berlinchen 28 km mst. Chaussee bis Landsberg	1,50 4,50		

Sitz der Oberförsterei nebst Poststation.	Entfernung des Oberförstereisitzes von der nächsten Eisenbahnstation bezw. Haltestelle. Post- und regelmäßige Reiseverbindungen auf Landwegen.	Durchschnittliche Entfernungen und ungefähre Anfuhrkosten von den einzelnen Reviertheilen für Bahn- bezw. Wassertransport und zwar: Schutzbezirk	Entfernung bis Güterbahnhof	Anfuhrkosten pro fm M.	Entfernung bis Wasserablage	Anfuhrkosten pro fm M.

314. Königl. Oberförsterei Karzig, Rgbz. Frankfurt a/O. (Karte 24 d.)

Sitz	Entfernung / Verbindungen	Entfernungen und Anfuhrkosten
Karzig i. d. Neumark, Post, Kreis Goldin.	8 km bis Bahnhof Dieckow der Glasow-Arnswalder Bahn. Post mit beschränkter Personenbef. zwischen Berlinchen über Breitebruch nach Landsberg täglich 1mal. — 24 km (davon 6 km Pflasterweg bis Breitebruch u. von hier 18 km Chaussee) nach Bahnhof Landsberg.	Nach Landsberg a/W. durchschnittlich 22 km Chaussee. Anfuhrkosten 1,70 bis 2,50 Mk. Nach Berlinchen durchschnittlich 9 km Chaussee. Anfuhrkosten 1,00 bis 1,50 Mk.

315. Königl. Oberförsterei Lichtefleck, Rgbz. Frankfurt a/O. (Karte 24 d.)

Sitz	Entfernung / Verbindungen	Schutzbezirk	Entfernung bis Güterbahnhof	Anfuhrkosten	Entfernung bis Wasserablage	Anfuhrkosten
Lichtefleck, Post Gr. Fahlenwerder, Kreis Soldin.	15 km (davon 12 km Pflasterstraße) nach Soldin (Linie Cüstrin-Stargard); besser aber 20 km Chaussee nach Landsberg a/W. (Schnellzüge nach Berlin). Postbestellung von Vietz nach Gr. Fahlenwerder 2mal täglich.	Heidemühle	16 km Chss. b. Soldin 22 desgl. Landsberg	1,5 für Grubh. 3,0 für Kl.-Etmh.		
		Hufenbruch	desgl.			
		Lichtefleck	desgl.			
		Dickebruch	13 km Chss. b. Soldin 25 desgl. Landsberg			
		Staffelde	desgl.			

316. Königl. Oberförsterei Kladow-Ost, Rgbz. Frankfurt a/O. (Karte 24 d.)

Sitz	Entfernung / Verbindungen	Entfernungen und Anfuhrkosten
Kladow i. d. Neumark, Post, Kreis Landsberg.	8 km Chauss. bis Bhf. Landsberg (Ostbahn). Fahrpost u. Botenpost täglich je einmal hin u. her.	Von Landsberg bis zum Revier 9 km Chaussee. Die Chaussee bildet auf 9 km die Westgrenze des Reviers; von der Chaussee geht diagonal eine Pflasterstraße nach NO. — Anfuhrkosten bis Landsberg (Bahnstation und Wartheabl.) 2,50 bis 1,20 M.

317. Königl. Oberförsterei Kladow-West, Rgbz. Frankfurt a/O. (Karte 24 d.)

Sitz	Entfernung / Verbindungen	Schutzbezirk	Entfernung bis Güterbahnhof	Anfuhrkosten	Entfernung bis Wasserablage	Anfuhrkosten
Kladow i. d. Neumark, Post, Kreis Landsberg.	8 km Chaussee bis Bahnhof Landsberg. Fahrpostverbindung zwischen Kladow und Landsberg 1mal täglich.	Hammelbrück	12 km Chaussee bis Landsberg	1,60	Bis Wartheablage bei Wepritz 2 km weiter als bis Bhf. Landsberg; Anfuhrkosten etwas höher.	
		Mollberg	15 km desgl.	1,75		
		Schmiddelbrück	20 km desgl.	2,00		
		Schweinebrück	13 km meist Chaussee und Pflaster desgl.	1,60		
		Rahmhütte	18 km desgl.	2,25		

318. Königl. Oberförsterei Hohenwalde, Rgbz. Frankfurt a/O. (Karte 24 d.)

Sitz	Entfernung / Verbindungen	Schutzbezirk	Entfernung bis Güterbahnhof	Anfuhrkosten	Entfernung bis Wasserablage	Anfuhrkosten
Hohenwalde i. d. Neumark, Post, Kreis Landsberg.	11 km (davon 7 km Chaussee) nach Dühringshof. — 16 km nach Landsberg (14,3 km Chaussee). Post nach Dühringshof täglich hin und zurück (für 1—2 Pers.)	Marwitz	15 km Chaussee bis Landsberg	2,50		
		Schönwerder	4 km Erdw. u. 14,3 km Chaussee b. Landsberg	2,50		
		Birklake	4 km Erdw. u. 14,3 km Chss. bis Landsberg 20 km meist Chss. bis Dühringshof	2,50 2,70		
		Löbenheide	21 km meist Chauss. bis Landsberg 15 km mst. Chaussee bis Dühringshof	3,00 2,20		
		Briesenhorst	5 km Erdw. u. 14,3 km Chauss. bis Landsberg	3,00		

319. Königl. Oberförsterei Massin, Rgbz. Frankfurt a/O. (Karte 24 d.)

Sitz	Entfernung / Verbindungen	Schutzbezirk	Entfernungen und Anfuhrkosten
Massin i. d. Neumark, Post, Kreis Landsberg.	7 km Chaussee nach Vietz. Post 2mal täglich von Vietz (Station der Ostbahn).	Alle Schutzbezirke	5—11 km bis Bhf. Vietz; 9—15 km bis zu der Warthe. Fuhrlohn bis Bhf. Vietz 1,50 bis 2,50 Mk. Fuhrlohn bis zu der Warthe 2,50 bis 3,50 M.

320. Königl. Oberförsterei Zicher, Rgbz. Frankfurt a/O. (Karte 24 d.)

Sitz	Entfernung / Verbindungen	Schutzbezirk	Entfernung bis Güterbahnhof	Anfuhrkosten	Entfernung bis Wasserablage	Anfuhrkosten
Zicher, Post, Kreis Königsberg in der Neumark.	Zicher ist Station der Eisenbahn Cüstrin-Stargard. Die Oberförsterei liegt 8 Minuten vom Bahnhof; Pflaster dahin.	Batzlow	6 km Kiesw. b. Zicher 8 „ desgl. Neudamm	2,00 2,25		
		Gerstenbrügge	9 „ Pflast. b. Zicher 8 „ „ b. Neudamm	2,25 2,00		
		Zicher	4—5 km Pflaster u. Kiesweg bis Zicher. 6-7 Pfl. b. Neudamm	1,80 2,00		
		Neudamm I	5 km Pflaster u. Chss. bis Neudamm	2,00		
		Neudamm II	6 km mst. Chss. desgl.	2,00		

Flächengröße u. Character des Revieres. Vertheilung der Hauptholzarten n. Zehnteln.	Beschaffenheit des Wegenetzes im Reviere und der sich daran schließenden Abfuhrstr., sowie der etwaigen Wassertransportwege. Adressen von größeren Fuhrunternehmern.	Jahresquantum der Haupt-Verkaufshölzer nach Holzarten und Sortimenten (unter Abrechnung des Lokalbedarfs).

314. Königl. Oberförsterei Karzig,

4247 ha. — eben, eine Parzelle.

Chaussee Berlinchen-Landsberg durchschneidet das Revier von N. nach S.; von Breitebruch nach Karzig Pflasterstraße; von Kienitz nach Rahmhütte eine solche im Bau. — Fuhrleute in Tobelhof, Breitebruch, Berlinchen, Karzig. Fuhrunternehmer Mögelin in Landsberg.

Schbz. Osterburg	4000 fm Ki.-Stammh.	300 fm Grubenh.
„ Rahmhütte	4500 „ „ „	200 „ „
„ Friedrichsfelde	500 „ „ „	200 „ „
„ Kerngrund	2500 „ „ „	350 „ „
„ Kienitz	500 „ „ „	600 „ „

315. Königl. Oberförsterei Lichtefleck,

4320 ha. — eben, zusammenhängend Ki. 0,9 Wb. 0,1 (Erl. Bi.)

Innerhalb des Reviers Chaussee von Landsberg nach Soldin (über Schöneberg und Brügge); 4 km gepflasterte Zugangswege zur Chaussee; sonstige Abfuhrwege meist Erdwege.

Schbz. Heidemühle	2000 fm Ki.-Stammh.	150 fm Ki.-Grbh.
„ Hufenbruch	1500 „ „ „	400 „ „ „
„ Lichtefleck	1000 „ „ „	350 „ „ „
„ Dickebruch	700 „ „ „	300 „ „ „
„ Staffelde	600 „ „ „	

316. Königl. Oberförsterei Kladow-Ost,

5543 ha. — ziemlich eben, geschlossen. Ki. 0,8 Ei. Bu. } 0,1 Erl. 0,1

Meist feste und trockene Sandwege, Pflasterbahnen im Entstehen. — Fuhrleute in Landsberg, Mückeburg, Zanzhausen, Breitebruch, Cladow, Lotzen.

Schutzbezirk	Ei. Bu.	Erl. fm	Ki. fm
Wormsfelde		200	2900
Jägerwerder	200 fm	200	2500
Lübbesee			3000
Lotzen	100 „		2500
Saugarten	100 „	100	500
Breitebruch			3000

317. Königl. Oberförsterei Kladow-West,

4522 ha. — Ki. 0,90 Bu. 0,05 Erl. 0,05

Innerhalb des Reviers zum Theil gute Pflasterstraßen, welche nach den Chausseen Landsberg-Berlinchen und Landsberg-Marwitz-Lichtefleck Anschluß haben. — Fuhrleute in Cladow, Lotzen, Marienspring und Landsberg. Fiskalische Holzabl. bei Wepritz a/Warthe, 2 km von Landsberg.

Schbz. Hammelbrück 1500 fm Ki.-Langh. 700 fm Ki.-Grubenh. 250 fm Erl.-Nutzh.
„ Mollberg 2700 fm Ki.-Langh. 100 fm Erl.-Nutzh.
„ Schmiddelbrück 4500 „ „ „ 400 „ „ „
„ Schweinebrück 3600 fm Ki.-Langh. 400 fm Ki.-Grubh. 50 fm Erl.-Nutzh.
„ Rahmhütte 2300 fm Ki.-Langh. 200 fm Ki.-Grubh. 40 fm Erl.-Nutzh.

318. Königl. Oberförsterei Hohenwalde,

4727 ha. — eben, zusammenhängend Ki. 0,9 A. L. 0,1

Wege bei trockenem Wetter innerhalb des Reviers gut, bei dauernder Nässe stellenweise morastig. — Fuhrleute in Hohenwalde, Ludwigsruh, Beyersdorf.

Schutzbezirk	Stammh. (fm)		Grbh.	Rollh.	Brennholz (rm)		
	Ki.	Bi.	Ki.	Erl.	Ki.	Erl.	Bi.
Marwitz	2800		650 fm	150 rm	900	500	
Schönwerder	1900	50	550 „	40 „	400	300	200
Birklake	2000	200	300 „	300 „	550	400	200
Löbenheide	600		800 „		380		
Briesenhorst	1300		600 „		480		

319. Königl. Oberförsterei Massin,

5367 ha. — eben, zushg.

Außer den Chausseen sehr gut gehaltene, vielfach mit Kiesschüttung versehene Waldwege. — Für Schiffstransport die Warthe. — Fuhrleute Meyer und Neumann in Vietz.

Schbz. Rehberg	Ki.- 700 fm Stmh.	300 fm Schwll.	500 fm Grbh.
„ Hirschgrund	„ 2000 „ „	300 „ „	500 „ „
„ Kienwerder	„ 2500 „ „		
„ Dölzigerbr.	„ 800 „ „	300 „ „	700 „ „
„ Glambecksee	„ 1000 „ „	300 „ „	700 „ „

320. Königl. Oberförsterei Zicher,

3792 ha. — eben, geschl. Ki. 1,0

Revier wird durchschnitten von den Chauss. Cüstrin-Soldin und Neudamm-Massin. Pflasterstraße von der Reviergrenze bis Neudamm. Hiervon abzweigend südlich der Mietzel eine Pflasterstraße bis zur Chaussee Neudamm-Massin. Wege im Revier zum Theil sandig, z. Th. mit Kies befestigt. — Fuhrleute in Neudamm und Zicher.

Schbz. Batzlow	Ki.- 150 fm Bauh.	250 fm Schwll.	320 fm Grbh.
„ Cerstenbrügge	„ 450 „ „	400 „ „	430 „ „
„ Zicher	„ 1350 „ „	1100 „ „	360 „ „
„ Neudamm I	„ 600 „ „	300 „ „	250 „ „
„ „ II	„ 450 „ „	150 „ „	280 „ „

Oeffentliche Holzlicitationen finden statt in:	Unterkommen im Gasthofe f. Holzhändler, Forst-Assessoren u. Referendare in möglichster Nähe der Oberförsterei	Zustand des Oberförster-Dienstgebäudes	Wo Kirche? Wo Schule? In welcher Zeit zu erreichen?	Wo Arzt, wo Apotheke, wo Amtsgericht?	Nebenämter des Revierverwalt. — Wenn ständiger Assistent vorhanden, wo wohnt derselbe?
Rgbz. Frankfurt a/O. (Karte 24 d.)					
In Späning, Post Karzig, im Gasthaus.	In Karzig, bei Böttcher und Hagens. In Breitebruch, bei Lenz u. Weichmann. (Besch. Anspr.).	Altes, massives Gebäude im Dorfe Karzig.	Kirche u. Dorfschule in Karzig. In Landsberg Gymnasium.	In Berlinchen, 14 km.	Amtsvorsteher. — Wohnung für verheiratheten Assessor nicht zu haben.
Rgbz. Frankfurt a/O. (Karte 24 d.)					
In Fahlenwerder, Gasth. Schulz. In Schöneberg, Gasth. Kemnitz.	In Gr. Fahlenwerder, bei Schulz, bei bescheid. Anspr. (3,5 km vom Revier).	Neues Dienstgeb., isolirt gel. an der Chaussee von Landsberg nach Soldin. Nächste Stadt Soldin, 15 km. Kreisstadt, 5900 Einwohner.	Ev. Kirche u. Pfarre im Dorfe Gr. Fahlenwerder (7 km), Schule in Kl. Fahlenwerder (4 km).	In Ludwigsruh, 12 km. Amtsger. in Soldin, 15 km.	Amts- u. Gutsvorst. Forstamtsanw. — Wohn. f. verheiratheten Assessor nicht zu haben.
Rgbz. Frankfurt a/O. (Karte 24 d.)					
In Landsberg, Ambrosius'scher Saal und Cladower Theerofen.	Clad. Theerofen, 3,5 km (Telephonstat.) sonst Landsbg., Hot. z. Krone. In Cladow, Gasth. von Papke, Wilke und Käding, nur bei besch. Anspr.	Aelt. gut. Wohnh. in Cladow an der Chauss. Landsberg-Berlinchen. Nächste Stadt Landsberg, 7 km, 33 600 Einwohner, Kreisstadt, Landgericht, Garnison.	Ev. Kirche u. Pfarre in Cladow, höhere Töchterschule in Landsberg, 7 km.	In Landsberg, 7 km.	Assistent z. Zt. vorhanden (verheirathet) wohnt in Cladow.
Rgbz. Frankfurt a/O. (Karte 24 d.)					
In Landsberg, Restaurant Tivoli.	In Cladow, Gasth. v. Wilke und Papke. In Clad. Theerofen, a. d. Chss. Gastwirthschaft v. Grunow (4 km von Cladow).	Neues Gebäude (nach Normalplan) im Orte Cladow in der Neumark, an der Chaussee belegen; 6,4 km von Landsberg.	Ev. Kirche u. Dorfschule im Ort. Höhere Schulen in Landsberg.	In Landsberg.	Forstamtsanw. Amtsvorsteher.
Rgbz. Frankfurt a/O. (Karte 24 d.)					
In Hohenwalde, bei Radke und bei Grüneberg.	In Hohenwalde, bei Radke, 1,4 km.	Gutes neues Gebäude, 1,4 km nördl. vom Dorfe Hohenwalde. Wohnhaus viel Platz bietend. Wirthschaftsr. ausr. Nächste Stadt Landsberg, 16 km, 33 600 Einwohn. Kreisstadt, Landgericht, Garnison.	Ev. Kirche u. Pfarre im Dorf. Gymnas. in Landsberg.	In Ludwigsruh, 8 km. Amtsger. in Landsberg.	Amts- u. Gutsvorst. Darrverw. Verwalter einer Privatforst. — Für verheiratheten Assessor Wohnung in Hohenwalde erhältlich.
Rgbz. Frankfurt a/O. (Karte 24 d.)					
In Vietz.	In Massin, bei Roll bei bescheid. Anspr., sonst in Vietz, Hotel Schulz.	Altes Gebäude mit neuem Anbau, Wirthschaftsgeb. meist gut. Nächste Stadt Landsberg (33 600 Einwohn.) und Cüstrin (16 200 Einwohn.), je 20 km entfernt.	Ev. Filial-Kirche im Dorfe.	In Vietz, 7 km. Amtsger. in Landsberg.	Amtsvorsteher. Aufs. über 2 Kirchenforsten. — Wohn. für verh. Ass. in Vietz, 7 km. erhältlich.
Rgbz. Frankfurt a/O. (Karte 24 d.)					
In Zicher, bei Rogge.	In Zicher, bei Rogge und Hildebrandt (sehr einfach). In Neudamm, Hotel Müller, 6 km.	Dienstgebäude am südlichen Ausgang des Dorf. Zicher (1200 Einwohn.). Geräumiges Wohnhaus mit neuem Anbau. Ausreich. Wirthschaftsgeb. Nächste Stadt Neudamm, 6 km (8000 Einwohner).	Kirche in Zicher. Gymnas. in Cüstrin, 30 Minuten Bahnf., aber kein passender Frühzug. Entfernung auf Chaussee 14 km.	In Neudamm, 6 km.	Amtsvorsteher. Standesbeamter.

Flächengröße u. Charakter des Reviers. — Vertheilg. der Hauptholzarten nach Zehnteln.	Beschaffenheit des Wegenetzes im Reviere und der sich daran schließenden Abfuhrstraßen, sowie der etwaigen Wassertransportwege. Adressen von größeren Fuhrunternehmern.	Jahresquantum der Haupt-Verkaufshölzer nach Holzarten und Sortimenten (unter Abrechnung des Lokalbedarfs.)

321. Königl. Oberförsterei Vietz,

3786 ha. — zum Theil bergig, zusammenh. Ki. 0,6 Ei. 0,3 Bu. 0,1

Gute Beschaffenheit des Wegenetzes. In sämmtlichen Schutzbezirken sind befestigte Wege (Lehm- und Kiesbahnen) angelegt. — Fuhrleute Dobberstein in Spiegel, Dümke in Balz und Bauern in Pyrehne, Fichtwerder und in Vietz.

Schutzbezirk	Stämme und Rollen Ei.	Stämme und Rollen Bu.	Stämme Ki.
Loppow	20 fm	50 fm	1500 fm
Spiegel	300 „	200 „	2000 „
Pechbruch	10 „		2000 „
Dolgensee	200 „	200 „	1700 „

322. Königl. Oberförsterei Limmritz,

5510 ha. — eben, z. Th. parzellirt. Ki. 0,97 Ei. 0,01 Bi. Erl. } 0,02

Innerhalb Lehm- und Kiesbahnen, außerhalb Chaussee, letztere zum Theil das Revier durchschneidend. Warthe und flößbarer Nebenfluß Sedling; Abl. bei Streitwalde, Fichtwerder, Limmritz und Priebrow bei Sonnenburg. — Fuhrunternehmer Lehmann zu Burgwall, Schäde in Sonnenburg.

Schbz. Zelle 390 fm Ki.-Grubh.
„ Nesselkappe 400 „ „ „
„ Groß. Friedrich 650 „ „ „
„ Frauenwerder 460 „ „ „
„ Limmritz 370 „ „ „
„ Sonnenburg 450 „ „ „
„ Gartow 330 „ „ „

} Ganzes Revier außerdem: 3000 fm Ki.-Langnh. (darunter 1500 fm Schwellenholz). — Verkauf vor dem Einschlage.

323. Königl. Oberförsterei Schwerin a/W.,

7003 ha. — meist eben, z. Th. hügelig. Haupttheil zusammenhängend. Revierf.-bez. in 4 Parz. Ki. 1,0

Innerhalb meist Sandwege. 4 Chausseen durchschneiden bezw. berühren das Revier. Transport auf der Warthe, hauptsächlich durch Verflößen des Langholzes und durch Kahnverladung (für Grubenholz und Brennholz). — Fuhrl. in Schwerin a/W. Auerbach und Beermann, Bauern in Trebisch, Blesen und Rokitten.

Schutzbezirk	Stammholz (fm)	Grubenholz (fm)	Kloben rm	Knüppel rm
	Ki.	Ki.	Ki.	Ki.
Rosenthal	500	470	500	200
Rokitten	1200	380	600	120
Poppe	800	85	500	90
Blesen	1100	25	400	50
Althöfchen	1600	175	400	200
Neukrug	1300	30	500	200
Trebisch	900	55	700	20
Wildtränke	900	65	500	150

324. Königl. Oberförsterei Warnow,

5411 ha. — hügelig, in der Mitte der Insel eben, zusammenh. Ki. 0,8 Ei. 0,1 Bu. 0,1

Die meisten öffentlichen Wege sind mit Kieslehmbahn versehen. Neues Wegenetz. Ueberall Wassertransport. Von Rehberg, Warnow, Birkenhaus, Jordansee kann auch Privatablage a. d. Diewenow in Tonnin (Kosten 2,50 bis 3 M.) benutzt werden. — Fuhrleute in Misdroy, Warnow, Laatziger-Abl. und Kodram.

Schutzbezirk	Langholz (fm) Ki.	Langholz (fm) Ei.	Schichtn. (fm) Ei.	Schichtn. (fm) Ki.	Brennholz (fm) Ei.	Brennholz (fm) Ki.	Brennholz (fm) Bu.
Neuhaus	1400			300		400	
Rehberg	300			400		300	
Warnow	1200	50	100	400	200	300	
Birkenhaus	800	50	50	300	200	300	
Jordansee	1200	100	300	200	500	300	500
Misdroy	1400			300		200	100

325. Königl. Oberförsterei Misdroy,

4664 ha. — meist eben, zusammenh., länglich. Ki. 0,7 Ei. 0,1 Bu. 0,1 Erl. 0,1

Durch das Revier führt der Länge nach Chaussee, die auf meist festen Abfuhrwegen überall bald erreicht wird. 2 fiskalische Wasserablagen bei Laatzig und Pritter. — Fuhrleute Krause in Laatzig, ferner Eigenthümer in Pritter, Lebbin und Ostswine.

Schbz. Lüpzow 2500 fm Ki.-Langh.
„ Stengow 500 „ „ „ 500 rm Bu.-Brennh.
„ Laatzig 1200 „ „ „ 500 „ „ „
100 fm Ei.-Langholz.
„ Neukrug 3000 fm Ki.-Langholz
„ Pritter 1200 „ „ „
„ Ostswine 1200 „ „ „ 30 fm Erl.-Langholz.

326. Königl. Oberförsterei Friedrichsthal,

4706 ha. — 1/4 bergig, 3/4 Dünenformation; zusammenh. Ki. 0,7 Erl. 0,2 Bu. 0,1

Meist mangelhafte Sandwege, Camminke und Corswandt festere, aber bergige Erdwege. Aus beiden letzteren und Carlsruhe theilweise Chaussee benutzbar. Fiskalische Holzablage an der Kaiserfahrt (Swinestrom) in Caseburg und Roland. Flößen nicht gestattet. Fuhrleute in Swinemünde, Caseburg und Westswine.

Schutzbezirk	Stammholz fm Ei.	Stammholz fm Ki.	Nutzholz rm Ei.	Nutzholz rm Bu.	Nutzholz rm Erl.	Grbh. Ki. rm	Brennholz rm
Caseburg					150	300	
Roland					300		
Kalkofen		700			200	350	900
Carlsruhe		1200				300	500
Camminke		200		100		100	150
Corswandt	30	900	300			100	950

327. Königl. Oberförsterei Jädtkemühl,

5567 ha. — eben, in 2 Complexen gelegen. Ki. 0,8 Erl. 0,2

Schbz. Meiersberg wird auf 2 km Länge von einer Pflasterstraße durchschnitten, welche in die Chaussee Ueckermünde-Anklamm einmündet. Im Uebrigen nur unbefestigte Erdwege im Revier. Für Wassertransport das Stettiner Haff und die Uecker. — Fuhrunternehmer in Liepgarten, Ueckermünde, Grambin, Mönkebude und Jädkemühl.

Schutzbezirk	Stammholz fm Ei.	Stammholz fm Ki.	Schichtntzh. rm Ei.	Schichtntzh. rm A. L.	Brennh. rm Ei.	Brennh. rm A.L.	Brennh. rm Ki.	Grbh. rm Ki.
Jädtkemühl	30	2500	10	260	100	600	600	1500
Beverteich	20	1500	20	20	100	600	350	1450
Meiersberg	125	2500	20		350	50	400	550
Grambin	80	1550	30	130	350	400	450	1100
Mönkebude	62	2500			150	50	700	500

Oeffentliche Holzlicitationen finden statt in	Unterkommen im Gasthofe f. Holzhändler, Forstassessoren u. Referendare in möglichster Nähe der Oberförsterei	Zustand des Oberförsterdienst-Gebäudes	Wo Kirche, wo Schule? In welcher Zeit zu erreichen?	Wo Arzt, wo Apotheke, wo Amtsgericht?	Nebenämter des Revierverwalt. Wenn ständiger Assistent vorhanden, wo wohnt derselbe?
Rgbz. Frankfurt a/O. (Karte 24 d.)					
In Döllensradung, Gasth. Schulz. In Bietz, Gasth. Rathmann.	In Döllensradung, Gasth. Schulz. In Dühringshof, Hotel Rieger. In Bietz, Hotel Schulz (5—7 km).	Altes Wohnhaus, neuere Stallgebäude (im Jahre 1899 angekauft. Gutshof). — Kreisstadt Landsberg, 30 Min. Bahnfahrt. 33600 Einwohner, Landgericht, Garnison.	Zum Kirchen- und Schulverband Pyrehne, 2 km, gehörig. Gymnas. in Landsberg.	In Dühringshof, 3 km. In Bietz, 7 km, Benutzung der Eisenbahn. Amtsgericht in Landsbg.	Forstamtsanw. Stellvertr.-Gutsvorst. — Wohn. für verheiratheten Assessor z. Zt. in Döllensrad., sonst in Pyrehne erhältlich.
Rgbz. Frankfurt a/O. (Karte 24 d.)					
In Sonnenburg, bei Kallies. In Limmritz, bei Schulz. In Kriescht, bei Pietz.	In Sonnenburg, bei Zimmermann od. Kallies. In Limmritz, bei Lange. In Kriescht, bei Pietz (8 km von Oberf.).	Gutes Dienstgebäude, 1847 erbaut, in jeder Beziehung ausreichend, 400 m vom Dorfe Limmritz (1500 Einwohn.). Nächste Stadt Sonnenburg, 8 km, 5300 Einw.—Kreisstadt Zielenzig, 18 km (6000 Einwohner).	Evangel. Kirche und Pfarre im Ort. Gymnas. in Cüstrin, 21 km.	In Sonnenburg.	Wohnung für verheiratheten Assessor in Limmritz erhältlich.
Rgbz. Posen. (Karte 24 d.)					
In Schwerin a/Warthe, bei Jucksch.	In Schwerin, Hotel Nagel und Leutke; einfacher, Hotel Jordan.	Aelteres, ziemlich geräumiges Dienstgebäude in Schwerin a/W. gelegen, Kreisstadt, Einwohnerzahl 7300.	Ev. Kch. u. kath. Pfarre in Schwerin. Daselbst auch Progymnasium und höhere Töchterschule.	In Schwerin.	Auff. über die etwa 2000 ha große Schweriner Stadtforst. — Assistent z. Zt. vorh., verheirathet, wohnt in Schwerin.
Rgbz. Stettin. (Karte 25.)					
Abwechselnd in den Gasth. von Lucht u. Bischof in Warnow.	In Warnow, bei Lucht und Zühl. In Misdroy (Bahnverbdg.), Hotel Genz und Hotel zur Buche, auch im Winter geöffnet.	Ziemlich geräumiges altes Wohnh. im Dorfe Warnow, 350 Einwohn. Nächste Stadt Wollin, 13 km, 4600 Einwohn. — Kreisstadt Swinemünde, 22 km, 10250 Einwohner. Beide Städte per Bahn zu erreichen.	Evangel. Kirche in Kolzow, 6 km. Dorfschule im Ort. Realprogymnas. in Wollin, mit Frühzug und Rückkehr Nachmittags erreichbar.	In Misdroy, 7 km. Amtsgericht in Wollin.	Amtsvorsteher. Auff. über 1 Gutsf. (160 ha). — Wohnung für verheiratheten Assessor in Misdroy erhältlich.
Rgbz. Stettin. (Karte 25.)					
In Misdroy, Genz' Hotel.	In Misdroy, Hotel Genz und Hotel zur Buche.	Neueres Dienstgebäude, 2 km von Misdroy. Nächste Stadt Swinemünde oder Wollin, beide je 16 km.	Evangel. Kirche in Misdroy. Gymnasium in Wollin.	In Misdroy, 2 km. Amtsgericht in Wollin.	Wohnung für verheiratheten Assessor in Misdroy zu haben.
Rgbz. Stettin. (Karte 25.)					
In Swinemünde, Restaur. Tegge. In Westswine, Schützenhaus.	In Swinemünde, Hotel Deutsches Haus und in Westswine, 4 km.	Altes baufälliges Wohnhaus. Stall und Scheune neu, gut, 4 km von Swinemünde, 10250 Einwohner, Garnison.	Ev. Kirche in Zirchow 5,6 km, oder in Swinemünde, 4 km; dort auch kath. Kirche und Progymnasium.	In Swinemünde, 4 km.	In Swinemünde Wohnung für verheiratheten Assessor erhältlich, 4 km.
Rgbz. Stettin. (Karte 25.)					
In Ueckermünde, Gasth. Lücke.	In Ueckermünde, Gasth. Lücke. In Liepgarten, Gasth. Wilke.	Altes, ziemlich geräum. Gebäude mit guten Wirthschaftsgeb. für sich am Rande des Schutzbez. Jädtkemühl etwa 1 km vom Dorf Jädtkemühl (25 Einwohner) und 1 km vom Dorf Liepgarten, 1200 Einwohner, gelegen.	Ev. Pfarre u. kath. Gottesdienst in Ueckermünde. Alle 14 Tage ev. Gottesdienst in Liepgarten, woselbst auch Dorfschule. In Ueckermünde Bürger-(Rektor)-schule.	In Ueckermünde, 4½ km entfernt.	Wohn. für verheirathet. Assessor bei bescheidenen Anspr. in dem 1 km entfernten Dorfe Liepgarten, sonst in Ueckermünde erhältlich.

Sitz der Oberförsterei nebst Poststation	Entfernung des Oberförstereisitzes von der nächsten Eisenbahnstation bezw. Haltestelle. Post- und regelmäßige Reiseverbindungen auf Landwegen.	Durchschnittliche Entfernungen und ungefähre Anfuhrkosten von den einzelnen Reviertheilen für Bahn- bezw. Wassertransport, und zwar: Schutzbezirk	Entfernung bis Güterbahnhof	Anfuhrkosten pro fm M.	Entfernung bis Wasserablage	Anfuhrkosten pro fm M.

321. Königl. Oberförsterei Vietz, Rgbz. Frankfurt a/O. (Karte 24 d.)

Döllensradung, Post, Kreis Landsberg a. d. Warthe.	Unmittelbar am Bahnh. Döllensradung an der Ostbahn.	Loppow	2,5 km b. Dührings-hof, Döllensradung und Vietz	1,50	In 3 km Entfernung fließt die Warthe	2,00
		Spiegel		1,50		
		Pechbruch		1,50		
		Dolgensee	4 km Chauss. b. Vietz	2,00		

322. Königl. Oberförsterei Limmritz, Rgbz. Frankfurt a/O. (Karte 24 d.)

Limmritz i. d. Neumark, Post, Kreis Ost-Sternberg.	8 km Chaussee bis Sonnenburg (Kleinbahn Cüstrin-Sonnenburg) oder 15 km Chaussee bis Vietz (Ostbahn, mit Uebergang über die Warthe-Fähre). Von Sonnenburg 7 Uhr Vormittags und 12 Uhr Mittags Post und Omnibus.	Zelle, Nesselkappe, Gr. Friedrich, Frauenwerder	15—18 km mst. Chss. bis Sonnenburg	1,5—2	8-12 km bis Wartheablage	1,25 b. 1,50
		Limmritz, Sonnenburg, Gartow	4—8 km mst. Chss. bis Sonnenburg	1—1,5	4—8 km b. Wartheablage (bei Limmritz u. Priebrow)	1—1,5

323. Königl. Oberförsterei Schwerin a/W., Rgbz. Posen. (Karte 24 d.)

Schwerin a/W., Post und Kreis Schwerin a/W.	Schwerin ist Station der Eisenbahnstrecke Bentschen-Landsberg.	Rosenthal	11 km Chaussee bis Schwerin	3,00	11 km bis Wartheabl. (Schwerin).	3,00
		Rokitten	9-12 km mst. Chss. desgl.	3,00	9—12 km desgl.	3,00
		Poppe	8-10 „ (1/2 „) „	2,50	8—10 „ „	2,50
		Blesen	10 km mst. Sandw. „	3,00	10 „ „	3,00
		Althöfchen	9 km (1/2 Chss.) „	3,00	9 „ „	3,00
		Neukrug	14 „ (1/2 „) „	3,00	14 „ „	3,00
		Trebisch	9 „ meist „ „	3,00	9 „ „	3,00
		Wildtränke	10-12 km (2/3 „) „	3,00	10—12 „ „	3,00

324. Königl. Oberförsterei Warnow, Rgbz. Stettin. (Karte 25.)

Warnow i/Pom., Post, Kreis Usedom-Wollin.	Eisenbahnstation am Orte (Strecke Wollin-Swinemünde).	Neuhaus	Die Anfuhrkosten für Grubenh. u. Eichennutzholz nach den Bahnhöfen Warnow und Misdroy betragen 1 M. bis 1,50 M.		5 km zur Laatzigerablage	2,00
		Rehberg			8 „ desgl.	3,00
		Warnow			8 „ „	3,00
		Birkenhaus			12 „ „	4,00
		Jordansee			10 „ „	3,50
		Misdroy			6 „ „	2,50

325. Königl. Oberförsterei Misdroy, Rgbz. Stettin. (Karte 25.)

Forsthaus **Misdroy,** Post Misdroy, Kreis Usedom-Wollin.	2 km Chaussee nach Bahnstation Misdroy.	Lüpzow			6 km Chss. bis Haff (Laatzig-Abl.)	3,00
		Stengow			5 km desgl.	2,50
		Laatzig			2 „ „	1,50
		Neukrug			4 „ „	2,00
		Pritter			5 „ bis Normanns-Canal	2,50
		Ostswine			5 „ bis Ostswineablage	2,00

326. Königl. Oberförsterei Friedrichsthal, Rgbz. Stettin. (Karte 25.)

Friedrichsthal, Post Swinemünde, Kreis Usedom-Wollin.	3 km nach Bahnhof Swinemünde (1/3 Chaussee, 2/3 Kiesweg).	Caseburg			1,4 km bis Swinestrom (Kaiserfahrt)	1,00
		Roland	7,3 km Erdweg bis Swinemünde	4,00	2,1 km desgl.	1,00
		Kalkofen	3,7 km desgl.	2,25		
		Karlsruhe	2,5 „ „	2.00		
		Camminke	4,5 km mst. Chss. desgl.	3,00		
		Corswandt	3 km Edw. b. Ahlbeck	2,75		
			4,9 km (1/2 Chss.) bis Swinemünde	3,50		

327. Königl. Oberförsterei Jädkemühl, Rgbz. Stettin. (Karte 25.)

Jädkemühl, Post und Kreis Ueckermünde.	4,5 km unbefestigter Landweg bis Stadt Ueckermünde, u. von hier noch 2 km bis Bahnhof Ueckermünde. — Bis Bahnhof Torgelow 8 km unbefestigter Landweg. Pflasterung der Wegestrecke Ueckermünde-Torgelow erfolgt demnächst.	Jädkemühl	7 km Landweg bis Ueckermünde	1,50 bis 2,50	4 1/2 km bis Ueckerablage (Dunzig)	1,50 bis 2,50
		Bevernteich	6 km Erdweg bis Torgelow		6 km desgl.	
		Meiersberg	7 km Pflasterstraße bis Ueckermünde		3 1/2 km bis Ueckerabl. (Kirchenbruch)	
		Grambin	7 km meist Pflasterstraße b. Ueckermünde		3 km bis Haffablage (Mönkeb. u. Grambin)	
		Mönkebude	7 km desgl.		4 km desgl.	

Sitz der Oberförsterei nebst Poststation	Entfernung des Oberförstereisitzes von der nächsten Eisenbahnstation bezw. Haltestelle Post- und regelmäßige Reiseverbindungen auf Landwegen	Durchschnittliche Entfernungen und ungefähre Anfuhrkosten von den einzelnen Reviertheilen für Bahn- bezw. Wassertransport und zwar				
		Schutzbezirk	Entfernung bis Güterbahnhof	Anfuhrkosten pro fm M.	Entfernung bis Wasserablage	Anfuhrkosten pro fm M.

328. Königl. Oberförsterei Rothemühl, Rgbz. Stettin. (Karte 25.)

Rothemühl, Post, Kreis Ueckermünde.	9 km (davon 8 km gepflasterter Damm mit Sommerweg) nach Bahnhof Jatznik. — Reiseverbindungen bestehen nicht.	Hammelstall	Durchnittl. Entfern. nach den Bahnhöfen Jatznik und Strassburg beträgt 6 bis 15 km	3—3,5		
		Nettelgrund		3—3,5		
		Herrenkamp		2—2,5		
		Grünhoff		3—3,5		
		Rothemühl		3—3,5		

329. Königl. Oberförsterei Torgelow, Rgbz. Stettin. (Karte 25.)

Torgelow, Post, Kreis Ueckermünde.	Torgelow ist Station der Jatznik-Ueckermünder Bahn.	Die Entfernungen nach den Güterbahnh. Torgelow, Jatznik und Ferdinandshof, sowie nach den Ablagen an der schiffbaren Uecker betragen kaum 5 km. Anfuhrkosten 1—2 Mk. pro fm.

330. Königl. Oberförsterei Neuenkrug, Rgbz. Stettin. (Karte 25.)

Neuenkrug, Post Pasewalk, Kreis Ueckermünde.	7 km Pflasterstraße über Friedberg nach Pasewalk. 2 mal täglich Post.	Riesenbrück	12 km Pflaster bis Pasewalk 6,8 km Erdweg bis Torgelow	3,00 3,00		
		Uhlenkrug	11 km Pflaster bis Pasewalk 11 km Erdweg bis Torgelow	2,50 3,00		
		Stallberg	10 km Pflaster bis Pasewalk 8 km Erdweg bis Torgelow	2,50 2,50		
		Drögeheide	14 km Pflaster bis Pasewalk 7 km Erdweg bis Torgelow	3,50 2,00		
		Neuhaus	4km Erdw. b. Torgelow	2,00		

331. Königl. Oberförsterei Eggesin, Rgbz. Stettin. (Karte 25.)

Eggesin, Post, Kreis Ueckermünde.	Bahnstation am Orte.	Jägerbrück Borgwall Carpin	16—14 km Erdw. z. Th. Pfl. b. Eggesin	2,50 bis 3,50	8—12 km b. Randow-abl (Neumühle)	1,50
		Neu-Eggesin	1—3 km Erdweg bis Eggesin	1—1,5	1— 3 km desgl.	1,00
		Ahlbeck	5—8 km desgl.	1—1,5		
		Alt-Eggesin	1—5 km Erdw. u. Pfl. desgl.	1,00		
		Bellin	1—7 km Erdw. desgl. u. nach Ueckermünde	1,00	nahe am Haff (Bellin)	1,00

332. Königl. Oberförsterei Rieth, Rgbz. Stettin. (Karte 25.)

Rieth i/Pom., Post, Kreis Ueckermünde.	12 km Erdw. bis Bhf. Eggesin, (Pasewalk-Ueckermünde). — 12 km bis Stolzenburger - Glashütte (Stöwen-Stolzenbg.). — Im Som. tägl. 2 mal Dampfer nach Stettin, mit Fährboot Neuwarp. Fahrpost Vm. von Eggesin nach Rieth (sonst Privatfuhrw.).	Das Handelsholz wird mit der Waldbahn nach der Haff-Abl. zu Rieth geliefert und kann von hier mit Oder-Kahn den Wasserweg nach Stettin gehen, oder hier den Bahnhof erreichen. — Nach Schluß der Schifffahrt kommt Bahnhof Stolzenburger Glashütte in Betracht, 12 km; pro fm 3 Mk.; pro rm 2 Mk

333. Königl. Oberförsterei Mützelburg, Rgbz. Stettin. (Karte 25.)

Groß Mützelburg, Post, Kreis Ueckermünde.	10 km nach Bhf. Glashütte der normalspurigen Kleinbahn Stöwen-Glashütte. — 18 km nach Bhf. Eggesin (Jatznick-Ueckermünde). — 11 km nach Stadt Neuwarp mit tägl. Dampferverbindung nach Stettin.	Eichfeuer	5km Chss. b. Stolzenbg.	1,5	15 km Ldw. b. Haff (Rieth u. Albrechtsdf.)	3,00
		Zopfenbeck	6km Ldw. b. Glashütte	1,5		
		Glashütte	3 km desgl.	1,5		
		Jägerhof			10 km desgl.	3,00
		Gr. Mützelburg			10 km desgl.	3,00

334. Königl. Oberförsterei Ziegenort, Rgbz. Stettin. (Karte 25.)

Gr. Ziegenort, Post, Kreis Ueckermünde.	Nach Bhf. Jasenitz 8 km (dav. 2 Steinstr. u. 6 Sandw.). Außerdem Werktags täglich einmalige Dampferverb. mit Stettin, von Ziegenort Vorm. 3/4 7 Uhr, von Stettin Nachm. 2 Uhr im Winter; um 3 Uhr im Sommer.	Arneburg	4km Erdw. b. Jasenitz	1,50	4 km bis Haffabl. (Jasenitz)	1,50
		Neu-Ziegenort			4km desgl. (Ziegenort)	1,50
		Düsterort			6,5 km desgl.	2,25
		Horst			7,5 km desgl.	2,50
		Kl. Ziegenort			4,5 km desgl.	1,75

Flächengröße u. Character des Revieres. Vertheilung der Hauptholzarten n. Zehnteln.	Beschaffenheit des Wegenetzes im Reviere und der sich daran schließenden Abfuhrstr., sowie der etwaigen Wassertransportwege. Adressen von größeren Fuhrunternehmern.	Jahresquantum der Haupt=Verkaufshölzer nach Holzarten und Sortimenten (unter Abrechnung des Lokalbedarfs).

328. Königl. Oberförsterei Rothemühl,

4515 ha. — eben, außer Schbz. Hammelstall und Nettelgrund, welche hügelig sind. Ki. 0,5 Bu. 0,3 Ei. 0,2

Vom Dorf Rothemühl führt bis Bahnhof Jatznik ein gepflasterter Steindamm mit Sommerweg quer durch das Revier, und vom Bahnhof Jatznik eine Chaussee nach Pasewalk; sonst nur Sandwege. — Die Anfuhr durch Bauern in Rothemühl, Jatznik, Hammelstall, Eichhof und Müggenburg.

Schbz. Hammelstall 300 fm Ei.=Stmh. 1000 rm Bu.=Schichtnh.
„ Nettelgrund 700 „ „ „ 400 „ Ei.= „
100 fm Bu.=Stammh. 1500 rm Bu.=Scheitholz.
„ Herrenkamp 150 fm Ei.=Stammh. 1500 rm Ki.=Stammh.
„ Grünhof 100 „ „ „ 3000 „ „ „
„ Rothemühl 400 „ „ „ 2000 „ „ „
1000 fm Ei.=Schichtnutzholz.

329. Königl. Oberförsterei Torgelow,

4615 ha. — eben, zusammenhängend. Ki. 0,90 Bu. 0,01 Ei. 0,01 Erl. } 0,08 Bi. }

Die Berlin=Stettin=Stralsunder Chaussee geht durch die Schutzbezirke Hammer und Heinrichsruh; die Uecker und Randow berühren die Schutzbez. Spechtberg, Schmidtseiche und Torgelow; Ablagen vorhanden. — Fuhrunternehmer: Riefind, Kersten in Torgelow, Ruh in Heinrichsruh, Malzdorf, Berndt, Ganzer in Müggenbg.

Schutzbezirk	Stammh. (fm) Ki.	Stammh. (fm) Ei.	Grubh. Ki.	Brennh. (rm) Na.	Brennh. (rm) Ei.	Rollholz Erl.
Spechtberg	900		50 fm	200		
Schmidtseiche	2000	150	350 „	600	300	50 fm
Hammer	1000		350 „	500	150	
Torgelow	2500	50	100 „	600	80	
Heinrichsruh	2500	50	100 „	800	100	50 „

330. Königl. Oberförsterei Neuenkrug,

5170 ha. — eben, zushb. Ki. 0,95 Fi. } Ei. } Bu. } 0,05 Erl. }

In der Richtung von Pasewalk führt von Neuenkrug über Hohenholz bis Jägerbrück ein Pflasterdamm, von diesem gehen eine Anzahl Erddämme aus, welche das Revier weiter aufschließen. — Fuhrleute in Viereck und Kühlenmorgen.

Schbz. Riesenbrück 1400 fm Ki.=Langnutzh. 100 fm Ki.=Grubenh.
„ Uhlenkrug 1900 „ „ „ 100 „ „ „
„ Stallberg 1400 „ „ „ 100 „ „ „
„ Drögeheide 1400 „ „ „ 100 „ „ „
„ Neuhaus 2400 „ „ „ 100 „ „ „

331. Königl. Oberförsterei Eggesin,

7266 ha. — eben, zusammenhängend bis auf Bellin. Ki. 1,0

Erdwege, durch Alt=Eggesin und zum Theil Carpin Pflasterstr.; im Westen Flöß= und Schifffahrtsstr. auf der Randow. — Fuhrleute in Ahlbeck, Eggesin, Bellin, Hintersee, Gegensee.

Schbz. Jägerbrück 200 fm Ki.=Grubenh.
„ Borgwall 300 „ „ „ 2000 fm Ki.=Langholz.
„ Carpin 400 „ „ „ 1800 „ „ „
„ Neu=Eggesin 200 „ „ „ 1000 „ „ „
„ Ahlbeck 150 „ „ „ 1500 „ „ „
„ Alt=Eggesin 200 „ „ „ 3500 „ „ „
„ Bellin 200 „ „ „

332. Königl. Oberförsterei Rieth,

5026 ha. — eben und zusammenhgd.

Nur lose, unbefestigte Sand= und Erdwege, die durch die vorhandene Waldbahn nicht in Frage kommen. Fracht nach Stolzenburger Glashütte nur bei starkem Frost. — Fuhrleute: Börner in Gr. Mützelburg, Bauern in Althagen, Wahrlang, Ahlbeck bei Ueckermünde.

Schbz. Moorbrügge 2000 fm Ki.=Bauh. 1000 rm Ki.=Grubenh.
500 rm Brennholz.
„ Riether=Neuhaus 500 rm Ki.=Grubh. 500 rm Brennholz.
„ Rieth 500 „ „ „ 500 „ „
„ Rehhagen 2000 fm Ki.=Bauh. 1000 rm Ki.=Grbh. 200 rm Brh.
„ Kl.=Mützelburg 800 fm Ki.=Bauh. 1000 rm Ki.=Grubenh.
200 rm Brennholz, 100 fm Ei.=Bauholz, 50 rm Ei.=Schichtnutzholz.
150 rm Brennholz.

333. Königl. Oberförsterei Mützelburg,

6968 ha. — eben, zusammenhängend, Sand. Ki. 0,8 Ei. 0,2 Bu., Erl., Bi.

Außer den Chausseen Entepöhl=Stolzenburg=Bahnhof Grambow nur Sandwege; fiskalische Waldbahn zur Wasserablage Rieth am Neuwarper See (Stettiner Haff). — Fuhrleute: Kilias in Hintersee bei Gr. Mützelburg, Scholmin in Großmützelburg.

Schbz. Eichfeuer 1000 fm Ki.=Stammh. 200 fm Ki.=Grubenholz.
100 fm Erl.=, Bi.=Nutzholz.
„ Zopfenbeck 500 fm Ki.=Stammh. 300 fm Ki.=Grubenh.
100 fm Bu.=, Erl.= und Bi.=Nutzholz.
„ Glashütte 100 fm Ki.=Grubenh. 100 fm Erl.= u. Bi.=Nutzh.
„ Jägerhof 2000 fm Ki.=Stammh. 300 fm Ki.=Grubenh.
„ Großmützelburg 2500 fm Ki.=Stammh. 200 fm Ki.=Grbh.
50 fm Ei.=Stammholz.

334. Königl. Oberförsterei Ziegenort,

4831 ha. — eben und zusammenhgd. Ki. 0,8 Ei. 0,1 Bu. } 0,1 Erl. }

Von der Ablage in Ziegenort bis Försterei Düsterort (ziemlich Mitte des Reviers) 6 km Steinstraße und desgl. bis Neu=Ziegenort 2 km Steinstraße. Sonst innerhalb gute Ausfuhrstraßen. — Fuhrleute in Hammer Roßfeldt und Vormelker, in Althagen Schmidt, in Gr. Ziegenort Lindner, Wille und Pfahl.

Schutzbezirk	Langh. (fm) Ei.	Langh. (fm) Bu.	Langh. (fm) Ki.	Schichtn. (fm) Ei.	Schichtn. (fm) Bu.	Grubh. Ki.	Kloben (fm) Ei.	Kloben (fm) Bu.	Kloben (fm) Ki.
Arneburg			300			800 fm			200
NeuZiegenort			800			400 „			200
Düsterort			800			600 „			300
Horst	150	50	500	100	20	650 „	200	200	200
Kl. Ziegenort	100	20	500	20	20	550 „	100	150	200

Ganzes Revier: 200—250 fm Erl.=Schichtnutzholz.

Oeffentliche Holzlicitationen finden statt in:	Unterkommen im Gasthofe f. Holzhändler, Forst-Assessoren u. Referendare in möglichster Nähe der Oberförsterei	Zustand des Oberförsterdienst-Gebäudes	Wo Kirche? Wo Schule? In welcher Zeit zu erreichen?	Wo Arzt, wo Apotheke, wo Amtsgericht?	Nebenämter des Revierverwalt. — Wenn ständiger Assistent vorhanden, wo wohnt derselbe?
Rgbz. Stettin. (Karte 25.)					
In Rothemühl, Gasth. Jonas und Schulz. In Jatznik, Gasth. Erdmann.	Bei nicht zu hoh. Ansprüchen in Rothemühl, 1 km, bei Jonas und Schulz. In Jatznik, 9 km, Gasth. Erdmann.	Neueres Gebäude, 1 km südöstl. von Rothemühl, (800 Einwohner), an dem Landwege Rothemühl-Kl. Luckow gelegen. Nächste Stadt ist Pasewalk, 15 km, 10300 Einwohn., Garnison.	Ev. Kirche, Pfarre und Schule im Dorfe Rothemühl. Kathol. Kirche u. Progymnasium in Pasewalk.	In Ferdinandshof, 12 km. Amtsgericht in Pasewalk.	Amtsvorsteher. — Wohnung für verheiratheten Assessor nicht zu haben.
Rgbz. Stettin. (Karte 25.)					
In Torgelow, Krälings Gasth.	In Torgelow, Gasth. von Kräling, Utz und Dannenberg.	Altes, geräumiges 1stöckiges Wohnhaus, Wirthschaftsgeb. mangelhaft, am Nordost-Ausgange des Dorfes Torgelow (5300 Einwohner), gel. Kreisstadt Ueckermünde, 6500 Einwohner, 30 Minuten Bahnfahrt.	Evang. Kirche mit 2 Geistlichen sowie Schulen mit 16 Lehrern im Orte.	2 Aerzte u. Apotheke in Torgelow. Amtsgericht in Ueckermünde.	Verheiratheter Assessor findet im Orte unschwer Wohnung.
Rgbz. Stettin. (Karte 25.)					
In Pasewalk, Schützenpark.	In Pasewalk, 6,7 km, Hot. Stuthmann. In Torgelow, 10 km, Hotel deutsches Haus.	Schönes Gebäude, 1 km westlich von Viereck. Nächste Stadt Pasewalk, 7 km, 10300 Einwohner, Garnison.	Ev. und kath. Kirche in Viereck, alle 4 Wochen, sonst in Pasewalk, 7 km; dort auch Progymnasium. $1^3/_4$ Stunden Pflasterstraße.	In Pasewalk, 6,7 km.	Gutsvorsteher. Amtsanwalt. — Verheiratheter Assessor kann ev. in Viereck bescheidene Wohnung finden.
Rgbz. Stettin. (Karte 25.)					
In Eggesin, Gasth. Ulrich.	In Eggesin, Gasth. Ulrich.	Neues, 2stöckiges Dienstgeb., mitten im Dorf Eggesin. Wirthschaftsr. beschränkt. Nächste Stadt Ueckermünde, Kreisstadt, 6500 Einwohner, 15 Minuten Bahnfahrt.	Ev. Kirche in Eggesin. Kath. Kirche in Hoppenwalde, 3 km.	Arzt in Eggesin, Apothek. in Torgelow, Amtsgericht in Ueckermünde.	Staatsauff. über 2 Interessenten-Forsten. — Verheirath. Assessor kann in Eggesin wohnen.
Rgbz. Stettin. (Karte 25.)					
In Rieth, Gasth. Schultz.	In Rieth, Gasth. O. Schultz.	Sehr schönes, schloßähnliches Gebäude am Neuwarper See (Stettiner Haff) am Dorfe Rieth (150 Einwohn.), mit guten Wirthschaftsr. u. Park. Nächste Stadt das wenig empfehlenswerthe Neuwarp, 8 km, 1950 Einw. — Ueckermünde, 6500 Einw., 15 km.	Ev. Kirche u. Dorfschule in Rieth, Pfarre in Lückow, 8 km; kath. Kirche in Hoppenwalde, 12 km. Gymnasium in Stettin.	In Neuwarp, durch Telephon zu erreichen.	Amtsvorsteher. — Wohnungsverhältnisse für verheirath. Assessor ungünstig.
Rgbz. Stettin. (Karte 25.)					
In Großmützelburg, Gasth. von Scholmin und Schmidt.	In Großmützelburg, Gasth. v. Scholmin u. Schmidt (sehr mäßig).	Sehr schönes, neues und geräum. Haus in hübsch. Lage am See im Dorfe Großmützelburg (300 Einwohner). — Kreisstadt Ueckermünde, 6500 Einwohner, 20 km.	Kirche in Hintersee oder Rieth (ev.); Dorfschule im Orte.	In Neuwarp, 11 km.	Amtsvorsteher, nur für den fiskal. Forst-Gutsbezirk.
Rgbz. Stettin. (Karte 25.)					
In Gr. Ziegenort, Gastw. Wüster.	In Gr. Ziegenort, Gastwirth Wüster.	Die Oberförsterei liegt im Dorfe Gr. Ziegenort (2000 Einwohn.). Wohnhaus und Wirthschaftsgebäude in den Jahren 1780—1796 erb. Wohnhaus gut.	Evang. Kirche und Pfarre, desgl. eine 4klassige Schule im Dorfe. Höhere Schulen in Stettin.	Arzt mit Hausapoth. in Gr. Ziegenort. Amtsger. in Neuwarp, 21 km.	Amtsvorsteher.

Flächengröße u. Character d. Reviers. — Vertheilung der Hauptholzarten nach Zehnteln.	Beschaffenheit des Wegenetzes im Reviere und der sich daran schließenden Abfuhrstraßen, sowie der etwaigen Wassertransportwege. Adressen von größeren Fuhrunternehmern.	Jahresquantum der Haupt=Verkaufshölzer nach Holzarten und Sortimenten (unter Abrechnung des Lokalbedarfs).

335. Königl. Oberförsterei Falkenwalde,

4816 ha. — eben, 4 Parzellen. Ki. 0,88 Ei. 0,07 Erl. } Bi. } 0,03 Bu. 0,02

Straßen im Revier und daranschließende Straßen zur Chaussee hin vielfach sandig. — Fuhrleute Bauer in Falkenwalde, Prell in Altleese, Baumann in Trestin, Roloff in Jasenitz, Fechtner in Hagen, Reiske in Barne, Ganson in Polchow.

Schbz. Lienken 300 fm Ki.=Stammh.
„ Leese 500 fm Ki.=Stammh. 900 fm Ei.= 100 fm Bu.=Stmh.
„ Vorheide 150 fm Ei.= 60 fm Bu.=Stammh.
„ Rönnewerder 2000 fm Ki.=Stmh. 250 rm Cementtonnenh.
„ Neu=Jasenitz 1800 fm Ki.=Stammh. 250 „ „
„ Neuhaus 1500 „ „ „ 250 „ „

336. Königl. Oberförsterei Stepenitz,

5416 ha. — eben, zusammenhängend. Ki. 0,90 Ei. 0,05 Bu. 0,03 Erl. 0,02

Chaussee von Stepenitz zur Chaussee Gollnow=Wollin; Königs= und Gentzkekanal für die Schutzbezirke Stepenitz=Gnageland. Gubenbach für Flößerei von Ki.=Grubenholz und Brennholz. Wasserweg von Stepenitz nach Stettin ꝛc. auf der Oder. Schützendorfer Kanal zum Königskanal und der Krampe. — Fuhrleute in Stepenitz, Schützendorf, Ganserin, Flaake, Sarnow, Amalienhof, Kattenhof, Hackenwalde.

Schutzbezirk	Stammh. (fm) Ei.	Stammh. (fm) Ki.	Rollholz (fm) Ei.	Rollholz (fm) Bu.	Rollholz (fm) Ki.	Kloben Ki.
Schmelzenforth	100	1500	10	20	200	300 rm
Stepenitz	50	1300	10	20	200	300 „
Gnageland		200			200	
Schöneiche	300	2500	30	50	200	400 „
Köckeritz	300	1700	30		200	300 „
Rehdamm	100	2000	20		200	300 „

337. Königl. Oberförsterei Hohenbrück,

5224 ha. — zusammenhängend, eben. Ki. 0,8 Ei. 0,1 Bu. 0,1 Wh.

Die Chausseen Gollnow=Cammin und Pribbernow=Stepenitz durchschneiden das Revier. Außerdem für Brenn= u. Grubenholz flößbarer Gubenbach im Revier. — Fuhrunternehmer in Köpitz, Hohenbrück, Hammer, Pribbernow, Gollnow, Dischenhagen, Medewitz, Flaake.

Schutzbezirk	Langholz (fm) Ei.	Langholz (fm) Bu.	Langholz (fm) Ki.	Grbh. Ki.	Kloben (rm) Ei.	Kloben (rm) Bu.	Kloben (rm) Ki.
Honigkathen	50	50	2275	325 rm	20	200	330
Wächtershöhe	90	30	2365	300 „	35	225	330
Hohenbrück	230	20	1950	440 „	140	120	170
Pribbernow	370	10	2600	480 „	200	90	230
Neuhaus	115	70	750	280 „	80	270	160

338. Königl. Oberförsterei Rothenfier,

4896 ha. — eben, parzellirt. Ki. 0,8 Bu. } Ei. } 0,1 Erl. } Bi. } 0,1

Im Revier meist guter Landweg, z. Th. mit Lehmbahn und fahrbare Gestelle. — Außerhalb des Reviers streckenweise Chaussee, sonst ebenfalls unbefestigter Landweg. Für Gülzow ist Ladestelle an der im Bau begriff. Kleinbahn Gülzow=Greiffenberg i. Walde im Bau. — Fuhrl. in Damerow Rohde, in Naugard Steckling, in Gülzow Siewert, Bauern in Rothenfier, Barchentin und Immenhof.

Schutzbezirk	Stammholz (fm) Ei.	Stammholz (fm) Bu.	Stammholz (fm) Ki.	Schichtnutzholz (rm) Ei.	Schichtnutzholz (rm) Bu.	Schichtnutzholz (rm) Erl.	Schichtnutzholz (rm) Ki.
Retztow			700				100
Neuwald		50	900				700
Schaafbrück		20	900				700
Trechel			400			50	500
Sagersberg	50	100	700	50	50	80	150
Balbitzow			700			50	300
Gülzow	150		1800	150			500

339. Königl. Oberförsterei Pütt,

4825 ha. — eben zushgd. Ki. 1,0

Im Revier überall fahrbare Gestelle und gute Wege. Außerhalb Chaussee u. Bahn von Alt=Damm=Gollnow. Im O. schiffb. Ihna=Fluß, im W. in 3 km Entfernung der Dammsche See. — Fuhrleute Bauern in Rörchen, Gr. u. Kl. Christinenburg, Unter= u. Ober=Karlsbach.

Schbz. Ober=Karlsbach 1200 fm Nutzholz }
„ Hornskrug 1200 „ „ }
„ Unter=Karlsbach 1100 „ „ } Kiefern
„ Püttkrug 100 „ „ }

340. Königl. Oberförsterei Friedrichswalde,

6096 ha. — eben. Ki. 1,0

Erdwege von mittlerer Beschaffenheit im Revier. Durch Schbz. Bahrenbruch führt die Chaussee Stargard=Altdamm. In Hohenkrug Personenhaltestelle. — Fuhrleute in Carolinenhorst, Friedrichswalde, Hohenkrug u. Zimmermannshorst.

Schbz. Barenbruch 1200 fm Na.=Langholz
„ Postbaum 900 „ „ „
„ Gelüch 1200 „ „ „
„ Friedrichswalde 2800 „ „ „
„ Augustwalde 1000 „ „ „

341. Königl. Oberförsterei Mühlenbeck,

3772 ha. — zusammenhängend, leicht hügel. bis berg., nur z. klein. Theil eben. Bu. 0,8 Ei. 0,1 Ki. 0,1

Zum großen Theil ausgebautes Wegenetz, vielfach Pflasterstrecken und Chaussirung, sowie Kiesbahnen, letztere auf schwerem Boden mit Holzunterlage. Wasser=Holzablage in Altdamm für Kahntransport auf der Oder. — Fuhrleute in Neumark, Mühlenbeck, Buchholz und Rosengarten bei Altdamm.

Schutzbezirk	Stammholz (fm) Bu.	Stammholz (fm) Ki.	Schichtnutzh. (rm) Bu.	Schichtnutzh. (rm) Erl.
Buchenhain	100		900	
Mühlenbeck	150		600	150
Colow	30		350	200
Buchholz	600	200	1550	50

Ganzes Revier: 50 fm Ei.=Rollh. 15 000 rm Bu.=Brennholz.

Oeffentliche Holzlicitationen finden statt in:	Unterkommen im Gasthofe f. Holzhändler, Forst-Assessoren u. Referendare in möglichster Nähe der Oberförsterei	Zustand des Oberförsterdienst-Gebäudes	Wo Kirche? Wo Schule? In welcher Zeit zu erreichen?	Wo Arzt, wo Apotheke, wo Amtsgericht?	Nebenämter des Revierverwalt. — Wenn ständiger Assistent vorhanden, wo wohnt derselbe?
Rgbz. Stettin. (Karte 25)					
In Falkenwalde, Gasth. Neumann.	In Falkenwalde, Gasth Fetting u. Gasth. Neumann.	Wohnhaus alt, hart an der Chaussee im Dorf Falkenwalde (700 Einw.), Jägerhaus neu. Wirthschaftsgeb. ausreichend.	Ev. Kirche u. Pfarre im Dorfe. Kathol. Gottesdienst in Stettin.	Arzt u. Apotheke in Pölitz.	Amtsvorst. Forstamtsanw. Verw. der Milit.-Forst Krekower Schießplatz. — Wohn. für verheirath. Assessor in Falkenwalde erhältl.
Rgbz. Stettin. (Karte 25.)					
Abwechselnd bei Passoth und Fischer im Flecken Gr. Stepenitz.	Im Flecken Gr. Stepenitz, Hotel Passoth, 2 Min. und in Fischer's Hotel, 10 Min. (in der Nähe der Dampfer-Anlagestell.).	Sehr gutes, geräumig., 1786 erbautes Geb. in Stepenitz (gehört zum Dorfe Gr. Stepenitz); Flecken und Dorf Gr. Stepenitz gehen unmittelbar ineinander über. Lage an der Hauptstraße, in Verbindung mit der Chaussee.	Kirche und Volksschule am Orte, 2 Minuten von der Oberförsterei.	Am Orte.	Amts- u. Gutsvorst. Forstamtsanw. Kgl. Patronatsvertreter. — Wohnung für verheiratheten Assessor im Orte zu haben.
Rgbz. Stettin. (Karte 25.)					
In Hohenbrück, Kroll's Gasth.	In Hohenbrück, Gasth. Kroll und Rentier Metzel.	Neues, zweistöckiges Haus in Hohenbrück (10 heizbare Zimmer, 2 heizb. Kellerräume). Wirthschaftsr. beengt. Nächste Stadt Gollnow, 15 km, 8500 Einwohner.	Ev. Pfarre in Stepenitz, 9 km. Dorfschule im Orte.	Arzt u. Apoth. in Gollnow, 15 km, in Stepenitz, 9 km. Amtsger. in Stepenitz.	Amtsvorsteher und mehrere unbesoldete Ehrenämter.
Rgbz. Stettin. (Karte 25.)					
In Rothenfier, Gasth. Falk. In Gülzow, Hotel Fuchs und Brauerei Schürmann.	In Rothenfier, bei Falk (bei bescheid. Anspr.) In Trechel, bei Thiede. Nördl. Revierth. in Gülzow, Hotel Fuchs.	Gutes, neues Gebäude mit geräum. Wohn- und Wirthschaftsr. Stallung u. s. w in gutem Zustande und geräum., im Dorfe Rothenfier gel. Nächste Stadt Naugard, 15 km, Kreisstadt, 5000 Einwohner, Bezirks-Commando.	Ev. Kirche im Dorf, Pfarre in Strelowhagen, 4 km. Progymnas. in Gollnow. Nächst. Gymnasium in Greifenberg.	In Naugard (Telephonanschluß).	Gutsvorst. Forstamtsanwalt für Amtsger. Naugard und Cammin — Unterk. für verheiratheten Assessor in Naugard erhältl., 15 km. — Von hier Chauss. bis zum Revier.
Rgbz. Stettin. (Karte 25.)					
In Gr. Christinenberg, bei Zapp.	In Gr. Christinenberg, bei Zapp, 2 km von der Oberförsterei (Unterkommen beschränkt.)	Ganz altes Wohnhaus, an Chaussee, isolirt. Wirthschaftsgebäude geräumig. Bequeme Verbindung. 45 Min. Bahnfahrt nach Stettin, 210600 Einwohner, Ober-Landesgericht, Garnison.	Kirche in Friedrichswalde. Gymnas. in Stettin (Bahnverbind., aber kein passender Frühzug).	In Gollnow, 12 km. Arzt auch in Altdamm, 11 km.	Amtsvorsteher. — Wohnung für verheiratheten Assessor nicht zu haben.
Rgbz. Stettin. (Karte 25.)					
In Friedrichswalde, bei Hullmann. In Carolinenhorst, bei Gerneth.	In Friedrichswalde, bei Hullmann (mäßig). In Carolinenhorst, bei Gerneth; besser in Altdamm.	Altes Fachwerkgebäude im Dorfe Friedrichswalde, wenig Raum. Stargard, 15 km, 26800 Einwohner. Stettin, 13 km, 210600 Einwohner.	Ev. Kirche in Friedrichswalde. Höhere Schulen in Stargard u. Stettin.	In Stargard.	Gutsvorsteher. Forstamtsanw.
Rgbz. Stettin. (Karte 25.)					
In Mühlenbeck, Gasth. Schleusner. In Neumark, Gasth. Buchholz.	In Mühlenbeck, Gasth. Schleusner. In Hohenkrug Pagels 2½ km. Gasth. Kellerbecks Mühle (1,5 km von Oberförsterei) einfach.	Neues geräum. Gebäude am Ende des Dorfes Mühlenbeck (600 Einw.), 0,5 km von Chaussee und Kleinbahn. Ausr. Wirhschaftsr. Nächste Stadt Altdamm, 6800 Einwohner, Garnis., 9 km Chss. — Kreisst. Greifenhagen, 6400 Einw., 22 km Chss., od. über Stettin mit Bahn zu erreichen.	Ev. Kirche im Ort. Höhere Schulen in Stettin. Schulbesuch mit Kleinbahn 6^{30} bezw. 7 Uhr früh möglich, aber sehr anstrengend.	Arzt in Hohenkrug, 2,5 km. Apotheke in Altdamm u. Neumark, 9 km.	Forstamtsanw. Amtsvorsteher. — Verheiratheter Assessor könnte nothdürftig in Mühlenbeck wohnen.

Sitz der Oberförsterei nebst Poststation	Entfernung des Oberförstereisitzes von der nächsten Eisenbahnstation bezw. Haltestelle. Post- und regelmäßige Reiseverbindungen auf Landwegen.	Durchschnittliche Entfernungen und ungefähre Anfuhrkosten von den einzelnen Reviertheilen für Bahn- bezw. Wassertransport und zwar: Schutzbezirk	Entfernung bis Güterbahnhof	Anfuhrkosten pro fm M.	Entfernung bis Wasserablage	Anfuhrkosten pro fm M.
335. Königl. Oberförsterei Falkenwalde, Rgbz. Stettin. (Karte 25.)						
Falkenwalde, Post, Kreis Randow.	16 km Chaussee nach Stettin (1mal täglich fahr. Briefbote, nimmt 1 Person mit). — 8 km Steindamm nach Poelitz. (Von Poelitz außer der Bahn auch Dampferverbindung nach Stettin.) — Von Falkenwalde über Lienken nach Grambow, ca. 21 km, davon 14 km Erdweg.	Rönnewerder, Neujasenitz, Neuhaus	21 km bis Stettin 13 km bis Poelitz	3,50 2,50		
		Leese	14 km bis Stettin 7 „ „ Poelitz	4,00 2,50		
		Vorheide	15 „ „ Stettin	4,00		
		Lienken	14 „ „ „ 6 „ bis Grambow	2,50 1,80		
336. Königl. Oberförsterei Stepenitz, Rgbz. Stettin. (Karte 25.)						
Stepenitz, Post, Kreis Cammin.	Nach Bahnhof Gollnow (Landweg) 19 km. — Nach Bahnhof Rackitt (Chaussee) 24 km. Tägliche Dampferverbindung nach Stettin (außer Sonn- und Festtagen).	Schmelzenforth	12 km Landweg bis Gollnow	3,50	3 km bis Schützend.-Canal	1,80
		Stepenitz			3 km bis Papenwasser (Stepenitz)	1,50
		Gnageland			2 km bis Königs-Canal	1,00
		Schöneiche	15 km Landweg bis Gollnow	4,00	3—4 km bis Papenwasser (Stepenitz)	1,50
		Köckeritz	15 km Chaussee bis Rackitt	4,00	5 km bis Gubenbach	1,00
		Rehdamm	20 km desgl.	5,00	5 km bis Papenwasser (Stepenitz)	2,50
337. Königl. Oberförsterei Hohenbrück, Rgbz. Stettin. (Karte 25.)						
Hohenbrück, Post, Kreis Cammin.	7 km bis Haltestelle Honigkathen (Stettin-Cammin) sandiger Landweg. — 15 km bis Bahnhof Gollnow (davon 6 km Chaussee) über Münchendorf-Amalienhof. — 9 km bis Stepenitz am Haff (Dampferverbind. mit Stettin).	Honigkathen	6 km z. Th. Chaussee bis Cantreck	2,00		
		Wächtershöhe	7 km z. Th. Chauss. bis Gollnowshagen	3,00	nahe bei Ablage am Gubenbach	
		Hohenbrück			nahe b. Abl. Gubenb. 9 km b. Haff (Step.)	0,75 2,50
		Pribbernow	8 km ($^1/_3$ Chaussee) bis Cantreck	3,00	10 km bis Haff (Stepenitz)	2,50
		Neuhaus	11 km Chaussee bis Rackitt	3,00	12 km bis Haff (Stepenitz)	2,5—4
338. Königl. Oberförsterei Rothenfier, Rgbz. Stettin. (Karte 25.)						
Rothenfier, Post, Kreis Naugard.	15 km (davon 8 km Chaussee) nach Naugard (Altdamm-Colberg). — 7 km Landweg nach Cantreck (Gollnow-Cammin). Täglich einmal Fahrpost nach Naugard; Telephon ebendahin.	Retztow	11 km Chaussee bis Naugard 4 km Landw. bis Schönhagen	3,00 1,00		
		Sagersberg	18 km (11 km Chss.) bis Rackitt	3,50		
		Neuwald	10 km meist Chaussee bis Naugard	2,00		
		Schaafbrück	10 km meist Chaussee bis Naugard	2,00		
		Trechel	8 km Landweg bis Cantreck	2,00		
		Balbitzow	13 km meist Chaussee bis Naugard	2,50		
		Gülzow	14 km meist Chaussee bis Rackitt	2,50		
339. Königl. Oberförsterei Pütt, Rgbz. Stettin. (Karte 25.)						
Pütt, Post Gr. Christinenberg, Kreis Naugard.	1 km bis Bahnh. Gr. Christinenberg.	Ober-Carlsbach	5 km Sandweg bis Gr. Christinenberg	1,75		
		Hornskrug	3—4 km desgl.	1,25		
		Unter-Carlsbach	6 km desgl.	2,00	1 km bis Ihna-Abl.	0,75
340. Königl. Oberförsterei Friedrichswalde, Rgbz. Stettin. (Karte 25.)						
Friedrichswalde, Post Hinzendorf, Kreis Naugard.	7 km schlechter Erdweg nach der Bahnstation Carolinenhorst, ohne besond. Beförderungsgelegenheit.	Barenbruch	4,5 km Erdweg bis Carolinenhorst			
		Postbaum	3,3 km desgl.			
		Gelüch	4,8 km „			
		Friedrichsw.	5,5 km „			
		Augustwalde	5,8 km „			
341. Königl. Oberförsterei Mühlenbeck, Rgbz. Stettin. (Karte 25.)						
Mühlenbeck, Post, Kreis Greifenhagen.	9 km Chaussee bis Bahnhof Altdamm. — 5 km (zur Hälfte Landweg) bis Hohenkrug. — 0,5 km bis Haltestelle Mühlenbeck der Kleinbahn Neumark-Finkenwalde (normalspurig), die 3mal täglich Verkehr von und nach Stettin vermittelt.	Buchenhain, Mühlenbeck, Buchholz, Colow	Anfuhr aus allen Schutzbezirken nach Bahnhof Altdamm, z. Th. Chaussee, z. Th. Landweg, pro fm Langholz 3,50—4,50 Mk., pro rm Brennholz 1,50 bis 2,50; nach den Kleinbahnstationen Neumark, Mühlenbeck, Hohenkrug, Königsweg pro rm 1,0—1,50 Mk.		Anfuhr aus allen Bezirken zur Oderablage (Altdamm), zum Theil Chaussee, zum Theil Landweg pro fm Langholz 3,50 bis 4,50 M.	

Sitz der Oberförsterei nebst Poststation.	Entfernung des Oberförstereisitzes von der nächsten Eisenbahnstation bezw. Haltestelle. Post- und regelmäßige Reiseverbindungen auf Landwegen.	Durchschnittliche Entfernungen und ungefähre Anfuhrkosten von den einzelnen Reviertheilen für Bahn- bezw. Wassertransport und zwar				
		Schutzbezirk	Entfernung bis Güterbahnhof	Anfuhrkosten pro fm M.	Entfernung bis Wasserablage	Anfuhrkosten pro fm M.
342. Königl. Oberförsterei Klütz, Rgbz. Stettin. (Karte 25.)						
Klütz, Post Ferdinandstein, (Verlegung der Oberförsterei nach Podejuch steht bevor), Kreis Greifenhagen.	2,8 km meist Pflaster u. Kieschaussee bis Bahnhof Podejuch (Stettin-Küstrin), von dort 1/4 Stunde Eisenbahnfahrt nach Stettin. — Noch 4 km über Podejuch hinaus (meist Pflaster) Haltestelle Finkenwalde (Stettin-Stargard).	Wittstock	7—9 km bis Podejuch		7—9 km bis Oderabl. (Reglitz)	
		Bienow	8 km desgl. und nach Altdamm		8 km desgl.	
		Clebow	4 km bis Podejuch		4 km desgl.	
		Hökendorf	7—8 km bis Alt-Damm		7—8 km bis Damm-sche-See	
		Podejuch	3—4 km bis Podejuch		3—4 km bis Oderabl. (Reglitz).	
343. Königl. Oberförsterei Grünhaus, Rgbz. Stettin. (Karte 25.)						
Grünhaus, Post Treptow a/Rega, Kreis Greifenberg i/P.	3,7 km Steinpflasterstraße resp. Chaussee nach Bahnhof Treptow a/R.	Hohenholz	12 km (6 km Landweg und 6 km Chss.) bis Treptow	3,50		
		Jungfernholz	5 km (3,7 km Pflast., Rest Kieschaussee) bis Treptow	2,50		
344. Königl. Oberförsterei Kehrberg, Rgbz. Stettin. (Karte 25.)						
Kehrberg, Post, Kreis Greifenhagen i/P.	3 km bis Haltestelle Kehrberg der Stettin-Küstriner Bahn.	Steinwehr	8 km Landweg bis Königsberg	2,50		
			10 km Landweg bis Uchtdorf	3,00		
		Lispfuhl	4 km Landweg bis Uchtdorf	2,00		
		Kehrberg	3 km Landweg bis Kehrberg	1,50	10 km bis Oderabl. (Nipperwiese)	3,50
		Fiddichow			4 km desgl.	2,00
		Gr. Schönfeld	2 km Landweg und 8 km Chaussee bis Wilhelmsfelde	3,50		
345. Königl. Oberförsterei Gramzow, Rgbz. Potsdam. (Karte 25.)						
Gramzow, Post, Kreis Angermünde.	7 km Erdweg nach Warnitz (Angermünde-Stralsund), oder 12 km (davon 4 km Chaussee) über Dorf Gramzow nach Passow (Angermünde-Stettin). Vom Dorf Gramzow (4 km Landweg von Oberförsterei) nach Passow und nach Prenzlau täglich Fahrpost 1mal hin und zurück.	Melzow	3 km Erdweg bis Warnitz	3—3,5		
		Dreiecksee	4 km desgl.	3,50		
		Zehnebeck	3 km Landweg und 8 km Chaussee bis Passow	4,00		
		Caselow	6 km meist Chaussee bis Löcknitz	4,00		
		Löcknitz	3 km Landweg bis Löcknitz	2,50		
346. Königl. Kronfideicommiß-Oberförsterei Heinersdorf, Rgbz. Potsdam. (Karte 25.)						
Schwedt a/O., Prinz Heinrichstraße 2, Post, Kreis Angermünde.	Schwedt a/O. ist Bahnstation. Bei offenem Wasser Dampferverbindung von und nach Stettin auf der Oder.	Wildbahn			2 km bis zur Oder	2—2,5
		Gartzer-Grenze			3 " " " "	2,5—3
		Bayerswald			4 " " " "	1—2,5
		Berkholz			4 " " " "	2—3
		Torfbruch			6 " " " "	3—4
		Für Brennholz im Ganzen durchschnittlich 75 Pf. pro fm bis zur Oder.				
347. Königl. Kronfideicommiß-Oberförsterei Wildenbruch, Rgbz. Stettin. (Karte 25.)						
Wildenbruch, Post, Kreis Greifenhagen.	Wildenbruch ist Endstation der Kreisbahn von Greifenhagen. — 14 km bis Station Uchtdorf, oder 18 km bis Königsberg (beides Strecke Stettin-Breslau). — 8 km bis Station Schönfliess (Secundärbahn von Pyritz nach Jaedickendorf-Wrietzen-Berlin).	Rufen	5 km Chaussee bis Rufen und Kerkow	5,00		
		Neuendorf	8 km bis Bahn	4,50		
			4 km Landweg bis Beyersdorf	4,50		
		Wildenbruch	4—8 km Landweg bis Beyersdorf	5—6		
		Thänsdorf	8 km Landweg bis Bahn	6,00		
			5 km Landweg bis Wildenbruch	3,00		
		Selchow	8 km bis Uchtdorf	5,00		
			14 km Landweg bis Königsberg	6,00		
348. Königl. Kronfideicommiß-Oberförsterei Peetzig, Rgbz. Frankfurt a/O. (Karte 25.)						
Peetzig a/O., Post, Kreis Königsberg, Neumark.	Von Peetzig bis Königsberg (Neumark) 16 km. Von Peetzig bis Schwedt 14 km. Personenpost ab 8½ Uhr Vorm. Wege von der Oberförsterei zu den Bahnstationen Erdwege.	Kl. Peetzig			6—8 km bis Oderabl.	3,00
		Schneidemühl			5—8 " " "	2,75
		Dreipfuhl			2—6 " " "	2,25
		Oberwald			2—4 " " "	1,75
		Grabow			1—7 " " "	2,00
		Roderbeck			3—8 " " "	3,00

Flächengröße u. Charakter des Reviers. Vertheilg. der Hauptholzarten nach Zehnteln.	Beschaffenheit des Wegenetzes im Reviere und der sich daran schließenden Abfuhrstraßen, sowie der etwaigen Wassertransportwege. Adressen von größeren Fuhrunternehmern.	Jahresquantum der Haupt-Verkaufshölzer nach Holzarten und Sortimenten (unter Abrechnung des Lokalbedarfs).

342. Königl. Oberförsterei Klütz,

2918 ha. — stark hügel., im SW. z. Th. eben. Zusammenh.; bis auf Stecklin (Oedland) 22 km. Bu. 0,5 Ki. 0,4 Ei. 0,1

Im Revier streckenweise Pflaster- u. Kies-Chauss., außerhalb meist unbefest. Landwege bis Podejuch und Altdamm bezw. an d. Dammschen See-(Abl.) u. die Oder- (Reglitz) Abl. bei Sydowsaue, Klütz u. Retzowsfelde. — Fuhrl. Grenzmann in Sydowsaue, Tesch, Kiwitt und Wegener in Hökendorf, Bauern in Klütz u. Rosengarten bei Altdamm.

Schutzbezirk	Stammh. (fm) Bu.	Stammh. (fm) Ki.	Schwellholz Bu.	Grbh. Ki. (rm)	Schichtnutzh. (rm) Bu.	Schichtnutzh. (rm) Ki.	Brnh. (rm)
Wittstock	50		50	500	200	1000	750
Bienow			50		400		1200
Clebow		2000		200		400	800
Hökendorf	600		150		1100		1250
Podejuch	50	200	100	300	400	1000	900

Ganzes Revier: 50 fm schw. Ei.-Stämme, 500 Ki.-Derbst. 100—150 fm Erl.-, Esch.-, Hbu.-Rollen.

343. Königl. Oberförsterei Grünhaus,

2317 ha. — eben, parzellirt. Ki. 0,3 Bu. 0,3 Fi. 0.2 Ei. 0,2

Innerhalb der Forstorte sind die Hauptstr. mit Kies befestigt, z. Th. gepflastert. Außerhalb Chauss. und Pflasterstr. — Fuhrleute meist in Treptow a./R.

Schbz. Hohenholz 150 fm Ei.-Nutzh. 170 fm Bu.-Nutzh. 160 fm Na.-Nutzholz
„ Jungfernholz 40 fm Ei.-Nutzholz 50 fm Bu.-Nutzholz 300 fm Na.-Nutzholz
„ Heidhoff 40 rm Nadelholz

344. Königl. Oberförsterei Kehrberg,

3213 ha. — hügelig, parzellirt. Ki. 0,7 Bu. 0,2 Ei. 0,1

Gute Holzabfuhrwege Belauf Kehrberg u. Fiddichow für Schiffstransport u. Verflöß. geeignet. Holzablage an der Oder. — Fuhrunternehmer Heim und Spuhl in Fiddichow, Wilke in Nipperwiese, ferner Bauern daselbst u. in Roderbach.

Schutzbezirk	Bauh. Ki. (fm)	Brennh. (fm) Ei.	Brennh. (fm) Ki.	Grubh. Ki. (fm)	Lgh. Ei. (fm)	Brennholz Bu. (fm)
Steinwehr	600		250			
Kehrberg	1300	100	700	100	200	
Fiddichow	2000	100	300	50	150	1000
Gr. Schönfeld	300		400	150		
Lispfuhl	2700		1000	150		

345. Königl. Oberförsterei Gramzow,

3280 ha. — meist hügel., sehr parzell. Bu. 0,55 Ki. 0,37 Ei. 0,05 Wh. 0,03

Innerhalb der Forstorte meist Erdwege, welche an besonders lehmigen Stellen gepflastert sind. Innerhalb des Schutzbezirks Löcknitz Steindämme, auch gute Erdwege. — Fuhrleute in Gramzow, Melzow, Löcknitz.

Schutzbezirk	Stammholz (fm) Ei.	Stammholz (fm) Bu.	Stammholz (fm) Ki.	Schichtntzh. (tm) Bu.	Brennh. (fm) Ei.	Brennh. (fm) Bu.	Brennh. (fm) Ki.
Melzow	600	700		50	500	1000	
Dreiecksee	70	350		40		600	
Löcknitz	70		2300				300
Caselow		100					

346. Königl. Kronfideicommiß-Oberförsterei Heinersdorf,

4709 ha. — eben, 2 groß. Haupttheile. Ei. 0,90 Ki. 0,05 Erl. 0,05

Die Heinersdorfer Haide, in ebener Lage zwischen 2 Bahnen, hat gute feste Wege, Anschlußpflaster nach Vierraden. Die Pommersche Haide gering wellig, fast eben, sandig, von Chauss. längs durchschn. und an d. Oder grenzend. — Fuhrl. Filter und Herzog in Schwedt.

Schbz. Wildbahn 300 fm Ki.-Nutzholz
„ Gartzer Grenze 1500 „ „ „
„ Bayerswald 800 „ „ „ 100 fm Erl.-Nutzh.
„ Berkholz 1200 „ „ „
„ Torfbruch 800 „ „ „ 100 „ Ei.- „
(z. Th. über 200jähr. bestes Ki.-Stammholz, dazu 3000 fm Ki.-Scheit und Knüppel).

347. Königl. Kronfideicommiß-Oberförsterei Wildenbruch,

5676 ha. — Schbz. Neuendorf und Wildenbruch hügelig, sonst eben. Wasserreich.

Innerhalb des Reviers bei trockenem Wetter gut, im Frühjahr und nassem Herbst, weil Lehmboden, schlechter. Außerhalb des Reviers meist tiefer Sandboden mit Lehm. — Fuhrleute in Schönflies Nm., Wildenbruch, Linde und N. Zarnow, Bahn, Greifenhagen.

Schutzbezirk	Langholz (fm) Ei.	Langholz (fm) Bu.	Langholz (fm) Ki.	Nutzschichth. (rm) Ei.	Nutzschichth. (rm) Bu.	Nutzschichth. (rm) Ki.	Brennh. rm
Rufen	250	50		20	10		1000
Neuendorf	380	10		20	5		1600
Wildenbruch	700	290		20	50		2300
Thänsdorf			650			10	1500
Selchow			380				2100

348. Königl. Kronfideicommiß-Oberförsterei Peetzig,

5970 ha. — hüg. u. eben, 4 Schbez. zsh. Grab. u. Roderb. parzell. Ki. 0,88 Bu. 0,06 Ei. 0,03 A. L. 0,03

Innerhalb Pflaster und Kieswege. Sämmtliches Holz kann auf der Oder geflößt werden. Ablagen in Peetzig, Belauf Grabow und Nipperwiese. — Fuhrunternehmer: in Peetzig Ablageaufseher Ermel, in Nipperwiese Franz.

Schbz. Kl. Peetzig 1000 fm Ki.-Nutzholz
„ Schneidemühle 1000 „ „ „ 100 fm Ei.-Nutzh.
„ Dreipfuhl 800 „ „ „ 600 „ „ „
„ Oderwald 1500 „ „ „ 400 „ „ „
„ Grabow 1100 „ „ „
„ Roderbeck 800 „ „ „

Oeffentliche Holzlicitationen finden statt in:	Unterkommen im Gasthofe f. Holzhändler, Forstassessoren u. Referendare in möglichster Nähe der Oberförsterei	Zustand des Oberförster-Dienstgebäudes	Wo Kirche? Wo Schule? In welcher Zeit zu erreichen?	Wo Arzt, wo Apotheke, wo Amtsgericht?	Nebenämter des Revierverwalt. Wenn ständiger Assistent vorhanden, wo wohnt derselbe?

Rgbz. Stettin. (Karte 25.)

In Podejuch, Gasth. Frank. In Klütz, Panten's Gasth.	In Podejuch, Frank's Gasth. und Olwig's Waldhalle (letztere am Reviereingang).	Altes Gehöft in Klütz (500 Einw.) an der Landstr. Alt Damm-Greifenhagen; 3 km vom Revier, dicht am Oderarm (feucht). — Verlegung unmittelbar oberhalb Podejuch (4000 Einw.), ca. 7 Minuten vom Bahnhof entfernt, steht bevor.	Ev. Kirche u. Volksschule in Klütz und in Podejuch. Besuch der Stettiner Schulen vom Bhf. Podejuch (15 Minuten Bahnf.) ermöglicht.	In Podejuch, 4 km. Amtsgericht in Greifenhagen und Alt Damm.	In Podejuch gute Wohnung f. verheiratheten Assess. zu haben.

Rgbz. Stettin. (Karte 25.)

In Treptow, Hotel Kaiserhof, am Bahnhof.	In Treptow am Bahnhof, Hotel Kaiserhof (3,7 km von Oberförsterei).	Oberförsterei liegt isolirt am Rande des Schbz. Jungfernholz, 4 km von Treptow, 6600 Einw. Wege zum Theil Pflaster, zum Theil Chaussee.	Kirche, Gymnasium, höhere Töchterschule in Treptow a/R., 4 km.	In Treptow, 4 km.	Amtsvorsteher.— Verheir. Assessor findet Wohnung in Treptow.

Rgbz. Stettin. (Karte 25.)

In Fiddichow, Lange's Hotel. In Uchtdorf, Lindemann's Gasth.	In Nipperwiese, bei Bliefert. In Fiddichow, Lange's Hotel.	Neues Dienstgebäude, 3 km westlich von der Haltestelle Kehrberg an der Landstraße Kehrberg-Nipperwiese gelegen. Nächste Stadt Fiddichow, 6 km, 2700 Einw.	Ev. Kirche in Kehrberg. Gymnasium in Königsberg (Neumark), in $^1/_2$stündig. Landweg bis Kehrberg, und von da in 15 Minuten Bahnfahrt zu erreichen.	In Fiddichow, 6 km Landweg.	Amtsvorsteher.— Wohnung f. verheirathet. Assessor nicht zu haben.

Rgbz. Potsdam. (Karte 25.)

In Gramzow, Gasth. von Jakob. In Löcknitz, Gasth. von Otto.	In Gramzow, bei Jakob. In Melzow, Gasthof von Kippel. In Löcknitz, Gasth. von Otto.	Gutes Dienstgebäude, 1862 erbaut. Wohnhaus beschränkt, 1 km Erdweg bis Dorf Neu-Meichow, 4 km westlich des Marktdorfes Gramzow, 2000 Einwohner, am Waldrande. Nächste Stadt Prenzlau, 20200 Einwohner, Landgericht, Garnison.	Ev. Kirche u. Pfarre in Gramzow; kath. Pfarre in dem $1^1/_2$ Std. Landweg und Chaussee entfernten Prenzlau. Gymnasium daselbst.	2 Aerzte und Apotheke in Gramzow; Amtsgericht in Angermünde.	Amtsanwalt bei den Amtsgerichten in Angermünde, Brüssow und Stettin. Gutsvorsteher. — Wohnung für verheir. Assessor in Gramzow, 4 km, zu finden.

Rgbz. Potsdam. (Karte 25.)

In Schwedt, im Schützenhause. In Vierraden, im Schützenhause.	In Schwedt, Gasth. z. Markgrafen u. zum golden. Hirsch. In Vierraden, z. Stadtwappen.	Miethswohnung in Schwedt, 9700 Einwohner, Garnison.	Gymnasium und höhere Töchterschule in Schwedt.	In Schwedt.	Guts- u. Amtsvorsteher. Steuereinschätzungsvorsitz.

Rgbz. Stettin. (Karte 25.)

In Wildenbruch, bei Schmoll.	In Wildenbruch, bei Schmoll und bei Dietz. In Bahn, 8 km, bei Pagel und Kuhfuß. In Schönfließ bei Guhde, 8 km.	Neues Gebäude in Wildenbruch an der Dorfstraße. Erweiterung des Stallgebäudes in Aussicht. Nächste Stadt Bahn, 2700 Einwohner, und Schönfließ, 2600 Einw., je 8 km.	Ev. Kirche in Wildenbruch. Kathol. Gottesdienst in Königsberg, auch dort Gymnasium, 18 km.	In Bahn, 8 km.	Zur Zeit Aufsicht über die Züllichauer Waldungen. — Keine Wohnung für verh. Assessor zu haben.

Rgbz. Frankfurt a O. (Karte 25.)

In Peetzig a/O., Gasth. Müller. In Zehden, Hotel Bartsch. In Grabow, Gasth. Baizinsky. In Nipperwiese, bei Borchardt.	In Peetzig a/O. bei Müller. In Nipperwiese, 20 km, Gasthof Borchardt. In Grabow, 9 km, Baiczinsky's Gasthof.	Schönes, neues Dienstgebäude im Dorfe Peetzig. Nachbarstädte sind Königsberg, Neumark, 5900 Einwohner, Zehden, 1600 Einwohner, Schwedt a/O., 9700 Einw.	Ev. Kirche in Peetzig a/O. Höhere Schulen in Königsberg und Schwedt.	Arzt in Zehden. Amtsgericht in Königsberg.	Amtsvorsteher. Standesbeamter.

Flächengröße u. Charakter d. Reviers. — Vertheilung der Hauptholzarten nach Zehnteln.	Beschaffenheit des Wegenetzes im Reviere und der sich daran schließenden Abfuhrstraßen, sowie der etwaigen Wassertransportwege. Adressen von größeren Fuhrunternehmern.	Jahresquantum der Haupt-Verkaufshölzer nach Holzarten und Sortimenten (unter Abrechnung des Lokalbedarfs).
		349. Königl. Oberförsterei Neuhof,
5891 ha. — z. Th. eben, z. Th. wellig und bergig, in 2 größeren Complexen. Ki. 0,7 Ei. 0,2 Bu. 0,1	Nur Landwege, innerhalb der Forst stellenweise Pflasterbahnen. In 15 km Entfernung vom Revier am Lübbe-See Holzablage zum Verflößen. — Fuhrunternehmer Rohde in Linichen, in Herzberg Weber, ferner Kolonisten in Friedrichshorst und Neu-Laatzig.	Schbz. Herzberg 60 fm Ei.-Langholz, 400 rm Bu.-Kloben. „ Alsen 600 „ Ki.- „ „ Kienhof 50 „ Ei.- „ 800 „ Ki.- „ 500 fm Ki.-Langholz. „ Moosfier 1200 fm Ki.-Langholz, 600 „ „ „ „ Virchow 1000 „ „ „ 400 „ „ „ „ Laatzig 75 „ Ei.- „ 500 „ Ei. „ 100 fm Ki.-Langholz, 600 rm Ki.-Kloben.
		350. Königl. Oberförsterei Linichen,
5812 ha. — eben, langgestreckt. Wenig arrond. Ki. 1,0	Das Revier wird an einer schmaleren Stelle von der Deutsch Krone-Tempelburger Chaussee durchschnitten. Innerhalb des Reviers meist gute Erdwege. — Fuhrleute sind Besitzer in Machlin, Rederitz, Eichenberg, Gr. Linichen, Tempelburg, Falkenburg, Hundskopf und Brotzen.	Schbz. Thurbruch 950 fm Ki.-Stammh. „ Wallbruch 500 „ „ „ „ Carlsruh 850 „ „ „ 200 rm Ki.-Kloben „ Dennewitz 1800 „ „ „ 500 „ „ „ „ Jägerhorst 900 „ „ „ 250 „ „ „
		351. Königl. Oberförsterei Schönthal,
6501 ha. — eben, zusfhg. Ki. 0,70 Fi. 0,05 Ei. 0,05 Bu. 0,10 Erl. } 0,10 Bi. }	Revier von 2 Chausseen durchschnitten; eine 3. steht in Aussicht; Wege im Revier selbst gut, vielfach mit Lehm und Grand befahren. Flößbare Pilow, welche in die Küddow geht, begrenzt den Hauptcomplex im W. — Fuhrleute in Freudenfier, in Stabitz und in Jastrow.	Schbz. Buchwalde 1100 fm Ki.-Stammholz „ Marienbrück 1300 „ „ „ „ Friedenshain 2500 „ „ „ „ Rederitz 1800 „ „ „ „ Jägerthal 2100 „ „ „
		352. Königl. Oberförsterei Plietnitz,
6495 ha. — eben, zusfhgd. Sandboden. Ki. 1,0	Wege im S.-Revier meist sehr gut, Kieschausseen; im nördlichen Theile sandig. Revier wird im SO. auf 7 km Länge von Bahn, auf 2 km Länge von Chaussee Schneidemühl-Jastrow durchschnitten. Küddow und Pilow flößbar. — Fuhrleute in Plietnitz, Kramske und Freudenfier, Floßmeister Heimann und Nimke in Plietnitz.	Schbz. Kramske 800 fm Ki.-Nutzholz „ Plietnitz 600 „ „ „ „ Fierberg 900 „ „ „ „ Hirschthal 900 „ „ „ „ Theerofen 1000 „ „ „ „ Sandkrug 900 „ „ „
		353. Königl. Oberförsterei Döberitz,
5166 ha. — eben, z. Th. coupirt, sehr parzellirt. Ki. 0,9 Ei. } Fi. } Erl. } 0,1 Bi. }	Innerhalb der Forstorte wenige Lehmkiesbahnen, außerhalb nur 2 Chausseen. Flößerei auf der Doeberitz (Schbz. Kronerfier), auf der Pilow (Schbz. Zabelsmühl). — Fuhrunternehmer in Deutsch-Krone, Borkendorf, Freudenfier, Sagemühl, Klawittersdorf, Lebehnke, Kroschütz.	Schbz. Springberg 200 fm Ei. 60 fm A. L. 900 fm Ki. „ Zabelsmühl 20 „ „ 1000 „ „ „ Hundefier 200 „ „ „ Kronerfier 1000 „ „
		354. Königl. Oberförsterei Rohrwiese,
4851 ha. — hügel., zush., nur Mühlheide, 7 km entfernt. Ki. 0,9 A. L. 0,1	Wegenetz im Ausbau begriffen, mit einzeln bereits befestigten Wegestrecken. Außerhalb schlechte Sandwege; nur für Schbz. Rohrwiese kann bis Schönlanke Chaussee benutzt werden. — Fuhrleute in Niekosken, Eichfier, Straduhn.	Schbz. Dolfusbruch 800 fm Ki.-Nutzholz. „ Jagolitz 1000 „ „ „ „ Eichfier 800 „ „ „ „ Rohrwiese 700 „ „ „ „ Mühlheide 1000 „ „ „
		355. Königl. Oberförsterei Schloppe,
5976 ha. — ziemlich hügelig, sehr zerrissen. Ki. 0,9 A. L. 0,1	Gestelle und Abfuhrwege größtentheils ausgebaut, z. Th. mit Lehm befahren. Die zu den Chausseen führenden öffentlichen Wege sind meist Lehmbahnen. Die Chaussee Schloppe-Tütz bezw. Ruschendorf, bezw. Filehne in gutem Zustande. Von Filehne kann bis Berlin verflößt werden (Netze). — Fuhrl. in Schulzendorf, Schloppe, Tütz, Gollin, Prellwitz, Trebbin, Birkholz, Mellentin.	Schbz Schutzwald 100 fm Ki. „ Mellentin 730 „ „ „ Hahnfier 1800 „ „ „ Schloppe 1250 „ „ „ Quast 60 „ „ 10 fm Ei. 5 fm Bi. „ Marthenberg 400 „ „ 5 „ „ „ Plötzenfließ 840 „ „ „ Schulzendorf 30 „ „
		356. Königl. Oberförsterei Schönlanke,
6066 ha. — eben, parzell., 3 Complexe mit vielen Zipfeln. Ki. 0,7 Wb. 0,2 A. L. 0,1	Wege sandig oder naß, vielfach Knüppeld., welche beseitigt werden. Wege bessern sich. Netzeablage 8 km von Schönlanke, nicht zu benutzen in Folge Sandwegen und Bergen. Netzeablage in Czarnikau, 17 km von Station Schönlanke. — Fuhrleute: Krause in Schönlanke, Bauern in Theerofen, Neudorf, Theresia, Straduhn, Niekosken.	Schbz. Theresia 1000 fm Ki. „ Neudorf 1000 „ „ „ Richlich 1000 „ „ „ Torfbruch 500 „ „ 400 fm Erl. u. Bi. „ Niekosken 800 „ „ 200 „ „ „ Jaskerfließ 150 „ „ „ Niewerder 1000 „ „ 100 „ „

Oeffentliche Holzlicitationen finden statt in:	Unterkommen im Gasthofe f. Holzhändler, Forst-Assessoren u. Referendare in möglichster Nähe der Oberförsterei	Zustand des Oberförster-Dienstgebäudes	Wo Kirche? Wo Schule? In welcher Zeit zu erreichen?	Wo Arzt, wo Apotheke, wo Amtsgericht?	Nebenämter des Revierverwalt. Wenn ständiger Assistent vorhanden, wo wohnt derselbe?
Rgbz. Cöslin. (Karte 26.)					
In Neuhof, Gasth. Drebel. In Linichen, Gasth. Gennrich.	In Neuhof, bei Drebel (bei bescheid. Anspr.) In Virchow, 5km, b. Schramm. In Linichen, 7 km, bei Völtzkow.	Neueres Gebäude (nach Normalplan) im Dorfe Neuhof (250 Einwohner). Wirthschaftsgebäude auch neu. Nächste Stadt Falkenburg, 15 km, 4300 Einwohner.	Evg. Kirche in Virchow, 5 km Landw. Gymnas. in Dramburg, 30 km Kiesstr. Kathol. Gottesdienst in Tempelburg, 15 km Landweg.	In Falkenburg, 15 km (Chaussee 6,5 km vom Dorf Wutzig).	Forstamtsanw. Stellvertr.-Guts- und Amtsvorst. — Für verh. Assess. Wohnung in Virchow, (5 km Ldw., sowie Kleinbahnverbind.) zu haben.
Rgbz. Cöslin. (Karte 26.)					
In Gr. Linichen, Gasth. von Gennrich. In Machlin, Gasth. von Radtke.	In Gr. Linichen, bei Treichel (mäßig). In Machlin, bei Henke.	Altes, ziemlich geräumiges Wohnhaus mit Jägerhaus, ebenso ausreichende Wirthschaftsr. am südwestl. Ende d. Dorfes Gr. Linichen mit 600 Einw. Nächste Stadt Tempelburg (4600 Ew.), 14 km Erdweg.	Ev. Kirche u. Pfarre in Gr. Linichen. Kathol. Kirche in Dtsch. Krone. Gymnasium in Dramburg 37 km, Bahnverbindung.	In Tempelburg, 14 km. Amtsgericht in Falkenburg, 22 km.	Amts- u. Gutsvorst; Vorst. einer Entwässerungsgenossensch. — Unterkommen f. verheiratheten Assess. in Gr. Linichen vielleicht mögl.
Rgbz. Marienwerder. (Karte 26.)					
In Freudenfier, Gasth. Heinrich. In Deutsch-Krone, Hotel Napp. In Jastrow, Schützenhaus.	In Freudenfier, 4 km, Gasth. Heinrich und Gasth. zum Deutschen Hause.	Altes Gebäude, herrliche Lage im Walde, 4 km von Freudenfier an der Chaussee nach Deutsch-Krone, 15 km, 7200 Einw., Kreisstadt, Bezirks-Commando.	Ev. Kirche in Jagdhaus, 4 km. Kathol. Kirche in Freudenfier, 4 km. Gymnasium in Deutsch-Krone, 15 km.	In Deutsch-Krone, 15 km.	Amtsvorsteher. Darrverwalter. Betriebsleitung der Dtsch.-Kroner Stadtforst; Leiter einer Fischbrutanstalt.
Rgbz. Marienwerder. (Karte 26.)					
In Plietnitz, bei Trautwein. In Kramske, bei Pischke.	In Plietnitz, bei Schwanke u. Trautwein. In Kramske, bei Pischke. In Schneidemühl und in Jastrow.	Aelteres Gebäude, früheres Gutshaus, unmittelbar an Chaussee und Bahnhofsweg am S.-Eingange des Dorfes Plietnitz, 450 Einwohner. — Schneidemühl, 19 600 Einwohner. — Jastrow, 5 400 Einwohner.	In Plietnitz Volksschule und evangel. Kirche, Pfarrer in Jastrow. Nächstes Gymnas. i. Schneidemühl, Dtsch.-Krone, Neu-Stettin, 1—1½ Stunden Bahnfahrt.	In Jastrow, 14 km.	Staatsaufsicht über Jastrower Stadtwald (3000 ha). — Unterkunft für verheiratheten Assessor zur Noth in Plietnitz; besser in Kramske mögl.
Rgbz. Marienwerder. (Karte 26.)					
In Wissulke, Möhring's Gasth. In Lebehnke, bei Hohm. In Freudenfier, bei Heinrich.	In Wissulke, 2 km, bei Möhring. In Freudenfier, bei Heinrich. In Lebehnke, bei Liebsch. In Schneidem. Central-Hotel. Dtsch.-Krone, Hotel Briese.	Neues Gehöft, 2 km von Wissulke (300 Einw.). Nächste Stadt Dtsch.-Krone (7200 Einwohner), Kreisstadt, Bezirks-Commando.	Ev. u. kath. Pfarre in Lebehnke. Schule in Wissulke.	In Deutsch-Krone und Schneidemühl.	Forstamtsanw. Stellvertretender Gutsvorsteher.
Rgbz. Marienwerder. (Karte 26.)					
In Niekosken, Lange's Gasthaus. In Eichfier, Quast's Gasth. In Schönlanke, Hübke's Hotel.	In Schönlanke, Rösener's oder Tobias' Hotel.	Altes Gutshaus, 3 km vom Dorf Niekosken (500 Einwohner); 14 km von Stadt Schönlanke (5400 Einw.) Bis Niekosken Lehmbahn, von dort bis Schönlanke Chaussee.	Evg. u. kath. Kirche und Schule zunächst noch Eichfier (1 Std. entfernt). Schule im Dorf Niekosken (25 Min.) in Aussicht. Gym. i. Dtsch.-Krone.	In Schönlanke.	Amtsvorsteher.
Rgbz. Marienwerder. (Karte 26.)					
In Schloppe, Hotel Oehlke. In Tütz, Hotel Tornow.	In Schloppe, Hotel Oehlke. In Tütz, Hotel Tornow und Krähahn.	Gutes älteres Gebäude in Schloppe (2200 Einw.) an der Chaussee Schloppe-Tütz.	Evg. u. kath. Kirche und evg. u. kathol. Gemeindeschule.	Am Ort.	Amtsvorsteher. — Wohnung für verheiratheten Assess. in Schloppe zu haben.
Rgbz. Bromberg. (Karte 26.)					
In Schönlanke, Hübke's Hotel.	In Schönlanke, Hotel Rösener, 2 km von Oberf.	Dienstgebäude aus Fachwerk, 1832 erbaut. Anbau für Geschäftszimmer von 1896, isolirt gelegen, 300 m vom Landweg zur Stadt, und Dorf Schönlanke, zus. 5400 Ew., 2,5 km. Schöner Garten, Wirthschaftsgeb. beschränkt.	Evg. u. kath. Kirche i. Schönlanke, 2,5 km. Höhere Knabenschule (bis Obertertia) u. höhere Mädchensch. daselbst. Zum Gymnasium in Schneidemühl Frühzug um 6 Uhr.	In Schönlanke, 3 km.	Wohnung f. verheiratheten Assess. in Schönlanke, 3 km, erhältlich.

Sitz der Oberförsterei nebst Poststation	Entfernung des Oberförstereisitzes von der nächsten Eisenbahnstation bezw. Haltestelle. Post- und regelmäßige Reiseverbindungen auf Landwegen	Durchschnittliche Entfernungen und ungefähre Anfuhrkosten von den einzelnen Reviertheilen für Bahn- bezw. Wassertransport und zwar				
		Schutzbezirk	Entfernung bis Güterbahnhof	Anfuhrkosten pro fm M.	Entfernung bis Wasserablage	Anfuhrkosten pro fm M.
349. Königl. Oberförsterei Neuhof, Rgbz. Cöslin. (Karte 26.)						
Neuhof, Post Virchow, Kreis Dramburg.	Die Haltestelle der demnächstigen Kleinbahn Deutsch-Krone-Virchow bei Neuhof liegt unmittelbar bei dem gleichnamigen Dorf, in dem die Oberförsterei liegt. Die Haltestelle der Staatsbahn von Callies nach Falkenberg bei Virchow ist 5,5 km von Neuhof entfernt.	Herzberg	5 km Landweg bis Herzberg	2,00		
		Alsen	6 km desgl. Friedland	2,20		
		Latzig	9 „ „ Virchow	3,00		
		Neuhof	4,5 km „ Herzberg	2,00		
		Moosfier	9 km „ Tempelbg.	2,50		
		Virchow	7 „ „ Virchow	2,50		
350. Königl. Oberförsterei Linichen, Rgbz. Cöslin. (Karte 26.)						
Gr. Linichen, Post, Kreis Dramburg.	Gr. Linichen ist Haltestelle der Kleinbahn Deutsch-Krone-Virchow. Außerdem nach Station Tempelburg (Falkenbg.-Neustettin), 12 km Landweg.	Thurbruch	9 km Erdweg, 5 km Chss. b. Tempelburg	3,00		
		Wallbruch	3½ km Erdw., 11 km Chss. bis Tempelburg	2,50		
		Carlsruh	4½ km bis Forst. Linichen	1,75		
		Dennewitz	3 km bis Gr. Linichen	1,50		
		Jägerhorst	1½ km bis Forst. Linichen	1,25		
351. Königl. Oberförsterei Schönthal, Rgbz. Marienwerder. (Karte 26.)						
Schönthal, Westpr., Post, Kreis Deutsch-Krone.	15 km Chaussee bis Deutsch-Krone (Schneidemühl-Stargard). — 15 km Chaussee bis Jastrow (Posen-Schneidemühl). — 14 km Landweg bis Bahnhof Plietnitz (Schneidemühl-Belgard). Personenpost Ankunft 9½ Uhr Vormittags von Jastrow, 7½ Uhr Nachmittags von Dtsch.-Krone.	Buchwalde	8 km bis Jastrow	2,50	5 km bis Küddowablage	2,20
		Marienbrück	11 „ „ „	2,00	14 km desgl.	3,00
		Friedenshain	18 „ „ Deutsch-Krone	3,50	4—6 km bis Pilowablage	2,00
		Rederitz	18 „ (¾ Chaussee) bis Deutsch-Krone	3,75	3—6 km desgl.	1,75
		Jägerthal	19 km (davon 11 km Chss.) b. Dtsch.-Krone	3,75	0—3 „ „	1,50
352. Königl. Oberförsterei Plietnitz, Rgbz. Marienwerder. (Karte 26.)						
Plietnitz, Post Kramske, Kreis Deutsch-Krone.	3 km Kieschaussee nach Haltestelle Plietnitz (Schneidemühl-Neustettin). — 19 km Chaussee nach Schneidemühl. — 14 km Chaussee nach Jastrow.	Sandkrug	8—12 km bis Plietnitz	0,50 bis 3,00	10—14 km bis Küddowabl. (Plietnitz)	
		Theerofen	8—12 „ „ „		10—14 km desgl.	
		Hirschthal	5—8 „ „ „		7—10 „ „	
		Fierberg	5—8 „ „ „		7—10 „ „	
		Plietnitz	1—3 „ „ „		3—5 „ „	
		Kramske	1—3 „ „ „		3—5 „ „	
353. Königl. Oberförsterei Döberitz, Rgbz. Marienwerder. (Karte 26.)						
Döberitz, Post Lebehnke, Kreis Deutsch-Krone.	8 km Landweg, zumeist schlecht passirbar, über Seegenfelde nach Lebehnke Bahnhof (Schneidemühl-Neustettin) oder 7 km Landweg über Wissulke, Wittke nach Bhf. Breitenstein (Schneidemühl-Callies).	Springberg	6 km z. Th. Chauss. bis Schneidemühl	2,60		
		Zabelsmühl	9 km Landweg bis Schneidemühl		4 km bis Pilowabl. (Borkendorf)	3,00
		Hundefier	8 km Chaussee bis Deutsch-Krone	2,00	3 km bis Pilowabl. (Freudenfier)	1,80
		Kronerfier	7 km Landweg bis Deutsch-Krone	2,50	6 km desgl.	2,50
354. Königl. Oberförsterei Rohrwiese, Rgbz. Marienwerder. (Karte 26.)						
Rohrwiese, Post Niekosken, Westpr. Kreis Deutsch-Krone.	Bis Bahnstation Schönlanke 14 km, hiervon 11 km Chaussee von Schönlanke bis Dorf Niekosken, und von dort 3 km Lehmbahn. Post einmal täglich.	Dolfusbruch	10 km Landweg bis Schönlanke	1,80		
		Jagolitz	12 km desgl.	2,00		
		Eichfier	10 km (davon 7 km Lehmbahn) desgl.	1,50		
		Rohrwiese	14 km (davon 11 km Chaussee) desgl.	1,50		
		Mühlheide	8 km Ldw. b. Schloppe	1,50		
			20 km Landweg bis Schönlanke	2,50		
355. Königl. Oberförsterei Schloppe, Rgbz. Marienwerder. (Karte 26.)						
Schloppe, Westpr. Post, Kreis Deutsch-Krone.	Schloppe ist Station der Kleinbahn Schloppe-Kreuz. — 15 km Chaussee bis Bhf. Tütz. — 23 km Chaussee bis Bahnhof Filehne.	Schutzwald	2—3 km Erdweg bis Schloppe	1,50		
		Mellentin	8—12 km mst. Chss. bis Schloppe	2,50		
		Hahnfier	6—9 km desgl.	2—2,5		
		Schloppe	2—5 km Chss. desgl.	1,5—2		
		Quast	8-11 km mst. Chss. b. Tütz	2—2,5		
		Marthenberg	8—11 km (3 km Chss.) bis Tütz	2,5-3,5		
		Plötzenfließ	11—14 km (3 km Chaussee) bis Tütz	3—3,5		
		Schulzendorf	6—8 km Erdweg bis Tütz	2—2,5		
356. Königl. Oberförsterei Schönlanke, Rgbz. Bromberg. (Karte 26.)						
Forsthaus **Schönlanke,** Post Schönlanke (bei Telegrammen xp erforderlich), Kreis Czarnikau.	1,6 km bis Bhf. Schönlanke (Ostbahn).	Theresia	5 km Landweg und Chss. bis Schönlanke	1,50 bis 3,00		
		Neudorf	5 km Landweg bis Schönlanke			
		Richlich	9 km desgl.			
		Torfbruch	5 km Landw. desgl.			
		Zaskerfließ	6 km Landweg und Chaussee desgl.			
		Niekosken	10 km Landw. (5 km Chaussee) desgl.			
		Niewerder	9 km Sandw. desgl.			

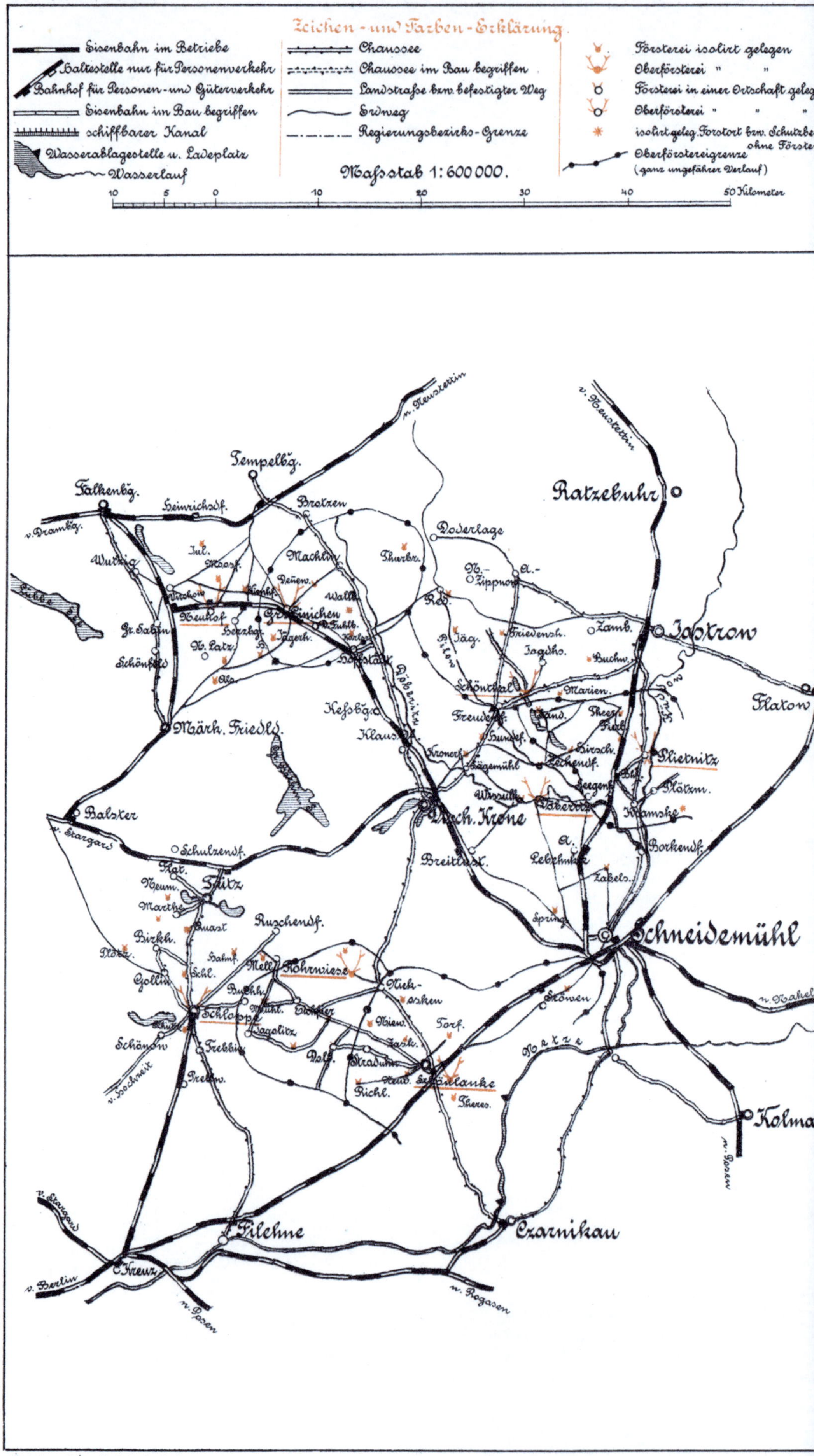

Verlag von Julius Springer in Berlin.

Karte 25

Zeichen- und Farben-Erklärung.
Eisenbahn im Betriebe
Haltestelle nur für Personenverkehr
Eisenbahn im Bau begriffen
schiffbarer Kanal
Wasserablagestelle u. Ladeplatz
Wasserlauf
Chaussee
Chaussee im Bau begriffen
Landstraße bzw. befestigter Weg
Erdweg
Regierungsbezirks-Grenze
Maßstab 1:600000.
Försterei isolirt gelegen
Oberförsterei
Försterei in einer Ortschaft gelegen
Oberförsterei
isolirt geleg. Forstort bzw. Schutzbezirk ohne Försterei
Oberförstereigrenze (ganz ungefährer Verlauf)
10 5 0 10 20 30 40 50 Kilometer
Pommersche Bucht
Heringsdorf
Swinemünde
Misdroy
Warnow
Camin
Usedom
Wollin
Kleines Haff
Grosses Haff
Ueckermünde
Jädkemühl
Eggesin
Rieth
Neuwarp
Torgelow
Pasewalk
Löcknitz
Stepenitz
Hohenbrück
Naugard
Rothenfier
Gollnow
Wietstock
Schönhagen
Pölitz
Falkenwalde
Stettin
Altdamm
Friedrichswalde
Stargard
Prenzlau
Grambow
Brüssow
Gartz
Greiffenhagen
Pyritz
Treptow
Greifenberg
Ost See
Schwedt
Angermünde
Königsberg
Schönfließ
Wildenbruch
Zehden
Oder
Druck d. geogr. lith. Anst. u. Steindr. v. C. L. Keller, Berlin

Karte 28

Verlag von Julius Springer in Berlin.

Karte 27

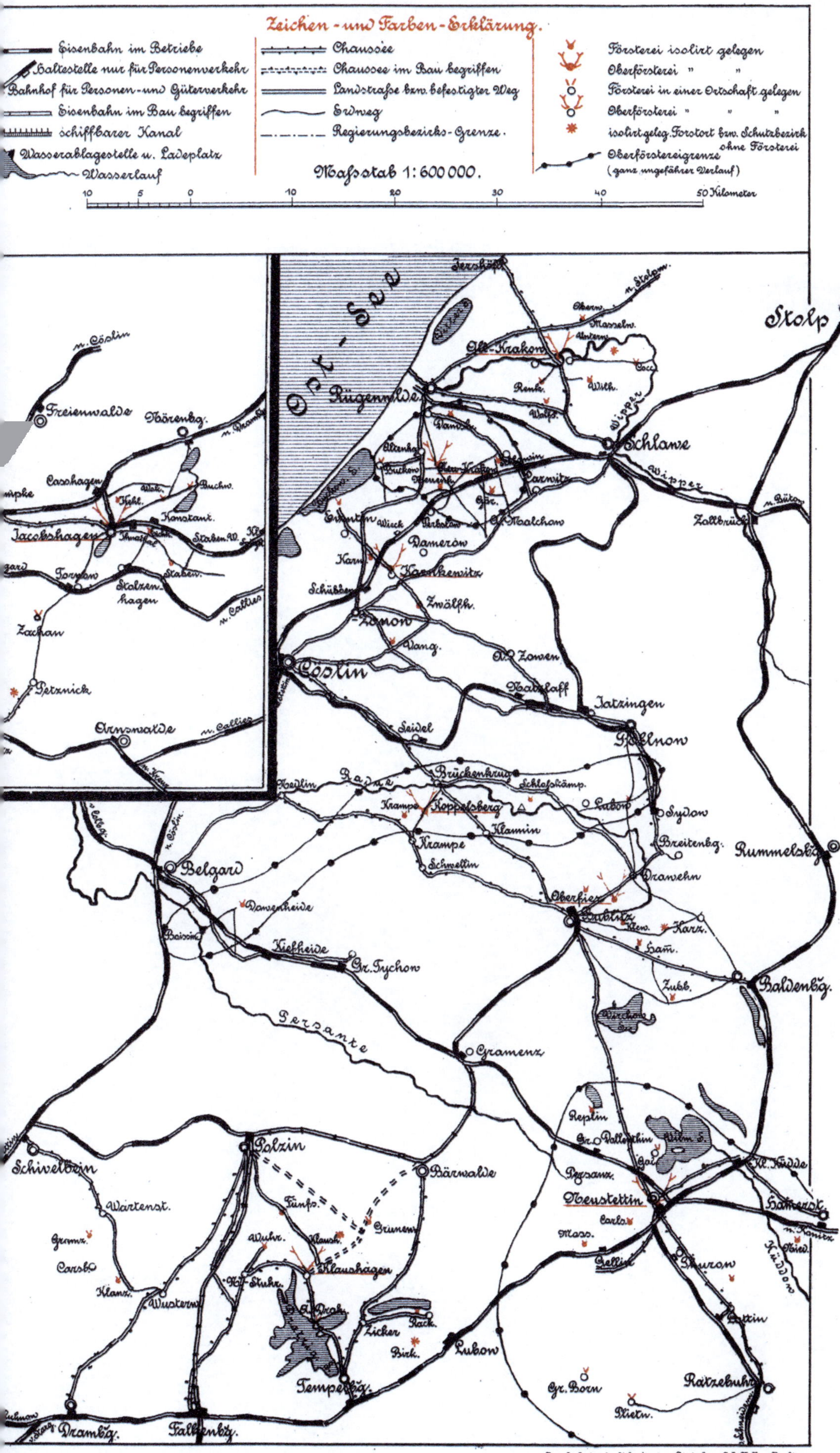

Druck d. geogr. lith. Anst. u. Steindr. v. C. L. Keller, Berlin.

Sitz der Oberförsterei nebst Poststation	Entfernung des Oberförstereisitzes von der nächsten Eisenbahnstation bezw. Haltestelle. Post- und regelmäßige Reiseverbindungen auf Landwegen.	Durchschnittliche Entfernungen und ungefähre Anfuhrkosten von den einzelnen Reviertheilen für Bahn- bezw. Wassertransport, und zwar: Schutzbezirk	Entfernung bis Güterbahnhof	Anfuhrkosten pro fm M.	Entfernung bis Wasserablage	Anfuhrkosten pro fm M.
357. Königl. Oberförsterei Jacobshagen, Rgbz. Stettin. (Karte 27.)						
Jacobshagen in Pommern, Post, Kreis Saatzig.	Kleinbahnstation Jacobshagen im Orte. — Staatsbahnstat. Trampke 15 km Chaussee; Stolzenhagen 5 km Landweg. 3mal täglich Kleinbahnverbind. nach Trampke.	Doelitz	3—6 km Landw. und Chaussee bis Doelitz	2,00		
		Petznick	8—10 km desgl.	2—2,5		
		Eichhorst	2—4 km bis Jacobshagen	1,50		
		Kehlungen	1—4 km bis Casshagen	1,50		
		Stabenow	1—4 km bis Stabenow	2—3		
		Cremmin	6—12 km bis Jacobshagen			
		Wokuhl	0—8 km desgl.	2,00		
		Zachau	20 km bis Stargard	3—4		
358. Königl. Oberförsterei Alt-Krakow, Rgbz. Cöslin. (Karte 27.)						
Alt-Krakow, Post, Kreis Schlawe.	11,5 km Chaussee bis Bahnhof Schlawe. Kaiserliche Post 2mal täglich nach Schlawe und zurück.	Coccejendorf	6 km Landweg bis Schlawe	4,00		
		Wilhelmshorst	9 km meist Chaussee bis Schlawe	4,50		
		Wolfshagen	8 km meist Chauss. bis Schlawe 9 km desgl. Rügenw.	4,50		
		Renkenhagen	10 bezw. 11 km wie vor	5,00		
		Masselwitz-Unt.	14 „ 17 „ „	5,00		
		Masselwitz-Ober	17 km (15 km Chss.) bis Rügenwalde	4,50		
359. Königl. Oberförsterei Neu-Krakow, Rgbz. Cöslin. (Karte 27.)						
Neu-Krakow, Post Rügenwalde, Kreis Schlawe.	8 km Landweg nach Rügenwalde. — 8 km Erdweg nach Carwitz (Stettin-Danzig).	Göritz Neuenhagen Schlawin Damshagen Buckow	4—9 km bis Carwitz	Langholz 3—3,5 Grubenh. 1,2-1,6	6—10 km bis Ostsee-Hafen Rügenwalde	Langholz 3—3,5 Grubenh. 1,2-1,6
360. Königl. Oberförsterei Karnkewitz, Rgbz. Cöslin. (Karte 27.)						
Karnkewitz, Post Zanow, Kreis Schlawe.	3,5 km bis Bhf. Schübben-Zanow, halb Lehmkiesbahn, halb Chaussee.	Bangerow	7 km bis Schübben-Zanow 10 „ mst. Ch. b. Cöslin			
		Zwölfhufen	6 km meist Chaussee bis Schübben-Zanow			
		Karnkewitz	2—6 km desgl.			
		Eventin	4 km Landweg und 4 km Chss. desgl.			
361. Königl. Oberförsterei Koppelsberg, Rgbz. Cöslin. (Karte 27.)						
Koppelsberg, Post Brückenkrug, Kreis Bublitz.	8 km (hiervon 4 km Chaussee) nach Station Seidel der Kleinbahn Cöslin-Natzlaff. — 24 km bis Bhf. Cöslin, hiervon 20 km Chaussee. — 19 km nach Bublitz, hiervon 15 km Chaussee.	Schloßkämpen	12 km (davon 8 km Landw.) bis Seidel		2—3 km bis zur Radüe	
		Dowenheide	10 km (davon 7 km Chaussee) bis Belgard		4 km an die Persante	
362. Königl. Oberförsterei Oberfier, Rgbz. Cöslin. (Karte 27.)						
Oberfier, Post und Kreis Bublitz.	4,5 km Chauss. bis zum Bahnhof Bublitz	Zubberow und Hammer	8—15 km b. Bublitz 10—15 km bis Baldenburg Chauss., resp. Steindamm, wenig Ldw.	4,00		
		Kleweberg	4-6 km Chss. b. Bublitz	3,00		
		Oberfier	desgl.	3,00		
		Forst. Carzenburg	10 km Chaussee bis Baldenburg			
363. Königl. Oberförsterei Claushagen, Rgbz. Cöslin. (Karte 27.)						
Klaushagen, Post Tempelburg, Kreis Neustettin.	15 km Chaussee nach Bahnhof Tempelburg, oder 17 km Chss. nach Bhf. Polzin; Kariolpost einmal täglich hin und zurück nach Tempelburg.	Birkenhain	4 km Landweg bis Lubow	2,00		
		Rackow	4—6 km desgl.	2,00		
		Grunewald Claushagen Fünfsee	18 km mst. Chauss. bis Tempelburg 15 km mst. Chauss. bis Polzin	3,50 bis 4,50		
		Wuhrow	20 km (12 km Chss.) bis Tempelburg	4—5		
		Klanzig	20 km (12 km Chss.) bis Schivelbein	3,5—5		
		Gramzow	17 km desgl.	3,5-4,5		
364. Königl. Oberförsterei Neustettin, Rgbz. Cöslin. (Karte 27.)						
Neustettin, Post und Kreis Neustettin.	1,2 km Chaussee bis Station Neustettin.	Niederheide	5 km Landweg bis Hammerstein 4 km Landweg bis Kl. Küddow	3,00 3,00	1 km bis Küddow	1,50
		Replin	4 km Landweg bis Dallenthin	4,00		
		Thurow	4 km Chss. bis Lottin	2,50		
		Karlshorst	2 km Chss. u. 3 km Landw. b. Neustertin	2,50		
		Galow	5,5 km Landw. desgl.	3,00		
		Mossin	3 km Landw. b. Gellin	2,00		

Flächengröße u. Charakter des Reviers. — Vertheilg. der Hauptholzarten nach Zehnteln.	Beschaffenheit des Wegenetzes im Reviere und der sich daran schließenden Abfuhrstraßen, sowie der etwaigen Wassertransportwege. Adressen von größeren Fuhrunternehmern.	Jahresquantum der Haupt-Verkaufshölzer nach Holzarten und Sortimenten (unter Abrechnung des Lokalbedarfs.)

357. Königl. Oberförsterei Jacobshagen,

4076 ha. — mehrere größere Parz. eben bis hügelig.
Na. 0,4
Bu. 0,4
Wb. 0,1
Ei. 0,1

Wegenetz abgesteckt, über den Ausbau steht Entscheidung noch aus. Fuhrleute in Jacobshagen, Zachau, Doelitz. Bei trocknem Wetter Wege gut, bei anhaltender Nässe zum Theil schwer fahrbar.

Schbz. Doelitz 20 fm Ei.-Stammh. 150 rm Ei.-Schichtntz. 20 fm Bi.-Stammh. 40 rm Bi.-Rollh.
„ Stabenow
„ Eichhorst
„ Kehlungen
„ Wokuhl
„ Cremmin
} 100 fm Ei.-Stammh. 50 rm Ei.-Rollholz. 10—50 fm Bu.-Langh. 500 rm Bu.-Schichtn. 200 rm Bu.-Rollh. 200 rm Erl.-Rollholz.

In Doelitz kommen zeitweise sehr starke gute Rüstern und Asp.-Nutzholz zum Verkauf.

358. Königl. Oberförsterei Alt-Krakow,

4547 ha. — eben, parzellirt.
Ki. 0,4
Bu. 0,2
Erl. Bi. 0,2
Ei. 0,1
Fi. 0,1

Innerhalb der Forstorte mit Sand oder Kies ausgebaute Wege. Chaussee von Schlawe nach Rügenwalde schneidet das Hauptrevier von N. nach S., eine Abzweigung den Schbz. Wolfshagen von O. nach W. Erstere Chaussee auch in der Nähe des Ober- und Unterwaldes. Fuhrleute in Schlawe und Rügenwalde.

Schbz. Coccejendorf 300 fm Ki.-Stammholz.
„ Wilhelmshorst 500 „ „ „ 50 fm Bu.-Stammh.
„ Wolfshagen 300 „ „ „ 50 „ „ „ 100 fm Erl.-Schichtnutzh.
„ Renkenhagen 400 fm Ki.-Stammh. 80 fm Bu.-Stammh. 50 fm Fi.-Stammh.
„ Masselwitz Unterw. 600 fm Ki.-Stmh. 100 fm Ki.-Grbh.
„ „ Oberw. 200 fm Ki.-Stammh. 50 fm Ki.-Grbh.

359. Königl. Oberförsterei Neu-Krakow,

4582 ha. — eben.
Bu. 0,4
Bi. 0,3
Wb. 0,2
Ei. 0,1

Innerhalb der Forst eine Chaussee im Schutzbezirk Damshagen und mit Sand befahrene Wege. Außerhalb Chaussee ohne directen Anschluß. Abfuhr im Sommer u. bei Frost gut, bei nassem Wetter beschwerlich. — Fuhrleute in Rüggenwalde und Schlawe.

Schbz. Neuenhagen 300 fm Bi.-Langh. 200 fm Bi.-Grubenh.
„ Schlawin 300 fm Grubenh.
„ Damshagen 1000 fm Ki.-Langh. 400 fm Grubenholz.

360. Königl. Oberförsterei Karnkewitz,

2983 ha. — eben, etwas parzellirt.
Ei. 0,6
Bu. 0,2
Ki. 0,1
Bi. } 0,1
Erl. }

In sämmtlichen Schutzbezirken gute Lehmkiesbahnen, soweit nicht Chaussee. — Fuhrleute: Schwarz in Karnkewitz, Wachholz in Zanow, ferner Bauern in Vangerow, Damerow, Eventin, Rottunde in Abb.-Zanow.

Schutzbezirk	Stammholz (fm) Ei.	Bu.	Bi.	Erl.	Ki.	Grubh. Ki.	Rllh. (rm) Bu.	Erl.
Vangerow					2000	400 rm		
Zwölfhufen					300	1000 „		
Karnkewitz	200	400	300	50	200	50 „	200	100
Eventin	20		50	30				50

361. Königl. Oberförsterei Koppelsberg,

4377 ha. — meist coupirt, 4 Parzellen.
Ki. 0,95
Ei. 0,05

Innerhalb der Forsten sind außer den die Reviertheile berührenden Chausseen befestigte Straßen nicht vorhanden. Wegenetz im Ausbau begriffen.

Schbz. Schloßkämpen 500 fm Ki.-Bauholz
„ Dowenheide 700 „ „ „

362. Königl. Oberförsterei Oberfier,

2870 ha. — hügelig, parzellirt.

Mit dem Ausbau des Wegenetzes ist erst der Anfang gemacht. — Fuhrleute in Bublitz und Baldenburg.

Schbz. Zubberow 300 fm Ei.-Stammh. 1200 fm Bu.-Stammh 400 rm Bu.-Rollholz.
„ Hammer 200 fm Ei.-Stammh. 300 fm Bu.-Stammholz, 50 rm Bu.-Rollholz.
„ Kleweberg 600 fm Ei.-Stammh. 200 fm Bu.-Stammh. 50 rm Bu.-Rollholz 50 rm Ei.-Rollh.
„ Oberfier 200 fm Ei.-Stammh. 200 fm Bu.-Stammholz. 50 rm Ei.-Rollholz.

363. Königl. Oberförsterei Klaushagen,

5033 ha. — Schbz. Fünfsee gebirgig, sonst ziemlich eben, 4 Parzellen.
Na. 0,45
Bu. 0,45
A. L. 0,05
Ei. 0,05

Innerhalb der Forstorte meist gute Kiesbahn, theilweise auch chaussirte Wege und Pflasterbahn. — Fuhrunternehmer Geske in Lubow, Haak in Klaushagen, Beyer in Carsbaum und mehrere Besitzer in Schivelbein.

Schutzbezirk	Stammholz (fm) Ei.	Bu.	Bi.	Erl.	Ki.	Schichtn. Bu.	Grubh. Ki.
Birkenhain		40	20	10	140	10 rm	30 rm
Rackow		30	30	15	70	20 „	
Klaushagen		890	100	20		470 „	
Grunewald		300	40	10		120 „	
Fünfsee		200	20	15		420 „	
Wuhrow			40		100	80 „	
Klanzig	10	130	25		450		50 „
Gramzow	90		25		1500		

364. Königl. Oberförsterei Neustettin,

6032 ha. — sehr parzell., und zwar Ki. eben; Bu. mit Ei. hügelig; Ki. mit Bi. eben.

Sandige und lehmige Landwege. — Fuhrleute in Neustettin, Kuchenbecker und Dumke, in Dollenthin Rottenberg, in Persanzig Pieper, Janke in Lottin.

Schbz. Niederheide 500 fm Ki.-Bauholz.
„ Neplin 300 fm Ei.-Schichtnutzh. 500 fm Bu.-Schichtnutzh.
„ Thurow
„ Karlshorst
„ Galow
„ Mossin
} 500 fm Bi.-, Asp.-Nutzenden und Schichtnutzholz.

Oeffentliche Holzlicitationen finden statt in:	Unterkommen im Gasthofe f. Holzhändler, Forst-Assessoren u. Referendare in möglichster Nähe der Oberförsterei	Zustand des Oberförster-Dienstgebäudes	Wo Kirche? Wo Schule? In welcher Zeit zu erreichen?	Wo Arzt, wo Apotheke, wo Amtsgericht?	Nebenämter des Revierverwalt. Wenn ständiger Assistent vorhanden, wo wohnt derselbe?
Rgbz. Stettin. (Karte 27.)					
In Jacobshagen, Hotel z. deutsch. Hause. In Petznick, Gastw. Oesterreich. In Dölitz bei Wahl. In Zachem bei Deimer.	In Jacobshagen Rackow's Hotel zum deutschen Hause. Für längeren Aufenthalt Reicherts Gastwirthschaft daselbst.	Altes, geräum. und bequemes Gebäude mitten in der Stadt Jacobshagen (1800 Ew.) Wirthschaftsräume gut. Nächste Stadt Stargard, 26800 Ew., Garnison, 2 Stunden Bahnf.	Evang. Kirche und Pfarre in Jacobshagen. Kath. Kirche, Gymn. in Stargard. Schnlbes. per Bahn nicht möglich.	Am Orte.	Forstamtsanw. Gutsvorsteher.
Rgbz. Cöslin. (Karte 27.)					
In Cammin im Gasthofe.	In Cammin im Gasthofe, 3 km von Oberförsterei.	Neues, geräumiges Gebäude ½ km nördlich des Dorfes Alt-Krakow, an d. Chauss. Schlawe-Rügenwalde. — Nächste Stadt Schlawe, 11,2 km, Kreisst. (6000 Ew.), Bezirks-Commando.	Evang. Kirche und Pfarre im Dorf.	In Schlawe, 11 km, Arzt u. Apotheke.	
Rgbz. Cöslin. (Karte 27.)					
In Rügenwalde im Bienengräberschen Restaurant.	In Rügenwalde im Hotel Kahl. — Für Assessoren beschd. Wohn. dicht bei der Oberförsterei.	Altes, gutes Wohnhaus, gute Wirthschaftsgeb. von kleinen Büdnergrundstücken umgeben. Nächste Stadt Rügenwalde, 6000 Einw., 8 km Erdw. (im Winter schlecht). — Kreisstadt Schlawe, 17 km.	Evang. Kirche und Pfarre im Dorf Altenhagen, 3 km. Dorfschule 3 Min. von Oberförsterei.	Arzt und Apotheke in Rügenwalde, 8 km.	Amtsvorsteher. — Wohn. für verh. Assess. ev. in ganz bescheid. Umfang zu beschaffen.
Rgbz. Cöslin. (Karte 27.)					
In d. Stadt Zanow.	In Karnkewitz, 1 km, Sperlings Krug. In Zanow, Hotel Schlüter, 5 km.	Gutes Geb. nahe dem Dorfe Karnkewitz, 3 km v. Bhf. Schübben-Zanow. Nächste Std. Zanow, 2700 Einw., 5 km. Cöslin, 14 km, 20400 Ew., Landgericht, Garnison.	Evang. Kirche im Orte. Höh. Bürgerschule in Zanow. Gymn. in Cöslin in 15 Min. Bahnf. und 35 Min. Landweg erreichbar).	In Zanow, 5 km.	Amtsvorsteher.
Rgbz. Cöslin. (Karte 27.)					
In Klannin bei Dumke. In Belgard bei Maaß.	In Brückenkrug, 3 km, bei Gastwirth Zager.	Geräumiges Wohnhaus, unzureichende Wirthschaftsräume. Bis Cöslin (20400 Einw.), Regierungssitz, Garnison, 24 km.	Evang. Kirche und Pfarre in Schwellin, 6 km. Gymnas. in Cöslin, 24 km (hiervon 20 km Chauss.).	Arzt und Apotheke in Bublitz, 19 km.	Wohnung für verheiratheten Assess. in erreichbarer Nähe nicht vorhanden.
Rgbz. Cöslin. (Karte 27.)					
In Bublitz, Hotel zum schwarzen Adler.	In Bublitz, Hot. „von Groß".	Schönes neues Dienstgebäude, 5 km Chaussee von der Kreisstadt Bublitz (4900 Einwohner), dicht an der Chaussee Bublitz-Pollnow.	Ev. Kirche (1 Superintendent, 1 Diakonus), sowie höhere Bürgerschule in Bublitz.	In Bublitz.	Amtsvorsteher.
Rgbz. Cöslin. (Karte 27.)					
In Tempelburg, Gasth. Scheddin. In Klaushagen, Gasth. Wiese. In Wartenstein, im Gasth. Wilke.	In Klaushagen, gutes Unterkommen im Gasth. Rathke, 200 m von der Oberförsterei.	Sehr geräumiges und zweckm. Gebäude im Dorfe Klaushagen (900 Einw.). Nächste Stdt. Tempelburg, 12 km Chaussee, 4600 Einwohner. — Bad Polzin mit 4900 Einw., 17 km Chaussee.	Ev. Kirche u. Pfarre im Dorfe. Gymnas. in Neustettin und Dramburg.	Arzt mit Hausapothek. in Klaushagen. Amtsgericht in Tempelburg.	Wohnung für verheiratheten Assessor in dem z. Th. neu aufgebauten Dorfe Klaushagen erhältlich.
Rgbz. Cöslin. (Karte 27.)					
In Neustettin, bei Reinke.	In Neustettin, Gasthöfe: Keun, Bourdos, Bahnhofshotel.	Wohnhaus, erbaut 1882, zwischen Bahnhof und Stadt Neustettin (10000 Einwohner), Kreisstadt, Bezirks-Commando.	Kirche, Gymnasium und höhere Töchterschule in Neustettin, in 15 Minuten erreichbar.	In Neustettin.	Wohnung für verheiratheten Assessor stets erhältlich.

Flächengröße u. Charakter des Reviers. Vertheilg. der Hauptholzarten nach Zehnteln.	Beschaffenheit des Wegenetzes im Reviere und der sich daran schließenden Abfuhrstraßen, sowie der etwaigen Wassertransportwege. Adressen von größeren Fuhrunternehmern.	Jahresquantum der Haupt-Verkaufshölzer nach Holzarten und Sortimenten (unter Abrechnung des Lokalbedarfs.)

365. Königl. Oberförsterei Nienburg,

3361 ha. — eben und flach hügel., parzellirt, aber 4 große Complexe. Ki. 0,8 Ei. 0,1 Bu. 0,1	Innerhalb der einzelnen Forstorte 15 km Schlackenbahnen und gepflasterte Wege. Viele gute Chausseen, welche die Forstorte entweder durchschneiden oder berühren. Weser-Hafen in Nienburg. — Fuhrunternehmer Wesemann und Gärtner in Nienburg.	Schbz. Linsburg, „ Borstel, „ Langendamm } 1000—1500 fm Ki.-Grubenholz. „ Nienburgerbruch 100 fm Bi.- und Erl.-Nutzholz. „ Langendamm, „ Krähe } 1000 rm Bu.-Scheitholz. „ Heemsen 50 fm Erl.-Nutzholz.

366. Königl. Oberförsterei Rothehaus,

4474 ha. — eben, sehr parzellirt. Ki. 0,8 Ei. 0,1 A. L. 0,1	Wege im Revier gut und fest (Kies- und Steinbau), ebenso meist außerhalb des Reviers auf den Hauptverbindungsstraßen. Wege durch die Bauerholzungen meist etwas sandig. — Fuhrleute sind die Bauern in umliegenden Dörfern.	Schbz. Jüdenberg I 1000 fm Ki.-Langnutzholz. „ Ellerborn 1000 „ „ „ „ Jüdenberg II 1000 „ „ „ „ Naderkau 2000 „ „ „ „ Breske 1000 „ „ „ 150 fm Erl.-Langntzh. „ Heinrichswalde 300 „ Ei. „ 150 „ Rüster „ „ Pratau 80 „ „ „ 20 „ „ „

367. Königl. Oberförsterei Tornau,

4401 ha. — hügelig, zusammenhgd.
Ki. 0,8
Bu. 0,1
Ei. 0,05
Fi. 0,05

Im stark hügeligen Theile (Tornau-Nord und Schmelz) Wegenetz zum Theil ausgebaut, zum Theil im Bau. Im übrigen fast alle Gestelle gut fahrbar, zahlreiche gute Holzabfuhrwege. Die anschließenden Abfuhrstraßen meist gute, befestigte Wege. — Fuhrl. in Tornau, Schwemsal, Schköna, Crina.

Schutzbezirk	Stammholz (fm) Ei.	Bu.	Ki.	Grubh. (fm) Ki.	Fi.	Brnh. (rm) Bu.
Tornau Süd			900	200		
Schwemsal			1000	200		
Rauchhaus			1100	200		
Tornau Nord	400	200	1400		200	300
Grenzhaus	200	100	1400	100		200
Schmelz	200	400	1000		100	600
Bauerhaus	200	200	1100	100		300

368. Königl. Oberförsterei Söllichau,

3667 ha. — meist eben.	Meist Erdwege, zum Theil durch Kies und Lehm befestigt. — Fuhrunternehmer Mühlbach in Söllichau, Gute in Hache-Mühle bei Trossin, Bräutigam in Düben, Bauern aus Cossa; Proßmann, Müller und Göttert in Schmiedeberg.	Schbz. Spitze 800 fm Ki.-Nutzholz 300 fm Ki.-Brennholz „ Moschwig 1500 „ „ „ 500 „ „ „ „ Durchwehna 1000 „ Ki.- 25 fm Ei.- 100 fm Bu.-Nutzh. „ „ 500 „ „ 20 „ „ 100 „ „ Brennh. „ Söllichau 1200 „ „ 50 „ „ 200 „ „ Nutzh. „ „ 500 „ „ 50 „ „ 70 „ „ Brennh. „ Görschlitz 1000 „ „ Nutzholz 500 fm Ki.-Brennholz.

369. Königl. Oberförsterei Falkenberg,

4800 ha. — ganz eben, 2 große Komplexe. Ki. 0,9 Bu. } 0,1 Ei. }	Kiesstraßen von meist guter Beschaffenheit; außerhalb des Reviers gute Feldwege, zum Theil Chausseen. — Fuhrleute in Falkenberg.	Schbz. Weidenhain 350 fm Na.-Nutzholz 200 rm Na.-Brennh. „ Dommitzsch 700 „ „ „ 300 „ „ „ „ Roitzsch 850 „ „ „ 400 „ „ „ „ Jagdhaus 1300 „ „ „ 1000 „ „ „ „ Pressel 850 „ „ „ 500 „ „ „ „ Authausen 1500 „ „ „ 700 „ „ „ „ Falkenberg 1500 „ „ „ 700 „ „ „

370. Königl. Oberförsterei Glücksburg,

5660 ha. — eben, zusammenhängender Block, nur Zahna und Arnsdorf isolirt. Ki. 0,9 Erl. } Bi. } 0,1 Ei. } Bu. }	Gut fahrbare zum Theil abgewölbte und mit Kies befahrene Gestelle. Waldbahn mit verlegbaren Anschlußgeleisen zwischen Seyda-Glücksburg und Wend.-Linda vorhanden. Chaussirung dieser Strecke in Aussicht. — Fuhrunternehmer Gustav Veit, Schulze, Geyer in Wend.-Linda.	Schbz. Linda 150 fm Ki.-Grubenh. 350 fm Ki.-Langnutzh. „ Mügeln 50 „ „ „ 250 „ „ „ „ Glücksburg 150 „ „ „ 250 „ „ „ „ Seyda I 100 „ „ „ 300 „ „ „ „ Seyda II 200 „ „ „ 450 „ „ „ „ Zahna 15 fm Ei.- 20 fm Bu.- 15 fm Erl.- 50 fm Ki.-Stammholz. „ Steinsdorf 20 fm Ki.-Grubenholz 400 fm Erl.-Schichtnutzholz 400 fm Ki.-Langholz.

Oeffentliche Holzlicitationen finden statt in:	Unterkommen im Gasthofe f. Holzhändler, Forst-Assessoren u. Referendare in möglichster Nähe der Oberförsterei	Zustand des Oberförsterdienst-Gebäudes	Wo Kirche? Wo Schule? In welcher Zeit zu erreichen?	Wo Arzt, wo Apotheke, wo Amtsgericht?	Nebenämter des Revierverwalt. — Wenn ständiger Assistent vorhanden, wo wohnt derselbe?
Rgbz. Hannover. (Karte 28 a.)					
In Nienburg, bei Franz. In Wölpe, bei Küster. In Linsburg, bei Engelbart. In Stöckse, bei Kahle.	Gasthöfe in Nienburg u. in Neustadt.	Dienstwohnung in der Kreisstadt Nienburg a/W. (9600 Einwohner, Bezirkskommando), gegenüber der Post, 5 Min. vom Bahnhof.	Ev. u. kath. Kirche, sowie Progymnasium und höhere Töchterschule in Nienburg.	5 Aerzte u. 2 Apotheken in Nienburg.	Gutsvorsteher. Forstamtsanw. Staatsaufsicht über 64 Genossenschaftsforsten mit zusammen 2401 ha.
Rgbz. Merseburg. (Karte 28 b.)					
In Jüdenberg, bei Schmidt. In Naderkau, bei Kynast. In Seegrehna, bei Horn. In Pratau, Gasth. z. Freischütz.	In Jüdenberg (3 km von Oberförst.), bei Gastwirth Schmidt.	Aelteres, noch gut erhaltenes einstöckiges Wohnhaus mitten im Walde. Nächste Dörfer Jüdenberg u. Zschornewitz je 3 km. Dessau, 50800 Einw., Garnison, ca. 15 km Landweg.	Kirche und Schule in Zschornewitz, 3 km Kiesbahn.	In Gräfenhainichen, 7 km.	Gutsvorsteher-stellvertreter. Forstamtsanw.
Rgbz. Merseburg. (Karte 28 b.)					
Eisenhammer, bei Tornau.	Eisenhammer, bei Tornau, 0,3 km von der Oberförsterei.	Aelteres, geräumiges, in gutem Zustande befindliches Dienstgebäude, 2 km nördlich des Dorfes Tornau (500 Einwohner) am Schnittpunkt mehrerer Landstraßen. Wirthschaftsgeb. gut und ger. Nächste Stadt Düben, 7 km (3000 Ew.)	Evg. Kirche u. Dorfschule in Tornau, 2 km. Ev. Pfarre in Söllichau, 4 km.	In Düben, 7 km.	Amtsvorsteher. Gutsvorsteher-Stellvertreter. Forstamtsanw. Aufsicht üb. Kirchenf. Düben. — Wohn. f. verh. Ass. i. Düben, 7 km, erh.
Rgbz. Merseburg. (Karte 28 b.)					
Fast sämmtlich in Söllichau.	In Söllichau, Gasthof von Schwarzkopf.	Altes, großes Dienstgebäude am Südende des Dorfes Söllichau (700 Einw.) Wirthschaftsgebäude auskömmlich. Nächste Stadt Düben, 6 km, 3000 Einwohner.	Ev. Kirche u. Pfarre im Dorfe. Gymnas. in Wittenberg und Torgau, $1^1/_2$ Stund. Bahnfahrt.	In Düben.	Amtsvorsteher über Forstgutsbezirk und zwei Dörfer.
Rgbz. Merseburg. (Karte 28 b.)					
In Falkenberg bei Jänkel. In Weidenhain, bei Winkler. In Plantshaus, bei Müller. In der Schenke zu Torfhaus.	In Falkenberg, bei Jänkel. In Plantshaus, bei Müller.	Gute, geräumige Dienstwohnung am südlichen Ende des Dorfes Falkenberg. Reichliche Wirthschaftsgebäude. — Bis Dommitzsch 9 km Landweg (1900 Einwohner). Bis Torgau 21 km (11800 Einwohner).	Ev. Kirche u. Schule im Orte. Gymnas. in Torgau u. Wittenberg.	In Dommitzsch.	Torfverwalter. Darrverwalter. Amtsvorsteher. Oberaufsicht über Dommitzscher Stadtforst. Forstamtsanwalt.
Rgbz. Merseburg. (Karte 28 b.)					
In Mügeln, Gasth. von Rühlicke. In Seyda, Schützenhaus. In Zahna, Gasthof von Ulrich.	In Mügeln, bei Rühlicke (bei bescheid. Anspr.) 1,5 km. — In Seyda, bei Baatz u. Gehrhardt.	Geräumiges, zweckmäßig eingerichtetes Gebäude, 1,5 km nördlich von Dorf Mügeln. Wirthschaftsgebäude meist neu. — Nächste Stadt Seyda, 9 km (1550 Einw.) — Kreisstadt Schweinitz, 8 km (1200 Einwohner).	Ev. Kirche u. Pfarre in Mügeln. Kathol. Gottesdienst in Jüterbog, 14 km.	In Schweinitz, 8 km.	Guts- u. Amtsvorsteher. — In Seyda, Mügeln und Linda ist je nach Ansprüchen Wohnung für verh. Assessor zu beschaffen.

Sitz der Oberförsterei nebst Poststation	Entfernung des Oberförstereisitzes von der nächsten Eisenbahnstation bezw. Haltestelle. Post- und regelmäßige Reiseverbindungen auf Landwegen.	Durchschnittliche Entfernungen und ungefähre Anfuhrkosten von den einzelnen Reviertheilen für Bahn- bezw. Wassertransport und zwar: Schutzbezirk	Entfernung bis Güterbahnhof	Anfuhrkosten pro fm M.	Entfernung bis Wasserablage	Anfuhrkosten pro fm M.

365. Königl. Oberförsterei Nienburg, Rgbz. Hannover. (Karte 28a.)

Nienburg an der Weser, Post und Kreis Nienburg.	Nienburg ist Post- u. Eisenbahnstation.	Linsburg Borstel	5 km Erdweg bis Linsburg; 11 km Chaussee bis Neustadt	1,50 bis 2,50		
		Langendamm	3,5 km Erdw. 1,5 km Chss. bis Linsburg; 2 km Schlackenweg 5 km Chss. b. Nienbg.			
		Nienburgerbruch	6,5 km Chaussee bis Nienburg			
		Wenden	5 km Erdw. b. Linsburg			
		Krähe	7 „ Chss. b. Nienbg.			
		Heemsen (Wölpe)	3,5 km Chss. 2,5 km Erdw. b. Nienburg; 1,4 km Chss. 2,5 km Erdweg b. Rohrsen			

366. Königl. Oberförsterei Rothehaus, Rgbz. Merseburg. (Karte 28b.)

Rothehaus, Post Gräfenhainichen, Kreis Bitterfeld.	7 km (davon 4 km Chaussee) nach Gräfenhainichen (Bitterfeld-Wittenberg). 7,5 km nach Raguhn (Bitterfeld-Dessau). 7,5 km nach Oranienbaum (Dessau-Wörlitz). Meist feste Kieswege. — Regelmäßige Reiseverbindungen fehlen.	Jüdenberg I	7 km (dav. 4 km Chss.) bis Gräfenhainichen	3,00		
		Ellerborn	8,5 km desgl.	3,00		
		Jüdenbg. II	8,5 „ „	3,00		
		Naderkau	5 km bis Radis	2,50		
		Breske	4 „ „ Bergwitz	2,50		
		Heinrichswalde	9 „ „ „	5,00		
		Pratau	4 „ „ Pratau	3,00		

367. Königl. Oberförsterei Tornau, Rgbz. Merseburg. (Karte 28b.)

Tornau, Post Schwemsal, Kreis Bitterfeld.	5 km meist befestigter Weg bis Bhf. Söllichau; 7 km befest. Weg bis Düben (beides Linie Eilenburg-Wittenberg). — 12 km (davon 7 km befest. Weg, Rest Chaussee) nach Bhf. Gräfenhainichen der Linie Halle-Berlin.	Tornau-S.	3 km bis Söllichau	1,20		
		Schwemsal	7 „ „ Düben	1,50		
		Rauchhaus	8 „ „ „	1,50		
		Tornau-N.	8 km bis Düben; 5 „ „ Söllichau	1,50		
		Grenzhaus	10 km b. Gräfenhain.	2,00		
		Schmelz	6 km bis Söllichau; 9 „ „ Düben	1,50		
		Bauerhaus	10 km bis Düben; 11 km b. Gräfenhain.	2,00		

368. Königl. Oberförsterei Söllichau, Rgbz. Merseburg. (Karte 28b.)

Söllichau, Post, Kreis Bitterfeld.	Bahnstation am Orte.	Spitze	5 km Erdweg bis Schmiedeberg; 5 km Erdweg bis Wörblitz	2,00		
		Moschwig	5 km Chaussee bis Schmiedeberg; 5 km Erdweg bis Söllichau	3,00		
		Durchwehna	3 km Erdweg bis Söllichau	2—3		
		Söllichau	3 km desgl.	2—3		
		(Forst. Globigsh.)	5 km bis Schmiedeberg	3,00		
		Görschlitz	4 km Erdweg bis Söllichau; 4 km Erdw. b. Düben	3,50		

369. Königl. Oberförsterei Falkenberg, Rgbz. Merseburg. (Karte 28b.)

Falkenberg, Post Trossin, Kreis Torgau.	8 km Landweg bis Söllichau (Eilenburg-Pretzsch a/Elbe). — 9 km Landweg bis Dommitzsch (Torgau-Wittenberg). — 14 km meist Waldweg nach Doberschütz, oder 16 km (davon 12 km Chss.) nach Mockrehna (Halle-Cottbus).	Weidenhain	6 km Landweg bis Dommitzsch	3,00		
		Dommitzsch	desgl.	3,00		
		Roitzsch	desgl.	3,00		
		Jagdhaus	12 km z. Th. Chauss. bis Mockrehna	4,00		
		Pressel	desgl.	4,00		
		Authausen	6 km Landweg bis Söllichau	2,50		
		Falkenberg	desgl.	2,50		

370. Königl. Oberförsterei Glücksburg, Rgbz. Merseburg. (Karte 28b.)

Glücksburg, Post Wend. Linda, Kreis Schweinitz.	4 km, davon 2 km Chaussee (auch Waldbahnverbindung von Seyda über Glücksburg bis Wend. Linda) nach Station Wend. Linda (Berlin-Dresden) oder 3,5 km bis Zellendorf. — 14 km bis Jüterbog, 18 „ „ Zahna, 10 „ „ Jessen } Schnellz.	Steinsdorf	2 km Kiesweg bis Wend. Linda	0,8—1		
		Linda	2 km z. Th. Chaussee (auch Waldb.) desgl.	0,8—1		
		Mügeln	6,5 km (1/2 Chss.) (auch Waldbahn) desgl.	1,50		
		Glücksburg	6,5 km (2 km Chss.) desgl.	1,50		
		Seyda I	9 km Waldbahn bis Wend. Linda	2,00	12 km bis Elbeabl. (Elster).	
		Seyda II	12 km (6—7 Chss.) bis Elster	2,00		
		Zahna	2 km bis Zahna	1,00		

Sitz der Oberförsterei nebst Poststation.	Entfernung des Oberförstereisitzes von der nächsten Eisenbahnstation bezw. Haltestelle. Post- und regelmäßige Reiseverbindungen auf Landwegen.	Durchschnittliche Entfernungen und ungefähre Anfuhrkosten von den einzelnen Reviertheilen für Bahn- bezw. Wassertransport und zwar: Schutzbezirk	Entfernung bis Güterbahnhof	Anfuhrkosten pro fm M.	Entfernung bis Wasserablage	Anfuhrkosten pro fm M.
371. Königl. Oberförsterei Thiergarten, Rgbz. Merseburg. (Karte 28 b.)						
Annaburg, Post, Kreis Torgau.	Annaburg ist Station der Wittenberg-Falkenberger Eisenbahn. — Bis Station Holzdorf der Falkenberg-Jüterbogker Eisenbahn 8 km fester Landweg.	Für das Hauptrevier ist die Station Annaburg, für den isolirt gelegenen Schbz. Brandis die Eisenbahnstation Holzdorf Ladestelle. Entfernungen bis Annaburg 7—11 km auf leidlich guten Sommerwegen. — Nach Holzdorf führt Chaussee. Durchschnittliche Entfernung von den Schlägen 5 km. — Durchschnittliche Anfuhrkosten 1,10 M. pro fm.				
372. Königl. Oberförsterei Annaburg, Rgbz. Merseburg. (Karte 28 b.)						
Annaburg, Post, Kreis Torgau.	Annaburg ist Station der Strecke Wittenberg-Falkenberg.	Bis Station Annaburg, unmittelbar am Revier gelegen, 1—3 M. pro fm.				
373. Königl. Oberförsterei Rosenfeld, Rgbz. Merseburg. (Karte 28 b.)						
Rosenfeld, Post, Kreis Torgau.	4 km Chaussee über Zwethau nach Zschakau (Linie Halle-Sorau-Guben) oder 6 km Chss. über Zwethau nach Torgau (Halle-Cottbus).	Falkenstruth	5 km Erdweg bis Zschakau	2,00		
		Goernewitz	2 km Erdw. 2 km Chss. bis Fermerswalde	1,50		
		Fermerswalde	2 km Chaussee bis Fermerswalde	0,80		
		Pechhütte	3 km Erdweg bis Fermerswalde	1,30		
			5 km Erdw. b. Herzb.	2,00		
		Züllsdorf	7 km Erdweg bis Fermerswalde	3,00		
		Kleinesee	4,5 km Chss. b. Zschakau	1,50		
		Rosenfeld	1 km Erdweg 7 km Chaussee bis Zschakau	3,30		
374. Königl. Oberförsterei Doberschütz, Rgbz. Merseburg. (Karte 28 b.)						
Doberschütz, Post, Kreis Torgau.	Doberschütz ist Haltestelle der Halle-Sorau-Gubener Bahn.	Wildenhain	10 km Chauss. u. gut. Waldw. b. Mockrehna	2,00		
		Battaune	5 km Chss. u. 10 km Landw. b. Mockrehna	3,00		
		Torfhaus	10 km Chss. u. 4—8 km Landw. b. Mockrehna	3,50		
		Doberschütz	10 km Chaussee bis Mockrehna; 5—8 km Landweg bis Mensdorf	2—3		
		Wöllnau	5—8 km Ldw. b. Laussig	2—3		
		Wartha	wie vor	2—3		
375. Königl. Oberförsterei Sitzenroda, Rgbz. Merseburg. (Karte 28 b.)						
Sitzenroda, Post, Kreis Torgau.	15 km bis Bahnhof Torgau, befestigter Weg. Privatpost täglich zweimal hin und zurück. — 10 km bis Bahnhof Klitschen (ohne Güterexpedition), Erdweg. — 18 km Chaussee bis Bahnhof Dahlen (Leipzig-Dresden).	Lausa	4 km Erdw. u. 12 km bef. Weg bis Torgau; 12 km Erdweg bis Dahlen	4,50 bis 5,00		
		Sitzenroda	2 km Erdw. 13 km bef. Weg bis Torgau	3,5-4,2		
		Staupitz (Forstort Mittelh.)	10 km bef. Weg bis Torgau	2,8—4		
		(Forstort Colbitz)	4 km befest. Weg und 4 km Erdw. b. Torgau	4—4,2		
		Gräfendorf I u. II	10 km Chaussee bis Torgau; 5 km Chss. u. 2 km Erdw. b. Mockrehna	3,70 bis 4,30		
376. Königl. Oberförsterei Zöckeritz, Rgbz. Merseburg. (Karte 28 b.)						
Zöckeritz, Post und Kreis Bitterfeld.	6 km bis Bitterfeld durch den Schbz. Goitzsche, oder 9 km bis Delitzsch über Paupitsch-Benndorf, davon 7 km Chaussee.	Petersberg	7 km meist bef. Weg bis Wallwitz	5,00		
		Kämmerei	2 km bis Haltestelle Kämmereiforst	4,00		
		Goitzsche	6 km bef. Erdweg bis Bitterfeld	4,50		
		Niemegk	wie vor	4,50		
		Mühlbeck	4 km Erdw. u. 5 km Chss. bis Bitterfeld	4,00		
		Sandersdorf	2 km bis Sandersdorf	3,00		
377. Königl. Oberförsterei Heldrungen, Rgbz. Merseburg. (Karte 28 c.)						
Heldrungen, Post, Kreis Eckartsberge.	2 km Chaussee bis Bahnhof Heldrungen.	Langenthal	6 km Erdweg bis Heldrungen	3,00		
		Heldrungen	3 km Chauss. desgl.	2,00		
		Sachsenburg	7 „ „ „	3,00		
		Oberbösa	21 km „ „; 18 „ „ bis Frankenhausen, Sondershausen und Greussen.	5,00		

Flächengröße u. Charakter des Reviers. Vertheilg. der Hauptholzarten nach Zehnteln.	Beschaffenheit des Wegenetzes im Reviere und der sich daran schließenden Abfuhrstraßen, sowie der etwaigen Wassertransportwege. Adressen von größeren Fuhrunternehmern.	Jahresquantum der Haupt-Verkaufshölzer nach Holzarten und Sortimenten (unter Abrechnung des Lokalbedarfs).

371. Königl. Oberförsterei Thiergarten,

5135 ha. — eben, Schbz. Brandis isolirt, sonst zusammenhäng. Ki. 0,8 Ei. 0,1 Erl. 0,1	Im Hauptrevier Wege durch Kies und Lehm hergerichtet, im Sommer gut. Schbz. Brandis hat Chaussee. — Fuhrunternehmer Ziehe, Schmohl in Annaburg, auch Bauern in Cremitz, Waltersdorf und Holzdorf.	Schbz. Frauenhorst 400 fm Ki.-Bauholz. „ Zschernitz 100 „ „ „ 200 fm Ki.-Grubenholz. „ Arnsnesta 300 „ „ „ 300 „ „ „ „ Thiergarten 200 „ „ „ 200 „ „ „ „ Meuselko 200 „ „ „ „ Brandis 500 „ „ „

372. Königl. Oberförsterei Annaburg,

4489 ha. — eben. Ki. 1,0.	Erdwege; die letzten Strecken nach Bahnhof Annaberg sind befestigt. Aus dem Revier bis zur Station Annaburg (Holzablageplatz) Waldeisenbahn mit eigener Rampe. — Fuhrleute: Ziehe, Schmohl, Höhne in Annaburg.	Schbz. Kreutz, „ Brucke, „ Annaburg, „ Eichenhaide } 2400 fm Ki.-Bau- und Stammholz, 2000 „ „ Grubenh. 600 „ „ Brennholz (Kloben).

373. Königl. Oberförsterei Rosenfeld,

5064 ha. — eben, zusammenhängend. Ki. 1,0.	Ueberall gute Wege, die bedeutendsten chaussirt oder mit Kies befahren. Die Chausseen von Torgau nach Herzberg, von Torgau über Zwethau und Rosenfeld nach Prettin, und von Zwethau nach Züllsdorf, von Zschakau nach Kötten durchschneiden das Revier. — Fuhrunternehmer: Lehmisch in Züllsdorf, Schmidt in Zschakau, Richter in Herzberg, Winkelmann in Fermerswalde.	Schbz. Falkenstruth 1000 fm Ki.-Stammh. „ Goernewitz 600 „ „ „ 250 rm Ki.-Grubenh. „ Fermerswalde 1000 „ „ „ „ Pechhütte 700 „ „ „ 130 „ „ „ „ Züllsdorf 500 „ „ „ 250 „ „ „ „ Kleinesee 300 „ „ „ „ Rosenfeld 300 „ „ „ 350 „ „ „

374. Königl. Oberförsterei Doberschütz,

4295 ha. — eben, in 2 Complexen gelegen. Ki. 0,9 Bu. Erl. Ei. Bi. } 0,1	Innerhalb mit Kies ausgebaute Wege. An der Ostseite des Reviers die Chaussee Mockrehna-Roitzsch, welche Schbz. Torfhaus schneidet. Im Süden Chaussee Eilenburg-Torgau. Längs der Ostseite die Eisenbahn Eilenburg-Pretzsch, und parallel damit Chaussee Eilenburg-Düben. — Fuhrleute: Haupt, Prüfer, Brendel in Battaune, Friedrich in Mockrehna.	Schbz. Wildenhain 600 fm Ki.-Nutzh. 200 fm Ki.-Grubenholz. „ Battaune 600 „ „ „ 100 „ „ „ „ Torfhaus 1200 „ „ „ 300 „ „ „ „ Doberschütz 300 „ „ „ 100 „ „ „ „ Wöllnau 150 „ „ „ 50 „ „ „ „ Wartha 400 „ „ „ 60 „ „ „

375. Königl. Oberförsterei Sitzenroda,

3083 ha. — eben, 4 Parzellen; Schbz. Lausa hügel. Ki. 1,0. Bu.	Innerhalb des Reviers gute Erd- und Kieswege; außerhalb Anschluß an die Provinzialstraßen Torgau-Dahlen und Torgau-Eilenburg. — Fuhrunternehmer: Jentsch in Sitzenroda, Polter in Gräfendorf.	Schbz. Staupitz 600 fm Ki.-Bauh. 200 rm Ki.-Brennh. „ Gräfendorf I 500 „ „ „ 200 „ „ „ „ „ II 500 „ „ „ 200 „ „ „ „ Lausa 1000 fm Ki.-Bauh. 300 rm Ki.-Brh. 200 rm Bu.-Brh. „ Sitzenroda 600 fm Ki.-Bauh. 200 rm Ki.-Brennholz, 100 rm Bu.-Brennholz.

376. Königl. Oberförsterei Zöckeritz,

1944 ha. — fast eben, sehr parzell. Ki. 0,5 Ei. 0,3 Rü. Esch. } 0,2	Innerhalb der Forstorte meist befestigte Erdwege; außerhalb vielfach gute Chausseen in der Nähe. — Fuhrunternehmer: Liebe, Burmann, Reinhardt in Bitterfeld, Löwe in Raundorf, Schulze in Kütten.	Schbz. Petersberg 250 fm Ei.-Stammholz. „ Kämmerei 100 fm Ei.-, 40 fm Wbu.-, 30 fm Erl.-, 10 fm Ah.- und Esch.-Stammholz. „ Goitzsche, „ Niemegk { 250 fm Ei.-, 100 fm Rüst.-. 75 fm Esch.- 50 fm Wbu.-Stammholz. 50 fm Erl.-, 25 fm Ahorn-, 25 fm Bi.-Stammholz, 300 rm Lbh.-Brennholz. „ Mühlbeck 30 fm Ei.-, 800 fm Ki.-Stammh. 300 rm Na.-Brennholz. „ Sandersdorf 300 fm Ki.-Stammholz.

377. Königl. Oberförsterei Heldrungen,

1664 ha. — hügelig, parzellirt. Bu. 0,4 Ei. 0,4 Ki. 0,1 Fi. 0,1	Wegenetz im Revier im Ausbau begriffen. Außerhalb des Waldes im Ganzen keine großen Schwierigkeiten bei der Holzabfuhr. — Fuhrleute in Heldrungen, Connawurf, Sachsenburg, Oberbösa.	Schbz. Langenthal 250 fm Bu.-Stammh. 400 fm Ei.-Stammh. „ Heldrungen 200 „ Ei.- „ 200 „ Ki.-Grubenh. „ Sachsenburg 150 „ „ „ 150 „ Bu.-Stammh. „ Oberbösa 100 „ „ „ 150 „ „ „

Oeffentliche Holzlicitationen finden statt in:	Unterkommen im Gasthofe f. Holzhändler, Forst-Assessoren u. Referendare in möglichster Nähe der Oberförsterei	Zustand des Oberförster-Dienstgebäudes	Wo Kirche? Wo Schule? In welcher Zeit zu erreichen?	Wo Arzt, wo Apotheke, wo Amtsgericht?	Nebenämter des Revierverwalt. — Wenn ständiger Assistent vorhanden, wo wohnt derselbe?

Rgbz. Merseburg. (Karte 28 b.)

In Annaburg, Gasthaus zum Siegeskranz.	In Annaburg, Gasth. zum gold. Anker, zum Siegeskranz (Dubro) In Holzdorf, Gasth. z. Sonne.	Großes Fachwerkhaus in gutem Zustande, unmittelbar bei Annaburg (3000 Einw.), nach dem Walde zu gelegen an der Straße Annaburg-Züllsdorf. In Annaburg Unteroffizier-Vorschule.	Ev. Kirche und kleines kath. Bethaus in Annaburg. Element.-Schulen i. Ort. Gymnas. in Wittenberg, in 3/4 Std. zu erreich. Frühzug u. Nachmittagzug dazu günstig.	2 Aerzte u. Apotheken in Annaburg, Amtsgericht in Prettin, 14 km.	Wohnung für verheiratheten Assess. in Annaburg zu haben.

Rgbz. Merseburg. (Karte 28 b.)

In Annaburg, Gasth. zum Waldschlößchen (nahe beim Bhf.)	In Annaburg, bei Hollmig, bei Dubro. Im Waldschlößchen (Kleemann.)	Altes Dienstgebäude in Annaburg (3000 Einw.). — Wittenberg, 44 Min. Bahnf., 18 300 Einw., Kreisst., Garnison. — Leipzig, 2 Std. Bahnfahrt.	Ev. u. kath. Kirche u. Elementarschule in Annaburg. Gymnas. in Wittenberg und Torgau, nach beiden Orten Bahnverbind.	In Annaburg; Amtsgericht in Prettin.	Aufsicht über 1 Gemeindewald.

Rgbz. Merseburg. (Karte 28 b.)

In Rosenfeld, Gasth. Burkhardt u. Nenz. In Zschakau, Gasth. Winter. In Züllsdorf, Gasth. zum grünen Tannenbaum. In Löhsten, bei Rauh.	In Zwethau (bei bescheidenen Anspr.) Kreisers Gasthaus, 2 km von Oberförst.	Altes Gebäude mit beschränkten Räumen, an Chaussee gelegen, am Südrande des Dorfes Rosenfeld (250 Einw.) Wirthschaftsgebäude zum Theil neu, aber klein. Nächste Stadt Torgau (11 800 Einw.), Kreisstadt, Garnison.	Evg. Kirche im Orte, Pfarre in Zwethau. Kath. Kirche in Torgau, 6 km. Gymnasium daselbst.	In Torgau, 6 km.	Amts- u. Gutsvorsteher.

Rgbz. Merseburg. (Karte 28 b.)

Abwechselnd in den beiden Gasthöfen zu Doberschütz und in der Schenke zu Torfhaus.	In Doberschütz in den Gasthöfen bei Berndt und Köditz. In Wildenhain. bei Müller. In Winkelmühle bei Röber.	Altes, im Dorf Doberschütz gelegenes Wohnhaus mit ausreichenden Wirthschaftsräumen. Nächste Stadt ist Eilenburg (15 100 Einw.), 12 Minuten Bahnf. Leipzig in 1stündiger Bahnfahrt zu erreichen.	Ev. Kirche, Pfarre im Dorf. — Realprogymnas. in Eilenburg, in 1 Std. Wagenfahrt, sowie in 12 Minuten Bahnf. erreichbar, aber kein passender Frühzug.	In Eilenburg, 12 km.	Staatsaufsicht üb. 1 städt. Forst. — Wohn. für verh. Assessor event. in Winkelmühle (8 km); ev. auch in Doberschütz zu haben.

Rgbz. Merseburg. (Karte 28 b.)

In Lausa, Gasth. Zscheile. In Sitzenroda, Gasth. Theilemann und Hermann. In Keitschen, Gasth. Mehnert.	In Sitzenroda, Gasth. z. goldenen Faß (in nächster Nähe der Oberförst.).	Alt. Dienstgeb. am N.-Ende des Dorf. Sitzenroda (800 Ew.) i. d. Nähe d. Torgau-Dahlener Str. Bauliche Veränd. in Ausf. Viele Wirthschaftsr., aber f. Landwsch. unzweckm. N. St. Schildau, 4 km, 1300 Ew. - Torgau, 13 km.	Ev. Kirche u. Schule in Sitzenroda, 1 km. Nächste kath. Kirche und Gymnasium in Torgau, 13 km.	In Schildau, 4 km. Amtsgericht in Torgau u. Belgern.	Amts- u. Gutsvorsteher. Forstamtsanwalt. — Assistent z. Zeit vorh. — Verh. Ass. kann in Schildau, 4 km, wohnen.

Rgbz. Merseburg. (Karte 28 b.)

In Petersberg, Wehde's Gasthof. In Naundorf, Behms Gasthof. In Bitterfeld, Rheinischer Hof. In Mühlbeck, bei Heinrich. In Sandersdorf, bei Gleisenring.	In Bitterfeld, Hotel Rheinischer Hof. Zur Sommerszeit bei nicht zu hohen Ansprüch. Waldhaus Zöckeritz.	Ausreichendes altes Dienstgebäude bildet mit einer Mühle und Waldhaus (Restauration) den Ort Zöckeritz, 6 km von Bitterfeld, am Rande der Schbz. Goitzsche u. Niemegk. — Nächste Stadt Bitterfeld (6 km), 11 800 Einwohner, Kreisstadt, Bezirkskommando.	Ev. Kirche u. Schule in Holzweißig, 1/2 St. Landweg.	In Bitterfeld, 6 km.	Amtsvorsteher.

Rgbz. Merseburg. (Karte 28 c.)

In Heldrungen, im Schützenhaus.	In Heldrungen, bei bescheidenen Ansprüchen Gasth. zum Schwan u. im Schützenh.	Dienstwohnung im Schloß zu Heldrungen, Stadt mit 2500 Einwohnern.	Ev. Kirche u. Pfarre in der Stadt. Kath. Gottesd. in Sommerda. Gymnasium in Erfurt, 1 Std. Bahnfahrt.	In Heldrungen.	Verheiratheter Assessor kann in Heldrungen wohnen, bei bescheidenen Ansprüchen.

Flächengröße u. Character des Revieres. Vertheilung der Hauptholzarten n. Zehnteln.	Beschaffenheit des Wegenetzes im Reviere und der sich daran schließenden Abfuhrstr., sowie der etwaigen Wassertransportwege. Adressen von größeren Fuhrunternehmern.	Jahresquantum der Haupt-Verkaufshölzer nach Holzarten und Sortimenten (unter Abrechnung des Lokalbedarfs).
		378. Königl. Oberförsterei Jävenitz,
5915 ha. — eben, zusammenhängend. Ki. 1,0	Gestelle meist fahrbar. Einige derselben, sowie verschiedene Holzabfuhrwege durch Kiesschüttung befestigt. Waldeisenbahn (13 km) verbindet Schnöggersb. O.—W., Jävenitz und Zienau mit der fiskalischen Holzablage und der Laderampe am Bhf. Jävenitz. — Fuhrleute E. Heinrich und Geßler (Waldbahnfuhrunternehmer) in Jävenitz.	Schbz. Schnöggersburg O. 800 fm Ki.-Stmh. 1000 rm Ki.-Grbh. „ „ W. 1000 „ „ „ 1000 „ „ „ „ „ N. 300 „ „ „ 500 „ „ „ „ Jävenitz 1600 „ „ „ 500 „ „ „ „ Zienau 1200 „ „ „ „ Neuendorf 800 „ „ „
		379. Königl. Oberförsterei Letzlingen,
6184 ha. — eben, zusammenhgd. Ki. 0,7 Ei. 0,3	Mehrere Chausseen und Kiesbahnen. — Nach Wannefeld geht ein z. Th. gepflast. Communik.-Weg, der sich bis Roxförde fortsetzt, wo er die Chauss. nach Calvörde erreicht, woselbst beim Bau des Mittelland-Canales Wasserablagest. für das Revier geplant wird. — Fuhrleute wohnen in Letzlingen und Jävenitz.	Schbz. Dolle II 100 fm Ei.-Stammholz 600 fm Ki.-Stammholz 1100 rm Ki.-Grubenholz „ Letzlingen I 250 fm Ei.-Stammholz 250 fm Ki.-Stammholz 300 rm Ki.-Grubenholz. „ „ II 350 fm Ki.-Stammh. 1200 rm Ki.-Grubh. „ Salchau I 100 fm Ei.-Stammholz 350 fm Ki.-Stammholz 200 rm Ki.-Grubenholz. „ „ III 550 fm Ki.-Stammholz 700 rm Ki.-Grubenholz „ Theerhütte 850 „ „ „ 600 „ „ „
		380. Königl. Oberförsterei Planken,
5336 ha. — im S. bergig, im N. eben, zusammenhängend. Ki. 0,6 Ei. 0,3 Bi. 0,1	Die Chaussee von Gr. Ammensleben nach Jävenitz durchschneidet das Revier der Länge nach; die Chaussee von Neuhaldensleben nach Hütten mündet in dieselbe. Erdwege meist gut. — Fuhrleute Wirsich in Neuhaldensleben, Bauern in Colbitz.	Schbz. Parxfoerde I 50 fm Ei.-Stammh. 600 fm Ki.-Grubenh. „ „ II 400 „ „ „ „ Planken 200 „ „ „ 650 „ „ „ „ Hütten 200 „ „ „ 400 „ „ „ „ Born I 300 „ „ „ „ „ II 400 „ „ „
		381. Königl. Oberförsterei Bischofswald,
3623 ha. — z. Th. eben, z. Th. hügel. bis bergig, sehr parzell. Ei. 0,4 Bu. 0,3 Ki. 0,3	Wegenetz fast vollständig ausgebaut, sehr guter Anschluß an Chauss., viele chaussirte Holzabfuhrwege. — Fuhrunternehmer in Weferlingen, Hörsingen, Flechtingen, Ivenrode und Bensdorf, Walbeck und Neuhaldensl.	Schbz. Marienborn 100 fm Ei. 100 fm Bu. „ Hüsig 50 „ alte Eichen. „ Bischofswald 200 „ Ei. 100 fm Bu. 100 Ki.-Grubh. „ Bensdorf 500 „ „ „ Belsdorf 500 „ „ „ Hoedingen 100 „ „ „ Weferlingen I 100 „ „ „ „ II 200 „ Bu. „ Walbeck 100 „ „ 200 fm Ei.
		382. Königl. Oberförsterei Colbitz,
5450 ha. — eben, zusammenhgd.	Chaussee führt durch das Revier. Im Dorfe Colbitz sind 6—10 Fuhrunternehmer für größere Holzmassen.	Schbz. Schneiderdamm 500 fm Ki.-Grbh. 150 fm Ei.- 200 fm Lind.-Nutzholz. „ Colbitz I 500 fm Ki.-Grubholz 100 fm Ei.- 150 fm Lind.-Nutzholz. „ „ II 400 fm Ki.-Grubenholz 100 fm Ki.-Nutzholz. „ Golzhausen 400 fm Ki.-Grubenholz. „ Kesselsohl 500 „ „ „ 200 fm Ki.-Nutzholz. „ Dolle I 600 „ „ „
		383. Königl. Oberförsterei Burgstall,
5911 ha. — meist eben, zusammenhängend. Ki. 0,7 Erl. 0,2 Ei. } 0,1 Esch.	Innerhalb des Reviers tiefsandige, auch moorige Wege, außerhalb sowie durch Dolle III und Salchau II gute Chausseen. — Fuhrunternehmer A. Schwerin, Bade und Ahlers in Burgstall, Ahlert in Uchtdorf.	Schbz. Baethen 50 fm Esch.- 50 fm Ei.-Langnutzholz } 600 rm Erl.-Schichtnutz- und Brennholz. „ Mahlpfuhl 200 fm Ei.-Bauh. } „ Burgstall 800 „ Ki.-Bauholz 600 rm Ki.-Grubenh. „ Scherneheck 1000 „ „ „ 800 „ „ „ „ Dolle III 1000 „ „ „ „ Salchau II 800 „ „ „ 600 „ „ „
		384. Königl. Oberförsterei Weißewarte,
1582 ha. — ganz eben, zusammenhängend. Ki. 0,5 Erl. 0,4 Ei. 0,1	Innerhalb des Reviers z. Th. befestigte Landwege, z. Th. erhöhte Erddämme. Im Schutzbezirk Weißewarte gut fahrbare Erdwege. Elbfähren befinden sich bei Tangermünde, Buch, Bittkau, Ferchland, Kehnert. — Fuhrunternehmer Mewes, Gäbert, Rögge in Tangerhütte, Voigt in Tangermünde.	Schbz. Weißewarte 400 fm Ki.-Grubh. 300 fm Ki.-Stammh. „ Hagedunsfort 400 fm Erl.-Nutzh. 100 fm Ei.-Stammholz 10 000 Stck. Fi.-Weihnachtsbäume. „ Süppling 500 fm Erl.-Nutzholz 200 fm Ei.-Stammholz. „ „ 40 fm Esch.- 40 fm Rüst.- 30 fm Bi.-Stammholz.

Oeffentliche Holzlicitationen finden statt in	Unterkommen im Gasthofe f. Holzhändler, Forst-Assessoren u. Referendare in möglichster Nähe der Oberförsterei	Zustand des Oberförsterdienst-Gebäudes	Wo Kirche, wo Schule? In welcher Zeit zu erreichen?	Wo Arzt, wo Apotheke, wo Amtsgericht?	Nebenämter des Revierverwalt. Wenn ständiger Assistent vorhanden, wo wohnt derselbe?
Rgbz. Magdeburg. (Karte 29 a.)					
In Jävenitz, Gasth. A. Lamprecht „ A. Sandmann „ A. Bluhm	In Jävenitz, „Dtsch. Kaiser" (Lamprecht) am Bahnhof; bei Sandmann, bei Bluhm.	Aelteres Gebäude mit neuerem Anbau, z. Th. feucht, im Dorfe Jävenitz (700 Einwohner) an Chaussee. Wirthschaftsräume neu und ausreichend. Nächste Stadt Gardelegen, 7 km Chaussee, 7800 Einwohner, Kreisstadt, Garnison.	Ev. Kirche u. Pfarre in Kloster Neuendorf, 3 km Chss. Kathol. Gottesd. in Gardel., woselbst auch Realsch. (10 Min.) Bhf. Gymnas. in Stendal, 40 Min. Bahnf., kein passender Frühzug.	In Gardelegen, 7 km.	
Rgbz. Magdeburg. (Karte 29 a.)					
In Letzlingen, bei Genz, bei Köppe, bei Westphal.	In Letzlingen, bei Westphal, bei Beuze, bei Köppe, bei Genz. In Salchau, bei Benze. In Dolle, Bismarck.	Neues Dienstgebäude am W.-Ausgange des Dorfes Letzlingen, unweit des Kaiserl. Jagdschlosses. Nächste Stadt Gardelegen, 12 km Chss. Neuhaldensleben, 19,5 km, 10 100 Einwohner, Bezirkskommando.	Ev. Kirche u. Dorfschule in Letzlingen. Kath. Kirche, sowie lateinlose Schule in Gardelegen. Gymnasium in Neuhaldensleben, 19,5 km.	In Gardelegen, 9,5 km.	Amtsvorsteher.
Rgbz. Magdeburg. (Karte 29 a.)					
In Planken, im Waldhause.	Am passendsten Unterkommen in Neuhaldensleben, Gasth. „Weißes Roß", 9 km. In Hütten, 2 km. In Born, 3 km.	Altes Dienstgebäude, isolirt gelegen an der Chaussee von Gr. Ammensleben nach Jävenitz. Nächste Stadt Neuhaldensleben, 9 km, 10 100 Einwohner. Magdeburg, 229 600 Einw. von Neuhald. in 43 Min. Bahnf. zu erreichen.	Ev. Kirche in Neuhofe, 5 km. Kathol. Gottesdienst in Gr. Ammensleben, 12 km. — Dorfschule in Born, 3 km.	In Neuhaldensleben, 9 km.	Amtsvorsteher. Standesbeamter. Forstamtsanw. Oberaufsicht über die Neuhaldenslebener Stadtforsten (2229 ha).
Rgbz. Magdeburg. (Karte 29 a.)					
Nutzholz-Auction, ca. 1000 fm Ei., ca. 3000 fm Bu. i. d. R. Ende Februar bei Selms in Weferlingen (Bahnst.). Nadelholzlicitation in Belsdorf u. in Alvensleben.	In Hörsingen, bei Müller, 5 km. In Weferlingen, bei Selms. In Neuhaldensleben, bei Janson.	Neueres Dienstgebäude, isolirt, 3 km von Ivenrode (400 Einwohner), in schöner Lage, an Chaussee Weferlingen-Neuhaldensleben. — (Arbeiter- und Dienstbotenfrage äußerst schwierig.) — Nächste Stadt Neuhaldensleben, 16 km.	Ev. Kirche in Ivenrode. Gymnasium in Neuhaldensleben. — Unterricht nur durch Hauslehrer möglich.	In Erxleben, 12 km. Amtsgericht auch in Weferlingen u. Neuhaldensleben.	Amts- u. Gutsvorsteher. — Wohnung für verheiratheten Assessor in Weferlingen und Walbeck bei sehr geringen Anspr. möglich.
Rgbz. Magdeburg. (Karte 29 a.)					
In Colbitz, Gasth. von Gyldenpfennig.	In Colbitz, Gasth. von Gyldenpfennig.	Dienstgebäude im Dorfe Colbitz (2400 Einw.), altes, aber geräumiges Wohnhaus. — Nächste Stadt Wolmirstedt, 8 km, Kreisst., 4300 Einw. — Magdeburg, 229 600 Einw., von Wolmirstedt in 15 Min. Bahnfahrt erreichbar.	Ev. Kirche im Ort. Gymnasium in Magdeburg.	Arzt im Ort. Amtsgericht in Wolmirstedt.	Amtsvorsteher.
Rgbz. Magdeburg. (Karte 29 a.)					
In Burgstall, Gasth. zum schwarzen Adler. In Dolle, Gasth. Bismarck.	Bescheidenes Unterkommen im Gasthof zum schwarzen Adler in Burgstall, gegenüb. d. Oberf.	Altes geräumiges Landhaus im Dorfe Burgstall (900 Einwohner), gute Wirthschaftsräume. Kreisstadt Wolmirstedt, 32 km, 4300 Einw.	Evg. Kirche u. Dorfschule im Ort.	Arzt u. Apoth. i. Baethen, sowie i. Tangerhütte. Amtsg. in Wolmirst. resp. i. Stend.	Guts- u. Amtsvorsteher. — Kein Unterkommen für verheiratheten Assessor möglich.
Rgbz. Magdeburg. (Karte 29 a.)					
In Weißewarte, bei Niemann und Seeger.	Leidlich gutes Unterkommen in Weißewarthe beim Gastwirth Niemann und Seeger.	Altes, geräumiges Gebäude im Dorfe Weißewarthe. Nächste größere Stadt Kreisstadt Stendal, 22 000 Einwohner, Garnis. — Tangerhütte, 5000 Einwohner, 6 km Chaussee.	Ev. Kirche in Weißewarte, Pfarre in Elversdorf, 6 km. Kathol. Kirche und Gymn. in Stendal, Privatschule (bis Tertia) in Tangerhütte.	Drei Aerzte, 1 Apotheke in Tangerhütte. Amtsgericht in Tangermünde, 13 km.	

Sitz der Oberförsterei nebst Poststation	Entfernung des Oberförstereisitzes von der nächsten Eisenbahnstation bezw. Haltestelle. Post- und regelmäßige Reiseverbindungen auf Landwegen	Durchschnittliche Entfernungen und ungefähre Anfuhrkosten von den einzelnen Reviertheilen für Bahn- bezw. Wassertransport und zwar: Schutzbezirk	Entfernung bis Güterbahnhof	Anfuhrkosten pro fm M.	Entfernung bis Wasserablage	Anfuhrkosten pro fm M.

378. Königl. Oberförsterei Jävenitz, Rgbz. Magdeburg. (Karte 29a.)

Jävenitz, Post, Kreis Gardelegen.	1 km Chaussee bis Bahnhof Jävenitz, Station der Bahn Berlin-Hannover. — 9 km Chaussee bis Gardelegen, derselben Linie (Schnellzüge).	Schnöggersb. O.	12 km Erdweg bis Jävenitz	2,00		
		Schnöggersb. W.	10 km desgl.	2,00		
		Schnöggersb. N.	6 km desgl.	1,75		
		Jävenitz	4 km desgl.	1,50		
		Zienau	4 km Chss. desgl.	1,00		
		Neuendorf	3 km desgl.	1,00		

379. Königl. Oberförsterei Letzlingen, Rgbz. Magdeburg. (Karte 29a.)

Letzlingen, Post, Kreis Gardelegen.	Bis Station Jävenitz 9,5 km Chaussee. — Bis Gardelegen 12 km Chauss. — Bis Neuhaldensleben 19,5 km Chauss. — Postomnibus von und nach Gardelegen $^1/_2$6 Vm. Nachm. $2^1/_2$ bezw. $^1/_2$8 Vm. u. 3 Nm. — Nach Neuhaldensleben Mittw. u. Sonnab. Omnibus 6 Uhr Vm. ab Letzl. 3 Uhr zurück.	Da das Revier in einem Complex zusammenliegt, differiren die Abfuhrkosten nur wenig, je nach Entfernung der Forstorte zu den Chausseen. Anfuhr zum Bahnhof Jävenitz kostet durchschnittlich 2—3 Mk. pro fm.

380. Königl. Oberförsterei Planken, Rgbz. Magdeburg. (Karte 29a.)

Planken, Post Neuhaldensleben, Kreis Neuhaldensleben.	9 km bis Station Neuhaldensleben. — Postbestellung von Neuhaldensleben täglich einmal.	Parförbel	9 km Chauss. bis Gr. Ammensleben 8 km (3 km Chss.) b. Neuhaldensleben	1,70		
		„ II	7 km (3 km Chss.) b. Neuhaldensleben	1,50		
		Planken	9 km mst. Chss. b. Neuhaldensleben 12 km (7 km Chss.) b. Wolmirstedt	1,50 2,10		
		Hütten	10 km (7 km Chss.) b. Neuhaldensleben	1,70		
		Born I	13 km (11 km Chss.) b. Neuhaldensleben	1,70		
		Born II	14 km desgl.	1,70		

381. Königl. Oberförsterei Bischofswald, Rgbz. Magdeburg. (Karte 29a.)

Bischofswald, Post Hörsingen, Kreis Neuhaldensleben.	12 km Chaussee bis Erxleben über Hörsingen (5 km von Oberförsterei). Postomnib. Hörsingen-Erxleben. — 16 km Chaussee bis Neuhaldensleben, Fuhrwerk am Bahnhof. — 15 km Chaussee bis Weferlingen. — 12 km bis Flechtingen. Fuhrwerk am Bahnhof. Eine fast alle Schutzbezirke schneidende, dicht an der Oberförsterei vorbeiführende vollspurige Kleinbahn Weferlingen-Neuhaldensleben genehmigt.	Marienborn	Stat. Marienb. i. Rev.	2—5		
		Hüsig	7 km mst. Chauss. b. Neuhaldensleben			
		Bischofswald	16 km Chauss. bis Neuhaldensleben 15 km Chauss. bis Weferlingen			
		Bensdorf	7 km Chauss. bis Flechtingen 13 km Chauss. bis Weferlingen			
		Belsdorf	12 km mst. Chss. bis Flechtingen			
		Hoedingen	6—7 km Chauss. bis Weferlingen			
		Weferlingen I	2 km Chss. desgl.			
		Weferl. II	Bahnh. Weferl. i. Rev.			
		Walbeck	5 km Chauss. bis Helmstedt			

382. Königl. Oberförsterei Colbitz, Rgbz. Magdeburg. (Karte 29a.)

Colbitz, Post, Kreis Wolmirstedt.	8 km Chaussee bis Wolmirstedt,	Nach Bahnhof Wolmirstedt 8—16 km. — Durchschnittliche Fuhrkosten 2—2,50 Mk. pro fm.

383. Königl. Oberförsterei Burgstall, Rgbz. Magdeburg. (Karte 29a.)

Burgstall, Post, Kreis Wolmirstedt.	Bis Tangerhütte (Schnellzüge) 8 km Chauss. — Bis Mahlwinkel (Personenzüge) 7 km Chaussee. — Von Tangerhütte 2 mal täglich Omnibus-Verbindung.	Salchau	4 km Sdw. 12 km Chss. b. Mahlwinkel			
		Dolle	3 km Landw. 9 km Chauss. desgl.			
		Burgstall	4 km Sandw. 7 km Chauss. desgl.			
		Schernebeck	7 km Landw. 4 km Chauss. desgl.			
		Mahlpfuhl	3 km Landw. 7 km Chss. b. Tangerhütte			
		Baethen	2 km Landw. 1 km Chauss. desgl.			

384. Königl. Oberförsterei Weißewarthe, Rgbz. Magdeburg. (Karte 29a.)

Weißewarthe, Post, Kreis Stendal.	6,0 km Landw. bis Demker (Personenz.). — 6,4 km Chauss. bis Bahnh. Tangerhütte (Schnellz.) — Karriolpost ab Tangerhütte 8[20] Vm. an Weißewarthe 10 Uhr Vm. Ab Weißewarthe 6[15] Nm. an Tangerhütte 7[30].	Weißewarthe	5 km Chaussee bis Tangerhütte	Grubh. 0,90 Stmh. 1,4-2,5		
		Hagedunsfort	8 km Chaussee und bef. Weg desgl.			
		Süppling	2 km Erdw. u. 3 km bef. Weg desgl.			

Sitz der Oberförsterei nebst Poststation	Entfernung des Oberförstereisitzes von der nächsten Eisenbahnstation bezw. Haltestelle Post- und regelmäßige Reiseverbindungen auf Landwegen	Durchschnittliche Entfernungen und ungefähre Anfuhrkosten von den einzelnen Reviertheilen für Bahn- bezw. Wassertransport und zwar: Schutzbezirk	Entfernung bis Güterbahnhof	Anfuhrkosten pro fm M.	Entfernung bis Wasserablage	Anfuhrkosten pro fm M.
385. Königl. Oberförsterei Altenplathow, Rgbz. Magdeburg. (Karte 29a.)						
Altenplathow, Post Genthin, Kreis Jerichow I.	1,8 km befestigter Weg bis Bhf. Genthin. 1,3 km befestigter Weg bis Bahnhof Altenplathow.	Güsen	2 km Ldw. 2 km Chss. bis Güsen			
		Hüttermühle	1 km Ldw. 3 km Chss. bis Genthin			
		Gottesstiege	1 km Ldw. 2 km Chss. bis Genthin			
		Alemann	2 km Ldw. 2 km Chss. bis Altenplathow			
		Meierei	2 km Ldw. 2 km Chss. bis Altenplathow			
		Havemark	3 km Ldw. 3 km Chss. bis Schartenke			
		Ferchland	4 km Landweg bis Schartenke			
		Jerichow	1 km Landweg und Chaussee bis Jerichow			
386. Königl. Hausfideicommiß-Oberförsterei Niegripp, Rgbz. Magdeburg. (Karte 29a.)						
Detershagen, Post Burg, Kreis Jerichow I.	4,2 km Landweg bis Station Möser. — Besser aber 5,6 km (davon 4,1 km Chaussee) bis Station Burg (Schnellzüge).	Wörmlitz	3—5 km Landweg bis Büden	1—1,5		
		Detershagen	5—6 km (theilweise Chaussee) bis Burg	1—1,5	3—5 km b. z. Elbe- u. Ihle-Kanal (Ablage bei Niegripp).	
		Külzau	6—9 km desgl.	1—1,5		
		Gladau	5—8 km Chaussee bis Güsen	1,5—2		
387. Königl. Oberförsterei Biederitz, Rgbz. Magdeburg. (Karte 29a)						
Magdeburg, Weinhof 15/16, Post und Kreis Magdeburg.	20 Minuten vom Hauptbahnhof Magdeburg.	Biederitz	6,5 km Chss. u. Ldw. bis Magdeburg	6,50		
		Neuhof	8 km Chaussee bis Wolmirstedt	5,00		
		Wolmirstedt	4 km desgl.	3,00		
388. Königl. Oberförsterei Grünewalde, Rgbz. Magdeburg. (Karte 29a.)						
Grünewalde, Post Schönebeck a. d. Elbe. Kreis Jerichow I.	Oberförsterei liegt am rechten Elbufer, unmittelbar am Deich. Bis Bahnstation Schönebeck, linkes Elbufer, 1½ km (und zwar 0,5 km Pflaster bis zur Elbe, dann Dampffähre, alle 8 Min., ferner 800 m Pflaster durch die Stadt bis zum Bahnhf.) Nächste Bahnst. auf dem rechten Elbufer ist Gommern (Linie Magdeburg-Zerbst-Leipzig), 9 km Pflasterstraße und Chaussee.	Ronney	7 km Erdw. bis Prödel	10,00		
		Grüneberg	7 „ „ „	10,00		
		Ranies	7 km Steinweg bis Schönebeck	7,00 bis 10	4 km Steinweg bis Elbeablage	4—5
			7—10 km Steinweg bis Gommern		wie vor	4—5
		Ewald	wie vor	7—10	wie vor	4—5
		Elbenau	wie vor	7—10		
		Plötzky	4 km Chaussee und Erdweg bis Gommern	3,00		
		Vogelgesang	wie vor	3,00		
389. Königl. Oberförsterei Lödderitz, Rgbz. Magdeburg. (Karte 29a.)						
Lödderitz, Post, Kreis Calbe.	7,5 km Chaussee nach Aken (Cöthen-Aken), von hier 14 km Chaussee bis Dessau. — 6,8 km Chaussee nach Bahnhof Patzetz (Magdeburg-Cöthen). — 17 km Chaussee bis Bahnhof Calbe (Berlin-Nordhausen). — 15 km bis Bahnhof Barby derselben Eisenbahn.	Olberg	5 km Chaussee bis Aken		2,5 km bis schiffbare Elbe	
		Susigke	wie vor		wie vor	
		Kühren	4 km Erdw. od. 6 km Chaussee bis Aken		2,0 km desgl.	
		Breitenhagen	14 km Edw. b. Patzetz 10 „ Chss. b. Zerbst		0,5 km bis Elbe	
		Lödderitz	7 „ „ „ Patzetz		2,5 km desgl.	
		Rosenburg	7 „ meist Erdweg bis Patzetz		0,5 km bis schiffbare Saale	
390. Königl. Oberförsterei Magdeburgerforth, Rgbz. Magdeburg. (Karte 29b.)						
Magdeburgerforth, Post, Kreis Jerichow I.	Magdeburgerforth ist Haltestelle der Kleinbahn Burg-Ziesar. Von Magdeburg Bahnfahrt über Burg. Von Berlin Bahnfahrt nach Wusterwitz, von da 26 km Chaussee nach Ziesar, von hier Kleinbahn.	Dretzen	7 km Landweg bis Ziesar	2,50		
		Sandforth	4 km desgl.	2,00		
		Magdeburgerf.	bis Haltestelle Magdeburgerforth	1,75		
		Reesdorf	2 km bis zur Kleinbahnhaltestelle	2,00		
391. Königl. Oberförsterei Schweinitz, Rgbz. Magdeburg. (Karte 29b.)						
Schweinitz, Post Rosian, Kreis Jerichow I.	5 km Chaussee bis Bahnhof Nedlitz, täglich 3mal Bahnverbindung mit Berlin, Fahrzeit 2½ Std., desgl. mit Zerbst, 1½ Std.; auch auf dieser Strecke Magdeburg zu erreichen. 7,5 km Chss. bis Bhf. Loburg, von hier mit Magdeb. tägl. 3mal Bahnverb.	Schweinitz	4 km Erdweg und 5 km Chaussee bis Bahnhof Nedlitz.	2,50		
		Hütten				
		Eichenquast	7,5 km Chaussee bis Loburg	3,00		

Flächengröße u. Charakter d. Reviers. — Vertheilung der Hauptholzarten nach Zehnteln.	Beschaffenheit des Wegenetzes im Reviere und der sich daran schließenden Abfuhrstraßen, sowie der etwaigen Wassertransportwege. Adressen von größeren Fuhrunternehmern.	Jahresquantum der Haupt-Verkaufshölzer nach Holzarten und Sortimenten (unter Abrechnung des Lokalbedarfs).
		385. Königl. Oberförsterei Altenplathow,
4835 ha. — eben, sehr parzellirt. Ki. 0,8 Ei. 0,1 Bi. } 0,1 Erl. }	Innerhalb der Forstorte, außer den durchgehenden Chausseen, gute Landwege. Haupttransportwege: Berlin-Magdeburger Eisenbahn, Kleinbahn Genthin-Schönhausen sowie Plauer-Canal zwischen Elbe u. Havel zum Transport nach Berlin, nach Magdeburg und nach Hamburg. — Fuhrleute in Altenplathow.	Schbz. Güsen 1500 fm Ki.-Stammh. 100 fm Esch.-Stammh. 600 fm Erl.-Rollen. „ Hüttermühle 800 fm Ki.-Stammholz „ Alemann 100 „ „ „ „ Meierei 600 „ „ „ „ Havemark 800 „ „ „ „ Ferchland 600 „ „ „ „ Jerichow 1000 „ „ „
		386. Königl. Hausfideicommiß-Oberförsterei Niegripp,
2451 ha. — z. Th. eben, z. Th. hügel., 11 Parzellen. Ki. 0,94 Weid. 0,03 Bi. } 0,02 Erl. } Ei. 0,01	Oeffentliche Wege im Revier meist mit Lehm- und Kiesbahn versehen, Gestelle und Abfuhrwege meist gut fahrbar; außerhalb und innerhalb gute Chausseen. — Fuhrleute in Wörmlitz bei Rüden, in Detershagen bei Burg, in Hohenseeden bei Güsen und in Gladau.	Schbz. Wörmlitz 1400 fm Ki.-Grubenholz. „ Detershagen 2300 „ „ „ „ Külzau 1080 „ „ „ „ Gladau 1080 „ „ „ 200 fm Ki.-Stammh.
		387. Königl. Oberförsterei Biederitz,
1513 ha. — eben, Elbniederung, sehr parzell. Ei. 0,8 Rüst. 0,2	Innerhalb der Forstorte vielfach Kieswege, z. Th. Erdwege und 1500 m Steinbahnen. Abfuhrstraßen nur Chausseen. — Fuhrunternehmer in Glindenberg, in Biederitz, in Magdeburg.	Schbz. Biederitz 350 fm Ei.-Stammh. 50 fm Rüstern-Stammh. „ Neuhof 500 „ „ „ 100 „ „ „ „ Wolmirstedt 150 „ „ „ 50 „ „ „
		388. Königl. Oberförsterei Grünewalde,
3246 ha. — sehr zerrissen. a) Nan., Grüneb., sowie Ew. u. Elb. lieg. im Ueberschwemmgs.-gebiet d. Elbe (Aueboden). Ei. Rü. Esch. b) Rest hüg., früh. Mittelw. Sanddünen, Ki., Ei., Rü. Esch.	Wege in a) nur bei Frost, Trockenheit od. wind. Wetter zu passiren; meist leidliche Pflaster- und Steinstraßen. — in b) Chauss. und leidl. Pflaster-, Stein- und Sandwege. Holbzablage an der Elbe, unweit Ewald. — Fuhrleute: Brehmer in Barby, Wilhelm Range in Nanies und mehrere Bauern in Plötzky.	Schbz. Grüneberg 700 fm Ei.- 700 fm Rüst.-Langholz 40 fm Esch.- 10 fm Ahorn-Langholz. „ Nanies u. Ewald u. Elbenau 2000 fm Ei.-Langh. 1400 fm Rü.-Langh. 40 fm Esch.-Langh. 100 fm Ah.- 10 fm Obstb.-Langh. Schbz. Plötzky u. Vogelgesang 500 fm Ki.-Langh. 1000 fm Ki.-Grubenholz. (Eiche: nur Schiffsbauholz, keine Tischlerwaare; Esche: meist schwach; Ahorn, Feldah. und Maßholder, nur schwäch. Stämme und Stangen.)
		389. Königl. Oberförsterei Lödderitz,
3291 ha. — eben, W.-Theil langgestreckt. O.-Theil abgerundet. Ei. 0,6 Ki. 0,3 Rüst. 0,1	Innerhalb der Forstorte mehrere Waldchausseen, sonst bekieste Lehmwege und im Schutzbezirk Susigke Sandwege. Die Waldchausseen gehen von der Elbe nach der Chaussee Lödderitz-Aken-Dessau. Großer Elbhafen in Aken. — Fuhrunternehmer Naumann und Busse in Aken.	Schbz. Olberg 1300 fm Ei.- und Rüst.-Stammholz 180 fm Ei.-Schwellholz 350 fm Ei.-Grubenholz „ Susigke 500 fm Ki.-Stammholz 600 fm Ki.-Grubenholz „ Kühren 600 fm Ei.-Stammholz 90 fm Ei.-Schwellholz 100 fm Ei.-Grubenholz. „ Lödderitz 300 fm Ei.-Stammholz 100 fm Ei.-Schwellholz 150 fm Ei.-Grubenholz. „ Breitenhagen 150 fm Ei.- und Rüst.-Stammholz 60 fm Ei.-Schwellholz 70 fm Ei.-Grubenholz. „ Rosenburg 200 fm Ei.-Stammholz 100 fm Esch.-Stammholz 500 fm Rüst.-Stammholz.
		390. Königl. Oberförsterei Magdeburgerforth,
2578 ha. — eben, zusammenhgd., Schbz. Nonnenheide 18 km entf. Ki. 0,7 Ei. 0,1 Bu. 0,1	Wege im Revier überall gut. Die durch das Revier gehende Chaussee kann bei der Abfuhr des Holzes nur auf eine geringe Strecke benutzt werden. — Fuhrunternehmer Schröder und Puls in Magdeburgerforth.	Schbz. Dreetzen 200 fm Ki.-Grubh. 1500 fm Ki.-Stammh. „ Sandfort 400 „ „ „ 800 „ „ „ „ Magdeburgerf. 100 „ „ „ 900 „ „ „ „ Raesdorf 300 „ „ „ 700 „ „ „ „ Nonnenheide 200 „ „ „
		391. Königl. Oberförsterei Schweinitz,
5880 ha. — eben, zusammenhgd. Ki. 0,8 Ei. 0,2	Das Wegenetz ist im ganzen von guter Beschaffenheit. — Fuhrleute Ferd. Köhler, Aug. Steffen. W. Friedrich in Schweinitz.	Schbz. Schweinitz 300 fm Ei.- 2000 fm Ki.-Stammholz „ Hütten 100 „ „ 2000 „ „ „ „ Eichenquast 50 „ „ 2000 „ „ „

Oeffentliche Holzlicitationen finden statt in:	Unterkommen im Gasthofe f. Holzhändler, Forstassessoren u. Referendare in möglichster Nähe der Oberförsterei	Zustand des Oberförsterdienst-Gebäudes	Wo Kirche? Wo Schule? In welcher Zeit zu erreichen?	Wo Arzt, wo Apotheke, wo Amtsgericht?	Nebenämter des Revierverwalt. — Wenn ständiger Assistent vorhanden, wo wohnt derselbe?
Rgbz. Magdeburg. (Karte 29 a.)					
In Genthin, Schützenhaus. In Altenplathow, Habel. In Sydow, Lyke. In Jerichow a/E., Bading. In Güsen, Northe und Müller.	In Genthin, Mansfeldt's Hotel und Deutsch. Haus. In Jerichow, schw. Adler (Bading).	Gutes altes Wohnhaus, genügende Wirthschaftsgebäude, am Rande des Dorfes Altenplathow (2000 Einwohner), 1 km von der Stadt Genthin, (5000 Einw.), Kiesweg dahin. Magdeburg in 50 Min. Bhnf., Berlin i. $1^1/_2$ St. Bhf. erreichb.	Ev. Kirche in Altenplathow, $1^1/_2$ km; ev. und kath. Kirche in Genthin, 1,8 km, dort auch Progymn.	In Genthin.	Amtsvorsteher. — Verheir. Assessor kann in Genthin wohnen (1,8 km von Oberförst.)
Rgbz. Magdeburg. (Karte 29 a.)					
In Wörmlitz, bei Möbes. In Niegripp, bei Abendroth. In Hohenseden, bei Schellhase. In Gladau, bei Meyer. In Burg, Hotel zum Schulterblatt.	Bei mäßigen Ansprüchen in Niegripp (Post), 3 km. Bei weiter gehenden Anspr. in Burg, Hotel z. Schulterblatt. Hesse's Hotel.	Oberförsterei liegt am S.-Rande der Ortschaft Detershagen (120 Einw.), und besteht aus einem alten, aber behaglichen Wohnhause mit beschränkter Zimmerzahl und sehr ausgedehnten Wirthschaftsgebäuden. Nächste Stadt ist Burg, 5,6 km, Kreisst., 22 400 Einw., Garnison.	Ev. Kirche u. Pfarre im Dorfe. Kathol. Gottesdienst, sowie Gymnasium in Burg, 5,6 km.	In Burg.	Amtsvorsteher. Stellvertr.-Gutsvorsteher. Forstamtsanwalt. — Verheir. Assessor findet Unterkommen in Burg.
Rgbz. Magdeburg. (Karte 29 a.)					
In Magdeburg, Restaurant „Wilhelm", Breiteweg.	In Magdeburg, Hotel weißer Schwan, Magdeburg. Hof.	Miethswohnung in Magdeburg, 229 600 Einw., Regierungssitz, Landgericht, Garnison.	Kirchen und Schulen jeder Art in Magdeburg.	In Magdeburg.	
Rgbz. Magdeburg. (Karte 29 a.)					
In Grünewalde, im „Braunen Hirsch" und im Waldhaus.	Unterkommen f. Holzhändler in Schönebeck ($1^1/_2$ km), Preußisch. Hof, Landhaus u. a. — Für Forstreferendare in Grünewalde, Gasth. Brauner Hirsch.	Haus alt, 2stöckig, sehr wohnlich. Bureau im Nebenhause, hier auch Kutscher- od. Secretärwohnung. — Mitten im Dorfe Grünew. (400 Einw.) 500 m vom Walde entfernt. Schönebeck (14 000 Einw.), gegenüber die Elbe, bis zu dieser 500 m Pflasterstr. Kleiner hübscher Hausg., gr. Obstgart.	Ev. Kirche in Elbenau, 2 km. Pfarrer in Plötzky, 5 km. Kathol. Pfarre in Gommern, 8 km. Realprogymn. in Schönebeck bequem zu erreichen. Gymnas. in Magdeburg mit Bahn üb. Schöneb. z. err.	In Schönebeck, 1 km. Amtsgericht in Gommern.	Amtsvorsteher. — Wohnung für verheirath. Assessor in Schönebeck erhältlich.
Rgbz. Magdeburg. (Karte 29 a.)					
In Lödderitz, zur grünen Eiche. In Aken, Schwarzer Bär. In Kl. Rosenburg, Anker.	In Lödderitz, in der grünen Eiche. In Aken, im schwarzen Bären. In Gr. Rosenburg, bei Eggert.	Altes geräumiges Gebäude mit Jägerhaus im Dorfe Lödderitz, an dem Kreuzungspunkt der Chaussee nach Aken, Calbe und Barby. Wirthsch.-Geb. alt, aber geräumig. Nächste Stadt Aken a/E., 7300 Einwohner, 7,5 km Chaussee.	Ev. Kirche in Aken, 7,5 km, und in Diebzig, 2 km. In Lödderitz Dorfschule, in Aken Bürgerschule, in Dessau u. Cöthen Gymnasium.	Arzt u. Apotheke in Aken und Rosenburg, 7,5 u. 6 km.	Amts- u. Gutsvorsteher. Standesbeamter, Schiedsmann. Forstamtsanw. — Für verh. Assessor kein Unterkommen.
Rgbz. Magdeburg. (Karte 29 b.)					
In Magdeburgerforth, im Hotel zu den 3 Linden.	In Magdeburgerforth, Großes Hotel und Hotel auf dem Bahnhof (billig).	Neues Gebäude von 1901 am Rande des Dorfes Magdeburgerforth, 200 Schritt vom Bahnhof und im Revier gelegen. Nächste Stadt Burg, 22 400 Einwohner, Garnison.	Ev. Pfarre u. Schule im Dorf, Kirche im Bau. Gymnasium in Burg, Bahnverbind.	In Ziesar, 9 km.	Standesbeamter. — Für verheir. Assessor zur Zeit noch schwer ein Unterkommen zu finden.
Rgbz. Magdeburg. (Karte 29 b.)					
In Schweinitz, Gasthof Bastian. In Hohenlobbese, Gasthof Hagendorf.	In Schweinitz, bei Bastian u. Lindstedt. In Hohenlobbese, bei Hagendorf.	Schönes, neues, geräumiges Dienstgebäude im Dorfe Schweinitz (600 Einwohner) an der Loburg-Zerbster Chaussee. Nächste Stadt Loburg (2000 Einwohner), 7,5 km Chaussee.	Ev. Kirche in Schweinitz. Nächstes Gymnasium in Zerbst od. Magdeburg, in 2 St. erreichbar ($^1/_2$ Std. Landweg, $1^1/_2$ Std. Bahnfahrt).	In Loburg, 7,5 km.	Oberaufsicht über die gräfl. Forst. Mahlsdorf. — Wohnung für verheirath. Assessor nur in Loburg, auch hier nur bei besch. Anspr. mögl.

Flächengröße u. Character d. Reviers. — Vertheilung der Hauptholzarten nach Zehnteln.	Beschaffenheit des Wegenetzes im Reviere und der sich daran schließenden Abfuhrstraßen, sowie der etwaigen Wassertransportwege. Adressen von größeren Fuhrunternehmern.	Jahresquantum der Haupt-Verkaufshölzer nach Holzarten und Sortimenten (unter Abrechnung des Lokalbedarfs).

392. Königl. Oberförsterei Werder,

4581 ha. — hügelig, parzell., 3 Schbz. („Stubbnitz" genannt) zusammenhg., die übrigen Schutzbezirke liegen auf der Insel verstreut.
Bu. 0,50
Ki. 0,40
Ei. 0,07
A. L. 0,03

Im Schutzbezirk Mönchgut Pflasterung auf der Straße von Middelhagen nach Baabe. In Möllen-Medow meist Erdwege, die stets fahrbar sind. In der sogenannten „Stubbnitz" Pflaster und feste Kreidewege. Durch Gelm Chaussee von Altenkirchen nach Glowe. — Fuhrunternehmer: Faust in Saßnitz, Vorbrodt in Göhren, Koos in Baabe, Korff, Raddas und Arendt in Mölln-Medow.

Schbz. Mönchgut 20 fm Ei.-Stammh. 180 fm Na.-Stmh.
„ Mölln-Medow 100 „ „ „ 150 „ „ „
„ Rusewase } „Stubbnitz" genannt { 200 rm Bu.-Schichtnutzholz.
„ Hagen } „Stubbnitz" genannt { 300 „ „ „
„ Saßnitz } „Stubbnitz" genannt { 300 „ „ „
„ Gelm 800 rm Na.-Schichtnutzholz, 3500 Stck. Ki.-Derbst.

393. Königl. Oberförsterei Abtshagen,

4830 ha. — eben, parzellirt.
Bu. 0,4
Ei. 0,3
Ki. 0,2
Fi. 0,1

Revier von guten Chausseen durchschnitten, sonst im Revier viel Stein- und Knüppeldamm. — Fuhrleute in Abtshagen, Wittenhagen, Grimmen, Alt-Zarrendorf und Elmenhorst.

Schutzbezirk	Stammholz (fm) Ei.	Stammholz (fm) Bu	Stammholz (fm) Esch.	Rollh. Na.	Schichtnh. Bu.
Bremerhagen	100			400 rm	
Stoltenhagen	50				
Wittenhagen	350				
Elmenhorst	150	20		50 „	
Crummenhagen	50	10		200 „	
Ungnade	100	100	10		150 rm
Abtshagen	150	300	30		350 „
Sievertshagen	150	250			250 „
Kronhorst	50	100		150 „	150 „
Barnekow	150			200 „	

394. Königl. Oberförsterei Poggendorf,

2508 ha. — eben, 10 Parzellen.
Ki. 0,36
Bu. 0,29
Ei. 0,21
Bruch. 0,09
Fi. 0,05

Waldeisenbahn zu den Ablagen bei Loitz-Rustow und am Trebelfluß im Revier. Innerhalb des Schutzbezirkes Zetelwitz gut ausgebaute Erdwege. Außerhalb ländliche Feldwege. Schbz. Süderholz von Loitz-Grimmener Chaussee durchschnitten. Chauss. Grimmen-Milzow unmittelbar am Schbz. Kaschow; Chaussee Kaschow-Neuendorf 1 km entfernt; Chaussee Willerswalde-Milzow 4 km vom Forstort Freiholz. — Fuhrunternehmer in Tribsees, Loitz, Grimmen, Horst u. Greifswald.

Schutzbezirk	Stammholz (fm) Ei.	Stammholz (fm) Bu.	Stammholz (fm) Na.	Stammholz (fm) Esch.	Rollholz (rm) Ei.	Rollholz (rm) Na.	Schichtn. Bu.	Brennholz
Kronwald	20	25		10	30		400 rm	1000 rm
Zetelwitz			250		20	200		200 „
Süderholz			150			120		300 „
Poggendorf					50			140 „
Kaschow	10							60 „
Freiholz	40				30			60 „
Segebadenh.						100		500 „
Stubbendorf	60	180	100		40		200 „	1000 „

395. Königl. Oberförsterei Jägerhof,

4740 ha. — sehr parzell., eben. Schbz. Buddenhagen wellig.
Ki. 0,7
Ei. 0,1
Bu. 0,1
Erl. 0,1

Innerhalb des Reviers Erdwege, wenig Steindamm und Chaussee. Außerhalb viele und gute Chausseen. — Fuhrleute in Wolgast, Katzow, Haushagen, Lühmannsdorf.

Außer 300 rm Grubenholz in Hohenfelde ist eigentliches Handelsholz nicht vorhanden. Das Ki.-Holz, wovon in der Oberförsterei durchschnittlich 11 000 fm eingeschlagen werden, ist zwar stark und lang, aber zu grobjährig. An Ei. kommen im Ganzen ca. 600 fm, an Bu. 750 fm zum Einschlag, die aber für Großhandel wenig geeignet sind.

396. Königl. Oberförsterei Pudagla,

2963 ha. — Im S.-Theil hügelig, sonst meist eben, zusammenhängend, aber langgestreckt.
Ki. 0,6
Bu. 0,3
Erl. 0,1

Durch die Schutzbezirke Schmollensee, Stagnieß, Zinnowitz führt die Chaussee Swinemünde-Wolgast. An der Grenze des Schutzbezirkes Hammelstall führt Chaussee nach Wolgast. Im Revier gute Erdwege. Für den Wassertransport nach Stettin, Anclam, Wolgast bequem gelegene Abl. in Stagnieß am Achterwasser. — Fuhrunternehmer: Sauk und Sabahn in Ueckeritz.

Schbz. Schmollensee 240 rm Bu.-Schichtnutzh. 1100 Bu.-Scheith. 1400 fm Ki.-Bauholz.
„ Stagnieß 190 rm Bu.-Schichtnutzh. 1200 Bu.-Scheith. 1700 fm Ki.-Bauh.
„ Zinnowitz 90 Na.-Derbholzst. 150 fm Ki.-Bauholz.
„ Hammelstall 630 „ „ 220 „ „ „

397. Königl. Oberförsterei Golchen,

2273 ha. — 2 getrennte Complexe: 1) Schbz. Bollentin 2) Schbz. Seltz u. Golchen. — eben, etwas hügelig.
Bu. 0,40
Na. 0,40
Ei. 0,15
Erl. 0,05

Im Schbz. Bollentin nur Erdwege, aber trocken und jederzeit gut fahrbar. Die Schbz. Seltz und Golchen werden von Chaussee u. Steindämmen vielfach durchkreuzt. Auch Faschinendämme. Wassertransport von Tückhude ab kann nur bei günstigem Wasserstande der Tollense stattfinden. — Fuhrunternehmer: Gertner in Treptow a. T.; in Golchen, in Siedenbollentin Grundbesitzer.

Schutzbezirk	Langnutzh. (fm) Ei.	Langnutzh. (fm) Bu.	Langnutzh. (fm) Na.	Scheith. Bu.	Grbh. (fm) Na.	Grbh. (fm) Ei.	Schichtn. (rm) Na.	Schichtn. (rm) Bu.
Bollentin	30	250	500	500 rm	400	10	400	10
Seltz }	2000 Stück Na.-Derbstangen, 200 rm Erl.-Rollh.							
Golchen }	70	500	1500	1000 rm	400	250	400	150

398. Königl. Oberförsterei Grammentin,

1742 ha. — eben, etwas parzellirt. Wildberg 22 km abgelegen.
Bu. 0,8
Ei. 0,2

Durch Grammentin I und II geht die Chaussee Dennin-Stavenhagen, dazu rechts und links abgehend je 2 Pflasterstraßen durch die Beläufe. — Kentzlin, durch Pflasterbahn mit Grammentin verbunden, die als Chaussee nach Treptow weitergeht. — Fuhrleute: Hasselmann, Bunde und Jacht in Grammentin.

Schbz. Grammentin I 60 fm Ei.-Stammh. 130 fm Bu.-Stammholz, 350 fm Bu.-Schwellen.
„ Grammentin II 60 fm Ei.-Stammh. 130 fm Bu.-Stammholz. 200 fm Bu.-Schwellen.
„ Kentzlin 40 fm Bu.-Stammh. 50 fm Bu.-Schwellen.
„ Wildberg 150 fm Ki.-Stammholz.

Oeffentliche Holzlicitationen finden statt in:	Unterkommen im Gasthofe f. Holzhändler, Forstassessoren u. Referendare in möglichster Nähe der Oberförsterei	Zustand des Oberförster-Dienstgebäudes	Wo Kirche? Wo Schule? In welcher Zeit zu erreichen?	Wo Arzt, wo Apotheke, wo Amtsgericht?	Nebenämter des Revierverwalt. — Wenn ständiger Assistent vorhanden, wo wohnt derselbe?
Rgbz. Stralsund. (Karte 30.)					
In Saßnitz, Hotel Koch. In Bergen, Hotel zum Adler. In Sagard, Hotel z. Fürstenkrone In Göhren, Hotel Brandenburg. In Glowe, bei Lockenfitz. In Altenkirchen, Nordd. Hof.	In der Waldhalle bei Saßnitz, 1,5 km von der Oberförsterei, sonst in Saßnitz, Hotel Koch.	Neues, zweistöckiges Gebäude im Revier, in Mitten des Dienstlandes, 3,5 km vom Badeort Saßnitz. Landwirthschaft und Wirthschaftsgebäude gut. — Stralsund, 31000 Einw., Regierungssitz, Garnison, in 2stündiger Bahnfahrt zu erreichen.	Evg. Pfarre in Sagard, ev. Gottesdienst auch in Saßnitz. Kathol. Kirche in Bergen. Gymnasium in Puttbus.	Arzt in Saßnitz, 3,6 km von d. Oberförsterei. Apotheke im Sommer in Saßnitz, im Winter in Sagard.	Gutsvorsteher. Badecommissar. Strandhauptmann. — Assistent zeitweise vorhanden. Verheiratheter Assessor könnte in Saßnitz wohn.
Rgbz. Stralsund. (Karte 30.)					
In Abtshagen, Schwerins Gasthof.	In Abtshagen, Schwerin's und Pahnke's Gasth.	Neueres, schönes, sehr geräumiges Gebäude; alte ausreichende Wirthschaftsräume; am NO.-Rande des Dorfes Abtshagen. 100 m Pflasterdamm bis zur Chaussee. Stralsund ca. 15 km, 31 000 Einwohner, Regierungssitz, Garnison.	Evangel. Kirche und Pfarre sowie Schule im Dorfe.	In Grimmen, 9 km Chaussee. Amtsgericht auch in Franzburg.	Forstamtsanwalt. Forstgutsvorsteh. — Assistent zur Zeit vorhanden. Wohnung für verheiratheten Assessor kaum zu haben.
Rgbz. Stralsund. (Karte 30)					
In Loitz, bei Brunner, 10 km. In Poggendorf, bei Juhnke. In Horst, bei Below. In Tribsees, Deutsches Haus.	In Poggendorf, bei bescheidenen Ansprüch. Gasthof Juhnke.	Sehr schönes, neues Gebäude, 1 km nördlich vom Dorfe Poggendorf, unmittelbar an der Chaussee Grimmen-Loitz. Nächste Stadt Grimmen, 8 km, 3600 Einwohner. — Greifswald, 19 km, 22 900 Einwohner, Universität, Garnison.	Ev. Kirche in Gülzow, 6 km. Volksschule in Poggendorf.	In Grimmen, 8 km.	Wohnung für verheiratheten Assessor nur in Grimmen, 8 km, möglich.
Rgbz. Stralsund. (Karte 30.)					
In Jagdkrug, bei Eichhorst. In Haushagen, bei Hagemann. In Tröslin, bei Schultz.	In Jagdkrug, 4 km, bei Eichhorst. In Katzow, 2 km, im Krug, bei besch. Anspr. In Wolgast, Hotel deutsches Haus u. Preuß. Hof, 9 km.	Altes, nicht sehr geräumiges Dienstgebäude, 2 km von Katzow (600 Einwohner), 9 km von Wolgast (8200 Einwohner). Bis Katzow Erdweg, von dort Chaussee.	Ev. Kirch. u. Pfarre in Katzow, 2 km. Kathol. Kirche und Pfarre in Greifswald, ebenso Gymn. Realgymnasium in Wolgast, in 1stünd. Wagenfahrt zu erreichen.	In Wolgast, 9 km.	Amts- und Gutsvorsteher. — Im Winter Assient vorhanden, wohnt meist auf d. Oberförsterei. Wohn. für verheirathet. Assessor schwer zu haben.
Rgbz. Stettin. (Karte 30.)					
In Neuhof, nahe bei Heringsdf, Gasth. von Kurth. In Ueckeritz, Gasth. Sauck. In Zinnowitz, Deutsches Haus.	In Ueckeritz, bei Schölermann, 1,5 km. Sonst in Coserow, „Zur Stadt Vineta", 6 km, besser in Zinnowitz, 15 km. Für Holzhändl. in Neuhof, Gasth. von Kurth.	Isolirt gelegenes, nicht neues, aber sonst gutes Wohnhaus. 1½ km südl. von Ueckeritz, 300 Einwohner. 0,4 km seitwärts der Chaussee nach Swinemünde. Wirthschaftsgebäude geräumig. Nächste Stadt Swinemünde, Kreisstadt, 10200 Einwohner, Garnison.	Ev. Kirche in Coserow, (6 km Chss.) und in Benz, 8 km, davon 4 km Landweg. Kath. Kirche in Swinemünde. Gymn. in Anclam, 1 Stunde Wagenfahrt, 1½ Std. Bahnfahrt.	In Heringsdorf, 10 km, Arzt und Apotheke. Amtsger. in Swinemünde.	Wohnung für verheiratheten Assessor in Neu Bansin, 8 km, möglich.
Rgbz. Stettin. (Karte 30.)					
In Siedenbollentin, bei Krüger. In Burow, bei Maibaum. In Golchen, bei Fröhling.	In Siedenbollentin, bei Krüger u. Reincke. In Burow, bei Maibaum. In Golchen, bei Fröhling. Beide letztere send. auf Bestell. Personenfuhrw. nach Bhf. Gültz.	Altes, einstöckiges Fachwerkgebäude, am W.-Ausgange von Golchen, 600 Einwohner, an öffentlicher Landstraße gelegen, Erdweg. Nächste Stadt Treptow, 4200 Einwohner, 12 km.	Ev. Kirche u. Pfarre, zweiklassige Volksschule im Dorfe Golchen. Gymnas. in Demmin, 25 km.	In Treptow, 12 km.	Forstamtsanwalt für die Amtsgerichte Treptow und Demmin. Amtsvorsteher.
Rgbz. Stettin. (Karte 30.)					
In Grammentin, Gasth. Stein. In Lindenberg, Gasth. Schuhmacher. In Wildberg, Gasth. Gentz.	Bei ger. Anspr. für einige Tage in Grammentin, Gasth. Getzin. Sonst i. Stavenhagen, Ostheims Hotel.	Schönes neues Geb. im Dorf Grammentin an der Hauptstr. Wirthschaftsgeb. alt. Nächste Stadt Stavenhagen in Mecklenburg, 8 km, 3300 Ew. — Demmin, 21 km, 12000 Ew., Kreisstadt, Garnison.	Evg. Kirche in Grammentin, Pfarrer in Cummerow. Gymn. in Stavenhagen.	In Stavenhagen, 8 km, Telephon z. Arzt.	Wohn. für verh. Assess. in Stavenhagen erhältlich.

Sitz der Oberförsterei nebst Poststation	Entfernung des Oberförstereisitzes von der nächsten Eisenbahnstation bezw. Haltestelle. Post- und regelmäßige Reiseverbindungen auf Landwegen.	Durchschnittliche Entfernungen und ungefähre Anfuhrkosten von den einzelnen Reviertheilen für Bahn- bezw. Wassertransport und zwar				
		Schutzbezirk	Entfernung bis Güterbahnhof	Anfuhrkosten pro fm M.	Entfernung bis Wasserablage	Anfuhrkosten pro fm M.
392. Königl. Oberförsterei Werder, Rgbz. Stralsund (Karte 30.)						
Werder auf Rügen, Post Saßnitz, Kreis Rügen.	Die Oberförsterei liegt 3,6 km vom Seebad Sassnitz (Endstation der Linie Berlin-Stralf.-Saßn.). — Verbind. mit Bahnstation, z.Th. fester Kreideweg, z. Th. Pflaster).	Mönchgut			1,5 km Pfl. b. Baaber-Beek (Bollwerk)	2—4
		Mölln-Medow	6 km Ldw. bis Bhf. Bergen	3—5	.. .	
		Rusewase	6 km b. Bhf. Sassnitz	2	6 km b. Sassn. (Hafen)	2
		Hagen	8 km desgl.	3	8 km desgl.	3
		Saßnitz	3 km desgl.	1,50	3 km desgl.	1,50
		Gelm			6 km Chff. b. Glowe (Hafen)	4
393. Königl. Oberförsterei Abtshagen, Rgbz. Stralsund. (Karte 30.)						
Abtshagen, Post, Kreis Grimmen.	3 km Chaussee nach Haltestelle Wittenhagen. — 9 km Chaussee nach Bahnhof Grimmen (Schnellzüge der Berliner Nordbahn).	Bremerhagen	{ 3 km b. Bremerhag. / 6-9 km b. Wittenhag.	2—3 / 3		
		Stoltenh.	wie vor			
		Wittenh.	2 km mst. Landw. bis Wittenhagen	2		
		Elmenhst.	2-5 km Ldw. b. Elmenh.	2—3		
		Crummenhagen	wie vor	2—3		
		Abtshag.	5-7 km mst. Chauff. bis Wittenhagen	2,5-3,5	17 km Chaussee nach Hafen Stralsund	4
		Ungnade	wie vor	2,5-3,5		
		Sievertshagen	6—9 km desgl.	2,5 b. 3,75		
		Kronhorst	wie vor	2,5 b. 3,75		
		Barnekow	9 km bis Grimmen	3,50		
394. Königl. Oberförsterei Poggendorf, Rgbz. Stralsund. (Karte 30.)						
Poggendorf, Post, Kreis Grimmen.	Bis Eisenbahnstation Rackow 6 km; Grimmen 9 km; Greifswald 19 km. Von Loitz über Poggendorf nach Greifswald täglich einmal Omnibus hin und zurück.	Kronwald	Bhf. Toitz-Rustow im Revier (Waldbahn)	1,20	8,5 km mst. Chff. bis Peeneabl. (Loitz)	2
		Zetelwitz	mst. Chff. b. Grimmen	2,50	mst. Chaussee desgl.	2,50
		Süderh.	desgl.	2,20	mst. Chaussee desgl.	2,20
		Poggendf.	desgl.	2	mst. Chaussee desgl.	2
		Kaschow	desgl.	2	mst. Chaussee desgl.	2
		(Freiholz)	2,5 km Ldw. b. Horst	1,50		
		Segebadenhau	3 km bis desgl.	2		
		Stubbendorf	5,5 km Landweg bis Stremlow	2,50	2,5 km (Waldbahn) bis Trebelfl.	1,20
395. Königl. Oberförsterei Jägerhof, Rgbz. Stralsund. (Karte 30.)						
Jägerhof, Post Katzow, Neu Vorpomm., Kreis Greifswald.	6 km (davon 3 km Damm) nach Station Buddenhagen (Züssow-Wolgast). Bis Katzow 2 km, von dort Chaussee bis Wolgast (7½ km). Nach Greifswald 22 km über Kemnitz. Bis Jagdkrug 4 km, von dort 8½ km Chaussee nach Züssow.	Buddenh.	} 1—10 km bis Buddenhagen	Anfuhrkost. für 1 fm pro 7,5 km 1 Mk.	} 7—12 km b. Peenefl. (Wolgast) z.Th.Erdw., z.Th.Chff. u.i.d.Forst.Steindam.	
		Hohenf.				
		Jagdkrug				
		Jägerhof				
		Gladrow	{ 9 km Chff. b. Züssow / 13 km Ch. b. Greifsw.			
		Gr. Ernsthof	7 km z. Th. Chauff. bis Wolgast			
		Cröslin	{ 13½ km z. Th. Chff. bis Wolgast / 23 km bis Greifsw.			
		Warsin	wie vor			
396. Königl. Oberförsterei Pudagla, Rgbz. Stettin (Karte 30.)						
Neu-Pudagla, Post Coserow, Insel Usedom, Kreis Usedom-Wollin.	10 km Chaussee bis Heringsdorf (Ducherow-Heringsdorf). Im Sommer Dampferverbindung Stettin-Heringsdorf. Im Winter 17 km bis Swinemünde, von hier Dampfer nach Stettin, oder 15 km Chaussee nach Zinnowitz (Kariolpost); von hier Personenpost und Omnibus nach Wolgast.	Schmollensee	4 km z. Th. Chaussee bis Heringsdorf	2,00	6 km bis Haffablage (Stagnieß)	2
		Stagnieß			2 km desgl.	2
		Zinnowitz			3 km bis Haffablage (Zinnowitz)	2
		Hammelstall	9 km Chaussee bis Wolgast	2,50	4 km bis Peeneabl.	2
397. Königl. Oberförsterei Golchen, Rgbz. Stettin. (Karte 30.)						
Golchen, Post, Kreis Demmin.	7,2 km bis Bahnstation Gültz, Chaussee über Burow. — Bis Stadt Treptow a/T. 12 km; von dort täglich einmal Postverbindung hin und zurück. Schnellzüge halten vom 1. V. bis 1. X. sowohl in Treptow, wie in Gültz. — Försterei Siedenboll. (Bahnstation) am bequemsten von Treptow aus mit Kleinbahn zu erreichen.	Bollentin	1½—3 km Landweg bis Siedenbollentin	1,5-3,5	} Bei Tückhude eine Wasserabl. u. kann von hier aus der Transp. b. Tollense herunt. n. Demmin u. v. dort die Peene herunt. n. Anclam u. weiter zu Wasser an die Ostsee gehen.	
		Seltz	{ 2½ km Chaussee bis Gültz / 5 km Chaussee bis Treptow	1,50 bis 4,00		
		Golchen	6—10 km mst. Chff. bis Gültz u. Sternfeld	3—6		
398. Königl. Oberförsterei Grammentin, Rgbz. Stettin. (Karte 30.)						
Grammentin, Post, Kreis Demmin.	8 km Chaussee nach Stavenhagen in Mecklenburg; 21 km Chauss. nach Demmin; Postverbindung zweimal täglich nach Stavenhagen.	Grammentin I	9 km Chaussee bis Stavenhagen	3,50		
		Grammentin II	7 km desgl.	3,00		
		Kentzlin	12 km desgl.	4,50		
		Wildberg	12 km mst. Chff. bis Treptow	5,00		

Karte 30

Müller, Forstl. Adressbuch.

Karte 29

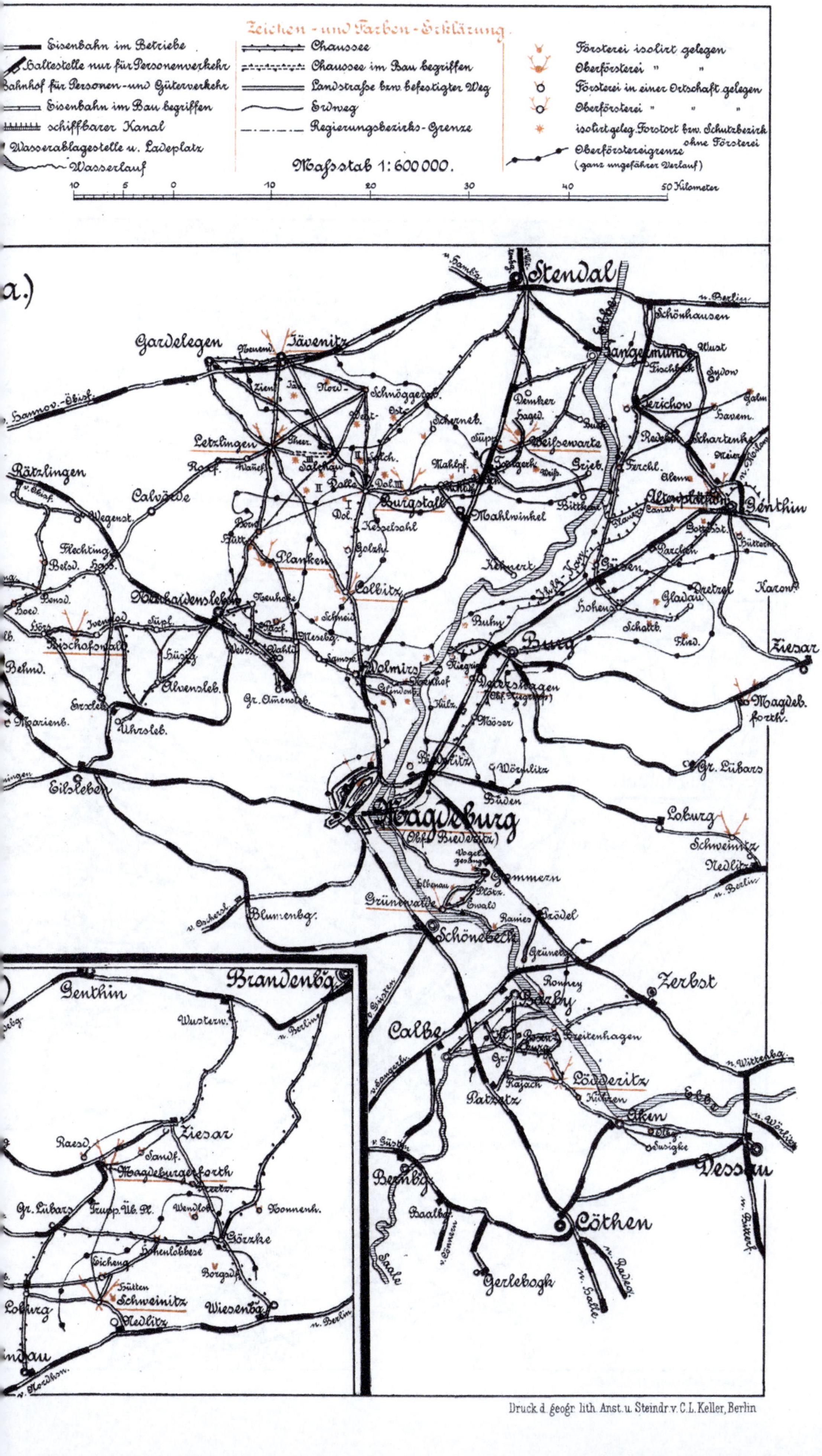

Druck d. geogr. lith. Anst. u. Steindr. v. C. L. Keller, Berlin

Müller, Forstl. Adressbuch.

Verlag von Julius Springer in Berlin.

Karte 31

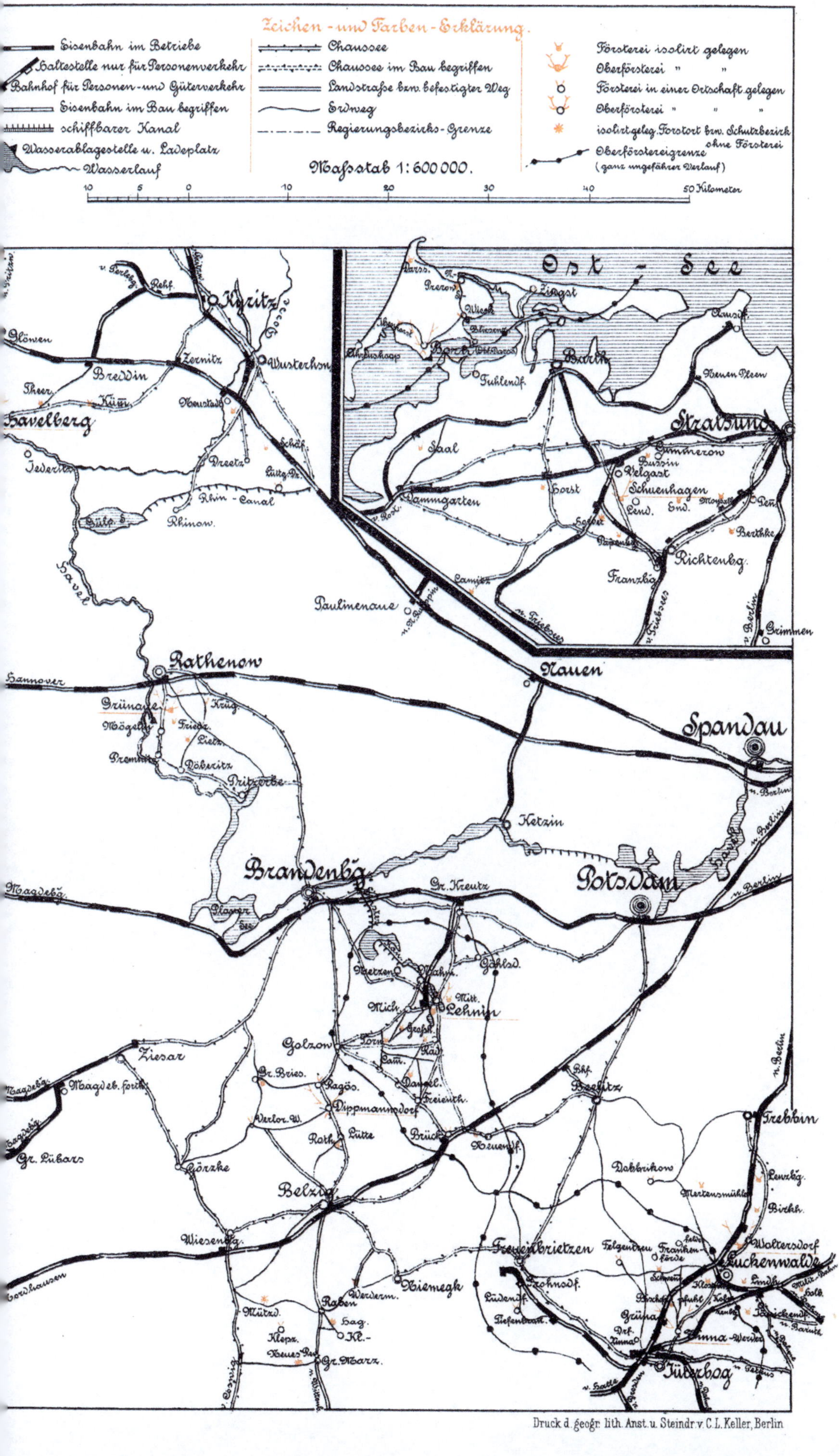

Druck d. geogr. lith. Anst. u. Steindr. v. C. L. Keller, Berlin

Sitz der Oberförsterei nebst Poststation.	Entfernung des Oberförstereisitzes von der nächsten Eisenbahnstation bezw. Haltestelle. Post- und regelmäßige Reiseverbindungen auf Landwegen.	Durchschnittliche Entfernungen und ungefähre Anfuhrkosten von den einzelnen Reviertheilen für Bahn- bezw. Wassertransport und zwar				
		Schutzbezirk	Entfernung bis Güterbahnhof	Anfuhrkosten pro fm M.	Entfernung bis Wasserablage	Anfuhrkosten pro fm M.
399. Königl. Oberförsterei Darß, Rgbz. Stralsund. (Karte 31)						
Born i. Pomm., Post, Kreis Franzburg.	27 km Wasserweg über Wieck-Zingst nach Barth a/O. — Regelmäßige tägliche Dampferverbind. während des ganzen Jahres, so lange die Witterung es gestattet. — Andernf. Postverb. überBarth-Fuhlendorf (9 km), sod. Wasserweg Bliesenrade (4 km) und Landweg nach Born (5 km) = 18 km.	Born			4—8 km Waldweg bis Abl. Born	1,5—3
		Ibenhorst			wie vor	1,5—3
		Wieck			3—5 km Waldweg bis Abl. Wieck	1—2
		Bliesenr.			wie vor	1—2
		Süd-prerow			5—9 km bis Hafen in Prerow	1,50 bis 3,50
		Nordprer.			wie vor	
		Darßerort			wie vor	
400. Königl. Oberförsterei Schuenhagen, Rgbz. Stralsund. (Karte 31.)						
Schuenhagen, Post Velgast, Kreis Franzburg.	3 km Chaussee nach Velgast oder 9 km (davon 8 km bef. Weg, 1 km Chaussee) nach Richtenberg. — Für den Schbz. Hövet bestehen innerhalb des Reviers Verladest. der Kleinbahn-Velgast-Tribsees, welche aber wegen der hohen Tarifsätze nicht benutzt werden.	Pennin, Moysall, Berthke	7-14 kmChss.b.Stralsund. Nach Eröffn. d. Bahn Stralsund-Triebs. Verladst. Negast u. Berthke im od. direct am Walde.	pro rm 1,00 bis 1,20		
		Endingen	6 km z. Th. bef. Weg bis Richtenberg	0,80-1		
		Papenhag.	wie vor			
		Hövet	3—8 km z. Th. Chss. bis Velgast	0,8-1,2		
		Bussin	2—4 km mst. Chss. b. Cummmerow	0,5-0,8		
401. Königl. Oberförsterei Havelberg, Rgbz. Potsdam. (Karte 31.)						
Havelberg, Post, Kreis West-Prignitz.	0,6 km Pflaster bis zur Station Havelberg (Zweigbahn Glöwen-Havelberg der Strecke Wittenberg-Glöwen-Berlin).	Kümmernitz	5 km Chaussee bis Breddin	2,50	5 km Chss. u. 2 km Erdw. b. fisk. Havelabl.	3,00
		Theerofen	wie vor		wie vor	3,00
		Jederitz	6 km Erdweg bis Havelberg	4,00		
402. Königl. Oberförsterei Grünaue, Rgbz. Potsdam. (Karte 31)						
Grünaue, Post Rathenow, Kreis Westhavelland.	3 kmLandweg oder 4 km Chss. nach Station Rathenow (Linie Hannover - Stendal - Berlin; Schnellzüge halten).	Lietzenhütte	7,5 km Landweg bis Rathenow	2,50	7 km bis fisk. Havelablage (Moegelin)	2,50
		Krügershorst	6 km (1/2 Landw. 1/2 Chauss.) b. Rathenow	2,00	wie vor	2,00
		Friedrichshof	5 km Landweg bis Rathenow	2,00	6 km wie vor	2,00
403. Königl. Oberförsterei Lehnin, Rgbz. Potsdam. (Karte 31.)						
Lehnin, Post, Kreis Zauch-Belzig.	Lehnin ist Station der Kleinbahn Groß-Kreutz-Lehnin. — Bis Gross-Kreutz (Station der Berlin-Magdeburger Bahn), 12 km, auch auf Chaussee zu erreichen. — 18 km Chaussee nach Brandenburg a/H., dahin und zurück täglich 1mal Omnibus.	Neuendorf	3 km Erdw. 3 km Pfl. bis Brück	2,50		
		Brück	2,5 km Erdw. 3,5 km Pflaster bis Brück	2,50		
		Damelang	3 km Erdweg 6 km Chaussee bis Brück	3,00		
		Raedel	6 km Erdw. 1 km Pfl. bis Lehnin	3,00	9 km bis Wasserablage am Klostersee bei Lehnin.	
		Tornow	4 km Erdw. 4 km Chss. bis Lehnln	3,00	10 „ „	
		Großheide	4 km Erdw. 1 km Pfl. bis Lehnin	3,00	7 „ „	
		Mittelh.	3 km Erdweg 1,5 km Pflaster bis Lehnin	2,00	6,5 „ „	
		Lehnin	1,5 km Erdweg 3 km Chaussee bis Lehnin	2,00	2,5 „ „	
404. Königl. Oberförsterei Dippmansdorf, Rgbz. Potsdam. (Karte 31.)						
Dippmannsdorf, Post und Kreis Belzig.	11 km Chaussee nach Bhf. Belzig (Berlin-Sangerhausen). — 23,8 km Chaussee nach Brandenburg (Berlin-Magdeburg). Täglich Omnibus von Belzig nach Brandenburg und zurück. Ferner Werktags Cariolpost Mittags von Belzig und zurück nach dort.	Neues Rev.	18 km bf. Weg b. Belzig	4,50	Für Grubenholz verbilligt sich die Anfuhr um 1,00 bis 1,50 M. pro fm.	
		Hagen	12 km desgl.	3,50		
		Mützdorf	14 km mst. bf. Weg dsgl.	4,00		
		Werder	13,5 km Chauss. „	3,00		
		Rothebach	9,8 „ „ „	3,00		
		Dippmannsdf.	11 „ „ „	3,00		
		Ragösen	14,6 „ „ „	3,00		
		Verlorenwasser	9,5 km z. Th. befest. Weg bis Belzig	3,00		
		Gr.-Briesen	13,6 km Chss. u. 7 km Erdweg bis Belzig	4,00		
405. Königl. Oberförsterei Zinna, Rgbz. Potsdam. (Karte 31.)						
Zinna, Post, Kreis Jüterbog-Luckenwalde.	2 km (davon 1 km fester Weg) nach Grüna der Berlin-Anhalter Bahn (Verb. mit einem Pers.-Wagen). — 5 km Chss. nach Jüterbog (Schnellz.), Pferdebahn von Bhf. Jüterbog nach Jüterbog (Zinnaer Vorst.), von dort noch 3 km Chss. — 10 km bis Luckenwalde (Chauss.), z. Th. durchs Revier.	Klosterheide	3 km Ldw. b. Luckenw.	1,20		
		Bischofspfuhl	2,5 „ „ „ Grüna			
		Schwemm	5 „ „ „ „ / 6,5 „ „ „ Luckenw.	1,50		
		Felgentreu	13 „ „ „ „ / 12 „ „ „ Grüna	2,50		
		Lüdendorf	6 „ „ „ Tiefenbrunn. u. Treuenbrietz.	2,00		
406. Königl. Oberförsterei Woltersdorf, Rgbz. Potsdam. (Karte 31.)						
Woltersdorf, Post Luckenwalde, Kreis Jüterbog.	Bis Woltersdorf 1 km. Bis Luckenwalde 4 km. Bis Jänickendorf 7 km.	Ganzes Revier:	Anfuhrkosten f. Ki.-Langh. 2—3 M. pro fm., f. Grbh. 1—2 M. pro fm, f. Erl.-Nutzholz 3 M. pro fm.			

Flächengröße u. Charakter des Reviers. Vertheilg. der Hauptholzarten nach Zehnteln.	Beschaffenheit des Wegenetzes im Reviere und der sich daran schließenden Abfuhrstraßen, sowie der etwaigen Wassertransportwege. Adressen von größeren Fuhrunternehmern.	Jahresquantum der Haupt-Verkaufshölzer nach Holzarten und Sortimenten (unter Abrechnung des Lokalbedarfs.)

399. Königl. Oberförsterei Darß,

5583 ha. — eben, zushgd. Ki. 0,82 Erl. 0,15 Ei. 0,02 Bu. 0,01	Innerhalb und außerhalb bis zu den fiskalischen Ablagen Wieck, Born und dem Hafen in Prerow gute Sandwege. — Die Holzanfuhr nach den Ablagen besorgt die Forstverwaltung auf Kosten der Käufer.	Schbz. Born 600 fm Ki.-Langnutzh. „ Wieck 400 „ „ „ „ Bliesenrade 550 „ „ „ „ Ibenhorst 500 „ „ „ „ Südprerow 350 „ „ „ „ Nordprerow 450 „ „ „ „ Darßerort 450 „ „ „

400. Königl. Oberförsterei Schuenhagen,

5883 ha. — eben, parzell. Ei. 0,4 Ki. 0,3 Bu. 0,1 Esch. 0,1 Wh. 0,1	Innerhalb viele gute fahrbare Sandwege. Für Bussin Chaussee Stralsund-Rostock; für Pennin, Moysall und Berthke Chaussee Stralsund-Franzburg; für Endingen und Papenhagen Chaussee Franzburg-Richtenberg-Velgast. — Wassertransport von Stralsund. — Fuhrleute: Rühr, Ball, Dalm in Richtenberg, Seelig u. Beerbaum in Lendershagen u. einz. Büdner i. Cummerow.	Schbz. Pennin, „ Moysall, „ Berthke, „ Endingen, „ Papenhagen, „ Hövet, „ Bussin } Im Ganzen 4000 bis 5000 rm Ei.- u. Na.-Grubenholz

401. Königl. Oberförsterei Havelberg,

3898 ha. — eben u. well., parzellirt. Ki. 0,86 Erl. 0,03 Ei. 0,10 Bu. 0,01	Im Revier nur einfache Erdwege. Wassertransport auf der Havel. Die Chaussee von Havelberg nach Kyritz durchschneidet Kümmernitz und Theerofen. Neuerbaute Chaussee Neustadt-Dreetz nahe am Schbz. Schäferberg und Lüttgen Dreetz, desgl. Chaussee Kyritz-Berlin; innerhalb 2 km Steinpflaster. — Fuhrleute in Breddin, Havelberg, Neustadt u. Köritz.	Schbz. Jederitz 50 fm Ei. 40 fm Bu.-Stammh. 20 fm Ei.-Rollh. „ Kümmernitz 800 fm Na.-Stammh. 300 rm Na.-Brennh. „ Theerofen 1000 „ „ „ 300 „ „ „ Aus den Beläufen bei Neustadt deckt das Material lediglich den Lokalbedarf.

402. Königl. Oberförsterei Grünaue,

2771 ha. — eben, zush. Ki. 0,90 Erl. 0,07 Bi. 0,02 Ei. 0,01	Innerhalb des Reviers einige Strecken gepflastert; außerhalb gute Chausseen und gute fahrbare Landwege. Fiskalische Holzablage an der Havel bei Moegelin. — Fuhrunternehmer: Petzhold in Moegelin, Mueller in Doberitz, Herm in Königshütte bei Moegelin.	Schbz. Lietzenhütte 300 fm Ki.-Grubenholz. „ Krügershorst 150 „ „ „ „ Friedrichshof 200 „ „ „

403. Königl. Oberförsterei Lehnin,

6806 ha. — meist eben, z. Th. hüg., zusammenh., außer Schbz. Brück und Neuendorf. Ki. 0,9 Erl. 0,1	Innerhalb viele Ziegelsteinschuttbahnen und meist gute Erdwege. Außerhalb gute Chausseen und minder gute, recht sandige Landstraßen. Lehnin steht durch den Emster-Kanal in schiffbarer Verbindung mit der Havel. — Fuhrunternehmer: Scherling, Buller, Becker, Rietz und Tornow in Lehnin, Schulz in Brück.	(siehe Tabelle)

Schutzbezirk	Stammh. (fm) Ei.	Bi.	Ki.	Schichtn. Erl.	Grubh. Ki.	Brennh. (rm) Erl.	Ki.
Neuendorf		10		140 rm		150	
Brück	3		1020		400 rm		320
Damelang			700		300 „		250
Raedel			1200		600 „		250
Tornow			550		200 „		100
Großheide	6		1150		400 „		200
Mittelheide	40	20	1200	30 „	600 „		500
Lehnin	7	6	1400		500 „		600

404. Königl. Oberförsterei Dippmannsdorf,

3313 ha. — Schbz. Rothebach u. Hagen hügelig, sonst eben, sehr parzell. Ki. 1,0 Erl.	Innerhalb der Forst vielfach Lehm- und Kieswege; außerhalb gute Chausseen. — Fuhrunternehmer in Lütte Otto, Schmidt, in Dippmannsdorf Karl Krüger, in Ragösen Grützmacher, in Gr. Briesen Höpfner, in Niemegk Fleischer.	Schbz. Neues Revier 70 fm Ki.-Grubh. „ Hagen 140 „ „ „ 300 fm Ki.-Langntzh. „ Mützdorf 160 „ „ „ 350 „ „ „ „ Werder 300 „ „ „ „ Rothebach 600 „ „ „ 1000 „ „ „ „ Dippmannsdorf 500 „ „ „ 1000 „ „ „ „ Ragösen 70 „ „ „ 800 „ „ „ 30 rm Erl.-Schichtnutzholz. „ Verlorenwasser 250 fm Ki.-Grubenholz. „ Gr. Briesen 40 „ „ „

405. Königl. Oberförsterei Zinna,

4023 ha. — 3 Schbz. zusammenh., 2 Schbz. isolirt. Ki. 0,97 Erl. 0,03	Innerhalb des Reviers fast alle Gestelle gut fahrbar. Fast alle wichtigen Wege sind durch Lehmkies- und Schlackenbahnen fahrbar gemacht. Chaussee nach Jüterbog und nach Luckenwalde. — Fuhrleute: Paul in Zinna, sonst in Luckenwalde u. Jüterbog.	Schbz. Klosterheide 650 fm Ki.-Grubenh. „ Bischofspfuhl 850 „ „ „ „ Schwemm 600 „ „ „ „ Felgentreu 200 „ Erl.-Schichtnutzh.

406. Königl. Oberförsterei Woltersdorf,

4705 ha. — eben, ziemlich zusammenhängend. Ki. 0,8 Erl. } 0,2 Bi. }	Wege gut.	Schbz. Dobbrickow, „ Holbeck, „ Jänickendorf, „ Lindhorst, „ Birkhorst, „ Lenzburg, „ Mertensmühle } 4000 fm Ki.-Langholz. 1000 „ „ Grubenholz. 250 „ Erl.-Nutzholz.

Oeffentliche Holzlicitationen finden statt in:	Unterkommen im Gasthofe f. Holzhändler, Forstassessoren u. Referendare in möglichster Nähe der Oberförsterei	Zustand des Oberförsterdienst-Gebäudes	Wo Kirche? Wo Schule? In welcher Zeit zu erreichen?	Wo Arzt, wo Apotheke, wo Amtsgericht?	Nebenämter des Revierverwalt. — Wenn ständiger Assistent vorhanden, wo wohnt derselbe?
Rgbz. Stralsund. (Karte 31.)					
In Born, Witt's Hotel. In Ahrenshoop, Gasthof von Schwarz. In Prerow, Harder's Hotel. In Zingst, Wiechmann's Hotel.	In Born, Witt's Hotel. In Wieck, 5 km, Scharmberg's Gasth. In Prerow, 10 km, Hafen-Hotel.	Aelteres Dienstgebäude im Dorfe Born (1240 Einw.), an der Landstraße gelegen. Nächste Stadt Barth, 7000 Einwohner.	Ev. Gottesd. i. Schulhause; Hülfspred. im Ort. Gymn. in Stralsund, 51 km, und Rostock, 48 km. Schulbes. von der Oberförsterei nicht zu ermöglichen.	In Prerow, 10 km. Amtsgericht in Barth a/O.	Amts- und Gutsvorsteher. — Wohnung für verheir. Assessor in Born zu haben.
Rgbz. Stralsund. (Karte 31.)					
In Richtenberg, Gasthof zur Post.	In Velgast, 3 km, Gasthaus Leppien.	Neueres Dienstgebäude an der Chaussee vom Dorf Velgast (3 km) nach Richtenberg. Wirthschaftsräume nicht ganz ausreichend. Nächste größere Stadt Barth (7000 Einwohner), 11 km Eisenbahn.	Ev. Kirche u. Pfarre in Velgast. Gymnasium und höhere Töchterschule in Stralsund.	In Richtenberg. Amtsgericht in Franzburg.	Amtsvorsteher. — Assistent zur Zeit vorhanden, hat Miethswohnung in Lendershagen, 1 km.
Rgbz. Potsdam. (Karte 31.)					
In Havelberg für die Reviertheile bei Havelberg. — In Neustadt a/D. in „Stadt Berlin" für die Revierth. bei Neustadt.	In Havelberg, Hotel Stadt Magdeburg, Hot. Kronprinz, Dom-Gasthof.	Dienstgebäude in der Stadt Havelberg (6650 Einw.), Garnison. — Am Dom Nr. 10 altes geräumiges Haus. Berlin in 2 Stunden Bahnfahrt zu erreichen.	2 evangel. Kirchen; von Zeit zu Zeit kath. Gottesdienst in Havelberg; daselbst auch Realschule.	Arzt und Apotheke, sowie Amtsgericht in Havelberg.	Verheir. Assessor würde in Havelberg wohnen können.
Rgbz. Potsdam. (Karte 31.)					
In Rathenow, Wetzel's Gasthaus.	In Rathenow, Hotel zum Deutschen Hause und Hotel zum großen Kurfürsten (4 km).	Altes, aber gutes, geräumiges Wohnhaus, ca. 1 km von Chaussee gelegen, bezw. 0,3 km vom Hauptverkehrswege aus dem Revier nach Rathenow (21000 Einwohner), Garnison.	Evangel. Kirche in Moegelin, Realprogymnasium in Rathenow (in ca. 1/2 stündiger Wagenfahrt erreichbar).	In Rathenow, 4 km.	Unbes. Amts- u. Gutsvorsteher. — Verheiratheter Assessor könnte in Rathenow wohnen.
Rgbz. Potsdam. (Karte 31.)					
In Lehnin, Gasth. Mewes. In Brück, Gastwirth Frentzel.	In Lehnin, Gasth. Mewes, Gasth. Berkholz, Gasth. Bock. In Brück, Gasth. Frentzel.	Aelteres Dienstgebäude, 1 km südlich vom Flecken Lehnin (2300 Einwohner), mit der Oberförsterei durch Erdweg verbunden. Nächste Stadt Brandenburg, 49000 Einwohner, Garnison, 18 km Chaussee. — Kreisstadt Belzig, 2900 Einw., 28 km Chss.	Ev. Kirche, Pfarre und Elementarschule in Lehnin. Kathol. Gottesdienst in Lehnin alle 4 Wochen. Kathol. Kirche in Brandenburg, dort auch Gymn. (in 2 St. erreichb.). Potsdam in 1 1/2 Std. zu err.	In Lehnin; Amtsgericht in Brandenburg.	Guts- u. Amtsvorst. Standesbeamter. Fiskal. Kirchenpat.-Vertret. Forstamtsanw. — Wohng. für verh. Assessor zur Noth in Lehnin erhältlich.
Rgbz. Potsdam. (Karte 31.)					
In Belzig, im Schützenhaus.	In Dippmannsdorf, bei bescheidenen Ansprüchen beim Gastw. Schulze. In Belzig, 11 km, im Hot. z. gold. Stern.	Sehr schönes, neues, geräumiges Gebäude am W.-Rande des Dorfes Dippmannsdorf (450 Einw.), 300 m Erdweg bis zur Chaussee Belzig-Brandenburg. Neue Wirthschaftsgeb. Nächste Stadt Belzig, 10 km (2900 Einwohner).	Ev. Kirche in Dippmannsdorf, ev. Pfarre in Lütte. Kathol. Gottesdienst in Brandenburg, dort auch Gymnasium, 24 km Chaussee.	Arzt u. Apotheke in Golzow, 7,4 km und in Belzig, 10 km, ebenso dort Amtsgericht.	Guts- u. Amtsvorsteher. — Für verheir. Assessor Wohnung in Belzig, 10 km, evt. auch in Ragösen, 2,5 km, erhältlich.
Rgbz. Potsdam. (Karte 31.)					
In Zinna, Gasth. zum Deutschen Hause.	In Zinna, Gasth. Schwarz. Adler. In Jüterbog, Salomon's Hotel. In Luckenwalde, Hotel Kretschmer.	Altes, aber sehr bequemes und geräumiges Wohnhaus in gutem Zustande mit geräumigem Jägerhaus am Markt in Stadt (Flecken-Kloster) Zinna, 1600 Einw. — Kreisst. Jüterbog, 7400 Einw., Garn., 20 Min. — Luckenwalde, 20900 Einw., 1 Stunde Bahnfahrt.	Ev. Kirche u. Pfarre in Zinna. Kathol. Gottesd. in Jüterbog u. Luckenwalde. Pädag. (bis Tertia) und höh. Mädchensch. in Jüterbog (Schulweg zu Fuß). Realschule in Luckenwalde (Frühzug üb. Grüna passend.)	In Jüterbog, 4 km.	Oberaufsicht und Betriebsleitung des Schießplatzwaldes Jüterbog. — Wohnung für verheirath. Assess. in Luckenwalde erhältlich.
Rgbz. Potsdam. (Karte 31.)					
In Woltersdorf, bei Müller.	In Woltersdorf, Gasth. zur Eisenbahn. In Luckenwalde.	Altes, ziemlich geräumiges Gebäude mit Anbau zwischen Woltersdorf und Luckenwalde, an Chaussee und Revier, 200 m von Woltersdorf.	Kirche, Töchterschule, Progymnasium in Luckenwalde, 5 Min. Bahnfahrt. Frühzug passend.	In Luckenwalde, 3 km.	Amtsvorsteher. Standesbeamter.

Flächengröße u. Charakter d. Reviers. — Vertheilung der Hauptholzarten nach Zehnteln.	Beschaffenheit des Wegenetzes im Reviere und der sich daran schließenden Abfuhrstraßen, sowie der etwaigen Wassertransportwege. Adressen von größeren Fuhrunternehmern.	Jahresquantum der Haupt-Verkaufshölzer nach Holzarten und Sortimenten (unter Abrechnung des Lokalbedarfs).

407. Königl. Oberförsterei Barlohe,

3250 ha. — eben, parzellirt. Bu. 0,6 Ei. 0,3 Ki. u. Fi. 0,1	Recht gute Waldwege, im Revier ziemlich gute Erdwege, außerhalb Chauss. Rendsburg-Hohenwestedt, für einzelne Theile der Schbze. Bargstedt, Luhnstedt und Haale. Chaussee Bargstedt-Nortorf für Schbz. Bargst. — Bahn Neumünster-Heide. Kleinbahn Rendsburg-Hohenwestedt. Kaiser Wilhelm-Kanal mit Ladest. Rendsburg und Luhnau.	Schbz. Mörel 300 fm Ei.- 250 fm Bu.-Stammholz 400 rm Bu.-Rollholz 600 rm Brennholz. „ Bargstedt 200 fm Ei.- 200 fm Ki.-Stammholz 150 rm Bu.-Rollholz 500 rm Brennholz. „ Luhnstedt 200 fm Ei.- 50 fm Bu.-Stammholz 200 rm Brennholz. „ Haale 700 fm Ei.- 200 fm Bu.-Stammholz 400 rm Bu.-Rollholz 1000 rm Brennholz. „ „ 500 fm Ki.- und Fi.-Stammholz.

408. Königl. Oberförsterei Bordesholm,

1896 ha. — In d. Hauptsache eben, sehr parzellirt. Bu. 0,7 Ei. 0,2 Na. 0,1	Innerhalb der Forstorte sämmtliche Hauptholzabfuhrwege mit Kiesschüttung und gut fahrbar, ebenso die zu den Bahnhöfen führenden Landwege infolge ständiger Nachbesserung mit Kies in gutem Zustande. — Fuhrunternehmer in Neumünster u. Kiel, auch Bauern in der Nähe.	Schbz. Kl. Harrie 50 fm Ei.- 50 fm Na.-Stammh. 150 fm Bu.-Stammh., Schichtnutzh. und Brennh. „ Hoffeld 50 fm Ei.- 100 fm Na.-Stammh. 100 fm Bu.-Stammh., Schichtnutzh. und Brennh. „ Sören 60 fm Ei.- 100 fm Bu.-Stammh., Schichtnutzh. und Brennh. „ Brüggerholz 200 fm Lä.-Stammh. „ Rumohr 50 „ Fi.- „

409. Königl. Oberförsterei Neumünster,

2906 ha. — fast eben, sehr parzellirt. Ki. 0,4 Fi. 0,3 Bu. 0,2 Ei. 0,1	Land- und Holzabfuhrwege fast durchweg gut. — Fuhrleute Grimm in Plön, Pries in Neumünster, Niederhoff in Boostedt.	Schbz. Stocksee 300 rm Bu.-Rollh. 500 rm Bu.-Brennh. „ Halloh 500 rm Na.-Rollh. 1000 rm Na.-Brennh. 500 fm Na.-Stammh. 1000 Fi.-Derbholzst. „ Bonebüttel 200 rm Ei.-Stammh. 100 rm Bu.- und Hbu.-Stammh. 100 rm Bu.-Rollh.

410. Königl. Oberförsterei Drage,

2101 ha. — eben, sehr parzellirt. Ki. 0,4 Fi. 0,4 Bu. 0,1 Fi. 0,1	Innerhalb meist Sandwege, vielfach mit Kiesbeschütt. Außerhalb einige gute Chauss. Für Schbz. Drage Eisenbahn (Stat. Edendorf und Itzehoe) und schiffb. Stör mit Ladest. in Itzehoe. Für künftige Erträge der Aufforstungsfläch. kommen die Bahn Itzehoe-Neumünster oder der Kaiser Wilhelm-Kanal in Betracht.	Schbz. Drage 120 fm Ei.- 400 fm Fi.- 100 fm Ki.-Stammholz. Die übrigen Schutzbezirke nur Aufforstungsflächen.

411. Königl. Oberförsterei Segeberg,

5318 ha. — etwas parzellirt, eben und hügel. Ki. 0,5 Fi. 0,3 Bu. 0,2 ca. 1200 ha Aufforstgs.-flächen.	a. Nebencomplex: Anschluß an gute Chauss. b. Hauptcomplex: fast aus der Mitte des Reviers führen 2 chauss. Wege nach Bhf. Fahrenkrug, 1 nach Süden. Sonst gute Landwege. — Fuhrleute Schlötel in Fahrenkrug, Witte in Segeberg, Todt in Wahlstedt, Sielck in Kaltenkirchen.	Schbz. Kisdorf 120 fm Ei.-Stammh. „ Schmalfeld 80 fm Bu.- 100 rm Bu.-Nutzh. „ Bockhorn 120 fm Ki.-Stammh. 6000 Ki.- und Fi.-Derbst. 400 rm Na.-Brennh. 600 rm Na.-Grubenh. „ Glashütte 120 fm Ki.-Stammh. 300 rm Na.-Brennh. 300 rm Grubenh. „ Haidmühlen 100 rm Na.-Grubenh. 150 rm Na.-Brennh. „ Buchholz 100 rm Grubenh. 300 rm Na.-Brennh. 120 fm Ki.-Stammh. „ „ 150 fm Bu.-Stammh 200 rm Bu.-Nutzscheit, 400 rm Bu.-Brennh.

412. Königl. Oberförsterei Quickborn,

5771 ha. — eben, sehr parzellirt. Ki. 0,7 Fi. 0,1 Ei. 0,1 Bu. 0,1	Innerhalb der Forstorte gute Waldwege, außerhalb viele und gute Chausseen. — Fuhrunternehmer Wördemann und Glißmann in Barmstedt, Schmidt in Pinneberg, mehrere Bauern in Quickborn, Lutzhorn, Kummerfeld, Etz.	Schbz. Sültkuhlen 500 fm Ki.-Grbh. 20 fm Ei.- 10 fm Bu.-Stmh. „ Quickborn 20 „ „ 10 „ „ „ „ Kummerfeld 90 „ „ 10 „ „ „ „ Großendorf 20 „ „ 10 „ „ „ „ Lutzhorn 500 fm Ki.-Grubenh.

413. Königl. Oberförsterei Reinfeld,

1999 ha. — im Ganzen eben, etwas koupirt, äußerst parzellirt.	Innerhalb der Forst bei trockenem Wetter Wege gut, bei nasser Witterung schwierige Erdwege; außerhalb je nach der Witterung mehr oder weniger gute, z. Th. befestigte Wege. Provinzialchausseen kommen für Holzabfuhr weniger in Betracht. — Fuhrleute Diestel in Zarpen, Sievers und Benthin in Reinfeld, Wolf in Schönberg, Zöflig in Tremsbüttel, Düviger in Rolfshagen.	(siehe Tabelle)

Schutzbezirk	Stammholz (fm) Ei.	Bu.	Wbu.	Esch.	Rollh. (rm) Bu.	Nutzkl. (rm) Bu.
Sprenge	20	10			50	15
Todendorf	40	10	5		20	15
Sattenfelde	270	100	4		30	30
Rethwisch	160	30	10	10		
Wesenberg	40	20				
Heidekamp	10	30			20	
Reinfeld	120	240	5		70	170
Bahrenhof	25	20		5	60	
Herrenbrand.	35	30	5		15	40

414. Königl. Oberförsterei Trittau,

3100 ha. — hügel., sehr parzellirt. Bu. 0,50 Ki. 0,30 Fi. 0,10 Ei. 0,08 Wh. 0,02	Viel Pflasterstr. im und am Revier. Im Revier Wege z. Th. sandig, z. Th. feucht und weich. — Fuhrleute in Trittau Feldhusen, in Rothenbeck Christen, in Dwerkaten Wulf.	Schbz. Hohenfelde 50 Ei. 120 Bu. 50 Wh. 40 Nah. 50 Grubh. „ Hahnheide 50 „ 200 „ 50 „ 50 „ 100 „ „ Lütjensee 80 „ 100 „ 40 „ „ Trittauerfeld 100 „ 150 „ „ Hahnenkoppel 200 „ 80 „ 150 „ „ Reinbeck 300 Ei. 200 Bu. 20 „

Oeffentliche Holzlicitationen finden statt in	Unterkommen im Gasthofe f. Holzhändler, Forst-Assessoren u. Referendare in möglichster Nähe der Oberförsterei	Zustand des Oberförsterdienst-Gebäudes	Wo Kirche, wo Schule? In welcher Zeit zu erreichen?	Wo Arzt, wo Apotheke, wo Amtsgericht?	Nebenämter des Revierverwalt. Wenn ständiger Assistent vorhanden, wo wohnt derselbe?
Rgbz. Schleswig. (Karte 32.) In Barlohe, Stieper's Gasthof. In Oldenhütten, Speck's Gasth. In Hohenwestedt, Im weiß. Roß.	In Barlohe, Stiepers'sGasth. In Hohenwest., Gasth. z. weißen Roß. Bahnhofshotel. „Erholung".	Sehr gutes, neueres Geb. in nächster Nähe von Barlohe an der Chaussee Rendsburg-Hohenwest., isol. geleg. Wirthschaftsgeb. beschränkt. Nächste Stadt Rendsburg, 14700 Einw., 17 km, Gymn., Garnison. Nächster größerer Ort Hohenwest. 200 Einw.	Ev. Kirche in Hohenwestedt. Durch Schmalspurb. Rendsburg-Hohenwest. ist tägl. Schulbes. nach Rendsburg u. Hohenwestedt möglich.	In Hohenwestedt, 7 km, wohin auch Telephonverbind. von Barloh. aus.	Staatsauff. über die Bondenholzungen im Kreise Süder-Dithmarsch. und Kirchenholz. im Kreise Norder-Dithmarschen. — Verh. Ass. kann in Hohenwest. wohn.
Rgbz. Schleswig. (Karte 32.) In Bordesholm, Alter Haidkrug. In Kiel, Lokal wechselnd. In Voorde, bei Heitmann.	In Bordesholm, Alter Haidkrug.	Geräumiges altes Wohnhaus (früher zum Kloster Bordesholm geh.) in Bordesholm. Stadt Neumünster, 14 km, 27300 Einwohner, Garnison. — Kiel 19 km, 107900 Einwohner.	Ev. Kirche u. Pfarre im Orte. Gymn. in Neumünster, 25 Min. Bahnf. und in Kiel, 25 Min. Bahnf. Pass. Frühzug nach Neumünster und Kiel vorhanden.	2 Aerzte, Apotheke u. Amtsgericht in Bordesholm.	Vorsitzender der Moorauffichts-Commission.
Rgbz. Schleswig. (Karte 32.) In Neumünster, Horns Hotel. In Ascheberg, Mohrs Hotel. In Plön, Hotel zur Post.	In Neumünster, Horns Hot. In Plön. In Boostedt, bei Rathje. In Rickling, bei Köpke.	Miethswohnung in Neumünster, 27300 Einwohner, Garnison.	Evg. u. kath. Kirche u. Gymnasium in Neumünster.	In Neumünster.	
Rgbz. Schleswig. (Karte 32.) In Hohenaspe, Gasth. zur Post, bei Wtw. Voß.	In Hohenaspe, 2 km, Gasthof zur Post (gutes Unterkommen).	Altes Gebäude. Wohn- und Wirthschaftsräume ausreichend in unmittelb. Nähe v. Drage (260 Einw.) am fisk. Privatweg. Nächste Stadt Itzehoe, 11 km, 15600 Einw., Garnis.	Evg. Kirche u. Pfarre in Hohenaspe. — Kathol. Gottesdienst, Realgymnasium in Itzehoe, 2 km Landweg u. 9 km Chauss.	Itzehoe, 11 km; Arzt allein auch in Schenefeld, 6 km.	Gutsvorsteher. — Staatsauff. über Bondenholz. — Wohn. für verh. Assess. in Schenefeld, 6 km, vielleicht mögl.
Rgbz. Schleswig. (Karte 32.) In Winsen, Gastw. Schlüter. In Kisdorf, Gasth. Ahrens. In Bockhorn, Gasth. von Steenbock.	In Segeberg; sonst im Gasth. Waldesruh unmittelbar am Rev. (3,5 km von Oberf.), auch in Fahrenkrug.	Ger. schönes Geb. (1872 ausgeb. Bauernhaus) 1 km isolirt von der Landstraße Neumünster-Oldesloe. Wirthschaftsr. beschränkt. — Nächste Stadt Segeberg, 14 km, 4300 Einwohner. — Neumünster, 22 km, 27300 Einwohner.	Ev. Kirche in Todesfelde, 9 km. Kath. Gottesdienst in Neumünster, 22 km. Gymn. in Altona, Lübeck, Kiel. Progymn. in Segeberg (in der Auflösung begriffen).	In Segeberg, 14 km.	Staatsauff. über 31 bäuerl. Waldungen. — Gutsvorsteher für drei fisk. Gutsbezirke. Kassenbevollm. einer Ortskrankenkasse.
Rgbz. Schleswig. (Karte 32.) In Barmstedt, Hot. Stadt Hamburg. In Quickborn, Gasth. von Winter. In Pinneberg, Gasth. z. St. Hamburg.	In Barmstedt, Hot. St. Hambg. In Quickborn, Schmidt's Hotel. In Pinneberg, Stahmer's Hotel u. Bahnhofshotel.	Oberförstergebäude im Dorfe Bullenkuhlen (400 Ew.) Wohn- u. Wirthschaftsr. beschr. Ausbau in nächster Zeit. Nächste Stadt Barmstedt, 3 km, 4300 Einw. — Kreisstadt Pinneberg, 15 km, 4100 Einwohner.	Ev. Kirche in Barmstedt. Kath. Gottesd. in Pinneb. u. Elmshorn. Realschule in Elmsh., 10 km Chss. od. mit pass. Frühzug v. Barmst. 20 bez. 25 Min. Bhf. u. 3 km Chss.	In Barmstedt. Amtsgericht in Rantzau u. Pinneberg.	Revision der Bondenholzungen im Oberf.-Bezirk. — Für verh. Assess. Wohn. in Barmstedt, 3 km, erhältlich.
Rgbz. Schleswig. (Karte 32.) Der Verkauf der meisten werthvollen Ei.- Bu.-Handelshölzer erfolgt im Wege der Submission im Oberf.-Geschäftszimmer.	In Reinfeld, Bahnhofshotel.	Aelteres aber schönes Gebäude im Flecken Reinfeld (1000 Einw.) Wohnhaus bietet viel Platz. Wirthschaftsgebäude geräumig. Baulicher Zustand nur zum Theil gut. Hansastadt Lübeck, 82000 Einw., Garnison, in 25 Minuten Bahnfahrt erreichbar.	Ev. Kirche u. Pfarre am Orte. Kathol. Gottesdienst u. Gymnasium in Lübeck, 16 km Eisenbahn. Progymn. in Oldesloe 8 km Eisenbahn. Für beide passender Frühzug.	Im Orte.	Staatsauff. über Bondenholzungen in 44 Gemeinden. Gutsvorst. für 4 fisk. Bezirke. Forstamtsanw. Wohn. für verh. Assess. schwer am Orte zu haben, ev. in Oldesloe, 8 km.
Rgbz. Schleswig. (Karte 32.) In Trittau. In Lütjensee. In Reinbek.	In Trittau bei Schmüser, Hinsch u. Horstmann.	Großes Haus, aber alt, wenig gut gebaut, schön gelegen im Kirchdorf Trittau, 1300 Einw. — Hamburg 705700 Einw., in $1^1/_4$stündiger Bahnf. zu erreichen.	In Trittau Privatschule bis Obertertia. Höhere Schulen in Lübeck, $1^1/_4$ Std. u. in Hamburg $1^1/_2$ Std. Bahnfahrt.	In Trittau.	Gutsvorsteher. — Forstamtsanw. — Auff. über Bondenholzungen.

Sitz der Oberförsterei nebst Poststation	Entfernung des Oberförstereisitzes von der nächsten Eisenbahnstation bezw. Haltestelle. Post- und regelmäßige Reiseverbindungen auf Landwegen.	Durchschnittliche Entfernungen und ungefähre Anfuhrkosten von den einzelnen Reviertheilen für Bahn- bezw. Wassertransport, und zwar: Schutzbezirk	Entfernung bis Güterbahnhof	Anfuhrkosten pro fm M.	Entfernung bis Wasserablage	Anfuhrkosten pro fm M.
407. Königl. Oberförsterei Barlohe, Rgbz. Schleswig. (Karte 32.)						
Barlohe, Post Hohenwestedt, Kreis Rendsburg.	4—5 km Chaussee nach den Stat. Remmels und Legan der neu erbauten Bahn Rendsburg-Hohenwestedt. — 7½ km Chaussee nach Hohenwestedt der Bahn Neumünster-Heide oder auch 17 km Chaussee nach Rendsburg der Bahn Neumünster-Wandrup.	Mörel	6—10 km Ldw. b. Hohenwestedt	2,50-3		
			3 km Ldw. b. Nindf.	1,5		
		Bargstedt	8 km mst. Chss. b. Nortorf 5 km bef. Weg bis Jevenstedt	2,50		
		Luhnstedt	1—2 km Waldw. bis Luhnstedt	0,5—1		
		Haale	5-8 km b. Remmels	2—3	9 km b. Kaiser Wilh.-Kanal (Luhnau)	2—3
			7 km Chauss. bis Hohenwestedt			
408. Königl. Oberförsterei Bordesholm, Rgbz. Schleswig. (Karte 32.)						
Bordesholm, Post, Kreis Kiel.	2 km Chaussee bis Bahnhof Bordesholm (Linie Hamburg-Kiel).	Kl. Harrie	7 km Ldw. b. Bordesh.	7		
		Hoffeld	5 km desgl.	5		
		Sören	5-7 km z. Th. Ldw. z. Th. Chss. b. Bordesholm	5—6		
		Brüggerh.	5-6 km Ldw. b. Voorde	5—6		
		Rumohr	5 km desgl.	5		
		Poppenbr.	4 km Ldw. bis Kiel	5		
409. Königl. Oberförsterei Neumünster, Rgbz. Schleswig. (Karte 32.)						
Neumünster in Holstein. Louisen-Str. 4, Post, Kreis Kiel.	Bahnstation am Orte.	Stocksee	7 km Ldw. u. 2 km Chss. b. Ascheberg	2—3		
		Halloh	5 km Landw. bis Boostedt	2—3		
			9 km mst. Chss. bis Neumünster	3—4		
		Bönebüttel	8 km (½ Chss.) bis Neumünster	3—4		
			2½ km Ldw. bis Bockhorst	1—3		
410. Königl. Oberförsterei Drage, Rgbz. Schleswig. (Karte 32.)						
Drage, Post Hohenaspe i. Holst., Kreis Steinburg.	8 km (dav. 6 km Chauss.) nach Edendorf (Linie Itzehoe-Wrist); 3 km Chauss. weiter nach Itzehoe (Knotenpunkt). Privatpost 1 mal täglich von Kaaksburg ab (2 km Landw. von Drage) hin u. zur. nach Itzehoe resp. 2 mal täglich von Hohenaspe (2 km von Drage).	Drage	2—3 km Landweg u. 4—8 km Chauss. bis Edendorf	4-4,50		
			2 km Landweg u. 9—11 km Chaussee bis Itzehoe	5		
411. Königl. Oberförsterei Segeberg, Rgbz. Schleswig. (Karte 32.)						
Glashütte, Post Fahrenkrug, Kreis Segeberg.	Nach Rickling 7,5 km Landweg (keine Fahrgelegenh.); 10 km nach Fahrenkrug (davon 8 km chauss. Weg über Wahlstedt); 14 km (davon 12 km chaussirter Weg) über Wahlstedt und Fahrenkrug nach Segeberg.	Kisdorf	7 km bis Ulzburg	3—4		
		Schmalfeld	6—8 km Landw. bis Kaltenkirchen			
		Bockhorn	10 km mst. Chss. bis Fahrenkrug	2,8 bis 4,5		
		Buchholz	4-8 km z. Th. Chss. desgl.			
		Glashütte	8-11 km mst. Chss. desgl.			
		Heidmühlen	12-15 km mst. Chss. b. Fahrenkrug 7-12 km Landw. bis Boostedt			
412. Königl. Oberförsterei Quickborn, Rgbz. Schleswig. (Karte 32.)						
Bullenkuhlen, Post Barmstedt, Kreis Pinneberg.	3 km bis Barmstedt und 3 km bis Vossloch der normalspurig. Kleinbahn Elmshorn-Barmstedt. — 10 km Chaussee nach Elmshorn. — 15 km Chaussee nach Pinneberg.	Sültkuhlen	3-5 km Ldw. bis Quickborn oder Hasloh	2		
		Quickborn	3-5 km Ldw. b. Quickb.	2		
		Kummerfeld	6 km (½ Chauss.) bis Pinneberg	2		
		Großendorf	2-3 km Chauss. bis Barmstedt	1,50		
		Lutzhorn	7 km mst. Ldw. desgl.	2,50		
413. Königl. Oberförsterei Reinfeld, Rgbz. Schleswig. (Karte 32.)						
Reinfeld, Post, Kreis Stormarn.	Entfernung bis Bahnhof Reinfeld 1 km.	Sprenge	2-5 km mst. Chss. bis Mollhagen	2—3		
		Todendorf	5 km Erdw. desgl.	3—4		
		Sattenfelde	6 km b. Bargteheide 0-6 km mst. Chss. b. Rolfshagen	0,5-3		
		Rethwisch	2 km Erdw. b. Treuholz	3		
		Wesenberg	6 km „ b. Reinfeld	5		
		Heidekamp	2-7 km mst. Chss. desgl.	2—6		
		Reinfeld	3-5 km Chss. desgl.	3		
		Bahrenhof	4,5 km (½ Chss.) bis Wakendorf	3		
		Herrenbranden	13 km mst. Chss. bis Reinfeld	6		
414. Königl. Oberförsterei Trittau, Rgbz. Schleswig. (Karte 32.)						
Trittau, Post, Kreis Stormarn.	Unmittelbar bei Haltestelle Vorburg-Trittau (nur für Personenverkehr); 2 km bis Hauptbahnhof Trittau.	Hohenf.	3 km bis Trittau	2,50		
		Hahnheide	3 km bis Lütjensee	2,50		
		Lütjensee	3 km bis Trittau	2,50		
		Trittauerfeld	3 km desgl.	2,50		
		Hahnenkoppel	9 km bis Trittau od. Reinbek	3		
		Reinbeck	3 km bis Bergedorf oder Reinbeck	2,50		

Sitz der Oberförsterei nebst Poststation	Entfernung des Oberförstereisitzes von der nächsten Eisenbahnstation bezw. Haltestelle Post- und regelmäßige Reiseverbindungen auf Landwegen	Durchschnittliche Entfernungen und ungefähre Anfuhrkosten von den einzelnen Reviertheilen für Bahn- bezw. Wassertransport und zwar: Schutzbezirk	Entfernung bis Güterbahnhof	Anfuhrkosten pro fm M.	Entfernung bis Wasserablage	Anfuhrkosten pro fm M.
415. Königl. Oberförsterei Harburg, Rgbz. Lüneburg. (Karte 32.)						
Harburg, Post, Kreis Harburg.	Harburg hat gute Verbindung mit Hamburg (15 Minuten Bahnfahrt), fast zu jeder Stunde per Eisenbahn und per Dampfschiff.	Kleckerwald	4 km Landweg und Chauss. bis Klecken; 3 km Landweg und Chss. bis Jesteburg	1,00		
		Emsen	7 km Ldw. b. Buchholz; 7 km Chss. b. Sprötze	1,50		
		Roseng.	7 km Ldw. b. Neugrab.	2,70		
		Tötensen	5 km Chss. b. Hittfeld	1,00		
		Bahrend.	8 km desgl.	1,50		
		Hausbruch	4 km Chss. b. Neugraben	1,00		
416. Königl. Oberförsterei Winsen a. d. L., Rgbz. Lüneburg. (Karte 32.)						
Winsen a. d. L., Post, Kreis Winsen.	1 km Chaussee bis Eisenbahnstation Winsen mit 11 resp. 8 nach Hamburg und Lüneburg abgehenden Personenzügen.	Radbruch	4 km z. Th. Steinweg bis Radbruch	3,50		
		Habichtshorst	3 km z. Th. Steinweg bis Radbruch; 5 km z. Th. Chss. bis Winsen	2,50		
		Stelle: a) Buchwedel	4 km z. Th. Steinweg bis Stelle	2,00		
		b) Pattens.-Dicke	2½ km Steinweg bis Brackel u. Tangendorf	1,50		
		c) Steinbecks-wriete	3 km Steinweg bis Brackel	1,25		
417. Königl. Oberförsterei Langeloh, Rgbz. Lüneburg. (Karte 33.)						
Langeloh, Post Tostedt, Kreis Harburg.	4 km (davon 2 km schlechter Sandweg und 2 km Pflasterweg) über Todtglüsingen nach Bahnhof Tostedt. Besser 4 km (davon 1 km guter Sandweg und 3 km gute Chaussee) über Lohbergen nach Bahnhof Sprötze. Keine Postverbindung.	Sellhorn	5-10 km Sandw. u. 3 km Chaussee bis Schneverdingen; 8 km mst. Chss. bis Wintermoor	1,50 bis 2,50		
		Haverbeck	1-3 km Sandw. u. 3 km Chss. b. Schneverding.	0,8-1,5		
		Heimbuch	2-6 km Sandw. u. 3 km Chss. b. Wintermoor	1—2		
		Ehrhorn	1-4 km Sdw. u. 1-4 km Chss. b. Wintermoor	0,75 b. 1,50		
		Lohbergen	1-3 km Sdw. u. 2-3 km Chss. bis Sprötze; 3 km Sdw. b. Holm	0,8-1		
418. Königl. Oberförsterei Garlstorf, Rgbz. Lüneburg. (Karte 33.)						
Garlstorf, Post, Kreis Winsen.	9 km Chaussee über Toppenstedt bis Bahnhof Wulfsen (Wittenberge-Buchholz). Täglich 1 mal Omnibus und Karriolpost hin und zurück; oder 18 km Chaussee bis Bahnhof Winsen, täglich Omnibus hin und zurück.	Gellersen	9 km bis Lüneburg; 12 km meist Chss. bis Wulfsen	3,00		
		Lübberst.	15—17 km bis Wulfsen	3,00		
		Garlstorf	10—13 „ „ „	2-2,50		
		Hanstedt	10—12 „ „ Marxen	3-3,50		
		Toppenstedt	10—11 „ „ Wulfsen	1,75 b. 2,25		
419. Königl. Kloster-Oberförsterei Lüneburg, Rgbz. Lüneburg. (Karte 33.)						
Lüneburg, Post und Kreis Lüneburg.	Lüneburg ist Knotenpunkt der Bahnstrecken Hannover-Hamburg; Lüneburg-Lübeck; Lüneburg-Buchholz-Wittenberge.	Priorsgeh.	3,5 km Sdw. b. Vastorf	1,30		
		Barendorf	4 km Erdw. b. Vastorf; 7 „ Chss. b. Lünebg.	1,5 b. 2,00		
		Grünhagen	3,5 km Chaussee bis Bienenbuttel	1,30		
		Embsen	14 km Chss. b. Lünebg.	2,5		
		Einemhof	7 km. Edw. b Radbruch	2—2,5		
		Königskrug	10 km (½ Chss.) bis Emmingen	2,50		
		(Oed. Holz)	7 km Chss. b. Lüneburg	1,50		
420. Königl. Oberförsterei Scharnebeck, Rgbz. Lüneburg. (Karte 33.)						
Lüneburg, Gartenstr. Nr. 24, Post und Kreis Lüneburg.	Eisenbahnstation am Orte (s. Nr. 419).	Bilmerstrauch	5 km Chaussee bis Lüneburg	1,50		
		Scharneb.	9 km Chss. b. Lüneburg	2,00		
		Bennerst.	12 km desgl.	2,00		
		(Wuckenstedt u. Eickhagen)	14 km desgl.	4,00	4 km bis zur Elbe (bei Artlenburg)	2,00
421. Königl. Oberförsterei Fallersleben, Rgbz. Lüneburg. (Karte 33.)						
Fallersleben, Post, Kreis Gifhorn.	Bahnstation am Orte.	Oelper	5 km meist Chaussee bis Barmke	2-2,50		
		Barnstorf.-Wald	10—15 km meist Chss. bis Vorsfelde, bezw. Fallersl. u. Königslug	3-3,50		
		Hohnstedt.-Holz	4—5 km mst. Chauss. bis Fallersleben	2-2,50		
		Stellfelde	4—8 km halb Ldw. bis Fallersl. u. Isenbüttel	2—3		
		Calberlah	wie vor	2—3		
422. Königl. Oberförsterei Munster, Rgbz. Lüneburg. (Karte 33.)						
Munster, Prov. Hannov., Post, Kreis Soltau.	1 km bis Station Munster der Bahn Uelzen-Bremen. (Chaussee bis zum Bahnhof).	Rehrhof	22 km Chaussee u. 5 km Sandw. bis Lüneburg. — 4 km Chauss. u. 7 km Ldw. bis Munster	5,00		
		Breloh		3,00		
		Lopau				
		Steinbeck	20 km Chss. u. 5 km Sandweg bis Soltau	4,00		

Flächengröße u. Charakter des Reviers. — Vertheilg. der Hauptholzarten nach Zehnteln.	Beschaffenheit des Wegenetzes im Reviere und der sich daran schließenden Abfuhrstraßen, sowie der etwaigen Wassertransportwege. Adressen von größeren Fuhrunternehmern.	Jahresquantum der Haupt-Verkaufshölzer nach Holzarten und Sortimenten (unter Abrechnung des Lokalbedarfs.)

415. Königl. Oberförsterei Harburg,

3522 ha. — eben u. hügelig, parzellirt. Ki. 0,4 Bu. 0,3 Fi. 0,2 Ei. 0,1

Innerhalb der Forstorte Erdwege, die meist gut fahrbar sind, außerhalb gute Chauss., von denen einige das Revier durchschneiden, oder an dessen Grenzen sich hinziehen.

Schutzbezirk	Stammholz (fm) Ei.	Bu.	Fi.	Ki.	Grubh. (fm) Fi.	Na.	Nutzsch. rm Bu.	Derbstg. (Stück) Fi.	Ki.
Kleckerwald				100		360			270
Tötensen			70	100		70		260	
Bahrendorf			50	100		50		1100	100
Hausbruch	70		20	360	20	50		2600	1700
Emsen				120		860		6300	
Rosengarten	90	100	90	160	40	150	100	1320	150

416. Königl. Oberförsterei Winsen a/L.,

2135 ha. — meist eben, Radbruch u. Habichtshorst zusammenhängend. Ki. 0,7 Fi. 0,1 Bu. 0,1 Bi. u. Erl. 0,1

Innerhalb durchweg Sandwege, theilweise mit Knüppeldämmen. Nur Forst Buchw. wird von der chaussirten Landstraße Stelle-Brackel durchschnitten. — Der Pattensendicke und dem Neuenbuchholze entlang führt guter Steinweg. — Fuhrleute: Schneefuß, Buchtmann, Wilken, Hermann und Gehrke in Winsen a/L.

Der gesammte Holzertrag wird vom Lokalbedarf aufgenommen.

417. Königl. Oberförsterei Langeloh,

6448 ha. — eben u. hügelig, 4 gr. und 2 kleine Parzellen, 1 Moor. Ki. 0,9 Fi. Ei. Bu. } 0,1

Gestelle vielfach noch nicht fahrbar. Innerhalb der Reviere nur Sandwege. Chaussee Wintermoor-Behringen in 2—3 Jahren fertig. — Fuhrunternehmer in Wilsede, in Haverbeck, in Wintermoor, in Sprötze, in Schneverdingen.

Schbz. Heimbuch 300 rm Ki.-Grubenholz.
„ Lohbergen 1000 „ „ „

418. Königl. Oberförsterei Garlstorf,

2101 ha. — hügelig, auß. Gellersen, sehr parzell. Ki. 0,6 Bu. 0,2 Fi. 0,1 Ei. 0,1

Innerhalb der Forsten gute Wege, außerhalb auf kurze Strecken sandig. Chaussee sehr gut. — Fuhrunternehmer: Bockelmann in Salzhausen, Putensen in Garlstorf, Gädecke in Sahrendorf.

Schutzbezirk	Stammholz (fm) Ei.	Bu.	Na.	Grubh. (fm) Ei.	Ki.	Rollh. (fm) Bu.	Fi.-Stangen (Stück) Derb-	Reis-	Brennholz (fm)
Gellersen			150	90	350				50
Lübberstedt			300	80	50	20			100
Garlstorf	50	30	100	400	90	20	1000	3000	100
Hanstedt			200	20	150		1000		100
Toppenstedt		50	150	100	450	50	2000	2000	160

419. Königl. Kloster-Oberförsterei Lüneburg,

6044 ha. — eben, stellenweise wellig, sehr parzell. Ki. 0,76 Ei. 0,13 Bu. 0,05 Fi. 0,04 Bi. usw. 0,02

Innerhalb der Forstorte meist gute Erdwege, streckenweise Chaussee und befestigte Landwege. Außerhalb viele und gute Chausseen. — Fuhrunternehmer: Harms, Schröder, Cordes in Lüneburg, Kruse in Bienenbüttel.

Schbz. Priorsgehäge 100 fm Ki.-Grubenholz.
„ Barendorf 300 „ „ „ 100 fm Ei.-Stammh.
„ Grünhagen 150 „ „ „
„ Embsen 250 „ „ „
Forst (Oedemer Holz) 100 „ „ „
Schbz. Einemhof 50 „ „ „
„ Königskrug 50 „ „ „

420. Königl. Oberförsterei Scharnebeck,

1962 ha. — eben, z. Th. schwach hügelig, parz. Ki. 0,4 Ei. 0,2 Bu. 0,2 Bi. Erl. 0,1 Fi. 0,1

Alle Forstorte werden von Chausseen und Landstraßen durchschnitten. Innerhalb der Forstorte feste Wege und Dämme. Ilmenau von Lüneburg bis zur Elbe schiffbar. — Fuhrleute: Schröder in Lüneburg, Albers in Brietlingen, Lehzen in Adendorf.

Schbz. Bilmerstrauch und Scharnebeck 800 fm Ki.-Grubenh.
„ Bennerstedt 150 fm Fi.-Schleifh.
„ Bennerstedt und Scharnebeck 200 fm Ei.-Stammh.
„ Scharnebeck 100 fm Bu.-Schichtnutzh.

421. Königl. Oberförsterei Fallersleben,

2885 ha. — hügelig, zusammenhg., nur Barnst.-Wald parz. Ei. 0,6 Fi. 0,3 Bu. 0,1 Stellf. u. Calberl. Erlenbr. mit Erl., Ki., Bi. u. Fi.

Innerhalb Waldwege, außerhalb durchweg gute Chausseen. — Fuhrleute: Wollschläger in Fallersleben, Heinemeyer in Reindorf, Riemann und Müller in Vorsfelde, Beinhorn in Weyhausen, Wunderling in Helmstedt.

Schbz. Oelper 100 fm Ei.-Grubh. 100 fm Na.-Grubh.
„ Barnst. Wald 150 „ „ „ 100 „ „ „
„ Hohnst. Holz 200 „ „ „ 200 Ei.-Langholz
„ Stellfelde u. Calberlah } 400 „ Erl.-Rollh. 400 Na.-Grubenholz, 100 fm Pappeln.

422. Königl. Oberförsterei Munster,

6231 ha. — eben. Ki. 0,8 Fi. 0,1 Ei. 0,1

Innerhalb des Reviers nur Sandwege, aber gut fahrbar. — Fuhrunternehmer in Munster, Rispingen, Rehlingen.

Schbz. Heidkrug 20 fm Nutzh.
„ Lopau 220 „ „ 100 fm Grubh. 190 fm Brennh.
„ Rehrhof 200 „ „ 200 „ „ 270 „ „
„ Breloh 300 „ „ 150 „ „ 260 „ „
„ Steinbeck 550 „ „ 100 „ „ 150 „ „
} Kiefern.

Oeffentliche Holzlicitationen finden statt in:	Unterkommen im Gasthofe f. Holzhändler, Forst-Assessoren u. Referendare in möglichster Nähe der Oberförsterei	Zustand des Oberförsterdienst-Gebäudes	Wo Kirche? Wo Schule? In welcher Zeit zu erreichen?	Wo Arzt, wo Apotheke, wo Amtsgericht?	Nebenämter des Revierverwalt. — Wenn ständiger Assistent vorhanden, wo wohnt derselbe?
Rgbz. Lüneburg. (Karte 32.)					
Oberförstereigehöft in Harburg für Submissionen. Licitationen in Klecken bei Böttcher, in Emsen, bei Peters, in Sottorf, bei Renk, in Hausbruch, bei Deppe.	In Harburg, Deutsches Haus, Bahnhofs-Hot., Hotel Kaiserhof, Central-Hotel.	Gute, geräumige Dienstwohnung in der Stadt Harburg, 49 100 Einw., Eissendorferstr. 14, mit kleinem Garten. — Hamburg (705 700 Einwohner), in 15 Minuten Bahnfahrt zu erreichen.	In Harburg, Realgymnasium u. höhere Mädchenschule. Hamburger Gymn. können von hier aus per Bahn besucht werd.	In Harburg.	Forstamtsanw. Aufsicht über 30 Genossenschaftsforsten.
Rgbz. Lüneburg. (Karte 32)					
In Winsen, Restaurant Wegener. In Pattensen, Gastwirth Mauck.	In Winsen, Hotel Beckmann, „ Hesse, „ Rötting.	Geräumiges, massives zweistöckiges Gebäude, Wirthschaftsgebäude 1884 neu aufgebaut, in der Kreisstadt Winsen (4200 Einw.) gelegen. — Hamburg in 25 Minuten Bahnf. zu erreichen.	Ev. Kirche u. Mittelschule in Winsen. Höhere Schulen in Lüneburg und Harburg, 30 Minuten Bahnfahrt. (Frühzug nach Lüneburg passend.)	In Winsen.	Forstamtsanw. Verwalter von 6 Genossenschaftsforsten. — Wohnung für verheir. Assessor in Winsen erhältlich.
Rgbz. Lüneburg. (Karte 33.)					
In Nied. Haverbeck, bei Rieckmann. In Sprötze, bei Heins. Für Grubh. u. Kohlh. Submissionsverkauf.	In Tostedt (5 km), Hotel Bostelmann, Hotel Stöver. In Sprötze (4 km), Gastw. Heins, Gastw. Kröger.	Dienstgebäude für sich gelegen, geräumig, mit großem Hof u. Garten, Wirthschaftsgebäude ausgedehnt, aber meist alt. In der Nähe ein fiskal. Waldarbeiterhaus und 2 Bauernhäuser, zusammeu Langeloh bildend.	Ev. Kirche u. Pfarre, sowie Elementarsch. in Tostedt, 5 km. Nächste Stadt Harburg, daselbst Schulen und Kirchen jeder Art.	In Tostedt, 5 km.	Gutsvorsteher. Forstamtsanw. Staatsaufsicht über 12 Genossenschaftsforsten. — Wohn. für verh. Assessor nicht in d. Nähe zu haben.
Rgbz. Lüneburg. (Karte 33.)					
In Kirchgellersen, bei Cordes. In Garlstorf, bei Voigt. In Toppenstedt, bei Völker. In Hanstedt, bei Riekmaun.	In Garlstorf, bei Gastw. Voigt. In Schätzendorf (4 km), bei Rabeler. In Salzhausen (5 km) b. Rüther.	Neues, geräumiges Gebäude und neue Wirthschaftsräume am westl. Ausgange des Dorfes. Großer Garten und Park. Garlstorf, 400 Einw. Nächste Stadt Winsen, 18 km, Kreisstadt, 4200 Einwohner.	Schule im Ort, Kirche in Salzhausen. Höh. Schulen i. Lüneburg, 23 km, mit Bahnverb. von Wulfsen aus.	Arzt u. Apotheke in Salzhausen, 5 km.	Aufsicht über Genossenschaftswaldungen. — Im Dorfe Wohng. f. verh. Assessor bei bescheidenen Ansprüchen zu haben.
Rgbz. Lüneburg. (Karte 33.)					
In Lüneburg, im Mönchsgarten. In Embsen, bei Rüter. In Bienenbüttel, bei Clement. In Barendorf, bei Rosseburg. In Rohstorf, bei Rabeler.	In Lüneburg, Hotel z. deutsch. Haus. In Bienenbüttel, Gasth. Clement. In Barendorf, Gastw. Rosseburg.	Aeltere Dienstwohnung ohne Wirthschaftsgebäude in der Stadt Lüneburg, 24 600 Einwohner, Regierungssitz, Landgericht, Garnison.	In Lüneburg.	In Lüneburg.	Oberaufsicht über die städtischen Forsten. — Zur Zeit verh. Assist., hat in Lüneburg Miethswohnung.
Rgbz. Lüneburg. (Karte 33.)					
In Lüneburg, Gasth. z. Schießgraben. In Scharnebeck, Gasth. Gorms.	In Lüneburg.	Miethswohnung in der Stadt Lüneburg (s. lfd. Nr. 420.)	In Lüneburg.	In Lüneburg.	Forstamtsanw. Staatliche Oberaufsicht über 10 Genossenschaftsforsten.
Rgbz. Lüneburg. (Karte 33.)					
Fallersl., Hot. Freese. Bei Holle zu Rennau. Bei Stute zu Reindorf. Bei Körtje zu Almke. Bei Quidde zu Heiligendorf. Bei Gorriahn zu Ehmen. Im Rathskell. zu Fallersleben.	In Fallersleben, Hotel zum Rathskeller und Hot. Freese.	Altes Domänen-Wohnhaus am Südende von Fallersleben (2000 Einwohner) an der Chaussee. — Braunschweig (126 000 Einw.) u. Hannover (235 600 Einw.) in je $1^1/_2$ Std. Bahnfahrt zu erreichen.	Superintend. u. ev. Kirche, sowie Volksschule in Fallersleben. Gymnasium in Braunschweig, 23 km, u. Helmstedt (Bahnverbindung.)	In Fallersleben.	Staatsaufsicht über 20 Interessentenforsten. — Verheir. Assessor könnte in Fallersleben wohnen.
Rgbz. Lüneburg. (Karte 33.)					
In Munster, Gasth. Winkelmann. In Bispingen, Gasth. Harms.	In Munster, Gasth. Winkelmann, Gasth. Behrens, Gasth. Kruse.	Oberf. inmitt. e. gr. Gart. in Munster (800 Einw.), altes Bauernh., Wohnh. ausreich., Wirthschaftsg. knapp. Nächste Stadt Soltau, Kreisstadt, 4700 Einw., 18,5 km.	Ev. Kch. u. Pf. i. Dorfe, Rectorsch. b. Tertia in Soltau, 20 Min. Bhf., jed. nur i. Somm. tägl. Schulbes. mögl. Gym. in Lüneburg. u. Celle (Bahnverb.)	Arzt in Soltau; in Eilfällen i. Sommer im Truppenübgslag. i. nächster Nähe von Munster.	Aufsicht über den Wald des Truppenübungsplatzes und 7 Interessentenforsten.

Flächengröße u. Character d. Reviers. — Vertheilung der Hauptholzarten nach Zehnteln.	Beschaffenheit des Wegenetzes im Reviere und der sich daran schließenden Abfuhrstraßen, sowie der etwaigen Wassertransportwege. Adressen von größeren Fuhrunternehmern.	Jahresquantum der Haupt-Verkaufshölzer nach Holzarten und Sortimenten (unter Abrechnung des Lokalbedarfs).

423. Königl. Oberförsterei Ebstorf,

3003 ha. — eben, parzell. Ki. 0,4 Fi. 0,3 Ei. 0,2 Bu. 0,1

Im „Susing" (Schbz. Velgen und Hanstedt) Hauptwege Chausseen, resp. gepflasterte Straßen. Im Schbz. Ebstorf gute Landwege. — Fuhrunternehmer Meyer, Cohrs, Dittmer, Fischer in Ebstorf.

Schutzbezirk	Stammholz (fm) Ki.	Ei.	Bu.	Grbh. (fm) Ki.	Schleifholz (fm) Fi.
Ebstorf	100	200	80	1000	60
Hanstedt	90	40	30	1000	200
Velgen	150	40	40	1000	120

424. Königl. Oberförsterei Medingen,

2662 ha. — eben, sehr parzellirt. Ki. 0,43 Fi. 0,24 Bu. 0,23 Ei. 0,10

Innerhalb der Forstorte gute Erdwege; außerhalb viele und gute Landstraßen und chaussirte Gemeindewege. — Fuhrunternehmer Schmidt in Bevensen, Wolff in Medingen.

Schutzbezirk	Langh. (fm) Ei.	Langh. (fm) Bu.	Grubh. (rm) Ei.	Grubh. (rm) Na.	Böttcherh. (rm) Na.	Schichtholz (rm) Bu.	Schleifh (rm) Na.
Rosche				30			
Oldenstadt	60	20	30	350	30	20	20
Ditzendorf				120	50		
Medingen	140	40	100	70		220	20
Amtsheide				700	260		
Wiebeck		20		400	30	100	80
Reisenmoor	20	150	20	160	20	420	60

425. Königl. Oberförsterei Walsrode,

2572 ha. — eben, sehr parzellirt. Ki. 0,4 Fi. 0,3 Bu. 0,2 Ei. 0,1

Innerhalb der Forstorte auf kürzeren Strecken mehrere gute Anschlußchausseen; stellenweise Faschinendämme. Aller schiff- und flößbar. — Fuhrunternehmer Eickhoff in Walsrode, Drewes und Mehldau in Vorwalsrode.

Schbz. Krelingen 400 fm Na.-Holz, in starken Stämmen
„ Ahlden 200 „ Ei.-Stammholz
„ Walsrode 250 „ Ki.-Grubenholz
„ Fulde 450 „ „ 200 fm Bu.-Stammholz
300 fm Ki.- und Fi.-Stammholz.

426. Königl. Oberförsterei Wardböhmen,

1982 ha. — Schbz. Wardböhmen hüg., sonst eben. Ki. 0,5 Fi. 0,4 Bu. 0,1 Ei.

Schbz. Oerbke und Fallingb. von Chauss. durchschn., sonst innerhalb der Forstorte gute Erdwege, Kieswege und einige Knüppeldämme, außerhalb mäßige Haidwege. — Fuhrunternehm. Otte in Sülze, Marquardt, Röper und Cohrs in Wardböhmen, Wildung, Eickhoff, Hohls in Fallingbostel.

Schbz. Oberhode 60 fm Na.-Schleifh. 30 fm Na.-Grubh.
„ Wardböhmen 600 „ „ „ 100 „ „ „
1500 Stck. Fi.-Derbstangen
„ Oerbke 80 fm Na.-Schleifh. 90 fm Na.-Grubholz
500 Stck. Fi.-Derbstangen
„ Wense 300 fm Na.-Schleifh. 300 fm Na.-Grubh.
„ Fallingb. 100 „ „ „ 400 „ „ „
550 Stck. Fi.-Derbstangen.

427. Königl. Oberförsterei Miele,

3794 ha. — eben, ziemlich zusammenhgd. Ki. 0,8 Fi. 0,2

Innerhalb meist trockene Wege, sonst Knüppeldämme u. befestigte Wege (Pflast.), außerhalb viele und gute Chausseen nebst Kleinbahn. Flößb. Oertze und Aller vermitteln Handel nach Bremen u. Umgegend. — Fuhrunternehmer in Eversen, in Sülze, Hermannsburg u. Celle.

Schbz. Kohlenbach 100 fm Ki.-Stammh. 300 fm Ki.-Grubh.
„ Rehwinkel 300 „ Ki.- u. Fi.-Stmh. 400 fm „ „
„ Altensalzkoth 300 „ „ „ „ 200 „ „ „
„ Wallerholz 800 „ „ „ „ 500 „ „ „
„ Hermannsburg 2000 Stück Fi.-Derbstangen.

428. Königl. Oberförsterei Lüß,

6652 ha. — eben arrondirt. Ki. 0,90 Bu. 0,04 Fi. 0,03 Ei. 0,03

Innerhalb des Reviers gute Chausseen und feste Landwege. — Fuhrunternehmer Schlimme und Hanke in Unterlüß, Schütze in Eschede.

Ganzes Revier: 3000 fm Ki.-Grubenholz 150 rm Bu.-Schichtnutzholz.
300 „ Fi.-Langholz 500 „ „ Scheitholz.
100 „ Bu. „

429. Königl. Kloster-Revierförsterei Niebeck,

3025 ha. — eben, zusammenhängend. Ki. 0,9 Ei. 0,1

Innerhalb sämmtliche schlechten Wege gepflastert, die übrigen Wege sind theilweise mit Kies gebessert. Außerhalb fast überall leidlich gute Wege, auch Steinpflasterstrecken. — Fuhrunternehmer in Unterlüß.

Schbz. Niebeck 250 fm Ki.-Grubenholz 500 rm Ki.-Derbbrennholz
1500 rm Ki.-Reiserknüppel (Kohlholz).
„ Neuensootrieth 1200 fm Ki.-Reiserknüppel.
„ Räber 1000 „ „ „

Oeffentliche Holzlicitationen finden statt in:	Unterkommen im Gasthofe f. Holzhändler, Forst-Assessoren u. Referendare in möglichster Nähe der Oberförsterei	Zustand des Oberförsterdienst-Gebäudes	Wo Kirche? Wo Schule? In welcher Zeit zu erreichen?	Wo Arzt, wo Apotheke, wo Amtsgericht?	Nebenämter des Revierverwalt. — Wenn ständiger Assistent vorhanden, wo wohnt derselbe?
Rgbz. Lüneburg. (Karte 33.)					
In Ebstorf, bei Bokelmann. In Belgen, bei Wünsche. In Hanstedt, bei Meyer.	In Ebstorf, Wtw. Bokelmann. Alt. Posthaus (Othmer), „Zur Krone", (Meyer), 0,3 km von der Oberf.	Schönes, neueres Dienstgeb. in Ebstorf, 1800 Einw. Nächste Stadt Uelzen, Kreisstadt, 8600 Einw., Garnison, 12 km.	Ev. Kirche in Ebstorf. Kath. Kirche in Uelzen, 14 Minuten Bahnfahrt. Daselbst Realprogymnasium. (Züge passen für tägl. Schulbesuch nicht.)	2 Aerzte, 1 Apotheke in Ebstorf, Amtsgericht in Uelzen.	Staatsauff. üb. 32 kl. Interessentenf. Oberförster erth. Unterricht an der Ackerbauschule in Ebstorf.
Rgbz. Lüneburg. (Karte 33)					
In Bevensen, Hot. Achilles. In Oldenstadt, Gasth. Schröder.	In Medingen, Gasth. zu den vier Linden (Dornbusch). In Bevensen, Hotel Achilles, Hotel Naumann.	Sehr schönes neueres Dienstgebäude im Dorfe Medingen (230 Einw.), Zugangsweg von der chaussirt. Straße in Bevensen 0,4 Erdweg. Wirthschaftsgeb. genügend. Medingen besuchter Luftenrort.	Ev. Kirche u. Pfarre, sowie Dorfschule im Orte. Kath. Gottesdienst in Uelzen und Lüneburg. Privatmädchenschule in Bevensen. Gymnasium in Lüneburg, per Bahn täglich durch Hin- u. Rückf. erreichb.	In Bevensen. Amtsgericht in Medingen.	Staatsaufsicht üb. 16 Genossenschaftsforsten. — Wohnung für verheiratheten Assess. in Bevensen zu haben.
Rgbz. Lüneburg. (Karte 33.)					
In Walsrode, bei Bellmer. In Ahlden, bei Iser. In Riethagen, bei Bremer.	In Walsrode, Gasth. Stdt. Hannover (Grütter) u. „z. Kronprinzen" (Müller). In Ahlden, bei Iser.	Gutes, altes, geräumiges, zweistöckiges Fachwerkgebäude. Wirthschaftsgebäude ausreich., zur Landgemeinde Vorwalsrode gehörig und im unmittelbaren Anschluß an die Stadt Walsrode, 2700 Einw. Pflasterstr. — Hannover (235 600 Einw.), in 2stündiger Bahnfahrt zu erreichen.	Kirche, sowie 2 Pfarr., Volks- und Bürgerschulen in der Stadt. Kathol. Kapelle in Kettenberg, 10 km.	In Walsrode.	Gutsvorsteher. Forstamtsanw.-Stellv. — Staatsaufsicht über 33 Genossenschaftsforsten. — Wohn. für verh. Assessor in Walsrode zu haben.
Rgbz. Lüneburg. (Karte 33.)					
In Wardböhmen, bei Rogge. In Fischendorf, bei Wrigge. In Dorfmark, b. Golzsch. In Oerbke, bei Diers. In Hohne, bei Ebel. In Fallingbostel, Hotel zur Lieth.	In Wardböhmen, bei bescheid. Anspr. bei Bahrs oder Rogge. In Bergen, bei Brandes oder Hartung.	Sehr schönes, geräum., massiv. Wohnhaus, noch ziemlich neu, große Scheune, im Dorfe Wardböhmen (400 Einw.), an der Chaussee Celle-Bergen, Wardb.-Soltau. — Nächste St. Celle, 30 km, 19800 Einw. — Kreisst. Soltau, 18 km, 4700 E.	Evg. Kirche in Bergen, Dorfschule in Wardböhmen, Gymnasium in Celle.	In Bergen, 6 km.	Staatsaufsicht über 15 Interessentenforsten. Gutsvorsteher.
Rgbz. Lüneburg. (Karte 33.)					
In Eversen, Gasth. Giesecke. In Wolthausen, Gasth. Lüßmann.	In Eschede, bei Kuhlmann. In Hermannsburg, b. Völker. In Eversen, bei Giesecke. In Bergen, bei Martens. In Celle, Hotel Stadt Hannover.	Altes Bauernhaus in schöner Lage, sehr isolirt. Viehställe im Wohnhaus; letzteres bietet genügend Wohn- und Wirthschaftsräume. Nächste Stadt Celle (19800 Einwohner), 18 km Chaussee.	Nächste Kirchen in Hermannsburg und Sülze, 1—1½ Std. Nächste Volksschule in Eversen, 5 km.	In Hermannsburg, 11 km. Amtsgericht in Bergen, 14 km.	Gutsvorsteher üb. 4 Bezirke. Amtsanwalt. Kreistagsmitglied. — Wohnung für verheiratheten Assess. nicht in der Nähe zu haben.
Rgbz. Lüneburg. (Karte 33.)					
In Unterlüß, Gastwirth Hubach.	In Unterlüß, Gastw. Hubach.	Im Anschluß an den Ort Unterlüß (150 Einwohner) neue Oberförsterei mit genüg. Wohn- und Wirthschaftsgeb. Nächste Stadt Celle, 19800 Einwohner, 26 km, Bahnverbindung.	Ev. Pfarre i. Eschede, 10 km (Bahnverb.), Dorfschule in Unterlüß. Gymn. u. Realgymn. in Celle, 30 Minuten Bahnfahrt (Züge ungünstig). Kathol. Gottesdienst alle 14 Tage in Uelzen, Bahnf. 30 Min.	In Hermannsburg, 16 km. Amtsgericht in Celle.	Gutsvorsteher.
Rgbz. Lüneburg. (Karte 33)					
In Suderburg, Gasthof Meyer. In Dreilingen, Gasth. Harms. In Unterlüß, Hotel Hubach.	In Suderburg, 7 km. In Dreilingen, 2 km. In Unterlüß, 15 km von Niebeck entfernt.	Altes, einstöckiges Gebäude mit schönem Park umgeben, Wohn- und Wirthschaftsräume beschränkt. Nächste Stadt Uelzen, 18 km, 8600 Einw.	Kirche u. Pfarre in Gerdau, 1¼ Std. von Niebeck. Dorfschule in Dreilingen (25 Minuten).	In Uelzen.	Gutsvorsteher.

Sitz der Oberförsterei nebst Poststation	Entfernung des Oberförstereisitzes von der nächsten Eisenbahnstation bezw. Haltestelle. Post- und regelmäßige Reiseverbindungen auf Landwegen.	Durchschnittliche Entfernungen und ungefähre Anfuhrkosten von den einzelnen Reviertheilen für Bahn- bezw. Wassertransport, und zwar: Schutzbezirk	Entfernung bis Güterbahnhof	Anfuhrkosten pro fm M.	Entfernung bis Wasserablage	Anfuhrkosten pro fm M.

423. Königl. Oberförsterei Ebstorf, Rgbz. Lüneburg. (Karte 33.)

Ebstorf, Post, Kreis Uelzen.	1,9 km bis Bahnhof Ebstorf. Privatpost zu jedem Personenzug.	Belgen	12 km Chaussee bis Ebstorf	pro rm 1,60		
		Hanstedt	14 km desgl.	1,60		
		Ebstorf	4-5 „ „	1,20		
		(Forst. Maschbr.)	10 km meist Ldw. bis Ebstorf	1,60		
		Forst. Böhl	6 km meist Ldw. bis Brockhöfe	1,60		

424. Königl. Oberförsterei Medingen, Rgbz. Lüneburg. (Karte 33.)

Medingen, Post Bevensen, Kreis Uelzen.	1,8 km von der Eisenbahnstation Bevensen.	Rosche	12 km bis Uelzen	3,00		
		Oldenstadt	5 „ „ „	2,50		
		Ditzendorf	8 „ „ Bevensen	2,50		
		Medingen	4 „ „ „	2,50		
		Amtsheide	5 „ „ „	2,50		
		Wiebeck	14 km bis „ 6 „ „ Dahlenbg.	3,00 2,00		
		Reisenm.	9 „ „ Bevensen 6 „ „ Vastorf	3,00 3,00		

425. Königl. Oberförsterei Walsrode, Rgbz. Lüneburg. (Karte 33.)

Walsrode, Post, Kreis Fallingbostel.	Walsrode ist Station der Eisenbahn Hannover-Visselhövede und Walsrode-Soltau.	Krelingen	5 km (4 Chss.) bis Riethagen	0,75-1 Mk. pro fm u. km Stammh.		
		Ahlden	5-6 km desgl.		unm. a. d. schiffb. Aller 3-6 km bis Allerabl. (Rethen)	
		Frankenf.-Bruch				
		Walsrode	2-3 km Chss. b. Walsr.			
		Fulde	3-6 „ mst. Chss. desgl.			
		(Kamperenden	10 „ „ „ „			
		Grimm. R. Jarling H.	7-8 „ „ „ „			
		Ahrsen)	1 km Erdw. b. Jarling.			

426. Königl. Oberförsterei Wardböhmen, Rgbz. Lüneburg. (Karte 33.)

Wardböhmen, Post Bergen bei Celle, Kreis Celle.	18 km Chss. bis Station Soltau 18 „ „ „ „ Fallingb. 32 „ „ „ „ Celle 10 „ „ „ „ Unterlüss 13 km mangelh. Erdw. bis Bahnhof Dorfmark. Post 1 mal tägl. von Bergen über Wardböhmen nach Soltau und zurück.	Oberhode	15 km mst. Chss. bis Riethhagen	2,50		
		Wardböhmen	7 km Ldw. b. Dorfm.	1,60		
		Oerbke	4 km Chss. b. Fallingb.	1,00		
		Wense	5 km Ldw. bis Dorfmark, Jetzebruch	1,50		
		Fallingb.	5 km Chss. b. Fallingb.	1,20		

427. Königl. Oberförsterei Miele, Rgbz. Lüneburg. (Karte 33.)

Miele, Post Eschede, Kreis Celle.	8 km mangelh. Erdweg bis Station Eschede (keine Schnellzugstation); besser aber 18 km bis Celle (Schnellzüge) und fast ganz Chaussee über Gr. Hehlen, Scheuen, Altensalzkuth.	Kohlenbach	5 km Edw. b. Garssen	1,00		
		Rehwinkel	3 „ „ b. Altensalzk.	1,00		
		Altensalzkoth	3 „ „ „ „	1,00		
		Wallerholz	15 „ Chss. b. Celle	2,50		
		Hermannsbg.	12 „ „ „ Unterlüss	2,50		

428. Königl. Oberförsterei Lüß, Rgbz. Lüneburg. (Karte 33.)

Lüß, Post Unterlüß, Kreis Celle.	0,2 km bis Eisenbahnstation Unterlüss an der Chaussee von Unterlüß nach Sprakensehl.	Dalle Lünsholz Weyhausen Siedenholz Schafstall Unterlüß Queloh	0,1—8,0 km bis zu den Bahnhöfen Unterlüss u. Eschede	1-1,20 pro rm Grubh. oder Brennh.		

429. Königl. Kloster-Revierförsterei Niebeck, Rgbz. Lüneburg. (Karte 33.)

Niebeck, Post Suderburg, Kreis Uelzen.	7 km bis Bahnhof Suderburg (Linie Hamburg-Hannover) über Bahnsen, davon 5,5 km Chauss., 1,5 km Sandweg.	Niebeck	5,5 km Chss. u. 1,5 km Sandw. b. Suderburg	pro rm 1,50		
		Neuensootrieth	3 km Chss. u. 3 km Sandw. b. Unterlüss	1,50		
		Räber	8 km Chaussee bis Suderburg	1,50		

Sitz der Oberförsterei nebst Poststation	Entfernung des Oberförstereisitzes von der nächsten Eisenbahnstation bezw. Haltestelle Post- und regelmäßige Reiseverbindungen auf Landwegen	Durchschnittliche Entfernungen und ungefähre Anfuhrkosten von den einzelnen Reviertheilen für Bahn- bezw. Wassertransport und zwar				
		Schutzbezirk	Entfernung bis Güterbahnhof	Anfuhrkosten pro fm M.	Entfernung bis Wasserablage	Anfuhrkosten pro fm M.
430. Königl. Oberförsterei Sprakensehl, Rgbz. Lüneburg. (Karte 33.)						
Sprakensehl, Post, Kreis Isenhagen.	16 km Chaussee nach Unterlüss (Personenz.) Linie Hannover-Hamburg. — 18 km Chss. nach Wittingen (Gifhorn-Uelzen). — 24 km Chaussee nach Uelzen (Hannover-Hamburg, Schnellz.) Von Sprakensehl nach Unterlüß und Wittingen Personenpost.	Ganzes Revier:	Bis Unterlüss, Eschede, Uelzen, Suderburg, etwa 14 bis 20 km Chauss.	2,10 M. pr. fm Kl.-Grubh. — 0,20 M. pr. Ctr. Holzkohle.		
431. Königl. Oberförsterei Fuhrberg, Rgbz. Lüneburg. (Karte 33.)						
Fuhrberg Post Mellendorf, Kreis Burgdorf.	7 km Chaussee nach Mellendorf (Hannover-Soltau), oder 17 km Chaussee nach Celle (für Fahrten nach Lüneburg-Hamburg.) — Karriolpost zweimal täglich nach Mellendorf und zurück. — 10 km Chaussee nach Burgwedel, Endpunkt der electrischen Bahn nach Hannover.	Wellmühle (Tiefebruch)	4 km Erdw. 7 km Chss. bis Mellendorf	3,00		
		Fuhrberg I (Sprill und Fuhrenk.)	10 km Chss. b. Mellendorf 18 km Chss. b. Celle	2,80 3,50		
		(Lindhorst)	2 km Erdw. 12 km Chss. bis Celle 2 km Erdw. 13 km Chss. b. Mellendorf	3,00 3,00		
		Fuhrbg. II (Hirschgeh.)	10 km Chss. b. Mellendorf 15 km Chss. b. Celle	2,50 3,00		
		Elze	3—7 km z. Th. Chss. bis Mellendorf	1,2-2,5		
		Winsen u. Ovelgönne	11 km Chss. bis Celle	2,50	4 km meist Chaussee b. Allerabl. (Oldau)	1,80
432. Königl. Oberförsterei Helmerkamp, Rgbz. Lüneburg. (Karte 33.)						
Celle, Post und Kreis Celle.	Bahnstation am Orte. — 19 km Chaussee nach Helmerkamp.	Hohne (Gräfenh.)	20 km Chss. bis Celle	3,00		
		(Rohrbr. u. Hengsb.)	3 km Erdw. 25 km Chaussee bis Celle 3 km Erdw. 22 km Chaussee b. Gifhorn 4 km Erdw. 18 km Chss. bis Meinersen	4,00		
		Langling. (Müsse und Harzh.)	3 km Erdw. 20 km Chaussee bis Celle 5 km Erdw. 12 km Chss. bis Meinersen	3,50 3,50		
		Lachteh.	6 km Chauss. b. Celle	2,00		
		Celle	3 " " "	1,00		
433. Königl. Oberförsterei Knesebeck, Rgbz. Lüneburg. (Karte 33.)						
Knesebeck, Post, Kreis Isenhagen.	Knesebeck ist Station der Nebenbahn Isenbüttel-Uelzen. Außerdem Chaussee nach Wahrenholz-Gifhorn; nach Wittingen-Wieren-Uelzen; nach Hankensbüttel-Unterlüß.	Wahrenholz	2—4 km mst. Landw. bis Wahrenholz	1—2		
		Betzhorn	wie vor	1—2		
		Malloh	6 km Ldw. b. Kneseb.	2—3		
		Knesebeck	2 " " " "	1—2		
		Emmen	4 " Chss. " "	2,00		
		Wierstorf	4—8 km bis Wittingen oder Stöcken	2,50		
434. Königl. Oberförsterei Uetze, Rgbz. Lüneburg. (Karte 33.)						
Uetze, Post, Kreis Burgdorf.	6 km Chaussee nach Dollbergen. — Privatpost 3mal täglich nach Dollbergen und zurück.	Beerbusch	4 km Erdw. b. Dollbg.	1,40		
		Burgdorferh.	2 km Erdw. u. 5 km Chss. bis Burgdorf	1,40		
		(Heistern)	3-4 km Chss. b. Aligse und bis Burgdorf	1,40		
		Dachtmissen	4 km Chaussee bis Burgdorf	1,20		
		Dannhorst	13 km mst. Chss. b. Celle und Ehlershausen	1,60		
		Hänigsen	1-2 km Erdw. u. 6-9 km Chaussee b. Dollbergen	1,60		
		Eicklingen (Harseb.) (Langl. Holz) (Wienh. S.)	8 km Chss. b. Meinersen 12 km Chauss. 4 km Erdweg bis Celle 10 km Chaussee bis Celle	1,40		
435. Königl. Oberförsterei Gifhorn, Rgbz. Lüneburg. (Karte 33.)						
Gifhorn, Post und Kreis Gifhorn.	Gifhorn ist Eisenbahnstation der Strecke Braunschweig-Triangel, an der Braunschweig-Lüneburger Chaussee.	Grassel	4-6 km Chauss. b. Meine	1,50		
		Druffelb.	3-6 km Erdw. b. Roettgesbüttel	1,50		
		Isenbütt. (Eyßel)	3 km Erdw. b. Gifhorn	1,50		
		(Wohlenb. u. Neue Holz)	3—4 km Erdweg bis Leiferde	1,50		
		Dragen	1 km Erdw. b. Triangel	1,00		
		Ringelah	4 km Erdw. u. 4 km Chaussee bis Gifhorn	2,00		
436. Königl. Oberförsterei Peine, Rgbz. Hildesheim. (Karte 33.)						
Peine, Post und Kreis Peine.	Peine ist Bahnstation (Schnellzüge) zwischen Hannover und Braunschweig. Hannover in 35, Braunschweig in 25 Min. zu erreichen, Berlin in 4½ Std. Peine ist auch Station der Secundärbahn Peine-Gr. Jesede-Lengede.	Hämelerwald	Nahe bei Forstort Hämelerwald, 2—3 km Erdw. v. Walde, liegt die Haltest. Hämelerwald. — Hämelerw. gleichzeitig Endpunkt der Peiner Kreisbahn Hildesh.-Hämelerw.			

Flächengröße u. Charakter des Reviers. Vertheilg. der Hauptholzarten nach Zehnteln.	Beschaffenheit des Wegenetzes im Reviere und der sich daran schließenden Abfuhrstraßen, sowie der etwaigen Wassertransportwege. Adressen von größeren Fuhrunternehmern.	Jahresquantum der Haupt-Verkaufshölzer nach Holzarten und Sortimenten (unter Abrechnung des Lokalbedarfs).

430. Königl. Oberförsterei Sprakensehl,

5318 ha. — eben, ziemlich zusammenhgd.
Ki. 0,86
Ei. 0,07
Fi. 0,05
Bu. 0,02

Wege zur Chaussee gut fahrbar. Größte Entfernung aus den Schlägen bis zur Chaussee höchstens 3 km. — Fuhrunternehm. Schlimme u. Hanke in Unterlüß, Müller in Breitenhees, Heine in Sprakensehl, ferner Besitzer in Uelzen und Steinhorst.

Schbz. Steinhorst 400 fm Ki.-Grubh. 100 fm Fi.-Schleifh.
„ Lüsche 200 fm Ki.-Grubholz
„ Behren 400 „ „ „
100 fm Fi.-Schleifholz
„ Hagen 400 fm Ki.-Grubholz
} 3000 rm Na.-Reiser I. Cl. 800 „ „ Knüppelholz (beides Kohlholz)
„ Bokel 600 fm Ki.-Grubholz
50 fm Fi.-Schleifholz
„ Breitenhees 700 fm Ki.-Grubholz
50 fm Fi.-Schleifholz
} 200 fm Ei.-Starkholz
In einzelnen Jahren auch 200—300 fm Ei.-Grubenholz im Schutzbezirk Hagen.

431. Königl. Oberförsterei Fuhrberg,

4420 ha. — eben, parzellirt.
Ki. 0,8
Fi. 0,1
Ei. } 0,1
Bi.
Erl.

Innerhalb der Forstorte mehrfach Chauss. und viele Knüppeldammbahnen, außerhalb reiches Netz von Chausseen. Zum Verflößen die Aller mit Abl. bei Hambühren, Winsen, Südwinsen, Oldau. — Fuhrunternehmer Thieleking und Seehaus in Fuhrberg, Wiechmann in Mellendorf, Wesch in Celle.

Schbz. Wellmühle 500 fm Ki.- 50 fm Fi.-Stammholz 150 fm Ki.-Grubenholz
„ Fuhrberg I 700 fm Ki.-Stammh. 300 fm Ki.-Grubh.
„ Elze 200 fm Ki.- 100 fm Ei.- und Erl.-Stammholz 150 fm Ki.-Grubenholz.
„ Winsen 800 fm Ki.-Stammh. 300 fm Ki.-Grubholz.
„ Ovelgönne 800 „ „ „ 250 „ „ „
„ Fuhrberg II 100 „ „ 100 fm Ei.- und Bi.-Stammholz 150 fm Ki.-Grubenholz.

432. Königl. Oberförsterei Helmerkamp,

2097 ha. — eben, sehr parzellirt.
Ki. 0,6
Fi. 0,2
Ei. } 0,1
Bu.
Bi. } 0,1
Erl.

Innerhalb der Forstorte vielfach Knüppeldammbahnen, mit deren Ausbau sehr fortgeschritten wird; außerhalb genügend gute Chausseen. — Fuhruntern. Niemann in Celle (Neust.), Mesenbrink zu Celle, Harburgerstr.. Wesch zu Celle, Kirchstr. u. mehrere Bauern in Nienhof, Neuhaus, Helmerkamp, Langlingen, und Ahnsbeck.

Schbz. Hohne 150 fm Ki.-Grubholz 400 rm Fi.-Schleifholz 500 fm Erl.-Stamm- und Rollholz.
„ Langlingen 100 fm Ki.-Grubholz 200 rm Fi.-Schleifh. 250 fm Erl.-Stamm- und Rollholz.
„ Lachtehausen 200 fm Ki.-Grubholz 100 rm Fi.-Schleifh.
„ Celle 200 fm Ki.-Grubenholz.

433. Königl. Oberförsterei Knesebeck,

4877 ha. — eben, parzellirt.
Ki. 0,9
Fi. 0,1

Innerhalb des Reviers sehr viele gute Knüppeldämme, außerhalb viele Chausseen. — Fuhrleute in Knesebeck und Wahrenholz.

Schbz. Wahrenholz 200 fm Ki.-Grubh. 500 fm Na.-Stammh.
„ Malloh 500 „ „ „
„ Knesebeck 200 „ „ „ 500 „ „ „
„ Betzhorn 200 „ „ „
„ Emmen 150 „ „ „ 500 „ „ „
„ Wierstorf 250 „ „ „

434. Königl. Oberförsterei Uetze,

3225 ha. — eben, Beerb. Burgd. und Dachtn. trock. Sandboden. Die übrigen Schutzbezirke bruchig, vielfach naß.

Schutzbezirk Dachtnissen, Forstort Wienhäuser Sunder und Hassebruch von Chauss. durchschnitten resp. berührt. Im Uebrigen innerhalb des Reviers Erdwege. — Fuhrleute: Bauern in den umliegenden Ortschaften.

Schutzbezirk	Langnutzholz (fm)			Grbh. (fm)	Schichtntzh. (rm)		
	Esch.	Erl.	Ei.	Ki.	Esch.	Erl.	Ei.
Beerbusch				1300			
Burgdorferh.				500			
Dachtnissen				700			
Hänigsen	50	30	200		20		30
Eicklingen	30	100	100		10	100	20
Dannhorst		40	300	200		200	50

435. Königl. Oberförsterei Gifhorn,

2016 ha. — eben, sehr parzellirt.
Ki. 0,4
Ei. 0,3
Fi. 0,2
Bu. 0,1

Innerhalb der Forstorte z. Th. Chausseen, z. Th. gute Abfuhrwege. — Fuhrunternehmer Meyer in Kaestorf, Cordes in Gamsen, Haufränder in Gifhorn.

Schbz. Grassel 200 fm Ei.-Stammholz.
„ Druffelbeck 200 „ „ „ 500 fm Ki.-Grubholz
„ Isenbüttel 70 „ „ „ 100 „ „ „
„ Dallborf 450 „ „ „
„ Dragen 420 „ Ki.- „ 800 „ „ „
„ Ringelah 700 „ „ „

436. Königl. Oberförsterei Peine,

484 ha. — eben, sehr parzellirt.
Ei. 0,7
Bu. 0,1
Fi. 0,1
Ki. 0,1

Alle 4 fiskal. Forstorte nahe an Chausseen, 1—1,5 km, die reichlich und in guter Beschaffenheit vorhanden. — Fuhrunternehm. Meier in Mehrum, Kobbe in Hämelerwald, Wesche und Ebeling in Peine.

Schbz. Hämelerwald 200 fm Ei.-Stammholz 100 fm Ki.- und Fi.-Grubenholz.
„ Duttenstedt } kein Handelsholz.
„ Schmedenstedt

Oeffentliche Holzlicitationen finden statt in:	Unterkommen im Gasthofe f. Holzhändler, Forst-Assessoren u. Referendare in möglichster Nähe der Oberförsterei	Zustand des Oberförster-Dienstgebäudes	Wo Kirche? Wo Schule? In welcher Zeit zu erreichen?	Wo Arzt, wo Apotheke, wo Amtsgericht?	Nebenämter des Revierverwalt. Wenn ständiger Assistent vorhanden, wo wohnt derselbe?
Rgbz. Lüneburg. (Karte 33.)					
In Sprakensehl, bei Schmidt. In Steinhorst (12 km) bei Heine. In Breitenhees (8 km) bei Müller.	In Sprakensehl, bei Gastw. Schmidt. In Breitenhees, bei Müller. In Hankensbüttel, bei Schake.	Geräumiges, gutes Gebäude in Sprakensehl, 200 Einwohner, an der Chaussee. Nächste Stadt Uelzen, 8600 Einwohner, Kreisstadt, Garnison, 24 km. — Celle, 36 km, 19800 Einwohner.	Ev. Kirche u. Pfarre im Orte. Kathol. Kapelle in Uelzen, 24 km Chaussee. Schule im Orte selbst.	In Hankensbüttel, 9 km. Amtsgericht in Isenhagen, 11 km.	Staatsaufsicht über mehrere Genossenschaftsforst. — Wohnung für verheirath. Assess. nicht zu haben.
Rgbz. Lüneburg. (Karte 33.)					
In Fuhrberg, bei Rettig. In Burgwedel, bei Rust. In Mellendorf, bei Biester. In Elze, bei Hamme. In Hambühren, bei Rehwinkel.	In Fuhrberg, bei Gastwirth Rettig, dicht bei der Oberförst.	Alter Fachwerkbau, ziemlich Wohnraum bietend, am Ostrande von Fuhrberg (700 Einwohner). Nächste größere Stadt Celle, 19800 Einw., Chaussee nach dort führt an Oberförstereigehöft vorüber.	Ev. Kirche in Burgwedel (10 km Chss.) — Kath. Kirche in Celle, 18 km Chss., daselbst auch Gymnasium.	Arzt in Mellendorf, 8 km. 3 Aerzte, Apotheke und Amtsgericht in Burgwedel, 10 km.	Staatsaufsicht üb. 16 Interessentenforsten. — Wohnung für verheir. Assessor event. in Mellendorf (8 km) erhältlich.
Rgbz. Lüneburg. (Karte 33.)					
In Helmerkamp, Gastw. Mohwinkel. In Ummern, bei Krößmann. In Langlingen, bei Schöndube. In Lachtehausen, bei Deecke. In Celle-Neust. bei Kümmecke.	Am besten in Celle, Hotel Stadt Hannover, sonst in Hohne, 3 km, bei Krößmann od. Peters, in Ahnsbeck, 3 km, b. Meier od. i. Langlingen, 6 km, b. Schöndube.	Miethswohnung in der Kreisstadt Celle, 19800 Einw., Oberlandesgericht, Garnison.	In Celle.	In Celle.	Forstamtsanw. Staatsaufsicht über 17 Interessentenforsten.
Rgbz. Lüneburg. (Karte 33.)					
In Knesebeck, bei Gercke. In Wahrenholz, bei Matthies. In Bodenteich, b. Wesche. In Hankensbüttel bei Wesche.	In Knesebeck, Gasth. v. Gercke und Röver. In Wahrenholz, bei Matthies.	Altes, sehr geräumiges Wohnhaus mit genügenden Wirthschaftsgebäuden, ganz dicht am Ort Knesebeck, aber doch isolirt. — Braunschweig, 126000 Einwohner, in 2¼ Std. Bahnf. zu erreich.	Kirche und Schule in Knesebeck.	Arzt und Apotheke in Wittingen, ca. 5 km (Bahnverb.)	Staatsaufsicht über Interessentenforsten. Kreistagsmitglied.
Rgbz. Lüneburg. (Karte 33.)					
In Uetze, Gasth. zum dtsch. Kaiser. In Dollbergen, Gasth. Reutemann. In Burgdorf, bei Buchholz. In Päse, bei Wolff. In Bröckel, bei Borsum. In Eicklingen (Heering). In Wathlingen (Rieffenbg.)	In Uetze bei bescheidenen Ansprüchen in mehreren Gasth.	Oberförsterei im Dorfe Uetze. Altes, einstöckiges Wohnhaus, Nebengebäude ausreichend. Nächste Stadt Burgdorf, 15 km, 3800 Einwohner. Gute Verbindung mit Hannover über Dollbergen.	Ev. Kirche, Pfarre u. Elementarschule im Dorfe. Nächste höhere Schule in Celle, 24 km Chaussee; bequemer zu erreichen per Bahn Hannover und Hildesheim.	In Uetze. Amtsgericht in Burgdorf, 15 km.	Forstamtsanwalt bei den Amtsgerichten Burgdorf und Meinersen. — Gutsvorsteher.
Rgbz. Lüneburg. (Karte 33.)					
In Gifhorn, Rathskeller. In Grassel, bei Lüders. In Nordorf, bei Eickenroth. In Roettgesbüttel, bei Bosse.	In Gifhorn, Deutsches Haus, Rathskeller und Toettler's Hotel.	Neues Dienstgebäude zwischen Post und Bahnhof, an der Braunschweig-Lüneburger Chaussee in der Kreisstadt Gifhorn, 3600 Einw. — Braunschweig, 126000 Einw., in 1½stündiger Bahnfahrt zu erreichen.	Ev. Kirche u. Pfarre in Gifhorn.	In Gifhorn.	Staatsaufsicht über 17 Interessentenforsten. — Wohnung für verheir. Assessor in Gifhorn zu haben.
Rgbz. Hildesheim. (Karte 33.)					
In Hämelerwald, Gasth. Kaune. In Edemissen, Gasth. Ahrens. In Duttenstedt, Gasth. Feldmann.	In Peine. — Gute Gasthäuser in allen umliegenden Dörfern.	Neues Gehöft (1893 bezogen) in angenehmer Lage, 10 Minuten vom Bahnhof, dem Mittelpunkt der 15400 Einw. zählenden Stadt Peine, auf der Südseite der Stadt an der Chaussee nach Ilsede. — Hannover, 37 Minuten Bahnfahrt.	Ev. u. kath. Kirche, höhere Töchterschule und Realschule in Peine.	In Peine.	Verwalt. über 2500 ha Genossenschaftsforsten, die sich auf 70 Forstparzellen und 52 verschiedene Besitzer vertheilen.

Flächengröße u. Character des Revieres. Vertheilung der Hauptholzarten n. Zehnteln.	Beschaffenheit des Wegenetzes im Reviere und der sich daran schließenden Abfuhrstr., sowie der etwaigen Wassertransportwege. Adressen von größeren Fuhrunternehmern.	Jahresquantum der Haupt-Verkaufshölzer nach Holzarten und Sortimenten (unter Abrechnung des Lokalbedarfs).

437. Königl. Oberförsterei Bleckede,

2334 ha. — annähernd 50% eben, 50% hügelig. Ki. 0,69 Ei. 0,12 Bu. 0,11 Fi. 0,06 Bi. 0,02	Verschiedene Kreisstraßen: Bleckede-Dahlenburg, Barscamp-Bleckede-Lüneburg und Bleckede-Lauenburg schneiden die Waldwege bezw. berühren dieselben, auch sind einige öffentliche Wege ausgeb., so Bleckede-Breetze, Barscamp-Tosterglope-Vahrendorf. Im Allgemeinen gute Chausseen, Abfuhrwege im Walde nicht ausgebaut. Flößerei auf der Elbe. — Fuhrleute in Bleckede, und Meyer in Dahlenburg.	Schbz. Schieringen 100 fm Ei.- 300 fm Ki.-Grubh. 100 rm Bu.-Schichtnutzholz, 100 rm Fi.-Schleifholz. „ Bargmoor 800 fm Ki.-Grubenh. „ Bleckede 300 fm Ki.-Grubenh. 300 fm Ki.-Stamh. „ Garze 150 fm Ei.-Grubh. 200 fm Ei.-Stammh. 20 fm Esch.- und Erl.-Nutzholz.

438. Königl. Oberförsterei Karrenzien,

3841 ha. — zu 2/3 eben, zu 1/3 hügel., parzellirt. Ki. 0,6 Ei. 0,2 Bi. } 0,2 Erl. }	Wege im Revier zum Theil befestigt, außerhalb unbefestigt, sofern nicht Chaussee. Auf der Elbe Kahntransport, auf der Rägnitz (streckenweise Grenzfluß für das Revier) Flößerei für Langholz, und Kahntransport für Schichtholz. — Fuhrleute in Neuhaus, ferner in Zeetze und Caarßen.	Schbz. Falkenhof, „ Havekenburg } 150 fm Ki.-Stammh. 150 fm Ki.-Grubh. „ Stapel, „ Grünenjäger } 300 „ „ „ 350 „ „ „ 80 fm Ei.-Stmh. 150 fm Erl.-Stmh. u. Roll. „ Neuhaus, „ Bohldamm } 600 „ „ „ 100 „ „ „ „ „ 150 „ Ki.- „ 200 „ Ki.-Grubenholz 400 fm Ei.-Grubholz. Ganzes Revier: 150 fm Fi.-Schleifh. 50 fm Esch.-Stammholz, 100 fm Bi.-Stammholz und Rollen.

439. Königl. Oberförsterei Göhrde,

5353 ha. — eben bis wellig, gut zusammenhgd. Ki. 0,8 Ei. 0,1 Fi. } Bu. } 0,1 A.L. }	Wege im Revier, sowie Abfuhrstraßen sehr gut. — Fuhrunternehmer: Röhrs in Pommoißel bei Göhrde, Meyer in Dahlenburg, Beu in Neu-Darchau a/E., Meyer in Dahlem.	Schbz. Zienitz, „ Göhrde, „ Hohenfier, „ Röthen, „ Dübbekold } 5600 fm Ki.-Grbh. 1100 fm Ki.-Stammh. 400 „ Ei.-Stmh. 100 rm Ei.-Schichtnh. 20 „ Bu.- „ 60 „ Fi.- „ 1300 „ Ei.- 600 „ Bu.- 600 „ Na.- } Brennholz.

440. Königl. Oberförsterei Dannenberg,

3831 ha. — hügelig, parzellirt. Ki. 0,7 Ei. 0,3	Chausseen nach allen Schutzbezirken mit Ausnahme von Gohlau. Im Revier Sandwege, in Pretzetze Grandbahnen. — Fuhrunternehmer in Hitzacker und Dannenberg, sowie in verschiedenen Dörfern.	Schbz. Pretzetze 200 fm Ei.-Stammh. 200 fm Ei.-Grubenh. 200 fm Ki.-Stammh. 400 fm Ki.-Grubenh. „ Seybruch 25 fm Ei.-Stammh. 50 fm Ei.-Grubenh. „ Dragahn 800 fm Ki.-Grubenholz. „ Leitstade 700 fm Ki.-Grubenholz.

441. Königl. Oberförsterei Lüchow,

3289 ha. — viel Bruch, sehr parzell. Ki. 0,6 Ei. 0,2 Bi. } 0,2 Erl. }	Im Revier einzelne Chausseen u. Pflasterbahnen. Alle Reviertheile haben in 1 bis 6 km Entfernung Chausseen nach sämmtlichen Güterbahnhöfen und nach der Elbe. — Fuhrunternehmer: Mechow und Behrens in Lüchow, Leo in Dannenberg, Müller in Schmarsau, Kömecke in Lübbow, Bauern in Wustrow.	(siehe Tabelle)

Schutzbezirk	Stammholz (fm)				Grubh. (fm)		Schichtn. (fm)	
	Ei.	Ki.	Erl.	Bu.	Ei.	Na.	Erl.	Bi.
Schletau		300	50		50	550	50	30
Blütlingen	60				150			
Clenze	50			40				
Oerenburg			60		20	30	30	
Rehbeck	20	250			30	500	50	30
Dünsche			40		10	700	60	40
Siemen		250			10	500		

442. Königl. Oberförsterei Diesdorf,

2515 ha. — eben, sehr parzellirt. Ki. 0,8 Ei. 0,1 A. L. 0,1	Innerhalb der Reviere gut fahrbare Wege und Gestelle, außerhalb gute Chausseen. — Fuhrunternehmer in Diesdorf und Arendsee.	Schbz. Bier 350 fm Ki.-Grubenholz „ Diesdorf 150 „ „ „ Der Einschlag dient mit Ausnahme des Grubh. ausschließlich dem Lokalbedarf. Grubenholz wird im Wege der Submission verkauft.

443. Königl. Oberförsterei Clötze,

3285 ha. — meist eben, schwach hügelig; außer Forstort Fuhren alles zusammenh. Ki. 0,7 Ei. 0,2 Bu. 0,1	Im und dicht am Revier 7 gute Chausseen, außerhalb zahlreiche gute Kieswege. — Fuhrleute: Herrmann, Gille, Krüger in Clötze.	Schbz. Zartau 250 fm Ki.-Grubenh. „ Döllnitz 400 „ „ „ 50 fm Ei.-Grubenholz, „ Clötze 100 „ „ „ 50 „ „ „ 50 fm Ei.-Stammholz. „ Pansau 500 fm Ki.-Grubh. 40 fm Ei.-Grubh. 50 fm Bi.-Schichtnutzholz. „ Fuhren-Ziß 100 fm Ki.-Grubenholz.

Oeffentliche Holzlicitationen finden statt in:	Unterkommen im Gasthofe f. Holzhändler, Forst-Assessoren u. Referendare in möglichster Nähe der Oberförsterei	Zustand des Oberförsterdienst-Gebäudes	Wo Kirche? Wo Schule? In welcher Zeit zu erreichen?	Wo Arzt, wo Apotheke, wo Amtsgericht?	Nebenämter des Revierverwalt. — Wenn ständiger Assistent vorhanden, wo wohnt derselbe?
Rgbz. Lüneburg. (Karte 34.)					
In Bleckede, bei Rapp. In Barscamp, bei Diercks. In Tosterglope, bei Tiedemann. In Garze, bei Meyer. In Cartze, bei Meyer u. Mehrm.	In Bleckede, Hot. Hartmann (unmittelb. bei der Oberf.).	Die Oberförsterei liegt im Flecken Bleckede, 2100 Ew., altes Haus, früher Elbzollamtsgebäude; Wohnh. ziemlich viel Platz. Hofraum und Wirthschaftsgeb. beschränkt. Lüneburg (24700 Einw.) 2 Stunden Bahnfahrt.	Evg. Pfarre (Superintendentur) sowie 5 klassige Volksschule im Orte. Nächstes Gymn. in Lünebg., 23 km, Bahnverbind. oder 2¼ Stunde Wagenfahrt.	In Bleckede.	In Bleckede ist Wohn. für verh. Assessor meist zu finden.
Rgbz. Lüneburg. (Karte 34.)					
In Neuhaus, bei Gastw. Piehl. In Stapel, bei Gastw. Michels. Für Handelshölzer meistens in Neuhaus.	Mehrere Gasthöfe in Neuhaus a. E.	Im Flecken Neuhaus a. d. Elbe (1000 Einwohner) neues Oberförstergehöft 1899 erbaut.	Ev. Kirche u. Pfarre, Privatschule für Knaben u. Mädchen (Vorbereitung für höhere Schulen) in Neuhaus.	3 Aerzte, Apotheke u. Amtsgericht in Neuhaus.	Staatsauff. über 2 Genossenschaftsforsten. — Wohn. für verh. Aff. in Neuhaus erhältl.
Rgbz. Lüneburg. (Karte 34.)					
In Göhrde, Gasthof Steffens. In Hohenfier, Parkwärterei.	In Göhrde, Gasth. Steffens. Für Forstasseff. u. Referendare auch auf Förstereien pp. in Göhrde.	Wohnhaus u. Wirthschaftsgeb. nicht neu, aber bequem und sehr geräumig an der Chaussee Lüneburg-Dannenberg geleg.— Lüneburg in 45 Min. Bhnf. von Bahnhof Göhrde aus zu erreichen.	Ev. Kirche u. Pfarre im Dorfe Nahrendorf, 6 km. Volksschule in Pommoißel 3 km. Gymnaf. in Lüneburg, 32 km.	Arzt u. Apotheke in Dahlenbg., 11 km. Amtsgericht in Dannenberg, 16 km.	Staatsauff. über 2 kleine Genossenschaftsforsten und 2 Gemeindeforst. Gutsvorsteher. — Assist. z. Zt. vorh. Für. verh. Assess. Wohn. zu haben.
Rgbz. Lüneburg. (Karte 34.)					
In Dannenberg, bei Wilgers, Schulz, Stahlhut. In Gr. Gußborn, bei Stahlbock. In Seybruch, bei Schulz. In Witzetze, bei Daatsch.	In Dannenberg, Hotel Wilgers. In Gr. Gußborn bei Stahlbock.	Miethswohnung in Nebenstedt, zwischen Stadt u. Bhf. Dannenberg, Kreisstadt, (1850 Einw.). — Lüneburg, 24700 Einw., Regierungsitz, Landgericht, Garnison, 1 Std. Bahnfahrt.	Evang. Pfarre in Dannenberg. Höhere Schulen in Lüneburg, Bahnverbind.	In Dannenberg.	Forstamtsanw. Staatsauff. über Genossenschaftsforsten. Vertreter in Deich- u. Sielverbänden.
Rgbz. Lüneburg. (Karte 34.)					
In Lüchow Schützenhaus. In Tarmitz (1,8 km) bei Busse. In Siemen bei Harms. In Schletau bei Kater. In Wustrow bei Fricke. In Rehbeck (4 km) bei Schultze.	In Lüchow, im Flecken Wustrow u. in Bergen a. D. Bei gering. Anspr. in d. Dörfern Siemen bei Harms u. bei Hochstern u. in Schletau bei Kater.	Schönes Dienstgebäude vor 30 Jahren erbaut, aber nicht viel Platz bietend. Vor der Kreisstadt Lüchow, 2700 Einw., 300 m vom Bahnhof und unmittelbar am Dienstlande belegen. — Salzwedel, Kreisstadt, 10100 Einw., Garnison, in 45 Min. Bahnfahrt zu erreichen.	Ev. Kirche in Lüchow Kath. Gottesd. an einzelnen Tagen in Lüchow. Gymn. u. höhere Töchterschule in Salzwedel, Bahnverbindung.	3 Aerzte in Lüchow, ebenso Apotheke und Amtsger. mit 3 Richtern u. 2 Rechtsanwälten.	Staatsauff. über mehrere Genossenschaftsforsten.
Rgbz. Magdeburg. (Karte 34.)					
Holzverkäufe nur für den Lokalbedarf.	In Diesdorf, Gasth. v. Gensen oder Solbrig. In Seeben, bei Mehldau. In Arendsee, im Berliner Hof.	Sehr geräum. altes Gebäude am nördlichen Ausgange des Marktfleckens Diesdorf (1000 Einw.) an der Chaussee nach Dähre. Nächste Stadt Salzwedel (10100 Einw.) Garnison, 1½ Std. Bahnfahrt.	Ev. Kirche u. Pfarre im Dorfe. Gymn. in Salzwedel, Bahnverbindung.	2 Aerzte u. Apotheke im Orte. Amtsgericht in Salzwedel.	Amts- und Gutsvorsteher. Oberleitung des technischen Betriebes in der Salzwed. Stadtforst. — Event. Wohn. für verh. Aff. in Diesdorf zu haben.
Rgbz. Magdeburg. (Karte 34.)					
In Clötze, im Gsth. zum Goldenen Löwen.	In Clötze, Gasth. z. Gold. Löwen (Rasch) u. zum Eisernen Kreuz (Wehmann).	Gutes neueres Gebäude in der Stadt Clötze (3200 Einw.) nur 300 m vom Bahnhof entfernt. Wohnh. viel Platz bietend. Bureau im besonderen Gebäude auf dem Hofe. Wirthschaftsgeb. völlig ausreichend.	Ev. Kirche u. Pfarre sowie Privatschule (bis Obertertia) in Clötze. Kath. Kirche sowie Gymnaf. in Salzwedel, 1 Std. Bahnfahrt.	2 Aerzte, Apoth. und Amtsger. in Clötze.	Guts- u. Amtsvorsteher. — Für verh. Aff. Wohn. in Clötze erhältl.

Sitz der Oberförsterei nebst Poststation	Entfernung des Oberförstereisitzes von der nächsten Eisenbahnstation bezw. Haltestelle. Post- und regelmäßige Reiseverbindungen auf Landwegen.	Durchschnittliche Entfernungen und ungefähre Anfuhrkosten von den einzelnen Reviertheilen für Bahn- bezw. Wassertransport und zwar: Schutzbezirk	Entfernung bis Güterbahnhof	Anfuhrkosten pro fm M.	Entfernung bis Wasserablage	Anfuhrkosten pro fm M.

437. Königl. Oberförsterei Bleckede, Rgbz. Lüneburg. (Karte 34.)

Bleckede Post und Kreis Bleckede.	100 m bis Haltestelle „Markt Bleckede" der Kleinbahn Dahlenburg-Bleckede-Echem (Bleckeder Kreisbahn.) — 500 m bis Fährstelle u. Haltestelle der Personendampfer, welche, solange die Elbe eisfrei ist, tägl. einmal auf- und abwärts gehen (nach Dömitz und Hamburg).	Schiering. (Fahrenholz)	3 km Chaussee bis Tosterglope	1,00		
		Frst. Barenbeck	3 km Landw. desgl.	1,00		
		Forst. Schieringen	Bahnstat. im Walde	0,5-0,7	6 km b. Elbe (Darchau)	
		Schbz. Bargmoor	4 km Sdw. b. Nindorf	0,8-1	6-7 „ „ „ (Bleckede)	
		Schbz. Bleckede	3—7 km mst. Chss. bis Bleckede	0,8-1,2	4-5 „ „ „ „	
		Schb. Garze	3 km Chss. b. Garze	1,50		
			wie vor bis Cartze.	1,50		

438. Königl. Oberförsterei Karrenzien, Rgbz. Lüneburg. (Karte 34.)

Neuhaus a. d. Elbe, Post, Kreis Bleckede.	12 km Chaussee nach Bahnstation Brahlstorf, wohin täglich 3 mal Post; 21 km Chaussee nach Bahnstation Hitzacker, wohin 1 mal täglich Post.	Falkenhof	6—9 km bis Jessenitz oder Woosmer	1,50 b. 2,00	6-9 km b. Elbe (Biller)	1,50-2
		Havekenburg				
		Stapel			7 km b. Elbe (Darchau)	2,00
		Grünenjäger	9 km bis Jessenitz	3,00		
		Neuhaus	12 km b. Brahlstorf	3,00	7 km bis Elbe (Darchau)	1,50
		Bohldamm	10 km bis Brahlstorf	2,00		

(Alles für Grubh., für Stammh. die doppelten Anfuhrkosten).

439. Königl. Oberförsterei Göhrde, Rgbz. Lüneburg. (Karte 34.)

Göhrde, Post, Kreis Dannenberg.	4 km über Pommoissel nach Bhf. Göhrde (gute Chaussee), außerdem 3 mal täglich Personenpostwagen am Bhf. Göhrde (von u. nach Göhrde) zu den Zügen 7 Uhr V. nach Lüneburg, 10[30] V. von Lüneburg und 5 Uhr N. von Lüneburg. — 23 km gute Chaussee nach Bhf. Bevensen.	Ganzes Revier	Die Anfuhrkosten betragen seither etwa für 1 fm u. km 20 Pfg.			

440. Königl. Oberförsterei Dannenberg, Rgbz. Lüneburg. (Karte 34.)

Uebenstedt, (Vorort der Stadt Dannenberg), Post u. Kr. Dannenberg a/E.	10 Minuten Chaussee zur Station Dannenberg (Strecke Wittenberge-Lüneburg); Personenpost nach Lüchow, 18 km.	Pretzetze	11 km Chss. b. Dannenb.	2,00	3 km bis zur Elbe.	0,75
		Seybruch	3 km desgl.	1,00		
		Gohlau	15 km mst. Sdw. desgl.	3,50		
		Dragahn	10 km Chss. desgl.	2,00		
		Leitstade	10 km Chss. b. Hitzack.	2,00	6 km bis zur Elbe.	1,50

441. Königl. Oberförsterei Lüchow, Rgbz. Lüneburg. (Karte 34.)

Lüchow, Post und Kreis Lüchow.	300 m bis zur Station Lüchow der Salzwedel-Lüchower Eisenbahn.	Schletau	17 km mst. Chss. bis Lübbow	3,00		
		Blütlingen	3,5 km mst. Erdw. b. Wustrow	1,00		
		Clenze	6 km Chss. b. Bergen	1,80		
		Derenburg	7 km mst. Chss. bis Lüchow	1,80		
		Rehbeck	6 km Chss. desgl.	1,80		
		Dünsche	9 km mst. Chss. desgl.	2,70	12 km bis Elbe-Abl. (Pretzetze)	3,60
		Siemen	wie vor	2,70	wie vor	3,60

442. Königl. Oberförsterei Diesdorf, Rgbz. Magdeburg. (Karte 34.)

Diesdorf, Post, Kreis Salzwedel.	17,4 km Chaussee bis Bergen (Stendal-Uelzen). 16,8 km Chss. bis Beetzendorf (Oebisfelde-Salzwedel). 12 km Chss. b. Wittingen (Uelzen-Isenbüttel). Im Bau begriffen ist die Kleinbahn von Salzwedel nach Diesdorf. Mit dem Bau der Kleinbahn Beetzendorf-Diesdorf-Wittingen wird noch 1901 voraussichtlich begonnen.	Vier	2 km Erdw. bis Ladestelle Vier	0,50		
		Diesdorf	2 km Chss. b. Diesdorf	0,50		
		Seeben	8 km Chss. u. Ldw. bis Bergen / 10 km Chss. bis Salzwedel	1,00		
		Arendsee	3 km bef. Ldw. bis Arendsee	0,75		
		Ziessau	8 km Landw. desgl.	1,50		

443. Königl. Oberförsterei Clötze, Rgbz. Magdeburg. (Karte 34.)

Clötze, Post, Kreis Gardelegen.	Eisenbahnstation Clötze (Oebisfelde-Salzwedel) an den Oberförstereigarten fast angrenzend.	Sämmtliche Schutzbezirke liegen rund um die Stadt herum und bei allen beträgt die durchschnittliche Entfernung bis zur nächsten Eisenbahnstation Clötze etwa 5—6 km, wovon durschnittlich mindestens die Hälfte des zurückzulegenden Transportweges in Chauss. oder gut befestigt. Kiesw. besteht. — Ungefähre Anfuhrkosten: Ki.-Grubh. 1,20 Mk., Ei.-Grubh 1,65 Mk., Bi.-Schichth. 1,65 Mk., Ei.-Stammh. 2,50 Mk. pro fm.

Karte 34

Zeichen- und Farben-Erklärung.
Eisenbahn im Betriebe
Haltestelle nur für Personenverkehr
Bahnhof für Personen- und Güterverkehr
Eisenbahn im Bau begriffen
schiffbarer Kanal
Wasserablagestelle u. Ladeplatz
Wasserlauf
Chaussee
Chaussee im Bau begriffen
Landstraße bzw. befestigter Weg
Erdweg
Regierungsbezirks-Grenze
Maßstab 1:600000.
10 5 0 10 20 30 40 50 Kilometer
Försterei isolirt gelegen
Oberförsterei " "
Försterei in einer Ortschaft ge
Oberförsterei " "
isolirt geleg. Forstort bzw. Schutz ohne För
Oberförstereigrenze
(ganz ungefährer Verlauf)
Mecklenburg
Lauenbg.
Boitzenburg
Brahlstorf
Pritzier
Ludwigslu
Bleckede
Neuhaus
Bahldamm
Jessenitz
Bargmoor
Dahlenbg.
Göhrde
Woosmer
Dömitz
Bevensen
Dragahn
Dannenberg
Hohenzethen
Gohlau
Rehbeck
Lüchow
Wittenb
Uelzen
Klenze
Bergen
Seeben
Lübbow
Schletau
Ziessau
Wieren
Arendsee
Genzien
Salzwedel
Dähre
Diesdorf
Wittingen
Waddekath
Beetzendf.
Gansau
Immekath
Calbe
Bismark
Gr. Engersen
Kusey
Cunrau
Breitenfeld
Trippigleben
Gardelegen
Gifhorn
Buchhorst
Jsenbüttel
Solpke
Miesterhorst
Oebisfelde

Karte 33

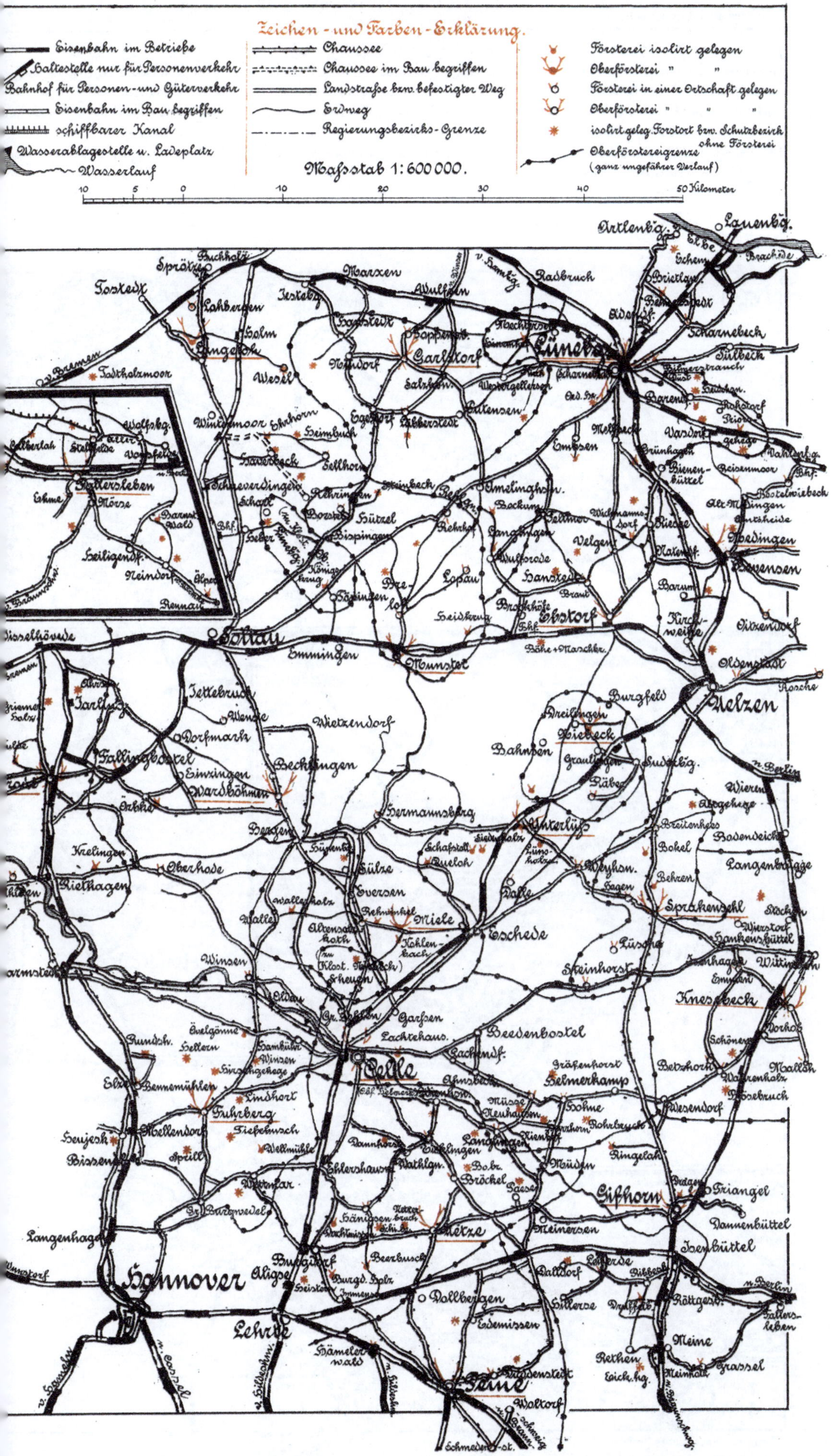
Zeichen- und Farben-Erklärung.
Eisenbahn im Betriebe
Haltestelle nur für Personenverkehr
Bahnhof für Personen- und Güterverkehr
Eisenbahn im Bau begriffen
schiffbarer Kanal
Wasserablagestelle u. Ladeplatz
Wasserlauf
Chaussee
Chaussee im Bau begriffen
Landstraße bzw. befestigter Weg
Erdweg
Regierungsbezirks-Grenze
Maßstab 1: 600 000.
Försterei isolirt gelegen
Oberförsterei " "
Försterei in einer Ortschaft gelegen
Oberförsterei " " "
isolirt geleg. Forstort bzw. Schutzbezirk ohne Försterei
Oberförstereigrenze (ganz ungefährer Verlauf)
10 5 0 10 20 30 40 50 Kilometer
Artlenbg.
Lauenbg.
Elbe
Tostedt
Buchholz
Marxen
Radbruch
Wulfsen
Lüneburg
Scharnebeck
Garlstorf
Lingelah
Wesel
Salzhausen
Bienenbüttel
Medingen
Bevensen
Soltau
Munster
Ebstorf
Uelzen
Schneverdingen
Bispingen
Wulfsode
Emmingen
Jarlingen
Dorfmark
Fallingbostel
Wardböhmen
Bechtlingen
Wietzendorf
Hermannsburg
Bergen
Unterlüß
Rietbagen
Oberhode
Eversen
Sülze
Miele
Eschede
Sprakensehl
Winsen
Steinhorst
Knesebeck
Wittingen
Celle
Beedenbostel
Belmerkamp
Fuhrberg
Mellendorf
Elze
Wesendorf
Gifhorn
Triangel
Dannenbüttel
Isenbüttel
Burgdorf
Hannover
Lehrte
Dollbergen
Edemissen
Meinersen
Peine
Wolkorf
Meine
Grassel
Langenhagen

Müller, Forstl. Adressbuch.

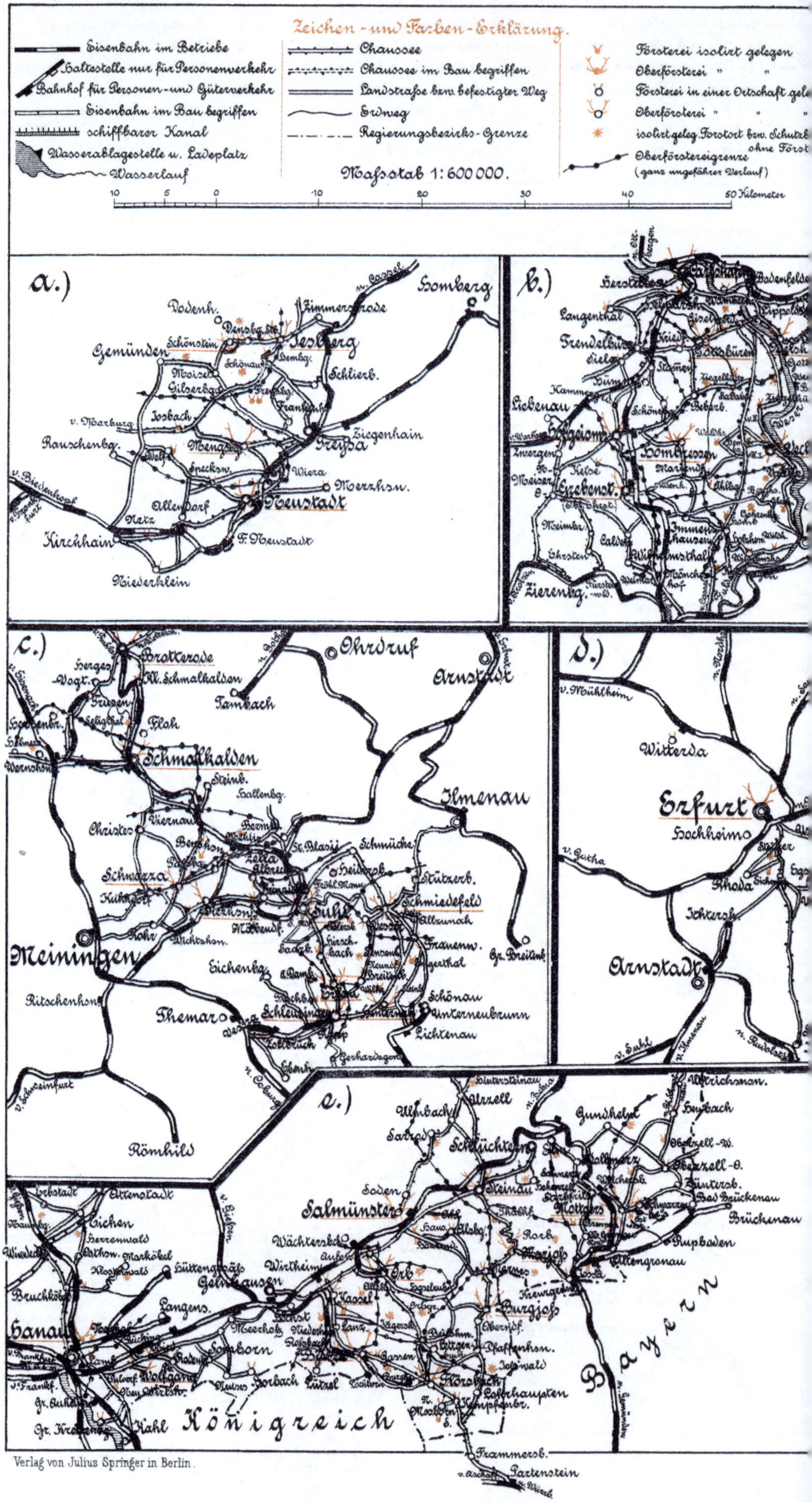

Verlag von Julius Springer in Berlin.

Karte 35

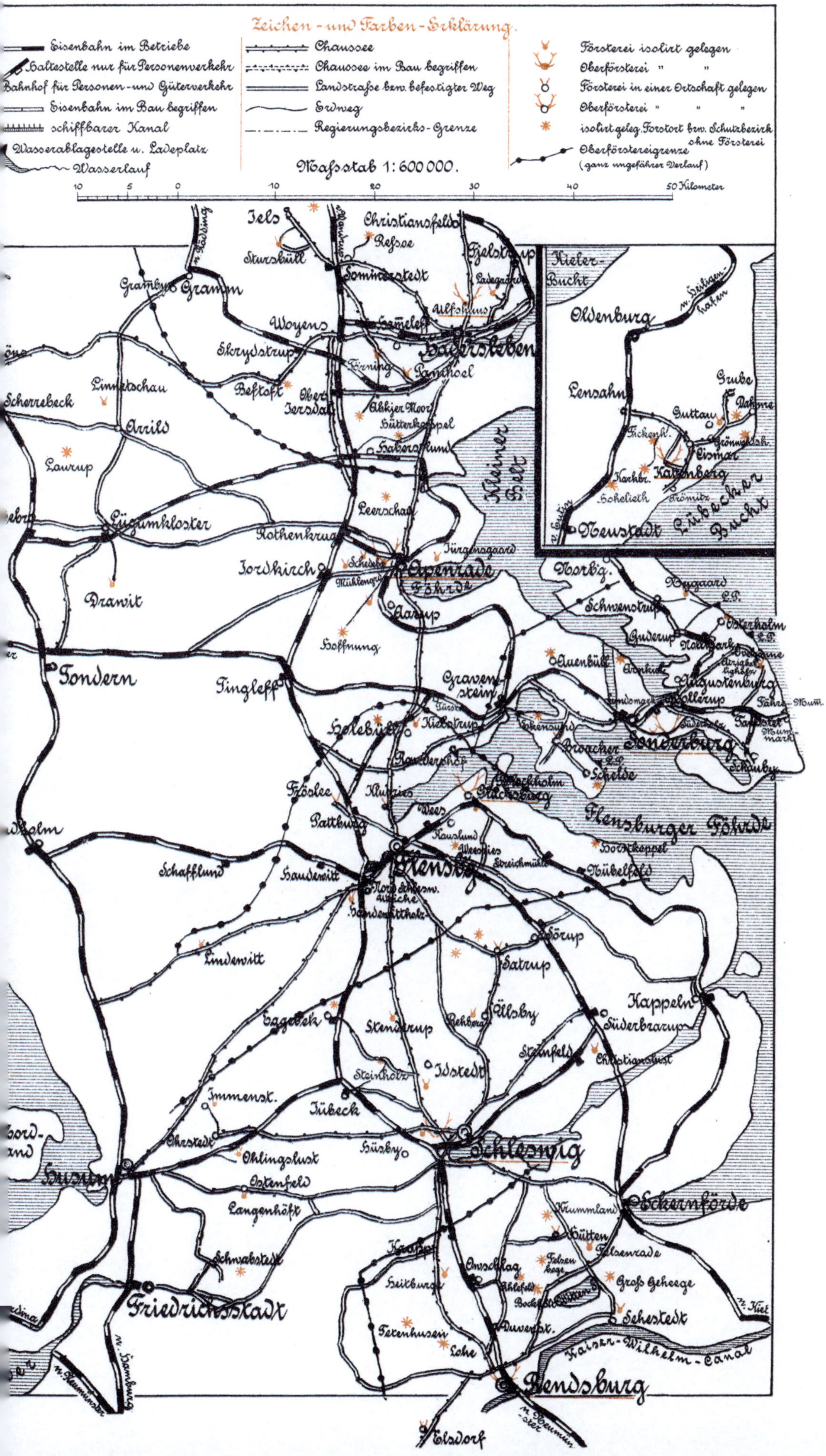

Zeichen- und Farben-Erklärung.
Eisenbahn im Betriebe
Haltestelle nur für Personenverkehr
Bahnhof für Personen- und Güterverkehr
Eisenbahn im Bau begriffen
schiffbarer Kanal
Wasserablagestelle u. Ladeplatz
Wasserlauf
Chaussee
Chaussee im Bau begriffen
Landstraße bzw. befestigter Weg
Erdweg
Regierungsbezirks-Grenze
Maßstab 1: 600000.
Försterei isolirt gelegen
Oberförsterei " "
Försterei in einer Ortschaft gelegen
Oberförsterei " " "
isolirt geleg. Forstort bzw. Schutzbezirk ohne Försterei
Oberförstereigrenze (ganz ungefährer Verlauf)
10 5 0 10 20 30 40 50 Kilometer
Christiansfeld
Tondern
Tingleff
Apenrade
Sonderburg
Flensburg
Flensburger Föhrde
Kleiner Belt
Kappeln
Schleswig
Eckernförde
Husum
Friedrichsstadt
Rendsburg
Kaiser-Wilhelm-Canal
Oldenburg
Lensahn
Neustadt
Lübecker Bucht
Kieler-Bucht

Sitz der Oberförsterei nebst Poststation	Entfernung des Oberförstereisitzes von der nächsten Eisenbahnstation bezw. Haltestelle. Post- und regelmäßige Reiseverbindungen auf Landwegen	Durchschnittliche Entfernungen und ungefähre Anfuhrkosten von den einzelnen Reviertheilen für Bahn- bezw. Wassertransport und zwar: Schutzbezirk	Entfernung bis Güterbahnhof	Anfuhrkosten pro fm M.	Entfernung bis Wasserablage	Anfuhrkosten pro fm M.
444. Königl. Oberförsterei Hadersleben, Rgbz. Schleswig. (Karte 35.)						
Ulfshuus, Post Hadersleben, Kreis Hadersleben.	2,5 km Chaussee bis Bahnstation Hadersleben, 2mal täglich Postverbindung nach dort.	Ladegaard	3—7 km Chauss. nach Hadersleben	4—6	3—7 km bis Hafen Hadersleben	4—6
		Pamhoel (Hütterkop.)	12 km dav. 8 Chss. bis Hadersleben; 7 km Ldw. b. desgl.	7,00	12 km desgl.	7,00
		(Pamhoel)	3 km befest. Weg bis Hammeleft	4,00	9 km desgl.	6,00
		Törning	4 km Ldw. dav. 2km Chaussee desgl. Dir. Ladeplatz der Kleinb. im Gehege.			
		Beftoft	4 km Landweg bis Ob.-Jersdal; 2,5 km Chauss. bis Skrydstrup			
		Sturssbüll (Reffoe)	4 km Ldw. b. Sommerstedt			
		(Sturssb.)	6 km Chaussee desgl.			
445. Königl. Oberförsterei Cismar, Rgbz. Schleswig. (Karte 35.)						
Kattenberg, Post Cismar, Kreis Oldenburg.	8 km meist Chaussee über Rüting nach Lensahn. Post 2mal täglich hin und zurück nach Cismar.	Kattenberg	8 km meist Chaussee bis Lensahn	5—6		
		Guttau	15 km desgl.			
446. Königl. Oberförsterei Apenrade, Rgbz. Schleswig. (Karte 35.)						
Apenrade, Post u. Eisenbahnstation, Kreis Apenrade.	1 km bis Bhf. Apenrade der Strecken Apenrade-Rothenkrug-Flensburg und Gravenstein-Apenrade-Lygumkloster. Dampfschiffverbindung nach Sonderburg.	Aarup	4 km Ldw. b. Apenrade	4,00	4 km bis Hafen Apenrade	4,00
		Hoffnung	3 „ „ „	4,00	3 „	
		Schedeberg	4 „ „ u. Chss. bis Apenrade	4,00	4 „	
		Jürgensgaard	3 km Landweg bis Apenrade	4,00		
		Dravit	6 km Ldw. b. Lygumkl.	6,00		
		Linnetschau	10 km Chaussee bis Gramby	6,00		
447. Königl. Oberförsterei Sonderburg, Rgbz. Schleswig. (Karte 35.)						
Süderholz, Post Sonderburg auf Alsen, Kreis Sonderburg.	4 km fester Landweg nach Sonderburg; 2,5 km fester Weg nach der Kleinbahnstation Sundsmark.	Schbz. Sundewitt				
		Fst. Schelde			1,5 km bis Schelder-Brücke	1,50
		„ Schottsb.-Kopph.			2,5 km bis Hafen Ekensund	3,00
		„ Auenbüll	2 km bis Auenbüll	2,00		
		Schbz. Süderholz				
		Fst. Süderh.			4 km b. Haf. Sonderbg.	3,00
		„ Arnkiel			6 „ desgl.	5,00
		Schbz. Övelgönne			pro fm bis an Bord des Schiffes	4,00
		„ Nygaard				
448. Königl. Oberförsterei Flensburg, Rgbz. Schleswig. (Karte 35.)						
Glücksburg, Post, Kreis Flensburg.	Glücksburg ist Station der Linie Flensburg-Köppel und liegt ca. 20 Minuten (Fußweg) von der Personendampfer-Verbindung Flensburg-Sonderburg. Die Dampfer fahren regelmäßig täglich während des ganzen Jahres.	Lindewitt	15 km Chss. b. Nordschleswig-W.	5,00	20 km bis Hafen Flensburg	6,00
			20 km Chss. b. Flensb.	6,00		
		Handewitt	3 km Landweg bis Nordschleswig	4,00	6 km desgl.	4,50
			6 km Chaussee bis Flensburg	4,50		
		Glücksbg.	nahe bei Bhf. Glücksb.	3,50	nahe bei Haf. Glücksb.	3,60
		Kluesries	6—7 km Chaussee bis Flensburg	4,50	6—7 km Chaussee bis Hafen Flensburg	
		Kielstrup	12 km desgl.	5,00	3 km b. Haf. Randersh.	2,50
449. Königl. Oberförsterei Schleswig, Rgbz. Schleswig. (Karte 35.)						
Schleswig, Flensburger Chaussee, Post und Kreis Schleswig.	1.5 km befestigter Weg bis Bhf. Friedrichsberg-Schleswig (Schnellzüge) und 1 km bis Bhf. Schleswig-Altstadt der Strecken Bamdrup-Hamburg und Kleinbahn Schleswig-Süderbrarup. — 2 km von der Dampferverb. Schleswig-Kappeln. Täglich Postverb. mit Satrup und Eckernförde.	Rehberg	16 km Chaussee bis Schleswig	8,00	16 km bis Hafen Schleswig	8,00
		Satrup	16 km bis Flensburg	8,00	16 km b. Hafen Flensb.	8,00
			6 „ „ Sörup	6,00		
		Stenderup (Gehege Steinholz)	5 km bis Jübek	6,00		
450. Königl. Oberförsterei Rendsburg, Rgbz. Schleswig. (Karte 35.)						
Rendsburg, Schleswiger Straße 888, Post und Kreis Rendsburg.	Rendsburg ist Bahnstation und hat Dampferhaltestelle am Kaiser Wilhelm-Kanal.	Elsdorf	8 km Chaussee bis Rendsburg	2,00	8 km bis Hafen Rendsburg	2,00
		Felsenrade	4 km Ldw. u. 9 km Chss. b. Eckernförde	2,00	13 km bis Hafen Eckernförde	2,00
			4 km Ldw. u. 16 km Chss. bis Rendsbg.	3,00	20 km bis Hafen Rendsburg	3,00
		Hütten	5 km Ldw. u. 12 km Chss. bis Rendsburg	2,50	17 km desgl.	3,50

Flächengröße u. Charakter des Reviers. — Vertheilg. der Haupt-holzarten nach Zehnteln.	Beschaffenheit des Wegenetzes im Reviere und der sich daran schließenden Abfuhrstraßen, sowie der etwaigen Wassertransportwege. Adressen von größeren Fuhrunternehmern.	Jahresquantum der Haupt-Verkaufshölzer nach Holzarten und Sortimenten (unter Abrechnung des Lokalbedarfs.)
		444. Königl. Oberförsterei Hadersleben,
1647 ha. — eben, sehr parzellirt. Bu. 0,5 Fi. 0,3 Erl. 0,1 Ei. 0,1	Innerh. der Forstorte gute, theilweise fest ausgebaute Wege, außerh. viele und gute Chausseen; von Hadersleben gute Bahnverbindung und Wasserverbindung mit der Ostsee. — Fuhruntern. Petersen, Kundsen und Gjortz in Hadersleben, Bauern in Ustrup, Skorby u. Törning.	Schbz. Törning 200 fm Bu.-Stammh. 300 rm Bu.-Scheith. „ Ladegaard 10 „ Ei.- „ 5 fm Esch.-Stammh. (GehegeOsterholz) „ Sturbüll 100 fm Fi.-Grubh. „ Pamhoel 50 „ „ „ (Gehege Hütterkoppel).
		445. Königl. Oberförsterei Cismar,
851 ha. — eben, sehr parzellirt. Bu. 0,6 Ei. 0,2 Erl. 0,1 Fi. 0,1	Innerh. der Forstorte vielfach gute Fahrwege, z. Th. mit Steinuntergrund und außerh. eine gute Chaussee. — Fuhruntern. Scharfenberg in Rothenhuse bei Cismar und Rebensee in Lensahn.	Schbz. Kattenberg 30 fm Ei.-Stämme 60 fm Bu.-Stämme 5 fm Hbu.-Stämme 70 rm Bu.-Nutzsch. 400 rm Bu.-Scheit. „ Guttau 40 fm Ei.-Stämme 60 fm Bu.-Stämme 10 fm Hbu.-Stämme 15 fm Esch.- u. Ahorn-Stämme 10 fm Erl.-Stämme 200 fm Fi.-Stämme 350 rm Bu.-Scheite 60 rm Bu.-Nutzsch.
		446. Königl. Oberförsterei Apenrade,
3579 ha. — hügelig, sehr parzellirt. Bu. 0,6 Fi. 0,3 Ei. 0,1	Innerh. der Forstorte ziemlich gute Kieswege u. außerh. feste, gut erhalt. Landw. Nur in Dravit Wege nicht gut. Holztransport von Apenrade mit der Eisenbahn nach allen Richtungen möglich, ebenso durch Schiffstransport zur See. — Fuhruntern. Brink, Thomsen, Rasmussen in Apenrade.	Schbz. Aarup 50 fm Ei.- 200 fm Bu.- 300 fm Erl.-Stammh. „ Hoffnung 30 „ „ 50 „ „ 30 „ Esch.- „ 20 rm Ei.-Nutzscheit. „ Schedeberg 20 fm Ei.- 150 fm Bu.-Stamh. 50 rm Bu.-Nutzsch. „ Jürgensgaard 20 fm Ei.- 50 fm Bu.- 30 fm Esch.-Sth. 30 rm Ei.-Nutzscheit. „ Dravit 50 fm Ei.- 20 fm Erl.-Nutzsch. 1000 Fi. Stg. I.—III. Cl. „ Linnetschau 150 fm Bu.-Stammh. 5000 „ „ I.—III. „
		447. Königl. Oberförsterei Sonderburg,
1784 ha. — z. Th. eben, z. Th. wellig, sehr parzell. Bu. 0,8 Ei. 0,1 Weich. } 0,1 Na. }	Innerh. vorwiegend, außerh. der Forstorte nur feste Wege; es kommt fast ausschl. der Schiffstransp. in Frage für die Schutzbez. Oevelgönne u. Nygaard Verladung a. d. offenen Ostküste von Alsen. — Fuhruntern. Rasmussen in Sonderburg, Bladt in Mummark, Thomas in Friedrichshof.	Schbz. Sundewitt 30 fm Ei.- 200 fm Bu.-Stammh. „ Süderholz 60 „ „ 300 „ „ „ 30 fm Esch. desgl. „ Oevelgönne 50 „ „ 300 „ „ „ 20 „ „ „ „ Nygaard 50 „ „ 500 „ „ „ 100 „ „ 30 fm Erl. Ahorn desgl.
		448. Königl. Oberförsterei Flensburg,
3395 ha. — zieml. eben, z. Th. etwas hügelig, parzellirt. Bu. 0,6 Na. 0,2 Wh. 0,1 Ei. 0,1	Innerh. der Schbz. gute Erdw. anschl. an die Chausseen. Schiffs- und Bahnstation mit fisk. Holzablageplätzen versehen. — Fuhruntern. Christiansen in Nordhackstedt bei Schafflund, Peter Jensen in Glücksburg u. Besitzer in Flensburg.	Schbz. Lindewitt 50 fm Fi.- u. Ki.-Stammh. 100 fm Fi.- u. Ki.-Stangen I.—III. „ Handewitt 150 fm Bu.- 50 fm Fi.-Stammh. 100 fm Fi.-Stangen 600 rm Bu.-Brennh. „ Glücksburg 20 fm Ei.- 300 fm Bu.-Stammh. 60 fm Esch.- u. Erl.-Stammh. 600 rm Bu.-Brennh. „ Klusries 20 fm Ei.- 200 fm Bu.- 10 fm Esch.-Stammh. 100 rm Bu.-Brennh. „ Kielstrup 10 fm Ei.- 20 fm Bu.-Stammh. 50 rm Bu.-Brh.
		449. Königl. Oberförsterei Schleswig,
2314 ha. — Im W eben, im O hügel.; sehr parzell. Bu. 0,7 Fi. 0,2 Ei. 0,1	In den Gehegen gute, z. Th. befestigte Fahrwege; Chausseen in nächster Nähe der meisten Gehege. — Fuhrunternehmer in Schleswig, Flensburg u. Jübek.	Schbz. Rehberg 500 fm Bu.-Stammh. } „ Satrup 400 „ „ „ } 150 fm Ei.-Starkh. „ Christiansluft 150 „ „ „ } „ Schleswig } „ Stenderup } 50 „ „ „
		450. Königl. Oberförsterei Rendsburg,
3959 ha. — eben, außer Schb. Hütten. Aeußerst parzellirt. Fi. 0,4 Bu. 0,4 Ki. 0,1 Ei. 0,1	Landwege meist sandig, aber in gut fahrbarem Zustande. Chausseen recht gut. — Fuhruntern. Thode, Wohlers u. Denker in Rendsburg.	Schbz. Elsdorf 100 fm geringes Ei.-Stammholz. „ Felsenrade 80 „ starkes Ei.- 200 fm starkes Bu.-Stmh. „ Hütten 100 „ „ „ „

Oeffentliche Holzlicitationen finden statt in:	Unterkommen im Gasthofe f. Holzhändler, Forstassessoren u. Referendare in möglichster Nähe der Oberförsterei	Zustand des Oberförsterdienst-Gebäudes	Wo Kirche? Wo Schule? In welcher Zeit zu erreichen?	Wo Arzt, wo Apotheke, wo Amtsgericht?	Nebenämter des Revierverwalt. — Wenn ständiger Assistent vorhanden, wo wohnt derselbe?
Rgbz. Schleswig. (Karte 35.)					
In Hadersleben, Gastw. Nis Juhl. In Sommerstedt, Gastw. Emmark.	In Hadersleben (2,5 km) Hoeppner's Hotel u. Central-Hotel.	Schönes, ziemlich neues, geräumiges Oberförstereidienstgebäude, dicht am Gehege Westerholz, mit genügenden Wirthschaftsgebäud. — 2,5 km bis Kreisstadt Hadersleben, 9200 Einwohner, Garnison.	Evg. Kirche in Hadersleben, Gymnasium daselbst.	In Hadersleben, 2,5 km.	
Rgbz. Schleswig. (Karte 35.)					
In Cismar, Hotel Rüder. In Grönwohldshoost, Gasth. zur Kroneneiche.	In Cismar, 2 km entfernt, Hotel Rüder.	Sehr unansehnliches altes Gebäude, 2 km südwestlich vom Dorfe Cismar an einem Nebenwege gelegen. Wohnhaus wenig Platz, Wirthschaftsgeb. etwas beschränkt. Nächste Stadt Oldenburg i/H., 15 km, Kreisstadt, 2500 Einwohner.	Ev. Kirche u. Pfarre in Grömitz, Gymnasium in Eutin, in 3/4 stündigem Landw. bis Lensahn und von da in 1½ stündiger Bahnf. erreichbar.	In Cismar, 2 km. Amtsgericht in Neustadt i/H.	Forstamtsanw.
Rgbz. Schleswig. (Karte 35.)					
In Apenrade, Gasthof Colosseum. In Lygumkloster, Central-Hotel (für den Schbz. Dravit). In Linnetschau, Linnetkrug.	In Apenrade gutes Unterkommen im Bahnhofshotel, 2 km.	Alte, wenig schöne Dienstwohnung, 1 km westlich von Apenrade, Kreisstadt, 6600 Einwohner.	Evang. Pfarre und Mittelschule in Apenrade. Gymnasium in Flensburg (1 Std. Bahnfahrt.)	In Apenrade.	Gutsvorsteher. Staatsaufsicht über Bondenholzungen im Kreise Apenrade.
Rgbz. Schleswig. (Karte 35.)					
In Sonderburg, Gasth. Colosseum.	In Cathrinenlund am Süderholz, 1,5 km entf. (bei besch. Anspr.), sonst in Sonderburg, 4 km.	Schönes neues Dienstgebäude am Landweg von Sonderburg nach Dorf Klinting (3/4 km). Wirthschaftsgebäude genügend. Nächste Stadt Sonderburg, Kreisstadt u. Garnison, 4 km, 5500 Einwohner.	Ev. Kirche u. Realprogymnasium in Sonderburg.	In Sonderburg, 4 km.	Staatsaufs. über Bondenholzung. Holzausweisung i. Pfarrholzungen. — Wohnung für verheir. Assess. in Sonderburg zu haben.
Rgbz. Schleswig. (Karte 35.)					
In Flensburg, Hot. Sanssouci, Gasth. zu Neuholzkrug. In Glücksburg, Hotel Glücksburger Hof. In Lindewitt, im Gasthaus. Ferner in Stat. Kausland und Streichmühle.	In Glücksburg, Hotel Glücksburg. Hof, Hot. Stadt Hamburg, Strandhotel. — In Flensburg, Bahnhofshotel, Centralhot., Hot. zum Kronprinz.	Altes, aber hinreichendes Gebäude in der Stadt Glücksburg (1000 Einwohner). Wirthschaftsgebäude, weil Dienstland verpachtet, nur die zur Pferdehaltung nöthigen Räume enthaltend. — 35 Min. Bahnfahrt bis Flensburg, 48 900 Einwohner, Landgericht, Garnison.	Ev. Kirche u. Schule in Glücksburg. Höh. Schulen in Flensburg (11 km); regelmäßige Eisenbahnverbindung mit passendem Frühzug.	2 Aerzte und Apotheke in Glücksburg. Amtsgericht in Flensburg.	Gutsvorsteher. — Geeignete Wohnung für verheiratheten Assessor zu haben.
Rgbz. Schleswig. (Karte 35.)					
In Schleswig, Gasth. Waldmühle. In Satrup, Pagels Gasthaus. In Uelsbyholz, Gasth. z. weißen Roß.	In Schleswig, Hotel Stadt Hamburg und Hotel Stadt Kiel (etwa 10 Minuten von Oberförsterei).	Aelteres einstöckiges Gebäude in reizender Lage in der Stadt Schleswig, aber beschränkte Wohn- und Wirthschaftsgeb. Schleswig, 17 900 Einw., Regierungssitz, Garnison.	In Schleswig.	In Schleswig.	Betriebsleit. einer prinzl. Forst. (nicht mit der Stelle verbunden). — Wohnung für verheiratheten Assess. zu haben.
Rgbz. Schleswig. (Karte 35.)					
In Elsdorf, bei Sievers. In Gr. Wittensee, bei Hagge. In Dannendorf, bei Hagge. In Hütten, bei Hagge. In Ascheffel, bei Marth. In Sehestedt, bei Paasch.	In Rendsburg, Hotel Green u. a.	Miethswohnung in der Kreisstadt Rendsburg, 14 700 Einwohner, Garnison.	In Rendsburg.	In Rendsburg.	

Flächengröße u. Charakter des Reviers. Vertheilg. der Hauptholzarten nach Zehnteln.	Beschaffenheit des Wegenetzes im Reviere und der sich daran schließenden Abfuhrstraßen, sowie der etwaigen Wassertransportwege. Adressen von größeren Fuhrunternehmern.	Jahresquantum der Haupt-Verkaufshölzer nach Holzarten und Sortimenten (unter Abrechnung des Lokalbedarfs).

451. Königl. Oberförsterei Densberg,

2391 ha. — gebirgig, zusammenhg.
Bu. 0,7
Fi. 0,2
Ei. 0,1

Innerhalb des Reviers meist Wege mit Steinbahn, außerhalb Chausseen und gut fahrbare Landstraßen. — Fuhrunternehmer: Jacob Schneider in Schönstein, Krähling in Densberg und mehrere Landwirthe in Jesberg.

Schbz. Hemberg 50 fm Ei.- 50 fm Bu.- 20 fm Hbu.-Stammh.
„ Steinboß 150 „ „ 250 „ „ Stammh.
„ Densberg 30 „ „ 20 „ „ „
„ Schönstein 50 „ „ 30 „ „ „ 20 fm Fi.-Stä. und Derbstangen.

452. Königl. Oberförsterei Jesberg,

2285 ha. — hügelig, 2 Complexe.
Bu. 0,5
Fi. 0,3
Ki. 0,2

Innerhalb der Forstorte meist Erdwege. Durch Schbz. Treysbach-Ost und Frankenhain chaussirte Waldstraße; durch Treysbach-West Landstraße, außerhalb gute Chausseen. — Fuhrunternehmer: Knauf in Sachsenhausen, Viehmeyer in Todenhausen, Krähling in Densberg.

Schbz. Frankenhain 90 fm Bu.- 40 fm Ei.-Stmh. 50 fm Ki.-Grbh.
„ Treysbach-W. 60 „ „ 5 „ „ „ 150 „ „ „
„ „ Ost 60 „ „ 15 „ „ „ 25 „ „ „
„ Jesberg 60 „ „ 30 „ „ „ 380 „ „ „

453. Königl. Oberförsterei Mengsberg,

2444 ha. — hügel., mäß. parzellirt; sehr parzell. nur Schbz. Wiera.
Ki. 0,5
Bu. 0,3
Fi. 0,1
Ei. 0,1

Innerhalb des Waldes gutes, zum Theil chaussirtes Wegenetz, außerhalb viele und gute Chausseen. — Fuhrunternehmer: Mann, Gieß und Zinser in Neustadt.

Schbz. Wiera 200 fm Ei.-Stammh.
„ Speckswinkel 400 „ Ki.-Bauh. 250 fm Ki.-Grubenh.
„ Wolferode 400 „ „ „ 250 „ „ „
„ Mengsberg 100 „ Bu.-Stammholz.
„ Josbach 100 „ Ki.-Grubenholz.

454. Königl. Oberförsterei Neustadt,

2764 ha. — eben.
Ei. 0,4
Bu. 0,2
Fi. 0,2
Ki. 0,2

Das Revier ist durch die Provinzialstraße Neustadt-Kirchhain und eine chaussirte Waldstraße, sowie durch mit Steinbahn versehene Nebenwege aufgeschlossen. Die Abfuhrverhältnisse sind im Ganzen günstig. — Fuhrleute: In Neustadt Mann, Gieß und Zinser, in Allendorf F. Sohn.

Schbz. Neustadt, „ Allendorf, „ Niederklein, „ Netz: 800 fm Ki.-Stammholz, 200 „ Fi.- „, 300 „ Ki.-Grubenholz, 1000 „ Ei.-Stammholz (darunter 250 fm bestes Schneideblochh. 500 fm Bauh. 250 fm Schwellh. 200 fm Ei.-Grubenh.

455. Königl. Oberförsterei Carlshafen,

2880 ha. — Nach d. Weser und Diemel steil abfall. Mst. Plateau. Schbz. Langenthal isol.
Bu. 0,5
Ei. 0,4
Fi. 0,2

Innerhalb der Forstorte außer Langenthal gute Chausseen und chaussirte Wege und Erdwege. Nach den Ortschaften Gieselwerder, Helmarshausen, Deisel, Langenthal, Gottsbüren, woselbst Fuhrleute, gute Chausseen.

Schbz. Gottsbüren 300 fm Bu.-Stammh. 100 fm Bu.-Rollen
„ Helmarshaus. 1000 „ Ei.- „ 300 „ „ Stammh.
„ Wambeck 4000 „ Bu. „ 2000 Fi.-Stangen
„ Carlshafen 400 „ Ei.- „ 50 fm Bu.-Stammh.
„ Langenthal 200 rm Bu.-Brennholz.

456. Königl. Oberförsterei Oedelsheim,

2240 ha. — zusammenh.
Bu. 0,6
Ei. 0,1
Ki., Lä. } 0,1
Fi., La. } 0,2

Das Revier liegt mit der Längsrichtung an der schiffbaren Weser mit Holzablagen. Innerhalb des Reviers sehr gutes Wegenetz, zu einem großen Theile versteint. Mehrere Basaltstraßen durchschneiden den Wald. — Fuhrleute hauptsächlich in Oedelsheim, Gottstreu u. Heisebeck.

Schbz. Heisebeck 300 fm Ei.-Stammh. 70 fm Ei.-Grubh.
„ Oedelsheim 200 „ „ „ 50 „ „ „ 200 fm Bu.-Stammholz
„ Arenborn 500 fm Ei.-Stammh. 100 fm Ei.-Grubenholz, 80 rm Ei.-Schichtnutzh. 200 fm Fi.-Stammh. 100 fm Bu.-Stammh. 1000 Stück Fi.-Derbstangen.
„ Lippoldsberg 200 fm Ei.-Stammh. 50 fm Ei.-Grubh. 600 fm Bu.-Stammh. 100 fm Fi.-Stammh. 150 fm Ki.- und Lä.-Stamm- und Grubenholz.

457. Königl. Oberförsterei Gottsbüren,

3150 ha. — gebirgig, 3 Schbz. um das Dorf Gottsbüren; Weißehütte u. Gieselwerder Weserhänge.
Bu. 0,6
Ei. 0,2
Fi. 0,2

Wegenetz im Ausbau. Hauptcomplexe durch chaussirte Waldstraßen und mehrere ausgebaute Straßen aufgeschlossen (darunter Landweg Gieselwerder-Gottsbüren-Trendelburg). In Ziegelhütte Landweg Sababurg-Hofgeismar. — Fuhrleute: Aßhauer, Bönning, Gottsbüren; Götte in Friedrichsfeld; Jouvenal u. Vole in Gottstreu, ferner in Trendelburg und Deisel. Warnecke in Gieselwerder.

Schutzbezirk	Stammholz (fm) Ei.	Stammholz (fm) Bu.	Stammholz (fm) Fi.	Schichtnutzh. (rm) Bu.	Schichtnutzh. (rm) Ei.	Brennholz (rm)	Derbstangen Fi.
Weißehütte		200		500		800	
Gieselwerder		90	220	400		700	700 St.
Gottsbüren	1150	180		200	150	200	
Sababurg	35	40	380	110	25	100	400 „
Ziegelhütte	300	60	30		300	100	300 „
Friedrichsfeld	100	60	40	40	140	150	50 „

Oeffentliche Holzlicitationen finden statt in:	Unterkommen im Gasthofe f. Holzhändler, Forstassessoren u. Referendare in möglichster Nähe der Oberförsterei	Zustand des Oberförster-Dienstgebäudes	Wo Kirche? Wo Schule? In welcher Zeit zu erreichen?	Wo Arzt, wo Apotheke, wo Amtsgericht?	Nebenämter des Revierverwalt. — Wenn ständiger Assistent vorhanden, wo wohnt derselbe?
Rgbz. Cassel. (Karte 36 a.)					
In Jesberg, bei Umbach. Nutzholzverkauf vor dem Einschlag in der Burg zu Treysa.	In Jesberg (bei bescheidenen Anspr.) Gastw. Umbach, 6 km.	Altes geräumiges Fachwerkgebäude, isolirt, 1 km südöstlich von Schönstein. Wirthschaftsgeb. alt. Nächste gr. Stdte. Cassel, 49 km und Marburg, 55 km.	Ev. Kirche u. Pfarre in Densberg 1,5 km. Dorfschule in Schönstein, 1 km. Kathol. Gottesd. in Fritzlar.	In Jesberg, 6 km.	Staatsauff. über 1475 ha Gemeinde- u. Interessentenforsten.
Rgbz. Cassel. (Karte 36 a.)					
In Jesberg, bei Umbach. In Treysa, Gasth. zur Burg.	In Jesberg bei Umbach. In Treysa, Gasth. z. Burg.	Neues einfaches einst. Backsteingeb. am südw. Ausg. von Jesberg (800 Einw.) a. d. alten Landstr. Cassel-Frankf. Wirthschaftsr. beschr. Nächste Stadt Treysa, 14 km, 2500 Einwohner.	Evang. Kirche und Pfarre im Flecken Jesberg.	In Jesberg.	Staatsauff. über 7 Interessentenforsten bezw. Gemeindeforsten, Forstamtsanwalt Gutsvorsteher.
Rgbz. Cassel. (Karte 36 a.)					
In Treysa, Gasth. zur Burg. In Katzbach, bei Immel. In Josbach, bei Kuche.	In Treysa, Gasth. z. Burg. In Neustadt, Gasth. v. Huber.	Geräum. aber leicht gebautes Dienstgeb. im Dorfe Mengsberg. Wirthschaftsgeb. genügend. Nächste Stdt. Treysa, 7 km (mit guten Bahnverbindungen, weil die meisten Schnellzüge halten). — Neustadt, 7 km, 2000 Einwohner.	Evang. Pfarre und Schule im Dorfe. Kathol. Pfarre und Schule in Homberg (2,5 km). Gymn. u. Oberrealschule in Marburg, wohin von Bahnhof Neustadt 1 Std. Bahnfahrt.	In Treysa, 7 km, oder in Neustadt, 7 km.	Staatsauff. über 14 Gemeinde- u. Genossenschaftswaldungen. — Wohnung für verheiratheten Assess. in Treysa oder Neustadt möglich.
Rgbz. Cassel. (Karte 36 a.)					
In Neustadt, Nutzholzverkäufe.	In Neustadt, Gasth. Huber, Deutsch. Haus u. Dreses. In Allendorf, Gsth. von Hisserich. Fuhrw. in Neustadt Huber u. Mann.	Neues Dienstgebäude 700 m vom Bahnhof Neustadt (2000 Einw.) an der Straße nach Treysa. — Marburg, 19500 Einw., Universität, Garnison, Landgericht, in 50 Min. Bahnfahrt zu erreichen.	Ev. Kirche u. Dorfschule in Neustadt. Kath. Pfarre, Kirche u. Schule in Neustadt.	2 Aerzte, Apotheke. Amtsger. in Neustadt.	Verwalter von 12 Gemeinde-Interessentenforsten u. Stiftungsforsten (zus. 1933 ha). Gutsvorsteher. Forstamtsanw.
Rgbz. Cassel. (Karte 36 b.)					
In Carlshafen im Lindenhof oder Felsenkeller.	In Carlshafen, Hotel Schwan u. Müller. In Helmarshausen bei Schindewolf. In Langenthal bei Überding.	Altes Gebäude in der Stadt Carlshafen a. W. 1800 Einwohner. — Münden, 9700 Einwohner, Kreisstadt, Forstakademie, Garnison, im Sommer per Dampfschiff in 3 Stunden zu erreichen. — Cassel, 2 Std. Bahnfahrt.	In Carlshafen.	In Carlshafen.	Forstamtsanwalt u. Verwalter der Stadtwaldung Helmarshausen u. Gemeindewaldg. Langenthal. — Wohn. für verh. Assess. in Carlshafen zu haben.
Rgbz. Cassel. (Karte 36 b.)					
In Oedelsheim. In Bodenfelde, Sollinger Hof.	In Oedelsheim, Gasth. von Gans und Fricke. In Bodenfelde, Sollinger Hof.	Neue gute Dienstwohnung am Ostausgange von Oedelsheim. Nächste Stadt Hann. Münden, 9700 Einwohner, 23 km. Dampferverbindung im Sommer.	Evang. Kirche und Pfarre, Dorfschule in Oedelsheim. Nächstes Gymn. in Münden, 23 km Chss.	Arzt in Oedelsh. Apotheke in Lippoldsberg, 7 km. Amtsgericht in Beckerhag., 13 km.	Gutsvorsteher. — Wohn. für verh. Assess. in Oedelsheim möglich.
Rgbz. Cassel. (Karte 36 b.)					
In Gottsbüren, bei C. Gerland. In Trendelburg, bei Baumann.	In Gottsbür. bei C. Gerland. In Trendelburg, Gasth. Baumann, 5,5 km v. d. Oberf.	Altes Gebäude am Landwege in Gottsbüren (1000 Ew.) Wohnhaus klein, Verbess. in Aussicht. Wirthschaftsr. gut. Nächste Stadt Trendelburg (795 Einw.), 5,5 km. — Kreisstadt Hofgeismar, 14 km, (4600 Einw.) — Carlshafen, 11 km (1800 Einw.).	Evang. Kirche und Schule in Gottsbüren. Realgymn. in Hofgeismar, in $1^1/_4$ Std. Landweg mit Wagen erreichb.	Arzt u. Apotheke in Trendelbg., 5,5 km. Amtsger. in Carlshafen u. Beckerhag.	Gutsvorsteher. — Wohn. für verh. Assess. in Gottsbüren od. Trendelburg möglich.

Sitz der Oberförsterei nebst Poststation	Entfernung des Oberförstereisitzes von der nächsten Eisenbahnstation bezw. Haltestelle. Post- und regelmäßige Reiseverbindungen auf Landwegen.	Durchschnittliche Entfernungen und ungefähre Anfuhrkosten von den einzelnen Reviertheilen für Bahn- bezw. Wassertransport, und zwar: Schutzbezirk	Entfernung bis Güterbahnhof	Anfuhrkosten pro fm M.	Entfernung bis Wasserablage	Anfuhrkosten pro fm M.

451. Königl. Oberförsterei Densberg, Rgbz. Cassel. (Karte 36 a.)

Schönstein, Post Jesberg, Kreis Ziegenhain.	14 km (davon 3 km Chauss. u. 11 km Landstraße) über Jesberg nach Bahnhof Zimmersrode (Main-Weserbahn). — 17 km (davon 8 km Chaussee) über Gilgersberg nach Treysa (Main-Weser-Bahn), Schnellzüge. Von Jesberg nach Zimmersrode hin und zurück täglich 2mal Postverbindung. — Von Gilgersberg nach Treysa u. zurück 1mal täglich Privatpost.	Hemberg	10 km Chaussee und Landstraße bis Zimmersrode	4—5		
		Steinboß	10 km desgl.	4—5		
		Densberg	13 „ „	4—5		
		Schönstein	15 „ „	4,5-5,5		

452. Königl. Oberförsterei Jesberg, Rgbz. Cassel. (Karte 36 a.)

Jesberg, Post, Kreis Fritzlar.	8 km nach Bhf. Zimmersrode (Main-Weser-Bahn). — 8 km nach Haltestelle Schlierbach. — 14 km über Hundshausen nach Treysa (Schnellz.) Postverbindung nach Zimmersrode 2mal täglich hin und zurück.	Frankenhain	5—6 km Chaussee bis Treysa	1,50		
		Treysbach-West	9—12 km desgl.	1,70		
		Treysbach-Ost	wie vor	1,70		
		Jesberg	4—9 km bis Zimmersrode	1,50		

453. Königl. Oberförsterei Mengsberg, Rgbz. Cassel. (Karte 36 a.)

Mengsberg, Post, Kreis Ziegenhain.	7 km nach Treysa (8 km nach Bhf. Treysa.) — 11 km nach Ziegenhain. — 7 km nach Neustadt. — 4,6 km nach Haltestelle Wiera.	Wiera	5—9 km mst. Chauss. bis Treysa u. Neustadt	für Ei. 3,50		
		Speckswinkel	ca. 10 km mst. Chss. bis Neustadt	für Na. 2,50		
		Wolferode	14 km mst. Chss. b. Neust. od. Kirchhain	für Na. 2,5—3		
		Mengsberg	11 km mst. Chss. b. Neust. oder Treysa	für Bu. 4—4,5		
		Josbach	15 km mst. Chaussee bis Kirchhain	für Na. 3,00		

454. Königl. Oberförsterei Neustadt, Rgbz. Cassel. (Karte 36 a.)

Neustadt, Post, Kreis Kirchhain.	Neustadt ist Station der Main-Weser-Bahn. — 9 km bis Treysa (Schnellz.)	Die Eisenbahn-Verladestellen sind Neustadt und Kirchhain, ziemlich gleich weit (3—9 km) von den Hiebsorten. Güterstelle in Allendorf wahrscheinlich, dann weit günstiger. Für Merzhausen nur Verladestelle Neustadt. — Anfuhrkosten: Stammh. 4,50; Grubh. Ei. 2,20; -Na. 1,20. — Na.-Stämme zu schälen pro fm 40 Pfg.				

455. Königl. Oberförsterei Carlshafen, Rgbz. Cassel. (Karte 36 b.)

Carlshafen, Post, Kreis Hofgeismar.	Carlshafen mit 2 Bahnhöfen links und rechts der Weser, hat Verbindung nach Cassel-Warburg über Hümme einerseits u. Ottbergen-Northeim anderseits. Dampfschifffahrt auf der Weser im Sommer täglich hin und zur. nach Hameln und Münden.	Gottsbüren	4 km meist Chaussee bis Helmarshausen			
		Helmarshausen	4 km meist Chaussee bis Carlshafen			
		Wambeck	6 km desgl.			
		Carlshaf.	2 km desgl.			
		Langenthal	6 km meist Chaussee bis Helmarshausen			

456. Königl. Oberförsterei Oedelsheim, Rgbz. Cassel. (Karte 36 b.)

Oedelsheim, Post, Kreis Hofgeismar.	8,5 km Chaussee (Fahrpost 2mal täglich) nach Bodenfelde (Ottbergen-Northeim); oder 17 km Chaussee nach Helmarshausen (Hümme-Carlshafen). — 6 km nach Station Vernewahlsh. (Ottbergen-Northeim); nur Personenverkehr. Unbequemer Landweg. — Im Sommer täglich Personen-Dampfschifffahrt auf der Weser.	Heisebeck	14 km Chaussee bis Uslar	3,00	3 km zu den beiden Holzabl. an der Weser	1,50
		Oedelsheim	13 km Chaussee bis Bodenfelde	3,50		
		Arenborn	9 km desgl.	3,00		
		Lippoldsberg	6 km desgl.	2,50		
		Für alle Schutzbez.	25 km Chaussee bis Hann. Münden	7,00		

457. Königl. Oberförsterei Gottsbüren, Rgbz. Cassel. (Karte 36 b.)

Gottsbüren, Post, Kreis Hofgeismar.	Bis Bahnh. Trendelburg, 5,5 km Landweg, Fahrpost von Trendelburg über Gottsbüren bis Gieselwerder 1mal täglich hin und zurück. — Ueber fahrb. Weserbrücke bei Gieselwerder bis Bahnst. Bodenfelde 8 km Landweg über Lippoldsberg. Im Sommer täglich Personendampfer auf der Weser stromauf bis Münden.	Weißehütte	8 km Chaussee bis Bodenfelde	3,00	3 km bis Weser-Abl. (Weißehütte)	2,00
		Gieselwerder	6 km desgl.	2,50	4 km Chss. desgl.	2,00
		Gottsbüren	7 km Chaussee bis Trendelburg	3,00		
		Sababurg	8 km meist Chaussee bis Trendelburg	3,50		
		Ziegelhütte	10 km desgl.	3,50		
		Friedrichsfeld	3 km meist Erdweg bis Trendelburg	2,50		

Sitz der Oberförsterei nebst Poststation.	Entfernung des Oberförstereisitzes von der nächsten Eisenbahnstation bezw. Haltestelle. Post- und regelmäßige Reiseverbindungen auf Landwegen.	Durchschnittliche Entfernungen und ungefähre Anfuhrkosten von den einzelnen Reviertheilen für Bahn- bezw. Wassertransport und zwar: Schutzbezirk	Entfernung bis Güterbahnhof	Anfuhrkosten pro fm M.	Entfernung bis Wasserablage	Anfuhrkosten pro fm M.
458. Königl. Oberförsterei Hofgeismar, Rgbz. Cassel. (Karte 36 b.)						
Hofgeismar, Post und Kreis Hofgeismar.	Bahnstation am Orte. — 2 malige tägl. Personenpost nach Hombressen und Nieder-Meiser.	Schönebg.	3—6 km Straße bis Hofgeismar	3,5-4		
		Hümme	3—7 km meist Straße bis Hümme	3,5-4,5		
		Stammen	3—7 km wie vor.	3,5-4,5		
		Kammergrund	3—6 km mst. Str. b. Hümme od. Hofgeism.	3,5-4		
		Sielen	3—6 km mst. Str. b. Hofgeismar od. Trendelburg	3,5-4		
459. Königl. Oberförsterei Hombressen, Rgbz. Cassel. (Karte 36 b.)						
Hombressen, Post, Kreis Hofgeism.	5 km Chaussee bis Bahnstation Hofgeismar. Privatpost von Hofgeismar nach Hombressen und zurück, tägl. Vorm. und Nachm. an Sonntagen nur 1 mal Vorm.	Mariendorf	9 km Chauss. 2 km Erdw. b. Hofgeismar	4		
		Hombressen	5,5 km Chss. 1,5 km Erdw. b. Hofgeismar	3		
		Waldhaus	8 km Chauss. 2 km Erdw. b. Hofgeismar	3,5		
		Beberbeck	5 km Chauss. 3 km Erdw. b. Hofgeismar	4		
		Sababurg	9 km Chauss. 3 km Erdw. b. Hofgeismar	4,5		
460. Königl. Oberförsterei Veckerhagen, Rgbz. Cassel. (Karte 36 b.)						
Veckerhagen, Post, Kreis Hofgeismar.	12 km Landw. über Vaake nach Münden. Privatpost 2 mal tägl. hin und zurück nach Münden. Im Sommer tägl. 1 mal Personendampfer auf der Weser zwischen Münden u. Carlshafen hin und zurück.	Vaake, Veckerhagen I, Veckerhagen II, Hemelberg, Ziegelhütte	12—18 km auf festen Wegen nach Bahnh. Münden	3—5	2—6 km auf festen Wegen zu den Ablagestellen an der Weser	2
		Weißehütte	8—12 km fest. Weg bis Bodenfelde	3—4		
461. Königl. Oberförsterei Ehrsten, Rgbz. Cassel. (Karte 36 b.)						
Grebenstein, Post, Kreis Hofgeismar.	Grebenstein ist Eisenbahnstation.	Wilhelmsthal	2 km Chauss. bis Mönchehof 10 km Chss. b. Cassel			
		Ehrsten	2 km Erdw. 3 km Chss. bis Fürstenwald			
		Kelze	2—3 km Erdw. 4 km Chss. bis Grebenstein u. Hofgeismar			
462. Königl. Oberförsterei Gahrenberg, Rgbz. Cassel. (Karte 36 b.)						
Hann. Münden, Post und Kreis Münden.	1,2 km Chauss. bis Bhf. Münden, Station der Halle-Casseler u. der Hannover-Casseler Eisenbahn.	Knickhagen	10 km Chss. b. Cassel 12 „ „ b. Münden	3,0b. 4,0		
		Wildhaus	4 km Chss. b. „	1,5		
		Wilhelmshausen	9 „ „ „ „	2,75	S.-Theil 3—4 km bis zur Fulda	1
		Glashütte	6 „ mst. bef. Weg b. Münden	2	2—4 km bis Weserabl. (Hilwartsh.)	1
		Holzhaus.	10 km mst. Chss. bis Münden	3		
		Gahrenberg	12 km bef. Weg b. Münden 12 km Chss. b. Immenh.	4,0		
		Ahlberg	12 km bis Münden 6 km Ew. b. Immenh.	4,0 2		
		Vaake	11 km th. Erdw. bis Münden	4,0	4 km mst. bef. Weg b. Weserabl. (Vaake).	1,5
		Hombergsberg	7 km b. Immenhausen.	2,5		
463. Königl. Oberförsterei Brotterode, Rgbz. Cassel. (Karte 36 c.)						
Brotterode, Post, Kreis Schmalkalden.	Brotterode ist Endstation der Bahn von Wernshausen (Werrabahn) über Schmalkalden nach Brotterode. — Bis Herges-Vogtei u. weit. b. Wernshausen (Werrab.) chauss. Straße. — Desgl. über Kleinschm. nach Wernshausen.	Die Verwerthung der Hölzer liegt lediglich den Gemeinden u. Vorständen, niemals dem Revierverwalter, ob. (Die Oberförsterei ist zwar Königlich, doch besteht dieselbe ausschließlich aus Gemeinde- u. Genossenschaftsforsten.)				
464. Königl. Oberförsterei Schmalkalden, Rgbz. Cassel. (Karte 36 c.)						
Schmalkalden, Post, Schloß Wilhelmsburg, Kreis Schmalkald.	Schmalkalden hat 3 Bahnhöfe. (Hauptbahnhof Stillerthor, Reihersthor) jeder etwa 1,5 km von Oberf. entfernt.	Herrenbreitungen 2—4 km Chaussee bis Bahnhof Wernshausen 2,5 Mk. (Der Schutzbez. Herrenbreitungen liegt im Herzogthum Sachsen-Meiningen.)				

Flächengröße u. Charakter des Reviers. Vertheilg. der Hauptholzarten nach Zehnteln.	Beschaffenheit des Wegenetzes im Reviere und der sich daran schließenden Abfuhrstraßen, sowie der etwaigen Wassertransportwege. Adressen von größeren Fuhrunternehmern.	Jahresquantum der Haupt-Verkaufshölzer nach Holzarten und Sortimenten (unter Abrechnung des Lokalbedarfs.)

458. Königl. Oberförsterei Hofgeismar,

2484 ha. — meist eben; Schbz. Kammergrund u. Sielen bergig und isolirt. Bu. 0,6 Ei. 0,2 Fi. 0,2

Gute Erdwege und 20 km Forststraßen. — Fuhrleute: Uffelmann, Köhler, Herbald in Hümme, Dreyer in Stammen.

Schutzbezirk	Stammholz (fm) Ei.	Bu.	Fi.	Schichtn. (fm) Ei.	Bu.	Derbstg. Ei.
Schöneberg	400	70	400	40	140	520 St.
Hümme	350	150	200	60	80	2500 „
Stammen	290	200		10	100	
Kammergrund		50			50	
Sielen		20			40	

459. Königl. Oberförsterei Hombressen,

3922 ha. — W.hang von 3 Thälern durchschnitt. zusammenh. Ei. 0,39 Fi. 0,33 Bu. 0,24 Bi. 0,04

Revier vielfach von guten Straßen im Anschluß an die nach den umliegenden Ortschaften führenden Chausseen durchzogen, und der Anschluß an dieselben aus den Forstorten auf zum Theil als Erdwege ausgebaute Distriktsschneißen und Schlagwegen vermittelt. — Fuhrleute: Bauern in Hombressen und Udenhausen.

Schbz. Mariendorf 30 fm Ei.- 50 fm Bu.-Stammh. 50 rm Bu.-Rollh. 300 rm Bu.-Brennh.
„ Hombressen 150 fm Ei.- 500 fm Fi.-Stammh. 50 rm Ei.-Grubenholz.
„ Waldhaus 150 fm Bu.-Stammh. 150 rm Bu.-Rollholz, 1000 rm Bu.-Brennholz.
„ Beberbeck 150 fm Ei.- 50 fm Bi.-Stammh. 30 rm Ei.-Grubh. 100 rm Bi.-Rollh.
„ Sababurg 500 fm Ei.- 100 fm Bi.-Stammh. 250 rm Bi.-Rollholz.

460. Königl. Oberförsterei Veckerhagen,

3651 ha. — bergig, zusammenhgd. Bu. 0,77 Fi. 0,23

Wegenetz gut ausgebaut. Durch das Revier ziehen sich 7 feste Holzabfuhrwege. Die Casseler und Sababurger Straße begrenzen das Revier im W.; im Weserthale die Straße von Münden-Carlshafen. Die Weser im O. z. Th. direct am Revier, z. Th. 1 bis 2 km davon entfernt. — Fuhrleute in Münden, Vaake, Veckerhagen.

Schbz. Vaake 1000 fm Bu.-Stmh. 1000 rm Bu.-Schichtnh.
„ Veckerhagen I 100 „ „ „ 300 „ „ „
„ Hemelberg 250 „ Fi.- „ 380 „ Fi.- „
96 rm A. L.-Schichtnutzh. 180 rm Bu.-Schichtnutzh.
„ Ziegelhütte 250 fm Bu.-Stammh. 800 fm Bu.-Schichtnh.
„ Weißehütte 150 „ „ „ 1200 „ „ „

461. Königl. Oberförsterei Ehrsten,

923 ha. — hügelig, gebirgig, parzellirt. Bu. 0,8 Ei. 0,1 Fi. Ki. 0,1

Wegenetz — Erdwege — innerhalb des Reviers ist ausgebaut. Außerhalb zahlreiche gute Chausseen. — Fuhrwerk in Mönchehof, Ehrsten und Fürstenwalde.

Schbz. Wilhelmsthal 70 fm Ei.-Stammh. 30 rm Hbu.-Schichtnutzholz, 5 fm Erl.-Stammholz.
„ Ehrsten 30 fm Ei.-Stammh. 40 fm Bu.-Stammh. 20 rm Bu.-Schichtnutzh., 500 rm Bu.-Brennh. 60 rm Na.-Brennh.
„ Kelze 10 fm Ei.-Stammh.

462. Königl. Oberförsterei Gahrenberg,

4656 ha. — gebirgig, zusammenh. Bu. 0,6 Fi. 0,3 Ei. 0,1 Bi. Ki.

Vorzügliches Wegenetz, im Erdbau meist ausgebaut; 3 gute chaussirte Straßen im Revier, und befestigte Landwege überall an den Thalrändern. Fiskalische Weserablage in Vaake und 1 Weserablage bei Hilwartshausen. Für Transport nach Cassel bequeme Schiffsverladung an mehreren Stellen der das Revier im S. begrenzenden Fulda. — Fuhrunternehmer: Dörnte und Knüppel in Münden, Heise und Paul in Veckerhagen, Bauern in Gottstreu, Vaake, Wilhelmshausen und Holzhausen.

Schutzbezirk	Stammholz (fm) Ei.	Bu.	Fi.	Bi.	Nutzscheit (rm) Ei.	Bu.	Fi.	Bi.	Brennholz Bu.
Knickhagen	100	100			50	100			
Wildhaus		600				200			2000 rm
Glashütte		900	200	50		700	100	50	1500 „
Wilhelmshaus.		600	200			500			1000 „
Holzhausen		350				400			500 „
Gahrenberg		200	200			500			500 „
Vaake		700	100			400	50		500 „
Ahlberg	50				50				
Hombergsberg	200	200			500	500			200 „

463. Königl. Oberförsterei Brotterode,

3057 ha. — gebirgig.

Wegenetz noch nicht vorhanden. Die im Walde vorhandenen Erdwege schließen meist an Feldwege und durch dieselben an die Chausseen an.

Schbz. Brotterode I u. II 100 fm Bu.-Stammh. 300 fm Bu.-Scheite 200 rm Fi.-Knüppel.
„ Kleinschmalkalden I u. II 1500 fm Fi.-Stammh.
„ Floh 150 fm Fi.-Stammh.

464. Königl. Oberförsterei Schmalkalden,

384 ha. — gebirgig. Ki. 1,0

Wegenetz bald ganz ausgebaut, außerhalb des Reviers gute Fahrstraßen. — Fuhrleute sind Bauern in Helmers und Wernshausen.

Schbz. Herrenbreitungen 300 fm Ki.-Stamm- und Grubenholz.

Oeffentliche Holzlicitationen finden statt in	Unterkommen im Gasthofe f. Holzhändler, Forstassessoren u. Referendare in möglichster Nähe der Oberförsterei	Zustand des Oberförsterdienst-Gebäudes	Wo Kirche, wo Schule? In welcher Zeit zu erreichen?	Wo Arzt, wo Apotheke, wo Amtsgericht?	Nebenämter des Revierverwalt. Wenn ständiger Assistent vorhanden, wo wohnt derselbe?
Rgbz. Cassel. (Karte 36 b.)					
In Hofgeismar, Hessischer Hof. In Hümme, Gasth. Gaide.	In Hofgeismar, Hessischer Hof.	Dienstwohnung (altes geräum. Haus) am Ahlstädter Kirchplatz in der Kreisstadt Hofgeismar, 4600 Einwohner, Garnison.	Kirche, Schule, Progymnas. am Orte.	In Hofgeismar.	Verwalter des Brunnen-Parkes u. der v. Spiegelschen Fideicomm.-Waldg. bei Bühne, Kreis Warburg.
Rgbz. Cassel. (Karte 36 b.)					
In Udenhausen, bei Gastw. Sommer. In Hombressen, abwechs. bei Gastw. Böttger, Wilnand, Kinkel.	In Hombressen, (bei besch. Anspr.) bei Gastw. Böttger u. Heller. In Udenhausen, bei Gastwirth Sommer.	Neue Dienstwohn. mit Wirthschaftsgeb. am südl. Ausgang des Dorfes Hombressen (1200 Einw.) an der Straße nach Carlsdorf bezw. Hofgeismar. Nächste Stadt Hofgeismar (4600 Einwohner) 5 km.	Ev. Kirche u. Pfarre in Hombressen. Progymn. in Hofgeismar, 5 km.	In Hofgeismar.	
Rgbz. Cassel. (Karte 36 b.)					
In Veckerhagen, Gasth. Brauhaus, Ost, Wörmann, Küch, Seidler.	In Veckerhg., Brauhaus von Wwe. Schoppe, bei Ost, bei Wörmann.	Aelteres Dienstgeb. am westl. Ausg. des Fleckens Veckerhagen (1600 Einw.). Mittleren Ansprüchen genügend. — Nächste Stadt Münden, 12 km, 9700 Einw., Kreisst., Forstakademie, Garnison.	Evang. Kirche am Orte. Gymnas. in Münden, 12 km.	Am Orte.	Wohn. für verh. Ass. im Orte zu haben.
Rgbz. Cassel. (Karte 36 b.)					
In Mönchehof, bei Ost. In Grebenstein, Reichskanzler. In Meimbressen, bei Heise.	Bei beschd. Anspr. in Grebenst. f. Forstass. u. Referendare. — Für Holzhändler in Cassel, von wo nach Mönchehof, Fürstenw., Grebenstein die Bahn zu benutzen ist.	Schönes geräumiges älteres Dienstgebäude in der Stadt Grebenstein (2100 Einw.). — Kreisstadt Hofgeismar, 4600 Einw., Garnison, 10 Min. und Cassel 106 000 Einw., 36 Min. Bahnfahrt.	Evg. Kirche, Pfarre und Volksschule in der Stadt. Gymn. in Hofgeismar und Cassel. Mit beiden Bahnverbindg. aber kein pass. Frühzug.	In Grebenstein.	Staatsauff. über 20 Gemeinde- u. Interessentenforsten.
Rgbz. Cassel. (Karte 36 b.)					
In Münden, Hot. z. Krone (Bartel). In Wilhelmshausen, Gasthof Schoppe. In Holzhausen, Gasthof Schade.	In Münden, Hotel Zwicker, Hotel Bartel, Hotel Jung. In Holzhaus., 10 km, Gasthof Schade (für ger. Ansprüche).	Sehr schönes 1894 erbautes Dienstgeb. in Altmünden a. d. chauss. Landw. Münden-Veckerhagen, 1,5 km vom Bhf. Hann. Münden gelegen, sehr viel Platz bietend. Münden ist Kreisstadt (9700 Einw.) hat Kgl. Preuß. Forstakademie u. Garnison.	3 evang. bezw. ref. Kirchen und 1 kath. Kirche sowie Gymn. in Münden. Tägl. Schulbesuch von der Oberförst. aus in 15 Minuten.	In Münden.	Der Revierverw. ist zugl. Docent a. der Forstakademie. — z. Zt. verheir. Assistent hat Miethswohn. in Münden.
Rgbz. Cassel. (Karte 36 c.)					
Kein bestimmter Verkaufsort. Die Ortsvorstände wechseln mit den Lokalen, wo das Holz versteigert wird.	Gute Gasthöfe in Brotterode u. Kleinschmalkalden.	Miethswohnung in Brotterode. — Kreisst. Schmalkalden, 8700 Einw., in 1 Stunde Bahnf. zu erreichen.	In Brotterode Kirche u. Volksschule. Realschule in Schmalkald., Bahnverbindung.	Aerzte, Apotheke. Amtsgericht in Brotterode.	Verwalter von nur Gemeindeforsten ist Hauptamt. Amtsanwalt.
Rgbz. Cassel. (Karte 36 c.)					
In Herrenbreitungen, Gastw. von Schirmer.	In Schmalkalden, Gsth. Adler, Deutsch. Haus, Krone u. s. w.	Altes Schloß, dessen SO.-Flügel zur Oberförsterei ausgebaut ist; auf dem zwischen der Schmalkalde u. Stille auslauf. Abhang am Ostrande der Stadt, diese überragend, geleg. Wirthschaftsräume beschränkt. Schmalkald., Kreisst., 8700 E.	3 evang. Kirchen, 1 kath. Kapelle, Realschule mit Berecht. zum 1 jähr. Dienst, (bis Quarta Gymn. Parallelkl.). Privattöchterschule in Schmalkalden.	5 Aerzte, 3 Apotheken, Amtsgericht in Schmalkalden.	Auff. über einen Genossenschafts-Wald im Rgbz. Erfurt.

Flächengröße u. Character d. Reviers. — Vertheilung der Hauptholzarten nach Zehnteln.	Beschaffenheit des Wegenetzes im Reviere und der sich daran schließenden Abfuhrstraßen, sowie der etwaigen Wassertransportwege. Adressen von größeren Fuhrunternehmern.	Jahresquantum der Haupt-Verkaufshölzer nach Holzarten und Sortimenten (unter Abrechnung des Lokalbedarfs).

465. Königl. Oberförsterei Schwarza,

3407 ha. — gebirgig, zusammenhg. Fi. 0,6 Bu. 0,2 Ki. 0,1 Ei. } 0,1 Bi.	Zahlreiche als Erdwege ausgebaute Netzwege münden auf 4 größere gehärtete Communicationswege und diese auf durch- und vorüberführende Landstraßen. — Fuhrleute in Viernau und Benshausen besorgen den Transport.	Schbz. Bermbach 150 fm Bu.-Langh. u. Nutzsch. 1000 fm Fi.-Stammh. 200 fm Fi.-Schleifh. „ Paßberg 20 fm Ei.-Langh. 300 fm Fi.-Stammh. 100 fm Fi.-Schleifholz. „ Kühndorf 100 fm Bi.-Langh. 600 fm Fi.-Stammh. 200 fm Fi.-Schleifh. 30 fm Ei.-Nutzh. 300 fm Bu.-Lngh. 20 fm Esch.-Stmh. „ Viernau 1400 fm Fi.-Stammh. 200 fm Ki.-Stammholz, 300 fm Fi.-Schleifholz. „ Christes 200 fm Fi.-Stammh. 300 fm Ki.-Stammh. 200 fm Fi.-Schleifh. 150 fm Ei.-Stmh. 50 fm Bu.-Stmh. 200 fm Bi.-Stmh.

466. Königl. Oberförsterei Dietzhausen,

2946 ha. — gebirgig, 3 Parzellen; Fichtenrevier mit wenig Ei. Bu. Ki.	Innerhalb der Forstorte ist seit 9 Jahren mit dem Ausbau des Wegenetzes begonnen. Außerhalb gute Chausseen. — Fuhrunternehmer: Denner, Geisenhöner in Dietzhausen, Anschütz in Benshausen, Kerner in Linsenhof.	Schbz. Mäbendorf 3500 fm Fi.-Langnutzholz „ Albrechts 2000 „ „ „ „ Ebertshausen 1400 „ „ „ „ Wichtshausen 1500 „ „ „ „ Benshausen 1600 „ „ „ Ganzes Revier: 3000 fm Nutzknüppel, 500 fm Nutzscheitholz.

467. Königl. Oberförsterei Suhl,

3736 ha. — gebirgig, Schbz. Albrechts parzellirt, die übr. Schbz. grenzen aneinander. Fi. 0,95 Bu. 0,04 Ki. 0,01	Chausseen und befestigte Steinbahnen durchschneiden das Revier, so daß fast überall gute Abfuhr nach Bahnhof Suhl ist. Von Schbz. Albrechts kommt noch Bhf. Zeller für Verladung in Betracht. — Fuhrunternehmer: Kerner in Linsenhof, Denner in Dietzhausen, Kerner in Suhl.	Schbz. Suhl.-Neundorf 2500 fm Fi.-Stammh. 250 rm Fi.-Schleifholz. „ Suhl 900 fm Fi.-Stammh. 200 rm Fi.-Schleifh. „ Lauter 1000 „ „ „ 350 „ „ „ „ Heidersbach 600 „ „ „ 500 „ „ „ „ Fröhl.-Mann 850 „ „ „ 500 „ „ „ „ Albrechts 2000 „ „ „ 500 „ „ „

468. Königl. Oberförsterei Schmiedefeld,

4409 ha. — gebirgig, zusammenhgd. Fi. } 0,9 Ta. Bu. 0,1	Wegenetz gut, zahlreiche chaussirte Wege nach allen Richtungen an die Chauss. anschließend. — Fuhrunternehmer in Schmiedefeld, Stützerbach, Frauenwald, Allzunah.	Schbz. Allzunah 200 fm Bu.-Rollh. 1100 fm Fi.-St.- u. Schndh. „ Frauenwald 200 „ „ „ 700 „ „ „ „ „ Heimig 400 „ Fi.-Schntzh. 1000 „ „ „ „ „ Vesser 100 „ Bu.-Rollh. 700 „ „ „ „ 150 fm Fi.-Schichtnutzholz. „ Finsterberg 400 fm Fi.-Schichtnutzh. 900 fm Fi.-Stamm- und Schneideh. „ Schmiedefeld 100 fm Bu.-Rollh. 800 fm Fi.-Stamm- u. Schneideh. 100 fm Fi.-Schichtnutzh. „ Stützerbach 1500 fm Fi.-Stamm- und Schneideh. 500 fm Fi.-Schichtnutzh.

469. Königl. Oberförsterei Erlau,

2941 ha. — gebirgig, zusammenhgd., u. von schmal. fremd. Wiesenthälern stark durchschnitten. Na. 86,5 Bu. 13,5	Chaussee Suhl-Schleusingen (Steigung bis 8%) durchschn. W.-Revier auf 6 km. Chss. Suhl-Schmiedefeld berührt N.-Revier auf 2 km, fällt nach Suhl und Schmiedefeld. — Wegenetz noch im Bau. 3 südliche Schbz. haben bereits gute, meist chaussirte Abfuhrwege. — Fuhrunternehmer in Erlau, Altendambach, Suhl, Breitenbach, Neundorf.

Schutzbezirk	Stämme (fm) Bu.	Stämme (fm) Fi.	Stämme V. Cl. Kistenh.	Nutzscheit (rm). Bu.	Nutzscheit (rm). Fi.	Nutzkn. Fi. (rm)
Sensenhammer	90	1100	450 fm	100	150	850
Erlau		1100	300 „		100	270
Saarbusch		1550	300 „		100	460
Hirschbach	30	1850	300 „	10	100	290
Adlersberg	110	14h0	650 „	60	200	380

470. Königl. Oberförsterei Schleusingen,

2384 ha. — Gebirgsrev. Fi. 0,8 Ta. 0,1 Ki. 0,1	Das neueste Wegenetz stammt aus dem Jahre 1898 und befinden sich im Revier bereits sehr gut befestigte Abfuhrwege. — Fuhrleute in Erlau, Altendambach, Rappelsdorf.	Schbz. Zollbrück 1500 fm Fi.-Stammholz „ Kl. Beßra 1500 „ „ „ „ Fischbach 3000 „ „ „ „ Altendambach 2000 „ „ „

471. Königl. Oberförsterei Hinternah,

3109 ha. — sehr gebirg., ziemlich arrondirt. Fi. 0,7 Bu. 0,3	Das Wegenetz ist im Ausbau begriffen viele gute befestigte Abfuhrwege, sowie gute Communicationswege im Revier. Die Abfuhrstraßen außerhalb sind meist gute Chausseen und befestigte Landwege. — Fuhrunternehmer in Breitenbach, Hinternah, Steinbach, Schönau, Schleusingen und Neundorf.	Schbz. Schönau 75 fm Bu.-Stammh. 600 fm Na.-Stammh. 500 fm Schleifholz. „ Steinbach 75 fm Bu.-Stammlh. 1400 fm Na.-Stammh. 250 fm Schleifholz. „ Schleusinger-Neundorf } 150 fm Bu.-Stammh. 1500 fm Na.-Stammh. 800 fm Schleifh. „ Frauenwald 50 fm Bu.-Stammh. 1000 fm Na.-Stmh. 400 fm Schleifholz. „ Wilke 80 fm Bu.-Stammholz, 900 fm Na.-Stammholz, 800 fm Schleifholz. „ Engerthal 150 fm Bu.-Stammholz, 1500 fm Na.-Stammholz, 600 fm Schleifholz.

Oeffentliche Holzlicitationen finden statt in:	Unterkommen im Gasthofe f. Holzhändler, Forst-Assessoren u. Referendare in möglichster Nähe der Oberförsterei	Zustand des Oberförster-Dienstgebäudes	Wo Kirche? Wo Schule? In welcher Zeit zu erreichen?	Wo Arzt, wo Apotheke, wo Amtsgericht?	Nebenämter des Revierverwalt. Wenn ständiger Assistent vorhanden, wo wohnt derselbe?
Rgbz. Erfurt. (Karte 36 c.)					
In der Regel nur ein Handelsholzverkauf zu Viernau bei Gastw. Albrecht.	In Schwarza, Stolberger Hof.	Ziemlich neues Diensthöft, Wirthschaftsgeb. theilw. unzweckmäßig, an der Landstraße am nördl. Ausg. von Schwarza, Flecken mit 1200 Einw. Meiningen, 14500 Einw., ca. 12 km.	Ev. Kirche, Pfarre sowie Elementarschule am Ort. — Nächste Gymn. in Meiningen, Schleusingen, Eisenach u. Gotha.	Arzt u. Apotheke in Schwarza. Amtsger. in Suhl.	Gutsvorsteher. — Forstamtsanw. — Für verh. Assess. Wohn. kaum im Orte möglich.
Rgbz. Erfurt. (Karte 36 c.)					
In Dietzhausen, Gasthof Schön. In Suhl, Unteres Rathhaus.	In Dietzhaus. bei Schön (besch. Anspr.). In Mäbendorf bei Harraß. In Suhl.	Aelteres Geb. im Ort Dietzhausen mit 800 Einw. — Suhl mit 12600 Einw., 7 km entf. Gute Bahnverbindung und gute Chaussee dorthin.	Kirche im Dorf, evg. Pfarre in Wichtshausen 2 km entf. Kathol. Gottesdienst in Suhl, 7 km.	In Suhl, 7 km.	Amtsvorsteher für 7 Dörfer.
Rgbz. Erfurt. (Karte 36 c.)					
In Suhl, Unteres Rathhaus.	In Suhl, 1. Deutsch. Haus, 2. Krone, 3. Post, 4. Bahrhof's Hot.	Miethswohnung in der Stadt Suhl, 12600 Einw. Dienstwohnung nicht in Aussicht.	2 evg. 1 kath. Kirche am Ort. Realschule vorl. Classe Sexta. Höh. Privatsch. für Knaben, Unterricht bis einschl. Untertertia. Höh. Privatmädchenschule i. Suhl.	In Suhl.	
Rgbz. Erfurt. (Karte 36 c.)					
In Schmiedefeld.	In Schmiedefeld, Gasth. z. Post, König von Preußen.	Gutes Dienstgebäude an der Dorfstraße (Chaussee) in Schmiedefeld.	Kirche u. Volkssch. am Ort. Gymn. in Schleusingen, 15 km.	Arzt u. Apotheke im Ort. Amtsger. in Schleusing., 15 km.	Amtsvorsteher.
Rgbz. Erfurt. (Karte 36 c.)					
In Erlau, Gasth. von Schön. In Schleusingen, Schießhaus.	In Erlau, Gasth. Schön, (bei besch. Anspr.) In Hirschbach, Gasth. Schlott. Am Adlersberg, Stutenhaus (sehr gut).	Altes Geb. (ausgeb. Bauernhaus) im Dorfe Erlau (700 Einw.) an der Chauss. Suhl-Schleusingen. Nächste Stadt Schleusingen, 3,5 km, 4100 Einw., Kreisstadt.	Ev. Pfarre in St. Kilian, 1,4 km. Kathol. Gottesd. in Suhl, 11,5 km. Gymn. in Schleusingen, 3,5 km.	In Schleusingen, 3,5 km.	Forstgutsvorsteh. Forstamtsanw. Stellvertr. Amtsvorsteher.
Rgbz. Erfurt. (Karte 36 c.)					
In Schleusingen, Gasth. zur Sonne, u. Schützenhaus.	In Schleus. Gasth. Grüner Baum, Weißes Roß, Zur Sonne.	Schöne, ger. Dienstwohnung im alten Gräfl. Henneberger Schlosse zu Schleusingen, 4100 Einw., Kreisstadt mit Kgl. Gymnasium.	Kirche unmittelbar neben dem Schlosse.	3 Aerzte, Apotheke u. Amtsgericht im Orte.	Wohn. für verh. Assess. in Schleusingen zu haben.
Rgbz. Erfurt. (Karte 36 c.)					
In Hinternah, Gasth. z. Nahethal. In Schleusing., Schießhaus, Deutsches Haus.	In Schleus., 3 km, Gasth. z. grünen Baum oder z. weißen Roß. In Schönau, 9 km, Gasth. z. Hütte.	Angenehmes älteres Geb. im Dorf Hinternah, an der Chauss. Schleusingen-Ilmenau. Wohnhaus etwas beschränkt, Wirthschaftsr. ausreichend. Nächste Stadt Schleusing. 3 km, 4100 Einwohner.	Ev. Kirche, Pfarre und Dorfschule im Orte. Gymnas. in Schleusingen, 3 km.	In Schleusingen.	Amtsvorsteher. — Assist. z. Zt. vorhanden, hat gute Privatwohn. im Deutschen Haus, 0,8 km v. Oberf. (sehr geeignet für verh. Assessoren).

Sitz der Oberförsterei nebst Poststation	Entfernung des Oberförstereisitzes von der nächsten Eisenbahnstation bezw. Haltestelle Post- und regelmäßige Reiseverbindungen auf Landwegen	Durchschnittliche Entfernungen und ungefähre Anfuhrkosten von den einzelnen Reviertheilen für Ba n- bezw. Wassertransport und zwar: Schutzbezirk	Entfernung bis Güterbahnhof	Anfuhrkosten pro fm M.	Entfernung bis Wasserablage	Anfuhrkosten pro fm M.

465. Königl. Oberförsterei Schwarza, Rgbz. Erfurt. (Karte 36 c.)

Schwarza, Post und Kreis Schleusingen.	6 km Landstraße bis Station Viernau; 8 km desgl. bis Station Benshausen der Nebenbahn Zella-Schmalkalden, und 7 km Landstraße bis Station Rohr der Vollbahn Erfurt-Ritschenhausen.	Bermbach Paßberg	1—3 km Erdw. u. 1—3 km Landstraße bis Benshausen od. Viernau	1,50		
		Kühndorf	1—3 km Erdw. u. 4—9 km Ldstr. b. Viernau	2,00		
		Viernau	1-2 km Erdw. u. 1-6 km Landstr. bis Viernau	1,5-1,8		
		Christes	1-3 km Erdw. u. 3-8 km Landstr. bis Viernau	2,00		

466. Königl. Oberförsterei Dietzhausen, Rgbz. Erfurt. (Karte 36 c.)

Dietzhausen, Post, bei Suhl, Kreis Schleusingen.	Dietzhausen ist Station an der Bahn Erfurt-Ritschenhausen.	Das Holz wird in der Hauptsache auf Bahnhof Dietzhausen verladen; aus dem Schbz. Benshausen theilweise auf Bahnhof Benshausen; durchschnittliche Anfuhrkosten 2,50 M. pro fm.				

467. Königl. Oberförsterei Suhl, Rgbz. Erfurt. (Karte 36 c.)

Suhl, Steinweg Nr. 63, Post, Kreis Schleusingen.	Bahnstation am Orte, Strecke Erfurt-Ritschenhausen. Directe Verbindung bis Berlin, Würzburg, Basel. — Postverbindung nach Schleusingen, im Sommer auch nach Schmiedefeld. Chausseen nach Schleusingen, Schmiedefeld, Meiningen, Zella, St. Blasii.	Suhler-Neundorf	6 km Chss. bis Suhl	1,8-2,2		
		Suhl	4 „ „ „ „	2,00		
		Lauter	5 „ „ „ „	2,00		
		Heidersb.	7 „ „ „ „	2,50		
		Fröhliche-Mann	6 „ „ „ „	2—2,5		
		Albrechts	7 km Chss. bis Albrechts	2-2,5		
			3 km bis Zella	1,8-2,2		

468. Königl. Oberförsterei Schmiedefeld, Rgbz. Erfurt. (Karte 36 c.)

Schmiedefeld, Post, Kreis Schleusingen.	13 km Chaussee nach Suhl (vom 1. V. bis 30. IX. Postverbindung). 15 km Chauss. nach Schleusingen, 1mal Post. — 18 km Chaussee nach Ilmenau, 2mal Post täglich. — Bahn von Schleusingen über Hinternah-Schmiedefeld nach Ilmenau projectirt.	Von allen Schutzbezirken zu den 3 Bahnhöfen Suhl, Schleusingen, Ilmenau pro fm 2—3 M. Durchschnittlich $^1/_2$—1 km Erdweg, sonst nur chaussirte Wege.				

469. Königl. Oberförsterei Erlau, Rgbz. Erfurt. (Karte 36 c.)

Erlau, Post, Kreis Schleusingen.	3,5 km nach Schleusingen; 11,5 km nach Suhl über Hirschbach, beide gute Provinzialchausseen. 3 mal täglich Postverbindung nach beiden Richtungen. Bahn von Schleusingen über Hinternah-Schmiedefeld nach Ilmenau projectirt.	Sensenhammer	8 km nach Schleus.	2,50		
			13 „ „ Suhl	3,50		
		Erlau	6 „ wie vor	2,00		
			10 „ wie vor	3,25		
		Saarbusch	8	2,25		
			7 „ „ „	2,50		
		Hirschbach	10	2,50		
			6 „ „ „	2,25		
		Adlersbg.	11	3,00		
			9 „ „ „	3,25		
		Nach Vollendung der projectirten Bahn kommt auch Bahnhof Schmiedefeld in Betracht.				

470. Königl. Oberförsterei Schleusingen, Rgbz. Erfurt. (Karte 36 c.)

Schleusingen, Post und Kreis Schleusingen.	Schleusingen ist Bahnstation. — 15 km Chaussee nach Suhl, 3mal täglich Post hin und zurück. — 15 km Chaussee nach Schmiedefeld und von dort nach Ilmenau, 1mal täglich Post hin und zurück. — 11 km Eisenbahn nach Themar, täglich 5 Züge hin und zurück.	Aus allen Schutzbezirken führen auf 3—4 km Entfernung gute befestigte Abfuhrwege zu den Bahnhöfen Zollbrück, Schleusingen, Suhl; pro fm 2 Mark.				

471. Königl. Oberförsterei Hinternah, Rgbz. Erfurt. (Karte 36 c.)

Hinternah, Post, Kreis Schleusingen.	4,0 km Chaussee bis Bahnhof Schleusingen. — Postverbindung nach Schleusingen und Schmiedefeld 1mal täglich hin und zurück.	Schönau	3 km Chss. u. 2 km Ldw. bis Unterneubrunn	1,50 bis 3,00		
		Steinbach	5 km Chss. u. 4 km Ldw. b. Lichten. od. Schleus.			
		Schleus.-Neundorf	7 km Chss. u. 3 km Ldw. bis Schleusingen			
		Frauenwald	7 km Chss. u. 6 km Ldw. bis Schleusingen			
		Wilke	3 km Chss. u. 6 km Ldw. bis Schleusingen			
		Engerthal	8 km Chss. u. 3 km Ldw. bis Schleusingen			

Sitz der Oberförsterei nebst Poststation	Entfernung des Oberförstereisitzes von der nächsten Eisenbahnstation bezw. Haltestelle Post- und regelmäßige Reiseverbindungen auf Landwegen	Durchschnittliche Entfernungen und ungefähre Anfuhrkosten von den einzelnen Reviertheilen für Bahn- bezw. Wassertransport und zwar: Schutzbezirk	Entfernung bis Güterbahnhof	Anfuhrkosten pro fm M.	Entfernung bis Wasserablage	Anfuhrkosten pro fm M.

472. Königl. Oberförsterei Erfurt, Rgbz. Erfurt. (Karte 36 d.)

Erfurt, Brühlerstraße 39, Post und Kreis Erfurt.	Vom Bahnhof Erfurt nach dem Sitz des Oberförsters ist Verbindung mit electrischer Bahn, Fahrzeit 15 Minuten.	Willrode	10 km Chss. b. Erfurt	5,00		
		Steiger	4 „ „ „	3,50		
		Witterda	{14 km „ „ „ 2 „ „ b. Witterda	5—6		

473. Königl. Oberförsterei Hanau, Rgbz. Cassel. (Karte 36 e.)

Forsthaus **Neuhof,** Post und Kreis Hanau.	1,2 km bis Staatsbhf. Hanau-N. und bis Kleinbahnhof Hanau; 2,5 km bis Staatsbhf. Hanau-O; 3,5 km bis Staatsbahnh. Hanau-Stadt; 2,3 km bis Staatsbhf. Pulverfabrik; überall Chaussee-verbindung.	Lamboywald	{2 km bis Hanau-N. 4 „ „ „ -O.	}1—2		
		Bruchköbel	{2 „ „ „ -N. 2½ „ Bruchköbel	1,50 2,00		

474. Königl. Oberförsterei Wolfgang, Rgbz. Cassel. (Karte 36 e.)

Forsthaus **Wolfgang** bei Hanau, Post Niederrodenbach, Kreis Hanau.	7 km Chss. nach Hanau (Schnellzüge); 3 km nach Niederrodenbach und 4 km Chaussee nach Pulverfabrik (Haltestelle); 5 km nach Kahl in Baiern, Richtung München.	Horbach	6 km bis Meerholz	1,5 bis 2,0		
		Oberrodenbach	5 „ „Langenselbold			
		Niederrodenbach	5 „ „ „		6 km bis zum Main (Großauheim)	
		Neuwirthsh.			4 km wie vor	
		Lamboybrück	6 „ „ „		4 km wie vor	
		Großkrotzenbg.	2 „ „ Kahl		2 km bis Mainabl.	

475. Königl. Oberförsterei Kassel, Rgbz. Cassel. (Karte 36 e.)

Kassel, Post und Kreis Gelnhausen.	Kassel ist Station der Kleinbahn Gelnhausen-Lochborn (Spessartbahn). — Von den Stationen Gelnhausen und Wächtersbach (Schnellzüge) der Strecke Frankfurt-Bebra liegt Kassel 8 km entf.; von der Haltestelle Wirtheim derselben Strecke 3 km.	Für sämmtliche Schutzbezirke	1—12 km bis zu den Bahnhöfen Kassel, Gelnhausen, Wächtersbach (die Hälfte des Weges Chauss.).	2,50		

476. Königl. Oberförsterei Salmünster, Rgbz. Cassel. (Karte 36 e.)

Salmünster, Post, Kreis Schlüchtern.	Ca. 600 m von der Station Salmünster-Soden, der Frankfurt-Bebraer Bahn entfernt.	Mernes	10 km mst. Chaussee bis Salmünster	4 f. Stb., 2,2-3,0 f. Stbh., 1,6 f. Schth.		
		Häuserdick	6 km wie vor			
		Salmünster	4 „ „ „			
		Alsberg	8 „ „ „			
		Hansen	4 „ „ „			
		Ahl	7 „ „ „			

477. Königl. Oberförsterei Orb, Rgbz. Cassel. (Karte 36 e.)

Orb, Post, Kreis Gelnhausen.	5 Minuten bis Bahnhof Orb (Orb-Wächtersbach, normalsp.). — Post 1 mal tägl. hin u. zurück über Burgjoß nach Oberndorf, 13 km Chaussee.	Orbgrund	6 km zu ⅔ Chauss. bis Orb	1,50 Nadelh., 2,50 Ei. u. Bu.		
		Jägerskreuz	4 km mst. befest. Weg bis Orb			
		Haselsruhe	3 km wie vor			

478. Königl. Oberförsterei Bieber, Rgbz. Cassel. (Karte 36 e.)

Bieber, Post, Kreis Gelnhausen.	Bieber ist Station der Spessartbahn.	Röhrig	1 km Erdw. 4 km Chss. bis Bieber	2,00		
		Burgberg	3 km Erdweg bis Lochborn	2,00		
		Bieber	{1 km Erdw. 2 km Chauss. bis Bieber 2 km Chauss. bis Lochmühle	2,00 1,50		
		Lützel	2 km Erdw. 3 km Chss. bis Lanzingen	2,50		

Flächengröße u. Character des Revieres. Vertheilung der Hauptholzarten n. Zehnteln.	Beschaffenheit des Wegenetzes im Reviere und der sich daran schließenden Abfuhrstr., sowie der etwaigen Wassertransportwege. Adressen von größeren Fuhrunternehmern.	Jahresquantum der Haupt-Verkaufshölzer nach Holzarten und Sortimenten (unter Abrechnung des Lokalbedarfs).

472. Königl. Oberförsterei Erfurt,

1283 ha. — ziemlich eben, die Schutzbez. liegen getr. von einander. Ei. 0,7 Ki. 0,1 Fi. 0,1 Bu. 0,1	Bis an die einzelnen Schutzbezirke führen chauss. Wege, 2 dergl. durchschneiden Willrode und 2 dergl. den Steiger. Sonst nur Erdwege. Fuhrunternehm. Köhler, Rothe, König in Erfurt, Lier in Hochheim, Kynast in Erstedt, sowie Bauern in Waltersleben und Witterda.	Schbz. Willrode 250 fm Ei.-Stammholz „ Steiger 500 „ „ „ „ Witterda 100 „ „ „

473. Königl. Oberförsterei Hanau,

652 ha. — eben, parzell. Ei. 0,6 Ki. 0,2 Bu. 0,1 Fi. 0,1	Innerh. der Forstorte mit Kies befestigte Erdwege, z. Th. auch Chaussee, außerhalb gute Chausseen. — Fuhruntern. in Hanau, Rückingen und Bruchköbel.	Schbz. Lamboywald 40 fm Ei.- 40 fm Ki.-Stammh. 50 fm Ei.- 100 fm Ki.-Grubenholz. „ Bruchköbel 100 fm Ei.-Stammh. 100 fm Ei.- 30 fm Ki.-Grubenholz.

474. Königl. Oberförsterei Wolfgang,

2564 ha. — eb.; Horb. u. Großkr. parz. sonst zushgd. Ki. 0,60 Ei. 0,24 Bu. 0,11 Erl. 0,04 Fi. 0,01	Wegenetz fast vollständig ausgebaut, außerhalb nur Chausseen. Im Revier Chauss. und gute Erdwege, keine Steigungen. Schiffs- und Flößtransport auf dem Main in Großauheim. — Fuhruntern. Reuling in Hanau, Lucas u. Kunckel in Niederrodenbach, Lach II. in Rückingen.	Schbz. Horbach nur Bu.-Brennh. „ Großkrotzenburg „ „ „ Oberrodenbach 600 fm Ki.-Grubh. „ Niederrodenbach 300 „ „ „ „ Neuwirthshaus 800 „ „ „ 200 fm Erl.-Stammh. „ Lomboybrück 300 fm Ki.-Grubh. 200 fm Ei.- 20 fm Lind.-Stammh. } 1500 fm Ki.-Stammholz darunter 1000 fm Schwellholz. 250 rm Ki. zu Rebpfählen.

475. Königl. Oberförsterei Kassel,

3284 ha. — gebirgig, zusammenhgd. Ki. 0,4 Fi. 0,3 Ei. 0,2 Bu. 0,1	Ausgeb. Wegenetz, gute feste Abfuhrstr. — Holzfuhrleute in den Dörfern: Kassel, Wirtheim u. Aufenau.	

Schutzbezirke	Stammh. (fm) Fi.	Bu.	Ki.	Gbh. (fm) Ei.	Ki.	Schwllh. Ei. (fm)	Schndch. Ei. (fm)	Schntzh. Ei. (rm)
Roßbach		20		50	50		20	20
Alteburg				100	200	20	50	30
Kassel	100	100	50		500			
Wirtheim	50		20	50	300	20	20	40
Niederhof		30			200			
Höchst		30	30		500			
Aufenau			50	100	300	20		20

476. Königl. Oberförsterei Salmünster,

2818 ha. — gebirgig, Höhe 160 bis 517 m, zusammenhgd. Ei. 0,4 Ki. 0,3 Bu. 0,2 Fi. 0,1 } Spessartrevier.	Gutes, größtentheils ausgeb. Wegenetz im Anschl. an gute Chausseen. Abfuhr von Station Salmünster. Keine Wasserstraßen. — Fuhrleute: Freund, Kreß in Salmünster, Noll in Hansen, Harnischfeger in Alsberg. Ausgenommen Salmünster, welcher nur auf Erdw. zu erreichen und Ahl, für welchen 4 km Chaussee in Betracht kommen, liegen alle Schutzbezirke neben 2 Chausseen.	Schbz. Mernes 300 fm Ei.-Stammh. 150 rm Ei.-Schntzh. 200 fm Ki.-Grubenh. „ Salmünster 250 fm Ki.-Bauh. 50 fm Ki.-Schwellh. 700 fm Ki.-Grubenh. „ Hausen 100 rm Ei.-Schlichtnutzh. 400 fm Ei.-Grubenh. „ Ahl 200 fm Ki.-Grubenh. „ Häuserdick 300 fm Ei.-Stammh. 200 rm Ei.-Schichtnutzh. 100 fm Ei.- 400 fm Ki.-Grubenh. „ Alsberg 50 fm Ei.-Stammh. 250 rm Ei.- u. Bu.-Schntzh. 600 fm Bu.-Stammh.

477. Königl. Oberförsterei Orb,

2 ha. — gebirg., (mit dem 540 m hohen Horst, höchste Erhebung des Spessarts), zusammenh. Ei. 0,4 Ki. 0,4 Bu. 0,1 Fi. 0,1	Wegenetz im Ausbau begriffen. Chaussee nach Villbach u. Burgjoß durch die Schbz. Orbgrund und Haselsruhe. — Fuhruntern. Doppenschmidt, Acker, Schreiber, Schüßler, Miehl in Orb, Rieger in Aufenau, Kistner in Neudorf, Rießbek in Kassel.	Schbz. Haselsruhe 400 fm Ki.-Grubh. 700 rm Ki.-Köhlerh. „ Jägerskreuz 20 fm Ei.-Grubh. 1000 rm Ki.-Köhlerh. 600 fm Ki.-Grubh. 180 fm Na.-Bauh. 400 Stck. Fi.-Derbholzst. 50 rm Fi.-Schleifh. „ Orbgrund 80 fm Ei.-Stammh. 400 Stck. Fi.-Derbholzst. 120 fm Bu.-Starkh. 20 fm Ei.-Grubh. 20000 Stck. Ei.-Spazierst. 800 Ctr. Ei.-Jungrinde.

478. Königl. Oberförsterei Bieber,

2605 ha. — hügelig, zusammenhgd. Bu. 0,8 Ki. 0,2 Fi. 0,2 Ei. 0,1	Innerh. sind die Wege meist gut, Verbindungswege bis zu den Chausseen schlecht, Chausseen gut. — Fuhruntern. Stichel in Röhrig, Stock in Bieber, Beck und Külbau in Roßbach.	Schbz. Röhrig 200 fm Ki.-Grubh. „ Burgberg 100 „ „ „ „ Bieber 200 „ „ „ 50 fm Bu.-Stammh. „ Lützel 200 „ „ „ 50 „ „ „

Oeffentliche Holzlicitationen finden statt in:	Unterkommen im Gasthofe f. Holzhändler, Forst-Assessoren u. Referendare in möglichster Nähe der Oberförsterei	Zustand des Oberförsterdienst-Gebäudes	Wo Kirche? Wo Schule? In welcher Zeit zu erreichen?	Wo Arzt, wo Apotheke, wo Amtsgericht?	Nebenämter des Revierverwalt. — Wenn ständiger Assistent vorhanden, wo wohnt derselbe?
Rgbz. Erfurt. (Karte 36 d.)					
In Erfurt, meist in Baumann's Felsenkeller.	In Erfurt, in vielen Gasthäusern, z. B. Hotel Silber, direct am Bahnhof.	Miethswohnung in der Stadt Erfurt, 85 200 Einwohner, Regierungssitz, Landgericht, Garnison.	In Erfurt.	In Erfurt.	Verwalter von Kirchen-Schulfonds-Forsten u. städt. Wald. — Wohn. jeder Art für verh. Assessor i. Erfurt zu haben.
Rgbz. Cassel. (Karte 36 e.)					
In Hanau, im Kaiserhof.	In Hanau, Gasth. z. Adler, „ zur Post, „ z. Riesen.	Aelteres, ziemlich geräumiges Dienstgebäude (früher Staatsdomäne) zu Forsth. Neuhof (Gutsbez.), 2 km von Hanau, 29 800 Einw., Landgericht, Garnison. — Wirthschaftsräume geräumig, Zugangsweg Chaussee und Landweg.	Schulen und Kirchen jeder Art in Hanau, täglicher Schulbesuch von Oberförsterei aus möglich.	In Hanau.	Staatl. Verwalter von 4086 ha Gemeindewald, davon 1573 ha zum Revierförsterbez. Naumburg in Eichen gehörig.
Rgbz. Cassel. (Karte 36 e.)					
Im Gasth. zum Forsthaus, bei Pulverfabrik. In Niederrodenbach, bei Schaaf. In Hanau, Gasthof zu den 3 Rindern (hier große Nutzholztermine).	Bei bescheid. Ansprüch. im Gasth. „z. Forsthaus", 2 Minuten von Station Pulverfabrik, 3 km von Hanau, 4 km von Wolfgang. Auch in Niederrodenbach, bei Schaaf.	Isolirt im Walde gelegenes altes (1715) Dienstgebäude mit guten und ausreichenden Räumen. Chaussirter Weg nach der 10 Minuten entfernten Straße nach Hanau, 7 km. Nächster Ort Niederrodenbach, 3 km (1200 Einwohner.) Wirthschaftsräume gut.	Ev. Kirche u. Pfarre in Niederrodenbach. Kathol. Gottesdienst und Gymnasium in Hanau, auf Chaussee per Rad in 20 Minuten erreichbar. Kathol. Gottesdienst auch in Oberrodenb. 5 km.	Arzt und Apotheke in Langenselbold, 6 km. Arzt 4 mal wöchentlich Sprechstunde in Niederrodenbach, 3 km.	Betriebsleiter des zur Königl. Pulverfabrik Hanau gehörigen Waldes (80 ha). Verwalter der Kiefern-Samendarre zu Wolfgang.
Rgbz. Cassel. (Karte 36 e.)					
In Gelnhausen, Gasthof zum deutschen Haus. In Wirthheim, Gasthof zum Löwen.	In Wirthheim, Gasthaus zum Löwen, 2 km von Oberförsterei.	Neues, 1898 fertiggestelltes Dienstgebäude im Dorfe Kassel bei Gelnhausen. — Hanau in $1^1/_2$ Stunden Bahnfahrt, Frankfurt in 2 Stunden Bahnfahrt zu erreichen.	Evg. Kirche in Gelnhausen und Bieber; katholische Kirche in Kassel. Täglicher Besuch höherer Schulen von Kassel aus nicht möglich.	In Orb od. Gelnhausen, je 8 km. Amtsgericht in Orb.	Gutsvorsteher. — Wohnung für verheiratheten Assess. nur in Gelnhausen, 8 km, zu haben.
Rgbz. Cassel. (Karte 36 e.)					
In Salmünster, Gasthof zum Löwen.	In Salmünster, Gasthof zum Engel und zum Löwen.	Altes, ziemlich unbequemes Dienstgebäude in dem 1200 Einwohner zählenden Städtchen Salmünster. Nächste größere Städte Fulda und Hanau, in $1^1/_2$ resp. 1 Std. Bahnfahrt zu erreichen.	Ev. u. kath. Kirche u. Volksschule im Ort. Nchst. Gymn. i. Fulda, Hanau u. Büdingen, in 1-$1^1/_2$ Std. Bahnf. zu err. Tägl. Schulbesuch von Oberförst. aus nicht möglich.	In Salmünster.	Verwalter der der Oberförsterei zugetheilten 5 Gemeindewaldg., ca. 1300 ha.
Rgbz. Cassel. (Karte 36 e.)					
In Orb, bei Bierjakob, Dickert, Huller, Schreiber.	Im Badehotel, bei Schneeweiß, u. Müller; bei bescheid. Anspr. in den Gasth. v. Huller, Schreiber oder Röder, sämmtl. zu Orb.	Sehr schönes 2 stöckiges, geräumiges Gebäude mit Wasserleitung, vor der Stadt Orb, (Bade- u. Luftcurort mit 3600, meist kathol. Einw.), an Chss. nach dem 7 km entfernten Wächtersbach (1100 Ew.) Schön. Gart., sehrger. Wirthschg.	Kath. Kirche, ev. demnächst geb., z. Zt. nur Bethaus am Ort, ev. Pfarr. in dem 3,8 km entf. Aufenau. Volks- und Privatschule am Ort, Gymnasium in Hanau, 1 Std. Bhnf.	In Orb (zur Kurzeit 3, sonst 2 Aerzte).	Amtsanwalt. (3126 ha Stadtwald).
Rgbz. Cassel. (Karte 36 e.)					
In Bieber, Gasth. zum Hirsch.	In Bieber, Gasth. z. Hirsch.	Altes, mäßiges Dienstgehöft, geräumig. Nächste Stadt Gelnhausen, 17 km, Kreisstadt (4600 Einwohner).	Ev. u. kath. Kirche im Ort. Gymnasium in Hanau oder Büdingen, 2 Stunden Bahnfahrt.	In Bieber.	Staatsauff. üb. 9 Gemeindewaldg. Amtsanw. — Nur sehr mäß. Wohng. für verheir. Assess. zu haben.

Flächengröße u. Charakter d. Reviers. — Vertheilung der Hauptholzarten nach Zehnteln.	Beschaffenheit des Wegenetzes im Reviere und der sich daran schließenden Abfuhrstraßen, sowie der etwaigen Wassertransportwege. Adressen von größeren Fuhrunternehmern.	Jahresquantum der Haupt-Verkaufshölzer nach Holzarten und Sortimenten (unter Abrechnung des Lokalbedarfs).
		479. Königl. Oberförsterei Flörsbach,
1879 ha. — gebirgig, zusammenhgd. Bu. 0,6 Fi. 0,2 Ki. 0,2	Im Revier z. Th. befestigte, z. Th. im Ausbau fertige Netzwege; außerhalb gute Chausseen. — Fuhrleute in Frammersbach und Partenstein (Unterfranken.)	Schbz. Lohrhaupten 100 fm Ki.-Grubh. 50 fm Bu.-Schichtn. „ Kempfenbrunn 350 „ „ „ 150 „ „ „ „ Mosborn I S. 150 „ „ „ 150 „ „ „ „ „ II N. 150 „ „ „ 100 „ „ „
		480. Königl. Oberförsterei Burgjoß,
3486 ha. — bergig, zusammenhgd. Fi. 0,3 Ki. 0,3 Ei. 0,2 Bu. 0,1 Schälw. 0,1	Innerhalb des Waldes gute Erdwege, außerhalb Chausseen. — Fuhrunternehmer in Lettgenbrunn, Pfaffenhausen, Burgjoß, Mernes, Aufenau und in Neudorf bei Wächtersbach.	Schbz. Joßwald 130 fm Ei.-Grubh. 30 fm Ki.-Grubholz. „ Lettgenbrunn 20 „ „ „ 520 „ „ „ 120 fm Ki.-Schwellen. „ Pfaffenhausen 200 fm Ei.-Grubh. 180 fm Ki.-Grubh. 40 fm Ki.-Schwellen. „ Oberndorf 50 fm Ei.-Grubh. 270 fm Ki.-Grubh. „ Burgjoß 100 fm Ei.-Grubenh. 360 fm Ki.-Grubenholz, 30 fm Ki.-Schwellen. „ Mernes 80 fm Ei.-Grubholz, 360 fm Ki.-Grubenholz, 50 fm Ki.-Schwellen. Ganzes Revier: 2000 Ctr. Ei.-Lohrinde.
		481. Königl. Oberförsterei Marjoß,
4324 ha. — gebirgig, mit sanft geneigten Hängen, z. Th. Plateau. Bu. 0.6 Ei. 0,2 Ki. 0,2	Im Revier gut ausgebautes Wegenetz im Anschluß an chaussirte Straßen. Wegeausgänge durch die Feldmarken Marjoß und Jossa meist schlecht. Auf Bahnhof Jossa Holzablageplatz. — Fuhrunternehmer: Fuß, Schüßler, Zeller zu Jossa, Schultheiß, Wolf zu Marjoß.	Schbz. Jossa 40 fm Ei.- 100 fm Bu.-Stammh. 50 fm Ki.-Grubenh. „ Kreuzgrund 200 fm Bu.-Stammh. „ Marjoß N. 30 fm Ei.-Stammh. 50 fm Ki.-Grubenholz „ „ W. 50 fm Ki.-Grubenholz „ „ S. 60 fm Ei.-Stammh. „ Rohrbacherhof 120 fm Ei.-Stammh. „ Thalhof 40 fm Ei.-, 100 fm Bu.-Stammh. „ Neuengronau 60 fm Ei.- 100 fm Bu.-Stammh. 300 fm Ki.-Grubenholz. Ganzes Revier: 500 rm Bi.-Nutzsch. und 60 000 Stück Bu.-Bahnschwellen.
		482. Königl. Oberförsterei Sterbfritz,
2356 ha. — sehr parzell., auf den Osthängen des Spessart u. den Westhängen des Rhöngeb.; b. 504 m hoch. Bu. 0,5 Ki. 0,2 Ei. 0,2 Fi. 0,1	Innerhalb gute Erdwege, außerhalb gute Landstraßen. — Holzabfuhr durch Landwirthe in Mottgers, Altengronau, Neuengronau, Jossa, Sterbfritz.	Schbz. Altengronau S. 30 fm Ei.-Stammholz. „ Mottgers O. 50 „ „ „
		483. Königl. Oberförsterei Oberzell,
2904 ha. — gebirgig, zusammenhgd. Bu. 0,8 Fi. 0,1 Ki. 0,1	Chaussirte Wege sind von sämmtlichen Forstorten in kurzer Zeit zu erreichen. Gefälle bis zu 18‰. — Fuhrunternehmer in Weichersbach u. Uttrichshausen.	Schbz. Schwarzenfels 50 fm Bu.-Stammh. „ Oberzell O. 100 „ „ „ „ Heubach 100 „ Ki.-Grubenh. „ Oberzell W. 50 „ Ei.- 250 fm Bu.- 20 fm Esch.-Stammholz. „ Weichersbach 50 fm Fi.-Stammh. „ Gundhelm 50 „ Bu.- „
		484. Königl. Oberförsterei Steinau,
1369 ha. — gebirg., parzellirt. Bu. 0,85 Na. 0,15	Innerhalb des Reviers ein vollständig gut ausgebautes Wegenetz.	Schbz. Steinau, „ Hohenzell, „ Ulmbach: Der Einschlag von dem nur 1300 ha großen Staatswalde dient lediglich zur Deckung des Lokalbedarfs.
		485. Königl. Oberförsterei Minden,
3476 ha. — meist eben, z. Th. gebirgig. Ei. 0,6 Ki. 0,5 Bu. 0,4	Wegenetz im Revier noch sehr wenig ausgebaut, aber überall in der Nähe des Reviers und in demselben gute Chausseen. — Eigentliche Fuhrunternehmer nicht vorhanden; die Holzhändler halten meist eigenes Fuhrwerk.	Schbz. Nammen 100 fm Bu.-Rollh. 200 fm Ei.-Grubh. „ Heisterholz 50 „ Ei.-Stammh. 50 „ „ „ „ Rahden 200 „ Ki.-Grubenholz.

Oeffentliche Holzlicitationen finden statt in	Unterkommen im Gasthofe f. Holzhändler, Forst-Assessoren u. Referendare in möglichster Nähe der Oberförsterei	Zustand des Oberförsterdienst-Gebäudes	Wo Kirche, wo Schule? In welcher Zeit zu erreichen?	Wo Arzt, wo Apotheke, wo Amtsgericht?	Nebenämter des Revierverwalt. Wenn ständiger Assistent vorhanden, wo wohnt derselbe?

Rgbz. Cassel. (Karte 36 e.)

In Flörsbach, bei Uhl „Adler", bei Melch „Stern". In Lohrhaupten, Gastw. Müller. Gemeindew.	In Flörsbach bei besch. Anspr. bei Uhl. In Kempfenbrunn, 2,5 km bei Lindenberger. In Lohrhaupt., 10 km, bei Eisenacher, bei Kramer.	Altes Dienstgebäude mit niedrigen Zimmern, aber mit genügend Platz, im Orte Flörsbach (350 Einw.) Nächste Stadt Gelnhausen, 25 km Kreisstadt, 4600 Einwohner.	Flörsbach gehört zur ev. Pfarre Kempfenbrunn, besitzt aber eigene Kirche. Einklassige Volksschule am Orte.	In Bieber, 8 km.	Wohnung für verheiratheten Ass. nicht zu haben.

Rgbz. Cassel. (Karte 36 e.)

In Oberndorf im Gasth. zum Adler (Seipel).	In Burgjoß, Gasthof z. Krone (F. Schneider).	Altes, geräumiges Gebäude am Dorf Burgjoß. Wirthschaftsgeb. beschränkt. Nächste Stadt Orb, 11,1 km, 3600 Einwohner. Gelnhausen, 4600 Einw., 25 km. Nächste größere Stadt Hanau, 29800 Einwohner, 50 km.	Ev. Kirche in Marjoß, 8 km. Kathol. Kirche in Oberndorf, 2 km. Nächste höhere Schule in Hanau.	In Orb, 11,1 km.	Staatsaufsicht über 2 Gemeindewälder. — Wohnung für verheir. Assess. zur Zeit nicht zu haben.

Rgbz. Cassel. (Karte 36 e.)

In Jossa, bei Müller. In Marjoß, bei Heimbuch und Schüßler. In Steinau bei Halbreiter. In Gelnhausen, Grubholzverkauf (Deutsch. Kaiser.)	In Marjoß, bei Heimbuch. In Jossa, bei Müller (mäßig), 10 Minuten vom Bahnhof.	Sehr wenig gutes Gebäude (frühere Revierförsterei) im Dorfe Marjoß an der Chaussee. Wohn- und Wirthschaftsräume klein. Nächste Stadt Steinau, 12 km, 2000 Einwohner.	Ref. Kirche u. Pfarre im Dorfe. Nächste Schule bis Tertia in Schlüchtern, auf Fußweg in 3 Std. erreichbar, sonst 18 km Landw. über Steinau.	In Steinau. 12 km.	Gutsvorsteher. — Wohnung für verheiratheten Ass. in der Nähe nicht zu haben.

Rgbz. Cassel. (Karte 36 e.)

In Mottgers, Gasthof Günther. In Altengronau, Gasth. Ziegler. In Weiperz, Gasth. Klug.	In Mottgers, bei Günther (bei bescheid. Anspr.) — In Sterbfritz bei Amend und Schäfer.	Eine frühere Farbenfabrik, 0,1 km von Mottgers (500 Einwohner) ist zu Dienstwohnungen für 2 Oberförster und 2 Förster eingerichtet, an der Landstr. Mottgers-Schwarzenfels gel. — Nächste Stadt Schlüchtern, 12 km, Kreisst., 2700 Ew.	Evg. Kirche, Pfarre und Schule im Dorfe, in 5 Minut. erreichb.	In Sterbfritz, 3 km. Amtsgericht in Schwarzenfels.	Staatsaufsicht über 3 Gemeindewaldungen. — Wohnung für verheiratheten Ass. in Sterbfritz, 2,5 km zu haben.

Rgbz. Cassel. (Karte 36 e.)

In Oberzell bei Köhlthau.	In Sterbfritz, bei Amend, 3 km. In Oberzell, bei Köhlthau, 10 km. In Mottgers, b. Günther, 0,5 km.	Dienstwohnung im Forstetablissement Mottgers, siehe Nr. 482.	Ev. Kirche mit Pfarre und Schule im Dorf. Kathol. Gottesdienst in Zuntersbach.	In Sterbfritz, 3 km. Amtsgericht in Schwarzenfels.	Staatsauff. über 1 Gemeinde- und 1 Kirchenwaldg. Oberauff. des von Stumm'schen Rev. — Verh. Ass. kann ev. in Schwarzenfels (2 km) wohn.

Rgbz. Cassel. (Karte 36 e.)

In Steinau, bei Eckart.	In Steinau bei Halbreiter, bei Eckart, bei Doll.	Große geräumige Dienstwohn. mit Wirthschaftsr. im alten Schlosse mitten in der Stadt Steinau, 2000 Ew. — Hanau, 29800 Ew., 1 Std. Bahnfahrt.	Ev. Kirche u. Pfarre in Steinau, desgl. kathol. Gottesd. im Schlosse. Elementarschule in Steinau. Progymn. im 7 km entf. Schlüchtern.	In Steinau.	Staatsauff. über Klosterf. Schlüchtern u. 29 Gemeindewald. worunter die Stadtwald. v. Steinau und Schlüchtern.

Rgbz. Minden. (Karte 37.)

Verkauf der Handelshölzer nur in Minden auf der Oberförsterei im Wege der Submiss.	In Minden.	Miethswohnung in der Stadt Minden, 24300 Einwohner, Regierungssitz, Garnison.	In Minden.	In Minden.	

Sitz der Oberförsterei nebst Poststation.	Entfernung des Oberförstereisitzes von der nächsten Eisenbahnstation bezw. Haltestelle. Post- und regelmäßige Reiseverbindungen auf Landwegen.	Durchschnittliche Entfernungen und ungefähre Anfuhrkosten von den einzelnen Reviertheilen für Bahn- bezw. Wassertransport und zwar: Schutzbezirk	Entfernung bis Güterbahnhof	Anfuhrkosten pro fm M.	Entfernung bis Wasserablage	Anfuhrkosten pro fm M.

479. Königl. Oberförsterei Flörsbach, Rgbz. Cassel. (Karte 36e.)

Flörsbach, Post Bieber, Kreis Gelnhausen.	8 km Chaussee bis Bieber (Spessartbahn); 13 km bis Partenstein (Aschaffenburg-Würzburg). Die Station Bieber kommt für Holzabfuhr kaum in Frage, da das mit Kleinbahn bis Gelnhausen beförderte Holz dort umgeladen werden muß.	Lohrhaupten	3-4 km Edw. u. 9-10 km Chss. bis Partenstein	2,50		
		Kempfenbrunn	wie vor	2,50		
		Mosborn I-S	wie vor	2,50		
		Mosborn II-N	3-4 km Edw. u. 10-13 km Chauss. b. Partenstein	3,00		

480. Königl. Oberförsterei Burgjoß, Rgbz. Cassel. (Karte 36e.)

Burgjoß, Post Oberndorf, Kreis Gelnhausen.	11 km Chaussee bis Bhf. Orb. — 19 km Chaussee nach Wächtersbach (Schnellzüge). — 16 km Chaussee nach Jossa (Bahnstat.) Nach beiden letzteren Stationen täglich Postverbindung hin und zurück.	Joßwald	25 km Chss. b. Wächtersbach 22 km Chss. bis Jossa	3,00		
		Lettgenbrunn	20 km desgl. 24 " "	3,00		
		Pfaffenhausen	16 " " 21 " "	2,50 3,00		
		Oberndorf	19 " " 18 " "	3,00		
		Burgjoß	18 " " 18 " "	3.00		
		Mernes	20 " " 14 " "	3,00 2,50		

481. Königl. Oberförsterei Marjoß, Rgbz. Cassel. (Karte 36e.)

Marjoß, Post, Kreis Schlüchtern.	Bis Jossa 8 km ebene Chaussee (Schnellzüge). — Bis Steinau 12 km bergige Chaussee (von letzterer abzweigend Chaussee nach Schlüchtern projectirt). Fahrpost täglich einmal hin und zurück nach Jossa.	Jossa	2 km Chss. bis Jossa	Bauholz 3—3,50; Grubh. pro rm 1,30—2,20.		
		Kreuzgrund	4 km Chaussee 2 km Erdweg bis Jossa			
		Neuengronau	1 km Chaussee 5 km Erdweg bis Jossa			
		Marjoß N. und S.	6—8 km Chss. 4 km Erdweg bis Jossa			
		Marjoß W.	8 km Chaussee 4 km Erdweg bis Jossa			
		Rohrbacherhof	5—10 km Chaussee b. Steinau			
		Thalhof	wie vor			

482. Königl. Oberförsterei Sterbfritz, Rgbz. Cassel. (Karte 36e.)

Mottgers, Post Sterbfritz, Kreis Schlüchtern.	3 km Landstraße bis Station Sterbfritz der Elm-Gemündener Bahn. Post von Brückenau (Königreich Bayern) über Mottgers nach Sterbfritz täglich 2mal hin und zurück. Fahr. Briefbote von Sterbfritz nach Oberzell.	Altengronau-S	3—4 km gut. Erdw. und Chauss. b. Jossa (Elm-Gemünden)	4,00		
		Mottgers O.	3—4 km gut. Erdw. u. Chss. b. Rupboden (Jossa-Brückenau)	4,00		
			5—6 km guter Erdweg und Chauss. bis Sterbfritz (Elm-Gemünden)	4,00		

483. Königl. Oberförsterei Oberzell, Rgbz. Cassel. (Karte 36e.)

Mottgers, Post Sterbfritz, Kreis Schlüchtern.	(Siehe lfd. Nr. 482.)	Schwarzenfels	2 km Erdweg 6 km Chauss. bis Sterbfritz	4,00		
		Oberzell O.	2 km Erdweg 12 km Chauss. bis Sterbfritz	6,00		
		Heubach	2 km Erdweg 15 km Chauss. b. Schwelnau	4,00		
		Oberzell W.	12—15 km Chaussee bis Sterbfritz	6,00		
		Weichersbach	4 km Chaussee 3 km Erdweg bis Sterbfritz	3,50		
		Gundhelm	wie vor			

484. Königl. Oberförsterei Steinau, Rgbz. Cassel. (Karte 36e.)

Steinau, Post, Kreis Schlüchtern.	Steinau ist Haltestelle der Bahn Frankfurt a. M.-Bebra. Reichspost einmal täglich hin und zurück nach Freiensteinau. Privatpost einmal hin und zurück nach Ulmbach.	Steinau Hohenzell Ulmbach	Die Güterverladestellen sind Steinau, Schlüchtern und Salmünster			

485. Königl. Oberförsterei Minden, Rgbz. Minden. (Karte 37.)

Minden, i/W. Post und Kreis Minden.	Bahnstation am Orte.	Nammen	5 km Chss. b. Minden 2-3 km Erdw. u. 4 km Chaussee bis Porta			
		Heisterholz	2—3 km Erdweg und Chss. b. Heisterholz			
		Rahden	11 km Chss. b. Rahden 12 km meist Chauss. bis Gestringen			

Sitz der Oberförsterei nebst Poststation	Entfernung des Oberförstereisitzes von der nächsten Eisenbahnstation bezw. Haltestelle. Post- und regelmäßige Reiseverbindungen auf Landwegen.	Durchschnittliche Entfernungen und ungefähre Anfuhrkosten von den einzelnen Reviertheilen für Bahn- bezw. Wassertransport, und zwar: Schutzbezirk	Entfernung bis Güterbahnhof	Anfuhrkosten pro fm M.	Entfernung bis Wasserablage	Anfuhrkosten pro fm M.

486. Königl. Kloster-Oberförsterei Rehburg, Rgbz. Hannover. (Karte 37.)

Rehburg, Post, Kreis Stolzenau.	Rehburg ist Bahnstation der Steinhuder-Meerbahn (Kleinb.) welche von Uchte nach Wunstorf (Knotenpunkt der Staatsbahnen Hannover-Minden-Cöln u. Hannover-Bremen) geht.	Brunnen	0,5 km bis Bhf. Bad Rehburg	1		
		Rehburg	5 km mst. Chauss. bis Bhf. Stadt Rehburg	2		
		Schneeren	8 km Erdw. bis Bhf. Std. Rehburg	2		
			14 km mst. Chss. b. Neustadt	3		
		Leese	4 km mst. Chss. b. Leese	1,50		

487. Königl. Oberförsterei Dedensen, Rgbz. Hannover. (Karte 37.)

Dedensen, Post Seelze, Kreis Neustadt a./Rb.	1 km Chaussee nach Haltestelle Dedensen (nur Personenverkehr). 6,5 km Chauss. nach Wunstorf oder 6,5 km Chauss. über Gümmer und Lohnde nach Seelze (Hannover-Bremen).	Kirchwehr.	6 km Chss. b. Seelze	2,5 bis 5		
		Dedensen	3 km „ „ „			
			4-6 „ „ „ Wunstorf			
		Ricklingen	6 „ „ „ „			
			5 „ „ „ Seelze			
		Metel (Forst. Lindenb.)	8 km „ „ Neustadt			
		(Forst. Mecklenh.)	3 „ „ „ „			

488. Königl. Oberförsterei Haste, Rgbz. Minden. (Karte 37.)

Haste, Post, Kreis Minden.	1 km Chaussee bis Bahnhof Haste.	Bückeb.-Landwehr	1,5 km Chss. b. Bantorf	2		
		Haste I	1 „ „ „ Haste	2		
		Haste II	0,5 „ „ „ „	2		
		Ottensen	3 „ „ „ Lindh.	2		
		Auhagen	2,5 „ „ „ „	2		
		Schier	8 „ „ „ „	2,50		
			7,5 mst. Chss. b. Haste			

489. Königl. Oberförsterei Obernkirchen, Rgbz. Minden. (Karte 37.)

Obernkirchen, Post, Kreis Rinteln.	7 Min. bis Bahnh. Obernkirchen und 5 km Chauss. bis Bahnhof Bückeburg, wo Schnellzüge halten und stets Fuhrwerk für 4—5 Mk. n. Obernkirchen zu haben ist.	Cathrinhagen	10 km Chss. b. Rinteln	4—5		
			7 „ Chss. b. Obernk.			
		Obernk.	5 km Chss. b. Obernk.	3—4		
		Liekwegen	7 „ „ „ Osterholz	3—4		
		Reinsen	9 „ „ „ Stadthag.	4—5		
		Bekedorf	9 „ „ „ „	3—5		
			6 „ „ „ Lindhorst			

490. Königl. Oberförsterei Lauenau, Rgbz. Hannover. (Karte 37.)

Lauenau, Post, Kreis Springe.	9 km Landstr. über Rodenberg nach Station Bad Nenndorf tägl. 2 mal Postverbindung. — 16 km Landstr. nach Station Münder am Deister, tägl. 1 mal Postverbindung.	Cöllnischfeld	6 km chauss. Weg bis Springe	3,5		
		Nienstedt	5 km Chss. b. Egestorf	3-3,5		
		Lauenau	9 „ „ „ Nenndorf	3,5-4,5		
		Georgsplatz	4 km chauss. Weg bis Egestorf	2,5		
			6 km chauss. Weg bis Wennigsen	4		
		Egestorf	4 km Chss. b. Egestorf	2,5-3		
		Hohenbostel	4 km Erdweg bis Bassinghausen	4—5		

491. Königl. Kloster-Oberförsterei Wennigsen, Rgbz. Hannover. (Karte 37.)

Wennigsen am Deister, Post, Kreis Linden.	Kloster Wennigsen ist Station der Eisenbahn Haste-Weetzen-Hannover. Electrische Bahn Hannover-Gehrden-Barsinghausen, etwa 6 km von Wennigsen in Gehrden zu erreichen. Chaussee nach allen Richtungen.	Marienwerder	6 km Chss. b. Seelze	2,5		
		Wülfinghausen	6 „ „ „ Mehle	3		
		Farrensen	9 km „ „ „	3—4		
			10 „ „ „ Springe			
		Wennigsen	5 km „ „ Kl. Wennigsen u. Egestorf	2		
		Barsingh.	3 km Chss. b. Barsingh.	2—3		
		Mariensee	7 „ „ „ Neustadt	3,5		

492. Königl. Oberförsterei Zersen, Rgbz. Minden. (Karte 37.)

Hess. Oldendorf, Post, Kreis Rinteln.	Hess. Oldendorf ist Station der Linie Hameln-Löhne.	Pötzen	4 km bis Fischbeck	3,00		
		Zersen	5—7 km mst. Chauss. bis Oldendorf	4,00		
		Langenf.	7—9 km wie vor	4,50		
		Rohden	5—7 „ „ „	4,00		
		Schaumbg.	7—9 „ „ „	4,50		
		Bernsen	8-9 km mst. Ch. b. Rint.	5,00		
		Todenmann	4—6 km mst. Erdw. bis Rinteln	4—5		

Flächengröße u. Charakter des Reviers. Vertheilg. der Hauptholzarten nach Zehnteln.	Beschaffenheit des Wegenetzes im Reviere und der sich daran schließenden Abfuhrstraßen, sowie der etwaigen Wassertransportwege. Adressen von größeren Fuhrunternehmern.	Jahresquantum der Haupt-Verkaufshölzer nach Holzarten und Sortimenten (unter Abrechnung des Lokalbedarfs.)

486. Königl. Kloster-Oberförsterei Rehburg,

1672 ha. — Schbz. Brunnen bergig, sonst eben. Ki. 0,56 Fi. 0,21 Ei. 0,13 Bu. 0,09 Wh. 0,01	Innerhalb des Reviers vielfach Kieswege und Pflasterwege, außerhalb viele gute Chausseen. Klösterliche Holzablagen auf den Bahnhöfen Stadt und Bad Rehburg, sowie in Leese. — Fuhrleute in Rehburg, Marbdorf, Leese, Schneeren.	Schbz. Brunnen 70 fm Ei., 70 fm Bu., 80 fm Fi.-Stammholz, 100 rm Bu.-Brennh. 900 Stück Fi.-Stangen. „ Schneeren 70 fm Ei.-, 200 fm Bu., 40 fm Fi.-, 200 fm Ki.-Stmh., 500 rm Bu.-Brh. 500 St. Fi.-, 500 St. Ki.-Stg. „ Leese 150 fm Ei.-, 600 fm Ki.-, 30 fm Fi.-Stammh. 150 rm Ei.-, 90 rm Ki.-Grubh. 900 St. Ki.-, 300 St. Fi.-Stangen. „ Rehburg 150 fm Ki.-Stammh. 700 rm Ki.-Grubenholz.

487. Königl. Oberförsterei Dedensen,

2377 ha. — eben, sehr parzellirt. Ei. 0,4 Ki. 0,4 Bi. 0,1 Fi. 0,1	Innerhalb der Forstorte vielfach mit Steinkohlen-Asche ausgebaut, fest u. gut; außerhalb viele und gute Chausseen. — Fuhrunternehmer: Greme in Döllbergen, Kokemüller in Wunstorf u. Bauern in Dedensen.	Schbz. Kirchwehren 300 fm Ei.-Stamm-, Grub.- u. Schwellenh. 20 rm Ei.-Rollh. „ Dedensen 350 fm Ei.-Stammh. 150 fm Ei.-Grubh. 30 rm Ei.-Rollholz. „ Ricklingen 430 fm Ki.-Stammh. „ Metel 100 „ „ „

488. Königl. Oberförsterei Haste,

2510 ha. — meist eben, 2 Haupth. u. mehrere Parzellen. Schbz. Bückethaler Landwehr gebirgig. Bu. 0,5 Ei. 0,4 Fi. 0,1	Innerhalb der Forstorte vielfach Chauss. und gehärtete Wege, sonst Erdwege. — Fuhrunternehmer: Mensing in Haste, Drewes in Lindhorst, Gerland in Ottensen, ferner Bauern in Rehren.	Schbz. Bückethaler Landwehr 20 fm Bu.-Stammh. „ Haste I 300 fm Ei.-, 20 fm Bi.-Stammh. 100 fm Ei.-Grbh. „ „ II 400 „ „ 30 „ „ 150 „ „ „ „ Ottensen 200 „ „ 50 „ Bu.- „ 200 „ „ „ „ Auhagen 400 „ „ 20 „ Na.- „ 150 „ „ „ „ Schier 50 „ „ Stammholz 50 „ „ „

489. Königl. Oberförsterei Obernkirchen,

2524 ha. — bergig, in 3 Parzellen. Bu. 0,50 Fi. 0,33 Ki. 0,10 Ei. 0,03 Bi. 0,03 Lä. 0,01	Ausbau des Wegenetzes und Härtung einzelner wichtiger Wege begonnen, im Planum soweit hergestellt, des Lehmbodens wegen aber oft unpassirbar. Chausseen von Obernk. nach Rinteln, Steinbruchstr. davon abzweig. Chauss. durch Schbz. Bekedorf. — Fuhrleute in Obernkirchen, Vorstel, Cathrinhagen, Stadthagen.	Schbz. Cathrinhagen 1400 rm Bu.-Brennh. „ Reinsen 400 rm Bu.-Rollh. 200 fm Bu.-Grubh. „ Bekedorf 150 rm Bu.-Stammh.

490. Königl. Oberförsterei Lauenau,

3512 ha. — gebirgig, zusammenhäng. Bu. 0,7 Fi. 0,3	Abgesehen von den Schutzbez. Lauenau u. Hohenbostel ist das Wegenetz ziemlich vollendet. — Fuhrleute in Egestorf, Lauenau, Nienstedt u. Münder a./D.	Schbz. Töllnischfeld 1200 fm Bu.-Nutzh. 3000 rm Bu.-Scheith. „ Nienstedt 1200 „ „ „ 1000 „ „ „ „ Lauenau 100 „ „ „ 1000 „ „ „ „ Hohenbostel 200 „ „ „ 700 „ „ „ „ Georgsplatz 650 fm Bu.- 500 fm Fi.-Nutzh. 1100 rm Bu.-Scheith. 4500 Stck. Fi.-Derbstangen. „ Egestorf 250 fm Bu.- 800 fm Fi.-Nutzh. 750 rm Bu.-Scheith. 6000 Stck. Fi.-Derbstangen.

491. Königl. Kloster-Oberförsterei Wennigsen,

2396 ha. — meist gebirg., nur Marienwerder und Mariensee eben, parzell. Bu. 0,5 Fi. 0,3 Ei. 0,1 Ki. 0,1	Meist chauss. Waldwege oder bequeme Erdwege, außerhalb gute Chauss. Demnächst Mittelland-Kanal nutzbar. Fuhrleute für Marienwerder: Boote in Garbsen bei Stöcken; für Wülfinghausen: Stapel in Holtensen, Grimpe in Eldagsen, Fr. Seegers oder Fr. Meyer in Wennigsen; für Barsinghausen: Lühsen daselbst; für Mariensee: Kallmeyer oder Moritz in Neustadt a. Rbg.

Schutzbez.	Stammholz (fm)					Rollholz (rm)			Grbh. fm		Derbstg.	
	Ei.	Ki. Lä.	Esch Ah.	Bu.	Fi. Ta.	Bu.	Bi. Erl.	Fi. Ta.	Ei.	Ki. Lä.	Ki.	Fi.
Marienw.	30	40	20								300	
Wülfingh.	50		10	600		50						
Farrensen				350	200	25		50				300
Wennigsen	200			250	200	280		200	80			2000
Barsinghausen	50	30		50	450	50	10	300	50	30	100	3000
Mariensee	60	50			350			50		250		1500

492. Königl. Oberförsterei Zersen,

2643 ha. — gebirgig, 4 Parzellen, lang und schmal. Bu. 0,8 Ei. 0,1 Fi. 0,1	Im Rev. z. Th. Erdwege, z. Th. Chausseen. — Fuhruntern. in Hess. Oldendorf, Zersen, Ostendorf, Westendorf, Langenfeld, Todenmann.

Schutzbezirke	Stammholz (fm)			Schichtnutzholz (rm)
	Ei.	Bu.	Fi.	Bu.
Pötzen		40		20
Zersen	50	120		50
Langenfeld		400		100
Rohden	100	300		100
Schaumburg		300	300	50
Bernsen	300	200		60
Todenmann	50	300		50

Oeffentliche Holzlicitationen finden statt in:	Unterkommen im Gasthofe f. Holzhändler, Forst-Assessoren u. Referendare in möglichster Nähe der Oberförsterei	Zustand des Oberförster-Dienstgebäudes	Wo Kirche? Wo Schule? In welcher Zeit zu erreichen?	Wo Arzt, wo Apotheke, wo Amtsgericht?	Nebenämter des Revierverwalt. — Wenn ständiger Assistent vorhanden, wo wohnt derselbe?
Rgbz. Hannover. (Karte 37.)					
In Bad Rehburg, auf dem Keller. In Stadt Rehburg, Rathskell. In Schneeren, Gasth. Asche. In Leese, Gasth. Conrades.	In Stadt Rehburg, Gasthof z. Bahnh. (Engelke). In Bad-Rehburg, Hot. Mencke. In Leese, Gasth. von Conrades. In Schneeren, bei Asche.	Sehr altes, aber sehr geräumiges Haus, zum Theil verfallen, mitten in der Stadt Rehburg, 1280 Einw., 10 Minuten vom Bahnhof entfernt. Wirthschaftsräume gut und ausreichend.	In Rehburg.	In Rehburg.	Staatsauff. üb. 18 Interessentenfst. Badecommissar d. Kgl. Bades Rehburg. — Wohn. f. verh. Ass. ev. in Bad Rehburg zu haben.
Rgbz. Hannover. (Karte 37.)					
Am Benterberge, Gasth. Rehbock. In Wunstorf, Pitter's Hotel. In Dedensen, Gasth. Heitmüller.	Bei bescheidenen Anspr. in Dedensen bei Pinne, Bahnh.-Wirthsch., oder Heitmüller. In Wunstorf, 6,5 km, Pitter's Hotel, sonst bei Friese, und im Rathskeller. In Seelze, 6 km, bei Behrens.	Altes, mit Erweiterungsbauten versehenes Dienstgebäude am südwestlichen Ausgange des Dorfes Dedensen, an der Chaussee nach Wunstorf gelegen. Wohn- u. Wirthschaftsräume ziemlich geräumig. Nächste Stadt Wunstorf, 6,5 km (4100 Einwohner).	Evg. Kirche, Pfarre und Schule im Dorfe. Gymnasium in Hannover, in 30 Min. mit passendem Frühzug zu erreichen.	In Wunstorf, 6,5 km. Amtsgericht in Neustadt, a. Rbg.	Staatsaufsicht über 24 Interessentenforsten. Forstamtsanw. — Wohnung für verheirathet. Ass. in Wunstorf, 6,5 km erhältlich.
Rgbz. Minden. (Karte 37.)					
In Haste, bei Mensing. In Ottensen, bei Dreves.	Bei bescheidenen Ansprüchen in Haste, bei Mensing; bei Drewes in Lindhorst, 8 km von Bhf. Haste. Für läng. Zeit in Bad-Nenndorf, 5 bis 6 km.	Neueres, schöngeleg. geräum. Gebäude, südlich vom Dorf Haste. Wirthschaftsgebäude genügend. Nächste Stadt Wunstorf, 4100 Einwohner, 6 km, Eisenbahn- u. Chausseeverbindung.	Ev. Kirche in Hohnhorst, 15 Min. Rectorschule in Wunstorf in 10 Min. mit Frühzug zu erreichen. Weg in die Stadt 1/2 Stunde. Höhere Schulen in Hannov. mit Frühzug in 3/4 Std. Bahnfahrt erreichb.	In Bad-Nenndorf, 5 km. Amtsgericht in Rodenberg, 9 km.	Forstamtsanw. Gutsvorsteher. Staatsaufsicht üb. 2 Gemeinde- und 1 Interessentenf. — Wohnung für verheirathet. Ass. in Nenndorf, 5 km, erhältlich.
Rgbz. Minden. (Karte 37.)					
In Obernkirchen, Oberförster-Geschäftszimmer, bezw. Wirthschaft von Wülker.	In Obernkirchen, Rathskell. In Stadthagen (45 Min. von Obernk. per Bahn entfernt.) Außerdem Gasthöfe in umlieg. Dörfern.	Etablissement, geräumig, 1876 erbaut, liegt in der Stadt Obernkirchen (3800 Einw.) an der Chaussee nach Sülbeck-Stadthagen. — Bückeburg 5600 Einwohner, Kreisstadt, Garnison, ca. 5 km.	Ev. u. kath. Kirche, sowie gute Volksch. mit Selekta u. Vorber. bis Tertia am Orte. Gymnasium in Rinteln, mit Frühzug in 40 Min. zu erreichen; desgl. in Bückeburg, 1/2 Std. Wagenfahrt.	In Obernkirchen.	Verwalter eines Stiftswaldes, 30 ha. Amtsanwalt. — Unterkommen für verheiratheten Ass. zu haben.
Rgbz. Hannover. (Karte 37.)					
Försterei Köllnischfeld. In Nienstedt, Gasthof Nagel. In Lauenau, gold. Löwe. In Egestorf, Gasth. Hunte. In Hohenbostel, Gasth. Hattendorf.	In Lauenau, Gasth. zum gold. Löwen und zum Deutschen Hause.	Sehr schönes, massives, geräumiges Gebäude und ausreichende Wirthschaftsräume mit Wasserleitung in Lauenau (800 Einwohner,) an der Landstraße. — Kreisstadt Springe (3000 Einwohner), 15 km.	Ev. Kirche, Pfarre u. Dorfschule am Orte. Gymnasium in Hannover oder Hameln.	In Lauenau, Amtsgericht in Münder am Deister.	Wohnung f. verheiratheten Ass. in Lauenau schwer zu haben, jedoch in dem 5 km entfernten Barsinghausen.
Rgbz. Hannover. (Karte 37.)					
In Stöcken, Gasth. Baumgarten. In Holtensen, Gasth. Bodensiek. In Wennigsen, Pinkenburg. In Mariensee, Laging. Am Rehrbrink b. Barsingh, (Krüger, Volker.)	In Wennigsen, Gasth. zur Pinkenburg, 5 Min. v. Oberf. Für Wülfinghausen in Holtensen, Bodensiek od. Schaumann, 2 km vom Rev.	Sehr schönes, älteres Gebäude am südw. Rande von Wennigsen (2300 Einw.) hart an Chaussee Hannover-Weetzen-Barsinghausen-Nenndorf. Wohn. u. Wirthschaftsgebäude reichlich groß, desgl. Garten und Hof. — Hannover 235600 Einw., Regier., Landgericht, Garnis., 45 Min. Bahnf.	Ev. Kirche u. Pfarre im Orte. Kathol. Gottesd., Gymn. u. Realschule in Linden bei Hannover. Pass. Frühzug dorthin 35 Min. Bahnf. u. 10 Min. Straßenbahn.	In Wennigsen.	Staatsauff. über 3 Interessentenforsten, 1 Kirchen- und 1 Schulforst. Forstamtsanw. — Wohn. für verh. Ass. ev. in Wennigsen zu finden.
Rgbz. Minden. (Karte 37.)					
In Hess. Oldendorf, „Stadt Cassel“.	In Hess. Oldendf. Rathskeller u. Stadt Cassel. Gute Privatwohnung.	Oberförsterdienstgeb. wenig gutes Haus, für größere Familie unzureichend, in Hess. Oldendorf (1700 Einw.) am südöstl. Rande. — Hameln 18900 Einw., Garnison, 17 Minuten Bahnfahrt.	Kirche u. Volksschule im Orte. Gymn. in Hameln u. Rinteln 17 Min. Eisenbahnf.	3 Aerzte, Apotheke u. Amtsgericht am Orte.	Staatsauff. über 2 Stadtwaldung.

Flächengröße u. Character d. Reviers. — Vertheilung der Hauptholzarten nach Zehnteln.	Beschaffenheit des Wegenetzes im Reviere und der sich daran schließenden Abfuhrstraßen, sowie der etwaigen Wassertransportwege. Adressen von größeren Fuhrunternehmern.	Jahresquantum der Haupt-Verkaufshölzer nach Holzarten und Sortimenten (unter Abrechnung des Lokalbedarfs).
		493. Königl. Oberförsterei Rumbeck,
2640 ha. — gebirgig, 2 Komplexe. Bu. 0,70 Fi. 0,20 Ki. 0,05 Ei. 0,05	Revier durch Chausseen in allen Schutzbezirken durchschnitten, durch andere befestigte Wege gut aufgeschlossen. Die Weser vom Revier 3—9 km entfernt. — Fuhrunternehmer: Steierberg in Hess. Oldendorf, Bauern in Möllenbeck, Hetzendorf, Strücken, Rumbeck, Friedrichsburg, Goldbeck u. Heßlingen.	Schbz. Goldbeck „ Friedrichsbg. „ Möllenbeck „ Rumbeck „ Taubenberg } 950 fm Bu.- üb. 25 cm Zopf, 900 fm Bu.- bis 25 cm Zopf, -Stammh.; 50 fm Erl. 200 fm Ei.-Stammh. 200 fm Ei.-Grubh. 400 „ Ki.-Grubh. 1000 „ Fi.-Bauh.
		494. Königl. Oberförsterei Springe,
2356 ha. — 0,7 gebirgig, 0,3 hügelig bis eben. Bu. 0,7 Ei. 0,2 Fi. 0,1	Innerhalb und außerhalb des Reviers viele und gute Chausseen. — Fuhrunternehmer: Temps in Springe.	Schbz. Jägerhaus „ Altenhagen „ Mühlenbrink } 350 fm Ei.-, 20 fm Esch.-, 2500 fm Bu.-Stammholz. 5000 rm Bu.-Scheitholz. 500 „ „ Rollholz. „ Horn 350 fm Ei.-Stammholz. „ Springe 600 fm Bu.-Stammh. 1200 rm Bu.-Scheitholz, 150 rm Bu.-Rollholz.
		495. Königl. Oberförsterei Coppenbrügge,
3092 ha. — gebirgig, 2 Höhenzüge (Ith u. Osterwald mit Nesselberg). Bu. 0,6 Fi. 0,3 Ei. 0,1	Ith meist ausgebautes Wegenetz. Osterwald noch meist Erdwege. — Fuhrunternehmer: Pflüger in Mariensee, Hölscher in Lauenstein und mehrere Bauern in Coppenbrügge, Brünninghausen, Ockensen.	Schbz. Ockensen 700 fm Bu.-Stammh. 120 rm Bu.-Rollh. 450 rm Bu.-Brennholz. „ Lauenstein 350 fm Bu.-Stammh. 120 rm Bu.-Rollholz. „ Coppenbrügge 1000 fm Bu.-, 150 fm Ei.-Stammholz, 300 rm Bu.-Rollholz, 450 rm Bu.-Brennholz. „ Heide 100 fm Bu.-, 500 fm Na.-Stammh. 80 rm Schichtntzh. „ Salzburg 400 fm Bu.-, 450 fm Na.-Stammh. 150 rm Schichtnutzholz, 150 rm Rollholz. „ Brünninghausen 500 fm Bu.-, 500 fm Na.-Stammholz, 50 rm Na.-Schichtnutzh. 50 rm Bu.-Rollholz.
		496. Königl. Oberförsterei Hameln,
321 ha. — hügelig, sehr parzellirt. Fi. 0,6 Ei. 0,2 Bu. 0,2	Sehr ausgedehntes Netz von Kreischauss., auch die sonstigen Wege gut versteint. In den kleinen Forstorten und an einigen Zugängen Erdwege. — Fuhrleute in Börry und Hemeringen.	Schbz. Hemeringen 80 fm Ei.-Schwellh. 40 fm Ei.-Grubenholz, 250 fm Fi.-Langnutzh. 3000 Fi.-Derbstangen. „ Börry 40 fm Bu.-Stammh. 70 fm Fi.-Langnutzh. 3000 Fi.-Derbstangen.
		497. Königl. Oberförsterei Hannover,
1812 ha. — eben, sehr parzellirt. Ei. 0,50 Ki. 0,30 Fi. 0,10 Bu. 0,06 Bi. 0,04	Innerhalb zumeist Erdwege, mit deren Befestigung streckenweise begonnen ist. Im Forstort Geim Wegenetz meist ausgebaut. Außerhalb viele und gute Chausseen, zum Theil aber auch schwer passirbare Erdwege. — Fuhrleute: Schinkel in Rethen, Köhler in Grasdorf, Kuckuck in Linden.	Schbz. Wülferode 300 fm Ei.-Stammholz. „ Kirchrode 40 „ Bu.- „ „ Marienwerder 90 „ Ki.- „ „ Misburg 120 fm Ei.-, 20 fm Bu.-, 100 fm Ki.-Stammh. 100 rm Ei.-Rollh. 30 rm Ki.-Rollh. 140 rm Brennh. „ Cananohe 110 fm Ei.-, 30 fm Bu.-, 200 fm Ki.-Stammh. 90 rm Ki.-Rollh. 20 rm Fi.-Rollh. 60 rm Brennh.
		498. Königl. Oberförsterei Grohnde,
1445 ha. — bergig, 5 Parzellen. Bu. 0,7 Fi. 0,3	Innerhalb der Forstorte viele versteinte Wege, außerhalb viele und gute Chausseen. — Fuhrunternehmer: Engelke in Grohnde, Strüver in Amelgatzen, Brekhof in Lüntorf.	Schbz. Grohnde 180 fm Ei.-, 200 fm Bu.-Stammh. 9000 St. Fi.-Derbst. 500 rm Bu.-Rollh. 200 rm Bu.-Brennh. „ Welsede 350 fm Bu.-Stammh. 400 rm Bu.-Rollh. 150 rm Bu.-Brennholz. „ Gellersen 80 fm Bu.-Stammh. 60 rm Bu.-Rollh. 150 fm Fi.-Stammh. 5000 Stück Fi.-Derbstangen. „ Grießem 80 fm Fi.-Stammholz.
		499. Königl. Oberförsterei Polle,
930 ha. — Die Weser trennt die beiden Schbz. Polle (zu ½ eben, ½ gebirgig) Wilmeröderberg mehr gebirg. Bu. 0,8 Ei. 0,1 Fi. 0,1	Hauptwege befestigt, schließen an Chauss. an; Zufuhrwege gut angelegt; meist Erdwege, nach und nach befestigt. Die Weser zum Verflößen und für Schiffstransport mit 3 fiskalischen Ablagen. — Fuhrunternehmer: Mönchmeyer und Söffge in Polle.	Schbz. Wilmeröderberg 1100 fm Bu.-Stammholz, 1400 rm Bu.-Scheit. „ Polle 100 fm Ei., 550 fm Bu.-Stammh. 200 fm Fi.-Stämme und -Derbstangen.
		500. Königl. Oberförsterei Altenbeken,
4164 ha. — gebirgig, stark coupirt, wenig zusammenhgd. Bu. 0,6 Fi. 0,4	Innerhalb des Reviers viele hart gebaute Wege, außerhalb durchweg Anschluß an chaussirte Wege. — Fuhrleute: Albert in Leopoldsthal, Ewers in Driburg, Niggemeyer, Tilli, Potthast und Vetter in Altenbeken.	Schbz. Buke 300 fm Fi.-Langnutzh. 400 rm Fi.-Schleifh. „ Kempen 1500 „ Bu.- „ 2000 „ Bu.-Brennh. „ Sandebeck 300 „ „ „ „ Neuenbeken 400 „ „ „ „ Neuwald 400 „ „ „ 800 „ „ „ „ Steinbeke 400 „ „ „ „ Pömbsen 250 „ „ „ „ Bollerborn 500 „ „ „ 800 „ „ „ 400 fm Fi.-Langnutzh. 200 rm Fi.-Schleifh.

Oeffentliche Holzlicitationen finden statt in:	Unterkommen im Gasthofe f. Holzhändler, Forstassessoren u. Referendare in möglichster Nähe der Oberförsterei	Zustand des Oberförsterdienst-Gebäudes	Wo Kirche? Wo Schule? In welcher Zeit zu erreichen?	Wo Arzt, wo Apotheke, wo Amtsgericht?	Nebenämter des Revierverwalt. — Wenn ständiger Assistent vorhanden, wo wohnt derselbe?
Rgbz. Minden. (Karte 37.)					
In Rumbeck, Gasth. Hupe. In Möllenbeck, Gasth. Siekmann. In Erten, Gasth. Rohe.	In Rumbeck, Gasth. Baum od. Hupe. In Möllenbeck, Gasth. Siekmann. Sonst in Rinteln u. Hess. Oldendorf.	Schönes, geräumiges, älteres massives Gebäude am Ostende des Dorfes Rumbeck unmittelbar an Chauss. Hameln-Rinteln u. der Weser liegend. — Rinteln, 12 km (4700 Einw.). Stadt Hess. Oldendorf, 6 km (1700 Einw.).	Ev. Pfarre in Fuhlen, 3 km. Kathol. Pfarre in Rinteln, 12 km. Elementarschule in Rumbeck. Gymn. u. höh. Töchterschule in Rinteln und Hameln.	In Hess. Oldendf., 6km. Amtsger. in Rinteln.	Forstamtsanw. — Gutsvorsteher. — Wohn. für verh. Ass. in Rumbeck erhältlich.
Rgbz. Hannover. (Karte 37.)					
In Springe, Hotel Rathskeller, „ Köhler, „ Meyer.	In Springe in nebenstehenden Hotels.	Gutes Etablissement neben kaiserl. Jagdschloß, 2,7 km von der Kreisst. Springe (3000 Einw.) entfernt, direct an der Chauss. gelegen — Hannover, 235 600 Einw., 1 Std. Bahnfahrt.	Evangel. Kirche in Springe, daselbst Privatsch. mit Vorbereitung bis Tertia.	In Springe.	
Rgbz. Hannover. (Karte 37.)					
In Coppenbrügge, im Rathskeller. In Lauenstein, im Rathskeller. In Ockensen, bei Warneke. In Osterwald, bei Ruhmann. In Brünninghaus., bei Hedensen.	In Coppenbrügge, im Rathskeller bei Menge u. Uhde.	Altes, aber sehr geräumiges Wohnhaus, Wirthschaftsgeb. neuer, in Coppenbrügge 1300 Ew., an Chss. — Nächste Stadt Hameln (18900 Ew.) 20 Min. Bahnfahrt bis dort.	Evg. Kirche, Volksschule und zur Zeit auch Privatschule (bis Untertertia) im Orte.	In Coppenbrügge.	Staatsauff. über 3 gröẞ. Gemeindeforsten u. mehrere kl. Schulforsten.— Forstamtsanw.— Wohn. für verh. Assess. im Orte zu haben.
Rgbz. Hannover. (Karte 37.)					
In Hemeringen, Gasth. Niedermeyer. In Börry, Gasth. Köhler.	Unterkommen in jedem Dorfe zu finden.	Bau einer Dienstwohn. nicht in Aussicht genommen. Vor 4 Jahren in schöner Lage zw. Bahnhof u. Altstadt Hameln (18 900 Einw.) erb. Privathaus des jetzigen Revierverwalters.	Luth. u. kath. Kirche, reform. Gottesdienst Gymn., Realprogymn. u. höh. Töchterschule in d. Stadt.	10 Aerzte, 3 Apotheken, 3 Amtsger. in Hameln.	Staatsauff. über 26 Genossenschaftsforsten = 3156 ha. Forstamtsanwalt.
Rgbz. Hannover. (Karte 37.)					
In Misburg, Bahnhofswirthschaft. In Bemerode, bei Göhrs. In Engelbostel, bei Tegtmeyer. In Osterwald, bei Nordmeyer. In Rethen bei Becker.	In Hannover, Hotel Kasten, „ Hartmann, „ Continental u. v. a.	Dstgeb. i. d. Stadt Hannover (235 600 Einw.) Regierungssitz, Landgericht, Garnison, an der Herrenhäuser Allee belegen, bildet einen Theil des sogen. Hann. Jägerhofes. Altes Gebäude mit zahlreichen schönen Räumen.	In Hannover.	In Hannover.	Staatsauff. über 41 Interessentenforsten. — Forstamtsanwalt. Schatzmeister der Burkhardt-Jubil. Stiftung.
Rgbz. Hannover. (Karte 37.)					
In Grohnde, bei Dehne. In Kirchohsen, bei Meyer. In Arzen, bei Redeker. In Laatzen. In Amelgatzen.	In Grohnde, Gasthöfe von Dehne u. Pagenmeyer.	Altes Gebäude mit ausreich. Platz (früheres Amtsgericht). Wirthschaftsr. beschränkt, im Flecken Grohnde (1000 Ew.) an der Weserfähre.— Hameln 13 km entfernt, 18 900 Einw. Kreisstadt, Garnison.	Ev. Kirche u. dreiklassige Volksschule im Flecken. Frühzug zum Schulbesuch in Hameln nicht vorhanden.	Apotheke u. 2 Aerzte im Flecken. Amtsger. in Hameln.	Oberaufsicht in d. Stadtforst Bodenwerder (582 ha) Staatliche Verwaltung von 22 Genossenschaftswald. v. 2883 ha.
Rgbz. Hannover. (Karte 37.)					
In Polle, Gasth. zur Burg, auf der Brille, bei Reileifzen.	In Polle, Gasth. z. Burg.	Früheres Amtshaus im Flecken Polle, in gutem Zustand, sehr geräumig mit großen Wirthschaftsgeb. — Nächste Stadt Holzminden (9800 Einw.) 12 km. — Hameln (18 900 Einw.) 35 km.	Ev. Kirche u. Pfarre in Polle. Kath. Kirche in Falkenhagen (Lippe) 7 km. Nächstes Gymnas. in Holzminden.	In Polle.	Zuhörig 1791 ha Gemeindewald.— Wohn. für verh. Ass. in Polle zu haben.
Rgbz. Minden. (Karte 37.)					
In Altenbeken, Gasth. Daum.	In Altenbeken, Gasth. Daum.	Geräumiges, gutes Wohnhaus, unzureichende Wirthschaftsgeb. 3 km westl. von Altenbeken unweit der Kreisstr. Altenbeken-Neuenbeken. Nächste Stdt. Paderborn, 23 500 Einw., Landgericht, Garnison, 12 km.	Ev. Pfarre in Driburg, Schule in Altenbeken. Kathol. Pfarre und Schule in Altenbeken, Gymnasium in Paderborn.	Aerzte i. Driburg, 12 km; Lippspringe, 9 km; Paderborn 12 km, desgl. Apoth. Amtsger. in Paderborn.	Wohn. für verh. Ass. in Altenbeken 3 km, zu haben.

Sitz der Oberförsterei nebst Poststation	Entfernung des Oberförstereisitzes von der nächsten Eisenbahnstation bezw. Haltestelle. Post- und regelmäßige Reiseverbindungen auf Landwegen.	Durchschnittliche Entfernungen und ungefähre Anfuhrkosten von den einzelnen Reviertheilen für Bahn- bezw. Wassertransport und zwar: Schutzbezirk	Entfernung bis Güterbahnhof	Anfuhrkosten pro fm M.	Entfernung bis Wasserablage	Anfuhrkosten pro fm M.

493. Königl. Oberförsterei Rumbeck, Rgbz. Minden. (Karte 37.)

Rumbeck, Post Fuhlen, Kreis Rinteln.	Fahrpost nicht vorhanden. Nächste Eisenbahnstation Hess. Oldendorf, 6 km Chaussee. — Rinteln 12 km Chaussee. — Hameln 14 km Chaussee.	Möllenbeck	7 km bis Rinteln	2,5-3,0		
		Friedrichsburg Goldbeck Rumbeck Taubenberg	7—10 km b. Rinteln ob. Hess. Oldendorf (Erdw. nur auf kürzeren Strecken innerhalb des Waldes, sonst chauss. Wege.)	4-4,5		

494. Königl. Oberförsterei Springe, Rgbz. Hannover. (Karte 37.)

Springe, Post und Kreis Springe.	2,7 km bis Bahnhof Springe.	Jägerhaus	6 km mst. Chss. bis Springe	5		
			7 km mst. Chss. bis Eldagsen	6		
		Altenhag.	wie vor	6		
		Mühlenb.	wie vor	6		
		Springe	4 km mst. Chss. bis Springe 4 km mst. Chss. bis Eldagsen	4,5		
		Horn	7 km mst. Chauss. bis Bennigsen	7		

495. Königl. Oberförsterei Coppenbrügge, Rgbz. Hannover. (Karte 37.)

Coppenbrügge in Hannover, Post, Kreis Hameln.	Coppenbrügge ist Post- und Eisenbahnstation.	Ockensen	7—8 km mst. Chss. b. Salzhemmendorf	3,00		
		Lauenstein	2,5 km Ch. b. Lauenst. 5 „ bis Voldagsen	2,50		
		Coppenbrügge	2,3 km mst. bef. Weg bis Coppenbrügge	2,00		
		Heide	6 km (1/2 Chauss.) bis Osterwald	2,50		
		Salzburg	5 km mst. Erdw. bis Coppenbrügge	3,00		
		Brünninghausen	8 km mst. Chauss. bis Coppenbrügge	3,00		

496. Königl. Oberförsterei Hameln, Rgbz. Hannover. (Karte 37.)

Hameln, Post und Kreis Hameln.	Bahnstation am Orte.	Hemeringen	8—10 km Chauss. bis Hameln	4—5		
		Börry	5—7 km Chauss. bis Emmerthal	3,75-4		

497. Königl. Oberförsterei Hannover, Rgbz. Hannover. (Karte 37.)

Hannover, Jägerstr. 12, Post und Kreis Hannover.	Bahnstation am Orte.	Wülferode	2 km Edw. 6 km Chss. b. Wülfel ob. Rethen	5—6		
		Misburg	5 km Erdw. 2 km Chss. bis Misburg	3—4		
		Kirchrode	4 km Chss. b. Misburg	1,5—2		
		Marienw.	3 km Chss. b. Vinnhorst	1—1,5		
		Cananohe	2 km Erdw. 7 km Chss. bis Vinnhorst	5		
		Forst. Hartbruch	5 km Erdw. 5 km Chss. bis Bissendorf	4—5		
		Forst. Eichriede	4 km Erdw. 9 km Chss. bis Neustadt	5—6		

498. Königl. Oberförsterei Grohnde, Rgbz. Hannover. (Karte 37.)

Grohnde, Post, Kreis Hameln.	Grohnde ist Station der Nebenbahn Vorwohle-Emmerthal.	Grohnde	2 km Chss. b. Grohnde 7 „ „ „ Emmerth.	2,50 bis 5,00	4 km bis zur Weser.	
		Welfede	5 „ „ „ Grohnde 4 „ „ „ Welfede			
		Gellersen	6 „ mst. „ „ „ 5 „ „ „ Emmerth.			
		Grießem	1 km Erdw. 4 km Chss. bis Aerzen			

499. Königl. Oberförsterei Polle, Rgbz. Hannover. (Karte 37.)

Polle a. d. Weser, Post, Kreis Hameln.	12 km Chauss. nach Holzminden, oder besser 15 km Chauss. über Forst Bevern nach Holzminden, mit 2maliger Omnibusverb. Im Somm. tägl. Personen-Dampferverbindung mit Holzminden.	Polle	15 km Chaussee bis Holzminden	4,50	3 km bef. Weg nach 2 fisk. Weserabl.	2,50
		Wilmeröderberg	7 km Chauss. u. bef. Weg bis Polle	3,50	7 km bis Weserabl.	3,50
			7 km b. Holzminden	4,00		

500. Königl. Oberförsterei Altenbeken, Rgbz. Minden. (Karte 37.)

Forsth. **Durbeke**, Post Altenbeken, Kreis Paderborn.	3 km nach Altenbeken (Schnellzüge). — 3 km nach Neuenbeken (Personenzüge).	Buke	2 km bis Buke	2,50		
		Bollerb.	5 „ „ Driburg	3,50		
		Kempen	6 „ „ Altenbeken	3,50		
		Sandebeck	3 „ „ Leopoldsth.	3,00		
		Neuenbek.	5 „ „ Altenbeken	3,50		
		Neuwald	5 „ „ „	3,50		
		Steinbeke	12 „ „ Paderborn	5,00		
		Pömbsen	6 „ „ Driburg	3,50		

Sitz der Oberförsterei nebst Poststation	Entfernung des Oberförstereisitzes von der nächsten Eisenbahnstation bezw. Haltestelle. Post- und regelmäßige Reiseverbindungen auf Landwegen	Durchschnittliche Entfernungen und ungefähre Anfuhrkosten von den einzelnen Reviertheilen für Bahn- bezw. Wassertransport und zwar: Schutzbezirk	Entfernung bis Güterbahnhof	Anfuhrkosten pro fm M.	Entfernung bis Wasserablage	Anfuhrkosten pro fm M.
501. Königl. Oberförsterei Neuenheerse, Rgbz. Minden. (Karte 37.)						
Neuenheerse, Post, Kreis Warburg.	2,5 km befestigter Weg bis Haltestelle Neuenheerse; 8 km befest. Weg zum Bahnhof Driburg (Schnellz.), Personenpost nicht vorhanden.	Carlsbrunn	6 km bis Beverungen	3,50	5 km bis Weserabl.	3,50
		Derenborn	5 km Chaussee bis Ottbergen	3,00		
		Löwenberg	7 km Chaussee bis Driburg	3,5—4		
		Neuenheerse	4 km Chaussee bis Neuenheerse	3,00		
		Gradberg	5 km Chss. bis Driburg	3,00		
		Torfbruch	6 km b. Neuenheerse und Willebadessen	3—3,5		
		Asseln	2,5 km b. Neuenheerse	2,50		
		Schwaney	3 km desgl.	3,00		
		Klusweide	4 km Erdw. b. Buke	3,50		
502. Königl. Oberförsterei Böddeken, Rgbz. Minden. (Karte 37.)						
Neu-Böddeken, Post Haaren, Kreis Büren.	15 km Chaussee über Nordborchen nach Paderborn; 6,5 km Chaussee bis Tudorf (Paderborn-Büren). Personenpost von Tudorf ab täglich 2mal, morgens und abends.	Telegraf	7 km Chss. b. Ahden 10 „ „ „ Büren	3,00		
		Wewelsburg	1-5 km Chss. b. Ahden 3 Chss. b. Wewelsbg.			
		Alt-Bödd.	5 km Chss. b. Ahden			
		Neu- „	5 „ „ „ Tudorf			
		Henglarn	6 „ „ „ „			
		Eggeringhausen	14 km Chss. b. Paderb. 8 „ „ „ Nordb.			
		Gellingh.	4 km Chss. b. Nordborch.			
503. Königl. Oberförsterei Dalheim, Rgbz. Minden. (Karte 37.)						
Dalheim, Post Westheim, Kreis Büren.	13 km Chaussee nach Westheim (Ruhrthalbahn). — 18 km Chss. bis Bhf. Nordborchen (Paderborn-Büren). — Bau der Kleinbahn Nordborchen-Neuemühle, 2 km von Dalheim projectirt. Täglich Postbestellung von Westheim aus (Kariolpost).	Meerhof	9 km meist Chaussee bis Westheim	4,50		
		Blindeborn	13 km desgl.	5,00		
		Dalheim	13 „ „	5,00		
		Husen	17 „ „	5,50		
		Atteln	21 „ „	6,00		
504. Königl. Oberförsterei Hardehausen, Rgbz. Minden. (Karte 37.)						
Hardehausen, Post Scherfede, Kreis Warburg.	5 km Chss. bis Bhf. Scherfede 5 „ „ „ „ Wrexen 6 „ „ „ „ Bonenburg	Rimbeck	5 km Chaussee bis Scherfede	4—5		
		Bonenbg.	6 km desgl.	4—5		
		Hardehausen	7 „ „	4,5—5		
		Kleinenberg	9 „ „	6,00		
		Mittelw.	8 „ „	5—5,5		
		Blankenrode	10 „ „	6,00		
505. Königl. Oberförsterei Neuhaus, Rgbz. Hildesheim. (Karte 37.)						
Neuhaus, Post Holzminden, Kreis Uslar.	14 km Chaussee bis Holzminden. — 15 km nach Uslar, z. Th. chaussirter Forstweg. — 22 km z. Th. Chaussee, z. Th. Forststraße nach Dassel. — 16 km Forststr. bis Carlshafen, 14 km Chaussee bis Höxter.	Aus sämmtlichen Schutzbezirken ca. 3—4 M. bis zu den Bahnhöfen Uslar, Holzminden, Dassel, Carlshafen und Höxter, resp. zu der Weser-Verladestelle.				
506. Königl. Oberförsterei Winnefeld, Rgbz. Hildesheim. (Karte 37.)						
Winnefeld, Post Lauenförde, Kreis Uslar.	7 km Chaussee bis Lauenförde und Carlshafen und 12 km Chss. bis Bodenfelde, Stationen der Strecke Ottbergen-Northeim. — 16 km Chaussee bis Uslar; 14 km Chaussee bis Höxter.	Wahmbeck	15 km bis Bodenfelde		In den an der Weser gelegenen Ort. Bodenfelde und Lauenförde sind Einbindestellen für Flöße.	
		Würrigsen	0—4 km Straße bis Carlshafen			
		Brüggefeld	3—6 km Chaussee bis Lauenförde			
		Winnefeld	7—11 km Chss. bis Lauenförde u. Bodenf.			
507. Königl. Oberförsterei Nienover, Rgbz. Hildesheim. (Karte 37.)						
Nienover Post Bodenfelde, Kreis Uslar.	5 km Chaussee nach Bodenfelde. Fahrpost 2mal täglich hin und zurück. Von Bodenfelde ab Personenzüge nach Northeim und Ottbergen und im Sommer auf der Weser täglich 1mal Dampfer nach Hann. Münden u. Hameln.	Bodenfelde	2 km Erdweg 4 km Chss. b. Bodenfelde	2,00	Dieselbe Entfernung bis Weser-Ablage bei Bodenfelde.	
		Schönhagen	3 km Erdweg 4 km Chauss. b. Bodenfelde	2,50		
		Polier	3 km Erdweg 4 km Chss. b. Bodenfelde	2,00		
		Nienover	3 km Erdweg 8 km Chss. b. Bodenfelde	3—3,5		
508. Königl. Oberförsterei Knobben, Rgbz. Hildesheim. (Karte 37.)						
Uslar im Solling, Mauer 135, Post, Kreis Uslar,	Die Stadt Uslar ist von der gleichnamigen Station der Eisenbahn Nordhausen-Ottbergen 2 km entfernt.	Vahle	5 km Chss. bis Uslar	2,5-3,5		
		Eschershausen	wie vor	2,5-3,5		
		Knobben	4 km befest. Weg bis Uslar	3—4		
		Steinborn	8 km Chss. bis Uslar	3,5-4,5		

Flächengröße u. Charakter des Reviers. — Vertheilg. der Hauptholzarten nach Zehnteln.	Beschaffenheit des Wegenetzes im Reviere und der sich daran schließenden Abfuhrstraßen, sowie der etwaigen Wassertransportwege. Adressen von größeren Fuhrunternehmern.	Jahresquantum der Haupt-Verkaufshölzer nach Holzarten und Sortimenten (unter Abrechnung des Lokalbedarfs.)

501. Königl. Oberförsterei Neuenheerse,

4563 ha. — gebirgig, z. Th. Plateau, parzellirt. Bu. 0,5 Fi. 0,5

Die wichtigeren Wege innerhalb des Reviers sind, bezw. werden gehärtet, im Uebrigen Erdwege. Sämmtliche Schbz. stehen durch befestigte Wege mit den Landstraßen in Verbindung oder werden von diesen berührt. — Fuhrunternehmer: Fritze, Jakols in Neuenheerse, Koch in Driburg, andere in Asseln, Ottbergen, Huste, Beverungen.

Schutzbezirk	Stammholz (fm) Ei.	Stammholz (fm) Bu.	Stammholz (fm) Fi.	Schichtnutzholz (rm) Bu.	Schichtnutzholz (rm) Fi.	Derbholzst. Fi.	Brennh. (rm) Bu.
Carlsbrunn		100	150	80			
Derenborn		50	200	40		200	200
Löwenberg	10	300		200			900
Neuenheerse	10	250	200	150			600
Gradberg		350		200			700
Torfbruch			500		200	8000	
Asseln			500		200	8000	
Schwaney		60	250	40	80	3000	
Klusweide		80	300	60	100	6000	

502. Königl. Oberförsterei Böddeken,

3553 ha. — geneigte Hocheb. mit Thalhängen. 3 Complexe. Bu. 0,8 Fi. 0,2

Fast überall Chausseen, bezw. Wege mit Steinbahnen. — Fuhrleute in Kirchborchen, Tudorf, Wewelsburg, Haaren.

Schutzbezirk	Bu. (fm) Stä.	Bu. (fm) Grbh.	Bu. (rm) Rollh.	Bu. (rm) Brh.	Ei. (fm) Stä.	Ei. (fm) Grbh.	Fi. (fm) Langh.
Telegraf	600	100	200	1500			800
Wewelsburg	400	100	100	200	40	40	
Alt-Böddeken	500	100	100	500		130	300
Neu- "	600	150	200	400	50	200	
Henglarn	400	130	200	600			300
Eggeringhausen	600	130	200	600	80	200	
Gellinghausen	250	120	100	200			

503. Königl. Oberförsterei Dalheim,

3045 ha. — gebirgig, mst. zusammenh. Bu. 0,9 Fi. 0,1

Revier durch Chausseen gut aufgeschlossen; Wegenetz in weiterem Ausbau begriffen. — Fuhrunternehmer: Stratmann in Westheim, Wittgen in Meerhof.

Schbz. Meerhof 800 fm Bu.-, 500 fm Fi.-Stammh. 300 rm Fi.-Grubenh. 1000 rm Bu.-Brennh.
" Blindeborn 500 fm Bu.-Stammh. 1000 rm Bu.-Brennh.
" Dalheim 2000 " " " 2800 " " "
" Husen 400 " " " 400 " " "
" Atteln 800 " " "
Ganzes Revier: 100 fm Ei.-Stammh. 200 rm Ei.-Grubh. 300 rm Bu.-Rollholz. 150 Hdt. Fi.-Reisstangen.

504. Königl. Oberförsterei Hardehausen,

2830 ha. — gebirgig, zusammenhgd. außer Schbz. Rimbeck. Bu. 0,5 Fi. 0,3 Ei. 0,2

Innerhalb der Forstorte Erdwege bis zu den nahen Chausseen. Wegenetz ist im weiteren Ausbau begriffen. — Fuhrunternehmer: Feischer, Mehring, Hennecke in Scherfede, Strutmann in Westheim.

Schbz. Rimbeck 150 fm Bu.-Stammh.
" Bonenburg 450 " " " 200 rm Bu.-Schichtntzh.
" Hardehausen 500 " " " 150 fm Ei.-Stammholz
" Kleinenberg 120 " " " 300 " Fi. "
" Mittelwald 80 " " " 300 " Ei. "
" Blankenrode 450 " " " 80 " " "
Ganzes Revier: 2000 Stück Fi.-Derbstangen, 700 rm Fi.-Grubenh., 900 rm Ei.-Grubenh.

505. Königl. Oberförsterei Neuhaus,

2874 ha. — gebirgig, zusammenhgd. Bu. 0,60 Fi. 0,35 Ei. 0,05

Vollständig aufgeschlossenes Revier mit vorzüglichen festen Straßen. — Fuhrleute: Bauern in Neuhaus, Silberborn, Fohlenplacken.

Schutzbezirk	Langh. (fm) Bu.	Langh. (fm) Fi.	Grbh. Ei.	Rollh. Bu.	Dbstg. Fi.	Brennh. Bu.
Lakenhaus	200			200 rm	1000	600 rm
Bärenkopf	200		200 fm	200 "	500	800 "
Neuhaus	300	1000		200 "	1000	1000 "
Torfhaus	300	500		200 "	1000	1000 "

506. Königl. Oberförsterei Winnefeld,

3272 ha. — gebirgig, zusammenhgd. Bu. 0,5 Ei. 0,3 Fi. 0,2

Provinzial-Chaussee Lauenförde-Uslar durchschneidet das Revier ziemlich in der Mitte, und in derselben Weise die Straße Carlshafen-Neuhaus. Außerdem mehrere gute Straßen im Revier. — Fuhrleute in Würgassen, Bodenfelde, Schönhagen und Derenthal.

Schbz. Wahmbeck, " Würrigsen, " Brüggefeld, " Winnefeld: 800 fm Ei.-Stammh. 250 rm Ei.-Nutzscheit. 500 " " Grubenh. 700 fm Bu.-Stammh. 1000 rm Bu.-Rollh. 400 " Fi.-Bauholz 3000 Stück Fi.-Derbstangen.
Die 4 Schutzbezirke haben an dem Einschlage ziemlich gleichmäßigen Antheil.

507. Königl. Oberförsterei Nienover,

2893 ha. — gebirgig, zl. zusammenh., aber sehr langgestreckt. Bu. 0,6 Ei. 0,2 Fi. 0,2

Wegenetz gut; zum Theil versteinte Wege. Chausseen: Bodenfelde-Amelith-Neuhaus; Uslar-Schönhagen-Lauenförde; Schönhagen-Neuhaus; Wassertransport auf der Weser. — Fuhrunternehmer: Siebrecht, Busch, Zensing in Bodenfelde, Henne in Wahmbeck, Kulp in Wiensen, in Vernawahlshausen Freibott.

Schbz. Bodenfelde 200 fm Ei.-, 400 fm Bu.-, 200 fm Fi.-Nutzh.
" Schönhagen 50 " " 400 " " 200 " " "
" Polier 300 " " 400 " "
" Nienover 200 " " 600 " "

508. Königl. Oberförsterei Knobben,

3861 ha. — gebirgig, zusammenhg., aber langgestreckt. Bu. 0,70 Fi. 0,15 Ei. 0,10 Blöße 0,05

Das Wegenetz innerhalb des Reviers ist im Erdbau vollkommen durchgeführt und in gutem Zustande. — Fuhrleute: Jörn in Uslar, Henne in Vernawahlshausen, Ilse, Johanning in Eschershausen.

Schutzbezirk	Stammh. (fm) Ei.	Stammh. (fm) Bu.	Stammh. (fm) Fi	Grbh. Ei.	Brennh. (rm) Ei.	Brennh. (rm) Bu.	Rollh. Bu.	Reis. (rm) Bu.
Vahle	45	800	250	220 fm	50	3000	950 rm	1500
Eschershausen		475	170	100 "		3500	900 "	1000
Knobben	25	150	160	85 "	125	2500	550 "	1000
Steinborn	80	325		320 "	150	3250	800 "	1500

Oeffentliche Holzlicitationen finden statt in	Unterkommen im Gasthofe f. Holzhändler, Forstassessoren u. Referendare in möglichster Nähe der Oberförsterei	Zustand des Oberförsterdienst-Gebäudes	Wo Kirche, wo Schule? In welcher Zeit zu erreichen?	Wo Arzt, wo Apotheke, wo Amtsgericht?	Nebenämter des Revierverwalt. Wenn ständiger Assistent vorhanden, wo wohnt derselbe?
Rgbz. Minden. (Karte 37.)					
In Neuenheerse, bei Voßwinkel. In Lichtenau, Gasth. Flörken. In Ottbergen, Gasth. Steneberg. In Beverungen, Gasth. zur Stadt Bremen.	In Neuenheerse bei Voßwinkel. In Driburg in versch. Gasthöfen. In Beverungen, Hotel Huhmann.	Sehr altes Fachwerkgebäude im Dorf Neuenheerse (800 Einw.), Wohnh. ziemlich geräumig, Wirthschaftsr. beschr. Nächste Stadt Driburg, Badeort, 8 km, 2600 Einw.	Kath. Kirche u. Elementarschule in Neuenheerse.	In Driburg, 8 km. Amtsgericht in Warburg.	Forstamtsanw.— Unterkommen für verh. Ass. bei bescheid. Ansprüchen in Neuenheerse möglich.
Rgbz. Minden. (Karte 37.)					
In Paderborn, im Westfälischen Hof. In Wewelsburg, Gasth. Segin. In Nordborchen, Gasth. Berlage.	In den Dorfwirthschaften: Haaren, Etteln, Wewelsburg u. Kirchborchen.	1846 erbautes, gutes Gebäude einsam im Walde, an der Chaussee Paderborn-Haaren; 2,5 km von Haaren (1400 Einw.) entf. gelegen. Wirthschaftsgebäude ausreichend. — Paderborn (15 km), 23500 Einw., Landgericht, Garnison.	Evangel. Kirche in Fürstenberg, 11 km. Kathol. Kirche in Haaren. Gymn. in Paderborn, 15 km.	In Büren, 12 km.	Forstamtsanw.— Wohn. für verh. Assessor nur sehr mangelh. in umliegenden Dörfern möglich.
Rgbz. Minden. (Karte 37.)					
Größerer Verkauf auf Bahnhof Scherfede. Sonst in Meerhof, Gasth. Fahle. In Lichtenau, bei Wiemers.	In Westheim, Gasth. Wegener. In Atteln, bei Finke u. Samson, 13 km bez. 6 km von Oberf.	Bau einer neuen Dienstwohn. unweit der Domäne Dalheim beschlossen, dicht an der Chaussee Dalheim-Husen. — Nächster Ort Husen 4 km, 400 Einw. — Lichtenau, 1300 Einw., 8 km. — Paderborn, 23500 Einw., 23 km.	Ev. Kirche, Schule, Pfarre in Lichtenau, 8 km. Kath. Kirche u. Schule im Dorf Husen, 4 km Chss., auch kl. Schule auf Domäne Dalheim.	In Fürstenberg, 9 km u. in Lichtenau, 8 km.	Unterkommen für verh. Ass. bei bescheid. Ansprüchen in Attel vielleicht möglich.
Rgbz. Minden. (Karte 37.)					
Auf Bahnhof Scherfede, größerer Verkauf im Spätherbst. In Scherfede, Gasth. Wulff.	In Scherfede, Gasth. Wulff.	Gutes, altes, geräum. Gebäude (früher zum Kloster Hardehausen gehörig) 3,5 km von Scherfede, 5,5 km vom Bhf. Scherfede. Nächste Stdt. Warburg 13 km (5100 Ew.).	Kath. Kirche, Pfarre u. Schule in Scherfede, 3,5 km Chss. Ev. Kirche, Pfarre u. Schule in Rimbeck, 5 km Chaussee.	In Scherfede, 3,5 km. Amtsger. in Warburg.	Wohn. für verh. Assess. event. in Scherfede zu haben.
Rgbz. Hildesheim. (Karte 37.)					
In Neuhaus, bei Diekmann. In Silberhorn, bei Kranz.	In Neuhaus, bei Diekmann u. Riem (sehr mäß.), sonst gute Privatquartiere.	Seit 1901 neue Dienstw. i. alt. Schlosse Neuhaus. — Kreisst. Uslar (2300 Einw.) 16 km. Holzminden (9800 Einw.) 14 km.	Kirche u. Volksschule in Neuhaus. Gymn. in Holzminden und Hörter, je 14 km Chaussee.	Arzt in Holzminden, 14 km. Amtsgericht in Uslar.	Gemeindevorst.— Standesbeamter. — Unterkommen für verh. Ass. in Neuhaus zu hab.
Rgbz. Hildesheim. (Karte 37.)					
In Carlshafen, Kurhaus u. Lindenhof.	In Carlshaf., unmittelb. a. Rev. die Hotels Stunz, Müller, Wicke. In Beverungen, 4 km, Hotel Humann. In Lauenförde, Gasth. Kempe.	Altes Dienstgebäude, einzeln im Walde gelegen, an mehreren Chausseen. — Nächster Ort Derenthal, 2 km. — Carlshafen, 1800 Einw., 7 km.	Kirche in Lauenförde 7 km (Derenthal 2 km) Schule.	In Beverungen, 7 km.	Gutsvorsteher. — Wohnung für verheiratheten Ass. in Carlshafen zu haben.
Rgbz. Hildesheim. (Karte 37.)					
In Bodenfelde, „Sollinger Hof".	In Bodenfelde, „Sollinger Hof". In Schönhag., bei Gstw. Fröhlich u. Kopper, 3 km.	Allein gelegenes sehr altes, großes Schloß, 0,7 km von Chaussee, 2 km von Polier (100 Einw.) 5 km von Bodenfelde (1500 Einw.). 12 km von Uslar (2300 Einwohner).	Luth. Kirche in Schönhagen, 3 km. Dorfschule in Polier, 25 Min.	Arzt u. Apotheke in Lippoldsbg. bei Bodenfelde, 9 km, desgl. auch in Uslar, daselbst Amtsgericht.	Gutsvorsteher. Forstamtsanw.— Wohn. für verh. Ass. ev. in Bodenfelde zu haben.
Rgbz. Hildesheim. (Karte 37.)					
In Uslar, bei Spellerberg (im Sommer), im Winter bei Röwer.	In Uslar, bei Engelmarten u. Boussiliat (vorzügl. Unterkunft.)	Altes, geräumiges Dienstgeb. mit dito Wirthschaftsgebäuden in der Kreisstadt Uslar i. S. 2300 Einwohner.	Evang. Kirche und Pfarre im Ort. Kathol. Kirche in Carlshafen.	In Uslar.	Verh. Ass. kann in Uslar wohnen.

Flächengröße u. Charakter des Reviers. Vertheilg. der Hauptholzarten nach Zehnteln.	Beschaffenheit des Wegenetzes im Reviere und der sich daran schließenden Abfuhrstraßen, sowie der etwaigen Wassertransportwege. Adressen von größeren Fuhrunternehmern.	Jahresquantum der Haupt-Verkaufshölzer nach Holzarten und Sortimenten (unter Abrechnung des Lokalbedarfs).

509. Königl. Oberförsterei Harpstedt,

1983 ha. — eben, sehr parzellirt. Ki. 0,75 Ei. 0,15 Bu. 0,10	Innerhalb der Forstorte bei trockenem Wetter Wege gut fahrbar, vielfach Knüppeldämme, zum großen Theil auch Kunststr. Außerhalb der Forstorte sehr viele und meist gute Chausseen. — Fuhrleute: Georg in Harpstedt, Bauern in Baßum, in Altenmorhorst.	Schbz. Beckeln 30 fm Ki.-Grubh. 60 fm Ei.-, 3 fm Esch.-, 15 fm Bu.-Stammholz. „ Harpstedt 300 fm Ki.-Grubenh. 80 fm Ei.-Stammh. „ Hölscherholz 160 „ „ „ 60 „ „ „ „ Barkholz 30 fm Ei.-, 25 fm Bu.-Stammholz.

510. Königl. Oberförsterei Syke,

1630 ha. — eben, sehr parzellirt. Ki. 0,8 Ei. 0,1 Bu. 0,1	Viele Chausseen durchschneiden oder berühren die Forstorte, so daß die Holzabfuhr verhältnißmäßig bequem ist. — Ueberall Fuhrleute zu haben.	Unter normalen Verhältnissen wird der ganze Holzeinschlag vom Lokalbedarf in Anspruch genommen. Es können in Betracht kommen: Schbz. Hellbiek Forstort (Wedehorner Holz): 50 fm Ei.-Stammh. „ Syke 60 fm Bu.-Stammholz.

511. Königl. Oberförsterei Neubruchhausen,

1888 ha. — eben, sehr parzellirt. Ki. 0,9 Ei., Bu., Bi., Erl. 0,1	Innerhalb vielfach Knüppeldämme und Lehmkiesbahnen, außerhalb viele Chauss., die die Forstorte entweder direkt berühren, oder in Entfernung bis zu 3 km entlang laufen. — Fuhrunternehmer: Behrmann in Mallinghausen, Bauern in Staffhorst, Asendorf, Bilsen, Bruchhausen, Uepsen, Sulingen, Neubruchhausen, Affinghausen.	Schbz. Bult 100 fm Ki.-Grubh. 50 fm Ei.-, 50 fm Bu.-, 30 fm Erl., 100 fm Bi.-Stammh. „ Sudewalde 300 fm Ki.-Grubenh. „ Hardenbostel 250 „ „ „ „ Freidorf 250 „ „ „

512. Königl. Oberförsterei Memsen,

1303 ha. — eben, sehr parzellirt. Ki. 0,50 Ei. 0,35 Bu. 0,10 Erl. 0,05	Innerhalb Erdwege meist fest und gut, nur bei anhaltender Regenzeit nicht; außerhalb viele und gute Chausseen. Bei Hoya Flößgelegenheit auf der Weser. — Fuhrunternehmer in Bruchhausen, Hoya, Bauern in Eystrup.	Schbz. Diensthop (Forstort Sechsacker) 100 fm starkes, langschaftiges Ki.-Bau- und Schneideholz. „ Hassel (Alhuser Ahe) 100 fm Ei.-Schwellen- u. Grubenh.

513. Königl. Oberförsterei Binnen,

2181 ha. — eben, ca. 10% der Fläche hügel. etwas parzellirt. Ki. 0,80 Ei. 0,08 Bu. 0,06 Fi. 0,06	Mehrere Chausseen durchschneiden das Revier. Die Holzabfuhrwege sind fast überall fest; auf kurzen Strecken Knüppeldämme. — Fuhrleute: Schmeckebier in Ohle, Lüders in Wietzen.	Der Einschlag beträgt etwa: Ei. 170 fm mit 90 fm Nutzh., Bu. 550 fm mit 250 fm Nutzh. Weichh. 130 fm mit 80 fm Nutzh. Ki. 2800 fm mit 2200 fm Nutzh. (darunter einige Tausend Ki.- und Fi.-Derbstangen.) Am Gesammteinschlag ist der Schbz. Binnen mit 40%, Weberkuhle mit 25% (nur Nadelh.), Harbergen mit 35% betheiligt.

514. Königl. Oberförsterei Uchte,

1243 ha. — sehr parzell., wesentlich Na. 0,8 Bu. 0,1 Ei. 0,1	Im Wesentlichen Moordämme mit Knüppel und Faschinen befestigt, in gutem, stets passirbarem Zustand. — Bäuerliche Fuhren vermittelt der Forstschutzgehilfe Witte in Hoysinghausen bei Uchte. Für Steyerberg Bürgermeister Wohlers.	Schbz. Uchte 750 fm, davon 200 fm Buche „ Nenndorf 200 „ „ 150 „ Eiche „ Bahrenbostel 500 „ „ 100 „ „ „ Steyerberg 450 „ nur Nadelholz

515. Königl. Oberförsterei Diepholz,

1552 ha. — eben, sehr parcellirt, 22 Parzellen auf 15 Quadratmeilen.
Ki. 0,70
Fi. 0,10
Ei. 0,10
Weichh. 0,05
Bu. 0,05

Innerhalb der Forstorte gute Wege; außerhalb theilweise Chausseen, theilweise bei schlechtem Wetter schwer zu passirende Sandwege. Neue Bahn Bokum-Sulingen durchschneidet das N.-Revier (in 2 Jahren fertig.) Blockwinkel wird Haltestelle. — Fuhrleute in Diepholz, Bornstorf, Lemförde, Sulingen.

Schutzbezirk	Nutzholz (fm)				Brennholz (rm).			
	Ei.	Bu.	Wh.	Na.	Ei.	Bu.	Wh.	Na.
Rehden				200				80
Rathlosen	70	50	30	650		300		90
Dörpel				115				
Drebber	260			120	40			60
Markonah			200				40	
Neerensett	40	45	220	265	30	30	230	180

Oeffentliche Holzlicitationen finden statt in:	Unterkommen im Gasthofe f. Holzhändler, Forst-Assessoren u. Referendare in möglichster Nähe der Oberförsterei	Zustand des Oberförster-Dienstgebäudes	Wo Kirche? Wo Schule? In welcher Zeit zu erreichen?	Wo Arzt, wo Apotheke, wo Amtsgericht?	Nebenämter des Revierverwalt. Wenn ständiger Assistent vorhanden, wo wohnt derselbe?
Rgbz. Hannover. (Karte 38.)					
In Harpstedt, Gasth. von Stolze. In Colnrade, Gasth. Harms.	In Harpstedt, Hotel Pott und Gastwirthschaft von Kieselhorst, 5 Min. v. Oberf.	Aelteres kleines Haus mit größerem Garten am Osteingange des Fleckens Harpstedt (1200 Einw.) größerer Garten unmittelbar an der Chaussee. Nächste größere Stadt ist Bremen, 29 km, 163 400 Einw.	Ev. Kirche, 2 Pfarrer u. höh. Privatschule durch einen cand. theol. im Flecken. Nächste kath. Kirche in Wildeshausen, 12 km Chaussee. Gymn. in Bremen.	In Harpstedt. Amtsgericht in Bassum, 12 km.	Staatsauff. über 4 kleine Genossenschaftsforsten. Forstamtsanw.— Wohn. für verh. Ass. bei bescheid. Anspr. in Harpstedt möglich.
Rgbz. Hannover. (Karte 38.)					
In Syke, Hotel Schützenhaus. In Bassum, bei Corßen. In Fahrenhorst, bei Meyerholz.	In Syke, Hot. Schützenhaus u. Deutsches Haus (beide gut). In Bassum, Hot. Rosenbrok.	Sehr bescheid., altes Bauernhaus, Wohnhaus und Wirthschaftsgeb. unter einem Dach, 2 km vom Kreisort Syke. Räumlichkeiten beschr. — Bremen 163 400 Einw., in 35 Min. Bahnfahrt zu erreichen.	Ev. Kirche, provisor. kath. Kapelle, Volksschule u. gehobene Schule in Syke. Gymnasium in Bremen, 35 Minuten Bahnfahrt. Frühzug passend.	Arzt, Apoth., Amtsgericht in Syke.	Staatsauff. über 11 Genossenschaftsforsten. Forstamtsanw.— Gutsvorsteher.
Rgbz. Hannover. (Karte 38.)					
Staffhorst, bei Berner. Siedenburg, Deutsches Haus. Mellinghausen, bei Heinecke. Mallinghausen, bei Behrmann. Sudwalde, bei Tepe. Neubruchh., bei Tepe. Affinghausen, bei Bensemann.	In Neubruchhausen, Gasth. von Tepe (bescheiden). In Bassum (8 km) Hotel „Stadt Bremen".	Altes Geb. am Ausgange des Fleckens Neubruchhausen an der Chauss. Bassum-Sudwalde. Wohnhaus beschränkt, Wirthschaftsr. gut. Nächste Stadt Bremen in 40 Min. über Bassum (von Neubruchhausen 8 km) zu erreichen.	Luth. Kapelle und Volksschule in Neubruchhausen. Kirche in Sudwalde, 5 km. Kathol. Kirche in Twistringen 5/4 Std. (incl. 10 Minuten Bahnfahrt von Bassum) erreichbar.	In Bassum, 8 km.	Staatsauff. über 3 Genossenschaftsforsten. Forstamtsanwalt. — Verh. Assess. kann nur in Bassum (8 km) wohnen.
Rgbz. Hannover. (Karte 38.)					
In Eystrup, bei Surhoff. In Drübber, bei Hellwinkel. In Bruchhausen, bei Schulenberg. In Kl. Borstel, bei Dunekak.	In Gehlbergen bei Timke, bei besch. Anspr. (2 km v. Oberf.) In Eystrup bei Sudhoff. In Hoya, bei Runge. In Bruchhausen bei Schulenberg.	Altes in Fachwerk aufgef. Wohn- und desgl. Wirthschaftsgebäude mit beschr. Raumverhältnissen, ziemlich isolirt, 1 km vom Bahnhof Sellingsloh und der Chaussee Hoya-Bruchhausen-Vilsen entfernt. Kreisstadt Hoya (2200 Einwohner) 6 km.	Ev. Kirche, Pfarre u. Schule in Hoyerhagen, 3 km. Kath. Kirche in Verden a. d. Aller.	In Hoya, 6 km.	Staatsauff. über 10 Interessentenforsten. Wohn. f. verheir. Assess. in Hoya (6 km) erhältlich.
Rgbz. Hannover. (Karte 38.)					
In Bühren, Gasth. Schäfer. In Lemke, Gasth. Engelke. In Wietzen, Gasth. Engelke.	Einfach. Unterkommen in Oyle, Gasth. „Straßburg". Sonst in Liebenau, 2 km vom Revier und 2,5 km von Oberförsterei.	Gutes geräum. Geb. sowie ausr. Wirthschaftsr. unmittelb. am Dorf Binnen (300 Ew.) im Forstort Binnerholz gelegen, etwa 300 m fester Erdweg zur gepflast. Dorfstraße. Nächste Stadt Nienburg, 10 km, 9600 Einwohner, Kreisstadt, Bezirkscommando.	Ev. Kirche u. Pfarre im Dorf Binnen. Kathol. Gottesd. in Nienburg a. Weser, daselbst Progymn., 10 km.	In Liebenau 2,5 km. Amtsger. in Nienburg a. der Weser, 10 km.	Gutsvorsteher. — Staatsauff. über 8 gemeinschaftliche Holzungen.
Rgbz. Hannover. (Karte 38.)					
Forsth. z. „Grünen Jäger", 8 km. In Uchte, bei Dammeyer. In Bahrenbostel bei Albers. In Neudorf, bei Growermann. In Stegerberg bei Eßmüller.	Unterkommen in Uchte, sowie in jedem Orte der Umgegend mögl.	Altes Dienstgebäude im Orte Uchte, 1300 Einw. — Minden, 24300 Einw., Regierungssitz, Garnison, 1 Std. Bahnf.	Ev. Kirche u. Dorfschule in Uchte. — In Petershagen (bei Minden) 20 km von Uchte, nächste kath. Kirche. Gymn. in Minden.	In Uchte u. Stolzenau.	
Rgbz. Hannover. (Karte 38.)					
In Lemförde, bei Hollmeyer. In Rehden, bei Kahling. In Sulingen bei Nienaber. In Rathlosen, bei Brinkmann. In Blockwinkel, bei Hörmann. In Dörpel. In Barnstorf.	In Diepholz, Hotel zum Grafen. Hotel Gerke, Pattberg.	Großes, geräumiges Dienstgebäude im Kreisort Diepholz, 2900 Einw. Wirthschaftsräume nicht vorhanden, da kein Dienstland zur Stelle gehört. Osnabrück, 51 500 Einw., Regierungssitz, Landg., Garnis. 48 Minuten Bahnfahrt.	Evg. Kirche, Pfarre und Bürgerschule (Obertertia) in Diepholz. Gymnasium in Osnabrück. Kathol. Kirche in Lohne, 6 km.	3 Aerzte, Apotheke, Amtsgericht in Diepholz.	Staatsaufsicht üb. 14 Gemeindewaldungen. Forstamtsanwalt. Verheiratheter Assess. kann in Diepholz wohnen.

Sitz der Oberförsterei nebst Poststation	Entfernung des Oberförstereisitzes von der nächsten Eisenbahnstation bezw. Haltestelle. Post- und regelmäßige Reiseverbindungen auf Landwegen.	Durchschnittliche Entfernungen und ungefähre Anfuhrkosten von den einzelnen Reviertheilen für Bahn- bezw. Wassertransport, und zwar: Schutzbezirk	Entfernung bis Güterbahnhof	Anfuhrkosten pro fm M.	Entfernung bis Wasserablage	Anfuhrkosten pro fm M.

509. Königl. Oberförsterei Harpstedt, Rgbz. Hannover. (Karte 38.)

Harpstedt, Post, Kreis Syke.	14 km Chaussee nach Bassum (Bremen-Wanne). 20 km Chss. bis Delmenhorst (Oldenburg-Bremen). 12 km Chaussee bis Wildeshausen (Delmenhorst-Vechta). Von Baßum täglich 2 mal Postomnibus hin u. zurück. — Kleinbahn Harpstedt-Heiligenrode-Huchtingen, bei Bremen, ist genehmigt.	Beckeln	12 km bis Twistringen	2,50		
		Barkholz	15-20 km bis Bassum	2,50-3		
		Harpstedt (Forst. Brenner)	10 km bis „	2,00		
		(Forst. Hasenb.)	20 „ „ „	3,25		
		Hölscherh. (Beckeln.)	5-8 km b. Wildesh. 12 „ „ Twistring.	1,80-2 2,50		
		(Forst. Kieselhorst)	7—8 km desgl.	1,80		
		(Fuhrkost. gelt. für Ki., für Ei. 1/4 mehr.)				

510. Königl. Oberförsterei Syke, Rgbz. Hannover. (Karte 38.)

Syke, Post und Kreis Syke.	2 km Pflasterbahn bis Bahnst. Syke (Linie Bremen-Osnabrück), oder 1 km bis Haltestelle Friedeholz (Kleinbahn Syke-Hoya).	Hellbiek	3—5 km Erdweg und Pflasterb. b. Bassum	1—2		
		Syke	2 km Chss. bis Syke	1		
		Westermk.	3—4 km „ „ „	1		
		Heiligenrode	8—9 „ Pflast. bzw. Chss. desgl. od. Kirchweyhe	1,50		

511. Königl. Oberförsterei Neubruchhausen, Rgbz. Hannover. (Karte 38.)

Neubruchhausen, Post, (Bez. Bremen), Kreis Syke.	8 km Chss. nach Bassum (Osnabrück-Bremen). 10 km Chauss. bis Syke (dieselbe Linie). 4 1/2 km Chss. nach Heiligenfelde (Hoya-Syker Kleinbahn). 4 1/2 km, dav. 3 km Chauss. nach Uenzen (dies. Linie). Privatpost 1 mal tägl. hin und zurück nach Bassum.	Bult	20 km (dav. 18 km Chss.) b. Nienburg 10 km (dav. 8 km Chss.) bis Sulingen	4 3		
		Sudwalde	5—15 km mst. Chss. bis Sulingen 15—23 km mst. Chss. bis Bassum	3 3—4		
		Hardenbostel	17—21 km mst. Chss. bis Bassum 4—8 km bis Schwaförden	3,50 2,50		
		Freidorf	8—11 km mst. Chss. bis Bassum	2,5—3		

512. Königl. Oberförsterei Memsen, Rgbz. Hannover. (Karte 38.)

Memsen, Post und Kreis Hoya a./W.	1 km bis Bahnhof Sellingsloh der Kleinbahn Hoya-Syke-Asendorf.	Dienshop (Sechsacker)	3 km Landw. 4 km Chauss. bis Eystrup	4	4,5 km bis zur Weser (Hoya)	
		Hassel (Alhuf.-Ahe)	2 km Landw. 5 km Chauss. bis Eystrup	3,5—4	4,5 km bis zur Weser	

513. Königl. Oberförsterei Binnen, Rgbz. Hannover. (Karte 38.)

Binnen, Post Lemke, Kreis Nienburg a./W.	11 km Chauss. über Lemke nach Nienburg a./Weser. 1 mal tägl. Post hin und zurück von Nienburg über Binnen nach Liebenau, außerdem Omnibusverbindung.	Binnen	11 km Chss. u. 4 km Erdw. bis Nienburg	3,00	Die gleichen Entfernungen bis zur Weser	
		Weberkuhle	16 km Chss. u. 2 km Erdw. bis Nienburg	2,50		
		Harbergen	16 km Chss. u. 4 km Erdw. bis Nienburg	4,00		

514. Königl. Oberförsterei Uchte, Rgbz. Hannover. (Karte 38.)

Uchte Prov. Hannover, Post, Kreis Stolzenau.	Uchte ist Station der beiden Kleinbahnen: Minden-Uchte (Mindener Kreisbahn) und der Steinhuder Meerbahn Wunsdorf-Uchte.	Uchte	nahe bei Uchte			
		Nenndorf	2—4 km bis Nenndorf			
		Bahrenbostel	10—12 km bis Uchte			
		Steyerberg	6—14 km bis Nenndorf			

515. Königl. Oberförsterei Diepholz, Rgbz. Hannover. (Karte 38.)

Diepholz, Post und Kreis Diepholz.	Diepholz ist Bahnstation an der Strecke Bremen-Osnabrück (Schnellzüge halten).	Neerensett	8 km Sandw. 8 km Chss. bis Lemförde			
		Rehden	8—16 km Chauss. bis Diepholz			
		Rathlosen	6 km Sandw. bezw. 8 km Chss. b. Sulingen			
		Dörpel	8—15 km Sdw. (5 km Chauss.) bis Barnstorf			
		Drebber	8 km (halb Chauss.) bis Drebber 9 km mst. Chauss. bis Diepholz			
		Markonah	2 km Sandw., 5 km Chauss. bis Barnstorf			

Karte 38

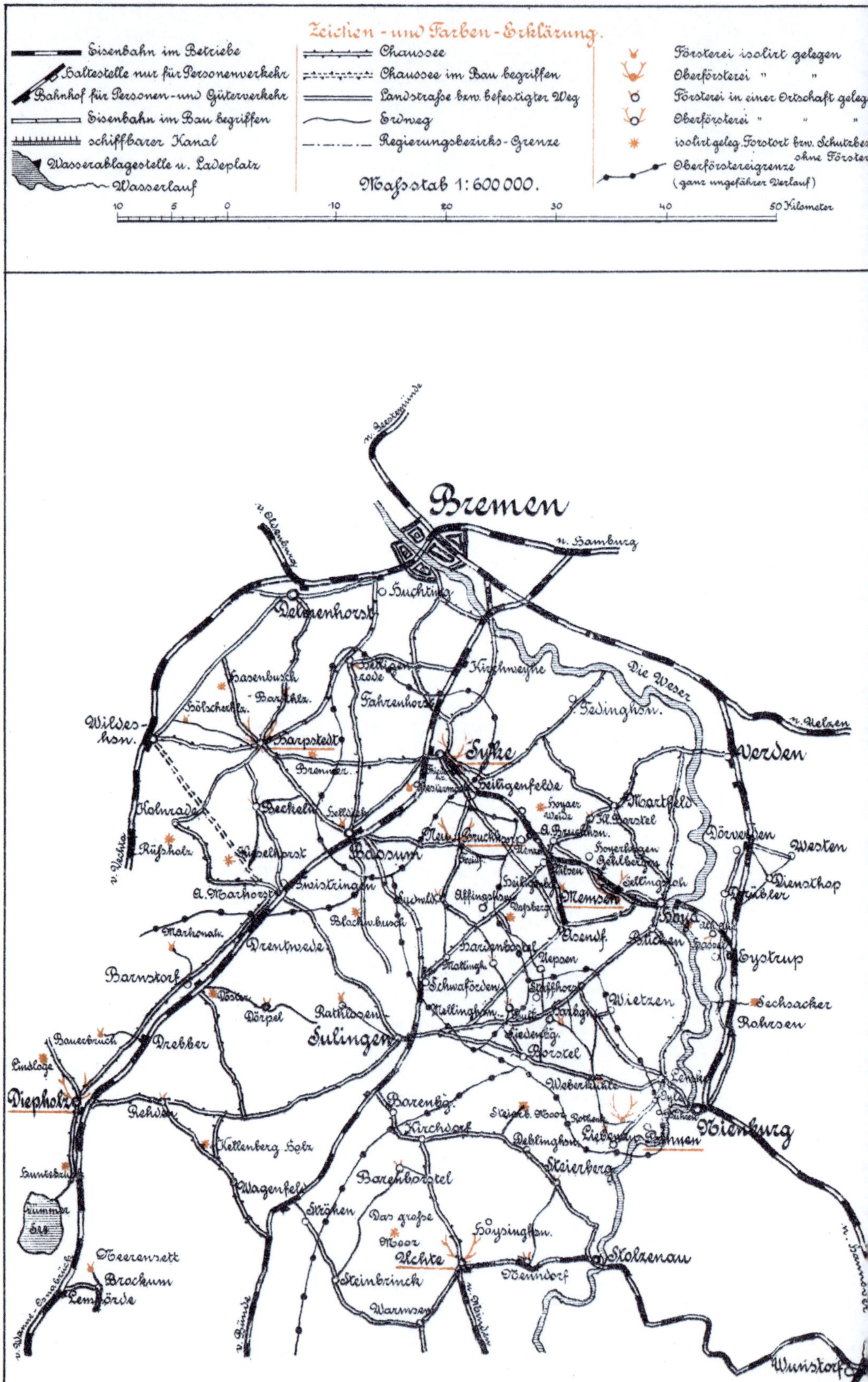

Verlag von Julius Springer in Berlin.

Karte 37

Druck d. geogr. lith. Anst. u. Steindr. v. C. L. Keller, Berlin

Müller, Forstl. Adressbuch.

Verlag von Julius Springer in Berlin.

Karte 39

Druck d. geogr. lith. Anst. u. Steindr. v. C. L. Keller, Berlin.

Sitz der Oberförsterei nebst Poststation.	Entfernung des Oberförstereisitzes von der nächsten Eisenbahnstation bezw. Haltestelle. Post- und regelmäßige Reiseverbindungen auf Landwegen.	Durchschnittliche Entfernungen und ungefähre Anfuhrkosten von den einzelnen Reviertheilen für Bahn- bezw. Wassertransport und zwar: Schutzbezirk	Entfernung bis Güterbahnhof	Anfuhrkosten pro fm M.	Entfernung bis Wasserablage	Anfuhrkosten pro fm M.
516. Königl. Oberförsterei Bederkesa, Rgbz. Stade. (Karte 39.)						
Bederkesa, Post, Kreis Lehe.	Bederkesa ist Endstation der Strecke Geestemünde-Bederkesa.	Hainmühlen	8 km mst. Chaussee bis Bederkesa; 5 km mst. Chaussee bis Geestenseth	pro fm u. pro km Chss. 0,40; Sandweg 0,50		
		Kührstedt	4 km Sdw. b. Drangst.			
		Drangstedt	nahe b. Stat. "			
		Bederkesa	2-5 km Chss. b. Bederk.			
		Whingst	3 km Sdw. b. Cadenbge.			
		Süderleda	12 km mst. Chss. bis Otterndorf			
		Nordholz	nahe b. Stat. Nordholz			
517. Königl. Oberförsterei Bremervörde, Rgbz. Stade. (Karte 39.)						
Bremervörde, Post und Kreis Bremervörde.	Bremervörde ist Station der Strecke Stade-Geestemünde. Im Bau begriffen ist die Bahn Bremervörde-Hesedorf-Buchholz.	Bevern (Falge)	4,5 km Erdw. 3,5 km Chss. bis Hesedorf	2,80	10 km mst. Chss. b. Oste (Haf. Bremervörde)	2,00
		(Bev. Wld.)	3,5 km Edw. desgl.	2,00		
		Hesedorf (Hornerholz)	2 km Edw. b. Hesedf.	2,00		
		(Höhne)	3,5 km b. Bremervörde		2,5 km desgl.	1,80
		Elm	8,5 bezw. 12 km mst. Chss. b. Hesedorf, bzw. Bremervörde	2—3		
		Himmelpf. (Kackener Holz)	9,5 km mst. Chss. bis Himmelpfort	2,50		
		(Villah)	8 km desgl.			
518. Königl. Oberförsterei Harsefeld, Rgbz. Stade. (Karte 39.)						
Harsefeld, Post, Kreis Stade.	0,5 km bis demnächstige Station Harsefeld (Bremervörde-Harsefeld-Buchholz). — Omnibus 11 km gute Chaussee nach Station Horneburg (Cuxhaven-Harburg).	Hollenbeck	7 km z. Th. Chaussee bis Harsefeld	0,6—4		
		Harsefeld	wie vor			
		Neukloster O.	3 km mst. Chaussee bis Buxtehude	1,50 bis 3,00		
		Neukloster W.	6 km mst. Chaussee bis Horneburg			
		Rüstje	6 km meist Erdweg bis Horneburg	1,5—3		
519. Königl. Oberförsterei Kuhstedt, Rgbz. Stade. (Karte 39.)						
Kuhstedt, Post Gnarrenburg, Kreis Bremervörde.	14 km (davon 12 km Chaussee) nach Oerel (Bremervörde-Geestemünde); 16 km Chaussee nach Oldenbüttel (Bremen-Geestemünde), oder 17 km Chauss. bis Stubben (Schnellz.). Privatpost 1mal täglich hin und zurück nach Bremervörde, nach Oldenbüttel und nach Stubben.	Forstorte bei Kuhstedt	10—13 km mst. Chss. bis Oerel	3,00		
		Hallah	10 km Edw. b. Stubb.	2,75		
			15 km mst. Chauss. bis Oldenbüttel	3,50		
		Steden	7 km Erdweg bis Stubben	2,75		
			4 km Erdweg bis Lübberstedt	2,00		
		Hinzel	2 km Erdw. bis Oerel und Heinschenwall	1,50		
		(Wachholz)	4 km mst. Chss. b. Stubb.	2,00		
		(Augustendf.)			1 km bis Hamme-Can.	
520. Königl. Oberförsterei Axstedt, Rgbz. Stade. (Karte 39.)						
Hagen, Post, Bezirk Bremen, Kreis Geestemünde.	12 km Chaussee nach Stubben (Linie Bremen-Geestemünde), Personenpost 2mal täglich hin und zurück.	Elm	8—12 km Chauss. bis Osterh.-Scharmbeck und Burglesum	3,00		
		Düngel	16 km Chss. b. Blumenth.	4,00		
		Wolthöfen	2 " " " Lübberst.	2,00		
		(Seeb.-Ohe u. Hollen. Heide)	2—6 km meist Erdw. bis Stubben	2—3		
521. Königl. Oberförsterei Zeven, Rgbz. Stade. (Karte 39.)						
Zeven, Post und Kreis Zeven.	22 km Chss. b. Scheessel, 24 " " " Rotenbg. (Schnellz.) } Linie Brem.-Hamb. 25 " " " Bremervörde (Geestemünde-Stade). Post 1mal tägl. nach allen 3 Bahnh. und zurück. 17 km bis Endstation Tarmstedt der Kleinbahn von Bremen.	Stapel	12 km meist Chaussee bis Ottersberg	2,50		
		Hepstedt	20 km desgl.	3,00		
		Zeeven	28—33 km mst. Chss. bis Ottersberg	3,50 bis 4,00		
		Heeslingen	25—30 km desgl. bis Rotenb. od. Scheessel			
523. Königl. Oberförsterei Rotenburg, Rgbz. Stade. (Karte 39.)						
Rotenburg, Post und Kreis Rotenburg.	0,5 km Landweg bis Bahnhof Rotenburg (Linie Bremen-Hamburg). Schnellzüge halten.	Lindhoop	0,5—4 km Chauss. bis Kirchlinteln	1,00		
		Visselhöv.	2—3 km bis Visselhöv.	1,00		
		Wedehof	6 km Chss. u. 6 km Ldw. bis Verden	4,00		
		Spange	10 km Chss. desgl.	3,00		
		Trochel	11 km Chss. b. Rotenbg.	4,00		
		Grafel	6 " (1/2 ") " "	3,00		
		Ahe	im Schbz. Bhf. "	1,50		
		Luhne	6 km Chss. bis "	2,00		
523. Königl. Kloster-Revierförsterei Burgsittensen, Rgbz. Stade. (Karte 39.)						
Calbe, Post Sittensen, Kreis Zeven.	18 km (davon 16½ km Chss.) nach Scheessel. Von Sittensen (3½ km von Revierförsterei) nach Scheeßel, täglich 2mal Fahrpost.	Burgsittensen	20 km Chaussee bis Scheessel	5,00		
			18—21 km Chss. bis Tostedt	3—5		
		Thörenwald	20 km mst. Chss. b. Buxtehude; 18 desgl. b. Tostedt	5,00		

Flächengröße u. Charakter des Reviers. Vertheilg. der Hauptholzarten nach Zehnteln.	Beschaffenheit des Wegenetzes im Reviere und der sich daran schließenden Abfuhrstraßen, sowie der etwaigen Wassertransportwege. Adressen von größeren Fuhrunternehmern.	Jahresquantum der Haupt-Verkaufshölzer nach Holzarten und Sortimenten (unter Abrechnung des Lokalbedarfs).

516. Königl. Oberförsterei Bederkesa,

6219 ha. — eben, sehr parzellirt. Na. 0,8 Ei. 0,1 Bu. 0,1

Innerh. gute Wege, vielfach Knüppeld., innerh. u. außerh. gute Chausseeverbind. mit Elbmündung durch schöne Klinkerchaussee, mit der Geeste durch gute Steinschlagchaussee. Schiffstransport für einige Forstorte auf dem Hadelner Kanal, welcher Elbe- u. Wesermünd. verbindet. — Fuhrl. Kroos u. Koch in Bederkesa, Bauern in Cadenberge und Fickmühlen.

Schutzbezirk	Stammholz (fm) stark Ei.	Bu.	Na.	mittel Ei.	Bu.	Na.	schwach Ei.	Bu.	Na.	Grubh. (fm) Na.
Hainmühlen				80		200				250
Kührstedt									200	300
Drangstedt		20		100					300	600
Bederkesa		20		150					300	300
Whingst					10		600		300	700
Süderleda									250	
Nordholz									100	

517. Königl. Oberförsterei Bremervörde,

3191 ha. — eben, parzell., 17 größere Parzellen. Na. 0,58 Ei. 0,25 Bu. 0,16 A. L. 0,01

Innerh. vielfach Knüppeld. dann meistens kurze Strecken Erdwege bis zu den gut unterh. Chauss. Oste schiffbar, Hafenabl. in Bremervörde. — Fuhrl. Michaelis in Hesedorf; Borchers, Busch, Tiedemann in Bremervörde; Bauern in Bevern, Himmelpforten und Elm.

Schbz. Bevern 60 fm Ei.-, 100 fm Bu.-Stamh. 600 fm Ki.-Grbh.
„ Hesedorf 180 „ „ 150 „ „ „ 700 „ „ „
„ Elm 20 „ „ 30 „ „ „ 250 „ „ „
„ Himmelpf. 60 „ „ 50 „ „ „

518. Königl. Oberförsterei Harsefeld,

1794 ha. — meist eben, z. Th. hügel., 5 gr. Parzell. u. 3 kl. Parz. Na. 0,6 (Ki.) Ei. 0,3 Bu. 0,1

Alle Revierth. unweit guter Chauss. bezw. Landstr., innerh. der einzelnen Forstorte vorw. Erdwege, z. Th. Knüppeld. je nach Jahresz. gut oder schlecht fahrbar. Zum Weitertransp. von Buxtehude ab auch die schiffbare Este, von Horneburg ab die schiffb. Lühe benutzbar.

Schutzbezirk	Stammh. (fm) Ei.	Bu.	Ki.	Brennh. (fm) Ei.	Ki.	Bu.	Grubh. (fm) Ei.	Ki.
Hollenbeck	200	300	600		100	500		
Harsefeld	100		700					
Neukloster	300	150	700			200		
Rüstje			400	100	180		300	450

519. Königl. Oberförsterei Kuhstedt.

3608 ha. — eben, sehr parzellirt. Ki. 0,7 Fi. 0,1 Ei. 0,1 Bu. 0,1

Innerh. der Forstorte vielfach Knüppeldammbahnen, außerh. viele u. gute Chauss. Oste-Hammekanal für Moorforstorte bei Augustendorf. — Fuhruntern. Röver in Kuhstedt, Bodenstab in Steven, Hölling in Malse, Bauern in Hepstedt.

Schbz. Kuhstedt 300 fm Ki.-Stammh. 500 Stck. Fi.-Derbholzst.
„ Hallah 100 „ Ei.-, 100 fm Bu.-Sth. 500 fm Ki.-Grbh.
„ Steden 50 rm Na.-Brennh. 150 „ „ „
„ Wachholz 25 „ Ei.- 50 fm Bu.-Stammh.
„ Hinzel 50 „ „ 400 „ Na.- „ 1500 „ „
1500 Stck. Fi.-Derbholzst. 350 rm Na.-Brennh.

520. Königl. Oberförsterei Arstedt,

1991 ha. — eben, sehr parzellirt. Ki. 0,6 Fi. 0,2 Ei. } 0,2 Bu. } 0,2

Im Revier meist mäßige Erdwege und im Schbz. Wolthöfen die wichtigsten Strecken zur Hälfte gehärtet. Außerh. des Reviers größtentheils Chaussee. — Ueber Fuhrunternehmer geben die Förster Auskunft.

Schutzbezirk	Stammh. (fm) Ei.	Bu.	Bauh. (fm) Ki.	Fi.	Grbh. Ki.	Brennh. Ki.
Elm	100	50	100		250 fm	150 rm
Düngel			200	100	200 „	100 „
Wolthöfen		50	50	300	200 „	150 „
Forstorte Seeb. Ohe u. Hollener Heide		50	50		100 „	50 „

521. Königl. Oberförsterei Zeven,

1717 ha. — eb., sehr parz. Ki. 0,6 Ei. 0,2 Bu. 0,1 Fi. 0,1

Innerh. der Forstorte Wege gut, viel Knüppeldämme, außerh. viele, meist gute Chausseen. — Fuhrunternehmer Heins und Klindworth, beide in Zeven.

Schbz. Stapel 500 fm Ki.-Stammh. 80 fm Ei.-, 750 fm Ki.-Grbh.
„ Hepstedt 100 „ Ei.-, 200 fm Bu.-Stmh. 200 rm Bu.-Rollh.
„ Zeven 100 „ „ 500 „ Ki.-Grubh. 400 fm Ki.-Stmh.
„ Heeslingen 50 „ „ 50 „ „ Stammh. 200 „ „ Grubh.

522. Königl. Oberförsterei Rotenburg,

3806 ha. — eben, sehr parzellirt. Ki. 0,6 Ei. 0,2 Fi. 0,1 Bu. 0,1

Innerh. der Forstorte feste Wege, z. Th. Knüppeldämme, außerhalb viele und gute Chausseen. — Fuhruntern. in Rotenburg, Seekamp, Wischmann, Delventhal, Besitzer in Verden, in Langwedel, in Völkersen.

Schutzbezirk	Grubh. (fm) Ei.	Na.	Rollh. Bu.	Drbst. Na.	Brnh. Bu.	Stammh. (fm) Na.	Ei.
Lindhoop	40	80	200 rm	1000	300rm		
Visselhövede						50	
Wedehof	40	80	160 „	800	250 „		
Spange				1000			
Trochel		100					
Ahe	50	150					
Luhne	200	400	150 „		300 „	500	100
Grafel	100	300		1000		200	100

523. Königl. Kloster-Revierförsterei Burgsittensen,

2017 ha. — eben, sehr parzellirt. Ki. 0,59 Ei. 0,19 Fi. 0,17 Bu. 0,05

In den Forsten haben die Hauptwege meistens Knüppel- u. Faschinen-Unterlage, außerh. sind gute Chausseen bald erreicht. Fuhrleute Foht in Tostedt, Dammann in Apensen u. Dallmann in Sauensiek, Böttcher in Buxtehude.

Schbz. Burgsittensen 50 fm Ki.-Stammholz.
„ Thörenwald 50 fm Ei.-, 60 fm Bu.-, 500 fm Fi.-, 100 fm Ki.-Stammh. 150 rm Bu.-Schichtnutzh. 600 rm Bu.-Brennh. 4000 Stck. Fi.-Derbholzst. 2000 Stck. Reiserholzst.

Oeffentliche Holzlicitationen finden statt in:	Unterkommen im Gasthofe f. Holzhändler, Forstassessoren u. Referendare in möglichster Nähe der Oberförsterei	Zustand des Oberförster-Dienstgebäudes	Wo Kirche? Wo Schule? In welcher Zeit zu erreichen?	Wo Arzt, wo Apotheke, wo Amtsgericht?	Nebenämter des Revierverwalt. — Wenn ständiger Assistent vorhanden, wo wohnt derselbe?
Rgbz. Stade. (Karte 39.)					
Bederkesa, Stadt Hannover. Drangstedt, Hotel Bellavista. Kürstedt, Gastwirth Hildebrandt. Whingst, Gasthof Katt. Hainmühlen, bei Scheper in Köhlen.	In Bederkesa, Gasth. v. Müller (Hot. Hannover) und Baum. — Für längeren Aufenthalt auch Privatwohng.	Sehr schönes älteres, einstöckiges Dienstgebäude am See, am Nordrande des Fleckens Bederkesa (1500 Einw.) Großer Garten. Zugangswege gepflasterte Ortsstraße. Die nächsten Orte sind die zusammenh. Städte Geestemünde-Bremerhaven-Lehe, zusammen 64700 Einwohner.	Ev. luth. Kirche im Orte, desgl. Volksschule u. Seminarübungsschule. Realschule II in Geestemünde, Gymnas. in Bremerhav. Schulbes. per Bahn (1St.) wegen ungünstiger Fahrzeit nicht mögl.	3 Aerzte, 1 Apotheke im Orte. — Amtsgericht in Lehe.	Staatsaufsicht über 2 Interessentenforsten. — Assistent nur zeitweise vorhand. Derselbe könnte, wenn verheirath., in Bederkesa wohnen.
Rgbz. Stade. (Karte 39.)					
In Bremervörde, im Schützenhause. In Himmelpforten, bei Hancken.	In Bremervörde, Hotel Daetz u. Bahnhofs-Hotel.	Altes, jedoch geräumiges Dienstgebäude in der Mitte der Stadt Bremervörde, Kreisstadt, 3500 Einwohner. — Bremerhaven in 1½ stünd. Bahnf. zu erreichen.	Ev. Kirche u. Pfarre und Rectoratsschule in Bremervörde. — Gymn. in Bremerhaven.	3 Aerzte, 1 Apotheke Amtsgericht und Landrathsamt im Orte.	Forstamtsanw. — Verh. Ass. könnte in Bremervörde wohnen.
Rgbz. Stade. (Karte 39.)					
In Harsefeld. In Neukloster. Im Sandkrug, bei Helmste.	In Harsefeld, einige Gasthöfe, verhältnißmäßig gutes Unterkommen bietend.	Ausreichendes Wohnhaus, altes Gebäude, in Harsefeld, 1200 Einwohner. Neubau eines Wirthschaftsgebäudes in Aussicht. Nächste Stadt Stade, 17 km, 10500 Einwohner, und Buxtehude, 15 km, 3600 Ew.	Luth. Kirche und Pfarre nebst Volksschule in Harsefeld. In Stade Gymnas., i. Buxtehude Realprogymnasium.	Aerzte und Apotheke in Harsefeld. Amtsgericht in Buxtehude.	Forstamtsanw.
Rgbz. Stade. (Karte 39.)					
In Kuhstedt, bei Ahrens, Sterzenbach u. Bullwinkel. In Beverstedt, bei Seedorf. In Oerel, Bahnhofswirthschaft.	Bei bescheidenen Ansprüchen in Kuhstedt, bei Sterzenbach, 1 km; sonst bei Timcke in Gnarrenburg, 3,5 km.	Sehr gefälliges neueres Dienstgebäude, zweistöckig (nicht nach Schema), 1 km vom Dorf Kuhstedt (400 Einw.), an der Chaussee Oldenbüttel-Kuhstedt-Bremervörde, Wohn- und Wirthschaftsräume hinreichend Platz bietend. Nächste Stadt Bremervörde, 3500 Einwohner, 19,2 km.	Ev. Kirche u. Pfarre im Dorf. Kathol. Gottesd. in Gnarrenburg. Gymnasium in Geestemünde, in zweistünd. Landweg bis Oerel, und von da in 50 Minuten Bahnfahrt erreichb.	Arzt u. Apotheke in Gnarrenburg, 3,5 km, Amtsgericht in Bremervörde.	Verheir. Assessor kann bei bescheid Ansprüchen vielleicht in Gnarrenburg, 3,5 km, Unterkommen finden.
Rgbz. Stade. (Karte 39.)					
In Axstedt, bei Brünjes. In Hülseberg bei Mehrtens. In Meyenburg, bei Wersebe.	Gutes Unterkommen bei den Gastwirthen Segelken und Lünstedt in Hagen.	Sehr geräumiges altes Amtsgebäude in befriedigendem Zustande, im Dorfe Hagen, 800 Einwohner. — Bremerhaven, 20300 Einw. 20 km Chaussee direct oder 12 km Chaussee bis Stubben, und von hier in 23 Min. Bahnf. erreichb.	Ev. Kirche u. Pfarre nebst guter Volksschule in Hagen. Gymnasium in Bremerhaven, 20 km.	In Hagen.	Forstamtsanw.
Rgbz. Stade. (Karte 39.)					
In Zeven, bei Grote. In Steinfeld, Gasth. Röhrs.	In Zeven, bei Grote, allenfalls bei Weidenhöfer.	Dienstwohnung wird neu gebaut am Rande des Kreisortes Zeven, 1500 Einw., dicht am Forstort Ahe. Wirthschaftsräume beschränkt.	Ev. Kirche, Pfarre und Schule in Zeven. Gymnas. in Bremen.	In Zeven.	Verheir. Assessor könnte voraussichtlich in Zeven wohnen.
Rgbz. Stade. (Karte 39.)					
In Rotenburg, Altwein's Hotel. In Kirchlinteln, bei Köster. In Wedehof, bei Hemsoth.	Im Flecken Rotenburg Altwein's Hotel. Bolling's Hotel, allen Ansprüchen genügend.	Altes, großes Dienstgebäude im Walde, 1 km vom Kreisort Rotenburg (2600 Einwohner), nahe der Bremen-Hamburger Bahn. Wirthschaftsräume unzureichend. Bremen in 35 Min., Hamburg in ¾ Std. Bahnf. erreichbar.	Ev. Kirche u. Pfarre im Orte, kathol. in Bremen u. Verden, Gymnasien in Verden, Bremen, Harburg, Hamburg (Verden, 2 Stunden Wagenfahrt).	2 Aerzte, Apotheke, Amtsgericht in Rotenburg.	Forstamtsanw. — Ständiger Assist. zur Zeit verheirathet, wohnt in Rotenburg.
Rgbz. Stade. (Karte 39.)					
In Burgsitten, Inspektorenhaus. In Kuhmühlen, Behrens' Gastwirthschaft. In Ramshausen, Damman's Gastwirthschaft.	In Gr. Sittensen, bei Gastw. Kaiser, 3½ km.	Altes Dienstgeb. in Calbe. Nächste Stadt Buxtehude, 3600 Einwohner, 24 km von Calbe.	Kirche in Sittensen, Luther. Schule im Orte. Höhere Schulen in Stade und Lüneburg.	In Sittensen, 3½ km. Amtsgericht in Zeven, 20 km.	Administrator von Gutswiesen

Flächengröße u. Character des Revieres. Vertheilung der Hauptholzarten n. Zehnteln.	Beschaffenheit des Wegenetzes im Reviere und der sich daran schließenden Abfuhrstr., sowie der etwaigen Wassertransportwege. Adressen von größeren Fuhrunternehmern.	Jahresquantum der Haupt-Verkaufshölzer nach Holzarten und Sortimenten (unter Abrechnung des Lokalbedarfs).

524. Königl. Oberförsterei Ershausen.

3364 ha. — gebirgig, 5 zl. zerrissene Complexe. Bu. 0,80 Na. 0,15 Ei. 0,05

Wegenetz im Ausbau begriffen. Chausseen durchqueren einzelne Reviertheile und verbinden die Ortschaften am Revier. Durch genehmigte Eisenbahn Treffurt-Eisenach resp. Eschwege wird Haltestelle Frieda errichtet. — Fuhrleute Aschenbach in Wachstedt, Reinhardt in Martinfeld, Bein in Wilbrich, Hemming in Gr.-Barthof.

Schutzbezirke	Langholz (fm) Ei.	Bu.	Bi.	Esch. Ah.	Rollh. (fm) Bu.	Grubh. (fm) Ei.	Ki.
Faulungen							200
Kloſt. Zella		180					
Lengenfeld	40					30	
Greifenstein	60	150	20			150	
Wachstedt		450		60	400		
Martinfeld		200		25	300		
Gr.-Bartloff		350		50	350		
Lengenberg		120			200		

525. Königl. Oberförsterei Allendorf,

1886 ha. — gebirgig, parzellirt. Ei. 0,5 Bu. 0,4 A. L. 0,1

Wegenetz ist auf 3—4 m Breite ausgebaut. Die alten Chausseen sind meist sehr steil; Abfuhr daher schwer. — Fuhrleute in Asbach bei Allendorf, in Oberrieden u. Hundelshausen bei Witzenhausen.

Schbz. Allenstein 40 fm Ei.-Stammh.
" Hundelshausen 120 " " " 30 fm Bu.-Stammh.
" Oberrieden 80 " " " 50 " " "
10 " Esch.- " 10 " Ah.- "
" Wendershausen 150 " Ei.- " 50 " Bu.- "
" Halbemark 30 " " "

526. Königl. Oberförsterei Witzenhausen,

2744 ha. — gebirgig, zerrissen, aber zusammenh., nur Ermschw. isolirt. Bu. 0,5 Fi. 0,3 Ei. 0,1 Ki. 0,1

Innerh. des Reviers Erdwege, außerhalb befest. Sandwege bezw. Chauss. — Fuhrunterm.: Schäfer in Großalmerode, Speck, Zapfe, Apel in Witzenhausen, Bauern in Hundelshausen und Dohrenbach.

Schbz. Querenberg 50 fm Ei.-Stammh. 200 fm Ei.-Grubh. 100 fm Fi.-Bauh.
" Großalmerode 50 fm Ei.-Grubh.
" Steinberg 100 fm Fi.-Bauh.
" Roßbach 200 fm Bu.-Stammh. 50 fm Ei.-Stammh.
" Ermschwerd 50 fm Bu.-Stammh. 150 fm Ei.-Stammh.

527. Königl. Oberförsterei Oberkaufungen,

3487 ha. — stark hügel., meist zushgd. Bu. 0,4 Fi. 0,4 Ei. 0,1 Ki. 0,1

Im Reviere meist gute Erd- und vielfach auch Steinwege. Außerh. des Reviers gute Straßen. — Fuhrl.: Steitzel, Barchfeld u. Müller in Helsa, Becker, Hering u. Landefeld in Oberkaufungen.

Schutzbez.	Stammh. (fm) Ei.	Bu.	Bi.	Kleinbauh. Ei. (fm)	Drbst. Ei.	Nutzh. (rm) Bu.	Grubh. Ei. (fm)
Wickenrode		50		500	2000	300	
Helsa		100		500	2000	200	
Buntebock	100	100	30	400	2000	200	
Oberkauf.	200	50	10				
Rottebr.	300		20				50
Zollhaus	150						100

528. Königl. Oberförsterei Wellerode,

3846 ha. — hügelig, ziemlich zusammenhängend. Bu. 0,4 Fi. 0,3 Ei. 0,2 Ki. 0,1

Landstr. und Waldchauss. gut. Außerhalb sind die Erdw. bei nassem Wetter schwierig zu passieren. — Fuhrleute in Vollmarshausen, Wellerode, Wattenbach, Wollrode, Dörnhagen, Eschenstruth und Helsa.

Schbz. St. Ottilien
" Wellerode O.
" W.
" Vollmarshauſ.
" Wollrode
" Crumbach
" Dörnhagen

} 600 fm Ei.-, 200 fm Bu.-, 20 fm Erl.-, 500 fm Fi.-, 200 fm Ki.-Stammh., 400 fm Ei.-, 900 fm Ki.-Grubh., 130 fm Bu.-, 50 fm Erl.-Schichtnutzholz.

529. Königl. Oberförsterei Kirchditmold,

2588 ha. — bergig, sonst zieml. arrond. Bu. 0,4 Ei. 0,2 Fi. 0,2 Hute 0,2

Wegenetz im ganzen Revier so ziemlich durchgeführt, auch die schlechteren Stellen der Holzabfuhrwege meist mit Steinbahn versehen. Außerhalb Chausseen und chauss. gute Wege.

Schbz. Nordshausen 70 fm Ei.-, 20 fm Bu.-Stammh. 25 fm Bu.-Schichtnutzholz.
" Wahlersh. 20 fm Ei.-, 50 fm Bu.-, 2000 fm Fi.-Stammh.
" Elgershausen 700/800 fm Fi.-, 10 fm Bu.-Stammh. 70 fm Bu.-Schichtnutzholz.
" Kirchditmold 300 fm Fi.-, 50 fm Ei.-Stammh.
" Weimar 15 fm Ei.-, 10 fm Fi.-Sth. 10 fm Bu.-Schichtnutzh.
" Harleshausen 50 fm Ei.-, 50 fm Ei.-Schichtnutzh.

530. Königl. Oberförsterei Ehlen,

1891 ha. — gebirgig, 5 Parzellen. Bu. 0,7 Fi. 0,2 Ei. 0,1

Chausseen durchziehen die einzelnen Reviertheile, welche gute Waldwege haben. — Fuhrleute sind im Dorfe Ehlen zu haben.

Schbz. Ehlen 30 fm Bu.-, 20 fm Fi.-Stammh. 400 rm Bu.-Brennholz.
" Dörnberg 800 rm Bu.-Rollholz, 2000 rm Bu.-Brennh.
" Delshausen 20 fm Ei.-, 100 fm Fi.-Stammh. 400 rm Bu.-Brennholz.
" Wenigenhasungen 30 fm Ei.-, 100 fm Fi.-Stammh.

531. Königl. Oberförsterei Naumburg,

1275 ha. — z. Th. hügel., z. Th. gebirg., parzellirt. Bu. 0,5 Fi. 0,2 Ki. 0,2 Ei. 0,1

Holzfuhrleute wohnen in Naumburg, Ippinghausen, Philippinendorf.

Schbz. Nothfelden 25 fm Ei.-, 10 fm Bu.-Stmh. 25 fm Ei.-Grbh.
" Wiesebeck 25 " " 10 " " " 55 " " 50 fm Ki.-Grubh.
" Naumburg 10 fm Bu.-Stammh. 50 fm Ki.-Grubh.
" Ippinghausen 10 fm Bu.-Stammh. 50 fm Ei.-, 50 fm Ki.-Grubh. 2500 Stck. Fi.-Derbstangen.

Oeffentliche Holzlicitationen finden statt in	Unterkommen im Gasthofe f. Holzhändler, Forst-Assessoren u. Referendare in möglichster Nähe der Oberförsterei	Zustand des Oberförsterdienst-Gebäudes	Wo Kirche, wo Schule? In welcher Zeit zu erreichen?	Wo Arzt, wo Apotheke, wo Amtsgericht?	Nebenämter des Revierverwalt. Wenn ständiger Assistent vorhanden, wo wohnt derselbe?
Rgbz. Erfurt. (Karte 40.)					
In Ershausen, Handelsholztermine (ausnahmsweise in Wachstedt.)	In Ershausen, bei Hochhaus. In Geismar, 3 km, bei Hübenthal. In Lengenfeld, 6 km, im Hotel Grundmann.	Aelteres massives Wohnhaus, in Folge neuen massiven Stockwerks schön und geräumig, am S.-Ausgange des Dorfes Ershausen (900 Einwohner). Heiligenstadt, 19 km, Kreisstadt (7300 Einw.), gebirg. Weg. Eschwege (11 100 Einwohner), 15 km Thalchaussee.	Ev. Kirche u. Pfarre in Gr. Töpfer, 4 km. Kath. Kirche am Ort. Desgl. kath. Schule.	Arzt u. Apotheke am Orte. Amtsgericht in Heiligenstadt.	Amtsvorsteher. Forstamtsanw. (ohne Wahrnehmung der Termine). — Wohnung für verheir. Assessor schwierig zu beschaffen.
Rgbz. Cassel. (Karte 40.)					
Nutzholzverkauf findet in Witzenhausen, im Hotel „König von Preußen" statt.	In Allendorf, Hot. Beurmann.	Dienstwohnung ein 400 Jahre altes kleines Schloß, viele Räume, wirthschaftlich unbequem, an der alten Stadtmauer gelegen, in Allendorf, sehr altes Städtchen (2800 Einw.), daneben Soolbad Sooden.	Reform. Kirche, 2 Pfarrer und Privatschule bis Obertertia am Ort.	Am Ort.	Forstamtsanw. — In Allendorf u. Sooden Wohnungen jeder Art zu haben.
Rgbz. Cassel. (Karte 40.)					
In Witzenhausen, Hotel „König von Preußen". In Großalmerode, Gasth. zum Bilstein.	In Witzenhausen, Hot. zum goldenen Löwen u. König von Preußen. In Großalmerode, 14 km, Gasthof zum Bilstein.	Sehr schönes neues Dienstgebäude am Südausgange der Stadt Witzenhausen (3500 Einwohner), Kreisstadt, Colonialschule; an der Chaussee Witzenhausen-Großalmerode gelegen.	Ev. Kirche u. Pfarre, sowie kath. Gottesdienst in Witzenhausen. Gymnasium in Hann. Münden, mit Frühzug in 28 Minuten erreichbar.	In Witzenhausen.	Staatsauff. über Stadtw. Witzenhausen, 11 Gem.-, bzw. Interessent.-Waldg. (1072 ha) Forstamtsanw. — Verheirath. Assess. könnte in Witzenh. wohnen.
Rgbz. Cassel. (Karte 40.)					
In Oberkaufungen, bei P. Riemann.	In Oberkaufungen, bei P. Riemann.	Neueres schönes Dienstgebäude am Rande der Ortschaft Oberkaufungen, 2200 Einwohner, an der Straße zum Bahnhof. — Cassel, 106 000 Einw., in 35 Min. Eisenbahn- und electrischer Bahnfahrt erreichbar.	In Oberkaufungen; Gymnas. in Cassel, Bahnverbindung, aber kein passender Frühzug vorhanden.	In Oberkaufungen.	Forstamtsanw. Gutsvorsteher. — Verheirathet. Ass. könnte event. in Oberkaufungen Wohnung finden.
Rgbz. Cassel. (Karte 40.)					
In Waldau, Gasth. Jägerhof.	In Cassel, 4 km, Hotel Schirmer, Hotel Golze. In Waldau, Jägerh. In Vollmarshausen, 6 km. In Wellerode, 8 km.	Altes, geräumiges Dienstgeb. mit neuem Anbau an Landstraße im Dorfe Waldau. Nächste Stadt Cassel, 4 km Chaussee, 106 000 Einwohner, Garnison, Regierungssitz, Oberlandesgericht.	Ev. Kirche u. Schule im Dorf. Höh. Schulen in Cassel, am besten zu Fuß $^3/_4$ Std. od. per electr. Bahn von Bettenhausen ($2^1/_2$ km) ab, erreichb.	In Oberkaufungen und Cassel, 4 km.	Gutsvorsteher. — Wohnung f. verheiratheten Assess. z. Zt. zu Waldau, Gasthof Jägerhof, zu haben.
Rgbz. Cassel. (Karte 40.)					
In Wahlershausen, Gästh. Wimmel. In Harleshausen, bei Führer. Am Baunsberge, bei Keim.	Gute Gasthöfe in Kirchditmold, Wahlershausen, Wilhelmshöhe und in Cassel.	Sehr altes Wohnhaus im Dorfe Kirchditmold mit neueren Wirthschaftsräumen. Garten am Hause; 4 km nach Cassel, z. Th. electrische Bahn.	Ev. Pfarre u. Schule am Orte. Höhere Schulen in Cassel, 4 km	Arzt am Orte. Apotheke in Cassel, desgl. Amtsgericht.	Gutsvorsteher. Zugehör.: 8 Gemeinde- u. Interessentenwaldung. — Verh. Assessor findet in Kirchditmold u. Wahlershauf. Wohng.
Rgbz. Cassel. (Karte 40.)					
In Ehlen, Gastw. Schmelz.	Besichtigung der Schläge pflegt von Cassel aus zu geschehen, daselbst Schirmer's Hotel, Hot. z. Ritter. Auch in Zierenberg.	Neues Gebäude vom Jahre 1891 im Dorfe Ehlen, nördlich am Eingange gelegen. 18 km gute Chaussee bis Cassel, 106 000 Einwohner.	Ev. Kirche in Ehlen, Gymnasium in Cassel.	Arzt u. Apotheke in Zierenberg, 5 km.	Zugehör.: Stadtwald Zierenberg (800 ha) und 8 Gemeindeforsten (zus. 558 ha). — Verh. Assess. kann in Zierenberg wohnen.
Rgbz. Cassel. (Karte 40.)					
In Ippinghausen, bei Pfeifferling. In Ehringen, bei Kuhaupt.	In Naumburg, Gasthöfe „Stadt Cassel" u. „Hess. Hof."	Altes, aber wohnliches und geräumiges Dienstgebäude ca. 200 m vom Städtchen Naumburg, 1300 Einwohner, 100 m von der Chaussee isolirt gelegen. Wirthschaftsräume ausreichend.	Ev. u. kath. Kirche u. Pfarre, sowie Schule in Naumburg. Höh. Schulen in Cassel, ca. 25 km Chaussee.	In Naumburg.	Forstamtsanw. dazu 13 Gemeindewaldg. — Für verheiratheten Assess. Wohnung in Naumburg erh.

Sitz der Oberförsterei nebst Poststation	Entfernung des Oberförstereisitzes von der nächsten Eisenbahnstation bezw. Haltestelle. Post- und regelmäßige Reiseverbindungen auf Landwegen	Durchschnittliche Entfernungen und ungefähre Anfuhrkosten von den einzelnen Reviertheilen für Bahn- bezw. Wassertransport und zwar: Schutzbezirk	Entfernung bis Güterbahnhof	Anfuhrkosten pro fm M.	Entfernung bis Wasserablage	Anfuhrkosten pro fm M.
524. Königl. Oberförsterei Ershausen, Rgbz. Erfurt. (Karte 40.)						
Ershausen, Post, Kreis Heiligenstadt.	6 km Chaussee bis Bahnhof Geismar der Leinefelde-Treysaer Bahn (4 km Fußweg), Zugverbindung oft schlecht, daher Wagenfahrt 14—15 km bis Bhf. Niederhone od. Eschwege manchmal vorzuziehen. — 2mal Omnibus zwischen Ershausen und Bahnhof.	Faulungen	7 km Chss. b. Geismar	2,50		
		Kl. Zella	7 " " "	2—3		
		Lengenf.	3 " " "	bis 3		
		Wachstedt	10 km meist Chauss. bis Küllstedt Ladung auch in Geismar, Dingelstedt möglich.	5,00		
		Gr. Bartloff				
		Martinfeld				
		Lengenbg.	7 km bis Uder	bis 5		
525. Königl. Oberförsterei Allendorf, Rgbz. Cassel. (Karte 40.)						
Allendorf a/W., Post, Kreis Witzenhausen.	Allendorf a/W.-Sooden ist Station der Bahn Göttingen-Bebra-Frankfurt a/M.	Altenstein	7 km befest. Weg bis Allendorf	3—4		
		Halbemark	2—4 km Erdweg bis Allendorf	2—3		
		Hundelshausen	5-9 km Chss. u. 1-4 km Erdw. b. Witzenhausen	3—5		
		Oberrieden	3-5 km Chss. u. 1-4 km Erdw. bis Oberrieden	2—4		
		Wendershausen	5—8 km Chss. u. bef. Weg bis Oberrieden	3—5		
526. Königl. Oberförsterei Witzenhausen, Rgbz. Cassel. (Karte 40.)						
Witzenhausen, Post und Kreis Witzenhausen.	Witzenhausen ist Station der Halle-Casseler Bahn (Personenzüge). — 8 km nach Eichenberg (D-Züge), Kreuzungspunkt der Halle-Casseler und der Bebra-Göttinger Bahn.	Querenberg	5 km meist Chaussee bis Grossalmerode	4,50		
		Großalmerode	4 km Erdweg bis Grossalmerode	4,50		
		Steinberg	8 km desgl.	6,00		
		Roßbach	10 km meist Landw. bis Witzenhausen	6,00		
		Kleinalmerode				
		Ermschwerd	10 km mst. Ldw. bis Witzenhausen 6 km Landweg bis Gertenbach	4,50		
527. Königl. Oberförsterei Oberkaufungen, Rgbz. Cassel. (Karte 40.)						
Oberkaufungen, Post, Kreis Cassel.	Oberkaufungen ist Station der Cassel-Waldkappeler Eisenbahn. Von Cassel aus wird am bequemsten die electr. Straßenbahn bis Bettenhausen (Station der Cassel-Waldkappeler Bahn) und von da aus erst die Eisenbahn benutzt.	Wickenrode	2-10 km (durchschn. 5 km) bis Oberkaufungen, Bettenhausen, Helsa und Grossalmerode	2—4		
		Helsa				
		Buntebock				
		Oberkaufungen				
		Rottebreite				
		Zollhaus				
528. Königl. Oberförsterei Wellerode, Rgbz. Cassel. (Karte 40.)						
Waldau, Post, Kreis Cassel.	Waldau ist Haltestelle der Cassel-Waldkappeler Eisenbahn, sie liegt 7 Minuten vom Orte. Bis zur Endstation Bettenhausen der elektrischen Bahn Cassel-Bettenhausen 2½ km Chaussee.	St. Ottilien	4 km Chss. 3 km Erdweg bis Helsa	2—2,5		
		Wellerode O.	12 km (8 km Chauss.) bis Bettenhausen	3,5—4		
		Vollmarshausen	10 km meist Chaussee bis Bettenhausen	3,50		
		Wellerode W.	14 km desgl.	4,00		
		Wollrode	7 km meist Landweg bis Guxhagen	3,00		
		Crumbach	9,5 km meist Chaussee bis Bettenhausen	3,50		
		Dörnhagen	10,5 km desgl.	3—3,5		
529. Königl. Oberförsterei Kirchditmold, Rgbz. Cassel. (Karte 40.)						
Kirchditmold, Post und Kreis Cassel.	1,5 km bis Bahnst. Wilhelmshöhe oder 4 km bis Bahnhof Cassel; voraussichtlich in nächster Zeit Anschluß an die elektrische Straßenbahn nach Cassel.	Sämmtliche Schutzbezirke sind mit den Bahnhöfen Cassel und Wilhelmshöhe durch chaussirte Straßen verbunden. Entfernungen 5—8 km. Anfuhr pro fm 3—4 Mark.				
530. Königl. Oberförsterei Ehlen, Rgbz. Cassel. (Karte 40.)						
Ehlen, Post Zierenberg, Kreis Wolfhagen.	5 km chaussirter Weg nach Bhf. Zierenberg; 18 km nach Bhf. Cassel anf guter Chaussee.	Die Abfuhr aus sämmtlichen Schutzbezirken geht in der Regel über Ehlen, und von da nach Zierenberg oder Cassel. Aus dem Revier bis Ehlen sind durchschnittlich 4 km meist chaussirter Weg hinzuzurechnen. Anfuhrkosten bis Cassel, ca. 22 km meist Chaussee, pro fm 6—7 M. Anfuhrkosten bis Zierenberg, ca. 9 km chaussirter Weg, pro fm 5 M.				
531. Königl. Oberförsterei Naumburg, Rgbz. Cassel. (Karte 40)						
Naumburg, Post, bei Cassel, Kreis Wolfhagen.	11 km Chaussee bis Wolfhagen (Cassel-Volkmarsen). 21 km Chaussee bis Fritzlar (Wabern-Wildungen). Personenpost 2mal täglich hin und zurück nach Wolfhagen, 1mal täglich hin und zurück nach Fritzlar.	Naumburg	2-4 km Erdw. u. 6-10 km Chss. bis Wolfhagen			
		Ippinghausen	6 km Chaussee bis Wolfhagen			
		Nothfelden	5 km wie vor 2 " Erdw. b. Ehring.			
		Viesebeck	2—5 km Chaussee bis Wolfhagen			

Sitz der Oberförsterei nebst Poststation	Entfernung des Oberförstereisitzes von der nächsten Eisenbahnstation bezw. Haltestelle. Post- und regelmäßige Reiseverbindungen auf Landwegen.	Durchschnittliche Entfernungen und ungefähre Anfuhrkosten von den einzelnen Reviertheilen für Bahn- bezw. Wassertransport und zwar: Schutzbezirk	Entfernung bis Güterbahnhof	Anfuhrkosten pro fm M.	Entfernung bis Wasserablage	Anfuhrkosten pro fm M.

532. Königl. Oberförsterei Sand, Rgbz. Cassel. (Karte 40.)

Elgershausen, Post, Kreis Cassel.	13 km bis Cassel. 9 „ „ Wilhelmshöhe. 7 „ „ Oberzwehren. 8 „ „ Niederzwehren. 11 „ „ Guntershausen. 12 „ „ Gudensberg. 2 mal täglich Post von und nach Cassel.	Niedenstein, Elmshagen, Sand	Die Entfernungen schwanken zwischen 10—20 km zu den nebenst. Bahnhöfen. (Gute Chauss. resp. Landwege.)	6—7		

533. Königl. Oberförsterei Fritzlar, Rgbz. Cassel. (Karte 40.)

Fritzlar, Post und Kreis Fritzlar.	0,6 km bis Bahnhof Fritzlar.	Obervorschütz (Förster zu Cappel)	6 km Chss. b. Wabern od. Landw. b. Niedermöllrich, von da an Chaussee.	5,50		

534. Königl. Oberförsterei Felsberg, Rgbz Cassel. (Karte 40.)

Felsberg, Post, Kreis Melsungen.	1,8 km Chaussee bis Station Gensungen.	Elfershausen (östl. Theil)	1-4 km Chss. b. Malsfeld	1,5—2		
		(westl. Theil)	4-6 „ „ b. Gensung.	2		
		Melgershausen	7-10 km Chauss. b. Gensungen; 4—6 km Chauss. b. Melsungen	2,5-3		
		Altenbrunslar	5-7 km Chauss. bis Gensungen	2,5—3		

535. Königl. Oberförsterei Melsungen, Rgbz. Cassel. (Karte 40.)

Melsungen, Post und Kreis Melsungen.	Melsungen ist Station der Linie Cassel-Bebra, (Schnellz. halten).	Kirchhof	4 km bef. Ldw. 2,5 km Erdw. bis Melsungen	4,50		
		Schwarzenberg	3 km bef. Ldw. 3 km Erdw. bis Melsungen	4,50		
		Kehrenbach	5,5 km Landw. 3 km Erdw. bis Melsungen	5		
		Günsterode	8,1 km Landw. 4 km Erdw. bis Melsungen	5		

536. Königl. Oberförsterei Eiterhagen, Rgbz. Cassel. (Karte 40.)

Eiterhagen Post Körle, Kreis Cassel.	6,9 km chauss. Waldweg direkt um den Berg, oder 8,5 km über Empfershausen z. Th. Landweg, z. Th. Chaussee nach Haltestelle Körle.	Quentel	7 km dav. 4 km Chss. bis Fürstenhagen	4		
		Kehrenbach	17 km dav. 12,5 km Chauss. b. Melsungen	5,50		
		Eiterhagen	15 km dav. 12,5 km Chauss. b. Melsungen	5,00		
		Empfershausen	13 km dav. 9 km Chss. bis Melsungen	5,00		
		Wattenbach	11 km dav. 3 km Chss. bis Guxhagen	4,50		
		Albshausen	8 km dav. 3 km Chss. bis Guxhagen	3,50		

537. Königl. Oberförsterei Hess. Lichtenau, Rgbz. Cassel. (Karte 40.)

Hess. Lichtenau, Post, Kreis Witzenhaus.	Hess. Lichtenau ist Station der Cassel-Waldkappeler Eisenbahn.	Lichtenau	2—6 km bis Lichtenau			
		Wickersr.	wie vor			
		Friedrichsb.	1-6 km Ch. b. Lichten.			
		Fürstenhagen	1-6 „ „ „ Fürstenh.			
		Helsa	1-6 „ „ „ Helsa			
		Wickenrode	3-5 „ b. Grossalmerode			

538. Königl. Oberförsterei Spangenberg, Rgbz. Cassel. (Karte 40.)

Spangenberg, Post, Kreis Melsungen.	Spangenberg ist Bahnstation (Linie Leinefelde-Treysa).	Pfieffe	4-5 km Ch. b. Spangenb.	2		
		Spangenberg S.	4 „ „ „	2		
		Spangenberg N.	4-5 „ z. Th. Chss. bis Spangenberg	2		
		Mörshaus.	4 km Chss. b. Spangenb.	2		
		Kaltenbach	6-7 km Ch. b. Melsung.	2,50		
			4-5 „ bis Spangenb.	2		

539. Königl. Oberförsterei Meißner, Rgbz. Cassel. (Karte 40.)

Germerode, Post, Kreis Eschwege.	5,5 km schlechter Weg n. H.-St. Harmuthsachsen (Cassel-Waldkappel). — 7 km mst. chauss. Weg nach H.-St. Albungen. — 9 km wie vor nach Bhf. Reichensachsen. — 10,5 km wie vor über Abterode nach Bahnhof Niederhone (Bebra-Göttingen) D-Züge. — 2 mal tägl. Personenpost Abterode (3 km von Oberf.) nach Niederhone.	Germerode	10 km Chss. b. Niederh.	4—6		
		Bockerode	3-10 „ „ „ Albung.	4—6		
		Frankenhain	wie vor	4—6		
		Küchen	6 km bis Walburg	3—5		
		Hausen	6 km bis „	3—5		
			7 km chauss. Weg bis Grossalmerode	4—6		

Flächengröße u. Character d. Reviers. — Vertheilung der Hauptholzarten nach Zehnteln.	Beschaffenheit des Wegenetzes im Reviere und der sich daran schließenden Abfuhrstraßen, sowie der etwaigen Wassertransportwege. Adressen von größeren Fuhrunternehmern.	Jahresquantum der Haupt-Verkaufshölzer nach Holzarten und Sortimenten (unter Abrechnung des Lokalbedarfs).

532. Königl. Oberförsterei Elgershausen,

945 ha. — hügelig, parz. Bu. 0,62 Fi. 0,20 Ki. 0,15 Ei. 0,03	Wegenetz als Erdwege beinahe ausgebaut und gut im Stande, kleinere chauss. Strecken ebenfalls vorhanden. Außerhalb überall Chausseen resp. Landwege. — Fuhrleute in Breitenbach, Hoof, Elgershausen, Sand.	Ganzes Revier: 200—250 fm Ei. 100—150 „ Bu. 10—20 „ Asp. u. Bi. 200—250 „ Fi. 200—250 „ Ki.

533. Königl. Oberförsterei Fritzlar,

279 ha. — eben, zusammenhängend. Ei. 0,5 Fi. 0,3 Bi. 0,1 Ki. 0,1	Innerh. des Schutzbez. keine ausgebauten Wege, außerhalb mehrere gute Chausseen und Landwege. — Fuhruntern.: Gertenbach in Cappel, Fischer in Niedermöllrich, Rößler zu Harle.	Schbz. Obervorschütz 120 fm Ei.-, 10 fm Bi.-, 10 fm Ki.-Stammh. 20 fm Ei.-Rollh. 200 Stck. Fi.-Derbstangen.

534. Königl. Oberförsterei Felsberg,

1290 ha. — gebirgig, geschlossen (bis auf Elfershausen). Ki. 0,4 Fi. 0,3 Bu. 0,2 Ei. 0,1	Im Walde Wegenetz gut ausgebaut z. Th. chauss., außerhalb des Waldes überall gute Chauss. und Landstr. z. Th. an den Wald gehend, z. Th. mit diesem durch gute Erdwege verbunden. — Fuhrleute: Kothe in Melgershausen, Clobes in Gensungen, Bauern in Lobenhausen und Ellenberg.	Schbz. Elfershausen 60 fm Ei.-Grubh. 60 fm Bu.-Stammh. 50 fm Ki. u. Lä.-Bauh. 150 fm Grubenh. „ Melgershausen 160 fm Ei.-Grubh. 20 fm Bu.-Stamh. 450 fm Ki.- u. Lä.-Grubh. 30 fm Ei.-Bauh. 260 fm Ki.- u. Lä.-Bauh. 150 fm Fi.-Stangen und -Stämme. Schbz. Altenbrunslar 110 fm Ei.-Bauh. 120 fm Ki.- u. Lä.-Bauh. 120 fm Fi.-Stangen. 80 fm Bu.-Stammh. 600 fm Ki.-Grubh.

535. Königl. Oberförsterei Melsungen,

1846 ha. — gebirg., lang gestr. 3 Parz. Bu. 0,,6 Fi. 0 2 Ei. 0,1 Ki. 0,1	Innerh. des Reviers fast nur Erdwege, außerh. befestigte Landwege und eine Chaussee. — Fuhrunternehmer sind Bauern in Melsungen, Kirchhof, Röhrenfurth.	Schbz. Kirchhof 100 rm Bu.-Scheit. „ Schwarzenberg 50 „ „ „ „ Kehrenbach 250 „ „ „ „ Günsterode 50 „ „ „

536. Königl. Oberförsterei Eiterhagen,

3036 ha. — hügel., zusammenh. nur Albsh. abgeleg. bei Gurhagen. Bu. 0,6 Lä. 0,3 Ki. 0,1	Innerh. der Forstorte fast nur Erdwege, aber gutes Wegenetz; außerh. gut gebaute Straßen. — Fuhrleute in Eiterhagen, Wattenbach, Quentel. Adressen von der Oberförsterei zu erfahren.	(siehe Tabelle)

Schutzbezirke	Stammh. (fm) Ei.	Bu.	Ki. u. Lä.	Rollh. (rm) Ei.	Bu.	Ki.	Derbst. Fi.	Brennh. Bu. (rm)
Quentel	15				20			300
Kehrenbach	20		350		100		2000 St.	
Eiterhagen	50	30			30		500 „	250
Empfershaus.	30		150			70	500 „	600
Wattenbach			15	30		50	300 „	600
Albshausen	50		650				3000 „	300

537. Königl. Oberförsterei Lichtenau,

2789 ha. — bergig, 2 Schb. isolirt, 4 Schb. geschlossen. Bu. 0,6 Fi. 0,3 Ei. 0,1	Die Hauptwege innerh. des Reviers haben feste Steinbahn. Die Chauss. Helsa-Lichtenau besäumt z. Th. das Revier. Die bef. Landw. Helsa-Friedrichsbrück u. Retterode-Wickersrode durchschn. dasselbe. — Fuhrleute in Retterode, Walburg, Rommerode, Hess. Lichtenau.	Die Braunkohlen- und Thon-Industrie des Großalmeroder Bezirkes verwendet fast den gesammten Nutzholzeinschlag des Reviers. Nach Auswärts werden aus den Schbz. Friedrichsbrück, Fürstenhagen, Helsa und Wickenrode ca. 2—3000 fm Bu.-Stammh. u. -Rollh. verkauft.

538. Königl. Oberförsterei Spangenberg,

2470 ha. — hügel., 4 Parzellen zl. zusammenlieg. Bu. 0,5 Fi. 0,3 Ki. 0,1 Ei. 0,1	Innerh. der Forstorte Erdwege, einige chaussirt, außerh. Chausseen. — Fuhrleute in Spangenberg.	Schbz. Pfieffe 50 fm Ei. Wagnerholz. „ Spangenberg S. 100 fm Fi.-Derbholzst. u. schw. Bauh. „ „ N. 90 „ „ „ „ „ 40 fm Ei. Wagnerholz. „ Mörshausen 350 fm Ki.-, Fi.- u. Lä.-Grubh. und ger. Bauholz. „ Kaltenbach 120 fm Fi.-Derbholzst. u. schw. Bauholz.

539. Königl. Oberförsterei Meißner,

2328 ha. — gebirgig, zusammenhgd. Bu. / Esch. / Ah. } 0,6 Fi. 0,3 Ei. 0,1	Wegenetz fast völlig ausgebaut, sowohl die befest. wie die Erdwege gut fahrbar, wenig gut sind die alten z. Th. steilen bergfisk. Kohlenstr., außerh. viele gut fahrb. Straßen. — Fuhrleute: Kühnemuth in Schafhof, Hartung in Germerode, Schülbe in Bockerode, Range in Hausen, Hennemuth in Dudenrode.	Schbz. Germerode 50 fm Ei.-, 50 fm Bu.-Stammh. 15 fm Esch.-Ah. in Stämmen und Rollen. „ Küchen 75 fm Ei.-, 100 fm Bu.-Stammh. 20 fm Esch.-Ah. in Stämmen. „ Hausen 50 fm Bu.-Stammholz. „ Frankenhain 50 fm Ei.-, 45 fm Bu.-Stmh. 20 fm Nadelh. „ Bockerode 30 „ „ 75 „ „ „ 20 „ „

Oeffentliche Holzlicitationen finden statt in:	Unterkommen im Gasthofe f. Holzhändler, Forst-Assessoren u. Referendare in möglichster Nähe der Oberförsterei	Zustand des Oberförsterdienst-Gebäudes	Wo Kirche? Wo Schule? In welcher Zeit zu erreichen?	Wo Arzt, wo Apotheke, wo Amtsgericht?	Nebenämter des Revierverwalt. — Wenn ständiger Assistent vorhanden, wo wohnt derselbe?
Rgbz. Cassel. (Karte 40.)					
In Breitenbach, bei Fritz Friedrich, zum „goldenen Stern".	In Elgershausen, Wirthschaften von Reuter, Göbel, Barthel. Zum Baunsberg, bei Keim. In Breitenbach, Fritz Friedrich.	Das Dienstgebäude ist ein altes hessisches Bauernhaus in Elgershausen, 1200 Einw. Nächste Stadt Cassel (13 km Landweg), 106 000 Einw., Regierungssitz, Oberlandesger., Garnison.	Ev. Kirche u. Pfarre, Dorfschule mit 3 Lehrern im Dorf. Kath. Kirche in Cassel.	Aerzte und Apotheke in Elgershausen, Amtsgericht in Cassel.	Zugehör.: 19 städt. Gemeinde-, Intereff.-, Pfarreiwaldungen, zusammen 2150 ha.
Rgbz. Cassel. (Karte 40.)					
In Cappel, bei Carl Wichard.	Bei ganz bescheidenen Ansprüch. in dem 1 km entf. Dorfe Cappel b. Wichard, oder in Niedermöllrich, bei Pippert, 3 km. Besser in Fritzlar, Engl. Hof.	Ganz altes, aber gut erhaltenes geräumiges Wohngeb. mit ausreich, Wirthschaftsr. am Ausgang der Stadt zum Bahnhofe Fritzlar, Kreisstadt, 3200 Einw., Garnison.	Ev. u. kath. Kirche, Privatschule in Fritzlar, Gymnasium in Cassel.	In Fritzlar.	Staatsauff. über 22 Gemeinde- u. Interess.-Forsten (zus. 2827 ha). — Für verh. Assessor Wohnung in Fritzlar zu haben.
Rgbz. Cassel. (Karte 40.)					
In Felsberg, im Rathskeller u. Schwan. In Melgershausen, bei Eiffert.	In Melgershausen, bei Eiffert, 7 km. In Gensungen, bei Kamm. In Felsberg, 1,8 km, im Gasthof zum Schwan.	Gute, geräumige Dienstwohnung mit sehr guten Wirthschaftsräumen in Felsberg gelegen (900 Ew.). — Cassel, 106 000 Einw., in 45 Minuten Bahnfahrt von Gensungen (1,8 km Chaussee) aus zu erreichen.	Ev. Kirche, Pfarre u. Schule in der Stadt. Kath. Kirche u. Privatsch. (b. Tertia) in Fritzlar. Gymnas. in Cassel, Bahnverbindung, 45 Minuten. Frühzug passend.	In Felsberg.	Staatsauff. üb. 23 Interess.-, 4 Gemeinde 1 Pfarrw. (zusam. 1810 ha). Verw. eines Privatw. — Wohn. für verheir. Ass. in Felsberg zu hab.
Rgbz. Cassel. (Karte 40.)					
In Kirchhof, Gasth. Zilch. In Röhrenfurth, bei Nödel. In Günsterode, bei Möller.	In Melsungen, Gasth. Deutsch. Haus und Hot. zum Prinzen.	Dienstwohnung im alten Schloß (erbaut 1556) am nördlichen Ausgang der Kreisstadt Melsungen, 3600 Einw., auseinandergezogen im II. Stock, (im I. Stock Landrathswohn.) Wirthschaftsr. ausreich. Cassel in 38 Minuten erreichbar.	Kirche und 3 evang. Prediger in Melsungen, daselbst auch kathol. Gottesdienst. Gymnasium i. Cassel.	In Melsungen.	Interess.- u. Gemeindewald. (zusammen 580 ha). — Wohnung für verheirath. Assess. in Melsungen zu haben.
Rgbz. Cassel. (Karte 40.)					
In Eiterhagen, bei Nähler. In Körle, bei Metz. In Guxhagen, bei Sinning. In Fürstenhagen, bei Schmidt.	In Eiterhagen, bei Gastw. Nähler, gut, und bei Emmeluth. In Körle, bei Gastw. Metz.	Alte verbaute Dienstwohnung (früheres Bauernh.) im Dorfe Eiterhagen. Neubau noch nicht in Aussicht. Nächste Stadt Melsungen, 11 km, 3600 Ein. — Cassel, 1 Std. Wagenfahrt bis Körle, dann ½ Stunde Bahnfahrt.	Ev. Kirche, Pfarre u. Schule im Dorf. Kathol. Kirche in Cassel.	Arzt, Apoth. in Guxhagen. Amtsgericht in Lichtenau u. Melsungen,	Staatsauff. üb. 2 Interessentenfst., 1 Pfarrw. Forstamtsanw. Gutsvorst. — Wohng. für verh. Assessor zur Noth Gasth. Nähler in Eiterh.
Rgbz. Cassel. (Karte 40.)					
In Lichtenau, im „grünen Baum". In Retterode, b. Möller. In Fürstenhagen, bei Schmidt. In Helsa, in der Gemeindeschenke. In Rommerode, bei Dittmar.	In Hess. Lichtenau, Gasth. grüner Baum.	Geräumiges altes Fachwerkgebäude (früher Rentamt), gut erhalten, mit ausreichenden Wirthschaftsräumen, in der Stadt Lichtenau, 1400 Ew. — Cassel, in 1 Std. Eisenbahn- und ¼ Std. electr. Bahnfahrt zu erreichen.	Ev. Kirche u. Volksschule in der Stadt. Nächstes Gymnasium in Cassel, Bahnverb. (¾ Std.)	In Hessisch Lichtenau.	Verwalt. eines kleinen Privatw. — Wohnung für verheirathet. Ass. am Orte zu find.
Rgb. Cassel. (Karte 40.)					
In Spangenberg, Gasthof zum goldenen Löwen.	In Spangenberg, Gasth. zum goldenen Löwen. (Bertram.)	Aelteres Dienstgebäude, (Fachwerk mit massivem Anbau) in der Stadt Spangenberg, 1500 Einw. — Cassel, in 1½ Std. Bahnfahrt zu erreichen.	Ev. Kirche, Pfarre u. Volksschule in Spangenberg. Gymnasium in Cassel.	Arzt, Apotheke und Amtsgericht in Spangenberg.	Staatsauff. über 6 Gemeindew., 1 Interessentenfst., sowie 1 Pfarr- u. Kirchenwald. — Verh. Assess. kann im Ort wohnen.
Rgbz. Cassel. (Karte 40.)					
In Abterode, Gasth. Windemuth.	In Abterode, Gasth. Windemuth, 3 km. In Germerode, bei Reinhardt; Rest. Schwalbenthal, 5 km. Im Höllenth., Rest. „zur Frau Holle". 5 km.	Neues, geräumiges Dienstgebäude am N.-Ausgange des Dorfes Germerode (800 Einwohner) an der bef. Landstraße Germerode-Abterode. Gute Wirthschaftsgebäude. Nächste Stadt Eschwege, Kreisst., 11 100 Einwoh., 14 km.	Ev. Kirche u. Pfarre im Dorfe. Kathol. Gottesdienst in Eschwege, 14 km; dort auch Progymnasium.	2 Aerzte, Apotheke und Amtsgericht in Abterode, 3 km.	Gutsvorsteher. Staatsaufsicht üb. 12 Gemeinde- und Anstaltsforst. — Wohnung für verheirathet. Ass. nicht zu haben.

Flächengröße u. Charakter d. Reviers. — Vertheilung der Hauptholzarten nach Zehnteln.	Beschaffenheit des Wegenetzes im Reviere und der sich daran schließenden Abfuhrstraßen, sowie der etwaigen Wassertransportwege. Adressen von größeren Fuhrunternehmern.	Jahresquantum der Haupt-Verkaufshölzer nach Holzarten und Sortimenten (unter Abrechnung des Lokalbedarfs).
		540. Königl. Oberförsterei Wanfried,
1488 ha. — sehr gebirgig, parzellirt. Ei.-Schälw. 0,5 Bu. 0,4 Ei. 0,1	Wege im Revier gut. Das neue Wegenetz ist zum gr. Th. ausgebaut. Die Werra bei Wanfried zum Flößen geeignet. — Fuhrleute: Kremmer, Grein zu Wanfried, Hornstein zu Oberdünzebach.	Schbz. Altenburschla 40 fm Ei.-, 20 fm Bu.-, 10 fm Esch.-10 fm Ah.-Stammh. „ Wanfried 40 fm Ei.-, 20 fm Bu.-, 10 fm Esch.-, 10 fm Ah.-Stammh. 400 Ctr. Ei.-Lohrinde, 40 Hdt. Ei.-Gehstöcke. „ Aue (Schlierbach) 1250 Ctr. Lohrinde, 300 Hdt. Ei.-Gehstöcke.
		541. Königl. Oberförsterei Reichensachsen,
951 ha. — gebirgig, parzellirt. Ei. 0,3 Bu. 0,3 Ei.-Schälw. 0,3 Ki. } 0,1 Fi. }	Wegenetz innerhalb der 3 Schbz. gut ausgebaut, z. Th. befestigte Wege, außerhalb gute Basaltchauss. — Fuhrleute in Netra, Weissenborn, Langenhain, Eschwege und Reichensachsen.	Schbz. Netra 10 fm Ei.-, 10 fm Bu.-, 5 fm Esch.-, Ah.-Stammh. 100 rm Bu.-Brennh. „ Wichmannshausen 5 fm Ei.-, 20 fm Ki.-Stammh. „ Hundsrück 80 fm Ei.-, 5 fm Ki.-, 5 fm Bi.-Asp., 5 fm Bu.-Stammh., 500 Ctr. Ei.-Lohrinde, 90 Hdt. Ei.-Gehstöcke
		542. Königl. Oberförsterei Bischhausen,
1559 ha. — gebirgig, sehr parzellirt. Ei. 0,6 Bu. 0,2 Fi. 0,1 Ki. 0,1	Das Wegenetz ist größtentheils ausgebaut, jedoch sind die Wege in den den Staatswald umschließenden Gemeinde- u. Privatwaldungen zur Verbindung nach den Chausseen schlecht. — Fuhrleute: Brandau in Wichmannshausen, Wolf in Bischhausen, Fuchs in Sontra, Schlahbaum in Niddawitzhausen.	Handelshölzer sind nicht vorhanden. Die zum Hieb gelangendeu Bau- und Nutzhölzer, sowie Eichenlohe werden an Lokalabnehmer verkauft.
		543. Königl. Oberförsterei Stölzingen,
1591 ha. — gebirgig, zusammenh. Ki. 0,5 Fi. 0,3 Bu. 0,2	Revier wird von der Landstraße Waldkappel nach Lipsenhausen (Bebra) und nach Spangenberg durchschnitten; innerh. der Oberf. ein ausgeb. Wegenetz. — Fuhrunternehmer: Bauern in Burghofen, Schemmern, Obergude, Spangenberg.	Schbz. Obergude 50 fm Ki.-Grubh. 500 Stück Fi.-Derbst. „ Stölzingen 30 „ Ei.-Grubh. 30 fm Ki.-Grubh. „ Schemmern 500 St. Fi.-Derbst. 80 „ „ „ „ Bischofferode 20 fm Ei.-Grubh. 40 „ „ „
		544. Königl. Oberförsterei Morschen,
2854 ha. — gebirgig, zusammenhgd. Bu: 0,50 Ki. 0,40 Fi. 0,10 Ei.	Wegenetz fast ausgebaut und ziemlich gut erhalten; Chausseen werden überall in höchstens 2 km Entfernung vom Revier erreicht; diese Zwischenstrecken vielfach schlecht. — Fuhrunternehmer in Altmorschen, Neumorschen, Binsförth, Heinebach, Nieder- und Oberbeisheim.	Schbz. Eichelskopf 230 fm „ Niederbeisheim 600 „ „ Hergershausen 180 „ „ Morschen 380 „ „ Eubach 250 „ „ Adelshausen 360 „ } meist Ki.-Bau- und Grubh. auch zu $^1/_8$ Fi.-Nutzh., wenig Lärchen; etwas Bu.-Stamm- und Rollenh; im ganzen Revier ca. 70 fm meist schwäch. Ei.
		545. Königl. Oberförsterei Rengshausen,
2599 ha. — gebirgig, zusammenhgd. Bu. 0,5 Ki. 0,4 Fi. 0,1	Innerhalb des Reviers 4 m breite Erdwege, außerhalb schlechte Feldwege und gute, befestigte Landwege. Holzabfuhr durch Bauern in Rengshausen, Niederbeisheim, Oberbeisheim, Relbehausen und Reddingshausen.	Schbz. Nenterode 20 fm Bu.-Stammh. 20 fm Ki.-Grubenh. „ Steinkopf 400 „ „ 30 „ „ „ Wüstekirche 90 „ „ 250 fm Ki.-Stammh. 250 fm Ki.-Grubenholz. „ Remsfeld 100 fm Ei.-, 50 fm Bu.-Stammholz. „ Plattenholz 50 fm Ki.-Grubenholz.
		546. Königl. Oberförsterei Todenhausen,
1509 ha. — hügelig, parzellirt. Bu. 0,5 Ei. 0,2 Fi. 0,2 Ki. 0,1	Bis an die Schbz. führen überall Chauss. Frielendorf erst wenige Wege befestigt. Durch Schbz. Todenh. führt ein chaussirter Weg. Durch Linsingen ein befest. Weg, sonst Erdwege. In Michelsb. gute Chauss., sonst Erdw. In Kerstenhausen nur Erdwege. — Fuhrleute: Mathaeus in Frielendorf, Mathaeus in Ziegenhain, in Todenhausen und Haas daselbst.	Schbz. Frielendorf 200 fm Ei.-Stämme. „ Linsingen 200 „ „ „ 100 rm Ki.-Grubh. „ Todenhausen 250 „ „ „ 120 „ „ „ „ Kerstenhausen 100 „ „ „ 30 „ „ „ „ Michelsberg 150 „ „ „ 100 „ „ „ 60 fm Bu.-Stämme, 90 fm Na.-Stämme.
		547. Königl. Oberförsterei Wallenstein,
1967 ha. — hügelig, etwas parzell. Bu. 0,7 Fi. 0,2 Ki. 0,1	Wegenetz fast fertig in Erdwegen, die z. Th. bereits gehärtet sind, ausgebaut. Viele und gute Landstraßen außerhalb. — Fuhrleute in Relbehausen, Remsfeld, Reddingshausen.	Einstweilen nur etwa 80 fm Ei.-Stammholz aus Schbz. Seckenhain. Später Ki.-Grubh. aus den Schbz. Appenfeld und Wallenstein, und noch später Fichten.

Oeffentliche Holzlicitationen finden statt in:	Unterkommen im Gasthofe f. Holzhändler, Forst-Assessoren u. Referendare in möglichster Nähe der Oberförsterei	Zustand des Oberförsterdienst-Gebäudes	Wo Kirche? Wo Schule? In welcher Zeit zu erreichen?	Wo Arzt, wo Apotheke, wo Amtsgericht?	Nebenämter des Revierverwalt. — Wenn ständiger Assistent vorhanden, wo wohnt derselbe?
Rgbz. Cassel. (Karte 40.)					
In Wanfried, Gasth. zur Krone u. Brauerei. In Forsthaus Schlierbach, Hotel Koch in Eschwege.	In Wanfried, Gasth. z. Krone (gut). Forsthaus Schlierbach, 10 km von Wanfried, u. ca. 5 km von Eschwege.	Schönes neues Dienstgeb. am östl. Ausg. der Stadt Wanfried (2300 Einw.). Wohn- u. Wirthschaftsräume genügend Platz. Kreisst. Eschwege, 11 km, 11 100 Einwohner.	Ev. u. kath. Kirche u. Schule in Wanfried, das. höhere Privatschule. Realschule u. Progymn. in Eschwege, 11 km Chaussee.	In Wanfried.	Staatsauff. über 22 Gemeinde-, Interess.- u. Stiftsforst. u. d. Staatsanteils f. Schlierb. Forstamtsanw. — Verh. Ass. kann in Wanf. wohnen.
Rgbz. Cassel. (Karte 40.)					
In Weißenborn, bei Diezel. In Hoheneiche, bei Mohr. In Langenhain, bei Strube.	In Reichensachsen, guter Gasth. bei Seibert.	Altes, sehr ger. Dienstgeb. am Ostausg. des Dorfes Reichensachsen (1800 Einw.) an der Chaussee nach Langenhain. Nächste Stadt Eschwege, (11 100 Einw.), 6 km.	Ev. Kirche u. Pfarre im Dorfe. Kathol. Gottesd. in Eschwege, daselbst Progymnasium. (Bahnverbindg. aber kein passender Frühzug.)	In Eschwege, 6 km.	Staatsauff. über 23 Gemeinde-, Interess.-, Kirchen-, Pfarr-, Schulwaldungen. — Wohn. für verh. Assess. nicht zu haben.
Rgbz. Cassel. (Karte 40.)					
In Sontra, Hotel Ruelberg. In Hoheneiche, bei Mohr. In Bischhausen, bei Bachmann. In Germerode, bei Stephan.	In Bischhaus., Gasth. Meister.	Sehr altes Gebäude im Dorfe Bischhausen (900 Einw.) an der Chaussee. Wirthschaftsräume beschränkt. Neues Gebäude in Aussicht. — Eschwege in 45 Min. Bahnfahrt zu erreichen.	Ev. Kirche u. Schule in Bischhaus. Progymn. in Eschwege. Schulbes. von Bischhausen aus nicht möglich. Gymn. in Cassel.	Amtsger. in Bischh. Arzt u. Apoth. in Waldk., 5 km. Arzt 3 mal wöchentlich Sprechst. in Bischhausen.	Gutsvorsteher. — Zugehör: 27 Gemeinde-, Interessenten-, Kirchen- u. Pfarrwaldung. — Wohnung für verh. Ass. im Orte zu beschaffen.
Rgbz. Cassel. (Karte 40.)					
In Schemmern, bei Werkmeister.	In Waldkappel, bei Seitz und bei Siebert, 10 km.	Wohnhaus altes Fachwerkgebäude. Wirthschaftsgebäude umfangreich, z. Th. massiv (ehemalige Domäne) isolirt am Landweg gelegen. Nächste Stadt ist Waldkappel, 10 km, 1100 Einwohner.	Filialkirche in Herlefeld, 5 km. Pfarre in Pfieffe, 7 km. 2klassige Dorfschule in Schemmern, 3 km.	In Waldkappel, 10 km. Amtsgericht in Spangenb., 13 km.	Staatsauff. über 14 Gemeinde- u. Interessentenforsten.
Rgbz. Cassel. (Karte 40.)					
In Altmorschen, bei Semmler. In Neumorschen, bei Horn. In Niederbeisheim, bei Rode. In Heinebach, bei Ritter. In Melsungen, „Deutsches Haus“. In Spangenberg, „Goldener Löwe“.	In Altmorschen, bei Semmler. In Neumorschen bei Horn und Wittwe Jungmann, Rathskeller, (alle nahe der Oberförst.)	Dienstwohnung 1765 erbaut, alt, aber geräumig und ziemlich gut erhalten, mit gutem Garten am Südausgange von Altmorschen (800 Einw.) an Chauss. — Cassel 106 000 Einw., in 1 stünd. Bahnf. zu erreichen.	Kirche und Volksschule in Altmorschen. Gymnasium in Cassel, bezw. Hersfeld, ca. 1 Std. Bahnfahrt. Pass. Frühzug nach Hersfeld vorhanden.	Arzt in Spangenb., 8 km Chss. u. in Rotenburg 18 Min. Bahnf. Apoth. und Amtsger. in Spangenb. und Rotenburg.	Verwaltung einer kleinen Privatforst, 72 ha.
Rgbz. Cassel. (Karte 40.)					
In Rengshausen, Gemeindewirthshaus. In Remsfeld, Brandt's Wirthshaus.	In Rengshausen, Gemeindewirthshaus.	Altes Lehmfachwerkhaus mit neuerem Ziegelfachwerkanbau, wenig gutes, kaltes Wohnhaus, beschr. Wirthschaftsgebäude. Keine Verbesserung in Aussicht. Nächste Stadt Homberg, 14 km, Kreisst., 3400 Einw. Hersfeld, 27 km, Kreisstadt, 7900 Einw.	Ref. Kirche, Pfarre und Dorfschule in Rengshausen. Kath. Kapelle u. Lateinschule in Homberg, 14 km. Gymnasium in Hersfeld, 27 km.	Aerzte, Apotheke, Amtsgericht in Homberg, 14 km, Rotenburg, 21 km.	Gutsvorsteher. — Wohn. für verh. Assess. in Rengshausen zu beschaffen.
Rgbz. Cassel. (Karte 40.)					
In Frielendorf, bei Hahn. In Michelsberg, bei Engeland. In Borken, Gasth. zum Schlößchen.	In Frielend., Hotel Scholl (sehr gut), Hahn, weniger gut, aber mitt. im Flecken. In Michelsb. bei Engeland. In Ziegenh. bei Scherf.	Neues, zweistöckiges Dienstgeb. am W.-Ausgange von Frielendorf (1000 Einw.) an der Chauss. nach Ziegenhain. Wohnhaus geräumig u. schön, Wirthschaftsräume genügend. Marburg, 17 500 Einw. in 2 stündiger Bahnf. erreichbar.	Ev. Kirche u. Pfarre in Spießcappel (10 Min.) Gymnas. in Marburg u. Hersfeld.	Am Ort. Amtsger. in Ziegenhain, 10 km.	Staatsauff. über 32 Gemeinde- u. Interessenten-Waldungen.
Rgbz. Cassel. (Karte 40.)					
In Wallenstein. In Appenfeld. In Hülsa. In Rodemann. In Lenderscheid.	Bei sehr besch. Ansprüchen in Wallenstein u. Steindorf, letzteres zwisch. Hülsa und Allmuthshausen an der Landstr. gelegen.	Schönes, neueres ger. Wohnh., mit schön angelegtem Garten, dicht am Dorf Wallenstein. Wirthschaftsgeb. knapp, Verbesserung in Aussicht. — Nächste Stadt Homberg, 12 km, 3400 Einwohner.	Ev. Kirche u. Pfarre in Hülsa, 1/2 Std. Dorfschule in Wallenstein, Rectorschule in Homberg. Gymn. in Cassel u. Hersfeld.	3 Aerzte, Apotheke, Amtsger. in Homberg u. 1 Arzt und Apotheke in Raboldshausen, umständl. Weg.	Staatsauff. über 14 Interessentenwaldungen. — Für verh. Assess. Wohnung nicht zu haben.

Sitz der Oberförsterei nebst Poststation	Entfernung des Oberförstereisitzes von der nächsten Eisenbahnstation bezw. Haltestelle Post- und regelmäßige Reiseverbindungen auf Landwegen	Durchschnittliche Entfernungen und ungefähre Anfuhrkosten von den einzelnen Reviertheilen für Bahn- bezw. Wassertransport und zwar: Schutzbezirk	Entfernung bis Güterbahnhof	Anfuhrkosten pro fm M.	Entfernung bis Wasserablage	Anfuhrkosten pro fm M.

540. Königl. Oberförsterei Wanfried, Rgbz. Cassel. (Karte 40.)

Wanfried, Post, Kreis Eschwege.	8 km Chss. nach Stat. Schwebda (Leinefelde-Treysa) oder 11 km Chauss. nach Eschwege (dieselbe Linie). Post 2mal tägl. hin u. zurück nach Eschwege, desgl. 1mal tägl. über Treffurt nach Eisenach. Secundärbahn von Schwebda über Wanfried nach Treffurt u. weiter nach Eisenach im Bau.	Aue (Schlierbach)	8 km mst. Chauss. bis Eschwege	5		
		Wanfried Altenburschla	Nach Fertigst. der Bahnlinie Treffurt-Schwebda wird die durchschn. Entf. nach Bhf. Wanfried 3 km Erdweg sein.	pr. fm 2,50, pr. Ctr. Lohr. 0,25		

541. Königl. Oberförsterei Reichensachsen, Rgbz. Cassel. (Karte 40.)

Reichensachsen, Post, Kreis Eschwege.	1 km Chauss. bis Haltest. Niederreichensachsen (Göttingen-Bebra) und bis Haltestelle Oberreichensachsen (Leinefelde-Treysa). Bahn Eschwege-Treffurt im Bau.	Netra	3 km Erdw. u. 11 km Chss. bis Hoheneiche	5,5		
		Wichmannsh.	2 km Chaussee bis Hoheneiche	2,00		
		Hundsrück	9 km b. Hoheneiche 6 „ befest. Weg u. Chss. b. Reichens.	5,00		

542. Königl. Oberförsterei Bischhausen, Rgbz. Cassel. (Karte 40.)

Bischhausen, Post, Kreis Eschwege.	Bischhausen ist Stat. der Eisenbahn Treysa-Leinefelde.	Wellingerode	4 km Erdw. u. Chss. bis Sontra	3		
		Wichmannsh.	2 desgl. b. Hoheneiche	2		
		Bischhaus.	3 „ „ Waldkappel	3		
		Bernstorf	4 „ „ Bischhausen 6 „ „ Niederhone	3—4 5		
		Niddawitzh.	4 „ „ „	4		

543. Königl. Oberförsterei Stölzingen, Rgbz. Cassel. (Karte 40.)

Stölzingen, Post Schemmern, Kreis Melsungen.	5 km nach Burghofen, 10 „ „ Waldkappel, chaussirte Landstraße.	Obergude	8 km Landstr. bis Rotenburg 6 km b. Spangenb.	2,25 bis 2,75		
		Stölzing. Schemmern Bischofferode	Zum gr. Th. 6 km Landstr. nach Burghofen od. einige km Feldw. u. 2 km Ldstr. z. Th. 8 km nach Spangenberg			

544. Königl. Oberförsterei Morschen, Rgbz. Cassel. (Karte 40.)

Altmorschen, Post, Kreis Melsungen.	400 m Chaussee bis Bahnhof Altmorschen. (Strecke Cassel-Bebra.)	Eichelskopf Niederbeisheim Hergersh. Morschen Eubach Adelshaus.	3—6 km nach den Bahnhöfen Altmorschen, Heinebach, Beiseförth, Oberbeisheim, Melsungen, Spangenberg.	1,5 bis 2		

545. Königl. Oberförsterei Rengshausen, Rgbz. Cassel. (Karte 40.)

Rengshausen, Post, Kreis Homberg.	4 km nach Haltest. Niederbeisheim, tägl. 1 mal fahr. Brieftr. hin und zurück. — 6,5 km nach Bhf. Oberbeisheim. — 8 km nach Bhf. Beiseförth. — 9 km nach Malsfeld. — 10 km n. Altmorschen.	Nenterode	10 km b. Oberbeisheim	3—4,5 Stammh. 1,80 Kl.-Grubh.		
		Plattenh.	8 „ „ „			
		Steinkopf	6,5 km b. „ 7 km b. Altmorschen			
		Wüstekirche	2 „ „ Oberbeish. 2 „ „ Remsfeld			
		Remsfeld	7 „ „ „ 11 „ „ Homberg			

546. Königl. Oberförsterei Todenhausen, Rgbz. Cassel. (Karte 40.)

Frielendorf, Hessen, Post, Kreis Ziegenhain.	Frielendorf ist Stat. der Leinefelde-Coblenzer Bahn. — 12 km Chauss. nach Borken; 9 km Chss. nach Zimmersrode; 14 km Chss. nach Treysa; 15 km Chss. nach Wabern (Cassel-Frankfurt). Schnellz. in Wabern od. Treysa.	Frielendorf	4 km mst. Erdw. bis Frielendorf	4		
		Todenhausen	4 km mst. Chauss. bis Frielendorf	4		
		Linsingen	5 km wie vor	4,5		
		Michelsberg	8 km wie vor 5 km meist Chauss. bis Ziegenhain	5,5 4,5		

547. Königl. Oberförsterei Wallenstein, Rgbz. Cassel. (Karte 40.)

Wallenstein, Post und Kreis Homberg.	7 km Chauss. bis Remsfeld, od. 13 km Chauss. bis Homberg, od. 21 km Chauss. bis Wabern, od. 25 km Chauss. bis Hersfeld. — 1 mal Kariolpost an Wochentagen von Homberg. Abfahrt 8½ Uhr Morgens, Rück. 5 Uhr Abends.	Appenfeld	9 km Chaussee bis Remsfeld	4		
		Wallenst.	7 km desgl.	4		
		Seckenhain	8 km Landstr. bis Homberg	4—5		

Sitz der Oberförsterei nebst Poststation	Entfernung des Oberförstereisitzes von der nächsten Eisenbahnstation bezw. Haltestelle. Post- und regelmäßige Reiseverbindungen auf Landwegen.	Durchschnittliche Entfernungen und ungefähre Anfuhrkosten von den einzelnen Reviertheilen für Bahn- bezw. Wassertransport und zwar: Schutzbezirk	Entfernung bis Güterbahnhof	Anfuhrkosten pro fm M.	Entfernung bis Wasserablage	Anfuhrkosten pro fm M.

548. Königl. Oberförsterei Rotenburg-Ost, Rgbz. Cassel. (Karte 40.)

Rotenburg a. F., Post und Kreis Rotenburg.	1 km Chaussee bis Bahnstation Rotenburg a./F. (Cassel-Bebra).	Asmush.	2 km Chss. b. Bebra	3,5		
		Cornberg	1 km Gdw. b. Cornberg	3,5		
		Rautenhausen	3 km Gdw. b. Cornb. 7 km mst. Chss. bis Bebra	4		
		Guttels O.	2 km Gdw. 1 km Chss. bis Rotenburg	3,5		
		„ W.	4 km Gdw. 2 km Ch. dgl.	4		

549. Königl. Oberförsterei Rotenburg-West, Rgbz. Cassel. (Karte 40.)

Rotenburg a. F., Brückenstr. 96, Post und Kreis Rotenburg.	Bahnstation am Orte.	Braach, Oberellenbach, Licherode, Connefeld	2—12 km bis zu den Bahnhöfen Rotenburg, Heinebach, Altmorschen	2—4		

550. Königl. Oberförsterei Rotenburg-Lüdersdorf, Rgbz. Cassel. (Karte 40.)

Rotenburg a. F., Vor d. Unterthor Nr. 280, Post und Kreis Rotenburg.	Bahnstation am Orte.	Mecklar	4 km Waldw., 7 km Chauss. bis Hersfeld	2,5		
		Lüdersdorf	3 km Waldw., 4 km Chauss. bis Bebra			
		Gerterode	4 km Waldw., 10 km Chauss. bis Hersfeld			
		Atzelrode	1—4 km Waldw., 6 km Chauss. bis Rotenburg			

551. Königl. Oberförsterei Nentershausen, Rgbz. Cassel. (Karte 40.)

Nentershausen, Post, Kreis Rotenburg.	10 km Chss. bis Sontra (Bebra-Göttingen). Postverb. Nentershausen-Sontra u. Nentershausen-Solz-Bebra (16 km). — Bergbahn Nentershauf.-Sontra, demnächst für Güter- u. Personen-Verkehr. — 16 km Chauss. bis Gerstungen (Bebra-Eisenach). — 11 km chauss. Landw. bis Bhf. Bebra (D-Züge).	Blankenbach	9 km bis Gerstungen	3—6		
		Nentershausen	9-12 km b. Gerstungen u. Sontra	3—6		
		Erdmannshain	6 km bis Sontra	2,5—5		

552. Königl. Oberförsterei Wildeck, Rgbz. Cassel. (Karte 40.)

Wildeck, Post Hönebach, Kreis Rotenburg.	7 km (davon 6 km Chauss.) über Raßdorf Großensee nach Hönebach (Personenzüge in der Richtung Bebra-Cassel bezw. Eisenach-Leipzig.) — Kreuzungsp. Bebra (D-Züge) in einer Stunde zu erreichen.	Wildeck I O.	7 km Chss. b. Höneb.	4		
		„ II W.	4 „ Erdw. „ „	3,5		
		Ronshausen	6-8 km Chss. b. „	4		
			10 „ „ „ Bebra	5		
		Machtlos	10 „ „ b. Höneb.	5		
			12 „ „ „ Bebra	5		
		Iba	8 km Chss. bis „	4		

553. Königl. Oberförsterei Heringen, Rgbz. Cassel. (Karte 40.)

Heringen a. W., Post, Kreis Hersfeld.	11 km Chauss. nach Hönebach (Bebra-Eisenach). 12 km Chss. nach Gerstungen (dies. Linie). 13 km Chss. nach Vacha (Vacha-Salzungen). Personenpost von Heringen nach Hersfeld. 5½ Uhr V. ab Heringen, 10 Uhr V. an Hersf., zur. 7 Uhr N. ab Hersfeld, 11 Uhr an Heringen.	Philippsthal	16 km nach Gerstung.	8		
			5 „ „ Vacha	4		
		Herfa	9 „ „ Hönebach	6		
			18 „ „ Gerstung.	7		
		Bengendorf	6 „ „ Hönebach	5		
			11 „ „ Gerstung.	6		
		Hönebach	4 km „ Hönebach	4		

554. Königl. Oberförsterei Lautenhausen, Rgbz. Cassel. (Karte 40.)

Philippsthal, Post, Kreis Hersfeld.	2 km Chss. bis Vacha (Salz.-Vacha). 20 km Chss. bis Hersfeld (Bebra-Frankfurt, Schnellzüge). Post 1 mal tägl. nach Vacha u. Hersfeld über Heimboldshausen-Friedewald.	Stöckig	4 km Chss. bis Vacha	1,5		
		Heimboldsh.	6 „ „ „ „	2		
		Lautenh.	9 km „ „ „	2,5		
			12 km b. Hersfeld	3,5		
		Hilmes	10 „ „ Vacha	3		
			10 „ „ Hersfeld	3		
		Dreienberg	10 „ „ Vacha	3		
			10 „ „ Hersfeld	3		

555. Königl. Oberförsterei Friedewald, Rgbz. Cassel. (Karte 40.)

Friedewald, Post, Kreis Hersfeld.	13 km gute Chauss. nach Hersfeld (Bebra-Frankfurt, D-Züge). 11 km gute Chauss. nach Hönebach (Bebra-Eisenach). Privatpost ab Hersfeld nach Friedewald 5³⁰ N. von Friedewald nach Hersfeld 8 Uhr V.	Lingenbach, Friedewald	13 km Chauss. bis Hersfeld	3,00		
			11 km Chauss. bis Hönebach	2,80		
		Eichhorst	5 km. Chss. b. Höneb.	2,00		
		Ronshausen, Ziebach	Gute Waldw. zur Chss. bis Hönebach u. Bebra ca. 4 km.	2,60		

Flächengröße u. Charakter des Reviers. Vertheilg. der Hauptholzarten nach Zehnteln.	Beschaffenheit des Wegenetzes im Reviere und der sich daran schließenden Abfuhrstraßen, sowie der etwaigen Wassertransportwege. Adressen von größeren Fuhrunternehmern.	Jahresquantum der Haupt=Verkaufshölzer nach Holzarten und Sortimenten (unter Abrechnung des Lokalbedarfs.)

548. Königl. Oberförsterei Rotenburg-Ost,

1820 ha. — gebirgig, 3 Hauptparz. Ki. (Lä.) 0,4 Bu. 0,3 Fi. 0,2 Ei. 0,1

Wegenetz fast vollständig ausgebaut, manche Wege durch Steinschlag befest. Landweg Rotenburg=Guttels mündet auf Chaussee nach Cassel; Landweg Rockensüß=Erkshausen mündet auf Landweg Erksh.=Lipsenh.; Chaussee Bebra=Sontra durchschn. den Schbz. Cornberg. — Fuhrunternehmer: Rewald in Bebra, Wucherer in Cornberg, Hofmeister in Rotenburg.

Schutzbezirk	Stammholz (fm) Ei.	Bu.	Bi.	Fi.	Ki.	Derbstg. Fi.	Grubh. Ki.
Asmushausen						30 St.	
Cornberg	30	30	10	40	120	1070 „	160 fm
Rautenhausen	5	10		240	150	2480 „	100 „
Guttels=Ost	95	20			130	190 „	90 „
„ West		20				700 „	15 „

549. Königl. Oberförsterei Rotenburg-West,

2343 ha. — gebirgig, zusammenhgd. Bu. 0,4 Ki. 0,3 Fi. 0,3

Wegenetz im Revier z. gr. Th. ausgebaut. Die anschließenden Feldwege meist sehr schlecht. Landwege und Landstraßen gut und zahlreich vorhanden. — Fuhrleute in Rotenburg, Ober= u. Nieder=Ellenbach, Connefeld, Wichte.

Schbz. Braach
„ Oberellenbach
„ Licherode
„ Connefeld

800 fm Ki.= und Lä.=Grubenholz.
300 „ Fi.=Bauholz.
6000 Stück Fi.=Derbstangen.
200 rm Fi.=Schleifholz.

550. Königl. Oberförsterei Rotenburg-Lüdersdorf,

2243 ha. — gebirgig. Bu. 0,6 Ki. 0,2 Ei. 0,1 Fi. 0,1

Innerhalb des Reviers im Planum hergestellte Waldwege, in den Hauptthälern außerhalb Chausseen. — Fuhrunternehmer: Bauern in Atzelrode, Blankenheim u. Tann.

Schbz. Mecklar 30 fm Ki.=Grubenholz.
„ Lüdersdorf 10 „ „ „ 10 fm Bu.=, 10 fm Ei.=Stmh.
„ Gerterode 40 „ „ „ 40 „ Ki.=Bauholz.
„ Atzelrode 30 „ „ „ 10 „ Bu.=Stammh. 500 St. Fi.=Derbstangen.

551. Königl. Oberförsterei Nentershausen,

ha. — hügelig, zusammenhgd. Bu. 0,5 Ki. 0,3 Ei. 0,1 Fi. 0,1

Wegenetz fast völlig ausgebaut als Erdwege. — Holzfuhrleute in Blankenbach, Nentershausen, Ulfen, Weißenhasel, Wölfterode, Süß.

Schutzbezirk	Stämme (fm) Ei.	Bu.	Bi.	Na.	Esch. Ah.	Grubh. (fm) Ei.	Na.
Blankenbach	100	50		50		60	40
Nentershausen	20	200	10	20	20	10	40
Erdmannshain	60	10	10	120		80	100

542. Königl. Oberförsterei Wildeck,

2291 ha. — meist geb., zusammenh. Ki. 0,40 Bu. 0,40 Fi. 0,15 Ei. 0,05

Das Wegenetz innerhalb des Reviers ist in guter Beschaffenheit, ebenso die Chauss. — Fuhrunternehmer: Becker in Hönebach, Schneider in Machtlos, Gerlach in Iba, Büch in Ratzdorf.

Schutzbezirk	Stammh. (fm) Ei.	Ki.	Bu.	Rollholz (fm) Ei.	Bu.	Ki.	Bi.	Brnh. (fm)	Derbstg. Ei.
Wildeck I=O.		180				40			
Wildeck II=W.		320			70	120		50	
Ronshausen	40			30	70		40		
Machtlos		150				20		40	500 St.
Iba	30		20	30	20			70	

553. Königl. Oberförsterei Heringen,

4070 ha. — bergig; zusammenhgd. bis auf Schbz. Philippsthal, welcher durch Werra abgetrennt ist.

Wegenetz zu ca. $^2/_3$ ausgebaut, ziemlich gute Abfuhr nach den Thalchausseen, welche 1. von Friedewald, Herfa, Wölfershausen, 2. von Hönebach, Bengendorf, 3. von Vacha, Philippsthal, Lengers nach Heringen und von da nach Gerstungen führen. — Fuhrleute in Heringen, Wölfershausen, Herfa, Heimboldshausen.

Schbz. Philippsthal 100 fm Ki.=Stammholz.
„ Herfa 100 fm Bu.=Stammh. 20 fm Bu.=Rollen.
„ Bengendorf 30 fm Ki.=Stammholz.
„ Hönebach 20 fm Fi.=Stämme, 4000 Stück Fi.=Derbholzstg.

554. Königl. Oberförsterei Lautenhausen,

ha. — gebirgig, wenig parzell., 5 größere Parzellen. Bu. 0,5 Ki. 0,3 Fi. 0,2

Das project. Waldwegenetz ist im Ausbau begriffen, vorläufig werden die Wege nicht befestigt. Außerhalb des Reviers sind durchweg gut befestigte Wege u. Chausseen vorhanden. — Fuhrleute in den umliegenden Dörfern.

Schbz. Stöckig 10 fm Ei.=, 100 fm Bu.=, 100 fm Ki.=Nutzh.
„ Heimboldshausen 50 „ „ 100 „ „ „
„ Lautenhausen 10 fm Ei.=, 50 „ „ 150 „ „ „
„ Hilmes 10 „ Ah.=, 100 „ „ 10 „ Esch.=„
„ Dreienberg 5 „ „ 50 „ „ 5 „ „ „
100 fm Ki.= Fi.=Nutzh.

555. Königl. Oberförsterei Friedewald,

4060 ha. — Hochpl.; abf. n. N. O. u. W. Bu. u. Ei. 0,6 Fi. 0,3 Ki. 0,1

Wegenetz fast ausgebaut u. sehr gut. — Abfuhrchauss. Friedewald=Hönebach=Bebra und Friedewald=Hersfeld. — Fuhruntern.: Schäfer in Friedewald. Becker in Hönebach, Peter, Ziegenbein u. Ruppel in Ronshausen.

Schutzbezirk	Stammholz (fm) Ei.	Ki.	Fi.	Bu.	Rollh. Bu.	Grbh. Ki.	Schichtn. Ei.	Drbst. Fi.
Lingenbach			50			150 fm		2700
Eichhorst			100			400 „		3000
Ziebach	50			50	30 fm	100 „		
Ronshausen		100				100 „		
Friedewald	50			150	50 „		30 fm	

Oeffentliche Holzlicitationen finden statt in:	Unterkommen im Gasthofe f. Holzhändler, Forst-Assessoren u. Referendare in möglichster Nähe der Oberförsterei	Zustand des Oberförster-Dienstgebäudes	Wo Kirche? Wo Schule? In welcher Zeit zu erreichen?	Wo Arzt, wo Apotheke, wo Amtsgericht?	Nebenämter des Revierverwalt. — Wenn ständiger Assistent vorhanden, wo wohnt derselbe?
Rgbz. Cassel. (Karte 40.)					
In Rotenburg a/F., Restauration am Weidenberg.	In Rotenburg, Gasth. z. Löwen und zum Engel (1 km von Oberförsterei). In Bebra, Hotel Schlüter (6 km) von Rotenburg).	Neues, einstöckiges Dienstgebäude, 5 Minuten von der Kreisstadt und Bahnhof Rotenburg a/F. (3000 Ew.). — Cassel (106 000 Einw.) in 1stündiger Bahnfahrt zu erreichen.	Ev. u. kath. Kirche, sowie städt. Realprogymnasium in Rotenburg a/F.	In Rotenburg a/F.	Staatsaufsicht über 9 Gemeindewaldungen. — Für verheir. Ass. Wohnung in Rotenburg zu haben.
Rgbz. Cassel. (Karte 40.)					
In Rotenburg, Gasthof am Weidenberge. In Neumorschen, im Rathskeller.	In Rotenburg, siehe Nr. 548.	Miethswohnung in der Kreisstadt Rotenburg a/F. Bau einer Dienstwohnung daselbst in Aussicht genommen.	Am Orte.	Am Orte.	Forstamtsanw.
Rgbz. Cassel. (Karte 40.)					
In Mecklar, bei Böttner. In Breitenbach, Gasth. von Hof. In Rotenburg, Gasth. Weidenberg u. Hotel zum Löwen.	In Rotenburg, siehe Nr. 548.	Miethswohnung in der Kreisstadt Rotenburg a/F. Bau einer Dienstwohnung nicht in Aussicht.	In Rotenburg.	In Rotenburg.	Staatsaufsicht über 5 Gemeindewaldungen.
Rgbz. Cassel. (Karte 40.)					
In Nentershausen, bei Krause. In Sontra, bei Nuelberg.	In Nentershausen, Gasth. von Krause.	Altes, geräumiges Dienstgebäude am Südrande des Dorfes Nentershausen (600 Einw.) Kreisstadt Rotenburg a/F., 22 km (3000 Einwohner).	Ev. Kirche u. Schule am Ort. Kath. Kirche in Rotenburg a/F.	Am Ort.	Forstamtsanw. Staatsauff. üb. 15 Gemeindew. Verwalt. der v. Baumbach'schen Forsten in Nentershausen und Hoheneiche.
Rgbz. Cassel. (Karte 40.)					
In Hönebach, bei Justi. In Obersuhl, bei Becker. In Weiterode, bei Adam.	Bei bescheidenen Ansprüchen in Hönebach bei Justi.	Schönes neues, geräumiges Wohnhaus, 2 km vom Dorf Raßdorf, 100 Einw., Wirthschaftsgebäude genüg. Nächste Stadt Rotenburg a. F., 3000 Einw., in einer Stunde zu erreichen.	Ev. Kirche in Obersuhl, 7 km. Kath. Kirche in Bebra, in 1 Std. erreichb. Dorfschule in Raßdorf, 2 km. Gymnas. in Hersfeld, in 2 Std. zu erreichen.	In Berka an der Werra, 8 km. Amtsgericht in Nentershausen, 8 km.	Staatsauff. üb. 1 Gemeinde- und 4 Interessentenwld. — Verh. Assessor könnte ev. in Hönebach, 4 km od. Ronshausen, 7 km wohnen.
Rgbz. Cassel. (Karte 40.)					
In Heringen. In Hönebach. In Heimboldshausen, bei Bock und Echtermeyer. In Philippsthal.	In Heringen, bei Koch und Schweinsberg. In Hönebach, bei Justi u. bei Grieneisen. In Philippsthal, b. Zinn, 3 km. In Vacha, Hotel zum Adler.	Dienstgebäude im Dorfe Heringen, ehem. Bauernhaus, durch Anbau vergrößert. Nächste Städte Hersfeld, 24 km (7900 Einw.), Kreisst., Kriegsschule. — Eisenach, 50 Minuten Bahnfahrt von Hönebach (31 400 Einwohner).	Evg. Pfarre, gute 3klassige Dorfschule in Heringen. Kath. Gottesdienst in Eisenach, Gymnasium in Hersfeld.	Arzt u. Apotheke in Berka und Friedewald. Amtsger. in Friedewald.	Staatsaufsicht über 4 Gemeindewaldungen. — Wohnung für verheirath. Assessor in Philippsthal und Friedewald möglich.
Rgbz. Cassel. (Karte 40.)					
In Heimboldshausen. In Friedewald. In Schenklengsfeld.	Bei mäßigen Anspr. in Schenklengsfeld, Gasthof bei der Linde. In Friedewald, bei Meurer. In Philippsthal, bei Zinn. In Vacha, gut, Hot. z. Adler.	Ziemlich gute Miethswohnung in Philippsthal (600 Einwohner), schön gelegen an Chaussee; 2 km bis Stadt Vacha (1600 Einwohner). Die Errichtung einer Dienstwohnung wird beabsichtigt.	Ev. Kirche, Pfarre und Schule im Dorfe Philippsthal.	In Vacha. Amtsgericht in Friedewald.	Staatsaufsicht über 6 kl. Gemeindef., bezw. Interessentenwaldungen. — Kein Unterkommen für verheir. Assessor zu haben.
Rgbz. Cassel. (Karte 40.)					
In Friedewald. In Hönebach. In Ronshausen.	In Friedewald, Gastw. Meurer u. Träger. In Hönebach, bei Justi. In Ronshausen, bei Adam.	Dienstwohnung in dem sehr geräumigen alten Schloß zu Friedewald, in vorzügl. Zustand; Wirthschaftsräume ausreichend. Nächste Stadt Hersfeld, 7900 Ew., Kreisstadt, Kriegsschule, 13 km. — Eisenach, 31400 Einw., von Hönebach (11 km) in 50 Min. Bahnfahrt erreichbar.	Ev. Kirche u. gute Schule in Friedewald; kath. Kirche in Hersfeld; ebenso dort Gymnasium.	In Friedewald.	Gutsvorsteher. — Für verheiratheten Assessor in Friedewald leidliche Wohnung erhältlich.

Flächengröße u. Character d. Reviers. — Vertheilung der Hauptholzarten nach Zehnteln.	Beschaffenheit des Wegenetzes im Reviere und der sich daran schließenden Abfuhrstraßen, sowie der etwaigen Wassertransportwege. Adressen von größeren Fuhrunternehmern.	Jahresquantum der Haupt-Verkaufshölzer nach Holzarten und Sortimenten (unter Abrechnung des Lokalbedarfs).

556. Königl. Oberförsterei Hersfeld-Meckbach,

3115 ha. — hügelig, zusammenhgd. Bu. 0,4 Ki. 0,3 Fi. 0,2 Ei. 0,1

Die Waldwege, ebenso die sich daranschließenden Straßen sind in gutem Zustande. — Fuhrleute sind Bauern in Meckbach, Friedlos und Mecklar.

Schbz. Kessel 150 fm Ki.-Grubenholz.
„ Kathus 200 „ „ „
„ Friedlos 600 „ „ „ 50 fm Ei.-Grubenh.
„ Meckbach S. 500 „ „ „
„ „ N. 250 „ „ „ 50 „ „ „

557. Königl. Oberförsterei Hersfeld-Wippershain,

2463 ha. — hügelig, 2 durch das Haunthal getrennte Complexe. Ki. 0,6 Fi. 0,2 Bu. 0,2

Innerhalb gut planirte und gut fahrbare Erdwege. Hauptrevier durch chaussirten Landweg Hersfeld-Wippershain und Wippershain-Wüstefeld durchschnitten, außerhalb gut chauss. Communicationswege. — Fuhrleute: Ackerbürger in Hersfeld, Bauern in Schenksolz, in Kohlhausen und Eitra.

Schutzbezirk	Stammholz (fm) Ei.	Bu.	Ki.	Telegr.-Stangen Ki.	Derbstg. (fm) Fi.	Brennholz (rm)
Wippershain			50			
Dünkelrode			260	80 fm	20	60
Sorga	30	10	150	80 „		60
Hilperhausen	10	10	100			50
Unterhaun		10	50	50 „		50

558. Königl. Oberförsterei Hersfeld,

3027 ha. — gebirg., 2 gr. u. 2 kl. Parzellen. Ki. 0,5 Bu. 0,3 Fi. 0,2

Im Revier Erdwege, am Rande desselben Chausseen. Landweg Hersfeld-Reckerode führt mitten durch den Hauptcomplex. — Fuhrleute in Hersfeld, Allmersh., Asbach, Gittersdorf, Obergeis, Heenes nnd Biedebach.

Schutzbezirk	Stammholz (fm) Ei.	Bu.	Ki.	Grubenh. (fm) Ei.	Ki.	Rollh. (fm) Ei.	Bu.
Mönches	100	20	50	20	120	40	10
Hersfeld	20	20	30	20	50		
Gittersdorf	30		120	80	700		
Heenes	10		100	20	400		
Gittersdorf-Biedebach	50		100	50	600		

559. Königl. Oberförsterei Neuenstein,

3066 ha. — gebirgig, zusammenhgd.

Innerhalb des Reviers meist gut fahrbare Erdwege, Waldausgänge meist schlecht. — Fuhrunternehmer: Kolbe zu Raboldshausen, Opfer zu Obergeis, Schmidt zu Frielingen, zahlreiche Bauern in Saasen, Ana, Mühlbach.

Schutzbezirk	Stammh. (fm) Ei.	Bu.	Grubh. Ki.	Bauh. u. Dbst. Fi.
Obergeis I	10	20	250 fm	100 fm
Heddersdorf	10	20	300 „	
Raboldshausen			350 „	200 „
Oberg. Schmitteberg			300 „	50 „
Neuenstein	15	100	300 „	
Ellingshausen	15	50	50 „	

560. Königl. Oberförsterei Oberaula,

1788 ha. — gebirgig, zusammenhgd. Bu. 0,6 Ki. 0,3 Fi. 0,1

Innerhalb der Forstorte meist gute Erd- und chaussirte Wege, außerhalb gute Chss. — Fuhrunternehmer in Alsfeld, Neukirchen und Olberode, Ibra, Friedigerode und Holzberg.

Schutzbezirk	Stammholz (fm) Bu.	Fi.	Ki.	Grubh. Ki.	Derbstg. Fi.
Görzhain	50			250 fm	50
Weißenborn	50	100	150	250 „	100
Oberaula	50			350 „	50
Schwarzenborn	300			150 „	50

561. Königl. Oberförsterei Neukirchen,

2228 ha. — meist gebirg., parzellirt. Bu. 0,6 Ei. 0,2 Fi. 0,1 Ki. 0,1

Außerhalb des Reviers Chausseen, im Revier meist Erdwege, Steinwege im Bau. — Fuhrleute in Neukirchen und Ziegenhain. Die Anfuhrkosten erniedrigen sich etwa um 1 M. pro fm für geschältes Na.-holz (Schälen pro fm 50—80 Pf.)

Schbz. Steinwald 160 fm Bu.-Stammholz.
„ Sommerleid 250 „ „ „ 100 fm Ki.-Stammh. 100 fm Ki.-Grubholz.
„ Seigertshausen 150 fm Bu.-Stammh. 150 fm Ei.-Stammh.
„ Harth 250 fm Ki.-Stammh. 50 fm Ki.-Grubh.
„ Kornberg 400 fm Ei.-Stammh. 50 fm Bu.-Stammh. 300 fm Ei.-Grubh.
Ganzes Revier: 20 fm Bi.-Stammh. 20 fm Erl.-Stammh. 20 fm Hainb.-Stammh.

562. Königl. Oberförsterei Immichenhain,

2394 ha. — hüg., zieml. zush., mit tief. Einschn. Ki. 0,6 Bu. 0,2 Fi. 0,1 Ei. 0,1

Innerhalb gute Wege, die jedoch noch vielfach der Versteinung bedürfen. Außerhalb viele und gute Chausseen und Landwege. Holzverladung am besten in Ziegenhain, weil dort Lagerplätze, in Treysa nicht. — Fuhrleute: Stumpf, Richardt, Riffer, Pflanz in Neukirchen, Dippel in Olberode.

Schutzbezirk	Stammh. (fm) Ei.	Bu.	Ki.	Schwell- u. Grbh. Ei.	Grubh. (fm) Ki.
Hattendorf	50	10	400	30 fm	25
Wincherode	200	5	400	100 „	380
Immichenhain	600		500	400 „	200
Kl. Ropperhausen	200	40	450	150 „	200
Teichwiesenwald	50	80	400	25 „	130

563. Königl. Oberförsterei Niederaula,

2860 ha. — hügelig, 6 Hauptparz. Ki. 0,6 Bu. 0,2 Fi. 0,2 Ei.

Innerhalb der Forstorte systematisches Wegenetz im Ausbau begriffen. Die Zufuhrwege über das Feld meist schlecht; im Thalgrund der Fulda und Aula nebst Ibra und Hattenflößel gute Straßen.

Schbz. Holzheim, „ Hattenbach, „ Niederaula, „ Falkenbach, „ Gershausen: Kein Handelsholz.

Oeffentliche Holzlicitationen finden statt in:	Unterkommen im Gasthofe f. Holzhändler, Forst-Assessoren u. Referendare in möglichster Nähe der Oberförsterei	Zustand des Oberförsterdienst-Gebäudes	Wo Kirche? Wo Schule? In welcher Zeit zu erreichen?	Wo Arzt, wo Apotheke, wo Amtsgericht?	Nebenämter des Revierverwalt. — Wenn ständiger Assistent vorhanden, wo wohnt derselbe?
Rgbz. Cassel. (Karte 40.)					
In Friedewald, bei Meurer, Zinn u. Träger. In Hersfeld, bei Sander. In Meckbach, bei Apel. In Sorga, bei Daube.	In Hersfeld, gutes Unterkommen Hotel zum Stern u. deutsch. Haus.	Großes, altes Fachwerkgeb. (Wohn- und Wirthschaftsr. viel Platz) im Stift zu Hersfeld (7900 Einw.), Kreisst., Kriegsschule.—Cassel, 106 000 Einw., 2 Stunden Bahnfahrt.	Kirchen jeder Art, höhere Töchtersch., Gymnas. in Hersfeld.	In Hersfeld.	Wohnung für verheirath. Assessor in Hersfeld zu haben.
Rgbz. Cassel. (Karte 40.)					
In Petersberg, bei Ritz. In Unterhaun, bei Großkurth. In Schenksalz, bei Schneider. In Kohlhausen, bei Katzmann.	In Hersfeld, siehe Nr. 556.	Altes Holzfachwerkgeb., in dem zugleich die Kreis- und Forstcasse und die Rentmeisterwohn. sich befinden, am Markt zu Hersfeld. Wirthschaftsgebäude geräumig z. Th. vermiethet.	In Hersfeld.	In Hersfeld.	Verwalt. von 4 Gemeinde- resp. Interessentenforsten. Gutsvorst. Forstamtsanw.
Rgbz. Cassel. (Karte 40.)					
In Hersfeld, Hotel zum Stern, u. Müller's Felsenkeller.	In Hersfeld, siehe Nr. 556.	Altes, geräumiges Haus in der Stadt Hersfeld (im Stift), gegenüber dem Oberförster-Dienstgebäude von Hersfeld-Meckbach.	In Hersfeld.	In Hersfeld.	Staatsauff. über 3 Gemeinde- und Interessentenforsten.
Rgbz. Cassel. (Karte 40.)					
In Saasen, bei Schmidt.	Bei bescheidenen Anspr. bei Hofmann in Raboldshaus., 2 km oder bei Schmidt in Ana 1,5 km.	Altes, sehr ger. Wohnhaus im alten Schloß auf einem Bergkegel 5 Min. nördl. vom Dorf Saasen, bis Chauss. 800 m theilw. sehr steile Straße. Wirthschaftsgeb. schlecht. Auf dem Schloßberg auch noch Försterei Neuenstein. — Nächste Stadt Hersfeld, 15 km.	Ev. Pfarre u. Schule in Raboldshausen, in 25 Min. zu Fuß zu erreichen.	In Raboldshaus. Amtsgericht in Homberg.	Staatsauff. über 2 Interessenten- u. 2 Gemeindewaldungen.
Rgbz. Cassel. (Karte 40.)					
In Weißenborn, Gasth. Günther. In Oberaula, Gasth. Orth. In Schwarzenborn, Stadtwirthschaft.	In Oberaula, bei H. Orth u. P. Klebe bei mäßigen Preisen und guter Verpflegung. Privatwohnung zu haben.	Neues Geb. am O.-Ausgange von Oberaula (800 Einw.) an der Chauss. Hersfeld-Treysa. — Nächste Stadt Ziegenhain, 20 km, Kreisst. 1800 Einw. u. Hersfeld, 25 km, ca. 7900 Einwohner.	Ev. Kirche, Pfarre u. Schule im Dorf. Gymn. in Hersfeld, 25 km.	In Oberaula.	Staatsauff. über Stadtw. Schwarzenborn, 4 Gemeindeforsten und 1 Interessentenwald. — Wohn. für verh. Ass. in Oberaula zu hab.
Rgbz. Cassel. (Karte 40.)					
In Neukirchen, bei Gutberlet.	In Neukirch. bei Gutberlet. In Ziegenh., Deutsch. Haus.	Altes Dienstgeb. (einfach, viel Platz) in dem Städtchen Neukirchen, 1400 Einwohner.	Ev. Kirche in Neukirchen. Kath. Kirche in Neustadt. Gymn. in Hersfeld u. Marburg.	In Neukirchen.	Staatsauff. über 10 Gemeinde- und Interessentenfst. — Verh. Ass. kann in Neuk. bei besch. Verhältn. wohnen.
Rgbz. Cassel. (Karte 40.)					
In Immichenhain, bei Schultze u. Kahl. In Neukirchen, bei Gutberlet. In Hattendorf, bei Scherz.	In Neukirch., bei Gutberlet. In Immichenhain, bei Schultze u. Kahl.	Miethswohnung im Städtchen Neukirchen, 1400 Einwohn. Demnächst neues Dienstgeb. im Dorf Immichenhain, 800 Einw., oder in Neukirchen.	Ref. Kirche u. Elementarschule in Immichenhain u. Neukirchen. Kath. Kirche in Alsfeld u. Neustadt. Gymnas. in Hersfeld und Marburg.	In Neukirchen u. Oberaula.	Staatsauff. über 2 Interessent.-, 4 Gemeinde- und 2 Pfarrwaldungen. — Für verh. Ass. kein Unterkommen.
Rgbz. Cassel. (Karte 40.)					
In Niederaula, Gasth. Stein.	In Niederaula, Gasth. Stein.	Altes Dienstgeb. vom Jahre 1534, mitt. im Flecken Niederaula. Nächste Stadt Hersfeld (7900 Einw.), 11 km.	Ev. Kirche u. Pfarre im Flecken. Gymn. in Hersfeld.	In Niederaula.	Staatsauff. über 15 Gemeinde- u. Interessentenwaldungen (312 ha). Forstamtsanw. Gutsvorsteher.

Sitz der Oberförsterei nebst Poststation	Entfernung des Oberförstereisitzes von der nächsten Eisenbahnstation bezw. Haltestelle. Post- und regelmäßige Reiseverbindungen auf Landwegen	Durchschnittliche Entfernungen und ungefähre Anfuhrkosten von den einzelnen Reviertheilen für Bahn- bezw. Wassertransport und zwar				
		Schutzbezirk	Entfernung bis Güterbahnhof	Anfuhrkosten pro fm M.	Entfernung bis Wasserablage	Anfuhrkosten pro fm M.
556. Königl. Oberförsterei Hersfeld-Meckbach, Rgbz. Cassel. (Karte 40.)						
Hersfeld, Post und Kreis Hersfeld.	Hersfeld ist Station der Eisenbahn Cassel-Bebra-Frankfurt (D-Züge halten.)	Kessel	7 km Chss. 3 km Erdw. bis Hersfeld	2,50		
		Kathus	7 km Chss. 2 km Erdw. bis Hersfeld	2,40		
		Friedlos	8 km Chss. 3 km Erdw. bis Hersfeld	2,50		
		Meckbach S. u. N.	10 km Chss. 3 km Erdw. bis Hersfeld	2,60		
557. Königl. Oberförsterei Hersfeld-Wippershain, Rgbz. Cassel. (Karte 40.)						
Hersfeld, Post und Kreis Hersfeld (Dienstwohnung am Markt Nr. 168).	Hersfeld ist Eisenbahnstation (siehe Nr. 556).	Wippershain	4 km Landstr. 3 km Waldw. bis Hersfeld	3,00		
		Dünkelrode	6 km Landstr. 3 km Waldw. desgl.	3,00		
		Sorga	4 km Chss. 2 km Waldweg desgl.	2,50		
		Hilperhausen	7 km Landstr. 3 km Waldweg desgl. 6,5 km Ldw. b. Neuk.	3,00		
		Unterhaun	5 km Landstr. 2 km Waldweg bis Hersfeld	2,50		
558. Königl. Oberförsterei Hersfeld, Rgbz. Cassel. (Karte 40.)						
Hersfeld, Post und Kreis Hersfeld.	Hersfeld ist Eisenbahnstation (siehe Nr. 556).	Mönches	8-15 km Chss. b. Hersfeld	2—5		
		Hersfeld	4-8 „ desgl.	1,5—4		
		Gittersdf.	5-15 „ „	2—5		
		Heenes	6-15 „ „	2—5		
		Gittersd.-Biedebach	8-20 „ „	2—8		
559. Königl. Oberförsterei Neuenstein, Rgbz. Cassel. (Karte 40.)						
Neuenstein Post Raboldshausen, Kreis Homberg.	15 km Chaussee nach Hersfeld (Bebra-Frankfurt), Privatpost täglich früh von Raboldshausen (2 km von Oberf.) nach Hersfeld, abends zurück. Kariolpost wochentags früh von Hersfeld nach Raboldshausen, mittags zurück.	Oberngeis I	3 km Waldw. 8—15 km Chaussee bis Hersfeld	Grbh. 2,5-2,7		
		Hebbersdorf	3 km Waldw. 19 km Chaussee desgl.	3,25		
		Raboldshausen	3 km Waldw. 8—15 km Chaussee desgl.	2,5-2,7		
		Oberg.-Schmitteb.	wie vor	2,5-2,7		
		Neuenstein	wie vor	2,5-2,7		
		Ellingshausen	3 km Waldw. 17 km Chaussee bis Hersfeld	3,00		
		Für Stammh. kostet Anfuhr 5,5-6,5 Mk. pro fm.				
560. Königl. Oberförsterei Oberaula, Rgbz. Cassel. (Karte 40.)						
Oberaula, Post, Kreis Ziegenhain.	25 km Chaussee (Personenpost 2mal täglich hin u. zurück) nach Treysa (Leinefelde-Coblenz und Cassel-Marburg). 25 km Chss. (Personenpost 1mal täglich hin und zurück) nach Hersfeld (Bebra-Frankfurt). 28 km Chauss. nach Alsfeld (Oberhess. Eisenbahn). — Oberaula wird Station der project. Bahn Hersfeld-Treysa.	Görzhain	15—18 km Chaussee bis Alsfeld	2—3 pro fm Ra. 6—7 pro fm Bu.		
		Weißenborn	wie vor oder 25 km Chaussee b. Treysa			
		Oberaula	wie vor oder 25 km Chauss. b. Hersfeld			
		Schwarzenborn	wie vor od. 16—18 km Chss. b. Homberg			
561. Königl. Oberförsterei Neukirchen, Rgbz. Cassel. (Karte 40.)						
Neukirchen, Post, Kreis Ziegenhain.	13 km bis Bahnhof Treysa (Schnellz.). — 11 km bis Bhf. Ziegenhain. Nach Treysa 2mal tägl. Personenpost hin u. zurück.	Steinwald, Sommerfeld	9—14 km mst. Chss. bis Ziegenhain	4—6		
		Seigertshausen, Harth	7—14 km mst. Chss. bis Ziegenhain			
		Kornberg	5—8 km mst. Chss. bis Ziegenh. od. Frielendf.	2,5—4		
562. Königl. Oberförsterei Immichenhain, Rgbz. Cassel. (Karte 40.)						
Neukirchen, Post, Kreis Ziegenhain.	Von Neukirchen 11 km Chaussee bis Bhf. Ziegenhain. Von Neukirchen 13 km Chaussee bis Bhf. Treysa (Pers.-Post Treysa-Neukirchen-Oberaula-Hersfeld, ab Treysa 8 1/2 Uhr V. und 7[25] N.) — Von Immichenh. 20 km mst. Chss. (davon 8 km Landw.) bis Bhf. Treysa. (Fahrpost Neukirchen-Immichenh.) ab Neukirch. 10[30] V. — Neue Bahn Treysa-Hersfeld project. mit Bhf. Neukirchen u. Nanses; von letzterem Immichenhain 3,5 km entfernt.	Hattendorf	9 km meist Chauss. bis Alsfeld	1,7-2,2		
			16 km mst. Chauss. bis Ziegenhain	5,00		
		Wincherode	14,5 km (dav. 10 km Chss.) bis Ziegenhain	4,50		
		Immichenhain	18,5 km (dav. 10 km Chss.) b. Ziegenhain	4,50		
			10,5 km mst. Ldw. bis Alsfeld	3,50		
		Kl. Ropperhausen	18 km (davon 10 km Chss.) bis Ziegenhain	4,50		
		Teichwiesenw.	19 km (davon 10 km Chss.) bis Ziegenhain	4,50		
563. Königl. Oberförsterei Niederaula, Rgbz. Cassel. (Karte 40.)						
Niederaula, Post, Kreis Hersfeld.	11 km Chaussee bis Hersfeld (2mal Personenpost), sowie 17 km Chaussee bis Bhf. Schlitz (1mal Personenpost). Geplant ist Bahn Hersfeld-Niederaula-Schlitz mit Abzweigung von Niederaula über Oberaula nach Treysa. Personenpost nach Treysa und nach Alsfeld (je 1mal).	Holzheim	11 km meist Chaussee bis Hersfeld	3,00		
		Hattenbach	3 km Chss. 1—4 km Erdweg desgl.	2,50		
		Niederaula	7—14 km Chss. 3 km Erdweg desgl.	2,80		
		Falkenbach	5—7 km Chss. 2—5 km Erdweg desgl.	2,80		
		Gershausen	16—20 km Chss. 1—6 km Erdweg desgl.	3—3,5		

Sitz der Oberförsterei nebst Poststation	Entfernung des Oberförstereisitzes von der nächsten Eisenbahnstation bezw. Haltestelle. Post- und regelmäßige Reiseverbindungen auf Landwegen.	Durchschnittliche Entfernungen und ungefähre Anfuhrkosten von den einzelnen Reviertheilen für Bahn- bezw. Wassertransport und zwar: Schutzbezirk	Entfernung bis Güterbahnhof	Anfuhrkosten pro fm M.	Entfernung bis Wasserablage	Anfuhrkosten pro fm M.

564. Königl. Oberförsterei Burghaun, Rgbz. Cassel. (Karte 40.)

Burghaun, Post, Kreis Hünfeld.	Burghaun ist Station der Strecke Frankfurt-Bebra.	Großentaft	9-11 km Chss. b. Hünfeld	3		
		Leibolz	9-11 " " " "	3		
		Steinbach	2-5 " " Burgh.	2		
		Unterstoppel	4 " " " Neukirch.	2		
		Burghaun	3-7 " " " Burgh.	2-2,5		
		Rothenkirchen	3-7 " " " "	2-2,5		
		Langenschwarz	8-12 " " " "	3-3,5		

565. Königl. Oberförsterei Mackenzell, Rgbz. Cassel. (Karte 40.)

Mackenzell, Post Hünfeld, Kreis Hünfeld.	3 km guter Weg bis Bahnhof Hünfeld (Frankfurt-Bebra). D-Züge halten.	Steinhaus	2—4 km gut. Waldw. bis Wiesen	2-4,5		
		Dammersbach O. u. W.	5—7 km z. Th. guter Waldw. bis Hünfeld			
		Haselstein O. u. W.	5—8 km desgl.			

566. Königl. Oberförsterei Hilders, Rgbz. Cassel. (Karte 40.)

Hilders, Post, Kreis Hersfeld.	Hilders ist Station der Strecke Fulda-Tann (Rhön).	Wüstensachs. I. u. II.	12—15 km Chss. bis Hilders	5		
		Rhönwald	4 km Chss., 2—3 km Erdw. bis Hilders	2—3		
		Batten	2—3 km Erdw. bis Hilders 3—4 km Erdw. bis Eckweissbach	2—3		
		Auersberg	4—5 km Chauss. bis Hilders	2—3		

567. Königl. Oberförsterei Thiergarten, Rgbz. Cassel. (Karte 40.)

Thiergarten, Post Hofbieber, Kreis Fulda.	3½ km Chauss. nach den Bahnhöfen Langenbieber u. Bieberstein (Strecke Fulda-Tann in d. Rhön.)	Friesenhausen	6 km Chss. b. Bieberst.	2,2-2,5		Die Anfuhrkosten erhöhen sich für Bu. pro fm um 1-1,5 Mk.
		Thiergart.	4 " " " Langenb.	2,2-2,5		
		Bieberst.	1½ " " " Bieberst.	2		
		Sandbergl	5 " " " "	2,2-2,5		
		" II	u. Langenbieber	2,2-2,5		
		Schwarzbach	9 km Chss. b. Langenbieber u. Bieberstein	3—4		

568. Königl. Oberförsterei Fulda, Rgbz. Cassel. (Karte 40.)

Fulda, Wilhelmstr. 10, Post und Kreis Fulda.	Fulda ist Station der Strecke Bebra-Frankf. (D-Züge halten.)	Lehnerz	6 km mst. Chss. b. Fulda	2		
		Niesig	6 " " Edw. " "	2,2		
		Dietershahn	9 " z. Th. Chss. b. " u. Hünfeld	2,5		
		Kämmerzell	10 km mst. Chss. b. Fulda	2,5		
		Marbach	9 " z. Th. " " Hünf.	2,5		
		Oberrombach	12 km mst. " " " 10 " " " b. Schlitz	2,5		
		Michelsrombach	9 " bis " 13 " Chss. b. Hünfeld	2,5		

569. Königl. Oberförsterei Großenlüder, Rgbz. Cassel. (Karte 40.)

Großenlüder, Post, Kreis Fulda.	Grossenlüder ist Station der Oberhessischen Bahn Fulda-Gießen.	Oberrode	9 km befest. Erdw. bis Fulda od. Grossenlüd.	Für Kl.-Grubh. 1,5 bis 1,7.		Für Ei.-Grubh. erhöhen sich die Kosten auf 2—2,5 Mk., für Ei.- u. Bu.-Stammh. auf 5 Mk. pro fm.
		Kleinlüder	6 km bef. Edw. b. "			
		Müß	6 " Landstr. " " oder Salzschlirf			
		Oberbimbach	5 km Edw. b. Salzschl.			
		Blankenau	15 " Ldstr. " "	4,00		

570. Königl. Oberförsterei Giesel, Rgbz. Cassel. (Karte 40.)

Giesel, Post und Kreis Fulda.	11 km Chauss. mit ungünst. Gefällverhältnissen nach Bahnhof Fulda. (Botenpost 2 mal tägl. von und nach Fulda; Sonntags 1 mal.)	Harmerz	4 km mst. Chss. bis Bronzell	1,20		
		Istergiesel	8 km mst. Chss. b. Bronz.	2,00		
		Giesel S	12 km desgl. 8 " Edw. b. Bronz. oder Neuhof	2,70		
		Niederrode Giesel N.	10 km mst. Chss. bis Fulda u. Grossenlüd.	2,50		
		Schletzenhausen	11 km mst. Chss. bis Fulda	2,70		
		Sieberz	15 km wie vor od. Bronz.	3,20		

571. Königl. Oberförsterei Neuhof, Rgbz. Cassel. (Karte 40.)

Neuhof, Post, Kreis Fulda.	Neuhof ist Station der Strecke Bebra-Frankfurt.	Die Anfuhr erfolgt etwa zu ⅓ auf Erdwegen, zu ⅔ auf befest. Wegen. Die Entfern. schwanken zwischen 2 u. 9 km nach den Bahnstationen Neuhof u. Flieden. Anfuhrkosten: Ei. 3,0; Bi. 2,5; Ki. 2,0 Mk. pro fm.

Flächengröße u. Charakter des Reviers. Vertheilg. der Hauptholzarten nach Zehnteln.	Beschaffenheit des Wegenetzes im Reviere und der sich daran schließenden Abfuhrstraßen, sowie der etwaigen Wassertransportwege. Adressen von größeren Fuhrunternehmern.	Jahresquantum der Haupt-Verkaufshölzer nach Holzarten und Sortimenten (unter Abrechnung des Lokalbedarfs.)

564. Königl. Oberförsterei Burghaun,

2198 ha. — meist gebirg., sehr parzell. Ki. 0,60 Bu. 0,31 Fi. 0,07 Ei. 0,02	Innerh. der Forstorte gute Erdw., außerh. viele u. gute Chausseen. — Die Abfuhr des Holzes wird von Bauern der verschiedenen Ortschaften bewirkt.	Schbz. Treischfeld „ Großuntaft 10 fm Ei. 10 fm Bu. „ Leibolz 10 „ „ 10 „ „ „ Steinbach 80 „ Ki. „ Unterstoppel 40 „ „ „ Burghaun 140 „ „ „ Rothenkirchen 200 „ „ „ Langenschwarz 80 „ „

565. Königl. Oberförsterei Mackenzell,

2108 ha. — gebirgig, parzellirt. Bu. 0,50 Ki. 0,30 Fi. 0,15 Ei. 0,05	Innerh. der Forstorte größtentheils neu gebaute Erdwege, die auf Straßen münden. — Fuhrleute in Hünfeld und verschiedenen Dörfern.	Schbz. Steinhaus 150 fm Ki.-Grubh. 40—50 fm Ei.-Stammh. und -Grubh. „ Dammersbach W. 30—50 fm Ei.-Stammh. u. -Grubh. „ „ O. 200 fm Ki.-Grubh. 50 fm Ei.-Stammh. u. -Grubh. „ Haselstein O. 60 fm Bu.-Stammh. 10 fm Ah.- u. Esch.-Stammh. „ „ W. 30 fm Bu.-Stammh. 15 fm Ah.- u. Esch.-Stammholz.

566. Königl. Oberförsterei Hilders,

2195 ha. — gebirgig, parzellirt. Bu. 0,5 Fi. 0,4 Ki. 0,1	Wüstensachsen u. Auersberg vielfach chauss. Abfuhrwege, Rhönwald und Batten Erdwege. — Fuhruntern.: Cornelius in Tann, Spiegel in Batten, Heumüller in Theiden, Scheller in Liebhards, Reinhardt in Mauerschell.	Schbz. Wüstensachsen I u. II 100 fm Bu.-Stammh. 20 fm Esch.-, Ulm.- Ah.-Stammholz. „ Rhönwald 100 fm Bu.-Stamh. 30 fm Esch.-, Ah.-Stamh. „ Batten 200 fm Fi.-, 100 fm Ki.-Stammh. 80 fm Ki.-Grbh. „ Auersberg 100 fm Bu.-, 50 fm Ah.-, Esch.-, Lind.-, 150 fm Fi.-Stammholz.

567. Königl. Oberförsterei Thiergarten,

2289 ha. — gebirgig, parzellirt. Bu. 0,4 Ki. 0,3 Fi. 0,2 Ei. 0,1	Innerh. der Forstorte Erdwege, Chausseen führen durch, oder an fast alle Forstorte. — Fuhruntern.: Böhm in Dipperz, Hohmann in Keulos, ferner mehrere Bauern in Langenbieber, Hofbieber u. Morles.

Schutzbezirk	Stammh. (fm) Ei.	Bu.	Na.	Grbh. fm Ei.	Ki.	Derbst. Na.	Scheit Bu.
Friesenhausen			40		40		
Thiergarten	30	40	200	30	50		
Bieberstein	50	70	50	50			
Sandberg I-O.		50	20			20	500 rm
„ II-W.			200	20	50		300 „
Schwarzbach			100		50		

568. Königl. Oberförsterei Fulda,

3737 ha. — Plat. mit Hängen; mst. zusammenh. Ki. 0,5 Bu. 0,3 Ei. 0,1 Fi. 0,1	Chauss. durchsch. Revier von S. nach N., außerh. viele u. gute Chausseen. — Hauptfuhruntern. sind Magnus zu Michelsrombach, Kollmau zu Kämmerzell, Helfrich zu Niesig, Müller zu Gläserzell, Funk zu Leimbachshof.	Schbz. Lehnerz 500 fm Ki.-Grubh. „ Niesig 150 „ „ „ 50 fm Ei.-Grbh. 50 fm Ei.-Stmh. „ Dietershahn 100 „ „ „ 50 „ „ „ 40 „ „ „ „ Kämmerzell 200 „ „ „ 60 „ „ „ 60 „ „ „ „ Marbach 300 „ „ „ 40 „ „ „ „ Oberrombach 500 „ „ „ „ Michelsromb. 500 „ „ „ 30 „ „ „ 30 „ „ „

569. Königl. Oberförsterei Großenlüder,

1941 ha. — gebirgig, parzellirt. Ki. 0,7 Bu. 0,2 Fi. 0,1	Innerh. des Reviers ein systematisches Netz guter z. Th. befest. Wege, welche auf die das Revier durchziehenden bezw. begrenzenden zur Bahn führ. Landstraßen münden. — Fuhrl. in Großenlüder, Kleinlüder, Oberrode.	Schbz. Oberrode 400 fm Ki.-Grubh., 50 fm Fi.-Celluloseh. „ Kleinlüder 400 „ „ „ „ Müß 100 „ „ „ „ Blankenau 30 „ Bu.-Stammh., 50 fm Fi.-Celluloseh. „ Oberbimbach 20 „ „ „ 20 „ Ei.-Stammholz, 50 fm Ei.-Grubenh., 300 fm Ki.-Grubenh.

570. Königl. Oberförsterei Giesel,

3851 ha. — gebirgig, zusammenhgd.	Innerhalb des Rev. 10 km Chaussee, sonst gute Erdwege. Außerhalb in den Thälern Chausseen bis zur Bahn. Meist kurze aber sehr schlechte Anschlußstr. vom Revier bis zu den Chausseen. — Fuhrleute: Block in Giesel, Bauern in Niederrode, und Mittelrode.	Schbz. Harmerz 100 fm Ki.-Grubenholz, bester Güte. „ Istergiesel 350 wie vor. „ Giesel S. 250 „ „ „ Niederrode 400 „ „ „ Giesel N. 50 „ „ „ Schletzenhausen 400 „ „ „ Sieberz 100 „ „

571. Königl. Oberförsterei Neuhof,

3434 ha. — bergig, größ. Parzellen, ziemlich zusammenhgd. Bu. 0,4 Ki. 0,4 Fi. 0,2 Ei. Bi.	Wegenetz im Revier zum gr. Th. ausgebaut als Erdwege; mit Steinbahn versehen sind nur die Landwege; letztere meist in gutem Zustande. — Fuhrunternehmer Heurich in Rommerz.	Schbz. Flieden 100 fm Ki.-Bauholz. „ Rommerz S. 50 „ „ Grubenholz. „ Hauswurz 70 „ „ „ 30 fm Bi.-Rollholz. „ Rommerz N. 200 „ „ „ 50 „ Ei.-Grubenholz. „ Neuhof 80 „ „ „ 50 „ „ „ 50 fm Bi.-Rollholz. „ Tiefengruben 100 fm Ki.-Grubenh., 80 fm Ei.-Grubenh. 100 fm Ki.-Bauholz.

Oeffentliche Holzlicitationen finden statt in	Unterkommen im Gasthofe f. Holzhändler, Forst-Assessoren u. Referendare in möglichster Nähe der Oberförsterei	Zustand des Oberförsterdienst-Gebäudes	Wo Kirche, wo Schule? In welcher Zeit zu erreichen?	Wo Arzt, wo Apotheke, wo Amtsgericht?	Nebenämter des Revierverwalt. Wenn ständiger Assistent vorhanden, wo wohnt derselbe?
Rgbz. Cassel. (Karte 40.)					
In Burghaun, bei Koch. In Steinbach, bei Ludwig. In Leibolz, bei Wiegand.	In Burghaun, Gasthöfe von Malkmus und Hodes.	Gutes älteres Dienstgebäude in Burghaun (1400 Einw.) Nächste Stadt Hünfeld (1800 Einwohner), 7 Minuten Bahnfahrt. — Fulda (17000 Ew.), 30 Minuten Bahnfahrt. — Hersfeld (8000 Einwohner), 30 Minuten Bahnfahrt.	Evg. u. kath. Kirche im Dorfe. Gymnas. in Fulda und Hersfeld.	In Burghaun.	Staatsaufsicht über 1488,415 ha Gemeinde- bezw. Interessentenw. Forstamtsanw. Gutsvorsteher.
Rgbz. Cassel. (Karte 40.)					
In den Wirthshäusern zu Steinhaus, Dammersbach, Haselstein.	Gasthof in Hünfeld, 3 km.	Altes Haus, früher zum fürstbischöflichen Jagdschloß gehörig, im Dorfe Mackenzell (600 Einwohner.) — Kreisstadt Hünfeld (1800 Einw., 3 km. Fulda von Hünfeld ab in 19 Minuten Bahnfahrt erreichbar.	Ev. Kirche in Hünfeld, 3 km. Kathol. Kirche am Orte. Gymn. in Fulda u. Hersfeld.	In Hünfeld, 3 km.	Verwalt. d. Fuldaer Landkrankenhaus- u. Fuldaer Lyceumswaldungen bei Mackenzell und Rasdorf.
Rgbz. Cassel. (Karte 40.)					
In Hilders, Gasthof zum Engel.	In Hilders, Gasth. z. Engel (Görndt) und Gasthaus zur Sonne (Schneider).	Neueres 2stöckiges Dienstgeb. im Flecken Hilders (1100 Ew.), Wasserleitung. Chausseeverbindung nach allen Richtungen. Nächste Stadt Fulda, $^3/_4$ Std. Bahnf. — Kreisstadt Gersfeld, 20 km Chaussee.	Ev. Kapelle u. kath. Pfarre u. Kirche, sowie kath. Volksschule im Orte; ev. Pfarre in Tann. Nächstes Gymnasium i. Fulda.	In Hilders.	Staatsaufsicht über die Waldungen von 19 Gemeind. (548 ha) Wohnung für verheirath. Assessor in Hilders erh.
Rgbz. Cassel. (Karte 40.)					
In Dipperz, Gasth. von Kircher. In Hofbieber, Gasth. von Sondergeld.	Bei bescheidenen Ansprüchen bei Kircher in Dipperz, 5 km. In Langenbieber, bei Stehling, $3^1/_2$ km. In Hofbieber, bei Sondergeld, 5 km.	Neues, schönes Dienstgebäude an der Chaussee Fulda-Hilders, $3^1/_2$ km vom Dorfe Langenbieber. Nächste Stadt Fulda, $13^1/_2$ km Chaussee oder 3,5 km Chaussee bis Hofbieber und 35 Minuten Bahnf.	Ev. Gottesdienst auf Schloß Bieberstein ($3^1/_2$ km). Kathol. Kirche u. Pfarre in Hofbieber, 5 km, Gymnasium i. Fulda.	In Hofbieber, Amtsgericht in Fulda.	Staatsauff. über 13 Gemeindeforst.
Rgbz. Cassel. (Karte 40.)					
In Fulda, im Ballhaus; Leipzigerhof bei Fulda. In Marbach, bei Hasenauer. In Michelsrombach, bei Walder.	In Fulda, Hotel zum Kurfürsten.	Dienstwohnung, zwar alt, aber gut, in der Kreisstadt Fulda, 17000 Einwohner, Garnison. Frankfurt, 288000 Einw., in 2 Stunden Bahnfahrt zu erreichen.	In Fulda.	In Fulda.	Staatsauff. über 2 Interess.-, Hünfelder Stadtw., u. 6 kl. Gemeindeforsten. — Verh. Assessor kann in Fulda wohnen.
Rgbz. Cassel. (Karte 40.)					
In Fulda, Hotel Kurfürst. In Großenlüder, bei Weißmüller.	In Großenlüder, bei Weißmüller, gut. In Fulda, Hotel Kurfürst. In Bad Salzschlirf. Hotel Wüsthofen.	Altes Dienstgebäude mit sehr geräumigen und bequemen Wohn- und Wirthschaftsräumen in Großenlüder, 1800 Einwohner.	Kath. Kirche u. Schule am Ort. Ev. Gottesdienst 3wöchentl., ev. Religionsunterricht 1wöchentl. im Ort. Gymnasium i. Fulda, Schulweg, incl. Bhf. 40 Min. mit passend. Frühzug.	In Großenlüder.	Aufsicht über die Genossenschaftswaldungen von Eichenau u. Gutswald. Elbrichshof.
Rgb. Cassel. (Karte 40.)					
In Giesel, bei Schnell, neben der Oberförsterei.	In Fulda, 11 km Chaussee, nächste Unterk., per Rad oder Wagen in 1,2 Stund. erreichb.	Dienstwohnung altes fürstäbtl. Jagdhaus, später Revierförst. am oberen Ende des Dorfes Giesel (700 Einw.). Wohnung sehr beschränkt; Zugang sehr schlechter Erdweg. Nächste Stadt Fulda, 11 km.	Ev. Kirche u. Gymnasium in Fulda. Kathol. Kirche in Giesel.	In Fulda.	Für verheir. Ass. kein Unterkommen.
Rgbz. Cassel. (Karte 40.)					
In Neuhof, Gasth. zum Stern. In Magdlos, bei Becker.	In Neuhof, Gasthöfe zum Stern und zum Hirsch.	Im Dorfe Neuhof (1600 Ew.) geräumige Wohnung im Oberstock eines alten Amtshauses (Schloß), Wirthschaftsräume auch geräumig. Nächste Stadt Fulda, 20 Minuten Bahnf.	Kath. Kirche u. evang. Kapelle, sowie Schule (alle 3 Woch. Gottesdienst) in Neuhof. Gymnasium i. Fulda, Bahnverbindung mit passendem Frühzug.	In Neuhof.	Forstamtsanw. Gutsvorsteher. — Verheirath. Assess. könnte in Fulda wohnen.

Flächengröße u. Charakter des Reviers. Vertheilg. der Hauptholzarten nach Zehnteln.	Beschaffenheit des Wegenetzes im Reviere und der sich daran schließenden Abfuhrstraßen, sowie der etwaigen Wassertransportwege. Adressen von größeren Fuhrunternehmern.	Jahresquantum der Haupt-Verkaufshölzer nach Holzarten und Sortimenten (unter Abrechnung des Lokalbedarfs).

572. Königl. Kloster-Oberförsterei Lamspringe,

1774 ha. — hügel. b. gebirg. 1100 ha zusammenh. Rolfsh. und Neuhof parzellirt. Bu. 0,5 Fi. 0,3 Ei. 0,2

Wegenetz theils bereits ausgebaut, theils neu projectirt. Im Hauptcomplex ausr. gute Chausseen und durch Steinschlag befestigte Holzabfuhrwege. Außerhalb durchweg gute Chausseen. — Fuhrunternehmer in Lamspringe, Groß-Rhüden und Seesen a. Harz.

Schutzbezirk	Stammh. (fm) Ei.	Bu.	Esch. Ah.	Rollholz Bu.	Bauh. Fi. fm	Derbstang. Fi.	Reiserstang. Fi.	Brnh. Bu. rm
Rolfshagen O.		100		75 rm				400
„ W.	100	•	25		400	25000	300	
Lamspringe N.	100	100			400	10000		

Lamspringe S. u. Neuhof kein Handelsholz.

573. Königl. Oberförsterei Dassel,

3266 ha. — bergig, in 3 Th. belegen: Bu. 0,5 Fi. 0,4 Ei. 0,1 Bi.

Außerhalb viele gute Landstraßen. Wegenetz im Walde meist erst als Erdwege ausgebaut; in Erichsburg genügende harte Waldwege. — Fuhrleute in Sievershausen, Dassel, Mackensen, Markoldendorf.

Schutzbezirk	Langnutzholz (fm) Ei.	Bu.	Fi.	Rollholz (rm) Bu.	Fi.
Sievershausen	100	200	900	100	260
Dassel		150	200	50	80
Mackensen		100	300	60	60
Erichsburg		150		100	
Elfaß		120	100	60	

574. Königl. Oberförsterei Seelzerthurm,

3855 ha. — bergig, zusammenhgd. Bu. 0,7 Fi. 0,2 Ei. 0,1

Viele gute chaussirte Waldstraßen und feste Erdwege. — Fuhrunternehmer: Lange in Hilwartshausen, Thölke in Wellersen, Paulmann in Hoppensen, Hettling und Sieburg in Markoldendorf.

Schutzbezirk	Stammholz (fm) Ei.	Fi.	Bu.	Bi.	Rollh. Bu. rm	Derbstang. Fi.	Reiserstang. Fi.	Nutzscheit Ei.
Grasborn		60	450		200			
Platte		40	100		480			
Lauenberg	500		30	20	50	800	2000	50 rm
Hilwartshaus.	100	20	250	20	75	500	1000	
Relliehausen		140	300		470	500		

575. Königl. Oberförsterei Uslar,

2207 ha. — gebirg., langgestreckt, aber zusammenh. Bu. 0,6 Fi. 0,3 Ei. 0,1

Im Erdbau hergestelltes Wegenetz. Hauptw. nach den Chauss. meist schon vielfach im Walde chaussirt. — Verladestat.: Volpriehausen und Uslar (in Uslar Lagerplätze von der Bahn zu miethen). — Fuhrleute in Dinkelhausen, Gierswalde, Bollensen, Schoningen, Vernawahlshausen.

Schbz. Schoningen 50 fm Ei.-, 350 fm Bu.-Stammh. 250 fm Ei.-Grubh. 100 rm Bu.-Rollen.
„ Volpriehausen 50 fm Ei.-, 350 fm Bu.-Stammh. 50 fm Ei.-Grubh. 600 rm Bu.-Rollen.
„ Delliehausen 300 fm Ei.-, 400 fm Bu.-Stammh. 150 fm Ei.-Grubh. 500 rm Bu.-Rollen.

576. Königl. Kloster-Oberförsterei Göttingen,

2182 ha. — bergig. sehr parzellirt. Fi. } 0,60 Ki. Bu. 0,35 Ei. 0,05

Wegenetz gut; außerhalb viele und gute Chausseen. Fiskalische Holzablage bei Bursfelde a. d. Weser. — Fuhrleute in Volkmarshausen, Niederscheden, Fürstenhagen, Lewenhagen, Rohringen, Weende, Denkershausen, Lagershausen, besonders Fuhrmann Brandenburg in Dahlenrode.

Schutzbezirk	Langholz (fm) Ei.	Bu.	Fi.	Rollh. (fm) Bu.	Schwellholz (fm) Bu.	Derbstangen Fi.	Reiserstangen Fi.
Volkmarsh.	50	120		200	30		
Fürstenhagen		180		220	40		
Weende		140					
Mandelbeck		100	3000	240 Fi.		5000	40000
Mariengarten	20		100				

577. Königl. Oberförsterei Niederkalbach,

2115 ha. — bergig, sehr parzellirt. Ki. 0,4 Ei. 0,2 Bu. 0,2 Fi. 0,2

Innerhalb der Forstorte meist Erdwege, doch z. Th. schon chaussirt. — Fuhrunternehmer in Oberkalbach, Neuhof, Mittelkalbach, Döllbach, Rothemann, Eichenzell.

Schbz. Opperz 40 fm Ei.-, 20 fm Bu.-Stammholz.
„ Döllbach 20 fm Ei.-, 150 fm Ki.-Stammholz.
„ Eichenzell 150 fm Na.-Stammholz.
„ Oberkalbach 20 fm Ei.-, 20 fm Bu.-Stammh. 50 fm Na.-Stammholz.
„ Mittelkalbach 50 fm Ki.-Stammh. 15 fm Ei.-Nutzh. 600 Stück Fi.-Derbstangen.

578. Königl. Oberförsterei Gersfeld,

1756 ha. — sehr gebirg. und parzell. Bu. 0,5 Ki. 0,3 Fi. 0,2

Innerhalb der Forstorte gute Erdwege; Verbindung zwischen diesen und den Chauss. meist schlechte öffentliche Wege. — Fuhrunternehmer in Gersfeld, Altenfeld, Hettenhausen und Schmalnau.

Schbz. Eichenbach 50 fm Ki.-Grubh.
„ Poppenhausen 60 „ „ „
„ Abtsroda 40 „ „ „

Das übrige Nutzh. ca. 100 fm Ei.-, 400 fm Bu.-, 800 fm Na.-Stammholz wird im Einzelnen versteigert, desgl. das gesammte Brennholz.

Oeffentliche Holzlicitationen finden statt in:	Unterkommen im Gasthofe f. Holzhändler, Forst-Assessoren u. Referendare in möglichster Nähe der Oberförsterei	Zustand des Oberförsterdienst-Gebäudes	Wo Kirche? Wo Schule? In welcher Zeit zu erreichen?	Wo Arzt, wo Apotheke, wo Amtsgericht?	Nebenämter des Revierverwalt. — Wenn ständiger Assistent vorhanden, wo wohnt derselbe?
Rgbz. Hildesheim. (Karte 41.)					
In Bilderlahe, bei Flügge. In Lamspringe, Hot. weißes Roß (Küster) und Central Hotel (Hars).	In Lamspringe, Hot. weißes Roß u. Central-Hotel.	Altes Klostergebäude im Flecken Lamspringe (1785 Einw.) mit ausreichenden Wohn- und Wirthschaftsräumen. Nächste Stadt ist Gandersheim, 3000 Einw., Kreisstadt.	Evg. u. kath. Kirche, Pfarre und Volksschule in Lamspr. Progymn. in Gandersheim, 14 km. Gymn. in Hildesheim (27 km) von 1902 ab Bahnverbindung.	2 Aerzte, Apotheke in Lamspringe. Amtsgericht in Alfeld.	Forstamtsanw. — In Lamspringe Wohn. für verh. Assess. zu haben.
Rgbz. Hildesheim. (Karte 41.)					
In Dassel, bei Klenke. In Sievershausen, bei Melching. In Luthorst bei Schaper.	In Dassel, zum Rathskeller. In Sievershausen, bei Melching. In Luthorst, bei Schaper.	Neues Dienstgebäude unmittelbar neben der Stadt Dassel (1460 Einw.) zwischen zwei Landstraßen. Kreisst. Einbeck (7900 Einw.) in 45 Min. Bahnfahrt zu erreichen.	Ev. u. kath. Kirche u. Schule in Dassel. Realprogymn. in der Kreisst. Einbeck, mit zweckmäßiger Eisenbahnverbindung.	Im Orte. Amtsgericht in Einbeck.	Forstamtsanw. — 16 Gemeindeforsten. — Wohn. f. verh. Ass. in Dassel zu haben.
Rgbz. Hildesheim. (Karte 41.)					
Markoldendorf, Rathskeller. Lauenberg bei Nüße und Herbst. Hilwartshausen bei Fischer u. Mönkemeyer. Relliehausen, bei Rose.	In Dassel, Rathskeller. In Markoldend. In Lauenbg., bei Gstw. Nüße. In Rellieh., Gastw. Rose.	Altes, aber sehr wohnliches Dienstgeb., 2 km nördlich des Dorfes Lauenberg (800 Ew.) an der Chauss. allein gelegen. Wirthschaftsgeb. z. Th. neu u. sehr schön gelegen. Nächste Stadt ist Einbeck, 7900 Einwohner, Kreisstadt, 8 km.	Ev. Kirche, Pfarre u. Schule im Dorfe Lauenberg, 20 Min. Flecken Markoldendorf, 940 Einw. in $^3/_4$ Std. zu Fuß zu erreichen, hat sehr gute Schulverhältn.	In Markoldend., 3,5 km. Amtsger. in Einbeck, 8 km.	Gutsvorsteher. — Forstamtsanw. — Verh. Ass. könnte bei sehr ger. Ansprüch. in Lauenberg wohnen, sonst in Markoldendorf.
Rgbz. Hildesheim. (Karte 41.)					
In Uslar, im Gsth. Tivoli und Gasthof Röver.	In Uslar, Deutsch. Haus, (Engelmarten) u. Hot. Bussiliat.	Miethswohnung in der Kreisstadt Uslar 2300 Einw. — Dienstwohnung in Aussicht.	Ev. Kirche u. Pfarre im Ort. Kath. Gottesdienst in Carlshafen od. Northeim. In Uslar gehobene Schule (bis Tertia) gleichzeit. Mitunterricht für Mädchen.	3 Aerzte, Apotheke, Amtsger. in Uslar.	Staatsauff. über ca. 2000 ha Gemeindeforsten. — Forstamtsanwalt für mehrere Rev. Gutsvorsteher.
Rgbz. Hildesheim. (Karte 41.)					
In Volkmarshausen bei Wwe. Schäfer. In Lewenhagen, Spießmühle. In Weende bei Schwerdfeger. In Lagershausen bei Heidelberg. In Dransfeld bei Warnecke.	In Götting., „Englisch. Hof", „Central-Hot.". Unterkommen bei bescheid. Ansprüch. überall in der Nähe der Reviertheile in den Gasthöfen der Holzlicitationen möglich.	Miethswohnung in der Kreisstadt Göttingen, 30 200 Einwohner, Universität, Landgericht, Garnison.	In Göttingen.	In Götting.	Z. Zt. ständiger Assistent, hat Miethswohnung in Göttingen.
Rgbz. Cassel. (Karte 40.)					
In Niederkalbach, Gasth. von Martinian, Atzert u. von Sauer. In Eichenzell, bei Cramer.	In Neuhof, Gasth. z. Stern (Weber). In Rathemann bei Helferich. In Oberkalbach, bei Schäfer und Joost.	Aelteres, wenig geräum. Geb. am Westrande des Dorfes Niederkalbach. Wirthschaftsgeb. ohne Hof, alt. Bis Neuhof, 1600 Einw., $2^1/_2$ km. Bis Fulda 15 km Chauss., 17000 Einwohner, Kreisstadt, Garnison.	Kl. evang. Gemeinde mit Kirche u. Schule in Neuhof. Kathol. Kirchen u. Schulen überall ringsum.	In Neuhof, $2^1/_2$ km.	Staatsauff. über 14 Gemeinde- u. Genossenschaftsforsten, bezw. Kirchenforsten. — Wohn. für verh. Assess. in Neuhof erhältlich.
Rgbz. Cassel. (Karte 40.)					
In Schmalnau, bei Kolb. In Altenfeld, bei Goldbach. In Poppenhaus., bei Schönberg und Günther.	In Gersfeld, gute Gasthöfe. In Schmalnau bei Kolb. In Altenfeld bei Goldbach. In Poppenh. bei Schönberg.	Neues Dienstgeb. 1 km westl. von der Kreisst. Gersfeld (in der Rhön), 1400 Einw., an der Chauss. Gersfeld-Fulda gelegen. Nächste größere Stadt Fulda, in 1—$1^1/_2$ Stunde Bahnfahrt zu erreichen.	Ev. u. kath. Kirche u. Elementarschule in Gersfeld, in 15 Min. zu erreichen. Gymn. in Fulda.	2 Aerzte u. 1 Apoth. in Gersfeld. Amtsgericht in Weyhers, 14 km.	Staatsauff. über 12 Gemeinde- u. Genossenschaftsforsten. Forstamtsanwalt.

Sitz der Oberförsterei nebst Poststation	Entfernung des Oberförstereisitzes von der nächsten Eisenbahnstation bezw. Haltestelle Post- und regelmäßige Reiseverbindungen auf Landwegen	Durchschnittliche Entfernungen und ungefähre Anfuhrkosten von den einzelnen Reviertheilen für Bahn- bezw. Wassertransport und zwar				
		Schutzbezirk	Entfernung bis Güterbahnhof	Anfuhrkosten pro fm M.	Entfernung bis Wasserablage	Anfuhrkosten pro fm M.
572. Königl. Kloster-Oberförsterei Lamspringe, Rgbz. Hildesheim. (Karte 41.)						
Lamspringe, Post, Kreis Alfeld a/L.	12 km Chaussee bis Freden (Hannover-Cassel), Kariolpost 1mal täglich hin und zurück. — 18 km Chaussee bis Gr. Düngen (Hildesheim-Goslar), Kariolpost 1mal täglich hin und zurück. — 12 km Chaussee bis Gr. Rhüden (Seesen-Derneburg-Braunschw.) Frühjahr 1902 Eröffnung der Bahn Gandersheim-Lamspringe-Bodenburg { Elze / Gr. Düngen	Rolfshagen O. (Bilderlahe)	5—6 km Chss. b. Seesen	3—3,5		
		Rolfshagen W.	5—8 km Chss. bis Gr. Rhüden u. Lamspringe	2,5—4		
		Lamspringe N.	2—8 km wie vor	1,5-3,5		
		Neuhof	ca. 4 km Chaussee bis Hildesheim			
573. Königl. Oberförsterei Dassel, Rgbz. Hildesheim. (Karte 41.)						
Dassel, Post, Kreis Einbeck.	Dassel ist Endstation der Ilmebahn. Landstraße nach Stadtoldendorf 11 km, nach Uslar 23 km.	Sievershausen Dassel Mackensen Erichsburg	6 km bis Dassel	pro fm Bu. 3,5; Fi. 3; Rollh. 2 pro fm.		
		Elfaß	6 km bis Markoldendorf oder Einbeck			
574. Königl. Oberförsterei Seelzerthurm, Rgbz. Hildesheim. (Karte 41.)						
Seelzerthurm, Post Markoldendorf, Kreis Einbeck.	3½ km Chaussee bis Markoldendorf, Station der Ilmebahn. Täglich 2mal fahrende Post mit Personenbeförderung von Markoldendorf. — 15 km Chaussee bis Moringen, Station der Strecke Northeim-Ottbergen.	Grasborn	{ 9 km Chss. b. Dassel 10 „ „ „ Uslar	4,00 4,00		
		Platte	11 km Chaussee bis Markoldendorf 9 km Chaussee bis Volpriehausen	4,00 4,00		
		Lauenberg	8 km Chss. bis Markoldendorf	3,50		
		Hilwartshausen	7 km Chaussee bis Dassel	3,50		
		Relliehausen	{ 7 km Chss. b. Dassel 12 „ „ „ Uslar	3,50 4,50		
575. Königl. Oberförsterei Uslar, Rgbz. Hildesheim. (Karte 41.)						
Uslar, Post und Kreis Uslar i/Solling.	Uslar liegt 2 km von der gleichnamigen Station ab (Linie Nordhausen-Ottbergen.) Hotelfuhrwerk am Bahnhofe zu jedem Zuge.	Schoningen	8 km (½ Chaussee) bis Uslar	3—4		
		Volpriehausen	6 km (2 km Chss.) bis Uslar 5 km (1,5 km Chss.) bis Volpriehausen	2,5—4 2,5-3,5		
		Delliehausen	6 km (½ Chss.) bis Uslar 5 km (2,5 km Chss.) bis Volpriehausen	3—4 2,5-3,5		
576. Königl. Kloster-Oberförsterei Göttingen, Rgbz. Hildesheim. (Karte 41.)						
Göttingen, Plankstr. Nr. 13. Post und Kreis Göttingen.	1,5 km bis Bahnhof Göttingen.	Volkmarshausen	5 km Chaussee bis Hann. Münden	3,50		
		Fürstenhagen	11 km Chaussee bis Dransfeld	4,50	2 km bis Weserabl. (Bursfelde)	2,00
		Weende	4 km Chss. b. Götting.	4,00		
		Mandelbeck	8 km Chaussee bis Catlenburg 9 km Chaussee bis Northeim	3,00 3,50		
		Mariengarten	5 km Chaussee bis Obernjesa	3,50		
577. Königl. Oberförsterei Niederkalbach, Rgbz. Cassel. (Karte 40.)						
Niederkalbach, Post Neuhof, Kreis Fulda.	2½ km bis Bahnhof Neuhof (Bebra-Frankfurt).	Oberkalbach	8 km meist Chaussee bis Neuhof	2,50		
		Mittelkalbach	5 km z. Th. Chaussee bis Neuhof	2,50		
		Opperz	3 km bis Neuhof	2,00		
		Döllbach	{ 10 km bis Neuhof 3—5 km b. Welkers	3,00 2,00		
		Eichenzell	{ 3 km bis Eichenzell 5 „ „ Fulda	1,50 2,00		
578. Königl. Oberförsterei Gersfeld, Rgbz. Cassel. (Karte 40.)						
Gersfeld, (Rhön), Post und Kreis Gersfeld.	1,5 km bis Bahnhof Gersfeld (Endstation der Rhönbahn Fulda-Gersfeld). — Post täglich 1mal hin und zurück nach Bischofsheim in Bayern.	Dalherda	{ 8 km Landweg bis Schmalnau 6 km Landweg bis Hettenhausen }	3—4		
		Eichenbach	{ 4 km meist Landw. bis Hettenhausen 5 km b. Schmalnau }	2—3		
		Poppenhausen	{ 5 km meist Chaussee bis Schmalnau 4 desgl. Hettenhaus. }	2—3		
		Abtsroda	12 km meist Chss. bis Schmalnau u. Lütter	4,00		

Sitz der Oberförsterei nebst Poststation	Entfernung des Oberförstereisitzes von der nächsten Eisenbahnstation bezw. Haltestelle. Post- und regelmäßige Reiseverbindungen auf Landwegen.	Durchschnittliche Entfernungen und ungefähre Anfuhrkosten von den einzelnen Reviertheilen für Bahn- bezw. Wassertransport, und zwar: Schutzbezirk	Entfernung bis Güterbahnhof	Anfuhrkosten pro fm M.	Entfernung bis Wasserablage	Anfuhrkosten pro fm M.
579. Königl. Oberförsterei Diekholzen, Rgbz. Hildesheim. (Karte 41.)						
Diekholzen, Post Hildesheim, Kreis Marienburg.	7,5 km Chauss. bis Hildesheim, Hauptbhf. Fahrend. Landbrieftr. von Hildesheim über Diekholzen nach Sibbesse 1 mal tägl. hin u. zurück. — Oberf. von Bahnhof Sibbesse 6,5 km Chss. entfernt; kürzer ist Weg durch den Wald (5/6 Chauss. 1/6 Erdw.) 4,5 km.	Salzdetfurth	2 km Erdweg bis Salzdetfurth	1,50		
		Sibbesse	7 km mst. Chss. bis Marienburg	4		
			3,5 km b. Diekholz.	3,50		
		Söhre	5-9 km mst. Chss. b. Marienburg	4		
			5 km bis Diekholz.	3,50		
		Haus-Escherde	7 km Chss. bis Gronau oder Nordstemmen	3		
580. Königl. Oberförsterei Weenzen, Rgbz. Hildesheim. (Karte 41.)						
Weenzen, Post Wallensen, Kreis Hameln.	300 m bis Weenzen, Station der Kleinb. Voldagsen-Duingen. 9 km bis Banteln, Station der Strecke Hannover-Cassel.	Fölziehsn.	5 km Chss. b. Duingen	2		
		Papenkp.	4 „ „ „ „	2		
		Weenzen	2 „ „ „ Weenzen	1		
		Marienhg.	7-8 „ „ „ Banteln	3		
		Ahrenfeld	6 „ „ „ Osterwald	3		
		Lübbrechtsen	4 km Feldw. bis Banteln	3		
			11 km Chauss. bis Alfeld	4		
		Duingen	1 km Edw. b. Duingen	1,50		
581. Königl. Oberförsterei Alfeld, Rgbz. Hildesheim. (Karte 41.)						
Alfeld a. d. Leine, Post und Kreis Alfeld.	Alfeld ist Station der Bahnstrecke Cassel-Hannover.	Hausfreden	3 km Chauss. bis Freden	2,50		
		Winzenburg	6 km Chauss. bis Freden	4		
		Everode	4 km b. Lamspringe	3		
		Eberholzen	8 km Chss. b. Alfeld	5		
			4 km bis Möllensen und Sibbesse	3		
582. Königl. Oberförsterei Grubenhagen, Rgbz. Hildesheim. (Karte 41.)						
Grubenhagen, Post Edemissen, Kreis Einbeck.	11 km Chauss. über Edemissen, Immesen nach Salzderhelden. 8 km Chauss. über Rotenkirchen nach Einbeck. — 10 km desgl. über Dassensen, Hoppensen nach Markoldendorf.	Fredelsloh	15 km Chauss. bis Markoldendorf	5		
		Rotenkirchen	12 km Chss. b. Einbeck	3		
		Salzderhelden	2,5 km Erdweg bis Salzderhelden	3		
583. Königl. Oberförsterei Bovenden, Rgbz. Hildesheim. (Karte 41.)						
Bovenden, Post, Kreis Göttingen.	1 km bis Bahnhof Bovenden.	Bösinghausen	8 km Chss. b. Göttingen	5		
		Holzerode	10 „ „ „ Nörten	6		
		Reyershausen	7 „ „ „ „	5		
		Plesse	3 „ „ „ Bovend.	3,5		
		Bovenden	3 „ „ „ Nörten	3,5		
		Harste	7 km Chauss., 1 km Erdw. bis Nörten	5		
584. Königl. Oberförsterei Katlenburg, Rgbz. Hildesheim. (Karte 41.)						
Lindau a. H., Post, Kreis Duderstadt.	Bis Catlenburg 3,4 km; bis Bilshausen 3,2 km (beides Landstraße). — Privatpost von Catlenburg bis Lindau 2 mal tägl. — Bis Wulften 5 km Landw. (davon 2 km Chauss.) oder bis Wulften über Bahnhof Bilshausen 5,5 km Chaussee.	Renshaus.	9 km mst. Chss. bis Bilshausen			
			10 km mst. Chss. bis Catlenburg			
		Gillersheim	12 km mst. Chss. bis Catlenburg			
		Catlenburg	2—6 km mst. befest. Weg bis Catlenburg			
		Husum	6 km wie vor			
		Wulften	5 km wie vor			
			3 km mst. bef. Weg bis Wulften			
585. Königl. Oberförsterei Herzberg, Rgbz. Hildesheim. (Karte 41.)						
Herzberg, Post, Kreis Osterode.	1/2 km bis Bahnhof Herzberg, Kreuzungspunkt der Bahnen Herzberg-Osterode, „ Northeim, „ Nordhausen.	Pöhlde	7 km Chaussee bis Herzberg			
		Rüdershausen	8 km Chaussee bis Gieboldehausen			
		Hörden	6 km Chaussee bis Herzberg			
			6 km Chaussee und Hattorf			

Flächengröße u. Charakter d. Reviers. — Vertheilung der Hauptholzarten nach Zehnteln.	Beschaffenheit des Wegenetzes im Reviere und der sich daran schließenden Abfuhrstraßen, sowie der etwaigen Wassertransportwege. Adressen von größeren Fuhrunternehmern.	Jahresquantum der Haupt-Verkaufshölzer nach Holzarten und Sortimenten (unter Abrechnung des Lokalbedarfs).

579. Königl. Oberförsterei Diekholzen,

1186 ha. — hügel., Salzdetf. u. Haus-Escherde isol.
Bu. 0,5
Ei. 0,2
Fi. 0,2
Wh. 0,1

Innerhalb der Forstorte Hauptabfuhrwege chaussirt, außerhalb viele und gute Chauss. — Fuhrunternehmer: Wolf in Diepholzen, Emmermann in Petze, ferner Bauern in Söhre, Gronau, Nordstemmen, Mahlerten.

Schbz. Salzdetfurth 250 Ctr. Ei.-Rinde, 300 St. Fi.-Derbst. 1000 Stück Fi.-Reiserstangen.
„ Sibbesse 50 fm Ei.-, 200 fm Bu.-Stammh. 30 fm Ei.-Grubh. 500 Stück Fi.-Derbstangen.
„ Söhre 50 fm Ei.-, 300 fm Fi.-Stammh. 30 fm Ei.-Grubh. 500 Stück Fi.-Derbstangen.
„ Haus Escherde 50 rm Bu.-Rollholz.

580. Königl. Oberförsterei Weenzen,

2648 ha. — gebirg., steigt bis 476 m.
Bu. 0,5
Fi. 0,3
Ei. 0,2

Hauptabfuhrwege sind, bezw. werden in nächster Zeit ausgebaut in Steinbau. Außerhalb des Reviers gute Chausseen. — Fuhrunternehmer: Waje, Zenk, Hornkohl, Grünewald in Duingen, Versemann und Surig in Marienhagen.

Schbz. Fölziehausen 150 fm Ei.-Grubh. 50 fm Bu.-, 500 fm Fi.-Stammholz.
„ Papenkamp 250 fm Ei.-Grubh. 300 fm Fi.-Stammholz.
„ Weenzen 100 fm Ki.-Stammh. 100 fm Bu.-, 300 fm Fi.-Stammholz.
„ Duingen 50 fm Bu.-Rollh. 250 fm Bu.-Stammh.
„ Marienhagen 80 fm Bu.-Rollholz, 700 fm Bu.-Stammh.
„ Ahrenfeld 50 „ „ „ 200 „ „ „
„ Lübbrechtsen 20 „ „ „ 60 „ „ „
150 fm Ki.-Grubenholz.

581. Königl. Oberförsterei Alfeld,

1332 ha. — gebirg., zusammenhgd. bis auf Eberholzen.
Bu. 0,9
Fi. 0,1

Verbindung mit den Bahnhöfen auf gut gebauten Kreis- und Provinzialstraßen; Wege innerhalb, sowie Anschlußwege meist gut versteint. — Fuhrunternehmer: Bollmann und Klauenberg in Winzenburg, Balkenholl in Everode, Randolf in Sibbesse.

Schutzbezirk	Stammholz (fm) Ei.	Bu.	Fi.	Esch. Ah.	Nutzscheit Bu.	Scheite Bu. (rm)	Derbstangen Fi.
Hausfreden	20	340	25		5 rm	600	
Winzenburg	10	800	110	15	10 „	1000	2500 St.
Everode	15	500		20	20 „	700	
Eberholzen		200		90		300	

582. Königl. Oberförsterei Grubenhagen,

1343 ha. — gebirg., jeder Schbz. bildet 1 Parzelle.
Bu. 0,7
Fi. 0,2
Ei. 0,1

Viele ausgebaute Erdwege, in den Schbz. Fredelsloh und Rotenkirchen auch zahlreiche Waldchausseen, welche an die außerhalb des Reviers befindlichen Chausseen Anschluß haben. Fuhrleute in Fredelsloh, Markoldendorf, Lauenberg, Einbeck.

Schbz. Fredelsloh 250 fm Fi.-Stammholz
„ Rotenkirchen 500 „ Bu.- „
„ Salzderhelden 50 „ Fi.- „

583. Königl. Oberförsterei Bovenden,

1711 ha. — hügelig, wenig parzell.
Bu. 0,6
Ei. 0,1
Esch. 0,1
Ah. 0,1
Fi. 0,1

Hauptwege sind chaussirt bei mäßigen Gefälle und führen auf Provinzial- oder Kreischausseen. — Fuhrunternehmer: Behrens und Vollbrecht in Roringen, Dankenbrink und Rühling in Holzerode, Bothmann und Heepe in Reyershausen, Engelhardt und Streithorst in Nörten. Gloth in Unter-Billingshausen.

Schbz. Bösinghausen 50 fm Ei.-, 100 fm Bu.-, 20 fm Ah.-, 80 fm Esch.-Nutzholz.
„ Holzerode 100 fm Ei.-, 100 fm Bu.-, 100 fm Esch.-Nutzh.
„ Reyershausen 10 fm Lind.-, 300 fm Bu.-, 30 fm Ah.-, 60 fm Esch.-Nutzholz.
„ Plesse 10 fm Lind.-, 50 fm Bu.-, 10 fm Ah.-, 30 fm Esch.-Nutzholz.
„ Bovenden 30 fm Ei.-, 100 fm Bu.-Nutzholz.
„ Harste 20 „ „ 100 „ „ „

584. Königl. Oberförsterei Katlenburg,

1560 ha. — Hügelland, theilweise parzellirt.
Bu. 0,7
Ei. 0,2
Fi. 0,1

Wegenetz ausgebaut, theils Erdwege, theils gut befestigt, außerhalb des Reviers meist gut gehärtete Wege oder Landstraßen. — Fuhrleute: Iben und Nienstedt in Lindau, Kahle und Paare in Hammenstedt.

Schutzbezirk	Stammholz (fm) Ei.	Bu.	Bi.	Grubh. Ei.	Derbstg. Fi.
Renshausen	150	250	30	50 fm	1000 St.
Gillersheim	90	280		30 „	2000 „
Katlenburg	350	200		50 „	2000 „
Husum	50	200		50 „	1000 „
Wulften		100			100 „

585. Königl. Oberförsterei Herzberg,

1245 ha. — hügelig und parzellirt.
Bu. 0,7
Ei. 0,2
Fi. 0,1

Wegenetz im Ausbau begriffen, z. Th. chaussirte Wege im Walde. Im Ganzen nicht ungünstige Abfuhrgelegenheit.

Schbz. Pöhlde 150 fm Bu.-, 80 fm Ei.-Stammh.
„ Herzberg 50 fm Bu.-Stammh.

Oeffentliche Holzlicitationen finden statt in:	Unterkommen im Gasthofe f. Holzhändler, Forst-Assessoren u. Referendare in möglichster Nähe der Oberförsterei	Zustand des Oberförster-Dienstgebäudes	Wo Kirche? Wo Schule? In welcher Zeit zu erreichen?	Wo Arzt, wo Apotheke, wo Amtsgericht?	Nebenämter des Revierverwalt. Wenn ständiger Assistent vorhanden, wo wohnt derselbe?
Rgbz. Hildesheim. (Karte 41.)					
Diekholzen, Gasth. Hildesia. Söhre, Gasth. Meyer. Salzdetfurth, „Zum Kronprinzen". Haus Escherde, Försterei. Burgstemmen, Gasth. Schumacher.	In Diekholzen, Gasthof Hildesia, (dort meist auch Fuhrwerk).	Neueres Dienstgebäude 100 m vom S.-Ausgange des Dorfes Diekholzen (300 Einw.) 100 m vom Hotel Hildesia an der Chaussee Hildesheim-Alfeld gelegen. Wirthschaftsgebäude älter, Stallung im alten noch stehenden Wohnh. — Nächste Stadt Hildesheim, 6 km, 42900 Einw., Regierungssitz, Landgericht, Garnison.	Kath. Kirche, Pfarre u. Schule im Dorfe. Ev. Gottesdienst u. ev. Schule in Marienrode, 2,5 km. Gymnasium in Hildesheim, 6 km Chauss.	In Hildesheim.	Gutsvorsteher. Forstamtsanw. Staatsaufs. über 35 Interessentenforsten. Stellvertr. Beis. im Unfall-Schiedsgericht.
Rgbz. Hildesheim. (Karte 41.)					
In Weenzen, bei Timpe. In Marienhagen, bei Stichweh. In Duingen, im Rathskeller.	In Weenzen, bei Timpe und Brinkmann. In Marienhag., bei Stichweh, 1,5 km. In Duingen, bei Müller, 1,5 km.	Neues Dienstgebäude, 1898 erbaut im Dorfe Weenzen, 400 Einwohner.	Kirche in Wallensen, 4 km. Dorfschule im Ort; bess. Schule (bis Untersecunda) in Alfeld.	In Duingen 1,5 km. Amtsgericht in Lauenstein, 30 Minuten Bahnfahrt.	Staatsaufs. über 14 Genossenschaftsforsten.
Rgbz. Hildesheim. (Karte 41.)					
In Winzenburg, bei Wessels. In Everode, bei Kloth. In Eberholzen, bei Wittvogel.	In Alfeld, Hotel Peck. In Winzenburg, bei Wessels. In Everode, bei Kloth. In Eberholzen, bei Wittvogel.	Altes Dienstgeb. in der Kreisst. Alfeld (5400 Einw.) Neub. in der Nähe des Bahnhofes in Aussicht. Wirthschaftsgebäude sind, da nur 1,6 ha Wiesen als Dienstland vorhanden, nur für Pferdehaltung eingerichtet. — Hannov., 235600 Ew. $^3/_4$ St. Bhf.	Ev. u. kath. Kirche Schule, ev. Lehrerseminar, städtische Schule bis einschl. Untersecunda am Orte.	In Alfeld.	Staatsaufs. über 31 Interessentenf. u. 7 Theilforsten. Forstamtsanw. Mitgl. d. Schiedsger. im Bez. Hildesheim. Kreistagsmitglied.
Rgbz. Hildesheim. (Karte 41.)					
In Fredelsloh, bei Apel. In Rotenkirchen, bei Nolte. In Salzderhelden, Deutsches Haus.	In Fredelsloh, bei Apel und bei Groote, 7 km. In Rotenkirchen, bei Nolte, $2^1/_2$ km. In Salzderhelden, Rathskeller und Deutsch. Haus. 11 km. (Sämmtlich für bescheid. Ansprüche.)	Sehr schönes, älteres Dienstgebäude im Schweizerstyl, $2^1/_2$ km südl. der kleinen Gutsgemeinde Rotenkirchen an der Chauss. von Rotenk. nach Fredelsloh allein im Walde gelegen. Nächste Stdt. Einbeck, 8 km, Kreisstadt, 7900 Einwohner.	Ev. Kirche u. Pfarre in Dassensen, 4 km. Progymn. in Einbeck, 8 km Chauss.	In Einbeck.	Staatsaufs. über 15 Interessentenforsten. — Wohnung für verheiratheten Assessor vielleicht in Fredelsloh (7 km) zu haben.
Rgbz. Hildesheim. (Karte 41.)					
In Bovenden, Gasth. Müller.	In Bovenden, bei E. Müller und E. Peter.	Schönes Dienstgeb. mit vielen Räumen an der N.-Seite vom Flecken Bovenden, 1600 Einw., an der Ortsstr. geleg., 7 km von der Kreisstadt Göttingen, 30200 Einw., Universität, Garnison.	Ev. Kirche u. Pfarre im Flecken Bovenden Kath. Gottesdienst und Gymn. in Göttingen, 8 Min. Bahnf., aber kein pass. Frühzug.	In Nörten, 5 km. Amtsger. in Göttingen.	Unentgeltliche Staatsaufs. über 28 Interessentenforsten. Forstamtsanwalt.
Rgbz. Hildesheim. (Karte 41.)					
In Lindau, bei Bierwirth. In Catlenburg, bei Gronemann.	In Lindau, bei Henniges. In Catlenb., bei Gronemann.	Gebäude zieml. neu und gut am N.-Rande von Lindau a. d. Landstr. belegen. Wohnhaus ausr. Platz, Wirthschaftsgeb. gut. Nächste Stadt Northeim, Kreisst., 7800 Einw., 12 km. Osterode, 7100 Ew., 17 km.	Kath. Kirche u. ev. Kap. am Ort, evg. Kirche in Catlenbg. Progymn. in Northeim. Realgymn. in Osterode. Gymn. in Göttingen ($^3/_4$ Std. Bahnfahrt).	Am Ort. Amtsger. in Gieboldehausen.	Forstamtsanw. — Wohn. für verh. Ass. ev. in Lindau oder Catlenburg zu beschaffen.
Rgbz. Hildesheim. (Karte 41.)					
In Herzberg. In Pöhlde. In Rüdershausen.	In Herzberg, Schirmers Goldener Hirsch, Weißes Roß, Kurhaus.	Gute Dienstwohn. im Flecken Herzberg, 3700 Einw. — Osterode, Kreisstadt, 7100 Ew., 15 Min. Bhf.	Protest. und kathol. Kirche im Orte, ebenso Bürgerschule mit gehob. Klasse. Realgymnasium in Osterode mit Bahn tägl. zu erreichen.	2 Aerzte, Apotheke, Amtsger. im Orte.	Forstamtsanwalt.

Flächengröße u. Character des Revieres. Vertheilung der Hauptholzarten n. Zehnteln.	Beschaffenheit des Wegenetzes im Reviere und der sich daran schließenden Abfuhrstr., sowie der etwaigen Wassertransportwege. Adressen von größeren Fuhrunternehmern.	Jahresquantum der Haupt=Verkaufshölzer nach Holzarten und Sortimenten (unter Abrechnung des Lokalbedarfs).
		586. Königl. Oberförsterei Wendhausen,
396 ha. — N.=Theil hügelig, S=Theil gebirg., Staatswald, sehr parzellirt. Bu. 0,6 Ei. 0,2 Fi. 0,2	Innerh. meist gewöhnliche Erdwege, Hauptwege z. Th. mit Steinbahn; außerh. in geringer Entfernung überall gute Chauss. (bezw. chauss. Landstraße) bis zur Eisenbahn. — Fuhrleute in den umliegenden Dörfern.	Abgesehen von gelegentlichen kleinen Grubenholz= pp.=Abgaben wird das Material des Staatswaldes (zus. 379 ha) vom Lokalbedarf aufgenommen.
		587. Königl. Oberförsterei Sillium,
642 ha. — Vorharz hügelig, auch gebirgig, parzellirt. Bu. 0,9 Fi. 0,1 Ei. Ki.	Schbz. Wohldenberg von Chausseen eingeschlossen, Schbz. Sillium durch eine Waldchaussee mit den zahlreichen Chausseen außerhalb des Reviers verbunden. — Fuhrleute Müller in Sottrum bei Derneburg, Wedekind in Nette bei Bockenem.	Schbz. Sillium 30 fm Ei.=, 300 fm Bu.=Stammh. 70 rm Bu.=Rollh. 100 rm Bu.=Brennholz. „ Wohldenberg 70 fm Ei.=, 100 fm Bu.=Stammh. 30 rm Bu.=Rollh. 50 rm Bu.=Brennh.
		588. Königl. Oberförsterei Liebenburg,
1164 ha. — hügelig, parzellirt. Bu. 0,8 Ei. 0,1 Fi. 0,1	Innerh. der Forsten viele mit Steinschlag ausgebaute gute Wege, außerh. viele und sehr gute Chausseen. — Fuhrunternehmer: Sperling, Reinecke, Tappe in Liebenburg, Müller, Meier in Gr.=Döhren, Daseke in Schladen, auch Besitzer in Salzgitter u. Kniestedt.	Schbz. Wiedelah 40 fm Ei.=, 60 fm Bu.=Stmh. „ Döhrenhsn. 30 „ „ 300 „ „ „ 1000 St. Fi.=Derbst. „ Liebenburg 150 „ „ „ 1200 „ „ „ „ Haarhof 50 „ „ „ (In Döhrenhsn. außerdem 10 fm Ah.= u. Esch.=Stammholz.)
		589. Königl. Kloster-Oberförsterei Goslar,
1564 ha. — z. Th. Harzgebirge, bezw. Vorberge, z. Th. eben; parzellirt. Bu. 0,5 Fi. 0,4 Ei. 0,1	Innerh. der Forstorte Erdwege, vielfach besteint, z. Th. auch chaussirt. Außerhalb viele und gute Chausseen. Nahe bei Stat. Eckerthal fiskalische Holzabl. Schimmerwald. — Fuhruntern. Meyer, Goldspiegel, Sydekum, Ritzling in Goslar, Krüger in Vienenburg.	Schbz. Lochtum 25 fm Ei.=, 30 fm Bu.=, 10 fm Hbu.=, 50 fm Bi.=Stammholz. „ Wöltingerode 200 fm Ei.=, 160 fm Bu.=, 40 fm Hbu.=, 30 fm Bi.= u. Erl.=Stammh. „ Riechenberg 60 fm Ei.=, 100 fm Bu.=, 800 fm Fi.=Stmh.
		590. Königl. Oberförsterei Lautenthal,
4405 ha. — gebirgig, zusammenhgd. Fi. 0,8 Bu. 0,2	Chausseen und Erdwege im Reviere im guten Zustande. — Fuhrunternehmer in Lautenthal.	Schbz. Kranichsberg 1500 fm Fi.=Bauh. „ Hahnenklee 1500 „ „ „ „ Ecksberg 1800 „ „ „ „ Bromberg 1500 „ „ „ „ Neckelnberg 2400 „ „ „ 50 fm Ei.=Bauh. 50 fm Bu.=Nutzholz. „ Lindthal 1500 fm Fi.=Bauh. Ganzes Revier 25000 Stck. Fi.=Derbstangen I.—III. Classe.
		591. Königl. Oberförsterei Grund,
2491 ha. — gebirgig, zusammenhgd. Fi. 0,8 Bu. 0,2	Im Revier vielfach chaussirte, harte Wege, außerh. meist gute Chausseen. — Fuhruntern. Fuhse in Teichhütte bei Gittelde, Kippenberg in Grund, Glaeßner in Wildemann.	Schbz. Silberhütte 30 fm Bu.=, 2000 fm Fi.=Stammh. 2000 St. Fi.=Derbstangen. „ Grund 30 fm Bu.=, 2000 fm Fi.=Stammh. 2500 Stck. Fi.=Derbstangen. „ Wildemann 600 fm Fi.=Stammh., 1000 St. Fi.=Derbst.
		592. Königl. Oberförsterei Westerhof,
1660 ha. — hügelig. Fi. 0,7 Bu. 0,3	Innerhalb des Waldes zahlreiche gute Chausseen, außerhalb desgleichen. Die neue Kleinbahn hat 2 Holzverladeplätze im Revier. — Fuhrunternehmer sind Bauern in Westerhof, Förste, Marke.	Schbz. Brunstein 30 fm Ei.=, 150 fm Bu.=Langh. „ Marke 400 „ Fi.=Langh. 1000 St. Fi.=Derbst. „ Nienstedt 50 fm Bu.=, 1400 fm Fi.=Langholz, 7000 St. Fi.=Derbstangen. „ Westerhof 400 fm Bu.=, 2800 fm Fi.=Langholz, 4000 St. Fi.=Derbstangen. „ Wurzelberg 50 fm Bu.=, 1600 fm Fi.=Langh., 9000 St. Fi.=Derbstangen. „ Willershausen 20 fm Bu.= und Esch.=Langholz. (Vogelberg).

Oeffentliche Holzlicitationen finden statt in:	Unterkommen im Gasthofe f. Holzhändler, Forstassessoren u. Referendare in möglichster Nähe der Oberförsterei	Zustand des Oberförster-Dienstgebäudes	Wo Kirche? Wo Schule? In welcher Zeit zu erreichen?	Wo Arzt, wo Apotheke, wo Amtsgericht?	Nebenämter des Revierverwalt. — Wenn ständiger Assistent vorhanden, wo wohnt derselbe?
Rgbz. Hildesheim. (Karte 41.)					
Nutzholzverkäufe im Walde. Brennholzlicitation nur für Lokalbedarf.	In Wendhausen, Brennecke's Gastw. Besser in Hildesheim, Rheinischer Hof, Centralhotel; oder im Badeort Salzdethfurth.	1860 als Revierförsterwohnhaus gebaut, räumlich etwas beschränkt, 1/2 km westlich vom Dorf Wendhausen (400 Einw.) an der Chaussee Hildesheim-Goslar. — Hildesheim, 8 km, 42 900 Einw., Regierungssitz, Garnison, Landgericht.	Luth. Kirche u. Pfarre im Dorf, kath. Gottesdienst in Ottbergen und Dinklar, 3, resp. 5 km Chss. — Gymnasium in Hildesheim.	In Hildesheim, 8 km, u. Schellerten, 7 km. Amtsgericht in Hildesheim und Bockenem.	Forstamtsanw. Gutsvorsteher. Staatsauff. über 60 Gemeindefst. mit 4400 ha. — Wohnung f. verheirathet. Assess. nur in Hildesheim u. Salzdetfurth erhältlich.
Rgbz. Hildesheim. (Karte 41.)					
Für Nutzholz bei Riechers zu Wohldenberg oder im Bahnhofshotel zu Derneburg. Für Brennh. auch auf dem Jägerhaus bei Sehlde.	In Wohldenberg, bei Gastw. Riechers od. im Schloß-Restaur. daselbst. (Wohldenberg ist Luftcurort, 2 km von Oberförsterei).	Geräumiger Fachwerkbau aus dem Jahre 1732 am südlichen Ausgange des Dorfes Sillium. Stadt Bockenem (2200 Einw.), 11 km. — Hildesheim, 21 km.	Ev. Kirche im Ort. Kath. Kirche auf dem Wohldenberg, 2 km.	Arzt, Apoth. u. Thierarzt im Dorfe Holle, 3 km. Amtsger. in Bockenem, 11 km.	Zugehörig: Gemeindeforsten mit zusamm. 4738 ha. — Verheir. Ass. findet Wohnung auf dem Wohldenberg.
Rgbz. Hildesheim. (Karte 41.)					
In Liebenburg, Gastw. Baule. Für Döhrenhausen, Gasth. und Ziegelei Ohlei bei Dörnten.	In Liebenburg, bei Gastw. Baule u. Gastwirth Küster.	Dienstgebäude 1834 erbaut (für damaligen reitenden Förster) im Orte Liebenburg (1300 Einwohner, mit Lewe zusammen 2000 Einw.), Wirthschaftsgebäude beschränkt. Nächste Stadt Goslar, 17 km, Kreisstadt, 16 400 Einwohner.	Ev. Kirche, Pfarre u. Schule im Nachbarorte Lewe-Liebenbg. Kath. Kirche, Pfarre und Schule in Liebenburg. Gymn. in Goslar.	In Liebenburg.	Verwaltung von 2 Privatforsten. — Wohn. für verh. Assessor in Liebenburg zu haben.
Rgbz. Hildesheim. (Karte 41.)					
In Goslar, Altes Schützenhaus. In Vienenburg, Gastwirthschaft Burgdorf. In Abbenrode, bei Weihe.	In Goslar, in der Nähe des Bahnhofes, Pieper's Hot., Altes Schützenhaus.	Miethswohnung in der Kreisstadt Goslar, 16 400 Einw.	Ev. u. kath. Kirche, sowie Gymnasium in Goslar.	In Goslar.	Forstamtsanw.
Rgbz. Hildesheim. (Karte 41.)					
In Lautenthal, im Schützenhaus.	In Lautenthal, Gasthof Rathhaus, Schützenhaus, „Prinzeß Caroline", „Glückauf".	Schönes geräumiges Dienstgebäude mit ausgieb. Wirthschaftsräumen, unmittelbar am Bahnhof, in sehr schöner Lage, 5 Minuten von der Stadt Lautenthal, 2600 Ew.	Ev. Kirche u. Pfarre i. Lautenthal. Gymn. in Goslar u. Clausthal, ca. 40 Minut. Bahnf., aber kein passender Frühzug.	In Lautenthal. Amtsgericht in Zellerfeld.	Forstamtsanw. Gutsvorsteher. — Wohnung für verheirath. Assessor in Lautenthal zu haben.
Rgbz. Hildesheim. (Karte 41.)					
In Grund, Hotel Roemer.	In Grund, Hotel Roemer, Kurhaus, Schützenhaus. In Wildemann, Hotel Kurhaus u. Rathhaus.	Neues, massives Dienstgeb. am Ostrande von Grund (2000 Ew., Luftcurort), Wohnräume ausr., Wirthschaftsr. beschränkt. Nächste Stadt Osterode, 7100 Einw., 5 km Chaussee und 8 km Eisenbahn.	Ev. Kirche u. Pfarre im Orte. Kath. Kirche u. Pfarre in Clausthal (9 km Chauss.; im Winter oft schlecht zu erreichen) Gymn. in Clausthal, Realgymn. in Osterode (30 Min. Chauss. u. 10 Min. Bahnf.), aber kein passender Frühz.	In Grund; Amtsgericht in Zellerfeld, 9 km Chaussee.	Wohnung für verheir. Assessor am Ort zu haben.
Rgbz. Hildesheim. (Karte 41.)					
In Westerhof, Gasthof Zufall und Gasthof Bothe.	In Westerhof, Gasth. Zufall, bei nicht zu hoh. Ansprüchen.	Gutes, sehr geräumiges Dienstgebäude im Dorfe Westerhof, 500 Einw. Nächste Stadt Osterode, 7100 Einwohner, 16 km, und Northeim, 7800 Einwohner, 16 km.	Ev. Kirche in Westerhof, evg. Pfarre in Willershausen. Kath. Gottesdienst, sowie Realgymnasium in Osterode, per Kleinbahn 45 Minuten.	In Echte, 6 km. Amtsgericht in Osterode.	Staatsaufsicht über 24 Interessentenforsten.

Sitz der Oberförsterei nebst Poststation.	Entfernung des Oberförstereisitzes von der nächsten Eisenbahnstation bezw. Haltestelle. Post- und regelmäßige Reiseverbindungen auf Landwegen.	Durchschnittliche Entfernungen und ungefähre Anfuhrkosten von den einzelnen Reviertheilen für Bahn- bezw. Wassertransport und zwar Schutzbezirk	Entfernung bis Güterbahnhof	Anfuhrkosten pro fm M.	Entfernung bis Wasserablage	Anfuhrkosten pro fm M.

586. Königl. Oberförsterei Wendhausen, Rgbz. Hildesheim. (Karte 41.)

Wendhausen, Post Dinklar, Kreis Marienburg.	8 km Chaussee (ohne regelm. Reiseverb.) nach Hildesheim. — 8 km Chaussee nach Bettmar (Hildesheim-Braunschweig). — 6 km Chaussee nach Gr. Düngen; 8 km Chaussee nach Derneburg (beid. Linie Hildesheim-Goslar).	Wehrstadt	8 km Chss. b. Gr.-Düngen 9 km Chaussee bis Bockenem	5,00 5,00		
		Wöhle	7km Chss. b. Garbolzum	5,00		
		Wendhausen	9 km Chss. 1 km Edw. bis Hildesheim 7 km Chss. 1 km Edw. bis Derneburg	5,00 5,00		
		Lechstedt	4 km mst. Chaussee bis Gr. Düngen	3,00		

587. Königl. Oberförsterei Sillium, Rgbz. Hildesheim. (Karte 41.)

Sillium, Post Derneburg, Kreis Marienburg.	3 km Chaussee nach Bahnstation Wohldenberg (Derneburg-Seesen). — 5 km Chss. nach Derneburg (Goslar-Löhne). — 6 km Chss. nach Baddeckenstedt (Goslar-Löhne).	Sillium	6 km bis Bockenem	Stmh. 4—4,5		
		Wohldenberg	3 km bis Wohldenberg	Brnh. pro rm 0,75 b. 1,25		

588. Königl. Oberförsterei Liebenburg, Rgbz. Hildesheim. (Karte 41.)

Liebenburg (Hannover), Post, Kreis Goslar.	4 km Chss. nach Station Othfresen; ev. $3^1/_2$ km Chss. zur Haltestelle Kl. Mahner. Post nach Othfresen täglich 3mal.	Wiedelah (Buchladen)	3 km Chss. b. Schladen	2,5—3		
		(Küchenthal)	6 „ „ „ Börssum	3—4		
		Döhrenhausen	2 km bef. Weg 7 km Chss. bis Othfresen 4 km bef. Weg 1 km Chaussee b. Grauhof	3,5—5 3—4		
		Liebenburg	5 km Chss. b. Othfres. 8 „ „ „ Salzgitt.	4—5		
		Haarhof	8 km Chss. b. Othfresen	4—5		

589. Königl. Kloster-Oberförsterei Goslar, Rgbz. Hildesheim. (Karte 41.)

Goslar, Zehntstr. 21, Post u. Kreis Goslar.	Goslar ist Station der Halberstadt-Hildesheimer Eisenbahn.	Lochtum	1,5 km bef. Weg bis Schimmerwald	2—3		
		Wöltingerode	3 km meist bef. Weg bis Vienenberg			
		Riechenberg a) Grauhof-Holz	1 km meist bef. Weg bis Grauhof			
		b) Nordberg	3-4 km z. Th. bef. Weg bis Goslar			
		c) Wolfshagen	3-4 km z. Th. bef. Weg b. Langelsheim			

590. Königl. Oberförsterei Lautenthal, Rgbz. Hildesheim. (Karte 41.)

Lautenthal, Post, Kreis Zellerfeld.	Bahnstation am Orte (Bahnhof der Oberförsterei gegenüber).	Aus allen Schutzbezirken	3 km auf meist guten Chausseen und Erdwegen bis Bhf. Lautenthal	3,00		

591. Königl. Oberförsterei Grund, Rgbz. Hildesheim. (Karte 41.)

Grund i. Harz, Post, Kreis Zellerfeld.	5 km Chaussee bis Gittelde (Linie Seesen-Herzberg). Privatpost im Winter 3mal, im Sommer 6mal täglich hin u. zurück.	Silberhütte Grund	5 km meist Chauss. bis Gittelde	3,00		
		Wildemann	2 km Chaussee bis Wildemann	2,50		

592. Königl. Oberförsterei Westerhof, Rgbz. Hildesheim. (Karte 41.)

Westerhof, Post, Kreis Osterode.	Westerhof ist Station der Kleinbahn Osterode-Kreiensen. — 9 km Chaussee nach Staatsbahnhof Gittelde; 10 km Chaussee bis Ildehausen; 16 km Chaussee nach Northeim. — Kreiensen (Schnellzug) in 40 Minuten mit Kleinbahn zu erreichen.	Brunstein	3 km Erdweg bis Northeim	2,00		
		Marke Nienstedt Westerhof Wurzelberg	4—10 km Chss. bis Gittelde, Catlenburg und Ildehausen	2—3		
		Forst. Vogelberg	5 km Chaussee bis Ildehausen	2,50		

Sitz der Oberförsterei nebst Poststation	Entfernung des Oberförstereisitzes von der nächsten Eisenbahnstation bezw. Haltestelle. Post- und regelmäßige Reiseverbindungen auf Landwegen.	Durchschnittliche Entfernungen und ungefähre Anfuhrkosten von den einzelnen Reviertheilen für Bahn- bezw. Wassertransport und zwar				
		Schutzbezirk	Entfernung bis Güterbahnhof	Anfuhrkosten pro fm M.	Entfernung bis Wasserablage	Anfuhrkosten pro fm M.
593. Königl. Oberförsterei Hardegsen, Rgbz. Hildesheim. (Karte 41.)						
Hardegsen, Post, Kreis Northeim.	Hardegsen ist Station der Strecke Northeim-Ottbergen.	Grimmerfeld	1—8 km bis Volpriehausen	1—4		
		Thl. v. Ertingh. Goseplack				
		Fredelshagen				
		Leisenrode	1—7 km bis Hardegsen			
		Thl. v. Ertingh. Goseplack				
		Hagenbg.	3 km bis Moringen			
594. Königl. Oberförsterei Bramwald, Rgbz. Hildesheim. (Karte 41.)						
Hemeln bei Hann. Münden, Post, Kreis Münden.	13 km befest. Weg nach Hann. Münden, hin u. zur. tägl. fahr. Briefbote (rechtes Weserufer), ab Münden 7⁰ V. zur. 11⁰ V. — Privatpost (linkes Weserufer) 2 mal Veckerhagen-Münden, Vorm. u. Nachm. — Dampfschiff im Sommer 1 mal 8[15] V. von Münden u. 6[50] N. zurück.	Bühren	5 km Erd- u. bef. Weg / 7 km meist bef. Weg bis Oberscheden bezw. Münden		6 km mst. bef. Weg bis Weserablage	
		Röhrmühle	8 km Erd.- u. bef. Weg / 12 km mst. bef. Weg bis Oberscheden bezw. Münden		6 km Erd.- u. bef. Weg bis Weserabl.	
		Ellershausen	9 km mst. bef. Weg bis Dransfeld / 14 km mst. bef. Weg bis Münden		6 km bef. Weg bis Weserablage.	
		Glashütte	17 km mst. bef. Weg bis Münden / 17 km mst. bef. Weg bis Bodenfelde		4 km Erd.- u. bef. Weg bis Weserabl.	
		Dransfeld	3 km mst. bef. Weg bis Dransfeld			
595. Königl. Oberförsterei Cattenbühl, Rgbz. Hildesheim. (Karte 41.)						
Hann Münden, Post und Kreis Münden.	5 Min. bis Bahnhof Münden. (Strecke Halle-Cassel u. Hannover-Cassel).	Steinberg	1,5 km Erdw. u. 4,5 km Steinbahn b. Münden	4,5		
		Oberode	1 km Erdw. u. 5 km Steinbahn b. Münden	3,5		
		Haarth	1 km Erdw. u. 4,5 km Steinbahn b. Münden	4		
		Cattenbühl	0,5 km Erdw. u 2,5 km Steinbahn b. Münden	3		
		Hohefeld	1,5 km Erdw. u. 2 km Steinbahn b. Münden	4		
596. Königl. Oberförsterei Escherode, Rgbz. Hildesheim. (Karte 41.)						
Escherode, Post Uschlag, Kreis Münden.	7 km befestigter Weg nach Oberkaufungen (Cassel-Waldkappel) oder 15 km, davon 12 km Chss. nach Cassel oder 14 km befest. Weg nach Münden. Regelmäßige Reiseverbindungen fehlen.	Nonnenh.	10 km bef. Weg bis Witzenh. od. Oberk.	3,50		
		Escherode Pfaffenstrauch	9 km bef. Weg bis Oberkaufungen	3		
			17 km mst. Chss. bis Cassel	4		
597. Königl. Oberförsterei Mollenfelde, Rgbz. Hildesheim. (Karte 41.)						
Mollenfelde, Post Friedland, Kreis Göttingen.	4 km Chauss. nach Gertenbach; 7,5 km Chss. nach Hedemünden (beides Halle-Cassel.) — 7,5 km Chauss. nach Friedland; 9 km Chauss. nach Obernjesa (beides Göttingen-Bebra.)	Mollenfelde	7,5 km Chauss. bis Friedland / 7,5 km Chauss. bis Hedemünden / 9 km Chaussee bis Obernjesa	5 bis 7		
		Brackenberg	6 km Chaussee bis Hedemünden / 10 km Chaussee bis Obernjesa			
598. Königl. Oberförsterei Reinhausen, Rgbz. Hildesheim. (Karte 41.)						
Reinhausen, Post, Kreis Göttingen.	10 km Chss. n. Göttingen (Cassel-Hannover). 2 km Chss. b. Diemarden (Kleinbahn Göttingen-Rittmarsh.) dorthin 2 mal tägl. Postverb. — 4,5 km Chss. nach Obernjesa (Götting.-Eichenbg.-Bebra).	Reinhausen	6 km Chauss. bis Obernjesa	Grubh. 2,30 Stammh. 5-6		
		Lichtenhagen	9 km wie vor			
		Benniehausen	10 km Chss. b. Götting.			
599. Königl. Oberförsterei Ebergötzen, Rgbz. Hildesheim. (Karte 41.)						
Radolfshausen, Post Ebergötzen, Kreis Göttingen.	9 km Chss. bis Gieboldehausen (Leinefeld-Wulften). — 15 km Chss. nach Göttingen. — 15 km Chss. nach Wulften. Tägl. 1 mal Personenpostverb. nach und von Göttingen und Gieboldehausen.	Sattenhausen	6-9 km mst. Ldw. bis Westerode	2—4		
		Niedeck	10-15 km Ch. b. Götting.	5		
		Gr.-Lengd.	wie vor	5		
		Ebergötzen	9-12 km Chauss. bis Gieboldehausen	3—4		
600. Königl. Oberförsterei Worbis Rgbz. Erfurt. (Karte 41.)						
Worbis, Post und Kreis Worbis.	Worbis ist Station der Bahn Leinefelde-Wulften a./H.	Bernter.	5 km Chss. b. Sollstedt	1,25 bis 3,00		
		Hahn	8,4 km Chauss. bis Niederorschel			
		Breitenworbis	6,5 km wie vor			
		Kirchworbis	5,5 km wie vor / 4 km Chss. b. Worbis			
		Worbis	1—3 „ Ldw. „ „			

Flächengröße u. Charakter d. Reviers. — Vertheilung der Hauptholzarten nach Zehnteln.	Beschaffenheit des Wegenetzes im Reviere und der sich daran schließenden Abfuhrstraßen, sowie der etwaigen Wassertransportwege. Adressen von größeren Fuhrunternehmern.	Jahresquantum der Haupt-Verkaufshölzer nach Holzarten und Sortimenten (unter Abrechnung des Lokalbedarfs).

593. Königl. Oberförsterei Hardegsen,

3329 ha. — gebirgig, zml. zusammenh. Bu. 0,8 Fi. 0,1 Ei. 0,1

Wegenetz noch nicht ausgebaut. — Fuhrleute in Hardegsen, Espol, Volpriehausen, Delliehausen.

Schbz. Goseplack 300 fm Bu.-Stammh.
„ Ertinghausen 500 „ „ „
„ Fredelshagen 200 „ „ „
„ Grimmerfeld 600 „ „ „
„ Hagenberg 50 „ Ei.- „

594. Königl. Oberförsterei Bramwald,

2836 ha. — Weserhänge u. Hochfläche, zusammenh. Bu. 0,58 Fi. 0,24 Ei. 0,15 Ki. 0,03

Hauptstrecken chaussirt. Besondere Wegekarte durch Oberförsterei und Forstkasse zu erhalten. An der Weser 3 fiskalische Abl. — Fuhrleute in Imbsen, Ellershausen, Bühren, Niederscheden, Münden, Hemeln, Veckerhagen, Gottstreu, Oedelsheim, Bodenfelde, Dransfeld.

Schutzbezirk	Stammh. (fm) Ei.	Bu.	Fi.	Schwellh. (fm) Ei.	Bu.	Grbh. (fm) Ei.	Ki.	Derbstg. Fi.
Bühren	150	330	60	200	70	140	20	4000
Röhrmühle		450	30		120	10	20	1000
Ellershausen	60	400	200	80	100	30	30	4000
Glashütte	30	1020	80	40	150	20	50	1000
Dransfeld							120	

595. Königl. Oberförsterei Cattenbühl,

1901 ha. — Mittelgebirg. Hohefeld etwas isolirt, sonst geschl. Bu. 0,7 Fi. 0,2 Ei. 0,1

Außerhalb gute Chauss.; innerhalb großer Theil der Wege (über 25 km) als Steinbahn ausgebaut. Die flößbare Werra ist bisher für den Holztransport aus dem Revier nicht benutzt. — Fuhrleute in Münden, Laubach, Oberode, Landwehrhagen, Oberscheden.

Schutzbezirk	Stammh. (fm) Ei.	Bu.	Fi.	Fi.-Stangen Derb-	Reis-	Grubh. Ei.	Brennh. Bu.
Steinberg		50	200	10000	10000		100 rm
Oberode	50	300		5000	5000	20 fm	200 „
Haarth	150	500	200	10000	10000	30 „	200 „
Cattenbühl	155	300		13000	12000	120 „	400 „
Hohefeld		100		50fm Ah.-Esch.-Sth.		30 „	

596. Königl. Oberförsterei Escherode,

1357 ha. — gebirgig, 2 Parzellen. Bu. 0,6 Na. 0,3 Ei. 0,1

Innerhalb des in allen Theilen aufgeschlossenen Reviers die Hauptabfuhrwege befestigt, desgl. die sich daranschließenden Abfuhrstraßen. — Fuhrunternehmer in Nieste, Escherode.

Schutzbezirk	Stammh. (fm) Ei.	Bu.	Fi.	Rollh. Bu.	Grbh. Ki.	Fi.-Stangen Derb-	Reis-
Nonnenholz	50	70	200	150 rm		500	5000
Escherode		100		250 „	50rm	1000	5000
Pfaffenstrauch	250	70		50 „	50 „ Ei.	300	5000

597. Königl. Oberförsterei Mollenfelde,

948 ha. — hügelig, die Schbz. liegen getrennt. Bu. 0,6 Ei. 0,2 Fi. 0,1 Ki. 0,1

Innerhalb der Forstorte vielfach chaussirte Wege. — Fuhrunternehmer in Hedemünden, Atzenhausen.

Schbz. Brackenberg 15 fm Ei.-, 160 fm Bu.-, 100 fm Fi.-Stammh. 70 rm Bu.-Nutzsch.
„ Mollenfelde 15 fm Ei.-, 80 fm Bu.-, 30 fm Fi.-Stmh. 15 rm Ei.-Nutzscheit.

598. Königl. Oberförsterei Reinhausen,

1230 ha. — stark hügel., Benniehh. isol. sonst zushgd. Bu. 0,70 Fi. 0,20 Ki. 0,07 Ei. 0,03

Im Revier Erdwege, einzelne Theile derselben chaussirt, außerhalb Chauss. — Fuhrleute: Kube in Bremke, Junge in Reinhausen, mehrere Bauern in Lichtenhagen.

Schutzbezirk	Stammholz (fm) Ei.	Bu.	Fi.	Lä.	Grbh. Ki.	Derbstg. Fi.	Nutzroll. Bi.
Reinhausen	150	40	100	·	100 fm	1200	100 rm
Lichtenhagen	250	80	100	80	100 fm	800	
Benniehausen	80	60					

599. Königl. Oberförsterei Ebergötzen,

1573 ha. — hügelig, parzellirt. Bu. 0,9 Fi. 0,1

Innerhalb des Reviers meist gute, vielfach befestigte Waldwege, außerhalb fast überall gute Chausseen. — Fuhrleute: Grothey in Grone, Schuchardt und Wehr in Göttingen.

Schbz. Sattenhausen 50 fm Bu.-Langnutzh.
„ Niedeck 100 „(Esch.)„ „ 50 fm Ei.-Stammh.
„ Gr. Lengden 150 „ „ „ „
„ Ebergötzen 100 „ „ „ 50 „ „ „

600. Königl. Oberförsterei Worbis,

1418 ha. — gebirg., bezw. hügelig, Bernterode und Worbis parzellirt, sonst zushgd.

Im Revier meist gute Wege, z. Th. befestigt, außerhalb meist sehr gute befestigte Wege und Landstraßen. — Fuhrl. in Worbis, Kirchworbis, Breitenworbis, Bernterode.

Schbz. Bernterode 40 fm Ei.-, 20 fm Bu.-Stammh.
„ Hahn 40 „ „ 100 „ Fi.- „ 150 fm Bu.
„ Breitenworbis 300 fm Bu. in Stämmen und Rollen.
„ Kirchworbis 300 „ „ desgl.
„ Worbis 100 „ „ desgl.
Ganzes Revier: 40 fm Ahorn- und Esch. in Stämmen, Rollen und Stangen.

Oeffentliche Holzlicitationen finden statt in	Unterkommen im Gasthofe f. Holzhändler, Forst-Assessoren u. Referendare in möglichster Nähe der Oberförsterei	Zustand des Oberförsterdienst-Gebäudes	Wo Kirche, wo Schule? In welcher Zeit zu erreichen?	Wo Arzt, wo Apotheke, wo Amtsgericht?	Nebenämter des Revierverwalt. Wenn ständiger Assistent vorhanden, wo wohnt derselbe?
Rgbz. Hildesheim. (Karte 41.)					
In Hardegsen, bei Illemann.	In Hardegsen, Hotel Illemann. (gutes Unterk.)	Aelteres, gutes Dienstgebäude mitten im Städtchen Hardegsen, 1100 Einw., beschr. Wirthschaftsg., kleiner Hofr. u. Garten. — Kreisst. Northeim (7800 Ew.), 23 Min., u. Göttingen, 30200 Ew., 1$^1/_2$ Stunden Bahnfahrt.	Ev. Kirche im Orte, kath. Kirche in Northeim u. Nörten. Progymn. in Northeim, Frühzug pass. Gymnasium in Göttingen.	Im Orte. Amtsgericht i. Moringen.	Staatsauff. über Stadtw. Hardegs. u. 7 kl. Genoss.- u. Kirchenforsten. Gutsvorsteher. Forstamtsanw.
Rgbz. Hildesheim. (Karte 41.)					
In Hemeln, im Anker. In Ellershausen. In Dransfeld. In Hannov. Münden, Gasth. Blume.	In Hemeln, bei Bühler oder Potthast, bei bescheiden. Anspr. Bess. in Beckerhagen, 15 Min. Gsth. Brauhaus. Gasth. Stremme.	Alter großer Fachwerkbau am Südende von Hemeln (600 Ew.) an dem bef. Landwege Hemeln-Münden. Nächste Stadt Münden, 12 km, 9700 Einw.	Ev. Kirche, Pfarre u. Dorfschule im Ort. Privatschule in Beckerhagen, per Weserfähre in 15 Minut. erreichb. Gymnasium in Münden, 12 km.	In Beckerhag., 15 Minut. Amtsger. in Han. Münden, 12 km.	Staatsauff. über 19 Gem.- 2c. Forst., Doc. a. d. Forstac. H.-Münden. Forstamtsanw. Gutsvorst.—Z. Zt. verh. Ass. hat Miethswohn. in Hemeln.
Rgbz. Hildesheim. (Karte 41.)					
In Münden, Gasth. zur Blume.	In Münden, Hessischer Hof, Hotel z. Krone, Hotel Jung.	Sehr schönes, älteres Dienstgebäude mit etwas beschränkten Räumlichkeiten. Wirthschaftsräume nur für städtischen Haushalt in der Kreisstadt Münden, 9700 Einw. Forstacademie, Garnison.	3 ev. bezw. reform. und 1 kathol. Kirche, sowie Gymnasium in in Münden.	In Münden.	Staatsauff. üb. 7 Gmd.-, Genoss.- u. Kirchwld. Revierverw. ist Doc. a. d. Forstacad., ferner Gutsvorst., Forstamtsanw.—Z. Zt. verh. Assist. hat Miethsw. i. Münd.
Rgbz. Hildesheim. (Karte 41.)					
In Nieste bei Ketzer. In Kleinalmerode, bei Hartmann.	Bei bescheid. Ansprüchen im Dorf Nieste, 2 km, bei C. od. J. Ketzer. Für O.-Rev. i. Kleinalmerode, bei Hartmann.	Aelteres Dienstgebäude nordöstlich von Dorf Escherode, 300 Einw. Zugangsweg befest. Viele, aber kleine Wohnräume, Wirthschaftsr. beschr. Nächste Stadt Münden, 14 km, 9700 Einw.; besserer Weg nach Cassel, 106 000 Einw., 15 km.	Ev. Kirche u. Pfarre im Dorfe. Kathol. Gottesdienst i. Münden und Cassel, wo auch Gymnasium.	In Oberkaufungen, 7 km. Amtsgericht in Münden, 14 km.	Unterkommen für verh. Ass. in der Nähe der Oberförsterei nicht zu haben.
Rgbz. Hildesheim. (Karte 41.)					
In Mollenfelde, bei Knoche u. Horchelhahn. In Atzenhausen, bei Müller und Storch.	In Mollenfelde, bei Gastwirth Knoche. In Atzenhausen, bei Gastw. Müller.	Sehr altes, schön am Walde gelegenes Dienstgebäude mit Park, 1 km südlich des Dorfes Mollenfelde (300 Einw.) u. unw. von Schloß Berlepsch.—Ca. 14 km meist Chaussee bis Münden (9700 Einw.)	Ev. Pfarre in Mollenfelde, (1 km.) Gymnasium in Göttingen, in 1$^1/_2$ Std. Landw. b. Friedland, und von da in 30 Minuten Bahnfahrt zu erreichen.	In Hedemünden, 7,5 km. Amtsgericht in Reinhaus.	Staatsauff. über 14 Interessentenf. Gutsvorsteher. — Wohnung für verheiratheten Ass. in der Nähe nicht zu haben.
Rgbz. Hildesheim. (Karte 41.)					
In Bremke, Gasth. Jütte. In Gelliehausen (2 km von Benniehausen), Gasth. Henkel.	In Reinhausen, Gasthof Ewers, Tolle, Heise. In Bremke (Jütte) „zum Bremker Thal."	Dienstgebäude (früher Landrathsamt) im Dorfe Reinhausen (600 Einw.). Nächste Stadt Göttingen, 30200 Einw., Universität, Landger., Garnison (2 km Chss. bis Diemarden, von hier 40 Minuten Bahnfahrt).	Evg. Kirche im Ort. Kath. Gottesdienst in Göttingen, Gymnas. in Göttingen. Züge für täglichen Schulbesuch nicht passend.	In Bremke, 5 km. Amtsgericht in Reinhausen.	Zur Oberförst. gehören 15 Gem.-Forsten. Forstamtsanwalt für 3 Oberf. — Verh. Assessor kann ev. in Reinhausen wohnen.
Rgbz. Hildesheim. (Karte 41.)					
In Ebergötzen, bei Fraatz. In Gr. Lengden, bei Gersting. In Sattenhausen, bei Kirchner.	In Ebergötzen, Gasth. v. Fraatz. In Gr. Lengden, Gasth. von Gersting.	Altes, in den unteren Räumen theilweise etwas feuchtes, aber geräumiges Wohnh., ausreich. Wirthschaftsr. in unmittelb. Nähe des Dorfes Ebergötzen. — 15 km Chss. nach Göttingen u. Duderstadt; 10 km nach Gieboldehausen.	Ev. Kirche und Gemeindesch. in Ebergötzen (10 Minut.). Kathol. Kirche in Krebeck, 4 km.	In Ebergötzen, 1 km. Amtsgericht i. Göttingen, Duderstadt und Reinhausen.	
Rgbz. Erfurt. (Karte 41.)					
In Worbis, Gasth. „zur Stadt Bremen." In Breitenworbis, Gemeindewirthshaus.	In Worbis, Hotel „zur Stadt Bremen" (gut), „Drei Rosen," „Preuß. Hof."	Ziemlich gute Dienstwohnung in der Kreisstadt Worbis, 2000 Einwohner. Bis Nordhausen (28500 Einw.) 1 Std. Bahnfahrt.	Ev. u. kath. Kirche u. Volksschule im Orte. Gymnasium in Heiligenstadt, 30 Min. Bahnf., aber kein passender Frühzug. Realschule in Duderstadt, 30 Min. Bahnf.	In Worbis.	

Flächengröße u. Charakter des Reviers. — Vertheilg. der Hauptholzarten nach Zehnteln.	Beschaffenheit des Wegenetzes im Reviere und der sich daran schließenden Abfuhrstraßen, sowie der etwaigen Wassertransportwege. Adressen von größeren Fuhrunternehmern.	Jahresquantum der Haupt-Verkaufshölzer nach Holzarten und Sortimenten (unter Abrechnung des Lokalbedarfs.)
		601. Königl. Oberförsterei Zellerfeld,
2638 ha. — Hochplateau mit einzeln. Erhebg., u. nach O.u.W. abfall.Thäl. Fi. 1,0	Wegenetz von 1888 ist wenig ausgebaut, da fast überall Wege vorhanden. Chausseen Wildemann-Clausthal u. Bockswiese,Zellerfeld-Bockswiese u. Goslar, Zellerfeld-Oker durchschneiden das Revier. Verladestationen thalwärts sind Frankensharrener Hütte u. Wildem.; Holz geht meist direct per Fuhrwerk nach den Verbrauchsstellen. — Fuhrl. in Zellerfeld, Schulenberg, Wildemann, Goslar.	Schbz. Festenburg 1800 fm Fi.-Stammh. 70 rm Fi.-Nutzscheit. „ Bocksberg 1000 „ „ „ 60 „ „ „ „ Spiegelthal 2000 „ „ „ 80 „ „ „
		602. Königl. Oberförsterei Clausthal,
2679 ha. — gebirgig, zusammenhgd. und im Halbkreise um die Stadtherumliegend. Fi. 1,0	Innerhalb der Forst chaussirte Abfuhrwege und Erdwege, welche an die Chausseen Clausthal-Osterode,Clausthal-St.Andreasberg, Clausthal-Altenau-Oker, Clausthal-Wildemann-Grund anschließen. — Fuhrleute in Clausthal.	Schbz. Buntenbock 2000 fm Fi.-Stammholz. „ Hahnebalz 1300 „ „ „ „ Dammgraben 2000 „ „ „
		603. Königl. Oberförsterei Schulenberg,
3068 ha. — gebirgig, zusammenngd. Fi. 1,0	Thalwege in der Hauptsache chaussirt, Wegenetz im Ausbau. — Fuhrunternehmer in Goslar, Oker, Altenau, Zellerfeld, Clausthal.	Schbz. Dietrichsberg, „ Schulenberg, „ Wiesenberg, „ Ahrendsberg } 8800 fm Fi.-Langnutzh. I.—V. Classe. 14000 St. Fi.-Derbholzstangen. 500 rm Fi.-Nutzscheit.
		604. Königl. Oberförsterei Riefensbeek,
3449 ha. — gebirgig, zusammenhgd. Fi. 0,95 Bu. 0,05	Innerhalb vielfach steile Holzabfuhrwege bis zu den in den Thälern liegenden guten Chausseen, außerhalb gute Chaussee bis zur Bahnstation. — Fuhrleute: Klapprodt in Riefensbeek und Mackensen zu Osterode.	Schbz. Eichelberg 2900 fm Fi.-Stammh. 360 rm Fi.-Nutzsch. „ Riefensbeek 3000 „ „ „ 300 „ „ „ „ Kamschlacken 2400 „ „ „ 900 „ „ „ „ Steinberg 4500 „ „ „ 400 „ „ „
		605. Königl. Oberförsterei Altenau,
3616 ha. — Hochgebirge bis 921 m hoch, zushd. Fi. 1,0 Bu.	Innerhalb Thalwege meist mit Steinbahn ausgeb.; von den Bergrücken steile Erdwege zu Thal. Chausseen im Revier und außerhalb sehr gut. — Fuhrleute: Rammelsberg und Seifert in Altenau, Besitzer in Oker, Brückner in Gemkenthal.	Schbz. Rose 1860 fm Fi.-Langnutzh. 80 fm Fi.-Schleifh. „ Bruchberg 1000 „ „ „ 280 „ „ „ „ Schwarzenbg. 1780 „ „ „ 100 „ „ „ „ Gemkenthal 2355 „ „ „ 100 „ „ „
		606. Königl. Oberförsterei Torfhaus,
797 ha. — Hochgebirge bis an den Brocken heranreichend, zusammenh. Fi. 1,0	Chaussee nach Braunlage - Harzburg führt von S. nach N. durch die Schbz. Oderbrück und Torfhaus. Die einzelnen Forstorte sind zumeist hinreichend durch Abfuhrwege aufgeschlossen.	Schbz. Oderbrück 500 fm Fi.-Langnutzh. 600 rm Fi.-Nutzsch. 450 rm Fi.-Brennh. „ Torfhaus 2500 fm Fi.-Langh. 350 rm Fi.-Nutzsch. 1100 rm Fi.-Brennh. 7500 Stück Fi.-Derbstangen.
		607. Königl. Oberförsterei Osterode,
2629 ha. — gebirgig. Fi. 0,9 Bu. 0,1	Innerhalb und außerh. der Forstorte viele und gute Chausseen. — Fuhrunternehmer: Mackensen zu Osterode, Lindner zu Lerbach.	Schbz. Lerbach 2000 fm Fi.-Langnutzh. 16 000 St. Fi.-Derbstg. „ Freiheit 1500 „ „ „ 12 000 „ „ „ „ Lasfelde 1200 „ „ „ 20 000 „ „ „ „ Osterode 1800 „ „ „ 20 000 „ „ „ 100 fm Lä.-Langnutzholz.
		608. Königl. Oberförsterei Leinefelde,
2022 ha. — bergig. Bu. 0,6 Ei. 0,2 Na. 0,2	Waldwege z. Th. chaussirt. Außerhalb des Reviers meist Chauss. — Fuhrunternehmer: Kesting in Rohrmühle bei Niederorschel, Salzmann in Leinefelde.	Schbz. Geney 200 fm Bu.-Langnutzh. 400 rm Bu.-Rollen, 5 fm Esch. und Ah. „ Reifenstein 150 fm Bu.-Langnutzh. 200 rm Bu.-Rollen, 5 fm Esch. und Ah. 70 fm Ki.-Grubenh. „ Scharfenstein 200 fm Bu.-Langnutzh. 100 rm Bu.-Roll. 5 fm Esch. und Ah. 70 fm Ki.-Grubenh. „ Zehnsberg 40 fm Ei.-, 50 fm Ki.-Grubh.

Oeffentliche Holzlicitationen finden statt in:	Unterkommen im Gasthofe f. Holzhändler, Forst-Assessoren u. Referendare in möglichster Nähe der Oberförsterei	Zustand des Oberförsterdienst-Gebäudes	Wo Kirche? Wo Schule? In welcher Zeit zu erreichen?	Wo Arzt, wo Apotheke, wo Amtsgericht?	Nebenämter des Revierverwalt. — Wenn ständiger Assistent vorhanden, wo wohnt derselbe?
Rgbz. Hildesheim. (Karte 41.)					
In Zellerfeld, Deutsches Haus.	In Zellerfeld, Deutsches Haus, Zum Kronprinz.	Altes, gutes Dienstgebäude an der Hauptstraße der Kreisstadt Zellerfeld, 4400 Einwohner, unmittelbar daran schließ. die Stadt Clausthal, 8500 Einwohner.	Ev. Kirche in Zellerfeld, kath. Kirche in Clausthal (1/4 Std.). Privat- u. Bürgerschule in Zellerfeld, kath. Schule i. Clausthal.	In Zellerfeld.	Gutsvorsteher über 3 Reviere. Forstamtsanw. — Wohnung f. verheirathet. Assessor in Zellerfeld zu haben.
Rgbz. Hildesheim. (Karte 41.)					
In Clausthal, Rathhaus.	In Clausthal, Hotel Rathhaus, Hotel zur gold. Krone, Hotel Deutsch. Kaiser.	Oberförsterdienstwohnung in der Stadt Clausthal, 8500 Einwohner, Bergacademie.	Ev. u. kath. Kirchen, sowie Gymnasium in Clausthal.	Aerzte und Apotheke in Clausthal, Amtsgericht i. Zellerfeld.	Wohnung f. verheiratheten Assess. in Clausthal zu haben.
Rgbz. Hildesheim. (Karte 41.)					
In Schulenberg, Gasth. Körber und Thiele.	In Schulenberg, Gasthof Körber u. Thiele. In Gemkenthal, bei Bröckner.	Altes Dienstgebäude aus dem Jahre 1740 im Dorfe Unterschulenberg. Nächste Stadt ist Altenau, 2160 Einw., 6 km. — Kreisst. Zellerfeld, 4400 Einw., 9 km Chss.	Ev. Kirche in Zellerfeld, 9 km; ca. 7mal im Jahre Gottesd. in Mittelschulenberg, wo auch Dorfschule (20 Minuten).	In Altenau, 6 km. Amtsgericht in Zellerfeld, 9 km.	
Rgbz. Hildesheim. (Karte 41.)					
In Riefensbeek, bei Klapprodt.	In Riefensbeek bei Klapprodt; bei besch. Ansprüch. auch bei A. Hohmann daselbst.	Neues, sehr schönes Dienstgeb. am W.-Ausgange des Dorfes Riefensbeek, 200 Einw., an der Chaussee Osterode-Altenau. Nächste Stadt Osterode, 11 km, Kreisst., 7100 Einw.	Ev. Kirche u. Schule im Dorfe. Kathol. Gottesd., sowie Realgymnasium in Osterode.	In Osterode, 11 km. Amtsgericht in Zellerfeld, 14 km.	Für verheirathet. Assess. kein Unterkommen.
Rgbz. Hildesheim. (Karte 41.)					
In Altenau, Hotel Rammelsberg.	In Altenau, C. Rammelsbg., Hotel Rathhaus, Schützenhaus.	Dienstwohnung aus Holz gebaut 1847, genügend geräum. Wirthschaftsgeb. sehr umfangreich, dicht bei Altenau, 2000 Einw., an Chauss. geleg. — Nächste Stadt Goslar, 21 km, 16000 Ew. — Clausthal, 11 km, 8500 Einw.	Ev. Kirche u. Pfarre in Altenau. Kathol. Kirche u. Gymnasium in Clausthal.	In Altenau, Amtsgericht i. Zellerfeld. 11 km.	Forstamtsanw. — Wohnung f. verheiratheten Assess. in Altenau mögl.
Rgbz. Hildesheim. (Karte 41.)					
In Torfhaus, Hot. Wendt.	In Torfhaus, Hotel Wendt.	Neuere Dienstwohnung und desgl. Wirthschaftsgeb., geräumig, allen Ansprüchen genügend, aber in einsamer und rauher Lage (800 m über N.-N.). Nächste Stadt Harzburg, 12 km, 3800 Einwohner.	Ev. Kirche u. Pfarre, sowie Bürgerschule in Altenau, 2 Std. Chaussee. Gymnas. in Clausthal und Goslar.	In Harzburg oder in Braunlage, je 12 km. Amtsgericht in Zellerfeld.	
Rgbz. Hildesheim. (Karte 41.)					
In Osterode, Gasth. z. Kronprinzen.	In Osterode, Kaiserhof, Englischer Hof, Deutscher Hof, Kronprinz (alle 4 Gasth. gut).	Altes Dienstgebäude unmittelbar am Ostrande der Kreisst. Osterode, 7100 Einwohner.	3 evang., 1 kathol. Kirche, Realgymn. in der Stadt.	5 Aerzte, Apotheke, Amtsger. in der Stadt.	Forstamtsanwalt.
Rgbz. Erfurt. (Karte 41.)					
In Leinefelde, Gemeindewirthshaus.	In Leinefelde, Hotel „Eichsfelder Hof“.	Altes, gutes 2stöck. Wohnhaus im Dorf Leinefelde (1800 Ew.) a. d. Chaussee. Wirthschaftsgebäude unzureichend. Nächste Städte Worbis, 10 Min., 9000 Einw.; Mühlhausen, 33400 Einw., 40 Min. Bahnf.	Kath. Kirche u. Pfarre sowie ev. Gottesd. in Leinefelde, wo auch Dorfschule. Gymn. in Heiligenstadt, 25 Minuten Bahnfahrt, aber kein passender Frühzug.	Arzt und Apotheke am Ort. Amtsgericht in Worbis.	Betriebsleiter des Dingelst. Stadtwaldes (240 ha). — Wohnung für verheirath. Assess. in Leinefelde zu haben.

Sitz der Oberförsterei nebst Poststation.	Entfernung des Oberförstereisitzes von der nächsten Eisenbahnstation bezw. Haltestelle. Post- und regelmäßige Reiseverbindungen auf Landwegen.	Durchschnittliche Entfernungen und ungefähre Anfuhrkosten von den einzelnen Reviertheilen für Bahn- bezw. Wassertransport und zwar: Schutzbezirk	Entfernung bis Güterbahnhof	Anfuhrkosten pro fm M.	Entfernung bis Wasserablage	Anfuhrkosten pro fm M.

601. Königl. Oberförsterei Zellerfeld, Rgbz. Hildesheim. (Karte 41.)

Zellerfeld, Post und Kreis Zellerfeld.	Zellerfeld-Clausthal ist Endstat. der Sekundärbahn Langelsheim-Zellerfeld.	Festenburg	8 km Chss. u. 2 km Erdw. b. Lautenthal			
		Bocksberg	12 km Chss. u. 2 km Erdweg bis Goslar			
		Spiegelthal	15 km Chss. u. 2 km Erdweg bis Oker			

602. Königl. Oberförsterei Clausthal, Rgbz. Hildesheim. (Karte 41.)

Clausthal, Osteroderstr. 577, Post, Kreis Zellerfeld.	Bahnstation am Orte.	Buntenbock	4 km bis Clausthal-Zellerfeld	2—3 (für alle)		
		Hahnebalz	3 km desgl.			
		Dammgraben	4 km desgl.			

603. Königl. Oberförsterei Schulenberg, Rgbz. Hildesheim. (Karte 41.)

Schulenberg, Post Altenau i. H., Kreis Zellerfeld.	9 km Chss. nach Stat. Oker 9 „ „ „ „ Clausthal-Zellerfeld Postomnibus 2 mal täglich hin u. zurück von Oker nach Altenau (fährt auf ca. 0,5 km Entfern. vorb.)	Ganzes Revier	Durchschnittl. Entfernung nach den beiden Bahnhöfen Oker und Zellerfeld 7—14 km.	2—4		

604. Königl. Oberförsterei Riefensbeek, Rgbz. Hildesheim. (Karte 41.)

Riefensbeek, Post Osterode, Kreis Zellerfeld.	12 km gute Chaussee bis Eisenbahnstation Osterode.	Eichelberg	15 km Chss. 0,5 km Erdw. bis Osterode	2,50		
		Riefensbeek	15 km Chauss. 1 km Erdweg bis Osterode	2,50		
		Kamschlacken	15 km Chauss. 1 km Erdweg bis Osterode	2,75		
		Steinberg	10—17 km Chss. 1 km Erdweg bis Osterode	2,75		

605. Königl. Oberförsterei Altenau, Rgbz. Hildesheim. (Karte 41.)

Altenau, Post, Kreis Zellerfeld.	11 km Chss. (starke Steig.) nach Clausthal. — Besser aber über Gemkenthal nach Oker 15 km Chauss. (geringe Steig.), weil aller Verkehr über Oker nach Goslar od. Braunschw., Magdeburg, Berlin geht. Postverb. nach Oker tägl. 2 mal, Clausth. 1 mal.	Rose	17 km Chss. b. Oker 15 „ „ b. Osterode	2,5 bis 3,0 (für alle)		
		Bruchberg	17 km Chss. bis Oker			
		Schwarzenberg	16 „ „ „ „			
		Gemkenthal	13 „ „ „ „			

606. Königl. Oberförsterei Torfhaus, Rgbz. Hildesheim. (Karte 41.)

Torfhaus, Post, bei Harzburg, Kreis Zellerfeld.	12 km Chss. sowohl nach Harzburg als auch nach Braunlage; Personenpost 1 mal tägl. von u. nach Harzburg, sowie von und nach Braunlage.	Oberbrück	14 km Chauss. bis Harzburg	3,5		
			10 km Chauss. bis Braunlage	2,0		
		Torfhaus	10 km Chaussee bis Harzburg	2,5		

607. Königl. Oberförsterei Osterode, Rgbz. Hildesheim. (Karte 41.)

Osterode a. H., Post und Kreis Osterode.	Bahnstation am Orte.	Osterode	3 km Chss. b. Osterode	2—4 (für alle)		
		Lerbach	5 „ „ „ „			
		Freiheit	4 „ „ „ „			
		Lasfelde	3 „ „ 1 km Erdweg bis Osterode			

608. Königl. Oberförsterei Leinefelde, Rgbz. Erfurt. (Karte 41.)

Leinefelde, Post, Kreis Worbis.	10 Minuten bis Bahnhof Leinefelde (Halle-Cassel).	Geney	3 km Chaussee bis Silberhausen	3—4		
		Reifenstein (Haberholz)	5 km Chss. b. Leinef. 5 km Chss. 3 km Edw. bis Niederorschel	2,5-4		
		Scharfenstein	3—7 km Chss. u. Ldw. bis Leinefelde	2—5		
		Zehnsberg	3—7 km bis Leinefelde u. Breitenbach	1,5—5		

Sitz der Oberförsterei nebst Poststation	Entfernung des Oberförstereisitzes von der nächsten Eisenbahnstation bezw. Haltestelle Post- und regelmäßige Reiseverbindungen auf Landwegen	Durchschnittliche Entfernungen und ungefähre Anfuhrkosten von den einzelnen Reviertheilen für Bahn- bezw. Wassertransport und zwar: Schutzbezirk	Entfernung bis Güterbahnhof	Anfuhrkosten pro fm M.	Entfernung bis Wasserablage	Anfuhrkosten pro fm M.
609. Königl. Oberförsterei Lonau, Rgbz. Hildesheim. (Karte 41.)						
Harzforsthaus, Post Herzberg, Kreis Zellerfeld.	3 km Chaussee bis Station Herzberg a/H.	Lonauerhammerh.	7 km Chss. b. Herzberg	2,50		
		Lonau	6 „ „ „	2,50		
		Lüderholz	6 „ „ „ „	2,50		
		Jagdhaus	9 „ „ „ „	3,00		
		Rehhagen	10 „ „ „ „	3,00		
		Grafenforst	10 „ „ „ „	3,00		
610. Königl. Oberförsterei Sieber, Rgbz. Hildesheim. (Karte 41.)						
Sieber i. H., Post, Kreis Zellerfeld.	11 km Chaussee bis Bahnhof Herzberg. Zweimal tägl. Postomnibus von Herzberg u. zurück.	Langfast	13 km Chss. b. Herzberg	1,50		
		Königshof	16 „ „ „	2,00		
		Lilienberg	14 „ „ „ „	1,80		
		Wurzelberg	20 „ „ „ „	2,50		
		Schluft	26 „ „ „ „	3,00		
611. Königl. Oberförsterei Andreasberg, Rgbz. Hildesheim. (Karte 41.)						
St. Andreasberg, Post, Kreis Zellerfeld im Harz.	3 km bis Bahnhof Andreasberg. Hotelwagen zu jedem Zuge am Bahnhof.	Andreasberg	6 km bis St. Andreasb.	3		
		Sieberberg	3 „ „ „ „	1,75		
		Rehberg	8 „Chss.b.„ „	3,5		
		Fischbach	8 „ „ „„ „	3,5		
		Sonnenberg	12 „ „ „„ „	4		
612. Königl. Oberförsterei Oderhaus, Rgbz. Hildesheim. (Karte 41.)						
Oderhaus, Post St. Andreasberg, Kreis Zellerfeld im Harz.	Bis Bahnh. Oderthal 9 km Chss. „ „ Braunlage 5,5 „ „ „ „ Andreasberg 8 „ „ Postverb. mit Andreasberg 3° N. und Braunlage 10° V.	Oderhaus	9 km Chss. b. Oderthal	2—3		
		Breitenberg	9 km wie vor	2—3		
		Brunnenbach	12—16 km Chss. u. bef. Weg b. Oderthal	3,5—4		
			5 km dsgl. b. Braunl.	2—3		
		Königskrug	wie vor	3—3,5		
613. Königl. Oberförsterei Kupferhütte, Rgbz. Hildesheim. (Karte 41.)						
Kupferhütte, Post Lauterberg, Kreis Osterode im Harz.	2 km Chaussee bis Bahnhof Lauterberg.	Andreasbach	4 km Chss. b. Scharzfeld	2		
		Scharzfeld	4 „ „ „ „	2		
		Kupferhütte	5 „ „ „ Lauterbg.	2,50		
		Knollen	5 „ „ „ „	2,50		
		Hohefeld	10 „ „ „ Herzberg	3—4		
614. Königl. Oberförsterei Lauterberg, Rgbz. Hildesheim. (Karte 41.)						
Lauterberg, Post, Kreis Osterode im Harz.	Lauterberg ist Station der Bahn Scharzfeld-St. Andreasberg (Zweigbahn der Strecke Nordhausen-Northeim.)	Nüxei	5 km Chaussee bis Osterhagen	3—5		
		Steina	7 km desgl.	3—5		
		Die übrig. Schutzbez.	2-7 km bis Oderthal u. Lauterberg	2—5		
615. Königl. Oberförsterei Königsthal, Rgbz. Erfurt. (Karte 41.)						
Königsthal, Post Trebra, Kreis Grafschaft-Hohenstein.	7 km Chaussee nach Bleicherode oder 17 km Chaussee nach Nordhausen (Schnellzüge).	Woffleben	4 km b. Niedersachsw.	4,50		
		Gudersleben	4 „ „ Ellrich	3,5-4,5		
		Königsthal	6-7 km b. Bleicherode	4,50		
		Wenderhütte	8 km Chss. b. Duderstadt	4		
		Werningerode	10 „ „ „Tettenborn	5		
		Gerode	15 „ „ „ „	6—7		
		Weißenborn	wie vor u. n. Scharzf.	6—7		
616. Königl. Oberförsterei Lohra, Rgbz. Erfurt. (Karte 41.)						
Utterode, Post Sollstedt, Kreis Grafschaft-Hohenstein.	2,5 km Chaussee bis Sollstedt. Regelmäßige Reiseverbind. fehlt. (2 mal tägl. Briefträger).	Kl. Berndt.	12 km Chss. b. Sollstedt	6		
		Wollersleben	3 km (1/2 Chauss.) bis Wolkramshausen	3		
		Münchenlohra	10 km (3/4 Chaussee) bis Sollstedt	5,50		
		Friedrichslohra	10 km mst. Chss. bis Sollstedt	5		
		Friedrichsrode W.	5 km wie vor	3,50		

Flächengröße u. Charakter des Reviers. Vertheilg. der Hauptholzarten nach Zehnteln.	Beschaffenheit des Wegenetzes im Reviere und der sich daran schließenden Abfuhrstraßen, sowie der etwaigen Wassertransportwege. Adressen von größeren Fuhrunternehmern.	Jahresquantum der Haupt-Verkaufshölzer nach Holzarten und Sortimenten (unter Abrechnung des Lokalbedarfs).

609. Königl. Oberförsterei Lonau,

4007 ha. — zusammenh. gebirgig. Bu. 0,5 Fi. 0,5 Ei.

Gute Wege. Zahlreiche Chausseen und gehärtete Holzabfuhrwege im Revier. Außerhalb überall Chausseen. — Fuhrunternehmer: Offeney, Wehmeyer, Fuchs, Kaufmann in Herzberg, Carl Müller, A. Müller, Bierwirth, Kaufmann in Hörden.

Schbz. Lonauerhammerhütte 50 fm Ei.-, 300 fm Bu.-, 300 fm Fi.-Langnutzh. und Nutzscheite.
„ Lonau 600 fm Bu.-Langnutzh. und Nutzscheite.
„ Lüderholz 50 fm Ei.-, 200 fm Bu.-, 2000 fm Fi.-Langnutzholz und Nutzscheite.
„ Jagdhaus 400 fm Bu.-, 800 fm Fi.-Langnutzholz und Nutzscheite.
„ Rehhagen 1800 fm Fi.-Langnutzh. und Nutzscheite.
„ Grafenforst 100 fm Bu.-, 300 fm Fi.-Langnutzh. und Nutzscheite.

610. Königl. Oberförsterei Sieber,

3676 ha. — gebirgig, zusammenhgd. Fi. 0,8 Bu. 0,2

An den Bergen Schleifwege. An tiefen Hängen Chauss. und Erdwege. In den Thälern gute Chausseen, münden alle in Chausseen von Sieber und Herzberg oder Ackerstraße oder Bruchberg-Chaussee. — Fuhrleute: Füllgrabe, Bruns in Sieber, Offeney in Herzberg, Oehne in Scharzfeld.

Schutzbezirk	Stammh. (fm) Fi.	Stammh. (fm) Bu.	Rollh. (rm) Fi.	Rollh. (rm) Bu.	Brennh. (rm) Fi.	Brennh. (rm) Bu.
Langfast	660	80	310	60	290	2200
Königshof	2900	10	270	5	440	900
Lilienberg	3500	100	350	95	470	2500
Wurzelberg	510		130		150	
Schluft	2700		180		670	

611. Königl. Oberförsterei Andreasberg,

3611 ha. — gebirgig, zusammenhgd. Fi. 0,9 Bu. 0,1

Viele gute Chausseen im Revier. — Fuhrunternehmer: Eickhoff, Braune, Schlosser, Fischer, Spörer in St. Andreasberg.

Schbz. Andreasberg 1700 fm Fi.-Stmh. 900 rm Fi.-Schichtnh.
„ Sieberberg 2700 „ „ „ 200 „ „ „
„ Rehberg 2900 „ „ „ 700 „ „ „
„ Fischbach 1900 „ „ „ 250 „ „ „
„ Sonnenberg 150 „ „ „ 360 „ „ „

612. Königl. Oberförsterei Oderhaus,

2880 ha. — sehr gebirgig, zusammenh. Fi. 0,9 Bu. 0,1

Wegenetz wird immer weiter ausgebaut. Höhen- und Thalstraßen vorzügl. Das Holz muß bis an die Chaussee, ca. 1—4 km, auf Erdwegen gefahren, resp. in den Thaleinschnitten geschleppt werden. — Fuhrleute: Käsewieter, Grimm, Buchholz in Braunlage, Wiegand in Lauterberg, Gärtner in Andreasbg. Oehne in Scharzf.

Schbz. Oderhaus 2300 fm Fi.-Langntzh. 200 fm Fi.-Schichtnh.
„ Breitenberg 2000 „ „ „ 200 „ „ „
50 fm Bu.-Langnutzh 10 fm Ah.-Langh.
„ Brunnenbach 3500 fm Fi.-Langntzh. 200 fm Fi.-Schichtnh.
„ Königskrug 1500 „ „ „ 100 „ „ „

613. Königl. Oberförsterei Kupferhütte,

3730 ha. — gebirgig, mst. zusammenhg. Bu. 0,7 Fi. 0,3

Die Hauptthäler haben Chaussee am S.-Rande des Reviers gute Chausseen zwischen Bhf. Lauterbg. und Scharzfeld. Von Sieber nach Herzberg gute Chaussee. Im O.-Revier demnächst Waldbahn bis Bhf. Lauterberg, und zwar auf den Thalchausseen. — Fuhrleute in Lauterberg, Barbis und Scharzfeld.

Schbz. Andreasbach 650 fm Bu.-Stämme, 60 rm Bu.-Rollh.
„ Kupferhütte 130 „ „ „ 70 „ „ „
„ Knollen 270 „ „ „ 110 „ „ „
„ Scharzfeld 390 „ „ „ 20 „ „ „
„ Hohefeld 1830 „ „ „ 190 „ „ „

614. Königl. Oberförsterei Lauterberg,

3686 ha. — gebirgig, bis 720 m hoch; Nüxei isol., sonst geschl. Bu. 0,6 Fi. 0,3 Ei. 0,1

Gute Provinzialstraßen in den Hauptthälern nach St. Andreasberg und Braunlage. Chaussirte Holzabfuhrwege in den übrigen Thälern. Sämmtliches Nutzholz wird an diese Straßen gerückt. — Fuhrunternehmer: Höche, Gundlach in Lauterberg.

Schbz. Nüxei 150 fm Ei.-Stammh. 300 fm Bu.-Stammh.
„ Steina 150 „ Bu.- „ 400 „ Fi. „
„ Wiesenbeek 700 „ „ „ 1000 „ „ „
„ Jagdkopf } 300 „ „ Rollh. 100 „ Ah.-, Esch.-,
„ Flößwehr } Ulm.-Stamm- und Rollh.
„ Kummel 300 „ Fi.-Rollholz.

615. Königl. Oberförsterei Königsthal,

2195 ha. — hügel. bis gebirgig, sehr parzellirt. Bu. 0,8 Ei. 0,1 Na. 0,1

Innerhalb ein im Planum fertiges system. Wegenetz; kurze Erdwege verbinden das Revier mit chaussirten Straßen. — Fuhrleute in Niedersachswerfen, Ellrich, Immenrode, Trebra, Breitenworbis.

Schbz. Königsthal 250 fm Ei.-, 250 fm Bu.-Stammh. 200 fm Ei.-Grubenholz.
„ Gudersleben 50 fm Ei.-, 200 fm Bu.-Stammholz.
„ Woffleben 120 „ „ 130 „ „ „
„ Werningerode 60 „ „ 20 „ „ „ 50 fm Fi.-Stammholz.
„ Wenderhütte 20 fm Ei.-, 50 fm Bu.-Stammh. 10 fm Ah.-, Esch.-Stammholz.
„ Gerode 30 fm Ei.-, 250 fm Bu.-Stammholz, 10 fm Ah.-Stammholz, 50 fm Fi.-Stammholz.
„ Weißenborn 350 fm Bu.-Stammh.

616. Königl. Oberförsterei Lohra,

2212 ha. — Thüringen (Hainleite) sehr parzell. Bu. 0,90 Fi. 0,06 Ei. 0,04

Innerhalb unchaussirte, bei nassem Wetter nicht leicht passirbare, gewöhnliche Holzabfuhrwege. Außerhalb viele und meist gute Chausseen. — Fuhrleute: Schilling in Sollstedt, Liefheit in Wülfingerode, Jödicke in Friedrichsrode, Hartlepp in Elende.

Schbz. Kl. Berndten 500 fm Bu.-Langnutzh.
„ Wollersleben 100 „ Ei. „
„ Münchenlohra 100 „ „ „
„ Friedrichslohr 1000 „ „ „
„ Friedrichsr. W. 1000 „ „ „

Oeffentliche Holzlicitationen finden statt in:	Unterkommen im Gasthofe f. Holzhändler, Forst-Assessoren u. Referendare in möglichster Nähe der Oberförsterei	Zustand des Oberförster-Dienstgebäudes	Wo Kirche? Wo Schule? In welcher Zeit zu erreichen?	Wo Arzt, wo Apotheke, wo Amtsgericht?	Nebenämter des Revierverwalt. Wenn ständiger Assistent vorhanden, wo wohnt derselbe?
Rgbz. Hildesheim. (Karte 41.)					
In Herzberg, Kurhaus.	In Lonauerhammerhütte, Hotel goldener Hirsch (bei der Oberförsterei).	Geräumiges, altes Dienstgebäude, 1 km nördlich vom Flecken Herzberg, 3700 Ew. Osterode, Kreisstadt, 7100 Einwohner, in 15 Minuten Bahnfahrt zu erreichen.	Ev. u. kath. Kirche u. Schule in Herzberg. Gymnas. in Osterode.	In Herzberg.	Gutsvorsteher. — Forstamtsanw. — Wohnung für verheiratheten Assess. in Herzberg erhältlich.
Rgbz. Hildesheim. (Karte 41.)					
In Sieber, Gasth. „Zum Paß", „ „Zur Krone", „ „Zur Linde". Für Bu.-Nutzh. „Weiß. Roß" in Herzberg.	In Sieber, Gsth. „Z. Paß", „ „Z. Krone", „ „Z. Linde".	Dienstgebäude 1880 erbaut, dicht an Chaussee am N.-O.-Rand von Sieber, 550 Ew. — Herzberg, 9 km, 3700 Einwohner.	Ev. Kirche in Sieber ev. Pfarre sowie kath. Kirche in Herzberg. Realgymn. in Osterode, $1^1/_2$ Std. Ldw., 16 Min. Bahnfahrt. Gymn. in Nordh. $1^1/_2$ Std. Ldw. $1^1/_4$ Std. Bhf.	In Herzberg.	Gutsvorsteher-Stellvertreter. — Wohnung für verheiratheten Assess. in Sieber möglich.
Rgbz. Hildesheim. (Karte 41.)					
In St. Andreasberg, Hotel Bergmann, Rathhaus, Eickhoff.	In St. Andreasberg, Hot. Tannhäuser, Schützenhaus, Bergmann, Rathhaus.	Sehr schönes, neues Dienstgebäude am N.-O.-Ausgang der Stadt Andreasberg, 3800 Einw., an der Chauss. nach Braunlage. Wohnh. u. Wirthschaftsr. viel Platz bietend.	Luth. Pfarre und Kirche in der Stadt. Kath. Gottesd. in Lauterberg in $^1/_2$ Std. Bahnfahrt zu erreichen.	In der Stadt. Amtsgericht in Zellerfeld.	Gutsvorsteher. Forstamtsanw. — Wohn. für verh. Ass. in Andreasberg zu haben.
Rgbz. Hildesheim. (Karte 41.)					
In Lauterberg, Hotel Rathhaus. In Braunlage, Brauner Hirsch.	Hotel Waldmühle bei Braunlage, 4 km. In Braunlage, 5,5 km, Brauner Hirsch. In Andreasberg, Hotel Schützenhaus.	Neues, ger. Dienstgeb., schön an der Gabel. der Straßen Oderhaus-Lauterberg u. Andreasberg-Braunlage im Thale nahe beim Walde gelegen. Wirthschaftsr. alt, aber sehr ger. — Nach Andreasberg, 5,5 km. Lauterberg, 12 km, 5300 Einwohner.	Ev. Kirche u. Pfarre sowie Schule in Andreasberg. Privatschule in Lauterberg mit Berecht. zum 1 jährigen Dienst.	In Andreasberg, in Braunlage, (je 5 km entf.) Amtsgericht in Zellerfeld.	Wohn. für verh. Ass. in Andreasberg oder Braunlage erhältlich.
Rgbz. Hildesheim. (Karte 41.)					
In Lauterberg, Hotel Rathskeller.	Gutes Unterkommen in Lauterberg, 2 km, Hotel Langrehr (I. Ranges), Hot. Rathskeller (II. Ranges).	Altes, ger. Dienstgebäude 2 km nordwestlich von Lauterberg (5300 Einw.). Wirthschaftsgeb. alt und beschränkt. Nächste Stadt Osterode, Kreisstadt, 7100 Einwohner.	Ev. Kirche u. Pfarre in Lauterberg, 2 km. Kath. Kirche und Pfarre in Herzberg, 13 km (in 30 Min. Bahnf. von Lauterberg erreichbar.)	In Lauterberg, 2 km. Amtsgericht in Herzberg.	Zugehörig: 2 Genossenschaftsw., 1 Stiftswald. — Wohn. für verh. Assess. in Lauterberg erhältlich, (im Sommer fraglich).
Rgbz. Hildesheim. (Karte 41.)					
In Lauterberg, Hotel Rathskeller.	S. lfd. Nr. 613.	Großes, altes Dienstgehöft in Lauterberg (5300 Einw.). (Lauterberg besitzt eine Kaltwasserheilanstalt, ist Kur- u. Badeort mit jährl. Besuch von 5—6000 Personen).	Ev. Kirche in Lauterberg; kath. in Herzberg, 10 km. Höhere Privattöchterschule, Realschule (mit Einj. Freiw. Berechtigung) in Lauterberg.	In Lauterberg. Amtsgericht in Herzberg, 10 km.	Forstamtsanwalt.
Rgbz. Erfurt. (Karte 41.)					
Bliedungen, (Merx). Gudersleben, (Henze). Nordhaus. (Hoffnung). Günzerode, (Kohlhorn). Weißenborn, (Schilling).	In Kehmstedt, Gsth. von Kohlhase 1,5 km. In Weißenborn, Gasth. Schilling.	Altes Wohnhaus mit hübschem Garten, 1 km vom Dorf Bliedungen, 150 Einw. — Bleicherode, 7 km Chauss., 3800 Einw. Bis Nordhausen, 17 km Chss., 28500 Ew.	Ev. Kirche u. Schule in Gratzungen, 2 km Chaussee.	In Bleicherode, 7 km.	Amtsvorsteher. — Wohn. für verh. Assess. in Kehmstedt, 1,5 km (bei bescheid. Anspr.) erhältlich.
Rgbz. Erfurt. (Karte 41.)					
In Sollstedt, Gasth. Schilling. In Niedergebra, Gasth. Stange.	Bei besch. Anspr. in Sollstedt bei Schilling. In Niedergebra, 8 km, bei Stange, sonst in Leinefelde, Bleicherode, u. Nordhausen.	Dienstgeb. ist das 2,5 km südl. von Sollstedt (600 Einw.) an Kreischauss. isolirt geleg. alte Domänen-Vorwerk Utterode. Wohnh. geräum. Wirthschaftsr. reichlich. — Rehungen, 2 km, 700 Einw. Bleicherode, 8 km, 4000 Ew.	Ev. Kirche u. Pfarre in Rehungen, 2 km. Kath. Gottesd. in Bernterode, 6 km. Höhere Schulen in Nordhausen, 2,3 km. (Bahnverbind. von Sollstedt aus).	In Bleicherode, 8 km.	Gutsvorsteher. Forstamtsanw. — Wohnung f. verheiratheten Assess. in der Nähe schwer zu haben.

Flächengröße u. Charakter des Reviers. Vertheilg. der Hauptholzarten nach Zehnteln.	Beschaffenheit des Wegenetzes im Reviere und der sich daran schließenden Abfuhrstraßen, sowie der etwaigen Wassertransportwege. Adressen von größeren Fuhrunternehmern.	Jahresquantum der Haupt-Verkaufshölzer nach Holzarten und Sortimenten (unter Abrechnung des Lokalbedarfs.)

617. Königl. Oberförsterei Schermke,

892 ha. — hügelig, sehr parz. durch zwischenlieg. Asseb. Forst. Ei. 0,5 Bu. 0,4 Bi. } 0,1 Na. }	Innerhalb der Forstorte meist Erdwege, von denen die Hauptwege immer mehr chaussirt werden. Im Forstort Saures Holz gute Chausseen; außerhalb der Forstorte gute Chausseen. — Fuhrleute: Quenstedt, Hirt, Krüger in Oschersleben.	Schbz. Altbrandsleben 140 fm Ei.-, 35 fm Bi.-, 160 fm Na.-Stammholz. „ Königsberg 200 fm Ei.-, 85 fm Bu.-, 130 fm Bi.-Stmh. „ Beckendorf 65 „ „ 65 „ „ Stammholz.

618. Königl. Oberförsterei Dingelstedt,

1664 ha. — hügelig, Derenb. 3 Parzellen; sonst zieml. zushg. aber sehr zerrissen, ca. 12 km lang. Bu. 0,6 Ei. 0,3 Fi. } 0,1 Ki. }	Wegenetz ausgebaut. Hauptrevier der Länge nach von chaussirtem Wege durchzogen, auf kürzeren Strecken gehärtete Wege, 2 Chss durchschneiden das Revier quer. — Fuhrleute in Derenburg, Sargstedt, Dingelstedt, Badersleben, Anderbeck, Huy-Neinstedt.	Schbz. Derenburg 200 fm Ei.-Stammh. 200 Ctr. Ei.-Lohe. „ Sargstedt 90 „ „ „ 200 fm Bu.-Stmh. „ Ziegenkopf 50 „ „ „ 200 „ „ „ „ Dingelstedt 200 „ „ „ 350 „ „ „ „ Huy-Neinstedt 80 „ „ „ 150 „ „ „

619. Königl. Oberförsterei Heteborn,

1410 ha. — ziemlich eben und arrond.	Fuhrleute in Cochstedt und in Heteborn (Gastw. Brennecke).	Schbz. Cochstedt 600 fm Ei.-Stammh. 400 rm Ei.-Brennh. 2 bis 300 fm Ei.-Grubenh. „ Heteborn 400 fm Ei.-Stammh. 300 rm Ei.-Brennh. 1 bis 200 fm Ei.-Grubh. „ Hakeborn 700 fm Ei.-Stammh. 400 rm Ei.-Brennh. 100 fm Ei.-Grubh. „ Egeln 300 fm Ei.-, Bu.-, Esch.-, Rüst-Stamm- u. Brennh.

620. Königl. Oberförsterei Thale,

4133 ha. — Gebirgsrev. zusammenh. (7 km entf. Westerhaus.) Bu. 0,5 Ei. 0,2 Fi. 0,2 A. L. 0,1	Inneres Revier allenthalben in den hauptsächl. Abfuhrrichtungen durch chaussirte Wege gut aufgeschlossen, auch die wichtigen Nebenwege sind befestigt. Außerhalb gute Chausseen. — Fuhrunternehmer: Reckleben in Thale, Pfeiffer in Friedrichsbrunn, Hecht in Suderode.	Schbz. Lauenburg 150 fm Ei.-Stammh. 50 rm Ei.-Nutzscheit. „ Ramberg 150 „ Bu.- „ „ Friedrichsbrunn 400 fm Bu.- und Ei.-Stmh. 200 rm Bu.-Nutzscheit. „ Klobenberg 100 fm Bu.-, 100 fm Ei.-Stammh. 200 rm Bu.-Nutzscheit. „ Dambach 100 fm Bu.-, 100 fm Ei.-Stammh. „ Thale I 100 fm Bu.-Stammh.

621. Königl. Oberförsterei Elend,

4941 ha. — ziemlich eben. Hochplateau, ziemlich zush. Fi. 0,97 Erl. 0,03	Gute Provinzialchausseen stoßen an alle Schutzbezirke. Leidliche Forstchaussee von Elend n. Wietfeld u. von Elend n. Schierke-Torfhaus und Elend-Wernigerode. — Fuhrunternehmer: Just in Elbingerode, der Posthalter in Braunlage, Bauern in Königshof.	(see table below)

Schutzbezirk	Langholz Fi. (fm)	Stangen I.—III Cl. Fi.	Schichtnutzh. Fi. (rm)
Elbingerode	1500	5000 Stück	300
Königshof	2000	7000 „	400
Wietfeld	3000	10000 „	600
Rothehütte	3500	12000 „	700
Elend	3500	12000 „	700
Barenberg	1000	3000 „	200
Winterberg	500	1000 „	100

622. Königl. Oberförsterei Benneckenstein,

1571 ha. — Hochebene, hügelig, in 2 Parzellen. Fi. 1,0	Innerhalb viele und gute Chausseen und Erdwege. Im Schbz. Benneckenstein-O. Holzablage zum Verladen für Eisenbahn. — Fuhrunternehmer in Benneckenstein, Hohegeis, Sachswerfen, Ellrich, Nordhausen.	(see table below)

Schutzbezirk	Stmh. Fi.	Schntzh. Fi.	Derbhst. Fi.	Brennh. Na.
Benneckenstein O.	1850 fm	855 rm	9290 St.	1005 rm
„ W.	1110 „	1130 „	1000 „	810 „
Sorge	1490 „	1450 „	5660 „	690 „

623. Königl. Kloster-Oberförsterei Ilfeld,

1471 ha. — gebirgig. Bu. 0,56 Fi. 0,41 Ei. 0,03	Die Hauptwege meist chaussirt, die übrigen im Ausbau begriffen. Bei Holztransport auf der Harzquerbahn (schmalspurig) muß Holz, welches von Nordhausen weitergehen soll, dort umgeladen werden. — Fuhrleute: Fritz und Wilh. Bernsdorf in Niedersachswerfen.	Schbz. Ilfeld 2—300 fm Ei.-, 3—400 fm Bu.-, 1—200 fm Hbu.-, Ah.-, Bi.-, Erl.-Nutzh. 1000 rm Bu.-Brennscheit. „ Birkenmoor 50—100 fm Bu.-, 2—3000 fm Fi.-Nutzh. u. Stangen, 1000 rm Bu.-Brennsch. 2—400 rm Fi.-Nutzsch. 4—800 rm Fi.-Brennh.

Oeffentliche Holzlicitationen finden statt in:	Unterkommen im Gasthofe f. Holzhändler, Forstassessoren u. Referendare in möglichster Nähe der Oberförsterei	Zustand des Oberförsterdienst-Gebäudes	Wo Kirche? Wo Schule? In welcher Zeit zu erreichen?	Wo Arzt, wo Apotheke, wo Amtsgericht?	Nebenämter des Revierverwalt. — Wenn ständiger Assistent vorhanden, wo wohnt derselbe?

Rgbz. Magdeburg. (Karte 42.)

In Oschersleben Restaur. Stadtpark.	In Oschersleben, sehr gut in Kniecke's Hotel u. im Hot. König v. Preuß. In Seehaus., Hotel zur gold. Sonne.	(Altes Dienstgeb. in Schermke, das seit längeren Jahren vom Fiskus an d. Domäne Schermke als Arbeiterkaserne verpachtet ist.) Aus- oder Neubau nicht in Aussicht, daher Miethswohn. in der Kreisstadt Oschersleben (13400 Einwohner).	Ev. u. kath. Kirche Realsch. in Oschersleben. Pass. Frühzug nach Halberstadt (35 Min.) woselbst Gymnas. und Realgymnasium.	4 Aerzte, 2 Apotheken, Amtsgericht in Oschersleben.	Forstamtsanw. Gutsvorsteher. — Wohnung für verheiratheten Assess. in Oschersleben erhältlich.

Rgbz. Magdeburg. (Karte 42.)

Derenburg, bei Sprögel. Dingelstedt im Rathskeller und bei Schmidt. Huysburg, im Revier gelegen. In Huy-Neinstedt bei Hary.	In Dingelstedt, Gasthof zum Rathskeller u. v. Schmidt.	Massives, 1 stöckiges ziemlich gutes Dienstgebäude (60 Jahre alt) mit desgl. Wirthschaftsgeb. am S.-W.-Rande des Dorfes Dingelstedt. Nächste größere Stadt Halberstadt, 42800 Einw., 1 Stunde Bahnfahrt.	Ev. Kirche u. Schule am Ort. Kath. Kirche u. Schule im Kloster Huysburg im Rev. gelegen (3/4 Std. zu Fuß). Gymnasium in Halberstadt, Bahnverbindung.	Arzt am Orte. Apotheke in Pabstorf (tägl. Bote) oder in Schwanebeck, 20 Minut. Bahnfahrt. Amtsger. in Oschersleben.	Verwalter der Kämmerei- u. der Hospitalforst in Derenburg, sowie 1 kl. Privatf. — Wohn. für verh. Assess. im Orte erhältlich.

Rgbz. Magdeburg. (Karte 42.)

In Heteborn, bei Brennecke.	In Heteborn bei Gastwirth Brennecke.	Wohnhaus 1870 an der Chss. am N.-Ausgange des Dorfes Heteborn (600 Ew.) massiv, geräumig, gut ausgebaut. — Halberstadt, 42800 Einw. Quedlinburg, 23300 Einw. Egeln 5800 Einw., je 15 km.	Ev. Kirche u. Pfarre im Ort; kath. Gottesdienst in Hedersleben. Gymn. und Realschule in Quedlinburg u. Halberstadt, je 15 km.	In Croppenstedt, 6,5 km. Amtsger. in Gröningen u. Egeln.	Oberaufsicht über 3 kleine mit dem Revier grenzend. Holzparzell. gegen Niederjagd das.

Rgbz. Magdeburg. (Karte 42.)

In Thale, Gasthof zum „Würfel."	In Thale, „Ritter Bodo" (gut), Würfel, Forsthaus, Forelle (bescheid.).	1850 erbautes Dienstgeb. am Markte des Dorfes Thale (9600 Einw.) Anbau 1900, dadurch ausreich., geräumig. Wirthschaftsr. gut u. reichlich. Nächste Stadt Quedlinburg (23300 Einwohner), Garnison, 10 km Bahnverbindung.	Ev. u. kath. Pfarre u. Kirche, Pädagag. u. höh. Töchterschule in Thale. Gymn. in Quedlinburg, 20 Minut. Bahnfahrt, Frühzug passend.	In Thale. Amtsger. in Quedlinbg.	Forstamtsanw. Gutsvorsteher. — Z. Zt. verh. Ass. hat in Thale Miethswohnung.

Rgbz. Hildesheim. (Karte 42.)

In Elend, Hotel St. Hubertus. In Königshof, bei Holzhausen.	In Elend Hotel St. Hubertus. In Königshof, (5-6 km) bei Holzhausen. In Rothehütte, bei Beltz.	Neues, gutes Dienstgeb., 600 m östlich vom Dorfe Elend a. d. Chaussee nach Rothehütte. Nächste gr. Stadt Wernigerode, 11500 Einw., 16 km Chauss. bezw. 1 Std. Bahnf. Elbingerode, 2900 Einw., 10 km Chaussee.	Evg. Kirche in Elbingerode 10 km; ca. 8 mal jährlich Gottesd. in Elend. Elementarschule (mäßig) im Orte. Gymnasium in Wernigerode und Ilfeld, 1 bezw. $1\frac{1}{2}$ Std. Bahnfahrt.	In Schierke, 4—5 km. Amtsger. in Wernigerode, 15 km.	Staatsauff. über 20 ha Elbinger. Stadtw. — Für verheir. Ass. kein Unterkommen in Elend, ev. sehr bescheiden in Königshof, 6 km.

Rgbz. Erfurt. (Karte 42.)

In Benneckenstein, im Rathskeller.	In Benneckenstein, Hotel Herzog „ Braunschw. „ Kronprinz, Rathskeller.	Altes, ger. Geb. mitten in der Stadt Benneckenstein, 3000 Einw. Neubau 1 km nördlich der Stadt am Revier und an Chaussee in Aussicht. Nordhausen 28500 Einw. $1\frac{3}{4}$ Std. Wernigerode, 11500 Einw., 2 Std. Bahnf.	Ev. Pfarre in Benneckenstein. Kathol. Kirche in Nordhaus. und Ellrich. Gymn. in Nordhausen, 30 km Bahnverbind.	In Benneckenstein. Amtsger. in Ellrich, 13 km.	Wohn. für verh. Ass. in Benneckenstein bei mäßigen Anspr. zu haben.

Rgbz. Erfurt. (Karte 42.)

In Ilfeld, Gasthof zur Tanne.	In Ilfeld, Gsth. z. Tanne „ „ Krone.	Altes Gebäude in der Kreisst. Ilfeld, 1500 Einw. Nächste größere Stadt Nordhausen, 28500 Einw., 35 Min. Bahnf.	Ev. Kirche u. Pfarre. Gymn. mit Untertertia (aufw. steigend) beginnend, mit Alumnat in Ilfeld.	In Ilfeld.	1376 ha Genossenschafts- pp. Wald, in 36 Parzellen.

Sitz der Oberförsterei nebst Poststation	Entfernung des Oberförstereisitzes von der nächsten Eisenbahnstation bezw. Haltestelle. Post= und regelmäßige Reiseverbindungen auf Landwegen	Durchschnittliche Entfernungen und ungefähre Anfuhrkosten von den einzelnen Reviertheilen für Bahn= bezw. Wassertransport und zwar				
		Schutz=bezirk	Entfernung bis Güterbahnhof	Anfuhr=kosten pro fm M.	Entfernung bis Wasserablage	Anfuhr=kosten pro fm M.
617. Königl. Oberförsterei Schermke, Rgbz. Magdeburg. (Karte 42.)						
Oschersleben, Halberstädter=str. 115, Post, Kreis Oschers=leben.	Oschersleben ist Station der Magdeburg=Thalenser u. Oschers=leben=Braunschweiger Bahn, desgl. Endpunkt der Oschers=leben=Schöninger Bahn.	Alt=Brands=leben (Saur. Holz)	6km Chss. b. Oschersl. / 5 „ „ „ Seehaus.	3,50 bis 5,00		
		(Klausberg)	5 km Erdweg bis Oschersleben			
		Königs=berg	5 km Chss. 1 km Erdw. bis Oschersleben	4—5		
		Beckendf.	9 km Chss. b. Oschersl.	5—6		
618. Königl. Oberförsterei Dingelstedt, Rgbz. Magdeburg. (Karte 42.)						
Dingelstedt, Post, Kreis Oschers=leben.	Bahnstation, Post u. Telegraph am Orte.	Derenburg	3-4km Chss. b. Langenst.	3—4		
		Sargstedt	3 km Erd= u. bef. Weg b. Dingelstedt	3—4		
			6-7 km meist Chss. bis Halberstadt	4—5		
		Ziegen=kopf	3 km meist Chss. bis Dingelst. oder Eilenst.	3—4		
		Dingel=stedt	2 km meist bef. Weg bis Dingelstedt	3—4		
		Huy=Nein=stedt	3-4 km mst. bef. Weg u. Chss. bis Anderbeck oder Badersleben	3—4		
619. Königl. Oberförsterei Heteborn, Rgbz. Magdeburg. (Karte 42.)						
Heteborn, Post, Kreis Oschers=leben.	6,5 km Chss. nach Bhf. Hedersleben (ohne regelmäßige Fahr=gelegenheit zwischen Heteborn und Hedersleben).	Cochstedt	2—4 km bef. Weg bis Cochstedt	2,00		
		Heteborn	5—7 km meist Chauss. bis Hedersleben	2,50		
		Hakeborn	wie vor	2,50		
		Egeln	2—2,5 km Chss. bis Egeln	1,00		
620. Königl. Oberförsterei Thale, Rgbz. Magdeburg. (Karte 42.)						
Thale a/Harz, Post, Kreis Aschers=leben.	1,5 km Chauss. bis Bhf. Thale. — 8 bezw. 9 km Chaussee nach Bhf. Suderode, bezw. Blankenburg; von letzterem täglich Post=verbindung nach Thale.	Neue=schenke	4 km Chss. b. Suderode	4,00		
		Lauenbg.	5 „ desgl.	4,50		
		Ramberg	7 km desgl.	5,00		
			10 „ Chss. b. Thale	6,00		
		Friedrichs=brunn Klobenbg.	11 „ desgl. und bis Suderode	6,00		
		Dambach	9 km Chss. bis Thale	6,00		
		Thale I	7 „ desgl.	5,00		
		„ II	4 „ „	4,00		
621. Königl. Oberförsterei Elend, Rgbz. Hildesheim. (Karte 42.)						
Elend, Post, Kreis Ilfeld.	0,4 km bis Station Elend der Nordhausen=Wernigeröder Eisen=bahn. — Abzweigung einer neuen Oberförsterei „Königshof" bevorstehend.	Elbinge=rode	2—4 km z. Th. Chss. bis Elbingerode u. Rothe=hütte	2-2,5		
		Rothe=hütte Königshof	2—5 km z. Th. Chss. bis Rothehütte und Königshof	2,0		
		Wietfeld	2—5 km z. Th. Chss. bis Elend oder Sorge	2,50		
		Elend	1—4 km bis Elend / 5 km bis Rothehütte	1,5-2		
		Barenberg Winter=berg	2—10 km bis Elend	2,5-3		
622. Königl. Oberförsterei Benneckenstein, Rgbz. Erfurt. (Karte 42.)						
Benneckenstein im Harz, Post, Kreis Grafschaft Hohenstein.	Benneckenstein ist Station der Harzquerbahn Nordhausen=Wer=nigerode, von beiden Städten je 30 km entfernt.	Bennecken=stein O.	5km b. Benneckenst.	2—2,5		
			15 km bis Ellrich	3—3,5		
		Bennecken=stein W.	2,5 „ b. Benneckenst.	1,5—2		
			16 km bis Ellrich	2,5—3		
		Sorge	5km b. Benneckenst.	1,5—2		
			3 km bis Sorge	1,3-1,5		
			17 km bis Ellrich	2,5—3		
623. Königl. Kloster-Oberförsterei Ilfeld, Rgbz. Hildesheim. (Karte 42.)						
Ilfeld a. Harz, Post und Kreis Ilfeld.	Ilfeld ist Station der Harzquer=bahn Nordhausen=Wernigerode.	Ilfeld	Stat. Netzkater u. Ilfeld dicht am Rev. 1—3 km.	0,8-1,2		
			Stat. Niedersachs=werfen 4—6 km.	1,5-2		
		Birken=moor	Stat. Eisf. Thal=mühle im Rev. 1-4 km	0,8-1,5		
			Station Netzkater 4—6 km.	1-1,5		

Karte 42

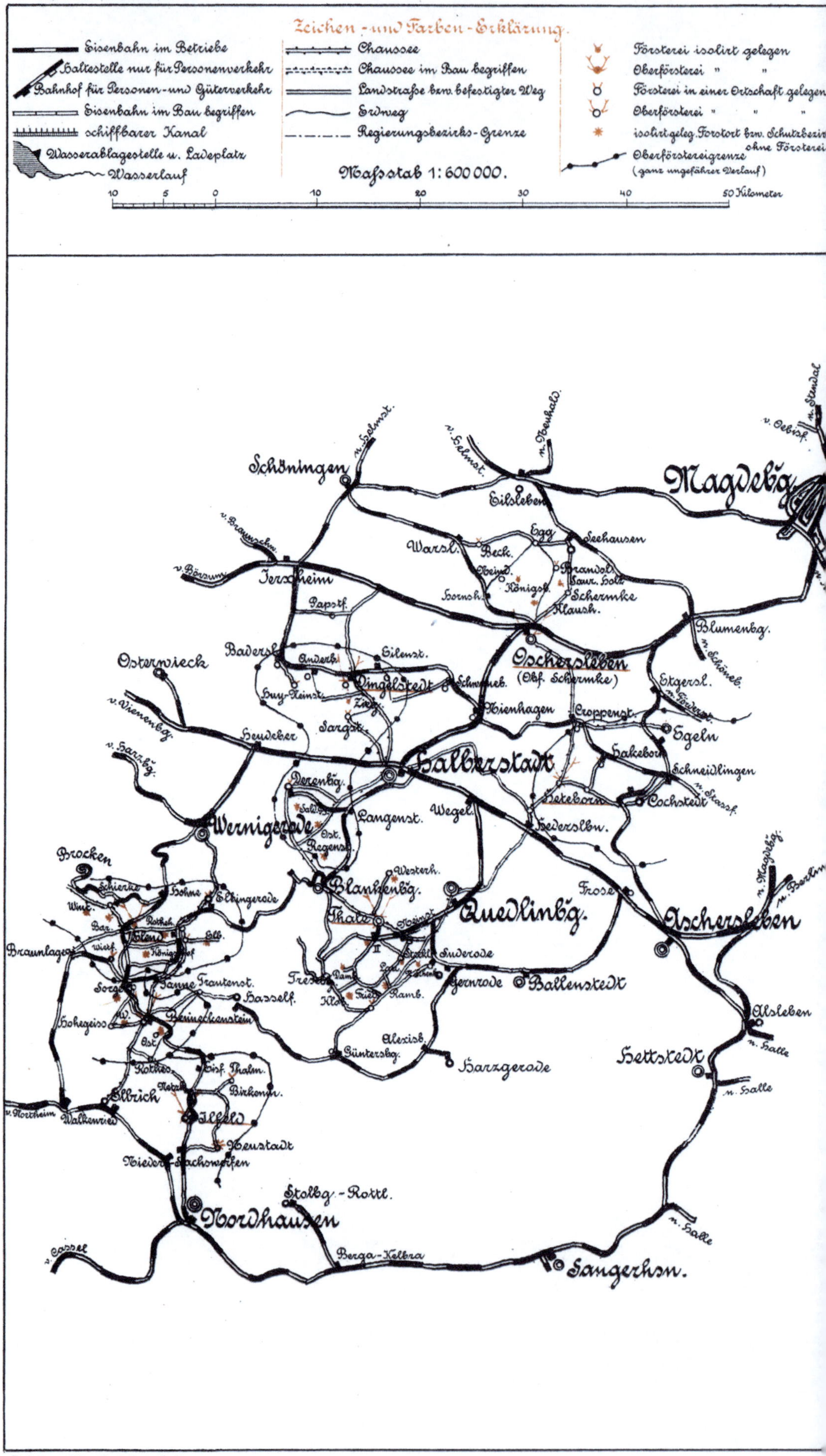

Verlag von Julius Springer in Berlin.

Karte 41

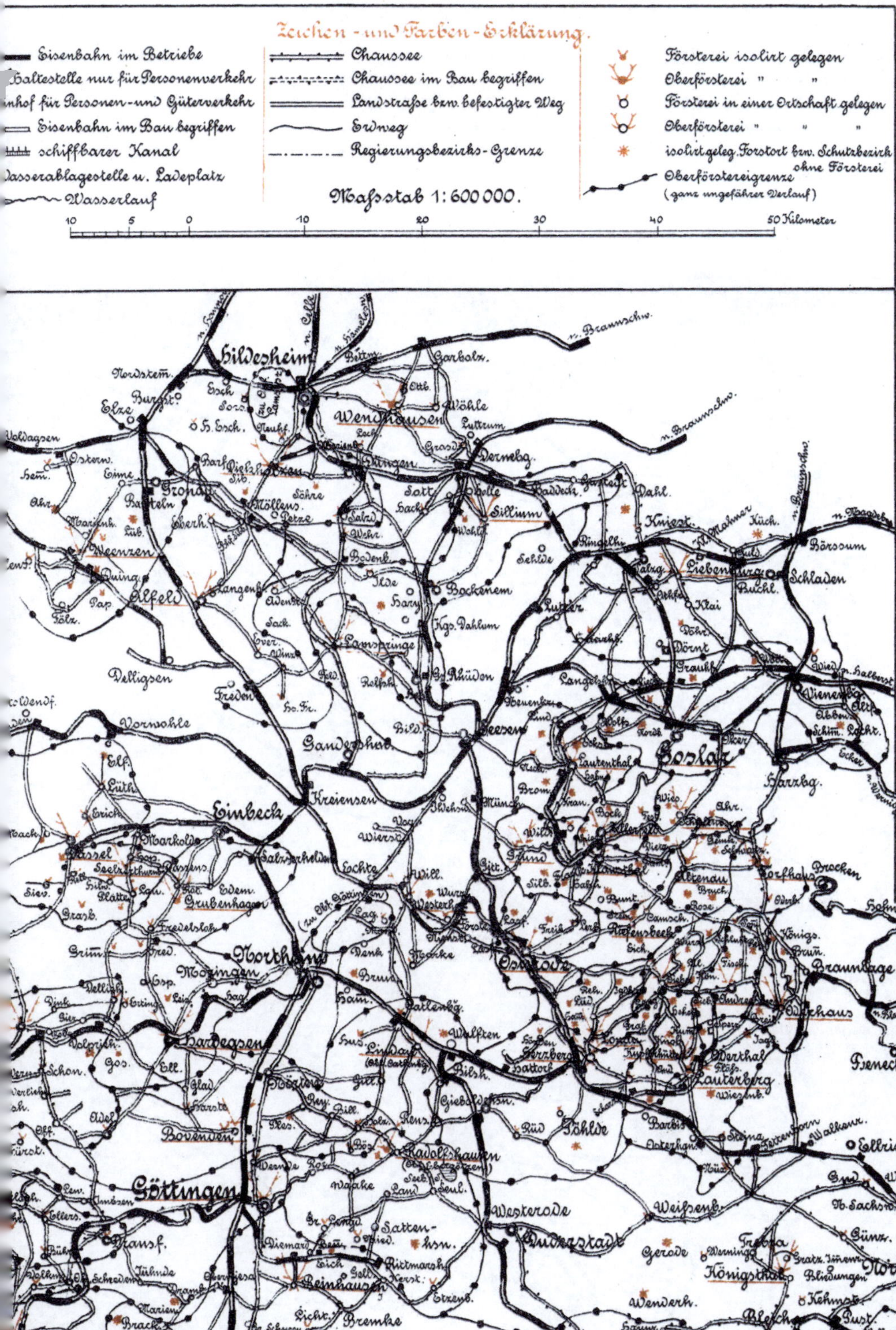

Druck d. geogr. lith. Anst. u. Steindr. v. C. L. Keller, Berlin

Müller, Forstl. Adressbuch.

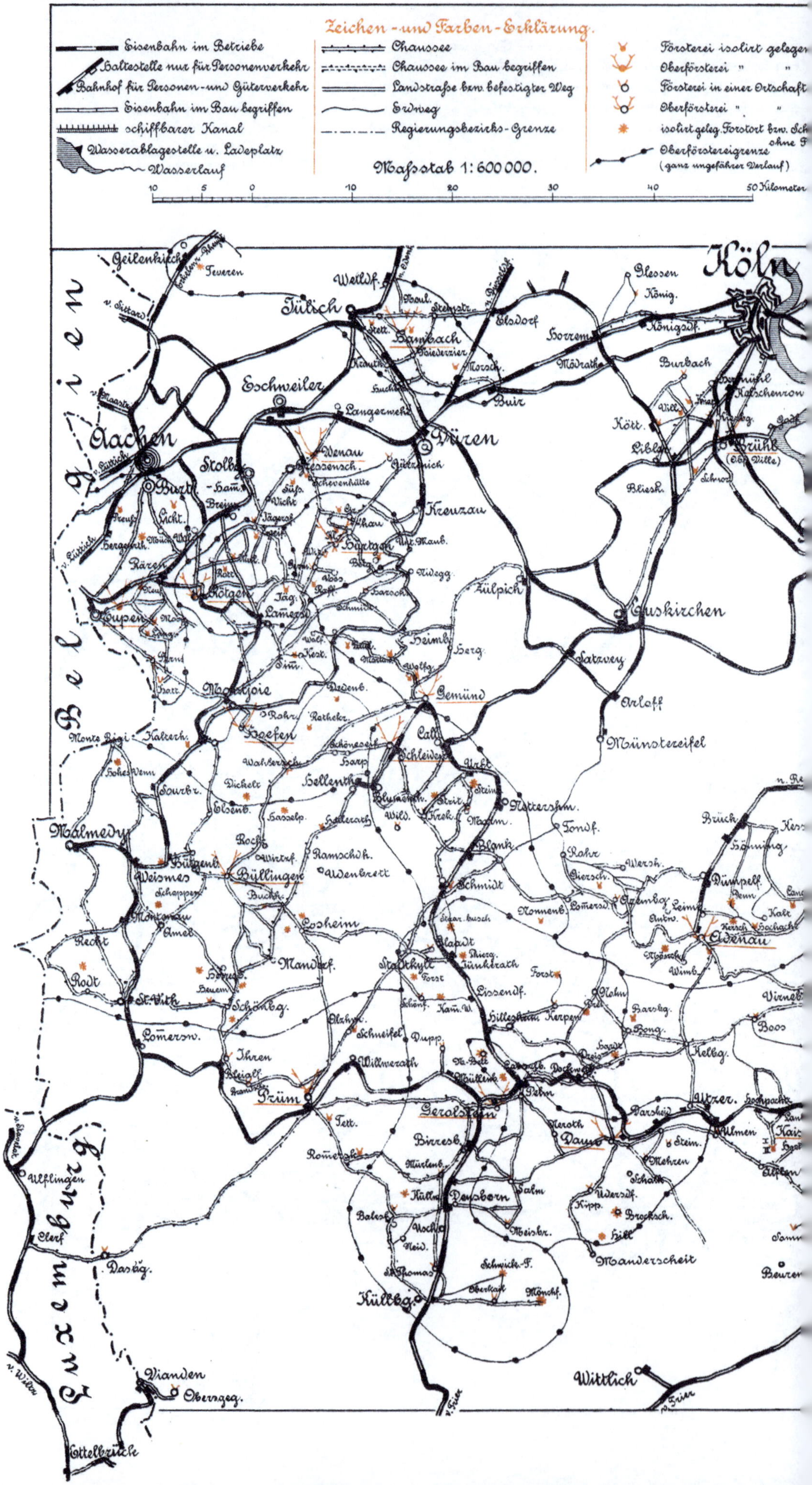

Karte 43

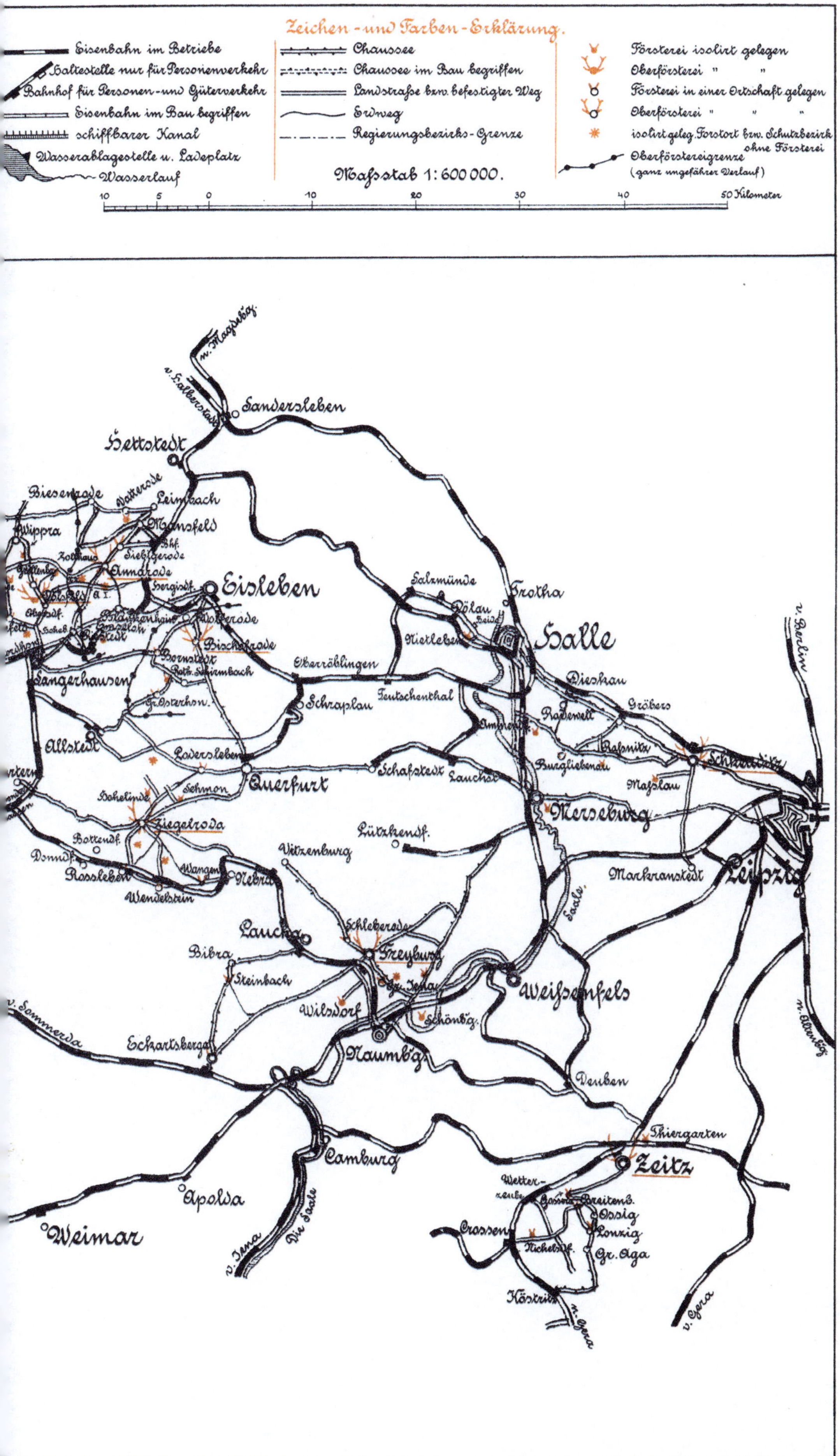

Druck d. geogr. lith. Anst. u. Steindr. v. C. L. Keller, Berlin

Sitz der Oberförsterei nebst Poststation	Entfernung des Oberförstereisitzes von der nächsten Eisenbahnstation bezw. Haltestelle. Post- und regelmäßige Reiseverbindungen auf Landwegen.	Durchschnittliche Entfernungen und ungefähre Anfuhrkosten von den einzelnen Reviertheilen für Bahn- bezw. Wassertransport, und zwar				
		Schutzbezirk	Entfernung bis Güterbahnhof	Anfuhrkosten pro fm M.	Entfernung bis Wasserablage	Anfuhrkosten pro fm M.
624. Königl. Stifts-Oberförsterei Büren, Rgbz. Minden. (Karte 45.)						
Büren in Westfalen, Post und Kreis Büren.	1 km Chaussee bis Bhf. Büren.	Hegensdf. (Stökerb. u. Fuchtenb.) (Molmsche)	5—10 km meist Chss. bis Büren 3 km (1/2 Chss.) bis Ringelstein			
		Harth Ringelstein	3 km Erdw. u. chauss. Weg b. Ringelstein	2—4		
		Siddinghausen	4 km desgl. und bis Siddinghausen			
		Steinhausen	5 km Erdw. u. chauss. Weg bis Büren			
625. Königl. Oberförsterei Pölsfeld, Rgbz. Merseburg. (Karte 43.)						
Fhs. **Pölsfeld,** Post Obersdorf, Kreis Sangerhausen.	7 km Chaussee bis Sangerhausen, 1mal täglich Personenpost über Obersdorf (bis Wippra) hin u. zurück; desgl. 1mal hin u. zurück Kariolpost (für 1—2 Personen).	Zollhaus Grillenbg. Wettelrode Lengefeld Wippra	9-12 km bis Sangerhausen	5,00		
626. Königl. Oberförsterei Annarode, Rgbz. Merseburg. (Karte 43.)						
Annarode, Post Siebigerode, Kreis Mansfeld.	7 km Chaussee bis Bahnhof Mansfeld (täglich 2mal Postbestellung). — 12 km Chaussee bis Sangerhausen oder Eisleben. Wagenfahrt von Annarode bis Bhf. Mansfeld 3/4 Std.; desgl. bis Sangerhausen oder Eisleben, 1 1/2 Stunden.	Emseloh	liegt am Bhf. Riestedt			
		Siebigerode Annarode I „ II	7,5 km Chss. b. Bhf. Mansfeld od. Riestedt; 6 km Ldw. bis Blankenheim	5,00		
		Wimmelrode	7 km Chaussee bis Mansfeld			
627. Königl. Oberförsterei Bischofrode, Rgbz. Merseburg. (Karte 43.)						
Bischofrode, Post Eisleben, Kreis Mansfelder See.	5 km Chaussee nach Bhf. Eisleben (täglich 2mal Landbriefträger).	Rothenschirmb. Bischofrode Bornstedt	8 km meist Chauss. bis Eisleben	6,00		
		Gr. Osterhausen	10 km mst. Chaussee bis Eisleben 10 km mst. Chauss. bis Querfurt	6,50		
628. Königl. Oberförsterei Schkeuditz, Rgbz. Merseburg. (Karte 43.)						
Schkeuditz, Post, Kreis Merseburg.	Schkeuditz ist Station der Strecke Halle-Leipzig. — Nach Leipzig 13 km, nach Halle 19 km, nach Merseburg 18 km Chaussee.	Schkeuditz	nahe b. Bhf. Schkeud.	4—5		
		Maßlau	5 km fest. Weg bis Schkeuditz	5—7		
		Burgliebenau	6 km desgl. b. Merseburg u. Ammendorf 8 km desgl. b. Gröbers	5—7		
		Raßnitz	6 km desgl. b. Gröbers	5—7		
		Dölau	6 km Chss. u. Klbhn. bis Nietleben u. Halle	2—3	6 km bis zur Saale (Halle)	2—3
629. Königl. Oberförsterei Ziegelroda, Rgbz. Merseburg. (Karte 43.)						
Ziegelroda, Post Roßleben, Kreis Querfurt.	6 km chaussirter Landweg nach Rossleben. — 12 km Chaussee nach Bahnhof Querfurt. — 12 km Chss. nach Bhf. Artern. Postverbind. nach einer dieser Stationen besteht nicht.	Wangen	8 km bef. Weg b. Rossleb.	4,00		
		Wendelst.	5 km desgl.	3,00		
		Roßleben	5 „ „	3,00		
		Schmon	11 „ „	4—5		
		Lodersleben	11 km mst. Chaussee bis Querfurt	4—5		
		Hohelinde	10 km bef. Weg b. Rossl.	4—5		
		Ziegelroda	6 km wie vor	4,00		
630. Königl. Oberförsterei Freyburg a/U., Rgbz. Merseburg. (Karte 43.)						
Schloß **Freyburg,** Post Freyburg a/Unstr. Kreis Querfurt.	0,5 km bis Station Freyburg a/U. der Linie Naumburg-Artern.	Schönburg	5 km gut. Wg. b. Naumb.			
		Gr. Jena	4 „ Chauss. „ „			
		Wilsdorf	3 „ „ „ „			
		Pödelist	5 „ mst. „ „ Freybg.	6—8		
		Schleberoda	3 „ „ „ „			
		Eckartsberga	4 „ „ „ Eckartsberga			
		Bibra	10 km wie vor			
631. Königl. Oberförsterei Zeitz, Rgbz. Merseburg. (Karte 43.)						
Zeitz, Post und Kreis Zeitz.	Bahnstation am Orte.	Lonzig Nickelsdorf Breitenbach	10 km Chaussee od. bef. Weg bis Zeitz	4,00		
		Gossera Thiergarten	6-8 km bis Wetterzeube	3-3,5		

Flächengröße u. Character d. Reviers. — Vertheilung der Hauptholzarten nach Zehnteln.	Beschaffenheit des Wegenetzes im Reviere und der sich daran schließenden Abfuhrstraßen, sowie der etwaigen Wassertransportwege. Adressen von größeren Fuhrunternehmern.	Jahresquantum der Haupt-Verkaufshölzer nach Holzarten und Sortimenten (unter Abrechnung des Lokalbedarfs).

624. Königl. Stifts-Oberförsterei Büren,

2695 ha. — gebirgig (250 bis 400 m), meist zush., nur einzelne klein. Parz.
Bu. 0,6
Fi. 0,4

Die Thalwege im Revier sind meist chauss.; das abgesteckte Wegenetz wird intensiv ausgebaut werden. An das Revier stoßen gute Kreischausseen — Fuhrunternehmer: Bauern in Büren, Harth, Siddinghausen.

Schutzbezirk	Langnutzholz u. Rollholz Bu.	Langh., Stg. und Schleifh. Fi.	Erl. (fm)
Hegensdorf	900 fm	400 fm	
Harth	400 „	400 „	30
Ringelstein	300 „	400 „	30
Siddinghausen	300 „	400 „	30
Steinhausen	100 „		

625. Königl. Oberförsterei Pölsfeld,

2666 ha. — hügelig, zusammenhg. bis auf kl. Parz. (Ei.-Schälw.) bei Sangerhsn.
Bu. 0,6
Ei. 0,3
Fi. 0,1

Der von O. nach W. langgestreckte Haupt-Complex wird quer durchschnitten von der Kreischaussee Sangerhausen-Wippra; von O. nach W. in ganzer Länge von der chaussirten Kohlenstr. Von dieser ein chaussirter Weg über Wettelrode nach Sangerhausen. Wegenetz größtentheils im Planum ausgeb. Viele Strecken chaussirt. — Fuhrleute in Lengefeld, Wettelrode, Obersdorf, Eisleben, Blankenheim.

Ganzes Revier {
1200 fm Ei.-Stammh. 10 rm Ei.-Nutzh. 30 fm Wbu.
1800 „ Bu.- „ 1500 „ Bu.-Scheit. 50 „ Bi., Erl., Asp.
50 „ Fi.- „ 3000 St. Fi.-Derbholzstangen

626. Königl. Oberförsterei Annarode,

1738 ha. — eb. u. gebirg. Hauptrev. u. 2 Parzellen.
Ei. 0,6
Bu. 0,2
Wh. 0,1
Fi. 0,1

Die wichtigsten Holzabfuhrwege sind als Stein- oder Schlackenbahn ausgebaut. — Fuhrunternehmer: Siebenhüner u. Arndt in Pölsfeld, Bürger in Obersdorf bei Sangerhausen.

Schbz. Siebigerode 310 fm Ei.-, 160 fm Bu.-, 20 fm Bi.-Stmh.
„ Annarode I 310 „ „ 150 „ „ 30 „ „ „
„ Emseloh 35 „ „ 170 „ „ Stammh.
„ Annarode II 220 „ „ 130 „ „ „
„ Wimmelrode 140 „ „ 55 „ „ „

627. Königl. Oberförsterei Bischofrode,

1423 ha. — eben u. hügelig, parz.
Ei. 0,8
Bu. 0,1
Fi. 0,1

Innerhalb der Forstorte vielfach Steinbahnen, sonst Lehmwege; außerhalb viele und gute Chausseen. — Fuhrunternehmer in Eisleben und Obersdorf.

Schutzbezirk	Nutzholz (fm) Ei.	Bu.	Asp. Bi.	Fi.
Gr. Osterhausen	500	10	25	
Rothenschirmbach	400	80	25	
Bischofrode	200	40	50	60
Bornstedt	350	100	90	40

628. Königl. Oberförsterei Schkeuditz,

1787 ha. — Mittelwald, ganz eben. Dölau hüg.; sehr parzell.
Ki. 0,42
Ei. 0,34
Esch. Rü. Hb. 0,19
Wh. 0,05

In den Auerevieren Abfuhr wegen des strengen Bodens sehr schwierig, außerhalb schließen überall feste Straßen an. An der Besserung der Holzabfuhrwege wird eifrig gearbeitet. — Fuhrunternehmer: Winkler in Schkeuditz.

Schbz. Schkeuditz, „ Maßlau, „ Burgliebenau, „ Raßnitz, „ Radewell } 1100 fm stark. Ei.- (1—2 m Mittendurchmesser) Stammh.
900 „ Rü.-, Esch.- u. Hbu.-Stammh.
100 „ Papp.-, Lind.- u. Erl.- „
300 „ Brennholz.
„ Merseburg liefert außer Reisig nur Rü.- und Esch.-Stg.
„ Dölau 1800 fm Ki.

629. Königl. Oberförsterei Ziegelroda.

3554 ha. — meist eben, theilweise etwas coup., arrondirt.
Ei. 0,5
Bu. 0,4
Ki. } 0,1
Fi. }

Wegenetz meist ausgebaut. Die das Revier durchschneidenden öffentlichen Wege und die Hauptabfuhrwege sind zum gr. Theil chauss. Weitere Befestigung dieser Wege wird denkbarst gefördert. Abfuhrstraßen außerhalb sind meist chaussirt. — Fuhrleute: H. Müller in Nebra, Ilgen in Roßleben, Trautmann und Lange in Bottendorf, Kolbe in Lodersleben, Hesse in Wiehe bei Roßleben.

Schutzbezirk	Stammholz (fm) Ei.	Bu.	Bi.	Wb.	Nutzscheite (rm) Ei.	Bu.	Wb.	Erl.	Li.	Ki.
Wangen	110	300		70		300	60			
Wendelstein	70	200				60				
Roßleben	400	500	40		60	350				
Ziegelroda	300	110		10	20					
Schmon	250	80	20	10	500	190	30	25	150	1000
Lodersleben	900		20	10	150		10	30		
Hohelinde	480	100			80			25	10	

630. Königl. Oberförsterei Freyburg a. U.,

1741 ha. — z. Th. eben, z. Th. Hanglage, sehr parzellirt.
Ei. 0,7
Bu. } 0,2
Hbu. }
Na. 0,1

Ausgebautes Wegenetz im Revier schließt sich an gute Chausseen an. — Fuhrunternehmer aus Freyburg, Nauenburg, Eckartsberga, meistens auf Holzverk. in Freyburg und Eckartsberga anwesend.

Schbz. Schönburg 70 fm Ei.-Stammh.
„ Gr. Jena 60 „ „ „
„ Wilsdorf 150 „ „ „
„ Pödelist 350 „ „ „ 150 fm Hbu.-Stammh. 5 fm Ah.-Stammh.
„ Schleberode 400 fm Ei.-Stammh. 300 fm Hbu.-Stammh. 5 fm Ah.-Stammh.
„ Eckartsberga 500 fm Ei.-Stammh. 300 fm Rothb.-Stmh.
„ Bibra 150 fm Ei.-Stammh.

631. Königl. Oberförsterei Zeitz,

2048 ha. — Hochebene mit vorlieg. Parzell. auf Hügeln.
Fi. 0,8
Ki. 0,1
Ei. 0,1

Innerhalb des Waldes überall in der Nähe der Schläge bef. Wege, außerhalb nach Zeitz Chaussee oder bef. Wege. Nach Wetterzeube gebess. Erdwege auf etwa 2 km. — Fuhrunternehmer: Blau in Goßera, Kutzschbauch zu Zeitz, und Blau zu Breitenbach.

Schbz. Lonzig, „ Nickelsdorf, „ Breitenbach, „ Goßera, „ Thiergarten } 3500 fm Fi.-Stammh. mit einzeln. Ki. und Ta. in ungef. 2700 Stä. 12000 Fi. Derbstangen.

Oeffentliche Holzlicitationen finden statt in:	Unterkommen im Gasthofe f. Holzhändler, Forst-Assessoren u. Referendare in möglichster Nähe der Oberförsterei	Zustand des Oberförster-Dienstgebäudes	Wo Kirche? Wo Schule? In welcher Zeit zu erreichen?	Wo Arzt, wo Apotheke, wo Amtsgericht?	Nebenämter des Revierverwalt. — Wenn ständiger Assistent vorhanden, wo wohnt derselbe?
Rgbz. Minden. (Karte 45.)					
In Ringelstein, bei Atorff. In Büren, bei Akfeld.	Gasth. Adam Atorff in Ringelstein, Kreis Büren; Hotel Akfeld in Büren.	Altes großes Wohnhaus in der Kreisstadt Büren, 2600 Einwohn., unter einem Dach mit der Rentmeisterei, aber Alles getrennt. Wirthschaftsgebäude ausreich, Angenehme Lage, groß. Garten. — Paderborn, 23500 Einw., Kreisstadt, Garnis. 1 Stde. Bahnf.	Ev. u. kath. Kirchen und Schulen (auch Rectoratschule) in Büren. Gymnas. in Paderborn.	In Büren 3 Aerzte, 1 Apoth. und Amtsgericht.	Forstamtsanw.
Rgbz. Merseburg. (Karte 43.)					
In Sangerhausen, Georgenbrauerei. In Obersdorf, Gasth. zur Hohenlinde.	In Obersdf., Gsth. z. Hohenlinde, Gasth. z. Post. In Grillenberg, bei Michael und Messerschmidt.	Schönes 1883 erbaut. Dienstgebäude an der Chaussee zw. Obersdorf, (600 Einw.) u. Grillenberg (400 Einw.) je 1 km entf. Wirthschaftsgeb. auch zieml. neu, nur für kleinen Betrieb. Nächste Stadt Sangerhausen, 12000 Einw., Kreisstadt, Bez.-Commando, 7 km.	Ev. Kirche u. Dorfschule, Pfarre in Obersdorf. Lateinlose Realschule mit Gymnasialklassen b. incl. Obertertia in Sangerhaus., 7 km.	In Sangerhausen 7 km.	Staatsauff. über Sangerh. Stadtf. Forstamtsanw. — Wohn. für verh. Aff. nicht zu hab.
Rgbz. Merseburg. (Karte 43.)					
In Annarode, bei Gastw. Frellstedt.	In Annarode, bei Gastw. Frellstedt, (bei besch. Ansprüchen).	Gutes Dienstgeb. am Dorf Annarode, gute geräumige Wirthschaftsgeb. Nächste Stadt Mansfeld, 2700 Einw., Kreisstadt, 6 km.	Ev. Kirche u. Pfarre am Ort. Gymnasium in Eisleben.	In Mansfeld 6 km.	Stellvertretender Amtsvorsteher.
Rgbz. Merseburg. (Karte 43.)					
In Bischofrode, Gasth. Bocke od. Gasth. Eisengräber.	In Bischofrode bei Gstw. Bocke oder bei Eisengräber.	Alte Dienstwohn. beschränkt. In der Ortschaft Bischofrode (500 Einw.), 5 km von Eisleben (23900 Einw.). Erdweg von der Chaussee zur Oberförsterei.	Ev. Kirche (Filial) u. Schule im Orte, Gymnasium in Eisleben 5 km.	In Eisleben, 5 km, Chss.	Wohn. für verh. Aff. in Eisleben, 5 km, erhältlich.
Rgbz. Merseburg. (Karte 43.)					
In den Auerevieren finden alle Auctionen im Walde statt. Für Schbz. Dölau in Leistners Waldhaus (Bhf. Heide) bei Dölau.	In Schkeuditz, Hotel zur Sonne, Waldkater bei Schkeuditz, 0,5 km (für Forstreferend.)	Neues Gebäude im Villenstil am S-Ende d. Stadt Schkeuditz unmittelbar a. d. Elster in sehr geschützter Lage; 1,7 km vom Bahnhof. — Nach Leipzig (455000 Einw.), täglich 20 Züge.	Ev. Kirche, 2 Pfarrer, kath. Gottesd., Privatschule mit Vorbereitung bis Tertia, höhere Töchterschule in Schkeuditz. Die Leipziger Schulen in 20 Min. mit pass. Frühzuge zu erreich.	3 Aerzte, Apotheke u. Amtsger. in Schkeuditz.	Gutsvorsteher. Amtsanwalt.
Rgbz. Merseburg. (Karte 43.)					
In Ziegelroda, bei Herbst.	Bei nicht zu hohen Anspr. in Ziegelroda, bei Herbst und Damköhler, sonst im Thüringer Hof in Roßleben, 6 km.	Massives Dienstgeb. aus den 70 er u. 80 er Jahren am östl. Ausgang des Dorfes Ziegelroda (600 Einw.) unmittelb. an der Chaussee Artern resp. Roßleben-Querfurt. Nächste Stadt Querfurt, 11 km, 5000 Einw., Kreisstadt.	Kirche u. Dorfschule in Ziegelroda. In Roßleben, 6 km, 1 ev. Privat-Klosterschule und zwar Gymn. von Quarta aufw., jedoch Alumn. (ev.). In Donndf. 9 km, ev. Alumnat d. v. Werthern'schen Fam. (bis Quarta).	In Roßleben, 6 km. Amtsgericht in Querfurt.	Auff. über 3 Gemeindewaldung. Amtsvorsteher. Forstamtsanw. Wohn. für verh. Aff. bei bescheid. Anspr. in Ziegelroda erhältlich.
Rgbz. Merseburg. (Karte 43.)					
In Freyburg, Turnvater Jahnhaus. In Eckartsberga, Hotel zur Rose.	In Naumburg. In Freyburg a/U. Hotel Neidel, Weintraube u. Turnvater Jahnhaus.	Sehr schönes altes Schloß, 120 m hoch über der Stadt Freyburg 3300 Einw. am Rande eines Plateaus geleg. Wirthschaftsräume beschränkt. Wegeverbindung zur Stadt unbequem, steil. — Naumburg 23100 Einw. Oberlandesger., Garnison, 17 Min. Bahnf.	Ev. Kirche u. Volksschule in Freyburg. Kathol. Kirche und Gymn. in Naumbg., 7 km Bahnverbind. Frühzug passend.	In Freyburg a/U.	Gutsvorsteher.
Rgbz. Merseburg. (Karte 43.)					
In Zeitz, in Albrechts Hotel am Bahnhof.	In Zeitz, Albrechts Hotel. Bei mäß. Ansprüch. in jedem Dorfe am Rev. Unterkommen.	Geräumiges Dienstgeb. mit schönen ger. Zimmern aus dem Jahre 1880, in der Nähe des Bahnhofs. — Zeitz ist Kreisstadt mit 27300 Einw.	Kirchen u. Schulen jeder Art in Zeitz.	In Zeitz.	Amts- u. Gutsvorsteher. Unterkommen für verheiratheten Assess. in der Stadt zu haben.

Flächengröße u. Character des Revieres. Vertheilung der Hauptholzarten n. Zehnteln.	Beschaffenheit des Wegenetzes im Reviere und der sich daran schließenden Abfuhrstr., sowie der etwaigen Wassertransportwege. Adressen von größeren Fuhrunternehmern.	Jahresquantum der Haupt-Verkaufshölzer nach Holzarten und Sortimenten (unter Abrechnung des Lokalbedarfs).

632. Königl. Oberförsterei Ville,

3405 ha. — eben, in 2 Complexen. Ei. 0,34 Bu. 0,32 Fi. 0,20 Ki. 0,14

Im Revier mehrere gute Chausseen u. bef. Landwege, sonst Erdwege. Fisk. Ladestelle bei Station Liblar. — Fuhrunternehmer: Schiefer in Knapsack, Jäntzen in Bliesheim, Schall in Heide, Trimborn in Gr. Königsdorf.

Ganzes Revier: 2000 fm Ei.-Stamm-Schwellen u. -Grubenh.; 1500 „ Bu.- „ „ „; 500 „ Ki.-Grubenh.

633. Königl. Oberförsterei Hambach,

2085 ha. — eben. Ankaufsfl. Teveren 35 km entfernt. Morschenich parzellirt.

Zahlreiche chauss. Wege durchz. das Rev. u. haben Anschluß an feste gute Provinzialstr. (Düren-Jülich, Jülich-Steinstraß-Elsdorf, Krauthaus.-Niederstier-Steinstraß, Stetternich-Hambach-Niederzier). — Fuhrleute in Jülich und Hambach.

Schbz. Hambach u. Steinstraß 600 fm Ei.-Stammh.
„ Stetternich 450 fm Ei.-Stammh. 650 fm Bu.-Stammh.
„ Morschenich 150 „ „ „ 250 „ „ „
Ganzes Revier 150 rm Ei.-, 100 rm Bu.-Grubh. 120 rm Bi.Schippenstiele.

634. Königl. Oberförsterei Wenau,

2924 ha. — Ei. 0,40 Bu. 0,25 Fi. 0,20 Ki. 0,15

Im Revier 50 km Chaussee, ebenso sind die übrigen Wege meist gut fahrbar. — Fuhrleute Stiehl u. Werby in Schevenhütte, Forne in Heistern, Hergarten in Gürzenich.

Schbz. Jägersfahrt 300 fm Ei. 200 fm Bu. 60 fm Ki.
„ Süßendell 100 „ „ 300 „ „ 80 „ „
„ Schevenhütte 100 „ „ 100 „ „ 500 „ „
„ Gürzenich 500 „ „
„ Wenau 300 „ „ 20 „ „ 120 „ „

635. Königl. Oberförsterei Eupen,

4893 ha. — meist stark hügelig, im N. eben. Fi. 0,6 Ei. 0,3 Ki. Bu. } 0,1

Zahlreiche Hauptlinien chaussirt und gut, welche von den Schlägen schnell zu erreichen sind. Wegenetz im Anschluß daran im Bau. — Fuhrleute in Raeren und in Eupen.

Schbz. Hattlich 250 fm Fi.-Stamm- und Grubenh.
„ Ternell I 1100 „ „ „ „ „
„ „ II 600 „ „ „ „ „ 500 fm Ei.- u. Bu.-Stammholz.
„ Langesthal 300 fm Fi.-Stamm- u. Grubenh.
„ Mückenwinkel 150 fm Fi.-Stamm- und Grubenholz, 100 fm Ei.- und Bu.-Stammholz.
„ Mospert 200 fm Ki.-Stammh., 100 fm Ei.-Stammholz.
„ Neuforst 300 fm Fi.-u. Ki.-Stammh., 500 fm Ei.-Stammh.
„ Lichtenbusch 150 fm Ei.-Stammholz.
„ Preuß 100 fm Ei.-Stammholz.

636. Königl. Oberförsterei Roetgen,

3203 ha. — gebirgig, zusammenhgd. Fi. 0,6 Ei. 0,2 Bu. 0,2 Bi. Ki. La.

Benutzung der Erdwege nur auf kurze Strecken erforderl. Hauptwege meist mit guter Steindecke, Abfuhrrichtg. i. d. R. mit Gefälle. Anschl. Chausseen gut. — Fuhrunternehmer Läufer in Lammersdorf, Stollenwerk in Rollesbroich, Kremer, Pletz, Räcker in Roetgen, Bauern in Vicht und Breinig.

Schutzbezirk	Stammh. (fm) Ei.	Stammh. (fm) Bu.	Stammh. (fm) Fi.	Rollh. (rm) Bi.	Rollh. (rm) Bu.	Rollh. (rm) Ei.	Derbst. St. Ei.	Derbst. St. Fi.
Jägerhaus	60	500	1500	100				5000
Rott	200	400	700					6000
Zweifall	200	400	1000		100			2000
Mulartshütte	600	300	300	100	100	100	1000	2000

637. Königl. Oberförsterei Hürtgen,

4338 ha. — gebirgig, zusammenhgd. Fi. 0,5 Ki. 0,3 Ei. 0,1 Bu. 0,1

Innerh. 47 km gute Chauss. Wegenetz z. Th. ausgeb. Zur Aufschließ. von Raffelsbrand Chaussee im Bau. Trockenlegung der bruch. Schneisen in Germeter in Aussicht. Auf Bahnhof Düren keine geeigneten Lagerplätze. — Fuhrleute: Schmitz, Boßer, Brandenburg in Hürtgen. Thoma in Vossenack.

Schutzbezirk	Stammholz (fm) Ei.	Stammholz (fm) Bu.	Stammholz (fm) Fi.	Stammholz (fm) Ki.	Grubh. (fm) Ei.	Grubh. (fm) Fi.	Grubh. (fm) Ki.	Derbstangen Fi.
Raffelsbrand		200				400		
Germeter		50	500			700		5000
Vossenack							300	
Hürtgen	30	300	250		120	400		
Kleinhau	40	300	200			600	600	
Großhau	80			70	50		500	

638. Königl. Oberförsterei Gemünd,

3799 ha. — gebirgig.

Befestigte Hauptstraße durch das ganze Revier. Bahnhof Gemünd, in etlichen Jahren auch Heimbach und Nideggerbrück (im Bau). Fuhrleute: Sauerbier, Köth, Müller in Gemünd.

Schutzbezirk	Langholz (fm) Ei.	Langholz (fm) Bu.	Langholz (fm) Ki.	Langholz (fm) Fi.	Grubh. (fm) Ki.	Schichtntzh. (fm) Bu.	Lohr. (Ctr.) Ei.	Brh. (fm) Bu.
Wolfgarten I				200			1000	
„ II			600	50	600			200
Mariawald		400		200		100	450	2800
Paulushof		1000		100		850		3000
Harscheid	300						1300	

639. Königl. Oberförsterei Schleiden,

2325 ha. — gebirgig, sehr parzellirt. Bu. 0,50 Fi. 0,45 Ei. 0,05

Gute Abfuhrwege, z. Th. Chaussee. — Fuhrunternehmer in Nettersheim, Blankenheimerdorf, Schleiden, Schmidtheim.

Schbz. Nonnenbach 150 fm Ei.-, 300 fm Bu.-, 600 fm Na.-Stmh. 300 rm Bu.-Nutzscheit.
„ Stritterhof 150 fm Ei.-, 200 fm Bu.-, 500 fm Na.-Stmh. 50 rm Bu.-Nutzscheit.
„ Schmidtheim 400 fm Ei.-, 200 fm Bu.-, 1000 fm Na.-Stmh.
„ Steinfeld 50 fm Bu.-Stammh. 50 rm Bu.-Nutzscheit.
„ Wildenburg 50 fm Bu.-, 400 fm Na.-Stammholz.

Müller, Forstl. Adressbuch.

Verlag von Julius Springer in Berlin.

Karte 45

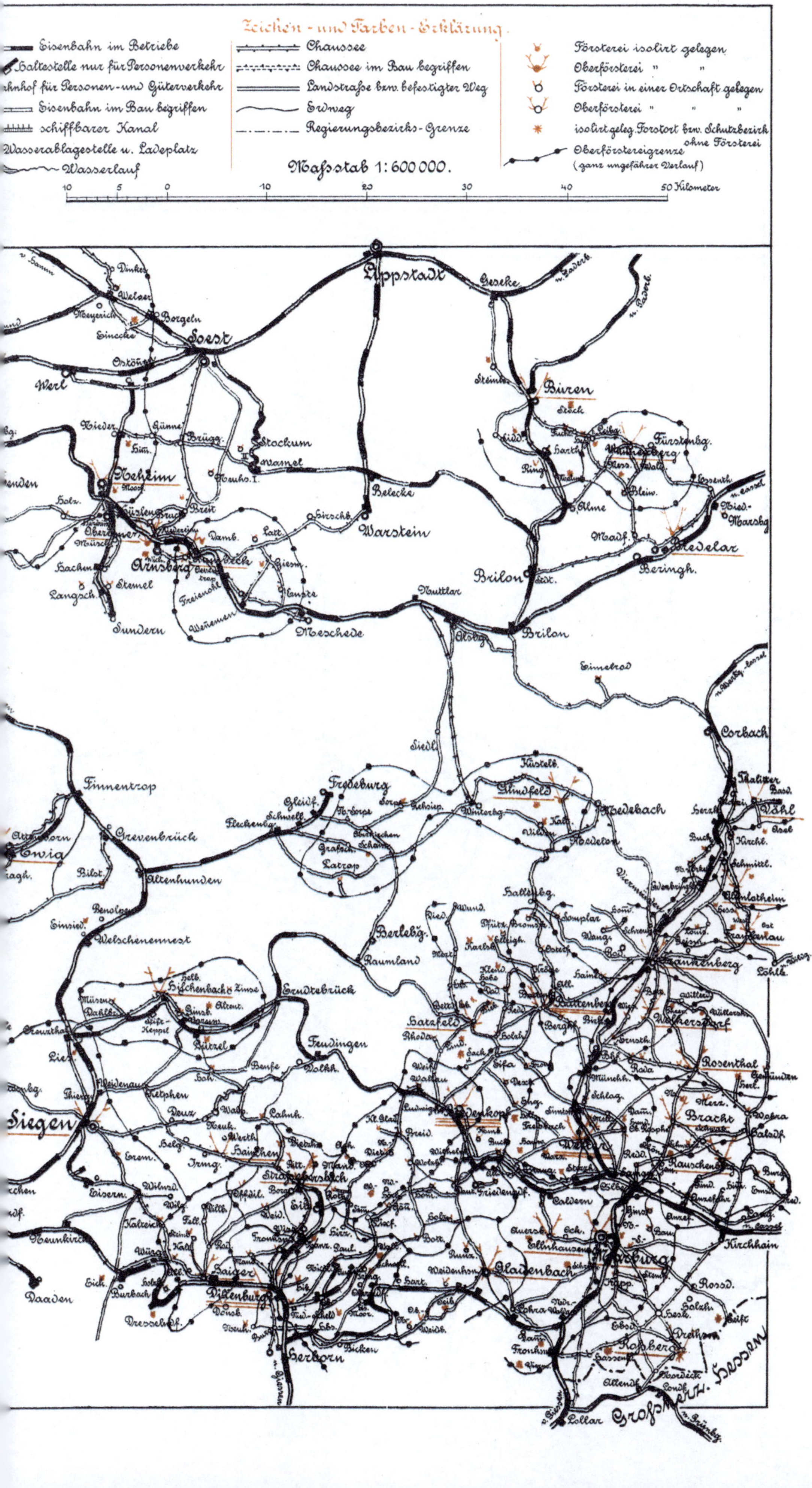

Zeichen- und Farben-Erklärung.
Eisenbahn im Betriebe
Haltestelle nur für Personenverkehr
Eisenbahn im Bau begriffen
schiffbarer Kanal
Wasserablagestelle u. Ladeplatz
Wasserlauf
Chaussee
Chaussee im Bau begriffen
Landstraße bzw. befestigter Weg
Erdweg
Regierungsbezirks-Grenze
Maßstab 1: 600000.
Försterei isolirt gelegen
Oberförsterei " "
Försterei in einer Ortschaft gelegen
Oberförsterei " " "
isolirt geleg. Forstort bzw. Schutzbezirk ohne Försterei
Oberförstereigrenze (ganz ungefährer Verlauf)
10
5
0
10
20
30
40
50 Kilometer
Lippstadt
Geseke
Soest
Werl
Büren
Neheim
Arnsberg
Warstein
Belecke
Brilon
Meschede
Sundern
Bredelar
Fürstenbg.
Corbach
Finnentrop
Grevenbrück
Altenhunden
Fredeburg
Glindfeld
Medebach
Berlebg.
Raumland
Hilchenbach
Erndtebrück
Feudingen
Siegen
Laasphe
Biedenkopf
Battenberg
Frankenberg
Rosenthal
Bracht
Wetter
Gladenbach
Marburg
Kirchhain
Dillenburg
Herborn
Haiger
Daaden
Lollar
Großherzgth. Hessen

Karte 48

Müller, Forstl. Adressbuch.

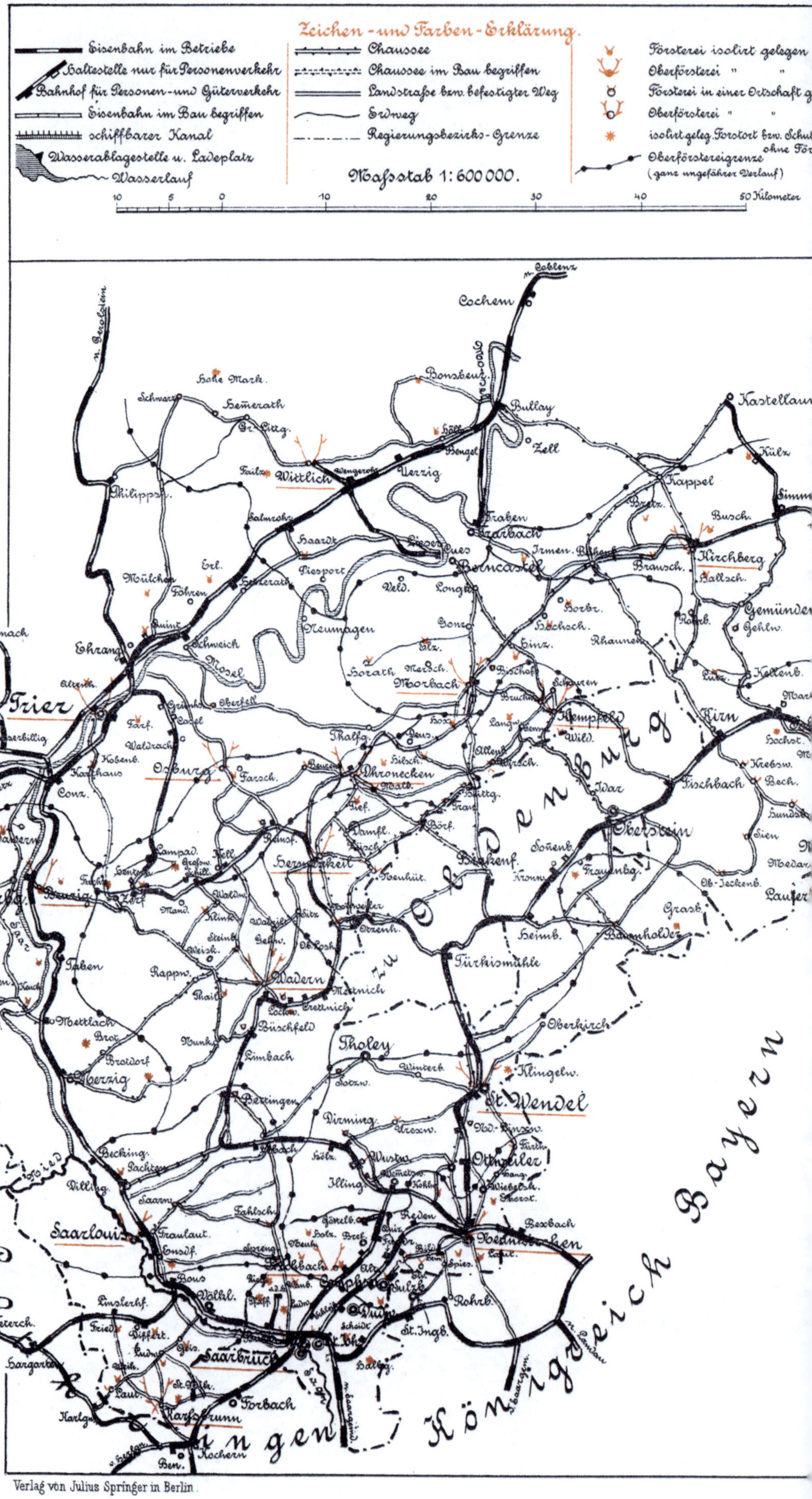

Verlag von Julius Springer in Berlin.

Karte 47

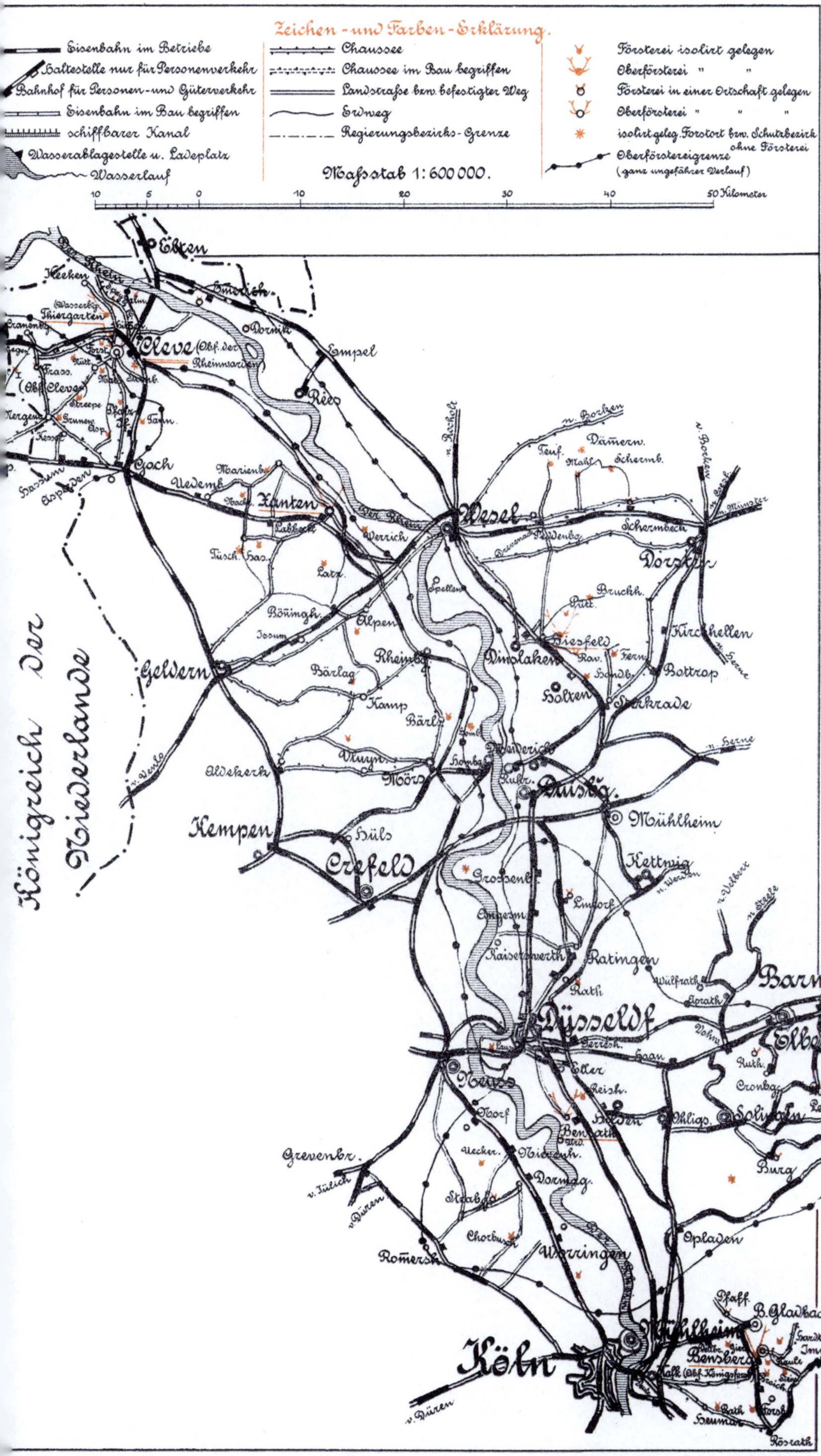

Druck d. geogr. lith. Anst. u. Steindr. v. C. L. Keller, Berlin

Oeffentliche Holzlicitationen finden statt in:	Unterkommen im Gasthofe f. Holzhändler, Forst-Assessoren u. Referendare in möglichster Nähe der Oberförsterei	Zustand des Oberförsterdienst-Gebäudes	Wo Kirche? Wo Schule? In welcher Zeit zu erreichen?	Wo Arzt, wo Apotheke, wo Amtsgericht?	Nebenämter des Revierverwalt. — Wenn ständiger Assistent vorhanden, wo wohnt derselbe?
Rgbz. Cöln. (Karte 44.)					
In Brühl, Gasth. zur Krone. In Gr. Königsdorf, Gasth. F. Dick.	In Brühl, Hot. Belvedere, Hotel Pavillon. Gasth. zur Krone.	Gutes Dienstgebäude in der Stadt Brühl, 6400 Einw. — Cöln, 372 200 Einw. in 18 Min. Bahnfahrt erreichbar.	Ev. u. kath. Kirche und Pfarre, sowie Gymn. und höhere Töchterschule (kath.) am Orte.	In Brühl. Amtsgericht in Cöln.	Staatsauff. über 3200 ha Gemeindewald. — Assist. z. Zt. vorh., auch verh. Assess. kann in Brühl wohnen, (theuer).
Rgbz. Aachen. (Karte 44.)					
In Hambach, bei Rankers. In Stetternich, bei Sauer. In Niederzier, bei Hoegen. In Steinstraß, bei Plum. In Morschenich, bei Nolden.	In Hambach bei ger. Anspr. bei Gastw. Rankers u. Schebben. In Jülich Hot. Dißmann.	Dienstgebäude (176 Jahre alt) im Dorf Hambach, 800 Ew. — Jülich, 5400 Einw., Kreisstadt, Bezirkscommando, 8 km.	Ev. Kirche u. Pfarre in Jülich, 8 km, kath. in Hambach. Progymnasium in Jülich. Gymn. in Düren.	In Jülich.	Verwalter von 2509 ha Gemeindewald in drei Kreisen.
Rgbz. Aachen. (Karte 44.)					
In Wenau, bei Hupperty. In Langerwehe, bei de Haan.	In Langerw., bei de Haan. In Wenau, b. Baiton u. Hupperty. In Schevenhütte, b. Wirty u. Roel.	1891 erb. Dienstgeb. direkt an der Chss. n. Langerwehe u. 10 Min. von der electr. Kleinbahn nach Eschweiler, 21900 Ew.	Kathol. Kirche in Schevenhütte und Wensch, ev. Kirche in Eschweiler, daselbst Gymnasium.	Arzt u. Apotheke in Langerwehe, 5 km, oder Eschweiler (30 Min. per electr. Bahn).	Staatsoberauff. über Gemeindewaldungen.
Rgbz. Aachen. (Karte 44.)					
In Eupen, bei Reinartz.	In Eupen, Hotel Pons u. Hotel Koch.	Gutes Dienstgeb. auf der Höhe, am Wege nach Rötgen 3 km östlich von der Kreisst. Eupen, 14300 Einw. (Fabrikstadt).	Ev. u. kath. Kirchen Progymnasium und Töchterschule in Eupen.	In Eupen.	Verh. Assess. kann in Eupen wohnen.
Rgbz. Aachen. (Karte 44.)					
In Rötgen, Hotel Lennartz.	In Rötgen, Hotel Lennartz, nahe der Oberf. Hot. Weißhaupt 500 m v. Oberf. (Wagen zu hab. bei Kremer u. Braun).	Zieml. großes, aber unzweckm. einger. früh. Fabrikantenhaus im Dorf Rötgen (2500 Ew.) Wirthschaftsgeb. früh. Fabrikgebäude, groß, aber wenig gut. — Montjoie, 13 km, 2000 Einw. — Aachen, 20 km Ldw. 135 200 Ew. (beide Bahnverb.)	Ev. u. kath. Kirche u. Schule in Rötgen, Gymn. in Aachen.	Arzt in Rötgen; Apoth. u. Amtsger. in Montjoie, 13 km.	
Rgbz. Aachen. (Karte 44.)					
In Hürtgen, bei Mertens.	In Hürtgen, bei Bergsch. In Kleinhau, bei Nießen, 2 km. In Vossenack bei Heinr. Wirth, 5 km.	Altes Gebäude mit kleinen Räumen in Hürtgen. Nächste Stadt ist Düren, 13,9 km Chaussee, 27 000 Einwohner.	Kathol. Kirche und Dorfschule in Hürtgen. Gymnas. in Düren.	Arzt und Apotheke in Düren oder Nideggen, 13,9 km.	Staatsauff. über 13 Gemeindewaldg. (1022 ha.)
Rgbz. Aachen. (Karte 44.)					
In Gemünd, Gasth. zur Thalsperre. Restaur. Dommasch.	In Gemünd, Hot. Bergemann, Gasth. Limbach, Gasth. Breuer.	Angekauftes Gebäude aus den 50er Jahren. Wohnh. ger. Wirthschaftsgeb. beschr. mitten im Städtchen Gemünd gelegen, 1900 Einw. — Köln 372 200 Einwohn., 2½ Stunde Bahnfahrt.	Kirchen u. Elementarschule in Gemünd. Progymn. in Schleiden, 20 Min. Bahnfahrt, aber kein pass. Frühzug.	In Gemünd.	Verwalter des Gemeindeforstverwaltungsbez. Gemünd.
Rgbz. Aachen. (Karte 44.)					
In Schleiden, Hotel Britz. In Blankenheim, bei Heindrichs. Am rund. Stein, Post Urft (Eifel).	In Schleiden, Hot. Britz.	Altes Dienstgebäude in der Kreisstadt Schleiden, (660 Einwohner).	Ev. u. kath. Kirche, höh. Schule bis Untersekunda in Schleiden.	In Schleiden. Amtsger. in Gemünd (6 km).	Aufsicht über 25 Gemeindewaldungen.

Sitz der Oberförsterei nebst Poststation	Entfernung des Oberförstereisitzes von der nächsten Eisenbahnstation bezw. Haltestelle. Post- und regelmäßige Reiseverbindungen auf Landwegen.	Durchschnittliche Entfernungen und ungefähre Anfuhrkosten von den einzelnen Reviertheilen für Bahn- bezw. Wassertransport und zwar: Schutzbezirk	Entfernung bis Güterbahnhof	Anfuhrkosten pro fm M.	Entfernung bis Wasserablage	Anfuhrkosten pro fm M.
632. Königl. Oberförsterei Ville, Rgbz. Cöln. (Karte 44.)						
Brühl bei Cöln, Post, Kreis Cöln.	Brühl ist Station der Linie Cöln-Coblenz. — 1,5 km Chauss. nach Bahnhof Kierberg (Linie Cöln-Trier).	Schnorrenberg	0,1—3 km Erdw. bis Liblar	2,5		
		Villenhaus	0,1—4 km Erdw. u. bef. Weg bis Liblar	2,5		
		Knapsack	3—6 km Erdw. und Chauss. b. Kalscheuren	3		
		Köttingen	3—6 km Landw. bis Liblar	2,8—3		
		Burbach	6—8 km Erdw. u. bef. Weg bis Liblar	3—3,5		
		Königsdorf	2—6 km Erdw. u. Chss. bis Gr. Königsdorf	3		
633. Königl. Oberförsterei Hambach, Rgbz. Aachen. (Karte 44.)						
Hambach, Post Niederzier, Kreis Jülich.	5 km Chauss. über Niederzier nach Stat. Krauthausen (Strecke Düren-Jülich); 8 km Chaussee nach Jülich. (Fußweg bis Krauthausen, 3,5 km; bis Jülich 6 km.)	Hambach, Steinstraß	6—9 km mst. Chss. bis Krauthausen, Jülich, Elsdorf	5—7		
		Stetternich	3—6 km mst. Chss. b. Jülich od. Krauthaus.	3—6		
		Morschenich	2—8 km mst. Chss. b. Krauthausen od. Buir	2—8		
		Tevern	unweit Geilenkirchen			
634. Königl. Oberförsterei Wenau, Rgbz. Aachen. (Karte 44.)						
Wenau, Post Schevenhütte, Kreis Aachen.	6 km bis Langerwehe oder mit der elektr. Bahn (40 Min. Fahrzeit) nach Eschweiler (Schnellzüge).	Jägersfahrt	nach Stat. Langerwehe	6,50		
		Süßendell		6,50		
		Schevenhütte		6,50		
		Wenau		5,50		
		Gürzenich	nach Stat. Düren	5,50		
635. Königl. Oberförsterei Eupen, Rgbz. Aachen. (Karte 44.)						
Eupen, Post und Kreis Eupen.	3 km bis Bahnstation Eupen.	Hattlich	4—6 km bis Montjoie	3—5		
		Ternell I	7—11 „ „ „			
		„ II	5—7 „ „ Eupen			
		Langesthal	4—5 „ „ „			
		Mückenwinkel	7 „ „ Raeren			
		Mospert	6 „ „ „			
		Neuforst	3 „ „ „			
		Lichtenbusch	3 „ „ Aachen			
		Preuß	3 „ „ „			
636. Königl. Oberförsterei Roetgen, Rgbz. Aachen. (Karte 44)						
Roetgen, Post, Kreis Montjoie.	200 m Chaussee bis Station Rötgen der Linie Rothe Erde-St. Vith.	Jägerhaus	5 km Chss. 0,5 km Edw. b. Lammersdf.	3—4		
			15 desgl. bis Stolb-Hammer	6—7		
		Rott	5 km Straße b. Rötgen	3—4		
		Zweifall	8 km Chss. 2,5 km Str. bis Stolb-Hammer	4,5-5,5		
		Mulartshütte	7 km Chauss. 3 km Str. wie vor; 6 km Straße bis Breinig	4,5 bis 5,5		
637. Königl. Oberförsterei Hürtgen, Rgbz. Aachen. (Karte 44.)						
Hürtgen, Post, Kreis Düren.	13,9 km Chaussee nach Düren (Schnellzüge). — 14 km nach Lammersdorf (Eifel). — Postverbindung einmal täglich nach Düren und zurück. Telephon-Verbindung mit Düren u. Cöln.	Großhau	10-13 km gute Chaussee bis Langerswehe und Düren	3,5-4		
		Kleinhau	12-15 wie vor			
		Hürtgen	14-17 „ „			
		Vossenack	16,2 „ „			
		Germeter	16-18 „ „			
		Raffelsbrand	16,7 km Landweg bis Lammersdorf	5,00		
638. Königl. Oberförsterei Gemünd, Rgbz. Aachen. (Karte 44.)						
Gemünd, (Eifel) Post, Kreis Schleiden.	Gemünd ist Bahnstation (Linie Call-Hellenthal, Zweigstrecke der Cöln-Trierer Bahn).	Wolfgart. I	3-4,5 km chauss. Str. bis Gemünd	3,00		
		„ II	wie vor	3,00		
		Mariaw.	6-9 km wie vor	3,50		
		Paulushf.	9-12 „ „ „	4,00		
		Harscheid	15-18 km Chauss. bis Kreuzau od. Zülpich	6,00		
639. Königl. Oberförsterei Schleiden, Rgbz. Aachen. (Karte 44.)						
Schleiden, (Eifel) Post und Kreis Schleiden.	Schleiden ist Station der Eisenbahn Call-Hellenthal.	Nonnenb.	7 km bis Blankenheim	2,00		
		Stritterhf.	3 „ „ „			
		Schmidtheim	3 „ „ „			
		Steinfeld	8 „ „ Call			
		Wildenbg.	4 „ „ Blumenthal			

Sitz der Oberförsterei nebst Poststation.	Entfernung des Oberförstereisitzes von der nächsten Eisenbahnstation bezw. Haltestelle. Post- und regelmäßige Reiseverbindungen auf Landwegen.	Durchschnittliche Entfernungen und ungefähre Anfuhrkosten von den einzelnen Reviertheilen für Bahn- bezw. Wassertransport und zwar: Schutzbezirk	Entfernung bis Güterbahnhof	Anfuhrkosten pro fm M.	Entfernung bis Wasserablage	Anfuhrkosten pro fm M.

640. Königl. Oberförsterei Wünnenberg, Rgbz. Minden. (Karte 45.)

Sitz der Oberförsterei nebst Poststation.	Entfernung des Oberförstereisitzes von der nächsten Eisenbahnstation bezw. Haltestelle. Post- und regelmäßige Reiseverbindungen auf Landwegen.	Schutzbezirk	Entfernung bis Güterbahnhof	Anfuhrkosten pro fm M.	Entfernung bis Wasserablage	Anfuhrkosten pro fm M.
Wünnenberg, Westfalen, Post, Kreis Büren.	Bis Büren 12 km; nach Nieder-Marsberg 17 km; nach Bahnhof Alme 10 km. Postverbindung nach Büren 2mal täglich, nach Marsberg 1mal täglich.	Messenberg	5 km befest. Weg bis Alme u. Ringelstein	2,00		
		Waldbach	8 km bis Alme	3,00		
			14 km Chss. b. Bredel.	4,00		
		Leiberg	9 km Chss. b. Büren	3,00		
			6 „ bef. Wegb. Alme	2,50		
		Bleiwäsche	12 km Chss. b. Bredelar	3,50		

641. Königl. Oberförsterei Höfen, Rgbz. Aachen. (Karte 44.)

Sitz der Oberförsterei nebst Poststation.	Entfernung des Oberförstereisitzes von der nächsten Eisenbahnstation bezw. Haltestelle. Post- und regelmäßige Reiseverbindungen auf Landwegen.	Schutzbezirk	Entfernung bis Güterbahnhof	Anfuhrkosten pro fm M.	Entfernung bis Wasserablage	Anfuhrkosten pro fm M.
Höfen (Rheinland), Post, Kreis Montjoie.	5,2 km Chaussee nach Bahnhof Montjoie (Aachen-St. Vith). — 1mal täglich Postverbindung von Montjoie über Höfen nach Gemünd und zur. (Abzweigung einer neuen Oberförsterei Montjoie, aus Theilen von Höfen und Büllingen z. 1. X. 01 angeordnet.)	Dedenborn	15—22 km b. Montjoie	(Fi.) 4		
		Rothekrz.	11—15 „ „ „	„ 3—4		
		Wahlerscheid	10—18 „ mst. Chauss. bis Montjoie	„ 3—4		
		Dickelt	13—20 km wie vor	„ 3—4		
		Kalterherberg	13—16 „ „ „	„ 1,50 b. 2,5		
		Simmerath	6—14 „ „ „	„ 3—4		

642. Königl. Oberförsterei Büllingen, Rgbz. Aachen. (Karte 44.)

Sitz der Oberförsterei nebst Poststation.	Entfernung des Oberförstereisitzes von der nächsten Eisenbahnstation bezw. Haltestelle. Post- und regelmäßige Reiseverbindungen auf Landwegen.	Schutzbezirk	Entfernung bis Güterbahnhof	Anfuhrkosten pro fm M.	Entfernung bis Wasserablage	Anfuhrkosten pro fm M.
Büllingen (Eifel), Post, Kreis Malmedy.	8 km Chaussee bis Stat. Bütgenbach (täglich 2mal Post hin u. zurück). — Täglich 1mal Post nach Bhf. Jünkerath (27 km) u. zurück und nach Bhf. Hellenthal (25 km) und zurück. Täglich einmal Post nach Rocherath (5 km) und zurück.	Hollerath	6 km Chss. b. Hellenth.	2,5—5	Die Anfuhrkosten beziehen sich auf Fi.; für Ei. und Bu. 1—2 M. höher.	
		Hasselpath	20 „ „ „ Bütgenbach	4,5—5		
		Buchholz	16 „ wie vor	3—4		
		Schoppen	2-6 km Erdw. b. „	0,5-1,5		
		Heuem	14 km Chss. b. St. Vith	2,00		
		Rodt	8 „ wie vor	2—2,5		
		Hoh. Venn	8 km Chss. b. Sourbrodt	1,5—2		
		Losheim	19 „ „ „ Hellenth.	3,00		

643. Königl. Oberförsterei Adenau, Rgbz. Coblenz. (Karte 44.)

Sitz der Oberförsterei nebst Poststation.	Entfernung des Oberförstereisitzes von der nächsten Eisenbahnstation bezw. Haltestelle. Post- und regelmäßige Reiseverbindungen auf Landwegen.	Schutzbezirk	Entfernung bis Güterbahnhof	Anfuhrkosten pro fm M.	Entfernung bis Wasserablage	Anfuhrkosten pro fm M.
Adenau, Post und Kreis Adenau.	0,9 km Pflaster bis Bahnhof Adenau, Endstation der Ahrthalbahn, welche von Remagen, 42 km, (Cöln-Coblenz) abzw. — Postverbindung einmal täglich hin und zurück mit Kelberg, 15 km.	Kempenich	1-3 km Chss. b. Kempen.	1,50		
		Langhard	11-12 km bis Brück	2,5—3		
		Denn	9 km mst. Chss. b. „	3—6		
		(Kirschthal)	7,5 desgl. bis Adenau	2,5-5,5		
		Adenau	4-5 km Chss. b. „	1,8—3		
		Aremberg	7-11 „ mst. „ b. Dümpelf.	2,5-5,5		
		Gierscheid	11-16 km Chaussee u. Steinw. b. Dümpelfeld	4—8		
		Hochacht	5-7 km Chss. b. Adenau	2—4,5		

644. Königl. Oberförsterei Kaisersesch, Rgbz. Coblenz. (Karte 44.)

Sitz der Oberförsterei nebst Poststation.	Entfernung des Oberförstereisitzes von der nächsten Eisenbahnstation bezw. Haltestelle. Post- und regelmäßige Reiseverbindungen auf Landwegen.	Schutzbezirk	Entfernung bis Güterbahnhof	Anfuhrkosten pro fm M.	Entfernung bis Wasserablage	Anfuhrkosten pro fm M.
Kaisersesch, Post, Kreis Cochem.	Kaisersesch ist Station der Bahn Andernach a. Rhein-Gerolstein. Außerdem Postverbindung zwischen der 13 km entfernten Kreisstadt Cochem a/Mosel (2 ankommende, 2 abgehende Posten).	Sommet Hochpochten I u. II	4 km bef. Weg u. 2 km Edw. b. Hochpocht. 5—6 km bis Cochem	3,5-4		
		Ulmen	1-3,3 km mst. Chss. bis [Ulmen	2—2,7		
		Boos (Dummerich)	8-10 km bef. Weg u. 1-4 km Edw. b. Monreal	4—8		
		Barsberg	15-19 km desgl. u. 7 km bf. Weg u. 3-5 km Chss. bis Dockw.	4,5—8		
		Birneburg	11 km bf. Wg. b. Monreal	6—8		

645. Königl. Oberförsterei Daun, Rgbz. Trier. (Karte 44.)

Sitz der Oberförsterei nebst Poststation.	Entfernung des Oberförstereisitzes von der nächsten Eisenbahnstation bezw. Haltestelle. Post- und regelmäßige Reiseverbindungen auf Landwegen.	Schutzbezirk	Entfernung bis Güterbahnhof	Anfuhrkosten pro fm M.	Entfernung bis Wasserablage	Anfuhrkosten pro fm M.
Daun, Forsthaus auf der Burg, Post und Kreis Daun.	8 Minuten bis Bahnhof Daun (Linie Andernach-Gerolstein).	Uedersdf.	8-14 km mst. Ch. b. Daun	5—6,5		
		Steiningen	2-10 km Chss. 0-4 km Erdw. bis Darscheid	1,5—6		
		Mehren	2-5 km Chss. b. Darscheid oder Daun	2,20		
		Meisbrück	4-8 km bef. Weg bis Densborn od. Mürlenb.	5,00		
		Salm-Rom	5-9 km bf. Wg. b. „	5,00		
		Salm	6-12 km bef. Weg bis Birresborn	6,50		
		Kasselburg	3-6 km bef. Weg bis Hillesheim	4,50		

646. Königl. Oberförsterei Gerolstein, Rgbz. Trier. (Karte 44.)

Sitz der Oberförsterei nebst Poststation.	Entfernung des Oberförstereisitzes von der nächsten Eisenbahnstation bezw. Haltestelle. Post- und regelmäßige Reiseverbindungen auf Landwegen.	Schutzbezirk	Entfernung bis Güterbahnhof	Anfuhrkosten pro fm M.	Entfernung bis Wasserablage	Anfuhrkosten pro fm M.
Gerolstein, Post, Kreis Daun.	Gerolstein ist Eisenbahnstation der Strecke Trier-Cöln-Andernach-Gerolstein und St. Vith-Gerolstein.	St. Thomas	4—6 km Landw. bis Kyllburg			
		Mürlenbach Balesfeld	2-5 km Chss. od. gepfl. Ldw. b. Mürlenbach und Balesfeld			
		Duppach	4-6 km Ldw. b. Müllenb.			
		Schönfeld	3 km Ldw. b. Lissendf. 3-10 km mst. Chss. bis Jünkerath			
		Kerpen	10—8 km gepfl. Ldw. u. Chauss. bis Hillesheim			

647. Königl. Oberförsterei Prüm, Rgbz. Trier. (Karte 44.)

Sitz der Oberförsterei nebst Poststation.	Entfernung des Oberförstereisitzes von der nächsten Eisenbahnstation bezw. Haltestelle. Post- und regelmäßige Reiseverbindungen auf Landwegen.	Schutzbezirk	Entfernung bis Güterbahnhof	Anfuhrkosten pro fm M.	Entfernung bis Wasserablage	Anfuhrkosten pro fm M.
Prüm, Tettenbusch, Post und Kreis Prüm.	10 Minuten von der Bahnstation Prüm entfernt.	Schneifel	12 km Chss. bis Prüm	4,00		
		Rommersheim	7 „ „ „ „	2,50		
		Obersgeg.	2 „ „ b. Vianden	1,50		
		Dasburg	12 „ „ „ Clerf	4,00		

Flächengröße u. Charakter des Reviers. — Vertheilg. der Hauptholzarten nach Zehnteln.	Beschaffenheit des Wegenetzes im Reviere und der sich daran schließenden Abfuhrstraßen, sowie der etwaigen Wassertransportwege. Adressen von größeren Fuhrunternehmern.	Jahresquantum der Haupt-Verkaufshölzer nach Holzarten und Sortimenten (unter Abrechnung des Lokalbedarfs.)

640. Königl. Oberförsterei Wünnenberg,

2488 ha. — gebirgig, zusammenhgd.
Bu. 0,5
Fi. 0,3
Ei. 0,2

Wegenetz theilweise noch nicht ausgebaut. Die befestigten Abfuhrstraßen innerhalb und außerhalb in ziemlich gutem Zustande. — Fuhrunternehmer in Essentho, besonders in Bleiwäsche: Hillebrandt, Planken, Müller, Finger, Bauern in Alme und Leiberg.

Schutzbezirk	Stammholz (fm) Ei.	Bu.	Fi.
Bleiwäsche	100	300	400
Waldbach	600	500	300
Messenberg	100	200	50
Leiberg	50	700	50

50 fm Esch.
500 rm Fi.-Schleifh.
400 „ Bu.-Rollh.
400 „ Ei.-Grubh.
1500 „ Bu.-Brennh.

641. Königl. Oberförsterei Hoefen,

4740 ha. — Kalterh. u. Simmer. parzellirt, sonst zusammenh. gebirgig.
Fi. 0,73
Ei. 0,13
Bu. 0,12
Ki. 0,02

Von dem projectirten Wegenetz 1/3 im Planum hergestellt, gute Wege in und außerhalb; in allen Reviertheilen gute, durchgehende, vielfach chaussirte Wege. — Fuhrleute in Höfen, Kaltenherberg, Kesternich, Schöneseifen, Harperscheid, Rohren.

Schutzbezirk	Stmh. (fm) Bu.	Grubh. (fm) Fi.	Bauholz (fm) Fi.	Brennholz (fm) Bu.	Bi.
Dedenborn	250	2100	100		
Rothekreuz	70	2300	100		
Wahlerscheid	400	2000	300	400	
Dickelt		900			250
Kalterherberg		3000	600		

Simmerath 1000 Ctr. Ei.-Lohe, 2000 rm Ei.-Reiser.

642. Königl. Oberförsterei Büllingen,

3493 ha. — gebirg., parzellirt.
Bu. 0,5
Fi. 0,5
Ki.

Innerhalb genügend gute Erdwege, Hauptwege zum Theil befestigt; außerhalb viele und gute Chausseen. — Fuhrleute: Putzer, Erler in Hollerath, Gusten zu Ivelдingen, Klein in Udenbreth, Peters und Schulzen in Wirtzfeld, Pip zu St. Vith, Jauck in Büllingen, Brodel in Holzheim, Balter in Losheim.

	Stämme, Schichtnutzholz, Kloben und Knüppel.	Stämme, Derbstang., Reiserstg., Brennholz, Fi.
Schbz. Hollerath	900 fm Bu.	500 fm
„ Hasselpath		200 „
„ Buchholz	2000 „ „	1200 „
„ Schoppen		300 „
„ Heuem	200 „ „	200 „
„ Rodt	200 „ Ki. (Grubh.)	
„ Hohes Venn		10 „
„ Losheim	200 „ Bu.	600 „

643. Königl. Oberförsterei Adenau,

2571 ha. — gebirg. (Hocheifel), sehr parzellirt.
Ei. 0,3
Bu. 0,3
Fi. 0,3
Ki. 0,1

Innerhalb überall meist Chaussee oder Steinweg, an die das Wegenetz (bald vollständig ausgebaut) anschließt; außerhalb gute Chausseen und Steinwege. — Fuhrleute: Theissen in Kaltenborn, Weber in Cassel, Schmitz in Hönningen, Sigel in Lommersdorf, Hoffmann in Adenau, Schoß und Ratz in Wershofen.

Schbz. Kempenich 300 fm Fi.-Stämme und Derbstangen.
„ Langhard 350 „ „ 100 fm Ki.-Grubenholz.
„ Hochacht 350 „ „ Stämme u. Derbstg. 120 fm Bu.-Stämme, 120 rm Bu.-Scheith.
„ Denn 50 fm Fi.-Stämme u. Derbst. 150 fm Bu.-Stämme, 500 rm Bu.-Brennholz. 200 rm Bu.-Reisig.
„ Adenau 50 fm Fi.-, 350 fm Ki.-Grub.
„ Aremberg 300 fm Bu.-Stämme, 700 rm Bu.-Brennh.
„ Gierscheid 50 fm Bu.-Stämme, 300 rm Bu.-Brennh. 360 fm Ki.-Grubenh.
Ganzes Revier: 400 fm Ei.-Stamm- und Grubholz, 1000 Centner Ei.-Lohrinde.

644. Königl. Oberförsterei Kaisersesch,

2259 ha. — hügelig, zum Theil parz.
Bu. 0,5
Ei. 0,2
Fi. 0,2
Ki. 0,1

In Boos gut ausgebautes, zum Theil mit Steindecke befestigtes Wegenetz, sonst gute, zum Theil befestigte Abfuhrwege. In Hochpochten fiskalische Verladestelle mit Verladekrahn. — Fuhrleute: Fischer, Krämer in Alflen, Schaat u. Bungert in Ulmen, Feilen, Astor in Monreal, Müller und Bauer in Mayen.

	Stammholz (fm) Bu.	Fi.	Ki.	Derbbrennh. Bu.
Schbz. Hochpochten	350			1500 rm
„ Ulmen	15	400	100	500 „
„ Boos	175	80		500 „
„ Barsberg	20	80	150	
Waldw. Birneburg	10	80		150 „

645. Königl. Oberförsterei Daun,

3649 ha. — gebirg., parzellirt.
Bu. 0,6
Na. 0,3
Ei. 0,1

Wegenetz etwa halb ausgebaut (Erdwege). Befestigte Wege von Salmwald nach dem Kyllthal (Bahn Köln-Trier), in den kleineren Bezirken Anschl. an 3 Provinzialstraßen. — Fuhrunternehmer in Salm (Marxen), Mehren, Schalkenmehren (Jungen), Uedersdorf, Mürlenbach, Densborn.

Schutzbezirk	Stammholz (fm) Ei.	Bu.	Fi.	Esch. Ah.	Grubh. (fm) Ei.	Ki.	Rollh. (fm) Bu.	Drbst. Stück Fi.	Schth. (fm) Bu.
Uedersdorf		300			40				
Steiningen	50	30	50				70		
Mehren	100	150				200	300	3000	
Meisbrück, Salm-Rom, Salm	100	2000	120	40	200			3000	2000
Kasselburg	10	160	30						

646. Königl. Oberförsterei Gerolstein,

3001 ha. — gebirg., sehr parzellirt.
Bu. 0,6
Fi. 0,4
Ei. und Ta.

Neues, fast ganz durchgeführtes Wegenetz im Revier, außerhalb viele Chausseen. — Für die Abfuhr Bauern in Oberkail, Kyllburgweiler, Densborn, Mürlenbach, Duppach, Schönfeld, Lissendorf, Stadtkyll, Kerpen, Gladt, St. Thomas, Usch.

Schbz. St. Thomas 80 fm Ei.-, 200 fm Bu.-Stammh. 300 rm Bu.-Brennholz.
„ Balesfeld 95 fm Ei.-, 100 fm Bu.-Stammh. 1000 Stück Fi.-Derbstangen.
„ Mürlenbach 95 fm Ei.-, 20 fm Bu.-, 50 fm Fi.-Stammh. 550 rm Bu.-Brennh.
„ Duppach 45 fm Ei.-, 30 fm Bu.-, 20 fm Fi.-Stammh. 800 Stück Fi.-Derbstangen.
„ Kerpen 30 fm Ei.-, 55 fm Bu.-, 10 fm Fi.-Stammh.
„ Glaadt 95 „ „ 220 „ „ 40 „ „ „ 2000 St. Fi.-Derbstangen.
„ Oberkail 1900 Stück Fi.-Derbstangen.

647. Königl. Oberförsterei Prüm,

3281 ha. — gebirgig, sehr parzellirt.
Fi. 0,5
Bu. 0,3
Ei. 0,1
Bi. 0,1

Im Revier überall gut ausgebaute Erdwege. Die Schbz. sind mit den Bahnhöfen durch Chaussee verbunden. — Fuhrleute: Löwen in Prüm, Frauenkron zu Tafel bei Prüm, Krump zu Olzheim.

Schbz. Schneifel 250 fm Fi.-Stämme und Derbholzstang. 100 fm Bi.-Grubenholz.
„ Rommersheim 40 fm Bu.-Stämme.
„ Obersgegen 150 „ Ei.- „
„ Dasburg 30 „ „ „

Oeffentliche Holzlicitationen finden statt in:	Unterkommen im Gasthofe f. Holzhändler, Forst-Assessoren u. Referendare in möglichster Nähe der Oberförsterei	Zustand des Oberförster-Dienstgebäudes	Wo Kirche? Wo Schule? In welcher Zeit zu erreichen?	Wo Arzt, wo Apotheke, wo Amtsgericht?	Nebenämter des Revierverwalt. Wenn ständiger Assistent vorhanden, wo wohnt derselbe?
Rgbz. Minden. (Karte 45.)					
In Wünnenberg, bei Hecker. In Büren, Hotel Ackfeld.	In Wünnenberg, Gasth. Hecker. In Fürstenberg, Gasthof Knuth (4 km).	Dienstgehöft am N.-Ausgange von Wünnenberg, wenig gut und nicht geräumig. Wirthschaftsräume ebenso. — Flecken Wünnenberg, 1100 Ew. — Kreisstadt Büren, 2600 Ew., 12 km Chaussee.	Kath. Kirche u. Dorfschule in Wünnenberg. Protest. Kirche in Fürstenberg, 4 km.	In Fürstenberg, 4 km.	Forstamtsanw.— Wohn. für verh. Assessor bei ger. Ansprüchen in Wünneberg oder Fürstenberg erhältlich.
Rgbz. Aachen. (Karte 44.)					
In Höfen, Peter Förster (Inhaber: Schmidden).	In Montjoie, Hotel Richter, 2 km. In Höfen, Gastwirth Schmidden, 1 km. In Forsthaus Wahlerscheidt (Dickelt), 8 km.	Großes, schönes, neueres Dienstgebäude mit desgleichen Wirthschaftsräumen am N.-Ausgange von Höfen (1200 Ew.); 3,1 km Chauss., bezw. 1,6 km Fußweg nach Montjoie (2000 Einw.), Kreisstadt, Bezirks-Commando.	Kathol. Kirche und Pfarre, sowie Gemeindeschule i. Dorf. Ev. Pfarre u. höhere Schule bis Obertertia in Montjoie.	In Montjoie, 2 km.	Oberaufsicht über die Waldung. des Truppenübungsplatzes Elsenborn. — Verh. Ass. kann in Montjoie wohnen.
Rgbz. Aachen. (Karte 44.)					
In Büllingen „ Losheim. Grub. „ Bütgenbach. „ Hollerath. „ Schönberg. „ Rodt.	In Büllingen, Hotel Kalpers, Gasthof Jonck.	Neues Dienstgebäude in Büllingen. Wirthschaftsgebäude beschränkt.	Kath. Kch. u. Pfarre im Ort; ev. Gottesd. in St. Vith u. Malmedy. Progymnas. in Malmedy, 8 km Chss., und ½stündige Bahnfahrt.	In Büllingen. Amtsgericht in St. Vith.	Assistent z. Zt. vorhand., hat Miethswohnung in Büllingen. — Für verheirath. Assess. kein Unterk.
Rgbz. Coblenz. (Karte 44.)					
In Adenau, Gasth. „Wildes Schwein" und „Friedrichshof" (Keul).	In Adenau, Gasth. „Halber Mond", „Wildes Schwein", „Eifeler Hof". In Kempenich, bei Wittwe Bergweiler. In Antweiler, bei Brenig.	Altes, geräumiges, 2stöckiges Wohnhaus nebst großem Speicher und mit meterdicken Außenwänden (früher Johanniter-Abtei), mitten im Ort Adenau (1700 Einwohner). Sehr schöner Garten. Wirthschaftshof (durch Straße getrennt) mit ausreichenden Gebäuden.	Evg. u. kath. Kirche und Pfarre im Ort, ebenso 4klass. Volksschule (evg. Lehrkräfte fehl.). Nächste höhere Schulen in Coblenz und Bonn, 3—4 Stunden Bahnfahrt.	In Adenau.	Wohnung f. verheiratheten Ass. bei bescheidenen Ansprüchen im Orte zu haben.
Rgbz. Coblenz. (Karte 44.)					
In Kaisersesch, bei Wagner. In Laubach, bei Gorges. In Ulmen, bei Schmitz. In Kelberg, bei Thiesen. In Boos, bei Fuchs. In Virneburg, bei Müller.	In Kaisersesch, Gasthaus „z. Jägerhaus" (am Bahnhof), Gasthaus „zur Post".	Neues, geräumiges Dienstgeb. im Flecken Kaisersesch, 1250 Einwohn.; Wirthschaftsgebäude erst in Aussicht — Nächste Stadt Mayen, 12000 Einwohner (30 Min. Bahnf.) — Cochem, 13 km, 3500 Ew., Postverbindung.	Kath. Kch. u. Pfarre im Flecken, ev. in Cochem. Gymnas. in Coblenz, Progymn. in Mayen in Auss. Höhere Bürgerschule in Cochem.	2 Aerzte, Apotheke in Kaisersesch, Amtsgericht in Cochem.	Wohng. für verheiratheten Assess. bei bescheidenen Ansprüchen in Kaisersesch erhältlich.
Rgbz. Trier. (Karte 44)					
In Daun, bei Schramm. In Mehren, bei Zimmermann. In Uedersdorf, bei Reichert. In Mürlenbach, bei Krumpen. Großverkauf in Trier, Café Germania.	In Daun, Hotel Hommes, Hotel Schramm, Gasth. Jung.	Frühere kurtrierische Amtskellerei, 1712 gebaut, mitten im Kreisort Daun, 1000 Ew., auf einem Felsen gelegen. Wohnh. sehr geräumig, Stallgebäude beschränkt. Verbesserung in Aussicht. Nächste Stadt Trier, 43300 Ew., 3 Std., Coblenz, 3½ Std., Mayen, 12000 Einw., 2 Std. Bahnf.	Ev. Kapelle in Burgbring, evg. Pfarrer in Gerolstein. Kath. Kirche, Pfarre und Schule am Ort.	2 Aerzte, Apotheke. Amtsgericht, sowie Gemeinde-Obf. in Daun.	Stellvertr. Amtsanwalt. — Wohnung für verheir. Assessor ev. in Daun erhältlich.
Rgbz. Trier. (Karte 44.)					
In Oberkeil, bei Diedenhofen. In Kyllburg, bei Geronne. In Neidenbach, b. Jung. In Mürlenbach, bei Krump. In Duppach, bei Schramm. In Junkerath, bei Stump.	In Gerolstein, Gasthof Hech, Gasth. „z. Post".	Miethswohnung in Gerolstein. — Kreisstadt Hillesheim, 1200 Einw., 15 Min. Bahnfahrt, und Trier, 43300 Einwohner, Landgericht, Garnison, 2 Stunden Bahnfahrt.	Ev. u. kath. Pfarre im Ort. Dorfschule, desgl. Gymnasium in Prüm, 1 Stunde Bahnfahrt.	2 Aerzte, Apotheke im Ort. Amtsgericht in Hillesheim.	
Rgbz. Trier. (Karte 44.)					
In Prüm. In Vianden.	In Prüm, „Gold. Stern", „Kaiserhof", „Engel".	Neues Dienstgebäude, 5 Min. von der Stadt Prüm (2500 Einw.) entfernt, im Walde gelegen.	In Prüm.	In Prüm.	Wohng. für verh. Assessor in Prüm zu haben.

Flächengröße u. Charakter d. Reviers. — Vertheilung der Hauptholzarten nach Zehnteln.	Beschaffenheit des Wegenetzes im Reviere und der sich daran schließenden Abfuhrstraßen, sowie der etwaigen Wassertransportwege. Adressen von größeren Fuhrunternehmern.	Jahresquantum der Haupt-Verkaufshölzer nach Holzarten und Sortimenten (unter Abrechnung des Lokalbedarfs).

648. Königl. Oberförsterei Neheim,

1695 ha. — parzellirt, meist gebirg., nur Welver eben. Ei. 0,4 Bu. 0,4 Na. 0,2

Innerh. vielfach chauss., in Welver auch mit Kohlenasche gehärtete Wege; außerh. meist gute Chauss. — Fuhrleute Stoltefant zu Günne, Stüting u. Puppe zu Neheim, Mette, Dröge zu Hüsten, Lohölter zu Herdringen, Buschhof in Welver.

Schutzbezirk	Stammh. (fm) Bu.	Ki.	Grubh. Ei.	Rollholz Bu.
Holzen	300	300	80 fm	70 rm
Moosfelde	250		80 „	40 „
Himmelpforten	200		90 „	60 „
Welver	450 Ei.		250 „	

649. Königl. Oberförsterei Obereimer,

3463 ha. — gebirgig, zusammenhgd. Bu. 0,4 Fi. 0,3 Ei. 0,2 Ki. 0,1

Innerh. der Forstorte mehrere gute Chss. und viele gehärtete Wege; außerhalb gute Chausseen. — Fuhrleute in Stockum, Arnsberg, Breitenbruch, Hüsten.

Schutzbezirk	Stammholz (fm) Ei.	Bu.	Fi.	Ki.	Grubh. Ei.	Rollh. Bu.	Derbstg. Fi.
Neuhaus I		300		100	100 fm	400 rm	
„ II		300	600			400 „	800
Breitenbruch		300	300			500 „	500
Niedereimer	50	300	200		50 „	400 „	300
Wicheln	100	300	300		100 „	400 „	
Stemel		200	100	300		500 „	500
Sundern	100						

650. Königl. Oberförsterei Bredelar,

1520 ha. — gebirgig, parzellirt. Bu. 0,4 Fi. 0,4 Ei. 0,2

Wegenetz im Revier größtentheils ausgeb. einige Wege gehärtet, Chausseen durchschn. das Revier. — Fuhrleute: Sprenger in Bredelar, Schlüter in Madfeld, Müller in Madfeld.

Schutzbezirk	Stammh. (fm) Ei.	Fi.	Grbh. Ei.	Nutzholz (fm) Hbu.	Erl.	Bi.	Derbh. Fi.-Stangen	Reiser Fi.-Stangen	Brnh. Bu.
Bredelar	100	200	500 fm	20	20	20	2000	50	100 rm
Madfeld	100	100	200 „	20	10	10	3000	100	
Marsbg.			50 „						

651. Königl. Oberförsterei Glindfeld,

2580 ha. — gebirgig. Bu. 0,7 Fi. 0,3

Innerh. viele gut angelegte Erdwege und gehärtete Hauptwege, außerhalb meist gute Chausseen. — Fuhrleute: Falkenstein in Medelon, Klüppel u. Trippe in Glindfeld, Bauern in Küstelberg, Döpp in Oberkirchen, Frisp in Latrop, Voß in Mittelsorpe.

Schutzbezirk	Stammh. (fm) Fi.	Bu.	Ah.	Nutzsch. (rm) Bu.	Fi.	Kohlholz Bu.	Schleifh. Fi.	Drbst. Fi.
MarkWilden		100		150		700 rm	50 rm	
Glindfeld	100	150		200		1000 „	80 „	
Küstelberg	1000			150	300	1500 „		
Schanze	300	200	20	100		2300 „		500
Latrop	600	200	15	150		2500 „		300
Sorpe	500	100		80		1800 „	100 „	

652. Königl. Oberförsterei Ewig,

1502 ha. — gebirgig, sehr parzell. Bu. 0,3 Ei. 0,3 Fi. 0,3 Wh. 0,1

Wegenetz im Ausbau begriffen. Bis jetzt schwierige Abfuhr aus dem Walde. Außerhalb des Waldes überall Chausseen. — Fuhrleute in Benolpe, Welschenennest, Bilstein, Attendorn.

Schutzbezirk	Stammh. (fm) Fi.	Bu.	Rollholz Bu.	Brennh. Bu.	Schleifh. Fi.
Einsiedelei	50	100	50 rm	200 rm	300 rm
Bilstein		50	100 „	200 „	
Ewig	50 Ei.				

653. Königl. Oberförsterei Hilchenbach,

2224 ha. — gebirgig, ziemlich zusammenhgd. Fi. 0,5 Bu. 0,4 Ei. 0,1

Abfuhr i. d. R. gut, auch im Walde chauss. Wege in größerer Ausdehnung. — Fuhrunternehmer in Erndtebrück, Lützel, mehrere Bauern in Bornwald, Helberhausen.

Schbz. Ginsberg 50 fm Ei.-, 50 fm Bu.-Stammh., 600 fm Fi.-Stamm- und Grubenholz.
„ Lützel 600 fm Fi.-, 200 fm Bu.-Stammholz, 100 fm Fi.-Grubenholz.
„ Altenteich 500 fm Fi.-, 200 fm Bu.-Stammholz, 50 fm Ei.-Stammh., 700 fm Fi.-Grubenh.
„ Zinse 1000 fm Fi.-, 150 fm Bu.-Stammholz, 800 fm Fi.-Grubenholz.
„ Müsen 500 fm Fi-, 300 fm Bu.-Stammholz, 400 fm Ei.-Stammholz. (hier auch Ah.-, Hb.-, Erl.-Stammh.)

654. Königl. Oberförsterei Siegen,

1923 ha. — gebirgig, 23 Parzellen. Ei. 0,40 Bu. 0,35 Fi. 0,25

Innerhalb der Forstorte gute Holzabfuhrwege; außerhalb viele gute Chausseen.

Schbz. Siegen 200 fm Ei.-, 90 fm Fi.-Stammh.
„ Eremitage 100 „ „ 100 „ „ „
„ Dreßelndorf 50 „ „ 150 „ Bu. „
„ Holzhausen 30 fm Fi.-Stammh.
„ Burbach 200 „ Bu.- „
„ Kalteiche 100 „ Fi.- 80 fm Bu.-Stammh.
„ Freudenberg 150 „ „ 50 „ „ „ 150 fm Ei.-Stammholz.
„ Kreuzthal 100 fm Fi.-, 150 fm Ei.-Stammholz.

Ganzes Revier: 500 fm Ei.-Grubh.

655. Königl. Oberförsterei Hainchen,

2346 ha. — gebirgig, zusammenhgd. Bu. 0,6 Fi. 0,4

Gutes Wegenetz im Revier, viele befestigte Wege, gute Straßen außerhalb. — Fuhrunternehmer Jacobi in Werthenbach, Schäfer in Helgersdorf, Demandt in Deutz, Menn in Lützel, Hofmann in Volkholz.

Schbz. Lahnhof 200 fm Fi.-Bauh.
„ Walpersdorf 100 „ „ „ } 100 fm Ei.-, 400 fm Bu.-, 10 „ Ah.-Stammholz.
„ Hohenroth 500 „ „ „ 500 rm Schleifholz.

Oeffentliche Holzlicitationen finden statt in	Unterkommen im Gasthofe f. Holzhändler, Forst-Assessoren u. Referendare in möglichster Nähe der Oberförsterei	Zustand des Oberförsterdienst-Gebäudes	Wo Kirche, wo Schule? In welcher Zeit zu erreichen?	Wo Arzt, wo Apotheke, wo Amtsgericht?	Nebenämter des Revierverwalt. Wenn ständiger Assistent vorhanden, wo wohnt derselbe?
Rgbz. Arnsberg. (Karte 45.)					
Verkauf des Eichennutzholzes im Schbz. Welver an Ort und Stelle, sonst in der Schützenhalle zu Neheim.	In Neheim, Hotel Egen und Hotel „z. Post". In Welver, Gasth. Henne, Kemper und Huffelmann.	Miethswohnung in der Stadt Neheim, 9100 Einwohner.	Ev. u. kath. Kirche, sowie Rectoratsschule in Neheim. Gymnas. in Arnsberg in ca. 1 Stunde erreichbar (8 km Bahnf. u. ³/₄ Std. Landweg).	In Neheim.	Verwalter verschiedener Gemeinde- u. Institutsforsten, sowie der v. Mellin'schen Stiftsforst.
Rgbz. Arnsberg. (Karte 45.)					
In Arnsberg, Arnsberger Hof. In Breitenbruch, bei Spindeldreher.	In Arnsberg, in mehreren Hotels.	Geräumiges altes Dienstgeb. 1 km von der Stadt Arnsberg, 8500 Einwohner, Regierungssitz, Landgericht.	Ev. u. kath. Pfarre, sowie Gymnasium in Arnsberg.	In Arnsberg.	Wohnung f. verheirath. Assessor in Arnsberg zu haben.
Rgbz. Arnsberg. (Karte 45.)					
In Bredelar, bei Weber. In Marsberg, bei Kloke-Pöhlmann.	In Bredelar, 2 km, bei Weber und Horstmann. In Marsberg, 6 km, Gasth. „z. Post", Gasth. v. Kloke-Pöhlmann.	Dienstwohn. (1900 erb.), neues Stall- und altes Wirthschaftsgeb., 2 km östlich v. Bredelar, 300 Einw., Chausseeverbind. — Nächste Stadt Niedermarsberg (3900 Einwohner), 5 Minuten Bahnfahrt.	Ev. Kapelle im Bau begr. Filiale von Marsbg. Ev. Schule in Bredelar. Kath. Gottesd. u. Schule in Beringhausen, 2 km.	Arzt in Bredelar, 3 km; mehr. Aerzte u. Apotheke, sowie Amtsgericht in Marsberg.	Verwaltg. d. Gemeinde-Oberförst. Marsberg. — Für verh. Assess. Wohnung in Marsbg. (8 km Bahn) zu haben.
Rgbz. Arnsberg. (Karte 45.)					
In Winterberg, bei Vollmert. In Medebach, bei Aßhauer. In Medelon, bei Kayser. In Oberkirchen, bei Schütte. In Grafschaft, bei Heimes.	In Medebach, bei Aßhauer, Koch, Rupprath, 3 km.	Altes Klostergebäude, viel Platz bietend, 3 km westlich von der Stadt Medebach (2000 Einwohner); chaussirter Weg.	Ev. u. kath. Kirche, sowie Elementarschule in Medebach.	In Medebach 3 km.	Staatsaufsicht über 6 Interessenten- u. 1 Gemeindeforst. — Unterkommen für verheir. Assess. in Medebach erhältl.
Rgbz. Arnsberg. (Karte 45.)					
In Welschenennest, Gasthof Höfer. In Bilstein, Gasth. Steinhoff. In Attendorn, Gasth. „zum Ritter".	In Attendorn, Gasth. Pfeiffer, 2 km.	Sehr großes schloßartig. Geb. (früher Kloster) an der Chauss., 2 km westl. von der Stadt Attendorn, 3300 Einw. (gut erh.). Genüg. Wirthschr., größ. Park; zugl. Wohn. f. d. Pächter d. Kgl. Domäne Ewig-Hespeke.	Ev. u. kath. Kirche, Schule und Gymnasium in Attendorn (¹/₂ Std. Fußweg).	In Attendorn, 2 km.	Staatsauss. über die Instituts- u. Gemeindewaldg. d. Kreises Altena, des Amtes u. der Stadt Attendorn.
Rgbz. Arnsberg. (Karte 45.)					
In Hilchenbach, „Kölner Hof".	In Hilchenbach, Hotel „Kölner Hof". In Altenteich, bei Saßmannshausen.	Gebäude ausreichend, am Ostrand der Stadt Hilchenbach, 2200 Einwohner, an der Chaussee.	Kath. Kirche, höhere Töchterschule in Keppel 4 km. Evg. Kirche in Hilchenbach. Realgymnasium i. Siegen.	In Hilchenbach.	Verw. d. Stiftsobf Keppel. — Wohnung f. verh. Ass. ist zu finden in Hilchenbach.
Rgbz. Arnsberg (Karte 45.)					
In Siegen, bei Geffert. In Burbach, bei Neef. In Holzhausen, bei Benther. In Kreuzthal, bei Kaletsch. In Freudenberg, bei Müller. In Wilmsdorf, bei Vith.	In Siegen, in mehreren Hotels.	Altes, gut erhaltenes Dienstgebäude mit sehr dicken Steinmauern, nahe am Bahnhof Siegen gelegen, Kreisstadt, 22100 Einwohner, Bez.-Com.	Kirchen und Realgymnasium i. Siegen.	In Siegen.	
Rgbz. Arnsberg. (Karte 45.)					
In Deuz, bei Klein. In Walpersdorf, bei Klein.	In Walpersdorf, bei Klein, 10 km. In Deuz, 7 km, bei Klein.	Große geräum. Wohn. oberh. des Dorfes Hainchen, 150 Einw., an der Chss. Siegen-Straßeb., alt. Herrensitz, wenig gute Wirthschr. Verbess. i. Auss. N. St. Siegen, 22100 Ew., 18 km.	Kath. Kch. i. Irmgarteichen, 1,5 km. Ev. Kch. in Netphen, 12 km, Realgymnas. in Siegen, 3 Stund. Landweg.	In Netphen, 12 km. Amtsgericht in Siegen, 18 km.	Für verh. Assess. kein Unterkommen.

Sitz der Oberförsterei nebst Poststation	Entfernung des Oberförstereisitzes von der nächsten Eisenbahnstation bezw. Haltestelle. Post- und regelmäßige Reiseverbindungen auf Landwegen.	Durchschnittliche Entfernungen und ungefähre Anfuhrkosten von den einzelnen Reviertheilen für Bahn- bezw. Wassertransport, und zwar: Schutzbezirk	Entfernung bis Güterbahnhof	Anfuhrkosten pro fm M.	Entfernung bis Wasserablage	Anfuhrkosten pro fm M.

648. Königl. Oberförsterei Neheim, Rgbz. Arnsberg. (Karte 45.)

Neheim a. R., Burgstr. Nr. 43, Post, Kreis Arnsberg.	2,6 km nach Bahnhof Neheim-Hüsten.	Himmelpforten, Moosfelde	bis 6 km Chss. nach Bahnhof Neheim-Hüsten	3,5	Für Grubenholz 1,2 bis 1,5 Mk. Anfuhrkosten pro fm.	
		Holzen	$4^1/_2$ km chss. Weg desgl.	3		
		Welver	3 km befest. Weg bis Welver	3,5—5		

649. Königl. Oberförsterei Obereimer, Rgbz. Arnsberg. (Karte 45.)

Obereimer, Post und Kreis Arnsberg.	3 km bis Bahnhof Arnsberg.	Neuhaus I	4 km Chss. b. Wamel	2,5		
		Neuh. II	7 km desgl.	3		
		Breitebruch	6 km Chss. b. Arnsbg.	3		
			9 km Chss. bis Neheim-Hüsten	3		
		Niedereimer	5 bezw. 6 km wie vor	3		
		Wicheln	4 km Chss. b. Arnsbg.	2,5		
		Stemel	3 km Erdw. b. Stemel	3		
		Sundern	5 km Chss. b. Hachen	3		

650. Königl. Oberförsterei Bredelar, Rgbz. Arnsberg. (Karte 45.)

Bredelar, Post, Kreis Brilon.	2 km Chaussee nach Bahnhof Bredelar.	Bredelar	2—3 km Chss. 1 km Erdweg bis Bredelar	1,5-2,5		
		Madfeld	3—5 km Chss. 2 km Edw. bis Bredelar	2—3		
		Marsberg	2-3 km Chss. 1 km Edw. bis Niedermarsberg	1,5-2,5		

651. Königl. Oberförsterei Glindfeld, Rgbz. Arnsberg. (Karte 45.)

Glindfeld, Post Medebach, Kreis Brilon.	32 km Chauss. (Personenp. von Medeb.) nach Olsberg; 20 km Chss. (Personenp. wie vor) nach Corbach; 23 km Chss. (Persp. wie vor) nach Frankenberg; 42 km Chss. nach Berleburg u. nach Gleidorf. — Von Nuttlar (Schwerte-Cassel) nach Winterberg ist eine Staatsbahn im Bau.			pro rm	Bu.-Stammh. kostet pro fm 5 Mk. Anfuhr; geschältes Fi.-Sth. 4—5 Mk.	
		Mark-Bilden	42 km Chss. b. Olsberg	4		
		Glindfeld	35 „ „ „ „	3,5		
		Küstelberg	24 „ „ „ „	2,5		
		Schanze, Latrop	12 km mst. bef. Weg bis Fleckenberg	2,5		
		Sorpe	12 km Chss. u. bef. Weg bis Gleidorf	2,5		

652. Königl. Oberförsterei Ewig, Rgbz. Arnsberg. (Karte 45.)

Haus Ewig, Post Attendorn i./W., Kreis Olpe.	$2^1/_2$ km Chaussee nach Bahnhof Attendorn; $2^1/_2$ km Chauss. nach Station Kraghammer (bei theilweiser Benutzung eines Landweges nach letzterer Station nur $1^1/_2$ km). Ohne Postverbindung.	Einsiedelei	6 km Chaussee bis Welschenennest	2,5		
		Bilstein	8 km Chaussee bis Grevenbrück	3		
		Ewig	4 km ($^1/_2$ Chss.) bis Attendorn; $1^1/_2$ km Landw. bis Kraghammer	2,5		
		Beckerhof	10 km ($^1/_2$ Chss.) bis Meinerzhagen	3,5		

653. Königl. Oberförsterei Hilchenbach, Rgbz. Arnsberg. (Karte 45.)

Hilchenbach, Post, Kreis Siegen.	20 Minuten bis Bahnh. Hilchenbach; 25 Minuten bis Bahnhof Vornwald.	Ginsberg	2 km bis Vornwald	0,5		
		Lützel	3 „ „ Lützel	1,2-1,5		
		Altenteich	3 „ „ „	1,2-1,5		
		Zinse	6 „ „ Erndtebrück	2,2-2,5		
		Müsen	1,5 „ „ Dahlbruch	0,5		

654. Königl. Oberförsterei Siegen, Rgbz. Arnsberg. (Karte 45.)

Siegen, Bahnhofstr. 32, Post und Kreis Siegen.	Oberförsterei unmittelbar am Bahnhof Siegen.	Dresselndf.	5 km bis Siegen	4		
		Holzhaus.	4 „ „ „	4		
		Burbach	6 „ „ „	4		
		Kalteiche	7 „ „ „	4		
		Eremitage	6 „ „ „	3		
		Siegen	4 „ „ „	2		
		Freudenb.	5 „ „ „	3		
		Kreuzthal	5 „ „ „	3		

655. Königl. Oberförsterei Hainchen, Rgbz. Arnsberg. (Karte 45.)

Hainchen, Post Deuz i./W., Kreis Siegen.	10 km Chss. bis Strassebersbach (Dillenbg.-Straßebersb.) Abzw. von der Linie Köln-Gießen. — 18 km Chss. b. Siegen od. Weidenau (Hagen-Betzdorf). — Personenpost Weidenau-Deuz (7 km v. Oberf.) 2 mal tägl.; Wagen bei Schmitt in Straßebersb. sowie in Siegen u. Weidenau erhältlich.	Lahnhof	9 km Landstr. u. bef. Weg bis Feudingen	2—3		
		Walpersdorf	10 km Chss. desgl. 8 km bef. Weg bis Erndtebrück	2—3		
		Hohenroth	8 km bef. Weg bis Erndtebrück; 3 km Edw. b. Lützel	2—3		

Sitz der Oberförsterei nebst Poststation	Entfernung des Oberförstereisitzes von der nächsten Eisenbahnstation bezw. Haltestelle. Post- und regelmäßige Reiseverbindungen auf Landwegen	Durchschnittliche Entfernungen und ungefähre Anfuhrkosten von den einzelnen Reviertheilen für Bahn- bezw. Wassertransport und zwar: Schutzbezirk	Entfernung bis Güterbahnhof	Anfuhrkosten pro fm M.	Entfernung bis Wasserablage	Anfuhrkosten pro fm M.

656. Königl. Oberförsterei Rumbeck, Rgbz. Arnsberg. (Karte 45.)

Rumbeck, Post Oeventrop, Kreis Arnsberg.	2,5 km Chaussee nach Bahnhof Oeventrop.	Enste	5 km Chss. b. Meschede	7,00		
		Giesmecke	7 „ mst. Chss. b. Freienohl und Oeventrop	6—6,5		
		Lattenbg.	6 km Chss. b. Oeventrop	3,8-4,5		
		Rumbeck	5 km Chss. b. „ 7 „ „ b. Freienohl	3,3b. 4,5		
		Damberg	3 km Chss. b. Oeventrop	3—4		

657. Königl. Oberförsterei Vöhl, Rgbz. Cassel. (Karte 45.)

Vöhl, Post, Kreis Frankenberg.	7 km Chaussee nach Herzhausen. Täglich 3mal Post hin und zurück.	Niederorke	3 km Chss. bis Ederbringhausen	1,50		
		Buchenberg	5 km Chss. b. Herzhsn. 2 km Edw. b. Schmittlotheim	2,00		
		Herzhausen	1 km Chss. 2 km Erdw. bis Herzhausen	1,50		
		Basdorf	10 km Chss. b. Herzh.	3,00		
		Vöhl	7 „ „ „ „	2,50		
		Marienhagen	3 „ „ b. Thalitter	2,00		
		Eimelrod	17 „ „ „ Brilon	4,00		

658. Königl. Oberförsterei Altenlotheim, Rgbz. Cassel. (Karte 45.)

Altenlotheim, Post Schmittlotheim, Kreis Frankenberg.	3 km Chaussee nach Schmittlotheim (Linie Frankenberg-Corbach).	Altenlotheim	5,5 km meist Chaussee bis Schmittlotheim	3,00		
		Schmittlotheim	4 km wie vor	2—3		
		Asel	11 „ mst. Chss. b. Herzh.	4—5		
		Kirchloth.	2,5 „ wie vor	2,00		

659. Königl. Oberförsterei Frankenau, Rgbz. Cassel. (Karte 45.)

Frankenau, Post, Kreis Frankenberg.	9 km Chaussee über Altenlotheim nach Schmittlotheim (Warburg-Marburg), besser aber 14 km Chaussee nach Frankenberg, von dort täglich hin und zurück Privatpost, oder 20 km Chss. nach Wildungen (Wabern-Wildung.), wohin 1mal täglich hin und zurück Privatpost.	Frankenau O.	12 km meist Chaussee bis Schmittlotheim	2,5-3,5		
		Frankenau W.	9 km wie vor	2—3		
		Louisendorf	4 km (1/2 Chss.) bis Viermünden	1—1,5		
		Hessenst. S.	6 km (2 km Chss.) desgl.	1-2,25		
		„ N.	5 km (2 km Chss.) b. Ederbringhausen	1—2		

660. Königl. Oberförsterei Frankenberg, Rgbz. Cassel. (Karte 45.)

Frankenberg, Hessen-Nassau, Post und Kreis Frankenberg.	Frankenberg ist Station der Linie Warburg-Marburg. Personenposten nach Battenberg, Sachsenberg, Medebach, Wildungen, 1mal täglich hin und zurück.	Haine	7 km Chss. b. Frankenb.	2,50		
		Somplar	10 km wie vor	5,00		
		Rodenbach	4 „ „ „	4,50		
		Wangershausen	8 „ „ „	5,00		
		Schreufa	4 „ „ „	4,50		
		Hommershausen	9 „ „ „	5,00		

661. Königl. Oberförsterei Wolkersdorf, Rgbz. Cassel. (Karte 45.)

Wolkersdorf, Post und Kreis Frankenberg.	5 km Chaussee bis Bahnhof Frankenberg.	Ernsthausen	2 km Erdw. u. Chss. bis Ernsthausen	1—2		
		Theerhütte	8 wie vor b. Frankenb.			
		Roda	8 „ „ „ Ernsthaus.			
		Wolkersdorf	5 km Chss. b. Ernsth. 8 „ „ „ Frankb.			
		Wiesenfeld	6 „ „ „ Ernsth. 7 „ „ „ Frankb.			

662. Königl. Oberförsterei Rosenthal, Rgbz. Cassel. (Karte 45.)

Rosenthal, Post, Kreis Frankenberg.	11 km Chaussee über Roda nach Ernsthausen (Marburg-Warbg.); event. 13 km Chaussee nach Frankenberg; oder 23 km Chss. nach Kirchhain (Main-Weserbahn); oder 24 km über Bracht, Cölbe (Bahnst.) nach Marburg.	Hertingshausen	15 km mst. bef. Weg b. Kirchhain od. Ernsth.	Stck. p. fm Lbh. 5 b. 6, Na. 2-3 Sch. u. Grbh. 1,2-2,2.		
		Rosenthal Roda Willershausen	5—10 km b. Ernsthausen od. Frankenberg			

663. Königl. Oberförsterei Bracht, Rgbz. Cassel. (Karte 45.)

Bracht, Post Schönstadt, Kreis Marburg.	10 km Chaussee über Schönstadt nach Cölbe; 15 km desgl. über Cölbe nach Marburg; 16 km Chaussee über Rauschenberg nach Kirchhain. (In Cölbe nur Personenzüge.)	Bracht S.	6 km Chss. bis Cölbe	5,00		
		Schwarzenborn	6 km wie vor	5,00		
		Wohra	12 km wie vor 10 km Chss. b. Kirchh.	5,50 b. 6		
		Langendf. Rosenthal	15 „ „ „ Cölbe	6,00		
		Bracht N.	12 „ „ „	5,50		
		Anfuhrk. f. Grubh. 1,30—1,50 Mk. pro rm.				

Flächengröße u. Charakter des Reviers. Vertheilg. der Hauptholzarten nach Zehnteln.	Beschaffenheit des Wegenetzes im Reviere und der sich daran schließenden Abfuhrstraßen, sowie der etwaigen Wassertransportwege. Adressen von größeren Fuhrunternehmern.	Jahresquantum der Haupt-Verkaufshölzer nach Holzarten und Sortimenten (unter Abrechnung des Lokalbedarfs.)

656. Königl. Oberförsterei Rumbeck,

3234 ha. — bergig, 3 gr. Complexe. Bu. 0,7 Fi. 0,2 Ei. 0,1

Rationelles Wegenetz im Ausbau. Hauptwege schon durch Steinschlag chausseemäßig gehärtet. Außerhalb meist gute Chausseen. Fuhrunternehmer Hoffmann und Aufterbeck zu Rumbeck, Spindeldreher zu Brumlingsen, Spielmann zu Oeventrop, Nöke zu Freienohl, Poetgen zu Glösingen.

Schutzbezirk	Stammh. (fm) Bu.	Fi.	Rollholz Bu.	Reiserstg. Fi.	Brennh. Bu.
Enste	500	170	400 rm	10000 Stck.	2000 rm
Giesmecke	800	300	800 „	6000 „	2200 „
Lattenberg	800	500	500 „	6000 „	1200 „
Rumbeck	500		700 „		1200 „
Damberg	400		300 „		400 „

657. Königl. Oberförsterei Vöhl,

2439 ha. — hügelig, sehr parzellirt, lang gestr. Fi. 0,5 Bu. 0,3 Ki. 0,2 Ei.

Innerh. sehr gute Erdwege, vielfach mit Steinen überschüttet, außerh. gute Chauss. Fuhrunternehmer: Tippel in Thalitter, Bauern in Niederorke, Ederbringhausen, Buchenberg, Basdorf, Vöhl.

Schbz. Buchenberg 200 fm Ki.-Grubh.
„ Basdorf 200 „ „ „ 2000 Stck. Fi.-Reiserstg.
„ Marienhagen 200 „ „ „ 1000 „ „ „
„ Eimelrod 2000 „ „ „

658. Königl. Oberförsterei Altenlotheim,

2370 ha. — gebirgig, zusammenhängend. Bu. 0,8 Fi. 0,1 Ki. Lä. } 0,1

Gutes Wegenetz vorhanden; Hauptholzabfuhrwege z. Th. chaussirt. — Fuhruntern.: Stiehl, Baumann Fackiuer in Altenlotheim, Schäfer, Mitze in Schmittlotheim.

Schbz. Altenlotheim 500 Fi.-Derbst. 20 fm Ki.-Grubh.
„ Schmittlotheim 500 „ „ 20 „ „ „
„ Asel 300 „ „ 10 „ Hbu.-Stamh.
„ Kirchlotheim 600 „ „ 30 „ Ki.-Grubh.
Ganzes Revier: 600 fm Bu.-Stammholz.

659. Königl. Oberförsterei Frankenau,

2115 ha — gebirgig. Bu. 0,5 Fi. 0,4 Ki. 0,1

Das Revier ist aufgeschlossen durch gut fahrb. Erdwege u. vielfach auch Steinwege. Soweit nicht gute Chauss. grenzen, sind diese auf fahrb. Feldwegen leicht zu erreichen. — Fuhruntern. in Frankenau, Geißmar, Frankenberg, Viermünden.

Schbz. Frankenau O 100 fm Fi.-Stammh. 1000 St. Fi.-Derbst.
„ „ W. 200 „ Ki.-Grubh.
„ Louisendorf 100 „ Fi.-Stammh. 1000 „ „ „
„ Hessenstein S. 20 „ Bu.- „ 10 rm Bu.-Schichtnutzh.
„ „ N. 30 „ „ „ 15 „ „ „
Ganzes Revier 30 „ Hbu. „ 30 „ Hbu.- „

660. Königl. Oberförsterei Frankenberg,

3809 ha. — gebirgig, zusammenhgd. Bu. 0,6 Fi. 0,3 Ei. 0,1

Das Revier wird von 2 guten Chausseen durchschn., auf welche die Erdwege aus den Forstorten münden. — Fuhrunternehmer Schwieder, Schneider und Braun in Frankenberg, Bauern in Schreufa.

Schbz. Rodenbach 100 fm Ei.-, 30 fm Bu.-Stammh. 50 fm Fi.-Bauholz.
„ Hommershausen 100 fm Ei.-, 30 fm Bu.-Stammh. 20 rm Bu.-Schichtnutzholz.
„ Wangershausen 30 fm Bu.-Stammh. 20 rm Bu.-Schnh.
„ Schreufa 40 fm Ei.-Stammh. 150 fm Fi.-Bauh.
„ Haine 50 fm Fi.-Bauh.
„ Somplar 30 rm Bu.-Nutzscheit 30 fm Bu.-Stammh. 150 fm Fi.-Bauholz.

661. Königl. Oberförsterei Wolkersdorf.

2836 ha. — hügelig, zusammenhgd. Ki. 0,5 Bu. 0,3 Fi. 0,1 Ei. 0,1

Durch das Rev. führen 2 Chauss. 3 chauss. Kommunicationswege, 1 chauss. Holzabfuhrweg. Adressen von Fuhrunternehmer sind in Bottendorf und Ernsthausen zu erfahren.

Schbz. Ernsthausen 200 fm Ki.-Grubh.
„ Wolkersdorf 150 „ „ „
„ Wiesenfeld 150 „ „ „
„ Theerhütte 350 „ „ „ 100 fm Fi.-, 100 fm Ki.-Stämme.
„ Roda 200 fm Ki.-Grubh. 700 fm Bu.-Brennh. 300 fm Fi.-Stämme.

662. Königl. Oberförsterei Rosenthal,

2410 ha. — hügelig, außerh. des Hauptrev. (6 km östl.) liegt Hertingshausen. Bu. 0,5 Ki. 0,3 Ei. 0,1 Fi. 0,1

Innerh. des Reviers meist gute Erdwege, außerhalb befest. Landwege, die auch das Revier schneiden. Fuhrleute in Rosenthal, Bottendorf, Ernsthausen, Frankenberg.

Schbz. Hertingshausen 50 fm Ei.-Stammh. 25 fm Erl.-Nutzsch. 250 fm Na.-Grubenh. 100 rm Na.-Brennh.
„ Rosenthal
„ Roda
„ Willershausen
} 50 fm Ei.-Stammh. (alte Ei.) 30 rm Ei.-Schichtnutzh. 200 fm Bu.-, 200 fm Ki.-, 100 fm Fi.-Stammh. 850 fm Na.-Grubh. 200 rm Bu.-, 100 rm Na.-Brh.

663. Königl. Oberförsterei Bracht,

3700 ha. — bergig, zusammenhgd. Bu. 0,5 Fi. 0,2 Ki. 0,2 Ei. 0,1

Innerh. meist gut fahrbare Wege, außerh. überall gute Chausseen. — Fuhruntern.: Bieker in Cölbe, Dörbecker in Schwabendorf, Bauern in Bracht, Schönstadt, Schwarzenborn.

Schutzbezirk	Stammholz (fm) Ei.	Bu.	Na.	Grubh. Na.
Bracht S.		30	100	50 fm
Schwarzenborn	250	30	100	150 „
Wohra			400	300 „
Langendorf		20	500	300 „
Bracht N.	50	20	200	300 „
Rosenthal		100	200	300 „

Oeffentliche Holzlicitationen finden statt in:	Unterkommen im Gasthofe f. Holzhändler, Forstassessoren u. Referendare in möglichster Nähe der Oberförsterei	Zustand des Oberförsterdienst-Gebäudes	Wo Kirche? Wo Schule? In welcher Zeit zu erreichen?	Wo Arzt, wo Apotheke, wo Amtsgericht?	Nebenämter des Revierverwalt. — Wenn ständiger Assistent vorhanden, wo wohnt derselbe?
Rgbz. Arnsberg. (Karte 45.)					
In Rumbeck, bei Kopleck. In Oeventrop, bei Behrens u. Stemann.	In Rumbeck, Gasth. Kopleck. In Oeventrop, bei Behrens und Stemann.	Dienstgebäude im Dorfe Rumbeck, Theil des alten Klosters, wohnlich, doch mit beschränkten Räumen, Wirthschaftsräume gut, jedoch klein. — Nächste Stadt Arnsberg, 5 km, 8500 Einwohner, Regierungssitz, Landgericht.	Kathol. Kirche und Schule am Orte, ev. Kirche und Schule in Oeventrop und Arnsberg, Gymnas. in Arnsberg.	In Arnsberg, 5 km.	Mitverwaltung des Kommunalforstes zu Freienohl.
Rgbz. Cassel. (Karte 45.)					
In Vöhl, bei Fr. Rohde.	In Vöhl, Gasthof „z. Deutsch. Kaiser" u. „Prinz Wilhelm".	Altes Gebäude innerhalb des Dorfes Vöhl (750 Einw.), an der Chaussee Herzhausen-Vöhl. Wohnhaus (wenig Platz) mit anhängend. Wirthschaftsr. Großer Garten am Hause. Nächste Stadt Corbach in Waldeck, 13 km, 2600 Einw.	Ev. Kirche, Pfarre und 2 Dorfschulen in Vöhl. Gymnasium in Corbach, 1 Std. Chss. bis Holzhausen oder Thalitter, von da in 25, bezw. 17 Min. Bahnf. erreichb.	In Vöhl.	Gutsvorsteher. Forstamtsanw. Staatsaufsicht über 15 Gemde.-, Interess.- u. Genossenschaftsf. — Wohn. f. verh. Ass. in Vöhl möglich.
Rgbz. Cassel. (Karte 45.)					
In Herzhausen, bei Blöcher.	Bei bescheidenen Ansprüchen in Altenlotheim, beim Gastwirth Wolf.	Altes Gebäude mitten im Ort Altenlotheim, nahe der Chaussee gelegen. — Marburg, 17 500 Einw., in $1\frac{1}{2}$ Std. Bahnfahrt von Schmittlotheim erreichbar.	Jeden Sonntag am Ort Kirche, ev. Pfarrer wohnt in Kirchlotheim. Volksschule am Ort.	In Frankenau, 6 km, Amtsgericht in Vöhl, 12 km.	Schiedsmann. — Wohnung für verheir. Assess. in der Nähe nicht zu haben.
Rgbz. Cassel. (Karte 45.)					
In Frankenau, „Hessischer Hof" und „Krone". In Geismar, bei Hecker.	In Frankenau, „Hessischer Hof" (Schäfer), und auch in der „Krone" (Brück).	Sehr schönes, neueres Geb. am NW.-Ausg. der Stadt Frankenau (1000 Einw.). Wohnh. viel Platz, Wirthschaftsr. beschr. — Kreisst. Frankenberg, 2900 Ew., 12 km Chss.; Bad Wildungen, 3200 Einwohner, 18 km Chaussee.	Ev. Kch. u. Pfarre, sowie Volksch. im Ort. Kath. Gottesd. und Rectorschule in Frankenberg, Gymnas. in Corbach, 9 km Chss. b. Schmittloth., u. von da 1 St. Bhnf.	In Frankenau. Amtsgericht in Frankenberg.	Für verheir. Ass. Wohnung im Ort zu finden.
Rgbz. Cassel. (Karte 45.)					
In Frankenberg, „Hessischer Hof" und „Goldener Engel".	In Frankenberg, Hotel Schmidtmann.	Altes geräum. gutes Dienstgeb., auch gr. Wirthschaftsgeb. (fr. Kloster) in Frankenberg, Kreisst., 2900 Einw. — Marburg, 17 500 Einw., Kreisst., Garnis., Universität, in $\frac{5}{4}$ std. Bahnfahrt erreichbar.	Ev. u. kath. Kirche, Rectorschule im Ort. Gymnas. in Corbach und Marburg, nach beiden Städten circa 1 St. Bahnfahrt.	In Frankenberg, 5 km.	Gutsvorsteher. Forstamtsanw.
Rgbz. Cassel. (Karte 45.)					
In Frankenberg, „Hessischer Hof" und „Goldener Engel". In Ernsthausen, bei Bornemann.	In Frankenberg, 5 km Hotel Schmidtmann. Für einf. Anspr. „Hess. Hof" das. u. Gasth. Bornemann in Ernsthausen, 7 km.	Altes Gebäude, liegt mit der Domäne Wolkersdorf zusammen, 5 km von Frankenberg, Kreisstadt, 2900 Einw.; gute Chausseeverbindung. — Marburg, $\frac{5}{4}$ Std. Bahnf. von Frankenberg ab.	Ev. Kirche in Bottendorf, in 10 Minuten zu erreichen. Kath. Kirche in Frankenberg.	In Frankenberg.	Staatsauff. üb. 9 Gemeinde- u. Interessentenwald. — Verheir. Ass. könnte in Frankenberg wohnen.
Rgbz. Cassel. (Karte 45.)					
In Wohra, bei Immel. In Rosenthal, „Hessischer Hof". In Ernsthausen, bei Bornemann.	In Rosenthal, „Hess. Hof". In Frankenbg., bei Helmerich. In Ernsthausen, bei Bornemann.	Altes Fachwerkgebäude mit genügenden Räumlichkeiten und mäßigen Wirthschaftsräumen neben dem Gerichtsgebäude in der Stadt Rosenthal (1000 Einwohner).	Luth. Pfarre in Rosenthal. Kath. Kirche in Frankenberg, $1\frac{1}{2}$ Std. Gymnasium in Marburg.	In Rosenthal.	Auff. üb. Stadtw. von Rosenthal u. Gemünden, sowie 4 Interessentenfst. (zus. 1628 ha). — Unterk. für verh. Ass. ev. in Rosenthal möglich.
Rgbz. Cassel. (Karte 45.)					
In Schönstadt, bei Trus. In Halsdorf, bei Staffel.	Bei besch. Anspr. in Schönstadt, 5 km, bei Grus u. Ruppersberg. In Rosenthal, 7,5 km, bei Staffel. In Rauschenbg.	Gutes älteres Dienstgeb. am N.-Ausg. des Dorfes Bracht (600 Einw.) an der Chaussee Marburg-Rosenthal; neues Wirthschaftsgebäude. — Marburg, 15 km Chaussee, 17500 Einwohner.	Ev. Kirche u. Schule im Dorf, Pfarrer in Rauschenberg, 7 km. Gymnasium in Marburg (10 km bis Cölbe, dann 5 Min. Eisenbahnfahrt).	In Rauschenberg, 7 km.	Staatsauff. über 2 Gemeindeforst. (40 ha).

Flächengröße u. Charakter des Reviers. Vertheilg. der Hauptholzarten nach Zehnteln.	Beschaffenheit des Wegenetzes im Reviere und der sich daran schließenden Abfuhrstraßen, sowie der etwaigen Wassertransportwege. Adressen von größeren Fuhrunternehmern.	Jahresquantum der Haupt=Verkaufshölzer nach Holzarten und Sortimenten (unter Abrechnung des Lokalbedarfs).

664. Königl. Oberförsterei Treisbach,

1461 ha. — meist hügel., z. Th. gebirg., zusammenh. 1 größ. Parz. Bu. 0,48 Fi. 0,26 Ki. 0,22 Ei. 0,04

Innerh. nur Erdwege, jedoch vielfach steinig und fest. Rings um das Revier $^1/_2$—2 km entf. z. Th. auch dasselbe berührend gute Chausseen. — Fuhruntern.: Debus in Buchenau, Schmidt in Todenhausen, Göbel, Zißel, Schäfer in Wetter.

Schutzbezirk	Derbstangen Fi. (fm)	Schwellholz Ei. (fm)	Grubh. (fm) Ei.	Ki.
Sterzhausen	30	10	40	145
Warzenbach	50	15	100	150
Hauwald		5	10	5

665. Königl. Oberförsterei Oberrosphe,

3739 ha. — bergig, zusammenhgd. Ki. 0,5 Fi. 0,3 Bu. 0,2

Wegenetz ausgebaut und gut, desgl. die Abfuhrstraßen.

Ganzes Revier { 5000 fm Ki.=, 50 fm Ei.=Grubenh.
700 „ Bauholz 1100 fm Fi.=Bauh. u. Stangen.
70 „ Bu.=Stammh. 100 rm Bu.=Rollh.

666. Königl. Oberförsterei Rauschenberg,

1533 ha. — hügelig, parzellirt. Bu. 0,4 Ei. 0,3 Ki. 0,2 Fi. 0,1

Innerh. des Reviers meist Erdwege, aber auch mehrere Landstr.; außerh. gute Chss. — Fuhruntern.: Dörrbecker in Schwabendorf u. kleine Fuhrleute in Kirchhain, Burgholz und Ernsthausen.

Schutzbezirk	Stammholz (fm) Ei.	Ki.	Grubenholz (rm) Ei.	Ki.
Emsdorf	60	130	30	40
Burgholz	40			250
Himmelsberg	150	200	70	250
Rauschenberg	50	70	60	30

667. Königl. Oberförsterei Marburg,

3015 ha. — berg., zushgd. Bu. 0,4 Ki. 0,3 Fi. 0,2 Ei. 0,1

Wegenetz meist gut ausgebaut, außerh. des Reviers viele gute Chausseen bezw. Ortschaften fast stets durch chauss. Wege verbunden. — Fuhruntern. Heppe, Grimmel, Hesse in Marburg, Kranz in Cölbe.

Schbz. Stempel 50 fm Ki.=Stammh. 50 fm Ki.=Grubh.
„ Marburg S. 250 „ Fi.= „ 300 „ „ „
„ Bauerbach 200 „ Ki.= „ 100 „ „ „
„ Marburg N. 250 „ „ „ 300 „ „ „
„ Ginseldorf 100 „ „ „ 100 „ „ „ 50 fm Fi.=Stammh.

668. Königl. Oberförsterei Ellnhausen,

1026 ha. — stark hügel., sehr parzell. Bu. 0,5 Ei. 0,3 Ki. 0,2

Innerhalb zahlreiche gute, jedoch unbefest. Holzabfuhrwege; außerhalb überall chauss. Landstraßen. — Fuhrunternehmer Heppe in Marburg, sowie Bauern in umliegenden Dörfern.

Schutzbezirk	Stammh. (fm) Ei.	Fi.	Ki.	Schichtnutzh. Ei. (rm)	Derbstangen Fi.
Lohra	60	60	170	20	
Ellnhausen	165			200	100 Stck.
Calbern	110			100	

669. Königl. Oberförsterei Haiger,

1186 ha. — hügelig, zusammenh. Bu. 0,6 Fi. u. Ki. 0,3 Ei. 0,1

Gute Chausseen und Vizinalwege. — Fuhruntern. Wagner in Kalteiche und Müller in Haiger.

Schbz. Kalteiche 400 fm Ei.=, 130 fm Bu.=, 150 fm Fi.=Stammh. 700 rm Bu.=Brennh.
„ Steinbach wie vor.

670. Königl. Oberförsterei Dillenburg,

1944 ha. — hügelig. Bu. 0,6 Fi. 0,2 Ei. 0,1 Ki. 0,1

Wege innerhalb des Waldes gut; außerhalb desselben, namentlich auch die Landwege, sehr gut. — Fuhrleute in Dillenburg, Frohnhausen, Manderbach, Dousbach.

Schutzbezirk	Stammh. (fm) Ei.	Fi.	Bu.	Ki.	Grubh. (fm) Ei.	Ki.	Nutzroll. (fm) Bu.	Derbstangen Fi.
Neuhaus			200	200				
Dillenburg				100		100	100	
Manderbach	200		100		200			
Frohnhaus.		200					200	2000

671. Königl. Oberförsterei Oberscheld,

2792 ha. — Gebirgsrev., zusammenhängend. Bu. 0,75 Fi. 0,25

Wegenetz fast vollständig ausgeb., in den Thälern gute Chausseen, besonders von Dillenb. nach Nanzenb., sowie über Oberscheld (Schelbebahnstr. nach Biedenkopf) u. nach Gladenb. — Fuhrl. Simon in Eibach, Achelger in Nanzenbach, Christ und Seibel in Oberscheld.

Schbz. Oberscheld 100 fm Bu.=Stammh. 300 fm Nad.=Stammh.
„ Wallenfels 150 „ „ „
„ Tringenstein 250 „ „ „
„ Paulsgrube 100 „ „ „ 100 fm Nad.=Grubh.
„ Nanzenbach 50 „ „ „ 500 „ „ Stammh.
„ Eibach 50 „ „ „

Oeffentliche Holzlicitationen finden statt in:	Unterkommen im Gasthofe f. Holzhändler, Forstassessoren u. Referendare in möglichster Nähe der Oberförsterei	Zustand des Oberförster-Dienstgebäudes	Wo Kirche? Wo Schule? In welcher Zeit zu erreichen?	Wo Arzt, wo Apotheke, wo Amtsgericht?	Nebenämter des Revierverwalt. — Wenn ständiger Assistent vorhanden, wo wohnt derselbe?
Rgbz. Cassel. (Karte 45.)					
In Wetter, Gasth. „zur Linde" und Junk am Bahnhof.	In Wetter, Gasth. „z. Bahnhof" (Junk), 10 Minuten von Oberförsterei.	Schönes, geräumiges, neueres Gebäude, westl., etwas außerhalb der Stadt Wetter (1100 Einw.). — Nächste größere Stadt Marburg (17500 Ew.), $^1/_2$ Stunde Bahnfahrt.	Ev. Kirche u. Pfarre im Ort; kath. Gottesdienst und Gymnas. in Marburg. Frühzug 6^{00} V., Rückkehr 3^{25}, bezw. 7^{15} N.	In Wetter.	Staatsauff. über 8 Interessent.- 2c. Waldg. Gutsvorsteher. Forstamtsanw. — In Wetter Wohng. für verh. Assess. zu haben.
Rgbz. Cassel. (Karte 45.)					
In Wetter, bei Junk. (Gasthof „zum Bahnhof").	In Wetter, bei Junk.	Schönes, neues Gebäude in nächst. Nähe d. Stadt Wetter, 1100 Einw., unmittelbar an d. Straße von Marburg nach Frankenberg. — Marburg, 17500 Ew., in 30 Min. Bhf. z. err.	Siehe Nr. 664.	In Wetter.	
Rgbz. Cassel. (Karte 45.)					
In Kirchhain, Bahnhofshotel.	In Rauschenberg, Hotel Ruckert. In Kirchhain, Hotel Mosebach u. Bahnhofshotel.	Altes geräumiges Fachwerkgebäude am SW.-Rande der Stadt Rauschenberg (1100 Einw.), Wirthschaftsgeb. beschr. — Marburg (17500 Einw.), 18 km. — Kirchhain, 9 km, Kreisstadt, 2000 Einwohner.	Luth. u. ref. Kirche und Pfarre in der Stadt. Kath. Gottesdienst in Sindersfeld, Gymnasium in Marburg.	In Rauschenberg.	Staatsauff. über 8 Gemeinde- u. Interessentenfrst. — Unterkommen für verh. Assessor in Rauschenberg erhältlich.
Rgbz. Cassel. (Karte 45.)					
In Marburg, Schloßgarten. In Cölbe, bei Kranz.	In Marburg, Hotel Pfeiffer. Hotel „z. Ritter".	Neues, gutes Dienstgebäude in in der Kreisstadt Marburg, 17500 Einwohner, Universität, Landgericht, Garnison.	In Marburg.	In Marburg.	Staatsauff. über 3 kleine Interessentenforsten (zusammen 57 ha).
Rgbz. Cassel. (Karte 45.)					
In Ellnhausen. In Ockershausen. In Caldern. In Damm.	In Marburg, siehe Nr. 667.	Sehr ger. schönes Dienstgeb. in gutem Zustand (alt. Jagdschloß) im Dorfe Ellnhausen (500 Ew.), unmittelbar an e. Bauernhof anstoß., an chauss. Str.; Wirthschaftsr. beschränkt. Marburg, 7,5 km.	Luth. Kirche, Pfarre u. Dorfschule im Ort. Höhere Schulen in Marburg, in $1^1/_2$ Std. Landweg erreichbar.	In Marburg, 7,5 km.	Staatsauff. üb. 38 Inter.- u. Stiftswaldg. Administrat. d. Univers.-Waldes. — Verh. Assess. kann nur in Marburg wohnen.
Rgbz. Wiesbaden. (Karte 45.)					
In Haiger für Nutzh. „ Wilgersdorf „ Fellerdilln „ Allendorf „ Kalteiche } für Rch.	In Haiger und in Würgendorf gute Gasthäuser.	Sehr schönes neues geräumig. Dienstgeb., 100 m von Haiger, 1900 Einw., Wirthschaftsgeb. klein, wenig Dienstland. — Dillenburg, 4400 Einw., 12 Minuten Bahnfahrt.	Ev. u. kath. Kirche, Volkssch. in Haiger, Gymnas. in Dillenb., in 12 Min. mit ziemlich passendem Frühzug zu erreichen.	2 Aerzte, 1 Apotheke in Haiger. Amtsgericht in Dillenburg.	Staatsaufsicht üb. 12 Gemeindewaldungen und 4 Haubergsgenossenschaften (zusammen 2667 ha).
Rgbz. Wiesbaden. (Karte 45.)					
In Dillenburg, „Stadt Frankfurt". In Neuhaus, Saal in der Försterei. In Sechshelden. In Frohnhausen. In Manderbach.	In Dillenburg, 4 Gasthöfe und 1 Kurhaus.	Dienstgebäude in der Kreisst. Dillenburg, 4400 Einw., 1871 erbaut. Doppelhaus, zusammen mit der Oberförsterei Oberscheld, mit getrennten Ausgängen, Höfen u. Gärten.	Kirchen und Schulen jeder Art in Dillenburg.	7 Aerzte, Apotheke, Amtsgericht in Dillenburg.	Stadtverordnet. Stellvertr. - Vors. der Steuer-Einschätzg. und des Unfall - Schiedsgerichts.
Rgbz Wiesbaden. (Karte 45.)					
In Dillenburg, „Stadt Frankfurt". In Oberscheld, bei Möbus.	In Dillenburg. In Oberscheld. In Eisenroth.	Dienstwohnung in Dillenburg. Gebäude siehe Nr. 670.	In Dillenburg.	In Dillenburg.	Z. Zt. verh. Ass., hat Miethswohnung in Dillenburg.

Sitz der Oberförsterei nebst Poststation	Entfernung des Oberförstereisitzes von der nächsten Eisenbahnstation bezw. Haltestelle. Post- und regelmäßige Reiseverbindungen auf Landwegen	Durchschnittliche Entfernungen und ungefähre Anfuhrkosten von den einzelnen Reviertheilen für Bahn- bezw. Wassertransport und zwar: Schutzbezirk	Entfernung bis Güterbahnhof	Anfuhrkosten pro fm M.	Entfernung bis Wasserablage	Anfuhrkosten pro fm M.

664. Königl. Oberförsterei Treisbach, Rgbz. Cassel. (Karte 45.)

Wetter, (Hess.-Nassau), Post, Kreis Marburg.	Wetter ist Station der Secundärbahn Marburg-Warburg. (Entfernung der Oberförsterei vom Bahnhof 10 Min. Chaussee).	Sterzhausen	3 km Erdweg bis Sterzhausen, 4 km bis Wetter	1,50 bis 3,00		
		Warzenbach	5 km bis Caldern, 4 km bis Wettor			
		Hauwald	4 km bis Caldern			

665. Königl. Oberförsterei Oberrosphe, Rgbz. Cassel. (Karte 45.)

Wetter, (Hess.-Nassau), Post, Kreis Marburg.	Bahnstation am Orte, täglich 5malige Bahnverbindung mit Marburg (Schnellzüge der Main-Weser-Bahn). — 7 Min. Chauss. von Oberförsterei zum Bahnhof Wetter.	Münchhausen	9,5 km bef. Erdw. u. Chss. b. Münchhaus.	pro rm Grubh. 1 Mk.		
		Schlagpfütze	0,5 km desgl. bis Simtshausen			
		Mellnau, Dammbg., Hundeburg, Obberosphe	5,0 km desgl. bis Wetter			
		Reddehausen	0,3 km desgl. bis Sarnau			

666. Königl. Oberförsterei Rauschenberg, Rgbz. Cassel. (Karte 45.)

Rauschenberg, Post, Kreis Kirchhain.	9 km Chaussee bis Kirchhain (einzelne Schnellz.) u. 7 km bis Anzefahr (H.-St.). — 1 mal Personenpost tägl. u. 1 mal fahr. Briefbote hin u. zurück nach Kirchhain (Frankf. a./M.-Cassel.	Emsdorf	6-8 km mst. Landstr. bis Kirchhain	Stä. Ei. 6-6,5; Na. 5-6; Grbh. Ei. 2,5-3; Na. 1,2-1,4		
		Burgholz	2-6 km wie vor			
		Himmelsberg	5-7 km Chss. u. Ldstr. b. Kirchhain u. Cölbe			
		Rauschenberg	9 km Landstr. bis Kirchhain			
		(Gemang)	8 km Chss. bis Cölbe			

667. Königl. Oberförsterei Marburg, Rgbz. Cassel. (Karte 45.)

Marburg, Renthofstr. 7, Post, Kreis Marburg.	1/4 Stunde bis Bahnh. Marburg (Main-Weserbahn).	Stempel	4 km Chss. b. Marburg	3,00		
		Marburg S.	3-4 „ mst. Chss. b. „	3,00		
		Bauerbach	4 „ halb. „ „ „	3,00		
		Marbg. N.	1-2 „ „ „	2,00		
		Ginseldf.	4 „ mst. „ „ „ oder Cölbe	3,00		
		Ganz. Rev.	Grubh. bis zur Bahn	1,50		

668. Königl. Oberförsterei Ellnhausen, Rgbz. Cassel. (Karte 45.)

Ellnhausen, Post, Kreis Marburg.	7,5 km nach Bahnhof Marburg. Chaussirte Landstr. über Wehrshausen oder über Marbach.	Lohra	3-8 km Ldstr. b. Lohra	3—4		
		Ellnhaus.	6-8 „ „ „ Marbg.	3—4		
		Caldern	2-6 „ bis Caldern	3,00		

669. Königl. Oberförsterei Haiger, Rgbz. Wiesbaden. (Karte 45.)

Haiger, Post, Kreis Dillenburg.	100 m bis Bahnhof Haiger (Strecke Cöln-Gießen).	Kalteiche	2 km Chaussee bis Würgendorf	2,00		
		Steinbach	6 km bef. Vizinalweg bis Haiger	4,00		

670. Königl. Oberförsterei Dillenburg, Rgbz. Wiesbaden. (Karte 45.)

Dillenburg, Post und Kreis Dillenburg.	Dillenburg ist Station der Deutz-Giesener Bahn.	Die Bahnhöfe Haiger, Dillenburg, Frohnhausen und Herborn liegen 2—6 km von den Holzschlägen des Staatswaldes entfernt und sind zur Hälfte auf guten Erdwegen, zur Hälfte auf chauss. Landwegen zu erreichen. Anfuhr pro fm 3—4 Mk.				

671. Königl. Oberförsterei Oberscheld, Rgbz. Wiesbaden. (Karte 45.)

Dillenburg, Post und Kreis Dillenburg.	Siehe Nr. 670.	Wallenfels	3 km b. Oberndorf	2		
		Tringenstein	5 „ „ Nicolausstoll.	3		
		Oberscheld	3 „ „ Oberscheld; 3 „ „ Bicken	2		
		Paulsgrube	2 „ „ Nicolausst.	2		
		Nanzenbach	7 „ „ Dillenburg	4		
			3 „ „ Nicolausst.	2		
		Eibach	1 „ „ „	1		
			3 „ „ Dillenburg	2		

Sitz der Oberförsterei nebst Poststation	Entfernung des Oberförstereisitzes von der nächsten Eisenbahnstation bezw. Haltestelle. Post- und regelmäßige Reiseverbindungen auf Landwegen.	Durchschnittliche Entfernungen und ungefähre Anfuhrkosten von den einzelnen Reviertheilen für Bahn- bezw. Wassertransport, und zwar: Schutzbezirk	Entfernung bis Güterbahnhof	Anfuhrkosten pro fm M.	Entfernung bis Wasserablage	Anfuhrkosten pro fm M.
672. Königl. Oberförsterei Battenberg, Rgbz. Wiesbaden. (Karte 45.)						
Battenberg, Post, Kreis Biedenkopf.	10 km Chaussee über Dorf Berghofen nach Bhf. Münchhausen (Frankenberg-Sarnau). Kaiserl. Post 1mal täglich hin und zurück; desgl. nach Bhf. Frankenberg, 14 km; desgl. 19 km nach Bhf. Biedenkopf, gute Chausseen.	Berghof.	7 km Chss. u. Waldw. bis Münchhausen	2,50		
		Osterfeld Allendf. Battenf.	18 km Chss. u. Wldw. bis Münchhausen und Frankenberg	4,00		
		Bromskirchen	20 km b. Frankenbg. 22 „ „ Münchhaus.	5,00		
673. Königl. Oberförsterei Elbrighausen, Rgbz. Wiesbaden. (Karte 45.)						
Battenberg, Post, Kreis Biedenkopf.	Battenberg ist Bahnstation (siehe Nr. 672).	Dodenau Kleudelburg	20 km Chaussee u. Waldweg b. Münchhausen	3,00		
		Karlsbg. Elbrighausen	20—25 km bis Münchhausen	3,50		
		Pfütze	20—28 km wie vor	4,00		
674. Königl. Oberförsterei Hatzfeld, Rgbz. Wiesbaden. (Karte 45.)						
Hatzfeld, Post, Kreis Biedenkopf.	14 km Chaussee über Eifa nach Station Ludwigshütte. — 20 km Chaussee über Beddelhausen nach Station Raumland. (Die Chss. sind vorzüglich.	Rhoda Ebenfeld Biebighausen	18 km b. Raumland 16 km bis Ludwigshütte	6,00 5,00		
		Lindenhof	12 km b. Ludwigshütte	5,00		
		Holzhaus.	12 km wie vor	5,00		
		Sackpfeife	10 km wie vor	4,50		
		(Nach Raumland 1,20 M. Barrierengeld.)				
675. Königl. Oberförsterei Katzenbach, Rgbz. Wiesbaden. (Karte 45.)						
Biedenkopf, Post und Kreis Biedenkopf.	Biedenkopf ist Station der Secundärbahn Marburg-Creuzthal. Personenp. Vm. nach Battenbg.; fahrender Briefbote Nachm. nach Ludwigshütte (2 km) und nach Hatzfeld.	Derbach	5 km Chaussee bis Ludwigshütte 7 km Chaussee bis Biedenkopf	3,00		
		Frohnhausen	5—8 km z. Th. Chss., z. Th. Vicinalweg bis Simtshausen oder 8—15 km b. Biedenk.	3—5 4—10		
676. Königl. Oberförsterei Biedenkopf, Rgbz. Wiesbaden. (Karte 45.)						
Biedenkopf, Hainstraße 74, Post und Kreis Biedenkopf.	Bahnstation am Orte.	Ganzes Revier:	Die Güterverladestellen sind Biedenkopf, Ludwigshütte, Wallau und Strassebersbach	1—2		
677. Königl. Oberförsterei Friedensdorf, Rgbz. Wiesbaden. (Karte 45.)						
Biedenkopf, Mühlweg 7, Post und Kreis Biedenkopf.	Bahnstation am Orte.	Allendorf	1 km Landstr., 1,7 km Edw. b. Friedensdorf	3,00		
		Dautphe	0,9 km Chss. 2,3 km Erdw. b. Wilhelmsh.			
		Hommertshausen	5 km Chaussee bis Friedensdorf			
		Holzhausen	7 km Chauss. 3 km Ldw. b. Friedensdorf			
		Bottenhorn	7 km Chauss. 6,5 km Ldw. b. Friedensdorf			
		Gönnern	11,5 km Chss. 1 km Erdw. b. Friedensdorf			
678. Königl. Oberförsterei Gladenbach, Rgbz. Wiesbaden. Karte 45.)						
Gladenbach, Post, Kreis Biedenkopf.	1,8 km bis Station Gladenbach der Staatsbahn Niederwalgern-Weidenhausen-Herborn.	Seibertshausen	3—4 km Chaussee bis Weidenhausen			
679. Königl. Oberförsterei Ebersbach, Rgbz. Wiesbaden. (Karte 45)						
Straßebersbach, Post, Dillkreis.	Strassebersbach ist Station der Secundärbahn Straßebersbach-Dillenburg.	Wissenbach	3 km guter Erdweg bis Wissenbach	3,00		
		Dietzhölze	4 km bef. Weg 2 km Chss. b. Strassebersb.	4,00		
		Offdilln	7 km Chaussee desgl.	4,50		
		Mandeln	4 km Erdweg desgl.	3,00		

Flächengröße u. Character des Revieres. Vertheilung der Hauptholzarten n. Zehnteln.	Beschaffenheit des Wegenetzes im Reviere und der sich daran schließenden Abfuhrstr., sowie der etwaigen Wassertransportwege. Adressen von größeren Fuhrunternehmern.	Jahresquantum der Haupt-Verkaufshölzer nach Holzarten und Sortimenten (unter Abrechnung des Lokalbedarfs).

672. Königl. Oberförsterei Battenberg,

2719 ha. — bergig, 4 gr. Complexe, aber sonst zusammenh. Bu. 0,6 Ei. 0,2 Fi. 0,1 Ki. 0,1

Innerhalb 2 große gute Chausseen, sonst überall zweckmäßige u. gut ausgebaute Waldwege. — Fuhrunternehmer Mohr und Becker in Battenberg, Gaß in Battenfeld, Bugmoser in Allendorf.

Schutzbezirk	Stammholz (fm) Ei.	Bu.	Ki. Fi.	Grubh. (rm) Ki.	Ki. Fi.	Schlichtnutzh. Ei. (rm)
Berghofen	100		200	400		100
Osterfeld			50	200		
Allendorf	20	50		60		
Battenfeld	20				40	30
Bromskirchen		100	30		100	

673. Königl. Oberförsterei Elbrighausen,

2984 ha. — bergig, zusammenh. Bu. 0,8 Fi. 0,1 Ki. 0,1

Innerh. der Forstorte Erdwege, welche z. Th. chaussirt sind, außerh. des Forstes gute chauss. Staatsstraßen. — Fuhrunternehmer Mohr in Battenberg, Bergmoßer in Allendorf, Bauern in Dodenau u. Bromskirchen u. Battenfeld.

Schbz. Dodenau 100 fm Ki.-Grubh.
„ Kleudelburg 200 „ Bu.-Stammh.
„ Karlsburg 200 „ „ „
„ Elbrighausen 100 „ „ „
„ Pfütze 300 „ Fi.- „

674. Königl. Oberförsterei Hatzfeld,

3256 ha. — gebirgig. Bu. 0,80 Fi. 0,10 Ei. 0,05 Ki. 0,05

Vollständig ausgebautes Wegenetz. Chauss. gut, im Thale liegend. — Wasserstr. nicht benutzbar. — Fuhrunternehmer Balzer in Eifa, Irle in Rhoda, Irle u. Bäumer in Hatzfeld, Biebighausen in Hobe.

Sämmtliches zum Verkauf gelangendes Nutzholz wird am Orte verwendet. Die Masse ist gering, da der größte Theil des Einschlages als Loosholz für mehrere Ortschaften bereit gestellt werden muß.

675. Königl. Oberförsterei Katzenbach,

1723 ha. — gebirgig, sehr parzell. Bu. 0,7 Ei. 0,1 Fi. 0,1 Ki. 0,1

Innerh. der Forstorte meist gut fahrbare Erdwege, ab u. zu auch versteint, welche mit sehr gut unterhaltenen Chausseen oder chaussirten Vicinalwegen in Verbindung stehen. — Ueber Fuhrleute geben die Förster Auskunft.

Schbz. Derbach 100 fm Fi.-Stammh.
„ Frohnhausen 50 fm Ei.-, 100 fm Ki.- u. Lä.-Stamm-, Roll.- u. Grubenholz.

676. Königl. Oberförsterei Biedenkopf,

711 ha. — sehr gebirg. u. rauh, bis 700 m hoch; parzellirt. Bu. 0,5 Fi. 0,2 Ki. 0,2 Ei. 0,1

Vollständiges Wegenetz mit 2—5% Gefälle. Meist werden Kuhfuhrwerke zur Holzabfuhr benutzt. — Adressen der Fuhrleute durch die Förster zu erfahren.

Nur Lokalbedarf; meist schwaches Bu.-Brennholz und wenig schwaches Na.-Nutzholz.

677. Königl. Oberförsterei Friedensdorf,

278 ha. — hügelig, parzellirt. Bu. 0,9 Fi. 0,1

Wegenetz gut. — Fuhrleute sind Bauern in den umliegenden Dörfern.

Bislang sind keine Handelshölzer eingeschlagen, die Hiebsmassen dienen zur Befriedigung des Lokalbedarfs.

678. Königl. Oberförsterei Gladenbach,

810 ha. — gebirgig, parzellirt. Bu. 0,8 Ei. 0,1 Ndh. 0,1

Wegenetz ist ausgebaut. — Mit Holzanfuhr befassen sich Leute in Weidenhausen, Gladenbach, Oberweidbach.

Zur Zeit noch geringer Nutzholzeinschlag wegen Mangels von Altholzbeständen. Der Einschlag an Eichen- und Buchen-Stamm-Nutzholz dient zur Zeit noch dem Lokalbedarf.

679. Königl. Oberförsterei Ebersbach,

1579 ha. — gebirgig, parzellirt. Bu. 0,58 Fi. 0,37 Ei. 0,05

Wegenetz im allgemeinen gut. Hauptabfuhrstraße ist die Chaussee von Siegen nach Dillenburg, welche bei Straßebersbach die Bahn erreicht. Im Revier vielfach chauss. Erdwege. — Fuhrleute Kreck und Lenz in Straßebersbach, Bauern in Rittershausen und Wissenbach.

Schutzbezirk	Stammh. (fm) Ei.	Bu.	Fi.	Grubh. Ei.	Rollholz (fm) Bu.	Fi.	Brennh. Bu.
Wissenbach	50	75	200	80 fm	180	150	650 rm
Dietzhölze	120	300	150	10 „	700	50	1200 „
Offdilln	200	200	200		250	25	900 „
Mandeln	30	10	200	15 „	25	10	200 „

Oeffentliche Holzlicitationen finden statt in:	Unterkommen im Gasthofe f. Holzhändler, Forstassessoren u. Referendare in möglichster Nähe der Oberförsterei	Zustand des Oberförsterdienst-Gebäudes	Wo Kirche? Wo Schule? In welcher Zeit zu erreichen?	Wo Arzt, wo Apotheke, wo Amtsgericht?	Nebenämter des Revierverwalt. — Wenn ständiger Assistent vorhanden, wo wohnt derselbe?
Rgbz. Wiesbaden. (Karte 45)					
In Battenberg, Gasth. Seipp. Oefter auch an Ort und Stelle in den Hauptnutzholzdistrikten.	In Battenberg, Hotel Rohde u. Battenberger Hof.	Gutes, altes Dienstgebäude am Ende einer Nebenstraße in dem Städtchen Battenberg (950 Einwohner). Wohnhaus viel Platz bietend (mit schöner Aussicht.) Wirthschaftsräume gut und räumlich.	Ev. Pfarre u. kath. Gottesdienst in Battenbg. Realprogym. in Biedenkopf, 19 km. Gymnasium in Marburg, 32 km.	In Battenberg.	Staatsauff. über größere und kleinere Waldungen von 5 umliegenden Gemeinden.
Rgbz. Wiesbaden. (Karte 45.)					
Der Verkauf findet im Revier an Ort und Stelle statt.	In Battenberg, Hot. Rohde. In Bromskirchen, bei C. Marburg. In Dodenau b. Reitz.	Schloßartiges Gebäude in gutem Zustande, in Gemeinschaft mit dem Königl. Amtsgericht, in dem Städtchen Battenberg, 950 Einwohner.	In Battenberg (siehe Nr. 672).	In Battenberg.	
Rgbz. Wiesbaden. (Karte 45.)					
Das eingeschlagene Holz aller Sortimente wird im Walde verkauft.	In Hatzfeld, bei Gastwirth Rind (150 m von Oberförsterei.)	Neues Dienstgeb., ca. 150 m vom SO.-Ausgange des Ortes Hatzfeld, (885 Ew.), geleg. u. von diesem durch die Eder getrennt. — Kreisstadt Biedenkopf, 16 km, 2850 Einwohner.	Ev. Kirche u. Pfarre im Ort. Kath. Gottesd. in Battenb. 12 km, Biedenkopf, 16 km. Realprogymnasium in Biedenkopf.	In Battenberg, 12 km.	
Rgbz. Wiesbaden. (Karte 45.)					
Holzversteigerung bisher an Ort und Stelle im Freien; künftig in den Wohnorten der Förster.	In Biedenkopf, Hotel Kurhaus. Hot. Roode, Hot. Stapp (Letzterer hat Fuhrwerk).	Sehr schönes, neueres Dienstgebäude am SO.-Rande der Stadt Biedenkopf, 2850 Einwohner, 0,5 km vom Bhf. an der Chaussee Biedenkopf-Marburg gelegen.	Ev. und kath. Kirche u. Realprogymnasium in Biedenkopf. Gymnasium in Marburg, $1^1/_2$ Std. Bahnfahrt.	In Biedenkopf.	Zugehörig: Fast zur Hälfte Gemeinde- und Institutswald. — Wohnung für verheiratheten Ass. in Biedenkopf zu haben.
Rgbz. Wiesbaden. (Karte 45.)					
Für Staatsforst Wallau in Wallau.	In Biedenkopf (siehe Nr. 675).	Dienstwohnung (1889 massiv erbaut) in der Kreisstadt Biedenkopf (2850 Einw.)	In Biedenkopf (siehe Nr. 675).	In Biedenkopf.	Zugehörig: Zum weitaus größten Theil Gemeinde- und Institutswald; nur 711 ha Staatsw.
Rgbz. Wiesbaden. (Karte 45.)					
Holzversteigerung an Ort und Stelle.	In Biedenkopf (siehe Nr. 675).	Miethswohnung in dem Städtchen Biedenkopf. — Bau einer Dienstwohnung in Aussicht in Friedensdorf, 0,2 km vom Bahnhof.	In Biedenkopf (siehe Nr. 675).	In Biedenkopf.	
Rgbz. Wiesbaden. (Karte 45.)					
Holzverkäufe im Walde, bei ungünstiger Witterung in Weidenhausen.	In Gladenbach, Gasthof „zur Post" (Spieß).	Neues Dienstgebäude in dem Städtchen Gladenbach. — Marburg, 17 500 Einw. u. Gießen, 25 500 Einw., in je 1 Stunde Bahnfahrt zu erreichen.	Ev. u. kath. Kirchen, Elementarschule in Gladenbach. Höhere Schulen in Marburg u. in Gießen (Bahnverbindung).	In Gladenbach.	Verh. Ass. kann in Gladenbach wohnen.
Rgbz. Wiesbaden. (Karte 45.)					
In Straßebersbach, bei Birkelbach. In Eibelshausen, bei Pfeiffer.	In Straßebersbach gute Unterkunft bei Schmidt u. bei Birkelbach.	Neues, aber kleines Dienstgeb. im Marktfl. Straßebersbach (1000 Ew.), am Bahnhf. (Erweiterungsbau in Aussicht). Nächste Stadt Dillenburg (4400 Einw.), 16 km, Bahnverbindung.	Ev. Kirche in Bergebersb., 5 Min. Kath. Kirche in Dillenburg. Gute Gemeindeschule in Straßebersb. Gymnas. in Dillenb., 1 St. Bahnfahrt, Frühzug passend.	Arzt i. Steinbrücken, 2 km, Apotheke in Straßebersbach. Amtsgericht in Dillenburg.	Staatsaufsicht üb. Gem.-Fst. u. Hauberge. — Wohnung für verheir. Assess. bei gering. Anspr. in Straßebersbach mögl.

Flächengröße u. Charakter des Reviers. — Vertheilg. der Hauptholzarten nach Zehnteln.	Beschaffenheit des Wegenetzes im Reviere und der sich daran schließenden Abfuhrstraßen, sowie der etwaigen Wassertransportwege. Adressen von größeren Fuhrunternehmern.	Jahresquantum der Haupt-Verkaufshölzer nach Holzarten und Sortimenten (unter Abrechnung des Lokalbedarfs.)

680. Königl. Oberförsterei Aurich,

4969 ha. — eben, parzell. Ki. 0,6 Ei. 0,3 Weichh. 0,1	Innerhalb durchweg unbefestigte Wege, zum Theil auch Knüppeldammbahnen, außerhalb viele, meist gute Chausseen. Für Ihlow, Egels, Sandhorst und Meerhusen kommt der Ems-Jade-Kanal ev. in Frage. — Fuhrleute in Aurich, Esens, Wittmund.	Schbz. Ihlow 80 fm Ei.-, 70 fm Erl.-Langh. „ Egels 200 „ Ki.-Langh. „ Meerhusen 150 „ „ „ Der Haupteinschlag bleibt in Aurich, bezw. in der nächsten Umgebung.

681. Königl. Oberförsterei Friedeburg,

1717 ha. — eben, parz. Ki. 0,6 Fi. 0,3 Ei. 0,1	Innerhalb der Forst gute Erdwege, außerhalb viele Chausseen. Für Schbz. Hopels. Wassertransport auf dem Ems-Jade-Kanal. — Fuhrunternehmer: Gerdes in Hetzel bei Friedeburg.	Schbz. Barthe 300 fm Ki.-Grubenh. 1000 Stück Fi.-Derbstangen „ Hopels 100 „ „ „ 1000 „ Ki.-u. Fi.- „

682. Königl. Oberförsterei Lingen,

4301 ha. — eben, hügel., besonders in Pollersand, Bienerf. und Holthauserf. sehr parzell. Ki. 0,98 Bu. 0,01 Fi. 0,01	Im Revier meist Sandwege, soweit nicht Chaussee. Durch das Revier gehen außerhalb auf ebenem Terrain gute Chausseen. 2 Häfen am Dortmund-Ems-Kanal im Revier Biene und Kunkemühle. — Fuhrunternehmer: Schulte in Lingen, Wellermann in Haus Ramsel.	Schbz. Freren 970 fm Ki. „ Plantlünne 65 „ „ „ Baccum 940 „ „ „ Lingen 980 „ „ „ Biene 915 „ „ 130 fm Bu. 70 fm Ei.

683. Königl. Oberförsterei Bersenbrück,

2956 ha. — eben, sanft hügelig, parzellirt, 40 Th. Ki. 0,90 Fi. 0,05 Lbh. 0,05	Meist Erdwege innerhalb der Schutzbezirke. In Bramsche Hauptweg chaussirt; außerhalb der Forstorte gute Landstraßen. — Kleinere Fuhrunternehmer in Bersenbrück, Ankum, Bippen, Berge, Gehrde, Bramsche.	Schbz. Piesberg 40 fm Ki.-Grubenh. 200 fm Ki.-Stammh. „ Bramsche 550 „ „ „ 450 „ „ „ „ Bersenbrück 300 „ „ „ 200 „ „ „ „ Ankum 700 „ „ „ 600 „ „ „ „ Bippern 700 „ „ „ 1000 „ „ „ „ Berge 390 „ „ „ 200 „ „ „

684. Königl. Oberförsterei Palsterkamp,

2366 ha. — sehr parz., 56 Parz. Scheventorf geb., desgl. z. Th. Helf. u. Sond. sonst eben. Bu. 0,4 Fi. 0,4 Ei. 0,2 Ki. 0,1	In- und außerhalb der Forstorte viele gute Chausseen. — Fuhrleute: Bauern in Aschendorf, Helfern, Hilter, Glaue, Iburg, Nolle, Timmern.	Schbz. Helfern 80 fm Bu.-Stammh. „ Scheventorf 200 „ Na.-Grubenh. „ Nolle 150 „ „ „ 300 fm Lä.-Bau- und Grubenholz. „ Hankenberg 160 fm Bu.-Stammh. „ Freudenthal 100 fm Bu.-, 150 fm Ei.-Stammh. 200 fm Na.-Grubenholz. „ Kl. Oesede 50 fm Bu.-Stammh., 100 fm Ei.-Grubenholz. „ Sondermühlen 300 fm Na.-Grubenh. 150 fm Ei.-Grubh.

685. Königl. Oberförsteri Münster,

2632 ha. — sehr parzell.: eben, nur Habichtsw. hüg. Ei. 0,5 Na. 0,3 Bu. 0,2	Innerhalb der Forsten Sandwege. außerhalb viele gute Chausseen; in Habichtswald und Buchholz gehärtete Wege. Der Dortmund-Emskanal berührt Schbz. Senden unmittelbar; forstfiskalischer Hafen im Revier. — Fuhrleute: Nüsing in Warendorf, Eismann in Leeden, Meyer in Ibbenbüren, Meinert in Senden. Voß in Böxel, Möller in Wolbeck.	Schbz. Senden 300 fm Ei.-Grubenh. 250 fm Na.-Grubenh. „ Hohenholte 50 „ „ „ „ Wolbeck 160 „ „ „ „ Everswinkel 200 „ „ „ „ Binnenberg 50 „ „ „ 70 „ „ „ „ Tecklenburg 40 „ „ „ 150 „ „ „ „ Buchholz 350 „ „ „ „ Nottuln 300 „ Bu.-Stammh. „ Habichtswald 120 „ Ei.- „ 500 „ Bu.-Stammh. 40 fm Na.-Grubenholz. „ Schafberg 60 fm Na.-Stammh. 50 fm Na.-Grubh.

686. Königl. Kloster-Oberförsterei Osnabrück,

1524 ha. — eben u. berg., sehr parzell., 40 Parzellen. Ki. 0,4 Fi. 0,3 Ei. 0,2 Bu. 0,1	Innerhalb meist Erdwege, vereinzelt durch Steine und Holz befestigt; außerhalb der Forstorte sehr viele und gute Chausseen. Im Allgemeinen sehr gute Abfuhrverhältnisse.	(siehe Tabelle)

Schutzbezirk	Stammholz (fm) Ei.	Stammholz (fm) Bu.	Grbh. (rm) Ki.	Na. (fm)
Wittlage	200	50	500	200
Rulle	100	80	500	200
Lage	100	20	100	200
Kl. Oesede				100

687. Königl. Oberförsterei Roßberg,

940 ha. — hügelig, 1 Hauptcomplex, 4 Parz. Bu. 0,7 Ei. 0,3	Innerhalb 2—3 chaussirte Haubtwege, sonst nur Erdwege; außerhalb viele und gute chaussirte Wege. — Abfuhr durch Bauern in Roßberg, Hesken, Beltershausen, Winnen, ev. in Marburg.	Schbz. Haffenhausen 20 fm Ei.-Stammh. „ Roßberg W. 200 „ „ „ } 50 fm „ „ O. 100 „ „ „ } Hbu-absch.

Oeffentliche Holzlicitationen finden statt in	Unterkommen im Gasthofe f. Holzhändler, Forst-Assessoren u. Referendare in möglichster Nähe der Oberförsterei	Zustand des Oberförsterdienst-Gebäudes	Wo Kirche, wo Schule? In welcher Zeit zu erreichen?	Wo Arzt, wo Apotheke, wo Amtsgericht?	Nebenämter des Revierverwalt. Wenn ständiger Assistent vorhanden, wo wohnt derselbe?
Rgbz. Aurich. (Karte 46.)					
Holzverkauf findet an Ort und Stelle statt.	In Aurich, Hotel Piqueurhof.	Dienstgebäude in der Stadt Aurich, 6000 Einw. Sitz der Regierung, Landgericht, Garnison.	Ev. u. kath. Kirche u. Gymnasium in Aurich.	In Aurich.	Forstamtsanw. Verwalt. der domänenfiskalischen Moore. — Verh. Assess. findet in Aurich Wohnung
Rgbz. Aurich. (Karte 46.)					
In Friedeburg, bei Oltmanns. In Bagband, bei Steffens.	In Friedebg., b. Oltmanns. In Heßel, bei Buß, 13 km von Leer, 25 km von Friedeburg.	Schönes, geräum. Dienstgeb. im Flecken Friedeburg, a. d. Chauss., mit freundl. Garten. — Kreisort Wittmund, 16 km, 2000 Einw.	Ev. Kirche in Repsholt, 5 km Chauss. Gymnas. in Jever, 20 km Chaussee.	In Friedeburg. Amtsgericht in Wittmund.	Verwalt. der domänenfiskalischen Moorbezirke.
Rgbz. Osnabrück. (Karte 46.)					
Die Holzsubmissionen finden meist auf dem Geschäftszimmer der Oberförsterei statt, selten in Lingen, bei Becker.	In Lingen, Hotel Heger u. Lambers. In Freren, Hot. Roth, Gasthof Lithmeyer. (Fuhrwerk in Lingen bei Baberg In Freren b Roth.)	Gutes Dienstgeb. mit großem Garten und Wirthschaftsgeb. am O.-Ende der Kreisstadt Lingen, 7000 Einw., an der Chaussee nach Freren.	Ev. u. kath. Kirche, sowie Gymnasium in Lingen, daselbst auch Ackerbauschule.	In Lingen.	Forstamtsanw.— Wohnung für verheiratheten Assess. in Lingen u. Freren erhältlich.
Rgbz. Osnabrück. (Karte 46.)					
In Bersenbrück. „ Ankum „ Gehrde. „ Bippen. „ Berge. „ Ueffeln. „ Bramsche.	In Bersenbrück, bei Kreke oder Lanse.	Neues Dienstgeb. im Kreisort Bersenbrück, 500 Einw., 0,70 km vom Bahnhof. — Osnabrück, 51500 Einw., 1 Stunde Bahnfahrt.	In Bersenbrück. Nächste höh. Schule in Quakenbrück (15 km) mit pass. Frühzug per Bahn zu erreichen.	Arzt, sowie Amtsger. in Bersenbrück. Apotheke in Gehrde u. Ankum.	Forstamtsanw. Beis. im Unfall-Schiedsgericht.
Rgbz. Osnabrück. (Karte 46.)					
In Rothenfelde, Westf. Hof. In Palsterkamp, bei Spiering. In Nolle, bei Meyer. In Hister, bei Schäffer. In Iburg (Stapenhorst). In Schlochtern (Barth).	In Rothenfelde, 2 km, „Westfäl. Hof". In Dissen, 2 km, „Hotel zur Post".	Hervorragendes Dienstgebäude, 2 km vom Soolbad Rothenfelde, 800 Einwohn. Altes Bischöfl. Schloß aus dem 16. Jahrhundert, 0,2 km ab Chss. Nächste Stadt Osnabrück, 51500 Einwohner.	Ev. Kirche u. Pfarre in Dissen. Kathol. Gottesd. in Rothenfelde. Gymnas. in Osnabrück, in $1\frac{1}{2}$ Stunden erreichb.	In Rothenfelde und Dissen. Amtsgericht in Iburg.	Betriebsleitung in den Fürstlich von Derneburgschen Forsten. — Wohnung f. verheirathet. Assessor kaum zu haben.
Rgbz. Münster. (Karte 46.)					
Licitationen meist im Walde. Für Grubh. in Münster. Gastw. Bischof.	In Senden, bei Feld. In Wolbeck, bei Thier. In Saßenberg, bei Niemann. In Tecklenburg, bei Meyer. In Schafberg, bei Quaritsch. In Binnenberg, bei Horstmann.	Miethswohnung in der Stadt Münster, 63700 Einwohn. Regierungssitz, Landgericht, Garnison.	Kirchen u. Schulen jeder Art in Münster.	In Münster.	Verwalter der Stifts- und der Stadtforsten Münster. — Verheirathet. Assessor kann in Münster wohnen.
Rgbz. Osnabrück. (Karte 46.)					
In Essen. „ Wittlage. „ Kalbsiek. „ Rulle. „ Vehrte. „ Malgarten. „ Rieste.	In Essen. In Osnabrück Centralhotel, Hotel Germania. In Rieste.	Miethswohnung in der Stadt Osnabrück, 51500 Einw., Regierungssitz, Landgericht, Garnison.	Kirchen u. Schulen jeder Art in Osnabrück.	In Osnabrück.	
Rgbz. Cassel. (Karte 45.)					
In Ebsdorf, bei Weidemüller.	Bei mittl. Ansprüch. b. Weidemüller in Ebsdorf, 6 km, od. in Roßberg, $\frac{1}{2}$ km, b. Eißner.	Altes, wenig ger. Dienstgeb. $\frac{1}{2}$ km südl. vom Dorfe Roßberg, 200 Einw., an Chauss. gelegen. Wirthschaftsgebäude meist gut. Nächste Stadt Marburg, 17500 Einw.	Ev. Pfarre in Dreihausen, 3 km. Kath. in Roßdorf, 10 km. Gymn. in Marburg, 19 km Chaussee.	Arzt in Elsdorf, 6 km. Apotheke in Holzh., 9 km. Amtsger. in Marbg. 19 km.	Staatsauff. über 2660 ha Gemeindeforsten. Für verh. Ass. Wohn. nicht zu haben.

Sitz der Oberförsterei nebst Poststation	Entfernung des Oberförstereisitzes von der nächsten Eisenbahnstation bezw. Haltestelle. Post- und regelmäßige Reiseverbindungen auf Landwegen	Durchschnittliche Entfernungen und ungefähre Anfuhrkosten von den einzelnen Reviertheilen für Bahn- bezw. Wassertransport und zwar: Schutzbezirk	Entfernung bis Güterbahnhof	Anfuhrkosten pro fm M.	Entfernung bis Wasserablage	Anfuhrkosten pro fm M.
680. Königl. Oberförsterei Aurich, Rgbz. Aurich. (Karte 46)						
Aurich, Post und Kreis Aurich.	Aurich ist Bahnstation.	Ihlow	8 km Chss. bis Aurich	5,00		
		Egels	4 „ „ „ „	3,00		
		Meerhusen	4 „ „ 2 km Ldw. bis Aurich	4,00		
681. Königl. Oberförsterei Friedeburg, Rgbz. Aurich. (Karte 46.)						
Friedeburg, Post, Kreis Wittmund.	16 km Chss. bis Bhf. Wittmund, täglich 2mal Postverbindung. — 16 km Chaussee nach Bahnstation Sande. — 11 km Chaussee bis Neuenburg (Nebenbahn Varel-Neuenburg). Im Sommer täglich Dampferverbindung mit Wilhelmshaven und Aurich.	Barthe	15 km Chss. bis Leer und Nortmoor	6—8	5 km Chaussee bis Ems-Jade-Kanal.	
		(Oldehave)	5 km Erdweg bis zur Chaussee			
		Hopels	wie vor			
		(Stroot)	8—16 km bis zu den Bahnhöfen			
682. Königl. Oberförsterei Lingen, Rgbz. Osnabrück. (Karte 46.)						
Lingen an der Ems, Post und Kreis Lingen.	Lingen ist Eisenbahnstation.	Freren	6 km Chss. b. Freren	1,90	2 km Chss. bis Ems-kan (Biene und Kunkemühle)	
		Baccum	7 „ „ „ Lingen			
		Lingen	5 „ „ „ „			
		(Bunerbusch)	5 „ „ 3 km Sandweg bis Lingen			
		(Bienersand)				
		Plantlünne	12 km bis Lingen		4 km bis Ems-kan (Biene und Kunkemühle)	
683. Königl. Oberförsterei Bersenbrück, Rgbz. Osnabrück. (Karte 46.)						
Bersenbrück, Post und Kreis Bersenbrück.	ca. 700 m bis Bhf. Bersenbrück der Strecke Oldenburg-Osnabrück.	Piesberg	1 km bis Eversburg	2,00		
		Bramsche	5 „ „ Bramsche	2,50		
		Ankum	6-10 km bis „	2,5—3		
		Bersenbrück	1-7 „ bis Bersenbr. / 3 km b. Nellinghof	2,00		
		Bippen	3 km bis Bippen	2,50		
		Berge	6—9 km bis Bippen oder Quakenbrück	3,00		
684. Königl. Oberförsterei Palsterkamp, Rgbz. Osnabrück. (Karte 46.)						
Palsterkamp, Post Rothenfelde, Kreis Iburg.	0,4 km (halb Chaussee) bis Dissen-Rothenfelde (Osnabrück-Bielefeld). — 6 km bis Bahnhof Laer (davon 5,7 km Chaussee), Warendorf - Iburg - Lengerich-Ibbenbüren (Anschluß an den Dortmund-Emskanal).	Helfern	4 km Chss. b. Dissen-Rothenfelde	3,00		
		Schevenstorf	3 km mst. Chss. b. Iburg	3,00		
		Nolle	6 km Chss. u. bef. Weg bis Dissen	3,00		
		Hankenbg.	4 km befest. Weg bis Hannenb.	3,00		
		Freudenth.	4 km Chss. bis Iburg	3,00		
		Kl. Desede	3 „ „ „ Ottoschacht	2,5-3,5		
		Sondermühlen	2—5 km mst. Chss. bis Nolle	2,5-3,5		
685. Königl. Oberförsterei Münster, Rgbz. Münster. (Karte 46.)						
Münster i/W., Burgstraße 18, Post und Kreis Münster.	Bahnstation am Orte.	Senden	8 km Chaussee bis Appelhülsen	2—4	5 km bis Ems-Kanal (fisk. Hafen.)	
		Nottuln	7 km wie vor	2—4		
		Hohenholte	7 km bis Altenberge	4—5		
		Wolbeck	10 „ Chss. b. Münster	4,5—5		
		Everswinkel	8 „ meist Chauss. b. Everswinkel	3,8—4		
		Vinnenbg.	11 „ meist Chauss. b. Warendorf	3,5—4		
		Tecklenbg.	5 km Chss. b. Tecklenbg.	3,5—4		
		Habichtsw.	2 „ „ „ Velpe	2,8—3		
		Schafberg	4 „ „ „ Ibbenbüren	2,8—3		
		Buchholz	6 „ „ „	2,8—3		
686. Königl. Kloster-Oberförsterei Osnabrück, Rgbz. Osnabrück. (Karte 46.)						
Osnabrück, Natruper Str. 70, Post und Kreis Osnabrück.	Bahnstation am Orte.	Wittlage	½—7 km Chss. bis Rabber und Wittlage	2—3		
		Rulle	1—7 km Chss. b. Osnabrück und Vehrte			
		Lage	½—6 km Chss. bis Rieste und Bramsche			
		Kl. Desede	1 km Chaussee bis Ottoschacht			
687. Königl. Oberförsterei Roßberg, Rgbz. Cassel. (Karte 45.)						
Roßberg, Post Dreihausen, Kreis Marburg.	19 km Chaussee bis Marburg 18 „ „ „ Kirchhain (einz. Schnellz.). — 16 km Chss. bis Fronhausen (Main-Weser-Bahn). — 7 km schlechter Landweg bis Londorf. 9 km (⁴/₅ schlechter Landweg und ¹/₅ Chaussee) nach Allendorf (Secundärbahn Grünberg-Londorf-Lollar im Bau).	Hassenhausen	10 km Chaussee bis Fronhausen	3,50		
		Roßberg O.	19 km Chss. b. Marbg.	7,00		
		„ W.	16 „ „ „ Fronh.			
			ev. 7 km Erdw. bis Londorf	3—4		

Sitz der Oberförsterei nebst Poststation	Entfernung des Oberförstereisitzes von der nächsten Eisenbahnstation bezw. Haltestelle Post- und regelmäßige Reiseverbindungen auf Landwegen	Durchschnittliche Entfernungen und ungefähre Anfuhrkosten von den einzelnen Reviertheilen für Bahn- bezw. Wassertransport und zwar: Schutzbezirk	Entfernung bis Güterbahnhof	Anfuhrkosten pro fm M.	Entfernung bis Wasserablage	Anfuhrkosten pro fm M.
688. Königl. Oberforsterei Cleve, Rgbz. Düsseldorf. (Karte 47.)						
Cleve, Post und Kreis Cleve.	1,2 km bis Bahnhof Cleve.	Asperden	3,5 km mst. Chss. bis Asperden	1,2—1,8 Mk. pro fm Grubh. für stärk. Stck. b. Dopp. u. mehr.		
		Grunewld.	6 km wie vor			
		Nergena	4—7 km Erdw. bis Cranenburg			
		Pfalzdorf	4 km mst. Chss. bis Pfalzdorf			
		Streepe	7,5 km Chss. b. Clebe		7,5 km b. Spay-Can. (Cleve)	1,40
		Fraßelt	5 km Chss. b. Cranenbg.			
		Materborn	6 km Chss. bis Cleve		6 km desgl.	1,30
		Nütterden	7 km mst. Chss. bis Cranenburg			
		Tannenbusch	2 km Erdw. bis Pfalzdorf			
689. Königl. Thiergarten zu Cleve, Rgbz. Düsseldorf. (Karte 47.)						
Fhs. **Wasserburg,** Post und Kreis Cleve.	3 km Chss. über Stadt Cleve nach Bahnhof Cleve.	Sternbusch	3 km Chauss. b. Cleve	1,00	3 km bis Spay-Canal (Cleve)	
		Thiergart.	2,5 km mst. Chss. desgl.	1,50	3,5 km desgl.	
690. Königl. Oberförsterei der Rheinwarden, Rgbz. Düsseldorf. (Karte 47.)						
Cleve, Post und Kreis Cleve.	1 km gut ausgebaute Straße zur Bahnstation Cleve.	Die auf dem Stocke zum Verkauf gelangenden Korbweiden decken lediglich den Lokalbedarf am Niederrhein. Zum Transport dient in der Hauptsache die Rhein-Wasserstraße von Keeken an der holländischen Grenze bis Cöln.				
691. Königl. Oberförsterei Xanten, Rgbz. Düsseldorf. (Karte 47.)						
Xanten, Post, Kreis Moers.	Xanten ist Station der Wesel-Barteler Eisenbahn, 1,5 km von der Stadt entfernt; Omnibus-Verbindung zu allen Zügen.	Bluynb.	8 km Chss. b. Aldekerk	2,50		
		Bärl	6 „ „ „ Moers	1,50		
		Bärlag	3 „ „ u. 6 km Kiesweg bis Böninghardt	3,00		
		Alpen	3 km Chss. u. 3 km Ksw. b. Böninghardt	1,60		
		Latzenbusch	6 km mst. bef. Weg bis Xanten	3,00		
		Tüschenw.	3 km Kiesw. b. Labb.	1,50		
		Marienb.	5 km wie vor	1,60		
		Nachtigall	4 km wie vor	1,50		
692. Königl. Oberförsterei Hiesfeld, Rgbz. Düsseldorf. (Karte 47.)						
Fsth. **Hiesfeld,** Post Dinslaken, Kreis Ruhrort.	4,2 km (dav. 3,7 km befest. Weg 0,5 km Erdweg) bis Bahnhof Dinslaken (Oberhausen-Emmerich). Keine Reiseverbindung vom Bahnhof vorhanden.	Sterkrade	3,5 km Ldstr. 1,5 km Erdw. bis Sterkrade	3—4		
		Fernewald	1,5 km Erdw. 5 km Chauss. bis Sterkrade	6,00		
		Hiesfeld	7 km halb Ldstr. desgl.	4—5		
		Bruchhaus.	8,5 km Ldstr. b. Dinsl.	6—7		
		Schermbeck	5 km Erdw. 1,5 km Chauss. b. Schermbeck	5—6		
		Dämmerw. } Weselerw.	9,2 km ($^1/_3$ Chss.) bis Peddenberg	6—8		
693. Königl. Oberförsterei Benrath, Rgbz. Düsseldorf. (Karte 47.)						
Benrath, Post, Kreis Cöln.	Benrath ist Station der Staatsbahn Köln-Düsseldorf und der Kleinbahn Düsseldorf-Ohligs.	Worring.	1—4 km Erdw. bis Worringen			
		Chorbusch	3—8 km mst. bef. Weg bis Worringen			
		Knechsteder-B	3—6 km Chss. u. bef. Weg bis Nievenheim			
		Nievenh.	3—5 km wie vor.	1,5-5		
		Burgholz	3—6 km mst. befest. Weg bis Vohwinkel			
		Eller	1—4 km mst. bef. Weg bis Benrath			
		Grafenberg	1—6 km mst. bef. Weg bis Grafenberg			
		Lintorf	1—5 km desgl. b. Lint.			
694. Königl. Oberförsterei Königsforst, Rgbz. Cöln. (Karte 47.)						
Bensberg, Post, Kreis Mülheim a. Rhein.	Bensberg ist Station der Deutz-Immekeppeler Eisenbahn.	Forsbach	Bhf. Forsb. im Schbz.			
		Rath	9 km Chauss. bis Kalk			
		Broichen	3 km bef. Weg b. Forsb.			
		Kaule	4 km z. Th. bef. Weg b. Bensberg.	0,80 bis 2,00		
		Hardt	10 km mst. Chss. desgl.			
		Gierath	4 km bf. Wg. b. B. Gladb.			
		Paffrath	3 km bef. Weg b. Dellbr.			
		Steinhaus	7 km Chss. b. Bensberg			
695. Königl. Oberförsterei Sobernheim, Rgbz. Coblenz. (Karte 48.)						
Sobernheim, Post, Kreis Kreuznach.	Bahnstation am Orte.	Sien	2-4 km bef. Weg und 7 km Chauss.			
		Becherbach	2 km bef. Weg u. 7 km Chaussee } bis Kirn			
		Krebsweiler	1-4 km bef. Weg und 4 km Chauss.			
		Standernheim	1 km Chauss. u. 5 km bf. Weg b. Staudernh.			
		Jeckenbach	13 km (10 Chss.) bis Lauterecken / 17 km (6 Chss.) b. Kirn			
		Hochstädt.	2,5-4 km bef. Weg „ / 4,5 km Chss. b. Mart.			

Flächengröße u. Charakter des Reviers. Vertheilg. der Hauptholzarten nach Zehnteln.	Beschaffenheit des Wegenetzes im Reviere und der sich daran schließenden Abfuhrstraßen, sowie der etwaigen Wassertransportwege. Adressen von größeren Fuhrunternehmern.	Jahresquantum der Haupt-Verkaufshölzer nach Holzarten und Sortimenten (unter Abrechnung des Lokalbedarfs.)

688. Königl. Oberförsterei Cleve,

6739 ha. — N.-Th. (1/3) wellig; S.-Th. (2/3) eben. Ki. 0,60 Ei. 0,30 Bu. 0,06 Fi. 0,04	Revier wird von 3 Chausseen durchschnitten, durchweg fahrbare Gestelle und sonstige gute Abfuhrwege; außerhalb viele und gute Chausseen. 6 Bahnhöfe mit Verladestellen in der Nähe; von Cleve Canalverbindung zum Rhein. — Fuhrleute: Schürmann, Röskens in Cleve, Derks, Hermsen in Cranenburg, Weyers in Nergena, Janßen in Asperden, Kersten in Nütterden.	Schbz. Asperden 50 fm Ei.-, 300 fm Ki.-Stammh. 300 fm Ei.-, 800 fm Ki.-Grubenholz. „ Grunewald 150 fm Ei.-, 200 fm Ki.-Stä. 1600 fm Ki.-Grbh. „ Nergena II 50 fm Ei.-, 200 fm Ki.-Stammh. 50 fm Ei.-1400 fm Ki.-Grubenholz. „ Pfalzdorf 50 fm Ei.-, 100 fm Ki.-Stammh. 400 fm Ei.-, 700 fm Ki.-Grubenholz. „ Streepe 50 fm Ei.-, 50 fm Ki.-Stammh. 250 fm Ei.-1300 fm Ki.-Grubenholz. „ Fraßelt 300 fm Ei.-, 150 fm Bu.-Stammh. 50 fm Ei.-, 700 fm Ki.-Grubenholz. „ Nergena I 100 fm Ei.-, 800 fm Ki.-Grubenholz. „ Materborn 200 fm Ki.-Stammholz, 1500 fm Ki.-Grubh. „ Nütterden 50 fm Ei.-, 100 fm Ki.-Stä. 1700 fm Ki.-Grubh. „ Tannenbusch 350 fm Ei.-, 150 fm Bu.-Stammh. 120 fm Ki.- und Fi.-Stammholz.

689. Königl. Thiergarten zu Cleve,

395 ha. — Sternbusch eben. Thiergarten hügelig. 2 Parzellen.	Wegenetz gut. Abfuhrwege münden alle auf chaussirte Straßen.	Schbz. Sternbusch 100 fm Bu.- und Ei.-Stammh. 40 fm Ei.-, 60 fm Bu.-Brennholz. „ Thiergarten 200 fm Na.-Stammh. 100 fm Na.-Brennholz, 50 fm Ei.-, 50 fm Bu.-Nutzholz. (Großer Baumschulenbetrieb, Anzucht von Koniferen, Ziersträuchern, Alleebäumen, Obstbäumen und Sträuchern aller Art.)

690. Königl. Oberförsterei Rheinwarden,

1804 ha. — eben, sehr parzellirt. Lediglich Korbweidenbetrieb.	Abfuhr wird von den Käufern selbst, und zwar vorwiegend mit kleinen Nachen bewirkt.	Schbz. Salmort 330 fm Korbweiden. „ Emmerich 30 „ „ „ Dornick 270 „ „ „ Rees 160 „ „ „ Werrich 230 „ „ „ Homberg 70 „ „ „ Hamm 110 „ „

691. Königl. Oberförsterei Xanten,

3515 ha. — eben, sehr parzellirt. Ki. 0,7 Ei. 0,3 Bu.	Das Wegenetz im Revier ist gut; alle größeren Parzellen werden durch einen oder mehrere feste Kieswege aufgeschlossen. — Fuhrunternehmer: Hegmann in Xanten, Pötters in Bönninghardt, Janssen in Issum.	Schbz. Bärl 100 fm Ki.-Grubenholz. „ Alpen 1500 „ „ „ „ Tüschenwald 1500 „ „ „ „ Marienbaum 400 „ „ „ „ Nachtigall 500 „ „ „ „ Bluynbusch 200 „ Ei.-Stammholz. „ Bärlag 180 „ „ „ 300 fm Ki.-Grubenh. „ Latzenbusch 150 „ „ „ 150 „ Bu.-Stammh.

692. Königl. Oberförsterei Hiesfeld,

3213 ha. — eben, parzell. Ki. 0,6 Bi. 0,3 Bu. 0,1	Innerhalb vielfach Knüppeldammbahnen und Kieswege. (Von letzteren namentlich die Verbindung des Dämmerwaldes nach der Chaussee Wesel-Münster). Außerhalb mäßige Erdwege. — Fuhrunternehmer: Wolberg in Peddenberg, Bauern in Raesfeld, Neerfeld und Fengels in Hiesfeld, Brauckmann in Sterkrade.	

Schutzbezirk	Stammholz (fm)				Grubenholz (fm)			
	Ei.	Bu.	Bi.	Ki.	Ei.	Bu.	Bi.	Ki.
Sterkrade	70	100	10	250	100	50	5	1000
Fernewald	10	40	30	300	50	20	15	150
Hiesfeld	150	40	20	200	100	50	15	50
Bruckhausen	150	30	10	500	100	10	5	1000
Schermbeck	50	120	50	400	80	100	10	50
Dämmerwald	100	250	30	200	20	170	30	50
Weselerwald	150	200	100	650	150	50	70	3000

693. Königl. Oberförsterei Benrath,

3073 ha. — eben bis gebirgig, sehr parzellirt. Ei. 0,4 Bu. 0,3 Na. 0,2 Wh. 0,1	Innerhalb der Forstorte vielfach Kieswege, außerhalb viele und gute Chausseen. — Adressen der Holzfuhrleute zu erfragen durch die betr. Förster.	Schbz. Worringen 100 fm Erl.-Schichtnutzholz. „ Chorbusch 300 „ Ei.-Stammholz. „ Knechtsteder-B. 50 „ „ „ „ Nievenheim 200 „ Bu.- „ „ Burgholz 200 „ „ 50 fm Ei.-, 100 fm Ki.-, 50 fm Fi.-Stammholz. „ Eller 200 fm Ei.-Stammholz, 800 fm Ki.-Grub.- u. Bauh. „ Grafenberg 1000 fm Ki.-Gruben- und Bauholz. „ Lintorf 300 fm Ei.-Stammh. 600 fm Ki.-Grub.- u. Bauh.

694. Königl. Oberförsterei Königsforst,

3590 ha. — Steinhaus u. Hardt hügel., sonst eben, zusammenh. Na. 0,6 Ei. 0,2 Bu. 0,2	Innerhalb des Reviers viele gute befestigte Wege. Außerhalb Chausseen. — Fuhrunternehmer in Bensberg, Refrath bei Bensberg, und Dellbrück.	

Schutzbezirk	Stammh. (fm)			Nutzscht.	Grubh. (fm)		Brennh.
	Ei.	Bu.	Ki.	Ki.	Ei.	Ki.	Bu.
Forsbach		200			220	300	650 rm
Rath				200 rm		1000	
Broichen		60		400 „	120	480	400 „
Kaule		90		100 „	300	1200	
Steinhaus		180			100	200	150 „
Hardt		50		100 „	20	120	
Gierath	10		50	50 „	20	100	
Paffrath	50			450 „	100	1200	

695. Königl. Oberförsterei Sobernheim,

1177 ha. — hügelig bis bergig, parzellirt. Ei. - Schälwald 0,4 Ei. 0,2, Bu. 0,2, Fi. 0,1, Ki. und Ta. 0,1 } Hochwald	Wegenetz noch im Ausbau, zum größten Theil jedoch vollendet. — Fuhrunternehmer in Kirn und Lauterecken.	Schbz. Jeckenbach 80 fm Ei.-, 300 fm Fi.-Stammh. 200 Ctr. Lohrinde. „ Sien 20 fm Ei.-Stammh. 140 rm Bu.-Klob. 500 Centner Lohrinde. „ Becherbach 30 fm Ei.-Stammh. 400 Ctr. Lohrinde. „ Staudernheim 300 Ctr. Lohrinde. „ Krebsweiler 300 „ „ „ Hochstädten 90 fm Ei.-Stammholz, 300 Ctr. Lohrinde.

Oeffentliche Holzlicitationen finden statt in:	Unterkommen im Gasthofe f. Holzhändler, Forst-Assessoren u. Referendare in möglichster Nähe der Oberförsterei	Zustand des Oberförsterdienst-Gebäudes	Wo Kirche? Wo Schule? In welcher Zeit zu erreichen?	Wo Arzt, wo Apotheke, wo Amtsgericht?	Nebenämter des Revierverwalt. — Wenn ständiger Assistent vorhanden, wo wohnt derselbe?
Rgbz. Düsseldorf. (Karte 47.)					
In Cleve, Hotel Kock (Hof von Holland).	In Cleve, Hotel Hol und Hot. Kock (letzteres 300 m von der Oberf.)	Aelteres Dienstgeb. mit neuem Anbau und neuen geräum. Wirthschaftsgeb. am westl. Ausgang der Kreisst. Cleve, 14000 Einw., Landgericht, Garnison, an der Chaussee nach Nymeegen.	Kirchen u. Schulen jeder Art in Cleve, daselbst auch Landwirthschaftsschule.	Arzt, Apoth. u. Amtsger. in Cleve. (Luftkurort, Kneipp'sche Heilanstalt, Stahlbad.)	
Rgbz. Düsseldorf. (Karte 47.)					
In Cleve, Hotel Kock.	In Cleve. Hotel Kock, 2 km von der Wasserburg.	Altes Dienstgeb. 2 km Chauss. von der Kreisstadt Cleve, (s. Nr. 688).	In Cleve, in 45 Min. von der Wasserburg zu erreichen.	In Cleve.	Revierverw. erth. Unterricht an der Landwirthschaftsschule in Cleve.
Rgbz. Düsseldorf. (Karte 47.)					
	Ausw. Käufer kommen nicht in Frage. Wenn erforderl., ist in sämmtl. am Rheinufer beleg. Ortschaften Unterk. zu erhalten.	Schönes, im Villenviertel der Kreisstadt Cleve belegenes, geräum. Dienstgeb., in den 1860er Jahren erbaut.	Kirchen u. Schulen beider Confessionen, sowie Gymnasium in Cleve, in 5—10 Min. Fußweg von der Oberförsterei aus zu erreichen.	In Cleve.	Verwaltung einer 500 ha gr. Privatforst bei Emmerich.
Rgbz. Düsseldorf. (Karte 47.)					
In Camperbrück, Hotel Müsers. In Xanten, Hotel Schwerdt.	In Xanten, Niederrheinischer Hof, Hotel Schwerdt, Hotel Hövelmann.	Sehr ger., 1763 erb., aber gut erhaltenes Dienstgeb. innerh. der Stadt Xanten, (3600 Einw.) kleinerer Ziergarten am Haus. Wirthschaftsgeb. fehlen.	Ev. u. kath. Kirche, Progymnasium (bis Tertia) und höh. Privat-Töchterschule in Xanten.	3 Aerzte, Apotheke, Amtsger. in Xanten.	Verh. Ass. kann in Xanten wohnen.
Rgbz. Düsseldorf. (Karte 47.)					
In Dinslaken, bei Ahls. In Hiesfeld, bei Eickhoff. In Sterkrade, bei Broß. In Drevenack, bei Kühnen.	In Dinslaken, 4 km, Gasthof zum Bahnhof. In Hiesfeld, 2 km, Gasthof von H. Eickhoff.	Altes wohnl. 1 stöck. Haus mit vieleu kleinen Räumen. Wirthschaftsgeb. neu, 2 km vom Dorf Hiesfeld (zus. mit zerstreut liegenden Gehöften 5000 Einw.) — Nächste Stadt Dinslaken, 4 km, 4000 Ew.	Ev. Kirche u. Pfarre im Dorf, kath. Kapelle (10 Min.) Gymn. in Wesel, in 3/4 stünd. Landweg bis Dinslaken und von da in 20 Min. Bahnfahrt erreichb.	In Dinslaken, 4,5 km.	Oberaufsicht über die militärischen Waldg. b. Spellener Heide bei Wesel. Betriebsleitung von 3 Gemeindeforsten.
Rgbz. Düsseldorf. (Karte 47.)					
In Straberg, bei Leufgen. In Roggendorf, bei Heesemann. In Sonnborn, bei Heddeshof. In Benrath, bei Vaser. In Reisholz, bei Vetten. In Eller, bei Richard.	In Benrath, Hotel Hesse.	Altes, ziemlich ger. Dienstgeb. beim Dorf Benrath (1500 Ew.). Nächste Stadt Düsseldorf, 10 km, 213700 Einw., Regierungssitz, Landgericht, Garnison.	Kathol. Kirche im Dorfe, ev. Gottesd. in Urdenbach, 1,5 km. Zum Schulbesuch in Düsseldf., zieml. passend. Zugverbindung.	Arzt u. Apotheke a. Orte. Amtsger. in Gerresheim, 10 km.	Techn. Oberauff. über ca. 180 ha Institutsforst.
Rgbz. Cöln. (Karte 47.)					
In Bensberg, Gasth. Rheinischer Hof.	In Bensberg, Hot. zur schönen Aussicht, Gasth. Rheinischer Hof.	Altes Dienstgeb. mit beschr. Wirthschaftsr. in Bensberg (10400 Einw.) an der Straße Bensberg-Kalk, 3 Min. vom Bahnhof. Nächste gr. Stadt Cöln, 372200 Einwohner.	Kath. Kirche im Ort, ev. Kirche in Berg-Gladbach, 10 Min. Bahnfahrt. Höhere Schulen in Mühlheim a. Rh., Frühzug passend.	In Bensberg.	Aufsicht über mehrere Gemeinde- und Pfarrwaldungen. — Wohn. für verh. Ass. in Bensberg zu haben.
Rgbz. Coblenz. (Karte 48.)					
In Dhaun, bei Wiemann. In Beckerbach bei Klein. In Sien, bei Berg. In Hohenwötherhof, bei Weichel. In Kreuznach.	In Sobernh., „Adler". In Kirn, Hotel Stroh. In Beckerbach, bei Schleib. In Sien, bei Berg. In Hohenwötherhof, bei Weichel.	Dienstgeb. 1901 angekauft; ger. Haus in Sobernheim, 3300 Ew., 10 Min. von Stdt. u. Bhf., an der Chaussee nach Meddershain.—Kreisst. Kreuznach, 21300 Einw., Garnison, 38 Min. Bahnfahrt.	Ev. u. kath. Kirche, sowie Progymnas. in Sobernheim.	3 Aerzte, Apotheke, Amtsger. in Sobernheim.	22 Gemeindeforsten, 2 Institutsforsten. — Wohn. für verh. Assessor in Sobernh. meist zu haben.

Flächengröße u. Charakter des Reviers. Vertheilg. der Hauptholzarten nach Zehnteln.	Beschaffenheit des Wegenetzes im Reviere und der sich daran schließenden Abfuhrstraßen, sowie der etwaigen Wassertransportwege. Adressen von größeren Fuhrunternehmern.	Jahresquantum der Haupt-Verkaufshölzer nach Holzarten und Sortimenten (unter Abrechnung des Lokalbedarfs).
2780 ha. — 18 Parzellen, 3 Schbz. gebirgig, sonst eben. Fi. 0,5 Ei. 0,2 Bu. 0,2 Ki., Ta., Lä. 0,1	Im gebirgigen Theil Wegenetz fast ausgebaut. Im ebenen Theil viele Wege und Gestelle, zum Theil chaussirt; außerhalb genügend chaussirte Wege. — Fuhrunternehmer: Imig in Gemünden, Ochs in Brunnenmühle, Frey in Kirchberg, Leitermann in Simmern, Weinel in Kellenbach.	**696. Königl. Oberförsterei Kirchberg,** Schbz. Lützelsoon 50 fm Ei.-Grubenholz „ Gehlweiler 10 „ „ „ „ Brauschied 90 „ „ „ „ Hallschied 10 „ „ „ „ Bretzenhof 60 „ „ „ „ Frohnhofen 20 „ „ „ „ Buschied 60 „ „ „ 100 fm Ki.-Grubenholz.
2606 ha. — meist gebirg., parzellirt, in größ. Complexen. Ei. 0,5 Bu. 0,4 Na. 0,1	Wegenetz fast ganz ausgebaut; Wege zum großen Theil mit Steinbahn versehen. — Fuhrunternehmer: Schmidt, Verotzius, Fisinger in Saarburg, Weber in Beurig, Anton in Oberleuken.	**697. Königl. Oberförsterei Saarburg,** Schbz. Beurig 400 fm Ei.-Starkholz „ Brotdorf 60 „ mittl. Ei.-Starkholz „ Keuchingen 400 „ Ei.-, 50 fm Bu.-Starkholz „ Hellendorf 150 „ „ 50 „ „ „ Wawern 400 „ „ Starkh. 100 fm Ei.-Grubenholz. (Alle 5 Jahre 400—500 fm Ki.-Grubenholz).
2611 ha. — z. Th. hüg., z. Th. geb., sehr parzell. Bu. 0,5 Ei. 0,3 Na. 0,2	Neues Wegenetz im Ausbau. Viele und gute Abfuhrwege vorhanden. — Fuhrunternehmer: Vogel in Ottweiler, sowie kleinere Landwirthe in der Umgegend.	**698. Königl. Oberförsterei St. Wendel,** Schbz. Niederlinxweiler 100 fm Ei.-Schneideh. 200 fm Ei.-Grubenholz. „ Ottweiler 200 fm Fi.-Stammh. 150 fm Ki.-Stammholz. „ Urexweiler 100 „ „ „ 100 „ Ei.- „ „ Wustweiler 250 fm Ei.-Stammh. „ Dirmingen 50 fm Bu.-Stammh. 150 fm Ei.-Stammh. „ Sotzweiler 40 „ „ „ 40 „ „ „ „ Baumholder 20 „ Na.- „
4484 ha. — hügelig, meist zusammenh. Bu. 0,6 Ei. 0,3 Ki. Fi. 0,1	Innerhalb meist gute, neue Wege und befestigte Straßen. Die anschließenden Chss. führen direct nach Neunkirchen und den Stationen Reden, Heinitz, Friedrichsthal und Rohrbach (Pfälzische Bahn). — Fuhrleute in Eschweilerhof, Kohlhof, Spiesen, Neunkirchen.	**699. Königl. Oberförsterei Neunkirchen,** Schutzbezirk — Stammh. (fm) Ei. — Bu. — Brh. (fm) Bu. Lauterthal — — — 500 Spiesen — 20 — — 1700 Neunkirchen — — — 700 Elversberg — — — 1400 Bildstock — 20 — — 950 Kohlwald — — — 400 Eberstein — 50 — — 950 Fürth — 300 — 140 — 700 Ferner ganzes Revier: 800 fm Bu.-Stammh. (unter 31 cm mittl. Durchmesser) u. 100 fm Fi.-Stangen.
2141 ha. — hügelig, parzellirt. Bu. 0,5 Ei. 0,3 Ki. 0,1 Fi. 0,1	Wege meist gut. — Fuhrunternehmer in Saarwellingen, Sprengen, Ensdorf.	**700. Königl. Oberförsterei Saarlouis,** Schbz. Sprengen 250 Ei.- 50 Bu.- 50 Na.-Nutzholz (fm) „ Ensdorf 50 „ 20 „ „ „ Saarwellingen 150 „ 150 „ 20 „ „ „ „ Fahlscheid 150 „ 100 „ 50 „ „ „ „ Bettingen 150 „ 100 „ 10 „ „ „ „ Pachten 250 „ 150 „ 50 „ „ „
3980 ha. — hügelig, zusammenhg. Bu. 0,6 Ei. 0,3 Hbu. Fi. } 0,1	Wegenetz im Ausbau; meist gute Fahrstraßen. — Fuhrunternehmer: J. Kraus, P. Jung in Fischbach, Ch. Klein in Holz.	**701. Königl. Oberförsterei Fischbach,** Schbz. Sulzbach, „ Camphausen, „ Altenwald, „ Neuhaus, „ Fischbach, „ Holz, „ Göttelborn: 600 fm Ei.-Stammh. (davon 300 fm über 36 cm Mittendurchmesser), 200 fm Bu.-Stammh. (über 47 cm Mittendurchmesser). 800 fm Bu.-Stammholz von 31—47 cm, 400 fm Bu.-Stammh. von 22—31 cm; 200 rm Hbu.-Rollsch. 5000 rm Bu.-Scheit, 5500 rm Bu.-Reis. I. Classe (Kohlholz).
3866 ha. — hügelig, wenig parzell., Bu. 0,9 Ei. 0,1	Wegenetz zum Theil ausgebaut. Abfuhr durchweg günstig.	**702. Königl. Oberförsterei Saarbrücken,** Schbz. Halberg 250 fm Bu.-Stammh. 2000 rm Bu.-Scheit 300 rm Bu.-Knüppel. „ Scheidt 150 fm Bu.-Stammh. 1500 rm Bu.-Scheit 300 rm Bu.-Knüppel. „ Ludwigsberg 200 fm Bu.-Stammh. 800 rm Bu.-Scheit. „ Wanborn 150 fm Bu.-Stammh. 1000 rm Bu.-Scheit 200 rm Bu.-Knüppel. „ Pfaffenkopf 100 fm Bu.-Stammh. 500 rm Bu.-Scheit 100 rm Bu.-Knüppel. „ Riegelsberg 400 fm Bu.-Stammh. 1200 rm Bu.-Scheit 200 rm Bu.-Knüppel.
5488 ha. — hügelig, zusammenhg. Bu. 0,6 Ei. 0,2 Ki. Fi. } 0,2	Wegenetz ziemlich ausgebaut; außerhalb, sowie innerhalb viele gute Wege (Chauss.) — Wasserablagestelle an der Saar in Völklingen. — Fuhrunternehmer: Kramer in Karlsbrunn, Reppert in Ludweiler, Siegwart in Lauterbach, Spingler in Differten.	**703. Königl. Oberförsterei Karlsbrunn,** (Festmeter) Schbz. Karlsbrunn 400 Ei. 1000 Bu. 320 Ki. „ Lauterbach 800 „ 1400 „ 200 „ „ St. Nikolas 650 „ 1700 „ 200 „ „ Ludweiler 600 „ 1800 „ 300 „ „ Geislautern 450 „ 1100 „ 80 „ „ Weiherdamm 900 „ 1300 „ 350 „ „ Differten 400 „ 750 „ 250 „ „ Friedrichsweiler 850 „ 1350 „ 400 „

Oeffentliche Holzlicitationen finden statt in:	Unterkommen im Gasthofe f. Holzhändler, Forst-Assessoren u. Referendare in möglichster Nähe der Oberförsterei	Zustand des Oberförster-Dienstgebäudes	Wo Kirche? Wo Schule? In welcher Zeit zu erreichen?	Wo Arzt, wo Apotheke, wo Amtsgericht?	Nebenämter des Revierverwalt. — Wenn ständiger Assistent vorhanden, wo wohnt derselbe?
Rgbz. Coblenz. (Karte 48.)					
In Kirchberg, im Oberförsterei-Geschäftszimmer.	In Kirchberg, Hotel Kleinschmidt, Carl Trutschler. In Gemünden, 11 km, bei Gruhn u. Bauermann. In Simmern, 11 km, „Gold. Lamm". In Cappel, bei Kötz, 8 km.	Ziemlich neues, gutes geräumiges Dienstgebäude mit großen Wirthschaftsgebäuden, 100 Schritt westlich des Städtchens Kirchberg, 1200 Einwohner, an der Straße gelegen. (Schöner Obstgarten).	Simultankirche in der Stadt, ein kath., 2 ev. Pfarrer (von Letzteren hält einer eine Lateinschule bis Tertia), sonst nur Elementarschule.	2 Aerzte, Apotheke u. Amtsgericht in Kirchberg.	Zeitweise Amtsanwalt.
Rgbz. Trier. (Karte 48.)					
In Saarburg, bei Salm. In Mettlach, Hotel Martin. In Merzig, Hotel Hoffmann. In Oberleuken, bei Anton.	In Saarburg, Hotel „zur Post" u. „Saarburger Hof". In Beurig, bei Jungblut.	Ehemaliges Klostergeb. abseits am Ende des Dorfes Beurig (700 Einw.), letzteres durch feste Brücke über die Saar mit der Kreisst. Saarburg, 2000 Einw., in unmittelbarer Verbindung. — Trier, 43 300 Einw., 50 Min. Bahnf.	Kath. Kirche u. Volksschule im Dorfe, sowie in Saarburg, ev. Kirche u. Pfarre, Gymnas. in Trier, Bahnverbindung mit passendem Frühzug.	2 Aerzte, Apotheke u. Amtsgericht in Saarburg, 1 km.	
Rgbz. Trier. (Karte 48.)					
In St. Wendel, bei Riotte. In Ottweiler, Hotel Kaiserhof. In Urexweiler, bei Dörr. In Illingen, b. Fourmann. In Dirmingen, bei Sohn. In Erzweiler, bei Kohl.	In St. Wendel, Hotel Knoll (für Forstassessoren). In Ottweiler (für Holzhändl.) Hotel Kaiserhof.	Aelteres Dienstgebäude. Wohn- u. Wirthschaftsräume etwas beschränkt, ca. 3 Minuten vom Bahnhof, in der Stadt St. Wendel, 5500 Ew., Kreisstadt, Bez.-Commando.	Ev. und kath. Kirche, sowie Progymnas. in St. Wendel.	In St. Wendel.	Wohnung f. verheiratheten Assess. in St. Wendel zu haben.
Rgbz. Trier. (Karte 48.)					
In Neunkirchen, Hotel „zur Post". In Fürth u. Haugard (hauptsächlich für den Lokalbedarf).	In Neunkirchen, Hotel Au, Hotel „zur Post", Hotel Rothschild.	Schönes, neueres Dienstgeb., ca. ½ km nördlich von der Kreisstadt Neunkirchen, 27 700 Einw., am Walde: Verbindung durch guten Fahrweg.	Ev. u. kath. Kirche, Pfarre, sowie Gymnasium in Neunkirchen.	In Neunkirchen.	Assistent vorhanden, hat Miethswohnung in Neunkirchen.
Rgbz. Trier. (Karte 48.)					
Nutzholzverkäufe vor dem Einschlag in St. Johann, sonst in Saarlouis.	In Saarlouis, Rheinischer Hof. In Saarwellingen (Stein). In Lebach (Klein). In Bettingen (Deres). In Sprengen (Blatz).	Neues Dienstgebäude mit Wirthschaftsgebäuden, 0,5 ha großer Garten, in der Kreisstadt Saarlouis, 7900 Ew., Garnison.	Kirchen u. Schulen, sowie Gymnasium in Saarlouis.	In Saarlouis.	
Rgbz. Trier. (Karte 48.)					
In Fischbach, bei Gopp.	In Fischbach, bezw. Camphausen, besser in dem in ½ std. Bahnf. erreichb. Saarbrücken, bezw. St. Johann, „Rheinischer Hof" u. Hotel Köhl.	Neueres Dienstgebäude, 0,5 km vom Ort Fischbach u. vom Bahnhof Camphausen entfernt. — 9 km Chaussee oder 18 Minuten Bahnfahrt nach Saarbrücken. 23 200 Einwohner.	Kirchen beider Confession., sowie Gymnasium in Saarbrücken; durch Zugverbindung täglich gut erreichbar.	In Sulzbach, 4 km.	
Rgbz. Trier. (Karte 48.)					
In Saarbrücken.	In Saarbrücken. In St. Johann, Hotel Köhl, Rhein. Hof.	Neue Dienstwohnung in der Kreisstadt Saarbrücken, 23 200 Einwohner, Landgericht, Garnison.	Am Ort.	Am Ort.	
Rgbz. Trier. (Karte 48.)					
In Karlsbrunn, bei Gastw. Grebel. In Ludweiler, bei Gastwirth Uhl.	Für Forstassess. u. Ref. in Karlsbrunn, im Gasth. Grebel. — Sonst. Unterk. in Forbach, Ludweiler, Saarbrücken, Völklingen.	Altes Jagdschloß des Fürsten von Nassau-Saarbr., mitten im Dorf Karlsbrunn, 200 Einw., Wohnh. wenig Platz, Wirthschaftsr. mit gen. Raum. Nächste Stadt Forbach, 8 km, 6 900 Einwohner.	Evg. Kirche u. Schule am Orte, kath. Schule in St. Nicolas, ¼ St. Fußweg. Gymnas. in Saarbrücken, 1¼ St. Landw. u. 20 Min. Bahnfahrt.	Arzt in Kl.-Roßeln, Apotheke in Forbach, 8 km. Amtsgericht in Völklingen.	

Sitz der Oberförsterei nebst Poststation	Entfernung des Oberförstereisitzes von der nächsten Eisenbahnstation bezw. Haltestelle. Post- und regelmäßige Reiseverbindungen auf Landwegen.	Durchschnittliche Entfernungen und ungefähre Anfuhrkosten von den einzelnen Reviertheilen für Bahn- bezw. Wassertransport, und zwar: Schutzbezirk	Entfernung bis Güterbahnhof	Anfuhrkosten pro fm M.	Entfernung bis Wasserablage	Anfuhrkosten pro fm M.
696. Königl. Oberförsterei Kirchberg, Rgbz. Coblenz. (Karte 48.)						
Kirchberg, Post, Kreis Simmern.	1,5 km bis Station Kirchberg der Linie Simmern-Hermeskeil.	Lützelsoon	10 km Chss. b. Martinst.	3,00		
		Gehlweil.	18 „ „ „ „	3,50		
		Brauschied, Hallschied, Buschied	2–5 km Chss. bis Kirchberg	4,00		
		Fronhofen	4 km bis Simmern	3,00		
		Bretzenhof	10 „ Chss. b. Kirchbg.	4,50		
697. Königl. Oberförsterei Saarburg, Rgbz. Trier. (Karte 48.)						
Beurig an der Saar, Post, Kreis Saarburg.	Unmittelbar an der Bahnstation Beurig-Saarburg (Linie Trier-Saarbrücken).	Beurig	2 km Chss. b. Beurig	1,5—2		
		Wawern	5—6 km mst. Chss. b. Beurig und bis Conz	2—3		
		Keuchingen	3—7 km mst. Chss. b. Mettlach	2—3		
		Hellendf.	12 km desgl.	3—4		
		Brotdorf	4—10 km bis Merzig	2—4		
698. Königl. Oberförsterei St. Wendel, Rgbz. Trier. (Karte 48.)						
St. Wendel, Victoriastr. 9, Post und Kreis St. Wendel.	St. Wendel ist Station der Rhein-Nahebahn.	Niederlinxweiler	4 km b. Niederlinxweiler 4 km b. St. Wendel	2,50		
		Ottweiler	3 km bis Ottweiler	2,50		
		Wustweiler	5 km b. Illingen 7 „ „ Dirmingen	3,00		
		Sotzweiler	5 „ „ „ 5 „ „ Hölz	3,50		
		Urexweiler	8 „ „ Illingen 11 „ „ St. Wendel	4,00 6,00		
		Dirmingen	3 „ „ Dirmingen 1,5 „ „ Hölz	2,50 1,50		
		Baumhold.	15 km bis Heimbach	8,00		
		(Frauenberg)	5 „ „ Kronweiler	3,00		
699. Königl. Oberförsterei Neunkirchen, Rgbz. Trier. (Karte 48.)						
Neunkirchen, Post, Kreis Ottweiler.	Neunkirchen ist Station der Linie Saarbrücken-Bingerbrück.	Lanterth.	2-10 km Chss. b. Neunk.	2,80		
		Spiesen	5 km bf. Wg. b. „ 3 „ „ „ b. Rohrb.	2,80		
		Neunkirch.	3 „ „ „ „ „ 5 „ „ „ „ Neunk.	2,50		
		Elversbg.	2-3 „ „ „ Heinitz 3 km „ „ „ Friedrichsthal	2,50		
		Bildstock	1-3 km bf. Wegb. Rieden	2,50		
		Kohlwald	1-4 „ „ „ „ Neunk.	3,00		
		Eberstein	5-8 „ desgl.	3—4,5		
		Fürth	8-10 km bef. Weg desgl. und nach Bexbach	5,00		
700. Königl. Oberförsterei Saarlouis, Rgbz. Trier. (Karte 48.)						
Saarlouis, Post und Kreis Saarlouis.	Saarlouis ist Station der Strecke Trier-Saarbrücken.	Sprengen	5 km bis Griesborn	3—5		
		Ensdorf	2 „ „ Ensdorf			
		Saarwell.	5 „ „ Saarlouis			
		Fahlscheid	8 km b. Lebach u. „			
		Bettingen	3—5 km bis Lebach und Bettingen			
		Pachten	5 km bis Beckingen			
701. Königl. Oberförsterei Fischbach, Rgbz. Trier. (Karte 48.)						
Fischbach, Post Camphausen, Kreis Saarbrücken.	1 km bis Bahnhof Camphausen.	Entfernung der Schläge nach den nächsten Bahnhöfen Dudweiler, Sulzbach, Friedrichsthal, Camphausen, Brefeld, Querscheid, Göttelborn 1—5 km; aus Forstort Neuhaus 3—8 km. Anfuhrkosten pro fm Stammh. 3—4 M. pro rm Schichtnutzh. 1,50—2,50 M.				
702 Königl. Oberförsterei Saarbrücken, Rgbz. Trier. (Karte 48.)						
Saarbrücken, Gutenbergstr. 42. Post und Kreis Saarbrücken.	1 km bis Bahnhof St. Johann-Saarbrücken.	Halberg, Scheidt	3—4 km bis Scheidt	2,00		
		Ludwigsberg	3 km bis Schleifmühle	2,00	4-5 km b. Saar-Abl.	2,00
		Wanborn	4 „ wie vor	2,50	6 „ „ „ Kanal	2,50
		Pfaffenkopf	3-4 km bis Burbach 2-3 „ „ v. d. Heydt	2,00		
		Riegelsberg	5-6 „ „ Burbach 3 „ „ v. d. Heydt	2,50		
703. Königl. Oberförsterei Karlsbrunn, Rgbz. Trier. (Karte 48.)						
Karlsbrunn, Post, Kreis Saarbrücken.	6 km meist befestigter Weg nach Station Kochern. — 8 km Chss. nach Forbach, 2 mal täglich Fahrpostverbindung.	Karlsbr.	8 km Chss. b. Forbach	5,00		
		St. Nikolas	8 km wie vor	5,00		
		Lauterbch.	4 km bis Karlingen	2,60		
		Ludweiler	6 „ „ Völklingen	3,80	bis Saar-Abl. (Völklingen)	3,80
		Weiherd.	5 „ „ Karlingen	3,20		
		Differten	3 „ „ „	2,00		
		Geislaut.	4 „ „ Völklingen	2,60	wie vor	2,60
		Friedrichsweil.	4 „ „ Differten u. Linslerhof	2,60		

Sitz der Oberförsterei nebst Poststation	Entfernung des Oberförstereisitzes von der nächsten Eisenbahnstation bezw. Haltestelle. Post- und regelmäßige Reiseverbindungen auf Landwegen.	Durchschnittliche Entfernungen und ungefähre Anfuhrkosten von den einzelnen Reviertheilen für Bahn- bezw. Wassertransport und zwar				
		Schutzbezirk	Entfernung bis Güterbahnhof	Anfuhrkosten pro fm M.	Entfernung bis Wasserablage	Anfuhrkosten pro fm M.
704. Königl. Oberförsterei Wittlich, Rgbz. Trier. (Karte 48.)						
Wittlich, Post und Kreis Wittlich.	0,4 km bis Station Wittlich.	Springiersbach	6 km bef. Weg und Chauss. bis Uerzig			
		Höllenth.	7 km desgl. b. Bullay			
		Bonsbeu.	9-11 km wie vor			
		Haardt	3-4 „ dsgl. b. Salmrohr			
		Failz	4 km desgl. b. Wittlich			
		Schwarzenborn	15-17 km wie vor u. bis Philippsheim			
		Hemmerath	13-15 km bef. Weg u. Chauss. bis Wittlich			
		Hohe-Mark.	15-19 km wie vor			
705. Königl. Oberförsterei Trier, Rgbz. Trier. (Karte 48.)						
Trier, Simeonsstiftsstr. Nr. 20, Post und Kreis Trier.	Bahnstation am Orte.	Erlenbach	3 km Chss. b. Hetzerath	1,50		
		Quint	3 km Erdweg bis Schweich 5 km Chss. b. Ehrang	1,80 2,00		
		Mülchen	10 km Chss. desgl.	2,50		
706. Königl. Oberförsterei Osburg, Rgbz. Trier. (Karte 48.)						
Osburg, Post, Kreis Trier.	8 km (dav. 6 km Chauss.) nach Waldrach (Trier-Hermeskeil). Fahr. Briefträger (mit Personenbeförd.). 1 mal täglich hin und zurück nach Waldrach.	Reinsfeld	3—6 km Chss. u. bef. Weg bis Reinsf.	1,20		
		Sternfeld	4—8 km desgl. 10-15 km desgl. bis Waldrach	1,50		
		Beuren	4-8 km desgl. b. Reinsf.	1,20		
		Hentern	2—5 km Erdw. b. Zerf	1,20		
		(Großw.)	6 km desgl. b. Lampad.	1,50		
		(Fuchsw.)	6 km bef. Weg desgl. 6 km bef. Weg u. Chaussee bis Zerf	1,50		
707. Königl. Oberförsterei Morbach, Rgbz. Trier. (Karte 48.)						
Morbach, Post, Kreis Bernkastel.	Nach Bahnhof Cues-Bernkastel 17 km Chaussee. 2 mal täglich Postverbindung. — Nach Bahnhof Oberstein 26 km Chss. 1 mal täglich Postverbindung. — Nach Bahnhof Birkenfeld 23 km Chss. 1 mal täglich Postverbindung. — Bahn Hermeskeil-Kirchberg über Morbach im Bau.	Horbruch Hochscheid Hinzerath Morbach Bischofsthron Elzerath Horath	Bis zu den nächsten Bahnst. Bernkastel, Oberstein u. Birkenfeld 20—25 km, Anfuhrkosten 5—6 Mk. pro fm. — Nach Eröffnung der Hochwaldb. Hermeskeil-Kirchberg bis zu den nächst. Verladestellen für Hauptrevier 2—6 km.			
708. Königl. Oberförsterei Kempfeld, Rgbz. Trier. (Karte 48.)						
Kempfeld, Post, Kreis Bernkastel.	15 km Chauss. bis Oberstein (Bingerbrück-Saarbrücken) davon 3 km electrische Bahn von Idar bis Oberstein. — Personenpost nach Idar-Oberstein und über Morbach nach Bernkastel (24 km). — Demnächst Morbach (9 km von Oberf.) Bahnstation der Sekundärbahn Simmern-Hermesk.	Wildenbg. Allenb. S.	15 km Chaussee bis Oberstein	4 Mk. für Ki., 6 Mk. für Bu.		
		„ N. Langweiler Bruchweiler	24 km wie vor			
709. Königl. Oberförsterei Dhronecken, Rgbz. Trier. (Karte 48.)						
Dhronecken, Post Thalfang, Kreis Bernkastel.	12 km Chauss. nach Hermeskeil (Trier-Hermeskeil). Nach Fertigstellung der Sekundärbahn Hermeskeil-Kirchberg wird Dhronecken selbst Bahnstation. — Personenpost 1 mal tägl. von Thalfang (4 km von Oberf.) über Dhronecken nach Hermeskeil und zurück.	Malborn Hilscheid	12 km Chss. u. 4 km bef. Weg b. Hermesk.	4,80		
		Deuselbach	12 km u. 6 km wie vor	5,40		
		Tranenweyer	4 km u. 12 km wie vor 11 km Chss. u. 3 km bef. Weg b. Birkenfd.	4,80 4,20		
		Hüttgeswasen	12 km Provinzialstr. bis Birkenfeld	3,60		
		Hoxel	18 km Chauss. bis Birkenfeld 25 km Chauss. bis Bernkastel	5,50 7,50		
710. Königl. Oberförsterei Hermeskeil, Rgbz. Trier. Karte 48.)						
Hermeskeil, Post, Kreis Trier.	Der Bahnhof Hermeskeil liegt 1,5 km vom Oberförsterdienstgehöft.	Nonnweiler	2—4 km Chauss. bis Nonnw. Hermeskeil, u. Otzenhausen	4,50		
		Neuhütten	4-6 km Chss. b. Otzenh.	5,00		
		Züsch	8 „ „ „ „ 6 „ „ b. Hermesk.	5,00 5,00		
		Thiergart.	8 km Chss. b. „	5,00		
		Börfink	9 „ „ „ Birkenf.	5,50		
711. Königl. Oberförsterei Wadern, Rgbz. Trier. (Karte 48.)						
Wadern, Post, Kreis Uerzig.	2 km Chauss. bis Bhf. Wadern (Nonnweiler-Wemmetsweiler); 4 mal tägl. Privatpost von Wadern nach dem Bahnhof u. zur. — Täglich 1 mal Kaiserl. Post von Wadern nach Merzig und zurück, sowie Privatpost von Wadern nach Weiskirchen u. zur.	Büschfeld	5 km mst. Landstr. b. Crettnich, Büschfeld und Limbach	1—2,5		
		Thailen	5 km mst. Landstr. b. Wadern	1,80		
		Lockweiler	2—6 km mst. Erdw. b. Mettnich u. Crettnich	1,80		
		Steinberg	3—9 km mst. bef. Weg bis Kell	1,80		
		Klink	4-8 km desgl. b. Schill.	1,80		

Flächengröße u. Character d. Reviers. — Vertheilung der Hauptholzarten nach Zehnteln.	Beschaffenheit des Wegenetzes im Reviere und der sich daran schließenden Abfuhrstraßen, sowie der etwaigen Wassertransportwege. Adressen von größeren Fuhrunternehmern.	Jahresquantum der Haupt-Verkaufshölzer nach Holzarten und Sortimenten (unter Abrechnung des Lokalbedarfs).

704. Königl. Oberförsterei Wittlich,

4156 ha. — z. Th. gebirg., z. Th. hügel. Bu. 0,7 Ei. 0,1 Ki. 0,1 Fi. 0,1	Innerh. der einzelnen Reviertheile fast überall gute fahrbare Chausseen und Wege. Die Holzabfuhr besorgen meist Fuhrleute aus Wittlich.	Schbz. Höllenthal 80 fm Bu.-Schneide- und Schwellenholz „ Bonsbeuern 130 „ „ „ Schwarzenborn 140 „ „ „ Hemmerath 75 „ „ „ Hohe Marken 75 „ „ Schneide- und Schwellenholz } 200 fm Ki.-Grubh. Ganzes Revier: 250 fm Ei.-Grubenholz.

705. Königl. Oberförsterei Trier,

2871 ha. — gebirgig, parzellirt. Ki. 0,4 Ei. 0,3 Bu. 0,3	Ausgebautes Wegenetz. — Fuhrleute in Föhren und Schweich.	Schbz. Erlenbach 200 fm Ki.-Grubenholz. „ Quint 100 „ „ „ „ Mülchen 200 „ „ „ „ Kobenbach 650 Ctr. Ei.-Lohrinde I. Cl. „ Tarforst 600 „ „ I. „ Ganzes Revier: 700 fm Ei.- u. 150 fm Bu.-Stamm- u. Schichtnutzh.

706. Königl. Oberförsterei Osburg,

3199 ha. — gebirgig, zusammenhgd. (Hentern sehr parzellirt. Bu. 0,8 Na. 0,2 Ei.	In den Schutzbez. Reinsfeld, Sternfeld, Beuren und Forstort Fuchswald befestigte Wege. Im Forstort Großwald Erdwege und befestigte Wege. — Fuhrunternehmer Ott in Reinsfeld, Schneider in Nieder-Zerf, Casel in Casel.	Schbz. Sternfeld 200 fm Bu.-Stammholz. „ Reinsfeld 200 „ „ „ 1500 rm Bu.-Brennh. „ Beuren 50 „ „ „ „ Hentern 10 „ „ „ 50 fm Ei.-Stammholz.

707. Königl. Oberförsterei Morbach,

4782 ha. — gebirgig, bis 765 m hoch. zl. parzellirt. Fi. 0,6 Bu. 0,3 Ei. Bi. Ki. } 0,1	Wege innerhalb des Staatswaldes meist recht gut. Neues Wegenetz angelegt. Wege außerhalb in den Ortsgemarkungen sehr mäßig. — Fuhruntern. in Morbach Mettler, Decker u. Klein.	In Folge großen Localbedarfs sind Handelshölzer fast nur Fi.-Derbstangen. — Nach Bahneröffnung kommt voraussichtlich viel geringes Fi.- und etwas Ki.- u. Bu.-Stammholz zum Ausgebot und zwar aus den Schbz. Morbach, Hinzerath, Hochscheid und Horbruch.

708. Königl. Oberförsterei Kempfeld,

3557 ha. — gebirgig, zusammenhgd. Bu. 0,6 Fi. 0,4	Wegenetz noch nicht völlig ausgeb. viele feste Wege im Revier, darunter 2 Kreisstr. Fuhrunternehmer Ficus in Schauren, Bohl in Wirschweiler.	Schbz. Allenbach N. 80 fm Bu.-, 660 fm Fi.-Stämme 120 rm Bu.-Rollen. „ Langweiler 180 fm Bu.-, 290 fm Fi.-Stämme 100 rm Bu.-Rollen. „ Bruchweiler 180 fm Bu.-, 220 fm Fi.-Stämme 200 rm Bu.-Rollen. „ Allenbach S. 370 fm Bu.-Stämme 140 rm Bu.-Rollen. „ Wildenburg 150 fm Bu.-Stämme.

709. Königl. Oberförsterei Dhronecken,

4504 ha. — gebirgig, zusammenhgd. Bu. 0,5 Fi. 0,5 Ei. 0,1	Viele und gute Abfuhrwege. Das neue Wegenetz ist z. Th. ausgebaut. Nach Fertigstellung der Bahn Hermeskeil-Kirchberg werden Dhronecken, Thalfang, Deuselbach, Horel Güterverladestellen. — Fuhruntern. in Hausgörgen-Mühle: Paulus, in Morbach: Klein.	Schbz. Malborn 100 fm Bu.-Stammh. 100 rm Bu.-Rollh. „ Trauenweyer 300 „ „ „ 100 „ „ „ „ Deuselbach 50 „ „ „ 100 „ „ „ „ Hüttgeswasen 50 „ „ „ 50 „ „ „ (Nach Bahneröff. bedeutender Einschlag an Fi.-Stä. und Derbst. in Aussicht.)

710. Königl. Oberförsterei Hermeskeil,

3384 ha. — gebirgig. Bu. 0,6 Fi. 0,4	Ein neues Wegenetz ist im Ausbau begriffen; außerhalb der Forsten genügend gute Chausseen. — Fuhrunternehmer sind alle größeren Bauern in den umliegenden Dörfern.	(siehe Tabelle)

Schutzbezirk	Stammh. (fm) Bu.	Fi.	Derbstangen Fi.	Reiser I. Cl. Bu.
Neuhütten	100		5000	350 rm
Züsch	250	50	5000	800 „
Thiergarten	300	200	1500	500 „
Börfink	450		1500	
Nonnweiler	100			300 „

711. Königl. Oberförsterei Wadern,

3222 ha. — gebirgig, parzellirt, Steinbg. u. Klink zushgd. Bu. 0,7 Ei. 0,2 Fi. 0,1	Wegenetz gut und meist im Erdbau durchgeführt, mehrere Wege versteint; außerh. gute Chauss. und Landwege, Transport zur Bahn im allgemeinen nicht unbequem. — Fuhrl. in Mandern, Waldweiler, in Castel, Mettnich, Kell, Mühlfeld, Gehweiler, Steinberg.	(siehe Tabelle)

Schutzbezirk	Stammh. (fm) Ei.	Bu.	Bu.-Brennholz (rm.) Derbholz	Reisig
Büschfeld	200	120		
Thailen	140	90		
Lockweiler	600			
Steinberg	130	240	1500	800
Klink		200	2500	1000

Oeffentliche Holzlicitationen finden statt in:	Unterkommen im Gasthofe f. Holzhändler, Forst-Assessoren u. Referendare in möglichster Nähe der Oberförsterei	Zustand des Oberförster-Dienstgebäudes	Wo Kirche? Wo Schule? In welcher Zeit zu erreichen?	Wo Arzt, wo Apotheke, wo Amtsgericht?	Nebenämter des Revierverwalt. Wenn ständiger Assistent vorhanden, wo wohnt derselbe?
Rgbz. Trier. (Karte 48.)					
In Wittlich, bei Albertz. In Großlittgen, bei Hubert. In Bengel, bei Pütz. In Haardt, bei Wagener.	Fast in allen in den einzelnen Reviertheil. gelegenen Dörfern ist Quartier zu finden.	Gutes neues Dienstgebäude am Eingang der Kreisstadt Wittlich an der Staffelstein-Berncasteler Provinzialstraße. — Trier, 43 300 Einwohner, 1 Stunde Bahnfahrt.	Evg. u. kath. Kirche, höhere Knabenschule in Wittlich, Gymnas. in Trier, Bahnverb., aber kein passender Frühzug.	In Wittlich.	
Rgbz. Trier. ((Karte 48.)					
In Trier, Café Germania, Fleischstr.	In Trier, Gasth. Venedig u. „zur Post".	Miethswohnung in der Stadt Trier, 43 300 Einw., Regierungssitz, Landgericht, Garnison. (Dienstwohnung in der Stadt in Aussicht.)	In Trier.	In Trier.	
Rgbz. Trier. (Karte 48.)					
In Waldrach, bei Karls. In Neuhaus, bei Bales. In Beuren, bei Loch. In Reinsfeld, bei Schirra. In Kell, bei Lang. In Zerf, bei Seiler.	In Osburg, bei Valerius.	Altes Dienstgebäude am S.-Rande des Dorfes Osburg. Wohn- u. Wirthschaftsräume beschränkt. — Nächste Stadt ist Trier, 18 km, 43 300 Einw.	Kath. Krch. u. Pfarre in Osburg. Ev. Gottesd. in Trier u. Hermeskeil, 18 km. Gymnas. in Trier (1std. Ldw. bis Waldrach, und von da 20 Minuten Bahnfahrt.)	Arzt in Ruwer, 14 km. — Aerzte, Apotheke, Amtsgericht in Trier, 18 km.	Vertreter des Forst- u. Eisenbahnfiskus im Kreistage. — Wohnung f. verheiratheten Assess. nicht zu haben.
Rgbz. Trier. (Karte 48.)					
In Morbach, bei Brauns. In Bischofsdhron, bei Greber. In Hinzerath, bei Lehnert. In Horbruch, bei Barth. In Merscheid, bei Schwickard. In Horath, bei Klein. In Veldenz, bei Bottler.	In Morbach, Gasth. v. Brauns (gut), Gasth. von Mettler, Gasth. von Decker.	Neues Dienstgebäude, seit acht Jahren bewohnt, am O.-Rande des Marktfleckens Morbach, 900 Einwohner, an dem Postverbindungsw. nach Kempfeld. — Kreisstadt Bernkastel, 2300 Einwohner, 17 km.	Kath. Kch. u. Pfarre, Elementarschule in Morbach, 3 Minut. Ev. Kirche u. Pfarre in Sensweiler, 8 km.	Arzt u. Apotheke in Morbach, Amtsgericht in Rhaunen.	Für verh. Assess. vorläufig kein Unterkommen.
Rgbz. Trier. (Karte 48.)					
In Hüttgeswasen, bei Gethmann.	In Kempfeld, Gasthöfe Fuchs und Dietz (verhältnißm. gut.	Massives Dienstgebäude in Kempfeld, Wohnung etwas beschränkt, kleine Räume. Wirthschaftsräume ausreich. — Nächste Stadt Oberstein, 8200 Ew., 15 km.	Ev. Pfarre in Schauren, 3 km. Kath. Pfr. in Langweiler, 6 km. Höhere Schulen von Kempfeld aus nicht erreichbar.	Arzt im Orte. Apotheke in Idar, 12 km.	Aufsicht über 4 kleine Gemeindewaldungen (250 ha).
Rgbz. Trier. (Karte 48.)					
In Hüttgeswasen, bei Gethmann oder in Trier.	In Dhronecken, b. Haag, bezw. in Malborn, bei Kronenberger, 2,8 km. In Thalfang, bei Bickler, 4 km, dort auch Fuhrw.	Altes Burggebäude an der Chaussee Hermeskeil-Morbach, am Rande des Dorfes Dhronecken. Wohnräume dem Burgbau entsprechend beschränkt. Wirthschaftsgebäude sehr beschränkt. — Hermeskeil, (2100 Einw.), 12 km.	Ev. u. kath. Kirche und Pfarre in Thalfang, 4 km Chauss. Gymnasium in Birkenfeld, 22 km Chss.	Arzt u. Apotheke i. Thalfang, 4 km Amtsger. in Neumagen a/Mosel.	Verheirathet. Ass. kann in Thalfang (4 km) wohnen.
Rgbz. Trier. (Karte 48.)					
In Hermeskeil, in einem der Gasthöfe abwechselnd.	In Hermeskeil gute Unterkunft.	Sehr schönes, 1901 erbautes Dienstgehöft am N.-Ausg. von Hermeskeil, 2100 Ew., a. d. Provinzialstraße Hermeskeil-Dhronecken. — Trier, 43 300 Einw., in 2stündiger Bahnfahrt erreichbar.	Ev. u. kath. Kirche und Pfarre im Dorf. Gymnasium in Trier, Bahnverbind.	In Hermeskeil.	
Rgbz. Trier. (Karte 48.)					
In Trier mit anderen Oberförstereien zusammen großer Holzverkauf vor dem Einschlag, meist im November; sonst in Wadern, Hotel Warker, und Gasthof Zimmermann.	In Wadern, Hotel Warker, Gasth. Müller, Hotel „z. Hochwald".	Aelteres Dienstgebäude mit genügenden Wohn- und Wirthschaftsräumen im Marktflecken Wadern, 980 Einw., an der Provinzialstraße Merzig-Birkenfeld. Kreisstadt Merzig, 26 km, 6500 Einwohner. — Trier, 43 300 Einw., und Saarbrücken, 23 300 Ew., unschwer per Bahn zu erreichen.	Kathol. Kirche und Pfarre, evangelisch. Pfarrvikariat u. Kapelle im Ort. 3 kath. Elementarschulen im Orte. Gymnasium in Trier und Saarbrücken, Bahnverbind.	2 Aerzte, Apotheke, sowie Amtsgericht im Orte.	Zur Zeit Staatsaufsicht über die Gehöferschaftswaldungen im Kreise Merzig.

Flächengröße u. Character des Revieres. Vertheilung der Hauptholzarten n. Zehnteln.	Beschaffenheit des Wegenetzes im Reviere und der sich daran schließenden Abfuhrstr., sowie der etwaigen Wassertransportwege. Adressen von größeren Fuhrunternehmern.	Jahresquantum der Haupt-Verkaufshölzer nach Holzarten und Sortimenten (unter Abrechnung des Lokalbedarfs).
		712. Königl. Oberförsterei Krofdorf,
1554 ha. — hügelig; Hauptrevier und mehrere Parzellen. Bu. 0,7 Ei. 0,2 Fi. 0,1	Chaussirte Straßen durchschneiden das Revier und bilden die Grundlage eines ausgebauten Wegenetzes. — Fuhrleute in Nauborn und Reiskirchen, in Krofdorf und Kirchvers, in Salzböden.	Schbz. Stoppelberg 300 fm Ei.-Gruben- u. Stammh. „ Krofdorf 500 „ „ „ „ „ Waldhaus 70 „ „ „ 300 fm Bu.-Stmh. „ Salzböden 250 „ Ei.-Gruben- u. Stammholz.
		713. Königl. Oberförsterei Strupbach,
761 ha. — gebirg., hüg. Bu. 0,6 Ei. 0,3 Fi. 0,1	Das Wegenetz ist vollständig ausgebaut, und sind die Bezirke durch gute Erdwege gänzlich aufgeschlossen	Die zum Einschlag gelangenden Nutz- und Handelshölzer werden sämmtlich von der heimischen Bevölkerung angekauft, wobei die industriereichen Städte Gießen, Wetzlar und Herborn besonders vertreten sind.
		714. Königl. Oberförsterei Weilburg,
673 ha. — hügelig, parzellirt. Bu. 0,80 Ei. 0,10 Ki. 0,05 Fi. 0,05	Innerhalb der Forstorte Erdwege, außerhalb viele und gute Chausseen. — Fuhrunternehmer: Meurer in Weilburg, Bauern in Cubach, Hirschhausen, Altenkirchen bei Weilmünster.	(siehe Tabelle unten)

Schutzbezirk	Stammholz (fm) Ei.	Ki.	Bu.	Fi.	Grubh. (fm) Ei.	Ki.
Edelsberg	30	50				
Thiergarten	100		50		50	40
Drommershausen	20			20		

		715. Königl. Oberförsterei Weilmünster,
708 ha. — gebirg., parzellirt. Bu. 0,8 Ei. 0,1 Fi. 0,1	Oberförstereisitz mit den Schutzbez. durch Chausseen und meist gute Vizinalwege verbunden; innerhalb der Forstorte vielfach schlechte Erdwege. — Fuhrleute in Weilmünster.	Schbz. Dietenhausen 50 fm Ei.-Stammh. „ Rohnstadt 50 „ „ „
		716. Königl. Oberförsterei Brandoberndorf,
668 ha. — gebirg., parzellirt. Ei. 0,5 Bu. 0,3 Fi. 0,1 Ki. 0,1	Das Wegenetz (Erdwege) nahezu ausgebaut. — In Griedelbach Saltenberger, in Oberquembach Emrich als Fuhrunternehmer.	Schbz. Kleeberg 50 fm Ei.-Starkh. 30 fm Ei.-Grubh. 500 Ctr. Ei.-Lohrinde. „ Weiperfelden 600 Stück Fi.-Derbst. 130 fm Ki.-Grubh. „ Hasselborn 25 fm Ei.-Starkh. 100 fm Ei.-Grubenh.
		717. Königl. Oberförsterei Usingen,
798 ha. — gebirg., zml. gut gruppirt. Bu. 0,4 Fi. 0,3 Ki. 0,2 Ei. 0,1	Wegenetz vollständig ausgeführt, im Oberhainer Bezirk vorwiegend befestigte Wege, in den beiden anderen Schutzbezirken Erdwege. Chausseen und Vicinalwege gut und ausreichend. — Fuhruntern. in Usingen, Wehrheim, Anspach, Pfaffenwiesbach.	Schbz. Obernhain 450 fm Fi.-Stammh. 1200 Fi.-Derbstangen, 120 rm Na.-Brennholz. „ Usingen 20 fm Ei.-, 10 fm Bu.-, 20 fm Fl.-Stammh. 100 Stück Fi.-Derbstangen. „ Kransberg 20 fm Ei.-Stammholz.
		718. Königl. Oberförsterei Cronberg,
0,145 ha. — eben bis gebirgig, parz. Ki. 0,4 Ei. 0,3 Bu. 0,1 Wh. 0,1 Fi. 0,1	Das Wegenetz ist gut.	Nur Gemeindewald.
		719. Königl. Oberförsterei Homburg vor der Höhe,
1160 ha. — Tannenw., Goldgr. nur z.Th.gebirg., Feldberg gebirgig, isol.	Innerhalb der Forstorte meist gute Steinwege, außerhalb der Forsten gute Chauss. — Fuhrunternehmer: Phil. Braun und Herzberger in Oberstedten.	Schbz. Tannenwald „ Goldgrube „ Feldberg „ Homburg „ Köppern „ Seulberg } Grubenholz in geringem Umfang, sonst nur für den Lokalbedarf.

Oeffentliche Holzlicitationen finden statt in:	Unterkommen im Gasthofe f. Holzhändler, Forst-Assessoren u. Referendare in möglichster Nähe der Oberförsterei	Zustand des Oberförster-Dienstgebäudes	Wo Kirche? Wo Schule? In welcher Zeit zu erreichen?	Wo Arzt, wo Apotheke, wo Amtsgericht?	Nebenämter des Revierverwalt. — Wenn ständiger Assistent vorhanden, wo wohnt derselbe?
Rgbz. Coblenz. (Karte 49.)					
Für Stoppelberg in Wetzlar „z. römischen Kaiser", sonst in Krofdorf bei Freund.	In Wetzlar „zum römischen Kaiser; sonst in Krofdorf, bei Freund.	Schönes ger. Dienstgeb. am S.-Ausgang von Krofdorf mit vollkommenen Nebenräumen und Hausgarten. — Gießen, 25500 Einw., Universität, Garnison, 7 km Chss.	Ev. Kirche u. Pfarre im Dorfe. Kathol. Gottesd. in Gießen, daselbst Gymnasium u. auch in Wetzlar.	Arzt und Apotheke im Ort; Amtsgericht in Wetzlar.	
Rgbz. Wiesbaden. (Karte 49.)					
In Erda, bei Dörr. In Bieber, b. Schlierbach.	In Gießen, Hotel „Großherzog von Hessen".	Isol. lieg. Dienstgeb. im Strupbacher Thal; 1,5 km von Königsberg, 500 Einw. — Gießen, 25500 Einw., in 3/4 std. Ldw. bis Bieber u. von da in 40 Min. Bahnf. erreichb.	Ev. Kirche in Königsberg. Kath. Kirchen in Gießen u. Wetzlar; Gymnasium daselbst.	Arzt in Rodheim, Apoth. in Gießen, Amtsgericht in Gladenbach.	Zugehörig: 2170 ha Gemeinde- u. Interessentenw.— Wohn. f. verh. Ass. in Rodheim, resp. Hohensolms (je 4 km) zu haben.
Rgbz. Wiesbaden. (Karte 49.)					
In Weilburg.	In Weilburg, „deutsch. Haus", „Traube" und „Nassauer Hof". In Braunfels, „Schloßhotel".	Dienstwohn. ein einzeln geleg. ehemal. Schloß sehr ger. mit hoh. hübschen Zimmern. Wirthschaftsgeb. ausr. aber unbequem u. mit domänenfisk. Geb. im Gemenge gel; 0,5 km Feldw. bis an Chss. — Kreisst. Weilburg, 3700 Ew., Uffz.-Sch.	Ev. u. kath. Kirche, Gymnasium, Töchterschule in Weilbg.	In Weilburg, 2,3 km.	Zugehörig: 3108 ha Gemeindewald.
Rgbz. Wiesbaden. (Karte 49.)					
In Dietenhausen, im Rathhaus. Für den Schutzbez. Möttau bei der Försterei. In Rohnstadt, Gasth. Eichhorn.	In Weilmünster, bei Schmidt und Jung.	Neues Dienstgeb. am NO.-Rande des Fleckens Weilmünster, 1500 Einw., am Vizinalweg nach Möttau. — Kreisstadt Weilburg, 3700 Einwohner, in 1/2 stündiger Bahnfahrt zu erreichen.	Ev. Kirche u. Pfarre im Flecken; kathol. Gottesd. in Weilburg, daselbst Gym. (Bahnverbind., aber kein pass. Frühzug.)	In Weilmünster. Amtsgericht in Weilburg.	Zugehörig: 3487 ha Gemeindewald. — Wohnung f. verheirathet. Assessor in Weilmünster erhältlich.
Rgbz. Wiesbaden. (Karte 49.)					
In Kleeberg, bei Hofmann. In Weiperfelden, bei Künkel.	In Brandoberndorf, Gasth. v. Nather. In Grävenwiesbach, „z. Löwen".	1878 erbautes Dienstgebäude am O.-Ausgange des Dorfes Brandoberndorf, 600 Einw. — Kreisstadt Usingen, 1890 Einwohner, 15 km.	Ev. Kirche u. Schule im Orte. Höh. Schulen in Frankfurt.	Arzt u. Apotheke am Orte. Amtsgericht in Usingen.	Zugehör.: 3670 ha Gemeindewald.
Rgbz. Wiesbaden. (Karte 49.)					
In Usingen, Gasth. „zur Sonne". In Cransberg, bei Maibach. In Obernhain, bei Kolaß.	In Usingen, Gasthaus „zur Sonne" od. „im Adler" (8 Min. von Oberförst.)	Neues geräum. Dienstgeb. mit Wirthschaftsgeb. am Ausgang der Kreisst. Usingen, 1890 Einw., am Kreuzgsp. der Chss. nach Nauheim u. nach Homb.— Homburg (9600 Einw.) u. Frankfurt (288400 Ew.) in 1 bzw. 2 St. p. Bahn zu err.	Ev. u. kath. Kirche in Usingen. Ev. Seminar mit mögl. Privatunterr. b. Tertia. Gymnasium in Homburg (Bahnverbind.) aber kein passender Frühzug.	2 Aerzte, Apotheke u. Amtsgericht in Usingen.	Zugeh.: 3450 ha Gemeinde- und Interessentenwld. — Verheir. Ass. kann bei bescheid. Ansprüchen in Usingen wohnen.
Rgbz. Wiesbaden. (Karte 49.)					
Verkauf der Handelshölzer meist freihändig oder in Submission vor dem Einschlage seitens der betr. Bürgermeisterämter.	In Cronberg.	Altes, aber gut erhaltenes solides Dienstgebäude mitten in der Stadt Cronberg, 2800 Einw. — Frankfurt, 288400 Einw., in 27 Minuten Bahnf. zu erreichen.	Ev. u. kath. Kirche und Pfarre, sowie Privatrealschule in Cronberg, höhere Schulen in Frankfurt. (Bahnverbindg. mit passendem Frühzug.)	Am Orte.	Die Oberförsterei umfaßt 3993 ha Gemeindewald.
Rgbz. Wiesbaden. (Karte 49.)					
In Oberstedten, Gasth. „zum Taunus".	Im Homburg, „Straßburger Hof" und „zum Braustübl".	Schönes neueres Dienstgebd., 3stöckig, in der Stadt Homburg, 9600 Ew. Im unt. Stock neben d. Obf.-Geschäftsz. auch noch Katasterbureau. Neubau e. Dienstw. nahe bei d. Stadt wegen Benutz. b. seith. Grundst. zum Kirchenbau in Aussicht.	Ev. und kath. Kirche, Pfarre, Gymnasium in Homburg.	In Homburg.	

712. Königl. Oberförsterei Krofdorf, Rgbz. Coblenz. (Karte 49.)

Sitz der Oberförsterei nebst Poststation.	Entfernung des Oberförstereisitzes von der nächsten Eisenbahnstation bezw. Haltestelle. Post- und regelmäßige Reiseverbindungen auf Landwegen.	Durchschnittliche Entfernungen und ungefähre Anfuhrkosten von den einzelnen Reviertheilen für Bahn- bezw. Wassertransport und zwar: Schutzbezirk	Entfernung bis Güterbahnhof	Anfuhrkosten pro fm M.	Entfernung bis Wasserablage	Anfuhrkosten pro fm M.
Krofdorf, Post, Kreis Wetzlar.	7 km Chss. nach Giessen. 1,6 km Chss. nach Haltestelle Krofdorf-Gleiberg der Linie Lollar-Wetzlar. — 13 km Chaussee nach Wetzlar. Kariolpost 2 mal täglich hin und zurück nach Gießen.	Stoppelberg	5 km Chss. b. Wetzlar	4		
		Krofdorf	7 „ „ b. Kinzenbach	5		
		Waldhaus	9 „ „ desgl. und Lollar	5		
		Salzböden	8 „ „ desgl. und Fronhausen	5		

713. Königl. Oberförsterei Strupbach, Rgbz. Wiesbaden. (Karte 49.)

Sitz der Oberförsterei nebst Poststation.	Entfernung des Oberförstereisitzes von der nächsten Eisenbahnstation bezw. Haltestelle. Post- und regelmäßige Reiseverbindungen auf Landwegen.	Schutzbezirk	Entfernung bis Güterbahnhof	Anfuhrkosten pro fm M.	Entfernung bis Wasserablage	Anfuhrkosten pro fm M.
Strupbach, Post Rodheim a. d. B., Kreis Biedenkopf.	40 Min. bis zur Bieberthal-Kleinbahn, Station Bieber.	Königsberg, Bieber, Wilsbach, Rodheim, Frankenbach, Waldgirmes, Herrmannstein	4 km feste Chauss. bis Bieber 14 km feste Chauss. bis Giessen 20 km feste Chauss. bis Wetzlar 20 km feste Chauss. bis Herborn			

714. Königl. Oberförsterei Weilburg, Rgbz. Wiesbaden. (Karte 49.)

Sitz der Oberförsterei nebst Poststation.	Entfernung des Oberförstereisitzes von der nächsten Eisenbahnstation bezw. Haltestelle. Post- und regelmäßige Reiseverbindungen auf Landwegen.	Schutzbezirk	Entfernung bis Güterbahnhof	Anfuhrkosten pro fm M.	Entfernung bis Wasserablage	Anfuhrkosten pro fm M.
Windhof, Post Weilburg, Kreis Oberlahn.	2,3 km Chaussee nach Bahnhof Weilburg (Coblenz-Gießen).	Edelsberg	1—3 km Waldw. bis Freienfels u. Essersh.	4,00 (für alle)		
		Thiergart.	5-12 km Wdw. u. Chss. b. Weilburg u. Braunfels			
		Dommershausen	3-5 km Waldw. u. Chss. bis Weilburg			
		Weinbach	4-9 km Ch. b. Freienfels			
		Gräveneck	2-5 km Wdw. b. Weilburg u. Fürfurt			
		Philippst.	6-10 km Chss. b. Braunf.			

715. Königl. Oberförsterei Weilmünster, Rgbz. Wiesbaden. (Karte 49.)

Sitz der Oberförsterei nebst Poststation.	Entfernung des Oberförstereisitzes von der nächsten Eisenbahnstation bezw. Haltestelle. Post- und regelmäßige Reiseverbindungen auf Landwegen.	Schutzbezirk	Entfernung bis Güterbahnhof	Anfuhrkosten pro fm M.	Entfernung bis Wasserablage	Anfuhrkosten pro fm M.
Weilmünster, Post, Kreis Oberlahn.	Weilmünster ist Stat. der Linie Weilburg-Laubuseschbach. — Postverbindung 1 mal tägl. hin und zurück nach Usingen.	Dietenhausen	2 km Chauss. b. Weilmünster	3,00		
		Möttau	2 km Chss. 2 schlecht. Weg b. Weilmünster	3,00		
		Rohnstadt	1 km Erdweg bis Rohnstadt	0,50		

716. Königl. Oberförsterei Brandoberndorf, Rgbz. Wiesbaden. (Karte 49.)

Sitz der Oberförsterei nebst Poststation.	Entfernung des Oberförstereisitzes von der nächsten Eisenbahnstation bezw. Haltestelle. Post- und regelmäßige Reiseverbindungen auf Landwegen.	Schutzbezirk	Entfernung bis Güterbahnhof	Anfuhrkosten pro fm M.	Entfernung bis Wasserablage	Anfuhrkosten pro fm M.
Brandoberndorf, Post, Kreis Usingen.	14 km gut chauss. Landw. bis Butzbach (Main-Weser). — 15 km desgl. bis Wetzlar (Coblenz-Gießen). — 15 km desgl. bis Usingen (Usingen-Frankfurt). — Postverb. mit Usingen u. Wetzlar.	Kleeberg, Weiperfelden	9 km chauss. Landweg bis Butzbach	3,5		
		Hasselborn	15 km chauss. Landweg bis Wetzlar u. Butzbach	4		

717. Königl. Oberförsterei Usingen, Rgbz. Wiesbaden. (Karte 49)

Sitz der Oberförsterei nebst Poststation.	Entfernung des Oberförstereisitzes von der nächsten Eisenbahnstation bezw. Haltestelle. Post- und regelmäßige Reiseverbindungen auf Landwegen.	Schutzbezirk	Entfernung bis Güterbahnhof	Anfuhrkosten pro fm M.	Entfernung bis Wasserablage	Anfuhrkosten pro fm M.
Usingen im Taunus, Post und Kreis Usingen.	Usingen ist Station der Sackbahn Homburg v. d H.-Usingen; befest. Weg nach dem 15 Min. von der Oberf. entfernten Bahnhof. — Ausbau der Bahn Usingen-Weilmünster demnächst wahrscheinlich.	Cransberg	4 km Erdw. u. 4 km Chauss. bis Usingen 4 km Erdw. u. 20 km Chss. bis Nauheim			
		Usingen	3 km Erdw. u. 4 km Chauss. bis Usingen			
		Obernhain	6 km befest. Weg bis Wehrheim			

718. Königl. Oberförsterei Kronberg, Rgbz. Wiesbaden. (Karte 49.)

Sitz der Oberförsterei nebst Poststation.	Entfernung des Oberförstereisitzes von der nächsten Eisenbahnstation bezw. Haltestelle. Post- und regelmäßige Reiseverbindungen auf Landwegen.	Schutzbezirk	Entfernung bis Güterbahnhof	Anfuhrkosten pro fm M.	Entfernung bis Wasserablage	Anfuhrkosten pro fm M.
Kronberg, Post, Kreis Obertaunus.	Cronberg ist Endpunkt der Privatbahn Rödelheim-Cronberg, unweit Frankfurt a./M.	Flörsheim	5 km Erdw. b. Raunheim und Walldorf	2,50	5 km bis Mainabl. (Raunheim)	2,50
		Schwanheim	3 km Erdweg bis Schwanheim	1,5—2	3 km bis Mainabl. (Schwanheim)	1,5-2
		Hornau	7 km Chss. b. Eppstein	3,50	9 km bis Mainabl. (Höchst)	3,50
		Oberursel	2 „ „ b. Hohemark 2 „ „ „ Oberursel			

719. Königl. Oberförsterei Homburg v. d. Höhe, Rgbz. Wiesbaden. (Karte 49.)

Sitz der Oberförsterei nebst Poststation.	Entfernung des Oberförstereisitzes von der nächsten Eisenbahnstation bezw. Haltestelle. Post- und regelmäßige Reiseverbindungen auf Landwegen.	Schutzbezirk	Entfernung bis Güterbahnhof	Anfuhrkosten pro fm M.	Entfernung bis Wasserablage	Anfuhrkosten pro fm M.
Homburg v. d. H., Post, Kreis Obertaunus.	Homburg v. d. H. ist Bahnstat. fast stündlich Bahnverbindung mit Frankfurt a./M. — Bahn Homburg v. d. H.-Friedberg (Hessen) im Bau begriffen.	Tannenwald	4—8 km Chauss. bis Oberursel			
		Goldgrube	4—9 km wie vor			
		Feldberg	9—14 „ „ „			

Sitz der Oberförsterei nebst Poststation.	Entfernung des Oberförstereisitzes von der nächsten Eisenbahnstation bezw. Haltestelle. Post- und regelmäßige Reiseverbindungen auf Landwegen.	Durchschnittliche Entfernungen und ungefähre Anfuhrkosten von den einzelnen Reviertheilen für Bahn- bezw. Wassertransport und zwar: Schutzbezirk	Entfernung bis Güterbahnhof	Anfuhrkosten pro fm M.	Entfernung bis Wasserablage	Anfuhrkosten pro fm M.
720. Königl. Oberförsterei Herborn, Rgbz. Wiesbaden. (Karte 49.)						
Herborn, Post, Kreis Dill.	Bahnstation am Orte.	Sinn	5 km Chff. 2 km Edw. bis Herborn	3,5—4		
		Ballersbach	3 km Erdweg bis Ballersbach	3—3,5		
		Bicken	3 km Erdweg bis Bicken	3—3,5		
721. Königl. Oberförsterei Driedorf, Rgbz. Wiesbaden. (Karte 49.)						
Driedorf, Post, Kreis Dill.	12 km Landweg über Roth, Heiligenborn bis Herborn; Postverbindung.	Fleisbach	8 km bis Herborn	3,00		
		Gontersdorf	10 „ „ „	4,00		
		Heisterbg.	15 „ „ „	4,50		
722. Königl. Oberförsterei Rennerod, Rgbz. Wiesbaden. (Karte 49.)						
Rennerod (Westerwald), Post, Kreis Westerburg.	10 km Chaussee bis Wilsenroth. 16 „ „ „ Burbach. 22 „ „ „ Herborn. 22 „ „ „ Weilburg. Fahrpostverbindung tägl. 2mal nach Wilsenroth und zurück; desgl. 1mal nach Burbach, Herborn u. Weilburg und zurück. Fahr. Postbote von und nach Westerburg, 12 km Chaussee.	Irmtraut	5 km meist Chaussee bis Wilsenroth	3,00		
		Waldmühlen	8 km wie vor	4,00		
		Eichenstruth	5 km Chaussee bis Korb und Erbach	4,00		
723. Königl. Oberförsterei Johannisburg, Rgbz. Wiesbaden. (Karte 49.)						
Johannisburg, Post Löhnberg, Oberlahnsteinkreis.	9,75 km gute Chaussee bis Stat. Löhnberg. — Fahrpost ab Löhnberg ca. 7 Uhr V. über Niedershausen, Obershausen nach Johannisburg (9 Uhr) und weiter nach Nenderoth, zurück 3 Uhr 45 ab Nenderoth, ab Johannisburg 4 Uhr. (Telegraph in Nenderoth.)	Obershausen	9 km bis Löhnberg	5,00		
		Dillhausen	9 „ „ „	5,00		
		Kahlenberg	11 „ „ „	5,50		
724. Königl. Oberförsterei Merenberg, Rgbz. Wiesbaden. (Karte 49.)						
Weilburg an der Lahn, Bahnhofsstraße, Post, Kreis Oberlahn.	Bahnstation am Orte.	Obersbach	5 km th. Chff., th. Edw. b. Weilb. od. Aumenau	5,00		
		Heckholzhausen	3 km Landweg bis Heckholzhausen	3,50		
		Lahr	4 km wie vor	4,00		
		Selbenhausen	4 km feste Landstr. b. Löhnberg	4,00		
		Waldbernbach	6 km Landstraße bis Heckholzhausen	5,00		
725. Königl. Oberförsterei Neuweilnau, Rgbz. Wiesbaden. (Karte 49.)						
Neuweilnau im Taunus, Post, Kreis Usingen.	11 km Chff. bis Usingen; 15 km Chff. b. Weilmünster. Postverbd. Vorm. von Usingen über Neuweilnau a/Weil nach Weilmünst. Nm. zur. —Fahr. Briefp. Mittags von Usingen n. Neuweilnau u. zur.	Cratzenbach	12—14 km bef. Weg b. Usingen und Anspach	4,5—5		
		Altweilnau	10—12 km desgl. u. 14—16 km b. Weilmünster	5,5—6		
		Riedelbach	14 km bis Camberg	5,00		
726. Königl. Oberförsterei Königstein, Rgbz. Wiesbaden. (Karte 49.)						
Königstein im Taunus, Post, Kreis Obertaunus.	4 km gute Chaussee bis Cronberg (Frankfurt-Cronberg). 6 km gute Chaussee nach Soden im Taunus (Höchst-Soden). 8 km gute Chaussee nach Eppstein (Frankfurt-Limburg).	Falkenstein	3—5 km Chauss. bis Cronberg u. Soden	3—4		
		Königstein	5 km Chff. b. Cronbg. 7 „ „ „ Soden	4—5		
		Glashütten	10 „ „ „ Cronbg. 12 „ „ „ Soden	5—6		
		Schloßborn	8—10 km Chff. bis Cronberg u. Soden 10—12 km Chff. b. Eppstein	5,00		
		Eppenhain	6-8 km Chff. b. Eppst.	5,00		
		Ehlhalten	8 km wie vor	5,00		
727. Königl. Oberförsterei Hofheim, Rgbz. Wiesbaden. (Karte 49.)						
Hofheim im Taunus, Post, Kreis Höchst a/M.	Bahnstation am Orte.	Eppstein	4 km Ldw. b. Eppst.	3,00		
		Rossert	5 km wie vor	3,50		
		Langenhain	3 km Landw. u. 2 km Chauss. bis Lorsbach	4,00		

Flächengröße u. Charakter des Reviers. — Vertheilg. der Hauptholzarten nach Zehnteln.	Beschaffenheit des Wegenetzes im Reviere und der sich daran schließenden Abfuhrstraßen, sowie der etwaigen Wassertransportwege. Adressen von größeren Fuhrunternehmern.	Jahresquantum der Haupt-Verkaufshölzer nach Holzarten und Sortimenten (unter Abrechnung des Lokalbedarfs.)

720. Königl. Oberförsterei Herborn,

1404 ha. — gebirgig, zusammenhgd. Bu. 0,8 Ei. 0,1 Fi. } Ki. } 0,1

Innerh. der Forstorte ausgeb. u. z. Th. befestigte Erdwege; außerh. des Waldes Landstraßen und Chausseen. — Fuhruntern. Schmidt und Reuker in Sinn, Hilk und Dietrich in Ballersbach, Bernhammer in Bicken, Gaß in Offenbach.

Schbz. Sinn 150 fm Ei.-, 15 fm Bu.-Stmh. 60 rm Ei.-Nutzkn.
„ Ballersbach 130 „ „ „
„ Bicken 50 „ „ 100 „ „ „ 40 „ „ „

721. Königl. Oberförsterei Driedorf,

907 ha. — gebirg, parzellirt. Bu. 0,8 Fi. 0,2

Innerh. der Forstorte vielfach bruchig u. felsig; außerh. Wege sehr steil, im Winter daher nicht immer fahrbar. — Fuhrl. in Driedorf, Merkenbach, Heiligenborn, Hörbach, Schönbach, Münchhausen, Arborn.

Schbz. Fleisbach 500 fm Fi. 100 fm Bu.
„ Gontersdorf 50 „ „ 200 „ „
„ Heisterberg 100 „ „ 25 „ „ u. Ahorn.

722. Königl. Oberförsterei Rennerod,

605 ha. — gebirgig, parzellirt. Bu. 0,6 Na. 0,4 Ei. 0,1

In den Forstorten vielfach bef. Wege, außerh. gute Chausseen. — Fuhrleute Belzer in Langendernbach, Lamba in Waldmühlen, Blum in Rennerod, Bauern in Langenbach bei Marienberg.

Schbz. Irmtraut 300 fm Na.-Stammh. 50 fm Ei.-Starkholz.
„ Waldmühlen 400 „ Fi.- „
„ Eichenstruth 100 „ Bu.-Starkholz.

723. Königl. Oberförsterei Johannisburg,

1540 ha. — gebirgig, 3 gr. nahelieg. Complexe, Westerwald. Bu. 0,90 Ei. 0,05 Ki. 0,03 Fi. 0,02

Abfuhr z. Th. gut und auf chauss. Wegen auch im Walde sind die Wege z. Th. im Ausbau begriffen. — Fuhruntern. Engelhardt in Arborn, Pfeifer in Obershausen, Betz und Hartmann in Münchhausen, Löhr in Niedershausen.

Schutzbezirk	Stammholz (fm) Ei.	Bu.	Fi.	Hbu.	Rollh. (rm) Bu.	Grubh. (fm) Ei.	Ki.
Obershausen	30	80	50	20		60	
Dillhausen	30	50			30	20	
Kahlenberg	30	200	100	20	200	100	100

724. Königl. Oberförsterei Merenberg,

1717 ha. — hügelig, parzellirt. Bu. 0,7 Ei. 0,2 Fi. 0,1

Ueberall in Kürze die Landstraßen erreichbar, welche sich in gutem Zustande befinden. — Fuhrunternehmer in Obersbach, Falkenbach, Hasselbach, Allendorf, Merenberg, Selbenhausen.

Schutzbezirk	Stammholz (fm) Ei.	Bu.	Ki.	Fi.	Grubh. (fm) Ei.
Obersbach	30	200			20
Heckholzhaus.	20	300			50
Lahr	40	200			20
Selbenhaus.		50			10
Waldernbach			50	200	

725. Königl. Oberförsterei Neuweilnau,

856 ha. — gebirgig, mehrere gr. Compl. und einige kleine Parzellen. Bu. 0,8 Ei. 0,1 Fi. 0,1

Innerh. ausgebautes Wegenetz, daran anschließend nach außen gute Chauss. und befestigte Wege. — Fuhruntern. Jung in Neuweilnau u. Abt in Altweilnau.

Schbz. Altweilnau 15 fm Ei.-Grub.- u. Stmh. 10 fm Bu.-Stmh.
„ Cratzenbach 200 fm Fi.-Stammh. 40 fm Ei.-, 40 fm Bu.-Starkh. 25 rm Bu.-Nutzscheit.
„ Riedelbach 10 fm Ei.-, 10 fm Bu.-, 25 fm Fi.-Stammh.

726. Königl. Oberförsterei Königstein,

2187 ha. — gebirgiges, zusammenhängendes Revier.

Wegenetz überall gut ausgeb. und vielfach befest. Waldwege, 2 Provinzialstr. durchschneiden das Revier und 5 befest. Vicinalwege. — Fuhrleute in Neuenhain, Schloßborn und Glashütten.

Schbz. Königstein 50 fm Ei.-Grubh.
„ Eppenhain 50 „ „ „
„ Ehlhalten 100 „ Bu.-Stammh.
„ Falkenstein 200 „ Lär.u.Ki.- „
„ Glashütten 500 „ Fi.- „ 100 fm Fi.-Grubh.
„ Schloßborn 400 „ „ „ 400 „ Bu.-Stammh.

727. Königl. Oberförsterei Hofheim,

909 ha. — gebirgig, zusammenhgd. Bu. 0,8 Ei. 0,2

Innerh. Erdwege, sonst gute fahrbare Anschlußwege. — Fuhrleute in Langenhain, Lorsbach, Eppstein.

Schbz. Eppstein 70 fm Ei.-, 20 fm Bu.-Stammholz
„ Rossert 20 „ „ „
„ Langenhain 30 „ „ „

Oeffentliche Holzlicitationen finden statt in:	Unterkommen im Gasthofe f. Holzhändler, Forst-Assessoren u. Referendare in möglichster Nähe der Oberförsterei	Zustand des Oberförsterdienst-Gebäudes	Wo Kirche? Wo Schule? In welcher Zeit zu erreichen?	Wo Arzt, wo Apotheke, wo Amtsgericht?	Nebenämter des Revierverwalt. — Wenn ständiger Assistent vorhanden, wo wohnt derselbe?
Rgbz. Wiesbaden. (Karte 49.)					
In Herborn, Wirthschaft Haselhuhn.	In Herborn, Hotel Ritter, Nassauer Hof und Metzler.	Geräumiges neues Dienstgeb. mit Wirthschaftsr. in der Stadt Herborn, 3400 Einw. — Gießen, 25500 Einw., Universität, Garnison, in 1 Std. Bahnfahrt zu erreichen.	Ev. u. kath. Kirche u. Pfarre, Realschule in Herborn. Gymn. in Dillenburg, 7 km. Tägl. Früh- u. Abendzug dorthin.	In Herborn.	Staatsaufsicht u. Verwaltung über Gemeinde- und Kirchenwaldung., zusamm. 2015 ha.
Rgbz. Wiesbaden. (Karte 49.)					
In Driedorf, bei Roth.	In Herborn, 8 km, jeder Zeit in verschiedenen Gasthöfen; in Driedorf nicht immer.	Oberförsterei ca. 0,2 km von Driedorf, am Weg nach Heiligenborn. — Gießen, 25500 Einw., von Herborn (ca. 8 km) aus in 1 Stunde Bahnfahrt erreichbar.	Kirche und Schule in Driedorf. Gymnasium in Dill, ca. 15 km.	In Driedorf. Amtsgericht in Herborn.	Zugehör.: 2310 ha Gemeindewald.
Rgbz. Wiesbaden. (Karte 49.)					
In Irmtraut, bei Schuy. In Marienberg, Gasth. „z. Post."	In Rennerod, „z. Post" u. Hot. Müller. In Langendernbach, 8 km, bei Hof. In Irmtraut, 6 km, Gasth. von Schuy. In Marienberg, Hot. Ferger.	Dienstgebäude 18[illegible]8 erbaut im Dorfe Rennerod (1400 Ew.). Chausseen nach allen Richtungen.	Ev. Kirche in Emmerichenhain, 3 km. Kathol. Kirche und Volksschule in Rennerod.	Arzt in Rennerod, Apotheke in Emmerichenh. Amtsgericht in Rennerod.	Zugehörig: 36 Gemeindewaldung., zusamm. 2493 ha. — Wohnung für verheirathet. Ass. ev. in Rennerod möglich.
Rgbz. Wiesbaden. (Karte 49.)					
In Obershausen, bei Weber.	In Obershausen, bei Gastw. Weber, bei bescheidenen Ansprüch., sonst in Weilburg.	Altes Dienstgebäude, 1836 erbaut, 1,5 km von Obershausen, 400 Einw., an der Chauss. Obershausen-Renderoth. Wohnhaus wenig Raum, Wirthschaftsräume wenig gut. Nächste Stadt Driedorf, 12 km, 600 Einw. — Weilburg, 14 km, 3700 Einw.	Ev. Kirche in Obershausen, Pfarre in Niedershausen. Gymnasium in Weilburg, 14 km.	Arzt u. Apotheke i. Driedorf. Chss. (gebirg.) 1¾ Std. Im Winter schwer passirbar.	Zugehörig: 17 Gemeindewaldung. mit 1851 ha. — Wohnung f. verh. Assessor nicht zu haben.
Rgbz. Wiesbaden. (Karte 49.)					
In Weilburg, bei Müller und Submissionsverkauf auf der Oberförsterei.	In Weilburg, „Nassauer Hof" am Bahnhof, Hotel z. Traube, Hotel Deutsches Haus.	Aelteres, geräumiges Dienstgebäude in der Kreisstadt Weilburg, 3700 Einw., 2 Min. vom Bahnhof. Wirthschaftsgeb. klein. — Gießen, 25500 Einw. Coblenz, 45100 Einw., in 40 Min. bezw. 2 St. Bahnfahrt erreichbar.	Ev. und kath. Kirche, sowie Gymnasium am Ort.	In Weilburg.	Zugehör.: 1990 ha Gemeindewald. — Wohnung f. verheirath. Assessor in Weilburg zu haben.
Rgbz. Wiesbaden. (Karte 49.)					
In Neuweilnau, Gasth. „zur schönen Aussicht".	In Neuweilnau, Gasth. „z. schön. Aussicht". In Altweilnau, „z. Burg".	Das Diensthgehöft ist ein altes nassauisches Schloß, 1882/83 ausgeb., auf einem Bergkegel oberhalb des Ortes Neuweilnau. Nächste Stadt Usingen, Kreisstadt, 1900 Einwohner, 11 km.	Kirche u. Elementarschule in Neuweilnau. Gymnasium in Homburg v. d. H.	Arzt in Rod a. d. Weil, 5 km. Apotheke und Amtsgericht in Usingen.	Zugehör.: 3407 ha Gemeindewald.
Rgbz. Wiesbaden. (Karte 49.)					
In Königstein, Hotel Bender.	In Königstein, Hotel Procasky, Hotel Pfaff, Hotel Coloseus, Hotel Bender. In Schloßborn, b. Frankenbach. In Glashütten, bei Halm.	Neues Dienstgebäude am W.-Ende, am sogen. Ölmühlsweg der Stadt Königstein, 2100 Einwohner, Luftcurort. — Frankfurt, 288400 Ew., von Cronberg (4 km) in 27 Min. Bahnfahrt zu erreichen.	Evg. u. kath. Kirche im Ort. 1 Knabenschule und höhere Töchterschule im sogenannten „Taunus-Institut" (Töchter-Pensionat).	In Königstein.	Zugehör.: 1092 ha Gemeindewald. — Verheirathet. Ass. kann im Orte Wohnung finden
Rgbz. Wiesbaden. (Karte 49.)					
In nebenstehenden Ortschaften.	In Eppstein, bei Muth. In Lorsbach, bei Horstmann. In Langenhain, bei Becker.	Geräumiges neues Dienstgeb. an der Bahnstation Hofheim, 2900 Einw. Wirthschaftsgebäude genügend, kein Dienstland. — Höchst, 14100 u. Frankfurt 288400 Einwohner, in 15, bezw. in 35 Minuten erreichbar.	Kathol. Kirche und Pfarre in Hofheim, evg. Kirche mit zeitw. Gottesdienst. Gymnasium in Höchst (Bahnverbind. mit passendem Frühzug).	In Hofheim. Amtsgericht in Höchst.	Zugehör.: 2368 ha Gemeindewald.

Flächengröße u. Charakter d. Reviers. — Vertheilung der Hauptholzarten nach Zehnteln.	Beschaffenheit des Wegenetzes im Reviere und der sich daran schließenden Abfuhrstraßen, sowie der etwaigen Wassertransportwege. Adressen von größeren Fuhrunternehmern.	Jahresquantum der Haupt-Verkaufshölzer nach Holzarten und Sortimenten (unter Abrechnung des Lokalbedarfs).

728. Königl. Oberförsterei Kroppach,

1099 ha. — hügelig, parzellirt.
Bu. 0,4
Ei. 0,3
Fi. 0,3

Innerh. vielfach befest. Holzabfuhrwege u. gute Vicinalwege; außerhalb vorzügliche Chausseen. — Fuhrl.: Gebr. Giehl in Korb, Hebel in Mörlen und Hebel in Höchstenbach.

Schutzbezirk	Stammholz (fm) Bu.	Fi.	Hbu.	Grbh. (fm) Ei.	Brennh. Bu.
Nister	200				300 rm
Marienstatt	50	150		100	
Lützelau		200	„ 10	300	

729. Königl. Oberförsterei Hachenburg,

374 ha. — gebirgig, Westerwald z. Th. parzellirt.
Bu. 0,6
Ei. 0,2
Fi. 0,2

Innerh. z. Th. chaussirte Waldwege. — Fuhrl.: Völkerer in Altstadt, Böhmer in Alpenrod, Hebel in Höchstenbach, Hoffmann in Wahlrod, Schaub und Hartmann in Hachenburg

Schbz. Bellerhof 170 fm Ei.-, 140 fm Bu.-, 170 fm Fi.-Rundholz.

730. Königl. Oberförsterei Westerburg,

— ha. — z. Th. gebirg., z. Th. hügel., sehr parzell.
Bu. 0,5
Fi. 0,3
Ei. 0,1
Erl. 0,1

Eigentliches Wegenetz wegen parz. Rev.-Lage nicht vorhanden. Abfuhrwege innerhalb meist Erdwege, außerhalb sämmtliche Wege chaussirt, z. Th. mit sehr starkem Gefälle.

Die Oberförsterei besteht lediglich aus Gemeindewald.

731. Königl. Oberförsterei Selters,

800 ha. — Hochplat. mit Thälern; parzellirt.
Bu. 0,6
Fi. 0,2
Ei. 0,1
Ki. 0,1

Vollständig ausgeb. Wegenetz, z. Th. befest., am Revier viele Staatsstraßen. — Fuhrl.: Groß in Selters, Nies in Rembserhof, Bauern in Seßenbach.

Schutzbezirk	Stammholz (fm) Linde	Ei.	Bu.	Fi.	Grubh. Ei.	Stangen I. u. II. Cl. Fi.
Waldfelderhof	10	20	15		20 fm	
Rembserhof		50	70	150	70 „	100 Stck.

732. Königl. Oberförsterei Hadamar,

99 ha. — hügelig, z. Th. gebirgig, parzellirt.
Bu. 0,6
Ki. Fi. 0,2
Ei. Niedw. 0,2

In und am Walde zahlreiche gute Chauss. Wegenetz im Walde nur als Erdwege ausgebaut. — Fuhruntern. in den umliegend. Dörfern.

Die Oberförsterei hat nur 100 ha Staatswald, in welchem nur alle 5—10 Jahre 1 Hieb von stärkeren Eichen (100—200 fm) eintritt.

733. Königl. Oberförsterei Wallmerod.

3242 ha. — Gemeindew. hügelig, sehr parzellirt.
Niedw. 0,50
Bu. 0,30
Fi. 0,13
Ki. 0,05
Ei. 0,02

Fuhrleute in Steinefranz, Zehnhausen, Hirschbach, Arnshöfen.

Kein Handelsholz.

734. Königl. Oberförsterei Rod a. d. Weil,

977 ha. — z. Th. eben, z. Th. berg.
Bu. 0,5
Ki. 0,2
Fi. 0,2
Ei. 0,1

Wegenetz ausgebaut, günstig. — Fuhrl. meist in Altweilnau und Winden, Kreis Usingen.

Schbz. Emmershausen 50 fm Ei.-, 300 fm Ki.-Grubenh.
„ Haintchen 30 fm Ei.-Stangenholz.

735. Königl. Oberförsterei Oberems,

1196 ha. — gebirg., zml. zusammenh.
Bu. 0,8
Fi. 0,2

Gutes ausgeb. Wegenetz im Anschluß an viele und gute Chausseen. — Fuhruntern.: Brendel in Schmitten und Martin in Oberems.

Schbz. Arnoldshain 30 fm Ei.-Stammh. 300 Stck. Fi.-Derbstg.
„ Schmitten 50 fm Ei.-, 20 fm Bu.-Stmh. 800 Stck. Fi.- „
„ Reifenberg 20 fm „ 40 „ „ „ 150 „ „ „
150 fm Fi.-Stammholz.

Oeffentliche Holzlicitationen finden statt in:	Unterkommen im Gasthofe f. Holzhändler, Forst-Assessoren u. Referendare in möglichster Nähe der Oberförsterei	Zustand des Oberförster-Dienstgebäudes	Wo Kirche? Wo Schule? In welcher Zeit zu erreichen?	Wo Arzt, wo Apotheke, wo Amtsgericht?	Nebenämter des Revierverwalt. Wenn ständiger Assistent vorhanden, wo wohnt derselbe?
Rgbz. Wiesbaden. (Karte 49.)					
In Hachenburg, Gasth. Backhaus.	In Hachenbg., Zur Krone, Nassauer Hof. In Marienstatt, Pilgerhaus. In Kroppach, Carl Müller. In Kirburg, bei Fischer (mäßig).	Altes Dienstgeb. am O.-Ausg. der Stadt Hachenburg, (1600 Einw.) im Burggarten schön gelegen. Wirthschaftsr. beschr. — Limburg, 8400 Einw., Bezirks-Commando, 2 Std. Bhf. — Köln, 372 200 Einw. in 4 Stunden Bahnfahrt erreichbar.	Ev. u. kath. Kirche und Pfarre sowie Realschule in Hachenburg. Progymnas. in Limburg (Bahnverbindung).	3 Aerzte, Apotheke, Amtsgericht am Orte.	Verwalt. von 2620 ha Gemde.- u. Interessentenwald. — Wohn. für verheirathet. Assess. in Hachenburg zu haben.
Rgbz. Wiesbaden. (Karte 49.)					
Für den Staatswald Licitationen meist in Steinebach, bei Reinhardt.	In Hachenburg, Hotel „Nassauer Hof", Hotel Gronau.	Dienstwohnung im 3. Stock des Schlosses in der Stadt Hachenburg, 1600 Einw., große Räume, aber im Winter der expon. Lage wegen kalt und unbequem.	S. Nr. 728.	S. Nr. 728.	3570 ha Gemde.-wald. — Wohn. für verheirathet. Assess. in Hachenburg zu haben.
Rgbz. Wiesbaden. (Karte 49.)					
Sämmtliche Holzverkäufe finden im Walde statt.	In Westerburg, Gasth. „zum Löwen".	Miethswohnung in der Kreisstadt Westerburg, 1290 Einw. Neubau einer Dienstwohnung nicht in Aussicht. — Limburg, 8400 Einw., Bez.-Commando. 1 Std. Bahnf.	Ev. u. kath. Kirche, sowie ev. Schule in Westerburg. Progymn. in Limburg, Bahnverbindung.	In Westerburg. Amtsgericht in Rennerod, 12 km.	2168 ha Gemeindewald. — Z. Zt. Vors. d. Schiedsger. der Landw.-Berufsgenossenschaft.
Rgbz. Wiesbaden. (Karte 49.)					
In Selters, bei Frohneberg.	In Selters, bei Frohneberg. In Rausbach, bei Menningen.	Vorzügl. ger. Dienstwohn. am S-Rand von Selters, 1150 Ew. — Kreisst. Montabaur, 3500 Einw., in 45 Min. und Coblenz 45100 Ew., Landger., Garnis., Regier.-Sitz, in $1^1/_2$ Std. Bahnfahrt erreichbar.	Ev. u. kath. Kirche u. Pfarre in Selters. Gymn. in Montabaur, Bahnverbind.	In Selters.	Zugehörig: 33 Gemeindewald., zus. 2974 ha. — In Selters ist Wohn. für verh. Ass. zu haben.
Rgbz. Wiesbaden. (Karte 49.)					
In Obertiefenbach, bei Jung fisk. Holzverk.	In Hadamar, Hotel zum Adler (Tippman).	Schönes, zieml. neues Geb. in bester Lage der Stdt. Hadamar, 2200 Einw., dem Gymnasium gegenüber. Kreisstadt Limburg, in 25 Min. zu erreichen.	Ev. Pfarrkirche u. 2 kath. Kirchen am Orte, desgl. Gymn.	In Hadamar.	Zugehör.: 3000 ha Gemeindewald. Amtsanwalt. — Wohn. für verh. Ass. in Hadamar erhältlich.
Rgbz. Wiesbaden. (Karte 49.)					
Die Holzverkäufe finden durch die Bürgermeister im Walde statt.	In Wallmerod, bei Wolff und Lambach.	Schönes Wohnhaus im Dorfe Wallmerod, 500 Einw., 1834 erbaut, an der Landstr. Nächste Stadt Limburg, 8400 Einw., 40 Min. Bahnf.	Ev. Gottesd. 4wöchentl. in Wallmer., wo auch kath. Kap. Kath. Kirche in Birod, 1,5 km. Progymn. in Limburg, Bahnverb. mit pass. Frühzug.	In Wallmerod.	Verwaltung von 3242 ha Gemeindewald (150 Parzellen).
Rgbz. Wiesbaden. (Karte 49.)					
Nutzholz-Termin in Rod a. d. Weil bei Pröser.	In Usingen, Gsth. z. Sonne. In Rod a. d. Weil Gasthöfe nicht zu empfehlen.	Schönes, neues Geb., direct oberhalb des Dorfes Rod a. d. Weil. — Krsst. Usingen, 1800 Einw., 16 km Chauss.	Schule u. Kirche am Ort. Ev. Gymnas. in Weilburg a./L., 25 km.	Arzt am Ort, Apotheke u. Amtsgericht in Usingen, 16 km.	Zugehör. 3473 ha Gemeindewald. — Wohn. für verh. Ass. nicht zu hab.
Rgbz. Wiesbaden. (Karte 49.)					
In Schmitten, bei Ochs.	In Schmitten, bei Ochs u. Wenzel, 6 km. In Oberreifenberg, Gasth. Ungeheuer, 4 km.	Neueres, ger. Dienstgeb. 200 m östlich des Dorfes Oberems (300 Einw.). Wirthschaftsr. beschr., direct am Vicinalweg gelegen. — Nächste Stadt Königstein 2180 Einw. 11 km u. Idstein, 3000 Einw., 14 km.	Ev. Kirche im Dorf 14 tägig Gottesd., ev. Pfarre in Oberrod, 3,5 km. Kath. Gottesd. in Oberreifenberg, 4 km. Gymn. in Homburg v.d.H., $2^1/_2$ Std. Wgnf.	Arzt in Schmitten, 6 km. Apoth. in Königstein, 11 km. Amtsgericht in Idstein, 14 km.	13 Gemeinde- u. 2 Interess.-Wald., zus. 3180 ha. — Wohn. für verh. Ass. in Oberreifenberg, 4 km, möglich.

Sitz der Oberförsterei nebst Poststation	Entfernung des Oberförstereisitzes von der nächsten Eisenbahnstation bezw. Haltestelle. Post- und regelmäßige Reiseverbindungen auf Landwegen.	Durchschnittliche Entfernungen und ungefähre Anfuhrkosten von den einzelnen Reviertheilen für Bahn- bezw. Wassertransport, und zwar: Schutzbezirk	Entfernung bis Güterbahnhof	Anfuhrkosten pro fm M.	Entfernung bis Wasserablage	Anfuhrkosten pro fm M.

728. Königl. Oberförsterei Kroppach, Rgbz. Wiesbaden. (Karte 49.)

Hachenburg, Post, Kreis Oberwesterwald.	Hachenburg ist Stat. der Oberwesterwald-Bahn (Limburg-Hachenburg-Altenkirchen). — Die Kleinbahn Hachenburg-Selters ist im Bau begriffen.	Kirburg	6 km Chss. u. 1 km bef. Weg bis Korb 8 km bef. Weg bis Daaden	5		
		Nister	3,5 km Chss. bis Korb	3,5		
		Marienstatt	3 km Chss. u. 1,5 km bef. Weg bis Hachenburg oder Hattert	3—4		
		Lützelau	3-6,5 km bef. Weg bis Ingelburg 5 km bef. Weg bis Hattert	3—5 4		

729. Königl. Oberförsterei Hachenburg, Rgbz. Wiesbaden. (Karte 49.)

Hachenburg, Post, Kreis Oberwesterwald.	Bahnstation am Orte (s. Nr. 728).	Bellerhof	5 km bf. Wg. b. Hachenb.	pro fm u. pro km 0,75		
		Höchstenb.	3 „ Chss. b. Höchstenb.			
		Hachenbg.	3 „ mst. bef. Weg bis Hachenburg			
		Gehlert	5 km wie vor			
		Alpenrad	3 km bef. Weg b. Erbach			
		Wahlrod	1 km bis Wahlrod			
		Mudenbach	2 km bf. Wg. b. Hattert			

730. Königl. Oberförsterei Westerburg, Rgbz. Wiesbaden. (Karte 49.)

Westerburg, Post und Kreis Westerburg.	Westerburg ist Bahnstation.	Berzhahn	3,5 km b. Willmenrod	1,50		
		Gemünden	5 km desgl.	2,50		
		Winnen	4 „ bis Westerburg	1,50		
		Westerbg.	3 „ „ „	1,50		
		Bellingen	4 „ „ Langenhahn	1,50		
		Dreisbach	5 „ „ Erbach	2,00		
		Erbach	1 „ „ „	1,00		
		Marienbg.	6 „ „ Korb	2,50		

731. Königl. Oberförsterei Selters, Rgbz. Wiesbaden. (Karte 49.)

Selters, Post, Kreis Oberwesterwald.	Selters ist Bahnstat. der Strecke Limburg-Wiesbaden.	Waldfelderhof	3 km Chss. bis Grenzau	1,80		
		Rembserhof	4 „ „ „ „	2,50		
		Mengwald	3 „ „ „ Ransbach	2,00		

732. Königl. Oberförsterei Hadamar, Rgbz. Wiesbaden. (Karte 49.)

Hadamar, Post, Kreis Limburg.	Hadamar ist Station der Westerwaldb. (Limburg-Altenkirchen).	Anfuhrkosten des Holzes aus dem Staatswalde nach den 3—5 km entfernten Bahnstationen Dehrn und Eschenau der Kerkerbachbahn (abgehend von Limburg) betragen 2,50—3,00 Mk. pro fm.				

733. Königl. Oberförsterei Wallmerod, Rgbz. Wiesbaden. (Karte 49.)

Wallmerod, Post, Kreis Westerburg.	5 km bis Bahnstation Wallmerod (Limburg-Siersbahn) 3 mal täglich Postverbindung (Privat-Post) zwischen Dorf u. Bahnhof Wallmerod.	Die Oberförsterei hat nur Gemeindewald.				

734. Königl. Oberförsterei Rod a. d. Weil, Rgbz. Wiesbaden. (Karte 49.)

Rod a. d. Weil, Post, Kreis Usingen.	16 km Chss. bis Bahnh. Usingen. 13 „ „ „ Weilmünster. 18 „ „ „ Camberg.	Emmershausen	12 km mst. Chss. bis Weilmünster			
		Haintchen	10 km mst. Chss. bis Camberg			

735. Königl. Oberförsterei Oberems, Rgbz. Wiesbaden. (Karte 49.)

Oberems, Post Idstein, Kreis Usingen.	14 km gute Straße nach Cronberg. 14 „ „ „ „ Idstein. 15 „ „ „ „ Camberg. 13 „ z. Th. Erdw. „ Anspach. Fahr. Briefbote 1 mal täglich hin u. zurück nach Idstein.	Arnoldshain	10 km Chaussee bis Oberursel	5,00		
		Reifenberg Schmitten	10 km Chaussee bis Anspach	5,00		

Sitz der Oberförsterei nebst Poststation	Entfernung des Oberförstereisitzes von der nächsten Eisenbahnstation bezw. Haltestelle. Post- und regelmäßige Reiseverbindungen auf Landwegen.	Durchschnittliche Entfernungen und ungefähre Anfuhrkosten von den einzelnen Reviertheilen für Bahn- bezw. Wassertransport und zwar: Schutzbezirk	Entfernung bis Güterbahnhof	Anfuhrkosten pro fm M.	Entfernung bis Wasserablage	Anfuhrkosten pro fm M.

736. Königl. Oberförsterei Herschbach, Rgbz. Wiesbaden. (Karte 49.)

Herschbach, Post, Kreis Unterwesterwald.	5 km Chauss. nach Selters (Limburg-Siershahn-Altenkirchen) Privatpost nach Selters 3 mal täglich hin u. zurück. — Kleinbahn von Selters nach Hachenberg über Herschbach in Bau.	Sessenhausen (Staatswald)	Stammh. muß nach Bhf. Selters, etwa 2 km Erdw. u. 5 km Chss. gefahr. werden, pro fm 3—5 Mk.; Grubh. kann auf der Haltest. Marienrachdf. verladen werden, 1—5 km auf guten Erd- u. Vicinalwegen, pro fm 3—5 Mark.			

737. Königl. Oberförsterei Montabaur, Rgbz. Wiesbaden. (Karte 49.)

Montabaur, Post, Kreis Unterwesterwald.	250 m bis Bahnhof Montabaur (Westerwaldbahn).	Dernbach (Parzelle Kellerseich)	3 km bis Wirges	2,50		

738. Königl. Oberförsterei Welschneudorf, Rgbz. Wiesbaden. Karte 49.)

Montabaur, Post, Kreis Unterwesterwald.	Montabaur ist Station der Westerwaldbahn.	Welschneudorf Arzbach	10 km mst. chss. Weg bis Nassau, Ems, Montabaur	5,00		

739. Königl. Oberförsterei Neuhäusel, Rgbz. Wiesbaden. (Karte 49.)

Fhs. Neuhäusel, Post Neuhäusel, Kreis Unterwesterwald.	Bis Ehrenbreitstein 8 km Chss. „ Ems 8 „ „ „ Montabaur 12 „ „ dorthin regelmäßig tägl. Briefbotenpost hin und zurück.	Simmern	8 km Chss. bis Ehrenbreitenstein u. Ems	8,00	Zu Ehrenbreitstein u. Vallendar Wasserverladestellen am Rhein.	
		Jägerpfad	8 km Chss. b. Vallendar	9,00		
		Landshube	3 km Chss. b. Ransbach	4,00		

740. Königl. Oberförsterei Kaub, Rgbz. Wiesbaden. (Karte 49.)

Caub a/Rhein, Post, Kreis St. Goarshausen.	Caub ist Eisenbahnstation (Personenzüge) und Haltestelle der Rheindampfer (nicht für Schnelldampfer).	Werkerbrunnen (Staatswald)	14 km (davon 9 km Chaussee) bis Lorch		14 km bis Rheinabl. (Lorch)	

741. Königl. Oberförsterei Rüdesheim, Rgbz. Wiesbaden. (Karte 49.)

Rüdesheim, Post, Kreis Rheingau.	Rüdesheim ist Eisenbahn- und Rhein-Dampfschiff-Station.	Aulhaus.	4 km mst. bef. Weg bis Rüdesheim 3½ km desgl. bis Assmannshausen	pro rm 1,75		
		Kammerforst	9 km mst. bef. Weg bis Rüdesheim 7½ km z. Th. bef. Weg b. Assmannsh.	2,50		
		Jägerhorn	7 km z. Th. bef. Weg bis Lorch	1,75		
		Weißenthurm	12 km wie vor	3,75		

742. Königl. Oberförsterei Oestrich, Rgbz. Wiesbaden. (Karte 49.)

Winkel im Rheingau, Post, Kreis Rheingau.	0,5 km Chaussee bis Bahnhof Oestrich-Winkel. — 1 km bis Kahnstat. der Rheindampfer bei Oestrich. Tägl. mehrf. Privatpostverbind. mit Johannisburg.	Die Oberförsterei enthält nur Gemeindewaldungen und zwar zus. 4056 ha.				

743. Königl. Oberförsterei Eltville, Rgbz. Wiesbaden. (Karte 49.)

Eltville, Post, Kreis Rheingau.	Eltville ist Eisenbahnstation, im Sommer Personendampferverb. auf dem Rhein.	Die einzelnen Schutzbezirke bestehen fast nur aus Gemeindewald und zwar zusammen 3753 ha.				

Flächengröße u. Charakter des Reviers. Vertheilg. der Hauptholzarten nach Zehnteln.	Beschaffenheit des Wegenetzes im Reviere und der sich daran schließenden Abfuhrstraßen, sowie der etwaigen Wassertransportwege. Adressen von größeren Fuhrunternehmern.	Jahresquantum der Haupt-Verkaufshölzer nach Holzarten und Sortimenten (unter Abrechnung des Lokalbedarfs).
		736. Königl. Oberförsterei Herschbach,
92 ha. — z. Th. eben, z. Th. hüg., parzellirt. Bu. 0,3 Fi. 0,3 Wh. 0,2 Ei. 0,2	Wegenetz gut. Revier wird von mehreren Chausseen und schönen Vicinalwegen durchschnitten. — Fuhrleute: Reif, Walkenbach, Dönges und Pfeiffer in Mundersbach; Schenkelberg in Herrschbach; Schäfer in Steinen; Kehrlöser in Goddert.	Schbz. Sessenhausen 20 fm Ei.-Stark- und Grubenh. 50 fm Hbu.-Rollh. 30 rm Weichh.-Drechslerh. 15 fm Na.-Grubh.
		737. Königl. Oberförsterei Montabaur,
91 ha. — hügelig, z. Th. gebirg., parzellirt.	Ziemlich gute Wege. — Fuhrunternehmer: Roßbach und Schmidt in Montabaur.	Schbz. Dernbach 500 fm Ki.-Stammholz. (5 fisk. Parz.)
		738. Königl. Oberförsterei Welschneudorf,
1100 ha. — meist hügel., z. Th. berg.	Fuhrleute in Montabaur u. Welschneudorf.	Schbz. Welschneudorf 100 fm Ei.-, 130 fm Bu.-Stammh. 60 fm Ei.-Grubh. „ Arzbach 120 fm Ei.-, 140 fm Bu.-Stammh. 40 fm Ei.-Grubh.
		739. Königl. Oberförsterei Neuhäusel,
1210 ha. — gebirgig, zusammenh. Bu. 0,60 Na. 0,25 Ei. 0,15	Wegenetz ausgebaut, noch nicht überall befestigt, sonst viele Chausseen und feste Vicinalwege. — Fuhrleute: Schüler, Fries in Neuhäusel, Bauern in Hillscheid, Baumbach.	Schbz. Simmern 100 fm Ei.-, 400 fm Ki.-, 10 fm Kirsch.-Stmh. „ Jägerpfad 200 fm Bu.-Stammh. „ Landshube 250 fm Ei.-Grubenh.
		740. Königl. Oberförsterei Kaub,
204 ha. — gebirgig, durch tiefe Thäler sehr zerschn.; sehr parzellirt. Bu. 0,5 Ei. 0,4 Na. 0,1	Wegenetz im Walde durch Erdwege gut ausgebaut, Verbindungswege zwischen Ortschaften sehr schlecht. Chausseen gut, aber mit sehr starken Steigungen.	Handelshölzer gelangen in dem nur 200 ha umfassenden Staatswalde nicht zum Einschlag.
		741. Königl. Oberförsterei Rüdesheim,
2000 ha. — gebirg., meist zushgd., in 3 getr. Bez. (20% Schälwald). Bu. 0,83 Fi. 0,10 Ei. 0,05 Ki. 0,02	Innerhalb meist Erdwege. Außerhalb z. Theil Chausseen. Holztransport auf dem Rhein und per Bahn. — Fuhrleute: Gebr. Fischer, Lamberti in Rüdesheim; Retzel, Brafter in Aulhausen, Thomas in Lorch.	Schbz. Kammerforst 700 rm Bu.-Brh. „ Jägerhorn 750 „ „ „ „ Weißenthurm 900 „ „ „ Außerdem noch größere Quantitäten Bu.-Reiserknüppel (z. Verkohlen).
		742. Königl. Oberförsterei Oestrich,
0,504 ha. — gebirg., meist zusammenh. Bu. 0,8 Ei. 0,1 Fi. 0,1	Wegenetz ziemlich ausgebaut; Vicinalwege meist in schlechtem Zustande, besonders auch die Feldwege. — Fuhrunternehmer in Stephanshausen, in Winkel, in Oestrich.	Das Jahresquantum der Haupthandelshölzer ist gering, der größte Theil des Nutzholzes (mindestens 90%) verbleibt in der Nähe für Weinbergspfähle, Fässer, sowie Bauten.
		743. Königl. Oberförsterei Eltville,
49 ha. — gebirgig, aus 2 Thl. best. Bu. 0,8 Ei. 0,1 Fi. 0,1	Von den Rheinorten führen gute Chausseen nach dem 3–4 km entfernten Wald. Im Walde nur Erdwege. — Fuhrleute in allen Ortschaften des Rheingaues.	Der Staatswald umfaßt nur 49 ha mit unbedeutendem Einschlag.

Oeffentliche Holzlicitationen finden statt in:	Unterkommen im Gasthofe f. Holzhändler, Forst-Assessoren u. Referendare in möglichster Nähe der Oberförsterei	Zustand des Oberförsterdienst-Gebäudes	Wo Kirche? Wo Schule? In welcher Zeit zu erreichen?	Wo Arzt, wo Apotheke, wo Amtsgericht?	Nebenämter des Revierverwalt. — Wenn ständiger Assistent vorhanden, wo wohnt derselbe?

Rgbz. Wiesbaden. (Karte 49.)

Holzlicitationen finden im Walde statt.	In Herschbach, Hotel Bausch, Heep, u. Deutscher Kaiser. In Selters, 5 km, Hotel Frohneberg.	Sehr schönes, 1881 erbautes Dienstgeb. am S.-Ausgang von Herschbach, 960 Einw. a. d. Chaussee. Wirthschaftsgebäude auch sehr gut. Nächste Stadt Dierdorf, 1300 Einw. 7,6km.	In Herschbach kath. Kirche u. Schule. In Bückeroth, 2 km, protest. Kirche und Schule. Gymn. in Montabaur.	In Herschbach. Amtsgericht in Selters.	Zugehör. 4360 ha Gemeindewald. — Wohn. für verh. Ass. in Herschbach zu haben.

Rgbz. Wiesbaden. (Karte 49.)

Für fisk. Schutzbez. in Montabaur, sonst im Walde.	In Montab., Hot. Schlemmer u. Nassauer Hof.	Altes ger. Geb. 1768 erbaut, 250 m vom Bahnhof, in der Limburgerstr., große Wirthschaftsr.; ohne Landwirthschaft. Limburg, 8400 Einwohn., Bez.-Commando. 1 Stunde Bahnfahrt.	Ev. u. kath. Kirche sowie Gymnasium im Orte.	In Montabaur.	Zuhörig: 3839 ha Gemde.-wald. — Wohn. f. verheiratheten Assessor in Montabaur zu haben.

Rgbz. Wiesbaden. (Karte 49.)

In Montabaur, Amtslokal der Oberförsterei.	In Montabaur, siehe Nr. 737.	Dienstwohnung in der Stadt Montabaur.	In Montabaur, siehe Nr. 737.	In Montabaur.	Zugehörig: 2675 ha Gemde.- u. Interessentenwald.

Rgbz. Wiesbaden. (Karte 49.)

In Neuhäusel, bei Fries. In Hillscheid, bei Breiden. In Rausbach, in Gelhardt's Gartensaal.	In Neuhäusel, Gasth. Manns, „ Holly, „ Fries, (0,4 km von Oberf.)	Sehr schönes neues Dienstgebäude, 1897 erbaut, am Walde, 0,4 km vom Dorfe Neuhäusel (450 Einw.), unweit der Chauss. 8 km von Ehrenbreitstein, 5300 Einwohn. — 9 km bis Coblenz, 45100 Einw. Regierungssitz, Landger., Garnison.	Kath. Kirche in Neuhäusel. Ev. Kirche in Ems, 8 km. Gymnas. in Montabaur und Coblenz. Progymn. in Ems.	Arzt, Apoth. Amtsger. in Höhr, 10 km. Arzt wöchentlich 2 Sprechtage in Neuhäusel; Arzt auch in Hillscheid, 3 km.	Staatsaufsicht über 12 Gemde.-waldungen mit 2600 ha. — Verheirath. Assessor kann in Neuhäusel (0,4 km) gut wohnen.

Rgbz. Wiesbaden. (Karte 49.)

Das Holz in den Gemeindewaldungen wird im Walde verkauft	In Caub, „Zum Thurm", „Zum Grünenwald".	Altes Geb. im Orte Caub, 2200 Einw., schöne Lage am Rhein. Wohnr. gut, Wirthschaftsr. beschr. (Die oberste Etage wird vom Domänenrentmeister bewohnt.)	Ev. u. kath. Kirche, Bürgerschule, 3klass. am Ort. Realschule in St. Goarshausen, per Bahn (20 Min.) tägl. zu erreichen.	Im Ort; Amtsger. in St. Goarshausen.	Zugehör.: 3986 ha Gemeindewald.

Rgbz. Wiesbaden. (Karte 49.)

In Aulhausen, bei Bremser. In Lorch, „zum Arnsteiner Hof". In Presberg, Gasthof von König.	In Rüdesheim. In Aßmannshausen. In Lorch, in verschiedenen Gasth.	Altes, ziemlich geräumiges Dienstgebäude in der Kreisstadt Rüdesheim, 4800 Ew.; Wiesbaden in 3/4 Stund., Frankfurt in 5/4 Stunden Bahnfahrt zu erreichen.	Ev. u. kath. Kirche u. Privat-Töchterschule in Rüdesheim. Realprogymnasium in Geisenheim (1/2 Std. von Rüdesheim).	In Rüdesheim.	Zugeh.: 2254 ha Gemeindewald.

Rgbz. Wiesbaden. (Karte 49.)

	In Winkel, Rheingauer Hof. In Mittelheim, bei Rathmann. In Oestrich Hot. Steinheimer.	In gutem Zustande befindl. Dienstgebäude am O.-Rande von Winkel, 1800 Einw. — Nächste Stadt Geisenheim, 4 km, 3700 Einw. Rüdesheim, 8 km. Wiesbad., 17 km.	Kath. Kirche u. Pfarre im Orte, ev. in Oestrich, 1,5 km. Pass. Frühzug nach Geisenh. (Realprogymn.)	Arzt i. Orte. Apotheke in Oestr., 1 km. Amtsgericht in Rüdesheim, 8 km.	Zugehör. 4056 ha Gemeindewald. Wohn. für verh. Ass. in Winkel u. a. O. zu haben.

Rgbz. Wiesbaden. (Karte 49.)

	In allen Rheinorten, Gasthöfe.	Dienstwohnung in der Stadt Eltville, 3700 Einw., in der alten erzbischöfl. Burg am Rhein, von ziemlich guter Beschaffenheit, ausreichend Platz bietend.	Kath. Kirche in Eltville, evg. in Erbach, 20 Min. Höh. Schulen in Wiesbaden, in 37 Min. Bahnf. mit pass. Frühzug zu err.	In Eltville.	Zugehör. 3753 ha Gemeindewald.

Flächengröße u. Character d. Reviers. — Vertheilung der Hauptholzarten nach Zehnteln.	Beschaffenheit des Wegenetzes im Reviere und der sich daran schließenden Abfuhrstraßen, sowie der etwaigen Wassertransportwege. Adressen von größeren Fuhrunternehmern.	Jahresquantum der Haupt-Verkaufshölzer nach Holzarten und Sortimenten (unter Abrechnung des Lokalbedarfs).

744. Königl. Oberförsterei Idstein,

365 ha. — Mittelgeb., zusammenh. Bu. 0,7 Fi. 0,2 Ei. 0,1	Wegenetz als Erdwege fast völlig ausgebaut. Chaussierung von Abfuhrwegen nur streckenweise und ausnahmsweise, jedoch viele gute öffentliche Wege und mehrere Chausseen in d. R. bald erreichbar. — Fuhrleute: Rübsamen, Meyer, Link in Idstein, Roth in Engenhahn und Bauern in Neuhof bei Wehen.	Schbz. Engenhahn 20 fm Bu.-Schneideh. 400 rm Bu.-Brennh. „ Idstein 25 fm Bu.-Schneideh. 30 fm Lind.-, 200 fm Fi.-Rundh. 25 fm Ah.-, Esch.-, 20 fm Ei.-Schneideholz.

745. Königl. Oberförsterei Wörsdorf,

325 ha. — hügel., parz. Bu. 0,7 Ki. 0,1 Fi. 0,1 Ei. 0,1	Innerhalb der Forstorte Lehmwege, außerhalb gute Chausseen und befestigte Vicinalwege. — Fuhrleute in Dauborn, Niederselters, Wörsdorf.	Schbz. Dauborn 30 fm Ei.-Grubenh. 50 fm Bu.-Stammholz. „ Limbach 20 „ Bu.-Stammh.

746. Königl. Oberförsterei Hahn,

199 ha. — hügelig, sehr parzellirt. Bu. 0,5 Ki. 0,4 Fi. 0,1	Viele schlechte Wege im Walde. Die Besserung der Vicinalwege ist im Fortschreiten begriffen. Chausseen gut. — Fuhrleute in Hahn.	Schbz. Steckenroth: Der Holzeinschlag deckt nur den Lokalbedarf.

747. Königl. Oberförsterei Rambach,

700 ha. — gebirg., parz. Bu. 0,7 Ei. 0,2 Na. 0,1	Innerhalb gute Erd- und vielfach befest. Wege; außerhalb gute befest. Wege und Chausseen. — Fuhrunternehmer: Hachenberger in Naurod, Bauern in Ober- u. Niederjosbach.	(see table below)

Schutzbezirk	Stammh. (fm) Ei.	Stammh. (fm) Bu.	Nutzsch. Ei.	Grbh. od. Pfahlh. Ei.
Bremthal	40	30	90 rm	200 rm
Oberjosbach	50		120 „	100 „

748. Königl. Oberförsterei Wiesbaden,

1493 ha. — hügel., zush. Bu. 0,8 Ki. 0,1 Fi. 0,1	Im Revier mehrere gute Chausseen und viele gefestigte Wege, zweckmäßig angelegtes, gut ausgebautes Wegenetz vorhand. — Fuhrunternehmer in Wiesbaden, sonst Bauern in Hahn, Wehen, Neuhof.	Schbz. Fasanerie 150 fm Bu.-, 50 fm Ei.-Stammh. „ Wehen 50 „ „ „ „ Altenstein 100 „ „ 200 „ Ki.- „ 300 fm Ki.-Grubenholz.

749. Königl. Oberförsterei Chausseehaus,

1415 ha. — gebirg., zsh. Bu. 0,7 Fi. 0,2 Ei. 0,1	Wegenetz ist ausgebaut, auch meist chauss.; Revier wird von 4 Chausseen durchschn., resp. begrenzt. — Fuhrunternehmer: Roßel Jäger in Seitzenhahn, Baldering in Bleidenstadt, Wilhelm in Dotzheim.	Schbz. Bleidenstadt 900 rm Bu.-Brennscheit und Knüppel. (Der Lokalbedarf an Nutzholz wird bei weitem nicht gedeckt. Wiesbaden und Biebrich beziehen viel Holz auf dem Rhein resp. Main.)

750. Königl. Oberförsterei Erlenhof,

1079 ha. — gebirgig, parzellirt.	Wegenetz ist gut und fast durchgeführt. Verbindung der Aarstraße mit der Chauss. Langenschwalbach-Holzhausen durch chauss. Waldweg zu $^{1}/_{3}$ fertig. — Fuhrleute: Frick, Beifiegel, Kahlmann, Hertling in Kemel, Diehl in Hohenstein, Moll in Holzh.	Schbz. Erlenhof 100 fm Fi.-Stammh. 100 fm Ki.-, 30 fm Ei.-Grbh. „ Hohenstein 100 „ Ei.- „ 50 „ Ei.-Grubh. „ Dickschied 30 „ Ei.-Grubh.

751. Königl. Oberförsterei Schwalbach,

4048 ha. — gebirgig, parzellirt. Bu. 0,5 Bi. 0,2 Fi. 0,2 Ki. 0,1	Innerhalb gutes Wegenetz (Erdwege), außerhalb gute Chausseen nach den Bahnhöfen Langenschwalbach, Bleidenstadt, Hahn und Lorch am Rh. — Fuhrleute in den betr. Gemeinden.	Kein Staatswald.

Oeffentliche Holzlicitationen finden statt in	Unterkommen im Gasthofe f. Holzhändler, Forst-Assessoren u. Referendare in möglichster Nähe der Oberförsterei	Zustand des Oberförsterdienst-Gebäudes	Wo Kirche, wo Schule? In welcher Zeit zu erreichen?	Wo Arzt, wo Apotheke, wo Amtsgericht?	Nebenämter des Revierverwalt. Wenn ständiger Assistent vorhanden, wo wohnt derselbe?

Rgbz. Wiesbaden. (Karte 49.)

In Idstein, Gasth. „Goldenes Lamm". Einzelne Verkäufe im Walde.	In Idstein, „Gold. Lamm" (Ruppert), „Dtsch. Kaiser" (Rübsamen), Hotel Merz.	Altes Dienstgebäude in geschl. Häuserreihe in der Stadt Idstein, 3000 Einw., Obergasse 18. Wirthschaftsgebäude verbesserungsbedürftig.	Ev. und kath. Kirche und Schule in der Stadt.	3 Aerzte, Apotheke, Amtsgericht in Idstein.	Zugehör.: 3883 ha Gemeindewald. — Wohnung f. verheiratheten Assess. in Idstein zu haben.

Rgbz. Wiesbaden. (Karte 49.)

Holzverkäufe finden im Walde statt.	In Idstein, „Gold. Lamm", „Deutsch. Kais.". In Dauborn, „Schützenhof".	Altes, aber wohnliches und geräumiges Dienstgebäude in Idstein, 3000 Einw. Wirthschaftsgebäude neu aber beschr., jedoch Vergrößerung in Aussicht.	Ev. u. kath. Kirche, sowie Realschule am Ort. Gymnasium in Wiesbaden, 1 Std. Bahnfahrt.	Am Orte.	Zugehör.: 3874 ha Gemeindewald. 100 ha Privatwald. — Wohng. für verh. Assessor im Orte zu haben.

Rgbz. Wiesbaden. (Karte 49.)

In Steckenroth, Gasth. von Heimann.	In Hahn, Gasth. „zum Taunus".	Schönes Dienstgebäude mit Stallungen und Scheune, 1897 erbaut, am Nordrande des Dorfes Hahn.	Ev. u. kath. Pfarre in Bleidenstadt, 1,5 km. Gymnasium in Wiesbaden, 45 Min. Bahnfahrt mit pass. Zügen.	Aerzte, Apoth. Amtsgericht in Wehen, 2,5 km Chaussee u. Personenp.	Zugehör.: 4016 ha Gemeindewald.

Rgbz. Wiesbaden. (Karte 49.)

In Niedernhausen, Gasth. „zum Taunus". In Bockenhausen, (dicht bei Eppstein), Gasth. Müller.	In Wiesbaden, Hotel Tannhäuser, Hotel Kaiserbad u. a.	Dienstwohnung in Sonnenberg, 2400 Ew. (Vorort von Wiesbaden) in sehr schöner Lage (Räumlichkeiten beschr.), ohne Wirthschaftsgebäude.	Evg. u. kath. Kirche und Pfarre im Orte. Höhere Schulen in Wiesbaden, mit electrischer Bahn in 10 Minuten zu erreichen.	In Sonnenberg. Amtsgericht in Wiesbaden.	Zugehör.: 2800 ha Gemeindewald. — Wohnung f. verh. Assessor in Sonnenberg zu haben.

Rgbz. Wiesbaden. (Karte 49.)

In Wiesbaden, Schützenhalle (Endstat. der electr. Bahn). In Hahn, „zum Taunus", 7 km. In Wehen, „zum deutschen Hause".	In Wiesbaden, Hot. Tannhäuser u. a. „Waldhäuschen" (1,5 km). In Hahn, „z. Taunus". In Wehen, „zur Post".	Altes, gut erhaltenes Dienstgebäude (früheres Jagdhaus der Herzöge von Nassau). Gr. Wirthschaftsgebäude. Im Erdgeschoß Försterwohnung. Das Haus liegt 1 km nördlich von dem Weiler Clarenthal, 5 km v. Wiesb., unmitt. a. bef. W.	Kirchen und Schulen in Wiesbaden, in 1 Stunde erreichbar. Volksschule in Clarenthal, 15 Minut. Höhere Schulen in Wiesbaden.	In Wiesbaden, 5 km.	Zugehör.: 1465 ha Gemeindewald. — Wohnung für verheiratheten Assess. in Wiesbaden, 4 km, erhältlich.

Rgbz. Wiesbaden. (Karte 49.)

In Schlangenbad, bei Bremser. In Georgenborn, Rest. Hohenwalde. Bei Bhf. Chausseehaus, „Taunusblick".	„Taunusblick", bei Bhf. Chausseehaus. Rest. Hohenwalde zu Georgenborn (3 km). In Wiesbaden. In Schlangenbad.	Sehr schönes neues Dienstgebäude, isolirt im Walde an der Emserstraße. Wohnhaus geräumig. Nächste Stadt Wiesbaden, 86 000 Einwohner, 6 km.	Kirchen und Schulen jeder Art in Wiesbaden, in 20 Minuten Bahnfahrt zu erreichen.	In Wiesbaden.	Zugehör.: 1831 ha Gemeindewald. Kreisdeputirter. — Verheir. Ass. kann in Dotzheim (10 Min. Bahnfahrt) wohnen.

Rgbz. Wiesbaden. (Karte 49.)

In Kemel, bei Frick und bei Hertling. In Hohenstein, bei Keßler.	In Kemel, bei Frick u. Hertling. In Holzhausen, b. Schmidt. In Hohenstein, bei Keßler. In Laufenselden, b. Michel.	Dienstgebäude (der sogen. Erlenhof) 2 km nordwestlich von Kemel, isolirt. Gebäude ziemlich groß, aber alt. — Bad Langenschwalbach, 2600 Einwohner, 8 km Chss. meist thalwärts über Kemel.	Ev. Pfarre u. Schule in Kemel, 2 km. Kathol. Pfarre in Laufenselden, 5 km, und in Langenschwalbach, 8 km, wo auch Progymnasium.	Arzt in Kemel, 2 km. Apotheke u. Amtsgericht in Langenschwalbach, 8 km.	Zugehör.: 3224 ha Gemeindewald. Aufsicht über 2 Privatw. — In Kemel Wohnung für verheiratheten Assessor zu haben.

Rgbz. Wiesbaden. (Karte 49.)

Holzverkauf durch die Bürgermeister nur im Walde.	In Langenschwalbach, Hotel Russischer Hof.	Schönes Dienstgebäude, 1899 erbaut, in der Kreisstadt Langenschwalbach, 2600 Einwohner (Badeort). — Wiesbaden, 86 000 Einwohner, Landgericht, Garnison, 1 Stunde Bahnfahrt.	Evg. u. kath. Kirche und Progymnasium am Orte. Höhere Schulen in Wiesbaden, Bahnverbindung.	In Langenschwalbach.	4048 ha Gemeindewald.

Sitz der Oberförsterei nebst Poststation	Entfernung des Oberförstereisitzes von der nächsten Eisenbahnstation bezw. Haltestelle Post- und regelmäßige Reiseverbindungen auf Landwegen	Durchschnittliche Entfernungen und ungefähre Anfuhrkosten von den einzelnen Reviertheilen für Bahn- bezw. Wassertransport und zwar				
		Schutzbezirk	Entfernung bis Güterbahnhof	Anfuhrkosten pro fm M.	Entfernung bis Wasserablage	Anfuhrkosten pro fm M.

744. Königl. Oberförsterei Idstein, Rgbz. Wiesbaden. (Karte 49.)

Idstein, Post, Kreis Untertaunus.	1 km Chss. bis Idstein, Station der Bahn Limburg-Frankf. a/M.	Engenhahn	5 km Erdweg bis Niedernhausen	2,00		
		Idstein	5 km mst. Erdw. bis Idstein	2,50		
		Fst. Thiergarten	1,5 km Chaussee bis Idstein	1,60		

745. Königl. Oberförsterei Wörsdorf, Rgbz. Wiesbaden. (Karte 49.)

Idstein, Post, Kreis Untertaunus.	Idstein ist Station der Linie Frankfurt a/M.-Limburg.	Dauborn	9 km Chss. u. 1,3 km Edw. b. Niederbrechen	5,00		
		Limbach	14 km Chaussee bis Niederbrechen	6,00		

746. Königl. Oberförsterei Hahn, Rgbz. Wiesbaden. (Karte 49.)

Hahn (Taunus), Post, Kreis Untertaunus.	Bahnstation Hahn-Wehen, dicht am S.-Rande des Dorfes Hahn (Oberförsterei 7 Minuten vom Bahnhof entfernt.)	Schbz. Steckenroth 5 km Erdweg (in 4 Jahren Chaussee fertig) nach Station Hahn-Wehen. Anfuhrkosten 3 Mk.

747. Königl. Oberförsterei Rambach, Rgbz. Wiesbaden. (Karte 49.)

Sonnenberg, Post, Kreis Wiesbaden.	3,2 km Chaussee nach Bahnhof Wiesbaden; vorläufig stündl. Omnibusverbindung. Bau einer electrischen Bahn wird demnächst in Angriff genommen.	Bremthal	2 km bef. Weg bis Auringen; 2 desgl. b. Niedernh.	2,50 bis 3,00 (gilt für beide Schutzbezirke)		
		Oberjosbach	3 km befest. Weg bis Niedernhausen			

748. Königl. Oberförsterei Wiesbaden, Rgbz. Wiesbaden. (Karte 49.)

Fhs. **Fasanerie,** Post und Kreis Wiesbaden.	Bis zu den Bahnhöfen zu Wiesbaden 5 km Chaussee. — Bis Bahnhof Chausseehaus 2,5 km Chaussee und Erdweg. — Bis Endpunkt der electr. Bahn „Unter den Eichen“ 3 km Fußweg.	Fasanerie	7 km Chss. b. Wiesbad.	4,00		
		Wehen	10 km Chss. u. Edw. bis Wiesbaden	5,00		
			6 km Chss. u. Edw. b. Hahn	3,00		
		Altenstein	4 km Chss. u. Edw. b. Hahn	2,50		
			8 km Chss. u. Edw. b. Wiesbaden	4,00		

749. Königl. Oberförsterei Chausseehaus, Rgbz. Wiesbaden. (Karte 49.)

Fhs. **Chausseehaus,** Post und Kreis Wiesbaden.	1 km Chaussee bis Bhf. Chausseehaus der Wiesbaden-Schwalbacher Bahn.	Georgenborn, Bleidenstadt	3 km Chaussee bis Chausseehaus	pro rm 0,75-1		
		(Nutzholz-Anfuhr nach Wiesbaden, Biebrich und Schierstein 5—7 km Chaussee = 5—7 Mark.)				

750. Königl. Oberförsterei Erlenhof, Rgbz. Wiesbaden. (Karte 49.)

Erlenhof, Post Kemel, Kreis Langenschwalbach.	7 km Chaussee bis demnächst. Bhf. Holzhausen a. d. H. (Goarshausen-Zollhaus). — 9 km Chss. nach Langenschwalbach. — 4 km Landw. b. Haltest. Laufenselden. — 6 km z. Th. chauss. Landweg nach Hohenstein.	Erlenhof	9 km Chaussee bis Langenschwalbach	4,50		
		Hohenstein	4 km meist Chaussee bis Hohenstein	3—4		
		Dickschied	14 km meist Chss. b. Langenschwalb.	6—8		
			7 km meist Chss. b. Holzhausen	6,00		

751. Königl. Oberförsterei Schwalbach, Rgbz. Wiesbaden. (Karte 49.)

Langenschwalbach, Post, Kreis Untertaunus.	1,3 km bis Bahnhof Langenschwalbach der Strecke Wiesbaden-Limburg.	Die einzelnen Schutzbez. umfassen nur Gemeindewald, zusammen 4048 ha.

Sitz der Oberförsterei nebst Poststation	Entfernung des Oberförstereisitzes von der nächsten Eisenbahnstation bezw. Haltestelle. Post- und regelmäßige Reiseverbindungen auf Landwegen	Durchschnittliche Entfernungen und ungefähre Anfuhrkosten von den einzelnen Reviertheilen für Bahn- bezw. Wassertransport und zwar: Schutzbezirk	Entfernung bis Güterbahnhof	Anfuhrkosten pro fm M.	Entfernung bis Wasserablage	Anfuhrkosten pro fm M.

752. Königl. Oberförsterei Runkel, Rgbz. Wiesbaden. (Karte 49.)

Runkel an der Lahn, Post, Oberlahnkreis.	Runkel ist Station der Lahnbahn.	Durchschnittliche Entfernung des Reviers zu den Stationen Runkel, Villmar, Aumenau und Fürfurt der Lahnbahn, sowie zu denen der Kerkerbachbahn: Schupbach, Christianshütte, Eschenau und Schadeck 3—6 km. Fuhrlohn 2,5 bis 5 Mk. pro fm.				

753. Königl. Oberförsterei Diez, Rgbz. Wiesbaden. (Karte 49.)

Diez, Louisenstr. Nr. 3, Post, Kreis Unterlahn.	Diez ist Station der Lahnbahn Wetzlar-Coblenz.	Altendiez	4 km Chss. u. 1,5 km bef. Weg bis Diez	6,50		
		Hambach (Rotheholz)	4 km Chss. u. 1,5 km bef. Weg bis Diez	6,00		
			4,5 km mst. bef. Weg bis Staffel	6,00		
		Niedererbach	1 km Erdweg u. 2,5 km bef. Weg bis Elz	6,00		

754. Königl. Oberförsterei Nassau, Rgbz. Wiesbaden. (Karte 49.)

Nassau, Post, Kreis Unterlahn.	Nassau ist Station der Lahnbahn Wetzlar-Coblenz.	Die einzelnen Schutzbezirke bestehen fast nur aus Gemeindewald und zwar zusammen 3535 ha.				

755. Königl. Oberförsterei Braubach, Rgbz. Wiesbaden. (Karte 49.)

Forsths. **Arnsteinerhof**, Post Niederlahnstein, Kreis St. Goarshausen.	1,5 km Pflaster bezw. Chaussee bis Station Nd.- bezw. Oberlahnstein, ebenso weit von der Landungsstelle Oberlahnstein, für Rhein-Dampfer. — Electr. Bahn von N.-Lahnstein nach Coblenz im Bau.	Mittlere Entfernung bis Bahnhof Braubach und Rhein-Ablage (Braubach) 6 km Chaussee. Anfuhrkosten 3—4 Mk. pro fm.				

756. Königl. Oberförsterei Hahnstätten, Rgbz. Wiesbaden. (Karte 49.)

Hahnstätten, Post, Kreis Unterlahn.	Hahnstätten ist Station der Eisenbahnstrecke Diez-Langenschwalbach-Wiesbaden.	Hahnstätten	2,5 km Chaussee bis Zollhaus	Stmh. 2,5-3,5 Grubh. 2-2,5		
		Eisighofen	1—2 km Erdweg bis Michelb. u. Kettenbach			
		Forstorte bei Kettenbach	2—2,5 km b. Zollhaus oder Michelbach			

757. Königl. Oberförsterei Katzenelnbogen, Rgbz. Wiesbaden. (Karte 49.)

Katzenelnbogen, Untere Thalstr. 78, Post, Kreis Unterlahn.	7 km Chss. bis Zollhaus. Bis Stat. Rupbach (Güterverl.) 9 km, und bis Laurenburg 11 km Chss. — Kleinbahn von St. Goarsh. über Katzenelnb. nach Zollhaus im Bau. — Post von Nastätten b. Zollh., in Katzenelnb. 6[55] Uhr V. und zurück $9^1/_4$ Uhr N. hier. Von Zollh. Postw. $11^1/_2$ V. hier, geht weiter bis Laufenfelden; ab hier 5[55] V. zurück nach Zollhaus.	Oberfischbach	10—12 km mst. Chss. bis Zollhaus; 12—14 km mst. Chss. bis Rupbach			
		Bärbach	4—9 km bef. Weg bis Diez; 4—10 km mst. bef. Weg b. Flecht, Niedereisen, Obereisen, Zollhaus			
		Biebrich	6 km befest. Weg bis Laurenburg			

758. Königl. Oberförsterei Nastätten, Rgbz. Wiesbaden. (Karte 49.)

Nastätten, Post, Kreis St. Goarshausen.	Nastätten ist Station der Kleinbahn Nastätten-St. Goarshausen. Im Bau begriffene Kleinbahnen: 1. Nastätten-Braubach-O.-Lahnstein; 2. Nastätten-Zollhaus.	Die einzelnen Schutzbezirke bestehen nur aus Gemeindewald.				

759. Königl. Oberförsterei St. Goarshausen, Rgbz. Wiesbaden. (Karte 49.)

St. Goarshausen, Post und Kreis St. Goarshausen.	St. Goarshausen ist Eisenbahnstation und Haltestelle der Rhein-Dampfer.	Nochern	5 km Edw. b. St. Goarsh.			
		Bogel	11 „ Chss. „ „ „			
		Prath	8 „ Edw. „ „ „			
		Bornich	8 „ „ „ „ (Bogel Kleinb.-Haltst. bald eröffnet).			
		Oberwallmenach	13 km Erdweg bis St. Goarshausen; 2 km von der demnächst. Haltestе N.-Wallmenach			

Flächengröße u. Charakter des Reviers. Vertheilg. der Hauptholzarten nach Zehnteln.	Beschaffenheit des Wegenetzes im Reviere und der sich daran schließenden Abfuhrstraßen, sowie der etwaigen Wassertransportwege. Adressen von größeren Fuhrunternehmern.	Jahresquantum der Haupt-Verkaufshölzer nach Holzarten und Sortimenten (unter Abrechnung des Lokalbedarfs.)
		752. Königl. Oberförsterei Runkel,
13 ha. — gebirgig. u. parzellirt. Bu. 0,60 Ei. 0,20 Ki. 0,15 Fi. 0,05	Im Walde meist Erdwege, außerh. meist Chausseen. — Fuhrleute in den angegebenen Stationsorten.	Das Revier hat nur 13 ha Staatswald und umfaßt 3571 ha Gemeindewald, sowie 612 ha Privatwald.
		753. Königl. Oberförsterei Diez,
810 ha. — hügelig, parzellirt. Bu. 0,9 Ei. 0,1	Revier von 3 guten Chauss. durchschnitten bezw. begrenzt, innerh. Hauptwege befest., führen auf die Chausseen. — Fuhrl. Lotz zu Scheidt, Hoffmann zu Steinefrenz, Nink zu Altendiez, Petri zu Isselbach, Schneider zu Diez.	Schbz. Altendiez 75 fm Ei.-Stammh. 200 fm Bu.-Stammh. „ Hambach 150 „ „ „ 50 „ Ei.-Schichtnutzh.
		754. Königl. Oberförsterei Nassau,
Stsw. 5 ha. gebirgig u. parzellirt. Bu. 0,6 Ei. 0,2 Fi. 01 Ki. 0,1	Ausgebautes Wegenetz innerh. des Waldes. Wege außerhalb meist schlecht.	Die Oberförsterei hat nur 5 ha Staatswald.
		755. Königl. Oberförsterei Braubach,
595 ha. — gebirgig u. parzellirt. Bu. 0,8 Ei. 0,1 Fi. 0,1	Gute ausr. Erdwege schließen an die Chss. bezw. an Vicinalwege an. Bahnstationen: Braubach, Oberlahnstein, Osterspay und Camp. Wassertransport mit den Rhein-Verladestellen: Braubach, Oberlahnstein u. Camp. — Fuhrl. in den letzt gen. Orten.	Schbz. Dachsenhausen 50 fm starke Ei. 200 fm Ei.-Grubh. in Stämmen u. Klaftern. 20 fm starke Bu. 200 fm Bu.-Scheitholz.
		756. Königl. Oberförsterei Hahnstätten,
523 ha. — hügelig, parzellirt. Bu. 0,7 Fi. 0,2 Ei. 0,1	Innerh. der Forstorte Erdwege; außerh. befestigte Straßen. — Fuhrl. sind Landwirthe in Burgschwalbach, Kaltenholzhausen, Hausen.	Schbz. Hahnstätten 20 fm Ei.-Grubh. 10 fm Bu.-, 20 fm Na.-Stmh. „ Eisighofen 20 „ „ „ 50 „ „ „ „ Kettenbach 120 „ „ „ 20 „ Ei.-, 10 „ „ „
		757. Königl. Oberförsterei Katzenelnbogen,
1204 ha. — hügelig, 2 gr. Bez., mehrere gr. u. kleine Parzellen. Bu. 0,7 Ki. Lä. 0,1 Fi. 0,1 Ei. 0,1	Innerh. bef. u. chauss. Hauptwege und Landstr., außerh. Chauss. oder feste Landwege in großer Menge. — Fuhrl. Schumacher in Oberfischbach, Meyer in Schönborn, Koch in Laurenburg.	Schbz. Oberfischbach 300 fm Ei.-, 6 fm Bu.-, 8 fm A. L.-, 125 fm Na.-Nutzholz. „ Bärbach 65 fm Ei.-, 30 fm Bu.-, 12 fm A. L.-, 100 fm Na.-Nutzholz. „ Biebrich 6 fm Ei.-Nutzholz.
		758. Königl. Oberförsterei Nastätten,
0,311 ha. — Das Revier ist eben und coupirt, sehr parzellirt.	Durch die Waldungen führen zahlreiche chauss. Vicinalwege. Im übrigen sind die Wege als Erdwege gebaut und gut zu fahren. — Holzfuhrleute in allen Ortschaften.	Die Oberförsterei hat nur 0,311 ha Staatswald.
		759. Königl. Oberförsterei St. Goarshausen,
97 ha. — z. Th. gebirg., zl. eben, od. hügel., sehr parzellirt. Bu. 0,5 Ei. 0,2 Ki. 0,1 Fi. 0,1 Hbu. 0,1	In den Staats- u. Gemeindewald. fast fertiges, gut ausgebautes Wegenetz. Die Erdwege außerh. meist gut fahrbar. — Fuhrleute in den umliegenden Dörfern.	Schbz. Nochern 200 fm Ki.-Stammh. „ Gemmerich 100 „ Ei.-Grubh. „ Prath 50 „ „ „ „ Bogel 100 „ „ „ 200 fm Ki.-Stammh. „ Oberwallmenach 200 „ „ „ 2000 Stck. Fi.-Stang. „ Bornig 100 „ „ „ u. Stammh.

Oeffentliche Holzlicitationen finden statt in:	Unterkommen im Gasthofe f. Holzhändler, Forst-Assessoren u. Referendare in möglichster Nähe der Oberförsterei	Zustand des Oberförster-Dienstgebäudes	Wo Kirche? Wo Schule? In welcher Zeit zu erreichen?	Wo Arzt, wo Apotheke, wo Amtsgericht?	Nebenämter des Revierverwalt. Wenn ständiger Assistent vorhanden, wo wohnt derselbe?
Rgbz. Wiesbaden. (Karte 49.)					
Holz meist im Walde versteigert, zum Theil auf Submissionsverkauf in Runkel.	In Runkel, Gasth. z. Lahnbahn und Wiedischer Hof.	Schönes Oberförsterei-Dienstgebäude mit Wirthschaftsr. in der Stadt Runkel, 1100 Ew.	Ev. Pfarre in Runkel; Progymnas. in Limburg, 15 Minut. Bahnfahrt. Täglich. Schulbesuch möglich.	In Runkel.	Zugehör.: 3571 ha Gemeindewald.— Für verheir. Ass. Wohnung in Runkel zu haben.
Rgbz. Wiesbaden. (Karte 49.)					
In Diez, bei Stoll. In Elz, bei Schenk.	In Diez, Hotel Victoria, Holländischer Hof.	Neueres Dienstgebäude in der Kreisstadt Diez, 4300 Einw., Garnison.	Ev. u. kath. Kirche u. Pfarre, sowie lateinlose Realschule in Diez. Progymnas. in Limburg, 6 Minuten Bahnfahrt.	In Diez.	Zugehör.: 2760 ha Gemeindewald.— Für verh. Assess. Unterkommen im Orte zu haben.
Rgbz. Wiesbaden. (Karte 49.)					
	In Nassau, bei Müller, am Bahnhof, „Zur Krone" und Unionsbrauerei.	Altes Dienstgebäude in der Stadt Nassau, 1900 Einwohner, an der Straße Obernhof-Ems. — Ems, 6400 Ew., in 10 Minuten Bahnfahrt zu erreichen.	Evangelische und katholische Pfarre, sowie Realschule am Orte.	Am Orte.	Zugehör.: 3535 ha Gemeindewald.— Wohnung f. verheiratheten Assess. im Orte zu haben.
Rgbz. Wiesbaden. (Karte 49.)					
In Braubach, Rathhaussaal, bezw. „Deutsches Haus".	In Niederlahnstein, Hotel Douquet und Sartori. In Braubach, „Deutsch. Haus", Hotel Fürst.	Sehr altes, etwas verbautes Dienstgebäude am Ausgang von Niederlahnstein, 4000 Ew. an der Emser Chauss. — Coblenz, 45100 Einw., Regierungssitz, Landgericht, Garnison, 9 Min. Bahnfahrt.	Kath. Kirche u. Elementarschule in Niederlahnstein. Evg. Kirche und Realprogymnas. i. Oberlahnstein, 1,5 km. Gymn. in Coblenz, Frühzug passend.	In Niederlahnstein.	Zugehör.: 4404 ha Gemeindewald.— Wohnung f. verheiratheten Assess. leicht erhältlich.
Rgbz. Wiesbaden. (Karte 49.)					
In Zollhaus, Gasth. Dembach und Klein.	In Hahnstätten, „Nassauer Hof".	Miethswohnung im Dorfe Hahnstätten, 1000 Einwohner. Bau einer Dienstwohnung vorläufig aussichtslos. — Nächste Stadt Diez, 9 km, 4300 Einwohner, Kreisstadt, Garnison.	Ev. Kirche u. Pfarre am Ort. Kathol. Gottesdienst 14täg. in Zollhaus, 2 km. Progymnasium in Limburg, 40 Minut. Bahnfahrt.	Arzt am Orte, Apotheke u. Amtsgericht i. Diez, 8 km.	Zugehörig: 23 Gemeindewaldung. (zusam. 3538 ha). — Für verh. Ass. Wohn. schwierig.
Rgbz. Wiesbaden. (Karte 49.)					
Verkauf im Walde. Bei ungünstigem Wetter in Oberfischbach, bei Schumacher, in Schönborn, bei Hennemann.	In Katzenelnbogen, Hotel Bremser. Bei besch. Ansprüch. Gastw. Gemmer zu Rettert, Hennemann in Schönborn.	Miethswohnung an der Chss. i. Flecken Katzenelnb., 1120 Einwohner. Nächste Stadt Limburg, 8400 Einwohner, Kreisstadt, Bez.-Commando. Demnächst Bahnverbindung.	Ev. Kirche u. Pfarre in Klingelbach, 1 km; kath. Kirche u. Pfarre a. Orte, desgl. Schule mit 3 Lehrern. — Progymnasium in Limburg.	In Katzenelnbogen.	Zugehör.: 2252 ha Gemeindewald.— Wohnung f. verh. Assessor im Ort zu haben.
Rgbz. Wiesbaden. (Karte 49.)					
	In Nastätten, Hotel Guntrum und „Zur alten Post".	Schönes neues, geräumiges Dienstgebäude mitten in der Stadt Nastätten, 1500 Einwohner. Wirthschaftsräume reichlich. Nächste Stadt St. Goarshausen, 1500 Einwohner, 14 km.	Evg. u. kath. Kirche und Pfarre in Nastätten. Gymnasium in Coblenz, Frankfurt, Wiesbaden.	In Nastätten.	Zugehör.: 3623 ha Gemeindewald.— Amtsanw. Aufsicht über die Fürstl. Wied'schen Waldungen „Gronau".
Rgbz. Wiesbaden. (Karte 49.)					
In Weyer (9 km) u. in Prath (8 km) für Staatswald.	In Bogel, Hot. Weisbarth. In Ober- u. Niederwallmenach, in Weyer und Bornich.	Sehr schönes, geräumiges Dienstgebäude in der Kreisstadt St. Goarshausen, 1500 Einwohner. Keine Wirthschaftsräume. — Coblenz, 45100 Einwohner, in 47 Minuten Bahnfahrt erreichbar.	Kirche und Realschule II. Ordnung im Ort. Gymnasium in Coblenz.	3 Aerzte in St. Goarshausen.	Zugehör.: 3540 ha Gemeindewald.— Amtsanwalt.

Flächengröße u. Character des Revieres. Vertheilung der Hauptholzarten n. Zehnteln.	Beschaffenheit des Wegenetzes im Reviere und der sich daran schließenden Abfuhrstr., sowie der etwaigen Wassertransportwege. Adressen von größeren Fuhrunternehmern.	Jahresquantum der Haupt=Verkaufshölzer nach Holzarten und Sortimenten (unter Abrechnung des Lokalbedarfs).

760. Königl. Oberförsterei Kirchen,

2078 ha. — z. Th. eben, z. Th. gebirg., parzellirt. Ei. 0,4 Bu. 0,4 Fi. 0,2

Innerh. meist bef. Wege, Straße nach Betzdorf mit starker Steigung. Verbindungsstr. bis Chausseen meist nicht gut. — Fuhrl.: Sollbach in Steinebach, Lorsbach in Gebhardshain, Schneider in Daaden, Eißel in Wehbach, Stolz u. Ermert in Niederasdorf.

Schbz. Gebhardshain 100 fm Ei.=Stammh.
„ Farnschlade 150 „ „ „ 200 rm Ei.=Grubh.
„ Friedewald 150 „ „ 250 fm Bu.=, 100 fm Fi.=Sth.
„ Kirchen 300 „ „ 150 rm Ei.=Grubh.
„ Niederasdorf 100 „ „ 400 „ „ „ 150 fm Fi.=Stammholz.
„ Eutebach 300 fm Ei.=, 150 fm Bu.=Stammh.
„ Freusburg 200 fm Ei.=, 200 fm Bu.=, 200 fm Fi.=Stmh.

761. Königl. Oberförsterei Kottenforst,

3674 ha. — meist eben u. fast ganz geschlossen; Wormersd. u. Hardt hügelig u. isolirt.

Im Innern fast allenth. befest. Wege; außerdem für die Schbz. Schönwaldhaus, Lüftelberg, Venne u. Röttgen fast aller Nutzholztransport durch die Waldbahn. — Fuhrl. Dreiling in Buschhoven, Mömesheim in Wormersdorf, Schweinheim in Stotzheim.

Schutzbezirk	Nutzholz (fm) Ei.	Bu.	Na.	Weichh. Nutzholz.	Grubh. Ei.
Wormersdorf	130	110	35		20 rm
Hardt	110	60	200		5 „
Schönwaldhaus	500	1000	25	25 fm	5 „
Lüftelberg	500	500	50	25 „	10 „
Venne	270	100	680	125 „	
Röttgen	400	250	250	80 „	5 „
Buschhoven	350	160	200	50 „	20 „

762. Königl. Oberförsterei Siebengebirge,

2483 ha. — gebirg., Aulg. hügel., Heisterb. u. Eudenb. parzell. Ki. 0,4 Fi. 0,3 Bu. 0,2 Ei. 0,1

Revier (außer Rotscher.) von Chausseen durchschn., die zur Bahn führen, innerhalb der Forstorte nur bef. Holzabfuhrwege. — Fuhrl. Kolling in Niederdollendorf, Lilich in Herresbach, Bellinghausen in Eudenbach, Bohlscheid in Obenroth, Hasselbach in Werkhausen.

Schbz. Heisterbach 400 fm Ei.=, 50 fm Na.=Grubh.
„ Eudenbach 100 „ „ 900 „ „ „
„ Rodder 150 „ „ 500 „ „ „
„ Aulgaße 350 „ „ 1200 „ „ „
Ganzes Revier 400 „ Na.=Schwellen.

763. Königl. Oberförsterei Altenkirchen,

ha. — hügelig bis bergig; sehr parzellirt. Ei. 0,7 (Niederw.) Ki. 0,1 Fi. 0,1 Bu. 0,1

Viele gute Basaltstraßen (Provinzialstr.) und befestigte Verbindungswege, sonst schlechte Lehmwege.

Schbz. Peterslahr 50 fm Ki.=Grubh.
„ Birnbach 50 „ „
„ Marienthal 50 „ Ei.=Stammh.

764. Königl. Oberförsterei Koblenz,

2542 ha. — gebirg., sehr parzellirt. Bu. 0,5 Ei. 0,2 Schälw. Ei. 0,1 Hochw. Fi. 0,1 Ki. 0,1

Innerh. meist ausgeb. Wegenetz, außerh. in der Regel gute Chausseen. Außerdem die Wasserstraßen des Rheins u. d. Mosel. — Fuhrl. in Boppard: Lukas, Breitbach, Esper u. Schreiber.

Schbz. Kolbenstein 200 fm Ki.=Grubh. 40 fm Ei.=Grubh. 80 fm Fi.=Derbstangen.
„ Schöneck 50 fm Ei.=Grubh. 25 fm Fi.=Derbstangen
„ Försterhof 20 fm Ei.=Stammh.
„ Sayn 40 „ „ „
„ Laach 200 fm Bu.=Schwellh.
„ Wehr 50 fm Ei.=Grubh.
„ Burgbrohl 10 fm Ei.=Grubh. 20 fm Bu.=Schwellh.
„ Knopshof 40 „ „ „ 40 „ „ „
„ Franken 110 „ „ „ 40 „ Ei.=Stammh.

765. Königl. Oberförsterei Kastellaun,

2512 ha. — z. Th. eben, z. Th. gebirg., sehr parzell. Bu. 0,5 Fi. 0,4 Ei. 0,1

Wegenetz mit Anschluß an die Hauptverkehrsstr. in Forst, Neef und Brandswald erst theilweise ausgeb. — Innerh. Erdwege, theils befest., außerh. Chausseen. — Fuhruntern. Meinhardt in Castellaun, Leitermann in Simmern.

Schbz. Faas 30 fm Ei.=Grubh. 300 fm Fi.=Stä. u. Derbstg.
„ Klostersch. 50 „ „ „ 100 „ „ „ „ „
„ Rothenberg 100 „ „ „ 30 „ „ „ „ „
„ Castellaun 50 „ „ „ 100 „ „ „ „ „

766. Königl. Oberförsterei Neupfalz,

4875 ha. — gebirgig, zusammenhgd. mit 2 isolirt. Schutzbez. Bu. 0,54 Fi. 0,30 Ei. 0,08 Wh. 0,08

Von Chausseen, befestigten Wegen u. vielen Erdwegen reichlich durchschnitten. — Fuhrunternehmer in Stromberg, Dörrebach, Argenthal u. Rheinböllen.

Schutzbezirk	Stammh. (fm) Bu.	Fi.	Schwllh. Ei.	Grubh. Ei.	Rollholz (rm) Bu.	Wchh.
Neupfalz	60			60 fm	60	
Opel	250			40 „	60	180
Gebroth	150		50 fm	80 „	50	
Reichenbach	20			40 „	60	120
Thiergarten	40	500		30 „	100	400
Ellern	20	400		40 „	60	30
Hochsteinchen	40		50 „	90 „	70	100
Erbach	30		70 „	30 „		70

767. Königl. Oberförsterei Entenpfuhl,

4774 ha. — gebirg., zusammenhgd., nur Sponh. u. Allenfeld parzellirt. Bu. 0,5 Fi. 0,4 Ei, 0,1

Im Hauptrevier die Hauptwege meist chaussirt, die öffentl. Wege außerh. ebenso. — Fuhruntern. Jung in Eckweiler, Will, Dieter, Kessel in Winterbach, Keeber in Seesbach.

Schutzbezirk	Stämme (fm) Ei.	Schwell. (fm) Ei.	Grubh. (fm) Ei.
Winterbach	50	100	100
Entenpfuhl	30	20	40
Seesbach	80	60	300
Ellerspring	50		
Alteburg	50	80	50
Wildburg	30	10	20

Sponheim 700 Ctr. Ei.=Rinde I. Cl.
Allenfeld 300 „ „ „ I. „

Oeffentliche Holzlicitationen finden statt in:	Unterkommen im Gasthofe f. Holzhändler, Forstassessoren u. Referendare in möglichster Nähe der Oberförsterei	Zustand des Oberförster-Dienstgebäudes	Wo Kirche? Wo Schule? In welcher Zeit zu erreichen?	Wo Arzt, wo Apotheke, wo Amtsgericht?	Nebenämter des Revierverwalt. — Wenn ständiger Assistent vorhanden, wo wohnt derselbe?
Rgbz. Coblenz. (Karte 49.)					
In Gebhardshain, bei Beinhauer. In Daaden, bei Koch. In Kirchen, bei Jung. In Niederfischbach, bei Schultens.	In Kirchen, „Saynisch. Hof", Gasth. „z. Traube", Gasth. „zur Post". In Gebhardsh., b. Beinhauer. In Daaden, bei Schmitz.	Aelteres Haus mit ausreich. Räumen im Orte Kirchen, 1600 Einw., an der bef. Dorfstraße gelegen. — Nächste Stadt Siegen, 22 100 Ew., Kreisstadt, Bezirkskommando, 30 Minuten Bahnfahrt.	Ev. u. kath. Kirche und Schule, sowie Rectoratschule am Orte. Realgymnas. in Siegen. Zugverbindung für täglich. Besuch passend.	In Kirchen.	Zugleich Verw. d. früh. Gmd.-Obf. Kirchen (52 Int.-Fst.) — Wohng. für verh. Ass. eher in Betzdorf als in Kirchen erhältlich.
Rgbz. Cöln. (Karte 50.)					
In Poppelsdorf, „Jägerhof". In Stotzheim, „Mainzer Hof."	In Bonn, Hotel Continental (am Bahnhof).	Dienstwohnung in der Stadt Bonn (50 700 Ew., Universität, Landgericht, Garnison), nicht mehr neues, aber gut erhaltenes städt. Haus mittlerer Größe mit Stallgeb. u. Remise in kleinem Garten, ohne Wirthschaftsräume.	In Bonn.	In Bonn.	Docent an d. landwirthsch. Academ. Poppelsd. u. Auss. über Gemeindew. in 2 Kreisen. — Ständ. Assist. z. Zt. i. Godesb., wo auch Wohn. f. v. Ass. erh.
Rgbz. Cöln. (Karte 50.)					
In Siegburg, auf der Oberförsterei.	In Siegburg, Gasth. „z. Stern" oder Gasth. Felder (beim Bahnhof).	Miethswohnung in der Kreisstadt Siegburg, 14 100 Ew., Bez.-Commando. — Köln, 372 200 Einw., Regierungssitz, Oberlandesgericht, Garnison, 27 Minuten Bahnfahrt.	Ev. u. kath. Kirchen, Gymnasium, höhere Töchterschule i. Siegburg.	In Siegburg.	Betriebsl. v. Gemeindew., u. v. Schießplatzwald Wahn. — Assist. wohnt in Siegburg, wo auch für verheir. Assessor Wohnung zu hab.
Rgbz. Coblenz. (Karte 50.)					
In Altenkirchen (Hinz).	In Altenkirchen, Hotel Luyken u. Hot. Weißgerber.	Miethswohnung in der Kreisstadt Altenkirchen, 2000 Einw. — Köln in 2 Std. Bahnfahrt zu erreichen.	Ev. und kath. Kirche, höhere Stadtschule (bis Obertertia) am Orte.	In Altenkirchen.	Zugeh.: 4146 ha Gemeindewald.
Rgbz. Coblenz. (Karte 50.)					
In Ehr (Boos). In Buchholz (Welter). In Niederfell (Flöck). In Winningen („zur Hoffnung"). In Moselweiß („zur Post"). In Wehr (Degen).	In Coblenz, Hotel „z. Anker", u. a. In sämmtlichen Ortschaft. gutes Unterkommen.	Neues massives Dienstgebäude in Coblenz, schön am Rheinufer gelegen. — Coblenz, 45 100 Einw., Regierungssitz, Landgericht, Garnison.	In Coblenz.	In Coblenz.	Verwaltung des Kronfideicommißwaldes Friedrichsberg.
Rgbz. Coblenz. (Karte 50.)					
In Castellaun (Dilg). In Wüschheim (Schwenk). In Laubach (Reutha). In Mörsdorf (Born). In Neef (Brennen). In Carbach (Becker).	In Castellaun, Hotel Steinhausen u. Hotel Benz.	Altes Dienstgebäude am SW.-Ende von Castellaun, 1400 Einw. — Nächste größere Stadt Kreuznach, 21 300 Einw., Kreisstadt, Garnison; ca. 2 St. Bahnfahrt.	Ev. u. kath. Kirche und Schule, sowie Lateinschule in Castellaun. Progymn. in Simmern, Gymnas. in Kreuznach, Bahnverbindung.	In Castellaun.	
Rgbz. Coblenz. (Karte 50.)					
In Dörrebach, bei Dhein. In Rheinböllen, bei Rheingans. In Dichtelbach, bei Weber.	In Stromberg, Hotel „z. Post". In Dörebach, bei Dhein. In Rheinböllen, in verschied. Gasth.	Alte, mangelhafte Dienstwohnung im Walde, 2 km von Dörrebach (500 Einwohner), 4,5 km von Stromberg (1060 Einw.), Wirthschaftsr. wenig zureichend. Umbau des Wohnhaus. geplant. — Kreuznach, 21 300 Einwohner, 1½ Stunden Bahnfahrt.	Ev. u. kath. Pfarre, sowie Schule i. Dörrebach und Strombg. Gymnas. in Kreuznach.	In Stromberg.	
Rgbz. Coblenz. (Karte 50.)					
In Eckweiler, bei Gans. In Winterbach, bei Kessel.	In Eckweiler, 2 km, bei Schauß und Gans. In Winterburg, bei Vollrath.	Altes Diensthgehöft, 2 km nördlich von Eckweiler, 400 Ew., an der Kreuzung der Landstraßen Eckweiler-Tiefenbach und Winterbach-Seesbach. Wohnhaus mit vielen kleinen Räumen. — Nächste Stadt Sobernheim, 3300 Einwohner, 11 km.	Ev. Kirche u. Pfarre in Eckweiler, 2 km; kathol. Kirche und Pfarre in Rehbach, 4 km. Realschule in Sobernheim, 11 km. Gymnasium in Kreuznach.	Arzt mit Hausapoth. in Winterburg, 5 km. Amtsgericht in Sobernheim, 11 km.	Wohnung f. verheiratheten Assess. in Eckweiler, 2 km zu haben.

Sitz der Oberförsterei nebst Poststation	Entfernung des Oberförstereisitzes von der nächsten Eisenbahnstation bezw. Haltestelle Post- und regelmäßige Reiseverbindungen auf Landwegen	Durchschnittliche Entfernungen und ungefähre Anfuhrkosten von den einzelnen Reviertheilen für Bahn- bezw. Wassertransport und zwar: Schutzbezirk	Entfernung bis Güterbahnhof	Anfuhrkosten pro fm M.	Entfernung bis Wasserablage	Anfuhrkosten pro fm M.
760. Königl. Oberförsterei Kirchen, Rgbz. Coblenz. (Karte 50.)						
Kirchen, Post, Kreis Altenkirchen.	Kirchen ist Station der Strecke Betzdorf-Hagen.	Gebhardshain	8 km chauss. Weg bis Betzdorf	5—7		
		Friedewald	3—8 km desgl.	4—7		
		Kirchen	3—8 km "	3,5—7		
		Niederasdorf	2—5 km "	3—5		
		Eutebach	3—7 km "	4—7		
		Freusburg	5—8 km "	4—8		
		Farnschlade	4—7 km "	4—7		
761. Königl. Oberförsterei Kottenforst, Rgbz. Cöln. (Karte 50.)						
Bonn a/Rhein, Beethovenstr. 30. Post und Kreis Bonn.	Bahnstation am Orte.	Wormersdorf	2 km Erdw. 4 km Chss. bis Rheinbach	2,60		
		Hardt	2 km bef. Weg bis Stotzheim	1,80		
		Schönwaldhaus	5 km Waldb. bis Kottenf.	2,75		
		Lüftelbg.	3 km desgl.	2,25		
		Venne	8 km desgl.	3,50		
		Röttgen	5 km desgl.	2,75		
		Buschhov.	6,5 km Chss. b. Duisdorf bezw. Rheinbach	3,00		
762. Königl. Oberförsterei Siebengebirge, Rgbz. Cöln. (Karte 50.)						
Siegburg, Wilhelmstr. 53, Post, Kreis Sieg.	Oberförsterei liegt unmittelbar am Staats-Bahnhof Siegburg; 5 Minuten vom Bahnhof der Bröltalbahn entfernt.	Heisterbach	5 km Chaussee bis Königswinter	4—5		
		Eudenbach	4 km Chaussee bis Hanfmühle, Herresbach u. Buchholz	2—3,5		
		Rodder	8 km Chss. b. Eitorf	2,5—4		
		Aulgasse	3 km Chss. b. Siegburg	1,8—2		
		Rotscheroth	4 " Edw. b. Ruppichteroth	3		
763. Königl. Oberförsterei Altenkirchen, Rgbz. Coblenz. (Karte 50.)						
Altenkirchen, Westerwald, Frankfurterstr. 8, Post, Kreis Altenkirchen.	Altenkirchen ist Station der Westerwaldbahn.	Peterslahr	6 km mst. Basaltstr. bis Seifen			
		Birnbach	8 km Basaltstr. bis Altenk. od. Herchen			
		Marienthal.	2—3 km bef. Erdw. bis Breitscheid			
764. Königl. Oberförsterei Coblenz, Rgbz. Coblenz. (Karte 50.)						
Coblenz, Castorhof 10, Post und Kreis Coblenz.	Bahnstation am Orte.	Kolbenst.	7 km Chss. b. Boppard	2,00	Zu den Rheinabl. dieselben Entfernungen und Anfuhrkosten.	
		Schöneck	9 km wie vor	2,50		
		Försterhof	5,5 km mst. bef. Weg b. Cobern-Gondorf	3,00		
		Carthaus	4 km mst. Chss. b. Cobl.			
		Wolken	4 bef. Weg b. Winning.	2,00		
		Sayn	2,5 desgl. bis Sayn	2,50		
		Laach	5,5 desgl. b. Niederm.	3,50		
		Burgbrohl	3,5 desgl. b. Burgbr.	2,50		
		Knopshof	4,5 desgl. bis Brohl	3,00		
		Wehr	5 desgl. b. Niederziss.	2,00		
		Franken	4 desgl. b. Niederbreis.	3,00		
765. Königl. Oberförsterei Castellaun, Rgbz. Coblenz. (Karte 50.)						
Castellaun, Post, Kreis Simmern.	Castellaun ist Endstation der Secundärbahn Bingerbrück-Castellaun. — Ferner täglich 2mal Postverbindung mit Boppard am Rhein, 28 km Chaussee, sowie 1mal täglich mit Bullay an der Mosel, 30 km Chaussee.	Klosterchumbd	9 km bis Simmern	2,5-3,5		
		Faas, Rothenbg., Castellaun	10—15 wie vor	3—3,5		
766. Königl. Oberförsterei Neupfalz, Rgbz. Coblenz. (Karte 50.)						
Neupfalz, Post Stromberg (Hundsrück), Kreis Kreuznach.	4,5 km bef. Weg bis Station Stromberg der Secundärbahn Bingerbrück-Simmern.	Neupfalz	7 km Chss. u. bef. Weg bis Stromberg	3,00		
		Opel	9 wie vor	3,50		
		Gebroth	5 desgl. b. Winterbg.	2,50		
		Reichenb.	8 wie vor	3,00		
		Thiergart.	6 desgl. bis Ellern	3,00		
		Ellern	3 wie vor	2,00		
		Hochsteinchen	4 desgl. b. Rheinböll.	2,50		
		Erbach	7 wie vor	3,00		
767. Königl. Oberförsterei Entenpfuhl, Rgbz. Coblenz. (Karte 50.)						
Entenpfuhl, Post Eckweiler, Kreis Kreuznach.	11 km Landstraße nach Sobernheim (Rhein-Nahebahn); Privatpost 2mal täglich hin und zurück. — 5 km Landstraße nach Winterburg (Kleinbahn Kreuznach-Winterburg).	Winterbch.	5 km Ldw. b. Winterbg.	3,50		
		Entenpf.	7 wie vor	4,00		
		Seesbach	8 desgl. b. Martinst.	4,00		
		Ellerspṙg.	10 desgl. b. Argenth.	5,00		
		Alteburg	14 desgl. b. Martinst.	5,50		
		Wildburg	12 desgl. b. Simmern	5,50		
		Sponheim	3 desgl. b. Sponheim	0,15	pro Ctr. Lohe	
		Allenfeld	3 desgl. b. Winterbg.	0,15		

Karte 50

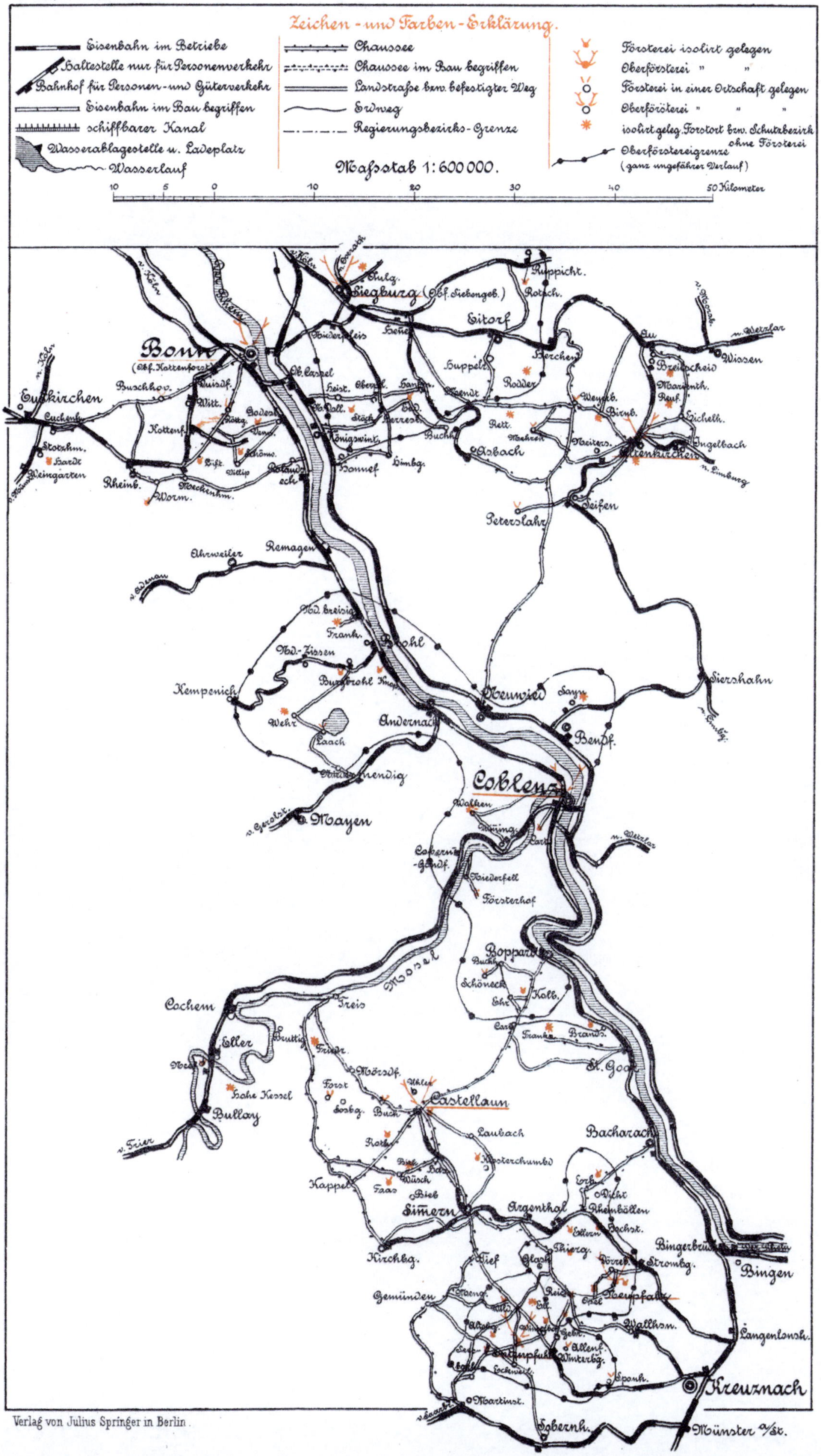

Verlag von Julius Springer in Berlin.

Orts-Verzeichniß.

Seite 1 bis 306, enthaltend die Namen der Oberförstereien.

Holzarten-

(getrennt nach Provinzen

	Ostpreußen		Westpreußen		Brandenburg		Pommern			Posen		Schlesien			Sachsen		
	Königsberg	Gumbinnen	Danzig	Marienwerder	Potsdam	Frankfurt	Stettin	Cöslin	Stralsund	Posen	Bromberg	Breslau	Liegnitz	Oppeln	Magdeburg	Merseburg	Erfurt
Ei.	14 16 19 20 22—24 26 82 93—95 98 122 125 bis 128	8 32 33 40—44 101 102 104	78 138 bis 145 147 150	52 81 85—86 88 89 117 119—121 162 164 166 177 353 355	241 252 254 257 258 260 266 270 274 296 299 300 303 345 346 401 403	204 207 210 214 215 235 244 246 305 306 308 311 bis 313 316 321 348	324 bis 329 332 bis 338 343 344 347 357 397 398	154 155 157 158 349 360 362 bis 364	392 bis 395 400	136 175 176 179 287 bis 289 291	130 132 133 170 172 174	180 b. 184 219 b. 221 223 b. 226	278 bis 280	189 bis 192 197 200 217 227	379 bis 384 387 bis 389 391 617 bis 620	248 366 367 370 376 377 625 bis 630	465 472 524 600 608 615 616 623
Bu.	16 24 25 82 124 bis 127	28 30 44	48 139 bis 142 145 146	89 164 166 177	252 254 261 266 294 296 298 299 303 345 401	204 214 305 306 312 313 316 321	324 bis 326 328 333 bis 338 341 bis 344 347 357 396 bis 398	154 bis 159 349 358 360 362 bis 364	292 bis 395	136 288		183 219 226 228 b. 230 232 233	281	189 190 196 217	381 617 bis 620	367 368 370 375 377 625 bis 627 629 630	465 468 469 471 524 600 608 615 616 623
Ki.	1 12 14—16 23 25 26 82 90 bis 100 112 bis 115 122 bis 128	2 7 27—29 31 32 34—39 44 46 47 101 bis 111	48 b. 50 76 77 138 bis 143 145 bis 153	51—65 78—81 83—89 116—121 129 161—169 177 351—355	236 bis 240 242 243 251 bis 276 293 bis 300 303 345 346 401 bis 406	203 bis 211 214 216 234 235 238 241 244 bis 247 301 302 305 bis 322 348	342 bis 344 347 396 397	155 bis 159 304 349 350 358 bis 361 363 364	392 bis 395 399 400	134 bis 137 175 176 178 179 285 bis 292 323	66—75 87 130 bis 133 171 bis 174 356	183 184 219 b. 226 229 231	278 bis 283	186 bis 193 195 bis 202 217 218 227	378 bis 386 388 bis 391 617	248 bis 250 366 bis 377 628 629 631	465 524 608
Fi.	10 13—19 22—26 90 91 122 127	4 8 9 27—39 41 42 44—47 101 102 107				214 215 246		358		179		180 181 183 226 228 233	281 bis 284	186 bis 193 195 bis 197 200 bis 202 217 218	384	667 625 627 631	465 bis 471 600 615 622 623
Weiß-Bu.	12 15 16 26 90	29 30 32 47			257							182 184 225	278 280	217		376 625 628 629 630	
Weiß-Ta.						214						228 229 231	281 282 284	190 191 195 218 227		631	
Bi.	11—17 24 25 91—94 112 124 bis 126	8 28—30 32 33 42 47 110	141	52 56 60 89 121	238 242 254 bis 258 260 261 266 303 403	204 214 244 318	327 333 357	154 358 bis 360 363 364		134 288 290	356	183 189 220 228 229		189 196 197 217	384 617	250 376 625 627 629	465 524 623
Lä.													281 282	227			
Ah.		29 30													388	376 625	524 600 608 615 623
Esch.	11—13 16	29 30 32 47			241	244			393 394			325	279	191	383 bis 385 388 389 619	376 630	465 524 600 608 615
Rü.				81	237	244	357					182 225	278 279		384 387 388 389 619	366 376 628	
Asp.	12 17 22	8 32 42 47				305	357	135 364				225				625 627 628	
Linde	22				257 258					134		182	278	227	382	628 629	
Erle	6 10—13 16 22 24 92 112 124 128	2 3 5 8 28 29 30 32 33 47 110		56 86 164	238 bis 243 254 bis 258 261 263 266 270 346 403 bis 406	214 244 bis 246 312 316 317 318	325 bis 327 329 333 341 357 397	154 358 360 363		136 288	356	180 181 183 184 220 225		187 189 191 227	383 bis 385	366 370 376 625 628 629	623
Ei.-Lohrinde										176		220			618		

Verkaufstafel.

und Regierungsbezirken.) Die Zahlen bedeuten die lfd. Nr. im Text des Adreßbuches.

Schlesw.-Holst.	Hannover						Westfalen			Hessen-Nassau		Rheinprovinz					
Schleswig	Hannover	Hildesheim	Lüneburg	Stade	Osnabrück	Aurich	Münster	Minden	Arnsberg	Cassel	Wiesbaden	Coblenz	Düsseldorf	Cöln	Trier	Aachen	
407—414 444—450	486 487 490 491 494—499 509—515	505—508 572—576 579—581 583—585 587 588 590 592—599 609 614	415 418—421 423—425 430 431 434—441 443	516 bis 523	682 684 686	680	685	485 488 492 493 501 bis 504 640	648 bis 650 653 bis 655	451—459 461 462 473—477 480—483 525 bis 534 536 538—540 545 b. 548 550 bis 552 554—559 561 562 564 565—569 571 577 578 660 662—668 687	669 670 672 675 678 679 712 714—717 720 722—729 731 732 734 b. 736 738 739 744 745 747 b. 750 755 759	643 695 696 760 763 bis 767	688 689 691 bis 693	632 694 761 762	645—647 697—701 703—706 711	633 bis 639	Ei.
407—409 411—414 444—450	365 486 491 494—499 509—511 513—515	505—507 518 572—576 579—585 587—599 609 610 612—614	415 418 423—425 428 437 439 441	516 bis 523	682 684 686		685	485 488 489 492 493 500 bis 504 624 640	648 bis 655	451—453 455 b. 463 474 bis 479 481 483 525—532 534 b. 540 544 bis 546 548 550 b. 555 557—562 564—567 569 577 578 656 658—663 665	669—673 678 679 712 714 717 720—729 731 735 738 739 741 744 745 748 749 753 755—757	643 644 695 760 764 766	688 689 691 bis 693	632 694 761	645—647 697—711	633 bis 639 641 642	Bu.
407—412 414 448	365 486 487 491 497 509 511—515	580 594 598	415 417—419 422—443	516 bis 523	682 683 686	680 681	685	485 493	648 649	452—454 456 461 464 473 b. 481 483 528 531—534 536 538 543—562 564—571 577 578 657—659 661—668	670 672 673 675 714 716 717 723 724 726 734 737 739 748 750 759	643 644 696 762 764	688 689 691 bis 693	632 694 697 698 700 704 762	645 703 705 707	634 635 637 638 642	Ki.
407—411 444—446 448	486 490 491 495—499 513	505—508 572—574 576 579 580—582 584 588—592 594—598 601—607 609—612 614 621	415 421 423—428 430—433 436—439	519 520 523	684	681		488 492 493 500 bis 504 624 640	649 bis 655	451 454—463 475 477 483 526—534 536 538 539 543 544 547—550 553—555 557 559 560 566 567 569 577 656—665 667 668	669—673 675 679 714 716 717 721—726 728 729 731 735 736 750 756 757 759	643 644 695 760 764 bis 766	688 693 698	699 700 761 762	645—647 708—710	635 bis 639 641 642	Fi.
445									650 653	451 461 561 568 659 687	723 728 736				701		Weiß-Bu.
	491																Weiß-Ta.
	365 491 511	574 584 589 598	431 438 441 443					488	650	459 460 462 481 532 533 548 552 561 571	757		692			633 636 641	Bi.
408	491	598 607			684					456 534 536 538 544 549	675 726						Lä.
445 447	491	572 581 583 588 612 614							651 653 655	525 539 540 551 554 565 566	721 744				645		Ah.
413 444 446—448	491 494 509	581 583 588 592 599 614	434 437 438					640		483 525 539 540 551 554 566	744				645		Esch.
445		614															Rü.
413 414	513 515		421							532	736	766		761			Asp.
										474 566	731 744						Linde
445—447	365 511	589	421 432 434 437 438 441			680		493	650 653	461 474 528 561 662			693				Erle
		579								477 480 540	716	643 695			705	638	Ei.-Lohrinde

GPSR Compliance

The European Union's (EU) General Product Safety Regulation (GPSR) is a set of rules that requires consumer products to be safe and our obligations to ensure this.

If you have any concerns about our products, you can contact us on ProductSafety@springernature.com

In case Publisher is established outside the EU, the EU authorized representative is:

Springer Nature Customer Service Center GmbH
Europaplatz 3
69115 Heidelberg, Germany

Batch number: 10684806

Printed by Printforce, the Netherlands